中国石化催化剂有限公司 作为中国石化股份公司的全资子公司，是中国石化催化剂生产、销售和管理的责任主体，是中国石化旗下唯一生产催化剂的企业，催化剂产品涵盖炼油催化剂、聚烯烃催化剂、基本有机原料催化剂、煤化工催化剂、环保催化剂、其他催化剂等6大类，年生产能力合计超过20万吨。

催化剂是石化工业的核心技术之一，是高科技含量的产品，小颗粒发挥着大作用。作为全球知名的炼油化工催化剂生产商、供应商、服务商的中国石化催化剂有限公司，致力于为炼油、化工企业提供优质催化剂产品和服务，其产品在国内外享有良好口碑，近70%的中国炼化企业和众多世界油气公司正在使用中国石化的催化剂产品。

中国石化催化剂有限公司倡导建立“服务型、学习型、智能型”的企业团队，追求“品质领先、服务至上”的经营理念和“创新永远、活力永恒”的企业精神，将通过实施创新驱动发展战略，不断提升制备工程技术研发能力和技术服务能力，努力打造成为“科技型、生产服务型和先进绿色制造”的世界一流催化剂公司。

U0310172

中国石化
SINOPEC

小颗粒

大世界

中国石化催化剂有限公司
SINOPEC CATALYST CO., LTD.

服务热线：86-800-810-8646
网址：http://scc.sinopec.com

FLEXICOKING™ 灵活焦化技术和服务

经过商业验证的灵活渣油改质工艺

动力，与你我同在™

FLEXICOKING™ 灵活焦化技术是一种经过商业验证、经济高效、连续流化床的成熟技术，可将重质进料热转化为轻质油品和清洁的 FLEXIGAS 灵活燃料气。FLEXICOKING 灵活焦化技术采用一体化工艺，可非常灵活地用于渣油改质，生产出高价值的液体产品以及清洁的 FLEXIGAS 灵活燃料气，后者还可作为炼油厂燃料或用于发电。

主要优势

投资经济高效

- 简单的蒸汽/空气气化一体化及碳钢构造
- 减小场地空间要求

环保优势

- 连续的非批处理操作和封闭的焦炭处理系统，有助于减少颗粒和烃挥发排放
- 将焦炭转化为经济的 Flexigas 清洁灵活气，有助于减少硫氧化物和氮氧化物的排放

灵活且用途多

- 可处理多种原料：
  - 减压深拔渣油
  - 常压渣油
  - 油砂沥青
  - 重质原油
  - 脱沥青装置塔底油
  - 流化催化裂化油浆
  - 沸腾床装置塔底油

FLEXICOKING 灵活焦化技术工作原理

减压渣油原料进入洗涤塔，与反应器顶部油气进行“直接接触换热”。反应器油气中高沸点组分（大约 975°F/525°C 以上）在洗涤塔中凝结，返回到反应器与新鲜原料混合。轻组分从洗涤塔顶流出，进入分馏和吸收稳定单元。原料在反应器流化床中热裂解为多种气体和液体产物，以及焦炭。床层焦从反应器经过冷焦输送线转移到加热器以维持焦炭藏量。

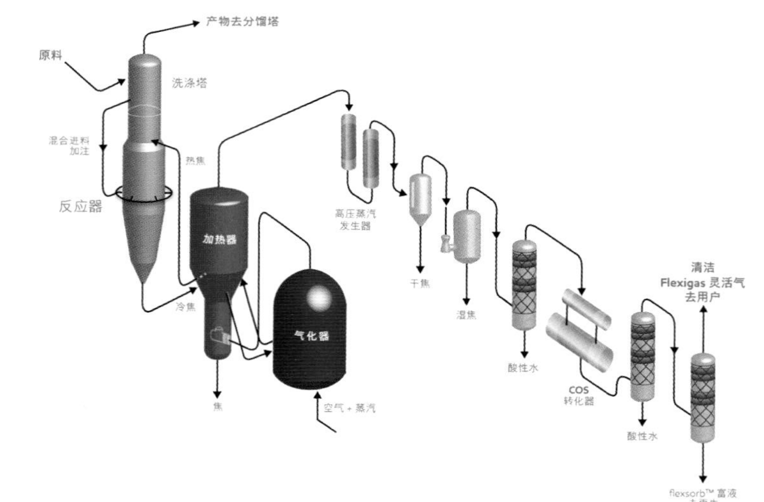

在加热器中，焦炭被气化器来的产品加热，再经热焦输送线循环到反应器，以提供热量维持热裂解反应。加热器中多余焦炭输送到气化器，与空气和蒸汽反应生成 Flexigas 灵活气。气化器产品（由 Flexigas 灵活气和焦炭混合物组成）返回到加热器加热焦炭。Flexigas 灵活气从加热器顶部流出，进入蒸汽发生器、去除干/湿焦粉，以及在 FLEXSORB™ 联合工艺中脱硫。然后，清洁的 Flexigas 灵活气可用作炼油厂锅炉和加热炉燃料气，并/或用于产蒸汽和发电。反应器中生成的焦炭大约有 95% 在工艺过程中被转化，只有少量产品（占原料重量的 1%）以粉末形式从 Flexigas 灵活气中清除出来，或从加热器中清除出来，以卸出原料中金属。

各种产品

FLEXICOKING™ 灵活焦化技术可生成多种产物，从 C_1+ 干气到 C_5/975°F (525°C) 液体产物、多用途 flexigas 清洁灵活气，以及少量低硫焦炭（从反应器中清除出来以卸出原料中金属）。

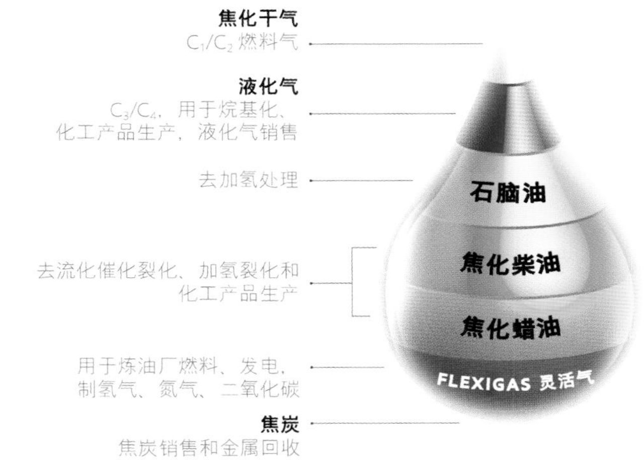

FLEXICOKING™ 技术服务包括：

- 最初的非保密性咨询
- 技术许可方案的制定
- 工艺包，包括基本设计规范和操作指南
- 在前端工程设计 (FEED) 阶段以及工程、采购和施工 (EPC) 阶段提供的工程支持
- 技术转移、培训和启动支持

关于技术许可及催化剂

埃克森美孚可提供针对炼油和化工方面的技术许可，并为燃料油、润滑油、塑料和其它化学品提供专有催化剂。本公司丰富全面的经验可帮助提供技术解决方案，满足成本降低、环保合规、可靠性、工厂自动化和其它领域的需求。

ExxonMobil

动力，与你我同在™

请通过以下方式与我们联系：

www.catalysts-licensing.com

L0216-024C50

©2016 埃克森美孚。埃克森美孚 (ExxonMobil)，埃克森美孚的徽标 (ExxonMobil logo) 及连接的“X”设计和在本文件中使用的所有其他产品或服务名称，除非另有标明，否则均为埃克森美孚的商标。未经埃克森美孚的事先书面授权，不得分发、展示、复印或改变本文件。使用者可在埃克森美孚授权的范围内，分发、展示和/或复印本文件，但必须毫无改动并保持其完整性，包括所有的页眉、脚注、免责声明及其它信息。使用者不可将本文件全文或部份复制到任何网站。埃克森美孚不保证典型（或其它）数值。本文件包含的所有数据是基于代表性样品的分析，而不是实际运送的产品。本文件所含信息仅是所指明的产品或材料未与任何其它产品或材料结合使用时的相关信息。我们的信息基于收集之日被认为可靠的数据，但是，我们并不明示或暗示地陈述、担保或以其它方式保证此信息或所描述产品、材料或工艺的适销性、适宜于某一特定用途、不侵犯专利权、适用性、准确性、可靠性或完整性。使用者对在其感兴趣的领域使用该材料、产品或工艺所做的一切决定负全部责任。我们明确声明将不对由于任何人使用或依赖本文件所含任何信息而导致的或与此相关的直接或间接遭受或者产生的任何损失、损害或伤害承担责任。本文件不应视作我们对任何非埃克森美孚产品或工艺的认可，并且我们明确否认任何相反的含意。“我们”、“我们的”、“埃克森美孚化工”或“埃克森美孚”等词语均为方便而使用，可包括埃克森美孚化工公司、埃克森美孚公司，或由它们直接或间接控制的任何关联公司中的一家或者多家。

天蓝 水清
地沃 人善

股票代码：300072
Stock code：300072

北京三聚环保新材料股份有限公司是为能源清洁化及生产过程的环境友好提供产品、技术及服务的综合性能源服务公司

Beijing Sanju Environmental Protection & New Materials Co., Ltd is a comprehansive energy service company which provides products, technology and service for clean energy production and environmentally friendly production process

国家高新技术企业
State-level High-tech Enterprise

1997年诞生于中关村高新技术产业园
Founded in Zhongguancun High-Tech Industry Park in 1997

2000年海淀区属混合所有制企业
Mixed-Ownership Enterprise in Haidian District in 2000

2010年4月在深交所创业板上市
It was listed in Shenzhen GEM in april, 2010

公司致力于实现"天蓝、水清、地沃、人善"的低碳新能源梦，将不断的开发和推广环保新技术，努力成为世界一流的服务于能源、石油化工、现代煤化工的技术公司，成为世界领先的生物质利用和绿色能源与化学品公司。

Sanju devotes itself to make "blue sky, clear water, fertile soil and better men" and environment-friendly enterprise. Sanju willdevelop and promote the new technology of environmental protection consistently in order to become a top-ranking technology company in the field of energy, petrochemical, and coal chemical in the world. Meanwhile, Sanju will become a top-ranking biomass utilization and green energy company.

地址：北京市海淀区西直门北大街甲43号金运大厦A座8/9/13层
电话：010-8268 4990/1/2　传真：(8层)010-8268 4620　(9层)010-6843 6755
网址：www.sanju.cn　邮箱：sanjulvneng@sanju.cn

Blue sky Clear water
Fertile soil Better men

MCT超级悬浮床加氢平台技术
引领能源工业转型升级

MCT Super Suspension Bed Platform Technology
Guiding the transformation and upgrading of the energy industry

取得重大技术突破
Achieving significant technical breakthroughs

- 研制了专有的复合型多功能催化剂并实现大规模生产
  Developed proprietary composite multi-functional catalyst and achieved mass production
- 开发了独特的高效反应器及核心装备
  Developed unique high-efficiency reactor and core equipment
- 实现了RPB高压降压系统长周期运行
  Achieved long periodic operation of RPB high pressure depressurization system
- 开发了SDT浆液法脱硫工艺
  Developed new process of suspension bed (MCT) desulfurization
- 优异的系统防磨损、防堵塞系统解决方案
  Excellent solution to the system anti-abrasion and anti-clogging system
- 先进的单元工艺技术集成
  Advanced unit process technology integration

实现能源供给多元化 降低原油进口依存度
Achieve energy supply diversification to reduce dependency on crude oil importation

我国催化裂化和延迟焦化产能达2亿吨/年，汽柴油收率仅60%
The capacity of catalytic cracking and delayed coking in China is 200 million tons / year, and the yield of gasoline and diesel is only 60%

将难以加工的委内瑞拉重油、俄罗斯M100，加拿大油砂及页岩油等劣质原油转化提质
Will be difficult to process Venezuela heavy oil, Russian M100, Canada's oil sands and shale oil and other low-grade crude oil transformation and upgrading

全国超过3000万吨的低、中、高温煤焦油
More than 30 million tons of low, medium, high temperature coal tar in china

悬浮床加氢
Suspension bed hydrogenation

转化为炼厂所需的优质原油，提高国家能源利用效率，降低原油供给成本
Converting into high quality crude oil needed by refineries to improve national energy efficiency and reduce crude oil supply costs

采用MCT技术，轻油收率达92%-95%，每年可增产4000万吨以上汽柴油
With MCT technology, the yield of light oil reaches 92%-95%, and more than 40 million tons of gasoline and diesel can be produced every year

填补国内芳烃、溶剂油等化工原料缺口，实现化工原料自给
Fill domestic aromatics, solvent oil and other chemical raw materials gap, to achieve self-sufficiency in chemical raw materials

Add：8/9/13F Tower A, Jinyun Buidling, No.43A Xizhimen North Streat, Haidian District, Beijing 100044
Tel：+86 10-8268 4990/1/2 Fax：(8F)+86 10-8268 4620 (9F)+86 10-6843 6755
http：//www.sanju.cn E-mail：sanjulvneng@sanju.cn

企业资产绩效管理APM

- GENERATE / 数据产生、捕
- COLLECT / 采集
- VISUALIZE / 可视化
- ANALYZE / 分析
- ACT / 实践

企业数字化转型与APM

- 临境式的仿真系统及VR培训技术
- 通过数据收集整理及操作的精细化，实现最佳实践的执行
- 基于条件判断，预测分析，机器学习及AR技术，以提高企业的决策
- 根据当前设备/资产的运行条件，判断设备的健康性
- 充分利用现有的各种条件，实现灵活的布置方式

扫码关注施耐德电气工业软件微信公众平台“软件邦”
及时获取智能制造最新前沿信息！

关注“软件邦”，智造有方向！

或拨打热线：400-810-8889
了解更多详细信息

2017年
中国石油炼制科技大会
论 文 集

中国石油化工信息学会
中国石油学会石油炼制分会 编

中国石化出版社

内 容 提 要

本论文集收录了2017年中国石油炼制科技大会论文160多篇，内容包括清洁燃料生产技术、催化新材料与新型催化剂、重油深加工技术、炼油化工一体化技术、信息技术在炼化产业的应用、炼油节能环保新技术、石油化工分析测试新技术等专业，涵盖近年来我国炼油产业主要发展趋势和炼油工艺技术发展方向，集中体现了我国炼油工业"提质增效升级与绿色低碳发展"的新主题，具有较高的学术水平和实用价值。

本论文集不仅可为炼油领域的广大生产、科研、设计、管理和规划工作者，以及大专院校相关专业师生等提供重要的参考和借鉴，还将为促进我国炼油技术交流和科技成果转化发挥重要作用。

图书在版编目(CIP)数据

2017年中国石油炼制科技大会论文集/中国石油化工信息学会，中国石油学会石油炼制分会编.—北京：中国石化出版社，2017.10

ISBN 978-7-5114-4663-3

Ⅰ.①2… Ⅱ.①中… ②中… Ⅲ.①石油炼制-学术会议-文集 Ⅳ.①TE62-53

中国版本图书馆CIP数据核字(2017)第223465号

未经本社书面授权，本书任何部分不得被复制、抄袭，或者以任何形式或任何方式传播。版权所有，侵权必究。

中国石化出版社出版发行

地址：北京市朝阳区吉市口路9号

邮编：100020 电话：(010)59964500

发行部电话：(010)59964526

http://www.sinopec-press.com

E-mail:press@sinopec.com

北京科信印刷有限公司印刷

全国各地新华书店经销

*

787×1092毫米 16开本 68.75印张 8彩页 1694千字

2017年11月第1版 2017年11月第1次印刷

定价：320.00元

2017年中国石油炼制科技大会

主办单位：中国石油化工信息学会

中国石油学会石油炼制分会

承办单位：中国石化经济技术研究院

中国石化茂名分公司

中国石油化工信息学会石油炼制分会

支持单位：中国石油化工集团公司

中国石油天然气集团公司

中国海洋石油总公司

中国化工集团公司

组织委员会

主　任：戴宝华

副主任：聂　红　毛加祥　马　安　吴　青

成　员：刘国华　杨延翔　尹鲁江　沈洪源

学术委员会

顾　问：陈俊武　徐承恩

主　任：汪燮卿

副主任：高雄厚　王金凤

委　员（按姓氏笔画排序）：

马爱增　王　京　田松柏　兰　玲　吕家欢　朱　煜

朱永进　朱廷彬　乔映宾　华献君　刘灵丽　刘忠生

许友好　李文乐　李本高　李志强　杨文中　张久顺

张永光　张宝吉　张迎恺　张国生　张建荣　周　涵

宗保宁　赵旭涛　胡长禄　胡志海　郭　群　蒋荣兴

舒朝霞　温　凯

前　　言

2017年中国石油炼制科技大会由中国石油化工信息学会和中国石油学会石油炼制分会联合主办，中国石化经济技术研究院承办，11月在北京召开。

当前我国炼油工业面临产能过剩、产品结构调整、油品质量升级、安全环保压力以及替代燃料竞争压力进一步增大等严峻挑战，亟需加快推进供给侧结构性改革，以市场为导向，以科技创新为先导，突出内涵发展，聚焦"调结构、提质量、增效益"，强化"去产能、降消耗、减排放"。因此本次大会以"提质增效升级与绿色低碳发展"为主题，广泛邀请中国炼油界及相关领域的专家、学者，共同为推进中国炼油工业转型升级、绿色发展，提升整体竞争力和可持续发展能力建言献策。

本届大会的论文征集工作自2016年11月启动以来，得到了中国石油化工集团公司、中国石油天然气集团公司、中国海洋石油总公司、中国化工集团公司以及国内有关高校和科研院所的积极响应及大力支持，共收到论文207篇。经过评审组专家认真评审和论文作者几经修改，精选其中的160多篇汇编形成《2017年中国石油炼制科技大会论文集》。

本论文集涉及清洁燃料生产技术、催化新材料与新型催化剂、重油深加工技术、炼油化工一体化技术、信息技术、节能环保新技术、石油化工分析测试新技术等，涵盖近年来我国炼油产业主要发展趋势和炼油工艺技术发展方向，集中体现了我国炼油工业"提质增效升级与绿色低碳发展"的新主题。具有较高的学术水平和实用价值，不仅可为炼油领域的广大技术人员以及大专院校相关专业师生等提供重要的参考和借鉴，还将为促进我国炼油技术交流和科技成果转化发挥重要作用。

借此机会，向所有投稿的作者表示感谢。向支持和关心本届科技大会的所有单位和专家谨致谢忱。向所有赞助单位以及负责论文集编辑工作的中国石化出版社表示感谢。

由于论文集涉及的专业跨度较大，整理编排时间较紧，书中难免有不妥之处，敬请谅解。

中国石油化工信息学会

中国石油学会石油炼制分会

二〇一七年九月三十日

目　录

部分会议报告摘要

质 量 升 级

重油深加工

其他工艺技术

节能与环保

设备与安全

分析、信息化与综合

部分会议报告摘要

中国炼油产业可持续发展与区域协调发展战略探讨（摘要）

王基铭

（中国石化集团公司，北京　100728）

经过六十多年的发展，我国炼油产业从小到大，由弱到强，已经发展成为国民经济支柱产业，能够满足国民经济发展对成品油和其他石油产品的需求，保障了国家能源安全，为国家社会经济发展做出重大贡献。我国炼油能力快速增长，已达7.83亿吨/年，仅次于美国，居世界第二位；炼油产业布局逐步改善，“北油南运、东油西运”格局有所好转；加工原油的适应性明显增强，成品油质量已达到国际领先水平；炼油技术取得长足进步，掌握了生产国Ⅵ标准成品油的各项工艺技术，已具备千万吨级炼厂自主设计、建设和运营能力，主要技术已达到世界先进水平；炼油生产运行水平不断提升，技术经济指标不断改善，污染物排放强度大幅下降，信息化建设初见成效。

我国炼油产业发展取得了较大的成绩，但也面临一系列重大问题。一是炼油产能严重过剩，压低全行业盈利水平。2016年，全国炼油产能利用率仅69.1%。二是产业整体竞争力不强，与国际先进水平相比，规模、实力存在差距。在总加工能力过剩的同时，先进产能仍显不足，炼化一体化水平有待进一步提高。三是炼厂布局不尽合理，存在进口原油“南油北运”，成品油“北油南下”等不合理物流流向。四是产品结构不适应市场需求，存在生产柴汽比与消费柴汽比不匹配问题。五是安全环保尚有欠账，存在风险。安全方面，存在炼厂与周边区域安全距离设置不合理、本质安全水平亟待提升、重大安全风险控制水平有待加强等问题。环保方面，节能和碳减排成为行业发展刚性约束。部分炼油企业在废水、废气和废固处理方面存在排放不能稳定达标、特征污染物排放未得到有效控制等问题。六是行业监管不到位。当前，由于监管措施不到位，不同炼油企业主体之间在质量、税收和环保方面存在不公平现象，尤其是成品油市场秩序混乱和成品油消费税征收不公平问题最为突出。

今后我国炼油产业要认真贯彻落实“五大发展理念”和国家有关战略及产业政策，加大推进供给侧结构性改革，充分利用国内国外两种资源、两个市场，保障国家能源安全。必须针对存在的重大问题，果断采取重大战略措施，实现区域协调和可持续发展。一是严格控制炼油能力发展，化解产能过剩。力争2020年和2030年将我国炼油能力分别控制在8~8.5亿吨和9亿吨以内。二是加强炼油产业科技创新，支撑和引领产业发展。重点加强重油深加工技术以及安全环保技术研发以及信息技术、生物技术在炼油行业的应用，加快“绿色智能工厂”建设。三是加强原油供应体系建设，提高能源保障能力。2016年我国原油对外依存度已达65.3%，超国际公认的50%警戒线。因此要加大进口原油通道建设，巩固和完善西北、东北、西南陆上进口通道，实现海陆协同发展。强化石油储备体系建设，梯度规划石油储备布局，在中西部战略纵深地带布局，提升应急保障能力。有序推进原油码头新建和改扩建，配套完善管网建设，形成国内原油供应网络体系。四是以市场为导向，加强产业布局调整。严控炼油总量，抑制产能盲目增长，先进产能扩张和落后产能淘汰双向同步推进。五是以现有大型炼油企业和化学工业园区为依托，结合国家石化产业规划布局，加大基地化、园区化和一体化建设，打造几个具有世界竞争力的炼油产业集群。六是加快结构调整，推进转型升级。七是建设本质安全、清洁环保型炼油企业。八是落实“中国制造2025”战略，深化“两化”融合，推动炼油产业向数字化、网络化、智能化方向发展。九是贯彻国家“一带一路”倡议，以投资和技术带动我国工程设计、施工、设备、产品、产能、劳务、运维等出口，加快“走出去”步伐。

通过采取以上措施，在完成我国炼油产业结构调整、转型升级的同时，达到与区域经济的协调发展，提高炼油产业整体竞争力和可持续发展能力，实现从炼油大国向炼油强国转变。

石化工程科技2035发展展望
(摘要)

袁晴棠

(中国石化集团公司，北京　100728)

1　前言

当今世界，新一轮科技革命和产业革命正在萌发。为了准确把握科技发展的方向和重点，中国工程院开展了《工程科技2035发展战略研究》重大战略咨询项目，以期为政府制定中长期科技战略和规划提供咨询和支撑。

《石化工程科技2035发展战略研究》是中国工程院《工程科技2035发展战略研究》重大战略咨询的子课题，该课题研究面向2035年的世界石化工程科技发展趋势，在深入分析我国经济社会发展对石化工程科技需求的基础上，提出了我国石化工程科技的发展战略思路和目标、重点任务与发展路径以及对策建议。本文概述了该课题研究的主要内容。

2　2035年世界石化工程科技发展趋势

(1) 高效炼油石化技术将实现应用

包括重质、劣质原油生产更加清洁化的液体燃料技术不断进步；有竞争力的油化结合技术更受重视；基于分子水平的炼油技术平台不断完善。

(2) 绿色低碳生产技术和装备将普遍应用

采用本质绿色低碳的工艺和装备，实现炼化技术从末端治理向源头消减、过程控制和末端治理全过程控制的转变。

(3) 原料多元化技术将快速发展

甲烷制乙烯技术可能对传统乙烯工业带来革命性影响。

(4) 高端石化产品技术方兴未艾

调整油品产品结构，重点是提高高档润滑油/脂、高档溶剂油、功能性石蜡等高附加值产品比例，特别是生产节能高效的润滑油/脂和添加剂。

石化新材料将根据新型电子电器、交通运输、医疗、农业、航天等行业的需求，开发并生产适用的功能化产品等。

(5) 信息技术与石化工业深度融合

物联网、大数据、云计算、智能机器人、在线监测分析仪器等、过程模拟及在线优化技术广泛应用于石化生产过程，石化生产进入数字化、网络化、智能化发展阶段。

（6）本质安全生产技术将快速发展

基于风险管理的设备可靠性在线检测技术、过程危险因素高灵敏度检测、自动报警、智能紧急停车以及自动化修复等技术得到快速发展，进一步为石化生产的本质安全提供保证。

3　我国经济社会发展对石化工程科技的需求

3.1　我国石化工业发展趋势

（1）我国能源消费结构将发生根本性变化

随着经济发展方式转变和能源效率不断提高，未来能源消费增速将不断下降。预计到2035年，我国能源需求为56.7亿吨标准煤，比2016年消费总量的43.6亿吨标准煤增长约30%。2035年化石能源的比重将下降到76.5%，煤炭的比重由2015年的65.1%降至45.7%，石油的比重由17.3%降至16.3%，天然气比重由6.0%提高到14.5%，非化石能源的比重由11.6%提高到23.5%。

（2）化工原料多元化趋势仍将继续

2016年我国乙烯产能2253万吨/年，预计2020年，我国乙烯产能将达2900万吨/年，煤(甲醇)制烯烃份额将达23.3%左右，石脑油制乙烯产能约占75%左右，传统石脑油制乙烯仍占主要份额，但比重下降。预计到2035年，乙烯生产能力将达4300万吨/年，当量消费5850万吨，供需缺口将达到1750万吨左右。受环保政策的影响，预计未来煤(甲醇)制烯烃新建项目将大幅减少，正在试验验证的甲烷直接制乙烯技术正酝酿突破。

（3）成品油及石化产品需求明显放缓

2016年我国成品油产量3.48亿吨。预计未来20年，随着产业结构调整、资源环境制约，加之国内外主要机构预测中国人口数量将在2020~2025年之间达到峰值，将使中国GDP增速逐步放缓。在经济增速放缓的同时，替代燃料又迅速发展，预计成品油消费将进入中低速增长阶段，2025年左右会进入平台期。国内成品油需求预测见图1。

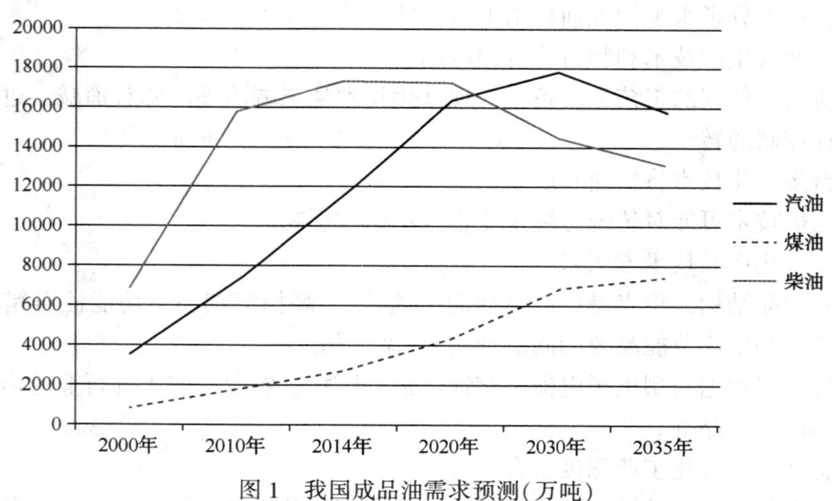

图1　我国成品油需求预测(万吨)

随着城镇化的发展和全面建设小康社会的实现，我国石化产业仍有持续发展空间。

2000~2035年我国主要石化产品需求增长情况见图2。

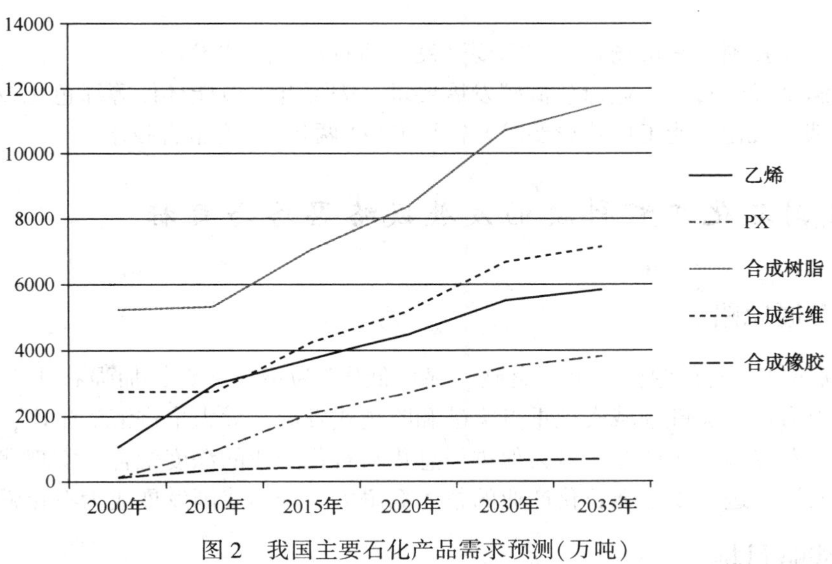

图2 我国主要石化产品需求预测(万吨)

(4) 产能过剩态势比较严重

① 目前我国炼油产能约7.8亿吨/年，产能利用率仅69.2%，远低于全球炼油企业83%的平均开工率。按目前发展态势，预计2020年全国炼油能力将超过9亿吨/年，炼油能力过剩局面将进一步加剧。

② 主要石化产品生产能力状况：

2015年我国主要化工产品七成以上平均开工率低于80%，呈现产能过剩态势。加之美国2018年前后1000余万吨乙烯产能投产，部分低成本乙烯、丙烯衍生物将流入亚洲市场，将对国内市场进一步造成过剩压力。

(5) 石化产品质量将持续升级

为减轻汽车尾气污染，国家正在加快油品质量升级步伐。计划于2019年在全国实施国Ⅵ汽柴油质量标准，北京于2017年开始实施国Ⅵ汽柴油质量标准。

随着工业化、城镇化的不断发展，市场对石化产品的品质要求逐步提升。功能化、高性能、节能环保型新材料和新型精细化工产品将成为石化产品发展的方向和热点。

(6) 交通运输替代能源继续保持较快发展势头

预计到2035年，生物燃料、天然气和电动汽车将替代汽柴油消费约6300万吨，如果进一步考虑煤制油可能带来1000万吨替代量，届时汽柴油替代量可达7300万吨。

(7) 环保法规越来越严格

为了保护环境，国家相继出台了一系列新的环保法规，对炼油和石化工业发布了新的排放标准，大幅提升了排放限值要求。

3.2 对石化工程科技发展的重大战略需求

(1) 为满足我国液体燃料需求，需要开发重质劣质油高效转化技术和炼油原料多元化技术。

(2) 为满足我国有机化工原料需求、提高我国石化产业竞争力，需要开发化工原料多元化技术。

(3) 为适应我国未来市场趋势，需要开发高档石化产品技术。

(4) 为满足我国石化工业绿色低碳发展要求，需要开发节能环保等绿色化技术。

(5) 为满足石化智能工厂建设要求，需要开发“两化”深度融合技术。

4 我国石化工程科技的发展战略思路与目标

4.1 发展思路

以“创新驱动、两化融合、重点突破、绿色低碳”为指导方针，加强石化工程科技的创新发展，集中力量在关键领域实现重点突破和跨越式发展，大力推进清洁生产，努力建设资源节约和环境友好型石化产业，努力促进信息化与石化产业的深度融合，实现我国石化产业的绿色低碳发展，进一步增强石化产业的整体竞争力，推动我国发展成为石化强国。

4.2 战略目标

(1) 2025年目标

建成世界一流、具有中国特色的石化工程科技创新体系，突破一批具有国际领先水平的石化工程核心技术和专项技术，石化技术总体达到世界先进水平。智能工厂试点完成，具备全面推广条件。

(2) 2035年目标

全面建成以创新引领、智能高效、绿色低碳为核心的石化工程科技创新体系，支撑我国石化强国建设。自主创新能力大幅度提升，炼化成套技术和核心关键技术达到世界领先水平，科技支撑和创新引领作用得到充分发挥。

5 我国石化工程科技2035年重点任务

5.1 需突破的关键核心技术

(1) 劣质原油和渣油、重油加工技术。

(2) 清洁油品生产技术。

(3) 油化结合技术。

(4) 高性能润滑油/脂、功能性石蜡等高附加值石油产品生产技术。

(5) 低碳烯烃生产技术。

(6) 增产芳烃技术。

(7) 聚烯烃可控聚合及先进加工技术。

(8) 生物基工程塑料生产技术。

(9) 绿色轮胎用橡胶生产技术。

(10) 纤维高性能化及功能化技术。

(11) 高性能功能高分子材料。

(12) 石化工程技术。

(13) 节能减排技术。

5.2 需开展的基础研究的主要技术领域

要围绕以下技术领域凝练科学问题，开展基础研究：

(1) 低碳高效炼油技术。

(2) 新型催化材料技术。

(3) 过程强化技术。

(4) 适应新型内燃机的油品技术。

(5) 石油中硫、氮、氧等杂原子非临氢脱除技术。

(6) 光转化高分子膜材料生产技术。

(7) 仿生集水材料生产技术。

(8) 生物燃料生产技术。

5.3 需实施的石化重大工程

(1) 智能石化厂工程。

(2) 甲烷制乙烯工程。

(3) 聚合分离及高性能聚合物工程。

(4) 农业设施专用高分子材料工程。

5.4 需开展的重大工程科技专项

(1) 生物质利用技术。

(2) 新型制氢与储氢技术。

(3) 石化产业“两化”融合技术。

(4) 废旧高分子材料低成本、高附加值回用技术。

6 对策建议

(1) 持续完善以石化企业为主体的科技创新体系。

(2) 加强石化领域科技人才队伍建设，培育多层次人才队伍。

(3) 加大科技投入，提高科研装备水平。

(4) 制定支持石化产业创新发展的财税政策。

(5) 加强国际合作，鼓励创新主体“引进来”和“走出去”。

全球原油和成品油市场展望

刘海全

（IHS Markit 公司总监）

原油价格自 2014 年以来的低迷对于石油以及化工行业有着深远的影响，虽然欧佩克经过艰难的多方斡旋之后终于达成在 2017 年初减产的决定，但是对于原油价格的抬升非常有限。美国页岩油行业在经过 2 年多的低油价环境的磨砺之后，呈现出了超出预期对低油价的适应性。结果导致在目前 WTI 在 45 美元/桶左右的环境下，钻机数量依然呈现强劲的增长，与此同时页岩油产量也出现大幅增加，这在很大程度上抵消了欧佩克减产的努力。

欧佩克减产的决定目前确定延续到 2018 年 3 月，但是市场对于减产带来的效果普遍抱有怀疑态度。尤其是明年 3 月减产结束之后巨量产量的恢复对于市场带来的冲击，导致业界对于未来一年油价走势忧心忡忡。但是，这种供大于求情况真的会一直持续下去吗？那这就需要从石油需求的发展趋势来分析这个问题。

新型交通出行技术和方式的出现，诸如电动车，共享出行，无人驾驶等需要很长时间来解决其发展中遇到的瓶颈，进而才能对石油需求产生根本性的影响。比较而言，效率提升和替代能源对于石油需求产生的影响在未来 20 年将更为巨大。因此，全球油品需求达峰的时间很有可能出现在 2035 年以后，而油品需求在中期依然会保持比较强劲的增长。

石油生产的特点决定其基础产量会因为油藏压力的下降而呈现不断减少。因此，即便为了满足现有的石油需求，石油公司依然需要投入大量资本在新的区域进行勘探开发。加上未来新增的石油需求，现有的探明储量是无法满足。我们认为，那些相对高成本而且有挑战性的区域，比如深水和超深水的项目在未来的产量增长中依然会占有相当的地位。这样也意味着未来的边际供应的成本，以 2016 年美元价值计算，会接近 80 美元/桶，而边际供应成本决定价格的经济规律解释了为什么我们认为油价会出现恢复性上涨。与此同时，随着科技的进步，和石油行业整体生产效率在这轮低油价周期的提升，100 美元/桶的时代将一去不复返。

从地域来看，未来的油品需求增长的重点在亚太区域，尤其是以中国和印度为增长极的发展中国家，这也决定了亚太区域是未来炼油产能增长的主要地区。经合组织，包含亚洲的日本和澳大利亚，则会呈现出因为需求饱和和效率提升带来的需求下降。中东地区的油品需求会依然不俗，但是因为基数小，其对全球需求的贡献也比较有限。不过由于中东地区试图摆脱单纯依赖石油上游收入经济结构的战略转型，其炼油产能也会出现大幅增加。因此，中东将逐渐摆脱以往进口成品油的历史，而逐渐成为全球炼油中心之一。而美国虽然将随着其他经合组织国家一样出现需求下滑，但是其页岩革命导致的天然气成本下降，为其石油化工行业获得了巨大的成本优势。因此美国的炼油产能不会因为需求下滑而关停，反而会成为全球主要的成品油出口地区之一。

炼化企业应对新环保要求的技术路径

方向晨

（中国石化抚顺石油化工研究院，抚顺　113001）

2014 年至 2017 年国家相继颁布了新修订的《中华人民共和国环境保护法》《中华人民共和国大气污染防治法》《中华人民共和国水污染防治法》，2016 年国务院颁布了《控制污染物排放许可制实施方案》(国办发〔2016〕81 号)，2015 年 4 月国家发布了《石油炼制工业污染物排放标准》(GB 31570)、《石油化学工业污染物排放标准》(GB 31571)、《合成树脂工业污染物排放标准》(GB 31572)。以上法律、法规、标准提出的环保指标给炼化企业的生产经营提出了新的挑战。

炼化企业是以原油、天然气为原料生产燃料、有机化学品和功能性有机合成材料的企业，同时也是燃料消耗密集型企业。排放的主要大气污染物为挥发性有机物、氮氧化物和二氧化硫；排放的水污染物主要为 COD、氨氮、石油类和有机特征污染物；产生的固体废物主要是含有机物和重金属的危险废物。归纳来说，生产过程原料、中间品、产品和催化剂(助剂)损耗是挥发性有机物、水污染物和危险废物产生的主要途径；燃料燃烧是氮氧化物和二氧化硫排放的主要原因。

本文从清洁生产、资源综合利用和污染治理三个方面阐述了炼化企业适应新环保要求的技术途径。

一、降低油品储存损耗

(1) 炼油企业增加各生产单元之间的联合，降低中间储罐的周转量。可以降低加热炉的燃料消耗、循环水消耗、减小中间储罐的大呼吸排放。

(2) 降低终端产品出装置的温度，降低油品储罐内气相空间的油气浓度，减少呼吸排放的总量。

(3) 最大限度采用双密封内浮顶罐，密闭浮盘上各类开口(人孔、采样孔、导向柱孔等)的缝隙，隔绝油品蒸气与大气的交换，减少挥发性有机物排放。

(4) 对固定顶罐采用氮(或干气)封，且把氮(干气)封气引入低压瓦斯管网回收。

二、回收有机固体物料干燥、脱气过程的有机溶剂

(1) 橡胶密闭循环干燥技术，回收干燥过程的挥发性有机物。

(2) 聚乙烯、聚丙烯密闭循环脱气技术，回收脱气过程产生的挥发性有机物。

三、建立生产设施泄放回收设施

(1) 依托各生产装置蒸馏(分馏)塔，利用蒸馏(分馏)顶冷凝系统，冷凝水蒸气和油，不凝气通过回流罐气体管道送低压瓦斯管网回收。完善有计划停工蒸汽吹扫流程。

(2) 建立安全阀后紧急泄放流程和设施，回收紧急泄放过程的液体和气体。

(3) 建立生产装置区设备、管线液体泄放收集环管系统。

四、降低泄漏造成的排放

(1) 建立动静密封点泄漏检测、修复程序，逐步改进动静密封件的选用标准。

(2) 轻质液体输送采用无泄漏设备。

(3) 建立循环水冷却设备泄漏监测系统。

五、逐步分类对化工精馏塔重组分、废油综合利用。

(1) 在炼化一体化企业，乙烯精馏重组分、苯乙烯精馏重组分、苯酚丙酮精馏重组分、丁辛醇精馏重组分、碳五精馏重组分等作为催化裂化、焦化装置原料。

(2) 泵、压缩机废润滑油作为催化、焦化装置原料。

(3) 热萃取技术回收废水处理油泥浮渣、罐底泥、废白土中油分。

六、装置内油水分离设施的优化和完善

(1) 分馏(精馏)塔顶回流罐容积、油水分离结构的优化，减少废水带油，这样可以减少废水集输和储存过程挥发性有机物和恶臭物质的排放。减少污油产生量，减少废水处理厂油泥、浮渣产生量。

(2) 加氢后油品水洗罐容积、油水分离结构的优化，减少废水带油。

(3) 生产装置区放空罐(池)油水分离结构的优化，消除废水集输系统挥发性有机物和恶臭物质的排放。

(4) 芳烃生产废水、丁辛醇生产废水、乙烯裂解急冷水等废水的蒸汽汽提-层析预处理，消除或减少挥发性有机物、有毒有害有机物在废水集输、储存过程的排放。

(5) 原油罐区采用二次脱水技术，减少脱水带油量，减少挥发性有机物和恶臭物质排放，同时减少污油和油泥浮渣产生量。

(6) 轻质油品中间罐脱水集中收集送酸性水汽提进行预处理，降低污水处理场进水二价硫和氨氮负荷，降低污水处理场恶臭物质向大气的释放量。

七、催化原料预处理和再生尾气处理过程优化

催化裂化原料脱硫。从催化尾气脱硫药剂消耗、废水处理、废渣处置与催化裂化原料预加氢处理的投资和操作成本等因素统筹优化，使催化裂化尾气达标成本最低。

八、功能微生物强化废水处理技术

针对不同废水中污染物种类，采用功能性微生物强化废水处理技术在不增加废水生物处理设施容积的条件下达标处理。如：在好氧生物处理设施中投加硝化菌；在间氧生物处理设施中投加脱总氮菌等。

九江石化智能工厂探索与实践

谢道雄

（中国石化九江分公司，九江　332004）

“十二五”期间，九江石化认真践行党的“十八大”提出的工业化和信息化深度融合战略以及《中国制造 2025》纲要精神，确立了“建设千万吨级一流炼化企业”的愿景目标，倾力培育“绿色低碳”“智能工厂”两大核心竞争优势。基于企业自身需求，九江石化顶层设计、科学规划、创新管理，围绕石化流程企业经济效益、安全环保和企业管理等核心业务，结合行业特点和全球最佳实践，提出了“提高发展质量、提升经济效益、支撑安全环保、固化卓越基因”的石化智能工厂建设目标任务，在“计划调度、安全环保、能源管理、装置操作、IT 管控”等五个领域，推进具有“自动化、数字化、可视化、模型化、集成化”特征的智能化应用。

经过几年的努力探索，九江石化智能工厂试点建设取得了初步成果，一系列先进信息技术在行业内首次应用，初步形成了数字化、网络化、智能化制造框架，走出一条创新发展、提质增效、转型升级的新路。一是在国内石化流程型企业典型信息化三层平台架构之上，创新构建了集中集成、数字炼厂、应急指挥三个公共服务平台，有效消除了各类“孤岛”；二是建成投用生产管控中心，实现了“经营优化、生产指挥、工艺操作、运行管理、专业支持、应急保障”六位一体功能定位，生产运行管理模式从“分散管控”走向“集中管控”；三是自主开发以经济效益最大化为目标的炼油全流程优化平台，实现了月计划-周调度-日平衡的双闭环管理，提升了快速复杂变化市场情况下石化企业生产经营的敏捷性和准确性；四是在国内外首家建成投用数字炼厂平台，实现企业级全场景覆盖、海量动态数据实时交互，开展了实时泛在感知、工艺设备管理、安全环保管理等一系列深化应用；五是在国内外首家建成投用面向工业企业的移动宽带专网，实现了复杂生产环境下的高速无线网络全覆盖，开展了音视频融合通讯、智能巡检、施工作业视频监控、应急指挥管理等一系列智能化应用。

这些建设成果有效地支撑核心业务管理绩效全面提升，一是大幅提升生产运行和施工作业的本质安全管理水平，公司连续 7 年获评中国石化安全生产先进单位；二是环保管理可视化、实时化，全过程监测污染物产生、处理与排放，主要污染物排放指标远优于国家标准并处于行业领先水平，连续两年获评中国石化环境保护先进单位；三是促进企业盈利能力大幅提升，公司各项技术经济指标在中国石化 25 家规模以上炼厂中排名稳步提升，加工吨油边际效益、账面利润分别排名第 4 位、第 7 位；四是通过组织机构调整、业务流程优化、信息系统深化应用等工作，企业管理及运营效率大幅提升，在炼油能力翻番的情况下，与 2010 年相比，公司外操室数量减少 35%、班组数量减少 13%、员工总数下降 12%。

下一步，九江石化将继续认真贯彻落实《中国制造 2025》纲要精神，巩固现有成果，深化系统应用，建设智能工厂升级版，推动我国石化工业智能制造迈向高端、原创和引领，打造国家级流程型工业智能制造示范企业。

炼化结构转型升级的思考及对策

何盛宝

（中国石油石油化工研究院，北京 102206）

当前全球能源行业正在发生深刻变化，能源消费清洁化、低碳化已成必然趋势。我国“十三五”规划纲要也明确提出，要深入推进能源革命，优化能源供给结构，提高能源利用效率，建设清洁、低碳、安全、高效的现代能源体系。石油作为世界第一大能源，除了用于生产更加清洁的汽柴油、航煤外，将尽可能多地生产烯烃、芳烃等基础化工原料，并逐渐与新材料、新能源发展实现深度融合，进一步拓展炼化行业发展空间。

我国作为世界第一大能源消费国、第二大石油消费国，石油严重依赖进口，对外依存度逐年攀升，石油需求也呈现逐年增长之势。伴随着我国石油消费需求的增长，近年来我国炼油产能迅速扩张，造成严重过剩局面。2016 年我国炼油能力达到 7.5 亿吨/年，开工率远低于世界平均水平，过剩产能近 8000 万吨/年。此外，我国炼化行业依然面临着成品油消费增速放缓、消费柴汽比逐渐下降、化工产能尤其是高端产能不足、市场参与主体多元化、新能源汽车快速发展等严峻挑战，炼化结构转型升级迫在眉睫。我国炼化结构转型升级需要牢牢把握宏观政策环境和市场需求变化，从炼化业务布局、原料和产品结构优化、炼厂智能化控制等方面多措并举，加快推进转型升级，实现稳健发展。转型升级方向具体表现为：(1)从燃料型炼油向燃料-化工原料型炼油转型；(2)化工原料结构从单一化向多元化转型；(3)炼化产品结构向清洁化、高端化转型；(4)从单厂运行优化向区域运行优化转型；(5)企业生产控制模式从信息化向智能化转型。

低油价下，中国石油承受巨大的经营压力，炼化业务需要做出更大的贡献，转型升级任重道远。采取的具体措施包括：(1)优化资源配置。按照“宜油则油、宜烯则烯、宜芳则芳”原则，由传统“馏分管理”向“分子管理”转变，在分子层次上实现资源优化配置；充分发挥上下游一体化优势，同时加强区域优化。(2)调整产品结构。顺应发展环境和市场变化需求，大力增产航煤和高标号汽油，增产适销对路特色产品，同时要实现化工产品结构向高端化、精细化发展。(3)开展优化运行。强化成本管理，努力推进降本增效；优化现有装置操作，多产优质化工原料。(4)强化技术创新。在传统技术领域，加强炼化转型升级技术的研发和推广应用力度；在新技术和新材料领域，与国内外一流科研院所、大学开展合作，强化天然气/合成气直接制烯烃、高性能材料等前沿技术的研发。石油化工研究院作为中国石油唯一直属的炼油化工研发机构，为中国石油炼化业务结构转型升级提供了强有力的技术支撑。在清洁汽柴油生产技术、催化裂化系列催化剂、聚烯烃催化剂和新产品、环保化合成橡胶新产品等领域实现了研发突破并进行了大范围的推广应用。

关键词　炼化结构　转型升级　对策　产品结构　技术创新

中国海油炼化产业产品结构转型升级之 COAL 策略的探索与实践

吴 青

（中国海洋石油总公司，北京 100010）

中国海油下游炼化产业，依托其独特的海洋石油资源，经历了近 30 年的不断摸索，开拓出了一条差异化、特色化的发展之路。现有炼油能力 4970 万吨/年（其中重油 2230 万吨/年），乙烯产能 220 万吨/年，PX 产能 100 万吨/年，并形成以惠州石化为代表的“两洲一湾”产业布局。

虽然中海油炼化产业具有较强的成本优势、区位优势、后发优势和政策优势，但我们也深刻认识到自身的不足，包括，油品销售网络弱、发展困难，企业点多面广、协调发展难，加工流程短、综合附加值低等。对标分析可以看出，中海油炼化板块的利润贡献与一流能源公司相比差距较大，其改进方向在于：一是调整产销结构，补齐销售短板；二是改善产品结构，提高附加值；最有效的手段是实施“量体裁衣”式的技术方案，坚持“合规可持续、流程差异化、产品高价值、结构特色化”的原则，积极推进产品结构转型升级。

概况来讲，中海油炼化产业的产品结构转型升级就是以去产能、调结构、提质增效为目标，以成品油质量升级和提升炼化一体化水平为着力点，按照市场化、集约化、基地化方向和要求，推进炼油产业供给侧结构性改革，重点满足油品质量升级要求，加强炼化产业的差异化发展，延伸产业链，发展具有中国海油特色的高附加值产品和产业，实现资源的有效利用和增值。

基于以上总体思路，提出了中海油炼化产业产品结构转型升级的“COAL”策略，指导生产企业调整生产方案，优化产品结构，增产芳烃、烯烃、润滑油等高附加值产品，提升企业创效能力。

其中，

（1）“C”代表海洋原油资源（Crude）& 新型催化剂（Catalyst）。内容包括：建立原油分子信息库并指导原油资源的优化配置；建立原油分子组成与宏观性质的关联实现原油分子重构；利用分子重构技术进行原油快评以及产品性质预测；开发具有海油特色的系列炼油、化工催化剂来替代进口催化剂。

（2）“O”代表烯烃转化（Olefin）& 清洁汽柴油生产（Oil）。内容包括：提高炼厂烯烃的综合利用水平，着力乙烯原料优化与产业链延伸、炼厂低碳烯烃的化工利用；针对国 VI 汽油生产的组合技术研发，实现降硫、降芳、降烯烃和提高汽油辛烷值的目的；长周期生产国 VI 柴油的成套技术开发，实现降硫、降芳，并提高柴油十六烷值。

（3）“A”代表芳烃生产（Aromatics）& Asphalt（品牌沥青）。芳烃生产需依托大型石化基地原料资源保障和一体化配套设施，优化物料互供，也考虑炼油最大化生产芳烃路线；品牌沥青则以维护“中海油36-1”的第一品牌形象为目的，向系列化、差异化和高端化发展。

(4)“L”代表润滑油生产(Lubricant)& 产品线延伸(Line-extensions)。润滑油生产应充分利用中海油丰富的环烷基和石蜡基原油资源优势，完善高价值产品系列化，促使“海疆”润滑油进入中高端市场；产品线延伸则包括延伸乙烯、丙烯、芳烃下游产品线，丰富润滑油成品油生产，并增强企业最终端的销售与市场开拓。

中海油近几年的产品结构转型升级实践得出：(1)原油性质是决定加工流程选择的第一要素；(2)产品方案应根据市场需求、经济效益等来确定；(3)投资控制和效益评价是加工流程选择与优化的重要方式；(4)国家政策、自身条件状况等是体现特色化、差异化的最大原因。

根据企业规模、资源特征、配套工程等制定不同的实施方案。对于以惠州石化为代表的特大型企业，依托一体化石化基地，通过流程优化及新技术应用，转产烯烃、芳烃，提升企业盈利能力。对于以大榭石化为代表的大/中型企业，围绕一套核心装置(如，DCC装置)，以丙烯、芳烃等化工品为发展重心，适度增加规模，延长产业链，实现全厂效益最大化。对于中/小型企业，则充分利用资源优势与品牌优势，实现差异化、特色化沥青、润滑油产品的灵活生产。

为应对清洁化生产的严格要求，以及产能过剩的严峻形势，中海油统筹考虑资源的安全稳定供应，以市场需求为导向，以销售实现价值为指引，转变发展方式，满足不断提升的安全、环保和油品质量要求，整体谋划合理的炼油规模总量和发展速度，推进产业结构优化升级，坚持“集约化、差异化”发展模式，增强产业竞争力，实现中海油炼化产业的绿色、低碳、循环与可持续发展。

解读中国第六阶段车用燃油标准

倪　蓓

（中国石化石油化工科学研究院，北京　100083）

1　前言

随着国民经济的高速发展，中国汽车的产量和保有量呈现出井喷式的高速增加。统计数据表明，2016年我国汽车产销量已分别达到2811.9万辆和2802.8万辆，其产量持续8年位居全球第一。截至2016年底，我国汽车保有量已经达到1.84亿辆。汽车在生活中的大量使用，在给人们的出行带来便捷的同时，也对大气质量造成一定的影响。根据国家环保部发布的《中国机动车环境管理年报》(2017)的数据统计，2016年，全国机动车排放污染物排放量为4472.5万吨，比2015年削减1.3%。机动车污染已成为我国空气污染的重要来源，是造成细颗粒物、光化学烟雾污染的重要原因，机动车污染防治的紧迫性日益凸显。因此进一步加严汽车尾气控制排放标准，提高我国车用燃料的质量水平，制定满足我国第六阶段排放要求的车用燃料标准是十分必要的。

纵观我国车用燃料标准的发展现状，第五阶段的车用汽油和车用柴油在硫含量、苯含量以及十六烷值等主要技术指标上已经达到了欧盟现阶段的要求，然而在车用汽油的烯烃和芳烃含量、车用柴油的多环芳烃含量等技术指标上尚存在一定的差距，为此鉴于欧盟在实施欧六排放标准时，其车用汽油和车用柴油标准在技术要求上未见比欧五阶段有进一步的提高，因此在本次标准修订过程中，主要是针对我国现行标准中与欧盟标准的技术差异，在对国内炼油行业进行产品质量调查的基础上，完成了中国第六阶段车用汽油和车用柴油国家标准的研制工作。

2　第六阶段车用汽油标准的主要修订内容

中国第六阶段车用汽油国家标准是在第五阶段车用汽油标准上进行修订。从技术指标上看，国六阶段车用汽油与国五阶段车用汽油相比，主要技术指标差异如下：

——降低了车用汽油的烯烃含量，其体积分数由原来的不大于24%分别修订为不大于18%(ⅥA阶段)和15%(ⅥB阶段)；

——降低了车用汽油的芳烃含量，其体积分数由原来的不大于40%修订为不大于35%；

——降低了车用汽油的苯含量，其体积分数由不大于1.0%修订为不大于0.8%；

——降低了车用汽油的T50限值，由原来的不大于120℃了修订为不大于110℃；

——取消了硫醇硫定量检测的技术要求；

——修改了汽油烯烃和芳烃含量测定的仲裁检测方法。

3 第六阶段车用柴油标准的主要修订内容

中国第六阶段车用柴油国家标准是在第五阶段车用柴油标准上进行修订。从技术指标上看，国六阶段车用柴油与国五阶段车用柴油相比，主要技术指标差异如下：

——将车用柴油中的多环芳烃质量分数由原来的不大于11%，降低为不大于7%；

——增加车用柴油中总污染物含量的技术要求和检测方法；

——车用柴油的密度依据牌号修订为810~845 kg/m^3、790~840 kg/m^3。

——同时此次修订标准中还提高了5号、0号、-10号车用柴油的闪点指标限值。

——修改了车用柴油残炭值的仲裁检测方法。

4 小结

随着我国汽车保有量的继续增加，汽车的大量使用，在给人们生活带来便捷的同时，也对大气环境造成一定程度的破坏。因此不断提高车用汽油和车用柴油的质量，以满足我国不断严格的机动车排放控制要求，这对于改善我国大气环境环境是非常必要，并且具有重要社会的意义。现已发布的中国第六阶段车用汽油和车用柴油标准在主要技术指标上已经达到了欧盟现阶段车用燃料的质量要求，并且在一些技术要求上已经优于现行的欧盟标准，处于国际领先水平。预计该标准实施后，将有利于促进国内炼油行业的技术进步和装置改造，进一步提升我国车用汽油和车用柴油的产品质量，保障了我国第六阶段机动车排放标准的顺利实施。

企业实际创新发展加氢裂化技术

方向晨

（中国石化抚顺石油化工研究院，抚顺　113001）

加氢裂化技术是唯一可以在重油轻质化同时生产清洁油品和优质化工原料的技术，在我国得到了飞速的发展。抚顺石油化工研究院（FRIPP）经过近60年的努力，结合国内炼油企业实际情况，开发了可适应用户不同需求的加氢裂化系列技术。工艺研究和工业应用结果表明，采用抚顺石油化工研究院开发的加氢裂化技术，根据用户不同需求可以生产收率最高达78%以上的中间馏分油或生产收率约95%的优质化工轻油或兼顾考虑中间馏分油和化工原料的生产需求。此外，针对催化柴油FRIPP开发了加氢裂化掺炼催化柴油技术和高芳烃柴油加氢转化生产高附加值石脑油技术，针对节能降耗FRIPP与洛阳石化工程公司等单位合作开发了SHEER高能效加氢成套技术，这些技术都适应了现代化炼油企业的发展趋势，取得了较好的工业应用效果或即将开展工业应用试验。

针对用户对清洁中间馏分油品的需求，FRIPP开发了系列多产中间馏分油的加氢裂化技术，包括FDC单段两剂多产中间馏分油加氢裂化技术，FMD1多产中间馏分油一段串联加氢裂化技术和FMD2最大量生产中间馏分油的两段加氢裂化技术。工业应用结果表明，FRIPP开发的多产中间馏分油加氢裂化技术中间馏分油收率最高可达78%以上。

针对国内化工原料紧缺的现状，FRIPP开发了系列多产优质化工原料的加氢裂化技术，包括FMN最大量生产催化重整原料的一段串联全循环加氢裂化技术，FMC1多产化工原料的一段串联一次通过加氢裂化技术和FMC2多产优质化工原料的两段加氢裂化技术。

根据用户希望加氢裂化装置既可以多产化工原料、又可以多产中间馏分油、随时满足不同时期市场对不同产品需求的要求，FRIPP开发了FHC灵活生产化工原料和中间馏分油的加氢裂化技术。该技术包括单段串联单程通过、单段串联部分循环和单段串联全循环等操作流程，用户可通过更换加氢裂化催化剂、或改变装置操作流程、或改变产品切割点等方法，随时调整生产方案。当用户按照多产中间馏分油方案运行时，生产的中间馏分油（喷气燃料和柴油）收率可达到60%～65%；当采用多产化工原料方式操作时，化工石脑油产率可达30%～40%，化工原料总收率可以达到60%～65%。

针对传统技术不足，中国石化开发了两种特色成套技术，实现了柴油高效质量升级和节能减排。低投资、低能耗的柴油加氢改质成套技术（SHEER），在实现大幅提高柴油十六烷值、降低密度的基础上，发明了提高反应热热源温位的催化剂级配方法，实现了反应热高效利用，首创“自供热”加氢工艺技术，建成世界首套工业化新型加氢改质装置，实现只设小型简易开工炉、进入正常生产即关闭开工炉的目的，能耗降低67%。催化柴油加氢转化为高辛烷值清洁汽油技术（FD2G）通过微观调控双功能催化剂的构效关系，创制了多环芳烃定向转化催化剂。发明变压、变温等多维操作方法，开发了抑制芳烃过度加氢饱和的催化柴油加氢转化工艺技术，可以生产50%及以上，高辛烷值91～94的国Ⅴ汽油组分。

关键词　加氢裂化　催化柴油　清洁油品　化工原料

LTAG 技术的操作控制及其经济性

龚剑洪　唐津莲　毛安国　常学良　曾宿主

（中国石化石油化工科学研究院，北京　100083）

LTAG（LCO To Aromatics and Gasoline）技术是石油化工科学研究院近期开发的将劣质LCO转化为高辛烷值催化汽油或轻质芳烃（BTX）的技术。其主要是通过加氢单元和催化裂化单元组合，将LCO馏分中的芳烃先选择性加氢饱和后再进行选择性催化裂化，通过设置加氢LCO转化区，同时优化匹配加氢单元和催化裂化单元的工艺参数，实现最大化生产高辛烷值汽油或轻质芳烃[1-2]。LTAG技术自2015年首次工业应用以来，目前已经在国内推广应用近20套，为中国石化压减柴汽比作出了巨大贡献。在推广应用的这些装置中，有些取得了很好的工业应用结果，消减LCO和增产高辛烷值汽油明显；但也有部分企业在应用过程中因各种约束条件限制，未取得较好效果，从而对技术本身及其经济性产生怀疑。我们从LTAG技术研发思路入手，探讨了LTAG技术的操作控制及其经济性。

1　LTAG 技术的操作控制

1.1　LCO 的加氢控制

LTAG技术研发的关键点之一在于将LCO中富含的二环及三环芳烃（或称多环芳烃）转变成烷基苯，由于二环及三环芳烃在催化裂化条件下无法直接开环裂化，需要加氢生成氢化芳烃或者环烷烃。因此，实现LTAG技术操作优化的第一关键点是控制LCO的加氢深度，或者说控制加氢LCO中的多环芳烃含量不宜过高。图1中给出了LCO及加氢LCO中多环芳烃含量与催化裂化转化率的关系。图2给出了加氢LCO中多环芳烃含量和催化裂化产物汽油选择性的关系。

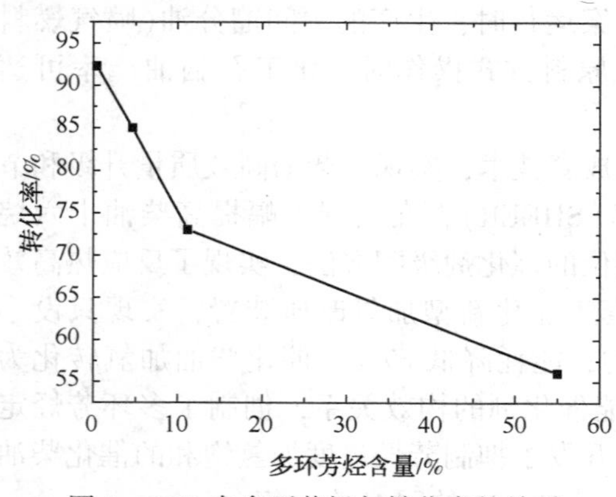

图1　LCO中多环芳烃与转化率的关系

（T=500℃，C/O=6）

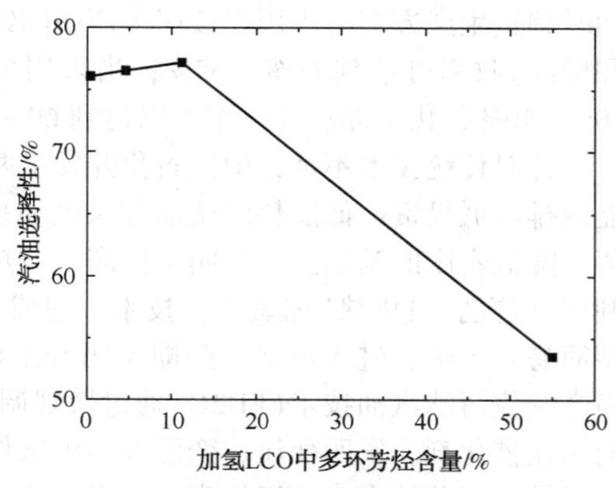

图2　LCO中多环芳烃与汽油选择性的关系

（T=500℃，C/O=6）

从图 1 中可以看出，随着加氢 LCO 中多环芳烃含量的增加，转化率明显降低。从图中还可以看出，如果需要保证加氢 LCO 的转化率在 70%左右，加氢 LCO 中的多环芳烃含量不宜超过 18%。

从图 2 可以发现，随着 LCO 加氢深度的增加，加氢 LCO 中多环芳烃含量逐渐减少，其催化裂化产物汽油选择性显著增加；但如果加氢深度进一步增加至加氢 LCO 中多环芳烃含量低于 12%时，产物汽油选择性则开始逐渐降低。

因此，为了更好地实现 LTAG 技术效果，LCO 加氢单元要严格控制 LCO 的加氢深度，控制加氢 LCO 中多环芳烃含量。

1.2 加氢 LCO 催化裂化控制

正如上面提到的，LTAG 技术中要严格控制 LCO 加氢深度，最终导致 LCO 中的多环芳烃加氢饱和主要生成四氢萘型的单环芳烃。加氢 LCO 中富含的四氢萘型单环芳烃在催化裂化条件下容易发生开环裂化和氢转移反应，见图 3。在较低温度催化裂化条件下，四氢萘型单环芳烃比发生开环裂化反应更容易作为供氢体发生氢转移反应而重新生成双环芳烃[3]，这是 LTAG 技术极力避免的。LTAG 技术中需要强化开环裂化反应生成烷基苯，从而获得高辛烷值汽油组分。

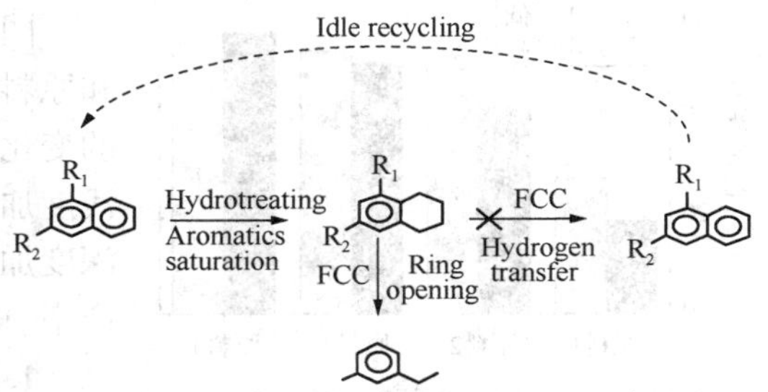

图 3 四氢萘型单环芳烃催化裂化下的反应途径

1.2.1 反应温度的控制

LTAG 技术中，为最大化生产汽油，催化裂化反应温度的控制与加氢 LCO 中多环芳烃的含量密切相关。一般而言，加氢 LCO 中多环芳烃含量越高，反应温度要求控制越高。图 4 给出了不同加氢深度的加氢 LCO 催化裂化汽油产率随反应温度的变化。从图中可以发现，加氢 LCO 催化裂化汽油产率随反应温度的变化存在最大值，对于不同加氢深度的加氢 LCO，该最大值对应的温度不同：LCO 浅度加氢时，获得最大汽油产率所需的反应温度要更高些；LCO 深度加氢时，获得最大汽油产率所需的反应温度要更低些。

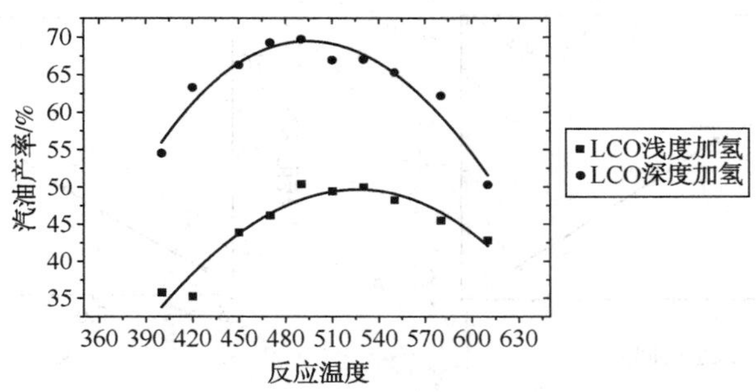

图 4 不同加氢 LCO 的汽油产率随反应温度的变化

1.2.2 剂油比的控制

图 5 给出了不同加氢深度的加氢 LCO 催化裂化汽油产率随剂油比的变化。从图中可以看出，当 LCO 加氢深度较高时，如果为追求最大汽油产率，存在一个适宜的剂油比；如果

加氢LCO加氢深度较低时，需要较高的剂油比才能获得较高的汽油产率。

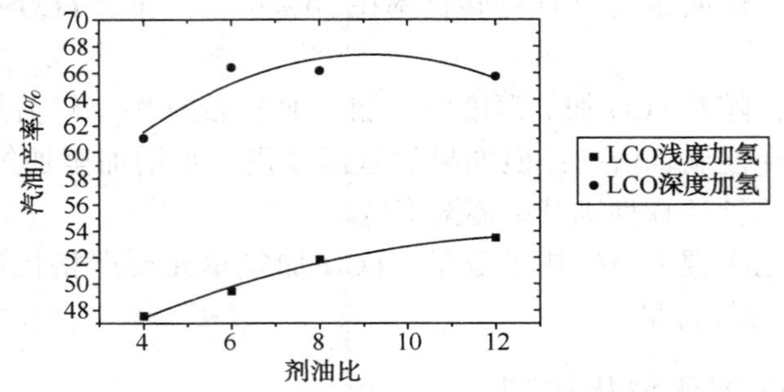

图5　不同加氢LCO的汽油产率随剂油比的变化

1.2.3　催化剂活性的控制

图6给出了四种加氢LCO（原料1、原料2、原料3和原料4）在不同活性催化剂上催化裂化反应时汽油产率的变化。从图中可以看出，为了获得高汽油产率，对于浅度加氢的加氢LCO，需要较高活性的催化剂；而对于深度加氢的加氢LCO，较低活性催化剂便可获得高汽油产率。

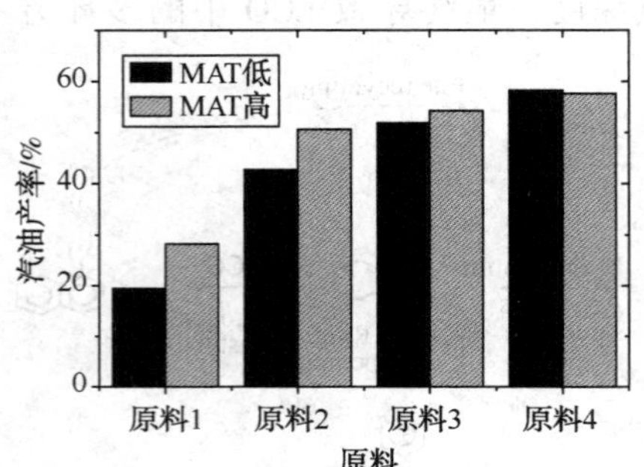

图6　不同加氢LCO在不同活性催化剂上反应时汽油产率变化

1.2.4　反应时间控制

LTAG技术中加氢LCO的加工量与反应时间直接相关。图7给出了加氢LCO催化裂化产物汽油选择性随反应时间的变化。图8给出了加氢LCO催化裂化转化率随反应时间的变化。从图7可以看出，随着反应时间的增加，产物汽油选择性明显降低。表明对加氢LCO原料而言，较短反应时间就可以获得高的汽油选择性。但同时从图8可以发现，短反应时间意味着加氢LCO转化率低。因此对于LTAG技术加氢LCO和重油分层进料模式而言，为更好地实施LTAG技术，需要严格控制加氢LCO的回炼比。而对于LTAG技术单独加工加氢LCO模式，由于反应时间涉及产品选择性、生焦和催化装置热平衡，同样需要严格控制。

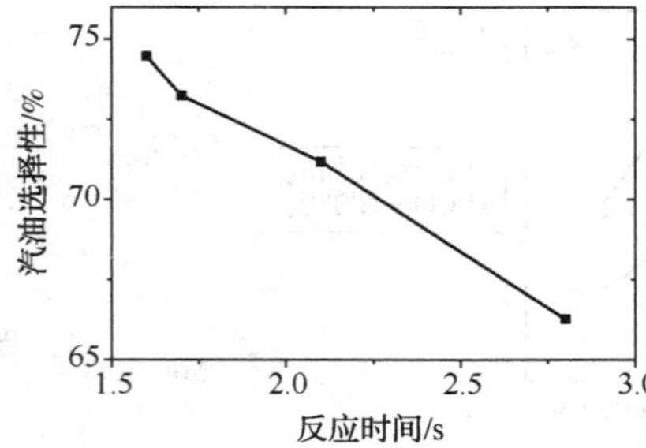

图7　加氢LCO催化裂化汽油选择性随反应时间变化

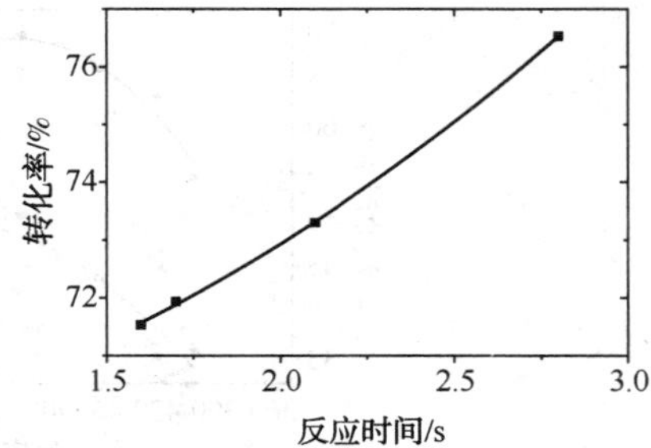

图8　加氢LCO催化裂化转化率随反应时间变化

因此综上所述，LTAG技术是选择性加氢和选择性催化裂化的组合，加氢单元需要控制加氢LCO中的多环芳烃含量，而催化单元需要根据加氢LCO的性质，灵活控制催化裂化的操作参数才能更好地实施 LTAG 技术，更好地实现加氢 LCO 的高转化率和高汽油选择性。

2 LTAG 技术的经济性

从 2016 年 1 月至 2017 年 6 月，LTAG 技术已经在国内投用 17 套工业装置。如果按照截至 2016 年底投用的 12 套 LTAG 装置计算，LTAG 技术年加工加氢 LCO 为 272.47 万吨，压减 LCO 为 187.63 万吨/年，增产高辛烷值汽油 125.02 万吨/年。以某炼厂 LTAG 技术实施方案为例，按照表 1 的价格体系进行 LTAG 技术的效益核算，加工每吨 LCO 的利润为 411.93 元。按 12 套 LTAG 装置年加工 272.47 万吨加氢 LCO 进行计算，则 LTAG 技术年新增总利润 11.2 亿元。

表 1 原料与产品价格

产品与原料	价格/(元/吨)	产品与原料	价格/(元/吨)
干气	1245.0	油浆	1970.8
液化气	3615.0	外购渣油	2873.8
丙烯	6290.0	外购蜡油	3592.7
石脑油	2833.5	外购直馏柴油	3567.9
汽油	3888.0	外购氢气	13378.0
柴油	3257.9		

注：外购直馏柴油十六烷值按照 51 考虑。

3 小结

LTAG 技术采用选择性加氢和选择性催化裂化将 LCO 转化为高辛烷值汽油或轻质芳烃，具有巨大的经济效益。但由于该技术在加氢和催化单元均需要强调选择性，因此需要对加氢和催化单元的具体操作进行优化控制。加氢单元要严格控制加氢 LCO 中的多环芳烃含量，催化单元则需要根据加氢 LCO 的性质灵活控制催化操作参数。

参 考 文 献

[1] 龚剑洪，龙军，毛安国，等．LCO 加氢-催化组合生产高辛烷值汽油或轻质芳烃技术(LTAG)的开发．石油学报：石油加工，2016，32(5)：867-874.

[2] 龚剑洪，毛安国，刘晓欣，等．LCO 加氢-催化组合生产高辛烷值汽油或轻质芳烃(LTAG)技术及工业应用试验．石油炼制与化工，2016，47(9)：1-5.

[3] Corma A, Ortega F J. Influence of adsorption parameters on catalytic cracking and catalyst decay[J]. Journal of catalysis, 2005, 233: 257-265.

C_5/C_6异构化技术

于中伟

（中国石化石油化工科学研究院，北京　100083）

C_5/C_6烷烃异构化是提高汽油辛烷值的一个重要手段，C_5/C_6异构化油是一种低硫，无芳烃和烯烃的环境友好产品，是调配清洁汽油的理想组分。

根据使用温度的不同，现有的C_5/C_6烷烃异构化催化剂大致分为中温型和低温型两大类。低温型异构化催化剂使用温度在100~150℃范围内，为卤化氧化铝载上贵金属铂的催化剂，由于烷烃异构化反应为放热反应，因此低温反应异构烷烃的收率较高，一次通过产品的辛烷值RON可以达到83~84，但此类催化剂对原料油杂质要求甚高，尤其对原料油中的水和硫有严格的限制。由于必须大量注氯来维持催化剂的酸性功能，因而对装置腐蚀严重。中温型异构化催化剂使用温度在250~300℃范围内，以改性沸石为载体载以贵金属铂或钯，此类催化剂对原料油中的水和硫等杂质要求不高，对装置无腐蚀，但由于热力学平衡的限制，异构化转化率较低，一次通过产品的辛烷值RON只有79~80。近年来新出现的SO_4^{2-}/M_xO_y型固体超强酸催化剂，不仅具有较强的酸性，而且具有对环境友好、热稳定性高、容易制备与保存、易与反应产物分离及可反复再生使用等优点，尤其是在较低温度下具有很高的烷烃异构化活性，因而被人们认为是最有前途的烷烃异构化催化剂。与中温沸石型异构化催化剂相比，操作温度降为150~200℃，一次通过异构化产品的辛烷值RON达到82~83，比沸石催化剂高2~3个单位，且对原料精制的要求与中温型异构化工艺基本相同，在未来的一段时间内该工艺将会逐步替代目前采用分子筛催化剂的中温异构化工艺。

石科院从20世纪90年代就开始开展C_5/C_6异构化催化剂和工艺的研究工作，第一代采用改性复合分子筛催化剂的中温异构化RISO工艺于2001年在湛江东兴180kt/a年异构化装置上首次得到成功应用，这是我国第一套C_5/C_6异构化工业装置，填补了我国在该领域的空白。该装置采用“脱异戊烷+异构化一次通过”流程，具体见图1。

湛江异构化装置运转结果见表1。

表1　湛江异构化工业装置运转结果

加权平均床层温度/℃	261	产品辛烷值(RON)	81
反应压力/MPa	1.74	C_5异构化率/%(m)	65.5
重量空速/h^{-1}	0.71	C_6异构化率/%(m)	82
氢油比(mol)	4.0		

鉴于分子筛异构化催化剂反应温度较高，异构化平衡转化率较低，因此限制了异构化汽油产品辛烷值的提高。随着汽油质量升级的要求，对异构化汽油的辛烷值也提出了更高的要求，迫切需要开发出性能更好，反应温度更低，异构化产品辛烷值更高的异构化催化剂。在国家科技部“973”项目、“十一五”国家科技部科技支撑项目以及中石化股份公司课题的支持下，石科院开展了新一代固体超强酸异构化催化剂和异构化工艺的研发工作。在固体超强酸

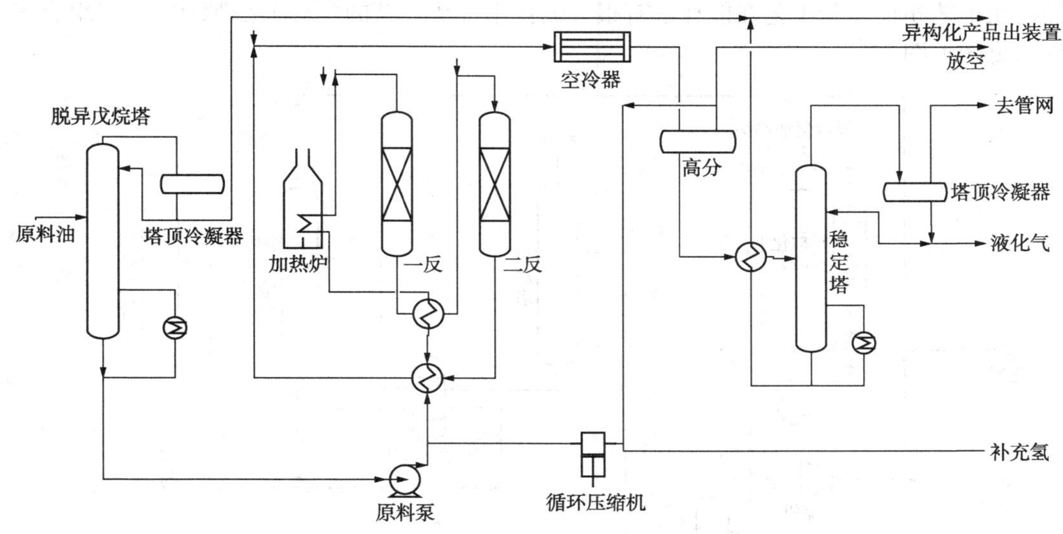

图 1　湛江异构化流程图

催化剂制备技术方面，石科院开展了水热法制备细晶粒、大比表面积 SO_4^{2-}/ZrO_2型固体超强酸催化剂的研究，通过实验发现，采用适当的水热处理方法，可以使 SO_4^{2-}/ZrO_2的比表面从 $65m^2/g$ 提高到 $110m^2/g$ 以上，平均晶粒粒径由 23nm 减小到 7nm，从而开发出了新型的固体超强酸催化材料。采用这种材料制备的催化剂，在戊烷异构化反应中，反应温度 150℃，戊烷的异构化率可以由 64.1%提高到 78.8%，催化剂的异构化性能有了显著提高。同时通过研究还发现，固体超强酸催化剂的异构化性能与其对水的耐受性密切相关，石科院开发的新型固体超强酸异构化催化剂对水的耐受能力较强，只需将反应原料中的水含量控制在 5μg/g 以下，催化剂就可以保持较好的异构化活性，而国外同类催化剂一般要求原料中水含量必须要低于 2μg/g，与国外同类技术相比，石科院开发的催化剂显示了较为显著的技术优势。

2016 年石科院开发的新一代固体超强酸异构化催化剂在湛江东兴异构化工业装置上得到首次应用，除将原装置使用的分子筛催化剂更换外，只新增加了异构化原料油及循环氢系统的分子筛干燥罐。在反应温度降至 160℃的条件下，异构化产品辛烷值达到 RON85，装置开车一次成功，采用固体超强酸催化剂的工业运转结果见表 2。

表 2　超强酸催化剂工业运转结果

入口温度/℃	160	产品辛烷值(RON)	85
反应压力/MPa	1.60	C_5异构化率/%(m)	74.5
重量空速/h^{-1}	1.26	C_6异构化率/%(m)	85.1
氢油比(mol)	2.0		

由于烷烃异构化反应受热力学平衡控制，因此在异构化反应产物中不可避免地还会含有部分正构烷烃，为了进一步提高异构化产品的辛烷值，通常需要将异构化反应产物中的正构烷烃分离出来，再循环回反应器继续反应以进一步提高产品的辛烷值。为此石科院开发了具有自主知识产权的 C_5/C_6正、异构烷烃吸附分离技术，使用分子筛吸附剂选择性吸附正构烷烃，可以使正、异构烷烃得到分离，该技术具有分离效率高、能耗低的特点，与石科院异构化技术相结合，可以使异构化产品辛烷值达到 RON88 以上，与传统的异构化结合精馏分离

的异构化工艺相比，新工艺在能耗上有很大的技术优势。新的“异构化+吸附分离”组合工艺流程示意图见图2。

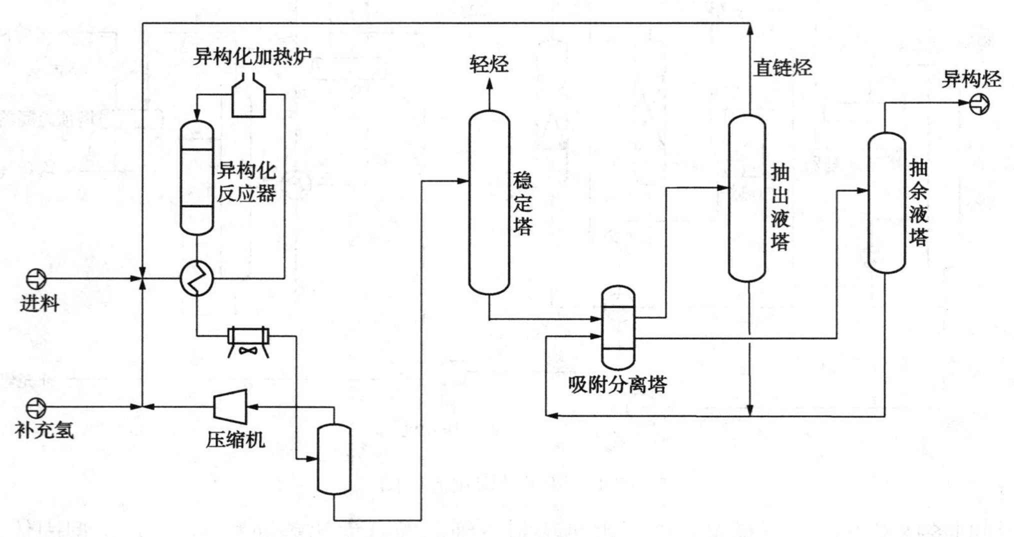

图2　异构化+吸附分离流程图

高汽油收率低碳排放
催化裂化新材料的研发与应用

张忠东

（中国石油石油化工研究院，北京　102206）

催化裂化(FCC)是我国生产轻质油品的主要手段，承担了约70%车用汽油组分的生产任务，烧焦再生过程每年排放 CO_2约5000万吨，是炼厂最大的碳排放源。增加FCC汽油收率的同时降低碳排放，不仅是油品结构调整、汽油质量升级和环境保护的重大国家需求，而且也是制约炼油工业发展的重大技术难题，解决问题的关键是FCC催化剂的技术进步。

本文针对油气大分子在FCC催化剂的扩散控制和选择性转化等问题，在Y沸石高度介孔化和中大孔载体材料B酸化等技术方面取得突破，营造了有利于原料油大分子向汽油分子可控转化的反应环境，开发了高汽油收率低碳排放催化剂，在国内炼厂实现了工业应用。

针对重油大分子在基质上的预裂化，开发了新型富B酸多孔基质材料，N_2吸附表征显示其孔体积为0.99mL/g，BET比表面积为112.5 m^2/g，与现有基质拟薄水铝石对比，孔体积为其2.8倍，最可几孔径为其10倍以上。红外酸性表征表明，其含有弱酸中心，且酸中心以B酸为主，其L酸、B酸总量分别为62.26μmol/g及104.12 μmol/g。与空白催化剂相比，引入10%新型多孔基质材料后，提升管评价结果表明，催化剂转化率增加1.45个百分点，油浆下降0.58个百分点，总液收增加1.29个百分点，表现出了重油转化能力增强的特点。

Y分子筛作为催化裂化催化剂的核心活性组分之一，担负着重油大分子的二次裂化功能，本文采用“碱处理脱硅-水热脱铝晶内造孔”的独特方法，在NaY合成中先脱硅形成独特的含铝羟基窝，进而脱铝形成含两个“T”空位的不可修复羟基窝。以工业合成高硅NaY分子筛为原料，将碱处理工艺引入到高硅NaY的改性中，获得了碱处理过程中结构缺陷的形成规律、后续离子交换过程的影响规律，以及对催化性能和产品分布的影响。同时通过运用多种表征手段研究Y分子筛的结构特征和性质，提出了“铝羟基窝存在产生二次孔”的创新推论。从ACE评价结果可以看出，碱处理后产品制备的催化剂焦炭产率和干气产率降低，总液体(液化气+汽油+柴油)收率提高1个百分点以上，而轻质油(汽油和柴油)收率更是提高了2个百分点以上，焦炭产率降低了1.2个百分点以上。说明碱处理后分子筛制备的催化剂可更有效的使重油转化为液化气、汽油、柴油，尤其是高附加值产品汽油。

基于上述技术，将富B酸基质材料和“铝羟基窝存在产生二次孔”Y分子筛改性技术，耦合催化裂化催化剂的制备工艺，成功制备了催化剂，并实现了工业放大，放大的催化剂在国内某炼厂300万吨/年催化裂化装置应用后，结果表明：在原料油Ni，V等重金属含量增加，污染指数大幅升高的前提下，与对比催化剂相比，汽油产率增加 0.29 个百分点，焦炭产率降低 1.03 个百分点，油浆产率降低 0.71 个百分点。总液收(液化气+汽油+柴油)增加 1.76 个百分点。

综上，采用富 B 酸基质材料和“铝羟基窝存在产生二次孔”Y 分子筛改性技术，成功制备了催化剂，并实现了工业应用，提高了汽油收率，降低了焦炭产率，取得了较优的应用效果，达到了高汽油产率低碳排放的炼厂需求。

炼油工业废水局部近零排放技术

郭宏山

（中国石化抚顺石油化工研究院，抚顺　113001）

在石油炼制的物理分离或化学反应过程中，除环烷酸、酚类、苯系物、杂环化合物、石油类等有机污染物外，氯化物、硫酸根等无机离子也从各工艺单元转入排水系统，导致炼油废水的含盐量增加。另一方面，我国各地逐步近年颁布了较为严格的排放标准，更有部分地区将废水含盐量列入控制指标。如：北京市《水污染物综合排放标准》(DB 11/307—2013)规定可溶性固体总量为1000mg/L(A排放限制)和1600mg/L(B排放限值)；上海市《污水综合排放标准》(DB 31/199—2009)中规定特殊保护区域溶解性固体总量执行2000mg/L标准；山东省小清河、海河等流域自2016年1月1日起，全盐量指标限值执行1600mg/L的要求。因此，无论是从废水资源化利用，还是满足含盐量排放指标方面，均有必要对部分高含盐废水实施近零排放处理。

炼油工业排放的较高盐度废水主要包括：电脱盐排水、反渗透浓水、循环水场排水等，总溶解性固体含量一般为2000~4000mg/L。其中，电脱盐排水含油量高、有机物含量多、成分复杂，反渗透浓水可生化性差，循环水场排水含有部分杀菌剂、阻垢剂，均不易被生物降解；高盐度废水主要为：锅炉及催化裂化脱硫脱硝装置排水、汽柴油及液态烃碱渣、酸碱中和水等，其总溶解性固体含量一般为20000~50000mg/L。其中，脱硫脱硝装置排水随工艺不同含有大量的有机物、硝酸盐、亚硝酸盐、亚硫酸盐，为后续的杂盐结晶或分制盐结晶带来不利影响。汽柴油及液态烃碱渣中污染物成分复杂，不同的废水预处理工艺的污染成分不同，直接影响脱盐工艺的稳定运行。由此可见，对炼油含盐、高盐废水实施近零排放处理难度大、要求高，亟需开展深入研究探讨。

近年的科研和实践结果表明，对炼油废水实施局部近零排放处理应着重围绕“预处理-减量化-深度浓缩-分制盐结晶”开展技术工作，尽可能实现适度预处理、充分减量化、高效深度浓缩，并保证分制结晶盐的纯度，最终实现系统的稳定(长周期)、低成本(用得起)和资源化(结晶盐和产水的回收利用)。基于以上原则，提出如图1、图2炼油废水局部近零排放处理两条工艺路线。

预处理包括前期预处理和主体预处理，其中前期预处理主要针对不同种类含盐或高盐废水开展隔油、浮选、生化等必要的处理，以降低石油类、COD、氨氮、总氮等常规指标；主体预处理的目的是去除钙、镁硬度、硅、氟化物、有机污染物等。主体预处理部分的主要处理方法为分级软化，即加药澄清+弱酸树脂软化。经均质均量的废水经提升泵送至澄清池内，并向池内投加Na_2CO_3、NaOH、PAC、PAM等药剂，将水中的Ca^{2+}、Mg^{2+}等转化为难溶化合物，使原水中的悬浮物、有机物、胶体等物质凝聚成较大的絮凝物，通过沉淀得到有效的去除。同时，澄清池可在一定程度上降低来水的悬浮物，为后续过滤系统及弱酸树脂装置的稳定运行创造良好条件。

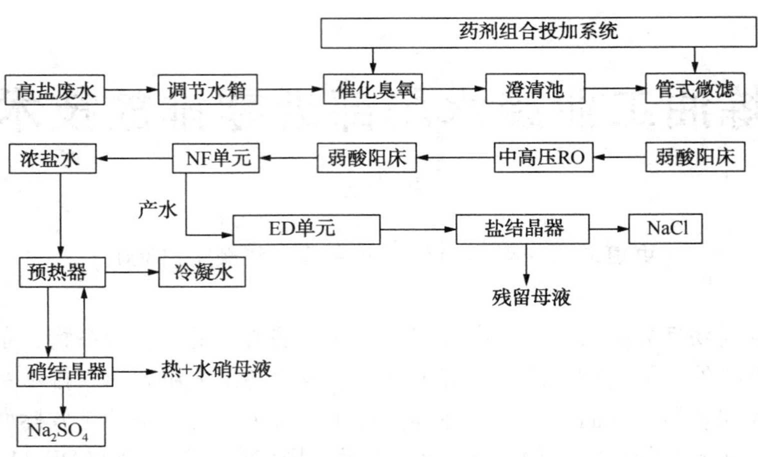

图1 纳滤、热法结合前置分盐

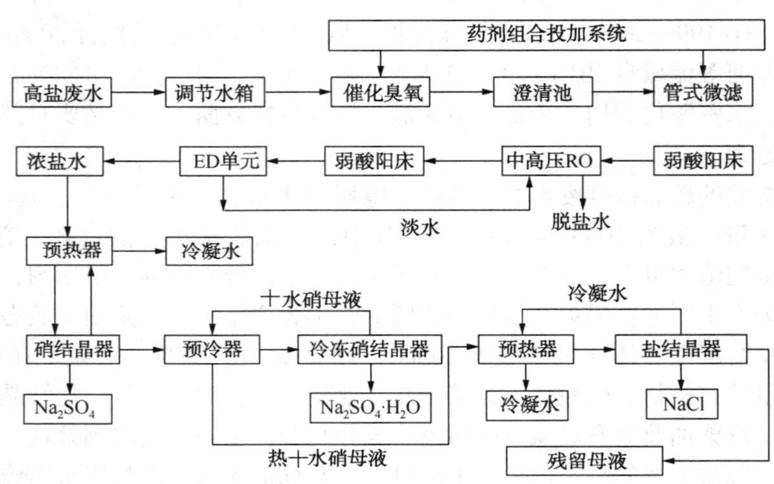

图2 热法、冷法结合后置分盐

减量化部分主要通过中、高压反渗透膜系统(或单独高压反渗透膜系统)降低废水量，其核心是开发和选用抗污染的中、高压反渗透膜。预处理出水经微滤或超滤处理后，进入中压反渗透系统，浓水进入高压反渗透系统，高压反渗透系统浓水总溶解性固体含量一般为50000~80000mg/L，送入后续深度浓缩单元。

深度浓缩部分进一步将高盐水进行浓缩。目前开展的研究工作主要基于以下三条技术路线：其一，以机械压缩蒸发(MVR)为代表的热法浓缩过程。高压反渗透浓水进入MVR单元，利用热法将高盐水含盐量浓缩至20%左右，再进行后续强制循环结晶；其二，利用正渗透(MBC)单元代替上述热法蒸发浓缩单元，其中正渗透单元是正渗透膜系统与汲取液精馏塔回收系统的结合，高浓度汲取液通过正渗透膜系统将高盐水含盐量浓缩至20%左右。稀释后的汲取液通过精馏塔回收，产水经反渗透处理后回用，正渗透技术是膜法与热法结合的浓缩技术；其三，电驱动膜技术(ED)，是利用电驱离子膜在电场作用下实现高盐水中阴阳离子迁移，得到浓水相和淡水相，其中浓水相含盐量可以达到20%，是一种低压无相变的膜法浓缩技术。上述路线的可行性、经济性等有待于进一步验证。

分制盐结晶单元以得到满足工业应用的氯化钠和硫酸钠为目标，目前正在开展的前置纳滤+热法分制盐，以及热法+冷法后置分盐工艺流程较为合理。前者利用纳滤技术将氯化钠和硫酸钠分离，产水侧为氯化钠，浓水侧为硫酸钠及氯化钠的混合液，分别结晶得到工业盐，并排放母液；后者利用硫酸钠低温条件下溶解度小的特性，通过冷热结合的方法得到硫酸钠，其十水硝母液进一步通过热法结晶得到氯化钠，并排放残留母液。

需要注意的是，高盐废水中残留的有机物会随工艺过程进行浓缩，导致产品盐显现出黄色甚至黑色。研究结果表明：为保证结晶盐的洁净度且不引入其它杂质，在零排放处理流程中宜设置催化臭氧氧化单元，以降解残留 COD。催化臭氧单元可以根据实际情况设置在澄清池前，也可设置在减量化或深度浓缩单元之后，其中研究和开发稳定、高效的臭氧催化剂至为重要。

实施炼油废水局部近零排放还需关注以下关键问题：(1)根据节水要求和含盐量控制指标对炼油系统进行水平衡分析，基于分析结果确定实施近零排放废水的种类及数量；(2)加强原水调节和预处理工作，保证水质水量的稳定性；(3)特别注重硝酸盐对结晶盐品质的影响，强化生化单元的脱氮效率，建议增设后置反硝化单元脱除硝酸盐氮；(4)设计上充分考虑各单元自用水量，做到水量平衡；(5)控制残留母液的排放量，减少危废处置成本；(6)注重各处理单元的衔接性，从总体上进行优化完善，不宜追求某一处理单元的极致效率。

综上所述，炼油废水局部近零排放是一项系统工程，需从工艺选择的合理性、操作系统的可靠性和运行成本的经济性等方面统筹考虑，得到最佳可行性技术路线。

高温气固过滤分离技术与装备

姬忠礼

（中国石油大学（北京）机械与储运工程学院；
过程流体过滤与分离技术北京市重点室，北京　102249）

在石油化工、煤化工、冶金和洁净煤发电等各种过程工业领域都涉及到高温（350～650℃）和具有一定压力（0.1～4.0MPa）气体中固体颗粒物的分离，其目的是满足产品质量升级、能量高效利用和污染排放控制等方面的要求。尤其是近几年来有关 PM2.5 颗粒物排放的控制，对过程工业中排放烟气的净化要求也更加严格，气固过滤分离技术与装备也呈现大型化、高过滤效率、智能监测与控制、以及除尘脱硫一体化等发展趋势。高温气固过滤分离技术主要包括旋风分离器、静电除尘器以及过滤器三大类，其中过滤器又可分为布袋过滤器、颗粒层过滤器和刚性多孔材料过滤器。旋风分离技术作为最常用的高温分离设备，已经在石油化工过程中的催化裂化反应以及烟气能量回收等领域得到了广泛的应用，主要用于 10μm 以上的颗粒分离，但净化后烟气的浓度尚不能满足环境排放标准；静电与布袋过滤技术适则主要用于烟气排放温度低于 300℃ 的颗粒物分离。针对燃煤增压流化床联合循环（PFBC-CC）和整体煤气化联合循环（IGCC）等洁净煤发电技术发展起来的高温气体过滤技术，在近十几年内得到了迅速发展，以金属多孔材料和陶瓷多孔材料制备的高温刚性过滤元件可以承受的温度达到 300～800℃，净化后气体浓度低于 1mg/Nm^3，分离效率达到 99.9% 以上，可以除尽 1μm 以上的颗粒，完全满足烟气轮机等下游设备和环境排放要求，在石油催化裂化烟气能量回收、催化裂化汽油吸附脱硫技术（S Zorb）、壳牌干粉煤气化、垃圾焚烧和热解等工艺过程得到了广泛应用。

金属多孔材料过滤管主要分为金属粉末、金属纤维和金属丝网三类，金属过滤管具有高的机械强度和断裂韧性、良好的抗热冲击性能以及易于机械加工等特点，可以通过结构优化匹配满足过滤效率、气体阻力和过滤元件强度等方面的要求。陶瓷粉末烧结和陶瓷纤维两类过滤管具有化学稳定性好、热稳定性优异以及工作温度高、耐腐蚀和成本低等特点。陶瓷粉末烧结过滤具有较高的抗拉强度，在煤气化合成气净化以及高温烟气余热利用与排放控制等领域得到了应用；陶瓷纤维过滤管则在垃圾焚烧和热解、冶金烟气排放等领域得到了广泛应用。随着新材料和多孔过滤元件制备工艺的发展，陶瓷过滤管的运行寿命可以达到 3 年以上。由于石油化工和煤化工用高温气固过滤装备通常由数十根到上千根过滤管并联而成，过滤管与分布管板间的固定密封、不同材料之间的热膨胀以及过滤管的循环再生则是保证过滤装备长周期稳定可靠运行的关键，因此在过滤管的新型高效脉冲反吹清灰技术、大型过滤装备的结构设计、运行优化与先进控制等方面取得了重要的技术进展。

针对石油化工、煤化工、冶金和洁净煤发电技术高温烟气余热利用和污染排放控制要求，高温气体过滤装备的大型化、过滤性能的在线检测与监测仪器、以及脱硫脱硝工艺的协同匹配与系统集成则是今后迫切需要解决的关键难题。例如大型催化裂化装置的烟气处理量

达到 $100\times10^4 m^3/h$，需要数千根至上万根过滤管，需要开展有关大型过滤器的整体结构设计与各种预分离技术的匹配技术研究。目前有关颗粒物在线检测与监测仪器尚不能满足高温高压工况要求，应进行高温(350~650℃)气体中颗粒物浓度和粒径分布的实时监测方面的仪器研发。国外研发的具有催化反应与颗粒物分离双重功能的高温过滤装备已在冶金烟气处理、城市垃圾焚烧和水泥生产等领域得到了应用，其原理是利用在金属多孔过滤管和陶瓷多孔过滤管内的孔隙通道负载催化剂，可以在除尘的同时实现烟气的脱硫和脱硝，不仅可以减小设备体积，还可以显著降低设备的运行成本。

新型催化裂化油浆净化技术研究报告

刘国荣

（中国石油大学(华东)，青岛　266580）

1　研究背景

催化油浆是重油催化裂化副产物，其具有密度大、H/C 原子比低等特点，但其中含有大量带短侧链的芳香烃以及一定量的饱和烃和胶质，是生产针状焦等高附加值化工产品的优良原料。我国每年产生的催化油浆总量达 500 万吨以上，但由于油浆中含有约 5～10g/L 的固体催化剂颗粒严重制约着其高附值化应用，故这部分油浆除部分作为延迟焦化掺炼原料及重交道路沥青调和组分外，大部分催化油浆被用作燃料油的调和组分，不仅产生的经济效益很低，而且油浆中的固体催化剂颗粒还易造成炉嘴磨损及加热炉管表面严重积灰、热效率下降、能耗增加。显然这些应用方案是不合理的，是对石油资源的巨大浪费，所以必须要进行催化油浆的净化，脱除催化油浆中的固体催化剂颗粒具有以下几点重要意义：

（1）催化油浆净化后，可减轻燃料喷嘴的磨损及炉膛结焦，出厂时可以不用调和；

（2）催化油浆的净化可以扩大催化裂化的原料来源，提高整体经济效益；

（3）可减少催化油浆储运过程中催化剂颗粒的沉积，节省大量的清理费用；

（4）经过滤后产生的高质量催化油浆可用来生产针状焦、炭黑等高附加值化工产品，促进油浆下游工业的发展，同时产生巨大的经济效益。

2　油浆净化技术研究现状

目前，国内外研究用于除去催化油浆中固体催化剂颗粒的主要技术有：自然沉降、静电分离、离心分离及过滤分离等净化技术。但由于催化油浆组成性质复杂，自然沉降法和静电分离法的工业应用效果都很不理想，其应用均已被淘汰或处于停滞状态，而离心分离很难实现工业化应用，目前较为成熟且前期工业应用较多的是过滤分离技术。

目前，国内外的油浆过滤装置大多都应用在蜡油催化的油浆过滤上，但由于重油催化油浆比蜡油密度大、胶质沥青质含量高，催化油浆过滤的技术应用效果也不太理想，国内外的重油催化油浆的过滤装置都已基本停止应用，调研发现，实际上国内外已经没有在有效运行的重油催化油浆过滤装置。

3　油浆净化技术的研究基础

本课题组有 20 多年的过滤实验研究及工程实践应用经验(如图 1)，不仅开发的全液脉冲式过滤器在 MTO 水浆净化以及油田回注水精细过滤等领域成功实现工业应用，而且对催化油浆过滤的关键技术也有大量的技术积累，目前在重油催化油浆过滤技术方面处于领先地位，主要有以下几方面技术基础：

图 1　催化裂化油浆过滤装置

（1）采用金属丝网烧结过滤材料，满足高温、高黏、高固含量的苛刻条件。

（2）采用独创的在线反冲洗技术，使过滤器能够较彻底的在线反冲洗。

（3）过滤后液体中的固含量可达到 20μg/g 以下，过滤器总压降不大于 0.3MPa，反冲洗用液量为处理量的 2%以下。

催化油浆中的催化剂颗粒、胶质、沥青质等形成共聚物易造成滤芯的堵塞，致使过滤器难以长周期连续正常工作，此为油浆过滤需解决的关键技术问题。本课题通过探究催化油浆中共聚物形成机理，研究破坏共聚物组成或除去共聚物的方法，不仅可以解决过滤器滤芯堵塞问题，还可直接实现催化油浆的初步净化。

经过研究发现，溶剂萃取技术是除去催化油浆中大分子共聚物实现油浆净化的一种新思路、新方法。该技术不仅能实现一定的油浆净化效果，还可以开发萃取-过滤等组合工艺实现油浆的高精度净化。

4　油浆萃取净化技术最新研究进展

（1）萃取溶剂的筛选

课题组分别对七种备选的常规溶剂进行了实验室优化实验研究，从催化油浆去除率、固含量、油浆回收率以及溶剂损耗率四个方面分别对各个溶剂进行了评价及分析，最终优选出 BR 溶剂作为该净化技术的萃取溶剂。对东营某油浆所取得的实验结果为：在未经过滤的情况下，催化油浆固含量由 4115μg/g 降到了 317μg/g，催化油浆沉渣（如图 2）率为 5.39%，溶剂消耗率为1.08%，净化油浆回收率为94.61%。

(2) 应用案例分析

若按$10m^3/h$的催化油浆处理能力，BR溶剂的循环损耗率按1%来计算，为保证分离温度催化油浆与BR溶剂的混合温度在200~250℃范围区间，则：

① 催化油浆原料的进料温度在295℃以上即可完全提供溶剂回收所需要的能量，无须为系统提供额外能量。

② 处理1t催化油浆消耗的BR溶剂量约为7kg，处理费用仅约为40元。

图2 萃取净化实验获得的沉渣

5 总结

通过前期大量的实验研究证明，该油浆萃取净化技术可使处理后的油浆达到生产橡胶填充油和炭黑的要求，且可作为油浆过滤预处理技术，解决过滤器无法长周期连续正常工作的问题，开发萃取-过滤组合技术可获得高度净化的催化油浆。

质量升级

基于分子工程理念的汽柴油质量升级技术开发研究

吴　青　吴晶晶

（中海石油炼化有限责任公司，北京　100029）

摘　要　本文基于分子工程理念，提出了生产国Ⅵ汽柴油的技术方案。汽油馏分改质技术以烯烃、芳烃的有效转化为基础，在降低催化汽油硫含量、烯烃含量的同时，降低苯含量，并最大限度减少辛烷值损失。柴油提质增效技术根据族组成特点，以组分分离技术为核心，通过萘系物的精准转化过程促进产品质量与资源价值的提升。

关键词　分子工程　精准转化　汽油改质　柴油提质增效

1　前言

石油加工（炼制）工业一直是国民经济的支柱产业。一方面，石油资源总量逐渐减少，现有资源和可利用资源又呈现不断重质化、劣质化趋势；另一方面，人类社会进步和生活水平的提高要求石油炼制者提供满足更严格环保法规排放需要的、更多的轻质油品和其他高质量清洁产品，而石油炼制者还要适应降低成本、清洁生产和不断提升竞争力的内部需要。

在这些大趋势和要求下，如何充分利用好宝贵的石油资源，做到绿色、高效和高选择性地实现资源价值最大化和成本最小化，作者提出了石油分子工程及其管理的概念[1,2]。概括来讲，就是通过优化原料组成、有针对性地开发最适合的催化剂并设计一系列合理反应路径和反应条件，达到原料、催化剂、工艺以及反应器的最佳匹配。

2　基于分子工程的汽油馏分改质技术

就汽油而言，中国正在加快推进国Ⅵ汽油的进程。表1为国Ⅴ、国Ⅵ汽油标准。从表中看出，面向更加清洁的国Ⅵ汽油生产，在降低汽油硫含量、烯烃含量的同时，还需要降低苯含量，并最大限度减少辛烷值损失，即，要解决好汽油改质过程烯烃、芳烃下降与辛烷值保持或提升之间的矛盾。

表1　国Ⅴ与国Ⅵ汽油标准主要参数对比

指　　标	国Ⅴ	国Ⅵ A	国Ⅵ B	欧Ⅵ
硫/(μg/g)	10	10	10	10
烯烃/%(v)	24	18	15	18
芳烃/%(v)	40	35	35	35
苯/%(v)	1	0.8	0.8	1

续表

指　　标	国Ⅴ	国Ⅵ A	国Ⅵ B	欧Ⅵ
T_{50}/℃	120	110	110	46-71(E100)
辛烷值	89/92/95	89/92/95	89/92/95	
氧含量/%(m)	≯2.7	≯2.7	≯2.7	≯2.7

2.1 降低烯烃含量

中国车用汽油调和组分中，通常催化汽油占75%~80%以上。如何既降低催化汽油的硫含量、烯烃含量，又能很好地保持辛烷值，是汽油质量升级的最大技术挑战。从分子工程角度来看，首先要搞清楚催化汽油中含硫化合物、烯烃的分布与转化规律。表2、表3分别是催化汽油的硫含量分布与烃族组成分析数据，催化汽油中含硫化合物和烯烃的分布规律与转化规律简单罗列于表4中。催化汽油质量升级的关键在于既要降低硫含量和烯烃含量，又能很好地保持辛烷值。

表2　典型催化汽油硫含量分布

馏程/℃	收率/%	硫含量/(μg/g)	硫分布/%
≤60	40.01	324	10.76
60~80	15.22	572	7.22
80~90	4.45	521	1.92
90~100	6.14	998	5.03
100~110	5.71	2470	11.7
>110	28.47	2734	63.37
全馏分	100	1220	100

表3　典型催化汽油烃族组成分析

碳数 C_n	正构烷烃 *n*P	异构烷烃 *i*P	烯烃 O	环烷烃 N	芳烃 A	合计/%(m)
4	0.36	0.17	1.50	0.00	0.00	2.03
5	1.06	11.31	7.42	0.14	0.00	19.75
6	0.58	7.98	3.91	2.57	0.55	15.59
7	0.38	2.55	2.94	3.08	3.00	11.95
8	0.15	2.57	2.09	2.14	7.00	13.95
9	0.13	1.18	1.60	0.86	6.98	10.75
10	0.19	0.96	1.74	0.15	6.99	10.03
11	0.32	3.66	0.51	0.32	3.29	8.10
12	0.21	1.73	0.00	0.00	0.00	1.94
合计/%(m)	3.38	31.93	21.71	9.25	27.81	94.09

表4　催化汽油中含硫化合物和烯烃的分布与转化规律

	分布规律	转化规律
含硫化合物	约10%的硫分布在轻组分中，主要为小分子硫醇； 约90%的硫分布在重组分中，主要为大分子硫醇、噻吩类含硫化合物	轻组分中小分子硫醇可以通过加成反应重质化转入重组分； 重组分中的硫化物可以通过加氢脱除

续表

	分布规律	转化规律
烯烃化合物	约35%的轻组分富集了近60%的烯烃； 重组分的烯烃含量相对较低	直接对全馏分汽油加氢脱硫十分简单，但汽油中的轻质烯烃易被加氢饱和，辛烷值损失较大； 将催化汽油切割为轻、重馏分分别进行处理可以减少烯烃饱和，但能耗或其他成本增加； 烯烃异构化或芳构化可以增加辛烷值。如在催化剂上经仲碳正离子、环化、脱氢形成芳烃

2.1.1 异构化技术

汽油部分单体烃组分与RON的关系如图1所示。研究表明：同碳数异构烷烃随着支链增加，RON逐渐提高；同碳数烯烃，异构烯烃RON高于直链烯烃，且随着支链增加，RON提高；带支链芳烃的RON均高于100。因此，可以通过异构化，将正构烯烃转化成异构烯烃、正构烷烃转化为异构烷烃，或发生烯烃的双键转移，从而弥补由于烯烃饱和所造成的辛烷值损失。

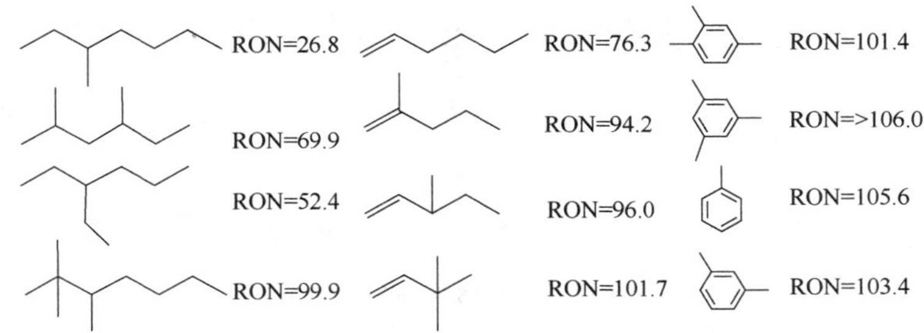

图1 部分单体烃及其RON

以上述思路为指导，中海油成功开发了骨架异构技术用于全馏分催化汽油的选择性加氢[3,4]，采用新型纳米TiO_2催化材料为载体的钛基催化剂，在达到脱硫效果的同时，促进烯烃的异构化反应，减少辛烷值损失。该技术的优势在于，以全馏分催化汽油为原料，无需进行轻、重馏分的切割，所使用的催化剂体系同时具备了较高的脱硫性能，以及一定的烯烃饱和、烯烃异构功能，有助于降低烯烃含量的同时减少辛烷值损失。中试结果如表5所示，采用该技术的二段加氢工艺，全馏分催化汽油脱硫率达到97.7%，控制烯烃饱和率为25%左右，RON损失仅0.7个单位。

表5 全馏分催化汽油选择性加氢技术效果

项　　目	原料(FCC汽油)	产品(脱硫汽油)
颜色	浅黄色	透明无色
密度(20℃)/(g/mL)	0.7385	0.7390
RON	93.0	92.3
总硫/(μg/g)	354.5	8.14
硫醇硫/(μg/g)	43.1	3.0
溴价/(gBr/100g)	43.3	32.2
脱硫率/%		97.7
烯烃饱和率/%		25.6
ΔRON		-0.7
液体产品收率(C_5^+)/%(m)		99.1

2.1.2 醚化技术

醚化技术通过异构烯烃与甲醇反应生成醚(高辛烷值汽油组分)，从而降低汽油烯烃含量、提高辛烷值并增加汽油产量。表4可以看出，C_5、C_6烯烃是催化汽油烯烃的主要组成，占烯烃总含量的50%以上，将这部分烯烃进行有效转化，可以大大降低汽油中的烯烃含量。

中海油开发的异构-醚化组合技术，以C_5烯烃为原料，经异构化过程将其中的直链烯烃转化为叔碳烯烃，以C_5叔碳烯烃为原料经甲醇醚化生成乙基叔戊基醚，化学反应过程如图2所示。研究表明，C_5叔碳烯烃醚化的平衡转化率可以达到90%以上，对于异构烯烃RON可提高14.7个单位，对于正构烯烃RON提高了21.1个单位。异构-醚化组合技术可有效降低汽油中的烯烃含量并提高辛烷值，同时还起到降低蒸汽压、提高附加值和强化调和效益的作用。

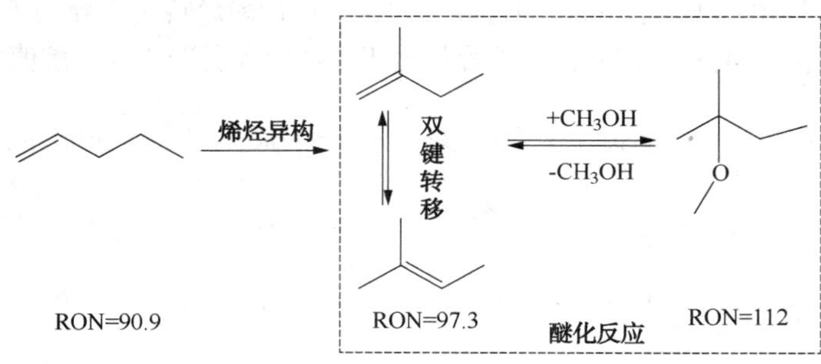

图2 异构-醚化组合技术

2.2 降低苯含量

苯是汽油中具有较高辛烷值的组分，但它也是公认的致癌物，由于蒸发和燃烧后排放到大气中对人类健康带来直接影响。国Ⅵ汽油标准要求苯含量(体积)由1 vol%降低至0.8 vol%。因此，面向国Ⅵ标准的汽油生产还需要在保证辛烷值的前提下实现降苯的目标。

苯的加氢饱和脱除，以牺牲辛烷值为代价，无法满足国Ⅵ汽油的生产。随着苯烷基化技术的发展，以富含苯的原料油与轻烯烃物料反应，有效转化为高辛烷值的烷基芳香族化合物，使低硫、低烯、低芳、高辛烷值清洁汽油的生产成为可能[5]。

以丙烯、苯烷基化技术为例，其化学过程如图3所示。其中异丙苯、二异丙苯仍在汽油馏分，而三异丙苯和四异丙苯均已超出汽油馏分。因此，苯烷基化技术的关键在于反应深度的控制，以避免辛烷值损失并提高汽油产量。

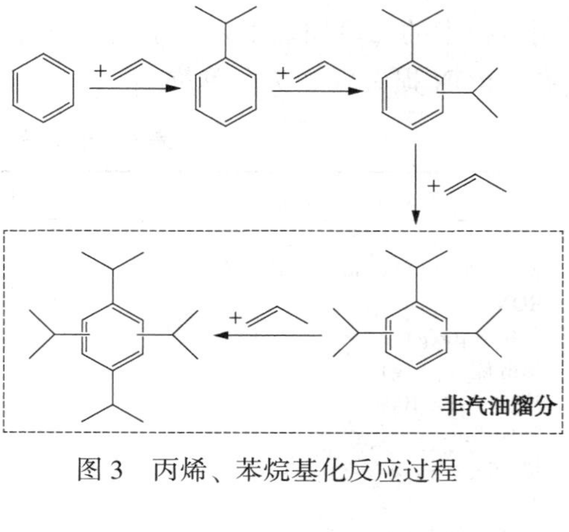

非汽油馏分

图3 丙烯、苯烷基化反应过程

目前，中海油正在开发具有一定孔道结构和酸分布的纳米ZSM-5沸石催化剂，以及相应的苯烷基化技术，用于乙苯或国Ⅵ汽油的生产。

3 基于分子工程的柴油馏分提质增值技术

3.1 理论基础

3.1.1 原料组成分析

表6列出了几种柴油馏分的主要性质。其中，催化裂化轻循环油(LCO)的加工难点在于密度大、芳烃含量高(45%~90%)、十六烷值低(<30)，单纯依靠加氢工艺很难达到国Ⅴ、国Ⅵ标准[6]。按照分子工程的理念，分析了典型LCO样品的族组成信息，见表7。其中，多环芳烃约占芳烃总量的70%。

表6 几种工艺柴油馏分主要性质

项目	原油蒸馏	延迟焦化	催化裂化	加氢裂化
密度(20℃)/(g/cm^3)	0.82~0.86	0.84~0.87	0.87~0.95	0.82~0.86
硫/%(m)	0.06~1.5	0.2~3.0	0.1~2.0	<10 μg/g
碳数	40~56	36~46	15~35	50~65
总芳烃/%(m)	15~30	30~50	45~90	1~20
多环芳烃/%(m)	5~15	15~25	30~65	0.5~5

表7 典型LCO样品的族组成信息

类别/%(m)	样品A	样品B
非芳烃	40.7	16.4
烷烃	16.9	9.0
环烷烃	23.8	7.4
总芳烃	59.3	83.6
单环芳烃	18.8	25.1
双环芳烃	32.7	48.9
三环芳烃	7.8	9.6

进一步研究LCO窄馏分中的芳烃分布，可以得到表8所示信息。

表8 LCO窄馏分中的芳烃分布

沸点范围/℃	单环芳烃		双环芳烃		三环芳烃		总芳烃/%(m)
	碳数	含量/%(m)	碳数	含量/%(m)	碳数	含量/%(m)	
<220	$C_{9\sim12}$	44.1	C_{10}	19.4			63.5
220~240	$C_{11\sim13}$	29.7	C_{11}	31.3			61.0
240~280	$C_{12\sim16}$	23.0	$C_{11\sim16}$	39.4	$C_{14\sim18}$	2.5	64.9
280~300	$C_{15\sim18}$	15.5	$C_{13\sim18}$	41.8	$C_{16\sim18}$	5.0	62.3
300~320	$C_{16\sim20}$	10.4	$C_{14\sim19}$	39.3	$C_{15\sim18}$	9.6	59.3
>320	$C_{17\sim22}$	6.7	$C_{15\sim21}$	13.0	$C_{16\sim18}$	20.3	40.0

3.1.2 分子结构与性质的关联

十六烷值高低与烃类族组成及碳数密切相关[7]。如图4所示，在各种烃类化合物中，烷烃的十六烷值最大，芳香烃最小，环烷烃和烯烃则介于两者之间，并且对于芳香烃来说，环数越多，十六烷值越低。因此，LCO提质的根本在于提高十六烷值较高的烷烃组分的相对含量，而降低十六烷值较低的芳香烃组分的相对含量，特别是原料中含量较高而十六烷值很低的二环芳烃(萘系物)的脱除及转化。

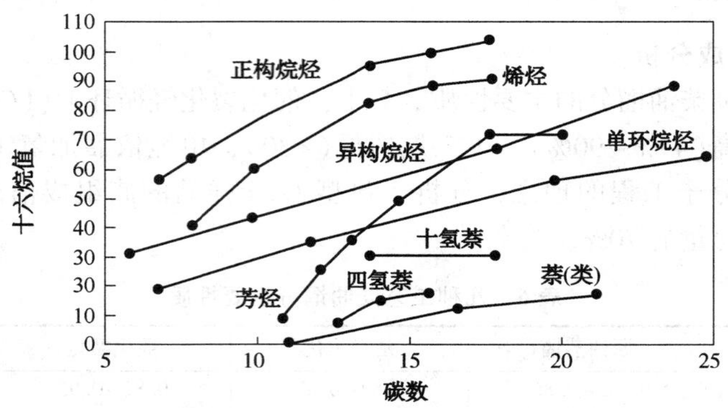

图4 烃分子类型与十六烷值的关系

图5是萘系物在加氢裂化条件下的主要反应网络。首先萘经过加氢饱和生成四氢萘，随后四氢萘的转化可分为加氢、异构化和裂化三大类以及两种主要反应路径，即，加氢裂解和异构裂解[8]。比较动力学速率常数，得出：k4>k3>k2、k6>k7>k5[9,10]。因此，四氢萘的加氢和异构化分别为加氢裂解和异构裂解反应路径的速率控制步骤，提高催化剂加氢活性有利于加氢裂解反应路径，而提高异构化活性则有利于异构裂解反应路径。

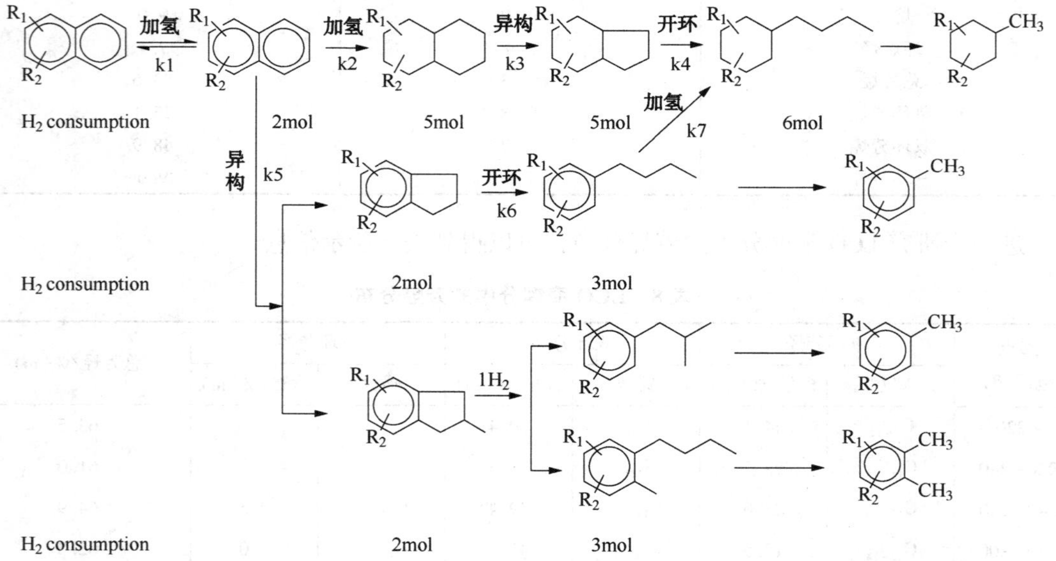

图5 萘类与四氢萘类的主要加氢反应网络

四氢萘的定向转化就是从目标产品结构与性质出发，通过催化剂的设计与研制以及工艺条件的优化，控制反应路径与反应深度，实现四氢萘的高效和高选择性转化。

3.2 技术开发

基于前述分子结构与反应性关联，提出了 LCO 低十六烷值组分(萘系物)的两种加工工艺，即，裂化开环技术和加氢饱和技术。

3.2.1 裂化开环技术

经过异构化开环、烷基转移或侧链断裂等过程，将多环芳烃和四氢萘高效转化为 C_6 ~ C_9 单环芳烃组分，技术路线见图 6。中试结果表明，汽油馏分的收率可以达到 86.7%，其中芳烃含量≥70%，且硫、氮含量均≤1μg/g，既可以直接作为高辛烷值汽油调和组分，亦可经过芳烃抽提分离出芳烃产品出售。

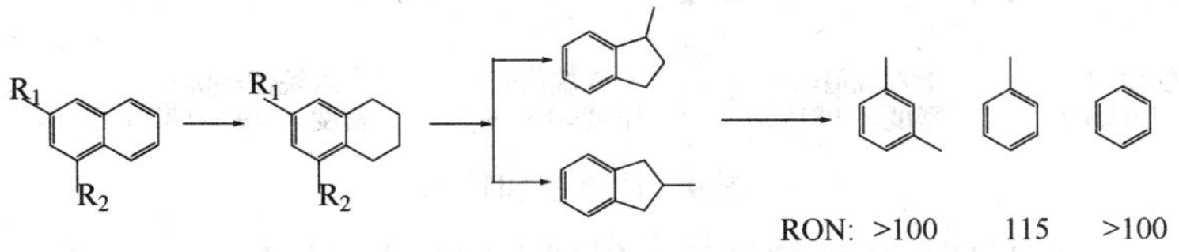

R_1 R_2 R_1 R_2

RON: >100 115 >100

图 6 萘系物的裂化开环技术

3.2.2 FCC 回炼技术

萘系物经选择性加氢生成四氢萘，四氢萘进 FCC 装置回炼，其催化裂化反应途径如图 7 所示[11]。

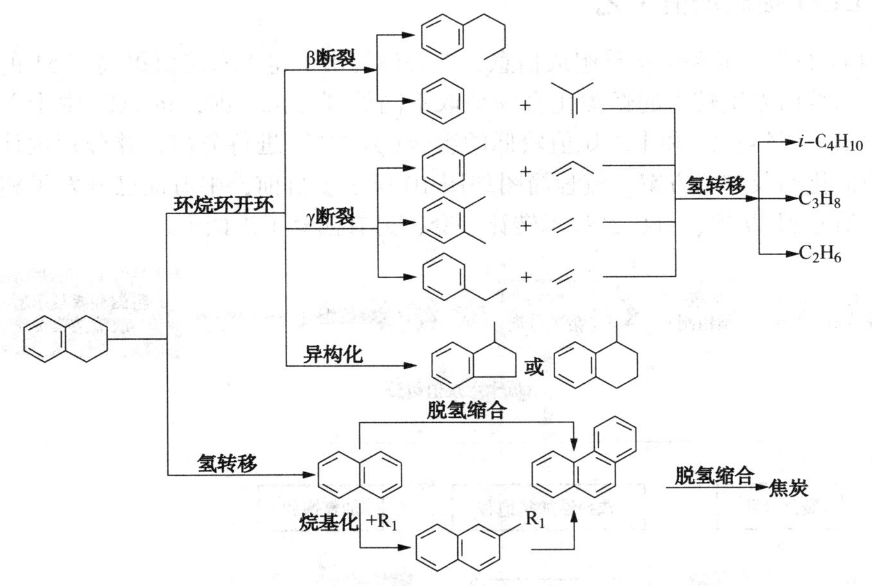

图 7 四氢萘催化裂化反应途径

研究表明，催化裂化条件下，四氢萘更容易发生氢转移反应变回萘系物，并进一步脱氢缩合成焦炭。因此，萘系物选择性加氢饱和的过程中，在保证高单环芳烃选择性的基础上，需要引入专用催化剂，强化四氢萘的异构化反应，使进入 FCC 单元的原料以茚满类单环芳烃为主，从原料角度弱化 FCC 单元的氢转移反应 。技术路线如图 8 所示。

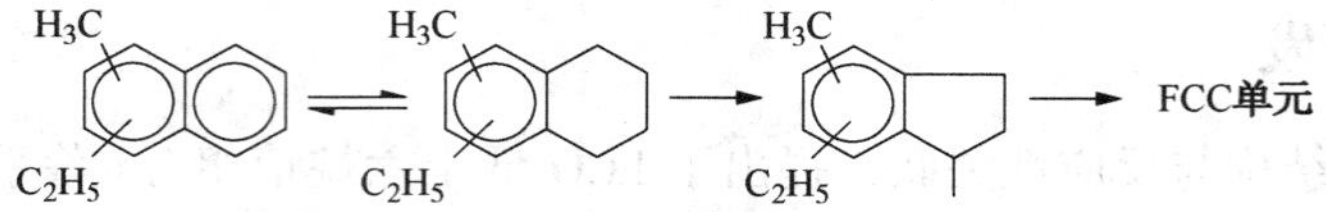

H_3C C_2H_5 ⇌ H_3C C_2H_5 → H_3C C_2H_5 → FCC单元

图8 萘系物的FCC回炼技术

3.2.3 加氢饱和技术

经过加氢裂解路径，使多环芳烃和四氢萘类转化为带长侧链的环己烷类化合物，作为提高十六烷值的理想产物，用于清洁柴油的调和生产，技术路线见图9。

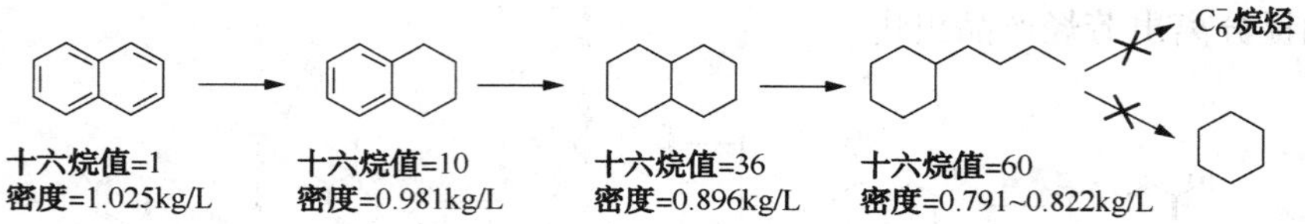

C_6^-烷烃

十六烷值=1 密度=1.025kg/L

十六烷值=10 密度=0.981kg/L

十六烷值=36 密度=0.896kg/L

十六烷值=60 密度=0.791~0.822kg/L

图9 加氢饱和技术

虽然环烷烃进一步开环生成链烷烃能够得到更高的十六烷值，但氢耗非常高，并且单环烷烃结构稳定，在加氢裂化条件下的断侧链反应远比开环反应容易，烷基环己烷的进一步裂化产品以小分子烃类为主。因此，该方案的关键在于具有较高加氢活性催化剂的研制，以及反应过程强化，即，将十氢萘加氢反应控制在一环开环而不发生过度裂化的阶段。

3.3 LCO提质增值工艺

基于LCO的族组成和结构族组成信息，中海油提出了将十六烷值提高到51的可能加工途径：对十六烷值差别较大的烃类化合物采取不同处理方法。即，将LCO中十六烷值较高的组分(链烷烃、环烷烃)和十六烷值较低的组分(芳香烃)进行分离，并分别设计对其进行提质增效的催化剂及加工方案。流程简图如图10所示。目前，中海油已开发了相关催化剂和工艺，申请专利37项，且已经技术转让一套，另有四套正洽谈中。

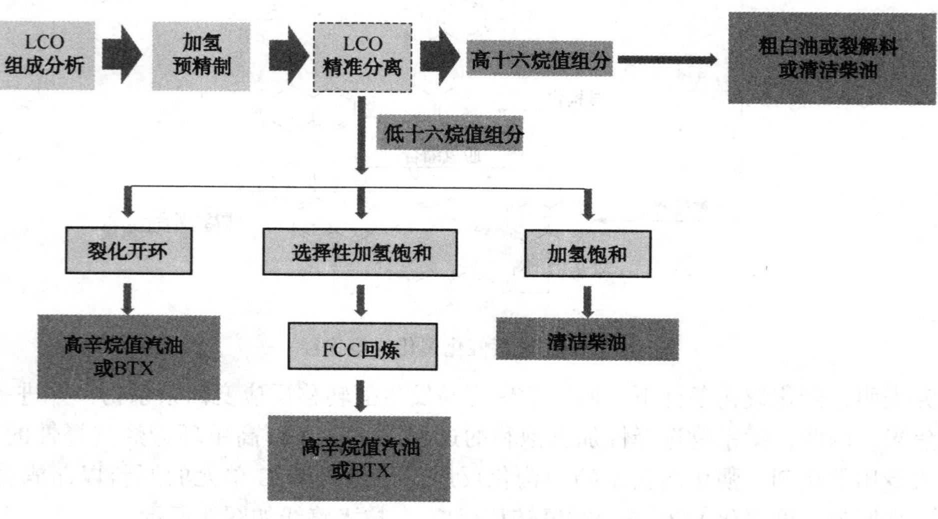

图10 基于分子工程的LCO提质增值流程简图

该工艺的基础在于LCO的详细组成分析，关键在于LCO组分的精准分离，核心则是低十六烷值组分(萘系物)的定向转化。在LCO的精准分离部分，中海油研究了吸附法、抽提法、萃取蒸馏法、超重力法等分离方法。其中，吸附分离法技术路线如图11所示，分离后组成分析见表9。在低温低压的条件(40~60℃，1.0MPa)下，可以得到约45%~50%的高十六烷值组分，其芳烃脱除率大于80%，产品十六烷值可以达到51；并得到芳烃含量大于90%的低十六烷值组分，其中以四氢萘类为主，约占50%，另有30%的多环芳烃和11%的烷基苯，适合后续的加氢饱和、裂化开环以及选择性加氢饱和-FCC回炼组合等多种加工过程。

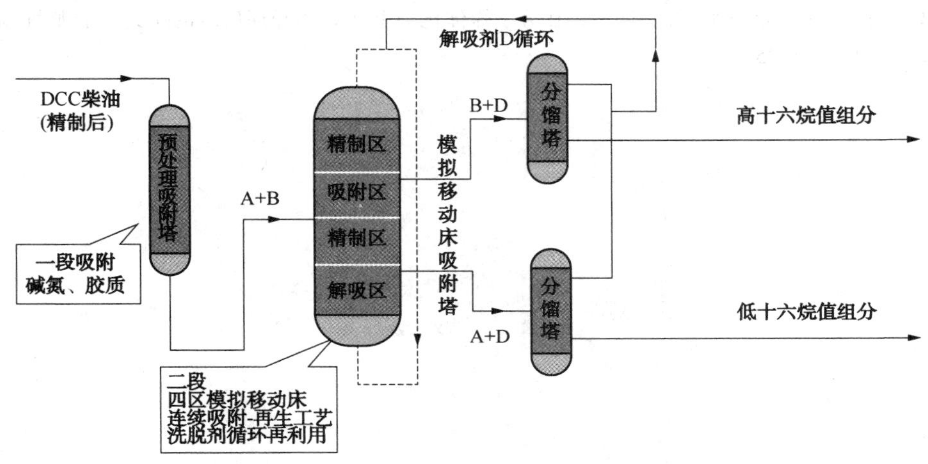

图11 中海油开发催化柴油吸附分离技术路线图

表9 催化柴油吸附分离结果

类别/%(m)	高十六烷成分	低十六烷成分
非芳烃	57.9	8.4
烷烃	26.7	3.1
环烷烃	31.2	5.3
总芳烃	42.1	91.6
单环芳烃	37.0	
烷基苯		11.2
萘系物		50.1
多环芳烃	5.1	30.3

参考文献

[1] 吴青，吴晶晶．石油资源分子工程及其管理[C]//原油评价及加工第十六次年会论文集．南宁，2016：1-7.

[2]吴青．石油分子工程及其管理的研究与应用(I)[J]．炼油技术与工程，2017，47(1)：1-9.

[3] 吴青，彭成华，赵晨曦，等．CDOS—FRCN全馏分催化汽油选择加氢脱硫工艺技术的工业应用[J]．山东化工，2015，44(8)，122-124.

[4] 赵晨曦，王旭，彭成华，等．CDOS-FRCN全馏分催化汽油选择加氢脱硫技术的首次工业应用[J]．现代

化工，2013，33(9)，100-104.

[5] 邢恩会，谢文华，慕旭宏．降低汽油苯含量技术进展[J]．中外能源，2011，16(5)：81-85.

[6] 王丽景．浅谈柴油质量升级到国Ⅳ、国Ⅴ的技术对策[J]．中国石油和化工，2014，11：67-70.

[7] Heckel T，Thakkar V，Behraz E. Developments in distillate fuel specifications and strategies for meeting them [C]//NPRA Annual Meeting. San Francisco，1998，AM-98-24.

[8] 鞠雪艳，蒋东红，胡志海，等．四氢萘类化合物与萘类化合物混合加氢裂化反应规律的考察[J]．石油炼制与化工，2012，43(11)：1-5.

[9] 杨平，辛靖，李明丰，等．四氢萘加氢转化研究进展[J]．石油炼制与化工，2011，42(8)：1-6.

[10] 王雷，邱建国，李奉孝．四氢萘加氢裂化反应动力学[J]．石油化工，1999，28(4)：240-243.

[11] 唐津莲，许友好，汪燮卿，等．四氢萘在分子筛催化剂上环烷环开环反应的研究．石油炼制与化工，2012，43(1)：20-25.

一种 S Zorb 气固分离器的实验研究

朱丙田　侯栓弟　毛俊义　毛安国　田志鸿

（中国石化石油化工科学研究院，炼油工艺与催化剂国家工程研究中心，北京　100083）

摘　要　针对 S Zorb 反应器沉降空间存在颗粒浓度累积问题，提出了一种降低沉降空间颗粒浓度的方法：在沉降空间设置一种适用于低入口气速的新型气固分离器。采用冷态实验的方法考察了入口气速对分离器颗粒分离效果的影响。实验结果表明，分离器可以有效实现气固分离，防止沉降空间的颗粒浓度累积；分离器的分离效率随着入口气速的增加而增加，分离效率可达 99.8%。在颗粒粒度分布范围内，粒径较小的颗粒的分离效率对分离器入口气速的变化比较敏感。

关键词　气固分离器　S Zorb 反应器　气固流态化细粉分离

1　前言

S Zorb 吸附脱硫技术是一种生产超低硫清洁汽油的技术[1, 2]，是实现国Ⅴ、国Ⅵ汽油质量升级的重要技术之一，具有较好的市场应用前景，其所采用的反应器为流化床反应器，反应器顶部设有金属烧结过滤器。反应物料及吸附剂自反应器下部进入反应器，产物经过反应器顶部过滤器分离后离开反应器，固体颗粒则通过设置在反应器上部床层料面附近的排料管引出反应器。在流化气的作用下，反应器催化剂初始细粉及颗粒长期磨损产生的细粉被扬析到流化床稀相空间，进而悬浮在流化床的沉降空间。由于反应器顶部没有细粉出口，沉降空间的悬浮颗粒既不能返回到流化床密相床层，也不能排出反应器，造成沉降空间颗粒浓度逐渐增高，过滤器反吹频繁，后期过滤器压降升高快等，成为影响装置长周期运行的关键问题之一[3,4]。尽管炼厂可降低反应器表观气速和/或吸附剂藏量等措施来减少颗粒夹带进入沉降空间，这带来其他的问题，如反应接收器横管下料不畅[5,6]。

为解决流化床上部稀相空间颗粒长期悬浮及气固分离问题，传统方法是在流化床在顶部设置气固旋风分离器来回收固体颗粒[7,8]。传统旋风分离器入口气速较高，高入口气速有利于提高气固分离效率，但同时也会导致颗粒的磨损。S Zorb 吸附剂主要成分为氧化锌、氧化镍、硅石和氧化铝，机械磨损强度较差，如果在反应器中设置传统的旋风分离器，则会因入口气速较大，加剧颗粒磨损，进而提高装置的运行成本。因而开发了一种低入口气速的气固分离器，将 S Zorb 反应器沉降空间较大颗粒捕集返回床层，同时将较细颗粒分离出来，对提高 S Zorb 装置长周期运行具有重要的意义。

2　S Zorb 反应器沉降空间细粉分离方案

为解决 S Zorb 沉降空间颗粒难以沉降问题，如图 1 所示，在沉降空间设置气固分离器 1

来代替原有的过滤器，分离器1可将沉降空间内较大的颗粒收集下来返回催化剂床层，较小的细粉颗粒排出反应器进入细粉收集罐2。细粉收集罐2内设有过滤器对夹带颗粒的气体进行气固分离，可将收集的细粉返回反应器或者排出反应系统。

针对S Zorb剂磨损性能差的因素，分离器的入口气速尽可能低，低入口气速有助于减少颗粒的磨损，而对于利用气固旋流分离的分离器来说，低入口气速不利于颗粒分离效率的提高。这就需要所设计的分离器能够使得气固流体在分离器主体分离区形成稳定的旋流场，使得气固流体产生不同的离心力，有效地将较大颗粒分离下来，并尽可能减少对颗粒的磨损。

为此，提出如图2所示的气固分离器，分离器外形类似旋风分离器，上部为圆筒状结构，为气固分离区，其边壁设有多个入口，用以降低入口气速。下部为连接料腿的锥体结构。深入分离器内部的导气管底端封死，侧壁设有4个矩形切向出口结构，用以约束出口气体。针对所提出的新型气固分离器，利用冷模实验考察分离器结构参数对细粉分离效果的影响。

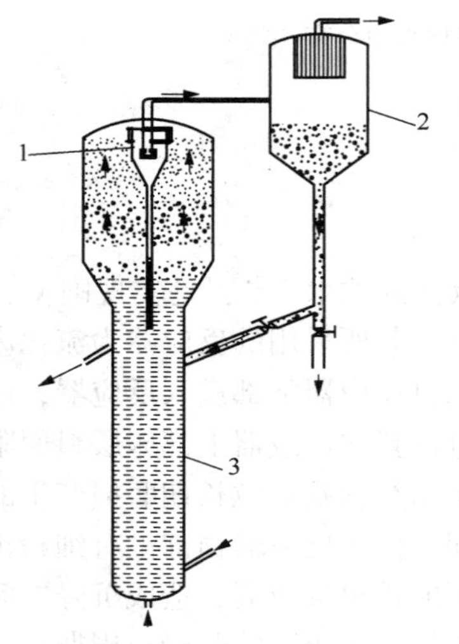

图1 分选器的工业实施方案

1—气固分离器；2—细粉收集罐；3—反应器床层

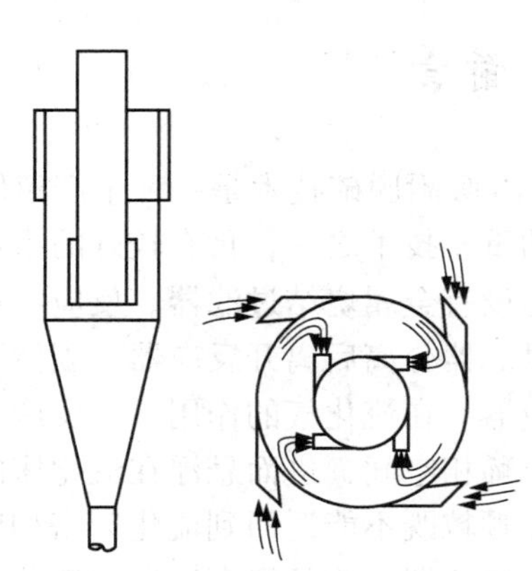

图2 分离器结构示意图

3 实验装置及方法

图3为冷模实验装置示意图，实验装置由带有提升管的流化床、两级气固分离器及测量设施组成。流化床上部为有机玻璃筒，其内径为筒高670mm，高6.5m；流化床下部为金属材质的圆筒，内部设置提升管。一级气固分离器为本文所提出的分离器(简称一旋)，二级气固分离器为普通旋风分离器(简称二旋)。一旋分离器圆筒部分内径440mm，高770mm；分离器设有4个矩形切向结构入口，入口高330mm，宽40mm。

流化床进气分两路进入，一股气体由流化床下段内部中心提升管进入，另一股由中心提升管外的环隙进入。床层颗粒在流化气的作用下，进入流化床上部沉降空间，部分颗粒沉降下来，部分颗粒被气体夹带进入一级气固分离器，较大颗粒被分离回收到床层下来，较小颗粒被气体夹带进入细粉回收部分，通过二级旋风分离器回收返回流化床。

采用常温常压的条件来进行分离实验。实验颗粒物料为 FCC 平衡剂，平均粒度为 70μm，密度 1500kg/m^3。气体以鼓风机产生的空气作为气源，压力为 0.05MPa。

进行分离器气固分离实验时，向流化床通入空气，待流化床装置运转稳定时，切换两级分离器料腿上的阀使颗粒进入测量料罐进行实时计量料腿中颗粒流量。由于二旋分离效率超过 99.99%，二旋料腿收集的颗粒近似为一旋导气管内跑出的颗粒，所以一旋的气固分离效率定义为：

$$分离效率 = m_1/(m_1 + m_2) \times 100 \tag{1}$$

m_1和 m_2分别为一旋料腿和二旋料腿的颗粒流量。

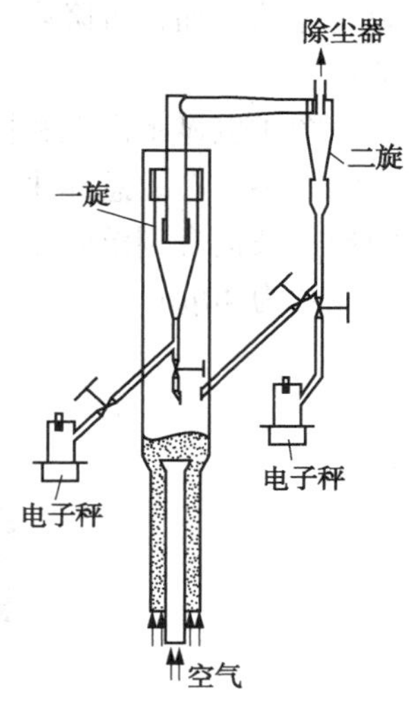

图 3　实验装置

通过对不同流化床轴向高度的进行取样测得流化床轴向颗粒粒度分布。实验过程中分别对一旋分离器入口、一旋料腿及二旋料腿的颗粒进行取样分析。分离器入口处采用取样筒(装有滤纸筒的小型取样罐)在相应轴向高度的流化床侧壁处取样，一旋料腿及二旋料腿的颗粒取样是在每次实验结束后在测量料罐中取样。颗粒粒度分布采用马尔文粒度仪对分析。分离器入口处的颗粒浓度通过测量两级分离器的颗粒流量加和计算得到。为保证实验颗粒的稳定性，每次测量实验结束后将两级分离器测量收集到的颗粒返回流化床。

4　实验结果与讨论

4.1　流化床稀相空间颗粒分布

图 4 为不同流化床表观气速下流化床内颗粒粒径沿轴向高度的分布图。$H=0$ 为提升管出口高度，$H=5.93$m 为气固分离器入口下沿的位置。实验过程中流化床内床层料面高于提升管出口，由图 4 可知，在流化床密相到稀相空间的过渡段，床层颗粒粒径变化较大，随着

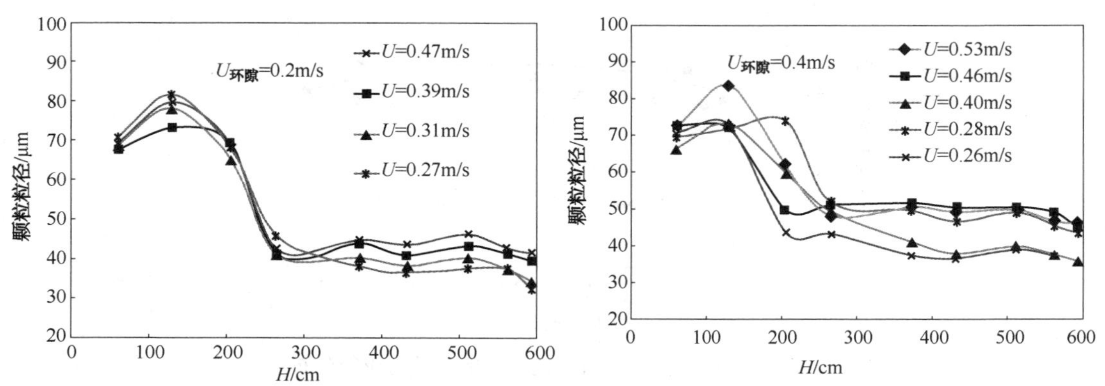

图 4　流化床稀相空间颗粒粒度沿轴向高度分布

流化床轴向位置的升高，颗粒粒径逐渐变小，并且受床层流化气速大小的影响。随着床层表观气速的增加，沉降空间的颗粒粒度逐渐变大，原因在于床层气速的增加造成颗粒夹带能力增强。

图4也显示出在相同的流化床表观气速下，流化床环隙床层气速大小也影响着沉降空间颗粒大小分布。总体来讲，总气量一定的情况下，环隙床层气速增加意味着环隙空间有更多的颗粒被提升到沉降空间，造成沉降空间较大颗粒增多。在实验条件下，进入分离器的颗粒粒径约为40μm。

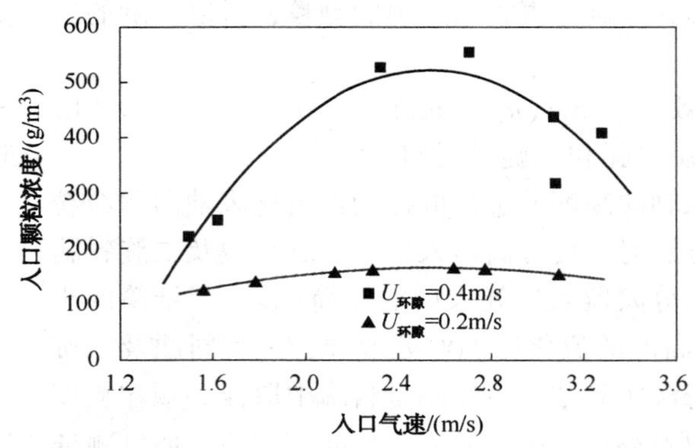

图5　不同分离器入口气速时入口颗粒浓度分布

4.2　气固分离器入口颗粒浓度及大小

图5为一旋分离器不同入口气速下的颗粒浓度分布，由图可以看出，较低的环隙气速下，分选器入口颗粒浓度几乎不受分选器入口气速的影响；在较大的环隙气速下，入口颗粒浓度随着入口气速的增加先增加到一定程度后再降低。

图6和图7为一旋分离器在不同入口气速下进出口的颗粒粒径。由图可知在实验条件下，分离器入口颗粒粒径大约为40μm，分离器分出的颗粒的粒径平均为15μm。

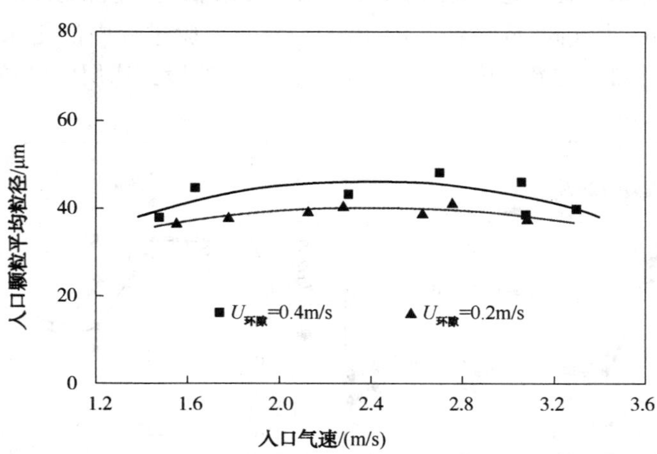

图6　不同分离器入口气速下的颗粒平均粒径分布

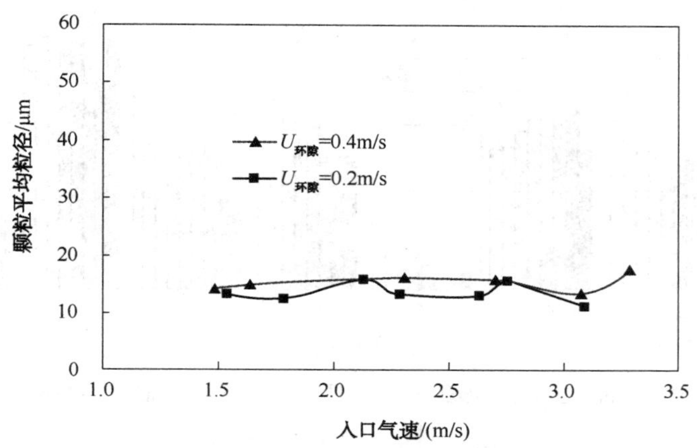

图 7 不同分离器入口气速条件下分离器分离出较细颗粒的粒径分布

4.3 分离器颗粒分离效果

图 8 为一旋分离器对颗粒分离情况。由图可知，一旋分离器可以明显地将进入一旋分离器的颗粒分离为平均粒径为 37. 0μm 和 14. 3μm 的颗粒，从而达到分离器设计的目的：可将颗粒中较大粒径的颗粒分离下来。分离器入口颗粒平均粒径为 39. 2μm，大于分离器料腿收集颗粒的粒径，原因在于分离器入口处颗粒采样采用取样筒直接取样，造成较多小颗粒随气流进入取样筒，而一旋分离器料腿收集所有进入料腿的颗粒并取样进行分析，样品不存在取样误差。

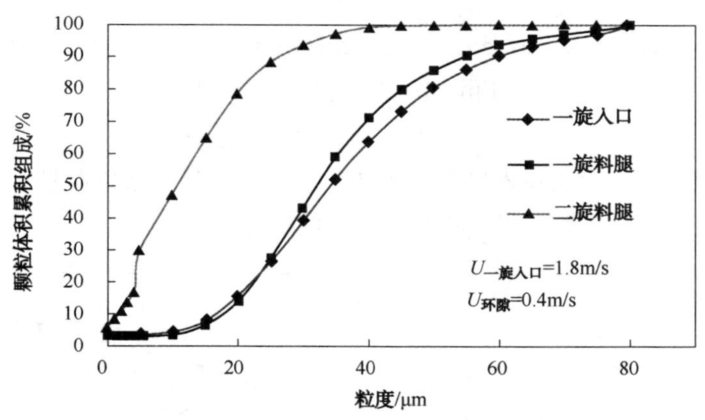

图 8 分离器的颗粒分离情况

图 9 和图 10 为进出一旋分离器的颗粒粒度分布。一旋料腿收集的颗粒为分选器分收集的较粗颗粒；二旋料腿收集的颗粒为一旋分离器导气管跑出的细颗粒。从图可知，经过分选器的分离，收集的细粉(二旋料腿收集颗粒)中 0~10μm 细颗粒组成由原先小于 10%的入口组成增大到 60%左右，而收集的粗颗粒(一旋料腿收集颗粒)中>40μm 颗粒的含量由进料的 40%的含量减少为<5%，这说明一旋分离器可以有效地将悬浮颗粒中细颗粒分离出来。

图 11 为入口气速对分离器分离效率的影响，由图可知，随着分离器入口气速的增加，分离效率逐渐增加；在分离效率增加到一定程度，分离效率随着入口气速增加而变弱，分离

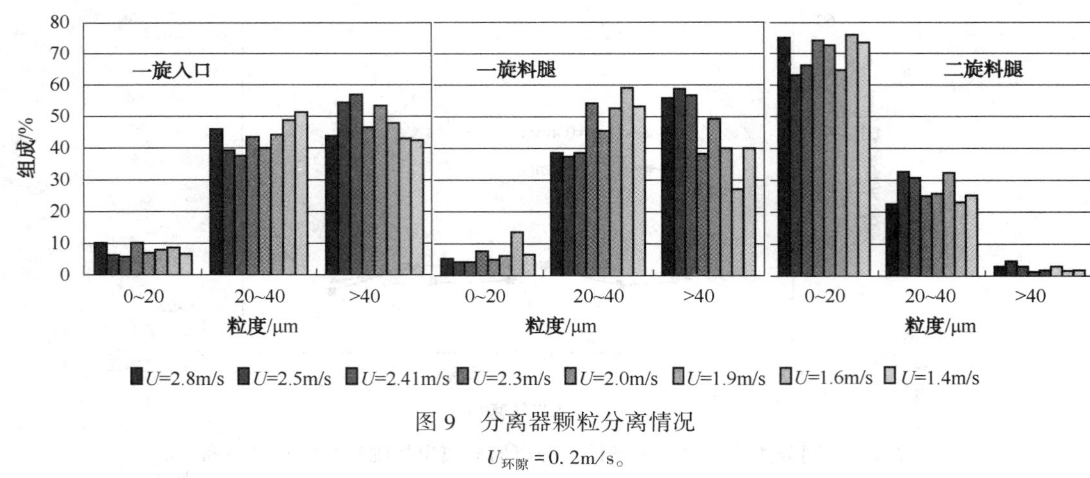

图 9　分离器颗粒分离情况

$U_{环隙}$ = 0.2m/s。

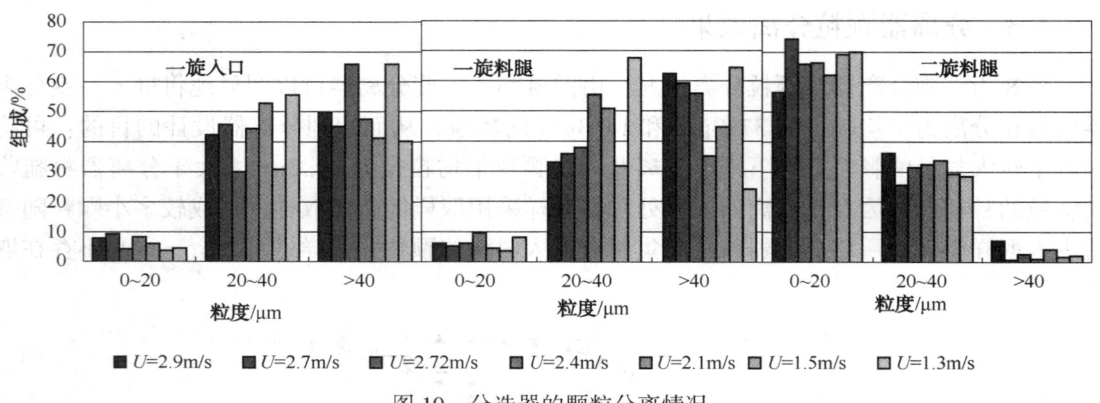

图 10　分选器的颗粒分离情况

$U_{环隙}$ = 0.4m/s。

效率最大可达99.8%。这表明在入口气速为2.5~3.5m/s时，分离器具有较好的分离效率。低入口气速有利于减少颗粒的磨损、降低装置的剂耗。

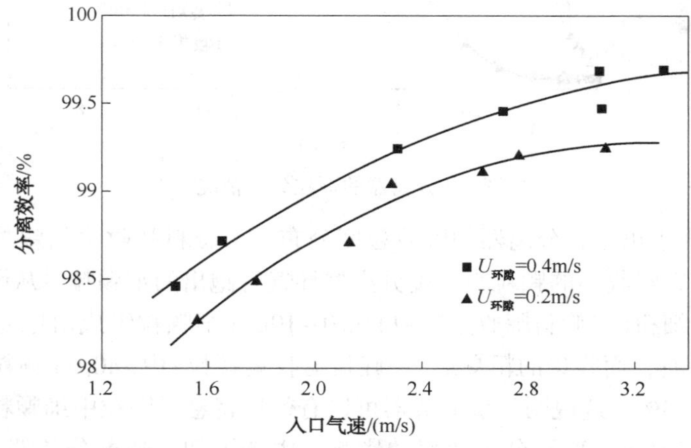

图 11　入口气速对分离器分离效率的影响

图 11 表明流化床环隙表观气速对分选器分离效率有一定影响，环隙表观气速较大时，分离效率相对较高，原因可能在于：环隙表观气速影响着环隙内颗粒的流化，较高的环隙表观气速可使较多的颗粒被提升到环隙上方的空间，在来自提升管的气体共同作用下被提升沉降空间，使得较大粒径的颗粒进入沉降空间(图 4 所示)，较大颗粒有利于提高气固分离效率。

在分离器入口气速相同的条件下，沉降空间表观气速相同，环隙表观气速较高，较高环隙气速可使得环隙床层内较多且较大的颗粒被提升到环隙上方的空间，使得进入分离器入口的颗粒粒径和浓度相对较大(如图 5 和图 6 所示)，由于当前条件下颗粒浓度较小(<1kg/m^3)，颗粒粒径对分离结果影响作用较大，从而使得相同入口气速下，环隙气速较高时分离效率较高。

将进入分离器的颗粒分为 0~20μm、20~40μm、>40μm 三部分，计算分离器对这三部分范围颗粒的分离效率，结果如图 12 所示。由图可知，20~40μm 和>40μm 颗粒的分离效率大于 99.8%；0~20μm 颗粒受入口气速影响较大，随着入口气速的增加而增加。可见，分离器的分离效率受较细颗粒分离效果影响较大。

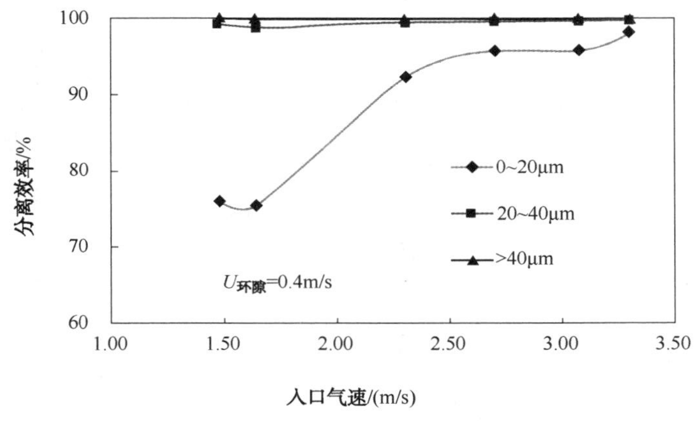

图 12 分选器入口气速对颗粒分离效率的影响

5 结论

新型气固分离器在较低入口气速(2.5~3.5m/s)下具有较好分离效果，可实现降低沉降空间颗粒浓度的目的。分离器分离效率随着入口气速的增加而增加；在分离效率增加到一定程度后，分离效率随着入口气速增加而变弱，分离效率最大可达 99.8%。在颗粒粒度分布范围内，粒径较小的颗粒的分离效率对分离器入口气速的变化比较敏感。

参 考 文 献

[1] 吴德飞，庄剑，袁忠勋，黄泽川．S Zorb 技术国产化改进与应用[J]．石油炼制与化工，2012，43(7)：76-79.

[2] 顾兴平．S Zorb 催化裂化汽油吸附脱硫技术[J]．石油化工技术与经济，2012，28(3)：69-72.

[3] 胡跃梁，孙启明．S Zorb 吸附脱硫装置运行过程中存在问题分析及应对措施[J]．石油炼制与化工，

2013，44(7)：69-7.

[4] 李辉．S Zorb装置关键设备运行分析[J]．石油炼制与化工，2012，43(9)：91-85.

[5] 吴言泽，柴剑锋，颜世山，等．S Zorb装置消缺及扩能改造项目的实施[J]．炼油工程，2014，44(2)：38-40.

[6] 王子纲，柴剑锋，颜世山．90万吨/年催化汽油吸附脱硫装置生产运行中遇到的问题及对策[J]．当代石油化工，2012，5：23-27.

[7] 赵兵涛，沈恒根，许文元，等．旋风分离器内气固分离模型的研究进展[J]．中国粉体技术，2003，6：45-48.

[8] 刘金红．旋风分离器的发展与理论研究现状[J]．化工装备技术，1998，19(5)：49-51.

影响 S Zorb 催化剂长周期运行的因素及其控制方法研究

邹　亢[1]　徐广通[1]　刘永才[2]　徐　莉[1]　吴　迪[2]　韩　莉[2]　朱丙田[1]　韩　颖[1]

（1. 中国石化石油化工科学研究院，北京　100083；
2. 中国石化齐鲁分公司胜利炼油厂，淄博　255434）

摘　要　结合 S Zorb 工艺特点和催化剂非活性物相的形成机理，系统分析并确定了最易出现 S Zorb 催化剂失活的工艺部位。从多套装置采集了系列工业催化剂，利用 TG-MS 法等方法研究了催化剂的热解行为；利用自建的碳氢硫元素原位定量法分别研究了待生剂和再生剂中碳氢硫元素含量、氢碳元素摩尔比及氢碳元素存在形态等；探讨了再生过程中不同组分的变化规律以及对再生器中水含量的影响。结果表明，吸附水挥发和吸附烃燃烧是再生器中水的主要来源，而积炭则根据再生强度不同脱除量会有所差异；通过合理的工艺设计和操作条件可以有效减少吸附烃和吸附水，生成水的减少率最高可达 95.5%，从而有效控制非活性物相的生成；在某 120 wt/a 工业装置上试验后也发现，通过优化气提参数可以使得催化剂上的碳和氢元素含量逐渐降低，结合催化剂置换可将硅酸锌含量降低至很低的水平，使催化剂保持良好的性能，显著提高长周期运行稳定性。

关键词　S Zorb 催化剂　失活　再生　吸附烃　积炭　长周期稳定性

1　前言

汽油是关系到国计民生的重要石油产品，而汽油中的硫元素是大气的主要污染源之一，目前包括中国在内的多个国家和地区都要求汽油中硫元素的质量分数不大于 10 mg/kg[1~6]。中国石化 S Zorb 吸附脱硫技术是我国超低硫清洁汽油生产的主要技术之一，目前在已建成了 27 套工业装置，加工能力接近 4000 wt/a，是我国清洁汽油生产的重要技术之一[7~10]。S Zorb 吸附脱硫技术的核心之一为其专用的吸附脱硫催化剂，主要的脱硫和再生反应如下[1,2]：

$$ZnO + R-S + H_2 \xrightarrow{Ni,\ \triangle} ZnS + R-2H \tag{1}$$

$$2ZnS + 3O_2 \xrightarrow{\triangle} 2ZnO + 2SO_2\uparrow \tag{2}$$

ZnO 是主要的活性相之一，其含量决定了催化剂的脱硫活性，但是催化剂在一定条件下会生成非活性物相硅酸锌［反应式(3)］[9~12]：

$$2ZnO + SiO_2 \xrightarrow{\triangle} Zn_2SiO_4 \tag{3}$$

对工业装置的监控结果表明，硅酸锌可以在较短时间内快速生成，也可以在较长时间内逐渐累积增加，从而显著降低催化剂的脱硫活性和机械强度[9~12]。此外，硫酸锌类化合物的出现也将导致催化剂失活和结块[9~12]。据文献报道，已在多个脱硫装置的催化剂中发现上述现象[9, 11,13~15, 17]，目前非活性物相的形成是影响 S Zorb 剂长周期稳定运行的关键之一。

$$3ZnS + 5.5O_2 \xrightarrow{\triangle} Zn_3O(SO_4)_2 + SO_2 \tag{4}$$

为了解决上述问题，人们开展了大量的工业实践，总结出了一系列行之有效的操作方法。郭晓亮[11]、刘传勤[13]、华炜[14]、吴言泽[15]、王军强[16]等人在不同工业装置上发现，当出现脱硫装置中出现再生器盘管泄露、再生空气水含量高、循环氢水含量高、原料水含量高等情况时，催化剂较易失活和结块，作者们认为降低催化剂的循环量、使用干燥后的再生气体、提高催化剂碳和硫含量、降低还原器反应温度、降低再生强度等，可以在一定程度上抑制非活性物相的形成，上述方法的核心是尽可能地减少装置中的水含量。徐广通[17~21]和林伟[21~23]等人系统研究了导致 S Zorb 催化剂非活性硅酸锌物相形成的影响因素、动力学和机理，研究表明水的存在将显著促进非活性物相的形成，且水分压越大、温度越高非活性物相形成速率越快。为此，人们在各个工艺环节均制定了严格的控制指标，如：还原器温度[11,13]、再生风的露点[11,15]、循环氢水含量[11,13]等，以期尽可能地减少了装置中的水。然而，在实际工业运行过程中即使严格遵守上述控制指标，一些工业催化剂依然会在运行一年到两年后出现失活的问题，人们往往只能将其归结为必需的化学反应使得脱硫装置中无法完全避免水的存在[13]。该结论表明在现有工艺条件下催化剂的失活似乎是难以完全控制的。针对这一问题，徐广通等人[17~19]进一步研究后发现，在实际的工业运行条件下，S Zorb 催化剂只有在高温、酸性气氛和水蒸气三者共存的环境中才是易失活的，而当前述三个条件只具备任意一个或两个时，催化剂均具有极高的稳定性，这一发现为进一步抑制非活性物相的形成提供了参考。

本文系统分析了工业装置中最易出现催化剂失活的工艺部位和影响因素。利用 TG-MS、裂解色谱等方法表征 S Zorb 剂的热解过程，探讨催化剂上碳、氢、硫元素的存在形态、含量和变化规律。在实验室和工业装置上分别探索了可以提高 S Zorb 催化剂长周期运行稳定性的方法。

2 实验部分

2.1 仪器和试验方法

催化剂热解行为分析：德国耐驰公司 STA409PC-QMS403 型热重-质谱联用分析仪（TG-MS）表征催化剂热解过程中质量变化和热解逸出气体，升温速率 10 ℃/min，空气气氛。

催化剂上碳氢硫元素含量和形态分析：采用自建的“碳氢硫元素 TG-MS 原位定量法”测定催化剂中不同形态碳氢硫元素的含量。

催化剂上吸附烃组成分析：裂解气相色谱质谱联用仪由日本 Frontie 公司 EGA/PY-3030D 多功能热裂解器、安捷伦公司 7890A 气相色谱及 5975 质谱联用。

2.2 样品和试剂

S Zorb 催化剂包括待生剂和再生剂均来自不同的 S Zorb 工业装置，待生剂命名为 DS，再生剂命名为 ZS。

3 结果与讨论

3.1 最易导致非活性物相形成的工艺部位分析

从 S Zorb 装置主要工艺部位的工况条件上看，闭锁料斗和还原器温度为 200 ℃左右，气氛主要为 H_2、氮气或空气；反应器的温度为 430 ℃左右，气氛主要为汽油、氢气和少量的水。已有的研究结果表明，在没有酸性气氛时，S Zorb 催化剂即使在 550 ℃的水蒸气气氛中也具有较高的稳定性，只有当温度升高到 800 ℃以上时，催化剂才会明显失活[17~19]。对于反应器、还原器和闭锁料斗而言，其反应温度和水分压明显低于文献中的数据，且不存在酸性气氛，所以在上述工艺部位中生成非活性物相的可能性较低。

再生器反应温度相对较高，为 530 ℃左右，常规工况下为空气和氮气气氛，并且在再生过程中会生成大量的酸性气体 SO_2和 SO_3。此外，尽管对再生风露点有严格的控制指标(-40 ℃)，但是再生烟气中依然会检测到 2 %以上的水[25]。据文献报道[17~19]，在高温水热环境中，即使出现少量 SO_2和 SO_3气体，催化剂会迅速失活，且温度越高、水分压越大，非活性物相的形成速率越快。此外，在对催化剂再生过程的研究中还发现[19, 20]，当强化再生以硫化锌的转化率时，将释放出更多的 SO_2气体，同时还会生成更大量的 CO_2和 H_2O，从而形成了高温酸性水热环境，导致硅酸锌和硫酸锌等非活性物相生成。

综上可以推测，再生器是最易出现催化剂失活的工艺部位，而目前采用的控制再生风露点的手段并不足够。

3.2 S Zorb 催化剂的热解行为研究

S Zorb 剂再生过程的反应产物是导致酸性水热气氛的关键，图 1 是 DS-1 和 ZS-1 的 TG-MS谱图，结合 In situ HT-XRD 结果可知[20]：537 ℃和 552 ℃左右的 SO_2质谱峰归属于 ZnS 物相的热解，而 892 ℃左右 SO_2质谱峰则归属于 $Zn_3O(SO_4)_2$物相的热解。

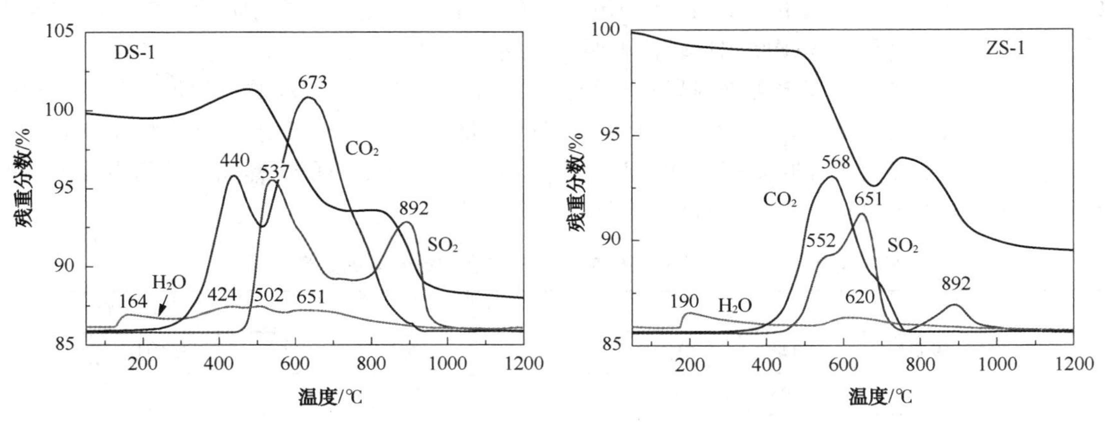

图 1 DS-1 和 ZS-1 的 TG-MS 谱图

DS-1 和 ZS-1 在 200℃以下均会出现 H_2O 的质谱峰，没有观测到 CO_2的质谱峰，为物理吸附水。DS-1 在 424 ℃、502 ℃、651 ℃左右同时出现了明显的 H_2O 和 CO_2的质谱峰，推测为烃类化合物或积炭燃烧。在实际的工业再生过程中，催化剂上吸附的水和部分烃类化合物燃烧，释放出较多 H_2O 和 CO_2，其与 ZnS 物相氧化再生产生的 SO_2和 SO_3混合形成了酸性水热环境，易导致催化剂失活[17~19]。此外，从图 1 可以看到，有较大一部分 H_2O 和 CO_2的热解温度明显低于 SO_2的热解温度，为多段再生工艺提供了理论基础。

3.3 催化剂上碳和氢元素的存在形态和含量

待生剂散发着浓烈刺激性气味，新剂和再生剂则无味，可以推测待生剂上吸附了较多的挥发性有机物，且这些有机物会在再生过程中烧除。裂解色谱分析发现 DS-1~DS-3 中易挥发烃类化合物主要为取代芳烃。结合 TG-MS 可知，待生剂中氢元素主要以吸附水、结构类似于异丙苯的吸附烃和积炭三种形式存在，而碳元素则主要以后两种形式存在。

表 1 TG-MS 法对催化剂中碳氢硫元素定量结果

样品名	质量分数/%			$n(H)/n(C)$	质量分数/%		
	C	S	H①		ΔC	ΔS	ΔH
DS-1	5.27	13.75	0.28	0.64	2.58	4.44	0.15
ZS-1	2.69	9.31	0.13	0.59			
DS-2	6.57	9.40	0.23	0.42	1.70	1.63	0.11
ZS-2	4.87	7.77	0.13	0.32			
DS-3	3.68	7.35	0.22	0.71	1.05	0.92	0.11
ZS-3	2.64	6.43	0.11	0.48			

① H 元素的质量分数为扣除物理吸附水后的结果。

物理吸附水受环境的影响较大，所以用自建的"碳氢硫元素 TG-MS 原位定量法"，一方面可以分析物理吸附水的影响；另一方面有助于分析关键物质的含量和形态，结果示于表 1。DS-1~DS-3 的氢碳摩尔比均小于 1，说明其除了取代芳烃以外，还存在氢碳摩尔比更小的积炭或积炭前驱物。若按照催化剂循环速率 1 t/h 计算，若待生剂上的氢元素完全热解生成的水约为 19.8~25.2 L/h。ZS-1~3 中硫、碳和氢元素的含量均显著降低，氢碳摩尔比也低，是由于再生过程中氢碳摩尔比较高的吸附烃更易于热解所致。

进一步根据热解温度定义吸附烃和积炭，结果示于表 2。再生器的再生温度较高(500~530℃)，所以热解的氢元素不仅来自于吸附烃的燃烧，还来自于部分积炭的燃烧，但生成水的主要来自于吸附水和吸附烃。如果强化再生，将导致更多的积炭燃烧，从而生成更多的水，所以强化再生时往往容易导致催化剂快速失活。

表 2 TG-MS 法对催化剂上不同形态碳氢元素的定量结果 %(m)

样品名	C		H		ΔC		ΔH	
	吸附烃	积炭	吸附烃	积炭	吸附烃	积炭	吸附烃	积炭
DS-1	1.30	3.96	0.15	0.13	0.39	2.19	0.12	0.05
ZS-1	0.91	1.77	0.03	0.09				

续表

样品名	C		H		ΔC		ΔH	
	吸附烃	积炭	吸附烃	积炭	吸附烃	积炭	吸附烃	积炭
DS-2	1.97	4.60	0.10	0.13	0.69	1.02	0.06	0.05
ZS-2	1.28	3.58	0.04	0.09				
DS-3	0.94	2.74	0.11	0.11	0.41	0.64	0.06	0.05
ZS-3	0.53	2.10	0.05	0.06				

注：ΔC为待生剂和再生剂碳元素含量之差；ΔH为待生剂和再生剂氢元素含量之差。

综上，再生过程中的水主要来自于吸附烃和吸附水，如果将其提前去除，将显著降低再生器中的水分压，从而提高催化剂的稳定性。

3.4 催化剂长周期运行技术的开发

表3是DS-4上碳、氢、硫元素含量及吸附水、吸附烃含量。

表3 DS-4中碳氢硫元素和吸附水、吸附烃的含量

元素和形态	含量	元素和形态	含量
w(C)/%	4.80	w(吸附水)/%	0.45
w(C，吸附烃)/%	0.80	w(吸附烃)/%	0.91
w(S)/%	11.00	w(吸附水)+w(吸附烃)/%	1.36
w(H)/%	0.23	$V(H_2O)$①/(L/h)	14.00
w(H，吸附烃)/%	0.11		

① 假设工业装置中催化剂循环速率为1t/h。

可以看到，DS-4中吸附烃和吸附水的含量高，如能减低二者含量，将显著减少再生过程中生成的水。利用专有方法探索强化气提效果以降低吸附水和吸附烃含量，结果如表4所示。可以看到，采用合适的条件可以有效减少吸附烃和吸附水，生成水的减少率最高可达95.5%，相当于减少进入再生器的水量13.4L/h。

表4 不同温度惰性气氛下DS-4失重量及对应的水量

条件	失重/%(m)	$V(H_2O)$①/(L/h)	生成H_2O的减少率/%
B	0.5	5.2	37.1
C	0.7	7.1	50.8
D	0.8	8.2	58.2
E	0.9	9.2	65.7
F	1.0	10.2	73.2
G	1.2	12.3	88.1
H	1.3	13.4	95.5

① 假设工业装置中催化剂循环速率为1t/h。

在某1.20Mt/a工业装置上试验后发现，从5月25日开始优化气提参数后，催化剂上的碳元素含量逐渐降低(图2)，考虑到碳元素含量的降低与氢元素含量降低具有相同的趋势，说明再生器中的水分压也随之降低了。图3是工业剂中硅酸锌含量变化趋势，当催化剂上含有的碳和氢元素的物质减少到一定程度时，再采用适当的催化剂置换量，可以显著降低硅酸

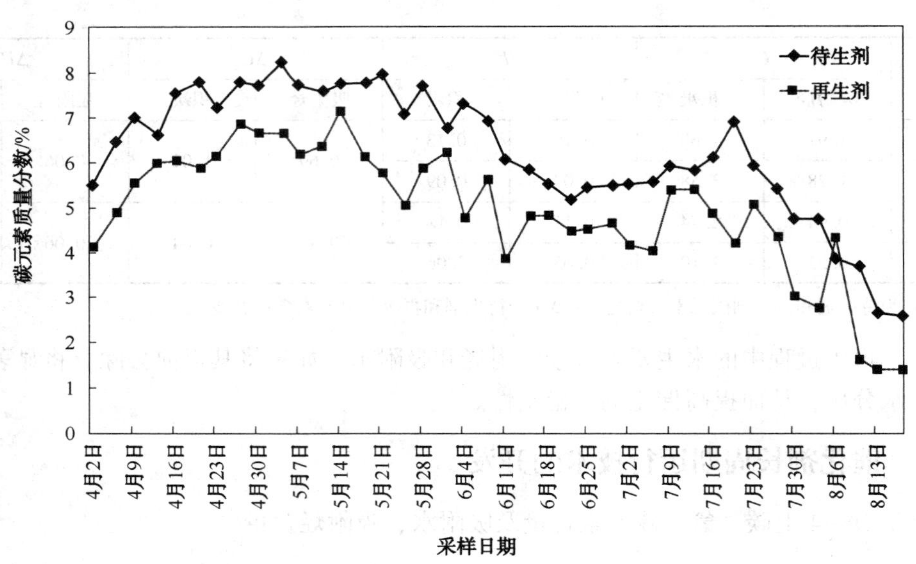

图2 某1.20Mt/a工业装置中催化剂上碳元素变化趋势

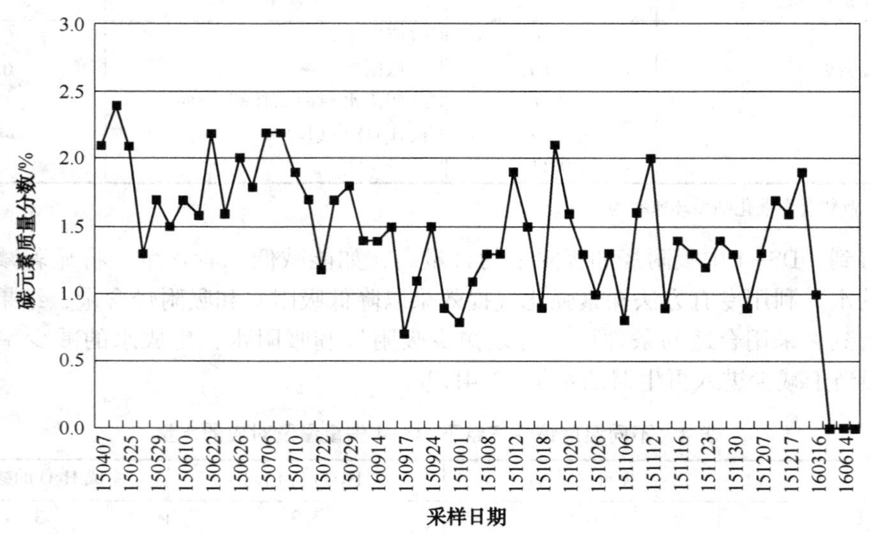

图3 某1.20Mt/a工业装置催化剂中硅酸锌物相含量变化趋势

锌的含量并维持在较低的水平，显著提高催化剂的稳定运行周期。

但值得注意的是，由于现有装置参数的优化空间有限，所以该方法存在见效周期长、对突发问题应对不及时等问题，所以最佳解决方案将是采用两段再生技术。

4 结论

高温酸性水热环境是导致S Zorb脱硫催化剂生成非活性物相Zn_2SiO_4的主要原因，再生器是催化剂失活的主要工艺部位，再生器中水的来源是控制催化剂失活的核心要素。对不同S Zorb工业装置上待生及再生脱硫催化剂的分析结果表明，待生剂中氢元素的赋存形态为吸附水、吸附烃和积炭，这些含氢组分在再生过程中燃烧所生成大量的水是再生器中水热环境的主要成因，加之再生过程中同时生成了 SO_2 和 SO_3，上述因素共同形成高温酸性水热气氛，从而促使催化剂中 ZnO 物相与载体硅源反应迅速形成了非活性 Zn_2SiO_4 物相。

吸附水、吸附烃和积炭热解温度存在明显差异，从而为多段再生提供了可能性。进一步研究表明，催化剂上吸附的烃类化合物通常为汽油中高碳数的芳烃组分。此外，催化剂上氢和碳元素的摩尔比均小于 1，说明还存在聚合度较高的积炭及其前驱物。利用专有方法证实，采用合适的条件可以有效减少催化剂上的吸附烃和吸附水，生成水的减少率最高可达 95.5 %。在某 120 wt/a 工业装置上开展了系列试验后也发现，采取优化措施后催化剂上的碳好氢元素含量逐渐降低，当其降低到一定程度后，再结合适当的催化剂置换量，可使催化剂中硅酸锌含量降低并保持在较低水平，从而提高催化剂的稳定运行周期。

但是现有装置参数的优化空间有限，所以该方法存在见效周期长、对突发问题应对不及时等问题，所以最佳解决方案将是采用两段再生技术。

参 考 文 献

[1] MathieuY, Yzanis L, Soulard M, et al. Adsorption of SO_x by oxide materials: A review[J]. Fuel Processing Technology, 2013, 114: 81-100.

[2] Song C An overview of new approaches to deep desulfurization for ultra-clean gasoline, diesel fuel and jet fuel [J]. Catalysis Today, 2003, 86: 211-263.

[3] BabichI V, Moulijn J A. Science and technology of novel processes for deep desulfurization of oil refinery streams: a review[J]. Fuel, 2003, 82: 607-631.

[4] BrunetS, Mey D, Perot G. On the hydrodesulfurization of FCC gasoline: a review[J]. Applied Catalysis A: General, 2005, 278: 143-172.

[5] Eri Ito, Rob van Veen J A. On novel process for removing sulphur from refinery streams[J]. Catalysis Today, 2006, 116: 446-460.

[6] ZhangS, Zhang Y, Huang S. Mechanistic investigations on the adsorption of thiophene over Zn_3NiO_4 bimetallic oxide cluster[J]. Applied Surface Science, 2012, 258: 10148-10153.

[7] 朱云霞，徐惠．S Zorb 技术的完善及发展[J]．炼油技术与工程，2009，39(8)：7-12.

[8] 王明哲，阮宇军．催化裂化汽油吸附脱硫反应工艺条件的探讨[J]．炼油技术与工程，2010，40(9)：5 -10.

[9] 徐广通，刁玉霞，邹亢，等．S Zorb 装置汽油脱硫过程中催化剂失活原因分析[J]．石油炼制与化工，2011，42(12)：1-6.

[10] 徐广通，邹亢，盖金祥，等．S Zorb 催化剂活性评价模型及其应用[J]．石油炼制与化工，2014，45(11)：39-43.

[11] 郭晓亮．S Zorb 装置长周期运行影响因素及对策[J]．炼油技术与工程，2013，43(1)：5-9.

[12] QiuL, Zou K, Xu G T. Investigation on the sulfur state and phase transformation of spent and regenerated S zorb sorbents using XPS and XRD[J]. Applied Surface, 2013, 266: 230-234.

[13] 刘传勤，由慧玲．齐鲁 S Zorb 装置吸附剂硅酸锌含量升高原因分析及对策[J]．齐鲁石油化工，2014，42(3)：199-203.

[14] 华炜．S Zorb 吸附剂及其工艺进展[J]．中外能源，2013，18(3)：70-78.

[15] 吴言泽．S Zorb 吸附剂失活问题的研究及对策[J]．炼油技术与工程[J]．2015，45(7)：51-54.

[16] 王军强，阚宝训，蒋红斌．S Zorb 装置生产国Ⅴ汽油的实践[J]．炼油技术与工程[J]．2015，45(4)：1

-4.

[17] 张欣，徐广通，黄南贵．S Zorb催化剂中硅酸锌的生成条件[J]．石油学报：石油加工，2013，29(4)：619-625.

[18] 徐华，杨行远，邹亢，等．不同气氛环境对S Zorb催化剂中硅酸锌生成的影响[J]．石油炼制与化工，2014，45(6)：9-14.

[19] 徐莉，邹亢，徐广通，等．S Zorb工业催化剂结构、组成及再生行为研究[J]．石油炼制与化工，2013，44(6)：44-48.

[20] 邹亢，徐广通，盖金祥，等．高温原位XRD和TG-MS原位定量法研究S Zorb工业催化剂热解行为[J]．石油学报：石油加工，2015，31(3)：732-739.

[21] Zou K，Lin W，Tian H P，et al. Study on Zn_2SiO_4 Formation Kinetics and Activity Stability of Desulfurization Sorbent[J]. China Petroleum Processing & Petrochemical Technology，2015，17(1)：1-6.

[22] 林伟，王磊，田辉平．S Zorb催化剂中硅酸锌生成速率分析[J]．石油炼制与化工，2011，42(11)：1 -4.

[23] 林伟．氧化硅源和氧化锌颗粒大小对S Zorb吸附剂脱硫活性的影响[J]．石油学报：石油加工，2012，28(5)：739-743.

[24] XuL，Zou K，Xu G T，et al. Study on the Mechanism of Zn_2SiO_4 Formation in S Zorb sorbent and its Inhibition Methods[J]. China Petroleum Processing & Petrochemical Technology，2016，18(2)：66-72.

[25] 侯晓明，庄剑．催化汽油吸附脱硫(S Zorb)装置技术手册[M]．北京，中国石化出版社，2013：18.

多级孔 SAPO-11 分子筛的合成及其临氢异构化反应性能

孙　娜[1,2]　王海彦[1,2]　康　蕾[1,2]

(1. 中国石油大学(华东)化学工程学院，青岛　266580；
2. 辽宁石油化工大学化学化工与环境学部，抚顺　113001)

摘　要　利用未焙烧的 SBA-15 分子筛中的 P123 作为造孔剂，以 SBA-15 为硅源，通过一步法水热合成包覆型介孔 SAPO-11 分子筛。利用 XRD、N_2吸附-脱附等温曲线和扫描电镜(SEM)等方法对分子筛的形貌和孔结构性质进行表征。以正十二烷为原料，考察负载量为 0.5% Pt 的 SAPO-11 分子筛的异构化反应催化性能。结果表明：合成 SAPO-11 分子筛具有较大的外比表面积，分子筛中有明显的介孔生成，介孔孔容增大，从而降低传质阻力，提高催化剂的异构化反应活性和选择性。

关键词　SBA-15　P123　多级孔　SAPO-11 分子筛　临氢异构

SAPO-11 分子筛具有独特的一维十元环椭圆形中空孔道结构(0.63nm×0.39nm)[2]，且酸性比较温和，因此，在正构烷烃的异构化反应中表现出良好的催化活性和选择性[3-6]，主要应用于提高汽油辛烷值，改善柴油和润滑油的低温性能等方面[7-9]。

常规微孔 SAPO-11 分子筛由于传质通道较窄，大分子烃类很难进入到分子筛的孔道内进行吸附，因此传质速率较低，降低了长链烷烃异构化反应的转化率和选择性[10]。虽然提高反应温度可以增加长链烷烃在催化剂孔道内的扩散速率，但是却不可避免的提高了反应物的裂化活性，降低异构化产物的选择性[11]。在长链烷烃的异构化中，根据孔口-锁钥反应机理，反应物是部分插入分子筛孔道内，在孔口和分子筛外表面上进行吸附，优先生成单支链烷烃[12-14]。在微孔结构的 SAPO-11 分子筛中引入介孔结构可以降低传质阻力，提供更多的孔口，从而提高对长链烷烃异构化反应的活性和选择性。

P123 是一种非离子表面活性剂，全称聚环氧乙烷-聚环氧丙烷-聚环氧乙烷三嵌段共聚物，其分子式为：PEO-PPO-PEO，在 SBA-15 分子筛的合成中作为模板剂使用。

笔者以未焙烧的 SBA-15 作为硅源，利用 SBA-15 中模板剂 P123 制备具有包覆型介孔 SAPO-11 分子筛，并通过 XRD、N_2吸附-脱附等温曲线和扫描电镜(SEM)等表征方法对合成分子筛的结构和性质进行分析。以正十二烷为原料，研究 Pt 负载量为 0.5%的介孔 SAPO-11 催化剂对正十二烷临氢异构化活性的影响。

1　实验部分

1.1　实验药品

盐酸(HCl，AR)，正硅酸四乙酯($C_8H_{20}O_4Si$，AR)，P123(PEO-PPO-PEO，AR)，拟

薄水铝石(山东铝业有限公司，质量分数73%)，磷酸(H_3PO_4，AR)，二正丙胺($C_6H_{15}N$，AR)，二异丙胺($C_6H_{15}N$，AR)，硅溶胶($SiO_2 \cdot nH_2O$，抚顺催化剂厂，质量分数30%，工业级)，正十二烷($n-C_{12}H_{26}$，抚顺北源精细化工公司，工业级)，所用蒸馏水为实验室自制。

1.2 SBA-15的制备

参照文献[15]制备SBA-15。将正硅酸四乙酯、盐酸、P123和去离子水混合均匀，上述初始反应物的质量比为P123：正硅酸四乙酯：盐酸：H_2O=2.48∶1.07∶1∶2.5∶120。将所得到的凝胶状混合物装入高压釜中进行晶化，将固体产物洗涤、过滤、干燥后备用。

1.3 SAPO-11分子筛的制备

参照文献[16]合成常规微孔SAPO-11分子筛，样品命名为SAPO-11-A。在SAPO-11分子筛合成体系中以相同计量未焙烧的SBA-15取代硅溶胶作为硅源，合成介孔SAPO-11，样品命名为SAPO-11-B。

1.4 催化剂的制备

分别以20~40目的样品A和B分子筛为载体，以H_2PtCl_6为金属前驱体，采用等体积浸渍法在SAPO-11分子筛上负载0.5%的Pt，经干燥、焙烧后得到Pt/SAPO-11-A、Pt/SAPO-11-B催化剂。

1.5 催化剂的表征

采用德国布鲁克D8 Advance型射线衍射仪分析分子筛样品的晶相结构，Cu靶，Kα辐射源，管电压40kV，管电流30mA，扫描范围2θ为5°~40°，扫描速率为2°/min。N_2吸附-脱附等温曲线由美国康塔公司生产的Autosorb-IQ2-MP型自动物理吸附仪测试，利用BET氮气吸脱测定样品的比表面积，静态容量法测定孔容和孔径分布。采用日本日立电子株式会社SU8010型冷场发射电子扫描电镜(SEM)观察SAPO-11分子筛形貌。

1.6 催化剂的评价

正十二烷在催化剂上的临氢异构化反应采用10mL高压微型固定床反应器进行评价。反应前，催化剂进行氢气还原，还原压力为1.5MPa，还原温度400℃，氢气流量30mL/min，还原时间4h。催化剂还原结束后，切换反应原料正十二烷，在反应压力2MPa，反应空速2.0h^{-1}，氢油比为200∶1的条件下，考察不同反应温度下正十二烷在催化剂上的转化活性和异构烃的选择性，待反应稳定24h后，采用气相色谱进行离线分析。

2 结果与讨论

2.1 分子筛的晶体结构

图1为样品SAPO-11-A和SAPO-11-B分子筛的X射线衍射图谱，从图1中可以看出：

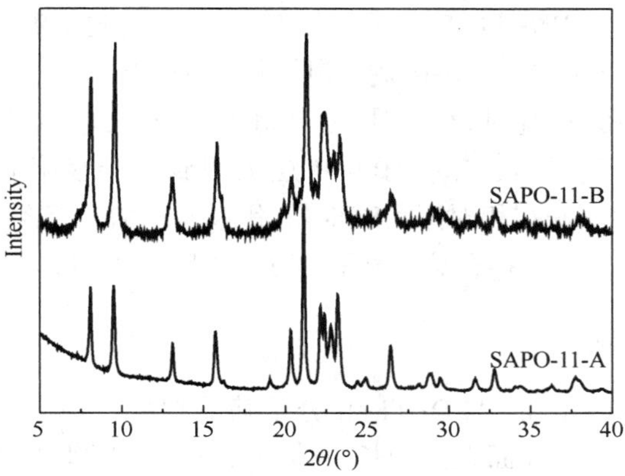

图 1　SAPO-11 分子筛的 XRD 谱图

SAPO-11 分子筛样品均在 $2\theta=8.06°$，$9.44°$，$20.36°$，$21.09°$，$22.10°$，$22.48°$，$22.74°$处存在晶体的特征衍射峰，说明 SAPO-11 分子筛样品 A 和 B 均保持了良好的 AEL 晶体结构[17~19]。在 XRD 图谱中出现其他杂晶的特征峰，说明以未焙烧的 SBA-15 作为硅源可以合成出纯相的 SAPO-11 分子筛。

2.2　分子筛的孔结构

从表 1 中可以看出，相比微孔 SAPO-11-A 分子筛，样品 SAPO-11-B 分子筛 BET 比表面积明显增加，介孔比表面积增加，而微孔比表面积下降，其原因主要是未焙烧的 SBA-15 中含有表面活性剂 P123，而加入 P123 可以明显增加介孔，使得介孔体积增大，介孔孔容增加。

表 1　SAPO-11 分子筛的孔结构参数

样品	$S_{BET}/(m^2/g)$	$S_{micro}/(m^2/g)$	$S_{meso}/(m^2/g)$	$V_{micro}/(m^3/g)$	$V_{meso}/(m^3/g)$
SAPO-11-A	158.7	132.3	26.4	0.064	0.234
SAPO-11-B	186.9	109.7	77.2	0.044	0.261

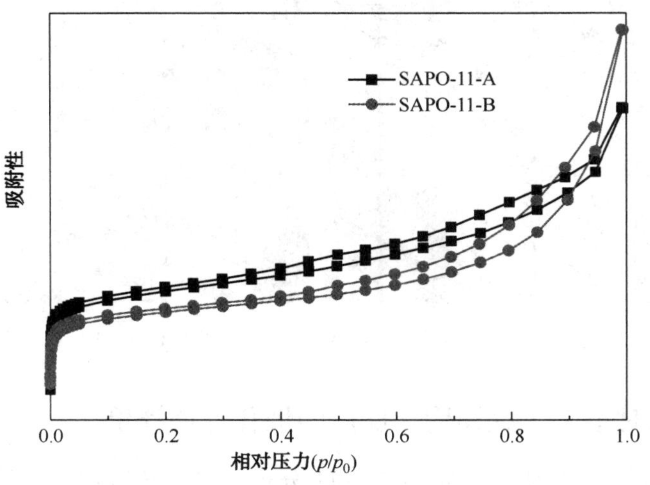

图 2　SAPO-11 分子筛的吸附-脱附等温线

样品 SAPO-11-A 和 SAPO-11-B 分子筛的 N_2-吸附/脱附等温曲线如图 2 所示。从图中可以看出：SAPO-11-A 分子筛的 N_2-吸附/脱附曲线为典型Ⅰ型吸附曲线，为微孔吸附；而 SAPO-11-B 分子筛 N_2-吸附/脱附为典型Ⅳ型吸附等温曲线，相对压力较低时，表现为典型的微孔吸附，当相对压力稍高时，N_2分子从单层吸附到多层吸附时，在介孔孔道内发生毛细孔凝结，吸附量突然增加，在相对压力高时吸附达到饱和，吸附等温线又开始变得平缓，说明样品 SAPO-11-B 分子筛中存在焙烧造孔剂 P123 后产生的介孔孔道。

2.3　分子筛的形貌

图 3 为样品 SAPO-11-A 和 SAPO-11-B 分子筛的扫描电镜图。由图中可以看出，常规微孔 SAPO-11-A 分子筛是由表面光滑的长方体或片状微粒聚集形成的球形颗粒，平均粒径大约在 8~10 微米。以未焙烧的 SBA-15 为硅源合成的 SAPO-11-B 分子筛是由细棒状晶体延轴向向内包覆生长，晶粒表面比较粗糙，使得 SAPO-11-B 分子筛的比表面积明显增加，催化剂的活性位增加，这与 N_2吸附/脱附等温曲线和孔结构性质结果相符，由上述表征结果可知，硅源对合成 SAPO-11 分子筛的形貌起着重要作用。

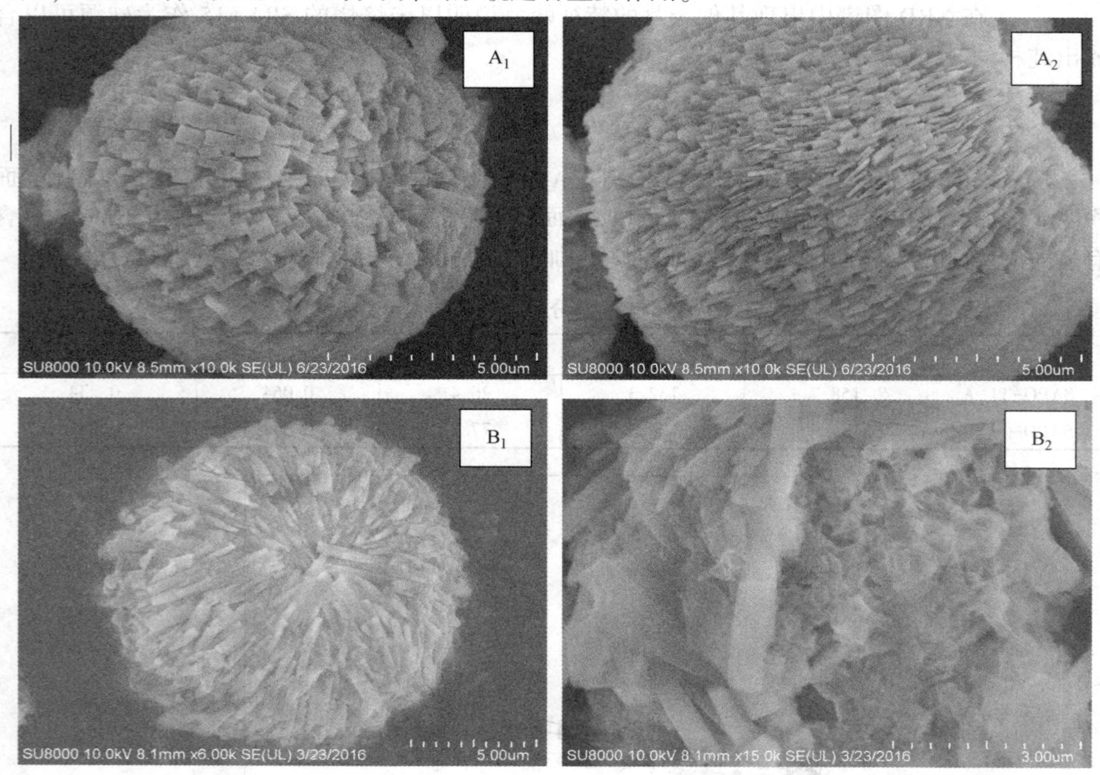

图 3　SAPO-11 分子筛样品的电镜照片(A1. A2：SAPO-11-A；B1. B2：SAPO-11-B)

2.4　催化剂对正十二烷异构化反应的催化性能评价

以正十二烷为原料考察所制备的 SAPO-11 分子筛对于长链烷烃的异构化反应性能。表 2 为反应温度 340℃时，样品 Pt/SAPO-11-A 和 Pt/SAPO-11-B 催化剂的异构化反应结果。

当使用微孔 SAPO-11-A 分子筛发生异构化反应时，C_6以下裂化产物为主，而异构化产物中多支链异构烃收率大于单支链异构烃。

表 2　SAPO-11 分子筛对 n-C_{12}临氢异构化反应催化性能

催化剂	转化率/%	选择性/%			异构化率/%
		cracking	mono-branched	multi-branched	
Pt/SAPO-11-A	99.17	63.57	11.29	25.14	36.13
Pt/SAPO-11-B	95.43	34.75	30.37	34.88	62.27

正十二烷在催化剂 Pt/SAPO-11-A 与 Pt/SAPO-11-B 上的异构化反应评价结果如图 4 所示。随着正十二烷转化率的提高，C_{12}异构烃的总选择性与 C_{12}单甲基异构烃的选择性呈降低的趋势，而 C_{12}多支链异构烃与裂化产物的选择性均呈现增加趋势。通过实验结果可知，正十二烷转化率的提高可以促进生成多支链异构烃，但同时也会增加小分子裂解烃的生成，使得异构烃的选择性下降。与催化剂 Pt/SAPO-11-A 相比，Pt/SAPO-11-B 对单支链和多支链异构烃产物具有较高的选择性，而对裂解产物具有较低的选择性，表明催化剂 Pt/SAPO-11-B 在长链烷烃异构化反应中具有较高的优越性。

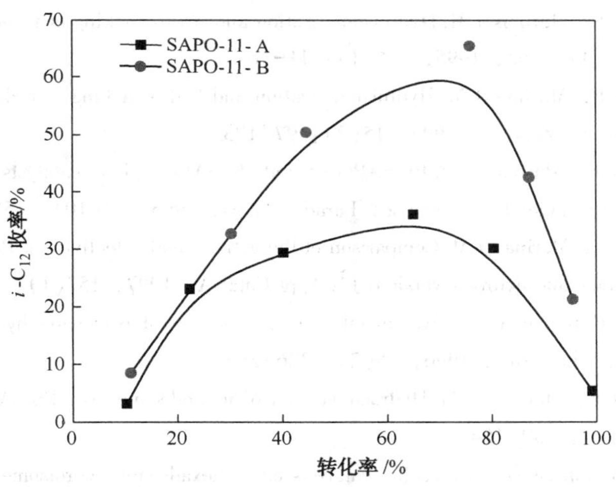

图 4　不同转化率下正十二烷异构烃收率曲线

长链烷烃的异构化反应遵循“孔口催化”的反应机理[20]，主要在 H-SAPO-11 分子筛的外表面和孔口处发生吸附[21]。正构烷烃的加氢异构与加氢裂化是一对平行反应，彼此相互竞争，先形成正碳离子，再发生 C-C 键的重排、异构化以及不同支链正碳离子的裂化反应，异构化程度越高，裂解活性越强。提升异构化反应性能的有效途径是提高微孔及表面的暴露程度，扩大传质通道，降低分子传质与异构化活性位之间的扩散阻力[22]。以上结果表明，以未焙烧的 SBA-15 作为硅源，利用其模板剂 P123 合成介孔 SAPO-11 分子筛，可以增加介孔数目，介孔孔容增大，提高分子筛外比表面积，为催化剂的异构化反应提供更多的活性位。同时孔容的增大，降低了长链烷烃进入孔内的阻力，缩短了反应产物在孔道内的停留时间，避免异构化产物进一步发生裂化反应，提高异构烃的选择性。

3 结论

（1）以含有P123的SBA-15为硅源可以成功合成含有介孔结构的SAPO-11分子筛。和微孔SAPO-11相比，其介孔孔容明显增加，XRD结果表明，合成具有介孔结构的SAPO-11分子筛仍然能够保持较高的结晶度，不会对分子筛结构的稳定性产生较大影响。

（2）本实验中合成具有介孔结构的SAPO-11分子筛，分子筛的BET比表面积增加17.8%，介孔孔容增加，提高长链烷烃异构化反应的催化活性。

（3）温度对正构烷烃的临氢异构化反应有较大影响。高温有利于提高正十二烷异构化反应的转化率，低温有利于提高催化剂对正十二烷临氢异构化反应的选择性。在反应压力为2MPa，反应温度为340℃，反应体积空速为2.0h^{-1}，氢油比为200：1的条件下，正十二烷的转化率为95.43%，异构烃收率为69.27%，其中多支链异构烃的收率为34.88%。

参 考 文 献

[1] Lok B, Messina C, Patton R, Gajek R. Crystalline silicoaluminophosphates[P]. US: 4440871, 1984.

[2] Campelo J M, Lafont F, Marinas J M. Hydroisomerization and hydrocracking of n-heptane on Pt/SAPO-5 and Pt/SAPO-11 catalysts[J]. Catal, 1995, 156(1): 11-18.

[3] Campelo J M, Lafont F, Marinas J M. Hydroisomerization and hydrocracking of n-hexane on Pt/SAPO-5 and Pt/SAPO-11 catalysts[J]. Zeolites, 1995, 15(2): 97-103.

[4] Campelo J M, Lafont F, Marinas J M. Pt/SAPO-5 and Pt/SAPO-11 as catalysts for the hydroisomerization and hydrocracking of n-octane[J]. Chem Soc, Faraday Trans, 1995, 91(10): 1551-1555.

[5] Campelo J M, Lafont F, Marinas J M. Comparison of the activity and selectivity of Pt/SAPO-5 and Pt/SAPO-11 in n-hexane and nheptane hydroconversion[J]. Appl Catal A, 1997, 152(1): 53-62.

[6] Girgis M J, Tsao Y P. Impact of catalyst metal Acid balance in nhexadecane hydroisomerization and hydro cracking[J]. Ind Eng, Chem Res, 1996, 35(2): 386-396.

[7] Campelo J M, Lafont F, Marinas J M. Hydroconversion of n-dodecane over Pt/SAPO-11 catalyst[J]. Appl Catal A, 1998, 170(1): 139-154.

[8] Park K C, Ihm S K. Comparison of Pt/zeolite catalysts for n-hexadecane hydroisomerization[J]. Appl Catal A, 2000, 203(1): 201-209.

[9] 刘国柱，韩立军，师亚威，等. Pt/SAPO-11催化费托合成油选择性加氢异构化制备替代喷气燃料[J]. 石油化工. 2015, 44(2): 144-149.
(LIU Guo-zhu, HAN Li-jun, SHI Ya-wei, et al. Selective hydroisomerization of medium fraction of Fischer-Tropsch synthetic fuel over Pt/SAPO-11 for production of alternative jet fuel[J]. Petro Chemical Technology. 2015, 44(2): 144-149.

[10] 刘振，马志鹏，孙常庚，等. 硬模板法制备微孔-介孔复合SAPO-11分子筛及其长链烷烃异构化反应[J]. 中国石油大学学报：自然科学版. 2014, 38(2): 153-158.

[11] Sarah C Larsen. Nanocrystalline zeolites and zeolite strutures: Synthesis, characterization and application[J]. J Phys Chem C, 2007, 111(50): 18464-18474.

[12] Claude M C, Martens J A. Monomethyl branching of long n-alkane in the range from decane to tetracosane on Pt/HZSM-22 Bi-function catalyst[J]. J Catal, 2000, 190(1): 39-48.

[13] Yang X, Lu T, Chen C, et al. Synthesis of hierarchical AlPO-n molecular sieves templated by saccharides

[J]. Microporous and Mesoporous Materials, 2011, 144(1/3): 176-182.

[14] Roggenbuck J, Koch G., Tiemann M. Synthesis of Mesoporous Magnesium Oxide by CMK-3 Carbon Structure Replication. Chemistry of Materials. 2006, 8(17): 4151-4156.

[15] 刘远林. 多孔磷酸硅铝分子筛 SAPO-34 的合成及其在 MTO 反应中的应用[D]. 上海: 华东理工大学, 2010.

[16] 汪哲明, 阎子峰. SAPO-11 分子筛的合成[J]. 燃料化学学报, 2003, 31(4): 360-366.

[17] Oh S Y, Yoo D h Shin Y, et al. FTIR analysis of cellulose treated with sodiumhydroxide and carbon dioxide [J]. Carbohydrate Research, 200s, 340: 417-428

[18] YANG S-M, LIN J-Y, GUO D-H, et al. 1-Butene isomerization over aluminophosphate molecular sieves and zeolites[J]. Applied Catalysis A: General, 1999, 181(1): 113-122.

[19] WALENDZIEWSKI J, PNIAK B. Synthesis, physicochemical properties and hydroisomerization activity of SAPO-11 based catalysts[J]. Applied Catalysis A: General, 2003, 250(1): 39-47.

[20] Coonradt H L, Garwood W E. Hydroisomerization and hydrocracking of long-chain normal paraffins[J]. Ind EngChem, Process Des Dev, 1964, 3(3): 36-38.

[21] Verrelst W, Parton R, Froment G, et al. Selective isomerization of hydrocarbon chains on external surfaces of zeolite crystals[J]. Angew Chem Int Ed, 1995, 34(22): 2528-2530.

[22] 肖寒, 于海斌, 刘红光, 等. 晶种硅烷化合成小粒径 SAPO-11 分子筛表征及其临氢异构化催化性能评价[J]. 石油炼制与化工. 2014, 45(1): 28-34.

催化裂化过程中 MFI 结构分子筛硅铝比对汽油辛烷值桶影响的研究

欧阳颖　刘建强　庄　立　罗一斌　舒兴田

（中国石化石油化工科学研究院，北京　100083）

摘　要　采用复合酸化学抽铝的方法制备了不同硅铝比的 MFI 结构分子筛并对其物化性质进行了表征，结果表明，以该方法制备的高硅铝比 MFI 结构分子筛结晶度高、比表面积大、孔体积大、总酸中心密度低，强酸在总酸中的比例高，B 酸在总酸中的比例高。磷改性后的高硅铝比 MFI 结构分子筛水热稳定性好，将其作为活性组元添加到催化裂化催化剂体系中，可以在不降低汽油收率的前提下有效提高催化裂化汽油的辛烷值。

关键词　催化裂化　汽油辛烷值　桶

MFI 结构分子筛具有择形裂化、异构化作用，在催化裂化催化剂或助剂中灵活使用，能有效提高催化裂化汽油的辛烷值[1,2]。MFI 结构分子筛独特的孔道结构导致其高效的择形催化性质，在催化裂化反应过程中，允许直链烷烃进入，同时限制多侧链烃和环烃，优先将汽油中低辛烷值烷烃和烯烃裂解为 C_3和 C_4烯烃，同时将直链烯烃异构化为具有较多侧链的高辛烷值烯烃，一方面提高了液化气收率和液化气中丙烯浓度，另一方面提高了汽油辛烷值。减少 MFI 结构分子筛用量可以达到减少液化气收率、提高汽油收率的目的，但是与此同时汽油辛烷值也会降低。为多产高辛烷值汽油，有必要对 MFI 结构分子筛进行改性，降低裂化能力，提高异构化能力，在确保辛烷值的前提下提高汽油产率。

1　实验

1.1　物化性质表征

采用 X 射线衍射法测定样品结晶度，采用 X 射线荧光光谱法测定样品元素组成，采用 NH_3-TPD 法对分子筛酸密度和酸强度进行表征，采用吡啶吸附的红外光谱(IR)法对分子筛的酸类型进行表征，采用氮吸附 BET 法对分子筛的比表面积及孔结构参数进行表征，采用核磁共振法对分子筛中 Al 的化学形态进行表征。

1.2　反应性能评价

分子筛及催化剂裂化反应性能评价通过轻油微反和 ACE 装置进行评价。轻油微反的原料油为大港直馏轻柴油，ACE 评价采用武混三管输油为原料油。收集裂化气体及液体产物，进行色谱分析，升温烧焦测定焦炭含量，计算转化率及产物分布。催化剂的多产高辛烷值汽油性能采用汽油辛烷值桶表示，汽油辛烷值桶 = 汽油收率×抗爆指数。

2 实验结果与讨论

以无胺法合成的MFI结构分子筛作为母体[$n(SiO_2)/n(Al_2O_3)=A$]，记为ZSM-D0，采用复合酸化学脱铝的方法制备了不同硅铝比(分别为2A、4A和8A)的MFI结构分子筛，分别记为ZSM-D1，ZSM-D2，ZSM-D3。

2.1 化学脱铝对MFI结构分子筛物化性质的影响

将以上系列MFI结构分子筛进行了结晶度和氮吸附比表面积的表征，结果见表1。

表1 不同硅铝比MFI结构分子筛BET表征结果

样品名称	结晶度/%	$S_{BET}/(m^2/g)$	$S_Z/(m^2/g)$	$S_{micro}/(m^2/g)$	$V_{pore}/(mL/g)$	$V_{micro}/(mL/g)$
ZSM -D0	92.0	366	17	349	0.185	0.161
ZSM -D1	91.9	363	19	344	0.193	0.166
ZSM -D2	92.4	379	17	362	0.203	0.158
ZSM -D3	90.8	403	14	389	0.218	0.175

从表1中数据可以看出，复合酸脱铝后的MFI结构分子筛结晶度基本没有损失。脱铝处理后的分子筛比表面积有所增加，介孔体积也有所增加，这是由于在脱铝剂的作用下，非骨架铝被清除，分子筛孔道得到清理，同时由于骨架铝的脱除，形成了一些介孔，从而介孔体积有所增加。

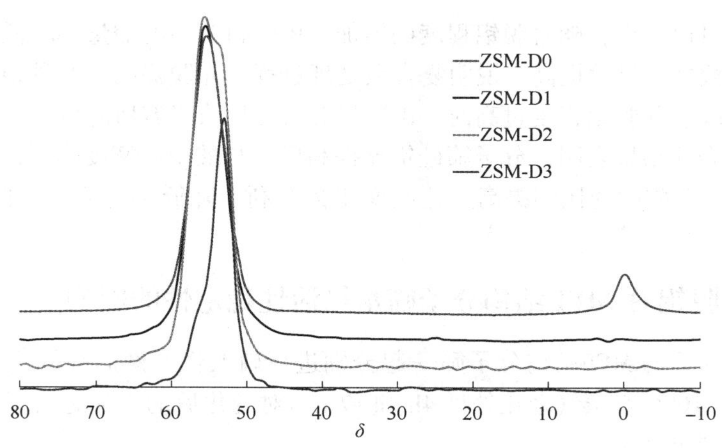

图1 不同硅铝比分子筛的NMR^{27}Al谱图

将以上分子筛进行固体核磁铝谱分析，结果列于图1。从图1可以看出，ZSM-D0上存在少量非骨架铝($\delta=0$)。经过复合酸脱铝处理后，分子筛中的非骨架铝消失。从表1数据可以看出，非骨架铝的脱除疏通了分子筛孔道，分子筛比表面积和孔体积均有所提高。随着脱铝程度的加深，分子筛中的四配位铝($\delta=55$)逐渐向扭曲四配位铝($\delta=53$)转变。

将抽铝前后的分子筛样品进行NH_3-TPD酸性质表征，酸中心密度及分布数据列于表2。

表2 不同硅铝比 MFI 结构分子筛的 NH_3-TPD 酸性质表征结果

分子筛	总酸中心密度/(μmol/g)	弱酸中心			强酸中心		
		峰温/℃	酸中心密度/(μmol/g)	比例/%	峰温/℃	酸中心密度/(μmol/g)	比例/%
ZSM-D0	1823	206	948	52	418	875	48
ZSM-D1	943	193	433	46	404	509	54
ZSM-D2	479	179	187	39	385	292	61
ZSM-D3	213	166	60	28	357	153	72

从表2数据可以看出，随脱铝程度的增加，分子筛总酸中心密度显著降低，弱酸中心减少的速率高于强酸中心，随脱铝程度的增加，强酸中心在总酸中心中的比例显著提高，由ZSM-D0的48%提高到了ZSM-D3分子筛的72%。

将以上分子筛进行了吡啶吸附红外酸性的表征，结果列于表3。

表3 不同硅铝比 MFI 结构分子筛的吡啶吸附红外酸性表征结果吸光度 g/cm^2

样品	弱酸(200℃)			强酸(350℃)		
	L 酸量	B 酸量	B 酸量/L 酸量	L 酸量	B 酸量	B 酸量/L 酸量
ZSM-D0	8. 68	49. 62	5. 72	6. 91	41. 92	6. 07
ZSM-D1	1. 55	17. 33	11. 20	1. 24	17. 03	13. 75
ZSM-D2	0. 35	15. 81	45. 50	0. 35	13. 84	39. 83
ZSM-D3	0. 58	7. 29	12. 60	0. 29	5. 79	20. 00

从表3数据可以看出，随着脱铝程度的增加，B酸和L酸的酸量都降低，尤以L酸更为显著，B酸与L酸之比显著提高。说明复合酸处理过程首先脱除的是非骨架铝，同时也有一部分骨架铝被脱除。随脱铝程度过高时，B酸与L酸的比值又有所降低。

以上酸性质表征结果表明，分子筛硅铝比提高后，总酸中心密度降低，强酸在总酸中的比例提高，B酸在总酸中的比例提高，这些变化都有利于降低裂解活性，抑制氢转移反应，增强异构化能力。

2.2 化学脱铝对 MFI 结构分子筛水热活性稳定性的影响

将以上脱铝前后的 MFI 结构分子筛一起分别进行磷改性，然后在固定床水热老化装置上进行了800℃，100%水蒸气老化处理4h和17 h。对老化后的样品进行了轻柴油微反活性评价，评价结果列于表4。

表4 不同硅铝比 MFI 结构分子筛轻柴油微反活性评价结果

样品名称	MA(微活指数)	
	800℃，4h，100%水蒸气老化	800℃，17 h，100%水蒸气老化
ZSM-D0	38	37
ZSM-D1	37	35
ZSM-D2	36	34
ZSM-D3	34	33

从表4数据可以看出，随脱铝程度的增加，酸性中心数量减少，微反活性略有下降，但是800℃，17 h，100%水蒸气老化处理样品的微活指数与800 ℃，4 h，100%水蒸气老化处理样品相比较下降幅度很小，说明其水热活性稳定性很好。

2.3 化学脱铝对MFI结构分子筛催化反应性能的影响

将以上磷改性后的不同硅铝比MFI结构分子筛配制成助剂1～助剂4，助剂中分子筛质量分数为50%。选用以USY分子筛作为活性组元的催化裂化催化剂作为主催化剂，将主剂与助剂同时进行800 ℃，17 h，100%水蒸气老化处理，然后进行了ACE微反评价，原料油为武混三，反应温度500 ℃，剂油比5.92，助剂掺混比例为5%。评价结果列于图2、图3。

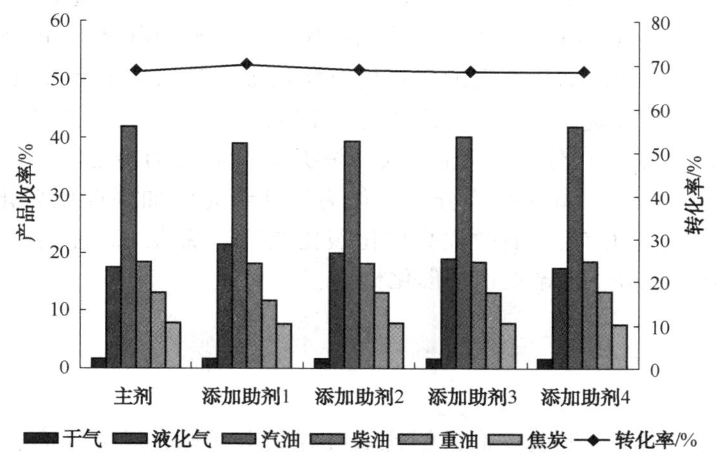

图2 不同硅铝比分子筛助剂ACE评价结果

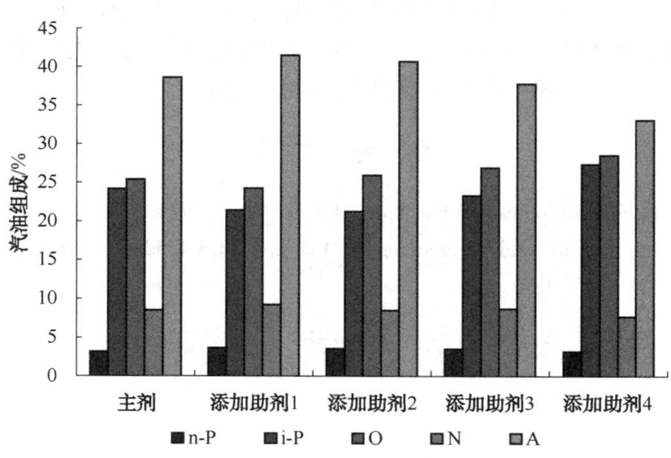

图3 不同硅铝比分子筛助剂ACE评价汽油组成

从图2结果可以看出，与纯主剂相比较，添加助剂后，转化率基本相当，气体产物收率有所增加，汽油收率有所下降。四个助剂相比较，随着活性组元MFI结构分子筛硅铝比的提高，转化率略有下降，焦炭收率基本相当，干气收率略有下降，液化气收率明显降低，汽油收率明显增加。从图3结果可以看出，随着活性组元MFI结构分子筛硅铝比的提高，汽油中芳烃含量降低，异构烷烃和烯烃含量增加。

汽油收率及汽油辛烷值数据列于表5中。

表5 不同硅铝比分子筛助剂ACE评价汽油辛烷值

项　目	主剂	添加助剂1	添加助剂2	添加助剂3	添加助剂4
汽油收率/%	41.84	39.17	39.47	40.24	41.94
RON-GC	87.80	88.70	89.50	89.30	90.50
MON-GC	82.50	82.40	82.50	82.50	82.80
抗爆指数	85.15	85.55	86.00	85.90	86.65
汽油辛烷值桶	35.63	33.51	33.94	34.57	36.34

从表5数据可以看出，添加助剂后，汽油收率有所下降，但是随着活性组元MFI结构分子筛硅铝比的提高，汽油收率下降幅度逐渐减小，添加分子筛硅铝比最高的助剂4时，汽油收率与主剂相当。添加助剂后，汽油辛烷值有所增加，随活性组元MFI结构分子筛硅铝比的提高，RON-GC明显提高，尤其是添加助剂4后，研究法汽油辛烷值提高了将近3百分点，抗爆指数提高了1.50百分点，汽油辛烷值桶提高了0.71百分点。

综上所述，以高硅铝比MFI结构分子筛作为活性组元添加到催化裂化催化剂体系中，可以在不降低汽油收率的前提下有效提高催化裂化汽油辛烷值。高硅铝比MFI结构分子筛是一种优异的催化裂化高汽油辛烷值桶催化材料。

3 结论

（1）复合酸化学抽铝法制备的高硅铝比MFI结构分子筛，结晶度高、比表面积大、孔体积大、总酸中心密度低、强酸在总酸中的比例高、B酸在总酸中的比例高。

（2）磷改性高硅铝比MFI结构分子筛具有较好的水热活性稳定性。

（3）以高硅铝比MFI结构分子筛作为活性组元添加到催化裂化催化剂体系中，可以在不降低汽油收率的前提下有效提高催化裂化汽油的辛烷值。

参 考 文 献

[1] Jacobs. Synthesis of ZSM-5 zeolites. US Pat Appl，US 3894931. 1974.

[2] Fajula. ZSM-5 zeolite in fluid catalytic cracking. US Pat Appl，US 4552648. 1984.

焦化石脑油单独加氢增产乙烯裂解原料的研究

冯保杰　侯志忠

（中国石化天津分公司研究院，天津　300271）

摘　要　将中国石化天津分公司炼油部所产的焦化石脑油和焦化柴油，按生产比例混合，利用实沸点蒸馏装置得到不同馏分段的中间馏分，根据收率调合，得到不同馏分段的焦化石脑油。

以上述焦化石脑油为原料，采用 Mo-Ni 加氢精制催化剂，在 20mL 小型加氢实验装置上进行焦化石脑油单独加氢增产乙烯裂解原料的实验。

通过加氢条件探索实验，确定了适宜条件：压力 6.0MPa、温度 320℃，空速 1.5 h^{-1}、氢油比 400：1，加氢石脑油分析表明，原料焦化石脑油馏分由初馏～230℃拓宽至初馏～270℃，仍能满足乙烯裂解原料要求。

关键词　焦化石脑油　单独加氢　增产裂解原料

焦化石脑油是延迟焦化的主要产物之一，因性质较差(硫质量分数 0.1%～1.0%，氮质量分数 100～250μg/g，烯烃体积分数 25%～40%)而无法直接利用，通常需要经过加氢精制，作为乙烯裂解原料使用。天津分公司焦化装置所产石脑油与柴油混合，再与直馏柴油一起作为柴油加氢装置进料，经加氢后分馏出石脑油馏分(恩氏蒸馏干点不超过 220℃)作为乙烯裂解原料。

此种加工方式存在如下弊端：一是在焦化装置的分馏塔焦化石脑油与柴油分离，后又混合，经加氢后再次进行分离，造成重复分离浪费能源；二是焦化石脑油中存在的硅造成柴油加氢装置催化剂中毒，影响了其使用寿命；三是柴油加氢装置按国Ⅴ柴油方案进行生产，而乙烯裂解用石脑油对硫的要求不高，造成氢耗增加。

为此，采用 Mo-Ni 加氢精制催化剂，在 20ml 小型加氢实验装置上，以天津分公司不同馏分段的焦化石脑油为原料，进行了焦化石脑油单独加氢增产乙烯裂解原料的实验研究。

1　实验部分

1.1　原料

实验所用原料为焦化石脑油和焦化柴油，2016 年 4 月 12 日取自中石化天津分公司炼油部联合八车间延迟焦化装置。

1.2　催化剂

采用 Mo-Ni 加氢精制催化剂，据文献介绍[1]，该催化剂适用于各种汽柴油的加氢，也曾在炼油行业焦化石脑油加氢装置使用过。催化剂理化性质见表 1。

表1 催化剂理化性质

活性金属	Mo-Ni	活性金属	Mo-Ni
金属氧化物质量分数/%	29.3	比表面/(m^2/g)	256
孔容/(mL/g)	0.30	堆积密度/(g/cm)	1.01

1.3 实验装置及试剂

FY-5型实沸点蒸馏设备，中国石化抚顺石油化工研究院。
20ml小加氢实验装置，天大北洋化工实验设备公司。
氢气，纯度：99.99%，天津市近代福利气体厂。

1.4 检测项目及分析方法

检测项目及分析方法见表2。

表2 检测项目及分析方法

项　目	方　法
密度	GB/T 1884—2000 石油和液体石油产品密度测定法
馏程	GB/T 6536—1997 石油产品蒸馏测定法
硫含量	GB/T 17040—2008 能量色散X射线荧光光谱法 SH/T 0253—1992 轻质石油产品中总硫含量测定法(电量法)
溴价/溴指数	SH/T 0630—1996 石油产品溴价、溴指数测定法(电量法)
加氢产物全馏分组成	GB/T 11132—2008 液体石油产品烃类测定法(荧光指示剂吸附法)
加氢产物<180℃馏分组成	SH/T 0714—2002 石脑油中单体烃组成测定法(毛细管气相色谱法)
加氢产物>180℃馏分组成	SH/T 0606—2005 中间馏分烃类组成测定法(质谱法)

2 结果与讨论

天津分公司炼油部延迟焦化装置目前焦化石脑油恩氏蒸馏干点在220℃左右，无法满足本次研究的需要，利用实沸点蒸馏装置，以焦化石脑油和焦化柴油生产比例进行混合，再在实沸点装置上进行精馏，得到初馏~180℃、180℃到230℃、240℃、250℃、260℃、270℃的馏分，按比例调合得到不同馏分段的加氢实验原料(初馏~230℃、初馏~240℃、初馏~250℃、初馏~260℃、初馏~270℃)。

焦化石脑油单独加氢实验，在20mL小型加氢装置上进行，催化剂采用1：1稀释装填，完成气密实验，以溶解在加氢裂化航煤中的含质量分数1%的二甲基二硫醚为硫化剂进行预硫化，以180~230℃馏分段焦化石脑油作为加氢原料，进行加氢反应条件探索实验，确定适宜的反应条件后，再进行其他馏分段原料单独加氢实验。加氢产物以乙烯裂解原料石脑油为目标产品(硫质量分数不大于650μg/g，烯烃质量分数不大于1%)。

2.1 焦化石脑油单独加氢原料精馏实验

为了获得足够的实验原料，利用实沸点蒸馏装置完成两釜焦化石脑油和焦化柴油混油窄馏分精馏，两釜及混合后各窄馏分收率见图 1。

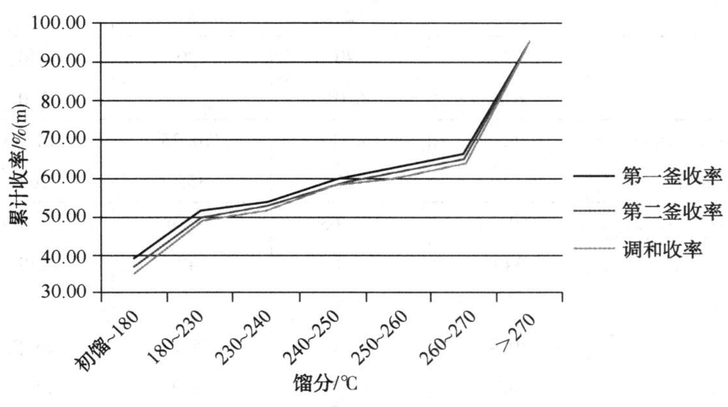

图 1　原料精馏试验收率

由图 1 可知，两次精馏各馏分收率相差不大，因此，将两釜各窄馏分混合后得到收率，以用于加氢原料调合。

2.2　焦化石脑油单独加氢原料调合实验

经调合，得到不同馏分段的加氢实验原料（初馏～230℃、初馏～240℃、初馏～250℃、初馏～260℃、初馏～270℃），其性质见表 3 。

表 3　不同馏分段的焦化石脑油原料性质分析

馏分/℃	HK～230	HK～240	HK～250	HK～260	HK～270
密度/(kg/m^3)	748.5	755.00	762.50	768	771.5
硫含量/%(m)	0.804	0.871	1.028	1.117	1.229
溴价/(gBr/100g)	55.56	54.24	52.98	52.62	52.39
馏程/℃					
初馏点	43.3	39.80	43.50	36.7	47.5
10%	75.7	76.40	78.80	79.6	81.8
30%	107.4	112.60	117.60	121.8	148.4
50%	142.5	150.00	158.80	164.2	170.6
70%	171.2	182.80	193.30	201.8	209.3
90%	198.6	209.60	222.90	231.8	240.5
95%	206.7	218.40	232.30	241.4	249.2
终馏点	219.6	232.10	241.20	249.8	255.1

由表 3 可知，随着原料馏分拓宽，密度、馏程增大，硫含量逐步升高，溴价逐步降低，加氢时应注意预热器温度，防止烯烃聚合造成催化剂阻塞。

2.3　焦化石脑油单独加氢实验

完成焦化石脑油单独加氢条件探索实验，加氢后产物利用氮气气提后进行分析，检测硫含量和溴指数，后又利用 2.5%的 KOH 碱液洗 1 次，再水洗 3 次，过滤后进行分析，结果见表 4。

表4　加氢反应条件探索实验结果

序　号		1	2	3	4	5
反应温度/℃		320	340	320	340	300
反应压力/MPa		6.0	6.0	7.0	7.0	4.0
氮气气提后	溴指数/(mgBr/100g)	155.16	152.18	270.25	161.73	3040
	硫含量/(mg/kg)	371	291	355	262	579
碱洗后	溴指数/(mgBr/100g)	150.33	151.63	301.6	172.66	—
	硫含量/(mg/kg)	349	284	342	248	—
	组成/%(v)					
	饱和烃	80.4	88.1	75.2	83.8	73
	芳烃	18.9	11.3	23.9	15.5	25.1
	烯烃	0.7	0.6	0.9	0.7	1.9

注：原料的溴价为40.16gBr/100g，硫含量为1.181%。

由表4可知，随反应温度和压力的提高，经气提后产物硫含量呈下降趋势，而碱洗后硫含量降低有限，所以在后续对加氢产物进行处理时仅采取氮气气提。查阅文献[2]，发现大多数焦化石脑油加氢装置的反应压力较低(在2.5~4.0MPa之间，但其催化剂为轻质油加氢催化剂)，将反应压力调整为4.0MPa，温度调整为300℃来继续完成实验，但在该反应条件下，硫含量和溴指数均较高。综合考虑加氢能耗和目的产物要求，确定的反应条件为，压力6.0MPa、温度为320℃，空速1.5h^{-1}、氢油比400:1。

2.4　加氢产物裂解性能分析

根据2.3确定的反应条件，对不同馏分段焦化石脑油进行单独加氢实验，得到的加氢后产物硫含量、溴指数、馏程和族组成见表5。

表5　加氢后产物性质

馏分/℃	HK~230	HK~240	HK~250	HK~260	HK~270
密度/(kg/m^3)	744.9	745.2	754.7	760.6	764.5
硫含量/(mg/kg)	150	258	320	349	369
溴指数/(mgBr/100g)	72.82	106.52	211.73	284.87	290.02
馏程/℃					
初馏点	55.0	58.8	55.4	56.9	60.0
10%	92.9	96.2	96.0	97.5	100.7
30%	125.6	130.1	133.8	137.6	140.7
50%	155.7	160.4	167.9	171.4	177.0
70%	182.2	186.7	197.0	200.7	205.8
90%	206.4	213.2	223.4	229.3	236.2
95%	219.3	224.5	234.6	238.6	246.1
终馏点	232.0	240.3	241.1	247.1	253.4
组成/%(v)					
饱和烃	93.3	93.6	93.5	88.7	88.5
芳烃	6.1	5.9	5.9	10.5	10.7
烯烃	0.6	0.5	0.6	0.8	0.8

表5中加氢后产物的族组成采用GB/T 11132测定，该方法规定了沸点低于315℃的石油馏分中烃类的测定方法，结果以体积百分比的形式给出。但是，对于用作裂解原料的石脑油的族组成，通常使用SH/T 0714得到，但仅能得到正十一烷(沸点196℃)以下的馏分的族组成，结果以质量百分比的形式给出。而本实验的加氢后油品，沸点均超过SH/T 0714的范围。为此，将加氢产物精馏切割，以180℃为切割温度，前馏分(<180℃)采用SH/T 0714测定，后馏分(>180℃)采用SH/T 0606测定，该方法适用于馏程范围为204~365℃(用GB/T 6536测定5%~95%体积分数的回收温度)的中间馏分，可分析链烷烃平均碳数在C12到C16之间的样品，结果以质量百分比的形式给出。

将各馏分段加氢产物前馏分利用SH/T 0714测定，结果见表6。

表6 加氢后各馏分段前馏分族组成PONA结果 %(m)

序号	1	2	3	4	5
馏分/℃	HK~230	HK~240	HK~250	HK~260	HK~270
正构烷烃	34.64	36.13	35.76	36.28	36.21
异构烷烃	33.88	33.90	33.84	33.75	33.72
烯烃	0.00	0.00	0.00	0.00	0.00
环烷烃	25.49	23.34	23.23	23.13	22.51
芳香烃	5.99	6.63	7.17	6.84	7.56

将各馏分段加氢产物后馏分利用SH/T 0606进行测定，结果见表7。但是需要注意的是[3]，该方法仅能给出芳烃馏分中茚类和苊烯类这两种不饱和脂肪环的芳香族烯烃含量。而对于二次加工柴油的非芳烃馏分中的烯烃类型，主要指脂肪族单烯烃和两类脂环族烯烃(单环和双环烯烃)，因这三类烯烃分别与三类环烷烃(一环、二环、三环)为同分异构体，单纯质谱技术无法区分。所以表7中仅给出芳烃馏分中的烯烃含量。

表7 加氢后各馏分段后馏分质谱法组成变化情况 %(m)

项目/℃	1	2	3	4	5
馏分/℃	HK~230	HK~240	HK~250	HK~260	HK~270
链烷烃	67.3	60.6	62.6	60.9	60.7
环烷烃	31.9	38.1	35.5	36.5	36.4
饱和烃	99.2	98.7	98.1	97.4	97.1
总芳烃	0.8	1.3	1.9	2.6	2.9
茚类	0.1	0.1	0.1	0.2	0.3
苊烯类	—	—	—	—	—

综合表5、表6和表7结果可知，焦化加氢石脑油原料馏分拓宽至初馏~270℃后，烯烃含量≤1.0%，硫含量≤650 mg/kg，饱和烃含量≥90%，仍可满足用作乙烯裂解原料的需求。

2.5 拓宽馏分的焦化石脑油单独加氢增加裂解料

综上所述，焦化石脑油单独加氢原料拓宽馏分至初馏~270℃后，仍可满足裂解原料的要求。焦化石脑油原料各窄馏分收率、产量见表8。

表8 焦化石脑油各窄馏分收率、产量

馏分/℃	收率/%(m)	累计收率/%(m)	1#焦化/(万t/a)	2#焦化/(万t/a)
初馏~180	41.29	41.29	13.63	34.85
180~230	13.12	54.40	4.33	11.07
230~240	3.01	57.41	0.99	2.54
240~250	5.39	62.80	1.78	4.55
250~260	3.21	66.01	1.06	2.71
260~270	3.56	69.57	1.18	3.00
>270	30.42	100.00	10.04	25.67
合计	100.00		33.01	84.4

注：表中1#焦化、2#焦化各窄馏分产量以2015年焦化石脑油和柴油合计得到。

按照目前焦化石脑油馏分初馏~230℃(恩式蒸馏干点不超过220℃)计算，若将加氢原料馏分拓宽到初馏~270℃(恩式蒸馏干点不超过255℃)，则裂解原料可增加15.17%(m)，两套合计可增加裂解原料17.8万t/a。天津石化有一套40万t/a加氢装置闲置，可用于焦化石脑油单独加氢。

3 结论及建议

(1) 实验表明，焦化石脑油单独加氢方案是可行的；

(2) 焦化石脑油加氢原料馏分拓宽到初馏~270℃，加氢产物各项指标仍可达到目标产品质量要求；

(3) 建议在延迟焦化装置分馏塔提高石脑油恩式蒸馏干点至255℃，然后对拓宽馏分后的焦化石脑油进行单独加氢，增产裂解原料。

参考文献

[1] 冯保杰. 高标准柴油加氢技术进展[J]. 当代化工，2015，44(2)：343-346.

[2] 马婷，计伟，付春芝，等. 独山子焦化石脑油单独加氢试验评价研究[J]. 炼油技术与工程，2016，46(5)：36-39.

[3] 叶红，田松柏. 柴油中烯烃的分析方法[J]. 长炼科技，2004，30(2)：59-64.

ZSM-35 分子筛催化剂的开发及在正丁烯正戊烯骨架异构中的工业应用

陈志伟　吴全贵　周广林　周红军

(中国石油大学(北京)新能源研究院，北京　102249)

摘　要　介绍了国产 SC518 型异构催化剂的开发和工业应用情况，并于国外同类催化剂进行对比。工业应用表明：工业催化剂 SC518 在重时空速 $6h^{-1}$，异丁烯收率不低于 30%的工况下的工业装置运行中单程运行周期不小于 50 天，副产物少于 1%。在 1-戊烯骨架异构中，异构化率达 50%以上，该催化剂在正丁烯正戊烯的骨架异构反应中均表现出高活性、高选择性和良好的稳定性，且再生性能优异。

关键词　ZSM-35 分子筛　正丁烯　正戊烯　骨架异构　工业应用

异丁烯是一种重要的有机化工原料，正丁烯骨架异构是增产异丁烯的有效途径。近年来该领域的开发已成为研究热点[1]。研究表明，ZSM-35 分子筛是正丁烯骨架异构最佳催化剂[2-7]，其骨架基本结构单元为 5 元环，5 元环通过 10 元环和 6 元环连结起来，属镁碱沸石类(FER)。沸石骨架中沿[001]或[100]方向的 10 元环直孔道(0.42nm×0.54nm)和沿[010]方向的 8 元环直孔道(0.35nm×0.48nm)交叉呈二维孔道体系，且形成了球状镁碱沸石笼，该结构对正丁烯骨架异构反应具有良好的选择性。

据统计国内已投产的正丁烯骨架异构装置有数十套，其中 7 套采用国外商业分子筛催化剂，但反应诱导期长，副产重组分多；其余采用国内同类分子筛的装置，与国外商业催化剂相比普遍存在运行空速低、重组分多及稳定性差等问题。直接导致生产装置的经济性差，因此迫切需要开发活性高、选择性好而且性能稳定的 ZSM-35 分子筛催化剂。

在此基础上，中国石油大学(北京)与东营科尔特新材料有限公司合作开发了牌号为 SC518 系列正丁烯骨架异构催化剂，该催化剂具有高活性、优异的选择性并可适应高空速高丁烯含量的工况，已在山东石大胜华等多家企业推广应用。

1　实验部分

1.1　ZSM-35 分子筛合成及催化剂制备

按比例取去离子水、碱源、铝源、硅源及模板剂均匀成胶后，分别于 5L、$0.5m^3$ 和 $8m^3$ 的高压釜中进行小试、中试和工业合成。晶化结束后过滤、洗涤、120℃干燥，550℃焙烧，得到 Na-ZSM-35 分子筛，经常规离子交换后得到 H-ZSM-35 分子筛。

按比例称取 H-ZSM-35 分子筛原粉挤压成型，条状催化剂于 120℃下干燥 3~5h，于 500~550℃下焙烧催化剂 3 h，得到催化剂成品。

1.2 催化剂表征

X 射线衍射(XRD)表征在德国 Bruker 公司的 D8 anvance 型 X 射线衍射仪上进行。扫描电镜采用英国剑桥 S-360 型号扫描式电子显微镜进行检测，在美国 Quantachrome 公司的 ASIQ-C 型全自动气体吸附分析仪进行比表面及孔径分析，NH_3-TPD 程序升温脱附在美国 MICROMERITICS 公司生产的 AutoChem Ⅱ 2920 上进行。

1.3 正丁烯正戊烯骨架异构反应的性能评价

小试和中试评价在如图 1 和图 2 的固定床反应器上进行。

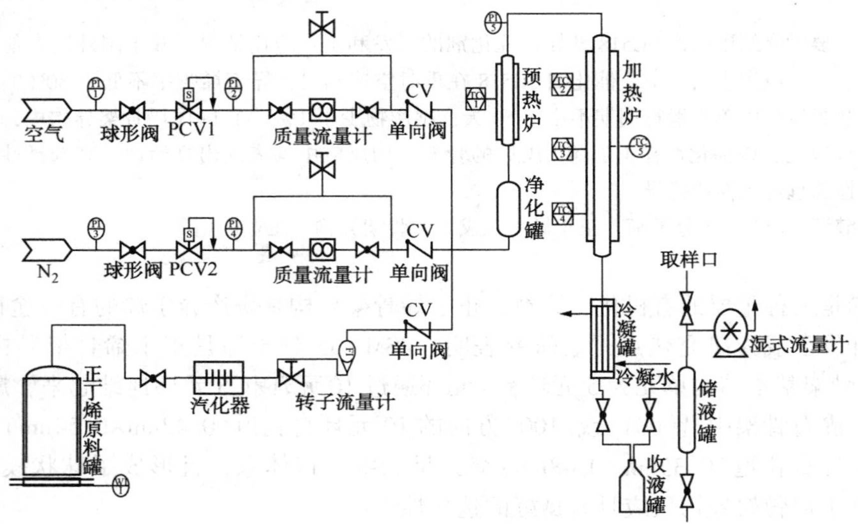

图 1　实验室评价装置图

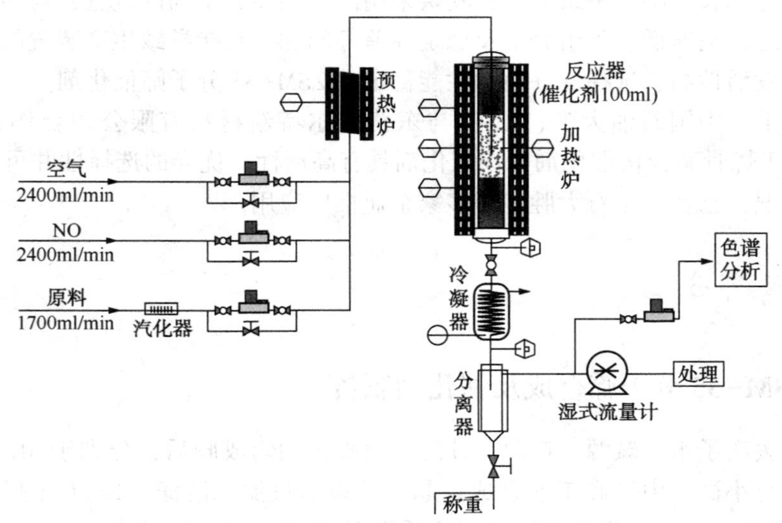

图 2　中试评价装置

2 结果与讨论

2.1 分子筛合成及与表征

商业分子筛催化剂(石大胜华)和实验室的小试和放大样品及工业产品SC518分子筛催化剂的XRD谱图见图3。由图3可见，这几种均为纯ZSM-35分子筛，相对于商业分子筛催化剂本产品对应的[001]/[100]晶面的衍射峰窄而高，相对结晶度要高于商业分子筛催化剂。

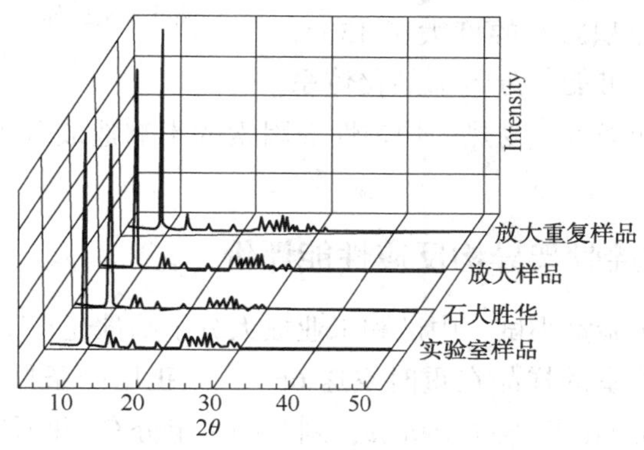

图3 商业分子筛及实验室小试、中试分子筛的XRD谱图

几种分子筛催化剂的扫描电镜(SEM)如图4所示，由图4可见，SC518分子筛催化剂晶粒较为均匀，晶粒尺寸在3~4μm，大于商业分子筛催化剂。该结果与扫描电镜SEM结果相吻合，即分子筛晶粒度较大且SC518分子筛无定形物较少。

图4 商业分子筛催化剂及SC-518催化剂SEM图

分子筛形貌和晶粒尺寸是影响反应性能的重要因素，通常认为晶粒度越小、比表面积越大越有利于催化反应[8]，晶粒度大小也可平衡催化反应的活性和选择性[9]。因此选择合适的分子筛晶粒是兼顾正丁烯骨架异构中活性和选择性的关键因素之一。因为不同形貌和粒度尺寸决定了某些特定孔道/孔口的数量或比例，而这些区域可能有利于某些特定反应的发生。如在ZSM-35分子筛中，[001]/[100]晶面孔道即为骨架异构的主反应区，该孔道既适合于产物异丁烯的扩散又能很好的抑制副反应二聚的发生[1]，那么增加主反应区能有效提高分子筛的反应稳定性，与XRD图中既窄又高的[001]/[100]晶面衍射峰所反映出对应于该晶

面的孔道比例较高，至于其关联度有待于进一步研究。窄长条状分子筛的另一个特点是增加了增加了八元环的孔口数量，虽然八元环孔道不是正丁烯骨架异构的反应区域，但有利于扩散[10]。

分子筛的酸性是影响反应性能的另一个重要因素。由图5可见，小试、中试及工业生产所合成的分子筛脱附峰位置无明显变化，酸强度的变化也不大，但实验室样品代表强酸和弱酸的 NH_3-TPD 脱附峰面积均略少，说明总酸量减少，而在450℃的高温脱附峰面积减小幅度大于150℃脱附峰面积减小幅度。这可能与分子筛晶化体系在合成放大过程中受搅拌强度、受热的均匀性等因素的影响造成分子筛粒度大小及均匀性、相对结晶度不同所致。

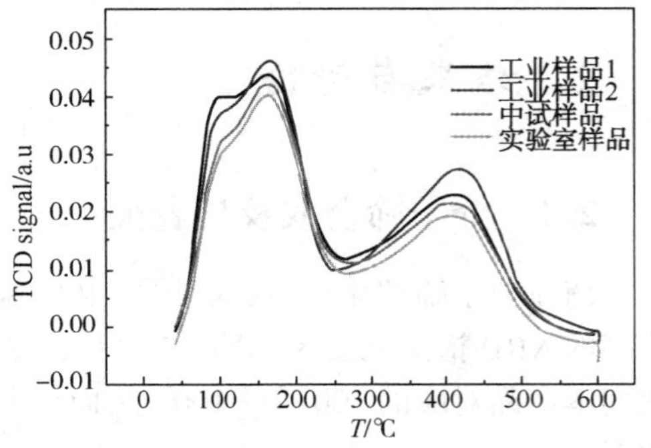

图5 实验室、中试放大和工业生产分子筛的 NH_3-TPD

2.2 正丁烯正戊烯骨架异构反应性能评价

图6和图7分别为实验室小试、中试和工业放大分子筛催化正丁烯骨架异构的反应评价结果。由图6可见，实验室的样品在重时空速 $6h^{-1}$，微正压的条件下，正丁烯转化率高于32%，异丁烯选择性则在24h后即高于90%，副产的重组分 C_5^+ 和丙烯低于1%。在此基础上的500升高压釜中试放大样品在相同评价条件下运行达360h后转化率高于35%，当反应600h时，正丁烯转化率仍高于30%，异丁烯选择性在反应48小时即达到90%以上。

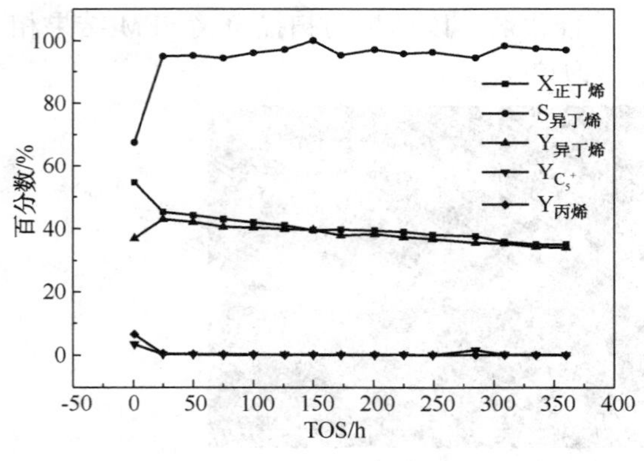

图6 实验室小试样品反应评价趋势图

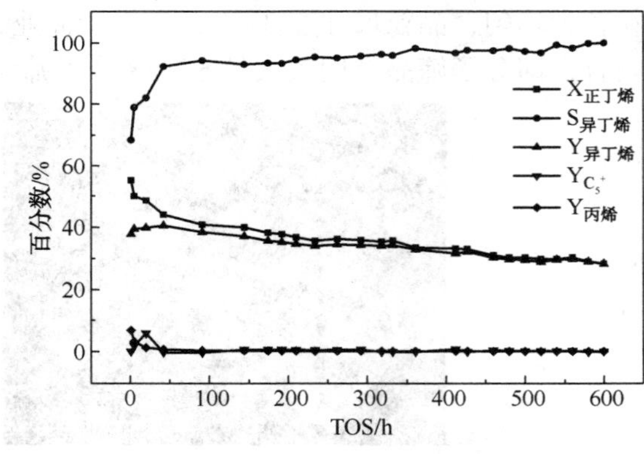

图7 中试放大样品反应评价趋势图

正戊烯主要来源于催化裂化汽油，目前主要是作为汽油的高辛烷值组分。但碳五烯烃含量过高导致汽油的烯烃含量偏高，同时蒸汽压也较高。国外许多公司采用轻汽油醚化技术，将碳五异构烯烃转化为TAME，这样不仅可以提高轻汽油的辛烷值，而且还有效降低了汽油蒸汽压，不失为一条利用催化裂化汽油中碳五烯烃的有效途径。本文对工业产品SC518进行了1-戊烯的骨架异构实验评价，在380℃、重时空速 $6h^{-1}$、1-戊烯98%的条件下其转化率达60%以上，选择性90%，表明该催化剂对低碳直链烯烃具有良好的骨架异构性能，如图8。

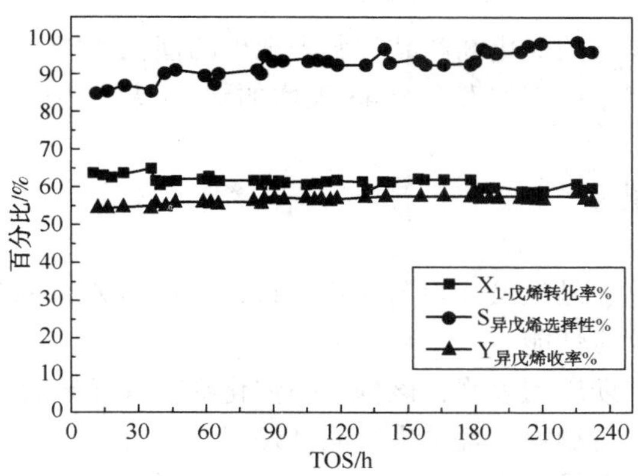

图 8　工业样品 SC518 对 1-戊烯骨架异构反应评价趋势图

2.3　SC518 催化剂的工业应用

在山东石大胜华化工集团公司丁烯骨架异构化车间一反应器内装填催化剂 7.2t，经氮气吹扫和干燥脱水后，进料为每小时含正丁烯 60%以上的 C_4 馏分 83m^3，反应温度为 300~410℃。同时另一台装填国外商业催化剂的反应器作为比较，待再生时切换使用。反应运行温度范围为 310~410℃，异丁烯收率低于 30%后切换再生。

图 9 和图 10 分别为使用 SC518 和国外商业催化剂日产 MTBE 产量（吨）及重组分产量（吨）的对比。由图 9 和图 10 可见 SC518 催化剂的 MTBE 日产量较国外商业催化剂可提高 10%以上，而重组分则降低 50%以上。

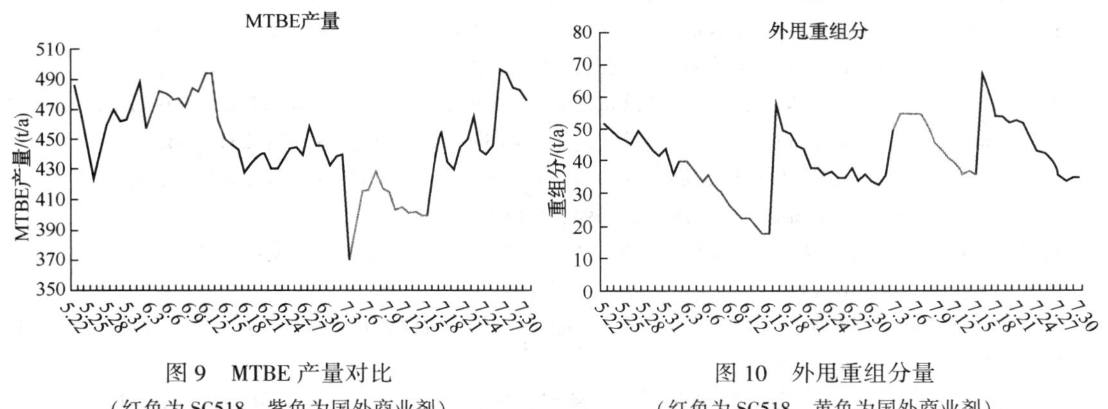

图 9　MTBE 产量对比
（红色为 SC518，紫色为国外商业剂）

图 10　外甩重组分量
（红色为 SC518，黄色为国外商业剂）

表 1 分别为工业生产的 SC518 新鲜分子筛催化剂、再生后催化剂在工业装置上应用的结果，第二次再生后运行良好。

表 1　SC518 催化剂工业运行结果

项　　目	新鲜催化剂	第一次再生后催化剂	第二次再生后催化剂
累计运行时间/天	43	52	60
切换前正丁烯转化率/%	30.38	34.2	33.09
切换前异丁烯选择性/%	>99	>99	>99
副产重组分和丙烯/%	<1	<1	<1

从表1可见，工业运行的催化剂产品的所表现出的催化性能优于实验室小试和中试放大的样品；且再生后催化剂单程使用寿命由43天增加到60天，表明催化剂再生性能良好。

3 结论及展望

（1）合成了结晶度高、晶粒尺寸均匀的长条状大晶粒的ZSM-35分子筛，在正丁烯骨架异构反应中具有良好的反应性能。

（2）工业装置的长周期应用表明，该分子筛催化剂具有优异的正丁烯骨架异构性能，具有活性高、选择性好、运行稳定，且再生性能良好。

（3）该分子筛催化剂可推广应用至正戊烯骨架异构联产TAME。

参考文献

[1] Duangkamol Gleeson. The skeletal isomerization in ferrierite：A theoretical assessment of the bi-molecular conversion of cis-butene to iso-butene[J]. Journal of Molecular Catalysis A：Chemical，2013，368-369：107-111.

[2] Van Donk S，Bitter J H，de Jong K P. Deactivation of solid acid catalysts for butene skeletal isomerisation：on the beneficial and harmful effects of carbonaceous deposits[J]. Applied Catalysis A：General，2001，212(1-2)：97-116.

[3] Barri，Walker S D，Tahir R. 1987，EP Patent 247802.

[4] de Jong K P，Mooiweer H H，Buglass J G. Activation and Deactivation of the Zeolite Ferrierite for olefin conversions[J]. Studies in Surface Science and Catalysis，1997，111：127-138.

[5] Seo G，Hwan Seok Jeong. Skeletal isomerization of 1-butene over ferrierite and ZSM-5 zeolites：influence of zeolite acidity[J]. Catalysis letters，1996，36(3)：249-253.

[6] Byggningsbacka，Kumar R N，Lindfors L E. Comparison of the catalytic properties of Al-ZSM-22 and Fe-ZSM-22 in the skeletal isomerization of 1-butene[J]. Catalysis letters，1999，58(4)：231-234.

[7] Xu W Q，Yin Y G，Suib S L. Selective conversion of n-butene to isobutylene at extremely high space velocities on ZSM-23 zeolites[J]. Journal of Catalysis，1994，150(1)：34-45.

[8] 赵岚，杨怀军，雷鸣，等．正丁烯骨架异构制异丁烯的ZSM-35分子筛催化剂的研究[J]．石油化工，2001，30(增刊)：210-212.

[9] 李文渊，徐文旸，杨桂娟．不同合成条件下ZSM-35沸石晶粒大小的研究[J]．太原工业大学学报，1989，20(3)：77-80.

[10] 姜杰，宋春敏，许本静，等．轻质直链烯烃异构化催化剂研究进展[J]．分子催化，2007，21(6)：605-611.

ZSM-35 分子筛催化醚后 C_4 烯烃骨架异构反应性能及稳定性研究

徐亚荣 龚 涛

（中国石油乌鲁木齐石化分公司研究院，乌鲁木齐 830019）

摘 要 采用自制的 ZSM-35 分子筛催化剂，用 XRD，SEM 等方法分析了合成的 ZSM-35 分子筛，并以醚后 C_4 为原料，考察了 ZSM-35 分子筛催化剂催化醚后 C_4 烯烃骨架异构的反应性能和催化剂的长周期稳定性。结果表明，ZSM-35 分子筛具有结晶度高的特点，在反应压力为 0.5 MPa，反应温度为 290~320℃，质量空速 1.0~2.0h^{-1}的条件下，产品中异丁烯的质量分数从 0.36%增加到 16.00%，满足了甲基叔丁基醚反应活性烯烃的含量要求。

关键词 醚后 C_4 异构化 ZSM-35 分子筛

异丁烯是重要的有机化工原料，目前生产异丁烯的工艺主要包括正丁烯的异构化、异丁烷脱氢、叔丁醇脱水等[1]。其中，正丁烯异构化的工艺流程简单，特别是与甲基叔丁基醚（MTBE）的合成装置进行配套，混合 C_4 馏分的异丁烯主要用来生产 MTBE 的原料，反应后正丁烯被提浓，进入异构化单元异构成异丁烯，再循环作为 MTBE 的合成原料，可以提高 MTBE 的产量，这是 C_4 资源合理利用的有效途径之一[2-3]。目前，C_4 烯烃骨架异构化催化剂的技术主要掌握在国外少数公司手中，开发这种催化剂十分有必要，不仅可降低引进装置的运行成本，增加 MTBE 的产量，同时还可提高炼厂的经济效益[4-5]。本工作以醚后 C_4 为原料，采用自制的 ZSM-35 分子筛催化剂[6]，用 XRD，SEM 等分析方法研究了 ZSM-35 分子筛催化剂催化醚后 C_4 烯烃骨架异构的反应性能，同时对催化剂的稳定性进行了评价，以期为轻质烯烃骨架异构化催化剂国产化奠定技术基础。

1 实验部分

1.1 原材料

原料，取自乌石化公司炼油厂 MTBE 装置的醚后 C_4，其组分如表 1 所列。硫酸铝，分析纯 AR，纯度 99.6%。硅溶胶，氧化硅的质量分数为 30.1%，密度为 1.2090mg/L。环已胺，模板剂，工业级，质量分数为 99%。扩孔剂，甲基纤维素，工业级。

1.2 分子筛及分子筛催化剂的制备

1.2.1 ZSM-35 分子筛的制备

ZSM-35 分子筛的合成采用硫酸铝为铝源，硅溶胶为硅源，环已胺为模板剂，在晶化温度为180℃，晶化时间为48h的条件下，制得硅铝比(质量比)为30的ZSM-35分子筛原粉。在550℃下焙烧6h，得到Na-ZSM-35分子筛，再用NH_4NO_3溶液交换3次，在120℃下干燥4h，550℃下焙烧6h，制得氢型的ZSM-35分子筛。

表1 醚后C_4的组成

组成	数值/%(m)	组成	数值/%(m)
丙烷	0.36	异丁烯	0.36
丙烯	0	正丁烷+顺丁烯	29.27
异丁烷	38.52	反丁烯	18.06
正丁烯	13.43		

1.2.2 ZSM-35分子筛催化剂的制备

由上述方法制得分子筛与Al_2O_3成型，加入适量的稀硝酸和扩孔剂进行混捏、挤条成型，在120℃下干燥4h，在550℃下焙烧6h，制得ZSM-35分子筛催化剂。

1.3 试验装置

在100mL固定床反应装置上进行反应评价实验。催化剂装填量为80~100mL，流程如图1所示。

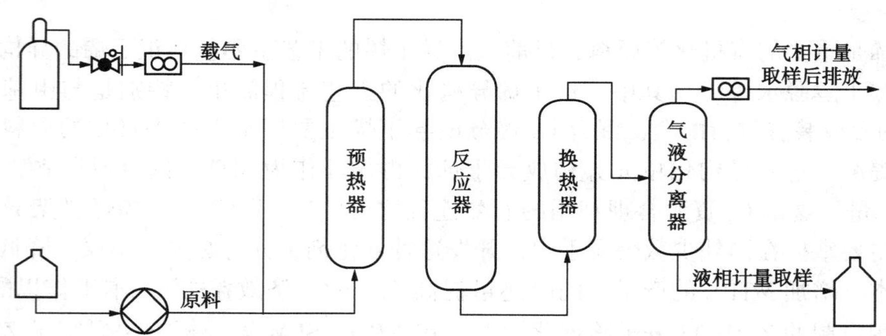

图1 固定床反应评价流程

1.4 样品的表征

样品的XRD采用日本理学D/Max-Rb型的X射线衍射仪测定，实验条件为：以CuKa为辐射源，管电压40 kV，管电流50 mA；样品的SEM采用日本日立公司生产的S-4800型冷场发射电子扫描显微镜测定；采用美国安捷伦公司生产的GC-7890 A型气相色谱分析尾气，实验条件为：色谱柱为AT Al_2O_3毛细管柱，ϕ 0.32 mm×35 m，进样口温度为100℃，检测器温度为250℃。

2 结果与讨论

2.1 XRD分析

采用XRD对合成的分子筛进行表征，结果如图2所示。可以看出，在扫描范围为9.3°,

25.0°和25.5°处，样品都出现了明显的衍射峰，表明合成的分子筛具有ZSM-35分子筛的晶体结构，与标准谱图相比，产品的结晶度高，大于97%。

2.2 SEM分析

合成的ZSM-35分子筛催化剂的SEM照片示于图3。可以看出，催化剂的结晶度较高，呈均匀的片状结构，晶体长度约为2.1μm，厚度约为0.1μm。

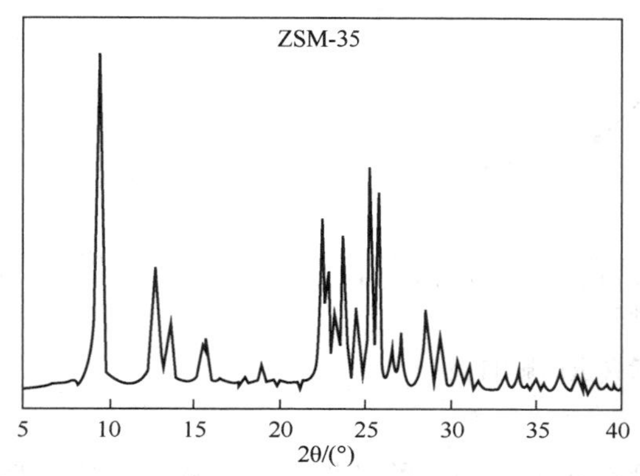

图2 合成的ZSM-35分子筛的XRD

图3 合成的ZSM-35分子筛的SEM照片(×10000倍)

2.3 反应性能

2.3.1 反应温度对转化率的影响

在反应压力为0.5 MPa、质量空速为2.5h^{-1}的条件下，考察了反应温度对ZSM-35分子筛转化率的影响(见图4)。可以看出：初始活性在温度290℃的条件下，正丁烯、顺丁烯及反丁烯(以下简称三烯)的转化率均达到35%；随着反应温度的升高，三烯的转化率增加；当反应温度为320℃时，三烯的转化率均达到45%。

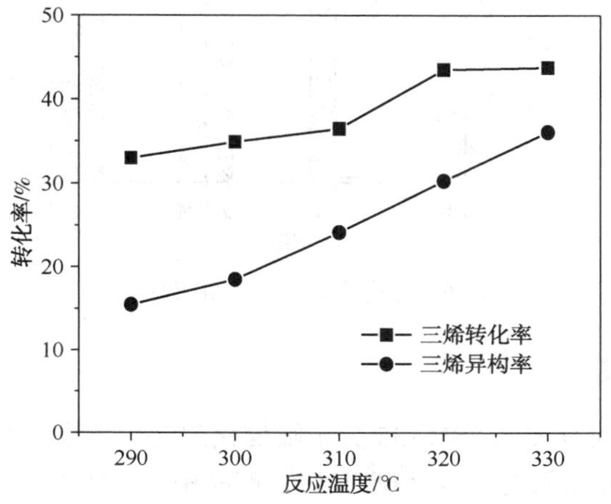

图4 反应温度对三烯转化率的影响

2.3.2 质量空速对异丁烯含量的影响

在反应压力为0.5MPa，反应温度为320℃的反应条件下，在ZSM-35分子筛的催化作用下，考察了质量空速对异丁烯含量的影响(见图5)。可以看出，随着质量空速的增加，三烯的异构化率降低，最佳的质量空速为1.0~2.0h^{-1}。

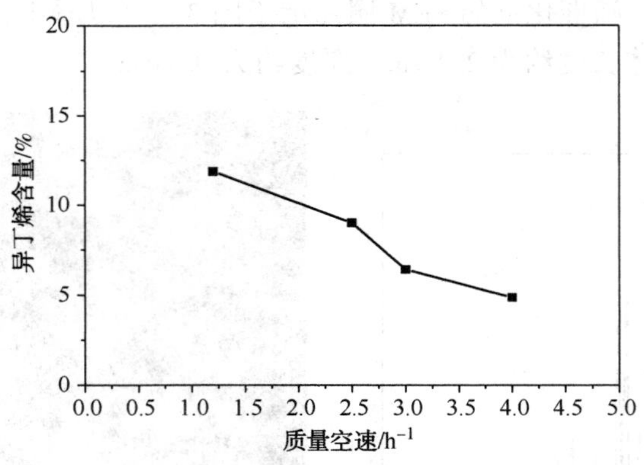

图5 空速对异丁烯含量的影响

2.3.3 异构化反应前后组成分析

在反应压力为0.5MPa，温度为320℃，质量空速为2.0h^{-1}的条件下，异构化反应前后的组分如图6所示。可以看出，反应中三烯都有不同程度的转化，产品中的异丁烯的质量分数从0.36%增加到17.00%，满足了MTBE反应活性烯烃的含量要求(工业装置上一般控制在10%)。

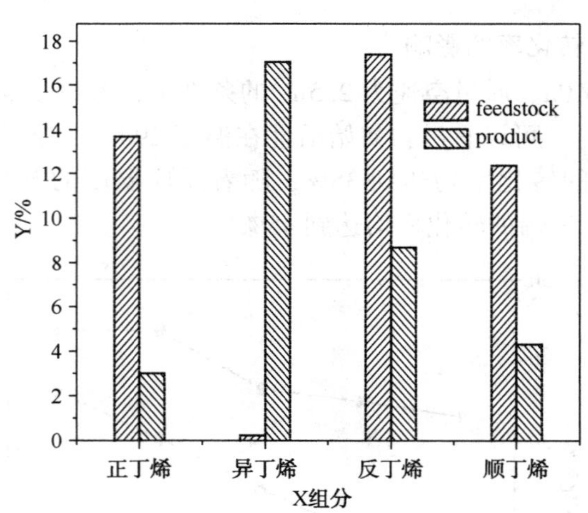

图6 异构化反应前后组成分析

2.4 稳定性试验

在固定床反应器上对合成的ZSM-35分子筛催化剂进行了稳定性的考察，反应结果如图7所示。可以看出，在催化剂连续运行690h后，产品中异丁烯的质量分数保持在15%左右，原料中丁烯的转化率平均稳定在35%以上，表明催化剂有较好的稳定性。

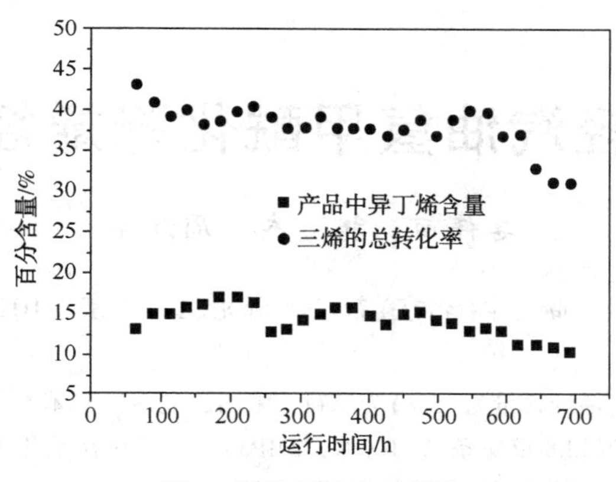

图 7 催化剂稳定性评价

3 结论

（1）自制的 ZSM-35 分子筛催化剂催化醚后 C_4 异构化反应，在反应压力为 0.5 MPa，反应温度为 290~320℃，质量空速为 1.0~2.0h^{-1}的条件下，产品中的异丁烯的质量分数从 0.36%增加到 17%，满足了醚后 C_4 反应活性烯烃的含量要求。

（2）以醚后 C_4 为原料，在固定床反应器上对合成的 ZSM-35 分子筛催化剂进行稳定性的考察，原料中丁烯的转化率平均稳定在 35%以上，说明催化剂有较好的稳定性，有较好的工业化应用前景。

参 考 文 献

[1] 章之文．异丁烯及衍生物的生产及市场[J]．精细化工原料及中间体，2011(8)：28-33.
[2] 汪明哲，阎子峰．丁烯异构化催化剂进展[J]．石油化工，2002，31(4)：311-314.
[3] 朱晓谊，陈志伟，车小鸥，等．ZSM-35 分子筛催化剂正丁烯骨架异构反应性能及失活再生[J]．精细化工，2013，30(12)：1384-1388.
[4] Li J Q，Liu G H. A novel method for the preparation of ferrierite zeolite[J]. Catal Lett，1993(20)：345.
[5] Pirngruber G D，Seshan J A K. Deactivation of medium pore zeolite catalyst by butadiene during n-butene isomerization[J]. Microporous and Mesoporous Materials. 2000(38)：221-237.
[6] 谢素娟，彭建彪，徐龙伢，等．以环己胺为模板剂的 ZSM-35 分子筛的合成及催化性能[J]．催化学报，2003，24(7)：531-534.

FCC轻汽油氢甲酰化降烯烃研究

姜伟丽　杨　杰　周红军

（中国石油大学（北京）新能源研究院，北京　102249）

摘　要　以轻汽油（烯烃含量为45%）为原料，采用乙酰丙酮三苯基膦羰基铑和配体三苯基膦作为催化剂体系，在温和的反应条件（100℃，2MPa）下，探讨铑催化剂在汽油氢甲酰化反应中的活性。结果表明：该催化剂在催化汽油氢甲酰化的过程中是有活性的，并且在24h时能够达到60%的烯烃转化率。并且在反应后烯烃降低的同时，辛烷值从95升到97。

关键词　氢甲酰化　汽油　烯烃　辛烷值

随着全球环保意识的增强，美国、日本及欧洲各国近年来均相继颁布了新的汽油标准，并联合发布了《世界燃料规范》，提出了世界范围的汽油产品的部分控制指标，其中规定烯烃体积分数≤10%。我国加入世贸组织以后为了与世界燃料标准接轨，对汽油标准的要求也越来越严格，《国Ⅴ车用汽油有害物质控制标准》（GB 17930—2013）规定烯烃体积分数≤24%[1]，国Ⅵ汽油更是低至15%。与此同时，我国FCC汽油的烯烃含量高达40%，而FCC汽油占我国成品汽油的75%左右，由此看来，国内炼化企业正面临汽油质量升级的严峻挑战，研究生产高质量汽油的新技术迫在眉睫。

汽油中烯烃含量高将导致油品在燃烧的过程中安定性差，会损坏发动机以及污染空气。目前，国内外炼化企业降烯烃的主要方法是加氢处理、催化降烯烃和轻汽油醚化技术等[2]。采用加氢法可有效降低汽油中的烯烃含量，但存在着耗氢高、辛烷值损失大的不足；采用催化降烯烃可有效降低汽油中的烯烃含量，也存在着汽油产品收率低的问题；同时轻汽油醚化产物会污染地下水，从而影响人体健康。因此，如何降低汽油烯烃含量，同时提高辛烷值生产高品质汽油是当前炼化企业面临的重大问题。

氢甲酰化技术是指烯烃与合成气在催化剂的作用下生成醛进而生成醇的过程，此技术在国内外已有广泛的研究[3-5]。利用氢甲酰化技术，可以在降低烯烃含量的同时提高含氧化合物，进而生产高辛烷值的醇类调和油品，与此同时拓宽合成气市场，使得低价值的合成气转化为高附加值的汽油。在时代需求的情况下，轻汽油氢甲酰化技术将对中国石油炼化行业节能减排、清洁生产起到较大的推动作用，具有很好的工业应用前景。

1　实验

1.1　材料与仪器

材料：轻汽油，山东某石油化工有限公司；乙酰丙酮三苯基膦羰基铑，北京博信达科技有限公司；三苯基膦（99%），阿拉丁试剂有限公司；合成气，氮气，北京市北温气体制造厂。

仪器：自控反应釜，上海岩征实验仪器有限公司；气相色谱-质谱联用仪，安捷伦科技有限公司；气相色谱仪，上海计算技术研究所。

1.2 实验方法

反应是在自控高压反应釜中进行。称取一定量的 FCC 轻汽油、乙酰丙酮三苯基膦羰基铑和配体三苯基膦，加入反应釜中，先用氮气检漏，再用合成气置换三次；搅拌、升温，当温度升到设定温度后，将合成气充至所需压力；反应完后，降温至室温。具体实验条件为：反应压力 2MPa，反应温度 100℃，搅拌速度 200r/min，催化剂 $Rh(CO)(PPh_3)(acac)$浓度 0.17mmol/L，三苯基磷浓度 7mmol/L，轻汽油 25g。

对于产物分析以汽油中烯烃总转化率 C 和辛烷值作为主要评价指标，计算公式如下：

$$C=\frac{\text{烯烃消耗量}}{\text{烯烃总量}}\times 100\%$$

1.3 分析评价方法

色谱条件：HP-5 毛细管柱（60m×0.25mm×0.25um）；采用程序升温，起始温度 35℃，保持 8 分钟后，以 4℃/min 升温到 180℃，再以 8℃/min 升温到 230；进样口温度 250℃；检测器温度 250℃；FID 检测器；载气为高纯氮气。

产物先经 GC-MS 定性后，再用 GC 进行定量。在产物定量的过程中，FID 对不同物质的响应是不同的，因此峰面积是及其重要的。由于产物的复杂性和缺乏相关的文献，我们采用 Ongkiehong 方程[6]计算较正因子。

$$\text{烯烃：} fi=\frac{Mi}{(\sum ni\times 12)}$$

$$\text{醛：} fi=\frac{Mi}{(((\sum ni-1)+0.3)\times 12)}$$

其中：Mi 是指分子摩尔质量，$\sum ni$ 是指分子碳原子数

2 结果与讨论

2.1 FCC 轻汽油表征

首先利用 GC 对 FCC 轻汽油进行定量分析，用峰面积归一化法测定轻汽油各组分的相对含量，结果见表 1。从表中可以看出，轻汽油中含量较高的是：2-甲基丁烷，26.93%；2-甲基-2-丁烯，19.22%；戊烷，17.82%；E-2-戊烯，8.1%；2-甲基戊烷，4.97%。其中各族组分的相对含量为：链烷烃，53.97%；环烷烃，0.14%；烯烃（包括环烯烃和二烯烃），45.82%；苯，0.07%；同时根据链长对轻汽油中的烯烃进行分类，其中 C_4（11.11%），C_5（82.5%），C_6（6.39%）。

表1 FCC轻汽油化学成分分析

序号	物质名称	组分含量/%(mol)	序号	物质名称	组分含量/%(mol)
1	2-甲基丙烷	0.47	17	2-甲基戊烷	4.97
2	2-甲基-1-丙烯	1.43	18	Z-4-甲基-2-戊烯	0.34
3	丁烷	2.01	19	3-甲基戊烷	1.21
4	E-2-丁烯	2.05	20	2-甲基-1-戊烯	0.47
5	Z-2-丁烯	1.61	21	己烷	0.23
6	3-甲基-1-丁烯	1.02	22	3-甲基-1-戊烯	0.04
7	2-甲基-丁烷	26.93	23	Z-3-己烯	0.04
8	1-戊烯	2.01	24	Z-2-己烯	0.11
9	戊烷	17.82	25	E-4-甲基-2-戊烯	0.99
10	E-2-戊烯	8.10	26	E-3-甲基-2-戊烯	0.17
11	Z-2-戊烯	3.82	27	E-2-己烯	0.07
12	2-甲基-2-丁烯	19.22	28	Z-3-甲基-2-戊烯	0.29
13	2,2-二甲基-丁烷	0.21	29	甲基环戊烷	0.14
14	环戊二烯	0.05	30	2,3-二甲基-1-丁烯	0.23
15	环戊烯	2.76	31	2,4-己二烯	0.18
16	2,3-二甲基丁烷	0.94	32	苯	0.07

2.2 铑催化汽油氢甲酰化反应研究

图1展示的是反应结果。可以看出，前12个小时，反应实现了35%的烯烃转化率，这可能是由于单取代和二取代烯烃的贡献。然而，由于烯烃的复杂性，以及含有一定量的高位阻的烯烃，所以导致反应较慢。因此想获得高转化率的烯烃，在此条件下，反应就需要持续很长时间。

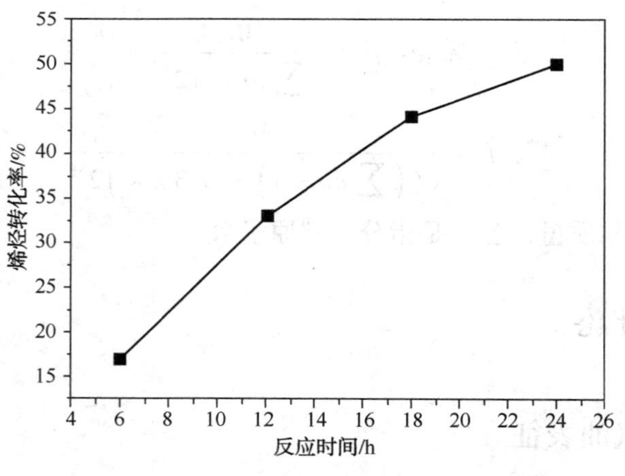

图1 轻汽油氢甲酰化反应结果

2.3 氢甲酰化后的FCC轻汽油表征

根据上述汽油的表征方法，利用GC-MS和GC对产物油进行定性定量，结果如表2所示。在反应16h后，产物油的族组成为：烷烃(56.39mol%)，烯烃(30.04mol%)，醛(11.28mol%)等。同时利用傅里叶变换红外光谱仪初步测定汽油辛烷值，发现辛烷值从反应前的 95 升到反应后的 97。

表 2　氢甲酰化后 FCC 轻汽油化学成分分析

序号	物质名称	组分含量/%(mol)	序号	物质名称	组分含量/%(mol)
1	2-甲基丙烷	0.16	26	E-3-甲基-2-戊烯	0.24
2	2-甲基-1-丙烯	0	27	E-2-己烯	0
3	丁烷	1.33	28	Z-3-甲基-2-戊烯	0.24
4	E-2-丁烯	0.45	29	甲基环戊烷	0.12
5	Z-2-丁烯	0.20	30	2,3-二甲基-1-丁烯	0.19
6	3-甲基-1-丁烯	0	31	2,4-己二烯	0.14
7	2-甲基-丁烷	27.5	32	苯	1.06
8	1-戊烯	0	33	3-甲基丁醛	0.11
9	戊烷	14.8	34	2-甲基丁醛	0
10	E-2-戊烯	3.89	35	噻吩	0
11	Z-2-戊烯	0.88	36	戊醛	0.31
12	2-甲基-2-丁烯	21.25	37	2-己酮	0.21
13	2,2-二甲基-丁烷	1.14	38	2-甲基戊醛	6.03
14	环戊二烯	0.56	39	3-甲基戊醛	2.17
15	环戊烯	0.32	40	4-羟基-3-甲基丁醛	0.34
16	2,3-二甲基丁烷	1.20	41	己醛	1.0
17	2-甲基戊烷	8.10	42	2,4-二甲基戊醛	0
18	Z-4-甲基-2-戊烯	0	43	叔丁基环氧乙烷	0.1
19	3-甲基戊烷	1.75	44	环戊基甲醛	1.11
20	2-甲基-1-戊烯	0.5	45	3-甲基-2-乙基丁醛	0
21	己烷	0.41	46	3-甲基己醛	0
22	3-甲基-1-戊烯	0	47	2-甲基己醛	0
23	Z-3-己烯	0	48	5-甲基己醛	0
24	Z-2-己烯	0	49	4-甲基己醛	0
25	E-4-甲基-2-戊烯	1.18	50	庚醛	0

3　结论

(1) 测定了轻汽油的化学成分，烯烃含量高达 45.82%，其中以碳五组分的内烯烃为主；

(2) 乙酰丙酮三苯基膦羰基铑催化剂在汽油氢甲酰化反应中表现出明显的活性，且在前 12h 内无取代烯烃反应速度较快，之后由于高位阻烯烃的存在而反应较慢；

(3) 测定了氢甲酰化后的汽油组分，16h 时醛的含量达到 11.28%，同时初步测定了反应前后的辛烷值，辛烷值有所提高。

参 考 文 献

[1] 郑斌. 第5版《世界燃油规范》及对中国车用燃油发展的思考[J]. 石油商技，2015，02)：64-71.

[2] 李庆龙，华炜，姜洪涛. 提高汽油辛烷值的技术进展[J]. 安徽化工，2013，04)：4-6.

[3] WIESE K D，OBST D. Hydroformylation[J]. Topics in Organometallic Chemistry，2006，18(1)：1-33.

[4] CORNILS，BOY. 75 Years of Hydroformulation-Oxo Reactors and Oxo Plants of Ruhrchemie；AG and Oxea GmbH from 1938 to 2013[J]. Chemie Ingenieur Technik，2013，85(12)：1853-71.

[5] FRANKE R，SELENT D，B RNER A. Applied Hydroformylation [J]. Chemical Reviews，2012，112(11)：5675-732.

[6] ONGKIEHONG L. Gas Chromatography，Butterworths，London，1960. 7-15.

致 谢

本论文感谢中国石油大学(北京)科研基金(ZX20150142)的资助。

北京安耐吉催化汽油加氢升级技术开发和工业应用

张世洪　郭贵贵　耿新水　曲良龙

（北京安耐吉能源工程技术有限公司，北京 100190）

摘　要　北京安耐吉能源工程技术有限公司针对国内汽油质量升级的需要和催化汽油的特点，开发出了催化汽油脱硫系列技术：ALG 催化汽油选择性加氢脱硫、AEDS 溶剂萃取脱硫技术及 ALG+AEDS 加氢-溶剂脱硫组合技术等，已在国内近 40 套工业装置上成功应用。应用结果表明：北京安耐吉 ALG 催化汽油选择性加氢及组合脱硫技术，具有脱硫效率高、辛烷值损失小，且装置运行稳定等特点；完全满足炼化企业生产硫含量小于 10μg/g 的国Ⅴ标准汽油的需要。同时安耐吉 ALG+AEDS 组合脱硫工艺技术还为汽油国Ⅵ质量升级提供了有效途径。

关键词　催化汽油　ALG 选择性加氢　溶剂萃取脱硫　组合工艺

1　前言

随着环保法规的日益完善，低硫、低烯烃、低芳烃清洁汽油已经成为国际上汽油新规格的发展趋势。近年来我国加快了油品升级步伐：自 2017 年 1 月 1 日起全国执行国Ⅴ[1]燃油标准，要求硫含量小于 10μg/g，全国比原计划提前一年实施了国Ⅴ标准，汽油国Ⅵ排放标准也计划于 2019 年推出。我国汽油池中 78%以上来自 FCC 汽油，汽油组分中 90%以上的硫和烯烃来自 FCC 汽油，因此，国内汽油质量的升级主要聚焦于催化汽油质量的提升。北京安耐吉能源工程技术有限公司自 2010 年开始，一直致力于汽油质量升级技术的开发及应用，针对国内催化汽油加氢装置运行中存在的问题，开发了催化汽油系列脱硫技术：ALG 催化汽油选择性加氢脱硫、AEDS 溶剂萃取脱硫、ALG+AEDS 加氢-溶剂脱硫组合技术等，用于生产国Ⅴ标准汽油，有效助推了国内汽油质量的升级。

2　ALG 催化汽油选择性加氢脱硫工艺技术

2.1　国内催化汽油特点

由于国内炼油企业加工原油来源比较广泛，原油性质及催化原料预处理的差异决定了催化汽油硫含量差别较大，目前国内催化汽油硫含量一般在 100~1500μg/g 之间；催化裂化装置采取的工艺路线不同，使得催化汽油中的烯烃含量差别也很大，一般在 20%~60%之间。但不论哪种催化汽油，都存在相同的规律：随着组分从轻变重，烯烃含量逐渐降低，芳烃含量逐渐升高，硫含量逐渐升高。而大部分烯烃主要分布在小于

120℃的组分中，在低于65℃的组分中烯烃浓度甚至可以达到60%以上。为此，催化汽油加氢装置通常会将全馏分汽油切割为轻、重汽油组分分别进行脱硫处理，以达到降低油品硫含量的同时尽量减少辛烷值损失的目的。各种催化汽油脱硫技术也都围绕这一主题展开广泛深入的研究。

2.2 ALG催化汽油选择性加氢脱硫工艺技术开发

在对催化汽油组成进行系统研究的基础上，北京安耐吉能源工程技术有限公司通过对窄馏分的硫化物类型和含量进行了大量实验，研究发现在低于65℃的馏分中硫化物主要为C_1~C_3硫醇以及少量的硫醚，而65℃以上馏分中硫化物的存在形式主要是噻吩、烷基噻吩、少量的硫醇和硫醚以及极少量的苯并噻吩。

传统的固定床加氢脱硫技术，是先将这部分轻汽油组分切割出来后再进行碱洗脱硫醇，这样就造成了废碱液处理的难题。据此，本公司开发出了一种高活性、高选择性的新型加氢处理催化剂[2]，适用于高烯烃含量、高硫含量的FCC汽油原料。技术特点：对全馏分催化汽油进行加氢处理后，将轻汽油中的硫醇转移到重组分中，同时将催化汽油中的二烯烃在低温下选择性加氢为单烯烃，有效降低了轻汽油中的硫含量使其满足国Ⅴ指标，并使轻重汽油二烯烃含量大幅度下降，轻汽油满足了作为醚化原料的要求，也为重汽油加氢脱硫装置长周期运行奠定了基础。切割后的重汽油在高选择性催化剂作用下进行选择性加氢脱硫，尽量减少烯烃的饱和。由于重汽油在脱硫的同时，会发生H_2S与烯烃的加成反应，造成硫醇硫偏高，所以重汽油进行选择性加氢脱硫后，传统的固定床加氢脱硫技术都需要进行碱洗脱硫醇，本技术采用专用脱硫醇催化剂，对重汽油脱硫后的硫醇硫在不损失辛烷值的情况下进行氢解，不但使汽油产品硫醇硫合格，而且提高了装置对重汽油选择性加氢脱硫的适应性，避免了重汽油碱洗工艺对环境造成的污染。

2.2.1 ALG选择性加氢脱硫工艺介绍

目前部分炼厂，催化裂化原料经过蜡油加氢或重油加氢预处理，其催化稳定汽油硫含量往往小于300μg/g，对于这部分低硫汽油，北京安耐吉公司推荐采用ALG全馏分加氢工艺流程(见图1)。

而大部分炼厂、特别是地炼企业，催化裂化原料均没有加氢预处理措施，催化汽油硫含量往往比较高，有的炼厂催化汽油硫含量甚至达到2000~3000μg/g，针对这些硫含量较高的催化汽油，北京安耐吉公司开发了ALG选择性加氢脱硫系列工艺技术[3,4,5]，它包括ALT、AGP及APT三个部分，通过三种不同核心功能催化剂的组合使用，并通过优化工艺流程和换热网络，降低投资和能耗，有效提升了该技术在国内汽油产品升级中的优势。

(1) ALT技术

ALT技术流程示意图如图2所示。该工艺在低氢油比、低温下对全馏分汽油进行液相加氢预处理。主催化剂ALT-1能够高选择性脱除原料中的二烯烃，避免在加氢脱硫单元二烯烃生成胶质引起催化剂床层顶部结焦，且具有小分子硫醇硫化合物转化功能，反应过程中能够使部分烯烃异构，达到降低汽油组分中轻汽油产品硫化物含量的目的，同时减小汽油辛烷值的损失。全馏分预处理后全馏分汽油在分馏塔进行切割，轻汽油直接作为产品进行调和，重汽油去选择性加氢脱硫单元进行加氢脱硫。

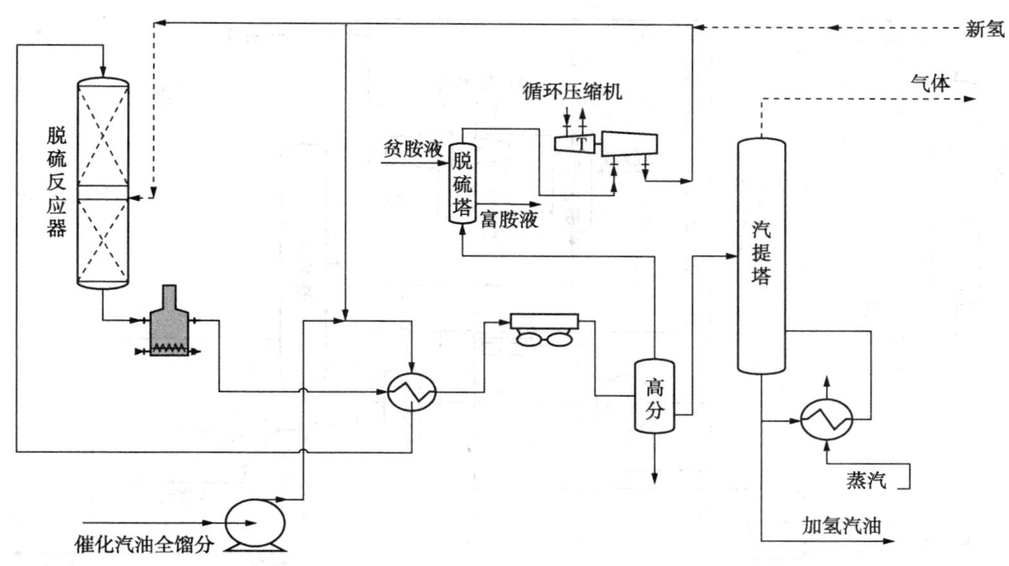

图 1　ALG 全馏分加氢工艺流程示意图

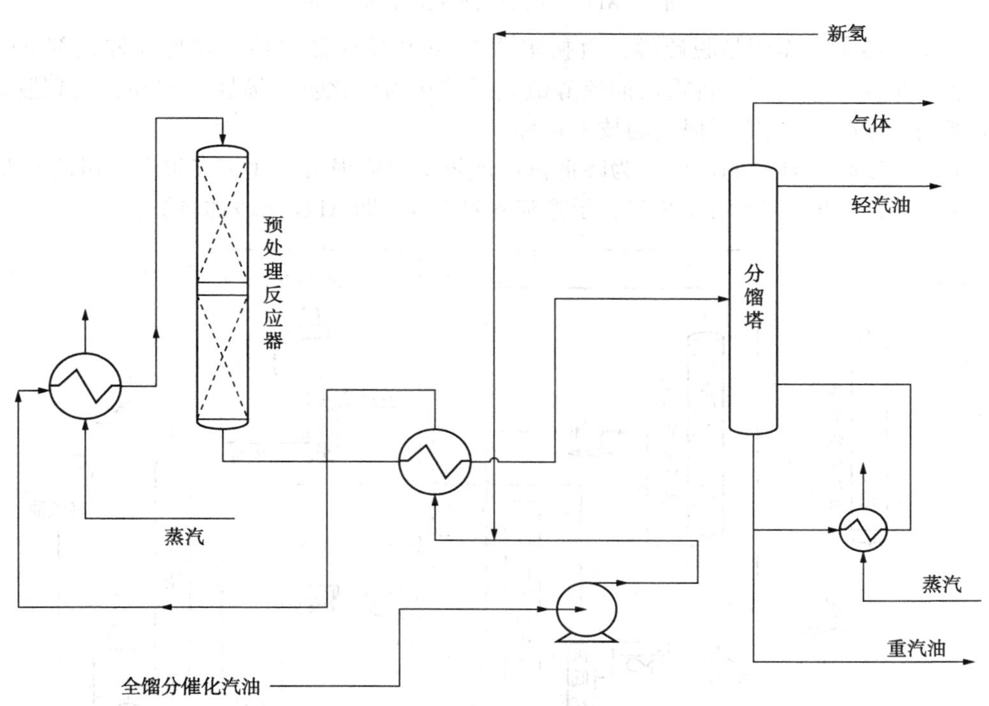

图 2　ALT 技术流程示意图

（2）AGP 与 APT 技术

AGP 与 APT 组合典型流程示意见图 3，即 ALG 一段加氢流程。该技术用于预处理后重汽油组分的选择性脱硫，首先采用 AGP-1 型催化剂，Co、Mo 为活性组分，在对 FCC 重汽油选择性加氢过程中，具有硫脱除率高、烯烃饱和率低和氢气消耗量低等特点。又因其无裂化功能，产品液收高，催化剂活性稳定性好，运行周期长。

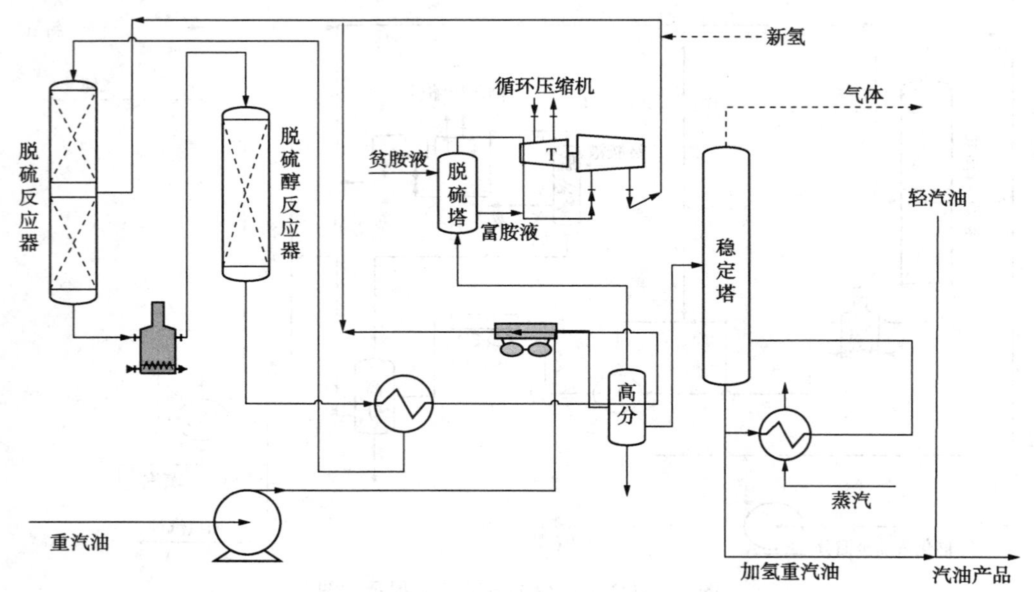

图3 ALG一段加氢脱硫流程示意图

APT反应器主要作用是脱硫醇，直接串联在AGP反应器之后，在特殊催化剂APT-21的作用下，在较高空速下，将重汽油硫醇硫氢解转化为硫化氢，烯烃不饱和，达到脱硫(硫醇硫小于5μg/g)且辛烷值不损失的技术目标。

对于加工较高硫含量的汽油，为降低汽油加氢辛烷值损失，北京安耐吉公司还开发了两段加氢脱硫工艺：即AGP两段脱硫，示意流程见图4，即ALG两段加氢流程。

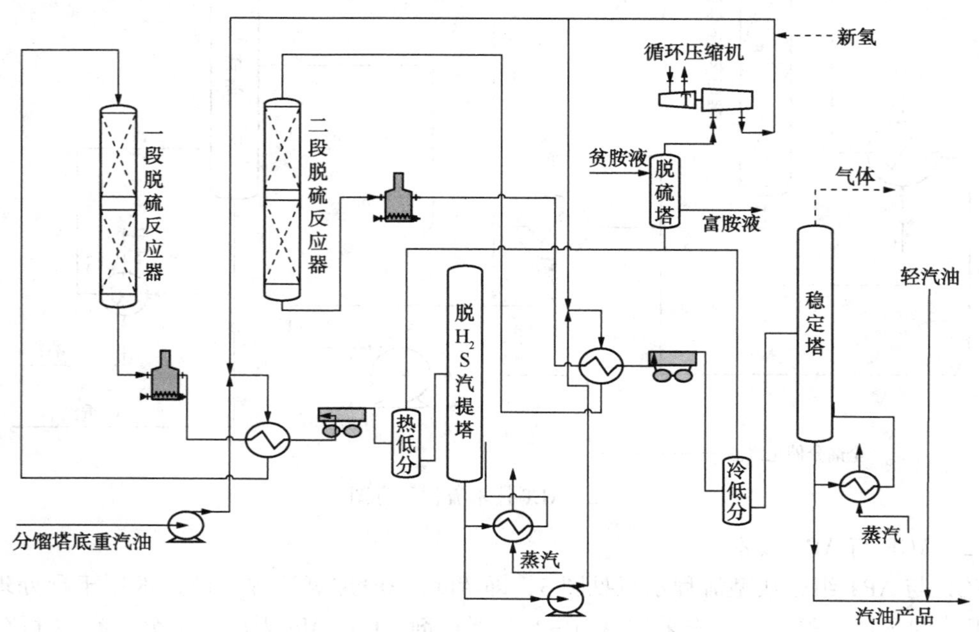

图4 ALG两段加氢脱硫流程示意图

2.2.2 ALG 技术特点及优势

综上所述，为满足国内汽油质量升级的迫切需求，北京安耐吉能源工程技术有限公司开发出了具有优异加氢脱硫性能的 ALG 组合工艺。使用该工艺生产的轻汽油可以直接调和，不需要碱洗脱硫醇，硫醇硫可以达到小于 3μg/g，总硫小于 10μg/g，二烯烃含量低，可以直接去醚化反应器进行醚化反应，不必再增加醚化原料二烯烃选择性加氢单元；重汽油脱硫催化剂选择性和稳定性良好，烯烃饱和程度低，加氢后总硫小于 10μg/g 且硫醇硫小于 5μg/g,辛烷值损失小。该技术对于高硫高烯烃劣质催化汽油具有很好的适应性，是一种绿色、环保、可持续发展的汽油加氢脱硫技术，具有工艺流程简单、投资省、操作难度小、氢耗低、能耗低等特点，液收达到 99%，运行周期三年以上，通过灵活调整操作，即可达到生产国Ⅴ汽油的要求，经济效益良好。可以与轻汽油醚化单元形成联合装置，进一步降低 RON 损失，并将甲醇转化为汽油，在经济性方面更具突出优势。

2016 年，北京安耐吉公司开发的 ALG 催化汽油选择性加氢脱硫催化剂获得了第四届北京市发明专利一等奖。

2.3 ALG 催化汽油选择性加氢脱硫技术的工业应用

2.3.1 山东 A 厂(40 万 t/a 全馏分汽油加氢脱硫)

山东 A 厂 40 万 t/a 全馏分催化汽油加氢脱硫装置，于 2016 年投产，其原料汽油性质、主要操作条件及产品性质见表 1 至表 3。

表 1 催化汽油原料性质

性　质	2016-11-10	2016-11-11
密度(20℃)/(g/cm^3)	0.7309	0.7302
硫含量/(μg/g)	63.8	45.3
RON 辛烷值	93.7	93.2

注：2016-11-10，2016-11-11 为装置标定日期，下同。

表 2 加氢脱硫主要操作条件

操作条件	2016-11-10 10：00	2016-11-11 10：00
进料量/(t/h)	43.7	54.8
新氢量/(m^3/h)	617	772
氢油比(体积比)	267	219
入口压力/MPa	1.70	1.90
入口温度/℃	239.3	240.4
总温升/℃	15.3	17.0

表 3 汽油产品性质

性　质	2016-11-10 10：00	2016-11-11 10：00
硫含量/(μg/g)	9.6	9.2
RON 辛烷值	93.0	92.7
RON 辛烷值损失	0.7	0.5

山东 A 厂催化汽油硫含量较低，选择 ALG 全馏分加氢工艺流程，RON 辛烷值损失可控制在 0.7 个单位以下。

2.3.2 山东B厂(15万t/a一段加氢脱硫)

山东B厂15万t/a催化汽油加氢精制装置，为典型的催化汽油选择性加氢一段脱硫工艺。该装置设有预处理、加氢脱硫和脱硫醇3台反应器。加氢脱硫单元采用一段脱硫工艺。

(1) 原料性质

表4 催化汽油原料性质

性质	2017-01-10 8：00	2017-02-07 8：00
密度(20℃)/(g/cm^3)	0.7256	0.7277
硫含量/(μg/g)	514	548
RON辛烷值	88.4	86.2

注：2017-01-10，2017-02-07为对装置进行的2次标定日期，下同。

(2) 主要操作条件

表5 预加氢单元主要操作条件

操作条件	2017-01-10 8：00	2017-02-07 8：00
进料量/(t/h)	27.99	28.75
负荷率/%	149	153
新氢量/(m^3/h)	88	76
入口压力/MPa	2.39	2.40
入口温度/℃	162.4	165.3
总温升/℃	3.4	4.4

表6 加氢脱硫单元主要操作条件

操作条件	2017-01-10 8：00	2017-02-07 8：00
进料量/(t/h)	17.34	17.47
新氢量/(m^3/h)	679	553
氢油比(体积比)	354	345
入口压力/MPa	2.05	2.04
入口温度/℃	246.8	249.5
总温升/℃	26.9	21.5

注：循环氢有排放置换。

(3) 产品质量

表7 混合汽油产品性质

采样时间	2017-01-10 8：00	2017-02-07 8：00
密度(20℃)/(g/cm^3)	0.736 6	0.732 9
硫含量/(μg/g)	9	10
总脱硫率/%	98.25	98.18
RON辛烷值	87.7	85.3
RON辛烷值损失	0.7	0.9

山东B厂催化汽油选择性加氢装置负荷率较高(达150%)，原料催化汽油硫含量稳定(400~600μg/g)，循环氢中CO杂质体积分数低(小于2μL/L)，混合汽油产品硫含量控制适度(9~10μg/g)，RON辛烷值损失可控制在1.0个单位以下。

2.3.3 山东C厂(80万t/a两段加氢脱硫)

(1) 原料性质

表8 催化汽油原料性质

性质	2016-02-26 8：00	2016-02-27 8：00
密度(20 ℃)/(g/cm^3)	0.7365	0.7357
硫含量/(μg/g)	513	538
烯烃质量分数/%	18.37	17.4
RON辛烷值	90.0	90.3

注：于2016年2月26—27日对装置进行了标定，下同。

(2) 主要操作条件

表9 预加氢单元主要操作条件

操作条件	2016-02-268：00	2016-02-27 8：00
进料量/(t/h)	64	65
负荷率/%	64	65
体积空速/h^{-1}	1.8	1.8
入口压力/MPa	2.42	2.45
入口温度/℃	142	144
出口温度/℃	149	150

表10 加氢脱硫单元主要操作条件

操作条件	2016-02-26 8：00	2016-02-27 8：00
进料量/(t/h)	37.99	42.06
一段加氢反应器		
体积空速/h^{-1}	1.1	1.2
氢油比(体积比)	685	601
入口压力/MPa	1.86	1.85
入口温度/℃	210	208
出口温度/℃	217	215
二段加氢反应器		
体积空速/ h^{-1}	1.1	1.2
氢油比(体积比)	683	655
入口压力/ MPa	1.86	1.85
入口温度/℃	220	221
出口温度/℃	229	229

(3) 产品质量

表11 混合汽油产品性质

性质	2016-02-26 8：00	2016-02-27 8：00
密度(20℃)/(g/cm^3)	0.7369	0.7362
硫含量/(μg/g)	6.0	6.3
总脱硫率/%	98.8	98.8
烯烃质量分数/%	12.0	12.2
RON辛烷值	88.6	88.7
RON辛烷值损失	1.4	1.6

山东C厂催化汽油选择性加氢装置负荷率偏低(64%~65%)，原料催化汽油硫含量波动大(500~1100μg/g)，混合汽油产品硫含量控制过低(6~7μg/g)，循环氢中CO体积浓度偏高(350~400μL/L)。当原料汽油硫含量在500μg/g时，产品的RON辛烷值损失仍可控制在1.5左右。

ALG两段脱硫的技术优势，主要是在加工高硫汽油时，辛烷值损失可以控制比较低。表12是山东C厂加工高硫催化汽油时辛烷值损失统计。

表12　2017年3月C厂辛烷值分析汇总

日期	硫含量/(μg/g)				RON辛烷值		
	原料油	轻汽油	重汽油	混合汽油	原料油	产品	损失
03-01	1094.4	21.3	4.1	6.7	90.5	88.7	1.8
03-09	1139.0	23.3	2.8	6.6	90.5	88.6	1.9
03-16	1014.1	30.1	1.0	7.1	90.1	88.6	1.5

因此，ALG两段脱硫工艺流程，在原料汽油含硫超过1000μg/g时，辛烷值损失仍能控制在2.0以下。

3　ALG+AEDS催化汽油组合脱硫工艺技术

3.1　ALG+AEDS催化汽油组合脱硫技术开发

催化汽油选择性加氢脱硫基本流程如前面所述，催化汽油先经过一个预加氢反应器，饱和进料中的二烯烃并将轻汽油的轻质硫醇转化成重硫醇，通过切割塔，得到总硫含量小于10μg/g的轻汽油，剩下的中重汽油再去选择性加氢脱硫。加氢后的中重汽油与轻汽油混合得到硫含量满足指标要求的加氢混合汽油。

在加氢工艺中，中重汽油是混在一起去加氢脱硫的。但是在催化汽油中硫和烯烃的分布是不均匀的，越轻的汽油中的硫含量越低，烯烃越高；越重的汽油中硫含量越高，烯烃越低。

从加氢脱硫来说，越轻的硫越容易被脱除，越重的硫越难脱除，如图5所示。

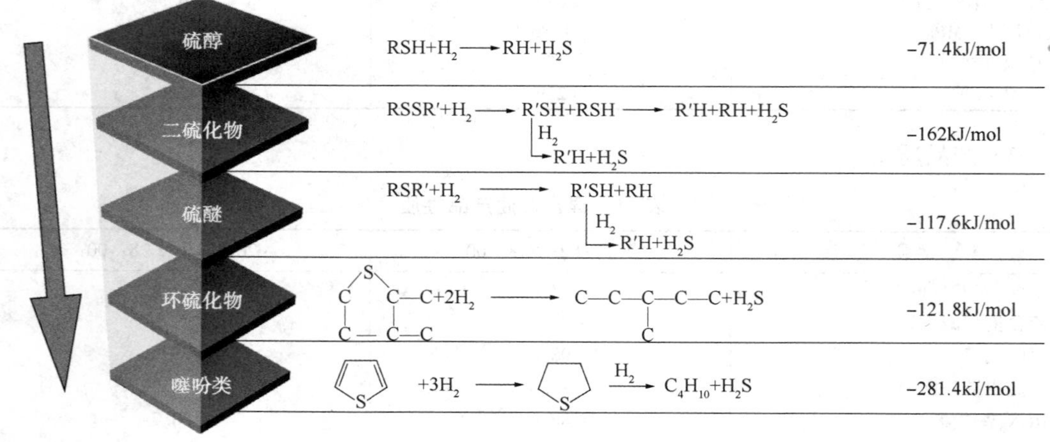

图5　催化汽油各类型硫加氢脱除难易程度示意图

如表13、表14，通过以下AB两个实验评价，将催化汽油中、重汽油切割分别加氢，可以看出所对应的脱硫效果及RON辛烷值损失差。

按照120℃为切割点，将预分馏塔底油分为中、重汽油分别加氢：反应温度220℃，空速2.0。

表13 试验评价A

样品		预处理中汽油	加氢中汽油	烯烃饱和率	预处理重汽油	加氢重汽油	烯烃饱和率
硫含量/(μg/g)		883	6		2644	395	
RON		82	76.6		90.1	89.6	
RON损失			-3			-0.3	
烯烃含量/%	C_6	20	16.3	18.5			
	C_7	16.6	12.3	25.9	0.2	0.18	10.0
	C_8	7.7	5.82	24.4	2.4	1.8	25.0
	C_9	0.9	0.8	11.1	6.1	5.4	11.5
	C_{10}				2.9	2.39	17.6
	C_{11}				1.9	1.86	2.1
	烯烃合计	45.2	35.22		13.5	11.63	

由表13可以看出：①反应温度220℃时，中汽油含硫<10μg/g，重汽油含硫395μg/g；②中汽油RON损失3个单位，重汽油损失0.3个单位。

按照120℃为切割点，将预分馏塔底油分为中、重汽油分别加氢：反应温度提高至260℃，空速2.0。

表14 试验评价B

样品		预处理中汽油	加氢中汽油	烯烃饱和率	预处理重汽油	加氢重汽油	烯烃饱和率
硫含量/(μg/g)		883	6		2644	8	
RON		82	76.6		90.1	89.6	
RON损失			-5.4			-0.5	
烯烃含量/%	C_6	20	12.3	38.5			
	C_7	16.6	9.3	44.0	0.2	0.11	45.0
	C_8	7.7	4.82	37.4	2.4	1.5	37.5
	C_9	0.9	0.7	22.2	6.1	4.8	21.3
	C_{10}				2.9	2.09	27.9
	C_{11}				1.9	1.82	4.2
	烯烃合计	45.2	27.12		13.5	10.32	

由表14可以看出：①当反应温度提高到260℃时，中汽油、重汽油含硫均<10μg/g；②中汽油RON损失5.4个单位，重汽油损失0.5个单位；③轻烯烃的饱和率远远大于重烯烃。

通过以上两个实验可以看出：

中汽油馏分所需要的脱硫温度远低于重汽油的脱硫温度；中汽油脱硫的RON损失要远

大于重汽油脱硫的 RON 损失。

在目前的加氢工艺中，中汽油与重汽油一同加氢，导致中汽油被过度加氢。中重汽油的 RON 损失主要来自于中汽油加氢过度所造成的。

预处理中汽油馏分(65~120℃)中，含硫化合物主要为噻吩硫，并且烯烃含量高。而噻吩的芳香性仅略弱于苯，不溶于水，可混溶于乙醇、乙醚等多种有机溶剂。

为避免汽油因加氢过度造成辛烷值损失，我们考虑将预处理中汽油馏分采用溶剂萃取脱硫的物理方法脱硫。我们推荐采取萃取蒸馏方式脱去中汽油中的噻吩硫。鉴于噻吩类硫化物及芳烃为极性有机物，利用复合溶剂改变进料中非芳烃(含大量烯烃)与硫化物及芳烃化合物的相对挥发度。

北京安耐吉能源工程技术有限公司针对中汽油低硫高烯烃的性质开发了非加氢中汽油溶剂萃取脱硫 AEDS 技术，通过加入选择性溶剂，提高硫化物、芳烃和其他组分间的相对挥发度。溶剂和催化中汽油馏分在萃取蒸馏塔中接触形成气液两相，由于溶剂与硫化物、芳烃的作用力更强，使非芳烃富集于气相，于塔顶排出，即脱除含硫化合物的产品，硫化物及芳烃富集于液相自塔底排出。富集硫化物及芳烃的液相进入汽提塔，在塔内进行硫化物、芳烃与溶剂的分离，贫溶剂循环使用。

通过萃取脱硫得到大量的低硫萃余油直接调入汽油中，少量的高硫萃取油与重汽油一起进行加氢脱硫处理后调入汽油中。AEDS 原则流程见图 6。

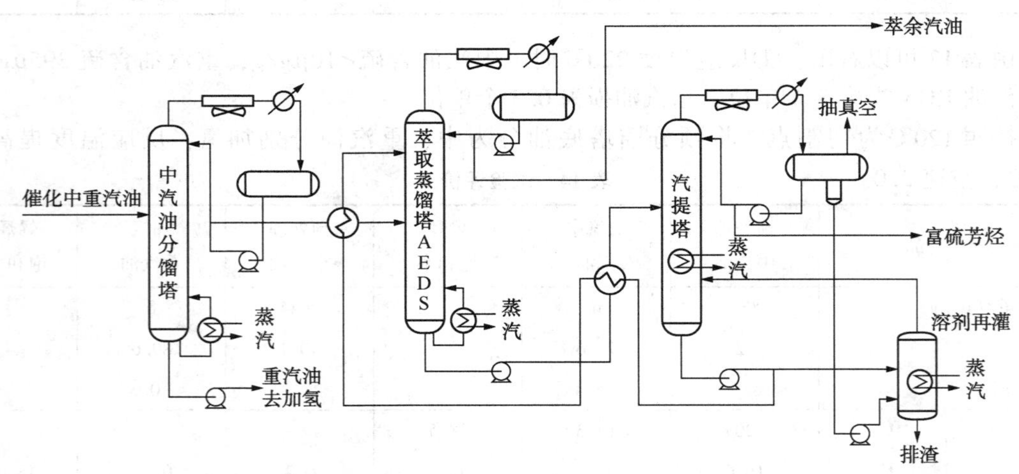

图 6 AEDS 溶剂萃取脱硫工艺原则流程图

将 AEDS 萃取脱硫与北京安耐吉公司现有的催化汽油选择性加氢工艺技术(ALG)相结合，开发出了 ALG+AEDS 组合脱硫工艺，生产国Ⅴ汽油，具有辛烷值损失特别小、装置氢耗低、投资低、同时降低了原加氢规模的优点。ALG+AEDS 加氢-溶剂脱硫组合工艺示意流程见图 7。

3.2 ALG+AEDS 组合脱硫工艺技术优势

(1) RON 损失比国Ⅴ方案减小约 2 个单位；

(2) 重汽油加氢规模缩减 30%~40%，H_2消耗降低，能耗大幅下降；

(3) 成套提供组合方案，配套性好；

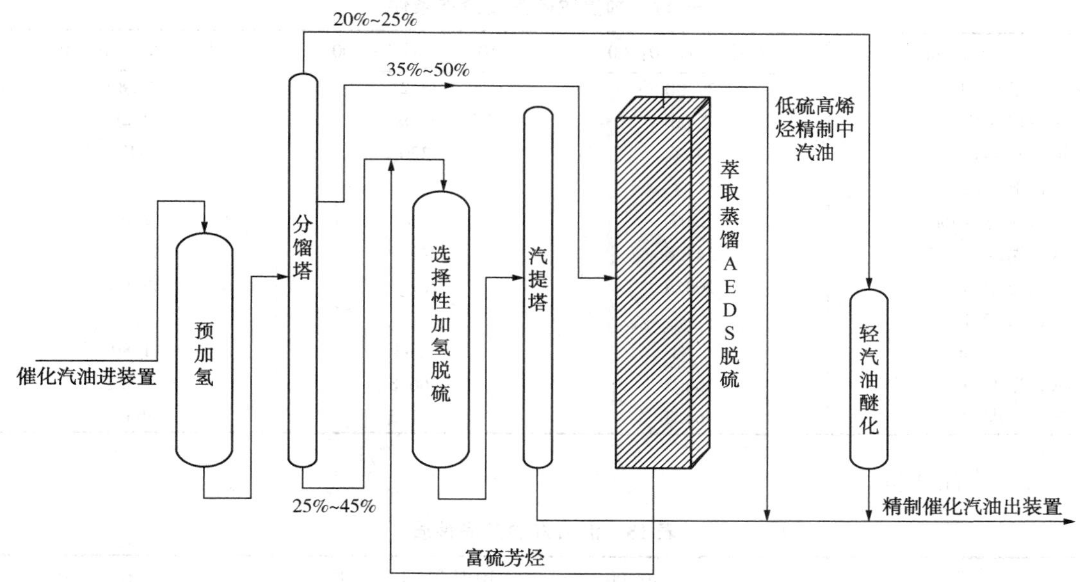

图 7　ALG+AEDS 组合脱硫工艺示意流程图

（4）ALG 选择性加氢现有装置无需改动，只需要增加 AEDS 单元；

（5）芳烃和烯烃组分可单独处理，为汽油国 VI 质量提供了有效途径。

3.3　ALG+AEDS 组合脱硫技术工业应用

采用北京安耐吉公司 ALG+AEDS 组合脱硫工艺技术的装置，目前已近 10 套，两套已经投产，其余正在建设。第一套山东 D 厂 15 万 t/a 催化汽油萃取脱硫装置已于 2016 年 9 月投产。该厂 45 万 t/a 催化汽油选择性加氢脱硫装置也是采用北京安耐吉公司 ALG 一段脱硫技术。

3.3.1　ALG 选择性加氢脱硫装置标定情况

（1）原料性质

表 15　原料汽油性质

时间	10 月 24 日 10：00	10 月 25 日 10：00	10 月 26 日 10：00
密度/(g/mL)	0.7337		0.7324
硫含量/(μg/g)	397.79	443	330.5
RON 辛烷值	89.88	89.89	89.73

（2）主要操作条件

表 16　预加氢系统操作条件

采样时间	10 月 24 日 10：00	10 月 25 日 10：00	10 月 26 日 10：00
装置进料量/(t/h)	50	51	55
体积空速/h^{-1}	3.47	3.54	3.82
入口压力/MPa	2.26	2.31	2.30
入口温度/℃	181.4	180.2	181.2
总温升/℃	4.4	5.9	4.9

表 17 加氢脱硫主要操作条件

采样时间	10月24日10：00	10月25日10：00	10月26日10：00
进料流量/(t/h)	37.90	38.21	41.80
体积空速/h^{-1}	2.06	2.08	2.28
氢油比/(Nm^3/m^3)	383	320	417
反应器 R-202			
入口压力/MPa	2.07	2.10	2.05
入口温度/℃	243.6	243.9	243.0
出口温度/℃	268.8	269.5	269.1
反应器 R-201			
入口压力/MPa	1.91	1.93	1.89
入口温度/℃	364.3	366.8	365.7
出口温度/℃	364.3	367.5	366.1

(3) 产品质量

表 18 混合汽油产品性质

采样时间	10月24日10：00	10月25日10：00	10月26日10：00
硫/(μg/g)	7.58	7.02	6.85
硫醇硫/(μg/g)	3.75	4.96	3.80
总脱硫率/%	98.1	98.4	97.9
RON 辛烷值	87.90	87.88	87.71
RON 辛烷值损失	1.98	2.01	2.02

因此，在原料汽油含硫近500μg/g情况下，装置辛烷值损失可以控制在2.0左右。

3.3.2 ALG+AEDS 组合脱硫标定情况

2016年10月，山东D厂15万t萃取脱硫装置投产后，对装置再次进行了标定，标定情况见表19、表20。

表 19 原料汽油性质

采样时间	2016-10-5 8：00	2016-10-6 8：00
总硫/(μg/g)	475	386
RON 辛烷值	90.00	89.96

表 20 产品性质

项 目	轻汽油		抽余油		精制油		混合汽油	
	5日8：00	6日8：00	5日8：00	6日8：00	5日8：00	6日8：00	5日8：00	6日8：00
密度/(g/mL)	0.6258	0.6345	0.6933	0.6888	0.8180	0.8134	0.7336	0.7349
HK/℃	33	33	69	68	121	119	47	45
10%/℃	34	35	73	71	126	125	58	57
50%/℃	35	39	78	75	145	142	97	94
90%/℃	45	42	90	88	172	171	157	159
KK/℃	56	57	120	121	194	188	186	185
总硫/(μg/g)	9.01	7.19	3.03	2.33	6.88	9.71	7.08	7.68
RON 损失							0.51	0.53

萃取脱硫装置投产后，在原料汽油硫含量相近(原料汽油含硫450μg/g)的情况下，催化汽油加氢装置辛烷值损失大幅降低，由原来的RON辛烷值损失2.0下降至0.52左右。

4 结论

北京安耐吉公司紧跟国家油品质量升级步伐，提前开发了各类适应市场需求的汽油质量升级技术，为炼化企业，特别是地炼企业油品质量升级提供了有力的技术支撑。企业可以根据自身装置特点，选择适应企业自身特点的催化汽油加氢脱硫技术。

根据原料性质和装置投资能耗，北京安耐吉公司催化汽油组合脱硫技术主要有以下几种流程可供选择：

(1) 对于含硫质量分数低于300μg/g的催化汽油原料，推荐采用全馏分选择性加氢流程，RON损失可以控制小于1个单位。

(2) 对于硫含量大于300μg/g，低于500μg/g的催化汽油原料，推荐采用ALG一段加氢流程，一般RON损失可以控制在0.8~2.0个单位。

(3) 对于硫含量500~1500μg/g范围内的原料，根据需要，推荐采用ALG两段加氢流程或一段加氢加萃取组合脱硫工艺(即ALG+AEDS工艺,)。两段加氢流程RON损失一般在1.5~2.0。ALG+AEDS组合脱硫工艺，RON损失一般能控制在0.5~1.0。

北京安耐吉公司ALG+AEDS组合脱硫工艺还为汽油国Ⅵ质量升级提供了有效途径。

参考文献

[1] 张建东，王俊君，陈卫芳等．满足国五和第三阶段油耗限值的汽油机技术路线分析[R]．2010APEC联合学术年会，2010.

[2] 曲良龙，陈晓琳，陈士博．一种加氢处理催化剂及其应用[P]，中国发明专利：CN20110034020.0.

[3] 曲良龙，陈晓琳，陈士博．一种汽油加工方法[P]．中国发明专利：CN201110034021.1.

[4] 曲良龙，陈晓琳，陈士博．一种汽油加工方法[P]．中国发明专利：CN201110034025.X.

[5] 曲良龙，陈晓琳，陈士博．一种汽油加工方法[P]．中国发明专利：CN201110034038.7.

载体材料拟薄水铝石的研发对催化剂性能的提升作用

曾双亲　聂　红　杨清河　胡大为　孙淑玲
赵新强　李洪宝　褚　阳　李大东

（中国石化石油化工科学研究院，北京　100083）

摘　要　通过对加氢催化剂的分析，提出了加氢催化剂载体材料拟薄水铝石实现系列化稳定生产的必要性。石油化工科学研究院（RIPP）研究开发的拟薄水铝石生产新工艺在催化剂长岭分公司工业试验取得成功并投入应用后，实现了拟薄水铝石产品系列化和稳定生产，装置生产能力大幅提升、洗涤水量明显降低、产品收率显著提高、生产成本显著降低。拟薄水铝石新工艺成功应用后，由于加氢催化剂生产所需原料拟薄水铝石的稳定性提高，并提高了各种催化剂载体所需原料拟薄水铝石的针对性，采用新工艺生产的拟薄水铝石替代原工艺产品成功提升了渣油加氢系列催化剂和蜡油预处理催化剂的性能。以新工艺拟薄水铝石载体材料为基础成功开发了高性能新一代润滑油加氢处理催化剂 RF-2、半再生重整催化剂 SR-1000 和重整预加氢催化剂 RS-400，催化剂性能均优于进口醇铝法拟薄水铝石 SB 粉作为载体材料的催化剂，显著促进了炼油领域催化剂制备技术的进步。

关键词　拟薄水铝石　载体　原料　稳定性　系列化　加氢催化剂

1　前言

加氢处理、加氢精制及重整催化剂的性能在不断改善和提高，但活性金属体系和载体体系并没有发生根本变化。活性提高主要来源于对活性金属匹配、载体孔结构以及表面性质、金属-载体相互作用等方面不断进行更为精细有效的调变，同时对制备技术和制备参数进行持续不断的优化的结果。

调变活性金属匹配、优化制备技术和制备参数对于提高催化剂活性具有非常重要的意义，而调变载体孔结构以及表面性质也一直是加氢处理催化剂开发过程中特别重要的研究方向。

用于加氢精制和加氢处理催化剂的载体材料虽然有了很大的发展，但是氧化铝或改性氧化铝（添加 F、P、B、Si、Ti 等）仍然是加氢催化剂最主要的载体材料。加氢催化剂常用的氧化铝载体是由拟薄水铝石成型后经高温焙烧脱水形成的 γ-Al_2O_3。从 TEM 及 XRD 表征可知，拟薄水铝石一级晶粒一般为几纳米或者直径为几纳米、长度为十几至几十纳米的纤维状晶粒，载体的孔直径主要集中在几纳米至十几纳米。载体内的孔道主要是由一级晶粒之间互相堆积、搭接形成的间隙形成的。晶粒的大小、形貌及其堆积方式直接决定了载体的孔性质，同时也会通过金属-载体的相互作用影响负载的金属颗粒的形貌、大小，最终影响催化剂活性中心的活性。

催化剂的活性高低除了取决于活性中心的本征活性以外，还取决于反应分子能否不受阻碍地扩散进入催化剂孔道与活性中心接触。不同馏分原料油中所含的硫化物、氮化物等杂质分子大小不同，为降低扩散阻力，提高可接近性，处理不同馏分段原料油的催化剂载体的孔体积和最佳孔分布要求不同。

渣油加氢脱金属催化剂是渣油加氢处理技术中的主要催化剂之一，它的作用是脱除渣油中的 Ni、V 等金属，同时对脱硫催化剂起保护作用，它不仅要脱除进料中的金属杂质，而且还必须尽可能多容纳这些杂质。性能优良的加氢脱金属催化剂可以容纳相当于自身质量100%的金属杂质而不引起床层压降的明显上升和本身活性的丧失[1]。由于渣油分子较大，其中 Ni、V 等金属杂质大多富集于胶质和沥青质中，分子平均大小约为 10nm，渣油加氢脱金属反应主要受扩散控制，因而催化剂的孔结构成为影响催化剂性能的关键因素。为使反应物分子快速进入催化剂内部，催化剂必须具有较大孔径，通常在 8~25nm 之间。对于渣油加氢脱金属催化剂而言，应该以高孔容、大孔径作为催化剂最基本的孔结构特征。因此为了制备性能优良的渣油加氢脱金属催化剂，载体原料的拟薄水铝石必须具有较大的孔体积和较大的孔直径。

对于馏分油加氢精制和加氢处理催化剂而言，根据所处理原料馏程的不同，其分子大小不同，制备孔体积适当、孔分布高度集中、孔直径大小不同的系列化载体是提高加氢精制和加氢处理催化剂活性的重要手段。Hammer[2] 等提出加氢处理催化剂对载体孔分布的要求与原料油的馏程有关。若孔径过小，可能导致扩散限制；反之，如果孔径过大会降低催化剂的比表面积，导致催化剂的活性降低。高活性馏分油加氢催化剂的孔分布高度集中在孔直径 4.0~10.0nm 范围内。为了制备高性能馏分油加氢精制和加氢处理处理催化剂，必须根据所处理原料的不同，选用合适的拟薄水铝石原料制备出孔体积适当、孔直径适当、孔分布高度集中的载体。这就要求拟薄水铝石工艺能稳定生产出不同孔体积的系列化产品，且由其制备的载体具有孔直径适当、孔分布高度集中的特点。

Al_2O_3的比表面积和孔结构可以通过改变制备过程(如成胶、老化、干燥、成型、焙烧)的条件加以调控，制备出比表面积、孔径大小和孔分布不同的氧化铝载体，以满足多种催化剂对载体表面积和孔结构的需求[3]。但是从研究拟薄水铝石的生成机理和氧化铝载体孔的形成机理出发，开发出具有孔分布高度集中、孔体积和孔直径系列化的载体原材料拟薄水铝石制备技术是研究载体制备的根本途径，可为开发更高活性的加氢催化剂提供强有力的技术支持，具有重要的意义。

为了开发和生产高性能的加氢催化剂，必须针对不同催化剂的载体特性稳定生产不同的拟薄水铝石品种，以提高拟薄水铝石原料的针对性，从而提高催化剂的性能。这要求拟薄水铝石生产能够通过对工艺参数的适当调整，实现稳定生产系列化拟薄水铝石产品的目的。

另外，为了保证工业生产的各种加氢催化剂的各项性能指标稳定达到或超过实验室定型催化剂的性能，必须保证催化剂整个生产过程的稳定，特别是必须保证载体原材料拟薄水铝石性质的稳定，这就要求拟薄水铝石工业装置在生产某一产品时要十分稳定，这其实也是实现生产系列化拟薄水铝石产品的前提和基础。

石油化工科学研究院(RIPP)开发的各类型加氢催化剂所用载体原料拟薄水铝石绝大部分是由 $NaAlO_2-Al_2(SO_4)_3$工业装置生产的，由于 RIPP 一直以来坚持从载体原材料拟薄水铝石的生产开始就进行产品质量的控制，因此为工业加氢催化剂产品性能稳定提供了可靠的保障。为了进一步精确优化细分拟薄水铝石品种，以提高各种催化剂对载体原料拟薄水铝石要求的针对性，RIPP 一直以来积极与催化剂长岭分公司进行紧密合作，在拟薄水铝石生产工艺的开发上进行了长期的研究工作。在催化剂长岭分公司的拟薄水铝石工业装置上成功应用了 RIPP 开发的拟薄水铝石新工艺，拟薄水铝石工业装置实现了稳定、系列化生产。本文主要介绍新工艺流程应用以来，拟薄水铝石的工业生产情况及新工艺拟薄水铝石对催化剂性能的提升作用。

2 新工艺拟薄水铝石的工业生产情况

RIPP 研发的拟薄水铝石新工艺在催化剂长岭分公司成功完成了工业试验，生产过程具有工艺简单连续、收率高和产品稳定的特点。经装置标定结果表明，采用该新工艺后相对原工艺净水单耗降低了 56.4%，收率提高了 12.4 个百分点，产能提高了 64.6%，产品成本大幅下降，同时实现了产品系列化稳定生产的目的。表 1 中给出了采用新工艺已经完成工业试验的拟薄水铝石产品品种，从 RPB-1 至 RPB-3，拟薄水铝石的孔体积逐渐降低，适用的催化剂从渣油脱金属催化剂逐渐过渡到馏分油催化剂。

表 1 新工艺工业稳定生产的拟薄水铝石产品品种

产品品种	RPB-1	RPB-2	RPB-3
用途	渣油加氢	渣油、蜡油加氢	渣油、馏分油加氢
孔体积/(mL/g)	1.1×基准+0.05	基准±0.05	0.9×基准±0.05

新工艺工业试验成功以后，3 种产品已经进行长期稳定地生产。表 2 中给出了系列化 PB 某半年内生产的统计情况。从表 2 中可知原工艺的杂质合格率为 94.2%，产品孔容合格率低，导致拟薄水铝石成本居高，而新工艺杂质合格率和孔容合格率都接近 100%，因而产品成本大幅下降。

表 2 某半年内系列化 PB 生产情况统计

产品品种	杂质合格率/%	孔容合格率/%
RPB-1	97.8	98.5
RPB-2	98.3	98.9
RPB-3	98.0	97.8
原工艺	94.2	<30.0

以上工业生产结果表明 RIPP 开发的拟薄水铝石新工艺在保证单一产品品种生产稳定性的基础上，实现了整个拟薄水铝石产品的系列化稳定生产。

3 新工艺拟薄水铝石替代原工艺拟薄水铝石对加氢催化剂性能的提升作用

应用新工艺技术生产的 PB 为载体材料后提高了加氢催化剂装置的生产能力和载体稳定

性，同时催化剂的活性也有提高，下面以不同领域的加氢催化剂在应用新工艺 PB 前后的性能对比加以说明。

3.1 在渣油加氢催化剂的应用效果

3.1.1 在渣油加氢脱金属催化剂的应用效果

渣油加氢脱金属催化剂是 RIPP 研制的固定床渣油加氢系列催化剂中的主催化剂之一，其主要目的是脱除原料中的金属杂质 Ni、V 和容纳脱除下来的金属，因此该催化剂载体需要较大的孔体积和较大的孔直径[1,4~5]。选用新工艺工业生产的 RPB-1 拟薄水铝石作为载体原料，按渣油加氢脱金属催化剂的生产方法，在催化剂长岭分公司的工业装置上经过挤条成型、干燥、活化等步骤制备成工业载体后，相对于老工艺拟薄水铝石载体的孔容高，具有更好的容金属能力；孔径大，对提高受内扩散控制的渣油加氢脱金属反应及脱沥青质反应的活性有利。将这种工业载体按渣油加氢脱金属催化剂的制备方法和配方制备成催化剂，中型油品评价结果见表 3。表 3 中同时给出了用老工艺拟薄水铝石为原料的渣油加氢脱金属催化剂标准剂的评价结果。从表 3 可以看出新剂的加氢脱金属活性与标准剂的脱金属活性提高了 3.8 个百分点，说明新工艺生产的 RPB-1 产品能满足渣油加氢脱金属催化剂对原材料的要求，并能提升渣油加氢脱金属催化剂的性能。

表 3 RPB-1 制备的渣油加氢脱金属催化剂的评价结果*

催化剂	载体原料	脱 Ni+V 率/%
标准剂	老工艺拟薄水铝石	基准
新　剂	新工艺拟薄水铝石	基准+3.8

*评价原料油：科威特常渣，Ni+V 112.3μg/g，S 4.7%，MCR 15.1%；工艺条件：反应温度 380℃，LHSV 0.6 h^{-1}，氢分压 14.0 MPa。

3.1.2 在渣油加氢脱金属脱硫催化剂上的应用效果

渣油加氢脱金属脱硫催化剂是 RIPP 研制的固定床渣油加氢系列催化剂中的另一主要催化剂品种，是介于脱金属催化剂与脱硫催化剂之间的过渡剂，兼顾了脱金属与脱硫的功能，更偏重加氢脱硫性能[6]。因此，渣油加氢脱金属脱硫催化剂载体的孔体积、孔直径稍小于渣油加氢脱金属催化剂载体，而大于脱硫催化剂载体的。选用新工艺工业装置生产的 RPB-2 拟薄水铝石作为载体原料，按渣油加氢脱金属脱硫催化剂的生产方法，在实验室挤条、成型、干燥、活化等步骤制备成载体，经分析表征表明载体在各项物化指标都能满足渣油加氢脱金属脱硫催化剂对载体的要求的基础上，孔容增加 0.03mL/g，比表面积增加 49m^2/g，可几孔直径增加 1.2nm，而且孔分布集中度大幅增加。将制备的载体按渣油加氢脱金属脱硫催化剂的制备方法和配方制备成催化剂，中型油品评价结果见表 4。表 4 中还给出了使用老工艺拟薄水铝石作为原料在实验室制备的渣油加氢脱金属脱硫标准剂的活性，以及使用新、老工艺拟薄水铝石作为原料工业生产的渣油加氢脱金属脱硫催化剂新、老工业剂的评价结果。从表 4 中可以看出，使用新工艺拟薄水铝石 RPB-2 为原料制备的渣油加氢脱金属脱硫新剂(实验室)比渣油加氢脱金属脱硫标准剂(实验室)的脱金属活性低 3.1 个百分点，但是脱硫活性高 3.6 个百分点。新工艺拟薄水铝石 RPB-2 为原料工业生产的渣油加氢脱金属脱硫催化剂的加氢脱硫活性不仅高于渣油加氢脱金属脱硫老工业剂，而且超过了渣油加氢脱金属脱硫新剂(实验室)，说明新工艺生产的 RPB-2 拟薄水铝石不仅能满足渣油加氢脱金属脱硫催化剂对原材料的要求，而且可以提高渣油加氢脱金属脱硫催化剂的加氢脱硫活性和工业生产稳定性。

表4 RPB-2制备的渣油加氢脱金属脱硫催化剂的评价结果*

催化剂	载体原料	脱硫率/%	脱金属率/%
标准剂(实验室)	老工艺拟薄水铝石	基准	基准
老工业剂	老工艺拟薄水铝石	基准-11.9	基准-14.0
新剂(实验室)	新工艺拟薄水铝石	基准+3.6	基准-3.1
新工业剂	新工艺拟薄水铝石	基准+4.7	基准-3.6

*评价原料油：科威特常渣，Ni+V 112.3 μg/g，S 4.7%，MCR 15.1%；工艺条件：反应温度380℃，LHSV 0.6 h^{-1}，氢分压14.0 MPa。

3.1.3 在渣油加氢脱硫催化剂上的应用效果

渣油加氢脱硫催化剂是RIPP研制的固定床渣油加氢系列催化剂中的主催化剂品种之一，主要用于脱除渣油中的S等杂质[4~5,7]。经多年来的研究发现，渣油加氢脱硫催化剂载体相对于脱金属催化剂而言孔体积稍小，而且孔体积分布高度集中在孔直径介于4.0~10.0nm范围内会有利于提高催化剂的加氢脱硫活性。为了考察新工艺拟薄水铝石原料对渣油加氢脱硫催化剂的影响，选用新工艺生产的RPB-3作为原料，按照渣油加氢脱硫催化剂的制备方法，制备成载体。载体各项性能指标都能满足渣油加氢脱硫催化剂对载体要求的基础上，孔容增加0.01mL/g，比表面积增加45m^2/g，可几孔直径增加0.7nm，特别孔直径4.0~10.0nm范围内孔体积分率达到90%以上。表5中给出了以新工艺拟薄水铝石RPB-3为原料工业生产的渣油加氢脱硫催化剂的脱硫率、脱残炭率和表面积炭量。从表5中可以看出，以新工艺生产的拟薄水铝石RPB-3代替老工艺生产的拟薄水铝石为载体原料，渣油加氢脱硫催化剂活性高于原渣油加氢脱硫工业剂，而且积炭量低。从以上结果可以看出，以新工艺生产的拟薄水铝石RPB-3为载体原料确实能提高渣油加氢脱硫催化剂的加氢脱硫活性并能降低催化剂积炭量，而且从工业生产情况看，由于原材料拟薄水铝石的性质稳定，催化剂工业生产稳定，生产的渣油加氢脱硫新工业剂性能超过了实验室剂，说明新工艺拟薄水铝石确实可以提高渣油加氢脱硫催化剂的性能，并为该催化剂的工业稳定生产提供保障。

表5 RPB-3制备的渣油加氢脱硫催化剂的评价结果*

载体材料	加氢产品性质		积炭量/%
	脱硫率/%	脱残炭率/%	
原工艺PB	78.9	43.5	12.25
新工艺PB	85.2	58.4	9.99

*评价原料油：沙轻减渣，Ni+V 87.9 μg/g，S 3.18%，MCR 12.4%；工艺条件：反应温度380℃，LHSV 0.51 h^{-1}，氢分压14.0 MPa。

使用新工艺PB作为载体原料生产的渣油加氢系列化催化剂在渣油加氢中型装置上进行了催化剂总体性能评价，结果见表6。从表6中可知，在装填方案和评价条件完全相同的条件下，使用新工艺PB作为载体材料的系列化催化剂相对于原工艺PB作为载体材料的催化剂，加氢生成油中S、N、MCR(残炭)质量分数都更低，说明加氢脱硫、加氢脱氮、加氢脱残炭的活性提高。加氢生成油中H质量分数提高、饱和分含量提高，芳香分、胶质含量降低说明加氢能力增强，生成油中Ni+V含量近似，且都低于10μg/g，说明催化剂总体性能得到大幅提升。使用新工艺 PB 作为载体原料大幅提高了渣油加氢系列化催化剂的生成稳定性和整体催化性能。

表 6 RPB 制备的渣油加氢系列化催化剂总体的评价结果*

性 质	原料油	加氢生成油	
		原工艺 PB	新工艺 PB
密度(20℃)/(g/mL)	0.9687	0.9196	0.9170
S 质量分数/%	3.18	0.33	0.25
N 质量分数/%	0.34	0.18	0.14
H 质量分数/%	11.03	12.25	12.40
MCR 质量分数/%	12.4	4.97	4.62
Ni+V/(μg/g)	87.9	5.7	6.7
四组分组成/%			
饱和分	32.2	55.5	61.8
芳香分	41.5	32.6	28.4
胶质	22.3	11.7	9.3
沥青质(C_7不溶物)	4.0	0.2	0.5

3.2 在蜡油加氢预处理催化剂上的应用效果

RIPP 研制的高活性蜡油加氢预处理催化剂，在 FCC 原料油预加氢脱硫、脱氮上表现出了优异的性能[8]。以新工艺生产的拟薄水铝石 RPB-2 为原料工业生产的蜡油加氢预处理催化剂与以老工艺拟薄水铝石为原料生产的工业催化剂的活性对比结果见表 7。从表 7 中可以看出新工艺拟薄水铝石作为原料工业生产的催化剂活性高于老工艺拟薄水铝石为原料的工业催化剂。一是新工艺生产的拟薄水铝石 RPB-2 为载体原料，提高了原料拟薄水铝石生产稳定性，催化剂工业生产稳定性提高，二是新工艺拟薄水铝石品种细化后，对蜡油加氢催化剂载体的针对性更强，孔分布更集中。新工艺拟薄水铝石确实可以提高蜡油加氢预处理催化剂的性能，并为该催化剂的工业稳定生产提供了保障。

表 7 RPB-2 制备的蜡油加氢预处理催化剂中型评价结果*

催化剂	老工业剂(老工艺拟薄水铝石)			新工业剂(新工艺拟薄水铝石)		
反应温度/℃	365	375	385	365	375	385
相对脱硫活性/%	100	100	100	100	119	138
相对脱氮活性/%	100	100	100	100	106	122

* 评价原料油：上海 VGO S 含量 18000μg/g，N 含量 1000μg/g；

工艺条件：空速 1.4h^{-1}，氢分压 8.0MPa，氢油比 800。

4 新工艺拟薄水铝石替代醇铝水解法拟薄水铝石对加氢催化剂性能的提升作用

拟薄水铝石的制备工艺很多，除了沉淀法以外，有机溶剂存在下的醇铝水解法是制备孔体积大、比表面积高、孔分布集中的高纯氧化铝载体的较好方法。但是以醇铝水解法制备拟薄水铝石的工艺复杂，所用原材料成本高，因而氧化铝载体的生产成本高。国外 Sasol 公司(原德国 Condea 公司)的醇铝水解法副产的拟薄水铝石(牌号 SB 粉、C1 粉等)是国内作为催化剂载体原料进口量较大的品种，其中包括部分加氢催化剂，而催化重整催化剂的载体原料几乎 100%使用进口的醇铝水解法拟薄水铝石。在新工艺技术稳定生产后通过优化工艺条件进一步降低产品杂质 SO_4^{2-}、Na_2O 的含量，用于或替代原来使用 SB 粉作为载体材料的催化剂的开发工作，由于新工艺拟薄水铝石产品具有孔容高、比表面积大生产稳定优势，在某些加氢催化剂上取得了很好的应用效果。

4.1　在润滑油加氢处理催化剂上的应用效果

由于原油质量变差，适合于通过常规加工流程来生产基础油的石蜡基原油数量减少，另外也由于发动机润滑油品对基础油质量要求愈来愈高，从而推动了加氢处理、催化脱蜡、异构降凝等基础油生产技术的发展。润滑油加氢处理催化剂的最基本要求是，要有适宜的加氢与裂化活性，使基础油的黏度指数与收率均达到最大。RIPP 研制的润滑油加氢处理专用催化剂，在克拉玛依石化公司、荆门石化公司润滑油加氢处理装置应用取得了较好的效果[9]。随后开发了改进型催化剂，具有更优异的脱硫、脱氮性能，但一直都使用 SB 粉作为载体原料，导致催化剂成本较高。使用新工艺工业生产的 PB 替代国外 Sasol 公司醇铝水解法 SB 粉作为载体原材料生产的润滑油加氢处理催化剂，生成油中杂质含量见表 8，>450℃ 收率和黏度指数结果见图 1。

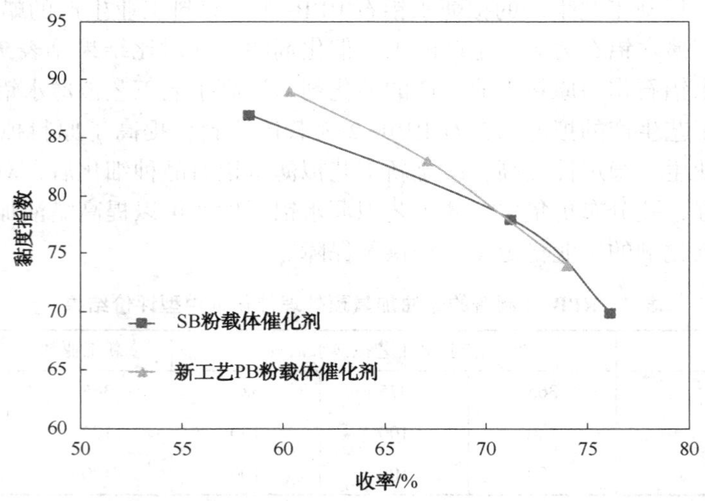

图 1　>450℃ 基础油馏分的黏度指数与收率的关系

表 8　使用新工艺拟薄水铝石代替 SB 粉后的润滑油加氢处理催化剂的性能*

催化剂载体原料	Sasol 公司醇铝法 PB			新工艺 PB		
堆比/(g/mL)	1.04			0.98		
反应温度/℃	370	380	385	370	380	385
生成油 S 含量/(μg/g)	6.2	2.0	2.0	4.0	2.0	2.0
生成油 N 含量/(μg/g)	12.0	3.0	2.0	7.0	1.0	1.0
生成油芳烃含量/%	6.03	3.54	2.85	4.72	3.23	2.37

* 原料油：克拉玛依轻脱油 S 含量 0.14%、N 含量 2300μg/g、芳烃含量 31.9%。

从表 8 可知新工艺 PB 生产的催化剂在堆比降低 5.8%的情况下，生成油中硫、氮和芳烃含量均低于进口 SB 粉载体催化剂，说明催化剂的加氢脱硫、脱氮和芳烃饱和性能更好。

由图 1 的活性评价结果可以看出，当反应温度提高后，收率下降，但以新工艺工业 PB 粉为载体生产的润滑油加氢处理催化剂在高温下具有更高的收率和更高的黏度指数，说明催化剂高温性能稍优于以 SB 粉为载体的催化剂。

4.2 在重整预加氢催化剂上的应用效果

绝大部分炼油厂的催化重整装置主要用于加工常减压装置得到的低辛烷值直馏汽油。部分炼厂还将加氢裂化装置得到的重汽油送到重整装置与直馏汽油一起作为重整进料。为了保护催化重整催化剂不被毒化，需要通过预加氢的方法将重整原料中的杂质脱除，保证重整进料的硫质量分数和氮质量分数均小于 0.5μg/g。重整装置由于进料中的微量氮与重整系统中的氯在低温部位发生结晶堵塞管线及设备的现象日益严重，影响重整装置长周期稳定运转，企业迫切希望重整预加氢单元提高预加氢催化剂的脱氮活性，将原料中的氮脱除至质量分数小于 0.3μg/g，以进一步提高重整装置的操作稳定性，对重整预加氢催化剂的脱氮活性提出了更高的要求。

PB 新工艺技术开发成功后，采用新工艺拟薄水铝石作为载体原料，载体的孔容增加 0.18mL/g，比表面积增加 $42m^2/g$，并开发了新一代重整预加氢催化剂，与原 Sasol 公司醇铝水解法 SB 粉为载体原料的工业催化剂进行对比评价，考察催化剂的加氢脱氮性能，重整预加氢催化剂制备方法及金属含量均与工业标准催化剂相同。评价用原料油为氮质量分数 150μg/g 的焦化汽油与直馏石脑油调合而成，调合后汽油原料氮质量分数为 18.8μg/g。不同载体制备催化剂的油品评价结果如图 2 所示，评价反应条件为：反应温度 280℃，反应压力 1.6MPa，标态氢油体积比 100。

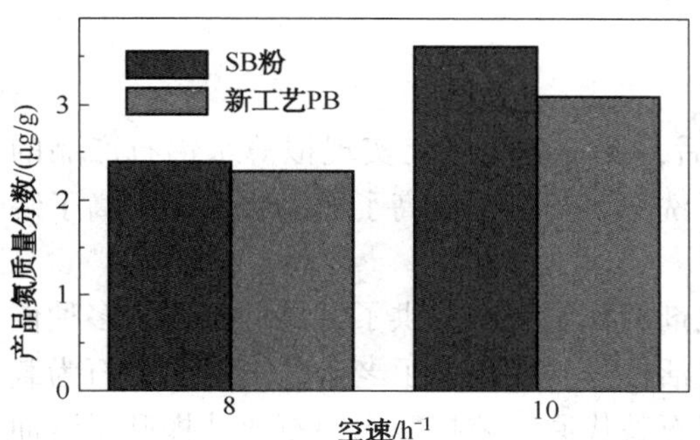

图 2 不同载体粉制备催化剂的脱氮活性

从图 2 可以看出，采用不同粉体制备的催化剂加氢脱氮活性表现出不同的差异，采用新工艺拟薄水铝石制备的新一代重整预加氢催化剂在堆比降低 0.2g/mL 的条件下，其加氢脱氮活性略高于 SB 粉为载体原料工业标准催化剂，特别是在高空速的反应条件下，新一代重整预加氢催化剂的加氢脱氮活性优势更加明显。

5 新工艺拟薄水铝石替代醇铝水解法拟薄水铝石在催化重整催化剂上的应用效果

催化重整是从石脑油生产无硫、无烯烃高辛烷值汽油组分的主要工艺过程，所副产的氢气还是加氢装置用氢的重要来源。重整催化剂载体除担载金属组元外，还通过担载卤素(通常是氯)提供重整反应所需的酸性活性中心。重整催化剂所用的载体一般是活性 γ-氧化铝。

氧化铝的性质主要取决于其前身物氢氧化铝的性质，而氢氧化铝的性质又取决于其生产路线和制备条件。重整催化剂使用的氧化铝原料来源于醇铝水解法生产的氢氧化铝，这种产品纯度高，物化性质适宜，但生产成本较高[10]。针对重整催化剂的要求在新工艺流程基础上成功开发了沉淀法重整催化剂专用载体材料 ASIA 粉体，以此作为载体材料开发的新一代催化剂与以 Sasol 公司醇铝水解法工业 SB 粉作为载体的工业催化剂的评价结果见表 9。

表 9 沉淀法 ASIA 粉体作为载体原材料研发的重整催化剂的性能

催化剂	载体原料	液体收率/%	芳烃收率/%	转化率/%	平均 NIR	辛烷值收率/%	积炭量/%
工业催化剂	SB	标准	标准	标准	标准	标准	标准
新一代催化剂	ASIA	标准+0.5	标准+1.5	标准+3.0	标准+1.0	标准+0.2	标准-0.5

从表 9 中反应评价结果对比数据可知：以沉淀法制备的 ASIA 材料为载体原料研发的 SR-1000催化剂比 SB 粉为载体原料的 PRT-D 工业催化剂液体收率高 0.5 个百分点、芳烃产率高 1.5 个百分点，说明催化剂活性高。反应后期的差距更加明显，积炭速率较慢，说明活性稳定性好。

6 结论

（1）RIPP 开发的拟薄水铝石新工艺成功应用后，在工业装置上实现拟薄水铝石产品的系列化稳定生产。拟薄水铝石新工艺的应用降低了洗涤水用量、提高了产品收率、提高了装置产能、降低了生产成本。

（2）拟薄水铝石新工艺的应用为工业加氢催化剂的稳定生产提供了可靠的保证。多种催化剂在使用新工艺生产的拟薄水铝石作为原料后，活性达到或超过了老工艺拟薄水铝石为载体原料生产的催化剂，采用新工艺生产的拟薄水铝石替代原工艺拟薄水铝石成功提升了渣油加氢系列催化剂、蜡油预处理催化剂的性能。

（3）采用新工艺生产的拟薄水铝石替代进口醇铝法拟薄水铝石成功开发了高性能的润滑油加氢处理催化剂、新一代高脱氮性能重整预加氢催化剂 RS-400。

（4）采用新工艺生产的拟薄水铝石替代进口醇铝法拟薄水铝石成功开发了高性能的半再生重整催化剂。

参 考 文 献

[1] 杨清河等. 渣油加氢脱金属催化剂 RDM-2 的研究[J]. 石油炼制与化工，2004，35(5)：1-4.

[2] 李大东. 加氢脱氮的工艺与催化剂[J]. 石油炼制，1983，(12)：14-22.

[3] 李大东主编. 加氢处理工艺与工程[M]. 2 版. 北京：中国石化出版社，2016.

[4] 穆海涛等. RHT 系列渣油加氢催化剂在胜利炼油厂 VRDS 装置上的工业应用[J]. 齐鲁石油化工，2006，34(2)：119-124.

[5] 胡文景等. RHT 系列渣油加氢催化剂在胜利炼油厂 VRDS 装置上的工业应用[J]. 石油炼制与化工，2005，36(7)：55-58.

[6] 胡大为等. 新型渣油加氢脱金属催化剂 RDM-3 的研制[J]. 石油炼制与化工，2008，39 (1)：9-11.

[7] 刘学芬等．RMS-1 渣油脱金属脱硫催化剂[J]．石化技术，2004，11(2)：24.
[8] 蒋东红等．蜡油加氢预处理 RVHT 技术开发进展及工业应用[J]．石油炼制与化工，2012，43(3)：1 -5.
[9] 李大东主编．加氢处理工艺与工程[M]．北京：中国石化出版社，2004：1037-1039.
[10] 张大庆等．半再生重整技术的现状及发[J]．石油炼制与化工，2007，3(12)：11-15.

碳四固体酸烷基化原料预处理技术的研究

周广林[1]　李　芹[2]　吴全贵[2]　周　烨[1]　周红军[1]

（1. 中国石油大学（北京）新能源研究院，北京　102249；
2. 北京中石大新能源研究院有限公司，北京　102299）

摘　要　评述了固体酸烷基化原料碳四中二烯烃、含硫化合物、氮化物和含氧化合物等杂质对固体酸催化剂的影响以及其处理工艺技术，并介绍了中国石油大学（北京）开发的碳四净化吸附剂及其工业应用实例。

关键词　碳四　烷基化原料　预处理　固体酸

烷基化油装置是以液化石油气中的异丁烷与烯烃为原料，在强酸催化剂的作用下烯烃与异丁烷反应，生成烷基化油的气体加工装置。目前成熟且工业化应用的硫酸和氢氟酸烷基化技术存在着产物和催化剂难分离，废酸难处理，酸对设备的腐蚀和剧毒物质的危害性等一系列问题。固体酸催化剂以其良好的催化活性、环境友好等优点，将是液体酸催化剂的一种环保的替代品。我国烷基化工艺采用炼油厂的醚后碳四为原料，固体酸催化剂采用沸石分子筛，这些沸石分子筛易受醚后碳四中杂质中毒物影响而失活[1~3]。这些杂质包括二烯烃、硫化物、氯化物、氮化物和含氧化合物等。为确保固体酸催化剂烷基化装置的长周期运行，应对这些中毒物进行严格控制。本文将分别介绍这些杂质对固体酸催化剂的影响，以及脱除这些杂质的原料预处理技术。

1　杂质对固体酸催化剂的影响

1.1　二烯烃

我国的固体烷基化装置采用的原料基本上为炼油厂的醚后碳四，常含有 0.2%~2%的二烯烃，该二烯烃比 $C_{4=}$烯烃的反应性更高得多，烷基化时丁二烯易在固体酸催化剂上发生低聚反应，生成较低辛烷值的多支链聚合物，堵塞催化剂孔道，会使固体酸催化剂失活，同时导致具有差品质的的烷基化物的生成。因此，固体酸催化剂的烷基化反应的原料中存在的二烯会使烷基化效率降低并产生大量不适宜的聚合物副产物。会使烷基化油的干点升高，降低辛烷值。因此，固体酸烷基化装置要求碳四中二烯烃含量在 50mg/kg 以下。

1.2　氮化物

醚后碳四中含氮化合物的存在形式主要是 MDEA、乙腈、DMF 及 *N*-甲酰吗啉，这些碱氮化合物的含量约为 3~10mg/kg，醚后碳四中的碱性化合物对固体酸催化剂的稳定性影响很大，它能降低催化剂的寿命。这是由于原料中含氮化合物在固体酸催化剂作用下，腈水解为胺或酰胺，然后牢固地吸附在固体酸上活性位点上直到异丁烷与丁烯的反应基本上被中止[4]。所以在原料进入烷基化反应器必须除去含氮化合物。

1.3 硫化物

炼油厂醚后碳四中一般含有一定含量的硫化物，通常有硫化氢、COS 二硫化物、硫醇、硫醚和噻吩等，这些含硫化物会毒害固体酸催化剂，易吸附在催化剂活性中心上，使还原的 S 原子与固体酸催化剂上贵金属产生强键合，导致催化剂活性降低与失活[5]。

1.4 含氧化合物

固体酸烷基化催化剂通常对于含氧化合物(如醚、醇、酸和酯)十分敏感，液化石油气中痕量含氧化合物的存在会破坏固体酸催化剂活性中心或参与烷基化反应，不仅会降低异丁烷与正丁烯的烷基化的活性，选择性和收率，持续时间变短，而且还使烷基化油干点升高。此外，烷基化的性能随着反应循环次数增加而逐步变得较差。在经过几次再生/反应循环之后，它们对于烷基化的活性低。这种性能的不足可以随时间在系统中导致正丁烯的快速累积，从而限止正丁烯可以经济地获得的终产物的总转化率[6]。

2 杂质预处理技术

2.1 脱二烯烃

工业上脱除炼油厂醚后碳四中丁二烯通常主要采用萃取精馏或选择加氢的方法。萃取精馏能耗高，物料损失大，经济效益较差。选择加氢技术经过不断改进，已具备了萃取精馏无法比拟的优势，不仅可将丁二烯脱除，还可使单烯烃产量增加，是目前被普遍接受且最经济的方法。选择加氢技术采用负载型催化剂，以及液相固定床加氢工艺对碳四原料进行选择加氢预处理，碳四中丁二烯被加氢生成丁烯，同时 1-丁烯的至少一部分在氢气存在下异构化 2-丁烯，然后进行烷基化。这是由于用 2-丁烯和异丁烯进行烷基化反应的化学性质，其往往生成非常适宜的烷基化二甲基已烷基化物、三甲基戊烷。然而用 1-丁烯进行烷基化生成较不适宜的烷基化物二甲基已烷。碳四中丁二烯选择加氢的一般工艺条件，压力 1.0~2.0MPa，温度 40~75℃，重时空速 4~7h^{-1}，氢气/丁二烯体积比 2.0~4.0。在工艺条件下，加氢单烯烃收率≥100%，1-丁烯异构为 2-丁烯转化率为 80%。该技术已在国内多套烷基化装置上应用，为国内成型技术。

2.2 脱含氮化合物

从醚后碳四中脱除含氮化合物的方法主要有预加氢法[7]、水洗法[8]、吸附法[9]及其他方法。预加氢法先进，脱氮效果良好，但不能达到脱氮深度，且设备投资及操作费用高，易于烯烃饱和，在应用上受到很大的限止。水洗法脱氮率高，但是脱氮后的碳四收率低，废水的处理困难，并且碳四中易携带水。吸附法脱氮操作简单，碳四损失较少，吸附剂再生也较容易，但是吸附氮容量低，使其应用受到限制。由于水洗法能够脱除碳四中 90% 的氮化物，工业上一般采取碳四先经过水洗法脱除大部分氮化物，然后再用固定床吸附法脱除微量的氮化物，达到深度脱除氮化物[10]。

2.3 脱含硫化合物

目前报道的脱除醚后碳四中含硫化物主要有加氢脱硫，碱洗脱硫和吸附脱硫等方法，加氢脱硫具有脱硫效率高，经济性好的优点，但并适用于醚后碳四，因为在加氢条件，醚后碳四中烯烃会发生饱和反应，降低烯烃含量。传统的碱洗脱硫包括醇胺脱硫、碱洗脱硫和纤维膜脱硫，这种工艺有一事实定的局限性，只能脱除无机硫，低碳硫醇，而对于其他有机硫如COS、二甲基二硫醚、噻吩硫等的脱硫效果不佳，因而很难达到深度脱硫的目的。吸附法脱硫技术作为一种高效的脱硫手段，拥有操作和投资费用低等优点，改性分子筛是目前应用较多的脱硫吸附剂，目前的脱硫剂容量低，吸附剂再生频繁，能耗高。现有的单一脱硫工艺不能同时脱除各种硫化物，需要联合使用几种脱硫方法。中国石油大学(北京)开发了一种液化石油气深度脱硫技术，先用纤维膜脱硫技术脱除液化石油气中无机硫化物和小分子的硫醇化合物，然后再用改性的分子筛固定床吸附剂脱除剩余的硫化物，工业应用表明，可以把液化石油气中硫化物脱除1ppm以下，满足了液化石油气超深度脱硫的目的。

2.4 脱含氧化合物

现有醚后碳四脱除含氧化合物的净化技术主要有精馏和吸附两大方面，采用分馏、蒸馏、精馏等手段都能将醚后碳四中的含氧化合物降低到一定水平，但不能将后碳四中的含氧化合物降至级水平[11]，若要进一步的脱除，需采用多段精馏、分批精馏等手段，才能满足固体酸催化剂对含氧化合物含量的要求，操作费用大。而吸附工艺具有低温、易操作，净化精度等特点，能大大降低操作成本。吸附剂是吸附工艺的核心，目前研究最多、应用最广的是分子筛吸附剂。分子筛作为吸附剂一方面吸附容量有限，需要频繁再生，使操作复杂，吸附剂的装量及吸附塔体积庞大，增加了装置投入费用。另一方面吸附剂需要较高的预理和再生温度也给生产操作带来诸多不便，在反复再生后容易造成吸附量下降。为解决这些工艺问题，一方面进行改进吸附剂改进，提高吸附容量，降低再生温度，另一方面开发新的吸附净化醚后碳四物流的方法，中国石油大学开发一种深度脱除醚后碳四中含氧化合物的技术，先采用精馏工艺脱除醚后碳四中大部分含氧化合物，再用改性的吸附剂吸附微量的含氧化合物，工业应用表明，该方法具有吸附容量高和再生温度低的优点，降低了吸附工艺的能耗。

3 醚后碳四预处理工艺的设置

一般炼厂醚后碳四的组分及杂质如表1和表2所示，从表2可以看出，醚后碳四不仅含有硫化物还含有氮化物、含氧化合物，为了满足固体酸烷基化催化剂对碳四原料的要求，根据醚后碳四中杂质的组成和含量可采用图1所示的固体酸烷基化原料预处理工艺。

表1 醚后碳四烃类组成

组分	乙烯和乙烷	丙烷	丙烯	异丁烷	正丁烷	1-丁烯	反-2-丁烯	顺-2-丁烯	异丁烯	C_{5+}	丁二烯
含量/%	0.02	0.87	0.73	31.61	11.31	10.29	30.56	13.41	0.73	0.2	0.3

表 2　醚后碳四杂质组成

组分	二甲醚	甲醇	MTBE	总硫	氮化物	水
含量/(mg/kg)	1000	800	100	30~50	3~8	300~500

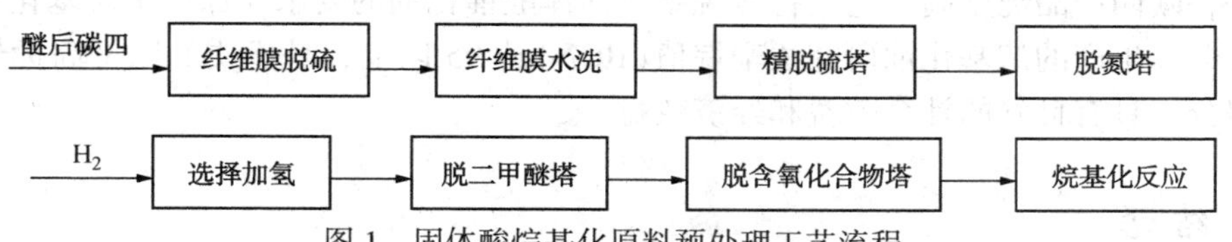

图 1　固体酸烷基化原料预处理工艺流程

醚后碳四先经过纤维膜脱硫，脱除碳四中的硫化氢、甲硫醇、乙硫醇等小分子含硫化合和物，然后经过纤维膜水洗，除去碳四中甲醇和夹带的钠离子，送入精脱硫塔，除去碳四中剩余的硫化物如二甲基二硫醚、COS，使碳四中总硫含量小于 1 ppm；脱硫后的碳四送入脱氮塔，除去碳四中氮化物(主要为乙腈、MDEA、N-氮甲酰吗啉)，脱硫、脱氮后的与氢气充分混合，经过预热器预热后送入选择加氢反应器，使碳四中丁二烯加氢生成丁烯，同时部分 1-丁烯异构化为 2-丁烯。出加氢后的碳四起进入脱二甲醚塔，塔式顶为不凝气，主要组成为氢气、二甲醚和 C_3、C_2 组分；塔釜料冷却后得到含有少量二甲醚的碳四，一般含有 100~200 ppm 二甲醚，最后送入脱含氧化合物塔，脱附碳四中微量的二甲醚，作为固体酸烷基化的原料。

4　碳四预处理技术工业应用

山东汇丰石化集团有限公司 2015 年 7 月建成了全球首套固体酸烷基化项目——20 万 t/a 绿色环保型异辛烷工业示范装置，采用美国鲁姆斯公司工艺包技术，雅保公司的固体酸催化剂，以醚后碳四为原料，采用中国石油大学开发的净化工艺包技术，吸附剂选用的东营科尔特新材料有限公司。

装置醚后碳四处理量：20000kg/h；压力 1.3MPa；温度常温。美国鲁姆斯公司工艺包技术对烷基化原料要求如表 3。

表 3　烷基化原料要求

组分	总硫	氯	砷	含氧化合物(DME+甲醇+MTBE)	水	Na^+	二烯烃
指标/(mg/kg)	≤1	≤1	≤0.030	≤50	<游离水	≤1	≤100

2015 年 8 月，与异辛烷项目配套的醚后碳四原料预处理装置投产运行成功，并于 2015 年 12 完成性能考核。工业运行数据汇总于表 4。

表 4　碳四预处理工艺运行数据汇总

取样时间	2015.8.11		2015.11.6		2016.12.19		2016.12.29	
杂质组成/(mg/kg)	原料	产品	碳四原料	产品	原料	产品	原料	产品
硫	3.5	≤1	1.8	≤1	2.36	≤1	7.20	≤1
氯	0	0	0	0	2.4	≤1	0	0
二甲醚	456	≤1	417	≤1	319.64	≤1	21	≤1
甲醇	24	≤1	0	0	0	0	0	0
MTBE	6	≤1	0	0	0	0	0	0

连续运行了10个月工业生产实践表明，经此净化工艺技术净化后，醚后碳四中杂质含量大幅降低，碳四中总硫≤1ppm；氯化物≤1ppm；，含氧化合物≤1ppm，达到烷基化固体酸催化剂的设计要求，使用效果满意。配套的吸附剂具有良好的活性和较高的吸附容量，净化效果好，碳四产品纯度高，完全符合烷基化固体酸催化剂的要求，保证了烷基化催化剂的效能和寿命。生产的烷基化油研究法辛烷值(RON)达95以上，是优质的国V高标号清洁汽油调和组分。具有良好的社会效益和经济效益。

5 结语

随着固体酸烷基化工艺的技术进步和固体酸催化剂的性能提高，对原料碳四的纯度、杂质含量的要求也逐渐提高。由于固体酸烷基化原料来源多样化，如石油化工和煤化工的MTO、MTP，碳四中杂质种类和含量增加。为了确保固体酸烷基化催化剂的活性和烷基化油的高质量，必须对烷基化原料碳四进行预处理。在烷基化原料碳四的预处理工艺中应设置脱二烯烃、脱硫、脱氮、脱含氧化合物和脱砷等工序以满足固体酸催化剂的要求。中国石油大学(北京)经过十多年对碳四净化的开发研究和工业应用表明，配套的各类净化吸附剂已经能够满足国内异丁烷脱氢、丁烯歧化、正丁烯异构和固体酸烷基化厂家对原料的要求，基本上都是国内吸附剂，增加了经济效益。实现了国产化。

参考文献

[1] William M C, Lawrence A S, Gary G P. Preparation of alkylation feed: US8119848[P]. 2012-02-21.

[2] Matthew J V, Vijay N, Terry F H. Alkylation process: US9249067[P]. 2016-02-02.

[3] Hans K T, Machteld M W, Luc R M. Process for nitrile removal from hydrocarbon feeds: US9428427[P]. 2016-08-30.

[4] C. M. 史密斯. 原料预处理: CN101870628[P]. 2010-10-27.

[5] 肖天存，安立敦，庞新梅，等. 负载型贵金属催化剂的硫中毒机理[J]. 分子催化，1992，6(3)：7-12.

[6] S. 库尔普拉蒂帕尼加，J. W. 普里格尼茨 S. W. 索恩，B. K. 戈罗维 B. V. 沃拉. 从链烷烃物流中去除氧合物的方法: CN101535219[P]. 2010-09-16

[7] Patton R G, Dunn R O, Delzer G A, et al. Etherification process: US6037502[p]. 1996-03-14.

[8] Cottell P R, Castillo R. Nitrile removal in an etherification process: US 5847230[P]. 1998-12-08.

[9] Mar quez M, Gonzalez J. Process for production of an ether richadditive: US5210326[P]. 1993-03-14.

[10] Hans K T. Goris, Machteld M W. Mertens, Luc R M. Martens. Process for Nitrile removal from hydrocarbon feeds: US9428427[P]. 2016-08-30.

[11] 刘坤，李天文，任万忠，张天来. C_4 烃类含氧化合物脱除工艺研究进展[J]. 现代化工，2011，31(10)：17-19.

以俄油常渣为原料的催化汽油辛烷值提高的几点做法

周贵仁

（中国化工集团大庆中蓝石化有限公司，大庆　163713）

摘　要　介绍了提高催化裂化汽油辛烷值的几个常规途径，并针对俄油常渣的催化装置汽油辛烷值的优化采取的措施和效果。在不改变装置的形式和产品分布基本不变的情况下，适当提高催化汽油辛烷值，做到企业效益最大化。

关键词　催化裂化　辛烷值　俄油常渣　RON　汽油辛烷值

1　概述

为满足公司调和国五 95#汽油的要求，保证汽油池的总的辛烷值满足调和要求，急需提高汽油的辛烷值总量，我公司汽油池中有催化汽油、非临氢改质汽油、重整汽油等。由于催化汽油占汽油池的总量50%以上，所以提高催化裂化汽油辛烷值可以达到立竿见影的效果。同时在国五汽油标准中对汽油烯烃也有严格的限制，所以我们提高汽油辛烷值不能以提高烯烃为为主线，必须要保证烯烃在一定范围内，才能满足要求。

2　裂化汽油的组成

催化裂化汽油中一般会含有较高的烯烃，适当的异构烷烃，和芳烃等，这些都对催化汽油的辛烷值有较大的贡献。表 1 是我公司催化汽油的组成(取 1~3 月平均值)。

表 1　催化汽油的组成(1~3 月平均值)

密度/(kg/m^3)	初馏/℃	10%/℃	50%/℃	90%/℃	终馏点/℃	辛烷值(RON)
713.8	34.5	50.8	85.1	158.0	198.0	88.31
烯烃	正构	异构	环烷	芳烃	苯	
33%	9.3%	28.1%	8.5%	20.9%	0.42%	

3　提高催化汽油辛烷值的具体措施

3.1　改善催化原料的组成

催化汽油的辛烷值主要来自烯烃、芳烃和异构烷烃。而烯烃和芳烃不是无限度提高的，按照国五汽油的标准烯烃不大于24%(v)、芳烃不大于，催化汽油中的烯烃最多也不能超过30%(v)。那么就要求汽油中的异构烷烃越多越好，那么什么样的原料才能够满足要求呢?环烷烃易于在催化裂化提升管环境下脱氢生成芳烃，芳烃的辛烷值很高。催化进料中密度越重，代表分子结构越复杂，芳烃，环烷烃，胶质和沥青质越多，这些组分越多，催化汽油的辛烷值越高，带来的负面影响就是生焦和油浆收率会上升，使催化装置的加工负荷降低。有研究发现，催化进料的密度和苯胺点与催化汽油的辛烷值有关联性，在形同的操作条件下，催化原料密度每提高0.01kg/L，研究法辛烷值(RON)可提高约1.4个单位，马达法辛烷值(MON)可提高约0.25个单位。从上述看出，改变催化原料组成可以有效地提高催化汽油辛烷值，大庆中蓝石化将催化进料的初馏点由286度提高到300度以上，350度馏出由13ml降低到8ml以下，密度由0.909kg/L提高到0.913kg/L。

3.2 从操作上调整

(1) 提高反应温度

反应温度对裂化和反应都有促进作用，提高反应温度可以提高裂化反应增加断链速度，从而使不饱和烃特别是烯烃快速增加，从而能提高催化裂化汽油的辛烷值。反应温度每提高10℃，RON约提高1个单位，MON约提高0.4各单位。反应温度提高后生焦和气体收率都会有不同幅度的升高。

(2) 提高原料预热温度，降低黏度，提高雾化效果。适宜的原料油颗粒直径，能有效的使催化剂跟油滴接触，达到很好的催化裂化反应，不但可以加快反应速度，而且可以降低焦炭产率，这就能让更多的重油参与到反应当中，可以提高催化汽油的辛烷值。本装置的原料在预热到220度时黏度在5mm²/s左右，基本能达到喷嘴设计进料的黏度要求，雾化后油滴颗粒会在60μm左右，是最适宜的粒径。

(3) 降低汽油干点。通过催化汽油的辛烷值分布曲线发现，流程在180℃以后的组分里，辛烷值均值低于80(RON)。所以适当的降低催化汽油的干点，缩短流程可以有效地提高辛烷值。

通过以上工作的落实，装置的汽油辛烷值提高到89.2(RON)，比调整前提高了0.8个单位以上，证明基本上的调整方向是对的。

3.3 调整催化剂配方。

催化裂化催化剂是提供反应的场所，催化剂的基质对汽油烷值由很大的影响，在适当的范围内基质的比表面积越高，则汽油的辛烷值会相应提高。分子筛的酸性中心多，提高分子筛的使用量，辛烷值明显降低。分子筛晶胞尺寸越小，酸性中心的密度就越低氢转移反应就会降低，催化汽油辛烷值就会提高。添加稀土可提高分子筛的稳定性，催化剂上的稀土含量越多，重油转化率就越高，汽油收率就越高，但是也阻止了脱铝，提高了晶胞尺寸，不利于汽油辛烷值。稀土含量减低1%，RON提高约1个单位，MO能提高约0.6个单位。择形分子筛等可选择性裂化低辛烷值组分，提高辛烷值，随着ZSM-5的调整，以及原料性质及原始汽油中辛烷值的具体情况，决定了辛烷值的提高幅度，这样的调整增加了气体产率，不仅增加丙烯也增加了丁烯。

通过与石油化工科学研究院及中石化催化剂厂家的交流，大幅度调整催化剂配方，加入系统使用40天后辛烷值基本稳定在90.5(RON)，汽油收率降低2.5%，液化气收率提高2%，柴油收率提高0.4%，干气收率提高0.1%，催化汽油性质(为6月均值)如表2。

表2 催化汽油性质(为6月均值)

密度/(kg/m^3)	初馏/℃	10%/℃	50%/℃	90%/℃	终馏点/℃	辛烷值(RON)
720.1	36.7	51.8	84.9	163.0	192.0	90.52
烯烃	正构	异构	环烷	芳烃	苯	
34%	5.9%	32.1%	6.0%	22.1%	0.65%	

从表1和表2可以看出，汽油的干点降低5℃，烯烃增加2%，异构烃增加4%，芳烃增加1.2%，汽油比重略有增加。研究法辛烷值提高了2.51个单位。达到了提高催化汽油辛烷值的目标。

4 结论

催化裂化汽油辛烷值是炼油厂一直追求的目标，通过原料的前端控制，操作参数的调整，可以小幅度的提高辛烷值。通过催化剂配方的调整，可以较大幅度的改变产品分布和提高催化汽油辛烷值。这些途径都是我们不用改变装置，不用投资就可以实现的，对炼油厂汽油池辛烷值的补充起到很大的作用。我公司经过这些调整，已经能够顺利调和出国五95#汽油，创造了巨大的经济效益。

参考文献

[1] 张建忠．提高催化裂化汽油辛烷值的途径[J]．石油规划设计，2006(1).
[2] 徐春明，杨朝合．石油炼制工程[M]4版．北京：石油工业出版社，2009.

焦化液化气深度脱硫技术的应用

雷云龙　张万河　林　肖

（中国石化青岛石油化工有限责任公司，青岛　266000）

摘　要　中国石化青岛石油化工有限责任公司160万t/a延迟焦化装置脱前液化气硫含量超出液化气脱硫脱硫醇单元设计值，脱硫醇后液化气的总硫严重超标不能满足下游装置的生产需要，公司于2012年停工检修期间采用“液化气深度脱硫技术”，对液化气脱硫及脱硫醇单元进行改造。改造后焦化液化气脱硫醇后总硫低于60mg/m^3，硫醇低于5mg/m^3。液化气脱硫脱硫醇单元运行至2015年4月出现纤维膜堵塞的现象。公司于2015年检修期间对液化气脱硫醇单元进行了优化改造，改造液化气脱硫醇后平均总硫含量为14.9mg/m^3，平均硫醇含量为0mg/m^3。

关键词　焦化液化气　深度脱硫　碱液减排　纤维膜

1　概况

液化石油气是延迟焦化装置的产品之一，是生产丙烯和甲基叔丁基醚（MTBE）的原料。在MTBE的生产过程中，和甲醇一样硫醇与异丁烯产生醚化反应，同时还可能发生自醚化反应。MTBE对硫化物有更高的溶解性，在MTBE与醚后碳四分馏时碳四碳五原料中的硫化物几乎全被产品MTBE富集，焦化液化气中的异丁烯含量为2.85%，较催化液化气异丁烯含量低，若焦化液化气脱硫醇不彻底，将造成异丁烯的浪费，产品MTBE的硫含量超标。因此要求液化气脱硫醇后总硫含量低于60mg/m^3，硫醇含量低于5mg/m^3。随着原料硫含量的增加，青岛石化160万t/a延迟焦化装置原有液化气脱硫脱硫醇工艺暴露不足，原设计硫化氢含量为8000m mg/m^3，实际运行状况下焦化液化气的硫含量为46000mg/m^3，液化气脱硫醇后平均总硫为550mg/m^3，平均硫醇含量为8.3mg/m^3，液化气脱硫醇后总硫超标严重，无法满足气分装置的生产需求。2012年9月检修期间采用“液化气深度脱硫技术”对液化气脱硫脱硫醇系统进行改造。项目实施后有效的降低了液化气脱硫醇后总硫及硫醇含量，降低碱渣外排，满足气分装置的生产需求。液化气脱硫醇单元运行至2015年4月，纤维膜脱硫效果降低、出现焦粉堵塞纤维膜的问题，影响液化气脱硫醇效果。2015年10月检修期间，对液化气脱硫醇系统进行了优化改造，液化气脱硫醇后平均总硫含量为14.9mg/m^3，平均硫醇含量为0mg/m^3。

2　液化气脱硫、脱硫醇基本原理

液化气脱硫系统包括液化气脱硫化氢及脱硫醇两部分。液化气脱硫化氢采用醇胺湿法脱硫，甲基二乙醇胺（MDEA）分子中含有一个甲基，其水溶液显碱性，在低温下能与硫化氢发生化学反应，生产一种不稳定的络合盐，该络合盐在高温发生分解，释放出硫化氢，实现甲基二乙醇胺(MDEA)的再生；脱硫醇采用抽提氧化法，依据硫醇的弱碱性及硫醇的负离子易被氧化成二硫化物的特性。碱液(氢氧化钠溶液)与硫醇在油相环境时发生反应生产硫醇钠，生成的硫醇钠溶于碱液中，实现硫醇从液化气中脱离；带有硫醇钠的碱液通入空气在催化剂的作用下，硫醇被氧化成二硫化物，实现碱液的再生。

$RSH+NaOH \rightleftharpoons RSNa+H_2O$(从油品中脱除硫醇硫)

油相　　　　　水相

$2RSNa+1/2\ O_2+H_2O \longrightarrow RSSR+2NaOH$(从碱中脱硫醇负离子)

水相　　　　　　　　　油相

3　液化气中硫化物分布规律

正常情况下，脱前液化气主要含有硫化氢、甲硫醇、乙硫醇、硫醚等含硫化合物。我公司延迟焦化脱前液化气的硫化氢含量为46000 mg/m^3，占总硫含量的90%以上，液化气脱硫化氢后总硫含量为600mg/m^3，硫醇含量占有机硫含量90%以上，脱硫醇后总硫为40mg/m^3，硫醇含量为0mg/m^3。

4　焦化液化气脱硫醇总硫高的原因分析

原液化气脱硫脱硫醇工艺精制后总硫高的原因一：液化气经过醇胺脱硫化氢后进脱硫醇装置。原料硫化氢含量原设计8000mg/m^3，目前实际为46000mg/m^3。液化气经过胺脱后硫化氢含量在200~4000mg/m^{3}之间，硫化氢与碱液发生反应生产硫化钠，消耗大量的抽提碱液，影响脱硫醇碱液使用寿命和脱硫醇的活性。原因二：精制后液化气含有二氧化硫，精制后的二氧化硫是在脱硫醇过程中由硫醇氧化转化而成的，进入精制液化气的两条途径：一、再生形成的二氧化硫没有及时从碱液中脱除，被循环碱液夹带回液化气脱硫醇系统，返回到液化气中；二、再生催化剂溶于碱液中循环使用，碱液中的催化剂和溶解氧在进行液化气脱硫醇反应时，使部分硫醇钠发生了转化生成成二氧化硫的副反应，造成液化气总硫超标。

5　液化气深度脱硫技术的特点及措施

5.1　液化气深度脱硫的特点

液化气深度脱硫技术是对传统抽提氧化法脱硫醇工艺的强化和改进，根据原料中硫化物的分布规律和二氧化物是导致精制后液化气总硫高的主要原因等理论和事实基础，主要包括功能强化助剂、三相混合氧化再生、再生催化剂与抽提剂分离等工艺设备。功能强化助剂的加入可提高循环溶剂抽提和再生的综合能力，提高循环剂对硫醇的抽提能力、羰基硫的溶解性和溶剂再生的活性；三相混合氧化再生反应，使再生反应形成的二硫化物能及时的转移到反抽提油中，强化了再生反应推动力，从而大大的提高了再生效果，还实现了常温再生，并延长了碱液的使用寿命，简化了流程和控制，降低了投资和操作费用；固定床催化剂技术，将氧化催化剂固定在再生塔内，从而明显减弱了溶解氧的影响，消除了抽提反应时发生再生副反应的主要因素，减少或避免在抽提时形成二硫化物，从而实现了深度脱硫。

5.2 增加预胺洗流程

在原有液化气脱硫塔前增加一级反应沉降罐，利用静态混合器大剂烃比、混合效果好的的优势，使进料中的大部分硫化氢被胺液吸收下来，使进脱硫塔前的硫化氢含量降低至30000mg/m^3。

5.3 增加预碱洗流程

在原液化气脱硫化氢后进脱硫醇系统前增设预碱洗流程。用碱液作为反应剂，以文丘里混合器和静态混合器作为反应设备。增设碱液和液化气沉降分离预碱洗罐。预碱洗的目的是除去液化气胺脱后剩余的硫化氢和夹带的富胺液。预碱洗后液化气的硫化氢含量低于2mg/m^3。硫化氢会消耗大量的碱液，降低碱液的浓度，反应生生成的硫化钠会抑制溶剂对硫醇的抽提能力，富胺液会造成脱硫醇催化剂中毒，影响碱液再生效果。由表1与表2的对比，可以看出改造前液化气脱硫后硫化含量为1.3mg/m^{3}较改造前的430.8mg/m^3，硫化氢含量降低99.7%，脱硫化氢效果明显。

5.4 剂、风、碱三相混合技术

采用剂、风、碱三相混合接触反应的再生技术。新反抽提油直接在氧化再生塔前，与富抽提剂、再生氧化风一起进氧化再生塔，使再生反应形成的二氧化物能及时的转移到反抽提油中，强化再生反应推动力，提高反抽提效果，降低了再生循环剂中硫醇钠及二硫化物的浓度。

5.5 氧化再生塔改造

氧化再生塔采用固定床再生催化剂，实现了再生催化剂与循环碱液分离，消除了抽提反应时发生再生副反应的的主要因素，达到深度脱硫的效果。更换氧化塔，增加碱液的再生时间，使停留时间不小于45min。

5.6 碱液循环硫醇更换

2012年深度脱硫改造将原纤维膜碱液循环二级返一级改为两级都注再生后的碱液。增加碱液循环量，提高抽提效果。

6 液化气脱硫改造效果

由表1与表2的对比，可以看出改造前液化气脱硫后硫化含量为1.3mg/m^{3}较改造前的430.8mg/m^3，硫化氢含量降低99.7%，改造后液化气脱硫化氢效果明显。

表 1　2012 年改造前液化气脱硫化氢后硫化氢含量

时间(2012 年)	1 月	2 月	3 月	4 月	5 月	平均值
脱前硫化氢含量/(mg/m^3)	51666	19250	22064	24366	27034	28876
脱后硫化氢含量/(mg/m^3)	412	257	246	306	933	430.8

表 2　2012 年改造后液化气脱硫化氢后硫化氢含量

时间(2013 年)	3 月	4 月	5 月	平均值
脱前硫化氢含量/(mg/m^3)	56904	44233	37466	46201
脱后硫化氢含量/(mg/m^3)	2	1	1	1.3

表 3　2012 年液化气深度脱硫醇改造后总硫含量

时间(2013 年)	1 月	2 月	3 月	4 月	平均值
脱硫醇后总硫(mg/m^3)	46.14	56.6	62.28	60	56.3
脱硫醇后硫醇含量(mg/m^3)	2.25	1.05	6.21	3.14	3.2

2012 年 10 月焦化装置开工，液化气的产量为 2.5t/h，投用液化气深度脱硫改造后，装置运行平稳，液化气脱硫醇后总硫含量为 56.3mg/m^3，硫醇含量为 3.2mg/m^3数据见表 3。2012 年焦化装置的碱渣排量为 355t，改造后 2013 年碱渣排量为 255t 碱渣减排 28.16%。

7　液化气脱硫醇优化改造

液化气深度脱硫改造后，脱硫醇单元运行至 2015 年 4 月时，纤维膜脱硫醇效果降低，出现焦粉堵塞纤维膜的问题。出现问题后车间将脱硫醇沉降罐切出系统，使用除盐水对纤维膜进行反冲洗。纤维膜反冲洗后，纤维膜脱硫醇能力部分恢复。液化气脱硫醇后总硫超标数据见表 4。2015 年检修期间对脱硫醇系统优化，将原有 2 台纤维膜接触器更换为 2 台混合反应器，调整碱液循环两级都注再生后的碱液为碱液循环二级返一级。

表 4　2015 年 4 月液化气脱硫醇总硫含量

时间	硫含量/(mg/m^3)	时间	硫含量/(mg/m^3)
2015-4-24	144.8	2015-4-24	57
2015-4-24	874.9	2015-4-27	118.9
2015-4-24	222.8	2015-4-29	202.9
2015-4-24	130.9	2015-4-30	53.8

8　优化改造效果

经 2015 年脱硫醇优化改造后，液化气脱硫醇后总硫含量为 14.9mg/m^3，硫醇含量为 0mg/m^3数据见表 5，液化气脱硫醇效果明显。

表5 2015年液化气系统优化后脱硫醇后总硫含量数据

时间(2016年)	1月	2月	3月	4月	5月	平均值
脱硫醇后总硫(mg/m^3)	11.65	16.36	11.77	18.34	16.45	14.9
脱硫醇后硫醇含量(mg/m^3)	0	0	0	0	0	0

9 结论

脱硫系统改造前脱硫后液态烃硫化氢含量在430.8mg/m^3，改造后脱硫后液态氢的硫化氢含量在1.3mg/m^3。预胺洗的脱硫效果非常明显液态烃95%以上的硫化氢被乙醇胺反应掉，降低了脱硫塔的负荷。脱硫醇系统改造前脱硫醇后液态烃总硫在550mg/m^3，脱硫醇系统改造后脱硫醇后液态烃总硫在56.3mg/m^3。经过这次改造焦化液态烃出装置的总硫在56.3mg/m^3，达到了进气分的要求，2012年焦化装置的碱渣排量为355t，改造后2013年碱渣排量为255t碱渣减排28.16%。

2015年脱硫醇优化改造后，液化气脱硫醇后平均总硫含量为14.9mg/m^3。硫醇含量为0mg/m^3。焦化液化气脱硫单元经两次优化改造后，装置运行平稳，脱硫醇后液化气满足下游装置的要求，提高了装置效益。

PS-Ⅵ催化剂在重整CycleMax再生工艺中运转性能分析

宋鹏俊　阚宝训　杨进华

（中国石化海南炼油化工有限公司，海南洋浦　578101）

摘　要　分析了PS-Ⅵ型重整催化剂在海南炼化连续重整装置CycleMax再生工艺中应用寿命期内运行性能情况。分别在催化剂运行14个周期，185个周期和402个周期对装置进行了性能标定。结果表明，在CycleMax"湿热"再生工艺环境下，随着运行周期延长，加上运行期间反再系统出现过水、氮超标情况，催化剂比表面积由初期的185m²/g较快下降至末期的145m²/g，铁含量由初期的360μg/g上升至末期的1500μg/g，导致其活性末期比初期降低3.2℃，稳定汽油收率降低2.28%，芳烃收率降低1.62%，氢气产率降低0.14%。末期的效益较运行初期下降2188.42万元/a，芳烃型重整长周期运行以高芳烃产量为目标，从换剂的技术经济性方面考虑，结合装置4年一修的运行周期，建议4年更换一次催化剂较为合理。

关键词　CycleMax再生工艺　PS-Ⅵ型催化剂　运转周期　性能分析

中国石化海南炼油化工有限公司(简称海南炼化)连续重整装置采用UOP公司第三代"CycleMax"专利技术，催化剂循环速率为908kg/h。2006年8月首次开工采用进口催化剂，连续运行两个生产周期主要生产汽油产品。2013年9月大修装置扩能改造至1.44Mt/a，同时将催化剂改用为石油化工科学研究院开发的PS-Ⅵ型铂-锡连续重整催化剂[1]。装置于2013年10月3日开工运行，截至2017年8月已经累计运行1428天，催化剂再生402个周期，为全面考察该催化剂的使用性能，分别在催化剂运行初期(2013年11月，14个运行周期)中期(2015年10月，185个运行周期)和末期(2017年8月，402个运行周期)对装置进行性能标定，跟踪分析了PS-VI催化剂在应用寿命期内装置的运行情况。

1　不同时期原料性质比较

开工初期，装置由汽油型转为芳烃型，对重整进料进行不断调整探索，进料芳烃潜含量由初期38%~40%，优化提高至40%以上，以更好的满足重整生成油中有效的($C_7+C_8+C_9$)组分含量。2013年运行初期，2014年至2016年优化稳定以及2017年末期进料的主要性质见表1。

表1　不同时期的进料性质

项　目	设计值	2013-11	2015-10	2017-8
密度(20℃)/(g/cm³)	735.6	738.7	740.5	741.2
馏程/℃				

续表

项 目	设计值	2013-11	2015-10	2017-8
初馏点	76	70.8	75.5	74.6
10%	95	92.4	93.8	94.7
50%	122	117.7	118.5	118.7
90%	150	152	152.1	152.3
终馏点	171	170.2	166.2	169.8
族组成/%(m)				
C_5	—	0.75	0.92	1.52
烷烃	60.8	56.2	55.2	55.4
环烷烃	31.4	31.6	32.1	31.3
芳烃	7.8	10.2	12.7	10.39
N+A	40~50	41.8	44.8	41.69

从表1可知，装置产品转型后，进料性质逐步优化变好，与开工初期标定原料相比，优化稳定期原料性质偏好[2]，环烷烃质量分数提高至32%左右，芳烃质量分数基本在10%~11%，稳定期芳烃潜含量保持在42%以上。而末期正赶上大检修前期，全厂降低重油库存，原油掺炼加工部分清罐油，原料的性质变化较大。三个时期的初馏点温度低于设计值76℃，由于受全厂石脑油平衡影响无法继续提高，稳定期基本控在73℃左右，进料中的C_5组分含量在1%左右；进料终馏点受重芳烃收率及加工方案的限制，由初期的170℃逐渐优化至165~166℃；终馏点分别低于设计值0.8℃，4.8℃，0.2℃，主要是保证高产有效C_8芳烃组分，精制油N+A值分别高于设计1.8，4.8，1.69个百分点。

2 催化剂运转条件及理化性能跟踪分析

2.1 催化剂运转条件

装置扩能改造开工以来，催化剂循环速率一直维持在100 %(908kg/h)。从表2可以看出，各项操作参数基本满足了再生器原设计要求。烧炭区床层最高温度为545℃。从表3可以看出，待生催化剂碳含量平均4.62%，在扩能改造后再生器不改动的情况下，更换低积炭速率PS-Ⅵ催化剂，再生系统运转正常。

表2 PS-Ⅵ催化剂运行条件

项 目	设计	2013-11	2015-10	2017-8
一段还原温度/℃	377	377	379	379
二段还原温度/℃	482	482	478	478
烧焦区入口温度/℃	477	477	476	477
烧焦峰值温度/℃	—	532	545	542
氯氧化区床层温度/℃	<510	476	476	476

续表

项　目	设计	2013-11	2015-10	2017-8
干燥区入口温度/℃	565	565	565	565
烧碳区氧含量/%	0.50~1.0	0.65	0.72	0.82
催化剂循环速率/(kg/h)	908	908	908	908
再生注氯量/(kg/h)	—	0.9	1.3	2.5

由表 2 和表 3 还可以看出，随着运行周期的延长，必须加大再生注氯量，才能保证催化剂的氯质量分数在 1.0%以上，确保催化剂的金属分散度保证其活性，随着催化剂比表面积的降低，催化剂的比表面积降低到 $145m^2/g$ 时，注氯量已经由初期的 0.95kg/h 增加到 2.5kg/h，其再生注氯量达到初期注氯量的 2.8 倍，特别是运行后期催化剂比表面积下降，催化剂持氯能力降低，注氯增加后，在反应系统氯流失量增加导致循环气中 HCl 含量高，生成油中氯也会增加，这些氯会被带入下游系统，造成严重的腐蚀及铵盐堵塞问题[4]，脱戊烷塔塔盘就出现铵盐堵塞的情况。

2.2　催化剂物化性质

开工以来，对催化剂物化性质进行定期跟踪分析，结果见表 3。

表 3　催化剂物化性质跟踪分析①

项　目	指标	2013-11	2015-10	2017-8
Pt/%(m)	0.28±0.02	0.28	0.28	0.28
Sn /%(m)	0.31±0.03	0.30	0.30	0.30
Si/(μg/g)	<200	58	69	98
Fe/(μg/g)	<200	360	920	1500
Na/(μg/g)	<20	24	32	42
S/(μg/g)	—	120	70	60
再生周期	—	14	185	421
比表面/(m^2/g)	195±15	185	155	145
再生剂碳含量/%	<0.2	0.071	0.032	0.042
待生剂碳含量/%	—	4.88	4.75	4.23
再生剂含 Cl 量/%	1.0~1.3	1.18	1.31	1.26
待生剂含 Cl 量/%	—	1.14	1.22	1.13
催化剂损耗量/(kg/d)	≯2	2.5	1.5	1.5

①表中分析数据来源于定期送样至石科院分析统计。

从表 3 可以看出，催化剂运转初期 2 个月，催化剂再生到第 14 个周期，比表面从新鲜剂的 $195m^2/g$ 下降到 $185m^2/g$；再生到第 185 个周期，比表面积下降速度较快降至 $162m^2/g$，这与 2014 年 2 月期间反再系统出现过水、氮超标催化剂受损伤有关，至 2016 年 10 月，催化剂再生到第 220 个周期，催化剂比表面积下降趋于稳定至 $155m^2/g$ 左右，变化趋势如图 1，表明 PS-Ⅵ催化剂具有良好的水热稳定性；同时待生催化剂和再生催化剂氯含量分别为大于 1.1%，满足了再生催化剂氯含量 1.1%~1.3%的要求。催化剂粉尘由初期 1~2 个月的大于 2kg/d，至稳定期平均在 1.5kg/d，后期催化剂比表面积下降，强度有不同程度下降，粉尘量会有所增加。粉尘中的整颗粒20%~30%，均在设计范围内。运行至2017年8月催化剂运行402个周期后，比表面积降至145m^2/g，铁质量分数从360μg/g上升至1500μg/g。

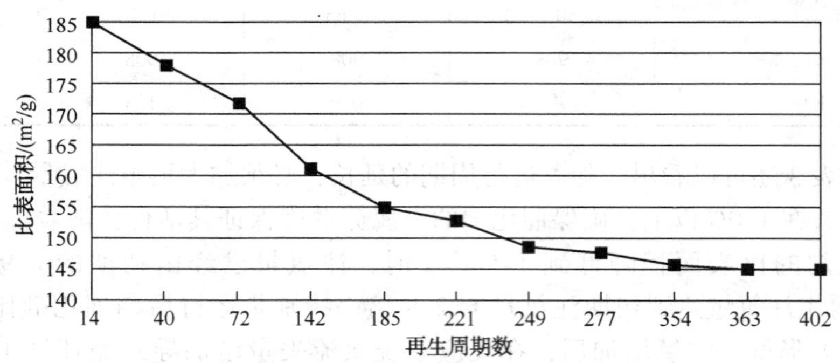

图1 催化剂再生周期数与比表面积的关系

3 操作条件及运行优化

通过初期摸索至稳定期优化，同时结合装置扩能后产生新的瓶颈，装置长周期运行的主要操作参数见表4。

表4 不同时期主要操作参数

项 目	2013.11	2015.10	2017.8
重整进料量/(t/h)	175	170	171
液时空速/h^{-1}	2.94	2.86	2.88
氢油摩尔比	2.21	2.15	2.13
入口反应温度/℃			
一反温度/温降	512/110	517/117	518/116
二反温度/温降	518/69	518/70	517/69
三反温度/温降	522/48	527/49	528/50
四反温度/温降	523/33	527/35	528/37
总温降/℃	260	271	269
WAIT①/℃	521.1	523.2	524.8
WABT②/℃	491	493.2	494.7

①WAIT表示加权平均入口温度。

② WABT表示加权平均床层温度。

由表3可看出，与初期运行参数相比，稳定和末期的液时空速降低0.06h^{-1}、WABT、WABT分别提高2.7℃和1.7℃。在实际运行中考虑到扩能后加热炉炉膛超温，增压机功率降低和稳定塔结盐等运行工况的限制，在满足芳烃要求的情况下，通过不断优化原料性质，在保证装置满负荷运行的情况下，未追求过高的苛刻度，反应条件基本趋于稳定操作。

4 运行结果及性能分析

4.1 运行结果

2013 年 10 月 3 日装置开车正常，截至 2017 年 8 月 31 日，累计运行 1428 天，催化剂循环再生 402 次，运行产品结果见表 5。

表 5 不同运行时期产品结果

项　目	设计值	2013. 11	2015. 10	2017. 8
C_5^+液收/%	89. 59	92. 08	92. 39	92. 2
重整生成油芳含/%	75. 37	72. 7	76. 5	74. 35
重整生成油 RONC	101	99	100. 3	100
芳烃产率/%	67. 5	66. 9	70. 7	68. 5
纯氢产率/%	3. 89	3. 66	3. 94	3. 87

结合表 1 和表 4 由表 5 可看出，2013 年 11 月至 2015 年 10 月通过对原料性质和反应条件不断优化，重整生成油 RONC 值在 99~100. 3，芳烃产率较初期提高了 3. 74%，纯氢产率提高了 0. 28%，2016 年 10 月之后随着催化剂比表面的降低至 $155m^2/g$，活性下降较为明显，生产上在克服度加热炉受限的条件下，尽可能提高反应苛刻度满足产品要求，2017 年产品性质略有降低，但也充分发挥了 PS-Ⅵ催化剂的高活性和高选择性[3-4]。

4.2 运行性能分析

4.2.1 催化剂活性和选择性比较

催化剂活性是指使用一种特定的催化剂生产出满足规定质量指标要求的产品所需要的 WAIT 或 WABT(加权平均床层温度)。选择性通常包括稳定汽油选择性、芳烃选择性和氢气选择性。C_5^+产品收率越高，说明催化剂的稳定汽油选择性越好。催化剂生产芳烃的能力越强说明芳烃选择性越好，可用芳烃产率来评价。生成氢气的能力越强说明氢气选择性越好，通常用氢气产率来评价[5]。

表 6 列出了装置运行末期 PS-Ⅵ催化剂活性、液体收率、芳烃收率及氢气产率的对比结果。采用表 1 和表 3 中运行初期(2013. 11)的原料性质和反应工况，利用 KBC 公司重整 REF-SIM 的预测和评价功能，在相同液时空速，氢油比和生成油芳烃含量时，计算得到在末期(2017. 08)条件下的反应温度、液体收率、芳烃产率及氢气产率等数据。并将这些数据与初期标定数据进行比较，从而得到催化剂运行末期与运行初期的各项指标差值。

表 6 运行初期和末期产品性质对比

项　目	初期	末期		差值
		运行值	REF-SIM 预测和评价值	
WAIT/℃	521	523. 8	524. 1	3. 1
WABT/℃	491	493. 7	494. 2	3. 2
C_5^+液收/%	92. 08	92. 2	89. 8	2. 28
芳烃产率/%	66. 9	68. 5	65. 28	1. 62
纯氢产率/%	3. 66	3. 87	3. 52	0. 14

从表6可知，在相同的重整原料和工况下，重整生成油要达到相同的芳烃含量72.7%，运行末期PS-Ⅵ催化剂所需要的WABT值比初期高3.2℃，即在运行402个周期后，PS-Ⅵ催化剂活性下降3.2℃，重整生成油C_5^+液收降低2.28%，芳烃产率下降1.62%，氢气产率下降0.14%。

4.2.2 运行新瓶颈

2013年大修装置扩能改造后，装置处理量优化提高至171t/h(原设计负荷率的120%)，进料板换热端温差达56℃，换热效率较低，同时反应温度受2#加热炉负荷限制(炉膛温度>800℃)，在长周期运行中随着催化剂活性降低，无法继续提高反应苛刻度，同时注氯量的逐渐增加导致出现脱戊烷塔塔盘结盐的情况[4,5]，最终导致芳烃产率等指标较初期有所下降；PS-Ⅵ催化剂的产氢率较原催化剂明显提高，氢气增压机经常出现氢气外送困难的情况，同时再接触系统氨冷冻负荷不足，导致大量轻烃随氢气排出，影响生成油液收，降低了低温脱氯剂的使用寿命。

4.2.3 效益分析

从表6催化剂活性和选择性对比结果来看，装置运行总效益降低分为以下三部分，其中不考虑生成油芳烃含量降低的经济损失[6-7]。表7列出装置初期和末期运行经济效益对比。

①PS-Ⅵ催化剂的末期活性在相同的重整原料和反应工况下，反应温度需提高3.2℃，才能达到同样的生成油芳烃含量(这里以辛烷值RONC计)，反应炉负荷相应增加。在反应工况不变的情况下，通过模拟计算进料混合物平均比热容为4.525kJ/(kg·℃)，扣除余热回收系统回收的热量，加热炉热效率按92%计算，可得出重整四合一炉的负荷增加2.896MJ/h，燃料气按低热值30000kJ/Nm³，一年按8400h计算，燃料消耗增加648.7 t/a，如燃料成本按3000元/t计算，则该重整装置的燃料成本增加194.6万元/a。

② 运行初期重整生成油产量为161t/h，运行末期的重整生成油收率下降2.28%，生成油产量降低30834.7 t/a，按照供芳烃价格6300元/t计算，则装置的经济效益下降1942.6万元/a。

③运行初期重整氢产量为6.4t/h，运行末期氢气产率下降0.14%，按重整氢不含说价格6800元/t计算，则装置的经济效益下降51.22万元/a。

将上述三项合并，长周期运行受催化剂性能下降的影响，装置年运行效益将下降2188.42万元/a。

表7　装置初期和末期运行经济效益对比　　万元/a

项　目	2013.11	2017.8
燃料消耗成本	基准	+194.6
生成油产量	基准	-1942.6
氢气产量	基准	-51.22

5 结论

(1) 在反应器、压缩机、再生器主要设备不改动的情况下进行扩能改造，更换低积炭速率PS-Ⅵ催化剂在设计再生周期(不小于400次)内仍然保持较高的选择性和稳定性，说明其具有较好的活性稳定性和水热稳定性。

（2）随着使用周期的延长，PS-Ⅵ催化剂的比表面积逐步下降，铁含量上升，导致运行末期其活性较初期下降 3.2℃，生成油液收率降低 2.28%，芳烃产率降低 1.62%，氢气产率降低 0.14%，运行末期的效益较运行初期下降 2188.42 万元/a。

（3）在 CycleMax“湿热”再生工艺环境下，催化剂运行 402 个周期后，比表面积由初期的 185m²/g 较快下降至末期的 145m²/g。结合目前四年一次大检修的运行周期，从催化剂活性的下降趋势看，要保证装置运行的高效性，催化剂不应追求过多的使用周期，建议四年更换一次催化剂更为合理。

参考文献

[1] 马爱增，潘锦程，杨森年，等. 低积炭速率连续重整催化剂的研发及工业应用[J]. 石油炼制与化工，2012，43(4)：15-20.

[2] 宋鹏俊，张荣鼎，张新宽，等. 汽油型转为芳烃型重整工艺条件的优化与探索[J]. 炼油技术与工程，2017，47(3)：1-5.

[3] 冷家厂，候常贵. PS-Ⅵ催化剂在重整装置扩能改造中的应用[J]. 石油炼制与化工，2006，37(9)：6-9.

[4] 方大伟，马爱增，张新宽. 连续重整催化剂全生命周期技术经济分析[J]. 石油炼制与化工，2015，46(12)：1-4.

[5] 郑岩. 连续重整催化剂寿命末期面临问题的分析研究[J]. 中外能源，2011，16(7)：72-75.

[6] 蒋项羽. PS-Ⅵ重整催化剂运行初期和末期性能分析[J]. 石油炼制与化工，2014，45(3)：66-68.

[7] 王杰广，马爱增，张新宽，等. 连续重整装置催化剂更换的分析与判断[J]. 炼油技术与工程，2016，47(2)：32-37.

芳烃抽余油硫含量超标原因与措施

马　杰　唐绍泉　李军令

（中国石油独山子石化分公司炼油厂，独山子　833699）

摘　要　2015 年大修开工后，某石化公司炼油厂芳烃装置因重整抽余油硫含量高，影响抽余油加氢单元正常开工生产，文章主要从芳烃抽余油生产过程、技术条件等进行分析，提出针对性的改进措施，保证抽余油硫含量稳定。

关键词　抽余油　芳烃　抽提　溶剂　环丁砜

某石化公司炼油厂芳烃装置于 1993 年 8 月动工，1995 年 10 月建成投产。2007 年 7 月作为 1000 万 t/a 炼油及 120 万 t/a 乙烯技术改造配套工程，装置进行了扩能改造，设计处理量达到了 38 万 t/a，分为芳烃抽提，芳烃分离，抽余油加氢和抽提蒸馏四个单元，主要产品分别为苯、甲苯、二甲苯、己烷溶剂油、6#溶剂油、120#溶剂油。其中己烷、6#溶剂油为抽余油加氢单元产品，供公司内部使用，需求量大。溶剂油在生产过程中，因重整抽余油(装置内称抽余油 A，以下称抽余油；裂解抽余油作为石脑油外送)硫含量频繁超标，导致抽余油加氢单元不能连续稳定生产，无法按时完成公司的生产计划。

如何降低抽余油硫含量，保证抽余油加氢单元正常生产，按时完成公司的生产计划，已成为车间必须解决的问题。

1　生产情况

芳烃抽余油，即抽余液，抽提进料油品采用环丁砜液-液抽提技术，将进料中的芳烃抽提后，剩余的油品，经过水洗，降低硫含量后，作为抽余油加氢的原料，生产已烷、6#溶剂油和 120#溶剂油等产品，亦可作为石脑油直接外送作为乙烯原料。芳烃液-液抽提过程中，抽余油中不可避免的携带少量的环丁砜溶剂，采用回收塔顶冷凝水，在水洗塔中液相条件下，采用逆流接触的方式，降低抽余油中所含的溶剂，含溶剂水进入抽提系统中，循环利用。水洗后的抽余油进入抽余油加氢单元，在催化剂的作用下，进行烯烃饱和等反应，经过分馏塔分离后，生产 6#、120#溶剂油和己烷溶剂油产品[1]。

2　超标情况

抽余油加氢单元催化剂是抚顺研究院的以贵金属为主要活性组分的 FHDA-10 催化剂，催化剂要求原料硫含量在 3mg/kg 以下。2015 年大修之后开工，抽余油经过一段时间的调整，硫含量无法降低至 3mg/kg，导致抽余油加氢单元无法正常生产，影响了公司效益。

在抽余油操作调整过程中，加做抽余油水洗前后硫含量分析，判断抽余油硫化物形态：

在抽余油硫含量超标时，再次水洗后的硫含量多次均为0.5mg/kg(化验室分析方法的下限)。可以判断：抽余油硫含量超标主要为抽余油中携带的环丁砜溶剂含量超标。环丁砜，学名1，1-二氧四氢噻吩，环丁砜含硫26.7%，这样一个含硫3mg/kg的烃样品相当于含11mg/kg环丁砜。抽余油在抽提过程中携带的少量的环丁砜溶剂经过水洗后，未能全部回收，微量的环丁砜仍在抽余油中夹带，引起硫含量超标。

2.1 原因分析及调节

2.1.1 原料性质变化的影响

2015年芳烃装置大修开工正常后，首先对停工期间退入原料中的部分油品进行回炼，6月20日开始回炼裂解进料罐中油品，回炼前抽余油硫含量出现波动，超过3mg/kg；回炼过程中，硫含量一直处于较高的状态，车间进行了调节，硫含量没有降低至指标以下，加氢单元无法正常开工，25日，抽余油硫含量大幅度上升，从前期4mg/kg左右，迅速上升至20mg/kg左右，最高至22.2mg/kg，抽余油硫含量高，导致抽余油加氢单元无法开工生产。回炼前后的6月19日至6月26日抽余油硫含量变化趋势变化如图1所示。

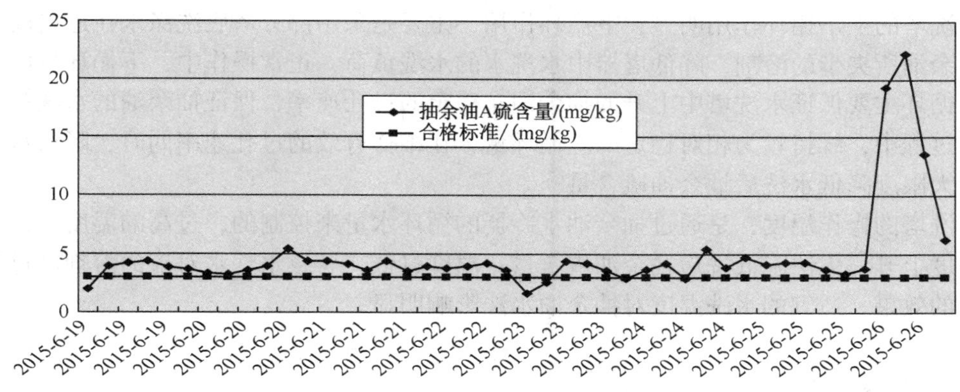

图1 抽余油硫含量超标情况

芳烃回炼重整原料罐中油品，6月19日罐中油品至液位降低罐底部，储运车间为保证重整原料罐中油品置换干净，在罐体排渣脱水阀后接隔膜泵升压，送至芳烃进料线上，装置加工过程中，期罐底的少量有机硫随油品进入抽提系统中，导致分离三苯产品硫含量超标，同时抽提后的抽余油硫含量相应升高。23日，芳烃装置开始掺炼裂解进料罐中油品，加工期间抽余油硫含量上升。考虑到前期掺炼裂解进料罐油品导致抽余油硫含量高，25日车间停止掺炼后，当日抽余油硫含量分析由4mg/kg以上降至4mg/kg以下，回炼油品对抽余油硫含量影响明显。

2.1.2 操作波动影响

抽余油硫含量调节过程中，水洗水量大小决定水洗效果，但装置水循环受装置加工量及溶剂比的限制，无法大幅提高，水洗水量至高限后无法通过增加水循环量来降低抽余油硫含量。未掺炼裂解进料罐油品的情况下，出现了抽余油硫含量大幅上升的情况，抽提塔因为提高加工量后，未及时调节抽余油量，抽提塔界区波动，在界面波动过程，在抽余油携带少量的溶剂进入水洗塔中，导致硫含量大幅上升。

前期操作调整过程中发现，装置在用环丁砜溶剂的抽提效果有所下降；从抽提塔操作看，在进料量和进料原料组成无明显变化的情况下，抽提塔界面波动较大，抽余油采出量控制操作难度大，界面控制线性差；抽提塔界面波动后，增加了抽余油硫含量合格的难度。

2.1.3 溶剂劣化的影响

芳烃装置采用溶解力强、选择性好、热稳定性好、易分离的极性溶剂环丁砜作为抽提溶剂。环丁砜高温下易于分解。在220℃以下时，分解速度比较慢，但超过220℃后，随着温度的升高，其分解速度急剧上升，过高的温度将促使环丁砜分解生成黑色的含硫聚合物和二氧化硫，影响溶剂的质量，酸性的环境加速环丁砜的劣化。环丁砜劣化之后的溶剂对油品的硫含量有明显影响。前期出现过此类问题。2014年9月底，装置抽提蒸馏单元停工，在回收停工单元溶剂时，出现了因为劣化溶剂进入抽提系统导致抽余油A硫含量波动情况。

抽提贫溶剂质量，如溶剂的水含量和烃含量等，对装置的平稳操作，尤其对抽提塔操作平稳性有明显的影响，同时对抽余油的硫含量有一定的影响。

2.1.4 水洗塔操作参数影响

水洗塔的上下循环作用明显，下循环作用，主要是采用部分塔底洗涤水在进料前溶解大部分抽余油所夹带的溶剂，降低塔器中水洗水的水洗负荷，正常操作中，下循环量已开至最大；上循环主要保证水洗塔中上升的抽余油有稳定的过孔速率，保证抽余油的水洗效果。正常操作过程中，维持较为相对稳定的上循环量，在维持有效的过孔速率同时，降低水洗塔负荷，最大限度降低水洗后抽余油硫含量[2]。

水洗塔的操作温度，是通过抽余油水冷器的循环水量来控制的，过高的温度导致抽余油对溶解度上升，无法降低洗后抽余油硫含量；温度过低，导致水洗水对硫的溶剂度过低，影响洗涤的效果，适宜的水洗温度对抽余油水洗影响明显。

3 对应措施

3.1 优化回炼量

停止回炼高硫油品(主要是芳烃装置在停工过程中退入原料罐中的含环丁砜油品)。车间联系厂部对裂解原料罐中的油品停止回炼，待操作稳定后，择期进行处理。

降低油品的掺炼量，摸索最佳的掺炼量。芳烃装置6月20日开始掺炼，24日开始掺炼量从前期5~7t/h降低至1~3t/h掺炼，出现硫含量波动的情况，车间最后摸索出在1.5~2t/h掺炼过程中，不会出现明显的硫含量波动的情况。2016年6月按照计划对裂解进料罐中的油品进行掺炼，硫含量稍有上升，没有出现明显的波动和不合格情况。

3.2 优化操作参数

3.2.1 对现有参数进行整定

对抽提塔操作有明显影响的，影响水洗塔进料负荷的抽余油采出量(FC302)进行优化，通过缩小了抽余油采出量范围，调节限位等，稳定操作参数，维持抽提塔界面稳定，保证稳定的水洗水量(FC306)和上循环量(FC307)。同时对采出量等相关参数的PID进行了优化整定，降低参数的波动频率和幅度。

2015 年 6 月 26 日车间调整抽余油采出量后，抽余油参数调整前后的波动情况曲线，如图 2 所示。可以明显看到，操作调整后参数波动频率和幅度明显变小，同时抽余油硫含量迅速下降，由 20mg/kg 下降至 6. 2mg/kg。

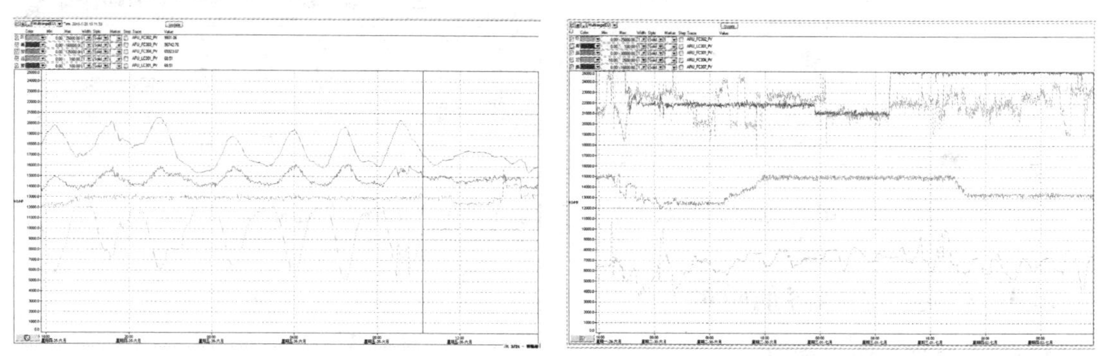

图 2 抽余油限位调整后界面采出量等参数的变化

3. 2. 2 正交试验优化参数

车间在抽余油操作调整过程中发现，抽余油水洗塔上循环量，水洗塔操作温度，较其他参数如水洗量和下循环量，影响更为明显。目前操作调整，主要集中在上循环量和操作温度上。

上循环量过大，导致水洗塔负荷过大，加工负荷变化，对水洗操作冲击较大；过大的上循环量，影响抽余油水含量。2016 年 5 月出现了抽余油硫含量波动情况，车间经过正交调节试验，在调节上循环后，硫含量明显降低，并摸索出：装置目前的加工条件下，最优的上循环量为 16～17t/h。芳烃装置在目前运行状态下，抽余油水洗相关的设计参数与优化后运行参数的对比如表 1 所示。水洗塔的上、下循环的调节前后的趋势和抽余油硫含量的变化，如图 3 所示的。

水洗塔的操作温度，是通过冷却后的抽余油温度来控制水洗塔温度。较低的温度导致水洗水对硫，尤其是对环丁砜降解物质的溶剂度过低，影响抽余油的硫化物含量，影响洗涤的效果；过高的温度导致抽余油对硫化物的溶解度明显上升，无法降低洗后抽余油硫含量。车间通过调整摸索，适宜的水洗温度在 45～52℃之间。

表 1 水洗塔实际的操作条件

相关项目	参数	设计值	实际值
抽余油 A	流量/(t/h)	9. 05	5. 735
	温度/℃	40	47
上循环	流量/(t/h)	10. 73	16. 8
下循环	流量/(t/h)	2. 02	2
水洗塔	压力/MPa	0. 4	0. 45
	液位/%	—	50
水洗水	流量/(t/h)	1. 9	2. 75

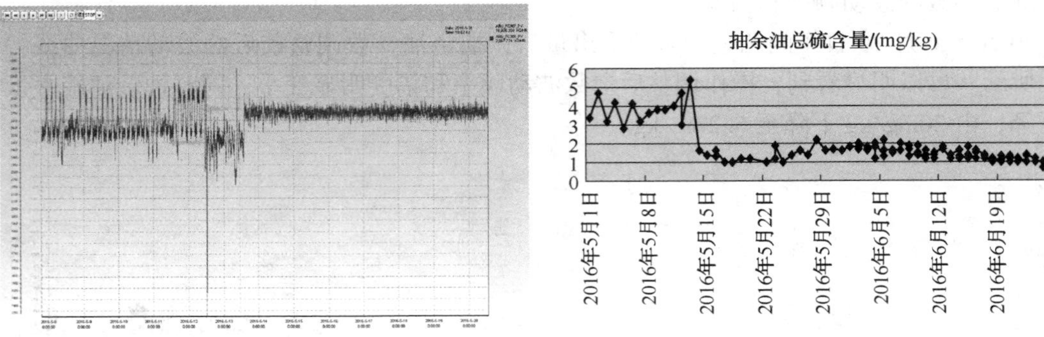

图 3　水洗塔参数调节前后及抽余油硫含量的变化趋势

3.3　稳定环丁砜溶剂质量

3.3.1　降低回收塔底温

车间为防止溶剂系统温度过高，导致溶剂降解劣化，车间通过优化汽提塔操作，在保证溶剂回收质量的同时，降低了溶剂回收塔底温度 10℃，从前期控制低限 169℃，降低至 159℃。为保证溶剂芳烃分离的效果，适度增加溶剂回收塔真空度，前期的-20kPa 左右降低至目前-40～-30kPa，调节前后溶剂烃含量变化如表 2 所示。

表 2　调节前后溶剂烃含量变化

日　期	溶剂烃含量/%(m)	备　注
3 月 26 日	0.47	调节前
3 月 27 日	0.37	调节前
6 月 29 日	0.05	调节后
7 月 2 日	0.14	调节后

3.3.2　优化单乙醇胺的添加

为防止溶剂降解形成酸性物质，加速降解和劣化，车间通过添加弱碱性的单乙醇胺的方式，控制溶剂系统 pH 值，保证溶剂质量。前期采用人工加注，工作量大，且加注不均匀，浓度存在较大误差。车间通过技措，将单乙醇胺添加改为柱塞泵缓慢均匀加注，在降低员工工作量的同时，对加注浓度可以进行高效控制；为保证加注效果，车间对对加注流程进行优化，由前期的在汽提塔顶罐加注改为在抽提塔底富溶剂中加注。目前，装置内运行溶剂的 pH 值基本控制在 8 以上，如图 4 所示，控制较好。

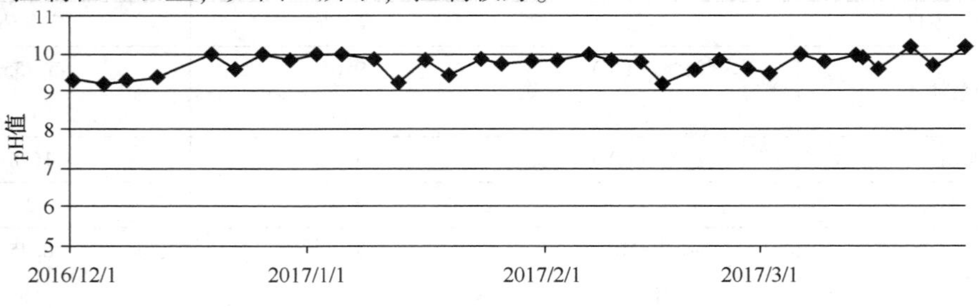

图 4　溶剂 pH 值(25℃)变化情况

3.4 增加抽余油水洗设施

车间为保证分离后的三苯产品硫含量合格，将抽提单元产出混合芳烃再次进入水洗罐中进行水洗沉降后，再次降低硫含量后，进入分离缓冲罐，以确保三苯硫含量合格。考虑到装置混合芳烃硫含量一直维持比较稳定，车间通过流程变动将混合芳烃水洗罐改为抽余油水洗罐。

水洗罐投用后，水洗的效果明显，在抽余油硫含量偏高的情况下，通过水洗可以明显降低，水洗后的水含量满足加氢原料指标要求。投用后的抽余油对比分析如表 3 所示。

表 3 水洗罐投用后的硫含量变化情况

日期	时间	抽余油硫含量/(mg/kg)	水洗罐水洗后硫含量/(mg/kg)	水洗罐水洗后水含量/(mg/kg)
7 月 26 日	23：00	3.2	1.4	94.4
7 月 27 日	3：00	3.0	1.8	84.4
7 月 27 日	7：00	3.1	1.6	103.7

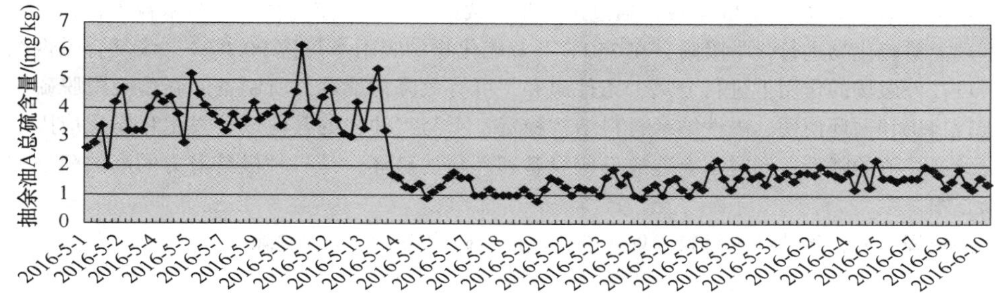

图 5 调节之后硫含量变化变化情况

4 总结

大修后装置开工，一段时间内，因抽余油硫含量导致加氢单元无法正常开工，后车间从原料回炼，操作参数优化，提高溶剂质量，投用水洗设施等多方面调节，降低了抽余油硫含量，后期的生产中未出现抽余油波动的情况。在 2016 年 4 月底，因厂部事故处理，装置按照要求循环，出现了抽余油硫含量超标的情况，车间按照前期优化的参数进行操作调整和控制，降低了抽余油硫含量；5 月下旬至 6 月中旬回炼了部分开工油品，抽余油未出现波动，此次抽余油硫含量波动及调整后的情况如图 5 所示。装置目前抽余油硫含量合格，抽余油加氢单元正常生产。

通过以上对芳烃装置抽余油硫含量的生产问题的研究以及对策的实施，在优化生产操作，解决抽余油硫含量超标问题的同时，加深了芳烃装置操作过程中相关影响参数的理解和认识，保证了芳烃装置抽余油加氢溶剂油连续稳定生产，也为同类装置操作调节和溶剂油生产提供了借鉴。

复合磁性纳米粒子用于锚定和脱除催化裂化汽油中硫化物的研究

罗　聃[1]　周广林[1]　李　芹[2]　周红军[1]

(1. 中国石油大学(北京)新能源研究院，北京　102249；
2. 北京中石大新能源研究院有限公司，北京　102299)

摘　要　采用两步法合成了磁性纳米粒子吸附剂，采用静态法考察了制备的磁性纳米粒子吸附剂对催化裂化汽油中硫化物的脱硫性能，并利用 TEM、BET 等手段对制备的吸附剂进行了表征。结果表明，在磁性纳米粒子表面构建完整的二氧化硅包层可增加材料的物理吸附效率，对硫化物脱除率最高可达 35.48%。通过进一步负载镍离子，可使复合磁性纳米粒子在物理吸附的基础上对硫化物进行化学吸附，在 350℃下对硫化物的吸附率可达 90.07%。该复合磁性纳米材料可在外磁场的作用下进行分离，条件温和，可有效降低能耗，所制备的新型吸附脱硫材料可进行再生和循环使用。磁性纳米材料结构稳定；不与汽油中的其他成分发生化学反应因此不会导致辛烷值的降低；同时不会造成反应设备和环境的破坏，是一种极具潜力的高效简便的脱硫新技术。

关键词　复合磁性纳米材料　催化裂化汽油　硫化物　锚定和脱除

1　前言

随着石油工业的迅速发展和对环保要求的日益严格，对高品质低污染清洁汽油的研究成为石油化工领域的热门课题。自上世纪中叶，汽油质量的控制经历了几个阶段，如随着人们对铅危害的认识从而催生了汽油的无铅化[1]；如今面临着日益增长的汽车尾气排放，其中二氧化硫已超过烟尘污染成为大气主要污染物之一；因此限制芳烃含量，降低汽油中硫的含量从而减少大气污染，已成为未来汽油的发展方向。硫化物广泛存在于汽油，液化气和煤油的馏分中，其不但对金属有一定的腐蚀效果，亦可促进油品的变色生胶。我国相较于日本，欧洲和美国等发达国家的标准而言，汽油的含硫量仍具有较大的差距；其原因在于我国有较大的原有进口量，其中约有 70%为中间基或环烷基原油，其特点在于有较大的含硫量。因此发展脱硫技术成为我国炼油企业的立足于未来竞争的关键[2]。

2　技术背景及前景

我国成品油 90%硫来源于催化裂化汽油，其中加氢脱硫是石油工业中常用的成熟方法[3,4]，其原理在于在催化剂的作用下将汽油的馏分在氢气气氛下对硫化物进行还原，生成硫化氢从而达到脱硫。对于轻馏分的硫醇而言加氢裂化较容易；对于中馏分烷基噻吩可通过氢转移反应加氢，通过形成三碳阳离子从而裂化脱硫；而重馏分苯并噻吩和甲基苯并噻吩其化学结构更为稳定，在B酸和L酸的作用下形成类硫醇和碳正离子的中间产物，从而裂化生成硫化氢和其他硫化物[5]。针对馏分的复杂性，传统的工业化裂化汽油加氢是对全馏分进行加氢裂化，虽然可有效降低硫含量，但加氢的负面效果在于对轻馏分烯烃的还原，从而降低了辛烷值。针对上述弊端，加氢脱硫亦发展新的技术，比如仅对重馏分进行加氢，避免了辛烷值的降低；或者进行加氢和异构化的两段反应工艺。如 Mobile 开发的 Octgain 是较为常用的非选择性脱硫技术之一，其特点在于使用了具有加氢和异构化两种功能的催化剂，其对烯烃的饱和活性较低但有较高的烷烃异构化活性，从而实现了在加氢过程中保持了汽油的辛烷值[6]。Prime-G 使用双催化剂对重馏分进行加氢脱硫，从而避免了烯烃的饱和反应。虽然这些方法使辛烷值不再成为问题，但也存在其弊端，比如对催化剂的选择性有较高的要求，最后其工业化生产成本较高。这些弊端制约了加氢脱硫的进一步发展，使研究者进一步寻求高效简易节能的非加氢脱硫的方法。

反应性吸附脱硫是将汽油中含硫有机物转化为烃的有效途径，是一种降低汽油中硫含量的替代方法。该方法利用过度金属如镍或铜改性的氧化锌作为吸附剂[7, 8]，烷烃成分可以返回到最终产品而不发生任何结构的改变，而含硫组分则被吸附剂的表面保留。基于该原理美国康菲石油公司开发了 S Zorb 技术，用于脱出汽油和柴油中的硫化物[9]。S Zorb 工艺由在高温高氢压下进行的流化床反应器技术组成，将吸附剂从反应器中连续地取出，并输送到再生反应器中。硫通过燃烧从吸附剂的表面除去，形成 SO_2 并用氢还原吸附剂后，再循环回反应器中。

膜技术在今年来收到了广泛的关注，归功于其低能耗，绿色环保，过程简单等特点；被应用于汽油吸附脱硫领域[10]。通常，在分离过程中使用多种不同类型的合成膜，如致密，多孔及不对称膜。为了达到高选择性和高通量，需要对膜进行改性，如接枝，交联，共混以及共聚等，从而改变膜的性质。渗透汽化膜法汽油脱硫技术是指硫化物首先在膜表面有选择的吸附，并向膜内扩散并成为气相与膜脱离；不能透过膜的含硫量较低可直接流出分离器加入汽油中。在此技术中，膜的渗透通量和硫富集因子成为关键，因此开发高渗透通量兼具对硫化物高选择性的是该技术未来的发展方向。然而该技术的弊端在于渗透通量与选择性往往存在矛盾，且长时间将膜暴露在溶剂中易发生溶胀，从而影响其性能。将无机吸附剂镶嵌于多孔膜中构建基于膜吸附的脱硫技术[11]，通过纳米级分子筛与膜结合，获得较大的比表面积便于进行吸附。但在吸附过程中，分子筛颗粒易发生团聚，同时随着吸附过程的进行中颗粒阻力增大不利于与硫化物接触。

3 设计并合成磁性纳米颗粒用于硫化物的锚定和分离

由上述分析可知，发展新型的脱硫催化剂需满足以下几点：①催化剂需高效稳定有选择性；②不与汽油中的烷烃和不饱和烯烃发生化学反应，在完成硫化物脱除的过程中不降低汽油的辛烷值；③催化反应简单易操作，不增加工业成本；④催化剂在多次循环后不降低催化效率，节能环保可再生；⑤对工业设备要求低，不腐蚀生产装置，且对环境友好。由此我们设计并合成了一种基于磁性纳米颗粒的新型吸附脱硫材料，其结构是以四氧化三铁磁性纳米颗粒为核，通过二氧化硅包层后负载金属离子并通过高温退火所获得。这种复合磁性纳米粒子可通过物理吸附和化学吸附脱除油品中的硫化物；同时磁纳米颗粒是一种环保可操控的纳米材料：可以稳定的分散在油相中锚定硫化物；完成反应后通过施加外加磁场可将催化剂分离并回收，为催化剂的循环使用提供了良好的途径。

3.1 实验试剂

乙酰丙酮铁(98.0%)，二苄醚(99%)，1，2-十六烷二醇(97.0%)，油胺(>70%)购于上海阿拉丁试剂有限公司；油酸(97%)购自科密欧化学试剂有限公司；乙醇，已烷等有机溶剂购于北京化学试剂公司。所有的化学药品均没有经过进一步的纯化。

3.2 Fe_3O_4纳米颗粒的合成

四氧化三铁纳米颗粒通过两步法合成，分别为合成 Fe_3O_4种子及 Fe_3O_4的生长。将 2 mmol 的乙酰丙酮铁与1，2-十六烷二醇(10 mmol)，油酸（6 mmol)，油胺（6 mmol)，及二苄醚(20 mL)混合，并置于圆底三口烧瓶中，加热溶液至200℃反应2h。将混合液置于氩气的保护下，溶液温度在300 ℃回流1h后瞬间冷却至室温终止反应。所获得的 Fe_3O_4种子乙醇洗三遍后存放于已烷中保存。

取4mmol乙酰丙酮铁与1，2-十六烷二醇(20 mmol)，油酸（2 mmol)，油胺（2 mmol)，及二苄醚(20 mL)混合并置于圆底烧瓶中在氩气的保护下快速搅拌，并将80mg上步所获得的 Fe_3O_4种子加入，并将溶液升温至120℃反应1h，随后提高反应溶液温度至200℃反应2h。在此之后，混合溶液在氩气的保护下于300℃反应1h。所获得 Fe_3O_4纳米颗粒乙醇洗三遍，并均匀分散于已烷中保存。

3.3 磁性纳米粒子脱硫性能的评价

静态法：将上述方法获得的 Fe_3O_4纳米颗粒取0.5 g分散于10 mL的甲苯中，加入20 mL纯水和5 g硅前体试剂(硅酸四乙酯，TEOS)，搅拌24h。反应结束后，将混合溶液放置于磁铁上，放置1h后弃去溶液，收集沉淀并水洗，得到表面暴露氨基的二氧化硅包层的磁性纳米颗粒。二氧化硅包层的磁性纳米颗粒按质量比为1：200加入至催化裂化汽油中。室温下超声分散10min后，通过施加外磁场将磁纳米颗粒分离，吸附后的油品通过荧光定硫仪测定硫化物的含量。

动态法：取0.1g上述方法制备的二氧化硅包层的磁性纳米颗粒分散于5mL水中，加入1g氯化镍盐，搅拌24h。反应结束后，将混合溶液放置于磁铁上，放置1h后弃去溶液，将收集的沉淀置于管式炉中，在氮气保护下600度煅烧6h后，在氮气保护下1h将至室温，获得零价镍纳米颗粒负载的二氧化硅包层的磁性纳米颗粒。将镍负载的二氧化硅包层的磁性纳米颗粒置于固定床反应器中，按材料：油质量比1：200加入催化裂化汽油。反应器升温至不同温度下反应1h，空速为5~9，反应压力为0.5MPa，冷却后施加外磁场将磁纳米颗粒分离，吸附后的油品通过荧光定硫仪测定硫化物含量。

3.4 Fe_3O_4纳米颗粒的表征

通过投射电子显微镜(TEM)观察[图1(a)]，所获得的 Fe_3O_4纳米颗粒尺度均一，平均尺寸为16.7 ± 1.8 nm。从选取电子衍射照片中[图1(a)插图]，能清晰的看到环形衍射条纹，分别代表了 Fe_3O_4 纳米颗粒的(222)，(400)，(422)和(533)晶面。从高分辨投射电子显微镜(HRTEM)照片中[图 1(b)]可得知，所获的 Fe_3O_4 纳米颗粒结晶性优异，该颗粒表面充分暴露(311)晶面。

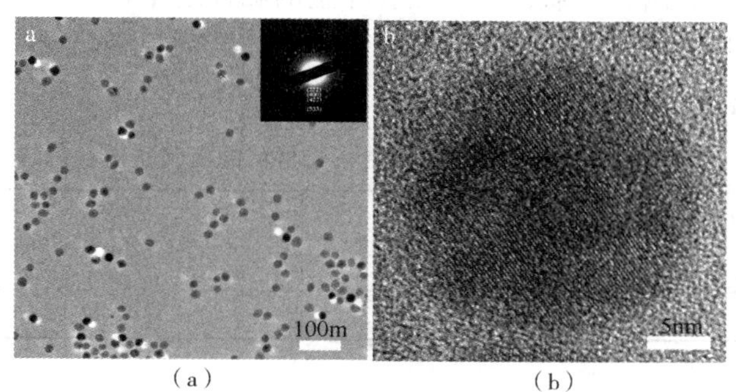

(a)　　(b)

图 1　Fe_3O_4 纳米颗粒的透射电子显微镜照片

(a) Fe_3O_4 纳米颗粒的低分辨率 TEM 照片(插图为选取电子衍射)；

(b) Fe_3O_4 纳米颗粒的 HRTEM 照片。

4　复合磁性纳米粒子对硫化物脱除效果的评价

4.1　二氧化硅的孔道结构对硫化物的物理吸附

二氧化硅有丰富的孔道结构，可进一步提高材料的表面积，使磁纳米材料获得较好的物理吸附性能。将获得的 Fe_3O_4 纳米颗粒，利用不同剂量的硅前体化学试剂进行包层，可获得表面结构完整性不同的二氧化硅包层结构。将不同批次的二氧化硅包层的 Fe_3O_4 纳米颗粒进行 BET 比表面积测试，从表 1 的结构可以看出经过二氧化硅包层后，材料的比表面积和孔隙率明显提高；同时随着硅前体试剂质量比的提高，二氧化硅包层逐渐趋于完整，比表面积和孔体积逐步上升。当硅前体试剂与 Fe_3O_4 纳米颗粒质量比达到 10∶1 时形成完整的二氧化硅壳结构，SEM 照片显示其平均颗粒直径为 42.6± 5.3 nm（图 2），比表面积和孔体积达到最高值。进一步提升硅前体的用量未能显著改善比表面积，相反多余的硅试剂会对堵塞二氧化硅的孔道结构，造成孔体积的降低。二氧化硅壳结构一旦构建即可形成尺度为 3nm 的孔隙，改变硅前体试剂的用量并不能改变孔径尺度。

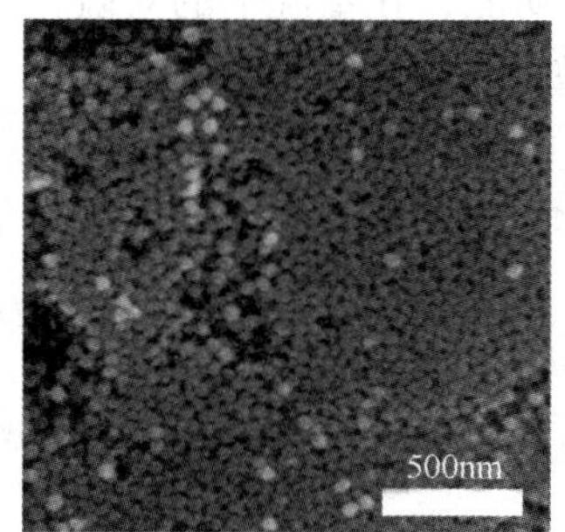

图 2　二氧化硅包层的 Fe_3O_4 纳米颗粒的扫描电子显微镜(SEM)照片

表 1　不同硅前体含量对磁性纳米材料的比表面积和孔体积的影响

硅前体试剂：Fe_3O_4 纳米颗粒 质量比	0(未进行硅包层)	1∶10	1∶5	1∶1	5∶1	10∶1	20∶1
比表面积/(m^2/g)	88.195	125.324	147.928	178.412	210.087	246.527	245.816
孔体积/(cm^3/g)	—	0.12762	0.14581	0.17645	0.20236	0.24558	0.21457
孔径/nm	—	3.2642	3.3968	3.5109	3.4432	3.5314	3.0694

将上述不同二氧化硅包层的Fe_3O_4纳米颗粒按质量比为1：200加入至催化裂化汽油中(中海石油炼化有限责任公司惠州炼化分公司，硫含量为210ppm)，通过静态法测定硫化物的含量。从表2中可以看出，二氧化硅壳层较完整的磁性纳米颗粒由于其含有较大的比表面积和孔体积，对硫化物的物理吸附明显提高。当硅前体试剂与Fe_3O_4纳米颗粒质量比达到10：1时，可脱除近75ppm的硫化物，脱硫率达35.48%。

表2 不同硅前体含量对磁性纳米材料的吸附脱硫的影响

硅前体试剂：Fe_3O_4纳米颗粒 质量比	0(未进行硅包层)	1：10	1：5	1：1	5：1	10：1	20：1
脱硫率/%	14.62	18.75	21.31	22.61	28.94	35.48	30.82

4.2 进一步负载镍，在实现物理吸附的同时进行化学吸附

将上述条件优化的二氧化硅包层的Fe_3O_4纳米颗粒置于氯化镍的水溶液中，充分负载Ni离子后通过高温退火获得复合磁性纳米材料(具体实验方法见3.3)，并通过动态法评价材料对硫化物的脱除效率。

表3 不同温度下复合磁性纳米材料对FCC汽油中的硫化物脱除率

反应温度/℃	25(室温)	100	150	200	250	300	350
脱硫率/%	46.86	62.83	67.98	70.15	73.38	87.74	90.07

如表3所示，通过负载镍赋予了复合磁性纳米材料化学吸附的功能，在室温下的对硫化物的锚定能力优于仅靠物理吸附的二氧化硅包层的Fe_3O_4纳米颗粒。随着反应温度的提升，该复合材料展现更强的化学吸附能力，当温度达350度可脱除189 ppm的硫化物，对硫化物的脱除达90.07%。作为一种新技术，通过复合磁性纳米材料对硫化物的锚定和吸附具有良好的应用前景。

5 结语

随着材料科学的进步，基于纳米技术的新材料逐步应用于传统工业化过程中。本研究利用复合磁性纳米材料通过物理吸附和化学吸附达到对硫化物的锚定。同时磁性纳米颗粒富有操控性，在锚定硫化物的同时，可以简便的将其从汽油中分离，降低了工艺流程的复杂性。这种分离可在室温下进行，从而降低了反应的能耗。该反应不增加污染，不对设备造成损害，符合当今绿色化学工艺的需求。

参考文献

[1] Monna F., et al., Pb isotopic composition of airborne particulate material from France and the southern United Kingdom: Implications for Pb pollution sources in urban areas [J]. Environmental Science & Technology, 1997. 31(8): p. 2277-2286.

[2] Ying L., The significance and technologies of gasoline desulfurization Petroleum products application research

[M], 2002. 20(5).

[3] Song C. S., An overview of new approaches to deep desulfurization for ultra-clean gasoline, diesel fuel and jet fuel [J]. Catalysis Today, 2003. 86(1-4): p. 211-263.

[4] Prins R., Debeer V. H. J., and Somorjai G. A., Structure And Function Of the Catalyst And the Promoter In Co-Mo Hydrodesulfurization Catalysts [J]. Catalysis Reviews-Science And Engineering, 1989. 31(1-2): p. 1-41.

[5] 吴永涛, 王., 杨光福, 蓝兴英, 高金森, 催化裂化汽油脱硫技术的研究进展 [J]. 石油与天然气化工, 2008. 37(6): p. 499.

[6] Sonnemans J. et al., New developments in hydroprocessing [J]. Studies in Surface Science and Catalysis, 1996. 100: p. 99-115.

[7] J. Fan, G. Wang, Y. Sun, C. Xu, H. Zhou, G. Zhou, J. Gao, Research on reactive adsorption desulfurization over Ni/ZnO-SiO_2-Al_2O_3 adsorbent in a fixedfluidized bed reactor [J]. Ind. Eng. Chem. Res. 49 (2010) 8450 - 8460.

[8] You Jin Lee, No-Kuk Park, Gi Bo Han, Si Ok Ryu, Tae Jin Lee *, Chih Hung Chang. The preparation and desulfurization of nano-size ZnO by a matrix-assisted method for the removal of low concentration of sulfur compounds [J]. Current Applied Physics 8 (2008) 746 - 751.

[9] K. Dennis, S Zorb-advances in applications of phillips S Zorb technology, Presented at the NPRA Q & A Meeting. October, 2000.

[10] L. Lin, Y. Zhang, Y. Kong, Recent advances in sulfur removal from gasoline by pervaporation [J]. Fuel 88 (2009) 1799-1809.

[11] Yang R. T., Hernandez-Maldonado A. J., and Yang F. H., Desulfurization of transportation fuels with zeolites under ambient conditions [J]. Science, 2003. 301(5629): p. 79-81.

致　谢

感谢中国石油大学(北京)引进人才科研启动基金(2462015YJRC009), 中国石油大学(北京)青年创新团队C计划(No. C201604)和中国石油科技创新基金(2015D-5006-0401)对本工作的支持。

FHUDS-8/FHUDS-5 催化剂在金陵石化的工业应用

夏银生

（中国石化金陵分公司炼油运行一部，南京 210033）

摘 要 中国石化抚顺石油化工研究院开发的 S-RASSG 柴油超深度脱硫技术及配套的 FZC 系列保护剂、FHUDS-8 及 FHUDS-5 柴油超深度加氢脱硫催化剂，采用级配技术，在金陵石化 300 万 t/a 柴油加氢装置工业应用 21 个月以来，具有脱硫、脱氮率高，同时具有良好的活性稳定性及原料适应性，能在一定程度上提高精制柴油的十六烷值，满足了金陵石化生产国Ⅴ标准柴油的需要。

关键词 FHUDS-8 FHUDS-5 催化剂 脱硫 国Ⅴ柴油

1 前言

随着对环境保护的日益加强，我国不断提高了燃料规格的标准，也制定了更加严格的燃油规范。2013 年 6 月 8 日，我国发布了 GB 19147—2013《车用柴油(Ⅴ)》，要求硫含量不大于 10mg/kg，2017 年 1 月 1 日全面执行。

金陵石化Ⅳ柴油加氢装置，是为满足柴油质量升级，达到国Ⅴ柴油标准而建设的装置。该装置由中石化洛阳工程公司及金陵石化工程公司设计院共同设计，采用抚顺石油化工研究院开发的加氢精制催化剂 FHUDS-8 和 FHUDS-5，工程技术采用中石化洛阳工程有限公司的柴油加氢成套工程技术。年处理量 300 万 t，以直馏柴油、焦化柴油、催化柴油的混合油为原料，经过催化加氢反应进行脱硫、脱氮、烯烃饱和及部分芳烃饱和，生产的精制柴油可满足国Ⅴ标准要求，可直接出厂或作为全厂柴油调合组分。

装置工艺原则流程见图 1，装置于 2014 年 12 月建成中交，2015 年 6 月正式投产。

2 催化剂装填

300 万 t/a 柴油加氢装置采用热壁反应器，分上、中、下三个床层，床层中间设置冷氢箱。催化剂的装填由江苏天鹏石化科技股份有限公司负责完成，采用密相装填为主，自然装填为辅的方式，于 2015 年 1 月 26 日开始催化剂装填工作，于 2015 年 2 月 1 日装填结束。此次装填催化剂主要为抚研院研发的：FHUDS-8 与 FHUDS-5 两种，由于装填过程中出现了一床层空高过大的情况，在一床层加装了部分 FF-46 再生剂，催化剂实际装填情况如表 1。

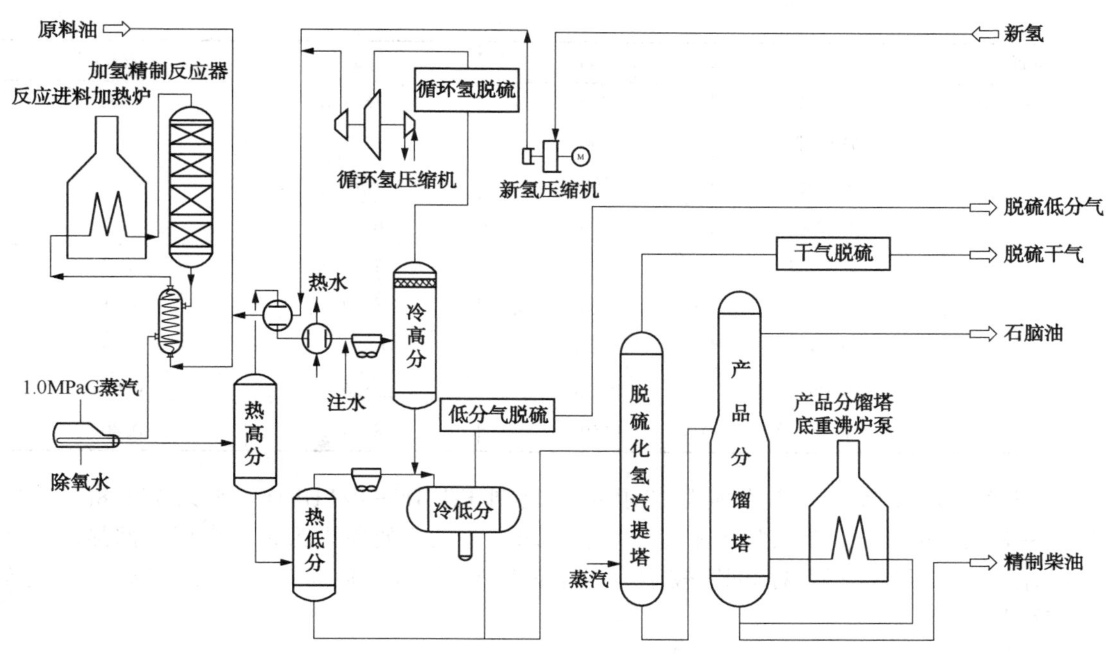

图 1　300 万 t/a 柴油加氢装置原则流程图

表 1　反应器催化剂装填表及催化剂总量

位置	项　目	高度/mm	重量/t	密度/(t/m³)
一床层	空高	160		
	ϕ13 瓷球	100	1.50	
	FZC-105	370	2.99	0.49
	FZC-106	600	5.07	0.51
	FF-46 再生剂	650	8.64	0.80
	FHUDS-8(自然)	300	4.20	0.843
	FHUDS-8(密相)	3470	53.10	0.921
	ϕ3 瓷球	100	1.75	
	ϕ6 瓷球	100	1.875	
二床层	空高	90		
	ϕ13 瓷球	70	1.00	
	FHUDS-8(自然)	1360	17.1	0.757
	FHUDS-8(密相)	2940	45.0	0.922
	ϕ3 瓷球	150	2.75	
	ϕ6 瓷球	150	2.5	
三床层	空高	190		
	ϕ13 瓷球	160	2.00	
	FHUDS-8(自然)	770	10.8	0.844
	FHUDS-5(自然)	980	14.8	0.909

续表

位置	项　目	高度/mm	重量/t	密度/(t/m^3)
三床层	FHUDS-5(密相)	4710	76.8	0.981
	ϕ3 瓷球	100	1.75	
	ϕ6 瓷球	100	1.75	
	ϕ13 瓷球	200	6.45	
合计	FZC-105	370	2.99	0.49
	FZC-106	600	5.07	0.51
	FHUDS-8	8840	130.2	0.89
	FHUDS-5	5690	91.6	0.97
	FF-46 再生剂	650	8.64	0.80

从表1中可以看出，本次实际装填主催化剂 FHUDS-8/FHUDS-5 共 221.8t。其中 FHUDS-8 在二床层的自然装填堆密度比一、三床层小的主要原因为第二床层上部热偶存在设计缺陷，热偶与再分配盘的间距较小，不得不将热偶埋入催化剂中，导致人工铺平催化剂料面较困难。

3　催化剂物化性能

3.1　保护剂理化性质

本次反应器上部装填了 FZC-105 及 FZC-106 两种保护剂，保护剂理化性质见表2。

表2　保护剂理化性质(氧化态)

保护剂	FZC-105	FZC-106
MoO_3	5.0~6.5	8.0~10.0
NiO	0.5~1.5	2.0~3.5
孔容/(mL/g)	≮0.70	≮0.70
比表面/(m^2/g)	100~125	110~145
形状	四叶轮	四叶轮
直径/mm	4.8~5.5	2.8~3.5
长度/mm	3~10	3~10
堆积密度/(g/cm^3)	0.43~0.52	0.43~0.52
耐压强度/(N/cm)	≮50	≮50

3.2　主催化剂理化性质

反应器装填的 FHUDS-8 及 FHUDS-5 主催化剂理化性质见表3。

表 3 催化剂理化性质(氧化态)

催化剂	FHUDS-8	FHUDS-5
MoO_3	≮23.5	≮18.0
NiO	≮4.0	—
CoO		≮3.0
孔容/(mL/g)	≮0.33	≮0.33
比表面/(m^2/g)	≮160	≮180
形状	三叶草	三叶草
直径/mm	1.1~1.3	1.1~1.3
长度/mm	2~8	2~8
堆积密度/(g/cm^3)	0.82~0.92	0.86~0.95
耐压强度/(N/cm)	≮150	≮150

3.3 主催化剂性能

(1) FHUDS-8 为 Mo-Ni 型催化剂，加氢脱氮、芳烃饱和及超深度加氢脱硫活性好，适合含二次加工油品混合油的超深度加氢脱硫以及以提高十六烷值为主要目的的加氢精制。

(2) FHUDS-5 为 Mo-Co 型催化剂，具有更高的深度加氢脱硫和加氢脱氮活性，同时具有很高的直接脱硫活性，更适合高硫柴油的深度脱硫[1]。

(3) FHUDS-8 装填在反应器的第一、二床层：一、二床层温度相对较低、氢分压较高、硫化氢浓度低，其反应条件更适合芳烃饱和，有利于发挥 FHUDS-8 的加氢活性。

(4) FHUDS-5 装填在反应器的第三床层：反应器第三床层氢分压相对较低、硫化氢浓度高，特别是运转中后期反应温度高，容易受热力学平衡限制，不利于催化剂加氢活性的发挥，反而是高活性 Mo-Co 型催化剂 FHUDS-5 在此条件下更易实现超深度脱硫[2]。

4 催化剂应用

4.1 催化剂的预硫化

(1) 本次催化剂预硫化共准备新型 SZ-54 硫化剂 60t。从 2015 年 2 月 27 日装置引直馏柴油进原料缓冲罐，开原料泵进料 117.4t/h 向反应系统进油预湿催化剂，至热低分见油后打通柴油外甩流程，反应系统直馏柴油冲洗置换约 5 个小时后装置改反应系统硫化闭路循环流程，并且逐步将进料量提至 255t/h。开新氢压缩机升压至冷高分 8.0MPa，循环氢压缩机维持转速 9300r/min 左右，循环量≮100000Nm^3/h，达到硫化时氢油比控制≮350:1 的要求。2 月 27 日 22:15 反应器入口温度升至 161.8℃时开始反应系统注硫，初始注硫量 1.3t/h，后逐步提至 1.6t/h，同时反应器入口温度也逐步提至 210℃左右。

(2) 反应器出口于 2 月 28 日 3:00 开始检出硫化氢，初始浓度 2.8mg/m^3，后逐步增加至 11:00 的 2982mg/m^3，至此认为硫化氢已经穿透催化剂床层，于是从 12:00 开始将反应器入口温度提至 230℃恒温硫化 10h，同时将硫化剂注入量提至 2.2t/h。

(3) 230℃恒温结束后，2 月 28 日 21:00 开始以 15℃/h 左右的速度升温，至 3 月 1 日 3:00 升至 320℃恒温硫化 6 个小时直至 9:00 恒温结束，硫化过程全部完成。从 230℃恒温开始至硫化结束，系统硫化氢浓度平均为10855.2mg/m^3。

硫化过程的升温曲线见图2。

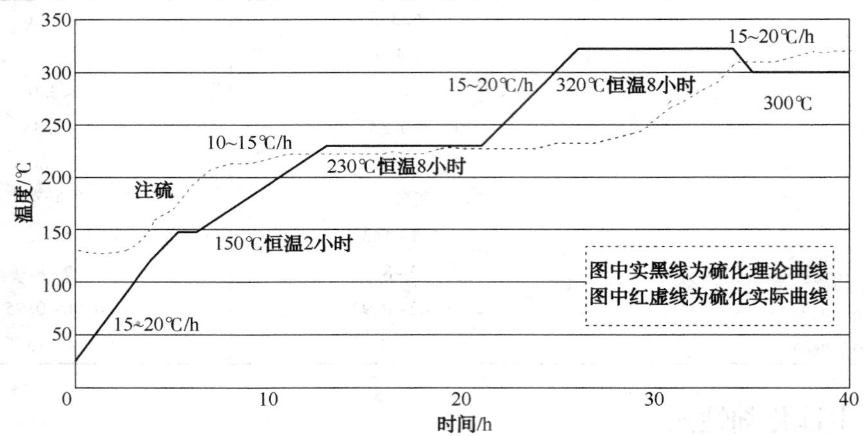

图2 硫化过程的升温曲线

根据硫化数据计算出本次硫化的催化剂上硫率为97.19%，硫化实际生成的水量和理论生成水量的比率为126.02%。从上硫率和实际生成水量与理论生成水量的比率来看，本次硫化是完全的。

4.2 装置标定情况

2015年6月2日22：00，装置正式产出符合国Ⅲ标准的精制柴油，初期是按照国Ⅳ柴油标准生产，至8月4日开始按照国Ⅴ标准柴油生产，初期反应器入口温度控制在320℃左右，出口控制在370℃左右，经过5个月的稳定运行后，2015年11月12日至14日，装置具备标定条件，因此进行了为期48小时的首次标定。

4.2.1 标定主要参数

4.2.1.1 标定操作条件

标定期间装置加工量平均约333t/h，负荷为93.3%，其中掺用催化柴油41.14t/h，约占总进料量的12.35%，掺用焦化柴油82.62t/h，约占总进料量的24.81%，焦柴掺用虽然超过了20%的设计值，但催柴和焦柴的总量未超过40%，反应压力控制在8.7MPa左右，氢油比控制在≮350，反应器入口温度控制在320℃左右，生产国Ⅴ标准柴油，主要控制参数见表4。

表4 标定期间主要操作条件

项　目		设计值	操作平均值
进出物料	催化柴油进料量/(t/h)	≯20%	41.14
	焦化柴油进料量/(t/h)	≯20%	82.62
	直馏柴油进料量/(t/h)		182.20
	罐区柴油进料量/(t/h)		4.42
	反应总进料量/(t/h)		333.04
	新氢进装置流量/(m^3/h)		30059.67
	精制柴油流量/(t/h)		310.39
	石脑油出装置量/(t/h)		9.83

续表

项 目		设计值	操作平均值
循环压缩机	出口混合氢流量/(m^3/h)		194129.77
R101	入口温度/℃	初期 314	319.88
	入口压力/MPa	9	8.73
	出口温度/℃	末期 395	376.22
	出口压力/MPa		8.67
	反应温升/℃	63	56.35
	平均反应温度/℃	初期 355	361.73
	反应器上床层差压/kPa		144.50
	上部急冷氢流量/(m^3/h)		480.48
	下部急冷氢流量/(m^3/h)		2227.00

从表 4 的的操作数据可以看出，反应器入口温度初期设计 314℃，而实际需要 320℃；平均反应温度初期设计 355℃，实际 361.7℃。可见实际需要反应温度略大于设计温度，分析原因，可能是在催化剂装填过程中，上床层装填有部分再生过的 FF-46 催化剂，因此起始温度需要高一些。

标定期间，反应器各床层径向温差均小于 3℃，说明催化剂装填质量较好，反应器内构件的再分配效果良好，另外反应器上床层的压降是 144.5kPa，和开工初期相比没有明显变化，主要是由于加强了对原料的过滤，装置原料过滤器采用进口比利时 Trislot 的金属楔形缠绕丝网滤芯，采用自动反冲洗操作，过滤效果较好，能将原料油中大于 25μm 的固体颗粒杂质分离出来。

4.2.1.2 原料性质

标定时原料油性质见表 5，采用的是 2015 年 11 月 12 日 20:00、11 月 13 日 8:00 及 11 月 14 日 8:00 三点的平均数据。

表 5 原料油分析表

分析项目	直馏柴油	催化柴油	焦化柴油	混合原料
密度(20℃)/(kg/m^3)	845.87	962.3	855.4	865.15
初馏点/℃	209.67	187.67	197.67	193
10%/℃	256.67	242	237.67	242.5
50%/℃	294.67	279.33	279	282.5
90%/℃	342.33	341.67	330	334
95%/℃	360.33	356.33	343	347
终馏点/℃	374.33	362.33	353	360.5
十六烷值	54	20.5	47.1	45.9
总氮/(mg/kg)	76.8	564.33	1332.33	442.5
硫含量/%(m)	1.36	0.76	1.187	1.24

从表 5 可以看出，标定期间原料密度 865kg/m^3 左右，未超过 876kg/m^3 的设计值；终馏

点约360.5℃，未超出370℃的设计值；氮含量约442.5mg/kg，未超出800mg/kg的设计值；十六烷值45.9，不低于45.5的设计值，硫含量约1.24%，未超出1.7%的设计值。

4.2.2 标定结果

4.2.2.1 主要产品质量

标定期间精柴及石脑油分析数据见表6。表中数据为从2015年11月12日13:00起至11月14日13:00止每4个小时分析一次，共13次的平均数据。

表6 产品分析表

项目	精制柴油	石脑油
密度(20℃)/(kg/m³)	838.92	760.20
初馏点/℃	205.38	34.67
10%/℃	239.08	72.50
50%/℃	280.77	148.83
90%/℃	331.23	197.33
终馏点/℃	359.46	207.50
凝点/℃	-11.23	
闪点(闭口)/℃	86	
铜腐	1b	
总硫/(mg/kg)	4.88	41.8
十六烷值	51.25	
外观	清澈透明	

从表6中可以看出，加氢反应以后，精柴质量明显改善，硫含量4.88mg/kg，完全满足国Ⅴ柴油质量标准。其中密度约838.92kg/m³，比混合原料密度降低了26.23kg/m³，满足催化剂厂家承诺的密度降低≮26kg/m³的要求；精柴总硫相比原料硫含量1.24%，脱硫率达到了99.96%，满足催化剂厂家承诺的硫含量≯10mg/kg的要求；十六烷值提高了5.35个单位，满足催化剂厂家承诺的十六烷值增幅≮5的要求。

4.2.2.2 物料平衡

标定期间的物料平衡见表7。

表7 物料平衡表

			设计收率/%	实际收率/%
入方	混合柴油/(t/h)	337	100	100
	氢气/(t/h)	3.95	2.48	1.17
出方	精制柴油/(t/h)	317.38	98.77	94.18
	石脑油/(t/h)	9.73	0.4	2.89
	脱后低分气/(t/h)	0.75	0.6	0.22
	脱后干气/(t/h)	1.53	1.29	0.45
损失/(t/h)		11.54		3.39

表 7 为主要原料和产品的标定数据，从表中可以看出，精柴收率明显偏低，石脑油收率偏高，加工损失率偏高，新氢耗量仅为设计值的一半。主要原因为：

(1) 加工损失大：原料过滤器采用的是列管式过滤器，过滤较为频繁，标定期间反冲洗排污油量为 554.3t，造成加工损失大，这也是精柴收率较低的原因。

(2) 新氢耗量小：设计新氢纯度仅 90.51%，实际新氢纯度为 95.55%，明显高于设计值；其次，原料柴油中二次加工柴油比例为 37%，低于 40%的设计值，造成新氢耗量小。

(3) 石脑油收率高，干气、低分气收率低，这除了与催化剂本身性能有关外，还和公司生产计划要求控制石脑油干点 215℃，尽可能提高石脑油产率有关，分馏塔顶温由设计的 127℃提高至 160℃，导致石脑油收率较高，精柴收率降低。

4.2.2.3 能量平衡

标定时综合能耗数据见表 8。

表 8 标定期间能耗

项 目	消耗量/(t/h)	单耗/(t/t)	能耗/(kgEO/t)	设计单耗/(t/t)
循环冷水	1235	3.67	0.367	2.9
除盐水	41.4	0.12	0.2827	0.2
新鲜水	14.8	0	0.007	0
中压蒸汽	18.8	0.056	4.913	0.075
低压蒸汽	-31.7	-0.09	-7.16	-0.17
燃料气	1.01	0.003	2.845	0.007
电/(kW·h)	6325	18.77	4.317	21.15
汇总			5.57	

表 8 中本次标定能耗与设计能耗存在较大的偏差，设计在考虑透平投用的情况下，装置能耗为 4.72kg 标油/t，而标定能耗却达到 5.57kg 标油/t，具体偏差情况如下：

(1) 最大的差别在于 1.0MPa 蒸汽的产量，根据设计，装置每小时产汽能达到 50t/h，其中 E102 产汽 23.6t/h，E204 产汽 26.2t/h，而实际生产时，E102 产汽约 25t/h，E204 产汽仅 3.1t/h，E204 产汽较少的原因，首先是分馏塔底温较低，约 280℃，比设计值低了 40℃，其次，塔底热量大部分被原料取走，因此发汽量较小。

(2) 循环水用量略高于设计值，主要因为污油出装置冷却器 E109 耗水量较大，约 400t/h，而装置原料过滤器反冲洗污油量较大，因此该冷却器必须投用；其次，现场备用机泵冷却水均有少量开度，仍有调整的空间。

(3) 原料泵透平投用后，电流减少约 20A，每小时节电约 190kW，节电效果没有达到预期值，主要原因在于热高分至热低分之间流控阀 FV10701A 及其上下游手阀均存在内漏的情况，导致原料泵透平不能完全发挥节电的作用。氢压机无级调量效果也较为明显，标定期间相比额定功率，每小时可节电 600kW。

4.2.2.4 标定结论

本装置催化剂性能良好，标定期间，各原料满足设计条件，在较低反应温度下，产品质量就能满足国Ⅴ柴油的质量标准。装置能耗虽然没有达到设计值，但已经处于较好的水平。

5 后续生产国V柴油情况

至2017年2月底，装置累计运行654天，累计加工各类柴油原料4687187t，主催化剂FHUDS-8/FHUDS-5使用寿命约21.13t油/kg催化剂，超过催化剂厂家保证的每公斤催化剂第一运转周期加工量≮40.5t油/kg催化剂的一半以上。

以2017年2月生产为例，当月完成处理量191503t，其中催化柴油29536t，约占进料量的15.42%，焦化柴油47330t，约占进料量的24.71%，主要操作指标见表9。

表9 2017年2月生产操作数据

原料柴油流量/(t/h)	原料柴油密度/(kg/m^3)	原料硫含量/%	精柴流量/(t/h)	精柴密度/(kg/m^3)	精柴硫含量/(mg/kg)	氢油比	质量空速/h^{-1}	反应入口温度/℃	反应出口温度/℃	反应入口压力/MPa
285	873	1.47	263	844	3.7	565	1.33	330	387	8.57

从表9可以看出，在原料硫含量1.47%的情况下，反应器入口温度控制在330℃，反应压力为8.57MPa，空速在1.33h^{-1}，氢油比在565的条件下，生产的精制柴油硫含量为3.7mg/kg，完全满足国V清洁柴油硫含量的标准。

图3为2017年2月反应器出、入口温度的变化趋势。

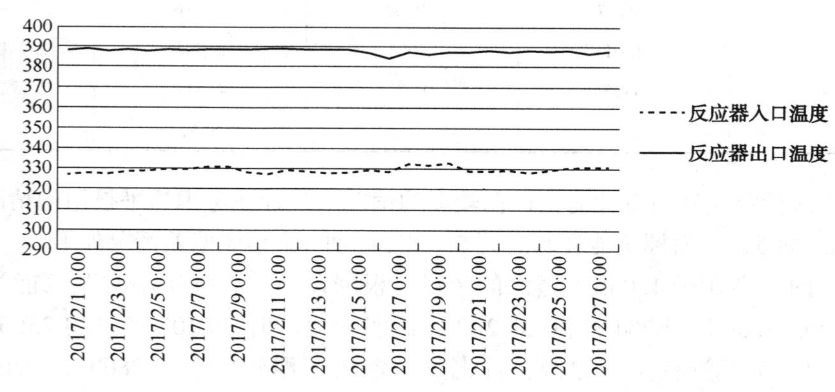

图3 2月反应器出、入口温度变化趋势

从图3中可以看出，至2017年2月底，反应器入口温度为330℃左右，反应器出口温度为387℃左右，催化剂实际失活速率为0.0245℃/d，按照此催化剂失活速率，达到催化剂设计寿命至少还需约30个月时间。

6 结论

FHUDS-8/FHUDS-5催化剂采用级配技术在金陵石化300万t/a柴油加氢装置的应用结果表明：

(1) 在标定工况下，催化剂的脱硫率能达到99.96%，密度降低值能达到26.23kg/m^3，十六烷值提高值在5.35个单位，说明FHUDS-8/FHUDS-5柴油加氢组合催化剂具有良好的芳烃饱和能力和超深度脱硫能力，能够满足装置长周期生产符合国Ⅴ标准精制柴油的需要。

（2）FHUDS-8/FHUDS-5 组合催化剂能够加工包括催化柴油、焦化柴油在内的二次加工劣质柴油，在催化及焦化柴油掺炼量分别≯20%的情况下，可以生产符合国Ⅴ标准的清洁柴油，显示了对原料油良好的适应性。

（3）从 FHUDS-8/FHUDS-5 组合催化剂的失活速率看，完全能够满足生产国Ⅴ柴油时装置首次运转周期不小于 3 年的要求。

参 考 文 献

[1] 王建伟. FHUDS-2/FHUDS-5 组合催化剂在镇海炼化 300 万 t/a 柴油加氢装置的应用[J]. 当代化工. 2012(06)：579-581.

[2] 方向晨. 加氢精制[M]. 北京：中国石化出版社. 2006：432-433.

塔河炼化劣质原料应用 MHUG 技术生产清洁柴油运行分析

吴振华

（中国石化塔河分公司生产技术处，新疆库车县　842000）

摘　要　近年来随着国家环保法规日益严格，各炼油企业车用柴油质量升级步伐都在不断加快，而制约该企业国Ⅴ车用柴油质量升级的主要瓶颈问题产品十六烷值偏低，有必要对该企业 1[#]汽柴油混合加氢精制装置进行质量升级改造提高产品十六烷值。通过对该装置实施 MHUG 工艺技术改造后，各项指标均达到国Ⅴ车用柴油质量标准，其中十六烷值由原料的 40 提高至产品的 51.2，硫含量低于 5μg/g，多环芳烃含量仅 1.8%，该装置在满负荷条件下运转稳定，精制及改质催化剂反应效果良好。

关键词　加氢　MHUG　改质　裂解　十六烷值

1　前言

近年来，国家环保法规日益严格，车用柴油质量升级步伐加快；与此同时，原油日趋重质化、劣质化导致加氢原料稠环芳烃增加，部分企业柴油产品质量不达标、出厂困难。而降低柴油中硫和稠环芳烃含量、提高十六烷值是清洁柴油生产面临的主要问题。影响中国石化塔河炼化有限责任公司国Ⅴ车用柴油质量升级的主要瓶颈问题产品十六烷值偏低，因此有必要对 1[#]汽柴油混合加氢精制装置进行质量升级改造才能满足要求，由于该装置原料之一为焦化柴油，占设计混合原料的 85%，其硫含量达到 16000μg/g，十六烷值 40 左右，性质比较恶劣，综合考虑决定采用中国石化石油化工科学研究院（以下简称石科院）柴油中压加氢改质技术即 MHUG 技术对该装置进行改造，使之在满足深度脱硫的同时，提高柴油产品的十六烷值。

2　国Ⅴ质量升级改造方案

2.1　装置概况

塔河炼化 1[#]汽柴油混合加氢装置 2004 年建成开工，设计规模 100 万 t/a，2016 年国Ⅴ车用柴油质量升级改造后，该装置规模达到 110 万 t/a。加工原料为 70% 焦化柴油和 30% 焦化汽油的混合油，生产精制柴油和稳定汽油。该装置质量升级扩能改造前，有一台反应器，采用抚顺石油化工研究院开发的 FHUDS-6 加氢精制催化剂，氢油比为 450∶1，生产国Ⅳ标准的车用柴油组分。

该装置应用石科院 MHUG 技术完成质量升级改造后，增加了一台加氢精制反应器、一台循环氢压缩机。新反应器前置，装填 RN-410 精制催化剂；旧反应器后置，装填 RIC-3 加氢改质催化剂和 RN-410 后精制剂，氢油比为 500∶1，生产国Ⅴ标准的车用柴油组分。

2.2 柴油中压加氢改质技术（MHUG）反应原理

柴油中压加氢改质技术（MHUG）由石科院开发，采用单段、两剂串联、一次通过流程。该工艺流程简单，操作灵活，中压下破坏原料中芳烃的热力学平衡，降低芳烃含量。其目的是改善劣质柴油原料的质量，原料中多环的重组分优先裂解转化，单环烃进入汽油，链烷烃进入柴油，产品柴油十六烷值提高幅度可达 10~20 个单位。反应原理见图 1。

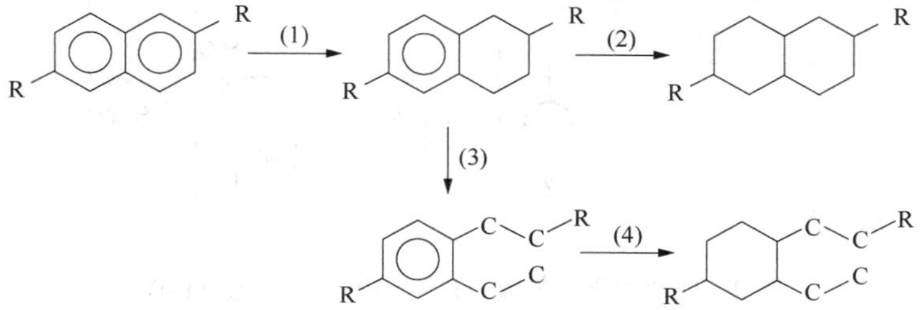

图 1 柴油中压加氢改质技术（MHUG）反应原理图

传统的加氢精制反应按照（1）、（2）步进行，采用 MHUG 技术后，原料按照（1）、（3）、（4）步进行，分别进行单环加氢饱和、加氢开环、后加氢饱和反应，达到脱硫、脱氮、降低芳烃含量、提高十六烷值的目的。

2.3 工艺流程

来自焦化装置的焦化汽柴油混合原料进入装置内原料缓冲罐，由原料泵升压后与循环氢混合，再与反应产物换热，进入原料炉加热到适宜的反应温度后，依次进入加氢精制反应器、加氢改质反应器，进行加氢脱硫、加氢脱氮、芳烃加氢饱和、选择性开环裂化等反应。

反应产物与原料换热后依次进入高压及低压分离器，低压分离器底部的液相产物经换热后进入分馏塔。经分馏塔切割为石脑油和柴油馏分。高压分离器顶部的富氢气体经循环氢压缩机压缩后返回反应器入口及冷氢系统循环利用。塔河炼化柴油中压加氢改质技术（MHUG）工艺流程图见图 2。

3 标定过程及数据分析

塔河炼化于 2016 年 12 月 21 日~12 月 24 日对应用 MHUG 技术进行国Ⅴ车用柴油质量升级改造后的 1#汽柴油混合加氢装置组织了标定工作。具体分析如下。

3.1 原料性质

标定期间，加氢装置原料为焦化汽油、焦化柴油、直馏柴油，其中焦化汽油比例占总进料的 21.2%，具体原料性质见表 1。

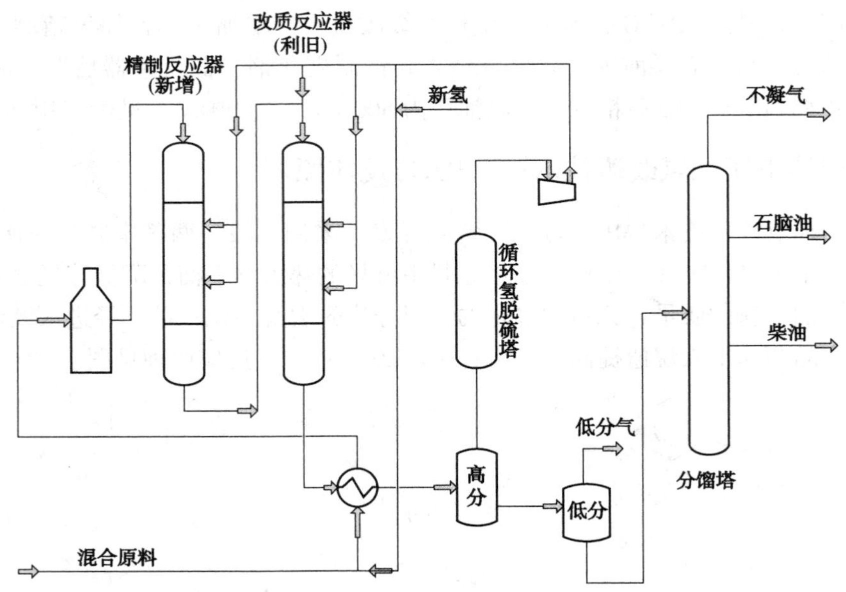

图2 柴油中压加氢改质技术(MHUG)工艺流程图

表1 原料对比表

项 目	设计值	改造前	改造后
焦汽比例/%	≯22%	27.2%	21.2%
密度/(g/cm³)	≯0.856	0.841	0.840
硫含量/(μg/g)	≯15000	8257	11439
氮含量/(μg/g)	500-800	543	683
氯含量/(μg/g)	≯1.0	3.6	4.3
水含量/(μg/g)	≯300	270	280
十六烷指数	≮41.5	42.5	42.8
IBP/℃	—	52.8	54.6
50%/℃	270~290	284.1	287.6
90%/℃	—	347.4	352.7
95%/℃	≯365	361.6	362.4

注：表中设计值是指1#加氢装置经MHUG改造后的设计限定值。

从表1可以看出，改造后原料指标除氯含量外，全部在设计指标范围内，而氯含量过高会造成设备铵盐结晶，系统压降升高，腐蚀速度加剧等问题，在生产中要重点监控。另外该装置加工的原料是焦化柴油和焦化汽油的混合油。焦化柴油与焦化汽油相比，密度、硫含量、氮含量、芳烃含量都相对较高，也更难加工，需要更多的氢耗。值得注意的是虽然原料的水含量满足要求，但已接近设计指标，如果原料携带明水进入反应器，会造成催化剂破碎、床层压降增加、催化剂金属聚集、活性下降。

改造后原料相对改造前，由于焦汽比例下降，焦柴比例上升，原料杂质含量均有所上升，尤其是硫含量、氮含量的增加，需要相应提高加氢深度，特别是要及时提高一反精制反应器反应温度，保证原料的脱氮深度，从而避免二反改质反应器改质催化剂氮中毒。

3.2 物料平衡

表2 物料平衡对比表

项目	设计值		改造前		改造后	
	质量/(t/h)	收率/%	质量/(t/h)	收率/%	质量/(t/h)	收率/%
入方						
焦化汽油	28.7	21.6	35.5	28.4	27.8	20.8
混合柴油	102.3	77.0	88.1	70.5	103.2	77.4
氢气	1.9	1.4	1.4	1.1	2.4	1.8
合计	132.9	100	125	100	133.4	100
出方						
稳定汽油	35.3	26.6	24.4	19.5	34.1	25.6
精制柴油	95.8	72.1	98.3	78.6	97.4	73.0
干气	1.8	1.3	2.3	1.9	1.9	1.4
合计	132.9	100	125	100	133.4	100

从表2可以明显的看出，改造后混合进料中焦化汽油进料比例较改造前降低了7.6%，但是改造后稳定汽油收率却较改造前上升了6.1%，另外原料中焦化汽油的干点为250℃，其中含部分柴油组分需要在加氢分馏部分拔出，因此改造前稳定汽油的收率是降低的，经过分析计算改造后稳定汽油收率较改造前增加了10%以上。表明焦化柴油原料在改质催化剂的作用下发生芳烃开环裂化反应的同时，不但提高了柴油的十六烷值也大幅提高了汽油收率。

另外由于加氢改质反应的需要，化学氢耗较改造前明显增加，但干气产率有所降低，表明催化剂选择性较好，氢气利用效率较高。

3.3 操作参数

表3 标定期间主要操作参数

项目		设计参数	标定实际
精制反应器入口氢分压/MPa		≮6.4	7.1
精制反应器	一床层入口/出口温度/℃	279/340	295/342
	二床层入口/出口温度/℃	335/350	337/352
	三床层入口/出口温度/℃	341/355	346/359
改质反应器	一床层入口/出口温度/℃	346/352	342/345
	二床层入口/出口温度/℃	347/353	343/349
	三床层入口/出口温度/℃	347/354	340/350
精制/改质平均反应温度/℃		340/350	344/345
精制/改质总温升/℃		90/19	74/19
精制反应器入口氢油体积比		≮500	624

从表3可以看出主要操作参数与设计值基本一致，改质催化剂反应温度较低，可以多产

柴油、降低装置氢耗、干气和液化气产率。精制催化剂反应温度适当提高，主要是因为改造后混合原料油中焦化柴油比例提高后导致氮含量增加，为了防止改质催化剂氮中毒，必须要在精制反应器中将原料中的氮尽可能脱除，所以要保证足够的脱氮深度。

精制反应器的目的主要是为了脱除原料油中的杂质，如硫、氮、氯、氧，另外进行烯烃和芳烃饱和反应，以此为改质反应器提供合格的进料，因为原料中有焦化汽油，而焦化汽油烯烃含量相对较高，烯烃饱和反应是强放热反应，导致精制反应器一床层温升较高。另外芳烃加氢饱和反应也属于强放热反应，因此精制反应器催化剂床层总温升比改质反应器高。

改质催化剂的目的是促进环烷烃的选择性开环反应，从而提高劣质柴油组分的十六烷值。催化剂床层温度的调整则应以控制适宜的转化深度达到期望的产品性质为目标，从标定数据可以看出基本达到设计等温操作方式。

3.4　产品质量

表4　柴油产品性质对比表

项　　目	设计值	改造前	改造后
密度/(g/cm^3)	≯0.853	0.842	0.835
硫含量/(μg/g)	≯10	47	3.7
氮含量/(μg/g)	≯1	14	0.7
十六烷值	≮50	47.6	51.2
多环芳烃/(μg/g)	≯11	7.6	1.8
IBP/℃	—	161	171
50%/℃	—	281	263
90%/℃	—	345	333
95%/℃	≯365	363	352

从表4可以看出，改造后柴油产品性质指标全部达到设计值，尤其是改造关键指标十六烷值较改造前提高了3.6，较表1中原料提高了8.4，满足在不添加十六烷值改质剂情况下生产国Ⅴ车用柴油的需要，表明该装置经过MHUG工艺改造后，改质催化剂充分发挥了其开环裂化提高十六烷值的作用。

4　问题及措施

(1) 本装置精制反应器出口未设采样器，只能根据经验适当提高反应器入口温度，而改质反应器催化剂活性载体为硅铝酸Y型分子筛，如果精制反应深度不足，芳烃饱和率和脱氮率降低，严重时会导致改质催化剂氮中毒和积炭失活，实际生产中以精制柴油中氮含量≯1μg/g来判定精制反应深度，但不能真实反映改质反应器入口的氮含量，仍存在一定的风险。计划在检修改造时增加精制反应器出口采样器。

(2) 原料中含有一定的焦化汽油，精制反应器一床层温升较大，计划原料加热炉初期控制较低出口温度，如初期温度不超过290℃。

(3) 改质催化剂以分子筛为载体，随反应温度增加，如果控制不到位，会加剧裂解反应，放出大量反应热，严重时可能引起催化剂床层“飞温”。因此调整反应温度要遵循由低到高，逐步增加的原则，另外进料量避免大幅度波动，还需保证足够的冷氢量。

（4）由于改质反应的需要导致化学氢耗大幅度增加，对全厂氢气平衡和能耗影响较大，计划在全厂生产平衡的前提下，尽可能降低该装置的负荷。

5 总结

塔河炼化 1#加氢装置经过 MHUG 技术改造后，通过标定数据分析，该装置在满负荷条件下运转稳定，设备运行良好，各项指标均达到设计值，其中柴油产品十六烷值达到 51.2，硫含量低于 5μg/g，多环芳烃含量仅 1.8%。精制及改质催化剂反应效果良好，可以在较低的反应温度下，生产满足国Ⅴ标准要求的车用柴油。

参考文献

[1] 张毓莹，胡志海．MHUG 技术生产满足欧Ⅴ排放标准柴油的研究[J]．石油炼制与化工，2009，40(6)：1-6.

[2] 吕林虎，裘峰．MHUG Ⅱ 加氢改质工艺工程应用[J]．炼油技术与工程，2013，43(1)：46-50.

[3] 俞文豹，韩景臻．催化裂化柴油中压加氢改质(MHUG)的工业应用[J]．石油炼制与化工，1996，27(6)：27-30.

FSDS 反应器串联超深度加氢脱硫技术在国Ⅴ柴油升级中的应用

徐大海　牛世坤　李　扬　郭　蓉

（中国石化抚顺石油化工研究院，抚顺　113001）

摘　要　本文简要介绍了抚顺石油化工研究院（FRIPP）研究开发的 FSDS 反应器串联超深度加氢脱硫技术及其在国Ⅴ柴油升级中的应用情况。中型试验结果表明，对相同的混合柴油原料，在反应压力和氢油体积比不变的条件下，将进料的体积空速由 2.5h^{-1}降至 1.0h^{-1}，平均反应温度可以降低约 30℃，有利于装置的长周期稳定运行。工业应用结果表明，针对设计空速较高（大于 2.4h^{-1}）的柴油加氢装置，通过增加一台加氢反应器，将进料体积空速降低至 1.1h^{-1}左右，并对部分设备进行适当的改造，可以使装置在较缓和的操作条件下，生产出满足国Ⅴ标准的清洁柴油或调和组分。该技术的成功应用，为炼油企业的老旧柴油加氢装置实现产品质量升级提供了可靠的技术保证。

关键词　加氢脱硫　反应器串联　国Ⅴ柴油

1　前言

近年来，人们对空气质量的要求越来越高，对车用燃料使用过程中外排尾气对大气的污染越来越敏感，因此，环境保护法规对石油产品质量的要求不断提高，柴油产品质量标准快速提升[1]。我国已于 2017 年 1 月 1 日起全面执行国Ⅴ车用柴油质量标准，控制柴油中硫含量小于 10 μg/g，多环芳烃等指标也更为严格。北京已率先执行京标Ⅵ柴油新标准，与国Ⅴ柴油标准相比，对密度和多环芳烃含量等指标提出了更高的要求。对于炼油企业，如何充分利用现有的柴油加氢装置，使用最低的改造成本，实现柴油产品质量升级是亟待解决的问题。

为降低大气污染对人民身体健康的伤害，我国政府大幅度加快了柴油产品质量升级的速度，很多炼油企业的柴油加氢装置难以满足产品质量升级的要求。如某些企业的加氢装置是按照国Ⅲ柴油质量标准设计的，体积空速在 2.0~2.5h^{-1}之间。根据现有加氢催化剂的催化加氢脱硫活性水平，仅仅通过更换脱硫活性较高的加氢催化剂，无法满足柴油产品质量升级为国Ⅴ标准的要求[2,3]。在这一背景下，抚顺石油化工研究院（FRIPP）成功开发了 FSDS 反应器串联超深度脱硫技术，并在多套大型柴油加氢装置上应用。工业应用结果表明，采用该技术的柴油加氢装置可以在较缓和的操作条件下，实现国Ⅴ标准柴油的生产，较好地解决了炼油企业老旧柴油加氢装置柴油产品质量升级的问题。

2　试验研究及结果

根据柴油深度加氢脱硫的反应机理，在催化剂的加氢脱硫活性水平一定的条件下，要想达到柴油产品深度脱硫的目的，可以适当提高系统的反应压力，增加原料油与催化剂的接触时间，或提高反应温度。但是对现有加氢装置进行改造，设计的反应压力是很难改变的，循环氢压缩机的能力也是确定的，可以调整的仅仅是反应温度。通过提高反应温度可以实现柴油深度加氢脱硫的目标，但是如果初期反应温度过高，将加快催化剂积炭速度，难以实现装置的长周期满负荷稳定运行，而且对脱除柴油中的芳烃不利。因此，改造费用较低，最具可操作性的方法是增加一台加氢反应器，降低进料的体积空速，增加原料油与催化剂的接触时间，提高加氢脱硫反应的深度，同时也可以降低柴油产品中的芳烃含量。

研究结果表明[4,5]，体积空速对加氢脱硫的影响是相当大的。图1为某典型混合柴油原料，在其他工艺条件均相同的情况下，加氢脱硫率随体积空速的变化情况。

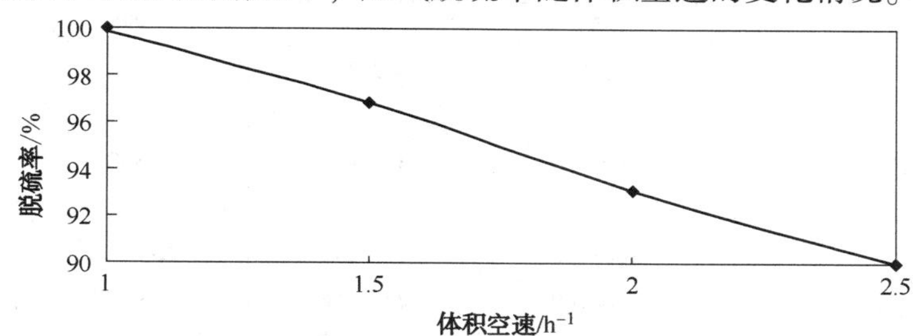

图1 体积空速对加氢脱硫率的影响

由图1可以看出，当原料油进料体积空速由1.0h^{-1}提高到2.5h^{-1}时，加氢脱硫率降低了约10个百分点。由此可见，进料体积空速对柴油超深度脱硫的影响是十分显著的，较低的空速对超深度加氢脱硫更有利。

基于上述理论和现有柴油加氢装置的实际情况，进行了体积空速对深度加氢脱硫效果的考察，并对比了生产国V标准柴油时不同空速条件下反应温度的变化情况。

采用FRIPP最新开发的FHUDS-8加氢催化剂进行了系统的工艺条件试验。表1列出了催化剂的物化性质。试验用原料油为炼油企业典型的混合柴油原料，性质见表2。分别在不同的体积空速条件下，进行了加氢脱硫活性对比试验。试验结果列于表3。

表1 FHUDS-8催化剂物化性质

催　化　剂	FHUDS-8	催　化　剂	FHUDS-8
金属组成	Mo-Ni	比表面积/(m^2/g)	≮160
物理性质		压碎强度/(N/cm)	≮150
形状	三叶草条形	堆积密度/(g/cm^3)	0.80~0.92
孔容积/(cm^3/g)	≮0.33		

表2 试验原料油性质

项　　目	原　料　油	项　　目	原　料　油
密度(20℃)/(g/cm^3)	0.8523	N/(μg/g)	426
馏程/℃		C/%	86.72
IBP/10%	193/230	H/%	12.30
30%/50%	250/267	芳烃/%	36.5
70%/90%	288/325	单环	21.2
95%/EBP	345/362	双环以上	15.3
S/(μg/g)	9100	十六烷值	43.2

由表2原料油性质可见，柴油原料密度为0.8523g/cm³，馏程范围在193℃～362℃之间，硫含量为9100 μg/g，氮含量为426 μg/g，属于炼油企业柴油加氢装置使用的典型的中等加工难度的原料油。

表3 工艺试验结果

项目	1	2	3	4
工艺条件				
氢分压/MPa	6.4			
氢油体积比	500			
平均反应温度/℃	350	380	350	350
体积空速/h^{-1}	2.5	2.5	1.5	1.0
生成油性质				
密度(20℃)/(g/cm³)	0.8414	0.8387	0.8382	0.8357
馏程/℃				
IBP/10%	180/225	173/215	187/222	184/221
30%/50%	246/260	240/258	243/258	243/259
70%/90%	283/315	278/314	281/314	279/313
95%/EBP	333/356	333/351	331/353	330/351
S/(μg/g)	385	6.1	38.7	5.3
N/(μg/g)	8.6	1.0	2.0	1.0
芳烃/%	28.1	27.6	26.8	25.9
单环	22.8	22.5	22.2	22.0
双环以上	5.3	5.1	4.6	3.9
十六烷值	45.7	46.0	46.2	46.8

由表3试验结果可见，在相同的反应压力和氢油体积比的条件下，当平均反应温度为350℃，体积空速为2.5h^{-1}时，精制柴油产品硫含量为385 μg/g，仅满足国Ⅲ标准柴油的调和生产要求；在体积空速不变的条件下，需要将平均反应温度提高到380℃，硫含量才能满足国Ⅴ标准柴油的要求。而将体积空速降低至1.0h^{-1}时，在平均反应温度350℃的条件下，就可以生产出满足国Ⅴ标准的清洁柴油。因此，降低体积空速后，更有利于柴油加氢装置实现长周期稳定运行，生产国Ⅴ标准清洁柴油的目标。

3 工业应用

截至目前，FSDS反应器串联超深度脱硫技术已在多套大型柴油加氢装置上实现工业应用，满足了老旧装置通过改造实现柴油产品质量升级国Ⅴ的目标，解决了炼油企业面临的柴油产品质量不合格难以出厂的问题。以下列出了在中国石化A厂330×10⁴t/a柴油加氢装置、B厂300×10⁴t/a柴油加氢装置和C厂320×10⁴t/a柴油加氢装置上进行了FSDS技术的应用情况。工业生产结果表明，与改造前相比，三套柴油加氢装置均可以在较缓和的条件下，生产出满足国Ⅴ标准要求的车用清洁柴油。

3.1 A 厂 330×10^4t/a 柴油加氢装置

A 厂 330×10^4t/a 柴油加氢装置按生产国Ⅲ标准柴油(即要求硫含量小于 350μg/g)设计，体积空速高达 2.5h^{-1}。为满足长周期生产国Ⅴ标准(硫含量小于 10μg/g)柴油的要求，采用了 FSDS 反应器串联超深度加氢脱硫技术进行改造。在原来的反应器之后串联一台新反应器，降低主催化剂体积空速。

该装置于 2014 年 7 月改造完成并投入正常生产，经过 12 个月的稳定运行以后，对装置进行了中期标定。原料油为直馏柴油、焦化汽柴油和催化柴油的混合油(直馏柴油比例约为 74%、焦化汽柴油 15%及催化柴油为 11%)。标定结果表明，处理硫含量为 1.07%、氮含量为 173μg/g 的混合油，采用 FSDS 反应器串联超深度脱硫技术及配套催化剂，在高分压力 7.0MPa、一反入口温度 326℃、二反出口温度 378℃，平均反应温度 358℃、主催化剂体积空速 1.24h^{-1}的条件下，精制柴油产品硫含量为 7.0μg/g，十六烷值 49.7，主要指标满足国Ⅴ排放标准清洁柴油质量要求。表 4 列出了装置的标定结果。

表 4 生产国Ⅴ标准柴油标定结果

原料油	混合汽柴油	
原料油性质		
密度(20℃)/(g/cm^3)	0.8522	
馏程范围/℃	149~362	
硫含量/(μg/g)	10700	
氮含量/(μg/g)	173	
操作条件		
高分压力/MPa	7.0	
氢油体积比	410	
体积空速/h^{-1}	1.24	
一反入口温度/℃	326	
二反出口温度/℃	378	
平均反应温度/℃	358	
精制油品性质	石脑油	柴油
密度(20℃)/(g/cm^3)	0.7418	0.8348
馏程范围/℃	35~175	183~355
硫含量/(μg/g)	6.4	7.0
氮含量/(μg/g)	0.5	1.0
十六烷值		49.7

由表 4 工业标定结果表明，以直馏柴油、焦化汽柴油和催化柴油的混合油为原料油，采用 FSDS 反应器串联超深度加氢脱硫技术及配套催化剂可以满足生产国Ⅴ标准清洁柴油产品的要求，产品质量稳定，目前装置已连续平稳运行超过 30 个月。从目前运行工况和催化剂性能预测，该装置可以实现连续运行 3 年的目标。

3.2 B 厂 300×10^4t/a 柴油加氢装置

该柴油加氢装置原设计体积空速 2.4h^{-1}，目的产品为国Ⅲ标准柴油调和组分。为实现全厂柴油产品质量升级国Ⅴ标准的要求，同样采用了FSDS反应器串联超深度加氢脱硫技术进行改造，在原来反应器之后增加一台新反应器，将进料体积空速降低至1.05 h^{-1}。

装置于2016年7月投入正常生产。经过近3个月的初活性稳定运转后，对装置进行了生产国Ⅴ清洁柴油的技术标定。原料油为直馏柴油、焦化汽柴油和催化柴油的混合油(比例为直馏柴油55%、焦化汽柴油37%、催化柴油8%)。标定结果表明，处理硫含量为9550μg/g的混合原料油，在高分压力6.5MPa、一反入口温度314℃、催化剂床层平均温度343℃、主催化剂体积空速1.13h^{-1}的条件下，精制柴油产品硫含量为2.2μg/g，多环芳烃含量2.24%，主要指标满足国Ⅴ清洁柴油排放标准。标定结果见表5。

表5 生产国Ⅴ标准柴油标定结果

原 料 油	混合汽柴油	
原料油性质		
密度(20℃)/(g/cm^3)	0.8367	
馏程范围/℃	90~360	
硫含量/(μg/g)	9550	
溴价/(gBr/100g)	30.11	
操作条件		
高分压力/MPa	6.5	
氢油体积比	540	
体积空速/h^{-1}	1.13	
一反入口温度/℃	314	
二反出口温度/℃	351	
平均反应温度/℃	343	
精制油品性质	石脑油	柴油
密度(20℃)/(g/cm^3)	0.7091	0.8310
馏程范围/℃	49~165	168~349
硫含量/(μg/g)	8.4	2.2
溴价/(gBr/100g)	0.46	2.06
多环芳烃/%		2.24
十六烷值		51.7

由表5装置标定结果可见，以直馏柴油、焦化汽柴油和催化柴油的混合油为原料油，采用FSDS反应器串联超深度加氢脱硫技术及配套催化剂可以在比较缓和的工艺条件下，生产满足国Ⅴ标准清洁柴油的要求。目前装置仍在平稳运行中。

3.3 C厂320×10^4t/a柴油加氢装置

C厂320×10^4t/a柴油加氢装置按生产国Ⅲ标准柴油设计，体积空速高达2.5h^{-1}，仅通过更换加氢脱硫活性较高的催化剂，无法满足长周期生产国Ⅴ标准柴油的需要，通过与FRIPP进行技术交流后，选用了FSDS反应器串联超深度加氢脱硫技术，在原来的反应器前，增加一台新反应器。

该装置于2016年10月投入正常生产，经过三个月的稳定运行以后，对装置进行了初期标定。原料油为直馏柴油、焦化汽柴油和少量抽提石脑油的混合油(直馏柴油比例约为

61%、焦化汽柴油及抽提石脑油约为 39%）。标定结果表明，处理硫含量为 1.18%、氮含量为 167μg/g 的混合原料油，采用 FSDS 反应器串联超深度脱硫技术及配套催化剂，在高分压力 7.1MPa、一反入口温度 310℃、二反出口温度 360℃，平均反应温度 345℃、主催化剂体积空速 1.15h^{-1}的条件下，柴油产品硫含量为 2.0μg/g，十六烷值 55，主要指标满足国Ⅴ排放标准清洁柴油质量要求。表 6 列出了装置的标定结果。

表 6 生产国Ⅴ标准柴油标定结果

原 料 油	混合汽柴油	
原料油性质		
密度(20℃)/(g/cm^3)	0.8307	
馏程范围/℃	57~360	
硫含量/(μg/g)	11800	
氮含量/(μg/g)	167	
操作条件		
高分压力/MPa	7.1	
氢油体积比	383	
体积空速/h^{-1}	1.15	
一反入口温度/℃	310	
二反出口温度/℃	360	
平均反应温度/℃	345	
精制油品性质	石脑油	柴油
密度(20℃)/(g/cm^3)	0.7418	0.8276
馏程范围/℃	39~210	208~355
硫含量/(μg/g)	3.6	2.0.
氮含量/(μg/g)	0.9	1.0
十六烷值		55.0

由表 6 工业标定结果表明，以直馏柴油、焦化汽柴油和少量抽提石脑油的混合油为原料油，采用 FSDS 反应器串联超深度加氢脱硫技术及配套催化剂完全可以满足生产国Ⅴ标准清洁柴油产品的要求，而且工艺条件比较缓和，产品质量稳定，目前装置处于平稳运行中。

4 小结

（1）研究试验结果表明，通过降低催化剂体积空速，可以大幅度降低生产国Ⅴ标准柴油的平均反应温度，有利于加氢装置实现长周期稳定运行，生产国Ⅴ标准清洁柴油的目的；

（2）工业装置标定结果表明，FSDS 反应器串联超深度脱硫技术，可以使设计进料体积空速较高的老旧柴油加氢装置通过适当改造，在较缓和的操作条件下，实现生产国Ⅴ标准柴油的目标。

参 考 文 献

[1] 杨成敏，郭蓉，周勇，等．FHUDS-6 催化剂长周期连续生产国Ⅴ柴油的工业应用［J］．当代化工，2015.44(8)：1878-1881.

[2] 刘瑞萍，辛若凯，王国旗，等．柴油国Ⅴ质量升级问题的探讨[J]．炼油技术与工程，2013. 43(10)：53-56.

[3] 郭元奇，刘冬，高媛，等．劣质柴油加氢脱硫工艺条件及反应动力学研究[J]辽宁石油化工大学学报，2016. 36(3)：15-19.

[4] 徐大海，张伟．影响柴油深度加氢脱硫的主要因素[J]．当代石油石化．2011. 194(2)：15-20.

[5] 柳伟，宋永一，李扬，等．柴油深度加氢脱硫反应的主要影响因素研究[J]．炼油技术与工程，2012. 42(11)：10-13.

精制柴油色谱馏程数据计算密度和十六烷指数

梁茂明　刘锦凤　郭　鸾

（中国石化茂名分公司质量检验中心，茂名　525000）

摘　要　介绍了基于色谱模拟蒸馏技术，利用实沸点结果计算精制柴油的闪点、密度和十六烷值，并且利用装置进料的数据对拟合模型进行修正，取得了非常理想的效果，计算结果精密度大大优于利用恩氏馏程数据及未修正前的结果的精密度，完全可以满足原标准方法对重复性和再现性的要求。

关键词　精制柴油　色谱模拟蒸馏　闪点　实沸点　密度　十六烷值

1　前言

色谱馏程测定方法目前在茂石化甚至在整个石化行业的中控分析中，都扮演着非常重要的角色，常压馏程和减压馏程都被简单快捷的色谱馏程分析所取代，大大减轻了一线分析人员的工作量；并且，色谱馏程技术在装置的在线分析方面也具有很好的应用前景，因为色谱技术在目前在线分析的使用上还是稳定可靠地的，因为色谱技术对预处理要求并不苛刻（油品主要是防水）。色谱馏程测定方法现在已不仅仅满足于完成馏程分析还可以得到更多的油品物性信息。

利用色谱馏程结果计算密度和十六烷值的困难在于：对于烃类组成复杂的油品，相同的馏程并不意味着相同的密度，比如直链烷烃的密度会小于异构烷烃、环烷烃及芳烃等烃类。馏程越高密度越高只在烃类组成大体不变的前提下才成立。

本技术团队研究的是炼厂中间产品，如直馏产品以烷烃为主，而催化产品中含有较多芳烃，但每种产品的烃类组成大体不变。在这种条件下，馏程和密度之间近似线性关系，但毫无疑问的是使用馏程计算的密度即使满足了常规方法对于重复性和再现性的要求，用其计算十六烷值也会产生较大偏差，而需要计算十六烷值的半成品的精制柴油，组成变化频繁，为了提高十六烷值计算结果的精密度，本团队使用了实沸点数据结合进料参数进行计算，可以获得满足标准方法精密度要求的结果。（柴油加氢装置的催化柴油、焦化柴油和直馏柴油的进料量数据）

2　实验部分

2.1　试剂与仪器

AC8634 气相色谱模拟蒸馏仪，荷兰 AC 公司出品；DMA—4500 自动密度测定仪，奥地利安东帕公司。

色谱沸点校正用标样 $C_4\sim C_{48}$ 正构烷烃混合物，荷兰 AC 公司；油品样品为精制柴油，茂名石化炼厂内各装置提供。

2.2 模拟蒸馏技术实验方法

色谱模拟蒸馏实验按照 ASTM D2887[1]标准，采用具有一定分离度的非极性色谱柱，在线性升温程序的条件下，测定已知正构烷烃混合物(即校正样)各组分的保留时间，得到校正样的保留时间—沸点校正曲线，再同时测定某种油品标样的恩氏馏程和模拟蒸馏馏程，得到两组馏程的关联方程组，制作成这种油品的分析模板。然后在相同的色谱条件下，将样品按沸点次序分离，按照峰面积求得样品各组分的大小，根据 AC 公司软件的数据模型从而计算出样品的色谱实沸点数据；再依据此样品所属的样品模板，计算出此样品的恩氏馏程数据。

实验条件：进样量为 1μL，汽化室和检测室的温度为 330℃，程序升温，从 40℃升温到 330℃，升温速率为 30℃/min，恒温 3min。

2.3 密度实验方法

自动密度测试按照 GB/T 1884—2000[2]标准，将 30mL 样品倒入密度瓶内并把密度瓶放入密度仪转动盘的槽位，按运行键，仪器转动到位后，吸入 0.7mL 的样品到震荡取样管，用取样管质量的变化引起震荡频率的变化及校正数据来确定密度。

2.4 十六烷指数的计算方法

现行十六烷指数是使用 SH/T 0694—2000[3]标准，首先按照 GB/T 1884 的标准测得油品的 15°C 密度，再按照 ASTM D2887 的标准测得油品的 10%、50%、90%等馏出点的温度，最后按以下公式计算十六烷指数：

$$CI=45.2+0.0892T10N+(0.131+0.901B)T50N+(0.0523-0.42B)T90N+0.00049(T10N^2-T90N)+107B+60B^2$$

式中 $T10N=T10+215$

$T50N=T50+260$

$T90N=T90-310$

$B=[\exp(-0.0035DN)]-1$

$DN=D-850$

D—试样的 15℃密度，kg/m^3。

2.5 基于色谱馏程数据和装置进料量数据计算得出的密度和十六烷指数

2.5.1 密度关联计算模型的建立

对于分析量大的精制柴油，采集 18 组数据，分别做色谱模拟蒸馏测试和自动数字密度测试，利用自动数字密度测试的密度数据和基于模拟蒸馏技术测定的实沸点数据及装置进料数据建立关联模型。

使用 minitab 软件对 14 种变量数据进行最佳组合分析(初馏点、干点和 5%、10%、

20%、30%、50%、70%、80%、90%、95%等各馏出温度及催柴、焦柴和直柴进料量），选取了以下 9 种数据拟合出最优方程。

S	R-sq	R-sq(调整)	R-sq(预测)
0. 517325	99. 35%	98. 39%	94. 72%

回归方程

密度(20℃)(kg/m³)= 526. 3+0. 1812×初馏点+1. 649×5. 00%-0. 582×10. 00%+6. 543×30. 00%-4. 250×50. 00%-6. 512×80. 00%+4. 835×90. 00%+0. 7380×焦柴+0. 5757×催柴

2. 5. 2　十六烷指数关联计算模型的建立

利用原方法 SH/T 0694：色谱馏程的恩氏馏程数据和 DMA-4500 数字密度仪的密度数据计算出的十六烷指数，与根据色谱馏程的实沸点和装置进料数据建立关联模型。

S	R-sq	R-sq(调整)	R-sq(预测)
0. 410366	97. 57%	93. 93%	87. 50%

回归方程

十六烷指数=-24. 0-0. 4910×初馏点-1. 442×5. 00%+2. 050×10. 00%-1. 327×20. 00%+1. 138×50. 00%-0. 5985×干点+0. 637×90. 00%-0. 03750×直柴-0. 1248×焦柴

2. 5. 3　应用

事实上对于此次试验来说，最具有挑战性的是：拟合的方程必须在炼厂加工的所有油种都能够适用(至少也是绝大部分)，因为炼厂的油种千差万别，烃类组成也存着巨大的差异，而本方法的原理就在于通过各种油种(直柴、焦柴、催柴)进料量把烃类组成的变化较准确地反映出来。所以在实验的过程，本实验团队跟踪了 3 个月的时间，对各个油种的计算结果数据进行跟踪比对实验，除了石蜡基原油外(含的直链烷烃较多，馏程高、密度低、十六烷值高)，其他的油种都能够满足原方法准确性的要求，而石蜡基原油给予系数加权后也完全能够满足要求。由于数据量过少，没有将它的加权指数标示在本公式内。

当然，由于本次实验时间有限，跟踪的数据类型不够有可能造成以偏概全的现象。

3　结果与讨论

自 2016 年 10 月开始，在日常分析中实施“双轨制”。

(1) 除按照原 GB/T 1884 测定油品的密度，还按照拟合的密度计算方程使用色谱馏程实沸点和装置进料参数计算密度。对这两组数据进行统计分析和双样本 t 检验，结果发现，精制柴油密度模型的预测精度很好，精柴的十六烷指数模型预测精度略差，但也已经非常理想。原方法测定值与计算值经等方差检验、双 t 检验后也无显著差异。衡量回归模型的预测精度残差标准差的 S 值，精制柴油密度为：S=0. 52(S 包含了重复性、再现性及其他随机误差)，比目前企业管控要求重复性小于 2kg/m³ 的值要小，见表 1。

(2) 对原方法计算的十六烷指数和新方法计算的十六烷指数进行比对检验。即除了根据常规分析的 SH/T 0694 计算十六烷指数外，还使用拟合的新方程对色谱馏程的实沸点及进料量来计算十六烷指数，对这两组数据进行统计分析和双样本 t 检验，结果发现，精制柴油密度模型的预测精度很好，精柴的十六烷指数模型预测精度略差，但也已经非常理想。原方法测定值与计算值经等方差检验、双 t 检验后也无显著差异。衡量回归模型的预测精度残差标准差的S值，精制柴油十六烷指数为：S=0.41(S包含了重复性、再现性及其他随机误差)，小于目前企业管控<0.9的标准，见表2。

准确性是判断方法是否可行的决定性指标，“双轨制”对各类油品油品采集30组数据，并对这些油品进行分析，并根据原方法SH/T 0694计算十六烷指数，及根据新的拟合方程计算十六烷值，比对结果如下。

表1　密度测试比对结果

序号	GB/T 1884结果	计算值	偏差
1	842.2	842.5	0.3
2	836.4	836.0	0.4
3	839.3	839.3	0
4	838.2	838.6	0.4
5	850.1	850.7	0.6
6	847.2	847.0	0.2
7	833.1	833.8	0.7
8	839.8	839.4	0.4
9	852.1	852.7	0.6
10	851.6	851.9	0.3
11	851.2	851.6	0.4
12	834.5	834.7	0.3

表2　十六烷指数比对结果

序号	SH/T 0694	新方法	偏差
1	50.4	49.1	0.5
2	53.2	52.9	0.3
3	59.1	59.4	0.3
4	52.4	53.1	0.7
5	58.4	58.7	0.3
6	55.5	56.1	0.6
7	51.1	52.1	1.0
8	57.4	57.9	0.5
9	60.2	59.8	0.4
10	53.4	54.0	0.5
11	52.5	51.9	0.6
12	57.3	58	0.7

4　结论

(1) 通过minitab软件的应用，对原始数据进行可靠性验证，对方程进行拟合，也对使用后的数据进行了验证。证明基于模拟蒸馏技术的密度计算法和十六烷指数计算法满足质量测试原方法(SH/T 0694 和 GB/T 1884)对于重复性和准确性的要求，能够取代 SH/T 0694 和 GB/T 1884 在中控分析中的运用。

(2) 在当前人工成本急剧上升及炼化企业大力削减成本的剪刀差形势下，油品分析工作面临巨大的转型升级需要，无论是实验室还是在线分析都在呼唤一种效率高并满足方法准确性的多功能分析仪器或方法。色谱馏程和近红外是目前应用比较多的两种方法。近红外因为无需预处理及多功能，应用尤其多。然而在茂名石化的使用状况来看，近红外在实验室及在线分析上远远无法满足方法准确性的要求，数据只可作为参考，无法取代原标准方法的分析。而色谱馏程却决然不同，在实验室或在线分析都能满足原方法准确性的要求并取代原方法。目前，茂名石化馏程的中间控制已全部使用色谱馏程分析。

(3) 这次使用色谱馏程数据计算密度和十六烷指数，引入了装置进料来参与计算，对结果的精密度有了质的提高，而且在茂石化这类大型炼化企业，装置工艺参数早已经全面上线，质检中心的电脑可以随时查阅实时增加进料量的数据。而且这也为基于色谱馏程技术的在线分析提供精确分析及多项目分析的可行性。

参 考 文 献

[1] ASTM D2887 石油产品色谱馏程测定方法(闭口杯法).

[2] GB/T 1884-2000 燃料自动密度测定法.

[3] SH/T 0694-2000 燃料十六烷指数计算法.

催化柴油加氢回炼 LTAG 工艺方案选择与效果分析

王　伟

（中国石化武汉分公司，武汉　430082）

摘　要　从炼厂总流程出发，分析了实施催化柴油加氢回炼 LTAG 工艺的可行性。提出了 1#催化和 2#催化与 1#加氢组合 LTAG 工艺、2#催化与蜡油加氢组合 LTAG 工艺两种实施方案。工业应用结果表明，采用以上工艺催化装置柴油收率下降 8.25~10.52 个百分点，目标产品汽油和液化气收率分别增加 5.32~8.36 和 0.26~0.97 个百分点，非目标产品干气、油浆和焦炭收率分别增加 0.17~0.49、0.02~0.64 和 0.9~1.20 个百分点。加氢催柴表观转化率 58.53~60.12%，汽油选择性 64.48~88.0%。汽油辛烷值提高 0.7~0.9 个单位，烯烃、芳烃和苯含量分别增加 5.0~9.64、1.35~4.64 和 0.02~0.23 个百分点。液化气中丙烯含量下降 8.02~10.29 个百分点，丁烯含量提高 12.50~12.63 个百分点。在炼油加工量 800 万 t/a 条件下，2#催化与蜡油加氢组合 LTAG 工艺，经济效益 3699 万元/年。

关键词　催化柴油　加氢　汽油　LTAG 工艺　效益

1　前言

2014 年以来，国内成品油消费呈现出柴油需求量下降、汽油和航煤需求量持续增长的形势。增产汽油和航煤，压减柴油，提高车用柴油比例，降低柴汽比，成为炼厂提高经济效益的主要措施。此外，柴油质量升级步伐明显加快，2016 年 10 月已执行国Ⅴ车用柴油质量标准，2018 年将执行国Ⅵ车用柴油质量标准。

武汉分公司炼油加工能力 800 万 t/a，属于燃料化工型炼厂。由于加氢裂化装置的投产，催化装置加工能力仅占炼油能力的 25%。2015 年实际柴汽比 1.79，高于中国石化平均水平 0.3 个单位。因此，针对催化柴油的性质，进一步优化催化柴油加工路线，既是柴油质量升级的需要，也是降低柴汽比、提高炼厂效益的必然要求。

2　催化柴油加工路线分析

2.1　主要技术路线

催化柴油具有密度大、芳烃含量高和十六烷值低的特点。催化柴油加工路线大致可以分为四种。

（1）加氢精制，直馏柴油中掺炼 10%催化柴油，或单独加工催化柴油，十六烷值提高 3

~5 个单位，增产车柴或普柴。

（2）加氢改质，利用加氢精制剂和加氢裂化剂的级配装填，在相对缓和操作压力下，实现催化柴油芳烃饱和与环烷烃选择性开环，提高十六烷值 10~15 个单位，氢耗较高，典型的如石科院的 RICH 技术和抚研院的 MCI 技术。

（3）加氢裂化掺炼部分催化柴油，在加氢裂化加工能力有富余条件下，将部分催化柴油引入加氢裂化，实现催化柴油的深度转化，提高车用柴油的比例。

（4）催化柴油加氢-催化组合技术，利用柴油加氢或蜡油加氢及催化的富余能力，将催化柴油经柴油加氢或蜡油加氢后，与精制蜡油混合作为催化裂化原料，将富含芳烃的催化柴油转化为汽油，提高催化汽油产量，降低柴汽比。

催化柴油加工路线的选择与炼厂总流程、柴油池构成以及柴油质量升级的路线密切相关。武汉分公司 2013 年完成炼油质量升级改造后，实现了向燃料化工型炼厂的转变，催化柴油占柴油池的比例为 13%，低于一般燃料型炼厂，催化柴油对柴油质量升级的影响相对较小，突出的问题是汽油产量较低。实际上，为了配合国Ⅳ和国Ⅴ柴油质量升级，提高车用柴油比例，2014 年已将 2# 常减压 1.75 万 t 常三线油和 1# 催化 4.36 万 t 柴油作加氢裂化原料，提高车用柴油约 6 万 t。2015 年将 2# 催化 19.8 万 t 柴油作为蜡油加氢装置原料，将加氢柴油 95%点控制在 310℃，增加精制蜡油产量，提高催化原料量，提高汽油产量 6.9 万 t[1]。

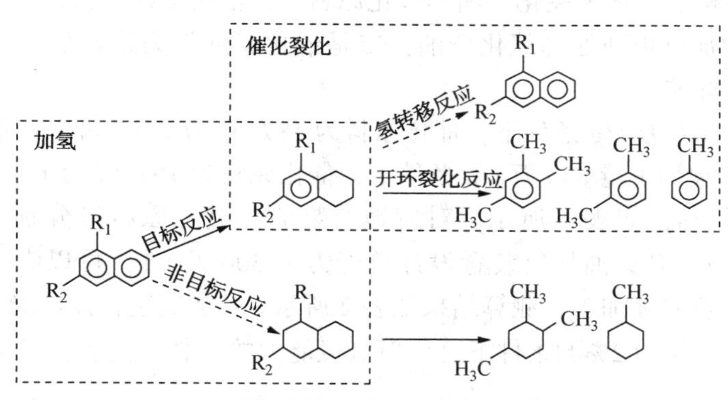

图 1　LTAG 工艺反应原理

2.2　催化柴油加氢-催化组合工艺 LTAG 特点

在催化柴油加氢-催化组合技术中，将催化柴油加氢后单独引入催化提升管反应器，即所谓 LTAG 工艺。该工艺具有投资小、改造量不大的特点，可以作为提高催化汽油产量、降低柴汽比的措施。

LTAG 技术的化学反应原理如图 1 所示[2]。将富含多环芳烃的催化柴油通过加氢选择性地转化为具有单环芳烃的四氢萘而不是深度饱和的十氢萘，同时在催化裂化过程中，选择氢转移反应活性低的催化剂、较高的反应温度和较短的反应时间使四氢萘转化为富含芳烃的高辛烷值汽油，避免氢转移反应重新生成十氢萘[3]。工业应用中，加氢催柴进催化提升管反应器的位置设计依据的就是此原理。

3 催化柴油加氢–催化组合技术LTAG工艺可行性分析

3.1 催化柴油加氢回炼能力测算

催化柴油加氢回炼意味着挤占部分催化加工能力。增上LTAG工艺的前提是，催化加工能力有富余，催化柴油可以单独加氢，或重油加氢能力有富裕。

表1 催化柴油回炼能力测算(万t/a)

原油加工量	800	850	催化装置原料		
催化原料加氢装置原料			精制蜡油	160.87	170.78
减三线	113.76	120.87	减四线	26.16	27.80
焦化蜡油	54.09	57.32	催柴	32.97	21.43
合计	167.85	178.19	合计	220.0	220.0

催化柴油加氢回炼量的测算基于以下基准：①原油加工量800万t/a，最大850万t/a；②两套催化能力220万t/a；③减三线和焦化蜡油全部作为蜡油加氢原料，减四线作为催化掺渣，不考虑外购蜡油和加氢裂化尾油作催化原料；④催化柴油加氢按以下两种方案测算可行性，一是1#柴油加氢单独处理催化柴油；二是催化柴油作为蜡油加氢原料；⑤汽油和柴油均执行国V质量标准。

在原油加工量800万t/a条件下，催化原料为187.03万t/a，可以供催化柴油回炼能力32.97万t/a。在原油加工量850万t/a条件下，催化原料为198.57万t/a，可以供催化柴油回炼能力21.43万t/a，如表1所示。对应地，柴油加氢总原料量分别是280.7万t/a和297.99万t/a。现有三套柴油加氢装置设计总能力为300万t/a，可以满足要求，而且，催化柴油可以在1#加氢单独加工，测算结果如表2所示。1#加氢装置设计能力60万t/a，单独加工催化柴油，在耗氢为2%的条件下，受新氢机能力的限制，仅能加工40万t/a。

表2 柴油加氢原料平衡(万t/a)

原油加工量	800				850			
	1#加氢	2#加氢	3#加氢	合计	1#加氢	2#加氢	3#加氢	合计
直馏柴油		56.0	112.1	168.1		59.5	119.1	178.6
焦化柴油		14.78	29.58	44.36		15.67	31.34	47.01
焦化汽油		9.6	19.41	29.01		10.2	20.53	30.73
催化柴油	35.87			35.87	38.09			38.09
蜡油加氢柴油			3.36	3.36			3.56	3.56
合计	35.87	80.38	164.45	280.7	38.09	85.37	174.53	297.99

3.2 工艺方案及改造内容

可以考虑的工艺方案有两个，方案一是1#催化和2#催化与1#加氢组合实施LTAG工艺，催柴循环量40万t/a；方案二是2#催化(或1#催化)与蜡油加氢组合实施LTAG工艺，催柴循环量20万t/a。原则流程如图2和图3所示。比较而言，方案二可以停开1#加氢装置，成本上有优势。

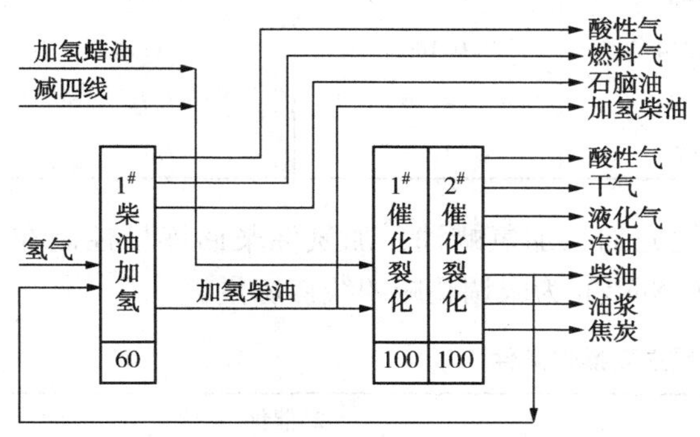

图2 催化柴油加氢-催化组合工艺(方案一)

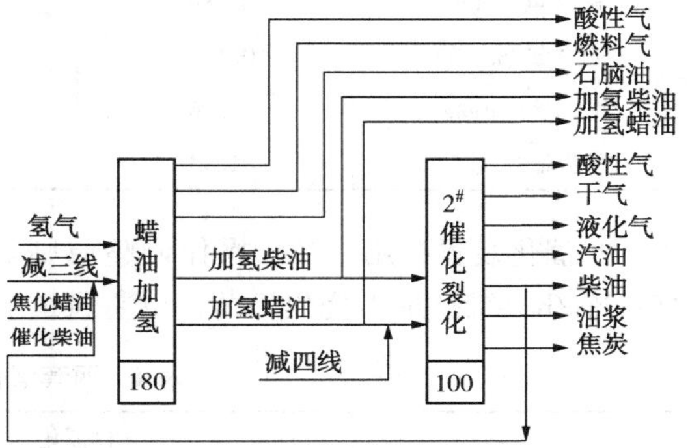

图3 催化柴油加氢-催化组合工艺(方案二)

采用LTAG工艺增加了催化装置和加氢装置之间的关联度。在满足LTAG工艺要求前提下，通过控制方案的选择消除装置之间的相互干扰，确保装置运行的安全平稳，是改造的主要目标。改造的要点可以归纳为以下几个方面：①1#催化提升管2台汽油喷嘴原位改为柴油喷嘴，2#催化新增2台柴油回炼喷嘴，增加加氢柴油进提升管联锁及事故旁通流程；②增加催化和加氢装置之间互供料流程，保留催化柴油和加氢精制柴油外甩流程，确保互供料流量的稳定；③互供料流量由催化装置控制；④合理选择加氢柴油返回催化流程，控制加氢柴油进入提升管温度在140~180℃之间；⑤1#柴油加氢装置增加精制柴油循环流量控制，减少催化柴油加氢反应放热带来床层温度过高的问题。

4 工业应用

LTAG改造于2016年7月底完成施工。8月5日-15日按2#催化与蜡油加氢组合LTAG工艺生产，8月17日-28日按1#催化和2#催化与1#加氢组合LTAG工艺生产，9月1日按2#催化与蜡油加氢组合LTAG工艺生产。8月24-25日完成了1#催化和2#催化与1#加氢组合LTAG标定，9月1日-4日完成了2#催化与蜡油加氢组合LTAG工艺标定。以下分析以标定数据为基础，参考了部分日常运行数据。

4.1 1#催化和2#催化与1#加氢组合LTAG工艺

4.1.1 1#催化投用效果分析

表3 催化原料性质

项 目	1#催化		2#催化	
	空白标定	LTAG标定	空白标定	LTAG标定
密度/(kg/m³)	905.6	910.9	921.5	922.8
残炭/%(m)	1.19	2.32	1.87	1.98

续表

项 目	1#催化		2#催化	
	空白标定	LTAG 标定	空白标定	LTAG 标定
硫含量/%(m)	0.2888	0.2465	0.3521	0.3609
氮含量/%(m)	0.1573	0.1314	0.1865	0.1875
镍含量/(μg/g)	4.06	4.32	4.06	3.72
钒含量/(μg/g)	1.93	3.7	1.93	7.15

1#催化装置投用LTAG操作调整原则是，优先加工加氢蜡油，加氢催柴回炼量控制在15~25t/h，维持最大烧焦负荷，以主风量79000 Nm^3/h 为限调整减四线掺炼量。

表4 两套催化装置主要操作条件

项 目	1#催化		2#催化	
	空白	LTAG 标定	空白	LTAG 标定
原料量/(t/h)	129.9	119.9	132.27	117.33
掺渣比/%	7.54	7.17	16.51	16.59
加氢催柴进料量/(t/h)	0	16.9	0	18.9
提升管出口温度/℃	511.1	515.6	522.1	510.8
沉降器压力/MPa	0.134	0.139	0.181	0.170
一再压力/MPa	0.176	0.172	0.22	0.209
二再压力/MPa	0.120	0.118	0.241	0.229
一再密相温度/℃	657.3	656.6	689.6	689.5
二再密相温度/℃	691.4	703.6	670.8	666.4
总风量/(Nm^3/h)	74453	78424	114749	119135
催化剂活性	74	68	74	61

表5 催化装置物料平衡

项 目	1#催化		2#催化	
	空白	LTAG 标定	空白	LTAG 标定
产品分布/%				
干气+损失	2.28	2.7	2.74	2.91
液化气	15.58	16.55	17.17	17.43
汽油	48.48	53.80	47.06	55.42
柴油	23.54	15.29	20.61	11.11
油浆	4.1	4.74	5.65	5.54
焦炭	6.02	6.92	6.77	7.59
合计	100	100	100	100
加氢催柴转化率/%		58.53		58.98
汽油选择性/%		64.48		88.00

1#催化装置在LTAG投用前后原料性质见表3，主要操作条件见表4，物料平衡见表5，

产品性质见表 6 至表 8。与投用 LTAG 前相比，催化原料密度和残炭有所提高。催化新鲜原料量由 129.9t/h 下调到 119.9t/h，掺渣比基本不变，加氢催柴回炼量 16.9 t/h，催化剂活性由 74 下降为 68，反应温度由 511.1℃ 提高到 515.6℃，有利于提高加氢催化柴油转化率和汽油选择性。物料平衡方面，柴油下降 8.25 个百分点，目标产品汽油和液化气收率分别增加 5.32 和 0.97 个百分点，非目标产品干气、油浆和焦炭收率分别增加 0.42、0.64 和 0.9 个百分点。根据 LTAG 工艺要求，加氢催柴多环芳烃≯18%，密度≯915kg/m^3，实际加氢催柴密度 927~938kg/m^3，多环芳烃含量 25%~28%，加氢催柴表观转化率 58.53%，汽油选择性 64.48%，低于设计值。原因是重整装置催化剂失活，重整产氢气纯度低，$1^{\#}$加氢反应器入口氢分压仅 4.18MPa，远未达到 6.0MPa 的设计值。

产品质量方面，稳定汽油辛烷值由投用前的 91.30 提高至 92.05，提高了 0.75 个单位，烯烃和芳烃含量均增加 5.0 个百分点和 4.64 个百分点，苯含量增加 0.23 个百分点。汽油烯烃含量的增加原因是，投用 LTAG 后，催化剂活性有所降低所致。催化柴油密度为 966kg/m^3，单环芳烃为 21.4%，多环芳烃含量为 66.1%。加氢催柴密度下降为 927.7kg/m^3，单环芳烃提高到 54.5%，多环芳烃下降到 25.5%，没有达到设计值要求。液化气中丙烯含量下降了 8.02 个百分点，碳四烯烃含量增加了 12.63 个百分点。

表 6 稳定汽油分析

项目	$1^{\#}$催化		$2^{\#}$催化	
	空白	LTAG 标定	空白	LTAG 标定
密度/(kg/m^3)	739.0	737.9	735.9	736.8
硫/%(m)	0.0096	0.0106	0.0158	0.0163
初馏点/℃	35	34	38	39
终馏点/℃	202	201	197	202
烯烃/%	21.97	26.97	17.25	26.89
芳烃/%	21.81	26.45	24.0	25.35
苯含量/%	0.65	0.88	0.68	0.70
RON	91.3	92.05	91.6	92.3

表 7 催柴及加氢催柴性质

项目	$1^{\#}$催化		$2^{\#}$催化		
	空白	LTAG 标定	空白	LTAG 标定	加氢催柴
密度/(kg/m^3)	965.5	966.7		965.1	927.7
初馏点/℃	204	198	200	160	191
95%温度/℃	366	379	354	382	360
硫/%	0.2907	0.2797		0.2925	0.0067
氮/%		0.2213		0.2135	0.0101
十六烷值		23.3		23.8	27.5
单环芳烃/%	21.4		23.6		54.5
多环芳烃/%	66.1		72.1		25.5

表8 催化液化气分析

组成/%	1#催化		2#催化	
	空白	LTAG标定	空白	LTAG标定
乙烷+乙烯	0.04	0.10	0.03	0.06
丙烷	8.37	7.47	16.54	11.01
丙烯	41.45	33.43	37.49	28.68
异丁烷	20.64	21.74	19.43	19.76
正丁烷	3.96	4.46	6.8	8.99
正丁烯+异丁烯	12.89	15.65	9.66	14.67
反丁烯	6.96	8.46	5.32	9.5
顺丁烯	5.16	6.05	3.89	7.33
异戊烷	0.53	2.64	0.84	
合计	100	100	100	100

4.1.2 2#催化投用效果分析

2#催化装置投用LTAG操作调整原则和1#催化类似，优先加工加氢蜡油，加氢催柴回炼量控制在15~25t/h，维持最大烧焦负荷，以主风量119000Nm^3/h为限调整减四线掺炼量。

2#催化装置在LTAG投用前后原料性质见表3，主要操作条件见表4，物料平衡见表5，产品性质见表6至表8。与投用LTAG前相比，催化原料密度和残炭变化不大。催化新鲜原料量由132.27t/h下调到117.33t/h，掺渣比基本不变，加氢催柴回炼量18.9 t/h，催化剂活性由74下降为61，提升管出口温度由522.1℃下调至510.8℃，目的是降低生焦，维持加工量和烧焦主风量的限制。物料平衡方面，柴油下降9.50个百分点，目标产品汽油和液化气收率分别增加8.36和0.26个百分点，非目标产品干气、油浆和焦炭收率分别增加0.17、-0.11和0.82个百分点。加氢催柴表观转化率58.98%，汽油选择性88.00%，转化率低于设计值，选择性高于设计值。

产品质量方面，稳定汽油辛烷值由投用前的91.6提高至92.3，提高了0.7个单位，烯烃和芳烃含量分别增加9.64个百分点和1.35个百分点，苯含量增加0.02个百分点。催化柴油密度为965kg/m^3，单环芳烃为23.6%，多环芳烃含量为72.1%。液化气组成中，丙烯含量下降了8.81个百分点，碳四烯烃含量增加了12.63个百分点。

4.1.3 1#柴油加氢投用效果分析

1#柴油加氢操作上作了如下调整，提高反应器入口压力至6.4MPa，反应器入口温度提高到300℃，通过提高精制柴油循环量和冷氢量控制床层温度分布，控制反应器出口温度在360℃以内。

催化柴油进料36~38t/h，精制柴油循环量6~8t/h，反应器入口温度298℃，反应器出口温度在362℃，反应空速0.69，新氢纯度约为89%，循环氢纯度约为67.2%，反应器入口总压6.2MPa，氢分压4.18MPa，氢油比为984，氢耗1.98%。两套催化混合柴油催柴密度962kg/m^3，单环芳烃22.5%，多环芳烃含量69.1%，加氢后柴油密度927.7 g/cm^3，单环芳烃54.5%，多环芳烃25.5%，十六烷值由23.9提高到27.5，提高了3.6个单位，脱硫率98.3%，脱氮率90.4%。加氢柴油密度和多环芳烃含量未达到设计值，原因有两点，一是反应氢分压远低于设计要求，二是为了提高催化柴油循环量导致95%馏出温度在370~380℃之间，以上两点也是导致催化加氢柴油转化率和汽油选择性低于设计值的主要原因。

表9 1#柴油加氢操作条件

工艺参数	数值	工艺参数	数值
催化柴油新鲜进料量/(t/h)	36	一床层入/出口温度/℃	301/342
反应进料量/(t/h)	41.5	二床层入/出口温度/℃	346/360
返两套催化总量/(t/h)	35	三床层入/出口温度/℃	358/362
反应器入口总压/MPa	6.23	平均反应温度/℃	350
反应器入口氢分压/MPa	4.18	二床层间冷氢量/(Nm^3/h)	3000
高分压力/MPa	5.4	三床层间冷氢量/(Nm^3/h)	3663
主剂总体积空速/h^{-1}	0.69	新氢量/循环氢量/(Nm^3/h)	10465/47520
反应器入口温度/℃	298	反应器入口氢油比/(Nm^3/Nm^3)	984

4.2 2#催化与蜡油加氢组合 LTAG 工艺

4.2.1 2#催化投用效果分析

表10 2#催化原料性质

	空白	LTAG 标定		空白	LTAG 标定
密度/(kg/m^3)	921.5	929.6	氮含量/%(m)	0.1865	0.1812
残炭/%(m)	1.87	2.03	镍含量/(μg/g)	4.06	5.01
硫含量/%(m)	0.3521	0.4256	钒含量/(μg/g)	1.93	4.62

2#催化装置在LTAG投用前后原料性质见表10，主要操作条件见表11，物料平衡见表12，产品性质见表13至表15。与投用LTAG前相比，催化原料密度和残炭有所提高。催化新鲜原料量由132.27t/h下调到117.33t/h，掺渣比基本不变，加氢催柴回炼量21.57t/h，催化剂活性由74下降为63。物料平衡方面，柴油下降10.52个百分点，目标产品汽油和液化气收率分别增加8.11和0.67个百分点，非目标产品干气、油浆和焦炭收率分别增加0.49、0.02和1.20个百分点。加氢催柴表观转化率60.12%，汽油选择性77.09%。

表11 2#催化装置主要操作条件

项　目	空白	LTAG 标定	项　目	空白	LTAG 标定
原料量/(t/h)	132.27	123.26	二再压力/MPa	0.241	0.233
掺渣比/%	16.51	17.44	一再密相温度/℃	689.6	687
加氢催柴进料量/(t/h)	0	21.57	二再密相温度/℃	670.8	672
提升管出口温度/℃	522.1	515	总风量/(Nm^3/h)	114749	117583
沉降器压力/MPa	0.181	0.179	催化剂活性	74	63
一再压力/MPa	0.22	0.214			

表12　2#催化装置物料平衡(%)

项　目	空白	LTAG标定	项　目	空白	LTAG标定
产品分布/%			油浆	5.65	5.67
干气+损失	2.73	3.22	焦炭	6.77	7.97
液化气	17.17	17.84	合计	100	100
汽油	47.06	55.17	加氢催柴转化率/%		60.12
柴油	20.61	10.09	汽油选择性/%		77.09

产品质量方面，稳定汽油辛烷值由投用前的91.6提高至92.5，提高了0.9个单位，烯烃和芳烃含量分别增加8.85个百分点和1.90个百分点，苯含量增加0.15个百分点。催化柴油密度为970kg/m^3，单环芳烃为20.3%，多环芳烃含量为67.9%。液化气组成中，丙烯含量下降了10.29个百分点，碳四烯烃含量增加了12.50个百分点。

表13　2#催化稳定汽油性质

项目	空白	LTAG标定	项目	空白	LTAG标定
密度/(kg/m^3)	735.9	737.9	烯烃/%	17.25	26.1
硫/%(m)	0.1585	0.1658	芳烃/%	24.0	25.9
初馏点/℃	38	34.6	苯含量/%	0.68	0.83
终馏点/℃	197	199.8	RON	91.6	92.5

表14　2#催化柴油及加氢催柴性质

项目	空白	LTAG标定	加氢催柴
密度/(kg/m^3)		970.7	901.1
初馏点/℃	200	156.2	186.5
95%温度/℃	354	370.6	371
硫/%		0.3423	0.0315
氮/%		0.1306	0.0579
十六烷值	22.5	22.2	33.2
单环芳烃/%	23.6	20.3	47.7
多环芳烃/%	72.1	67.9	18.1

表15　2#催化液化气分析

组分/%	空白标定	LTAG标定	组分/%	空白标定	LTAG标定
乙烷+乙烯	0.03	0.04	正丁烯+异丁烯	9.66	14.0
丙烷	16.54	11.42	反丁烯	5.32	9.67
丙烯	37.49	27.2	顺丁烯	3.89	7.7
异丁烷	19.43	20.86	异戊烷	0.84	0
正丁烷	6.8	9.12	合计	100	100

4.2.2 蜡油加氢投用效果分析

蜡油加氢装置在投用LTAG前已经在回炼2#催化柴油，因此操作上调整不大。由于新建150万t/a S zorb投产，提高了催化装置原料的适应性，为降低加工成本，采取了适当降低蜡油加氢精制深度的措施。

蜡油加氢装置主要操作参数见表16。投用LTAG前后，总加工量214t/h，达到设计负荷，焦化蜡油和催化柴油掺炼比例基本不变。反应器温度入口温度331℃，反应器出口温度382℃，下降3~4℃；2#催化柴油回炼量26t/h，加氢催柴25t/h，其中返回2#催化21.57t/h。反应体积空速1.1，氢油比498，氢耗0.97，氢耗下降0.13个百分点。加氢蜡油脱硫率88.02%，脱氮率47.32%，分别下降3.80个百分点和7.89个百分点，加氢深度明显下降。

2#催化柴油催柴密度970.7kg/m^3，单环芳烃20.3%，多环芳烃含量67.9%，加氢后柴油密度901.1 g/cm^3，单环芳烃47.7%，多环芳烃18.1%，十六烷值由22.2提高到33.2，提高了11.0个单位，脱硫率83.1%，脱氮率55.7%。加氢柴油密度和多环芳烃含量基本达到设计值，如表14所示。

值得指出的是，蜡油加氢装置加氢催化柴油和1#柴油加氢催化柴油转化率相比仅提高了2.14个百分点，汽油选择性下降了10.91个百分点。一个可能的原因是，在蜡油加氢装置操作条件及催化剂条件下，催化柴油加氢转化为四氢萘型单环芳烃的选择性不够好，另一个原因是催化柴油干点过高。

表16 蜡油加氢反应部分操作条件

项 目	空白样	LTAG标定	项 目	空白样	LTAG标定
总进料量/(t/h)	214	214	新氢/循环流量/(Nm^3/h)	25654/161451	24351/164151
焦化蜡油流量/(t/h)	74.1	73.0	体积空速/h^{-1}	1.1	1.1
2#催化柴油流量/(t/h)	27.3	26.0	氢油比/(Nm^3/m^3)	550	500
反应器入口温度/℃	335	331	氢耗/%	1.10	0.97
反应器出口温度/℃	385	382	加氢蜡油脱硫率/%	91.82	88.02
热高分压力/MPa	9.65	9.84	加氢蜡油脱氮率/%	55.21	47.32
氢分压/MPa	8.44	8.60			

5 效益测算

测算三个方案：

(1) 基准方案：全部催化柴油至1#加氢生产普柴，类似2014年生产方案；

(2) 方案A：2#催化柴油作为蜡油加氢原料，与加氢蜡油混合作为催化原料，类似2015年生产方案；

(3) 方案B：2#催化柴油-蜡油加氢组合工艺LTAG。

为了避开中间产品无法定价问题，按项目有无对增上LTAG进行全流程效益计算。采用2015年实际价格体系，所有原料或产品均为不含税价，忽略吨油完全加工费用的差别。

表17 蜡油加氢-2#催化组合LTAG工艺效益测算

	原料或产品量/(万t/a)			成本或产值增量/(万元/年)	
	基准方案	方案A	方案B	方案A	方案B
投入					
原油	800.00	800.00	800.00	基准	基准
制氢天然气	13.08	12.67	12.56	-1018	-1291
产出					
LPG	9.77	10.90	10.27	4095	1824
聚丙烯	10.36	10.99	10.64	3267	1454
乙烯原料	193.38	195.07	193.95	4006	1130
汽油	129.30	134.63	137.81	20242	30091
柴油	293.56	283.27	282.93	-28593	-29539
合计				1999	3669

计算结果如表17所示，表中物料没有增量的未列出。与基准方案相比，方案A和方案B效益分别是1999万元/年和3669万元/年。效益来源主要是高附加值的汽油产量的增加，其次是液化气和聚丙烯产量的增加，同时，由于催化柴油产量下降，用于制氢的天然气成本有所下降。另一方面，催化柴油加氢回炼，减少了普柴产量，效益下降较多，而且部分还转化为低价值的干气和焦炭。总的来看，在2015年实际价格体系下，采用LTAG工艺有一定的经济效益。计算结果还表明，原油价格越低，汽油和柴油价格差越大，LTAG工艺效益越好加氢催柴表观转化率和汽油选择性有最低要求，否则经济效益为负数。

6 结论

（1）在原油加工量800万~850万t/a条件下，可以供催化柴油回炼能力21.43万~32.97万t/a。

（2）1#催化和2#催化与1#加氢组合LTAG工艺，1#催化和2#催化柴油收率分别下降8.25和9.5个百分点，汽油收率分别提高5.32和8.36个百分点，辛烷值分别提高0.75和0.7个单位；液化气中丙烯含量分别下降8.02和8.81个百分点，丁烯含量均提高12.63个百分点。

（3）2#催化与蜡油加氢组合LTAG工艺，2#催化柴油收率下降10.52个百分点，汽油收率提高8.11个百分点，汽油辛烷值提高0.9个单位；液化气中丙烯含量下降10.29个百分点，丁烯含量提高12.50个百分点。

（4）在原油加工量800万t/a和2015年实际价格体系条件下，2#催化与蜡油加氢组合LTAG工艺经济效益达到3699万元/年。

（5）催化柴油加氢回炼挤占部分催化加工能力，适用于催化和柴油加氢加工能力有富余或柴油需求小的炼厂。汽油和柴油价格差以及加氢催柴表观转化率和汽油选择性有最低要求，否则经济效益为负数。

参 考 文 献

[1] 王伟．炼化一体化企业提高催化汽油产量的措施分析[J]．炼油技术与工程，2016，46(11)：21：26.

[2] 龚剑洪．催化裂化轻循环油加氢-催化裂化组合生产高辛烷值汽油或轻质芳烃(LTAG)技术[J]．石油炼制与化工，2016，47(9)：1：5.

[3] 龚剑洪．LCO 加氢-催化组合生产高辛烷值汽油或轻质芳烃(LTAG)技术开发[J]．石油学报：石油加工，2016，32(5)：867：874.

全体相金属催化剂 Nebula 20 在柴油质量升级中的应用

胡　勇　王艳雄　祁晓军

（中国石油独山子石化分公司炼油厂，独山子　833699）

摘　要　随着日益紧迫的环保压力，中国石油天然气股份公司从 2015 年起要求各石化公司出厂的车用柴油均要满足硫含量小于 50mg/kg 的国Ⅳ标准要求。独山子石化公司提前组织对国Ⅳ生产存在瓶颈的 80 万 t/a 催焦柴加氢装置进行催化剂更换，更换为雅保公司生产的全体相金属催化剂 Nebula 20 催化剂。通过操作调整优化，保证了国Ⅳ柴油生产的顺利进行。进入 2016 年国家再次下发了 2017 年 1 月 1 日柴油升级国Ⅴ的要求，在时间紧迫的情况下，在未进行改造换剂的情况下，进行了深度脱硫试生产工作，试生产证明，能够满足国Ⅴ柴油标准要求，顺利实现了国Ⅴ柴油升级。

关键词　柴油质量升级　瓶颈　全体相金属催化剂

1　现状

中国石油独山子石化 1000 万 t/a 炼油及 120 万 t/a 乙烯技术改造工程于 2009 年 9 月投入生产。炼油部分有三套装置生产柴油组分，其中 200 万 t/a 加氢裂化装置和 300 万 t/a 直馏柴油加氢装置均按照国Ⅴ柴油进行设计，80 万 t/a 催焦柴加氢装置加工催化柴油、焦化柴油和焦化汽油三种原料，原设计生产国Ⅲ柴油，初次装填采用的是石科院 RN-10B 催化剂，反应器设置了两个床层。RN-10B 催化剂到 2014 年 9 月份运行满 5 年，接近 6 年寿命期。

2　80 万 t/a 催焦柴加氢装置更换催化剂

2.1　催化剂选型

从现状分析中可以看出，80 万 t/a 催焦柴加氢装置能否实现国Ⅳ柴油的生产是独山子石化公司国Ⅳ柴油生产的瓶颈，在时间紧、同时节约资金的情况下，通过更换催化剂是最好的途径。经评选最终选定了雅保公司（Albemarle Chemicals Co. Ltd.）的催化剂。按照雅保提供的级配装填方案，选择了活性较高的 KF860、KF767 以及最新一代活性最高的 Nebula 20 全体相金属催化剂。在技术协议中厂家保证在现有装置不进行改造的情况下，精制柴油硫含量等各项指标能够直接达到国Ⅴ柴油标准要求。在 2014 年装置 5 月份更换了催化剂。

2.2 催化剂装填

2.2.1 催化剂特性

本次选用的主催化剂为 KF 767-1.3Q，KF860-1.3Q 和 Nebula 20。KF767 为钴钼类催化剂，具有高的加氢脱硫活性并具有接近 100%的Ⅱ类活性中心，专门设计应用于中压条件下超低硫柴油的生产，与镍钼催化剂相比，其氢耗较低。当加氢脱硫活性受氮抑制时，与以前的催化剂相比，其活性有显著提高；KF 860 是一种超高活性的镍钼类催化剂，其特点是脱氮活性与芳烃加氢活性极高，并且在中高氢分压条件下具有优异的脱硫特性，其孔结构使其特别适合于处理裂化原料；Nebula 20 是最新一代，活性最高的全体相金属催化剂，自加氢催化剂从 20 世纪 50 年代问世以来，其代表了最大的技术性突破，在脱硫、脱氮和芳烃饱和方面目前无任何催化剂能够与之媲美。Nebula 20 催化剂是能否保证柴油成功升级的关键。本次选用的催化剂均为氧化态。

表 1 主催化剂性质

项　目	KF767	KF860	Nebula20
催化剂化学组成/%(m)			
Mo	5%~50%	5%~50%	—
Co	1%~15%		—
Ni		1%~15%	—
形状	四叶草	四叶草	四叶草
平均长度	4	4	3
侧压强度	7	8	5
密相密度/(kg/m^3)	775	835	1185
磨损指数/%(m)	0.9	0.5	3.0

2.2.2 催化剂装填

催化剂在 2014 年 5 月完成更换，采用密相装填的方式进行，见表 2。

表 2 催化剂装填表

催化剂名称	装填数量			
	高度/mm	体积/m^3	质量/t	堆比/(kg/m^3)
保护剂	1400	8.7	2.04	495
KF647(上层)	988	6.1	3.3	541
KF860(上层)	3228	19.87	19	923
KF860(下层)	3630	22.35	20	897
KF647(下层)	130	0.8	0.35	437.2
Nebula20(下层)	2340	14.4	17.6	1221
KF767(下层)	540	3.32	3.5	1038

3 80 万 t/a 催焦柴加氢装置装置换剂升级国Ⅳ柴油问题及处理

3.1 按照国Ⅳ柴油进行催化剂性能测试

更换催化剂装置开工 2 个月后，按照技术协议要求对催化剂应用情况进行性能测试。测试期间反应进料温度265℃，反应入口氢分压6.93MPa，总温升103℃，新氢流量已达到新氢机满负荷15000m^3/h，精制柴油硫含量<40μg/g。装置在升温调整期间由于新氢量不足，不断降低加工量，加工量最终稳定在80t/h，加工量只有新催化剂设计值的71%。本次性能测试出现氢耗高的问题主要是由于催柴原料密度、干点高造成的。

表3和表4分别是80万t/a催焦柴加氢装置原料性质和关键操作参数与设计值对比情况：

表3 原料性质与催化剂设计值对比情况

名称	催柴		焦柴		焦汽		混合料		精制柴油(国Ⅳ)	
	设计	实际	设计	实际	设计	实际	设计	实际	设计	实际
20℃密度/(g/mL)	0.878	0.913	0.84	0.848	0.72	0.733	0.816	0.831		
掺炼比例/%	29.7	29.5	44.7	45	25.6	25.3	100	100	≥76.22	81.2
初馏点/℃	185	184	180	185	48		48	50.5		182.3
终馏点/℃	359	364.2	350	348.5	205		359	347		347.6
硫/%(m)	0.94	1.14	0.79	0.793	0.44	0.378	0.75	0.78	≤10(国五)	23.8
氮/(μg/g)	900	948.8	1831	1241	157	109.9	1121	843.4		2.0
溴价	15	21.63	26	35.04	72		34.5	42.29		0.44
十六烷值	33		46				41			
十六烷值指数									>46	49
总芳/%(m)	52		28		10		30.5	39.9		27.1
多芳/%(m)	24		14		0		13.4	18		3.0

表4 国Ⅳ生产期间关键操作参数与催化剂设计值参数的对比

主要参数	设计值	生产国Ⅳ期间
反应进料/(t/h)	113	80
反应器进料温度/℃	294	265
一床温升/℃	<65	73
二床温升/℃	<35	30
总温升/℃	90	103
平均反应温度/℃	343	326
反应入口氢分压/MPa	7.3	6.93
氢油比	450	960
新氢量/(Nm^3/h)	12500	15000
化学氢耗/%(m)	0.95	1.45

3.2 优化物料结构、性质实现国Ⅳ柴油升级

针对催化剂更换初期性能测试情况，经讨论确定了国Ⅳ标准柴油生产期间另一套300万t/a直柴加氢装置掺炼部分催化柴油和80万t/a催焦柴加氢装置掺炼部分直馏柴油的方案，同时优化催柴性质，以缓解80万t/a催焦柴加氢装置氢耗高的问题。本次试生产80万t/a催焦柴加氢装置总加工量控制在105t/h，其中掺炼直柴20t/h，焦汽25t/h，催柴20t/h，焦柴40t/h。反应器入口温度提高到265℃，精柴硫含量34.6mg/kg，满足了国Ⅳ柴油质量标准。

表 5　装置掺炼直馏柴油情况时操作参数

主要参数	国Ⅳ设计值	生产国Ⅳ期间	掺炼直柴加工比例
反应进料/(t/h)	113	105	
催化柴油/(t/h)	29.7	20	19.05%
焦化柴油/(t/h)	44.7	40	38.10%
焦化汽油/(t/h)	25.6	25	23.81%
直馏柴油/(t/h)	0	20	19.05%
催化剂床层平均温度/℃	343	328.1	
总温升/℃	90	89.9	
新氢量/(Nm^3/h)	12500	15000	
化学氢耗/%(m)	0.95	1.1	
精柴硫含量/(μg/g)	≤10	34	
精柴氮含量/(μg/g)	—	6	
精柴十六烷指数	≥46	47	

后期为了进步降低氢耗，经核算国Ⅳ柴油生产期间，80 万精柴硫含量控制在 80μg/g 左右与 200 万 t/a 加氢裂化重柴油、300 万 t/a 精制柴油混合后仍可以满足国Ⅳ标准要求，并减少质量过剩。为此在深度脱硫性能考核完毕后，装置开始降低反应深度，反应入口温度降到 262℃。根据新氢量，在加工量保持在 105t/h 情况下，将催化柴油加工量提高到 20t/h，直柴降至 16t/h，焦化汽油 25t/h，焦柴 44t/h，精柴硫含量基本能稳定在 80mg/kg 左右。

4　升级国Ⅴ柴油标准

考虑 300 万 t/a 直馏柴油加氢装置原催化剂已经运行 6 年，而大修周期为四年。公司决定利用 2015 年 5 月装置停工大修的时间，对 300 万 t/a 直馏柴油加氢装置进行了换剂以满足国Ⅴ柴油标准。80 万 t/a 催焦化汽柴油加氢装置在 2015 年仅用了一年时间，当时未进行换剂。但是到 2016 年国家将汽柴油国Ⅴ升级时间从 2018 年提前到了 2017 年 1 月，在时间紧迫的情况下，80 万 t/a 催焦化汽柴油加氢装置无法完成改造和换剂工作。在这种情况下，石化公司再次组织攻关，采取掺炼催柴和不掺炼催柴两种方案生产国Ⅴ柴油。两种方案主要运行参数和质量情况如下：

表 6　国Ⅴ柴油生产参数表

主要参数	方案 1	方案 2
反应进料/(t/h)	94.4	110.3
催化柴油/(t/h)	30.4	11.7
直馏柴油/(t/h)	0	20
反应器入口温度/℃	274.6	280.8
总温升/℃	100.4	86.8
新氢量/(Nm^3/h)	15000	15000
化学氢耗/%(m)	1.28	1.10
精柴硫含量/(μg/g)	2.7	5.4
精柴十六烷指数	45.7	54.9

在氢耗满负荷情况下，按照方案1反应总进料量94.4t/h，年加工量79.3万t/a(按8400h/a)，精柴硫含量2.7μg/g，十六烷指数45.7；方案2反应总进料量可达110.3t/h，年加工量92.6万t/a(按8400h/a)精柴硫含量5.4μg/g，十六烷指数54.9。

2016年10月开始炼油厂正式开始生产国Ⅴ柴油进行管线和储罐置换，顺利完成了2017年1月1日外输柴油满足国Ⅴ标准的目标。由于Nebula 20催化剂协议寿命为3年，预计运行到2017年。为了延长催化剂使用周期，公司采取了降低反应深度、减少质量过剩、降低了催柴在80万t/a催焦柴加氢装置的加工比例等措施，确保催化剂安全运行到2019年大修。通过降低80万t/a催焦柴加氢装置反应温度，将精制柴油馏出口硫含量控制在20μg/g左右，与300万t/a直柴加氢装置和200万t/a加氢裂化装置柴油混合后，仍满足国Ⅴ柴油标准要求。这样即减少了氢耗和能耗，同时有效延长了催化剂的使用寿命。2016年12月份雅保公司对80万t/a催焦柴加氢装置催化剂进行了寿命预测，按照目前工况催化剂完全可以运行到2019年大修。

5 结束语

独山子石化公司柴油升级情况表明，随着催化剂技术的进步，仅通过更换高效能深度柴油催化剂以及优化加工流程就可以实现油品质量升级。这样可以有效节约了装置改造成本，同时能够赶上中国越来越快的油品升级步伐。按照目前发展趋势，原油性质越来越恶劣，柴油加工难度会逐步增加，与之矛盾的是油品质量升级的脚步越来越快。目前中国政府已开始制订国Ⅵ汽柴油标准，并计划在2018年全面实施。新标准中对柴油密度范围、十六烷值、芳烃含量等指标提出了更高的要求，独山子石化公司已开始对国Ⅵ汽柴油的加工开展评估工作，有望通过蒸馏、催化以及柴油加氢等装置的调整，优化柴油性质，利用现有装置实现国Ⅵ柴油升级。

荆门分公司 50 万 t/a 柴油加氢改质装置开工总结

高则刚　田攀登

（中国石化荆门分公司，荆门　448039）

摘　要　中国石化荆门分公司对原有 100 万 t/a 柴油加氢精制装置采用加氢改质技术进行改造，充分利用 RS-1000 加氢精制催化剂的再生剂，并补充部分 FC-50 加氢改质催化剂，加工劣质催化裂化柴油，以此实现提高产品柴油十六烷值的目的。

关键词　加氢精制　加氢改质　催化柴油　十六烷指数

1　前言

近年来，随着国内所加工原油的日益重质化，催化裂化装置所加工的原料也日趋重质化和劣质化。并且，为达到改善汽油质量或增产丙烯的目的，催化裂化装置又进行了改造或提高了操作苛刻度，导致催化裂化柴油的质量进一步恶化。目前，国内炼油企业所生产的催化裂化柴油的芳烃含量通常会达到45%~80%，十六烷值在 20~35 左右。随着环保法规的日趋严格，各炼油企业所面临的产品质量升级压力日益增加[1]，中国石化荆门分公司也面临相同的问题。

荆门分公司原 100 万 t/a 柴油加氢装置是用于加工焦化柴油、催化柴油和直馏柴油等混合原料的清洁柴油生产装置。该装置由中国石化工程建设公司(SEI)设计，设计压力等级为 8.0MPa，2005 年 4 月首次工业应用。

为加工劣质催化裂化柴油、最大限度提高产品柴油十六烷值，从而缓解柴油质量升级中遇到的十六烷值不足的矛盾，荆门分公司采用加氢改质技术将原有 100 万 t/a 柴油加氢装置改造为 50 万 t/a 柴油加氢改质装置。2015 年 4 月，该装置停工检修，检修期间将催化剂全部卸出并再生。第一、二床层回装上周期使用的石油化工科学研究院(以下简称 RIPP)开发的柴油加氢精制催化剂 RS-1000 再生剂，第三床层催化剂更换为抚顺石油化工研究院研发的 FC-50 加氢改质催化剂[2]。经催化剂装填、气密、干燥、硫化、初活稳定，该装置于 2015 年 5 月 7 日切换催化原料，实现开车一次成功。

2　技术改造内容

本次技术改造装置设备、流程都未做大的调整，主要将原精制剂更换为部分加氢改质催化剂。反应器第一、第二床层上部充分利旧，装填原 RIPP 的加氢精制催化剂 RS-1000 再生剂，第二、三床层装填了部分抚顺石油化工研究院研发的 FC-50 加氢改质催化剂 28t，第一床层上部装填保护剂采用级配方案 FZC-100 0.84t，FZC-105 0.45t，FZC-106 1.32t，改造前后催化剂分布情况如图1所示。

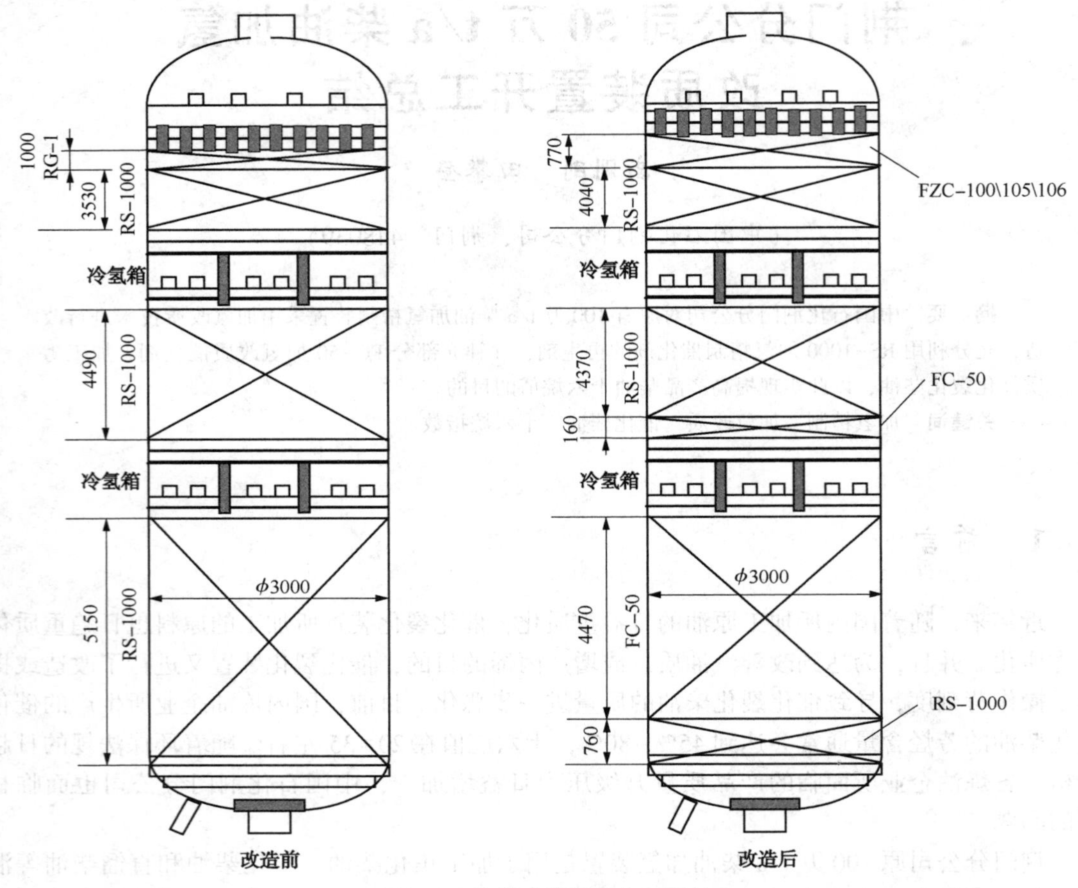

图1 改造前后催化剂分布情况

改造前、后对比，充分利旧、不同催化剂进行分段、级配装填：

(1) 改造后，保护剂采用 FZC-100、FZC-105、FZC-106 级配。

(2) 改造后，在上床层和中床层上部装填原加氢精制催化剂 RS-1000 再生剂约 4370mm (31.38t)，中床层下部装填加氢改质催化剂 FC-50 约 160mm(0.64t)；下床层上部装填加氢改质催化剂 FC-50 约 4470mm，27.36t，下床层底部装填原加氢精制催化剂 RS-1000 再生剂约 760mm(5.79t)。

3 开工过程

3.1 催化剂装填

本次催化剂的装填从4月28日开始至30日结束，历时3天。R-101 再生剂的装填由山东瑞东工程有限公司完成。详细装填数据见表1。

表1 催化剂装填情况

床层	装填物	装填高度/mm	装填体积/m³	装填重量/t	装填密度/(t/m³)
一床层	空高				
	FZC-100	150	1.06	0.84	0.79
	FZC-105	200	1.41	0.45	0.32
	FZC-106	420	2.96	1.32	0.45
	RS-1000 精制剂 再生剂	4040	28.54	29.14	1.02
	φ3 瓷球	100	0.71	0.75	1.06
	φ6 瓷球	100	0.71	0.68	0.95
二床层	空高				
	φ13 瓷球	100	0.71	0.63	0.88
	RS-1000 精制剂 再生剂	4370	30.87	31.38	1.00
	FC-50	160	1.13	0.64	
	φ3 瓷球	100	0.71	0.75	1.06
	φ6 瓷球	100	0.71	0.68	0.95
三床层	空高				
	φ13 瓷球	100	0.71	0.63	
	FC-50	4470	31.58	27.36	0.87
	RS-1000 精制剂 再生剂	760	5.37	5.79	1.08
	φ3 瓷球	100	0.71	0.75	1.06
	φ6 瓷球	100	0.71	0.68	0.95
	φ13 瓷球	收集器上沿 200		1.50	

反应器R-101共装入RS-1000和FC-50催化剂共94t，体积为97m³。催化剂的装填堆比为0.969t/m³(总催化剂堆比)；装入保护剂FZC-100共计0.84t，体积1.059m³，FZC-105共计0.45t，体积1.413m³，FZC-106共计1.32t，体积2.96m³；装入φ13瓷球2.125t，装入φ6瓷球2.025t，装入φ3瓷球2.25t。

总体来讲，本次催化剂装填工作较为顺利，各床层装填量及装填质量均达到预定目标，为装置的正常运行奠定了坚实基础。

3.2 反应系统氢气气密

5月1日反应系统氮气置换流程经检查确认后，16:40K-102出口补入氮气进行反应系统氮气置换。5月2日10:10，待循环氢氧含量分析小于0.5%合格后，引新氢进装置。13:30开循氢机K-102建立氢气循环，并点加热炉F-101，对反应系统进行氢气气密，如表2所示。

表2 系统氢气气密步骤

气密阶段	一	二	三	四
气密压力/MPa	2.0	3.0	6.0	7.5
升降压速度/(MPa/h)	1.0	1.0	1.5	1.5

续表

气密阶段	一	二	三	四
允许最大压降/MPa	0.04	0.04	0.04	0.04
恒压时间/h	1	1	1	1

由于本次停工换剂期间，装置进行了全面大检修，拆卸阀门、人孔、容器大盖、法兰等作业内容较多，因此，气密阶段发现漏点较多。经过及时联系保运人员处理完毕各漏点后，5月3日3:00反应系统7.5MPa气密合格，反应系统降压至6.0MPa，准备催化剂硫化。

3.3 催化剂预硫化

3.3.1 硫化油

本次催化剂FC-50的预硫化采用二甲基二硫(DMDS)为硫化剂，以直馏柴油作为硫化携带油，其性质如表3所示。催化剂预硫化采用湿法硫化的方法[3]。

表3 低氮油性质

项　目	低氮油	项　目	低氮油
馏程/℃		70%	305
初馏点	181	90%	320
10%	244	终馏点	341
30%	277	硫/(μg/g)	5400
50%	293	氮/(μg/g)	280

3.3.2 硫化条件

催化剂FC-50的硫化初始条件如表4所示。

表4 硫化初始条件

项　目	工况	项　目	工况
反应器入口温度/℃	149	反应器入口压力/MPa	7.6
循环氢量/(NL/h)	50，000	进油量/(t/h)	66

3.3.3 硫化过程

2015年5月3日10:00，开始向系统中引入低氮工油(低氮油性质见表3、硫化初始条件见表4)，起始进油量为66t/h。12:00吸附热温波通过精制催化剂床层，最高点温度为150℃，最高点温升12℃。

12:40催化剂各床层得到充分湿润，且建立高分液位后，开始进行外甩油清洗。待外甩油澄清后建立循环。

13:00开始向原料泵入口处注入硫化剂(DMDS)。以10℃/h的速度升高反应器入口温度。

15:00循环氢中检测到500μg/g硫化氢。

16:00循环氢中硫化氢浓度达到3500μg/g，标志硫化氢已穿透整个催化剂床层。开始以10℃/h的升温速度升高反应器入口温度。升温期间，保持循环氢中硫化氢浓度不低于

1000μg/g。

17:30 反应器入口温度达到230℃，开始恒温8h，恒温过程中循环氢浓度保持不低于1000μg/g。

5月4日2:00恒温结束。以8℃/h的升温速度提高反应器入口温度，向315℃升温。

11:10 反应器入口温度达到310℃，由于加热炉负荷有限无法继续升高温度，在此温度开始310℃恒温8h。

19:00 催化剂硫化过程结束(见图2硫化曲线)。此次硫化共使用DMDS硫化剂9t。

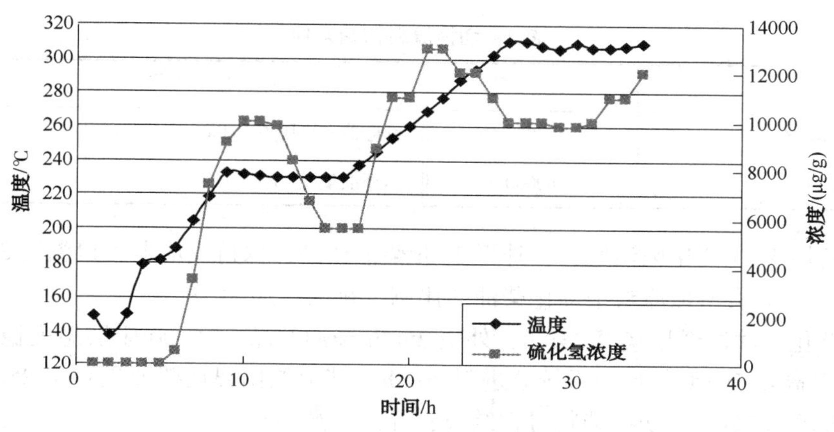

图2 催化剂硫化曲线

3.4 初活性稳定

由于FC-50完成预硫化后，初期活性较高，直接引入催化柴油原料存在较大风险。而本套装置不具备注氨钝化条件，此次开工引入直馏柴油进行初活性稳定[4]，共计48h。待催化剂初活性减弱后再切换新鲜原料。钝化初始条件如表5所示，表6为初活稳定用油主要性质。

表5 引直馏柴油初始条件

项 目	工 况	项 目	工 况
反应器入口温度/℃	292	直馏柴油量/(t/h)	10
循环氢量/(NL/h)	70000	循环油量/(t/h)	60
反应器入口压力/MPa	7.4		

表6 初活稳定用油主要性质

项 目	数 据	项 目	数 据
密度(20℃)/(g/cm³)	838.6	90%	329
馏程/℃		95%	340
初馏点	190	硫/%(m)	0.361
10%	198	氮/(μg/g)	280
50%	285	碱性氮/(μg/g)	263

5月5日9:30开始引入10t/h直馏柴油进行初活性稳定，初始条件见表5。

10:00切换至30t/h直馏柴油，循环油减小至40t/h。

11:00切换至70t/h直馏柴油一次通过，开始初活性稳定。

5月7日10:00初活性稳定结束。

3.5 切换原料

5月7日10:00出装置柴油改全循环，准备切换新鲜原料，初始条件见表7。

表7 切换原料初始条件

项 目	工 况	项 目	工 况
反应器入口温度/℃	300	反应器入口压力/MPa	7.6
循环氢量/(NL/h)	80000	循环油量/(t/h)	70

10:30切换5t/h催化柴油原料，外甩5t/h柴油产品，保持反应器入口温度300℃，待床层温度温定后，分次增加原料中催化柴油的比例，每次增加5t/h。

14:30催化柴油原料切换至25t/h，外甩25t/h柴油产品。16:00床层温度稳定后，反应器入口温度升高至303℃，反应系统总进料70t/h，其中催化裂化柴油进料量25t/h，直馏柴油20t/h，循环油25t/h。切换油料过程结束，开始升温调整。

3.6 初期运行结果

装置改造后初期运行原料油性质如表8，主要工艺参数如表9。

表8 原料油主要性质

项 目	直馏柴油	催化柴油	混合原料
密度(20℃)/(g/cm^3)	0.849	0.9405	0.8736
馏程/℃			
初馏点	181	188	195
10%	246	—	231
30%	277	258	256
50%	293	281	280
70%	305	—	310
90%	320	344	388
终馏点	341	365	364
十六烷指数		21	40.6
硫/(μg/g)	5400	9000	4600
氮/(μg/g)	280	—	~600

表9 主要工艺参数及产品收率

项 目	操作条件	项 目	操作条件
催化柴油原料/(t/h)	25	二床层入口温度/℃	344
直馏柴油原料/(t/h)	20	二床层出口温度/℃	347
循环油/(t/h)	25	三床层入口温度/℃	347
循环油比例/%	35.71	三床层出口温度/℃	354
入口压力/MPa	7.7	中床层冷氢量/(Nm^3/h)	0
循环氢/(Nm^3/h)	80000	下床层冷氢量/(Nm^3/h)	3600
新氢/(Nm^3/h)	9000	化学氢耗/%	1.32
反应器入口温度/℃	319	柴油收率/%	91.59
一床层出口温度/℃	343	汽油收率/%	6.97

该装置主要加工直馏柴油和催化裂化柴油的混合油，为保证装置最低处理量(70t/h)，装置采用部分循环，加氢改质温升较大，通过调节二、三床层冷氢量来控制二、三床层入口温度，保证二、三床层温升不大于20℃。如果温升较大时，可通过增大冷氢量控制，同时降低催化柴油量，增加循环油量进行调节，必要时可改全循环，直到正常后再慢慢改入催化柴油。表10为主要产品性质，产品与原料性质对比如表11。

表10 主要产品性质

项 目	石脑油	柴油	项 目	石脑油	柴油
密度(20℃)/(g/cm^3)	—	0.8497	95%	—	343
馏程/℃	—		终馏点	163	356
初馏点	35	185	硫/(μg/g)	—	27
10%	67	217	氮/(μg/g)	—	2.5
50%	—	265	凝点/℃	—	-6
90%	149	325	十六烷指数	—	45.6

表11 产品与原料比较

项 目	混合原料	柴油	比较
硫/(μg/g)	4600	27	99.41%
氮/(μg/g)	600	2.5	99.58%
凝点/℃	—	-6	—
十六烷指数	40.6	45.6	5

由表11可得，改造后产品十六烷指数较原混合原料提高了5个单位，硫、氮的脱除率都达到了99%以上。

3.7 装置后改进

装置于2016年1月停工，对原有加氢精制催化剂及加氢改质催化剂进行再生，装置原料进行调整，只加工催化柴油(以2016年1~5月数据的平均值做依据)。调整后主要工艺参数如表12，油品主要性质如表13。

表12 主要工艺参数及产品收率

项　目	操作条件	项　目	操作条件
催化柴油原料/(t/h)	22	二床层出口温度/℃	372
循环油/(t/h)	48	三床层入口温度/℃	370
循环油比例/%	68.57	三床层出口温度/℃	378
入口压力/MPa	7.6	中床层冷氢量/(Nm^3/h)	9100
循环氢/(Nm^3/h)	80000	下床层冷氢量/(Nm^3/h)	5700
新氢/(Nm^3/h)	10000	化学氢耗/%	1.47
反应器入口温度/℃	338	柴油收率/%	86.68
一床层出口温度/℃	370	汽油收率/%	11.13
二床层入口温度/℃	367		

由表12可看出，提高了反应入口温度，上床层的加氢脱硫能力增强，通过二、三床层冷氢量控制二、三床层温度，温升控制在10℃左右，保证加氢改质的效果。

表13 主要油品性质

名　称	原料(催化柴油)	产品(加氢柴油)	名　称	原料(催化柴油)	产品(加氢柴油)
密度(20℃)/(g/cm^3)	0.9261	0.8671	90%	336.2	314.9
馏程/℃			终馏点	357.9	349.3
初馏点	177.9	194.1	硫/(μg/g)	6857	9.2
10%	221.0	219.6	碱性氮/(μg/g)	197.4	0.222
50%	270.7	252.7	十六烷指数	26.4	37.8

由以上数据可得，装置改进后，提高了整个反应床层温度，第三床层入口温度控制较高，通过打冷氢控制第三床层温升防止床层飞温，第三床层改质剂FC-50发挥了不错的改质效果，产品十六烷指数较原混合原料提高了11.4个单位，硫、氮的脱除率都达到了99%以上，同时因第三床层改质剂的效果，裂化反应加剧，柴油收率下降4.91%，汽油收率增加4.16个单位，装置液收有所下降，氢耗略为增加。

4 结语

(1) 荆门分公司本次改造利用原有100万t/a柴油加氢精制装置，装填部分改质催化剂，达到提高加工催化柴油产品十六烷值的目的。

(2) 荆门分公司50万t/a柴油加氢改质装置，采用湿法硫化，硫化钝化过程平稳，硫化效果较好。

(3) 本次装填FC-50加氢改质催化剂活性较高，由于现装置局限性无法进行注氨钝化。因此催化剂硫化结束后，进行了48h初活性稳定。

(4) 原料油分步切换，切换过程平稳顺利，各床层温升均在可控范围内。

（5）从床层的温度分布来看，在目前的操作工况下，改质床层表现了良好的温度分布状态，温升控制在20℃以内，达到预期目标。

（6）从初期及改进运行看，柴油产品硫、氮含量低，脱硫率、脱氮率都到达99%以上，十六烷指数有显著提升，特别是全部加工催化柴油，提高反应温度后，十六烷指数增加10个单位以上。加氢改质催化剂表现出良好的活性和选择性，满足了荆门分公司生产需求。

参 考 文 献

[1] 黄新露，石培华．适应用户需求的催化柴油加氢改质技术[J]．当代化工，2011，40(7)．

[2] 孙晓艳．FC-50中油型加氢裂化催化剂的反应性能及工业应用[J]．工业催化，2012，20(12)．

[3] 任春晓，吴培．加氢催化剂预硫化技术现状[J]．化工进展，2013，32(5)．

[4] 杨春亮，董群，李东生，等．预硫化加氢催化剂钝化技术研究进展[J]．化工科技，2007，15(2)：53-57.

催焦化汽柴油加氢装置运行中存在的问题及对策

王艳雄　李建华　汪武义　陶　悝　曹　然

（中国石油独山子石化分公司炼油厂加氢联合车间，克拉玛依　833699）

摘　要　对中国石油独山子石化分公司80万t/a催焦化汽柴油加氢装置运行过程中存在的问题进行详细分析，并从影响装置能耗、收率及长周期运行等方面的因素提出整改措施，取得了较好的效果，为同类装置提供借鉴。

关键词　柴油加氢　焦化汽油掺炼比　加热炉负荷　催化剂床层　径向温差

1　装置运行现状

中国石油独山子石化公司80万t/a催焦柴加氢装置原料为催化柴油、焦化汽油、焦化柴油，设计正常工况时焦化汽油（40℃）、焦化柴油（120℃）由上游装置直接供料，催化柴油（50℃）由罐区供料；非正常工况时焦化汽油（40℃）、焦化柴油（50℃）分别由中间罐供料，催化柴油不变。进料比例为焦化汽油：焦化柴油：催化柴油＝25.6：44.7：29.7，产品为精制柴油，生产的精制柴油硫含量满足欧洲Ⅲ类柴油排放标准，分馏塔顶还副产石脑油作为乙烯原料，装置于2009年9月投入生产。由于2015年起出厂的车用柴油要满足硫含量小于50mg/kg的国Ⅳ标准，2014年独山子石化公司组织对80万t/a催焦柴加氢装置进行催化剂更换，更换催化剂后生产的精制柴油硫含量满足国Ⅳ类柴油排放标准，完成柴油升级任务。截至目前，装置分别经历了2011年和2015年大检修，在此期间利用检修机会对装置运行过程中存在的问题逐一进行消缺，保证了装置安全、平稳运行。

2　装置运行过程中存在的问题

2.1　焦化汽油掺炼比例大造成汽提塔超负荷

该装置脱硫化氢汽提塔总计21层塔盘，从塔顶一层进料，从21层塔盘处通入1.0MPa蒸汽，通过汽提蒸汽降低硫化氢分压降低汽提塔内的油气分压，将硫化氢和部分轻烃气体排出，保证油品的腐蚀合格。该装置设计焦化汽油掺炼比例为21.57：45.74：32.69，而实际进料比例焦化汽油比设计高4.96%，焦化柴油比设计低3.99%，催化柴油比设计低0.97%。三组原料进料比例和设计发生变化后，混合原料油中轻组分比例增加。

表 1　汽提塔运行参数和设计对比

	进料温度/℃	塔顶温度/℃	塔顶压力/MPa	塔底温度/℃	汽提蒸汽量/(t/h)	回流量/(t/h)	回流罐温度/℃	干气量/(Nm^3/h)
设计值	190	176	0.70	168	2.0	10.8	40	555
标定值	187	160	0.75	154	2.3	18.1	40	840
实际值	185	162	0.72	155	2.0	20	57	1200

由于油品中轻组分的焓值大于重组分的焓值，汽提塔进料中的轻组分增多后，油品温变及相变所需热量增大，而汽提蒸汽热源的供热量是一定的，在进料温度也不变的情况下，塔顶温度和塔底温度将会降低。通过汽提塔实际运行参数和设计对比可以看出，焦化汽油掺炼比例增加之后塔顶和塔底温度较设计相比明显降低。

汽提塔进料中轻组分所占比例增加后塔顶馏出量也增加，由于汽提塔顶采用全回流，塔顶回流量增大。装置原设计汽提塔顶空冷后温度是55℃，汽提塔顶水冷后温度是40℃，但实际运行过程中空冷后温度大于70℃，水冷后大于50℃。通过数据对比，原设计空冷能够将介质温度由176℃冷却至55℃，水冷能够将介质温度由55℃冷却至40℃。而目前空冷只能将介质温度从168℃冷却至75℃左右，空冷负荷明显不够。由于塔顶空冷负荷不足造成回流罐入口温度升高，部分轻组分无法被冷凝，造成实际干气产量为设计值的2.16倍，从而降低了装置的液体收率，装置运行的经济效益下降。

2.2　重沸炉负荷较大造成装置能耗增加

该装置分馏塔底精制柴油流程走向分为两部分，一部分经精制柴油外送泵升压后分别与脱硫化氢汽提塔底油(E-205A/B管程)和低分油(E-206A/B管程)换热后，再经精制柴油空冷(E-207A/B)冷却到50℃送出装置。另一部分经重沸炉进料泵升压后进入重沸炉炉管加热到290℃返回分馏塔底，为分馏塔提供热源。自2009年开工以来重沸炉负荷就一直较大，瓦斯耗量比设计值高近2倍，炉子负荷比设计值高2153.33kW。由于炉子超设计负荷运行，余热回收系统未能最大量回收余热，造成排烟温度也较高，加热炉热效率下降，装置能耗上升。

表 2　重沸炉运行参数和设计对比

F-201 操作条件	设计参数	实际运行参数
入口压力/MPa	0.8	0.75
入口温度/℃	273	264
进料量/(t/h)	128.728	125
出口压力/MPa	0.4	0.3
出口温度/℃	291	288
瓦斯量/(Nm^3/h)	290	569
炉吸热量/(kJ/h)	15399000	22282040
炉吸热量/kW	4277.5	6189.456
入炉焓值/(kJ/h)	-200147363	-203087970
出炉焓值/(kJ/h)	-193435176	-187683513
出入口焓差/(kJ/h)	6712186.293	15404457
实际热负荷/kW	4801.111111	6954.444

经过对标分析，发现重沸炉入炉介质温度比分馏塔底温度低10℃左右，而分馏塔底至重沸炉只是经过P-203增压，流程上再无其他设备。

造成重沸炉入炉介质温度与分馏塔底温度存在约10℃温差的原因是重沸炉进料泵的密封冷却油流程设计不合理。该装置重沸炉进料泵P-203使用外放精制柴油(50℃)作为密封冷却油，冷却后又返回重沸炉进料泵P-203入口。该装置分馏塔底温度控制在260~285℃，而精制柴油外送温度控制在50℃左右。由于精柴温度较低，回到P-203入口会造成P-203出口温度(重沸炉入炉温度)较P-203入口温度(分馏塔底温度)降低大约10℃，热量损失较大，增加了重沸炉的负荷。具体流程如图1所示

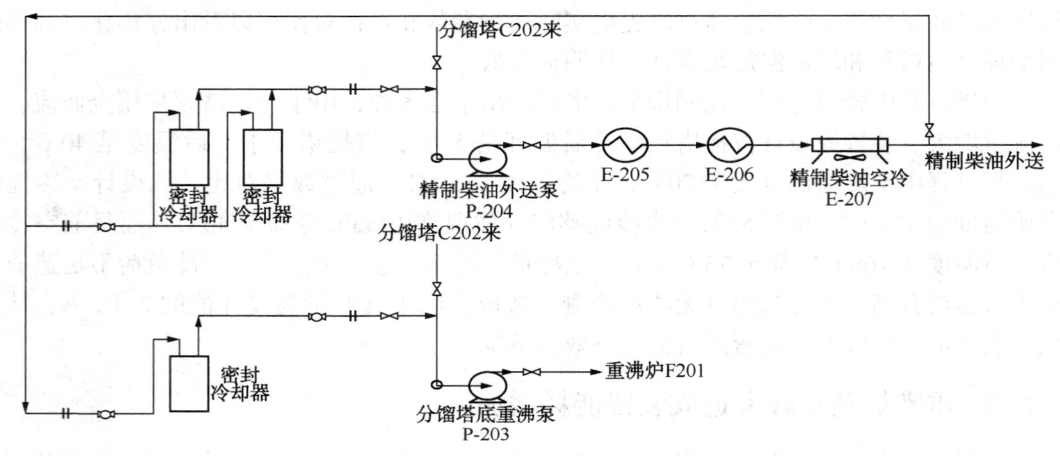

图1 密封冷却油流程

2.3 反应器下床层下部径向温差大

为适应柴油产品升级，80万t/a催焦化汽柴加氢装置于2014年5月停工更换催化剂。本次更换的主催化剂为雅宝公司的STARS镍钼系催化剂KF-860，钴钼系催化剂KF-767和Nebula20。其中KF-860的脱硫、脱氮、芳烃饱和活性较高，KF-767主要用于加氢脱硫，Nebula20为全金属相催化剂，具有极高的脱硫、脱氮和芳烃饱和活性。

考虑到原料中含有高比例的裂化料，所采用的催化剂在尺寸和活性两方面进行级配，同时采用了雅宝公司的KG-55、KF-542和KF-647作为保护剂。其中KG-55为高空隙的惰性五角环材料，装填在顶层，它和KF-542级配能够防止颗粒物和胶质的形成而引起的结垢。KF-647具有大孔径和较高的抗金属能力，它还能能提供中度的加氢活性，在此专门用于烯烃饱和与活性级配。

在本次催化剂装剂过程中，主催化剂KF-860、KF-767和Nebula20采用密相装填，保护剂全部采用稀相装填。由于装剂公司操作不当，造成反应器下床层下部热偶附近的催化剂料面倾斜(KF-767)，料面最低点和最高点的垂直高度达到30cm，最后不得不将倾斜部分催化剂卸出重新装填。装置开工后，反应器下床层底部温度TI1034B比同床层其他两支温度(TI1034A/C)偏高，开工初期切换原料时二床下部最大径向温差能达到30℃左右，装置运行平稳后径向温差基本维持在16℃左右。由于径向温差较大，不但大大降低了催化剂的利

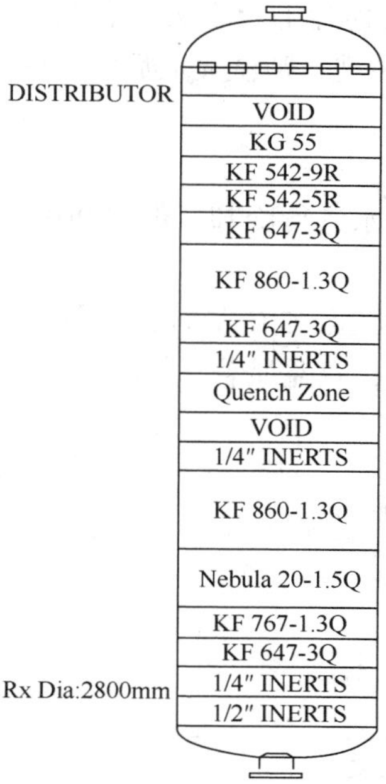

	装填物质	形状	装填方式	预计装填			实际装填				
				高度/mm	体积/m³	重量/t	空高/mm	高度	体积/m³	重量/t	堆比kg/m³
第一床层								40			
	KG 55	五角环	稀相	100	0.6	0.554		150	0.920	0.540	584.70
	KF 542-9R	环状	稀相	200	1.2	0.677		150	0.920	0.720	779.60
	KF 542-5R		稀相	200	1.2	0.733		210	1.290	0.780	603.20
	KF 647-3Q	四叶形	稀相	1100	6.8	3.454		906	5.570	3.033	543.70
	KF 860-1.3Q		密相	2930	18	18.350		3228	19.870	18.950	923.20
	KF 647-3Q		稀相	80	0.5	0.251		82	0.500	0.280	556.50
	ϕ6瓷球	球形	稀相	100	0.6	0.887		84	0.510	0.700	1353.4
								73			
第二床层	ϕ6瓷球	球形	稀相	80	0.5	0.709		67	0.410	0.500	1211.80
	KF 860-1.3Q	四叶形	密相	3300	20.30	20.050		3630	22.350	20.050	897.00
	Nebula 20-1.5Q		密相	2400	14.80	17.512		2340	14.400	17.600	1221.50
	KF 767-1.3Q		密相	560	3.50	3.450		540	3.320	3.450	1037.60
	KF 647-3Q		稀相	80	0.50	0.251		130	0.800	0.350	437.20
	ϕ6瓷球	球形	稀相	100	0.60	0.887		70	0.430	0.625	1450.10
	ϕ13瓷球		稀相	100	0.60	0.853		90	0.550	2.050	3699.00
	ϕ13瓷球*		稀相	~50	~	~		—	—	—	—

*此处指高过出口收集器的高度

图 2　80 万 t/a 催焦化汽柴加氢装置催化剂装填图

用率，而且还给装置长周期运行带来了安全隐患。如何改善反应器床层的物流分布，降低床层径向温差，延缓床层热点的产生，实现催化剂的高效利用和装置的安全、平稳、长周期运行是催焦化汽柴油加氢装置急需解决的问题。

引起反应器催化剂床层径向温差增大的因素较多，如催化剂床层塌陷，催化剂床层结焦，反应器顶部分配盘严重积垢，床层支撑结构损坏，工艺参数大幅变化等。装置在开工正常一个月后进行了标定，在标定过程中发现随着冷氢量的增加和(或)加工量的降低，反应器下床层下部径向温差加大。经和雅宝公司交流，这些都是典型的反应器内部构件和催化剂装填问题而引起床层内出现偏流和沟流的表征。由于公司生产任务较紧，不具备停工打开反应器检查的条件，所以只能从操作条件的不断优化来寻求降低床层径向温差的方法，在后期操作过程中对此热点温度重点关注。

3　采取的措施

3.1　针对焦化汽油掺炼比例大造成汽提塔超负荷而采取的措施

(1) 更换汽提塔顶空冷

针对汽提塔顶空冷 E-201A/B/C 冷却负荷不足的问题，经过设计院核算，在目前进料组成情况下，80 万催焦柴加氢装置汽提塔顶空冷冷却负荷还欠 20%。厂部研究讨论决定在 2015 年大修对空冷进行更换，由 2 管程更换为 4 管程。

（2）定期清洗空冷翅片

汽提塔顶塔顶空冷 E-201A/B/C 由于长时间运行，空冷管束翅片上存在大量积灰，造成换热效率下降。定期联系检修公司用高压水枪对空冷管束进行清洗，清洗完成后空冷的冷却效果变好，空冷冷后温度较清洗前相比能降低约5℃。

（3）增加临时水喷淋

在离空冷上方约30cm处增加临时水喷淋，使用1.0MPa除氧水进行冷却，但自2015年大修更换空冷后水喷淋再未启用过。

以上措施实施后，夏季汽提塔顶回流罐温度由57℃左右降至45℃左右，干气量由1200Nm³/h左右降至800Nm³/h左右，装置液体收率提高约0.7%，效益显著。

3.2　针对重沸炉负荷较大采取的措施

通过流程改造，将重沸炉进料泵的密封冷却油改至精制柴油外送泵入口。

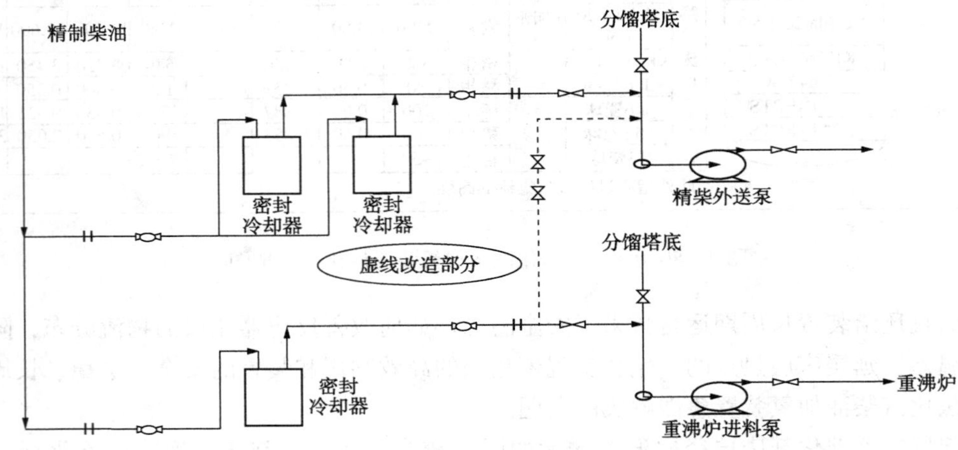

图3　改造后的密封冷却油流程

改造完成后，在重沸炉进料流量和炉出口温度均不变的情况下，瓦斯耗量从475Nm³/h降至435Nm³/h，重沸炉负荷明显降低，重沸炉入炉介质温度与分馏塔底温度的差值由10℃左右降至1℃左右，说明本次流程改造，达到预期效果。改造后重沸炉F-201每小时节约瓦斯约40Nm³，按照瓦斯密度1.24kg/Nm³，年加工时间8400小时，每吨瓦斯400元计算，改造后每年节约瓦斯产生的经济效益约为：8400×40×1.24×400/1000元=166656元

3.3　针对反应器下床层径向温差大采取的措施

（1）在保证产品质量合格的前提下控制加氢反应深度

独山子石化公司的柴油生产装置有200万t/a加氢裂化装置、300万t/a直馏柴油加氢装置和80万t/a催焦化汽柴油加氢装置，三套加氢装置的精制柴油进行调和后输送至成品罐。经过测算后，对柴油加氢装置精柴硫含量控制指标进行优化，将300万t/a直馏柴油加氢装置精柴硫含量控制在≤35mg/kg，80万t/a催焦化汽柴油加氢装置精柴硫含量控制在≤100mg/kg，指标变更后精柴大罐硫含量依然满足国Ⅳ标准(≤50mg/kg)。通过精柴硫含量控制指标优化，有效降低了反应深度，减缓催化剂失活速率。

表 3 精柴硫含量测算

项目	300 万精柴量/(t/h)	300 万硫含量/(mg/kg)	80 万精柴量/(t/h)	80 万硫含量/(mg/kg)	200 万重柴量/(t/h)	200 万硫含量/(mg/kg)	罐区柴油总量/(t/h)	计算大罐硫含量/(mg/kg)
-35#柴油方案	360	36.5	62	100	28	0.5	450	43.01
航煤方案	360	36.5	62	100	45	0.5	467	41.46

(2) 减少催化柴油掺炼量，优化原料性质

催化柴油由于硫含量高、芳烃含量高，密度大，易造成催化剂反应温升高，使催化剂失活速度加剧。通过加工方案优化，由 300 万 t/a 直馏柴油加氢装置加工部分催化柴油，而 80 万 t/a 催焦化汽柴油加氢装置掺炼部分性质相对较好的直馏柴油(掺入量为 20t/h)。

(3) 通过排废氢提高循环氢纯度

由于部分乙烯粗氢未经 PSA 提纯直接并入氢气管网，造成该装置新氢纯度只能保证在 97%左右。目前主要通过废氢排放来控制循环氢的氢纯度不小于 90%(v)，保证反应器入口氢分压。

以上措施实施后，反应器下床层下部径向温差控制较为稳定，至今催化剂已运行近 26 个月，径向温差基本能控制在 10℃以内。

4 结语

80 万 t/a 催焦化汽柴油加氢装置通过汽提塔顶空冷更换等措施降低了汽提塔顶负荷，提高了液体收率；通过变更重沸炉进料泵的密封冷却油流程等一些小的技改项目降低了重沸炉负荷，节能效果显著；通过优化原料性质、控制反应深度等措施降低了反应器床层径向温差，保证了装置长周期运行。随着装置运行周期的不断延长，装置还将继续开拓思路、优化操作、充分挖潜、增加经济效益，保证装置的安全生产。

参考文献

[1] 李大东. 加氢处理工艺与工程[M]. 北京：中国石化出版社出版，2004.

北京安耐吉劣质柴油加氢改质升级技术开发和工业应用

郭贵贵　郭宏杰　曲良龙

（北京安耐吉能源工程技术有限公司，北京 100190）

摘　要　北京安耐吉能源工程技术有限公司(BEET))经过多年的研发和工业实践，针对不同性质的柴油相继开发了系列柴油加氢改质技术，为炼厂柴油质量升级提供了更多选择。针对高硫直馏柴油，开发了直馏柴油深度脱硫催化剂及级配技术，达到了低压、低氢耗深度脱硫的目的。对于焦化汽柴油掺炼催柴的原料，开发了加氢改质脱硫技术，尽可能降低石脑油收率，与其配套的加氢精制催化剂 AHT-28 和加氢改质催化剂 AHC-8 表现出了优越的性能，并将该催化剂与目前市场上主流的国外催化剂在相同条件下进行了性能对比；结果表明：该催化剂加氢脱硫、脱氮及芳烃饱和能力均显著优于国外参比催化剂，完全可以满足产品质量升级需要。根据劣质催化柴油深度加氢氢耗高及柴汽比下降的实际情况，开发了催化柴油加氢裂化生产高辛烷值汽油组分技术。北京安耐吉公司开发的系列柴油加氢改质技术为国内外十几家客户提供了优质的催化剂及技术服务，为产品质量升级提供了技术保障。

关键词　加氢脱硫催化剂　直馏柴油　催化裂化柴油　加氢改质　柴油加氢裂化

1　前言

随着国民经济的快速发展，市场对石油化工产品的需求量不断增加，使得我国进口含硫原油加工量呈逐年上升的趋势。伴随着环保法规的日趋严格，市场对汽柴油产品质量的要求也越来越苛刻，尤其是对汽柴油中硫含量、十六烷值及多环芳烃含量提出了更高的要求[1,2]。2017 年 1 月 1 日起[3]，全国全面供应国Ⅴ标准车用汽柴油，预计 2020 年全国汽柴油达到国Ⅵ排放标准。柴油产品的低硫化及大量进口高硫油，迫使更多直馏柴油需要进行加氢脱硫处理，才能满足柴油质量升级的要求。此外，我国炼油能力[4]的不断增加，使得重质燃料油产量也逐年增加，为了节约有限的石油资源，需要尽可能把日渐增加的燃料油等重质油品转化为符合市场需求的轻质石油化工产品。重质油品深度加工技术的发展意味着需要进行加氢精制二次加工的柴油如催化柴油及焦化柴油的比例将不断增加，同时也使柴油原料中的硫、氮及胶质等杂质含量增加。二次加工柴油必须经过深度加氢精制才能满足高规格的柴油质量指标要求。针对这一市场现状，北京安耐吉能源工程技术有限公司经过多年的研发和工业实践，针对不同性质的柴油原料相继开发了一系列的柴油加氢改质技术，为炼厂产品质量升级提供了更多可行方案。

2 系列柴油加氢技术开发和工业应用

2.1 直馏柴油加氢脱硫技术

针对单独加工直馏柴油的装置，北京安耐吉公司开发的直馏柴油深度脱硫改质技术，通过催化剂级配装填，在较大空速和较低压力下实现了产品质量满足指标要求。该技术使用Co-Mo加氢精制催化剂AHT-31，并与Ni-Mo催化剂AHT-22进行级配装填，于2015年11月在伊朗Lavan炼油厂80万t柴油加氢装置上投入使用，在较低温度下成功生产出清洁低硫柴油，得到了伊朗客户的好评。针对直馏柴油生产国V柴油，北京安耐吉公司在此基础上又开发了新一代Co-Mo加氢精制催化剂AHT-33，中试装置评价结果表明，该催化剂完全能够达到生产国V柴油的要求。

表1　直馏柴油加氢精制反应条件和产品性质

项　目	直馏柴油	条件Ⅰ	条件Ⅱ	条件Ⅲ
反应压力/MPa		6.0	6.0	6.0
反应温度/℃		320	330	340
体积空速/h^{-1}		1.5	1.5	1.5
氢油比/(Nm^3/m^3)		800	800	800
密度(20℃)/(kg/m^3)	836.0	820.2	818.5	815.6
硫含量/(μg/g)	10900	58.1	15.7	6.9
氮含量/(μg/g)	34.1	1.9	0.8	0.6
折光率	1.4678	1.4580	1.4566	1.4550
馏程(ASTM D-86)/℃				
初馏点	214	189	184	172
50%	280	272	271	268
90%	315	310	310	309
95%	326	320	320	319
十六烷指数	56.4	60.8	61.1	61.5
十六烷指数提高		4.4	4.7	5.1
芳烃含量/%	24.8	15.9	14.5	13.0
脱硫率/%		99.47	99.86	99.94
脱氮率/%		94.43	97.75	98.24

由表1数据可见，该催化剂低温活性好，在较低温度下已将硫氮脱除到较低水平。在反应温度340℃的条件下，产品硫含量降低至6.9 μg/g，脱硫率达到99.94%，柴油密度降低20 kg/m^3，芳烃含量降低12%，十六烷指数达到61.5，提高5.1个单位，产品质量满足国V柴油标准要求。

2.2 柴油中压加氢改质技术

结合民营炼油厂加氢裂化装置较少，炼厂柴油结构中催化裂化柴油和焦化柴油占比较大的特点，北京安耐吉公司有针对性地开发了适合加工催柴和焦柴的中压加氢改质技术，通过深度加氢精制和少量开环改质，有效提高柴油十六烷值，降低硫含量和密度，以达到地炼企业生产国V柴油的目的。配套的加氢精制催化剂AHT-28脱硫和脱氮活性均显著高于国外参比剂。根据反应速率方程计算两个催化剂的相对脱硫、脱氮活性，可以得到AHT-28的相对脱硫活性、相对脱氮活性均高于国外参比剂，且在较低的反应温度下脱硫、脱氮活性远高于国外参比剂。在340℃时，AHT-28的相对脱硫活性是国外参比剂的184%、相对脱氮活性是国外参比剂的151%。从表2可以看到，AHT-28产品芳烃含量均低于国外参比剂。对表2中产品性质进行分析，在350℃下AHT-28产品硫含量28.4 μg/g、脱硫率98.83%，氮含量6.6 μg/g、脱氮率99.30%，芳烃含量50%，降低了18%，十六烷指数33.4，提高5.4个单位。由于反应压力低，难以全部脱除催柴中的少量最难脱除的二苯并噻吩类硫化物，硫含量难以达到国V标准要求，需要配置少部分加氢改质催化剂才能达到国V标准要求，但该加氢精制催化剂总体性能已达到国际先进水平。

表2 催化裂化柴油加氢精制反应条件和产品性质

项目	催化裂化柴油	条件Ⅰ		条件Ⅱ		条件Ⅲ	
		国外参比剂	AHT-28	国外参比剂	AHT-28	国外参比剂	AHT-28
反应压力/MPa		6.0		6.0		6.0	
反应温度/℃		330		340		350	
体积空速/h^{-1}		1.5		1.5		1.5	
氢油比/(Nm^3/m^3)		800		800		800	
密度(20℃)/(kg/m^3)	925.3	898.2	897.0	896.7	895.4	894.9	893.4
硫含量/(μg/g)	2425	188.2	110.6	130.5	58.8	39.1	28.4
氮含量/(μg/g)	942	72.25	19.4	43.0	9.0	18.1	6.6
折光率	1.5382	1.5042	1.5041	1.5032	1.5021	1.5018	1.5015
馏程(ASTM D-86)/℃							
初馏点	196	192	192	191	190	184	182
50%	271	261	259	261	258	259	257
90%	345	337	334	338	333	336	333
95%	367	364	357	369	357	361	358
十六烷指数	28.0	33.0	32.89	33.3	33.1	33.7	33.4
十六烷指数提高		5.0	4.9	5.3	5.1	5.7	5.4
芳烃含量	68.0	51.7	51.6	51.1	50.4	50.2	50.0
脱硫率/%		92.24	95.44	94.62	97.58	98.39	98.83
脱氮率/%		92.33	97.94	95.44	99.04	98.08	99.30
相对脱硫活性		100	154	100	184	100	126
相对脱氮活性		100	151	100	151	100	125

该技术于2017年5月在山东永鑫能源化工集团公司1.0Mt/a柴油加氢改质装置投入使用。工业应用结果表明，采用最新研制的AHT-28加氢精制催化剂配套AHC-8加氢改质剂可以在较低温度下加工催化柴油和焦化柴油的混合原料，满足国V标准柴油生产，工业应用结果见表3。

表3 永鑫能源1.0Mt/a柴油加氢改质装置的应用结果

项目	国Ⅴ典型数据	
原料油	催化柴油(20%)	焦化柴油(80%)
密度(20℃)/(kg/m³)	900	831
硫含量/(μg/g)	10600	5200
十六烷指数	23	48
馏程(ASTM D-86)/℃		
初馏点	150	96
10%	208	183
50%	261	259
90%	357	330
95%	373	347
操作条件		
反应平均温度/℃	精制336/改质353	
反应压力/MPa	10	
氢油比/(Nm³/m³)	450	
产品性质	柴油	石脑油
密度(20℃)/(kg/m³)	838	716
硫含量/(μg/g)	6	2
馏程(ASTM D-86)/℃		
初馏点	177	51
10%	203	75
50%	255	99
90%	328	129
95%	344	142

2.3 催化柴油加氢裂化技术

鉴于催化柴油密度高、硫氮等杂质含量高、十六烷值低等特点，结合目前市场产品结构柴汽比下降的趋势，北京安耐吉公司通过大量的实验，研究开发了用于催化柴油加氢裂化生产高辛烷值汽油组分的催化柴油加氢裂化技术，通过对催化柴油选择性芳烃饱和为单环芳烃并将单环芳烃组分“赶到”汽油馏分中，使柴油组分转化为汽油馏分，以作为高辛烷值汽油调和组分。催柴加氢裂化生产高辛烷值汽油的工艺原理是利用催柴中高含量的双环以上芳烃经过部分选择性加氢饱和转变为环烷基芳烃(如烷基萘加氢饱和为烷基四氢萘)，再进行氢化环的开环裂化，长侧链断键而形成沸点位于汽油馏分范围的烷基单环芳烃，从而得到高辛烷值汽油组分。

从催化反应角度出发，采用高芳烃含量的催柴原料，为汽油产品提供高辛烷值性能的烃类组分来源(单环芳烃组分)，从而获得高辛烷值汽油产品；根据多环芳烃加氢饱和反应时，第一个环加氢饱和后再饱和第二个、第三个环时越来越难，需要较高压力才能完成饱和的特点，选择在中压下加氢精制，避免双环以上芳烃全部的芳烃环被加氢饱和，从而造成汽油组分芳烃含量降低，辛烷值下降。

北京安耐吉公司开发的催柴加氢裂化技术于2015年12月在山东海科瑞林化工有限公司0.3Mt/a柴油异构降凝装置一次开车成功。开工后于2016年10月进行了标定，标定结果显示，在反应压力7.5MPa，处理密度0.94g/cm³的催柴时，化学氢耗为3.1%，汽油收率为29%，柴油收率为66%，全馏分汽油硫含量小于10μg/g，RON达到88~90，柴油产品硫含量小于10μg/g，密度降低约60kg/m³，柴油产品十六烷值提高12以上，达到34。工业应用结果见表4。

表4 海科瑞林0.3Mt/a柴油加氢异构降凝装置的应用结果

项　　目	标定数据			
原料油	第一次标定(70%负荷)		第二次标定(80%负荷)	
密度(20℃)/(kg/m3)	944		945	
硫含量/(μg/g)	7400		7800	
氮含量/(μg/g)	1900		1800	
十六烷指数	21		22	
馏程(ASTM D-86)/℃				
初馏点	200		200	
10%	228		226	
50%	277		274	
90%	349		352	
95%	362		365	
操作条件				
反应平均温度/℃	精制394/裂化367		精制394/裂化382	
反应压力/MPa	7.1		7.5	
氢油比/(Nm^3/m^3)	1000		900	
产品性质	柴油	汽油	柴油	汽油
密度(20℃)/(kg/m^3)	881	801	892	806
硫含量/(μg/g)	2	1.6	5	2
氮含量/(μg/g)	0.3	0.4	1.4	
十六烷值	34		33	
RON		87.9		89.4
馏程(ASTM D-86)/℃				
初馏点	217	59	220	57
10%	228	87	230	87
50%	248	146	251	148
90%	324	183	329	186
95%	348	196	352	198

由于该装置原料氮含量偏高，装置操作压力偏低，精制油氮含量难以满足裂化催化剂的要求，影响了整个装置的产品分布和产品质量，尤其是汽油产品RON比预期值偏低。但通过该工业装置的实践，证明了该工艺的可行性，为炼厂生产高辛烷值汽油组分提供了一条新的途径。

3 结论

针对柴油质量升级需要，研究了柴油质量升级过程中存在的问题，开发了系列柴油加氢升级技术。

(1) 加氢精制催化剂AHT-33及其催化剂级配技术，可处理硫含量达1.09%的高硫直馏柴油，脱硫率达 99.94%，产品硫含量 6.9μg/g，满足国 V 标准清洁柴油生产需要的同时十六烷值指数提高了 5.1 个单位，适用于直馏柴油的深度脱硫。

（2）开发的加氢精制催化剂 AHT-28，具有很高的加氢脱硫、脱氮及芳烃饱和活性，脱硫活性是国外参比剂的 126%以上，脱氮活性是国外参比剂的 125%以上，可用于焦化柴油与催化裂化柴油的深度加氢精制、加氢改质及催柴裂化原料的脱氮与芳烃饱和。

（3）开发的催柴加氢裂化技术具有操作压力低、投资小、氢耗低的特点，可用于将催化裂化柴油加氢转化为高辛烷值汽油组分，同时柴油产品十六烷值大幅度提升。

参 考 文 献

[1] 段同俊. 劣质柴油加氢改质催化剂及工艺研究[D]. 中国石油大学，2011.

[2] 赵焘，曾榕辉，孙洪江，等. 劣质柴油加氢改质工艺研究[J]. 当代化工. 2013，42(4)：382-385.

[3] 李立全. 柴油加氢技术的工程化发展方向[J]. 炼油技术与工程. 2015，45(6)：1-6.

[4] 周艳红，张学辉，金兆华. 劣质柴油加氢改质工艺研究[J]. 当代化工. 2014，43(7)：1326-1329.

石墨烯-磁性粒子-金属复合材料的吸附脱硫研究

钟黄亮　王春霞　周广林　周红军

（中国石油大学（北京），北京　102249）

摘　要　本文制备了一种石墨烯-磁性粒子-金属复合的纳米材料，并考察其对模型燃料油中二苯并噻吩（dibenzothiophene，DBT）的吸附脱除效果。该材料的制备是通过溶剂热法，将磁性纳米粒子及过渡金属氧化物在石墨烯的基底上直接成核所得。本文详细考察了复合材料中的不同金属，吸附温度以及原料的不同比例所制备的复合材料对 DBT 的吸附效果，进而考察磁性纳米粒子的比例以便使得所制备的石墨烯-磁性粒子-金属复合材料在保持优良分离性能的同时兼具较优的吸附效果。

关键词　石墨烯　吸附脱硫　Fe_3O_4　DBT　金属

1　研究背景

燃料油中的含硫化合物经过燃烧后所形成的硫氧化物排放到空气中会污染大气，形成酸雨，硫氧化物也会腐蚀和损坏各种露天设备，使处理尾气的催化剂失活，造成 PM2.5 含量超标等一系列问题[1]。目前，世界各国对燃料油中硫含量都做出了严格的规定。美国要求自 2010 年起，其境内所有车用油的硫含量必须低于 15μg/g。我国为了与国际接轨，同时应对各大城市相继出现的雾霾天气，实现清洁能源的理念，社会各界纷纷要求使用更加清洁的汽车燃料油[2]。

加氢柴油中残留的硫化物主要为 DBT 及其衍生物，因此脱除柴油中的 DBT 类硫化物是实现柴油深度脱硫的关键[3]。由于加氢脱硫的局限性，我们拟从吸附脱硫入手，选择性吸附 DBT 类硫化物以达到深度脱硫的目的。吸附脱硫技术的优点在于避免了高温高压，节约能源；无需加氢，节约成本；辛烷值损失极小，保证汽油的质量；设备要求较低，节约成本[4]。

2　研究思路

本文拟发展一种新型 Fe_3O_4-石墨烯-金属复合材料的吸附剂，通过溶剂热法将 Fe_3O_4磁性纳米粒子直接一步成核在石墨烯上[5]，再使用共沉淀法将金属氧化物负载在 Fe_3O_4-石墨烯上[6,7]，制备出石墨烯磁性纳米复合材料。在常温条件下，对燃料油中的 DBT 进行吸附脱除实验，以表征石墨烯复合材料的脱硫性能，进而通过外加磁场，对吸附剂和燃料油进行分离。达到在常温常压条件下选择性吸附 DBT 并且易于分离的优点[8]。

3 试剂以及材料制备

3.1 试剂

$FeCl_3 \cdot 6H_2O$(国药，分析纯)，$Ni(NO_3)_2 \cdot 6H_2O$(广东汕头市西陇化工厂，98%)，粉末石墨烯，乙二醇(天津光复，分析纯)，尿素(天津福晨，分析纯)，硼氢化钠(国药，分析纯)，十二烷(天津福晨，分析纯)，四氢萘(国药，分析纯)，DBT(阿拉丁，98%)。

3.2 仪器

50mL 高压反应釜(上海岩征仪器有限公司)，搅拌器(DF-101S 集热式恒温加热磁力搅拌器)，RPP-2000S 荧光定硫仪(泰州市中环分析仪器有限公司)，KQ-400KDB 超声震荡仪(昆山市超声仪器有限公司)，DZF-6020 真空干燥箱(北京市莱凯仪器设备有限公司)。

3.3 Fe_3O_4及石墨烯-Fe_3O_4复合材料的制备

3.3.1 磁性纳米粒子 Fe_3O_4的制备

将 $FeCl_3 \cdot 6H_2O$ (2.0g)和尿素(4.0 g)溶于 35mL 的乙二醇溶液中，室温搅拌 2h 后转入 50mL 高压反应釜中，200℃下反应 12h，弃去上层清液，洗涤所得固体，转入 120℃真空干燥箱中干燥 24h。

3.3.2 石墨烯-Fe_3O_4的制备

将 $FeCl_3 \cdot 6H_2O$ (0.2，0.3，0.4，0.5，0.6，0.7g)，石墨烯(0.3g)，尿素(0.4，0.6，0.8，1.0，1.2，1.4g) 溶于 30mL 乙二醇中，室温下搅拌 2h，超声震荡 1h，转入 50mL 高压反应釜中，在 200℃下反应 12h，将产物使用去离子水洗涤 6 次后，转入 120℃真空干燥箱中干燥 24h。

3.3.3 石墨烯-Fe_3O_4-氧化镍的制备

将上述所得石墨烯-Fe_3O_4(0.3g)，加入 30mL 乙二醇，搅拌 2h 至溶液混合均匀，加入 $Ni(NO_3)_2 \cdot 6H_2O$(1.4g)，继续搅拌 1h，超声震荡 1h，待溶液混合均匀后，加入 0.8g 的 NaOH，继续搅拌至 NaOH 溶解完全，转入 50mL 高压反应釜中，70℃下反应 2h，分离产物。使用乙醇和去离子水洗涤 6 次后，转入真空干燥箱中 120℃干燥 12h。将干燥后的产物研磨成粉末，转入 350℃马弗炉中恒温焙烧 2h，制备得到 Fe_3O_4-石墨烯-氧化镍。

3.3.4 石墨烯-Fe_3O_4-镍单质的制备

将 0.5g 硼氢化钠溶于 25mL 乙醇中。将制备好的 Fe_3O_4-石墨烯-氧化镍(0.3g)，加入 30mL 乙醇，搅拌 2h 至溶液混合均匀，缓慢滴加溶解有硼氢化钠的乙醇溶液，并且继续搅拌 0.5h。反应结束后，用去离子水和乙醇洗涤固体产物 6 次，转入真空干燥箱中 60℃干燥 24h。

3.4 实验结果与讨论

保持石墨烯的量为 0.3g，改变 $FeCl_3 \cdot 6H_2O$ 的质量(0.2，0.3，0.4，0.5，0.6，0.7g)，

实验结果表明，当$FeCl_3 \cdot 6H_2O$使用量为0.2g，0.3g，0.4g时，所制备的Fe_3O_4-石墨烯复合材料中，分离产物中有无磁性的石墨烯，当$FeCl_3 \cdot 6H_2O$使用量为0.5g，0.6g，0.7g时，所制备的Fe_3O_4-石墨烯复合材料均有磁性，表明0.5g$FeCl_3 \cdot 6H_2O$是使石墨烯都有磁性的最低使用量。

4　脱硫效果的测定

4.1　本实验采用RPP-2000S荧光定硫仪评价脱硫效果。脱硫公式为：

$$X = \frac{C_{in} - C_{out}}{C_{in}} \times 100\%$$

其中，X为脱硫率,%；C_{in}和C_{out}反应器进，出口汽油硫含量，mg/kg。

吸附剂为60mg，模拟油1mL，与常温下(25℃)和高温下(50℃)下评价脱硫效果。

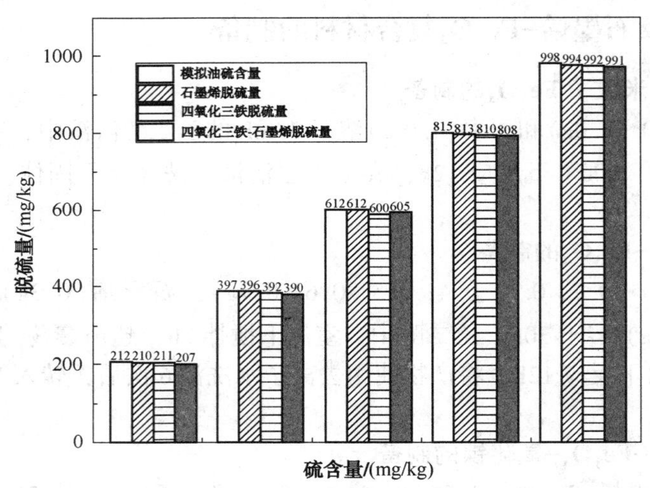

图1　单组分石墨烯，Fe_3O_4及Fe_3O_4-石墨烯对模拟油中DBT的吸附效果

4.2　单组分石墨烯，Fe_3O_4及石墨烯-Fe_3O_4吸附DBT的测定

实验操作如下：配置不同硫含量的模拟油1mL，其硫含量分别为200，400，600，800，1000 mg/kg，将其置于3mL试剂瓶中，25℃下恒温磁力搅拌2h，按照3000r/min离心10min。分别尝试加入60mg石墨烯,60mg粒径为50nm的Fe_3O_4，以及60mg石墨烯和60mg Fe_3O_4的复合材料分别进行脱硫实验。如图1所示，荧光定硫仪测得的脱硫后的硫含量如下：单组分石墨烯（210，396，612，813，994 mg/kg），单组分Fe_3O_4(211，392，600，810，992 mg/kg)，双组分纳米Fe_3O_4-石墨烯（207，390，605，808，991 mg/kg)。结果表明单组分石墨烯，单组分Fe_3O_4以及双组分纳米石墨烯-Fe_3O_4对DBT皆无明显的脱硫效果。

4.3　金属负载于石墨烯-Fe_3O_4复合材料对吸附DBT的影响研究

实验使用石墨烯-Fe_3O_4-氧化镍复合材料60mg，其前驱体石墨烯-Fe_3O_4制备过程中使用

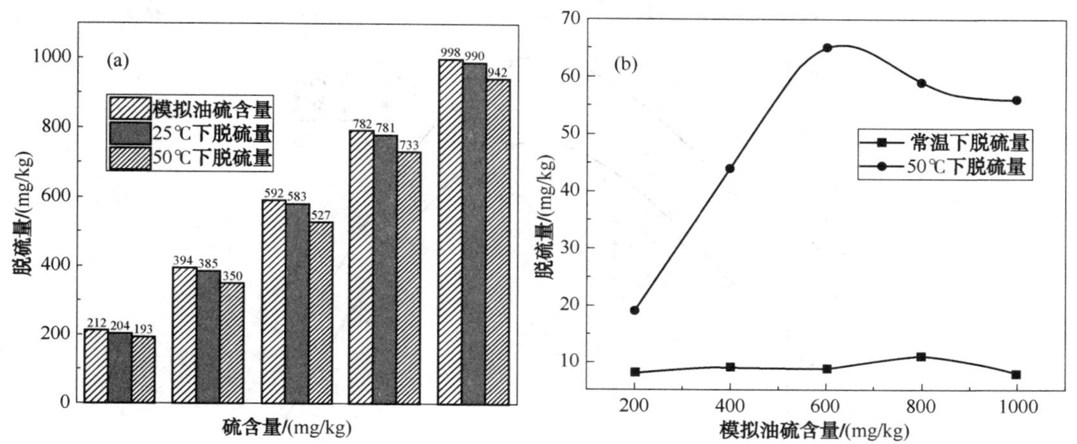

图 2 (a)石墨烯-Fe_3O_4金属复合材料对模拟油中 DBT 的吸附效果；(b)图 2(a)折算脱硫量

的 $FeCl_3 \cdot 6H_2O$ 量为 0.4g。模拟油 1mL，硫含量分别为 200，400，600，800，1000 mg/kg，于 3mL 试剂瓶中，25℃下恒温搅拌 2h。如图 2(a)，荧光定硫仪评价脱硫效果分别为(204，385，583，781，990 mg/kg)。实验结果表明，石墨烯-Fe_3O_4-氧化镍复合材料有微弱的脱硫效果，但是在 25℃下脱硫效果不明显。将温度提升至 50℃，于 50℃下恒温磁力搅拌 2h，脱硫效果分别为(193，350，527，733，942 mg/kg)。如图 2(b)，折算脱硫量为 ΔS=(20，44，65，59，56 mg/kg)。可以看出，常温下氧化镍对 DBT 有微弱的脱硫效果，将温度升高至 50℃，脱硫效果大幅度提升，表明温度升高有助于脱硫。

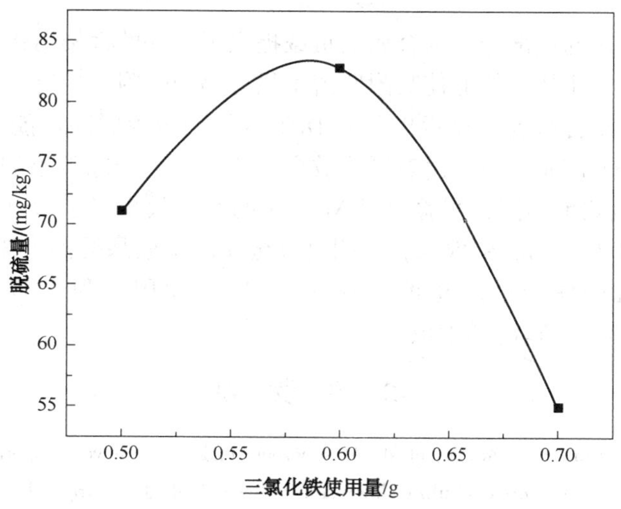

图 3 不同铁含量的石墨烯-Fe_3O_4-金属复合材料对模拟油中 DBT 的吸附效果

50℃下，通过使用不同的 $FeCl_3 \cdot 6H_2O$ 含量(0.5，0.6，0.7g)，评价在不同 Fe_3O_4 含量下对脱硫效果的影响。如图 3 所示，当 $FeCl_3 \cdot 6H_2O$ 使用量为 0.6g 的时候，脱硫效果最佳。

将制备的石墨烯-Fe_3O_4-氧化镍复合材料使用硼氢化钠还原后，进行脱硫评价。如图 4 所示，镍单质的脱硫效果比氧化镍的脱硫效果好。其中 $FeCl_3 \cdot 6H_2O$ 使用量为 0.6g，石墨烯使用量 0.3g 时，所分离的合成产物中没有无磁性的石墨烯，表明此时所形成的 Fe_3O_4 基

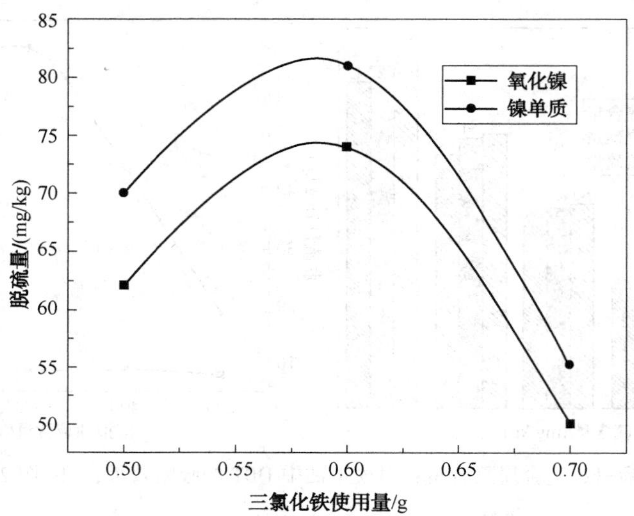

图4 氧化镍和镍单质在复合材料中对模拟油中DBT的脱硫效果

本成核在石墨烯上。因为过渡金属Ni和Fe占据石墨烯上的节点相同，而使用更多的$FeCl_3 \cdot 6H_2O$，则形成的Fe_3O_4则可能占据过多的石墨烯节点，从而会导致Ni的负载量降低，引起脱硫量降低[9]。

5 结论

石墨烯作为吸附剂的一部分，为金属的负载提供了良好的框架结构，通过在石墨烯表面负载各种金属及金属氧化物，能够使吸附脱硫不只有物理吸附，还有化学吸附。通过溶剂热法制备的石墨烯纳米复合材料，显示出了对DBT良好的吸附脱除性能。实验结果表明，单组分Fe_3O_4和单组分石墨烯对DBT没有脱除效果。能够起到脱除效果的组分是过渡金属Ni。NiO和Ni单质的脱硫效果不同，实验表明Ni单质的脱硫效果优于NiO。另一方面，25℃下的脱硫效果远低于50℃下的脱硫效果，表明过渡金属脱硫效果受温度影响。Fe_3O_4与石墨烯的合成存在一个合理的使用量，过低的$FeCl_3 \cdot 6H_2O$使用不利于Fe_3O_4的形成，过多的$FeCl_3 \cdot 6H_2O$也不会促进Fe_3O_4的形成。

参 考 文 献

[1] Sentorun-Shalaby C, Saha S K, Ma X, et al. Mesoporous-molecular-sieve-supported nickel sorbents for adsorptive desulfurization of commercial ultra-low-sulfur diesel fuel[J]. Applied Catalysis B Environmental, 2011, 101(3-4): 718-726.

[2] Ma X, Sakanishi K, Mochida I. Hydrodesulfurization reactivities of various sulfur compounds in diesel fuel[J]. Ind eng chem res, 1994, 33(2): 218-222.

[3] 陈未来，崔洁，熊浪，等. 柴油深度脱硫技术研究进展[J]. 安徽化工，2015(1)：24-28.

[4] Selvavathi V, Chidambaram V, Meenakshisundaram A, et al. Adsorptive desulfurization of diesel on activated carbon and nickel supported systems[J]. Catalysis Today, 2009, 141(1-2): 99-102.

[5] Zhou D, Zhang T L, Han B H. One-step solvothermal synthesis of an iron oxide - graphene magnetic hybrid

material with high porosity[J]. Microporous & Mesoporous Materials, 2013, 165(1): 234-239.

[6] Kottegoda I R M, Idris N H, Lu L, et al. Synthesis and characterization of graphene - nickel oxide nanostructures for fast charge - discharge application[J]. Electrochimica Acta, 2011, 56(16): 5815-5822.

[7] Lv W, Sun F, Tang D M, et al. A sandwich structure of graphene and nickel oxide with excellent supercapacitive performance[J]. Journal of Materials Chemistry, 2011, 21(25): 9014-9019.

[8] Menzel R, Iruretagoyena D, Wang Y, et al. Graphene oxide/mixed metal oxide hybrid materials for enhanced adsorption desulfurization of liquid hydrocarbon fuels[J]. Fuel, 2016, 181: 531-536.

[9] 刘晓洁. 金属与石墨烯的相互作用以及分子团簇的理论计算研究[D]. 吉林大学, 2011.

致谢

感谢中国石油大学(北京)引进人才科研启动基金(2462016YJRC027)和中国石油大学(北京)C计划(C201604)以及中国石油科技创新基金(2015D-5006-0401)的资助。

固定床异丁烷脱氢生产异丁烯技术的工业应用

周广林[1]　李　芹[2]　吴全贵[2]　周　烨[1]　周红军[1]

(1. 中国石油大学(北京)新能源研究院，北京　102249；
2. 北京中石大新能源研究院有限公司，北京　102299)

摘　要　介绍了固定床异丁烷脱氢生产异丁烯技术的工艺原理、工艺特点及工业应用情况，并对该技术的应用进行了简要技术经济分析。结果表明，固定床异丁烷脱氢生产异丁烯是采用四个固定床反应系统，采用氧化铬/氧化铝催化剂，催化剂间歇反应和再生，异丁烷转化率高，生产的异丁烯可以作为生产 MTBE 的原料，从而可以为企业创造一定的经济效益，不仅有效解决了异丁烯短缺的现状，还能够使异丁烷资源得到更好的利用。

关键词　异丁烷　脱氢　异丁烯　工业应用

异丁烯作为一种重要的有机化工原料，常作为 MTBE[1]、聚异丁烯[2]、丁基橡胶、甲基丙烯酸甲酯、叔丁醇[3]和 ABS 树脂等下游化工产品的原料，有着广泛的用途[4-5]。目前，异丁烯的生产主要来自石脑油蒸汽裂解装置和炼油的催化裂化装置。随着我国对 MTBE 需求量的增加，异丁烯的需求量也随之增加，传统的异丁烯生产工艺已经不能满足市场的需求[6]。因此异丁烷脱氢生产工艺受到了行业内越来越多的重视。异丁烷脱氢的主要产品为异丁烯，同时副产很少量的氢气。这种方法能耗低，具有较高的工业应用价值。目前常用工艺有 Oleflex 工艺[7]、STAR 工艺[8]、FBD-4 工艺[9]、Linde 工艺[10]以及 Catofin 工艺[11]等，而固定床异丁烷脱氢工艺具有工艺流程短、生产成本低、环境友好等特点，竞争优势逐渐突出。

山东某公司采用中国石油大学(北京)开发的固定床装置用于异丁烷脱氢生产异丁烯技术，该公司搭建的异丁烷脱氢生产异丁烯装置的加工能力为 24 万 t/a，异丁烷处理量 30t/h (包括循环异丁烷)，操作弹性 60%~110%，年操作时间 8000h。工业应用结果表明，$Cr_2O_3-K_2O/Al_2O_3$在异丁烷脱氢反应中，表现出优良的活性、选择性和异丁烯收率。本文主要介绍固定床异丁烷脱氢生产异丁烯技术在山东某公司的工业应用情况。

1　异丁烷脱氢制异丁烯工艺原理

异丁烷脱氢流程的工艺原理是：在接近大气压、560~600℃条件下，异丁烷在 $Cr_2O_3-K_2O/Al_2O_3$催化剂固定床发生异丁烷脱氢生成异丁烯的反应。

异丁烷脱氢的基本化学反应：

$$H_3C—\underset{\displaystyle CH_3}{\underset{|}{CH}}—CH_3 \rightleftharpoons CH_3—\underset{\displaystyle CH_3}{\underset{|}{C}}=CH_2 + H_2$$

此反应为可逆反应，随着温度升高或压力下降原料向生成有用产品方向的转换深度加大。但随着温度的升高，热分解等副反应速度也加快并生成以下物质：轻烃、重烃、芳烃、树脂、焦炭。脱氢过程除了脱氢主反应外还伴随生成轻烃、重烃、芳烃、焦炭及其他的副反应。

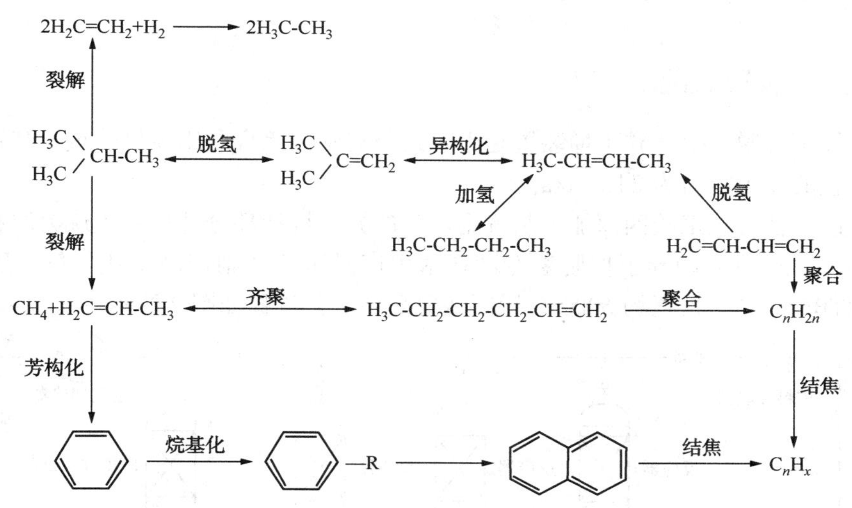

图 1　异丁烷脱氢涉及反应

再生过程的化学反应：生成的焦炭沉积在催化剂表面，覆盖了催化剂活性中心。其结果降低了催化剂活性和选择性。为了还原催化剂，用空气中的氧气对催化剂进行再生。再生流程中，催化剂表面的焦炭被烧掉，产生一氧化碳和二氧化碳：$C+O_2 \rightarrow CO+CO_2$，并且由于过剩氧气的存在，三价铬氧化成六价铬：$2Cr_2O_3+3O_2=4CrO_3$，六价铬不具备脱氢反应需要的活性和选择性，因此在催化剂进异丁烷之前，用烃进行还原，例如：

$$8CrO_3+C_4H_{10} = 4Cr_2O_3+3CO_2+5H_2O+CO$$

脱氢反应和催化剂再生是在同一个反应器内进行的。

2　固定床异丁烷脱氢生产异丁烯工艺简述

异丁烷脱氢生产异丁烯的固定床技术。主要工艺特点：

(1) 以工厂碳四深加工装置副产品异丁烷为原料，采用异丁烷脱氢专利技术生产异丁烯及工业氢气，原料成本低。

(2) 催化剂反应-再生在同一个反应器中进行，具有操作简单、抗事故能力强、能耗低等特点。

(3) 反应器设置 4 台，轮流切换反应-再生，以保证连续生产。采用固定床反应器，与流化床反应器相比，具有以下优点：

① 可以实现在较高温度下长周期稳定操作。反应温度控制容易。

② 催化剂为非贵金属催化剂，成本低，固定床无催化剂损失。

③ 异丁烯选择性高。

④ 反应体系无需通入任何介质，并能回收高纯度氢气。

⑤ 允许原料加工负荷变化范围大。

(4) 失活催化剂再生采用氮气配空气反应器内烧焦的模式。

3 固定床异丁烷脱氢生产异丁烯技术的工业应用

3.1 工业装置概况

固定床异丁烷脱氢生产异丁烯装置是山东某公司碳四综合利用项目的重要装置之一，异丁烷脱氢装置的加工能力为24万t/a。

该装置以本公司化工碳四深加工装置副产品的异丁烷和部分外购异丁烷为原料。采用中国石油大学(北京)开发的异丁烷脱氢专利技术生产异丁烯并副产品工业氢气，所产异丁烯用于生产MTBE产品。投资约6000万元。装置简要工艺流程如图2所示。

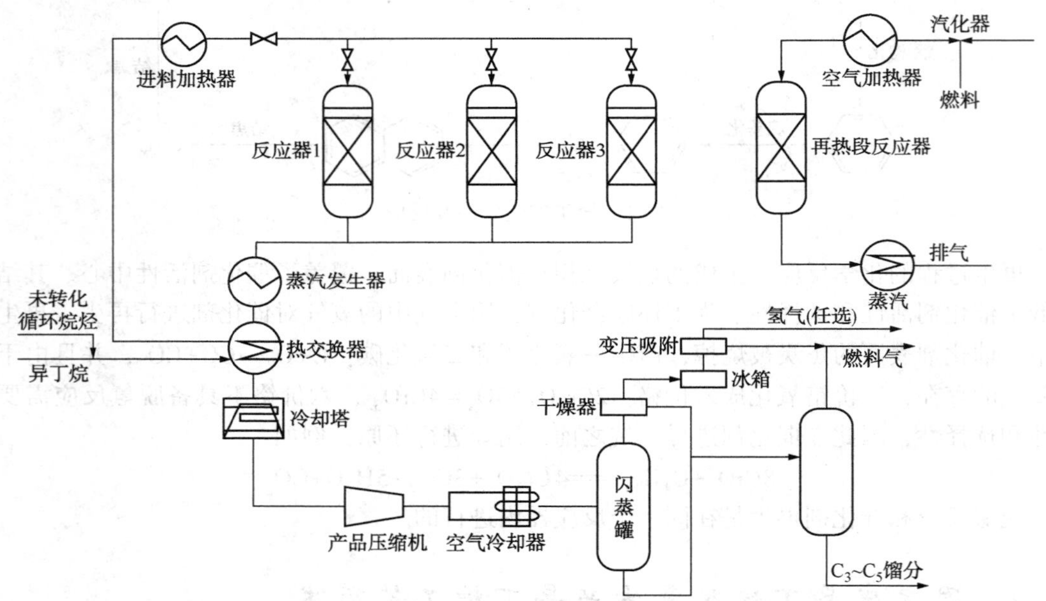

图2 异丁烷脱氢生产异丁烯工艺流程简图

自罐区来的异丁烷与自MTBE装置返回的循环异丁烷混合后进入原料分液罐气化，气化后的混合异丁烷气体经换热器预热至180℃，然后送入反应进料加热炉，加热至530~560℃后，从顶部进入异丁烷固定床反应器。原料气在固定床层与高温催化剂接触进行脱氢反应。反应器设置四台，四台反应器并联运行，其中三台反应器进行脱氢反应，一台反应器进行高温再生。反应产物自异丁烷固定床反应器下部出口，经原料-反应产物换热器换热，再经冷却器冷却后，经压缩进入闪蒸罐分离，气相组分经PSA分离出高纯氢气，干气作为燃气。液相组分经泵送至MTBE装置生产MTBE。

随着脱氢反应时间的延长，脱氢催化剂会因表面积炭而逐渐失活。催化剂的活性达到一个下限，所得的气体产物中异丁烯含量将不能达到生产要求，此时催化剂就需要再生来恢复其活性。脱氢催化剂的再生采用氮气中配空气的方式对失活催化剂进行再生反应器内再生。

3.2 工业装置运行结果

为考察异丁烷脱氢技术的成熟性、经济性及催化剂的性能，在该工业装置上进行了简要标定，标定时间为15天，标定结果如下。

3.2.1 原料及催化剂性质

固定床异丁烷脱氢制异丁烯装置加工的原料异丁烷组成如表1。

表1 原料异丁烷组成

组分	含量/%(v)	组分	含量/%(v)
丙烷	1.379	1-丁烯	0.1476
丙烯	0.0091	异丁烯	0.6321
异丁烷	93.753	顺-2-丁烯	0.1651
正丁烷	3.5856	甲醇/ppm	60.8
反-2-丁烯	0.2255	二甲醚/ppm	366.8

异丁烷脱氢催化剂为东营科尔特新材料有限公司生产的专用催化剂，催化剂的主要物化性质如表2所示。

表2 催化剂物化性质

项目	数据	项目	数据
主要组成	Al、Cr、K、Ba	比表面积/(m^2/g)	230
外观	淡黄色条状	孔容/(mL/g)	0.4
规格/mm	$\phi 2\times 5\sim 10$	强度/(N/cm)	≥30

3.2.2 主要操作条件

异丁烷脱氢生产异丁烯工业装置主要操作条件如表3。

表3 主要操作条件

操作条件	数据	操作条件	数据
进料重时空速/h^{-1}	1.0~1.4	再生温度/℃	520~550
反应压力/MPa(表压)	0.14~0.20	催化剂单程反应周期/d	7~9
再生压力/MPa(表压)	0.30	催化剂再生时间/d	1
反应温度/℃	530~560		

3.2.3 异丁烷脱氢后的主要产物分布及产品性质

异丁烷脱氢后所得的物料平衡如表4，反应器出口产物的性质如表5。

表4 异丁烷脱氢生产的物料平衡

		物料量/(万 t/a)	质量分数/%
原料	异丁烷	6.5	≥98
合计		6.5	
产品	氢气	0.18	
	异丁烯	6.0	
	燃料气	0.3	
合计		6.48	

表5 反应后产物气体组成

组　　分	组成/%(v)	组　　分	组成/%(v)
甲烷	0.3172	正丁烷	3.1684
乙烷	0.0583	反-2-丁烯	0.2504
乙烯	0.003	1-丁烯	0.1652
丙烷	2.4074	异丁烯	15.0129
丙烯	0.208	顺-2-丁烯	0.1865
异丁烷	78.2202		

由表5数据计算可知，当反应器入品温度为540℃，出口温度为475℃时，异丁烷转化率为15.53%，异丁烯收率为15.34%，异丁烯选择性为92.58%，基本上接近此温度下的异丁烷平衡转化率。此异丁烯的含量满足了MTBE装置生产MTBE的要求。

3.2.4 技术经济简析

以上述标定结果为例，对该工业装置进行了经济效益简析，其结果如表6。其中装置加工费按420元/t核算。

表6 经济效益分析结果

物料	单价/(元/t)	产量/(万t/a)	金额/(万元/a)
原料(异丁烷)	4500.0	6.5	29250.0
加工成本	420	6.5	2730.0
产品			
燃料气	3500	0.3	1050.0
异丁烯	7200	6.0	43200.0
氢气	15000	0.18	2700
加工利润	14970.0万元		

4 结论

通过上述对异丁烷脱氢生产异丁烯技术的研究结果，可以得到以下结论：

(1) 该工艺技术异丁烷转化率高为15.53%，基本上接近此入口温度下的异丁烷平衡转化率。

(2) 该工艺技术具有流程简单，灵活，投资少，操作费用低，反应周期长，再生时间短等特点。

(3) 催化剂为非贵金属催化剂，成本低，固定床无催化剂损失。

(4) 反应体系无需通入任何介质，并能回收高纯度氢气。

参 考 文 献

[1] 薛祖源．利用异丁烯生产MTBE应用前景探讨(上)[J]．上海化工，2007，32(3)：41-45.
[2] 齐泮仑，西晓丽，顾爱萍，等．高活性聚异丁烯的合成[J]．石油炼制与化工，2006，37(3)：19-23.
[3] 郭玉峰，张献军．混合碳四中异丁烯催化水合制叔丁醇[J]．石油化工，1997，26(12)：795-800.
[4] 袁霞光．乙烯装置副产碳四烃的综合利用[J]．乙烯工业，2005(02)：1-5.

[5] 陈伟雄. 高纯异丁烯化工利用前景广阔[J]. 化工科技市场，2005，28(11)：42-44.
[6] 赵春晖. 混合碳四的综合应用. 化工科技市场，2007(11)：16-18.
[7] 赵万恒. 低碳烷烃脱氢技术评述[J]. 化工设计，2000(03)：11-13.
[8] 宋艳敏，孙守亮，孙振乾. 异丁烷催化脱氢制异丁烯技术研究[J]. 精细与专用化学品，2006(17)：10-12.
[9] 肖锦堂. 烷烃催化脱氢生产 $C_3 \sim C_4$ 烯烃工艺(之一)[J]. 天然气工业，1994(02)：64-69.
[10] 肖锦堂. 烷烃催化脱氢生产 $C_3 \sim C_4$ 烯烃工艺(之四)[J]. 天然气工业，1994(06)：64-68.
[11] 王绍卿. 由异丁烷脱氢制异丁烯的生产技术问题[J]. 石化技术，1994(01)：57-60.

低硫重质船用燃料油生产经济性研究

叶　霖

（中国石油化工集团公司经济技术研究院，北京　100029）

摘　要　国际海事组织规定到2020年全球船用燃料油的硫含量不高于0.5%。为应对这一政策，目前公认比较主流的措施是采用低硫重质燃料油。炼厂生产低硫重质燃料油的经济性到底如何呢？在当前的价格体系下，利用Aspen PIMS软件模拟某炼厂加工流程，在总加工量不变减少汽柴油产量情况下，生产20万t/a低硫380CST的效益平衡点为高低硫燃料油价差140美元。在不减少汽柴油产量，通过扩大原油加工量生产低硫380CST时的效益平衡点为高低硫燃料油价差83美元。

关键词　船用燃料油　低硫化　经济性　盈亏平衡点

1　船用燃料油低硫化

国际海事组织(IMO)是联合国负责海上航行安全和防止船舶造成海洋污染的一个专门机构。随着全球环境问题的不断加剧，IMO规定了到2020年全球船舶使用燃料油的硫含量不高于0.5%(之前为3.5%)。

中国保税船燃消费近些年基本稳定在900万t/a左右，经营品种以380CST为主，占到总量的85%以上。但由于中石化、中石油等主流炼厂持续减少重质船燃的生产和供应，目前重质船燃资源基本由社会经营单位用煤焦油等廉价资源调合供应，产品标准不一，市场较为混乱。当前国内重质船燃根据各区域调合组分的不同，硫含量在0.5%~2.0%范围不等，个别高达3.0%。[1]

2　船用燃料油低硫化应对措施

2.1　低硫重油

直接使用低硫重油替代，以应对排放控制区和全球范围内对硫排放的要求，85%远洋船舶使用重质船燃，是最为简单的方案，航运企业接受度最高。但目前资源供应短缺造成低硫重油补给困难，国际海事组织虽提出应对措施但收效甚微。目前由于国际炼油厂供应能力所限，只有少数排放控制区的港口能供应含硫量不高于0.1%的低硫重油。国内基本未有低硫重油的生产。

2.2　低硫轻油

改用低硫轻油替代，对船舶改动较少，是目前较为简单的应对措施。但使用低硫轻油比重油的成本增加了很多。同时长期使用低硫轻油需要对船舶燃油系统进行必要改造，使主机满足低硫轻燃油黏度等物性变化要求。

2.3 LNG 燃料

LNG 是公认的绿色燃料，资源丰富，但其作为船用燃料仍然存在一些实际问题。首先是补给配套不完备，目前来看除北欧地区外，全球大部分港口补给设施尚不配套。其次续航能力较弱。另外存储燃料的压力罐所需空间约为等量柴油舱的 3~4 倍，建造成本增加。总体来看，短期内 LNG 燃料不会大规模替代。

2.4 安装废气清洗系统(EGCS)

除了使用合规燃料油外，MARPOL 也允许船只使用其他合规的方法，只要使排放减少到同等硫含量燃料的排放水平。合规的方法中就包括废气清洗系统。

采用 EGCS，船东无需对发动机及供油系统进行改造，可以继续使用与主机性能匹配的重质船用油。可为船东节约大量的燃油成本，还避免更换低硫油带来船舶运行风险。但由于加装 EGCS 的费用高昂(约 300 万~1000 万美元[2])，且需要足够大的安装空间，废液处理也是一个相当棘手的问题。预计回报期在 5 年或以上的船会拒绝安装 EGCS，剩余时间不足 5 年的船只也不可能安装[3]。那么只有新船和回报期较短的船只会选择这一方式。但是，一旦海船应用技术获得突破，大型船只安装脱硫装置的可能性很大。

综上所述，为应对 2020 年的硫排放要求，未来十年将出现各种解决方案并存的局面。重质船燃在市场仍将占有较大比例，低硫重质船燃将是主要解决方案，也是船东的首选方案，市场对价格适宜的低硫重油需求迫切，但目前全球供应有限；短期内，低硫柴油替代将是较主要的应对措施；LNG 和 EGCS 目前还不具备大范围应用的条件，短时间内无法改变传统船舶燃料的市场地位。

3 低硫 380CST 生产经济性研究

3.1 方案设置

以某炼厂为例，利用 Aspen PIMS 软件模拟其规划加工流程，通过设置不同生产方案，研究生产低硫 380CST 的经济性。低硫 380CST 在模型中采用性质调和，主要调和组分为加氢渣油、减压渣油和催化柴油。质量控制指标主要有：硫含量≤0.5%，密度≤991kg/m^3，50℃运动黏度≤380mm^2/s 等。情景一是在规划流程下，强制生产低硫 380CST。情景二是利用常减压装置和渣油加氢装置的富余加工量，按油种同比例扩大原油加工量，强制生产低硫 380CST。当三个方案的炼厂总利润相同时，380CST 的价格即为效益平衡点价格。

原油价格：2017 年 1 月国际原油均价(DTD 布伦特 54.66 美元/桶)，高低硫原油价差 3.5 美元/桶，美元平均汇率 6.89。分油种价格见表 1。

表1 原油加工量及价格

原油名称	硫含量/%	酸值/(mgKOH/g)	API	到厂价格/(元/t)
卡滨达	0.13	0.14	33.27	2920
内姆巴	0.24	0.09	39.74	2915
吉拉索	0.33	0.34	31.5	2943
埃斯锡德	0.4	0.4	37.45	2994
马希拉	0.63	0.09	32.36	2942
穆尔班	0.75	0.04	40.58	2973
阿　曼	1.3	0.46	31	2721
沙　轻	2.04	0.05	33.1	2778

产品价格：2017年1月炼厂产品实际价格(不含增值税、消费税等)。

方案1：基础方案。以某炼厂规划加工流程作基础方案，主要产品为国Ⅵ汽油、航煤、国Ⅵ柴油、芳烃、聚丙烯等。不生产低硫380CST。

方案2：存量产燃料油方案。原油加工量不变，在方案1的基础上强制生产低硫380 CST 20万t/a，减少汽柴油产量。

方案3：增量产燃料油方案。原油加工量按油种同比例扩大20万t/a，加工流程不变，汽柴油数量基本不变，强制生产低硫380 CST 20万t/a。

3.2 测算结果与分析

利用Aspen PIMS软件分别测算三个方案，三个方案的原油构成比例相同，方案1和方案2的总原油加工量为900万t/a，方案3的原油加工量为920万t/a，见表2。

表2 各方案原料油加工量及外购原料量　　元/t、万t/a

方案	1	2	3
原油			
卡滨达	50	50	51.11
内姆巴	50	50	51.11
吉拉索	150	150	153.33
埃斯锡德	100	100	102.22
马希拉	100	100	102.22
穆尔班	50	50	51.12
阿曼	320	320	327.11
沙轻	80	80	81.78
原油总计	900	900	920
原料			
甲醇	3.57	3.57	3.57
氢气	0.87	0.8	0.84
外购C8	25.62	25.64	23.13
外购芳烃汽油	25	25	25

各方案中，除低硫 380CST 之外，其他产品的价格完全一致。方案 2 强制生产 20 万 t/a 低硫 380CST，以加氢渣油为主要调和组分，导致催化裂化装置进料量减少，汽柴油产量与方案 1 相比减少 14 万 t/a 左右。方案 3 中，原油加工量的增量与低硫 380CST 的产量相同，因此其他产品产量基本持平，各方案产品产量见表 3。

表 3　各方案产品产量及价格　　元/t、t/a

方　案	价　格	1	2	3
92#国Ⅵ汽油	4261	75.22	68.62	75.61
95#国Ⅵ汽油	4523	111.21	111.68	108.44
88#出口汽油	3900	60	60	60
航　煤	3541	134.95	134.95	137.22
0#国Ⅵ车用柴油	3815	274.79	267.12	274.47
石脑油	3359	3.99	3.99	4.07
重质船燃 380CST			20	20
250#燃料油/油浆	505	16.15	15.40	15.8
白油料(加裂尾油)	3858	20	20	20
苯	5812	16.51	16.51	16.51
甲苯	4615	13.18	13.18	13.18
PX	5812	80	80	80
重芳烃	4650	6.27	6.27	6.27
商品液化气	3161	31.87	28.43	30.53
丙丁烷	3272	3.6	3.6	3.6
聚丙烯	7657	21.06	21.06	21.06

在 Aspen PIMS 中模拟低硫 380CST 产品的调和生产。优化结果显示主要调和组分为加氢渣油，还有部分催化柴油和直馏减压渣油。方案 2 和方案 3 中 380CST 的具体调和情况见表 4。

表 4　各方案调和方案

方　案	2	3
催化柴油/%	27.58	17.60
减压渣油/%	28.78	28.98
加氢渣油/%	43.64	53.41
共　计/%	100.00	100.00

方案 2 的测算结果显示，加工总量不变，减少汽柴油数量生产低硫燃料油，当低硫 380CST 的价格为 3211 元/t 时，方案 1 和方案 2 的利润相同。与方案 1 相比，方案 2 中的部分加氢渣油、催化柴油和减压渣油，为了生产低硫 380CST，不能进入相关装置进行加工，减少了汽柴油及其他产品的产量。因此当低硫 380CST 的价格高于 3211 元/t 时，与生产其他炼油产品相比，生产船用燃料油可以给炼厂带来更多的效益。这个价格就是存量产燃料油

的效益平衡点。将该价格换算成美元，按照同油价时高硫380CST的价格326美元/t计算，高低硫燃料油价差140美元/t是生产低硫燃料油的效益平衡点。

方案3与方案1相比，原油加工量扩大20万t/a，原油性质不变，汽柴油数量基本不变。测算结果显示，当低硫380CST的价格为2820元/t时，方案3和方案1的利润相同。即如果企业常减压装置和渣油加氢装置能力有富余，当低硫380CST的价格高于2820元/t时，通过扩大原油加工量生产低硫燃料油可以给炼厂带来更多的效益。将价格换算成美元，按照同油价时高硫380CST的价格326美元/t计算，高低硫燃料油价差83美元/t是该情形下生产低硫燃料油的效益平衡点。

4 结论及建议

（1）如果常减压装置和渣油加氢装置能力有富余，当高低硫380CST价差在83美元/t以上时，通过提高原油加工量生产低硫燃料油对炼厂而言是有效益的。如果常减压装置能力没有富余，需要减少汽柴油数量来生产燃料油，高低硫380CST价差需要大于140美元/t以上。目前各机构对2020年高低硫燃料油价差的预测普遍在100到150美元/t之间，如果通过采用通过增加原油加工量来生产低硫燃料油是有一定的利润空间，但如果通过减少汽柴油数量生产低硫燃料油，难以有利润。

（2）重质船用燃料油，作为低附加值产品，其调和组分应尽可能低成本化。目前炼厂中的催化油浆这一组分，价值较低，且没有特别高效的加工出路。但作为船用燃料油的调和组分，则由于催化剂残留导致固体含量太高，难以调入。如果能够对催化油浆加以处理，使其固体含量降低到合适的程度，可大量调入燃料油的话，那么生产重质船用燃料油的利润空间将会大幅提升。

（3）另外还有一些燃料油生产优化手段，比如优化原油结构，以降低原油采购成本；或者外采一些低价调和组分，优化燃料油调和方案等，可进一步扩大燃料油生产的利润空间。

（4）对于一些装置结构和原油结构适宜且储运条件便利、靠近市场的炼厂，在目前开工率普遍不高，汽柴油市场需求萎靡的状况下，扩大原油加工总量，部署规划生产低硫燃料油符合炼厂调结构创效益的发展方向。

参 考 文 献

[1] 王丹．中国远洋航务．中国远洋海运集团有限公司，2016.

[2] 姚迪．中国石化报，2016-12-9.

[3] Sandee Psayal. 公海船用什么燃料油？对炼油工业的潜在影响，2016.

重油深加工

原料油加氢深度对催化裂解反应性能及氢转移反应影响

马文明　谢朝钢　朱根权

（中国石化石油化工科学研究院，北京　100083）

摘　要　以两种不同加氢深度的加氢蜡油 HT-1 和 HT-2 为原料，MMC-2 为催化剂，探究了加氢深度对催化裂解反应性能及氢转移反应影响。结果表明，增大加氢深度可以提高原料油中链烷烃和环烷烃的含量，增强原料油的裂化性能，提高丙烯、丁烯、BTX 和汽油等高质量产品的产率，同时提高汽油中异构烷烃和芳烃的含量，降低烯烃的含量。随着加氢深度的增大，原料油中供氢组分的含量增加，总体供氢能力增强，更有利于氢转移反应的发生。另外，原料油加氢处理对不同碳数烯烃发生氢转移反应的影响不同，随着碳原子数的增加，氢转移反应的活性增强。

关键词　催化裂解　加氢蜡油　氢转移　低碳烯烃　BTX

催化裂化作为一种将重质原料油转化为轻质油品的工艺，在炼油工业中占有非常重要的地位[1]。近年来，随着原油重质化、劣质化程度的不断加深，催化裂化原料油中重质组分、硫、氮和重金属含量有明显增大的趋势，不仅影响了原料的裂化性能，使产物分布和产品质量变差，而且会造成催化剂中毒、环境污染等问题[2]。加氢处理是在一定温度、压力、加氢催化剂和临氢条件下脱除硫、氮、重金属等杂质，并将芳烃等不饱和烃转化成饱和烃的过程[3]。经过加氢处理后，催化裂化原料油的密度和残炭值明显减小，胶质、沥青质含量减少，原料油性质得到很大改善，汽油产率和总液收增加，产品质量提高[4]。

吴心冰等[5]通过研究原料油加氢预处理对催化裂化产品分布及性质的影响发现，加氢处理后，汽油产率增加了 4.78w%，链烷烃和环烷烃含量变化不大，烯烃含量减小，辛烷值增大。龚剑洪等[6]研究了不同加氢深度的加氢柴油在催化裂化条件下的反应性能，结果表明随着加氢深度的增大，催化裂化转化率增大，液化气和汽油的产率增大，汽油中烯烃含量增大，汽油辛烷值提高，但汽油中芳烃含量减小，$C_6 \sim C_8$芳烃的产率明显降低。李洪等[7]使用加氢脱氮后的焦化蜡油进行催化裂化反应，结果表明对蜡油进行加氢脱氮后，催化裂化轻油产率增加 9.5w%，总液收增加 10.6w%，而且降低了对催化剂的毒害作用。以上研究表明，通过加氢处理可以改善催化裂化原料油的性质，提高轻质油品的收率，改善产品的质量。

本文以两种不同加氢深度的加氢蜡油为原料，采用催化裂解工艺中常用的 MMC-2 催化剂，探究原料油加氢深度对催化裂解反应性能及氢转移反应影响。

1 试验

1.1 试验原料

本研究使用的原料为两种不同加氢深度的加氢蜡油，分别记为 HT-1 和 HT-2，其中 HT-2的加氢深度大于HT-1。两种加氢蜡油的性质见表1。由表1可以看出，与HT-1相比，HT-2的密度更小，氢含量更高，链烷烃和环烷烃含量较高，芳烃含量更低，硫含量、氮含量和残炭值更低。

1.2 催化剂

本研究使用的催化剂为中国石化催化剂齐鲁分公司生产的 MMC-2 催化剂，其性质见表2。试验时，MMC-2 催化剂在 800℃条件下水热老化 8h，经过压片成型后筛分出 40~80 目的颗粒进行试验。

表1 两种加氢蜡油的性质

项目	HT-1	HT-2
密度(20℃)/(kg/m^3)	904.0	891.7
碳氢含量/w%		
碳	87.10	87.10
氢	12.56	12.88
苯胺点/℃	84.1	87.7
残炭/w%	0.11	<0.1
硫含量/(mg/kg)	3710	841
氮含量/(mg/kg)	742	141
烃类组成/w%		
链烷烃	18.3	19.0
环烷烃	32.7	39.7
芳烃	49.0	41.3

表2 催化剂的性质

项目	MMC-2	项目	MMC-2
表观密度/(g/cm^3)	0.82	比表面积/(m^2/g)	129.00
化学组成/w%		基质面积	68.00
Al_2O_3	51.50	微孔面积	61.00
SiO_2	41.90	总孔体积/(m^3/g)	0.17
P_2O_5	3.34	微孔体积/(m^3/g)	0.03
Fe_2O_3	0.50		

1.3 试验装置

本研究采用催化裂化多通道微型反应装置，装置流程图如图1所示。试验时，反应器内催化剂的装填量为1.2g，反应温度为580℃，质量空速为6h^{-1}。

2 结果与讨论

2.1 产物分布

两种加氢蜡油对应的产物分布见表3。由表中数据可知，HT-2的转化率明显高于HT-1。HT-2的加氢深度大于HT-1，更多芳烃被氢原子饱和，使得HT-2中链烷烃和环烷烃的含量均大于HT-1，催化裂解过程中链烷烃和环烷烃很容易发生反应，所以，HT-2的转化率要高于HT-1。HT-2对应的干气、液化气和汽油产率大于HT-1，而柴油和重油的产率小于HT-1。催化裂解过程中，$C_3\sim C_4$主要集中在液化气中，$C_5\sim C_{10}$烷烃、$C_5\sim C_{10}$烷烃、单环烷烃以及单环芳烃进入汽油组分中，难以发生裂化的多环芳烃则集中在柴油和重油中。HT-2中链烷烃和环烷烃的含量较高，芳烃含量较低，在反应过程中会生成更多的液化气和汽油。HT-2对应的焦炭产率略大于HT-1，但焦炭选择性小于HT-1。环烷烃和芳烃具有较强的供氢能力，特别是多环芳烃，容易发生氢转移反应转化成焦炭前身物，然后吸附在催化剂表面，并且很难脱附，最终生成焦炭。HT-2中芳烃的含量小于HT-1，且HT-2的残炭值也比HT-1要小，通常情况下生产的焦炭也会更少。但HT-2中环烷烃的含量比HT-1大很多，使得原料油的裂化性能和供氢能力同时增强，在生成较多轻质油品的同时，也生成了较多的焦炭。可见，增大加氢蜡油的加氢深度可以增强原料油的可裂化性，增大液化气和汽油等高质量产品的产率，改善产物分布；但较大的加氢深度也会增加原料油中供氢组分的含量，使焦炭的产率略微增加。

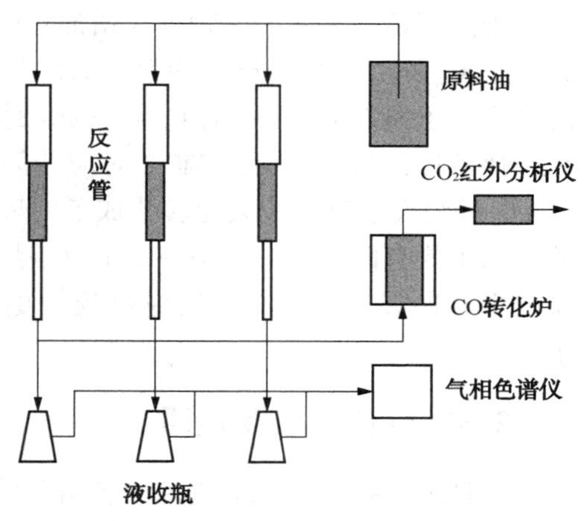

图1 MCC装置流程简图

表3 两种加氢蜡油对应的产物分布

项目	HT-1	HT-2	项目	HT-1	HT-2
转化率/w%	70.58	77.12	柴油	23.05	19.74
产物分布/w%			重油	6.36	3.14
干气	4.53	4.67	焦炭	2.98	3.14
液化气	25.70	27.94	焦炭选择性/w%	4.22	4.07
汽油	37.37	41.37			

2.2 低碳烯烃

两种加氢蜡油对应的乙烯、丙烯和丁烯(简称三烯)产率如图2所示。由图可知，HT-2对应的乙烯、丙烯和丁烯产率均比HT-1大。催化裂解过程中乙烯主要来自于大分子反应物的热裂化和正碳离子的α断裂反应，这两种反应在催化裂解过程中所占的比重较小，导致乙烯的产率较低。丙烯和丁烯的生成路径主要有大分子反应物直接发生β断裂反应，重质烃类经汽油馏分发生二次裂化反应以及小分子烯烃先可通过低聚后再发生裂化反应[8]。反应初期，原料油中含有大量容易裂解的链烷烃、环烷烃和长侧链芳烃，丙烯和丁烯主要来源于这些反应物的β断裂反应；随着反应深度的增大，大分子反应物在裂解生成小分子烯烃的同时也生成了大量的汽油馏分，而产生的汽油馏分会继续发生裂化，转化成小分子烯烃，此时丙烯和丁烯的生成是大分子烃类一次裂解和汽油馏分二次裂解共同作用的结果；当反应达到较大的深度时，原料中易发生裂解的直链烃、环烷烃和长侧链芳烃的含量明显减少，难裂解的芳烃组分含量相对较多，此时大分子烃类通过一次裂解产生的丙烯和丁烯逐渐减少。但产物中的小分子烯烃还会继续发生低聚反应重新转化成汽油烯烃，生成的汽油烯烃会再次发生β断裂反应，生产丙烯和丁烯。可见，汽油烯烃对丙烯和丁烯的产率有很大影响。而汽油烯烃中，C_6~C_8烯烃可以看作丙烯和丁烯的前身物，其中一分子的C_6烯烃能够生成两分子的丙烯，一分子的C_7烯烃能够生成一分子丙烯和一分子丁烯，一分子C_8烯烃能够生成两分子的丁烯。表4为两种加氢蜡油对应的C_6~C_8烯烃产率。由表中数据可知，HT-1对应的C_6、C_7和C_8烯烃的产率均大于HT-2。一方面，HT-2的加氢深度大于HT-1，供氢组分的含量大于HT-1，更多的C_6~C_8烯烃通过氢转移反应和脱氢芳构化反应转化成对应的烷烃和单环芳烃；另一方面，HT-2对应的丙烯和丁烯产率大于HT-1，说明反应过程中更多的C_6~C_8烯烃发生进一步裂化转化成了丙烯和丁烯。因此，造成HT-2的三烯产率大于HT-1的原因主要有两个，一是HT-2中链烷烃和环烷烃含量大于HT-1，在催化裂解过程中更容易发生β断裂反应，二是反应过程中更多的C_6~C_8烯烃发生进一步裂化转化成了丙烯和丁烯。

2.3 汽油组成及性质

两种加氢蜡油对应的汽油中各组分的含量见表5。由表中数据可知，HT-2对应的汽油中异构烷烃、环烷烃和芳烃的含量大于HT-1，正构烷烃和烯烃的含量小于HT-1。HT-2中链烷烃和环烷烃的含量均大于HT-1，通常情况下，这些饱和烃容易发生裂化反应，转化成更多的烯烃。由于HT-2的加氢深度大于HT-1，HT-2中供氢组分的含量更大。裂化反应中生成的汽油烯烃除了通过裂化反应转化成了小分子烯烃外，还有一部分通过氢转移反应生成了对应的烷烃，特别是异构烯烃，更容易发生氢转移反应转化成异构烷烃。因此，HT-2对应的汽油中异构烷烃的含量略大于HT-1，烯烃含量则比HT-1小很多。除了原料油中原有的单环芳烃发生侧链断裂反应后进入汽油组分外，还有很大一部分芳烃来自环烷烃的脱氢芳构化反应和烯烃的环化脱氢反应。一方面，HT-2中环烷烃的含量明显大于HT-1，在反应过程中会产生较多的汽油芳烃；另一方面，HT-2对应的汽油中烯烃含量明显小于HT-1，说明较多的汽油烯烃转化成了汽油芳烃。所以，HT-2对应的汽油中芳烃含量大于HT-1。

苯、甲苯和二甲苯(简称BTX)都是重要的有机化工原料，具有非常广泛的用途[9]，因此单独讨论两种加氢蜡油在催化裂解反应中生成的BTX。两种加氢蜡油对应的BTX产率如图3所示。由图可知，HT-2对应的苯、甲苯和二甲苯产率均比HT-1大。催化裂解反应中BTX的来源主要有三个途径，分别为单环芳烃的侧链断裂反应、烯烃的环化脱氢反应和环烷烃的脱氢芳构化反应[10]。表6为两种加氢蜡油的烃类组成。由表中数据可知，HT-2中单环芳烃的含量虽然小于HT-1，但环烷烃的含量比HT-1大很多，其中二环环烷烃和三环环烷烃容易发生开环反应转化成单环环烷烃，从而进一步通过脱氢芳构化反应生成 BTX，对 BTX 的贡献较大。另外，HT-2 对应的 $C_6 \sim C_8$ 烯烃的产率明显小于 HT-1，这说明有一部分 $C_6 \sim C_8$ 烯烃通过环化脱氢反应转化成 BTX，最终导致 HT-2 对应的 BTX 产率较高。

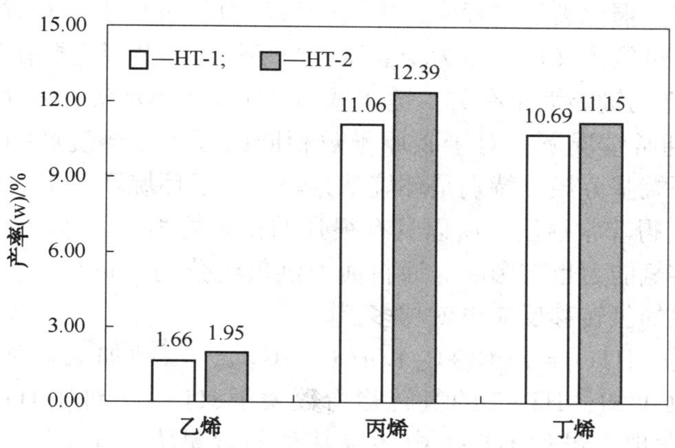

图 2 两种加氢蜡油对应的三烯产率

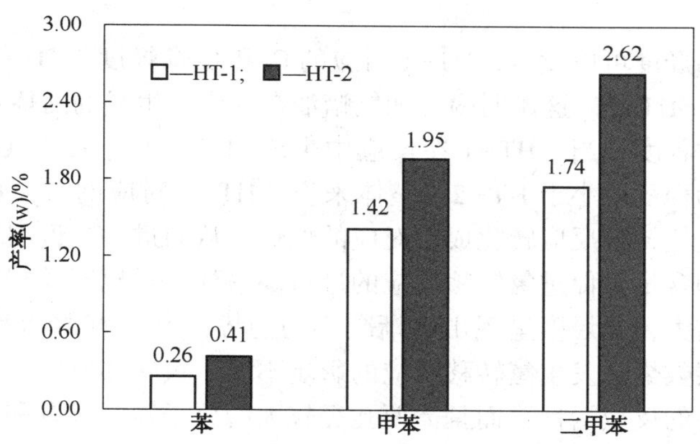

图 3 两种加氢蜡油对应的 BTX 产率

表 4 两种加氢蜡油对应的 $C_6 \sim C_8$ 烯烃产率

项　目	HT-1	HT-2	项　目	HT-1	HT-2
$C_6 \sim C_8$ 烯烃产率/w%			C_7 烯烃	0.54	0.32
C_6 烯烃	3.11	1.74	C_8 烯烃	0.33	0.21

表 5 两种加氢蜡油对应的汽油组成

项　目	HT-1	HT-2	项　目	HT-1	HT-2
汽油中各组分含量/w%			烯烃	24.24	13.69
正构烷烃	2.90	2.30	环烷烃	2.82	4.05
异构烷烃	7.02	7.79	芳烃	63.02	72.17

2.4 加氢深度对氢转移反应的影响

催化裂解原料组成非常复杂，不同结构的烃类之间容易发生氢转移反应，对产物分布和产品性质有很大影响。催化裂解过程中发生氢转移反应的组分主要有烯烃、环烷烃和芳烃，其中烯烃既可以作为供氢体又可以作为受氢体，而环烷烃和芳烃主要作为供氢体。烃类的供氢能力与所含C-H键的键能大小有关，键能越小，H原子越活泼，发生转移的可能性越大，供氢能力越强[11]。通常情况下，对于碳原子数相同的烃类，链烷烃的供氢能力小于烯烃、小于环烷烃、小于环烷基芳烃。特别是环烷基芳烃，由于环烷环和苯环相邻的两个氢原子受苯环大π键的作用变得非常活泼，所以具有很强的供氢能力[12]。另外，体系中供氢组分含量的差异对体系的供氢能力也有影响。原料油中供氢组分的含量越多，总体供氢能力越强，催化裂解过程中发生的氢转移反应也就越多[13]。

定义氢转移指数(HTC)$=n(C_3^o+C_4^o)/n(C_3^=+C_4^=)$，两种加氢蜡油对应的氢转移指数见表7。由表中数据可知，HT-2的氢转移指数大于HT-1。对比HT-1与HT-2的烃类组成(见表6)可以发现，虽然HT-1中环烷基苯的含量大于HT-2，但HT-2中环烷烃的含量比HT-1大很多，从而使得HT-2的总体供氢能力比HT-1强，更容易发生氢转移反应。

对比$C_3\sim C_8$的烯烃度可以发现，HT-1对应的C_3和C_5烯烃度与HT-2相等，C_4、C_6、C_7和C_8的烯烃度均大于HT-2。这说明两种加氢蜡油在反应中生成的丙烯和戊烯发生氢转移反应转化成对应烷烃的程度相当，HT-1在反应中生成的C_4、C_6、C_7和C_8烯烃发生氢转移反应转化成对应烷烃的程度要小于HT-2。整体来说，HT-2对应的$C_3\sim C_8$的烯烃度比HT-1小，更多的烯烃通过氢转移反应转化成了对应的烷烃，从而进一步说明增大加氢深度能够增加原料中供氢组分的含量，促进氢转移反应的进行。另外，对比不同碳数烃类的烯烃度可以发现，随着碳数的增大，烯烃度呈现出逐渐减小的趋势，但C_5烯烃度明显较大，可见原料油加氢处理对不同碳数烯烃发生氢转移反应的影响不同。氢转移反应是双分子反应，不仅需要烯烃分子具有较高的反应活性，而且需要孔径较大的分子筛，以有利于烯烃分子的扩散与吸附。对于丙烯和丁烯，由于所含碳原子数较少，在催化裂解过程中生成的正碳离子反应活性较低，仅有少量通过氢转移反应转化成了烷烃。随着碳原子数的增大，正碳离子的裂化活性和氢转移活性同时增强，更多的烯烃转化成了对应的烷烃。对于戊烯而言，虽然碳原子数大于丁烯，但氢转移活性增加有限，而且在择型分子筛中存在一定的扩散限制，因此发生氢转移反应的程度较小。

表6 两种加氢蜡油的烃类组成

项　目	HT-1	HT-2	项　目	HT-1	HT-2
烃类组成/w%			芳烃		
环烷烃			单环芳烃	31.00	28.60
一环烷烃	8.90	10.80	烷基苯	13.40	12.50
二环烷烃	10.30	12.60	环烷基苯	17.60	16.10
三环烷烃	7.30	8.90	二环及以上芳烃	18.00	12.70
四环及以上环烷烃	6.20	7.40			

表 7 两种加氢蜡油对应的氢转移指数和 $C_3 \sim C_8$ 烯烃度

项　　目	HT-1	HT-2	项　　目	HT-1	HT-2
氢转移指数	0.12	0.14	C_5	0.93	0.93
$C_3 \sim C_8$ 烯烃度			C_6	0.87	0.73
C_3	0.91	0.91	C_7	0.76	0.65
C_4	0.86	0.83	C_8	0.58	0.50

3 结论

（1）增大加氢深度可以增加原料油中链烷烃和环烷烃的含量，增强原料油的裂化性能，提高丙烯、丁烯和汽油等高质量产品的产率，改善产物分布。

（2）增大原料油的加氢深度能够提高汽油中异构烷烃和芳烃的含量，降低烯烃的含量，提高 BTX 的产率。

（3）随着加氢深度的增大，原料油的总体供氢能力增强，更有利于氢转移反应的发生。原料油加氢处理对不同碳数烯烃发生氢转移反应的影响不同，随着碳原子数的增加，氢转移反应的活性增强。

参 考 文 献

[1] 陈俊武．催化裂化工艺与工程[M]．2 版．北京：中国石化出版社，2005：45-47.

[2] 李霞，周石磊．原料加氢预处理对催化装置的影响[J]．化工管理，2015(14)：21-22.

[3] 徐春明，杨朝合．石油炼制工程[M]．4 版．北京：石油工业出版社，2009：372-373.

[4] 丁巍，赵云鹏，万臣，等．加氢处理和催化裂化联合工艺加工渣油的新技术[J]．现代化工，2016，36(9)：139-142.

[5] 吴心冰，冯乙巳．原料加氢预处理对催化裂化产品分布及性质的影响[J]．安徽化工，2012，38(3)：42-46.

[6] 龚剑洪，龙军，毛安国，等．LCO 加氢-催化组合生产高辛烷值汽油或轻质芳烃技术(LTAG)的开发[J]．石油学报：石油加工，2016，32(5)：867-874.

[7] 李洪，马守涛，马丽娜，等．焦化蜡油加氢脱氮-催化裂化组合工艺研究[C]\ 第八届全国工业催化技术及应用年会，陕西西安，2011.

[8] 谢朝钢，魏晓丽，龙军．重油催化裂解制取丙烯的分子反应化学[J]．石油学报：石油加工，2015，31(2)：307-314.

[9] 邱纯书．我国增产三苯的工艺路线评述[J]．化工进展，2008，27(8)：1215-1221.

[10] 马文明，李小斐，朱根权，等．重油催化裂解多产轻质芳烃工艺的研究[J]．石油炼制与化工，2015，46(8)：1-6.

[11] 王世环，周翔，田辉平．氢转移反应对链烷烃催化转化的影响[J]．石油学报：石油加工，2016，32(3)：468-476.

[12] Santikunaporn M，Herrera J E，Jongpatiwut S，et al. Ring opening of decalin and tetralin on HY and Pt/HY zeolite catalysts[J]．Journal of Catalysis，2004，228(1)：100-113.

[13] 张小志，张瑞驰．供氢组分对氢转移反应的影响[J]．石油炼制与化工，2006，37(2)：5-9.

荆门石化催化裂化油浆切割装置的运行总结

朱亚东

（中国石化荆门分公司，荆门　448039）

摘　要　为开发催化裂化油浆的新用途，荆门石化在 2#催化装置建设了一套油浆减压蒸馏切割装置。该装置采取分馏塔热油浆直接进料，侧线抽出轻油浆的工艺设计方案。油浆切割装置首次开工运行以来，通过对抽出塔盘型式改造、改用中压蒸汽为汽提介质、塔顶气液分离罐内部隔板改造、增加 1#催化油浆作为油浆切割装置进料等措施，生产出了符合沥青调和组分性质要求的重油浆，为催化油浆的增值利用打下良好基础。

关键词　催化裂化　油浆　切割　运行

1　前言

催化裂化油浆是催化裂化反应产物中最重组分，具有密度大、氢含量低等特点。在炼油加工流程中主要有以下几种去向：(1)作为焦化原料。因油浆中芳烃含量高，沥青质少，在焦化反应条件下转化程度低，且其组分馏程中 500℃含量达到 70%以上，故作为焦化原料的油浆组分中有部分会进入焦化蜡油中。导致作为催化原料的焦化蜡油(或者加氢焦化蜡油)性质变差，实际运行中就会出现油浆组分在催化装置和焦化装置之间“恶性循环”的状况，焦化原料中油浆比例超过一定限度后，会导致总体经济效益变差。(2)作为重质燃料油。因重质燃料油的价格较低，作为燃料油出厂效益也较差。(3)做针状焦的原料。油浆中稠环芳烃多，是做针状焦的最佳原料。但需要脱除油浆中固体颗粒以及加氢脱硫精制才可以生产针状焦，目前油浆固体脱除技术尚不成熟。(4)作为渣油加氢装置的稀释油。但也需要脱除油浆中的固体颗粒。(5)作为沥青调和组分。需要进行拔头处理，脱除轻组分，提高闪点等指标。

荆门石化有两套催化裂化装置，催化裂化的油浆组分主要是以重油类产品外卖和进焦化装置加工两种利用流程。尽管荆门石化有焦化蜡油加氢装置，但因其反应压力低，对焦化蜡油改质的作用不强。荆门石化焦化装置的原料流程是先进分馏塔，后进焦炭塔流程。当油浆作为焦化原料后，经过加热炉对流段预热后先进入分馏塔，油浆中大部分组分(70%以上)会直接进入焦化蜡油中。焦化装置在掺炼油浆后，蜡油收率会明显上升，但焦化蜡油性质则会变差。形成了油浆组分在催化裂化装置—焦化装置—蜡油加氢装置之间“恶性循环”，浪费装置的加工能力，并使得催化装置的产品分布恶化。为打破这个“恶性循环”，必须减少焦化原料中油浆掺炼的比例，需要寻找催化油浆的其他出路。

通过调研论证，决定建设一套油浆切割装置，分离出轻重油浆组分，重油浆用于调和沥青，轻油浆可以进催化或者焦化装置。油浆切割装置于 2014 年初在 2#催化裂化装置内建成试运，由于抽出塔盘存在漏液等问题，重油浆的闪点不能稳定合格，停工后对塔盘进行改造并调整工艺流程，再次开工后重油浆的闪点实现稳定合格。为进一步提高重油浆的黏度，又引入更高密度的1#催化裂化装置油浆进入油浆切割装置。分离出的重油浆用于调和100#道路沥青和25#热拌沥青再生剂，较好地解决了催化油浆的出路问题，为优化催化裂化装置的运行和全厂重油加工路线的优化打下了坚实的基础。

本文对油浆切割装置的不同工艺设计路线的对比，以及荆门油浆切割装置运行中暴露出来的问题进行了论述和分析。实际运行表明荆门石化催化裂化油浆切割装置工艺设计路线是可行的，针对存在的问题采取对应措施后，能够稳定生产出满足沥青调和组分的重油浆。

2 催化裂化油浆切割装置的工艺路线选择

催化裂化油浆的典型性质如表1所示，油浆作为沥青调和组分首先需要将其中的轻组分分离出去，提高闪点至220℃以上。同时拔头后的重油浆的黏度也需要一定的提升，否则将影响油浆的掺入比例。

表1 催化油浆的典型性质

项目	分析数据	项目	分析数据
馏程/℃		60%	479
初馏点	220	70%	496
10%	386	350℃含量/mL	4.0
20%	408	500℃含量/mL	68.0
30%	430	闪点/℃	165
40%	449	凝点/℃	+22
50%	460	密度/(g/cm^3)	1.05~1.1

油浆中主要是高沸点组分，通常对重组分的分离采用减压蒸馏，以避免常压蒸馏下过高的加热温度引起的结焦问题。对于分离轻组分过程中所需要的热量，一种模式是设置加热炉，通过外界提供热量；一种模式是利用催化油浆热进料自身携带的热量(催化热油浆温度可以达到320℃以上)。由于荆门石化油浆切割装置只需要将少量轻组分脱除，以提高闪点为目的。因此采用不设加热炉，催化热油浆直接进料的减压蒸馏切割，塔底设置蒸汽汽提的工艺路线。

在减压塔的设计中，大体可以采用图1和图2的两种设计，分别为"方案一"和"方案二"，这两种设计在实际中均有应用。

"方案一"的流程如图1所示，类似常规精馏塔，将油浆分割成轻重两组分，塔顶出轻油浆组分，塔底出重油浆组分。热油浆从塔的中部进料，塔顶轻油浆气相与水蒸气一起经过冷却器冷却后进入气液分离罐，分离出的水作为含硫污水。分离的轻油浆组分部分作为回流，控制切割精度，其余作为轻油浆产品。

"方案二"的流程如图2所示，类似原油蒸馏中减压塔设计，在侧线抽出轻油浆组分，塔顶出少量的轻质油。热油浆也是从塔中部进料，在塔顶部设置顶循环冷却系统，用于将轻油浆组分冷凝后从下部塔盘抽出。塔顶气相为少量未冷凝的轻油组分和水蒸气，经塔顶冷却

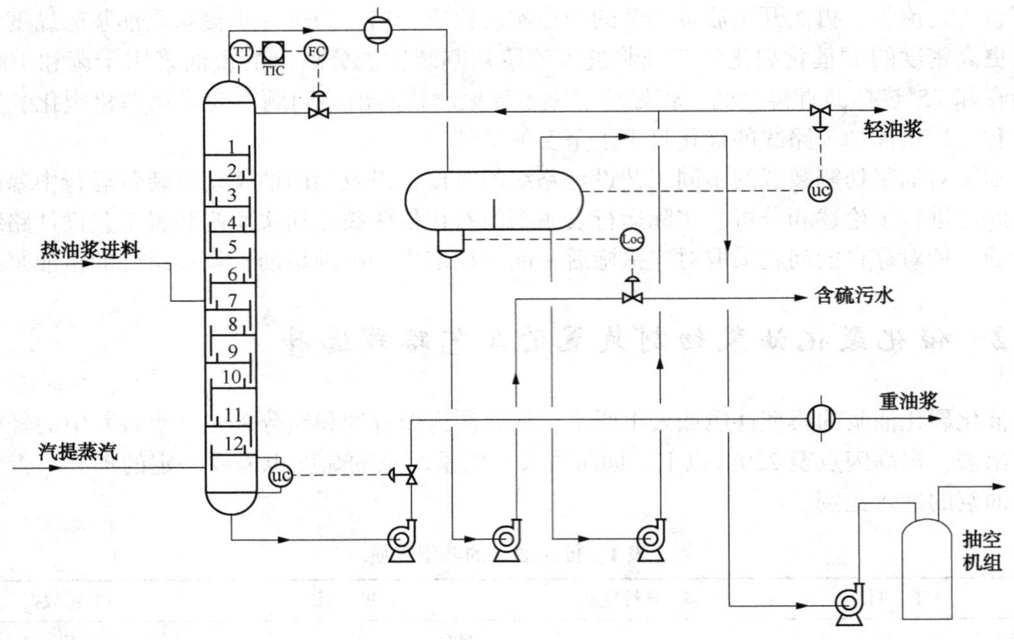

图1 油浆切割方案一

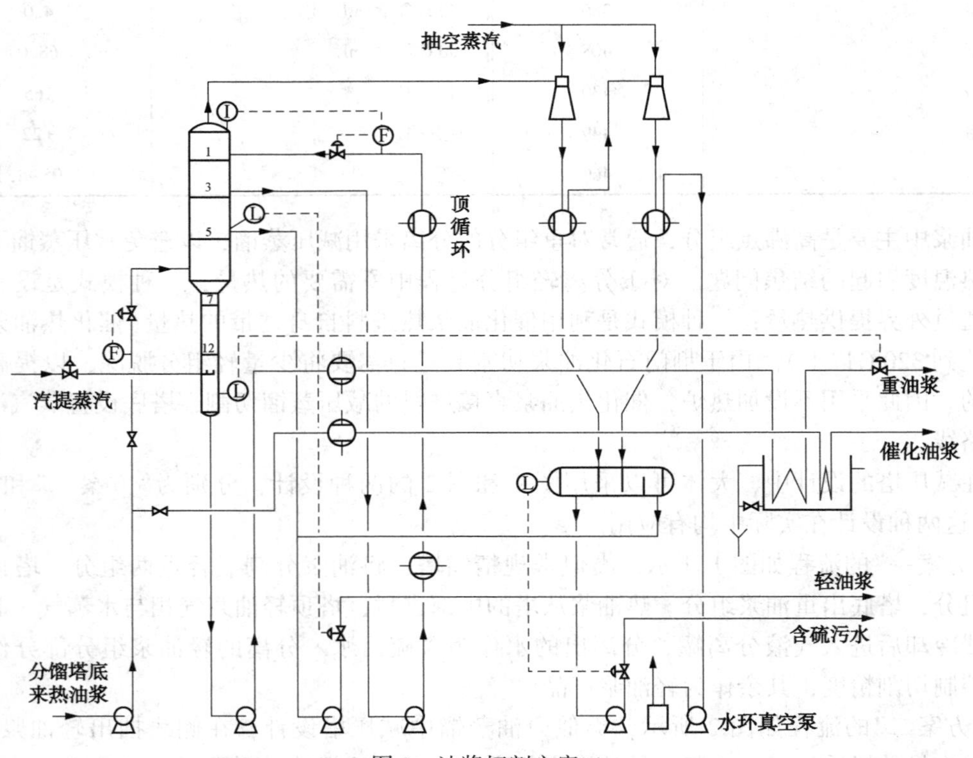

图2 油浆切割方案二

器冷凝后，进入塔顶的分离罐，分离出含硫污水和轻污油。

对比这两种工艺流程，“方案一”流程属于精馏操作，轻油浆组分与重油浆组分的切割精度相对较高，但同时需要进料有较高的气化率(可能需要另外设置加热炉加热)，以提供精馏操作需要的气相负荷。“方案二”流程总体上类似于提馏操作，轻油浆与重油浆切割精度差一些。油浆进料中能够气化的组分全部以轻油浆的形式从塔上部抽出，轻油浆中会夹带有重油浆组分。但也能够最大限度拔出轻油浆组分，重油浆中的轻组分含量低。“方案二”相比于“方案一”的最大的优点是不需要设置油浆加热炉，操作费用和投资降低。因为从侧线抽出轻油浆，水蒸气从塔顶抽出，因此侧线抽出的轻油浆也没有“方案一”中存在的乳化问题。同时较轻的组分从塔顶抽出，轻油浆闪点高，也为轻油浆的进一步利用提供了有利条件。

通过对比分析两种油浆切割方案，以及根据调和沥青时，对重油浆组分只是闪点指标的要求，确定采用“方案二”作为荆门石化催化油浆切割的工艺方案。

3 油浆切割装置运行中存在的问题及改造

荆门石化油浆切割装置原规划处理能力 10 万 t/a，处理 1#催化和 2#催化的全部油浆，后改为只处理 2#催化的油浆，规模降低为 5 万 t/a。油浆切割装置建设在二催装置内部，依托 2#催化装置的公用工程部分。

2014 年 1 月 16 日到 1 月 26 日进行了油浆切割装置的试运，试运不成功，主要是重油浆闪点不稳定，轻油浆不能稳定抽出。进行停工消缺，主要都对轻油浆和顶循环油抽出斗进行改造。消缺后油浆切割装置恢复开工，能够实现轻重油浆的分离。原设想利用重油浆调和 100#和 70#道路沥青，但消耗的拔头油浆有限，因此又利用重油浆开发出 25#热拌沥青再生剂。但对重油浆的指标要求也增加，不仅有闪点指标，还有黏度、黏度比、密度等要求。为进一步改进重油浆的性质，将密度更高、黏度更大的一催油浆引入油浆切割装置，生产出的重油浆满足了调和 25#热拌沥青再生剂的指标要求，侧线抽出的轻油浆经分析满足 5#沥青再生剂的要求。

3.1 轻重油浆分割不清

如图 2 所示，荆门石化油浆切割装置在进料口以上设置了轻油浆抽出口和顶循环冷却回流抽出口。油浆切割塔采用了固定浮阀形式塔盘，水力学性能类似于筛孔塔盘，即需要气相负荷达到一定程度才能够避免阀孔漏液。顶循环回流和轻油浆抽出口均采用半抽出形式(抽出塔盘有开孔)，首次开工运行中，出现了两个集油箱液位时有时无的情况，开大塔底汽提蒸汽，情况有所好转，但仍不稳定。鉴于这种半抽出塔盘需要一定的气相负荷才能避免漏液情况，同时考虑油浆进料性质和负荷变化情况较大，将抽出塔盘改造为全抽出形式。即将开孔塔盘改为升气管形抽出斗，进行密封焊接。升气管抽出斗设置溢流堰，液体能够溢流到下一层塔盘，部分塔盘的拆装由上拆改为下拆。

采用升气管型式全抽出斗后，顶循环回流和轻油浆抽出流量均能够实现稳定控制，顶循环抽出斗采取满液位控制，轻油浆抽出斗的液位控制抽出量，确保没有轻油浆溢流到塔底，保证重油浆中轻组分尽量低。

3.2 机泵密封封油系统的改造

油浆切割系统原设计的轻、重油浆，顶循环回流泵机泵的密封均采用柴油为封油，如果这些封油进入油浆切割系统中，增加了拔头的负荷，增加了重油浆中的轻组分含量。通过改造机泵的密封系统，采用除盐水作为密封介质。

3.3 塔底汽提蒸汽的改造

塔底汽提蒸汽原设计为1.0MPa蒸汽，运行初期检查发现塔底重油浆中含水，导致黏度大幅降低。在体视显微镜下观察重油浆，含有微小水珠。分析认为所引1.0MPa蒸汽处于装置内末端，温度较低，容易带水。为避免此类问题的发生，修改流程，引3.5MPa中压过热蒸汽作为汽提介质。

3.4 塔顶分液罐的设计

油浆切割塔顶蒸汽抽空器的大气腿没有单独设置水封罐，直接将大气腿插入塔顶的气液分离罐含硫污水侧。由于塔顶液位处于波动之中，塔顶真空度也随之波动。在塔顶回气液分离罐中又增加了一块隔板，大器腿淹没于两块隔板之间的液相中，使大气腿处于稳定的液封状态，保证了塔顶真空度的稳定。

3.5 1#催化装置的油浆进入油浆切割装置的流程实施

由于2#催化装置的油浆组分密度偏轻，经过切割后得到的重油浆黏度低，调和沥青时掺入重油浆的比例较低。因此决定将密度和黏度更高的1#催化装置油浆改入油浆切割装置，以生产出黏度更高的重油浆来调和沥青，增加重油浆的调和比例。

对于1#催化装置的油浆进入切割装置的方式，有几种考虑：(1)油浆热出料，将1#催化装置分馏塔底的高温油浆直接送入油浆切割装置，这需要设计高温油浆的远距离输送管线，且需要良好的保温。但存在一旦高温油浆泄漏将导致火灾发生，以及高温油浆线的扫线和投用的操作难度较大问题。(2)低温的油浆(<100℃)输送到二催装置，经过加热进入到油浆切割装置。(3)1#催化装置的低温油浆进入2#催化分馏塔底，与2#催化油浆形成高温混合油浆进入切割装置。综合考虑1#催化油浆的冷热输送安全问题，采用方案(3)技术路线，实现了两套催化装置的油浆混合进入油浆切割装置的目标。

由于1#催化的低温油浆进入2#催化分馏塔底，这部分低温油浆升温吸收了部分热量，2#催化油浆系统的产汽略有减少。

3.6 改进措施的实施效果

上述的改进措施实施后，油浆切割装置的操作运行平稳，重油浆的黏度得到较大提升，可以满足几种牌号沥青调和的需要。表2和表3为主要操作条件和重油浆的典型性质。

表2 切割塔主要操作条件

进料温度/℃	塔顶温度/℃	塔底温度/℃	轻油浆抽出温度/℃	顶循环抽出温度/℃	塔顶真空度/kPa
300~310	100~110	245~255	245~250	180~190	95~105

表 3 重油浆典型性质

密度/(g/cm³)	运动黏度(60℃)/(mm²/s)	黏度比	闪点/℃	350℃馏出量/%(v)	380℃馏出量/%(v)
1.07~1.15	800~1200	3.0~4.0	220~230	3~6	10~20

4 结语

（1）荆门石化的油浆切割装置几年来的运行表明，所采取的油浆切割方案技术路线是可行的，采取的改进措施有效，所生产的重油浆能够满足多种牌号沥青调合组分的要求，为催化油浆的开发利用提供了一条可行的路线。

（2）作为沥青调合组分的油浆，相比于作为燃料油，每吨效益接近千元。以荆门石化为例，每月可以消化催化油浆 3000t 以上，为企业创造了显著的经济效益。

MIP 系列技术在催化裂化装置的工业应用

孙守华　宋寿康　申志峰　路蒙蒙

（中化泉州石化有限公司，泉州　362103）

摘　要　介绍了中国石化石油化工科学研究院研发的 MIP 系列技术在国内催化裂化改造及新建装置的工业应用情况。通过对文献公开数据的分析，比较了 MIP 系列技术对催化裂化装置改造前、改造后及新建装置的产品分布、汽油性质、柴油性质以及液化石油气组成。工业应用结果表明，与改造前的传统催化裂化技术相比，MIP 系列技术优化了产物分布，表现为干气和柴油收率下降，液化石油气和汽油收率增加；汽油烯烃体积分数分别降低至 29.20%、27.80%，硫传递系数分别降低至 7.02%、4.33%，诱导期大幅度提高，抗爆指数略有增加；柴油密度增加、十六烷值降低；液化石油气氢转移反应指数分别提高至 1.54、1.40，与 MIP 系列技术第二反应区促进氢转移反应和异构化反应相吻合。结合清洁汽油生产路线对 MIP 系列技术配套专用催化剂未来发展趋势进行了展望。

关键词　催化裂化（FCC）　多产异构烷烃（MIP）　硫传递系数（STC）　氢转移反应指数（HTC）　研究法辛烷值（RON）

随着世界经济的发展，人们在对成品油的需求增加的同时，环保意识也逐渐提高，对环境保护提出了更高的要求。即将颁布实施的国六 A 和国六 B 车用汽油排放标准均要求硫质量分数不大于 10μg/g，分别要求烯烃体积分数不大于 18%、15%，然而国内汽油池中催化裂化（FCC）汽油调合组分约占 70%，如何合理降低 FCC 汽油中烯烃是 FCC 工艺发展中面临的重大挑战。中国石化石油化工科学研究院于 1999 年创新性的提出了两个反应区的新概念，其中：第一反应区主要是烃类的裂化反应，生产烯烃；第二反应区主要是烯烃选择性的转化为异构烷烃和芳烃，以调节汽油组成[1,2]，并由此建立了多产异构烷烃的 MIP（Maximizing Iso-Paraffins Process）新技术[3]。该技术采用串联式提升管反应器型式的反应系统，突破了现有 FCC 工艺对二次反应的限制，实现可控性和选择性的反应[4]，不仅能够大幅降低汽油中烯烃含量及硫含量[5]，而且还能够提高液体产品收率[6]。在 MIP 技术工业应用基础上，根据市场及炼厂加工方案的需要，相继研发了多产清洁汽油和丙烯的 MIP-CGP 技术[7]、降低焦炭和干气的 MIP-DCR 技术[8]以及增产高辛烷值汽油的 MIP-LTG 技术[9]，目前 MIP 系列技术迅速在国内炼油企业得到大面积推广。

为进一步探索 MIP 系列技术的适用性，在文献[10~13]的工作基础上，笔者根据公开发表的文献资料，汇总了 MIP 系列技术在国内 40 多套 FCC 装置的工业应用情况，结合 174 组不同操作工况下的工业应用数据，详细分析并比较了 FCC 装置改造前、改造后及新建装置的物料平衡、汽油性质、柴油性质以及液化石油气组成，进而为其他石化企业清洁成品油升级提供指导性意见。

1 工业应用

1.1 应用概况

MIP 系列技术首次实现工业化以来，截至目前，已成功应用于 50 余套 FCC 装置，总加工能力接近 100 Mt/a，约占全国 FCC 装置总加工量的 60%。表 1 列举了部分采用 MIP 系列技术的 FCC 装置。

表 1 FCC 装置统计

No.	类型	公司	年处理量/Mt	技术	开工	文献
1	改造	中国石化上海高桥分公司	1.4	MIP	2002.02	[14]
2	改造	中国石化安庆分公司	1.2	MIP	2003.01	[15]
3	改造	黑龙江石油化工厂	0.4	MIP	2003.09	[16]
4	新建	延长石油永平炼油厂	1.2	MIP	2004.04	[17]
5	改造	中国石化镇海炼化分公司	1.8	MIP-CGP	2004.04	[18]
6	改造	中国石化沧州分公司	1.0	MIP-CGP	2004.06	[19]
7	改造	中国石化九江分公司	1.0	MIP-CGP	2004.07	[20]
8	改造	中国石化西安石化分公司	0.5	MIP-CGP	2004.07	[21]
9	改造	中国石化燕山分公司	2.0	MIP-CGP	2005.04	[22]
10	改造	中国石化石家庄炼化分公司	0.9	MIP-CGP	2005.06	[23]
11	改造	中国石化天津分公司	1.3	MIP	2005.07	[24]
12	改造	中国石化青岛炼化分公司	1.4	MIP-CGP	2005.08	[25]
13	改造	中国石油哈尔滨石化公司	0.6	MIP-CGP	2005.10	[26]
14	改造	中国石油锦西石化公司	1.8	MIP	2005.11	[27]
15	新建	中国海油中捷石化公司	0.5	MIP	2005	[28]
16	改造	中国石化中原油田分公司	0.5	MIP-CGP	2006.06	[29]
17	新建	中国石化海南炼化分公司	2.8	MIP-CGP	2006.08	[30]
18	改造	中国石化金陵分公司	1.3	MIP-CGP	2006.11	[31]
19	新建	延长石油延安炼油厂	2.0	MIP	2006.11	[32]
20	改造	中国石化广州分公司	2.0	MIP	2007.02	[33]
21	改造	中国石化镇海炼化分公司	3.0	MIP-CGP	2007.04	[34]
22	改造	中国石油前郭炼油厂	1.2	MIP	2007.09	[35]
23	改造	中国石化茂名分公司	1.0	MIP	2007.09	[36]
24	新建	中国石化青岛炼化分公司	2.9	MIP-CGP	2008.05	[37]
25	改造	中国石油大庆石化公司	1.4	MIP	2008.09	[38]
26	新建	中国海油惠州炼油分公司	1.2	MIP	2009.04	[39]
27	改造	中国石化巴陵分公司	1.05	MIP-CGP	2009.07	[40]
28	改造	中国石油大庆炼化公司	1.0	MIP	2009.08	[41]
29	改造	延长石油榆林炼油厂	0.6	MIP	2009.09	[42]

续表

No.	类型	公司	年处理量/Mt	技术	开工	文献
30	改造	中国石油大庆炼化公司	1.8	MIP	2009.09	[43]
31	改造	中国石化齐鲁分公司	1.0	MIP-CGP	2009.10	[44]
32	改造	延长石油永坪炼油厂	0.5	MIP	2010.04	[45]
33	改造	中国石化清江分公司	0.5	MIP-CGP	2010.09	[46]
34	改造	中国石油抚顺石化公司	1.7	MIP	2010.10	[47]
35	新建	中国石油吉林石化公司	1.4	MIP-CGP	2010.10	[48]
36	新建	中国石化长岭分公司	2.8	MIP	2010.11	[49]
37	新建	延长石油榆林炼油厂	1.8	MIP	2011.06	[50]
38	改造	中国石油哈尔滨石化公司	1.2	MIP	2011.07	[51]
39	改造	中国石化九江分公司	1.0	MIP-DCR	2011.11	[8]
40	新建	中国石油呼和浩特石化公司	2.8	MIP	2012.10	[52]
41	新建	中国石化上海分公司	3.5	MIP	2012.11	[53]
42	改造	中国海油中捷石化公司	0.8	MIP	2013.11	[54]
43	新建	中国石油四川石化公司	2.5	MIP-CGP	2014.01	[55]
44	新建	中国中化泉州石化公司	3.4	MIP-CGP	2014.04	[56]
45	新建	中国石化扬子石化公司	2.0	MIP-CGP	2014.07	[57]
46	新建	中国石化齐鲁分公司	2.6	MIP	2015.04	[58]

1.2 原料及催化剂

表2列出了FCC装置改造前后以及新建装置的原料性质对比。从表2可以看出，对于原料的密度与残炭含量，FCC装置与MIP改造装置[简称“MIP(Ⅰ)”]相差不大，但明显低于MIP新建装置[简称“MIP(Ⅱ)”]。从原料的族组成数据来看，MIP(Ⅰ)原料的饱和烃含量较高；FCC与MIP(Ⅰ)原料的芳烃含量相差不大，但明显低于MIP(Ⅱ)原料的芳烃含量；MIP(Ⅰ)与MIP(Ⅱ)原料的(胶质和沥青质)含量相差不大，略低于FCC原料的(胶质和沥青质)含量。从原料金属含量分析，FCC原料的Ni含量略低，Na含量略高；MIP(Ⅰ)原料的Fe含量略高，而MIP(Ⅱ)原料的V含量略高。

表2 原料性质

项目	改造				新建	
	FCC		MIP(Ⅰ)		MIP(Ⅱ)	
	min~max	median	min~max	median	min~max	median
密度(20℃)/(g/cm^3)	897.6~936.3	902.5	854.4~932.7	907.1	902.5~933.0	913.3
硫含量/%	0.13~0.83	0.42	0.13~0.96	0.37	0.19~0.61	0.47
焦炭/%	0.20~5.92	4.26	0.32~6.83	4.11	0.16~6.75	4.94
烃族组成/%						
饱和烃	47.00~70.90	58.90	50.50~92.49	57.87	39.90~67.60	55.90
芳烃	20.90~42.50	29.35	4.70~40.60	30.15	21.20~48.50	33.40
胶质与沥青质	8.20~18.57	11.78	5.49~20.32	11.15	9.40~13.80	11.15

续表

项　目	改造				新建	
	FCC		MIP(Ⅰ)		MIP(Ⅱ)	
	min~max	median	min~max	median	min~max	median
金属含量/(μg/g)						
Fe	0.15~17.10	5.17	0.36~29.60	5.30	0.30~10.00	3.90
Ni	0.10~13.90	4.70	0.52~21.00	6.11	0.10~10.30	7.45
V	0.02~9.60	1.80	0.01~13.10	2.00	0.10~11.20	4.10
Na	0.14~16.30	1.30	0.21~6.60	1.93	0.10~7.10	1.10

在实际运行过程中，虽然 MIP 系列技术可采用常规催化剂，但是由于 MIP 系列技术反应器的结构、工艺条件以及催化剂的机理均与传统 FCC 技术有着较大的差别，这样就对催化剂性能提出了新的要求，需要开发与之相匹配的专用催化剂来强化不同反应区反应的功能，以更好地满足工艺生产方案。为此，石油化工科学研究院根据 MIP 系列技术及装置原料特点及产品需求需要，相继开发了与之相匹配的专用催化剂，进行调变催化剂的裂化反应活性和氢转移反应活性，以增加液化石油气的收率和液化石油气的丙烯含量，从而提高丙烯的收率和降低汽油烯烃含量。

2　结果与讨论

2.1　物料平衡

物料平衡数据见表 3。由表 3 可以看出，与 FCC 产品分布相比，MIP(I)与 MIP(II)液化石油气收率和汽油收率增加，而柴油收率降低，这是因为 MIP 系列技术的串联反应器第二反应区采用了快速流化床反应器，此部位具有较多的活性分布均匀的挂炭催化剂，极大地强化了负氢离子转移反应，进而强化了双分子裂化反应，使柴油中大分子烷烃和环烷烃裂化为汽油及液化石油气，造成柴油收率降低，汽油和液化石油气收率增加[59]。

表 3　产品分布

项　目	改造				新建	
	FCC		MIP(Ⅰ)		MIP(Ⅱ)	
	min~max	median	min~max	median	min~max	median
干气	2.07~5.50	3.62	2.01~5.47	3.35	2.51~5.25	3.37
液化石油气	10.54~23.40	14.47	6.71~30.47	16.19	11.22~24.39	22.22
汽油	32.18~47.58	40.66	34.13~51.20	43.07	32.05~52.02	40.41
柴油	15.38~36.25	27.49	8.82~31.37	23.82	17.56~25.52	23.46
油浆	1.58~9.44	4.70	0.52~6.84	4.32	2.15~24.39	5.13
焦炭	4.26~10.63	8.17	4.97~10.27	8.14	6.86~9.98	8.88

从表 3 还可以看出，与 FCC 干气收率相比，MIP(Ⅰ)干气收率降低 0.27 个百分点，MIP(Ⅱ)干气收率降低 0.25 个百分点，这是因为 MIP 系列技术的提升管中、上部温度偏低，从而减少烃类在该部位发生热裂解反应，造成了干气收率降低；FCC 焦炭收率与 MIP(Ⅰ)焦炭收率相差不大，但 MIP(Ⅱ)焦炭收率明显增加，这是因为 MIP(Ⅱ)原料的残炭含量较

高，一般1个单位的残炭可成生0.8个单位的焦炭。

2.2 汽油性质

汽油主要性质见表4。为进一步保证车辆能耗指标和车辆排放稳定达标，《GB 17930—2013车用汽油》排放标准首次规定了车用汽油的密度，要求20℃时车用汽油的密度控制在720~775kg/m^3。由表4可以看出，FCC汽油的密度为715.9kg/m^3，低于规定值；MIP(I)汽油的密度与MIP(II)汽油的密度增加，这是因为MIP汽油在氢转移反应作用下，部分汽油转化为液化气，柴油中大分子烷烃和环烷烃裂化为汽油，使得MIP汽油组成发生变化，烯烃含量降低，而异构烷烃含量与芳烃含量增加，进而MIP汽油的密度增加。

表4 汽油性质

项 目	改造				新建	
	FCC		MIP(Ⅰ)		MIP(Ⅱ)	
	min~max	median	min~max	median	min~max	median
密度(20℃)/(kg/m^3)	696.2~735.3	715.9	702.4~744.9	718.0	709.1~743.7	720.6
RON	88.28~93.40	90.20	86.50~94.80	90.40	86.40~94.20	92.95
MON	78.30~81.70	79.50	78.30~83.90	80.20	80.30~87.20	82.00
诱导期/min	224.5~891.0	517.0	236.5~2077.0	1000.0	435.0~1000.0	636.0
饱和蒸汽压/kPa	47.6~81.1	60.7	47.0~85.9	62.6	55.9~78.0	65.0
馏程/℃						
初馏点	30.0~44.0	38.0	27.0~49.0	37.1	28.0~39.0	35.5
10%	41.0~57.0	53.0	37.0~59.0	50.9	43.0~56.2	49.3
50%	62.0~101	91.0	68.0~102.8	89.5	74.0~106.0	95.2
90%	135.0~178.0	164.0	149.0~186.5	167.0	164.0~182.0	171.7
终馏点	170.0~205.0	190.0	178.0~205.0	193.3	190.3~206.0	194.0
族组成(荧光法)/%(v)						
饱和烃	35.0~62.2	42.80	41.9~62.2	53.20	51.10~52.50	51.90
烯烃	19.30~54.30	41.30	13.20~45.46	29.20	23.20~40.60	27.80
芳烃	7.40~28.10	14.40	9.80~32.40	18.55	14.60~33.50	24.60
硫传递系数(STC)/%	3.16~18.68	9.05	3.06~13.95	7.02	2.11~8.97	4.33

从表4中还可以看出，从汽油族组成分析(荧光法)，与FCC汽油的烯烃体积分数(41.30%)及芳烃体积分数(14.40%)相比，MIP(I)与MIP(II)汽油的烯烃体积分数分别降低12.1、13.5个百分点；MIP(I)与MIP(II)汽油的芳烃体积分数分别提高4.55、10.2个百分点，表明采用MIP技术后，MIP技术汽油烯烃含量降低，芳烃含量增加；但其汽油烯烃含量与芳烃含量变化值不一致，这是因为：①MIP系列技术第二反应区进行扩径，其反应温度较低且停留时间长，在酸度密度大的Y型分子筛作用下，更有利于强化双分子氢转移反应、异构化反应以及双分子裂化反应，将汽油中烯烃转化为丙烯和异构烷烃，使汽油中烯烃含量明显降低，芳烃含量增加；②根据氢转移作用机理可知，氢转移反应在使烯烃转化生成烷烃的同时，生成的另外一个重要的特征产物是芳烃，而烯烃也会和焦炭前身物进行氢转移反应生成烷烃和焦炭[60,61]；另外，汽油的芳烃还可通过原料的单环芳烃脱烷基以及环烷烃或烯烃环化后直接脱氢得到。

MIP(Ⅰ)汽油RON为90.40、MIP(Ⅱ)汽油RON为92.25，分别比FCC汽油RON高

0.20、2.75 个单位，这是因为虽然氢转移反应会降低 MIP 汽油的烯烃含量，但其他反应会增加 MIP 汽油中小分子烃、异构烷烃及芳烃含量。许友好等[62]对已运行的 MIP 装置汽油辛 RON 进行统计，统计数据表明：相对 FCC 汽油，MIP 汽油烯烃降低的幅度与 MIP 汽油异构烷烃和芳烃增加幅度之和基本相当，芳烃的 RON 高于烯烃的 RON，而异构烷烃的 RON 明显低于烯烃；从汽油组成变化来看，MIP 汽油中的芳烃增加所导致的 RON 增加难以弥补汽油中的异构烷烃增加所导致的 RON 降低；因此，MIP 汽油 RON 增加的原因不仅与 MIP 汽油芳烃含量增加有关，而且与 MIP 汽油异构烷烃和烯烃更详细的组成结构有关。

受原油重质化影响，FCC 装置原料硫含量越来越高，导致汽油硫含量越来越高，本文引用硫传递系数(STC)研究汽油硫含量与原料硫含量变化关系[63]，由表 4 可以看出，FCC 汽油的 STC 为 9.05%，MIP(Ⅰ)汽油的 STC 为 7.02%，MIP(Ⅱ)汽油的 STC 为 4.33%，表明 MIP 系列技术可以有效降低汽油硫含量。具体原因可结合汽油硫化物形成及转化机理进行分析[64-66]：①MIP系列技术第二反应区存在着较强的强转移反应，从而强化了汽油中噻吩和烷基噻吩转化为 H_2S 或烷基苯并噻吩，最终形成焦炭中的硫化合物；②MIP 汽油含有较低的烯烃，有效抑制了无机硫与汽油中的烯烃在酸性催化剂上发生反应形成新的硫醇、噻吩等硫化物[5]。

FCC 汽油的诱导期为 517.0min，而 MIP(Ⅰ)与 MIP(Ⅱ)汽油的诱导期分别为 1000min、636.0min，即 MIP 汽油安定性好于 FCC 汽油安定性，这主要是由于氢转移反应会使 MIP 汽油的饱和度提高，主要因为二烯烃通过氢转移变为单烯烃的反应较单烯烃通过氢转移转化为单烯烃的反应更容易，进而可以建立氢转移反应指数与 MIP 汽油的诱导期之间的对应关系[67]。与 FCC 汽油的饱和蒸汽压相比，MIP(Ⅰ)与 MIP(Ⅱ)汽油的饱和蒸汽压分别提高至 62.6kPa、65.0kPa，汽油的 RON 一般随着其饱和蒸汽压的升高而增加，操作上可适当提高汽油的饱和蒸汽压以提高其 RON。

2.3 柴油性质

柴油主要性质见表 5。由表 5 可以看出，MIP(Ⅰ)与 MIP(Ⅱ)柴油性质劣于 FCC 柴油性质，主要表现在柴油的密度及十六烷值上。FCC 柴油的密度为 887.5kg/m^3，MIP(Ⅰ)柴油的密度为 917.0kg/m^3，MIP(Ⅱ)的柴油密度为 942.0kg/m^3；与 FCC 柴油的十六烷值(32.00)相比，MIP(Ⅰ)与 MIP(Ⅱ)柴油的十六烷值分别降低 5.55、12.1 个单位。

表 5 柴油性质

项目	改造				新建	
	FCC		MIP(Ⅰ)		MIP(Ⅱ)	
	min~max	median	min~max	median	min~max	median
密度(20℃)/(kg/m^3)	857.9~942.5	887.5	880.0~967.4	917.0	900.0~961.0	942.0
十六烷值	9.21~45.00	32.00	14.00~40.00	26.45	19.30~28.50	19.90
闪点/℃	51~77	68.3	31~91	66.2	30~92	82.0
馏程/℃						
初馏点	153.0~201.0	177.8	110.0~212.0	174.7	164.0~203.2	191.7
10%	181.0~236.0	215.0	193.0~236.0	218.0	209.0~242.0	229.0
50%	223.0~294.0	267.0	234.0~291.0	269.7	257.0~282.0	275.6
90%	313.0~359.0	346.5	307.5~362.0	346.0	323.0~379.5	347.1
终馏点	347.0~368.0	357.0	332.0~382.0	364.0	356.5~397.0	365.7
凝点/℃	-22.0~8.0	-10.0	-30~6.0	-10.0	-50~2.0	-16.0

柴油十六烷值的高低与其烃类组成有着密切的关系，碳数相同时，正构烷烃的十六烷值最高，异构烷烃次之，链分支越多，其十六烷值越低；芳烃尤其是稠环芳烃，其十六烷值在各族中最低，且芳环越多十六烷值越低，芳烃带长侧链时可提高其十六烷值[68]。然而MIP系列技术的反应深度较FCC技术的反应深度大，柴油的直链烷烃和侧链烷烃进一步发生异构和裂化反应，导致柴油中的芳烃含量增加，进而导致柴油十六烷值降低。

不论采用FCC技术，还是采用MIP系列技术的FCC装置，其柴油性质均较差。为合理利用FCC柴油，一般经过FCC柴油加氢改质[69]或直接与其他柴油组分调和后作为柴油产品出厂，也可作为柴油加氢、蜡油加氢[70]、加氢裂化[71]或渣油加氢[72]等装置的原料进行掺炼。

2.4　液化石油气组成

液化石油气主要组成见表6。由表6可以看出，相对于FCC技术的液化石油气，MIP(Ⅰ)与MIP(Ⅱ)液化石油气的异丁烷的体积分数增加，丁烯体积分数降低，该数值也在一定程度上反映了MIP系列技术烯烃含量的变化趋势。从表6通过计算氢转移反应指数(HTC定义为异丁烷与正、异丁烯的体积分数比值)得出，FCC的HTC为1.26，而MIP(Ⅰ)的HTC为1.54，MIP(Ⅱ)的HTC为1.40，这与MIP系列技术中第二反应区促进氢转移反应和异构化反应相吻合。

表6　液化石油气组成

项　　目	改造				新建	
	FCC		MIP(Ⅰ)		MIP(Ⅱ)	
	min~max	median	min~max	median	min~max	median
C_2	0.03~1.27	0.34	0.03~0.10	0.07	0.02~1.05	0.19
丙烷	5.59~17.60	10.78	5.09~23.74	10.50	6.60~16.67	9.95
丙烯	17.00~43.13	36.45	24.18~44.84	36.61	32.17~49.52	38.35
异丁烷	12.24~27.20	18.63	13.00~29.20	20.70	16.28~23.15	18.74
正丁烷	2.70~9.84	5.45	3.10~12.39	5.10	3.13~8.96	4.43
正、异丁烯	10.50~19.60	14.72	7.76~20.70	13.60	10.54~17.58	14.10
顺丁烯	4.67~12.30	7.17	4.16~9.76	7.20	3.96~9.14	6.17
反丁烯	3.15~9.60	5.07	2.74~7.65	4.90	3.51~6.65	4.72
C_5^+	0.02~2.60	0.49	0.01~2.50	0.62	0.02~1.85	0.39
氢转移反应指数(HTC)	0.76~1.94	1.18	0.77~2.59	1.54	1.12~1.56	1.40

从表6中还可以看出，MIP(Ⅰ)与MIP(Ⅱ)液化石油气的丙烯体积分数分别为36.61%、38.35%，均高于FCC液化石油气的丙烯体积分数(36.45%)，这是因为：①MIP系列技术第一反应区与FCC反应器相同，反应温度高且反应时间短，在对小分子烃类有选择性裂化活性的中孔分子筛催化剂作用下，更有利于强化单分子裂化反应，将MIP汽油中烯烃转化为丙烯和异构烷烃，进而丙烯含量增加；②MIP系列技术配套使用的专用催化剂采用了高丙烯选择性的改性择形沸石的催化剂，更有利于增加丙烯含量。

3 总结与展望

本文综述了 MIP 系列技术在国内 40 余套 FCC 装置的工业应用情况，结合 174 组不同操作工况下的工业应用数据，详细分析并比较了 FCC 装置改造前、改造后及新建装置的物料平衡、汽油性质、柴油性质以及液化石油气组成。MIP 系列技术采用串联式提升管反应器型式的反应系统，突破了现有 FCC 工艺对二次反应的限制，实现可控性和选择性的反应，进而影响 FCC 装置产品组成及性质。主要体现在：与 FCC 技术相比，MIP 系列技术液化石油气收率与汽油收率略有增加，而干气收率与柴油收率略有降低；汽油烯烃体积分数及硫传递系数均明显降低，诱导期大幅度提高，抗爆指数略有增加；柴油密度增加、十六烷值降低；液化石油气丙烯体积分数与氢转移反应指数均明显增加。

随着汽油排放标准日益严格，清洁燃料的低硫、低烯烃、低芳烃、低蒸汽压及高辛烷值已成为当今清洁汽油生产工艺发展趋势。近年来，分别以异丁烷烷基化技术[73~75]及轻汽油醚化技术[76,77]为导向，形成的"催化 C4-MTBE-烷基化"及"催化汽油-汽油脱硫-轻汽油醚化"生产清洁汽油的路线，逐渐在各炼化推广应用。MIP 系列技术强化氢转移反应，液化石油气中异丁烷含量高，FCC 装置的 C4 馏分经 MTBE 装置得到的未醚化 C4 可作为烷基化装置的优质原料，因而"催化 C4-MTBE-烷基化"是目前炼化企业清洁汽油升级首选路线。为实现汽油深度脱硫，MIP 汽油主要配套使用吸附脱硫 S Zorb 技术[78~81]及少部分配套使用加氢脱硫 RSDS 系列技术[82~85]及 OCT-M 系列技术[86,87]，上述系列技术在 MIP 汽油深度脱硫过程中，MIP 汽油的异戊烯未得到有效利用；然而与 MIP 汽油配套使用重汽油深度脱硫-轻汽油醚化组合技术的炼化企业较少[88,89]，由于轻汽油醚化技术可将 MIP 汽油中异戊烯与甲醇反应生成醚化汽油，提高汽油的辛烷值，同时可降低汽油的蒸气压，因而"催化汽油-汽油脱硫-轻汽油醚化"是生产环境友好清洁汽油的理想技术组合之一。中石化巴陵分公司与中国石化石油化工科学研究院针对高附加值的丙烯和异丁烯的需求，已成功合作开发了能同时增产丙烯和异丁烯的 FCC 助剂 FLOS-Ⅲ[90]。因此，MIP 汽油烯烃含量在大幅度降低的同时，维持异戊烯高选择性，将是成为当前 MIP 系列技术配套专用催化剂的研究热点之一。

参 考 文 献

[1] Xu Youhao, Zhang Jiushun, Long Jun, et al. A modified FCC process for maximizing isoparaffins in cracked naphtha[J]. Acta Petrolei Sinica(Petroleum Processing Section), 2003, 19(1): 43-47.

[2] 许友好，龚剑洪，张久顺．多产异构烷烃的催化裂化工艺两个反应区概念实验研究[J]. 石油学报：石油加工，2004，20(4)：1-5.

[3] Tang Jinlian, Gong Jianhong, Xu Youhao. Flexibility of MIP technology[J]. China Petroleum Processing and Petrochemical Technology, 2015, 17(3): 39-43.

[4] 许友好，张久顺，马建国，等．MIP 工艺反应过程中裂化反应的可控性[J]. 石油学报：石油加工，2004，20(3)：1-6.

[5] 许友好，刘宪龙，龚剑洪，等．MIP 系列技术降低汽油硫含量的先进性及理论分析[J]. 石油炼制与化工，2007，38(11)：15-19.

[6] 唐津莲，崔守业，程从礼．MIP 技术在提高液体产品收率上的先进性分析[J]. 石油炼制与化工，2015，46(4)：29-32.

[7] 许友好，张久顺，马建国，等．生产清洁汽油组分并增产丙烯的催化裂化工艺[J]．石油炼制与化工，2004，35(9)：1-4.

[8] 龚剑洪，许友好，蔡智，等．MIP-DCR 工艺技术的开发与工业应用[J]．石油炼制与化工，2013，44(3)：6-11.

[9] 姜楠，许友好，崔守业．多产汽油的 MIP-LTG 工艺条件研究[J]．石油炼制与化工，2014，45(3)：35-39.

[10] CHENG C L，XU Y H. The MIP Technology and Its Commercial Application[J]. China Petroleum Processing and Petrochemical Technology，2009，11(1)：1-5.

[11] GONG J H，XU Y H，XIE C G，et al. Development of MIP Technology and Its Proprietary Catalysts[J]. China Petroleum Processing and Petrochemical Technology，2009，11(2)：1-8.

[12] 崔守业，许友好，程从礼，等．MIP 技术的工业应用及其新发展[J]．石油学报：石油加工，2010，增刊：23-28.

[13] 乔立功．MIP 工艺工程技术的进展[J]．炼油技术与工程，2015，45(6)：7-11.

[14] 许友好，张久顺，徐惠，等．多产异构烷烃的催化裂化工艺的工业应用[J]．石油炼制与化工，2003，34(11)：1-6.

[15] LI Jibing. The Technology and Economic Analysis of the DCC and MIP Processes at Anqing Petrochemical Company[J]. China Petroleum Processing and Petrochemical Technology，2006，8(3)：7-13.

[16] 杨成伟．多产异构烷烃的催化裂化工艺(MIP)的工业应用[J]．炼油技术与工程，2004，34(9)：15-17.

[17] 李铖，罗万明，闫小利，等．永坪炼油厂催化裂化装置 MIP 工艺技术应用[J]．应用化工，2009，38(7)：1080-1083.

[18] 戴宝华，施俊林，许友好，等．增产丙烯和生产清洁汽油组分技术的工业试验[J]．石油化工，2006，35(7)：665-669.

[19] 黄文栋，黄汝奎，龚剑洪．多产清洁汽油和丙烯的 FCC 新工艺 MIP-CGP 的应用[J]．炼油技术与工程，2006，36(9)：1-4.

[20] 杨健，谢晓东，蔡智，等．MIP-CGP 技术的工业试验[J]．石油炼制与化工，2006，37(8)：54-59.

[21] 何小龙．催化裂化装置吸收稳定系统改造的探讨和实践[J]．化工技术与开发，2009，38(12)：52-54.

[22] Su Wensheng. Commercial Application of the MIP-CGP Technology for Olefin Reduction in FCC Unit[J]. China Petroleum Processing and Petrochemical Technology，2009，11(1)：25-30.

[23] 毕建国．应用 MIP-CGP 工艺改造催化裂化装置[J]．河北工业科技，2007，24(4)：230-233.

[24] 柳荣，蒋文斌，白云波，等．掺炼焦化蜡油多产丙烯 MIP 工艺专用剂 CRMI-Ⅱ(TJ)开发及应用[J]．石油炼制与化工，2011，42(8)：16-21.

[25] 于福东，CGP-1QD 催化剂在青岛石化催化裂化装置中的应用[J]．齐鲁石油化工，2011，39(1)：26-29.

[26] 樊红超，汪毅，张忠东，等．MIP-CGP 工艺专用催化剂 LDR-100HRB 的工业应用[J]．工业催化，2016，24(6)：59-62.

[27] Sun Yanming，Guo Lichang. Commercial application of the MIP technology in RFCC Unit[J]. China Petroleum Processing and Petrochemical Technology，2007，9(2)：35-41.

[28] 于群，李希斌，刘如松，等．500kt/a 重油催化裂化装置节能技术改造[J]．石油炼制与化工，2013，44(7)：88-92.

[29] 李乃义．MIP-CGP 技术专用催化剂 CGP-C 的工业应用[J]．石油炼制与化工，2009，40(12)：34-38.

[30] 白锐，王振卫，韩剑敏．MIP-CGP 工艺专用催化剂 CGP-1HN 的工业应用[J]．科学技术与工程，

2011，11(7)：1150-1153.

[31] 谢新春，刘振宁. MIP-CGP 工艺大比例掺炼原油加工方案[J]. 石油炼制与化工，2008，39(12)：1-5.

[32] 白金飞. 催化裂化装置分馏塔结盐原因分析及处理[J]. 山东化工，2009，38(9)：40-42.

[33] 张世方. MIP-CGP 工艺在催化裂化装置上的应用[J]. 中外能源，2012，17(10)：60-65.

[34] 张忠海. 3Mt/a 催化裂化装置长周期运行对策[J]. 炼油技术与工程，2013，43(1)：23-27.

[35] 薛德莲，吴雷. CGP-C 催化剂在 MIP 催化装置上的应用[J]. 化学工程与装备，2010，(5)：48-50.

[36] 曹晖，罗宇玲. MIP 工艺技术在催化装置的应用[J]. 石油化工设备，2009，38(4)：77-79.

[37] 张苡源，张成，常培廷. 2.9Mt/a 蜡油催化裂化装置能耗分析与节能措施[J]. 石油炼制与化工，2013，44(9)：87-92.

[38] 万志明，罗杰英，王伟庆，等. 石蜡基原料催化裂化多产异构烷烃(MIP)技术的工业应用[J]. 石油炼制与化工，2011，42(9)：27-32.

[39] 侯利国，李晓晨. 环烷基原料多产异构烷烃催化裂化技术的工业应用[J]. 石油炼制与化工，2010，41(9)：29-33.

[40] 杨果，胡岗. MIP-CGP 工艺技术在巴陵石化的工业应用[J]. 化工时刊，2010，24(7)：65-68.

[41] 王文清. 重油催化装置实施 MIP 改造后的运行情况分析[J]. 炼油与化工，2013，(2)：13-16.

[42] 王彦龙，曹培宽，高怀荣，等. 600kt/a 催化裂化装置的 MIP 工艺技术改造[J]. 石油炼制与化工，2010，41(8)：16-20.

[43] 丁海中，栗文波，张洪军，等. 多产丙烯 MIP 技术在 ARGG 装置上的工业应用[J]. 石油炼制与化工，2011，42(10)：9-12.

[44] 鞠海京，孙立军，闫霖. 齐鲁 II 催化装置 MIP-CGP 工艺技术改造[J]. 齐鲁石油化工，2011，39(4)：296-303.

[45] 樊洺僖. 降低汽油烯烃含量 MIP 工艺的工业应用[J]. 应用化工，2011，40(5)：927-930.

[46] 蒋云龙. 0.5Mt/a 重油催化裂化装置汽提段穿孔原因分析及对策[J]. 炼油技术与工程，2012，42(10)：45-48.

[47] 赵宇鹏，吴迪. 重油催化裂化装置生产清洁汽油的技术改造[J]. 石油炼制与化工，2013，44(2)：51 -56.

[48] 王哲，赵权利，徐品德，等. MIP 工艺在吉林石化 1.40Mt/a 催化裂化装置的工业应用[J]. 石油炼制与化工，2015，46(11)：30-34.

[49] 伍小驹，文彬，陈文良，等. 重油催化裂化催化剂 RHCC-1 开发及应用[C]//2013 年中国石油炼制技术大会论文集. 北京：中国石化出版社，2013，410-417.

[50] 权亚文，刘培军，陈菲，等. CRMI2 催化剂在催化裂化装置上的工业应用[J]. 化学工程与装备，2013，(1)：45-47.

[51] 米英泽. 1.2Mt/a 减压渣油催化裂化装置优化技术研究[J]. 能源化工. 2015，36(2)：35-38.

[52] 武利春，沈兴，刘建，等. 重油催化裂化装置新配方 MIP 专用催化剂的工业应用[J]. 石油炼制与化工，2015，46(1)：25-27.

[53] 朱渝. MIP 技术及其专用剂在加氢重油催化裂化装置的工业应用[J]. 石油炼制与化工，2015，46(10)：72-75.

[54] 蔡站胜，刘如松，张建峰，等. 集成技术在重油催化裂化装置扩能改造中的应用[J]. 石化技术与应用，2014，32(4)：327-331.

[55] 王瑞，张杨，彭国峰，等. 重油催化裂化装置节能降耗措施分析与应用[J]. 石油炼制与化工，2015，46(8)：86-89.

[56] 王志，申志峰. WBJ-IV 型喷嘴在 MIP 重油催化裂化装置的工业应用[J]. 化工管理，2016：153-154.

[57] 秦煜栋．新型抗钒催化剂 CGP-1YZ 在 MIP 装置上的工业应用[J]．石油炼制与化工，2017，48(1)：57-60.

[58]邱少荣，倪维起，潘欣媚．2.60Mt/a 催化裂化装置运行分析与优化[J]．齐鲁石油化工，2016，44(4)：270-275.

[59] 许友好．催化裂化化学与工艺[M]．北京：科学出版社，2013，279-281.

[60]许友好．氢转移反应在烯烃转化中的作用探讨[J]．石油炼制与化工，2002，33(1)：38-41.

[61] 龚剑洪，龙军，许友好．催化裂化过程中负氢离子转移反应和氢转移反应的不同特征[J]．催化学报，2007，28(1)：67-72.

[62]许友好，屈锦华，杨永坛．MIP 系列技术汽油的组成特点及辛烷值分析[J]．石油炼制与化工，2009，40(1)：10-14.

[63] Tang Jinlian，Xu Youhao，Cheng Congli，et al. Study on MIP technology for production of EURO IV clean gasoline 1. Analysis of rules for transformation of sulfur compounds and factors influencing sulfur content in MIP naphtha[J]. China Petroleum Processing and Petrochemical Technology，2009，11(4)：27-33.

[64] Leflaivea P.，Lembertona，J. L.，Pérota G.，et al. On the origin of sulfur impurities in fluid catalytic cracking gasoline-Reactivity of thiophene derivatives and of their possible precursors under FCC conditions[J]. Applied Catalysis A：General，2002，227(1-2)：201-205.

[65] 于善青，朱玉霞，许明德，等．FCC 汽油硫化物的形成和转化机理分析[J]．石油炼制与化工，2009，40(7)：23-27.

[66] Corma A.，Martínez C.，Ketley G.，et al. On the mechanism of sulfur removal during catalytic cracking[J]. Applied Catalysis A：General，2001，208(1-2)：135-152.

[67]黄克明，谢颖，梁朝林，等．氢转移反应对催化裂化汽油诱导期的影响[J]．炼油设计，2000，30(11)：20-21.

[68]乔迎超，曾榕辉，刘涛，等．高密度、低十六烷值柴油加氢改质生产优质清洁柴油工艺研究[J]．当代化工，2012，41(1)：45-47.

[69] 胡俊利，王高杰．催化柴油加氢改质技术研究进展[J]．石化技术与应用，2016，34(4)：346-348.

[70] 黄剑，齐庆轩，尚计铎．蜡油加氢装置掺炼催化裂化柴油的工业应用[J]．石油炼制与化工，2016，47(3)：77-81).

[71] 徐光明，于长青．加氢裂化装置掺炼劣质催化裂化柴油技术的应用[J]．炼油技术与工程，2011，41(4)：1-5.

[72] 施瑢，戴立顺，刘涛，等．MIP 催化裂化柴油与渣油联合加氢工艺研究[J]．石油炼制与化工，2017，48(2)：6-11.

[73] Hommeltoft S. I. Isobutane alkylation：Recent developments and future perspectives[J]. Applied Catalysis A：General，2001，221(1-2)：421-428.

[74] 李桂晓，于凤丽，刘仕伟，等．催化制备烷基化汽油的研究进展[J]．石油化工，2016，45(11)：1293-1299.

[75] 李明伟，李涛，任保增．烷基化工艺及硫酸烷基化反应器研究进展[J]．化工进展，2017，36(5)：1571-1580.

[76] 李琰，李东风．催化裂化轻汽油醚化工艺的技术进展[J]．石油化工，2008，37(5)：528-533.

[77] 李长明，张松显，孔祥冰，等．催化裂化轻汽油醚化(LNE)系列工艺技术的工业应用[J]．石油炼制与化工，2016，47(9)：13-17.

[78] 李鹏，田健辉．汽油吸附脱硫 S Zorb 技术进展[J]．炼油技术与工程，2014，44(1)：1-6.

[79] 吴德飞，孙丽丽，黄泽川．S Zorb 技术进展与工程应用[J]．炼油技术与工程，2014，44(10)：1-4.

[80] 龙军，林伟，代振宇．从反应化学原理到工业应用 I. S Zorb 技术特点及优势[J]．石油学报：石油加

工，2015，31(1)：1-6.

[81] 林伟，龙军．从反应化学原理到工业应用 II. S Zorb 催化剂设计开发及性能[J]．石油学报：石油加工，2015，31(2)：453-459.

[82] Qu Jinhua；Xi Yuanbing；Li Mingfeng，et al. Development and commercial application of RSDS-II technology for selective hydrodesulfurization of FCC Naphtha[J]. China Petroleum Processing and Petrochemical Technology，2013，15(3)：1-6.

[83] 高晓冬，张登前，李明丰，等．满足国 V 汽油标准的 RSDS-III 技术的开发及应用[J]．石油学报：石油加工，2015，31(2)：482-486.

[84] Xi Yuanbing，Zhang Dengqian，Chu Yang，et al. Development of RSDS-III Technology for Ultra-Low-Sulfur Gasoline Production[J]. China Petroleum Processing and Petrochemical Technology，2015，17(2)：46-49.

[85] 刘飞，王新建．生产国Ⅴ排放标准汽油的 RSDS-III 技术的工业应用[J]．石油炼制与化工，2017，48(1)：11-13.

[86] 柳伟，关明华，刘继华，等．OCT-M 系列 FCC 汽油选择性加氢脱硫技术简介[J]．炼油技术与工程，2014，44(11)：1-4.

[87] 邢献杰，许满兴，赵乐平．OCT-M 装置生产"无硫"汽油工业应用[J]．当代化工，2015，44(1)：60-62.

[88] 孙守华，孟祥东，周洪涛，等．催化裂化轻汽油催化蒸馏醚化技术的工业应用[J]．现代化工，2014，34(12)：128-130.

[89] 孙守华，孟祥东，宋寿康，等．催化蒸馏技术在催化裂化重汽油加氢脱硫装置中的应用[J]．石油炼制与化工，2015，46(5)：48-52.

[90] 曾光乐，陈蓓艳，王中军，等．多产丙烯和异丁烯催化裂化助剂 FLOS-III 的工业应用[J]．石油炼制与化工，2015，46(3)：24-28.

含活性中孔材料的裂化催化剂 CRM-100 的工业应用

郑金玉[1]　罗一斌[1]　喻　辉[2]　王进山[3]　刘宇威[3]

（1. 中国石化石油化工科学研究院，北京　100083；
2. 中国石化催化剂有限公司长岭分公司，岳阳　414014；
3. 山东玉皇盛世化工股份有限公司，菏泽　274000）

摘　要　开发了一种金属改性的活性中孔材料 AMC-1，具有拟薄水铝石结构，中孔特性明显，水热稳定性高、酸量及酸中心分布适宜，大分子裂化活性高。据此开发出一种高裂化活性的催化裂化催化剂 CRM-100，并在山东玉皇盛世化工股份有限公司的催化裂化装置上进行工业应用。结果表明，使用 CRM-100 催化剂后，装置的处理能力提高，在较高的掺渣比例下，保持了较高的裂化活性，汽油、柴油以及油浆性质有明显改善，操作条件得到优化，显著提高了经济效益。

关键词　中孔材料　催化裂化　催化剂　重油转化

催化裂化作为石油炼制过程中一个非常重要的工艺过程，广泛应用于石油加工工业中，在炼油厂中占有举足轻重的地位。近年来，随着我国经济的快速发展，对进口原油的依赖度不断增加，同时原油重质化、劣质化趋势更加严重，因此重质馏分的高效转化和优化利用成为关注的焦点。在我国山东省地方炼厂的加工能力不断上升，其加工原料多为重质原油，原料组成复杂且性质较差，而且部分炼厂没有常减压装置，这类高密度、高残炭、高胶质沥青质、高金属含量及碱氮含量的原料必须直接进催化装置。因此在加工这类原料时，催化剂应具有较强的重油裂解能力以及较好的抗重金属污染和抗碱氮能力，更重要的是具有优异的水热结构稳定性和水热活性稳定性，同时兼具良好焦炭和干气选择性。

提高重油选择性需要使用孔径较大，对反应物分子扩散限制较小，且具有较高酸性和裂化活性的催化材料。有序中孔材料孔径较大，有利于反应物分子及产物分子的进出，为大分子催化反应的进行提供了可能性。自 1992 年首次报道以来，吸引了众多的研究学者，研究工作涉及多个方面，文章不计其数，但限于其酸性、稳定性、成本等多方面原因至今未能实现在催化裂化工艺中的应用[1~2]。中国石化石油化工科学研究院开发了一种金属修饰的无序的活性中孔材料，本文主要介绍该中孔材料以及由此材料制备的催化剂 CRM-100 在山东玉皇盛世化工股份有限公司催化裂化装置上的工业应用情况。

1　活性中孔材料 AMC-1 的结构特点

活性中孔材料 AMC-1 具有典型的拟薄水铝石晶相结构，分别在 14°、28°、38.5°、49°和 65°处出现特征衍射峰，但结晶度较低。金属的引入并未形成新的衍射峰，表明金属离子均匀地分散于结构中，没有形成大的金属氧化物颗粒聚集体。

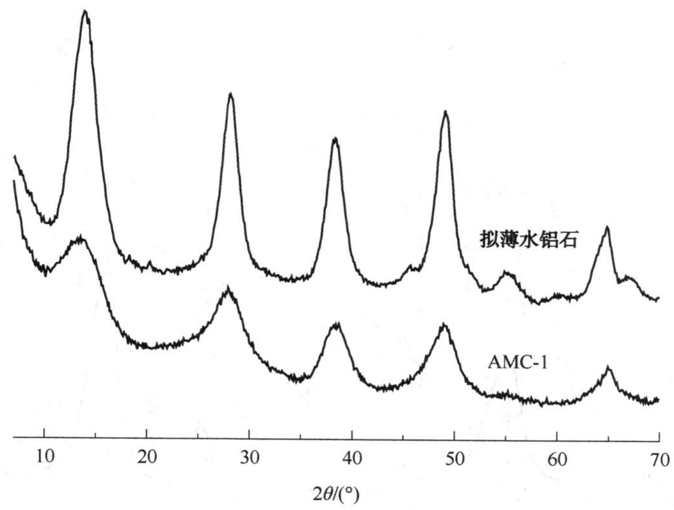

图 1 AMC-1 材料及典型拟薄水铝石材料的 XRD 谱

表 1 为活性中孔材料 AMC-1 以及未经金属修饰的对比样品 DB 的 BET 分析结果。由表可见，尽管在 AMC-1 中未形成金属氧化物的颗粒聚集体，但金属的引入对材料孔参数有一定影响，AMC-1 的比表面积明显低于对比样品，降幅近 20%，但对孔体积的影响相对较小，这是由于金属与硅铝结构之间发生相互作用从而引起孔参数的变化。

表 1 AMC-1 及对比样品 DB 的孔参数

样品	比表面积/(m^2/g)		孔体积/(cm^3/g)	
	S_{BET}	S_{BJH}	V_{pore}	V_{BJH}
DB	364.3	452.1	0.91	0.89
AMC-1	293.9	372.9	0.81	0.84

X 射线光电子能谱(XPS)的分析进一步证实了金属与硅铝结构之间的相互作用。作为对比，将未经金属修饰的对比样品 DB 直接与金属氧化物机械混合。由表 2 所示能谱分析数据可见，通过金属修饰的样品 AMC-1 其 Al2p 与金属 M2p 结合能的差值比机械混合样品的差值大 0.26eV，Si2p 与 M2p 结合能的差值较机械混合样品大 0.31eV，由于材料主体元素为硅与铝，在大量硅铝存在的情况下，与金属 M 作用前后其结合能的变化很小，而金属 M2p 的结合能变低，说明在修饰过程中金属与硅或铝发生了相互作用，形成新的键合，硅、铝中有少量电子向金属转移，使金属周围的电子云密度增大，结合能降低。

表 2 AMC-1 样品及机械混合样品的 XPS 能谱数据

样品	Al2p-M2p/eV	Si2p-M2p/eV	Si2p-Al2p/eV
DB+M_xO_y	23.36	51.34	27.98
AMC-1	23.62	51.65	28.03

吡啶红外吸附分析同样证实了这种相互作用的存在。如图 2 所示，经金属修饰后，在 1448cm^{-1}和 1611cm^{-1}处出现新的吸收峰，形成新的 L 酸位且强度较强，证实金属与硅或铝形成了新的键合。

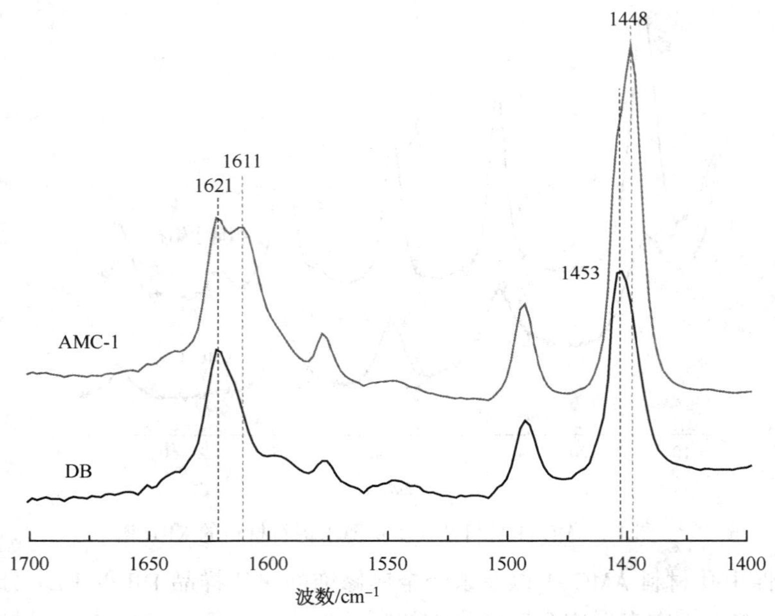

图2　AMC-1与对比样品DB的FT-IR谱

2　活性中孔材料AMC-1的工业应用

山东玉皇盛世化工股份有限公司(以下简称玉皇盛世)是加工能力为80万吨/年的蜡油催化裂化装置。两器形式采用沉降器在上，再生器在下的同轴式结构，并通过高效预提升技术，使油剂得到充分接触。

2.1　原料油性质

CRM-100催化剂于2014年8月23日开始加入，至10月13日，共使用51天。为了对比CRM-100的使用效果，选取CRM-100催化剂使用前15天的原系统内催化剂的使用数据作为空白标定(对比剂)数据。由表3可见，使用CRM-100期间，蜡油掺炼比例明显提高，原料油密度增加，饱和烃含量降低，芳香烃及胶质含量明显提高，原料性质变差。

表3　原料性质对比

项　　目	对比剂	CRM-100
掺炼比例/%	24.77∶8.48∶66.74 催化料∶渣油∶蜡油	20.89∶79.11 催化料∶蜡油
密度(20℃)/(kg/m³)	949.3	952.3
残炭值/%	5.11	4.43
四组分/%		
饱和烃	62.54	49.34
芳香烃	26.52	31.65
胶质	9.3	16.96
沥青质	1.64	2.05

2.2 操作条件

由表 4 所示操作条件可知，使用 CRM-100 催化剂后处理量增加约 10%，但回炼油量有所减少，表明回炼油产率降低；再生压力由 204 kPa(表压)增加到 215 kPa(表压)，这是由于加工量增大，为保证催化剂的循环量，升高再生器压力以提高两器的压差。由表还可见，由于原料性质变差，以及钒含量增加的影响，为保证催化剂的裂化活性，适当增加了催化剂的置换量，引起催化剂单耗增加 0.4kg/t。

表 4　主要操作条件

项　　目	对比剂	CRM-100
处理量/(t/h)	73	81
回炼油量/(t/h)	6.1	5.6
石脑油终止剂量/(t/h)	11.2	6.6
沉降器顶压力/kPa(表压)	141	142
再生器压力/kPa(表压)	204	215
提升管出口/℃	525	526
原料预热/℃	211	220
再生器密相/℃	695	697
主风总量/(Nm^3/h)	87 020	91 700
预提升蒸汽/(kg/h)	982	915
预提升干气/(kg/h)	1371	1425
雾化蒸汽/(t/h)	5.78	5.82
汽提蒸汽/(kg/h)	2762	2824
催化剂单耗/(kg/t)	2.68	3.08

2.3 产品性质

与空白标定相比，使用 CRM-100 催化剂后稳汽密度增加 6.3 kg/m^3，终馏点上升 6.45 ℃，这是由于在相当的条件下终馏点提高会导致密度随之增大，另外，当反应深度增加时，同样会引起汽油密度的增加。

表 5　稳汽性质

项　　目	对比剂	CRM-100
密度/(kg/m^3)	736.3	742.6
馏程/℃		
初馏点	42.4	42.5
10%	55.1	56.4
50%	99	102.1
90%	172.5	179.1
终馏点	193.4	199.85

由表 6 所示柴油性质可知，使用 CRM-100 催化剂后重芳烃密度增加了 10.91 kg/m^3，95%干点上升 4.05 ℃，凝点上升 7.24 ℃，说明反应深度有所增加。

表6 柴油性质

项目	对比剂	CRM-100
密度/(kg/m^3)	959.4	970.31
馏程/℃		
初馏点	186.7	210.62
10%	231.1	244.26
50%	284.7	299.05
90%	361.7	367.42
95%	372.4	376.45
凝点/℃	<-15.0	<-7.76

由油浆性质可见(表7),使用CRM-100催化剂后油浆密度较空白标定时增加13.8kg/m^3,进一步证实了反应深度的增加。

表7 油浆性质

项目	对比剂	CRM-100
固含量/(g/L)	2.9	2.6
密度/(kg/m^3)	1124.5	1138.3

由此可见,由于在CRM-100催化剂中使用了金属修饰的活性中孔材料AMC-1,有效提高了催化剂的裂化活性,在蜡油比例提高、原料油性质变差的条件下,CRM-100显示出较高的转化能力,所得裂化产品的性质也有所改善。

3 结论

经金属修饰的AMC-1材料具有较高的孔参数,新键合结构的形成在酸性以及大分子预裂化方面具有特殊贡献。工业应用结果表明,使用含有AMC-1的催化剂CRM-100后,装置的整体处理能力提高,掺渣比例特别是掺炼蜡油比例明显提高的情况下,仍显示出较高的裂化活性,产品性质明显改善,充分证实CRM-100催化剂的优异性能。

参考文献

[1] Beck J S, Vartuli J Z, Roth W J et al. A new family of mesoporous molecular sieves prepared with liquid crystal templates [J]. J Am Chem Comm Soc, 1992, 114: 10834-10843.

[2] 姚楠,熊国兴,杨维慎,等. 硅铝催化材料合成的新进展[J]. 化学进展,2000,12(4):376-384.

[3] 郑金玉,欧阳颖,罗一斌,等. 无序介孔硅铝材料的合成表征及性能研究[J]. 石油炼制与化工,2015,46(9):47-51.

采用 VPSA 供富氧提高催化裂化装置烧焦能力

杨耀新　李海文

（中国石化北海炼化有限责任公司，北海　536000）

摘　要　北海炼化采用 VPSA 供富氧烧焦技术对催化装置进行改造，消除了主风机供风能力不足、烧焦罐线速受限等影响因素，提高了装置烧焦能力和处理能力，有效降低了装置能耗。

关键词　再生烧焦　富氧　掺渣　处理量　提高

1　前言

北海炼化催化装置自 2011 年 12 月建成投产，装置设计规模为 170 万 t/a，采用 MIP-CGP 工艺，操作弹性为 60%~110%，其处理原料油主要是没有加氢的直馏蜡油和焦化蜡油（比例为 13%）；由于原油性质日趋重质化、劣质化，而催化装置主要是调整反应温度及催化剂活性等操作优化，提高转化率，同时其生焦率也增加，致再生系统稀相段经常出现尾燃现象，且烧焦主风量达到最大值时装置最大处理量仅为 180~190t/h，影响上游装置原油加工量及全厂经济效益。

2016 年 1 月，北海炼化催化裂化装置采用富氧烧焦再生技术进行相应改造后，装置达到了 210 万 t/a 的加工规模，且工艺调整为 MIP-DCR 工艺，操作弹性保持 60%~110%。

2　改造方案

2.1　基本原理

催化裂化装置处理能力不能满负荷运行多数是受到烧焦罐的烧焦能力、再生器表观线速和旋风分离器入口线速等因素限制，而北海炼化催化装置处理能力主要受限于烧焦罐的烧焦能力不足，表现为主风机送风量已达到主风机最大值 180000Nm^3/h（干基），装置负荷仅为 90%~95%，因此根据再生器催化剂烧焦原理，提高主风氧含量，可提高烧焦能力。

根据的《催化裂化再生器烧焦强度的计算》（曹汉昌，1983 年）公式：

$$CBR/W = K_d K_r P/(K_d + K_r C_r) \times (Y_0 - Y)/\ln(Y_0/Y) \times C_r$$

式中　CBR——烧焦强度，kg/h，$CBR = Q(Y_0 - Y)/B$；

K_d——传质系数，kg/(atm · t · h)；

K_r——反应速度常数，kg/(atm · t · h)；

P——再生器压力，atm；

C_r——再生催化剂含碳量,%；

Y_0——富氧主风氧浓度(初始浓度)，Nm^3O_2/Nm^3气体。

Y——烧焦过程气的氧浓度(任一点横截面氧浓度)，Nm^3O_2/Nm^3气体；

W——再生器藏量，t；

B——氧耗量，Nm^3/kg焦碳；

Q——主风流量，Nm^3/h。

可知，对具体装置，因催化剂型号基本不变，再生器操作条件基本稳定，则传质系数、反应速度常数变化不大，可视为常数，而再生催化剂定碳一般也是恒值(北海炼化催化装置为0.02%左右)，则再生器烧焦强度主要与主风或烟气中氧浓度和再生器催化剂藏量有关，因此提高主风初始氧浓度，也可以提高烧焦强度。主风富氧浓度与烧焦强度关系见图1

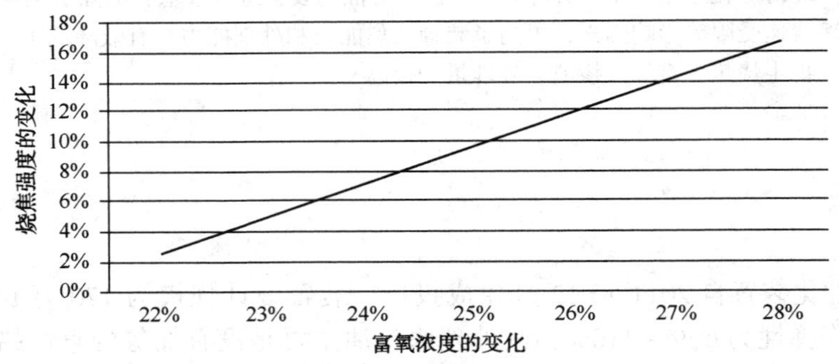

图1 主风富氧浓度与烧焦强度关系

2.2 方案选择

催化装置采用富氧再生技术前提是反应处理能力没有达到设计要求，且有改造余量；烧焦能力不足，影响掺渣量；富氧成本与处理量增加的经济效益可行。

2.2.1 富氧方案选择

由于北海炼化环境条件限制，没有氧源，且外运输送，成本高；经方案性价比选，采用真空变压吸附(VPSA)工艺制氧，供应富氧气体，其浓度为90%，这对设备运行安全性等较合理。

真空变压吸附(VPSA)工艺制氧供应富氧：电耗0.4238kW·h/Nm^3，运行成本0.26元/Nm^3纯氧；而主风运行成本0.22元/Nm^3纯氧。因此在不考虑烟机回收功率，投资加收益决定富氧购买成本，也影响其投资改造效益。经性价论证及效益分析，采用VPSA工艺供应富氧气体技术改造北海炼化催化装置再生器烧焦可行。

2.2.2 富氧控制流程

在主风机下游、再生器上游的主风管线中安装纯氧分布器，经过分布器的富氧气在主风管内与主风机来的空气均匀混合后进入再生器；提高再生器入口主风含氧浓度，在表观线速没有显著提高的情况下，提高再生器的催化剂再生能力。富氧气体流量控制由调节阀和流量计组成的控制回路完成，同时采用磁氧式分析仪监控混合后的主风空气富氧量。为确保不产生局部过热损坏现象，主风空气富氧量浓度超过安全浓度范围时(工艺包要求不超28%)，则联锁切断富氧源。若再生器发生异常，自动切断靠近分布器自动控制阀，防止气体倒流；

富氧装置增设与催化裂化装置自保联锁关联。

富氧分布和控制的工艺流程如图2所示。

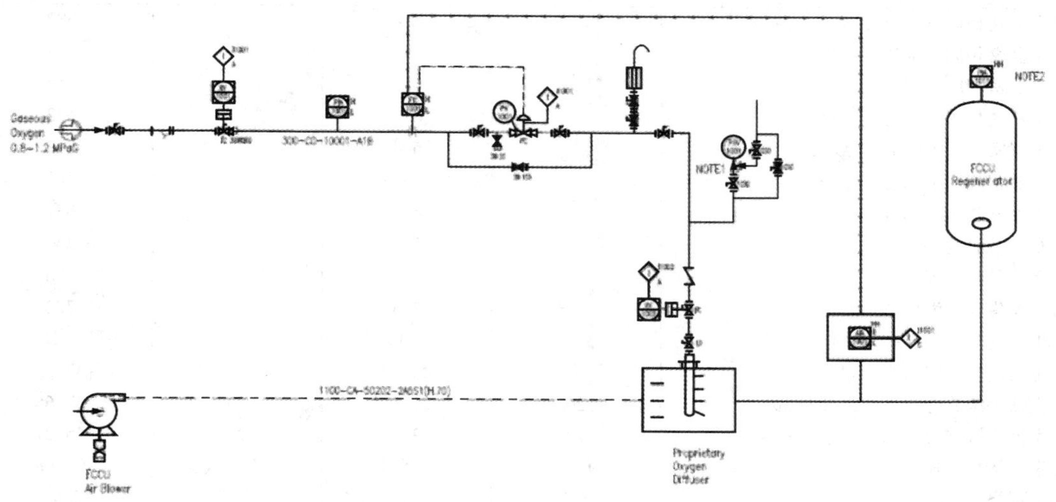

图2 富氧控制和分布流程示意图

2.2.3 烧焦罐改造

为了降低烧焦的下部线速，增大烧焦罐催化剂密度，增大烧焦能力，即从入烧焦罐前主风管道引出一路主风(二次风，占主风量15%)至烧焦罐上部，其分布器为十字交叉的DN250两根支管，喷嘴规格与烧焦罐颁布器相同(DN50，共92个)，离主分布器(一次)高10m。

3 改造效果

北海炼化催化裂化装置于2015年12月底停工检修改造，2016年1月22日装置开工，4月20日将富氧引入装置主风系统，进行富氧再生操作，并缓慢提高主风氧含量，控好再生烟气的过剩氧含量(正常工况控在1.5%~2.5%范围内)，适当调整原料油处理量和再生器热量平衡。反应再生系统的操作参数见表1。

表1 反应再生系统的操作参数

项目	改造前(2015年)		改造后(2016年)	
	设计参数	运行参数	设计参数	运行参数
催化处理量(蜡油)/(t/h)	202.4	180~190	250	260~270
反应温度/℃	510	535	515	530
反应压力/MPa(g)	0.26	0.26	0.24	0.2645
反应预提升处压力/MPa(g)		0.326		0.34
再生器压力/MPa(g)	0.28	0.299	0.29	0.2978
沉降器集气室温度/℃		509		509

续表

项目	改造前(2015年)		改造后(2016年)	
	设计参数	运行参数	设计参数	运行参数
再生器密相床下部温度 A/℃		688		682
再生器密相床下部温度 B/℃		690		674
再生器密相床下部温度 C/℃		681		656
再生器密相床下部温度 D/℃		670		672
再生器密相床上部温度 A/℃		694		689
再生器密相床上部温度 B/℃		657		662
再生器密相床上部温度 C/℃		695		687
分布管下温度/℃		246		240
再生器稀相温度/℃		702		706
再生器集气室温度/℃		705		702
再生烟气氧含量/%		2.19		2.26
再生器出口烟气粉尘含量/%		424.8		377.5
再生器一级旋分器入口线速/(m/s)	20	21.30	23	22.68
再生器二级旋分器入口线速/(m/s)	22	23.49	25	25.21
再生器稀相线速/(m/s)	0.5	0.533	0.57	0.568
再生器烧焦罐线速(下)/(m/s)	1.5	1.65	1.5	1.75
再生器烧焦罐密度/(kg/m^3)		264.8		220.6
再生器烧焦罐藏量/t		57.19		51.95
再生器烧焦罐料位/m		8.17		11.85
总烧焦量/(kg/h)	14167	14580	16750	17596
主风压力/MPa(g)		0.367		0.365
原主风机量流量(湿基)/(Nm^3/min)	3067	2919.2	3067	2945.8
其中：增压风量(O_2：21%)/(Nm^3/min)		213.32	200	161.4
主风进烧焦罐量/(Nm^3/min)		2705.8	2800	2784.4
需补富氧量(90%)/(Nm^3/min)		0	60	126.08
其中：上分布管富氧风流量/(Nm^3/min)		0	450	111
非净化风量/(Nm^3/min)		66		50
总烧焦风量/(Nm^3/min)		2985.8	3050	3121.88
烧焦风氧含量/%(v)	20.86	20.86	22.4	23.88
混合主风温度/℃		217		218
二密分布板开孔(ϕ136)/个	338	338	439	439
二密分布板压力降/kPa		6.25		5.59
旋分器压力降/kPa		12.84		11.89
二密下密度/(kg/m^3)		651		611.5
二密上密度/(kg/m^3)		251		254.2
再生器稀相密度/(kg/m^3)		9.8		31.5
二密藏量/t	65	111.8	90	123.5

3.1 再生器温度及催化剂组成

主风引入富氧后再生器实际运行情况，烧焦罐四个象限的径向温度为650~685℃，与改造前基本一致，也没有局部温度偏高现象。催化剂循环量从改造前1400t/h增加到1900t/h。待生催化剂含碳量：改造前1.1%，改造后为0.9%；再生催化剂含碳量：改造前0.015%，改造后为0.018%。

3.2 再生器线速及压降

旋分器二级入口线速为 25.21m/s(规范最大为 30m/s)，稀相线速为 0.568m/s；分布板压降 5.59kPa，都在控制范围内。

3.3 三旋后催化剂细粉

再生烟气携带的催化剂至三、四旋分器分离后催化剂分析数据见表 2；改造后细催化剂 40~0μm 的含量 4.46%，比改造前增加，再生催化剂改造后细粉下降。而催化剂单耗 0.55~0.65kg/t 原料油，比改造前 0.6~0.7kg/t 原料油低。原因是改造后处理量增加及催化剂活性控制也比改造前略低。

表 2 再生烟气携带的催化剂至四旋分器分离后催化剂分析数据

四旋分离后细粉催化剂分析数据(平均)				
时间	小于 20μm/%	20~40μm/%	40~80μm/%	大于 80μm/%
改造前(2015 年)	55.37	43.5	1.13	0
改造后(2016 年)	46.21	48.22	4.46	0
再生催化剂分析数据(平均)				
改造前(2015 年)	1.80	14.85	47.37	35.98
改造后(2016 年)	1.0	12.51	46.95	39.63

4 结论

催化裂化装置采用富氧再生的前提条件是反应有余量，烧焦不足，而购买富氧增加的成本与其相应能提高催化装置处理量是关键，经测算及成本分析，富氧总成本在 0.45 元/Nm^3 以下较好。

(1) 北海炼化催化裂化再生系统仅对再生器的分布板及主风分布设施改造和相应增大取热设施，而再生旋分器没有改造，采用富氧再生后，再生器烧焦各温度正常及线速、压降都在技术规范内，烧焦能力提高 20%，装置处理能力提高 25%。

(2) 由于烧焦需风量增加，烧焦罐底分布器线速增加，同时催化剂循环量也增加，使催化剂磨损破碎略增加，建议适当调整上下分布管主风流量配比。由于再生旋分器线速增加，细催化剂(40~80μm)带出略增加。

(3) 调整外循环阀增加烧焦罐藏量，可以提高烧焦罐温度，有利烧焦，减少尾燃。

(4) 采用富氧再生后，主风机耗电下降，催化装置单位原料电耗由改造前的 22.7kW·h/t 原料下降为 15.8kW·h/t 原料。

参 考 文 献

[1] 曹汉昌，郝希仁，张韩，等．催化裂化工艺计算与技术分析[M]，石油工业出版社 2000.

[2] 曹汉昌．催化裂化再生器烧焦强度的计算[J]石油炼制，1983(5)：55.

[3] 卢春喜，王祝安著．催化裂化流体化技术[M]，中国石化出版社，2002.

渣油 MIP 装置多产汽油催化剂 RCGP-1 的工业应用

于善青[1]　倪前银[2]　刘守军[1]　邱中红[1]　田辉平[1]　宋以常[2]

（1. 中国石化石油化工科学研究院，北京　100083；
2. 中国石化北京燕山分公司，北京　102500）

摘　要　介绍了多产汽油催化剂 RCGP-1 在中国石化北京燕山分公司Ⅲ套催化裂化装置上的工业应用情况。结果表明，采用 RCGP-1 催化剂后，汽油产率平均由 46.00w% 提高到 48.01w%，增加 2.01 个百分点，汽油 RON 和 MON 分别提高 1.3 和 0.4 个单位；液态烃产率增加 2.22 个百分点，柴油产率降低 3.41 个百分点，干气产率降低，焦炭选择性相当，总液体收率增加 0.83 个百分点。体现了 RCGP-1 催化剂重油裂化能力及抗金属污染能力强、能明显提高汽油辛烷值桶的特点。

关键词　裂化催化剂　汽油　辛烷值　工业应用

目前石油资源日益紧缺而原油重质化又不断加剧，以有限的劣质石油资源最大化生产高附加值产品至关重要。从我国炼油行业现有的装置结构来看，催化裂化是重要的二次加工手段，催化裂化汽油约占我国商品车用汽油的 60%～70%。随着车用汽油需求的日益增长，提高催化裂化汽油产率成为炼油企业追求的目标，而使用增产汽油的催化裂化催化剂是最为灵活有效的调节手段[1~8]。

MIP/MIP-CGP 工艺[9,10]是针对 2003 年 1 月 1 日起实施的国家标准《车用无铅汽油标准》（GB 17930—1999）开发的一种催化裂化工艺，在常规催化裂化提升管反应器基础上，将传统的提升管反应器分成两个串联的反应区，第一反应区以裂化反应为主，采用较高的反应温度、较大的剂油比和较短的停留时间，实现烃类催化转化；第二反应区采用较低的反应温度和较长的反应时间，强化氢转移反应和异构化反应，以达到降低汽油烯烃含量的目的。据统计，目前该工艺已成功地应用到国内 50 多套催化裂化装置上，其中中国石化北京燕山分公司第Ⅲ套催化裂化装置（以下简称燕山Ⅲ催化）设计加工能力为 2.0Mt/a，主要加工渣油为主的重油原料，原料镍、钒等金属含量较高。为了满足渣油 MIP 装置提高汽油产率的需求，最大化生产高附加值产品，石油化工科学研究院（以下简称石科院）研制开发了渣油 MIP 装置多产汽油催化剂 RCGP-1，并且在燕山Ⅲ催化装置上进行了工业应用。

1　RCGP-1 催化剂的技术特点

RCGP-1 催化剂的主要特点：基于对渣油原料的分子水平认识，开发了与原料油分子尺寸相匹配的高可接近性、低生焦的大孔和高活性铝基质技术；基于 MIP 装置特点，为了强化裂化反应同时抑制氢转移反应，采用酸性相匹配的高稳定性分子筛和高可接近性分子筛技术以及具有高开环裂化反应活性的多孔催化材料；添加抗金属污染组元，进一步提高催化剂的抗金属污染能力。

2 工业试验装置及标定情况

燕山Ⅲ套催化装置于 1998 年 6 月 23 日建成，反应器和再生器为高低并列式布置，提升管出口设四组粗旋风分离器，沉降器设四组单级旋风分离器；再生部分采用两段再生技术，第一再生器采用贫氧不完全再生技术，设有外取热器，第二再生器采用完全再生技术，第一再生器烟气与第二再生器烟气在进三级旋风分离器前混合。该装置 2005 年 4 月进行 MIP-CGP 技术改造，提升管反应器采用 BWJ-Ⅲ高效雾化进料喷嘴，同年 7 月份开始使用 CGP-1 催化剂；2007 年 4 月进行 MIP 改造完善，第一再生器增上了第二外取热器。

为了提高汽油收率，燕山Ⅲ套催化自 2013 年 6 月开始使用石科院新开发的多产汽油催化剂 RCGP-1，催化剂按照装置正常消耗进行系统催化剂置换，催化剂补充量在 4.5~5.0t/d，催化剂单耗约 0.8kg/t 新鲜原料。2013 年 4 月 16 日~4 月 17 日进行空白标定，2015 年 3 月 7 日~3 月 9 日进行总结标定。

3 结果与讨论

3.1 原料油性质

燕山Ⅲ催化装置混合原料构成比较复杂，含有来自Ⅰ套常减压蒸馏装置的常压渣油馏分和常三线馏分、Ⅱ套常减压蒸馏装置的减压渣油馏分和常三线馏分以及Ⅳ套常减压蒸馏装置减压蜡油的加氢精制蜡油、部分溶剂脱沥青油和糠醛抽出油等。空白标定和总结标定期间混合原料油的性质列于表 1。

表 1 标定期间原料油性质

项 目	空白标定	总结标定	项 目	空白标定	总结标定
20℃密度/(kg/m^3)	904.1	901.3	四组分质量分数/%		
残炭值/%	3.27	3.90	饱和烃	47.19	57.60
黏度(80℃)/(mm^2/s)	22.64	31.77	芳烃	45.01	25.85
凝点/℃	35.0	41.5	胶质	6.50	16.35
元素质量分数/%			沥青质	1.30	0.20
			金属含量/(μg/g)		
C	86.07	86.76	Fe	5.26	7.75
H	12.62	12.96	Ni	3.38	5.20
S	0.40	0.28	V	0.17	1.10
N	0.27	0.18	Na	0.60	2.30
			Ca	1.09	1.00

由表 1 可以看出，与空白标定相比，总结标定时混合原料密度略低，氢质量分数高 0.34 个百分点，饱和烃质量分数高 10.41 个百分点，芳烃质量分数低 19.16 个百分点，胶质质量分数高 9.85 个百分点，残炭值增加 0.63 个百分点，金属镍和钒含量明显升高。总的

来说，空白标定和总结标定的混合原料油性质虽略有差异，但具有可比性。

3.2 催化剂的性质

空白标定和总结标定的催化剂性质见表2。从表2可以看出，与空白新鲜剂相比，总结标定时新鲜剂具有更高的比表面积和更高的初始活性，筛分组成和催化剂磨损指数基本相当。与空白平衡剂相比，总结标定时平衡剂0~40μm细粉含量为11.55%，下降了1.73个百分点，表明催化剂在装置内磨损程度下降，同时平衡剂上的金属（Fe、Ni、V）含量有较大幅度的增加，这与总结标定时原料油金属含量较高密切相关。二者平衡剂的活性维持在60左右。

表2 催化剂的性质

项目	空白标定	总结标定	项目	空白标定	总结标定
催化剂名称	CGP-1	RCGP-1	平衡剂性质		
新鲜剂性质			微反活性/%	59	60
微反活性/%	78	80	比表面积/(m^2/g)	99	107
$w(RE_2O_3)$/%	2.9	2.9	孔体积/(mL/g)	0.28	0.3
$w(Al_2O_3)$/%	52.7	53	堆密度/(g/cm^3)	0.89	0.85
$w(Na_2O)$/%	0.14	0.14	碳质量分数/%	0.09	0.03
比表面积/(m^2/g)	267	281	筛分质量分数/%		
水滴孔体积/(mL/g)	0.37	0.38	0~20μm	0.43	0
堆密度/(g/cm^3)	0.74	0.76	0~40μm	13.28	11.55
磨损指数/(%/h)	1.4	1.4	0~149μm	95.86	97.55
筛分质量分数/%			金属含量/(μg/g)		
0~20μm	1.9	1.9	Ni	6760	9950
0~40μm	17.2	17	V	620	3050
0~149μm	94.8	93.7	Fe	5150	6180
APS/μm	68.3	70.2			

3.3 主要操作条件

燕山Ⅲ催化装置的主要操作条件见表3。为了提高汽油收率，同时降低焦炭收率以及保持较高的总液体收率，与空白标定相比，总结标定时操作条件进行了优化：较低的油剂接触温度，较高的原料预热温度，适中的反应温度。

表3 操作条件

项目	空白标定	总结标定	项目	空白标定	总结标定
催化剂	CGP-1	RCGP-1	沉降器顶压力/MPa	0.24	0.24
新鲜进料量/(t/h)	268	248	一反出口温度/℃	510	515
掺渣率/%	34.05	53.77	原料进料温度/℃	210	220
终止剂/(t/h)	0	10	第一再生器顶压力/MPa	0.28	0.28
回炼油/(t/h)	20	10	第二再生器顶压力/MPa	0.28	0.28
原料雾化蒸汽/(t/h)	15	15	第二再生器密相温度/℃	695	680
预提升干气量/(m/h)	3.0	3.2	外取热蒸汽量/(t/h)	110	105
汽提蒸汽量/(t/h)	7.0	7.0			

3.4 产品分布

空白标定和总结标定的产品分布见表4。从表4可以看出，与空白标定相比，总结标定时干气产率降低0.95个百分点，液态烃产率增加2.22个百分点，汽油产率提高2.01个百分点，柴油产率降低3.41个百分点，总液体收率增加0.83个百分点。采用RCGP-1催化剂后，液态烃、汽油和总液体收率增加，干气、柴油和油浆产率降低。由于总结标定时，原料油的残炭值和金属含量均显著增加，导致产品分布中焦炭收率增加，但焦炭选择性基本相当。

表4 产品分布

项 目	空白标定	总结标定	项 目	空白标定	总结标定
质量产率/%			焦炭	8.63	9.15
干气	4.17	3.22	损失	0.10	0.30
液态烃	17.93	20.15	转化率/%	76.73	80.53
汽油	46.00	48.01	总液体收率/%	82.64	83.47
柴油	18.72	15.31	焦炭选择性*/%	11.24	11.36
油浆	4.46	3.86			

*焦炭选择性=焦炭产率/转化率。

3.5 主要产品性质

空白标定和总结标定的稳定汽油性质见表5。由表5可以看出，两次标定的汽油馏程和密度接近。与空白标定相比，总结标定的稳定汽油烯烃体积分数增加4.3个百分点，研究法辛烷值(RON)增加1.3，马达法辛烷值(MON)增加0.4，汽油辛烷值桶增加2.38。

表5 稳定汽油性质

项 目	空白标定	总结标定	项 目	空白标定	总结标定
20℃密度/(kg/m^3)	726.30	725.85	50%	100	106
荧光法体积族组成(FIA法)/%			90%	178	172
芳烃	21.00	22.30	FBP	208	196
烯烃	15.55	19.85	汽油辛烷值		
饱和烃	63.45	57.85	RON	87.8	89.1
馏程/℃			MON	80.1	80.5
IBP	33	26	汽油辛烷值桶*	40.3	42.78
10%	48	50			

*汽油辛烷值桶=RON×汽油产率。

空白标定和总结标定的催化柴油性质见表6。由表6可以看出，空白标定柴油密度明显低于总结标定柴油的，是因为两次标定柴油馏程差别较大有关，90%点蒸发温度分别为317℃和354℃。从烃类组成可以看出，总结标定柴油中芳烃含量高达84.5%，双环和三环芳烃含量约67%，表明催化柴油性质很差。

表6 催化柴油性质

项目	空白标定	总结标定	项目	空白标定	总结标定
密度(20℃)/(kg/m^3)	934.8	958.9	烃类质量分数/%		
常压馏程/℃			链烷烃	19.4	11.7
IBP	191	165	环烷烃	4.1	3.8
10%	228	238	单环芳烃	13.7	17.7
50%	263	281	双环芳烃	54.5	55.4
90%	317	354	三环芳烃	8.3	11.4
FBP	344	380	总芳烃	76.5	84.5
十六烷值	23	19			

空白标定和总结标定的液态烃组成见表7。由表7可以看出，与空白标定相比，总结标定的液态烃中丙烯质量分数增加3.5个百分点，按产品分布计算，丙烯收率提高1.38个百分点；异丁烯质量分数和空白标定的相当。

表7 液态烃组成

项目	空白标定	总结标定	项目	空白标定	总结标定
质量分数/%			异丁烯	6.19	6.21
C_2^-	0.01	0.01	反丁烯	5.82	6.03
丙烷	12.59	11.74	顺丁烯	4.64	4.05
丙烯	30.36	33.86	丁二烯	0.04	0.04
正丁烷	8.35	5.95	碳五	0.01	0.04
异丁烷	24.74	26.77	合计	100	100
正丁烯	7.25	5.29			

4 结论

RCGP-1催化剂是针对渣油MIP装置开发的多产汽油催化剂，在中国石化北京燕山分公司Ⅲ套催化裂化装置上工业应用结果表明，使用RCGP-1催化剂后，汽油产率增加2.01个百分点，汽油RON和MON分别提高1.3和0.4；液态烃产率增加2.22个百分点，其中丙烯收率提高1.38个百分点；柴油产率降低3.41个百分点，总液体收率增加0.83个百分点，干气产率降低，焦炭选择性相当，体现了RCGP-1催化剂重油裂化能力及抗金属污染能力强、能明显提高汽油辛烷值桶的特点。

参考文献

[1] 毛安国．催化裂化增产汽油的分析与探讨[J]．石油炼制与化工，2010，41(3)：1-5.
[2] 陈俊武．催化裂化工艺与工程[M]．2版．北京：中国石化出版社，2005：126-344.
[3] 田辉平．催化裂化催化剂及助剂的现状与发展[J]．炼油技术与工程，2006. 36(11)：6-11.
[4] 徐先荣，毛安国．催化裂化柴油轻重馏分的裂化性能研究[J]．炼油技术与工程，2007，37(6)：1-5.

[5] 杨铁男，毛安国，田辉平，等．催化裂化增产汽油 SGC-1 催化剂的工业应用[J]．石油炼制与化工，2015，46(8)：28-33.

[6] 于善青，田辉平，龙军．国外低稀土含量流化催化裂化催化剂的研究进展[J]．石油炼制与化工，2013，44(8)：1-7.

[7] 刘晓．ZCG-1 型增产汽油催化裂化催化剂的工业应用[J]．石油炼制与化工，2015，46(3)：29-33.

[8] 于善青，田辉平，代振宇，等．稀土离子调变 Y 分子筛结构稳定性和酸性的机制[J]．物理化学学报，2011，27(11)：2528-2534.

[9] 许友好，屈锦华，杨永坛，等．MIP 系列技术汽油的组成特点及辛烷值分析[J]．石油炼制与化工，2009，40(1)：10-14.

[10] 许友好，何鸣元．重油在加工过程中的碳氢优化分布及有效利用的探索[J]．石油学报：石油加工，2017，33(1)：1-7.

多级孔 Ga-ZSM-5 分子筛的制备及其正庚烷催化裂解反应性能研究

肖 霞[1] 李宇明[1,2] 王雅君[1,2] 姜桂元[1,2] 赵 震[1]

（1. 中国石油大学（北京）重质油国家重点实验室；
2. 中国石油大学（北京）新能源研究院，北京 102249）

摘 要 本文利用自制的双子季铵盐表面活性剂$[C_{22}H_{45}-N^+(CH_3)_2-C_6H_{12}-N^+(CH_3)_2-C_6H_{13}]Br_2$（简称：$C_{22-6-6}Br_2$）为模板剂，采用一步法合成了多级孔 Ga-ZSM-5 分子筛，并详细研究了 Ga 含量对催化剂结构和正庚烷催化裂解反应性能的影响。采用 X 射线衍射（XRD）、氨程序升温脱附技术（NH_3-TPD）和 N_2-吸附表征手段对合成样品进行了表征。研究结果表明：所制备的样品具有典型的 MFI 骨架结构，且同时具有微孔及介孔结构，部分 Ga 进入分子筛骨架。反应温度 600℃时，Ga_2O_3含量为 0.5wt%的催化剂上，正庚烷转化率、乙烯和丙烯收率和 BTX 收率分别为 94.6%、51.1%和 6.3%，比未改性多级孔 ZSM-5 催化剂分别提高了 8.1%、5.7%和 2.3%。

关键词 多级孔 Ga-ZSM-5 分子筛 正庚烷 催化裂解 低碳烯烃

乙烯、丙烯是生产各种重要有机化工产品的基础原料，其主要来源于传统的蒸汽热裂解工艺，与蒸汽热裂解相比，催化裂解具有能耗低、原料适应性广和丙烯收率高等优点，因此催化裂解制低碳烯烃具有良好的发展前景。烃类催化裂解制低碳烯烃核心技术之一是高效催化剂的研发。ZSM-5 分子筛是一种典型的催化裂解催化剂，多级孔 ZSM-5 分子筛由于其显著改善的传质扩散能力和高的酸性位可接近性等优点而备受关注[1,2]。引入适当改性元素修饰调变分子筛酸性质或引入脱氢功能是进一步优化催化反应性能的有效方法[3]。本文通过一步法合成了多级孔 Ga-ZSM-5 分子筛，所制备的催化剂表现出了优异的催化裂解性能。

1 催化剂的制备

在多级孔 ZSM-5 分子筛合成的基础上[4]，进一步在合成母液中引入 Ga 元素，制备了多级孔 Ga-ZSM-5 分子筛。具体合成过程如下：将一定量 $C_{22-6-6}Br_2$ 和 NaOH 溶于去离子水中，搅拌至完全溶解，然后加入一定量的异丙醇铝，逐滴加入一定体积的硝酸镓溶液，用 0.5M 稀硫酸调节 pH 至合适值，然后加入气相二氧化硅，60℃陈化 6h，形成均匀溶胶，最终原料的摩尔配比为 $30Na_2O$：$1Al_2O_3$：$100SiO_2$：$10C_{22-6-6}Br_2$：XGa_2O_3：$18H_2SO_4$：4000 H_2O，然后迅速转移至晶化釜 150℃晶化一定时间，抽滤，干燥，550℃焙烧 6h 除去有机模板剂，然后将上述分子筛原粉进行铵交换 3 次，550℃焙烧 4h，得到多级孔 Ga-ZSM-5 分子筛催化剂。

2 催化剂表征结果

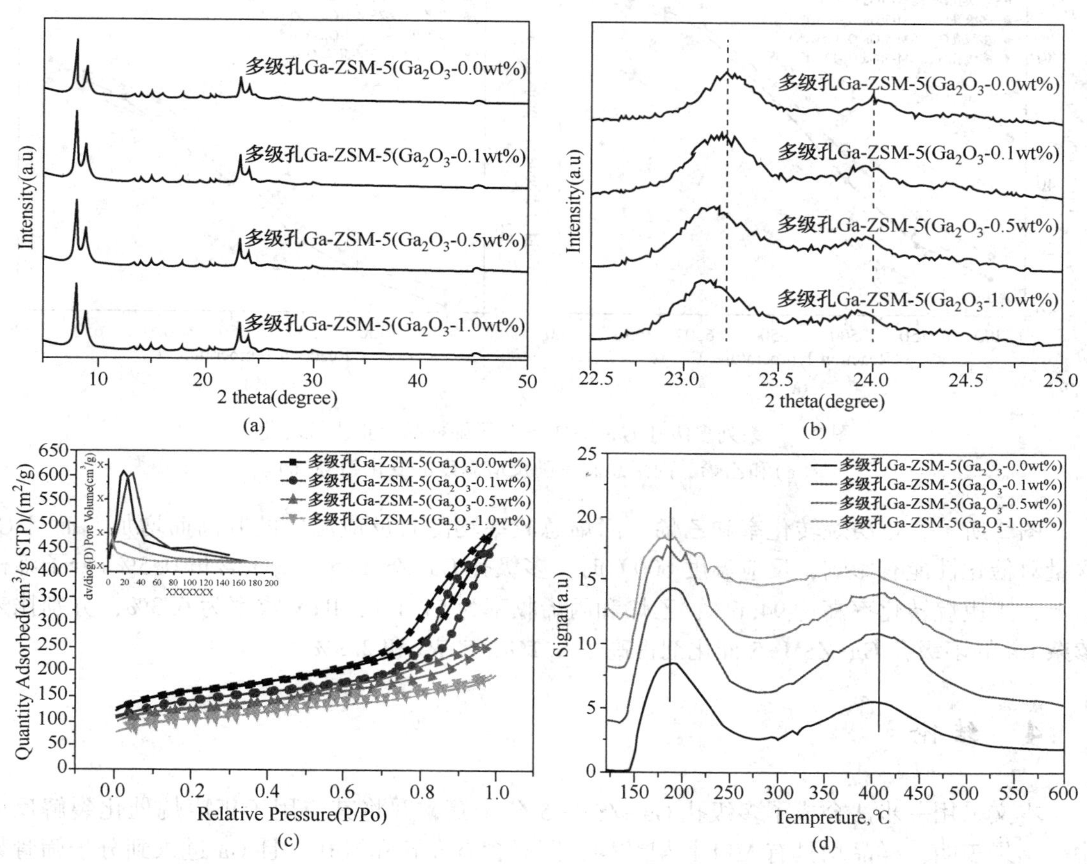

图 1 一系列多级孔 Ga-ZSM-5 分子筛样品的 XRD 谱图(a)
和局部放大 XRD 谱图(b)、N_2-吸附脱附等温线(c)、孔径分布图(内插图)和 NH_3-TPD 谱图(d)

图 1a 可知，所有样品均出现了典型 MFI 骨架结构的特征衍射峰，说明合成的样品为 ZSM-5 分子筛，无其他杂相。图 1b 为图 1a 中分子筛样品的局部放大图，如图 1b 所示，与未掺杂 Ga 的 ZSM-5 分子筛相比，随着 Ga 含量的增加，衍射峰角度逐渐向小角度偏移，说明部分 Ga 掺杂进入 ZSM-5 分子筛骨架；图 1c 所示，所制备的样品均具有介孔，结合 XRD 表征结果为 MFI 拓扑结构，证明所制备的分子筛样品同时含有微孔及介孔结构；如图 1d 所示，分子筛样品的酸强度随 Ga 含量的增加变化不明显，但酸量却呈现先增加后下降的趋势，当 Ga_2O_3 含量为 0.5wt%时样品的总酸量最高。

3 催化裂解反应性能研究

以正庚烷为裂解原料，采用微型固定床反应器对制备的一系列多级孔 Ga-ZSM-5 分子筛样品进行催化性能评价，并详细考察镓含量对催化性能的影响。催化剂用量 0.75g，反应温度400～675℃，正庚烷的进料量2mL/h，稀释气N_2流速300mL/min。产物采用SP-2100型气相色谱进行产物的在线分析，KCl-Al_2O_3毛细管柱，检测器为氢火焰离子检测器(FID)。

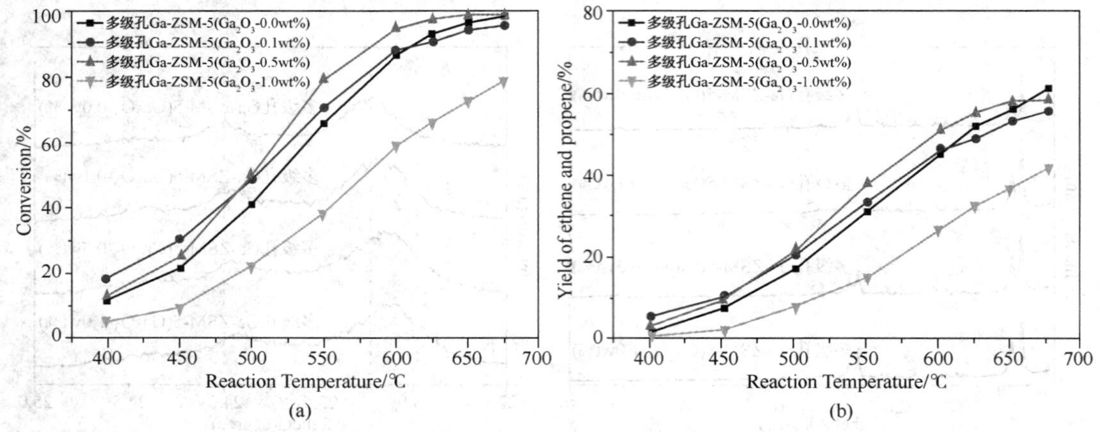

图2 一系列多级孔Ga-ZSM-5分子筛样品上正庚烷转化率(a)和乙烯、丙烯总收率随反应温度的变化趋势(b)

图2所示，正庚烷转化率和乙烯、丙烯总收率均随着反应温度的升高而增加，而且Ga含量对催化性能有影响，反应温度600℃时，多级孔Ga-ZSM-5(Ga_2O_3含量0.5%)分子筛样品上，正庚烷转化率高达94.6%，乙烯和丙烯收率为51.1%，BTX收率为6.3%，分别比未掺杂Ga的多级孔Ga-ZSM-5催化剂提高了8.1%，5.7%和2.3%。

4 结论

本文采用一步法合成了多级孔Ga-ZSM-5分子筛，并将其应用于正庚烷催化裂解反应中，结果表明：样品均具有MFI骨架结构，同时含有介孔和微孔，且Ga进入到分子筛骨架中，适量的Ga掺杂可显著提高催化性能。反应温度600℃，优化Ga_2O_3含量的催化剂上，正庚烷转化率、乙烯和丙烯收率和BTX收率分别高达94.6%、51.1%和6.3%，分别比未掺杂Ga的催化剂提高了8.1%、5.7%和2.3%。

参考文献

[1] Xia Xiao，Yaoyuan Zhang，Guiyuan Jiang，et al. Simultaneous realization of high catalytic activity and stability for catalytic cracking of n-heptane on highly exposed（010）crystal planes of nanosheet ZSM-5 zeolite[J]. Chem Commun，2016，52：10068-10071.

[2] Christopher M A Parlett，Karen Wilson，Adam F Lee，et al. Hierarchical porous materials：catalytic applications[J]. Chem Soc Rev，2013，42：3876-3893.

[3] Nazi Rahimi，Ramin Karimzadeh. Catalytic cracking of hydrocarbons over modified ZSM-5 zeolites to produce light olefins：A review[J]. Applied Catalysis A：General，2011，398：1-17.

[4] Minkee Choi，Kyungsu Na，Jeongnam Kim，et al，Stable single-unit-cell nanosheets of zeolite MFI as active and long-lived catalysts[J]. Nature，2009，461：246-250.

Ⅲ催化分馏塔底结焦原因分析及改进措施

闫家亮

（中国石化金陵分公司，南京　210033）

摘　要　分析了金陵石化 350 万 t/a 催化裂化装置分馏塔底结焦的原因，并提出了相应的整改措施，消除结焦，为装置长周期平稳运行提供了保障。

关键词　催化裂化　油浆系统　结焦　搅拌油浆　分馏塔

1　概述

中国石化金陵分公司Ⅲ催化裂化装置由中石化洛阳石油化工工程公司设计，设计加工能力为 350 万 t/a，于 2012 年 10 月投产，是金陵分公司重要的二次炼油加工装置。装置开工以后，按照设计参数进行生产操作，总体运行平稳。

2013 年 1 月 21 日油浆系统循环量持续下降、油浆循环泵出口压力、出口电流一直低于平时运行值；油浆蒸汽发生器发汽量下降、分馏塔底温度上升，严重影响了装置“安、稳、长、满、优”的生产运行。装置油浆系统流程见图 1。表 1 为正常运行时油浆系统主要操作参数。

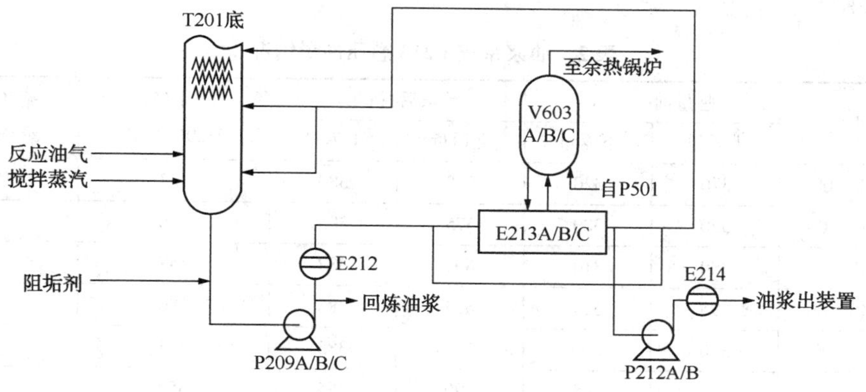

图 1　分馏塔油浆系统流程图

表 1　分馏塔主要操作参数

反应油气至分馏塔温度/℃	495～515	循环油浆返塔温度/℃	250～270
油浆循上返环量/（t/h）	≮350	塔底搅拌蒸汽量/（t/h）	3
油浆循下返环量/（t/h）	≮250	油浆外排量/（t/h）	12～24
分馏塔 32 层返塔温度/℃	320～350	循环油浆发生蒸汽量/（t/h）	30～60
分馏塔底温度/℃	≯350		

防止分馏塔塔底结焦是保证催化裂化装置长周期运行的关键之一。催化裂化装置分馏塔底结焦一般与塔底油浆的组成、温度、催化剂含量及停留时间等因素有关。分馏塔底温度高、塔底液位高，停留时间长；通过换热器的线速度低；油浆中的固含量、芳烃含量高都容易是催化裂化油浆系统结焦、堵塞，导致油浆循环量下降和换热器效率变差，影响到装置的安全和平稳运行。

2 结焦现象及前期处理

正常生产时，油浆泵出口压力1.5MPa、电流34A，油浆上返量控制在550t/h、下返量控制在385t/h。2013年1月16日，油浆上返量，下返量均低于正常生产值，开大调节阀阀位无明显变化。17日切换油浆泵P209A至P209B，切换后，油浆循环量上升，机泵电流在运行一段时间后有所下降，出口压力、发生蒸汽同步下降。经判断，初步认为是油浆系统管线和换热器结焦、堵塞，已影响到装置的正常生产。

在油浆泵出口压力、电流下降后，通过油浆蒸汽发生器E213出口阀门关小、开大进行憋量，油浆循环量能够上升，满足生产条件，到24日机泵切换后油浆循环量已经没有明显变化，而且E213憋量的频次从1天1次增加到2~3小时1次。

通过分析油浆固体含量变化，在憋量以后，油浆固体含量大幅度上升，从3~4g/L(离心法)增加到20g/L以上，通过对油浆进行洗涤观察、结合系统催化剂藏量分析，固体含量主要是焦粉。操作中通过降低处理量至408t/h、加大油浆外排至28t/h、调整E213(循环油浆蒸汽发生器)出口流量来对沉积在管线及换热器内的焦块进行冲洗。冲洗后效果明显，如表2所示。

表2 油浆系统E213憋压冲量情况

时间	憋量前/(t/h)		憋量后/(t/h)		T201低温TI20122/℃	循环油浆发生蒸汽量/(t/h)
	上返量	下返量	上返量	下返量		
1月20日9：00	370	320	598	380	347	39
1月21日11：00	320	300	575	385	346	42
1月22日10：00	380	310	605	382	347	37
1月23日15：00	395	324	625	385	356	40
1月24日9：00	300	300	557	385	343	37
12：20	320	305	590	385	350	37
15：00	310	280	486	349	347	39
20：00	290	300	506	385	348	38
1月25日2：30	270	310	445	381	346	38
6：30	295	310	457	385	342	40
9：00	开P209B、C两台泵运行				334	41
	300	270	604	385		42
11：30	310	280	557	385	343	41
12：40	315	320	610	385	348	38

通过开关换热器出口阀门进行憋量，换热器负荷频繁变换，容易造成油浆蒸汽发生器泄漏，存在安全隐患，从23日开始，对油浆泵入口过滤器进行拆装，从过滤器处将焦块从系统彻底清除。图2为过滤器内清出的焦块。从外型看，部分形状扁平有分层有棱角，部分形状方圆无棱角；从硬度看，部分坚实坚硬，敲击有金属声，部分质地松脆；从内部看：敲开焦块，部分含有没有结焦的油浆，部分只是颜色变化，看不到油迹。

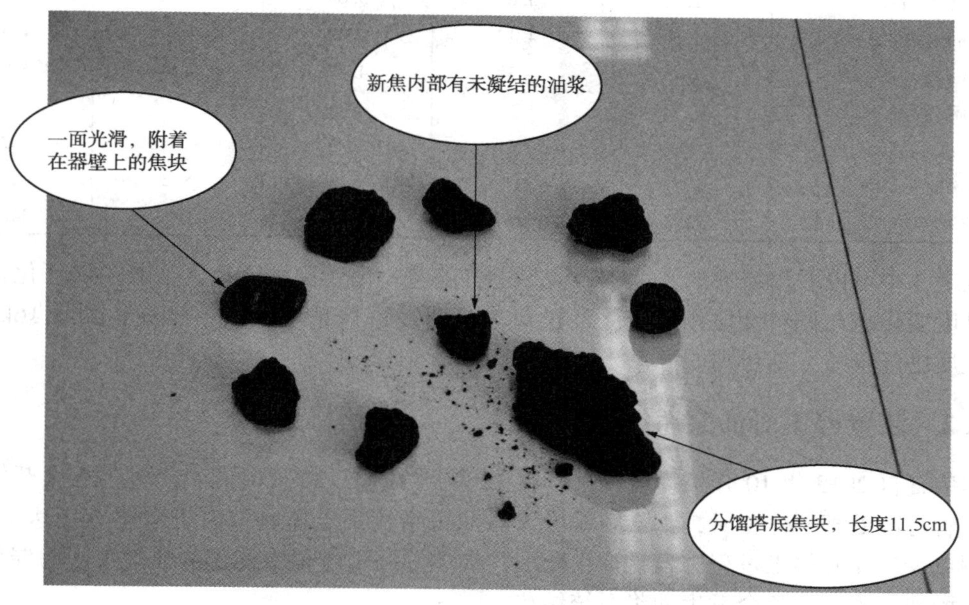

图2　清理出的部分焦块

3　油浆系统结焦原因分析

催化裂化装置分馏塔底结焦一般与塔底油浆的组成、温度、催化剂含量及停留时间等因素有关。分馏塔底温度高、塔底液位高，停留时间长；通过换热器的线速度低；油浆中的固含量、芳烃含量高都容易使催化裂化油浆系统结焦、堵塞，导致油浆循环量下降和换热器效率变差，影响到装置的安全和平稳运行。

针对油浆系统的结焦，结合清理出焦块的形状、硬度，进行了多方位，全方面的分析，回顾1个多月来的处理过程，对影响油浆结焦的原因分析如下：

3.1　原料、油浆性质的影响

金陵石化350万t/a催化裂化装置两器采用并列式布置，反应部分采用石油化工科学研究院的MIP专利技术，提升管反应器为内提升管，原料分别为加氢渣油、加氢蜡油、罐区渣油、罐区蜡油、二套混合蜡油、Ⅱ常减压减四线六路原料。随着常减压深拔率的提高，以及渣油加氢掺渣量的加大，使催化原料性质越来越重，在控制油浆收率的情况下，反应深度增大，油浆性质越来越恶化，结焦趋势也越来越严重。

表3 原料和油浆性质

项目	2012年10月	2012年11月	2012年12月	2013年1月	2013年2月
	平均值	平均值	平均值	平均值	平均值
原料性质					
密度/(kg/m^3)	910.5	918.12	916.56	915.59	914.63
残炭量/%(m)	2.8	3.67	3.68	3.65	3.24
镍/(mg/kg)	1.5	4.12	5.62	5.87	4.67
钒/(mg/kg)	1.1	6.38	4.87	3.87	3.57
油浆性质					
密度/(kg/m^3)	>1040	1026.6	1043	>1042	1026
固体含量/(g/L)	3.3	4.4	6.5	8.2	3
黏度(100℃)/(mm^2/s)	32.2	52.4	41.3	31.2	34.2

从表3中可以看出原油的密度和残炭呈上升趋势。由于原油变重，油浆中稠环化合物增加，黏度变化也与原料性质相对应，经过对油浆密度进行精确分析，已经达到1116kg/m^3，油浆性质已经很差，结焦趋向严重。

3.2 装置停工对油浆系统的影响

本装置自2012年10开工投产以来，在12月到1月的20天时间里经过了三次开停工过程，尽管每次处理开停工时，都会安排专人对油浆系统重点监测，由于塔体直径达到7米，温度侧点少，在开停工过程中容易产生死区，加上开停工过程中催化剂油气带入的催化剂量会明显增加，不可避免会发生油浆系统结焦。

大油气管线管壁上的软焦，在开停工过程中经过热胀冷缩、不断的冲刷也会被不同程度的带到分馏塔底；在停工过程中由于反应温度大幅度变化，油气中的重组分会出现毛细冷凝现象沉积在大油气管线，在开工过程中随油气携带进入分馏塔。这些组分有的本身就是焦块，有的是焦的前身物，进入分馏塔以后，都会对油浆系统有强烈的冲击。

在1月5日停电事故恢复开工过程中，运行的两台油浆蒸汽发生器发生泄漏，在投用备用的E213C的过程中，出入口管线都存在堵塞的情况，出入口管线管径DN350、长度6m，初始温度在300℃，同时含有一定的催化剂颗粒，在静止的过程中，会产生一定的焦块，随着换热器的投用，进入分馏塔底。

3.3 分馏塔底温度的影响

分馏塔底温度是导致油浆系统结焦的直接原因。油浆性质随着原料残炭的变化和分馏塔底温度的变化而变化。原料性质较重时，油浆中不能裂解的组分较多，分馏塔底的热负荷增大，当超过油浆系统的取热能力时，塔底温度开始上升，轻馏分逐渐蒸发，油浆浓缩，生焦性能增强。同时，油浆中的烯烃、多环芳烃、沥青质，胶质等各类不饱和烃在高温下，由氧和金属引发催化作用，容易脱氢产生芳烃自由基，通过自由基链反应而产生高分子聚合物。开工以后，分馏塔底温度按照不大于350℃控制，虽然低于设计的360℃，当油浆性质变差时，缩合反应速度加快，油浆中的胶质和沥青质极易发生缩合反应生成焦碳。

表 4 分馏塔底温度和油浆性质

项 目	2012 年 10 月	2012 年 11 月	2012 年 12 月	2013 年 1 月	2013 年 2 月
	平均值	平均值	平均值	平均值	平均值
分馏塔底温度/℃	343. 25	343. 74	342. 36	334. 28	332. 32
油浆性质					
密度/(kg/m^3)	>1040	1026. 6	1043	>1042	1026
固体含量/(g/L)	3. 3	4. 4	6. 5	8. 2	3
黏度(100℃)/(mm^2/s)	32. 2	52. 4	41. 3	31. 2	34. 2

3.4 油浆循环量的影响

油浆系统循环中，上返塔主要起到冷凝冷却，洗涤油气中的催化剂的作用。油浆上返量要合适，若上返量偏小：一是分馏塔液位相应变化明显；二是油浆组分和催化剂粉末会带到分馏塔中部，组分分割不明显；三是会造成油浆浓缩，加快结焦速度。上返量偏大：一是将回炼油组分冷凝到油浆中，影响装置收率；二是取热量过大，造成分馏塔上部热量不足，影响分馏塔中部热量分布，产品质量调节和控制波动较大。从其作用看，只要上返能满足冷却、洗涤这两个要求即可，油浆上返量不需要提的过高。油浆下返是控制分馏塔低温的主要手段，只要分馏塔底温度不是过低，尽量提高下返量，增大搅拌油浆量，降低油浆在分馏塔底的停留时间，增大换热器线速度，减少结焦。

(1) 分馏塔底停留时间 油浆在分馏塔底的停留时间过长，会加大结焦的可能。一般停留时间不超过 5min。

表 5 油浆在分馏塔底停留时间

分馏塔底液位/%	停留时间/min	分馏塔底液位/%	停留时间/min
100	11. 3	40	4. 4
80	9. 1	30	3. 4
60	6. 7	20	2. 3
50	5. 6		

注：分馏塔内径为 7000mm，双法兰液位上下口距离为 3400mm，锅底高为 1814mm，油浆密度 1042kg/m^3，油浆循环量 1000t/h。

从表 5 中可以看出，正常生产中装置油浆循环量为 1000t/h，分馏塔液位控制在 50%一下，能保证油浆在分馏塔底的停留时间。本装置至开工以来，分馏塔液位一直控制比较好，在 45%左右。

(2) 油浆换热器线速 油浆系统的换热器为：E212AB(原料油-循环油浆换热器)两台串联、E213ABC(循环油浆蒸汽发生器)两开一备，并联。当油浆流速低时，会造成催化剂颗粒沉积在器壁和设备内部，加速油浆结焦的速度；也会使缩合物沉积在管道表面而富集，聚集的缩合物进一步反应，生成软焦，进而造成油浆系统的堵塞。为使油浆循环系统的管道和设备不堵塞，油浆在管道中的流速应不低于 1. 5m/s，在设备内的流速不低于 1. 1m/s。保证油浆在换热器内的流速，可以有效的防止换热器结焦。

表6 油浆在换热器中的线速

换热器	油浆流速/(m/s)	换热器	油浆流速/(m/s)
E212	1.3	E213	1.16

在前期的生产中，为了保证人字档板上部油气温度在340℃，在保证循环总量的前提下，通过调整E213AB的旁路调整油浆返塔温度在265~272℃，换热器旁路开度经常在50%~70%(旁路调节阀为偏心阀)，造成E213管束流速偏低。由于油浆返塔温度高油浆下口和搅拌油浆温度也高，不利于塔低和其他设备的运行。

3.5 油浆固体含量的影响

油浆中的一些稠环化合物，在一定的温度和时间下发生缩合，形成软焦。催化剂中固体含量高时，易在分馏塔底、换热器等部位及死区沉积，形成大量软焦，堵塞换热器，影响油浆循环量。开工以后，油浆固体含量一直在4g/L(离心法)以下，没有明显变化。

3.6 阻垢剂使用的影响

阻垢剂有很好的分散性能，能有效防止悬浮在油浆中的催化剂粉末、焦粒等聚合，从而防止颗粒增加和沉积；阻垢剂具有抗氧化性，能与被氧化的烃自由基形成惰性分子，防止氧化聚合；同时阻垢剂还能钝化金属，与金属形成络合物，减少催化剂脱氧反应。所以阻垢剂能有效的防止油浆系统的堵塞。

本装置至开工投产以来，阻垢剂加注一直很正常、平稳。本装置使用阻垢剂型号为NS-133，加注量为0.1t/d。

4 解决措施

根据以上分析，在目前原料性质较差的情况下，为防止油浆系统结焦、堵塞，保证长周期运行，对油浆系统操作进行了以下调整。

4.1 优化原料组成、减少掺渣

渣油掺炼增多，生焦增加，操作调整如不及时，极易发生结焦。对此通过加强与渣油加氢装置的联系，及时掌握渣油加氢装置的掺渣量及生产情况。短期内适当降低掺炼减渣量，增加Ⅱ常减压减四线流程，减少罐供渣油量，优化原料组成。

4.2 控制分馏塔底温度

控制分馏塔底温度≯340℃，避免因分馏塔底温度高造成油浆在塔底的结焦。保证最大油浆循环量，增加油浆下返量到450t/h以上，将分馏塔底搅拌油浆手阀开大至3/4处、提高塔底搅拌蒸汽量至3.5t/h，保证塔底油浆搅拌效果。

4.3 控制好油浆循环量

控制油浆的停留时间，分馏塔底液位控制在50%以下，维持较低的分馏塔液位，保证油浆在分馏塔底的停留时间≯5min。保证油浆在管线和设备内的线速，调整E213(循环油浆蒸汽发生器)的操作，将付线关至10%(有量通过即可)，确保换热器内线速不低于1.2m/s。

加强油浆泵的切换，通过清理泵入口过滤器，将分馏塔底的焦块带出。清焦工作结束后，执行油浆泵"一月一切换"制度，防止备用油浆泵因长期不运行，油浆中的催化剂粉末和焦炭沉积在泵体及管线中，使启泵后油浆循环量达不到操作要求。

4.4 控制油浆中的固含量

调整反再平稳操作，在不影响汽提效果和再生烧焦的前提下，适当调整沉降器汽提蒸汽用量，检测粗旋线速和压降，减少催化剂粉尘的跑损量。加大油浆外排量，将塔底的焦体及催化剂粉末通过外排油浆的方式排出，保证油浆固体含量≯10g/L。

4.5 保证阻垢剂的加注

确保阻垢剂的连续加注，加强对阻垢剂泵的日常巡检。现装置注入点只有一个，在油浆抽出管线上。为防止注入点堵塞，不能及时注剂，增加一备用注入点。

通过上述调整，分馏塔的操作参数见表5。

4.6 监控好油浆密度

在对原料调整的基础上，适当增加油浆外甩流量，油浆外甩从3.5%~4%提高到5%，以降低反应深度，改善油浆性质，同时对油浆密度进行精确分析，根据石科院建议控制在1150kg/m^{3}以内。

表7 调整操作前后分馏塔主要操作参数对比

项　　目	调整操作前	调整操作后
反应温度/℃	515~520	515~520
再生压力/kPa	304	306
反应压力/kPa	260~270	260~270
总进料量/(t/h)	405~415	405~415
掺罐供渣油量/(t/h)	60~70	40~55
分馏塔顶压力/kPa	226	228
分馏塔底温度/℃	346	335
分馏塔底油浆抽出温度/℃	330	322
循环油浆上返塔温度/℃	264	260
循环油浆下返塔温度/℃	264	260
预提升干气量/(Nm^3/h)	9900	9450
沉降器汽提蒸汽(上)流量/(kg/h)	7900	7500
沉降器汽提蒸汽(下)流量/(kg/h)	3800	3500
产品油浆出装置流量/(t/h)	17	21
循环油浆上返塔流量/(t/h)	550	510
循环油浆下返塔流量/(t/h)	370	385(超量程)
分馏塔底液位/%	47	45

5 结语

(1) 降低油浆系统结焦情况，可以采用改进、优化工艺操作条件来实现。比如减少催化原料掺渣量、降低分馏塔底温度、提高油浆循环量、控制油浆固含量等措施来解决。

(2) 如果催化原料较重，芳烃、稠环芳烃等结焦因子较多时，单靠改进工艺操作条件已不能避免结焦、堵塞现象的发生，需要根据油浆性质对反应深度进行调整，同时保证合适的外甩流量，改善油浆性质。

(3) 通过有针对性的操作调整，油浆系统运行情况明显改善，2013 年 4 月，装置掺渣已经达到 45%以上，油浆系统运行正常，装置长周期高效益安全运行得到了切实的保障。

催化拔头油浆的产品开发与试生产

黄　鹄

（中国石化荆门分公司运销中心，荆门　448039）

摘　要　中国石化荆门分公司催化油浆一直以来没有得到较好利用，拔头油浆装置开工后，针对道路沥青和热拌用沥青再生剂进行了研制开发，利用催化油浆进行拔头可以开发出满足 GB/T 15180—2010 和 SH/T 0522—2010 要求的 AH70、AH90、100 号道路石油沥青，其路用性能满足相关规范要求，研制并试生产的 RA25 热拌用沥青再生剂满足行标 SH/T 0819—2010。利用拔头油浆开发产品经济效益较为可观。

关键词　拔头　催化油浆　开发　试生产

1　前言

催化油浆是重油催化裂化工艺过程中产生的一种副产品，由于密度较大、相对分子质量大、黏度高，裂化性能差，再次催化裂化和焦化轻质油收率低，影响下游产品质量；作为燃料油时由于含有较多的催化剂颗粒，容易造成火嘴磨损、炉管表面积灰，最终炉管结焦、导致热效率下降。

因此，如何有效地利用催化油浆，提高产品附加值，优化重油加工一直是荆门分公司头疼的问题。针对这些问题，国内炼油企业对催化油浆的综合利用也进行过大量的研究，洛阳石化、九江石化、兰州石化对油浆拔头后生产各类道路沥青[1-3]，有报道利用催化油浆改善胶粉在沥青中的溶解性能[4]，也有在防水卷材中得以使用的，但没有统一的标准或规格，产品出厂也存在税务风险。本文对荆门分公司利用催化拔头油浆研制开发并试生产满足 SH/T 0522—2010 要求的 100 号道路沥青、满足 GB/T 15180—2010 要求的 AH-70 重交道路沥青和满足 SH/T 0819—2010 要求的热拌用沥青再生剂进行了阐述。

2　研制开发

2.1　试验原料

（1）拔头油浆-0：两套催化油浆(一催油浆和二催油浆)按自然比混合后拔头得到的拔头油浆。

（2）丙脱沥青：中间基油为原料生产。

（3）减四线糠醛抽出油：中间基油与石蜡基油比例为 8:2 的原料生产。

（4）拔头油浆-1：2014 年 1~3 月按设计参数开工生产，闪点不小于 180℃控制生产。

（5）拔头油浆-2：2014年6月~10月根据调和的道路沥青情况，采用提高减压塔的真空度、改变塔底加热热源等方式来调节催化油浆减压塔的拔出率，对闪点、馏程控制进行调整，闪点在212~220℃和大于230℃，运动黏度(60℃)控制在1200mm²/s以上，380℃含量不大于15%生产。

（6）拔头油浆-3：由于实际生产中拔头油浆黏度一直处于900 mm²/s以下，有的甚至只有几十个单位，客户试用时造成防水卷材产品硬度低，成型差，需加丙脱沥青调高黏度，为此2015年6月利用一催化油浆进二催分馏塔后再进行拔头得到。

试验原料性质见表1、表2。从表2中原料可以看出：闪点低的拔头油浆-1饱和分明显偏高，轻组分含量大，反映出拔头装置分离效果差，轻重组分重叠度大，含有大量的三环以下芳烃和轻组分。拔头油浆-2和拔头油浆-3重叠度相差不大，有效控制了柴油组分含量，降低了沥青质的溶解性能，有利于胶体结构的形成。

表1 原料性质分析结果

项　目	丙脱沥青	二催油浆	一催油浆	减四线糠醛精制油抽出油
饱和分/%	4.76	8.93	6.56	17.61
芳香分/%	36.17	64.21	69.70	65.16
胶质/%	53.37	21.66	18.66	17.07
沥青质/%	5.70	5.2	5.08	0.16
蜡含量/%	2.85	1.23	0.60	1.10
闪点/℃	—	180	226	243
针入度(25℃)/0.1mm	9	—	—	—
软化点/℃	69.9	—	—	—

表2 工业生产拔头油浆的典型性质

项　目		拔头油浆-1	拔头油浆-2	拔头油浆-3
初馏点/℃		208	229	298
10%馏出温度/℃		360	375	376
350℃含量/%(v)		5	3.5	2
380℃含量/%(v)		28	16	12
闪点/℃		206	228	235
运动黏度(60℃)/(mm²/s)		863	1270	1800
四组分分析	饱和分/%	17.9	8.4	7.3
	芳香分/%	56.2	58.3	60.7
	胶质+沥青质/%	25.9	33.3	32

2.2 AH-70重交道路沥青的研制

2.2.1 拔头油浆-0与丙脱沥青调合AH-70沥青

表3是拔头油浆-0与丙脱沥青调合重交沥青的主要性质。数据表明AH-70针比不合格，软化点富余量较小；AH-90虽然可达到指标要求，但针比和软化点富余量均较小，工

业装置上难以保证生产出合格的产品。另外，从其他使用性能看，60℃黏度、当量软化点较低，当量脆点较高，说明其高低温性能不理想。

表 3　拔头油浆-0 与丙脱沥青调合沥青主要性质

项　目	调合沥青性质		GB/T 15180—2010	
	AH-70	AH-90	AH-70	AH-90
针入度(25℃)/0.1mm	73	92	60-80	80-100
软化点/℃	44.9	42.9	44-57	42-55
延度(15℃)/cm	>150	>150	≥100	≥100
薄膜烘箱试验(163℃，5h)				
质量变化/%	-0.540	-0.456	≤0.8	≤1.0
针入度比/%	50.7	51.1	≥55	≥50
延度(25℃)/cm	>150	>150	—	—
延度(15℃)/cm	>150	>150	≥30	≥40
闪点/℃	264	266	≥230	≥230
动力黏度(60℃)/(Pa·s)	113.88	72.1	—	—
T_{800}/℃	42.60	41.11	—	—
$T_{1.2}$/℃	-4.79	-7.78	—	—
ΔT/℃	47.39	48.90	—	—
达标情况	不合格	合格		

2.2.2　拔头油浆-0 与丙脱沥青和减四线抽出油进行调合

在拔头油浆-0 与丙脱沥青调合的基础上，加入适当比例的减四线糠醛抽出油，以期达到提高调合沥青的针比和软化点的目的。表 4 分别为 AH-70 和 AH-90 调合试验主要结果。在尽量多利用油浆而少加抽出油的前提下，选择适宜拔出深度的重油浆以及合适的配比，三种组分调合的重交沥青各项性质可完全达到 GB/T 15180—2010 指标的要求。

表 4　AH-70 和 AH-90 沥青性质

项　目	AH-70 沥青性质		AH-90 沥青性质		GB/T 15180—2010	GB/T 15180—2010
针入度(25℃)/ 0.1mm	65	70	95	87	60~80	80~100
软化点/℃	45.8	45.9	43.1	43.5	44~57	42~55
延度(15℃)/cm	>150	>150	>150	>150	≥100	≥100
薄膜烘箱试验(163℃，5h)						
质量变化/%	-0.438	-0.377	-0.453	-0.401	≤0.8	≤1.0
针入度比/%	58.5	55.7	51.6	56.3	≥55	≥50
延度(15℃)/cm	>150	>150	>150	>150	≥30	≥40
延度(10℃)/cm	—	—	—	—	—	—
蜡含量(蒸馏法)/%	—	2.68		2.59	≤3.0	≤3.0
闪点/℃	>260	>260	>260	>260	≥230	≥230
溶解度/%	99.8	99.9	99.8	99.9	≥99.0	≥99.0
密度(25℃)/(kg/m³)			84.4	96.1		
动力黏度(60℃)/(Pa·s)	137.54	141.12	合格	合格		
达标情况	合格	合格	95	87		

由表 4 可以看出，用拔头油浆-0、适量的减四线糠醛抽出油与脱油沥青调合时，调合

的AH-70和AH-90重交沥青性质均可符合GB/T 15180-2010指标的要求。建议工业生产时，采用油浆减压拔头-与适量减四线抽出油和丙脱沥青调合的工艺路线。

2.3 100号道路石油沥青的研制

分别采用拔头油浆-1、拔头油浆-2和拔头油浆-3与丙脱沥青进行调和直接生产100号，从表5的调和数据看出，拔头油浆-1难以调和出合格的100号道路沥青，调整催化拔头原料，对切割装置进行了适当改造。拔头油浆-2、拔头油浆-3由于原料重，拔出率高，调和出道路沥青针入度合适，胶体结构稳定。

表5 拔头油浆生产道路沥青的试验数据

项目	拔头油浆-1		拔头油浆-2			拔头油浆-3		质量指标
丙脱沥青比例/%	45	50	45	50	60	50	60	
拔头油浆比例/%	55	50	55	50	40	50	40	
针入度(25℃)/0.1mm	101	86	100	95	87	103	82	80-110
软化点/℃	35	39	41	43	46	44	46	42-55
延度(15℃)/cm	>150	>150	>150	>150	>150	>150	>150	
溶解度,%	99.04	99.51	99.64	99.57	99.43	99.7	99.9	99.0
闪点/℃	235	237	231	—	237	239	240	230
蜡含量(蒸馏法)/%	2.08	2.08	2.08	—	—	3.2		4.5
质量变化/%	-0.32	-0.19	-0.17	—	-0.74	-0.68	-0.55	1.2
针入度比/%	38	39	34	—	42	37	40	报告
膜后15℃延度	0	0	0	—	1	0	2	报告
判定	不合格	不合格	不合格	合格	合格	合格	合格	

2.4 混合料评价试验结果

选择三组分调合合格的AH-70沥青和拔头油浆-2生产的100号道路石油沥青按AC-13级配进行了沥青土混凝土设计，并对沥青混凝土进行高低温评价试验，混合料主要试验结果见表6。

表6 沥青混合料性能评价试验结果

项目	AH-70	100号道路石油沥青	参考规范
最佳油石比/%	5.0	5.2	
高温稳定性试验：车辙动稳定度/(次/mm)	2107	1033	1-3、1-4地区：≮1000；1-1、1-2、2-2、2-3、2-4地区：≮800
水稳定性试验：浸水马歇尔残留稳定度/%	91	80	潮湿区、湿润区≮80；半干区、干旱区≮75
冻融劈裂残留强度比/%	81	65	潮湿区、湿润区≮75；半干区、干旱区≮70

从表6性能评价结果看出：

(1) AH70车辙动稳定度、冻融劈裂残留强度比和水稳定性试验满足《公路沥青路面施工技术规范》JTG F40-2004要求，其中高温性能较为突出，高温车辙达2107次/mm，可达到规范中“所有气候分区”的要求。

（2）100号道路沥青混合料高温性能车辙试验动稳定度达1033mm，较AH70低，水稳定性马歇尔残留稳定度80%，均满足规范要求，适合在半干区、干旱区、夏季高温炎热地区中轻交通的下面层使用。冻裂性能较差，在实际应用中可辅以添加剂加以改善。

2.5 RA25热拌用沥青再生剂的开发

2.5.1 热拌再生剂技术要求及各指标在道路沥青生产中的作用

热拌用再生剂用于废旧道路沥青中能使废旧老化沥青针入度增加、延度增大，恢复其使用性能，可以节约资源，降低铺路成本。国家对热拌用沥青再生剂性能提出了性能要求，见表7。其中黏度、饱和分、薄膜烘箱试验是其重要指标[5]，具体技术要求如下。

表7 热拌沥青再生剂技术要求（NB/SH/T 0819—2010）

序号	指标名称		RA25	RA5	试验方法
1	60℃黏度/(mm^2/s)		901-4500	176-900	SH/T 0654[a]
2	闪点/℃	不低于	220	220	GB/T 267
3	饱和分/%	不大于	30	30	SH/T 509
4	25℃密度/(g/cm^3)		报告	报告	GB/T 8928（半固态和固态）
5	外观		表观均匀、无分层现象		观察
6	薄膜烘箱试验后性质				（GB/T 5304，或SH/T0736）
7	黏度比[b]	不大于	3	3	
8	质量变化	不大于	3	4	

a 60℃黏度按SH/T0654标准规定的方法测试，但必须将测试温度调整为60℃。

b 黏度比为：薄膜烘箱试验后样品黏度/薄膜烘箱试验前样品黏度；仲裁时选用薄膜烘箱试验。

（1）黏度是用来调节再生混合料中沥青黏度；再生剂用来调节旧沥青的黏度，使原来过高的黏度得以降低，达到常用沥青的黏度。旧沥青混合料吸收再生剂后，变原来脆硬的状态而成为软塑形态，能够在机械力和热的作用下充分分散，与新沥青和新集料均匀混和。

（2）饱和分含量是调节旧沥青的流变性能；沥青老化后，由于其化学组分发生变化，引起沥青胶体结构的变化，沥青由溶胶型向凝胶型转化。胶体结构的转化又导致沥青流变性质的改变。加入饱和分可以使废旧沥青流变性得以改善。

（3）薄膜烘箱黏度比控制再生剂的耐老化性能；加入的再生剂一方面使得废旧沥青恢复其胶体结构，另一方面不降低新沥青的老化性能，因此，再生剂必须具备一定的耐老化能力。

（4）闪点是施工安全性指标，应足够高；同时保证轻组分控制在一定范围内，以免影响混合料的产品性能。

（5）密度用于混合料的密度计算，用以计算配合比设计中压实度。

拔头后的油浆稠环芳烃含量大，与新老沥青都有较好的相容性，对废旧沥青具有一定的再生功能，利用拔头油浆开发RA25主要是提高看老化性，控制黏度、闪点和饱和分含量，主要针对黏度和黏度比开展相关试验工作。

2.5.2 各类添加剂对拔头油浆老化性能的影响

拔头油浆含不饱和芳烃含量高，老化性能差，薄膜烘箱前后黏度比不能满足指标要求。

为此，降低拔头油浆黏度比，选取减四线糠醛抽出油、丙脱沥青、拔头油浆、抗氧剂、减压渣油等原料开展试验，上述原料均取自荆门分公司。试验情况如图1。

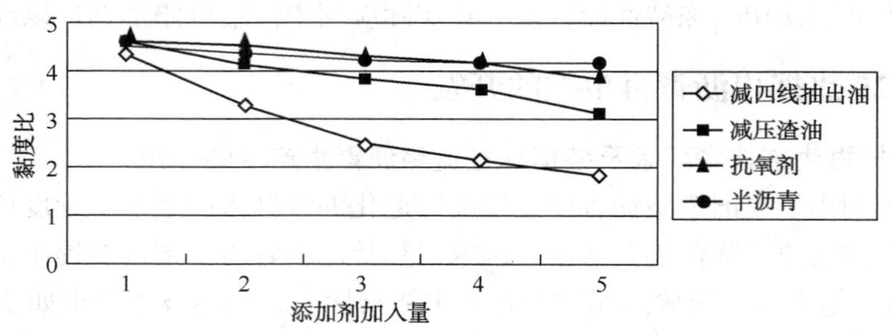

图1 添加剂对拔头油浆黏度比的影响

由图1看出，对拔头油浆黏度比改善的顺序为减四线糠醛抽出油、减压渣油、抗氧剂和丙脱沥青，效果最为明显的是减四线糠醛抽出油。减四线抽出油富含直馏芳烃，性质稳定，抗老化性能好，适合在RA25生产中调节黏度比。

2.5.3 对优选的添加剂进行配方优化

根据拔头油浆生产情况，当拔头油浆黏度满足大于900mm^2/s要求时，生产RA25可采用减四线糠醛抽出油和拔头油浆两组分调和，优化配方如表8。

表8 优化配方试验数据

试验序号	1	2	3	4	5
抽出油比例	0%	5%	10%	20%	25%
膜前黏度/(mm^2/s)	1824.57	1824.57	1824.57	1824.57	1824.57
黏度比	3.64	3.39	3.15	2.66	2.37
是否合格	不合格	不合格	不合格	合格	合格

可以看出，随着减四线抽出油比例的增加，黏度比呈现下降趋势，加到20%时黏度比满足标准的要求，25%时指标已有较大富余。因此，建议加入比例在10%到20%。如油浆黏度达2000mm^2/s以上时胶质含量骤增，可考虑增加抽出油加入量。生产RA25时，建议调合罐前增设静态混合器，两种组分按比例同时进料，这样可以提高混匀效果。

2.5.4 利用丙脱沥青提高黏度

由于冬季气温低，低压蒸汽难以满足生产高黏度拔头油浆的要求，致使拔头油浆处于低黏度水平，生产的RA25用于防水卷材领域时，卷材强度不够，影响下游产品性能。为此在生产RA25时既要保证能提高黏度满足客户使用要求，又要达到行业标准满足出厂要求，选用丙脱沥青开展相关试验，试验结果见表9。

表9 利用不同比例丙脱沥青提高产品黏度质量试验

项　目	调合比例	调合比例	调合比例	质量指标(RA25)
丙脱沥青占比	20%	12%	0	
拔头油浆占比	68%	76%	88%	
减四线抽出油占比	12%	12%	12%	

续表

项　目	调合比例	调合比例	调合比例	质量指标(RA25)
黏度(60℃)/(mm^2/s)	1141	815.9	439.5	901~4500
闪点/℃	255	251	241	≥220
饱和分/%	21.81	22.74	23.26	≤30
密度(25℃)/(g/cm^3)	1.004	1.01	1.024	报告
薄膜烘箱试验				
黏度比	2.09	1.98	1.95	≤3
质量变化/%	-0.58	-0.62	-0.76	≤4

由表9可以看出：

(1) 加入丙脱沥青后黏度呈现上升趋势，加入丙脱沥青20%时可以使黏度从439mm^2/s上升到1141mm^2/s，满足指标要求。

(2) 在减四线抽出油加入量不变的条件下，加入丙脱沥青后饱和分变化不大，闪点上升，黏度比也在合格水平，不会影响指标合格。

实际生产时，可保持一定量的抽出油加入量，能保证老化指标黏度比合格。在拔头油浆黏度较低时可按拔头油浆：丙脱沥青：减四线抽出油=0.2：0.68：0.12(上下浮动10%)比例加以控制，并根据原料波动情况适当对比例进行上下适当调整，工业生产前先进行小调试验。

3　工业试生产

3.1　100号道路沥青的工业试生产

按照小调试验，组织进行了工业试生产，调和罐为306#—308#罐，采用罐内竖向搅拌器进行搅拌，再采用罐外循环，以保证沥青各组分混合均匀。试生产的道路沥青质量指标见表10。

表10　试生产的100号道路沥青的质量分析

项　目	实测值				质量指标(NB/SH/T 0522—2010)
针入度(25℃)/0.1mm	87	100	103	102	80-110
软化点/℃	48.8	48.8	50.8	44.7	42-55
延度(25℃)/cm	>150	>150	>150	>150	≮90
密度(25℃)/(g/cm^3)	1.061	1.056	1.038	1.057	报告
闪点/℃	286	256	278	269	≮230
蜡含量(蒸馏法)/%	2.33	2.54	2.54	2.46	≯4.5
溶解度/%	99.84	99.83	99.85	99.81	≮99.0
薄膜烘箱试验(163℃，5h)					

续表

项 目	实测值				质量指标（NB/SH/T 0522—2010）
质量变化/%	-0.34	-0.36	-0.38	-0.44	≯1.2
针入度比/%	44.8	40.2	34	50.5	报告
延度(25℃)/cm	>150	>150	>150	>150	报告

从表10看出，延度、针入度和软化点三大指标和蜡含量、质量变化，膜厚延度均满足石化行业标准要求，说明以荆门分公司拔头油浆和丙脱沥青为原料调合生产的道路沥青满足行标要求，质量稳定。

拔头油浆和丙脱沥青生产的100号道路沥青，路用性能可以满足使用要求。考虑到拔头油浆高温性能差，在一定温度下容易老化，造成针入度降低，超出标准范围。若有存放需求时建议100号道路沥青针入度控制在85以上，生产前都应经过小调。

3.2 RA25热拌用沥青再生剂试生产

荆门分公司试生产RA25热拌用沥青再生剂情况如表11。

表11 RA25试生产数据

项 目	分析数据				
质量变化/%(≤4.00)	-0.72	-0.71	-0.89	-0.63	-0.51
闪点/℃(≥220)	238	230	233	258	252
密度(25℃)/(g/cm^3)	1.074	1.0771	1.0783	1.078	1.078
60℃黏度/(mm^2/s)(900~4500)	1074	1289	1270	1122	1270
黏度比(≤3.00)	2.65	2.87	3.1	2.69	2.67
外观(观察)	表观均匀、无分层现象				
饱和分/%(不大于30%)	24.33	24.21	24.28	24.12	24.19

表11中列出一催化油浆进二催分馏塔后的拔头油浆试生产的各批次产品，其中只有一罐黏度比偏高，达3.1。原因是催化油浆拔头装置不稳定，黏度不合格，加入丙脱沥青调节黏度导致老化性能变差。其他批次均符合行业标准要求，闪点和质量比都有富余。

为解决拔头油浆装置黏度大幅波动的生产问题，可考虑用丙脱沥青调节黏度、用减四线抽出油调节黏度比。

4 效益分析

4.1 社会效益

荆门分公司油浆作为三次加工原料进焦化装置加工，由于含催化剂粉末，金属含量高，掺炼油浆后石油焦产品灰分升高，造成石油焦产品质量风险。通过催化油浆加工工艺的调整和产品开发，实际进焦化量大大减少，实施前外甩油浆总量13.5万t，实施后油浆总量11

万 t/a，增加轻收近 2.5 万 t/a，开发成 RA25 和道路沥青出厂后，实际进焦化装置的油浆掺量总量 7 万 t，大大缓解了焦化装置加工油浆的压力，另外拔出的轻油浆催化剂粉末少，有效降低了质量风险。

4.2 经济效益

由于道路沥青和热拌沥青再生剂是符合国家标准的产品，免交消费税。荆门分公司可同时生产 100 号道路沥青和 RA25 热拌用沥青再生剂，效益估算：

（1）作为 100 号道路沥青出厂：100 号道路沥青市场价 2000 元/t、丙脱沥青市场价 2500 元、100 号配方丙脱沥青比拔头油浆 6:4 计算，拔头油浆价值为 1250 元/t（裸价为 1068 元/t），较油浆作为燃料油裸价的 674 元/t 增效 1068－674＝394 元/t。按年生产道路沥青 5 万 t 计算，拔头油浆效益为 788 万元/年。

（2）生产 RA25 时，拔头油浆价值较生产道路沥青高 300 元/t，按年生产 5 万 t RA25 计算，和 100 号道路沥青相比新增 1500 万元/年。

5 结语

利用催化拔头油浆为主要原料，可以生产满足国标和行标要求的道路沥青和热拌用沥青再生剂产品，降低了企业非标产品出厂的税务风险，提高了经济效益。同时优化了焦化原料构成，降低了石油焦的质量风险，缓解了重油掺炼压力，具有一定的现实意义。

参考文献

[1] 李林．催化油浆综合利用的技术措施[J]．化学工业与工程技术，2013(2)：20-24.

[2] 李琪．催化裂化油浆切割后调制重交沥青试验与研究[J]．石油沥青，2004(2)：30-34.

[3] 翟志清．溶剂脱沥青-油浆拔头组合工艺生产重交道路沥青质量控制探讨[J]．中外能源，2006(11)：30-34.

[4] 程国香，陆小军，沈本贤等．油浆提高废胶粉改性沥青热存储稳定性试验[J]．炼油技术与工程，2006，3 6(6)：10-12.

[5] 吕伟民．沥青再生原理与再生剂的技术要求[J]．石油沥青，2007(12)：1-6.

催化油浆固液分离新技术

陈　强　蔡连波　盛维武　赵晓青　李小婷

（中石化炼化工程（集团）股份有限公司洛阳技术研发中心，洛阳　471003）

摘　要　近年来随着原油的重质化劣质化发展，催化裂化装置的加工难度不断增大，产生大量劣质的催化油浆。本文阐述催化油浆沉降分离法、静电分离法、离心分离法、过滤分离法等技术的进展，并对这些固液分离技术的特点进行对比分析。重点介绍了 SEGR 针对国内催化油浆处理困难而开发的新技术——硅藻土预涂过滤和错流过滤组合工艺，详细分析了工艺过程及关键设备。

关键词　催化油浆　硅藻土预涂过滤　错流过滤

1　前言

催化裂化（FCC）是目前炼油厂一种重要的原油加工手段，我国 FCC 装置的年加工量已经超过 1.5 亿 t，其中 FCC 油浆外甩量已超过 750 万 t/a[1]。目前，处理 FCC 油浆常用的两种方法：（1）油浆回炼，回炼比一般为 0.3～0.7；（2）油浆外甩，外甩量一般为原料油的 5%～12%。但由于 FCC 油浆中固体催化剂颗粒含量一般都在 2000ppm 以上，部分甚至在 6000ppm 以上，稠环芳烃含量较多，裂化性能差，回炼容易导致生焦量增多，系统放热量大，并使新鲜催化剂被污染，因此，炼油厂一般尽量减小回炼比，增大外甩量。外甩油浆大部分作为燃料油被烧掉，虽然这是油浆的一种出路，但由于其中含有的大量催化剂固体颗粒容易导致炉嘴磨损并使设备积灰严重，降低了设备热效率，油浆利用率较低，造成了很大的浪费[2]。因此，为了提高 FCC 油浆的利用价值，首先需要必须脱出油浆中的催化剂颗粒。

FCC 油浆一方面量大，另一方面利用价值大，因此各单位开发了多种 FCC 油浆的固液分离方法，主要包括：沉降分离法、静电分离法、离心分离法、过滤分离法，以及这技术的多种组合方法等，截止目前，国内各炼油厂几乎没有一种稳定高效地 FCC 油浆固液分离方法，但过滤分离法依然是今后应重点开发的方法。本文总结并分析了现有工业装置上主流 FCC 油浆过滤技术，提出了新的解决过滤方案。

2　FCC 油浆固液分离技术

目前，各炼油厂 FCC 油浆固液分离方法主要有沉降分离法、静电分离法、离心分离法、过滤分离法，以及这些技术衍生的各种组合法等[3]。

（1）沉降分离法有自然沉降和沉降剂沉降两类。自然沉降法仅需要一个大型沉降罐，设备简单、操作容易和运行成本较低，但设备体积大、效率低、分离时间长，渣浆量大，目前炼厂里很少采用。沉降剂沉降的基本原理是通过特定的表面活性物质以改变催化剂颗粒的表面特性，使催化剂颗粒絮凝或聚结，加速沉降，因渣浆量仍较大，仍需要一定时间，也很少采用。

（2）静电分离法，对于催化剂颗粒粒径较小时特别适用，效率也较高，但是这种分离方法受很多因素(如操作条件、油浆性质)影响。对于油浆静电分离器，国内已基本掌握，主要是因为操作费用高，可靠性差，在前序工况波动稍大的场合基本没有应用价值。

（3）离心分离法有离心沉降法和旋流分离法两种。离心沉降法主要是利用各类高温离心机实现固液分离，因为依靠高速的动设备，目前在炼厂里还没有工业应用的实例；旋流分离法有单管旋流和整体旋流，分离器整体都较小，无运动部件，易于操作和维护，但旋流器依然不能用于胶质和沥青质较高的场合，很可能发生粘壁现象。与过滤分离法相比，仍存在分离效率不高，一般较好的工况分离效率能才能达到70%，因此，旋流分离法经常被用在组合处理技术的前端，以减轻下游分离器的压力。

（4）过滤分离法主要是依靠各类过滤管来进行固液分离，主要有有机过滤管、无机过滤管和金属过滤管，过滤管型分离器结构简单、操作成本低，分离效率相对稳定且分离效果不受前序装置操作条件或原料性质变化的影响，因此，过滤法及多种衍生方法是目前工业装置上的主要方法。传统设计和研究单位认为过滤分离法的关键是选择适宜的过滤管和有效的反冲洗方式，国内针对这两点开展了大量的工作，但依然存在过滤管使用周期短，堵塞后反冲洗困难，很难再生，因此 FCC 油浆过滤需要有新的发展方向。

（5）组合分离技术，因为单一的分离技术难以满足目前国内 FCC 油浆固液分离的需要，因此国内外专利商开发了多种组合分离技术，有沉降分离和过滤分离组合，沉降分离和静电分离组合，有旋流分离和过滤分离组合等等，但是各种组合方法在国内都没有高效稳定的运行业绩。

综上所述，过滤分离法因操作简单、分离效率稳定、对原料适应性强和易于实现自动控制而仍然是今后 FCC 油浆固液分离的重要手段，只是需要开发新的过滤技术。

3 FCC 油浆主流过滤方案

国内主流 FCC 油浆过滤器的基本情况如表 1 所示[4]，不同专利商的基本的工艺流程一致，都是过滤管盲端过滤，其中美国的 MOTT 和 PALL 技术在国内市场占有率最高，但是德国的 GNK 采用多路分解处理技术在一定程度上延缓了过滤器堵塞的问题，近些年来在国内已有应用。

表 1 国内主流 FCC 油浆过滤器基本情况

用　户	供应商	油浆进料温度/℃	反冲洗再生用油	年　份
中石油华北油田第一炼厂	MOTT	—	仅干气	1997
长岭炼化	PALL	270～330	—	1999
福建炼化	安泰科技	250	柴油	2002
中国石油前郭石化分公司	石油大学	300	—	—
中国石化天津分公司	MOTT	300	回炼油	2003
大连石化	PALL	338	回炼油	2008
中国石油吉林石化分公司	MOTT	328	回炼油	2010
中国石油四川石化公司	MOTT	300	回炼油	2014

MOTT和GNK采用的是金属粉末烧结过滤管，PALL技术采用的是金属丝网烧结过滤管，效率和精度都差不多，各有优缺点。目前国内科研单位(包括燕山石化和安泰科技合作，石油大学、南京工业大学)开发的金属粉末烧结过滤管效能为进口过滤管效能的80%左右，所以设计院和业主一般都倾向采用进口过滤管，但目前国内催化油浆的特性导致进口过滤管也无法发挥出优异的性能。

目前在国内参与投标的主流FCC油浆过滤方案中，进料温度一般都高于280℃，甚至在300℃以上。进料温度高，黏度相应的就低，确实有利于过滤，但高于自燃点进料也带来一些问题：(1)带来较大的安全风险，如果过滤器系统局部发生泄漏，危险性高；(2)过滤器系统的保温伴热要求高，投资较大，一旦进料温度稍有下降，过滤器压降会迅速增大；(3)进料温度超过280℃，会增加各类辅助系统的复杂程度，譬如置换油填充油等只能选择高温回炼油。

一般FCC油浆黏度的拐点在120~180℃之间，如图1所示，超过150℃，黏度随温度升高而下降的趋势不明显，强调进料温度280℃以上的高温低黏度过滤并不可取，因此，开发低温下(120~180℃)的FCC油浆过滤相对更有价值。

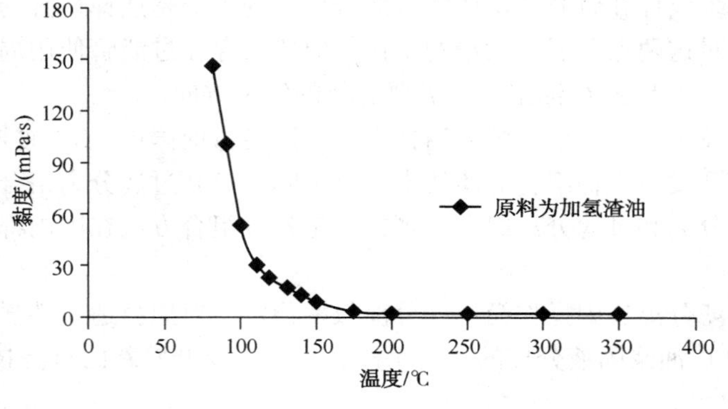

图1 某催化油浆黏度曲线

4 SEGR技术方案

国内主流FCC油浆过滤器，以及近些年各单位开发的组合过滤技术难以长周期稳定高效运行的原因是过滤管堵塞的速度过快，堵塞后反冲洗、溶剂浸泡也无法缓解。

过去学术和工程界认为产生这种过滤管堵塞的问题是因为FCC油浆中存在黏度较大的沥青质、胶质和稠环芳烃，需要采用高温过滤。近年来，中石化炼化工程(集团)股份有限公司洛阳技术研发中心(SEGR)深入研究了堵塞过滤介质的基本物质，结合FCC油浆的基本特性，从根本上找到导致过滤管堵塞的根本原因：过滤介质被一种胶团堵塞。

胶质集团形成过程如图2所示，基本特性：FCC油浆中的沥青质、胶质和稠环芳烃黏度较大，这些大分子物质因范德华力相互吸引，形成一种黏性更大的胶粒。大量胶粒包裹催化剂颗粒，聚合成更大的胶团，这种复杂的胶团对有极性的沥青质、胶质和胶粒有很强的吸引力，使沥青质、胶质包裹着催化剂颗粒集中地分散在胶团的周围，处于一种稳定的胶溶状态。这种胶团因特殊的结构，表面的分子还会有过剩的能量，还会吸引相对分子质量较小、芳香化程序较低的烃类，溶解在其周围，形成溶剂层。这种复杂的胶团黏附着催化剂颗粒，将形成一种看似柔软，而内聚力较大的复杂集团，尤其是在这种胶团进入过滤介质中，与过滤介质黏附，即使爆破反冲洗时也很难清除。

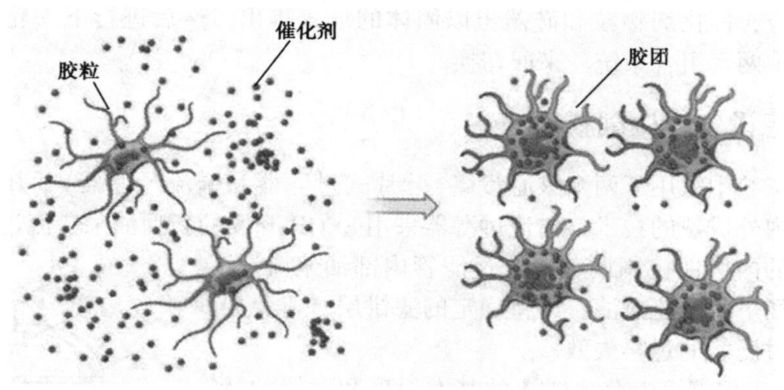

图 2　胶团形成示意图

SEGR 根据胶团的基本特性，以及在过滤过程中堵塞过滤介质的必然性，提出在 120~180℃左右的进料温度下，采用硅藻土预涂过滤和错流烧结管精滤相结合的组合工艺，彻底解决目前过滤法容易堵塞，反冲洗困难的问题。

4.1　过滤组合方案创新

通过硅藻土助滤剂预涂和错流过滤的组合技术，采用叶片式过滤器和错流过滤器，将胶质沥青质和催化剂颗粒进行第一级的分离，催化剂定期以固渣的形式排出，彻底消除过滤介质堵塞问题；第二级采用错流过滤技术，通过外流场控制滤饼的厚度，保证滤饼均匀，确保油浆精滤。基本的流程如图 3 所示。

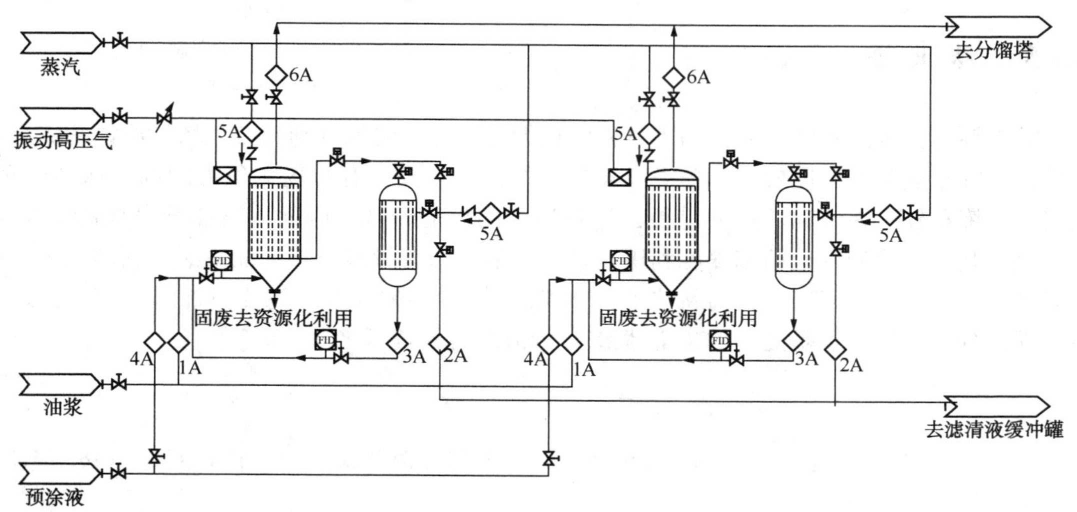

图 3　FCC 油浆固液分离新方案流程图

整个流程主要包括预涂液混合罐、叶片式过滤器和错流过滤器，首先是对叶片式过滤器进行硅藻土预涂，在形成一定厚度的硅藻土层后，通入油浆，开始进行第一级硅藻土过滤，随后进入错流过滤器进行第二级错流过滤，滤后油浆排出系统；一旦叶片式过滤器中过滤压降过大，启动另一套组合系统；切换后，排出叶片式过滤器中的油浆，气体吹扫，随后叶片过滤网振动排渣，催化剂颗粒和硅藻土以固体的形式排出，然后进行下一轮硅藻土预涂备用；整个流程中两套组合系统，来回切换。

4.2 过滤设备结构创新

整个过滤工艺中采用了两个核心设备(叶片式过滤器和错流过滤器)，其中叶片式过滤机采用现有国内外成熟的技术，错流过滤器采用SEGR开发的新型油浆错流过滤器。

通过合理的内构件控制调节错流过滤管内部油浆流速，实现均匀的流场下的错流过滤，维持稳定的滤饼层，避免局部位置或少数过滤管的过早失效。

SEGR近年来根据固液分离错流的基本原理和滤饼的特性，提出通过内构件控制错流过滤管外部流场，保证过滤面外流场均匀，滤饼动态均匀，提高过滤效果，错流过滤器基本结构如图4所示。

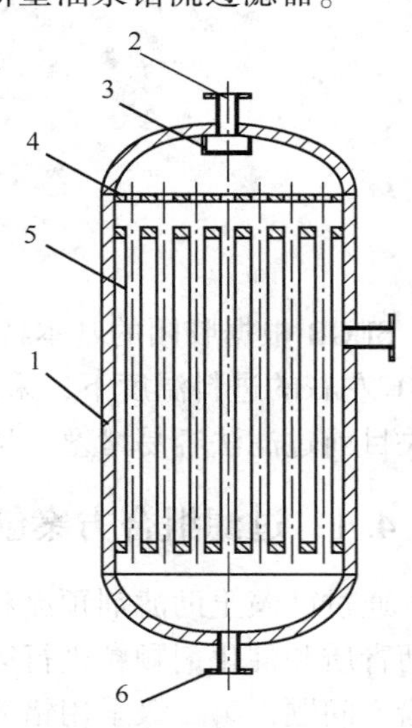

图4 错流过滤器结构简图

1—过滤器壳体；2—过滤器入口；3—入口分布器；4—分布板；5—错流过滤管；6—过滤器出口

SEGR催化油浆固液分离技术方案的优点：(1)采用两级组合过滤，第一级定期排出堵塞物质，彻底根治胶团堵塞过滤介质无法反冲洗的风险；(2)过滤精度高，过滤后油浆中固含量≤10ppm，固体颗粒粒径≤1μm；(3)最大程度回收油浆，不存在渣浆问题，实现固体排渣，固体废渣可以资源化再利用；(4)采用的是低温过滤，进料温度一般在120~180℃，安全可靠，操作风险小。

5 结束语

随着炼油技术的不断发展，加工过程的精细化和油品的深度利用可以增加原油的综合经济效益。FCC油浆的密度较大，各类有益成分的含量较高，有市场竞争力的利用途径较多。油浆的掺炼和外甩在炼油厂简便易行，导致油浆的价值较低，因此，需要开发提高FCC油浆的综合利用价值的其他精细深度利用途径。目前国内有较多成熟的油浆深度利用工艺，但都需要稳定高效的油浆固液分离新技术，SEGR开发的FCC油浆硅藻土预涂过滤和错流过滤组合固液分离新技术正是提高FCC油浆综合价值的有效技术之一。

参 考 文 献

[1] 张艳梅，赵广辉，卢竟蔓，等．催化裂化油浆高值化利用技术研究现状[J]．化工进展，2016，35(3)：754-757.

[2] 张永新．FCC油浆的分离与综合利用[J]．石化技术与应用．2003，21(2)：92-95.

[3] 善世文．模拟催化裂化油浆FCC催化剂过滤分离工艺研究[D]．东北石油大学，2011.

[4] 张亮．催化裂化装置应用反冲洗式油浆过滤器的流程探讨[J]．化工设计，2014，24(4)：18-20.

催化裂化装置油浆综合利用

陈国伟

（中国石化广州分公司计划经营部，广州　510725）

摘　要　催化裂化油浆综合利用的手段有油浆进蒸馏装置、油浆进焦化装置、油浆处理产针状焦、油浆拔头再调和沥青等，中石化系统内的油浆存在硫含量，沥青质含量和灰分高的特点，限制了油浆的下一步综合利用。广州石化两套催化裂化装置年产油浆约200wt，利用Petro-SIM软件测算其进入焦化装置效益为95.63元/t，进入常减压装置效益为1458.18元/t，按照具体实际情况，广州石化安排催化裂化油浆进入焦化加工，增加炼厂效益68.86万元/月。

关键词　油浆　催化裂化装置　综合利用　焦化装置　Petro-SIM

广州石化有两套催化裂化装置，一套为美国石伟技术的重油催化裂化装置，规模为1.2Mt/a，2014年油浆产量91832t。一套为经过MIP技术改造的蜡油催化裂化装置，规模为2 Mt/a，2014年油浆产量为106519t，那么广州石化每年产生约200kt的油浆，如能合理利用，提高油浆的利用率及价值，可增加广州石化的经济效益。

通过调查系统内兄弟企业的处理办法，炼厂有将其送至焦化装置、进行轻重分离后再利用等等措施。本文通过分析系统的油浆情况，各企业对于油浆的利用情况，提出适合广州石化的油浆处理措施，提高分公司效益。

1　广州石化油浆概况

2014年至今广州石化两套催化裂化装置油浆分析数据见表1、表2。

表1　重油催化裂化油浆分析

项　目	硫含量/%(m)	密度(20℃)/(g/cm³)	水分/%(m)	灰分/%(m)	初馏点(校正温度)/℃	350℃馏出量/%(v)	固体含量/(g/L)	闪点(开口)/℃
平均	2.208 8	1.0657	0.0713	0.2747	222.34	4.8125	2.0569	219.71
最高	3.18	1.1429	0.09	0.562	307.5	7.5	3	245
最低	1.19	1.0057	0.06	0.135	188.5	3.5	2	184

表2　蜡油催化裂化油浆分析

项　目	硫含量/%(m)	密度(20℃)/(g/cm³)	水分/%(m)	灰分/%(m)	初馏点(校正温度)/℃	350℃馏出量/%(v)	固体含量/(g/L)	闪点(开口)/℃
平均	0.8131	1.1102	0.08	0.3072	211.01	4.0795	2.1186	13.906
最高	1.05	1.1706	0.09	0.768	233	10	6.8	24.33
最低	0.576	0.9866	0.06	0.135	179	2	2	9.13

根据表1、表2可知，广州石化两套催化裂化油浆密度为1.06～1.11g/cm^3，初馏点为211～220℃，350℃馏出量为4.07%～4.81%，残炭含量约为13%，硫含量为0.81%～2.20%，而固体含量为2.05～2.11 g/L。广州石化油浆的特点是性质波动较大，且性质较差，硫含量高，残炭高，固体含量大。

2 国内油浆主要用途

催化裂化油浆，是催化裂化装置塔底产品，由于催化裂化工艺的原因，催化裂化油浆富含大量的稠环芳烃，很难进一步的加以利用，而且催化裂化油浆占整个炼厂加工量的5%左右甚至更高，对于如何更好的利用催化裂化油浆，提升其价值，是中国炼厂需要进一步关注的地方，目前催化裂化油浆过滤后的综合利用方法较多，可以去焦化装置、常减压装置或者溶剂脱沥青装置等等，但都需要经过过滤后，才能再做进一步的综合利用。

中国石化油浆利用方面大多数炼厂油浆都去焦化装置进行加工处理，而在油浆利用上比较有特色的有上海石化、齐鲁石化、茂名石化，上海石化将油浆进行轻重切割之后，轻油浆作为针状焦原料，重油浆综合利用；而齐鲁石化将催化裂化重循环油过滤之后，直接去常减压蒸馏装置的减压塔；茂名石化是将催化油浆直接进常减压装置的减压塔[1]，中石化油浆利用各方向的企业数量见图1。

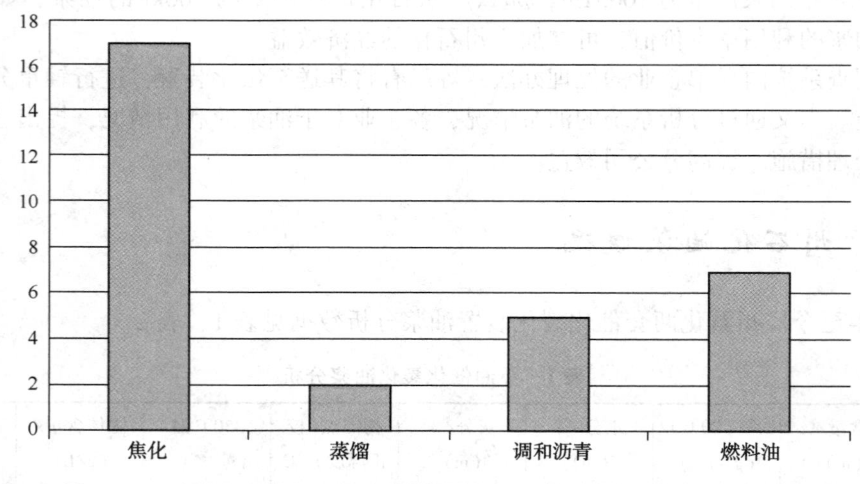

图1 中国石化23家企业油浆的主要用途

2.1 油浆处理方式

2.1.1 油浆过滤

在油浆过滤上有具体应用案例的有MOTT、PALL、安泰科技公司、石油大学等公司，过滤方式一般为油浆经过过滤器滤芯后，成为澄清油浆，其中的杂质残留在滤芯上，利用其他介质浸泡过滤器后，将杂质溶解，再用气体进行反冲洗，期间利用填充油保温，防止被过滤介质凝固，各公司因为工艺和专利技术的不同，过滤的顺序和使用浸泡介质会略有不同[2]。

过滤后的油浆除了去焦化之外，根据不同过滤后的油浆灰分含量，其作用是不同的，对应的灰分及其用途如表 3。

表 3　灰分含量及其用途

用　　途	灰分指标/(μg/g)	用　　途	灰分指标/(μg/g)
针状焦	<100	加氢处理(裂化)原料	<20
炭黑或橡胶填充剂	<500		
碳纤维	<20	燃料油调和	<200

根据表 3 可知，如果油浆过滤之后，除了作为焦化原料之外，作为其他用途的油浆，其过滤后的灰分含量至少要<200μg/g，如果要作为针状焦原料至少要<100μg/g，如果要进加氢装置至少要<20μg/g。

2.1.2　超临界萃取

中国石油大学的“超临界萃取分馏技术”，该技术能够在超临界状态下，利用轻烃溶剂的溶解度特性，将催化裂化油浆分离成为富含饱和烃油、胶质渣油以及针状焦原料油。其中针状焦原料油是生产高等级针状焦的优质原料，高等级的针状焦是高端产品，其市场需求较好，销售价格高，具体流程见图 2。

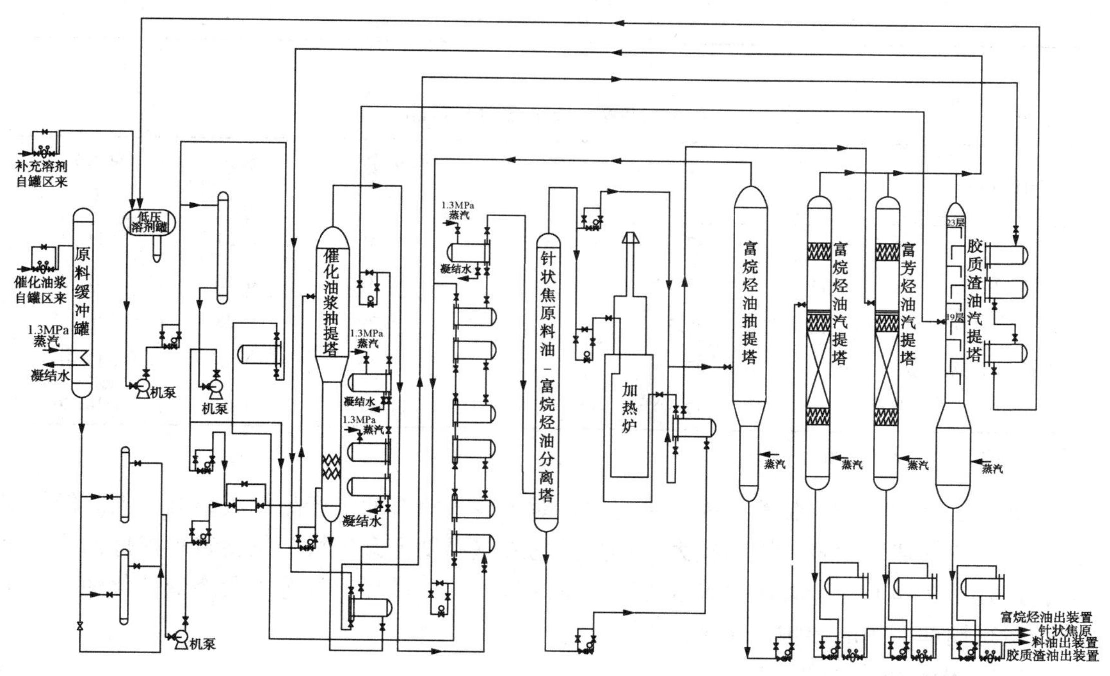

图 2　工业超临界萃取分馏技术流程

2.1.3　其他

因为投资小，占地面积小，见效快，处理量为 200t/a 的油浆过滤设备，投资约 2000 万元。使用油浆过滤器的企业较多，但由于种种原因都停止使用，目前效果较好的炼厂系统外有锦州石化、中石化系统有燕山石化，湛江石化目前正在进行工业试验。

2.2 催化油浆的综合利用

2.2.1 催化油浆去焦化

广州石化曾经将催化裂化油浆掺入焦化装置原料之中，催化裂化油浆的分析数据见表4，根据表四可知，催化裂化油浆的芳烃含量很高，其中重油催化裂化的油浆芳烃含量最高达到了64.76%，而残炭相对于渣油而言较低只有6.36%~9.07%，固体含量不到2g/L，胶质含量只有3.06%~4.47%[3,4]。

表4 2009年油浆分析数据

采样时间	饱和烃/%(m)	芳烃/%(m)	胶质/%(m)	沥青质/%(m)	密度(20℃)/(g/cm^3)	固体含量/(g/L)	残炭/%(m)
蜡油催化裂化油浆							
试样1	54.46	40.4	4.47	0.67		<2.0	6.36
试样2	49.70	46.48	3.82		1.0025	<2.0	5.77
重油催化裂化油浆							
试样1	42.64	53.89	3.34	0.14			7.88
试样2	31.97	64.76	3.06	0.21		2	9.07

表5 2009年石油焦分析数据

采样时间	灰分/%(m)	固定碳/%(m)	全硫/%(m)	挥发分/%(m)	内水分/%(m)	总水分/%(m)
8月	0.11	87.00	3.73	12.58	0.31	11.40
9月	0.11	87.32	4.02	12.34	0.23	11.10
10月14日前	0.13	88.34	4.23	11.29	0.23	10.70
10月14日后	0.13	87.54	4.37	12.16	0.18	11.10
11月	0.11	87.89	3.31	11.57	0.43	14.26

注：掺炼时间为2009年10月14日。

根据表5可知，焦化装置掺炼油浆之后，对于装置的石油焦产品性质影响不大。但是对于焦化装置的加热炉而言，影响较大，加热炉的外壁温度上升较快。焦化装置掺炼油浆一个月后，达到了2~4℃，装置需要采取提高炉管注汽、减少循环比等等手段降低催化油浆对于加热炉运行周期缩短的影响。

2.2.2 催化油浆拔头

一般的催化裂化装置，其分馏塔因为设计的原因或者分离精度的原因，各组分重叠比较厉害，而且催化油浆由于性质较差，一般在常压条件下，要加热至400℃以上才能将其中的柴油组分拔出来。中国石化九江石化、洛阳石化使用一套催化油浆拔头装置，将催化裂化油浆进行处理，将轻组分、重组分重新分离后再进行二次利用[5,6]。

经过油浆拔头装置处理后，轻组分送至催化裂化装置，重组分调和70#A沥青。整个油浆拔头装置按照200kt/a的处理量进行测算，装置需要建设费用约600万元。

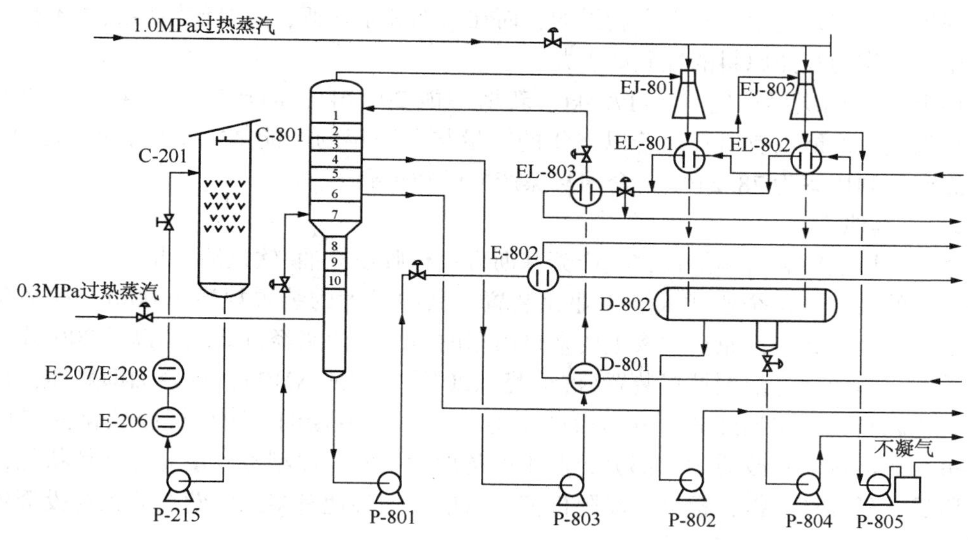

图3 油浆拔头装置流程图

2.2.3 催化油浆调和燃料油

催化裂化油浆由于出厂价值较低，可以根据需要调和燃料油，目前中国的燃料油需求每年约40~45Mt，催化裂化油浆按照不同的比例，可以调和180 CST或者380 CST燃料油。

2.2.4 油浆进常减压

油浆进常减压装置，其作用与油浆进拔头油装置类似，利用常减压的减压塔，以及减压塔的高真空度，在常压塔和减压塔中分离出不同的组分，从而提高油浆的价值，但是，为了安全起见，油浆要过滤后再送至常减压装置加工。在目前条件下，该方案的投资最少，收益最大。

2.2.5 油浆进溶剂脱沥青

由于油浆黏度小，在溶剂脱沥青装置中有利于两相分离，可以改少DAO性质及收率，DOA也比较适合调和沥青。将油浆进脱沥青装置之后，炼厂可以减少油浆或者石油焦的产量，增加沥青还有DAO的产量，如果DAO送至催化裂化装置加工，提高了催化裂化装置加工量，提高炼厂的经济效益。

2.2.6 油浆生产炭黑

世界上对于炭黑原料的需求较大，一般可以通过炉法生产炭黑，具体的流程见图4[7,8]。

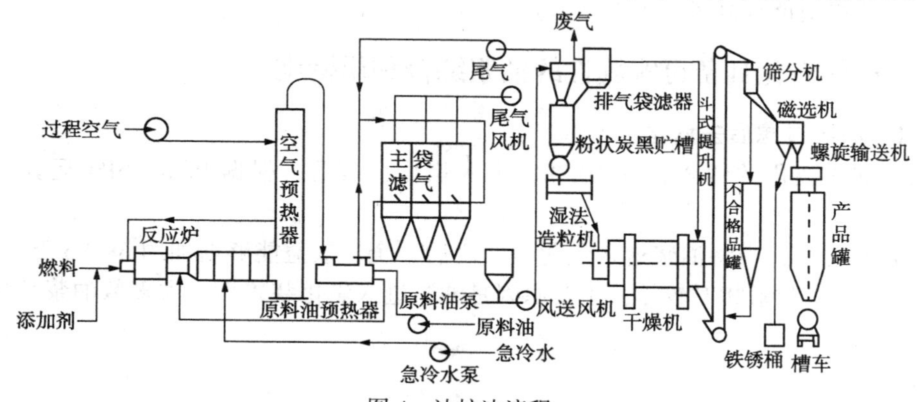

图4 油炉法流程

美国炼厂基本是使用油浆生产炭黑的，而在欧洲和东北亚，主要使用煤焦油还有乙烯焦油。使用油浆作为炭黑原料的性质如表九。

2013年，全国炭黑产能为6217.5kt，新增产能207.5kt，同比增长3.45%。2013年，超过半数的企业产能没有增长。若以当年的产量与上一年的产能之比来计算的话，2013年全国炭黑产能利用率为78.24%，全国炭黑产能已经过剩。

2.2.7 其他

油浆经减压蒸馏和溶剂抽提，生产芳基沥青、橡胶填充油/软化油和蜡油。

山东省的某些民营企业建成了工业化装置。其中最大的装置规模1000wt，且是在近两年内实现了扩能了2倍，原料油浆主要来自山东的地炼。油浆经过减压蒸馏后20%残油生产沥青改质剂，馏分油进溶剂抽提装置(湿糠醛-120#溶剂油或NMP)，抽余油即蜡油，是良好的催化裂化原料，抽出油经减压分离后产1#芳烃油和2#芳烃油，用作橡胶软化油和橡胶填充油，重芳烃油做沥青改质剂。部分企业正准备后续研发环保型橡胶填充油和针状焦，以提升产品质量，延伸产业链，提高产品附件值。目前全国各地有多家民营企业正在投资建设该类装置，如武汉、安庆和辽宁等。

3 油浆利用建议及其效益估算

3.1 炼厂目前可以采取的可行性措施

(1) 就油浆利用的性价比来说，目前油浆进常减压蒸馏装置减压塔效益最好，国内茂名石化和齐鲁石化都采用该方法处理油浆，提高炼厂装置效益；油浆轻重切割后处理效益最差；就油浆利用率来说，，油浆轻重切割后处理油浆利用率最高，国内洛阳石化、荆门石化及九江石化都采用该方法处理油浆。

(2) 按照油浆吃干榨尽的角度来看的话，建议改造炼厂闲置分馏塔，将油浆轻重切割之后，轻油浆进催化裂化，重油浆调和燃料油。或者改造催化裂化分馏塔，提高其塔板效率，减少油浆350℃馏出含量，增加炼厂效益。

(3) 长远来看，如果能够利用过滤器将油浆灰分控制在不大于20μg/g，并且过滤器能够维持长周期运行及过滤后的油浆损失控制较小的话，那么将油浆过滤之后送加氢处理或者蜡油加氢裂化将更能提高炼厂的经济效益。

3.2 广州石化具备可实施性的油浆综合利用措施

3.2.1 油浆过滤后去焦化

将两套催化裂化的油浆合计10t/h，进入焦化三装置，根据Petro-SIM运算结果，见表6。

根据表6可知，当将油浆送入焦化装置之后，全厂效益能够增加约68.86万元/月，效益为95.63元/t，效益相对较差，主要原因是油浆进入焦化装置后，大多数油浆转化为低附加值的石油焦。

表 6 油浆过滤后去焦化效益

	增量/(t/h)	增利/(万元/月)		增量/(t/h)	增利/(万元/月)
燃料气	0.14	15.80	二甲苯	0.09	23.74
车用液化气	0.03	5.21	石油焦	3.02	100.46
民用液化气	0.18	31.99	催化生焦	0.08	2.66
丙烯	0.04	10.86	制氢用水	-0.02	-0.01
乙烯裂解石脑油	0.36	49.84	油浆	-10	-1128.82
粤标 93#	0.61	133.17	操作费用		-71.06
0#柴油	5.24	888.49	毛利/(万元/月)		68.86
硫黄	0.15	6.52			

3.2.2 油浆进常减压蒸馏装置减压塔

将两套催化裂化的油浆合计 10t/h，进入蒸馏三装置减压炉前，根据 Petro-SIM 运算结果，见表 7。

表 7 油浆进常减压效益

	增量/(t/h)	增利/(万元/月)		增量/(t/h)	增利/(万元/月)
民用液化气	0.15	26.65	苯	0.06	15.01
丙烯	0.1	27.16	加氢裂化送乙烯尾油	1.2	149.53
乙烯裂解石脑油	0.15	20.77	石油焦	0.66	21.95
粤标 93#	0.14	30.56	催化生焦	0.03	1.00
0#柴油	7.35	1929.46	油浆	-10	-1128.82
硫黄	0.08	3.48	操作费用		-70.61
二甲苯	0.09	23.74	毛利/(万元/月)		1049.89

根据表 7 可知，当我们将油浆送入常减压蒸馏之后，全厂效益能够增加约 1049.89 万元/月，效益为 1458.78 元/t，经济效益非常可观，如果能够增上油浆过滤措施，以及蒸馏装置减压塔负荷允许的情况下，可以将油浆送入蒸馏装置减压塔进行加工。

3.2.3 油浆轻重切割后处理

利用 Petro-SIM 模型建立油浆拔头塔，根据软件测算，全厂效益见表 8。

表 8 油浆轻重切割效益

	增量/(t/h)	增利/(万元/月)		增量/(t/h)	增利/(万元/月)
燃料气	0.13	15.02	石油焦	0.23	7.65
民用液化气	-0.07	-12.44	催化生焦	0.07	2.33
丙烯	-0.27	-73.33	沥青	7.5	700.38
粤标 93#	0.25	54.58	油浆	-10	-1128.82
0#柴油	2	339.12	操作费用		-57.70
硫黄	0.06	2.61	毛利/(万元/月)		-145.33
二甲苯	0.02	5.27			

根据表8可知，将油浆进行轻重分离之后，大约2.5t/h的轻油浆去催化裂化装置，而7.5t/h的重油浆去调和沥青，每月亏损约145.33万元，效益亏损为201.84元/t。主要原因是：一轻油浆拔出率较低，导致重油浆产量较大，二是目前沥青价格较油浆价格低。

3.2.4 油浆调和燃料油

渣油与重油催化裂化油浆调和船用燃料油(380#)。

将模拟的2t/h的渣油与6t/h的重油催化裂化的油浆进行调和，在Petro-SIM模型中，全厂效益见表9。

表9 油浆调和效益

	增量/(t/h)	增利/(万元/月)		增量/(t/h)	增利/(万元/月)
燃料气	-0.26	-29.35	二甲苯	-0.06	-15.82
车用液化气	-0.02	-3.47	石油焦	-2.41	-80.17
民用液化气	-0.02	-3.55	催化生焦	0.02	0.67
丙烯	0.08	21.73	操作费用		0.00
乙烯裂解石脑油	-0.23	-31.84	船用燃料油	8	775.01
粤标93#	-0.84	-183.38	渣油	-2	-225.76
0#柴油	-2.12	-359.47	合计		-138.03
硫黄	-0.06	-2.61			

根据上表9可知，利用催化裂化油浆调和380#船用燃料油，每月分公司效益亏损约138.03万元，约每吨油浆亏损191元/t。按照目前情况来看，利用催化裂化油浆调和燃料油效益较差。

3.2.5 油浆送入加氢裂化

将模拟的10t/h的渣油送至加氢裂化装置，在Petro-SIM模型中，全厂效益见表10。

表10 加氢裂化装置加工油浆效益

	增量/(t/h)	增利/(万元/月)		增量/(t/h)	增利/(万元/月)
燃料气	-0.58	-112.08	二甲苯	0.05	14.58
车用液化气	0.21	36.47	苯	0.07	19.22
民用液化气	0.09	15.39	加氢裂化送乙烯尾油	1.42	218.34
丙烯	0.18	56.43	石油焦	-3.73	-117.01
乙烯裂解石脑油	-0.79	-124.69	制氢用水	0.01	0.00
粤标93#	-0.73	-158.73	操作费用		85.01
0#柴油	3.81	758.42	毛利/(万元/月)		690.82
硫黄	-0.01	-0.53			

根据表10可知，加氢裂化装置加工催化裂化油浆，每月分公司效益增加约690.82万元，约每吨油浆增利约991元/t。但是，加氢裂化装置加工催化裂化油浆，在实际操作中还有几个问题，一是催化裂化油浆过滤后的金属Ni、V含量仍然很高，加氢裂化装置掺炼的比例不能很高，二是过滤器的反冲洗会很频繁[9,10]。

4 油浆的实际综合利用及其效益

广州石化根据自身的情况，将两套催化裂化装置的油浆送至两套焦化装置进行处理。2016 年 2 月 6 日焦化三装置不掺炼油浆，以及 2016 年 2 月 9 日焦化三装置掺炼油浆的数据对比见表 11。

表 11 实际焦化三装置掺炼油浆产品收率

油种\项目	掺炼前日产量	收率/%	掺炼后日产量	收率/%	收率差值/%
罐区渣油	3715		2681		
直供渣油	0		1239		
油浆/半沥青	0		235		
重污油回炼	21		3		
原料合计	3736		4157		
干 气	184	4.92	237	5.64	0.72
液化气	121	3.23	129	3.07	-0.16
汽 油	490	13.12	635	15.12	2.00
柴 油	1202	32.17	1271	30.26	-1.91
蜡 油	781	20.9	826	19.67	-1.23
焦 炭	959	25.66	1102	26.24	0.58
合 计	3736	100	4200	100	

根据表 11 可知，焦化三装置在掺炼油浆后，汽油产品收率增加 2.00%，焦炭收率增加 0.58%，干气收率增加 0.72%，而液化气收率减少 0.16%，柴油收率减少 1.91%，蜡油收率减少 1.23%。掺炼油浆后，装置汽油、柴油收率合计增加 0.09%。

2016 年 2 月份，两套焦化装置实际加工 10 524t 油浆，按照油浆进焦化装置吨效益 95.63 元/t 计算，当月装置运转产生的实际效益 100.64 万元。

5 结语

(1) 在油浆综合利用方面按照效益排名情况，建议炼厂按照以下顺序安排油浆综合利用：

油浆进常减压蒸馏装置减压塔>油浆送入加氢裂化>油浆去焦化>油浆调和燃料油> 油浆轻重切割后处理

由于现在广州石化没有条件安排油浆进入常减压装置或者加氢裂化装置，仍然维持油浆进入焦化装置进行加工；

(2) 油浆进入焦化装置加工，效益相对较差，主要是油浆进入焦化装置后，大多数油浆转化为低附加值的石油焦，但是能够解决油浆出厂问题，2016 年 2 月份，两套焦化装置实际加工 10524t 油浆，按照油浆进焦化装置吨效益 95.63 元/t 计算，当月创造效益 100.64 万元。

(3) 2016 年新的环保法实施以后，油浆的处理将是炼厂必须面对的问题，如果炼厂有条件，增上过滤器，将油浆灰分降至 20μg/g 以下，后再送至加氢装置进行处理，不仅提高油浆的利用价值，还可以解决环保法限制油浆出厂的问题。

参考文献

[1] 林春光，欧阳云凤，董振，等．重油催化裂化油浆二级过滤技术的应用[J]．化工进展，2013，32(4)：952-954.

[2] 谢圣利，王剑．全自动PALL油浆过滤器的应用[J]．炼油技术与工程，2011，41(5)：26-28.

[3] 杨万强．掺炼FCC油浆对延迟焦化装置的影响[J]．炼油技术与工程，2012，42(11)：14-17.

[4] 张金先．延迟焦化装置掺炼催化裂化油浆概况及效益[J]．炼油技术与工程，2010，10：10-14.

[5] 翟志清，杨志强．“溶剂脱沥青—油浆拔头”组合工艺生产重交道路沥青质量控制探讨[J]．中外能源，2006(11)：60-64.

[6] 夏晓蓉，邹圣武．重油加工路线的优化及实践[J]．中外能源，2014(19)：74-79.

[7] 裘肖远，毛进林．油炉法炭黑的工程设计[J]．化学工业与工程技术，2005，26(1)：50-51.

[8] 范广鹏．油炉法炭黑生产的清洁生产分析[J]．环境保护与循环经济，2008，28：18-21.

[9] 周艳红，张学辉，金兆华．蜡油加氢处理掺炼催化油浆利弊分析[J]．当代化工，2014(6)：1043-1045.

[10] 赵良，范文琴．焦化蜡油、催化油浆做加氢裂化原料的研究[J]．高桥石化，2008(1)：9-13.

基于多级孔技术的高效加氢裂化催化剂的开发和应用

毛以朝　李明丰　赵广乐　赵　阳　戴立顺　胡志海　聂　红

（中国石化石油化工科学研究院，北京　100083）

摘　要　为了适应炼油过剩所导致的炼厂效益下降的问题，采用多级孔方法进行了新型低成本加氢裂化催化剂的开发，分别从是否兼顾尾油质量，轻油型和灵活型两个维度进行了催化剂开发，其中兼顾尾油质量的灵活型 RHC-220 催化剂已经工业应用，进行了活性更低，尾油质量更优的 RHC-224C 催化剂开发；新开发的兼顾尾油质量的轻油型催化剂 RHC-210，其堆密度相对于 RHC-5 催化剂降低了约 35%，反应活性更高，重石脑油选择性更好，产品质量基本相当。进行了大幅度降低成本的 RHC-223B 和 RHC-210F 催化剂开发，其关键性能基本达到对比剂水平，成本降低 50%以上。

关键词　低成本　多级孔　加氢裂化　灵活型　RHC-220　轻油型　RHC-210

1　前言

加氢裂化产品质量优良，作为炼厂中间装置不仅可以直接从劣质进料生产满足最苛刻标准要求的煤、柴油产品，而且可以提供芳烃和乙烯工业需要的优质重整和蒸汽裂解原料。由于加氢裂化调整转化深度和产品切割方案的速度很快，使得企业可以快速的适应市场需求，近年来取得了较快发展，我国采用加氢裂化催化剂的装置已近 60 套。然而随着市场需求放缓，节能和新能源技术的进步，近年来我国石油消费增长率逐步下降。与此同时，新建设和新规划了一批炼油装置，使得炼油能力出现了过剩问题，2016 年已经过剩约 2 亿吨，使得炼厂开工率逐步下降，企业盈利能力面临供给和需用两侧剪刀式切割，如何快速生产相对收益更高的产品，降低过程成本成为应对激烈市场竞争的必然选择。这使得降本、提质、增效成为企业关心的热点问题。

加氢裂化装置操作成本中，原料和产品定价大多数由外部因素确定，氢气成本由其他装置决定，本身能够调整的有产品分布、产品质量和操作费用。同一催化剂体系下，大多数产品质量和产品收率具有一定的互斥性，或者影响操作费用，这使得深层次上，催化剂的类型具有更重要的作用。然而研究加氢裂化终端产品价格变化趋势可以发现，市场柴汽比、油芳比、油烯比的价值变化基本以季度为单位，而加氢裂化催化剂运转总周可达 4~6 年，二者匹配度很差。实际炼厂大部分采用调整加氢裂化原料组成的方式来解决，这降低了炼厂整体加工弹性，提高了其他费用。更换催化剂成为较优选择。然而分析装置操作费用可以发现，催化剂费用在其中占据较大比例。因此降低催化剂费用不仅有利于降本而且有利于企业增效。通过对催化剂本身物性进行深入研究，开发了一系列以多级孔技术为基础的新型加氢裂化催化剂 RHC-220、RHC-210 等，相对于传统催化剂，成本大幅度降低，某些催化剂性能具有明显的提升。

2 多级孔催化剂的开发思路

催化剂降成本的关键因素在于提高活性组分的利用效率，即单位体积中使用最少的金属和酸性组分获得可以满足要求的反应效果。工业加氢裂化过程处于气液固三相状态，是典型的滴流床反应。总的反应速率由颗粒上的反应速率和液膜扩散速率共同决定。需要降低扩散阻力和提高活性中心的效率。最简单的办法是在催化剂中提供适当的大孔，提高活性中心的分散程度，然而酸性组分分散度提高后，金属和酸性中心的距离也会增加，这并不利于保持加氢-裂化功能的协同。通过一系列的研究，采用了多级孔的催化剂制备方法获得了低堆密度的催化剂，采用新型金属分散方式提高了其分散度，提高了金属的利用效率，从而改善了催化剂的产品质量和稳定性等的问题。典型的催化剂多级孔分布及作用如图 1 所示。

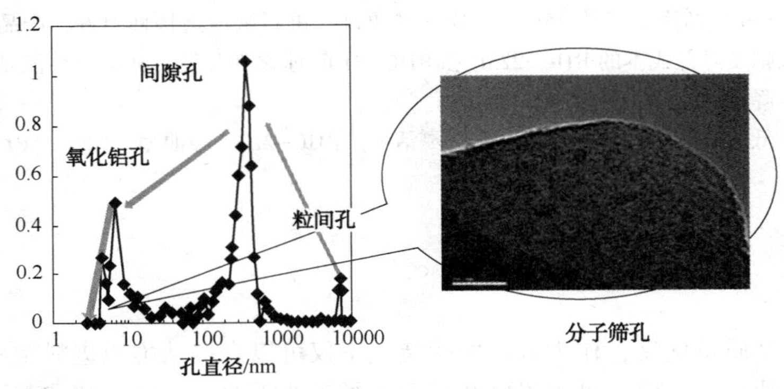

图 1 多级孔加氢裂化催化剂

3 兼顾尾油质量的灵活型加氢裂化催化剂的开发及应用

灵活型加氢裂化催化剂在常规转化率和切割点条件下石脑油、柴油、尾油收率基本相当，且具有较高的开环选择性，航煤和尾油质量好。目前中石化近 60%以上加氢裂化装置均采用了灵活型加氢裂化催化剂，为了解决我国原油中直馏石脑油组分较少，从 20 世纪 90 年代开始，石科院就进行了具有优质尾油质量的加氢裂化催化剂的开发，先后开发了两代催化剂。其中第二代催化剂 RHC-1、RHC-3 相对于上一代 RT 系列催化剂尾油 BMCI 值降低了 1~2 个单位(或者相同质量下，尾油收率提高了 7%~20%)，先后在 7 套次工业加氢裂化装置上应用，在 2005 年~2009 年的乙烯景气周期阶段为这些企业带来了相当可观的经济效益。为了应对进一步改善尾油质量的技术需要。RIPP 开发出了新一代灵活型加氢裂化催化剂 RHC-220，其堆密度相对于 RHC-3 降低 20%，产品分布基本相当，尾油质量更好，已经工业应用一套装置，其性能基本达到中试水平。通过进一步改进，新开发的 RHC-224C 催化剂相对于 RHC-220，堆密度进一步降低 10%以上，再加工齐鲁劣质油时，尾油 BMCI 值降低了 1 个单位，链烷烃含量增加 2%。

3.1 开发目标及思路

催化剂的设计目标如下：

产品分布在生产清洁燃料和化工原料方案之间灵活调整，达到 RHC-3 水平即可；催化剂活性较高，对劣质进料具有足够的反应活性，且产品质量优良；航煤馏分可满足 3#喷气燃料要求。尾油 BMCI 值低质量良好，可以满足蒸汽裂解装置长周期运转的需求；催化剂成本降低 20%以上。

主要难点在于降低成本时还需提高开环选择性。有必要从改善尾油质量的化学本质进行开发。尾油裂解料的质量指标有族组成和 BMCI 值。链烷烃高、芳烃低、BMCI 值低的尾油具有更优的蒸汽裂解制乙烯性能，无论是三烯收率还是裂解炉运转周期都有更好的效果。族组成采用质谱法分析，而 BMCI 值相关联的密度和体积中沸点都是炼厂标准配置，分析速度快、误差小。BMCI 值同烃类族组成密切相关。同碳数烃类 BMCI 值增加顺序为：链烷烃、环烷烃、芳烃。同类烃，异构烃 BMCI 值略高于正构烃。对于带侧链的芳烃，随着链长度的增加，其 BMCI 值明显降低。RIPP[1]的研究发现尾油中链烷烃占生成油的质量分数变化规律见图 2。

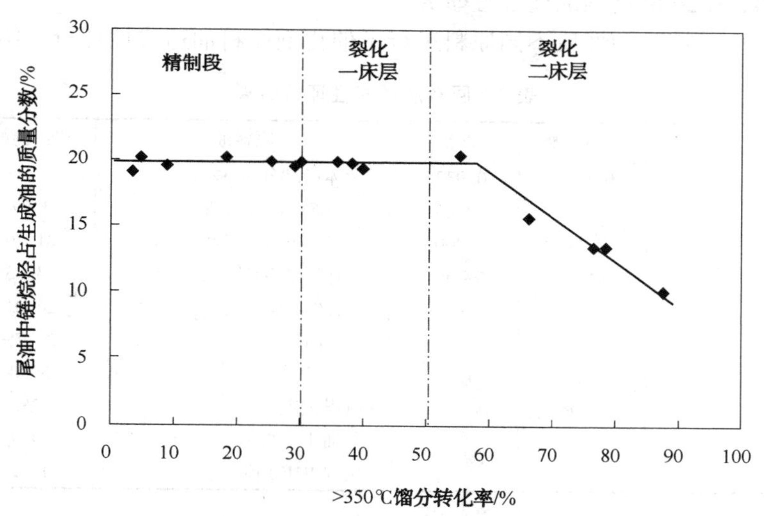

图 2 尾油中链烷烃占生成油的质量分数变化规律

由于实际工业装置尾油芳烃含量低，因此改善尾油质量本质上需要提高环烷烃和链烷烃裂化反应比值。由经典的烷烃正碳离子裂解机理[2]可知，由于环烷烃中的 β 键处于环烷正碳离子空 p 轨道的垂直方向上，使得二者不容易形成共面构象，这使得环烷烃开环需要更强的酸性。S. C. Korre 等[3]详细动力学计算结果表明随着环饱和程度的增加，开环反应活性大幅降低。因此关键在于具有更强的开环性能。采用拟薄水铝石、分子筛体系和过渡金属组分开发出 RHC-220 催化剂。

3.2 RHC-220 催化剂的性能

3.2.1 RHC-220 催化剂和 RHC-3 催化剂性能的比较

在中型装置上进行了催化剂评价，相同转化率下评价结果如表 1 所示。

表1　RHC-220催化剂中型评价结果

催化剂	RHC-3	RHC-220	催化剂	RHC-3	RHC-220
相对堆密度/(g/cm^3)	基准	基准-20%	液体产品分布,%		
裂化反应温度/℃	基准	基准-1	<65℃轻石脑油	2.3	2.0
中馏分选择性	81.3	82.0	65~165℃石脑油	17.3	17.1
重石芳潜	基准	基准-0.2	165~250℃航煤	19.5	19.8
航煤烟点	基准	基准+0.3	250~350℃柴油	23.5	23.8
柴油十六烷值	基准	基准+1.3	>350℃尾油	37.4	37.4
尾油BMCI值	基准	基准-0.4			

其中评价原料油密度(20℃)0.9193g/cm^3，硫质量分数2.85%，氮含量713μg/g，50%馏出温度436℃，终馏点516℃。反应氢分压13.5MPa。

由表1可知，新开发的RHC-220催化剂相对于RHC-3堆密度降低了近20%，中型结果表明，相同转化率下，新开发催化剂产品分布同RHC-3基本相当，其高价值的航煤收率略高于RHC-3。产品尾油BMCI值降低了0.4个单位，航煤烟点和柴油十六烷值均优于RHC-3，这表明其产品质量明显优于对比催化剂。

3.2.2　RHC-220催化剂的适应性研究

在中型装置上采用两种性质不同原料进行了催化剂原料油适应性评价，结果见表2。

表2　原料油适应性评价结果

原料油	燕山混蜡	青岛混蜡	原料油	燕山混蜡	青岛混蜡
密度(20℃)/(g/cm^3)	0.8973	0.9325	液体产品分布/%		
硫质量分数/%	1.04	2.86	<65℃轻石脑油	3.97	5.12
氮质量分数/(μg/g)	1200	1200	65~165℃石脑油	21.76	27.63
50%馏出温度/℃	411	456	165~250℃航煤	23.03	24.00
终馏点/℃	559	591	250~350℃柴油	24.01	17.40
工艺条件			>350℃尾油	25.78	22.19
氢分压/MPa	13.0	15.0	重石芳潜	59.8	60.4
裂化反应温度/℃	基准	基准+7	航煤烟点	28	28
			柴油十六烷值	74.7	73.7
			尾油BMCI值	11.2	9.7

由表2可知，RHC-220催化剂加工密度高达0.9325g/cm^3，终馏点高达591℃的劣质进料时，通过提高反应温度即获得较高的转化率，产品质量优良，其中航煤烟点达到28，尾油BMCI值9.7，预期在工业装置上具有良好的应用效果。

3.2.3　RHC-220催化剂的工业应用

RHC-220已经在上海石化进行了工业应用，从应用初期结果来看，其活性、产品分布和产品质量基本达到中试水平。

3.3　RHC-224C催化剂的开发

常规加氢裂化能耗近一半以上来自于加热炉的燃料消耗[4]，为了减少反应部分的热量消耗，通常尽量提高出入口温差，使得原料尽量通过反应热进行加热。然而提高裂化反应器出口温度，可能影响催化剂的运转周期。近几年来，通常采用高活性和低活性催化剂进行继配来扩大出入口温差。从 RHC-3 工业运转的实际情况来看，无论是在中压条件下加工典型的中东 VGO，还是在高压条件下加工劣质的胜利 VGO，即使单周期 4 年运转末期，催化剂平均温度也不超过 390℃，这为催化剂继配提供了坚实的基础。由于 RHC-220 催化剂活性和 RHC-3 基本相当，有必要开发活性更低的催化剂和其继配。采用多级孔技术进行了 RHC-224C 的开发。采用劣质的齐鲁 VGO 为原料油进行中型评价，其密度（20℃）为 0.9187g/cm^3，硫质量分数 1.23%，氮含量 1500μg/g，50%馏出温度 424℃，BMCI 值 50.8。反应氢分压 14.0MPa。结果如表 3 所示：

表 3　RHC-224C 催化剂中型评价结果比较

催化剂	RHC-220	RHC-224C	催化剂	RHC-220	RHC-224C
相对堆密度/(g/cm^3)	基准	基准-14%	液体产品分布/%		
有效孔孔体积/(g/cm^3)	基准	基准+18%	<65℃轻石脑油	2.0	1.8
裂化反应温度/℃	基准	基准+13.1	65~165℃石脑油	16.7	15.4
尾油 BMCI 值	基准	基准-1.0	165~260℃航煤	22.9	23.1
尾油链烷烃质量分数/%	基准	基准+2.0	260~350℃柴油	23.4	24.7
			>350℃尾油	35.0	35.0

由评价结果可知，在加工 BMCI 值高达 50.8 的劣质进料时，RHC-224C 催化剂活性降低了 13℃，尾油质量明显提升，BMCI 值降低 1 个单位，链烷烃提高 2%。

4　大幅度降低成本的灵活型加氢裂化催化剂的开发

国内有加氢裂化装置的炼厂，近半以上没有蒸汽裂解装置，其对尾油质量要求不高，催化剂成本成为主要考虑因素。结合多级孔技术和 NiMo 金属体系开发了 RHC-223B 催化剂的开发，在 14.0MPa 氢分压条件进行了中型油品评价，结果如表 4 所示。

表 4　RHC-223B 催化剂中型评价结果比较

催化剂	RHC-220	RHC-223B	催化剂	RHC-220	RHC-223B
相对堆密度/(g/cm^3)	基准	基准-25%	液体产品分布/%		
金属成本	基准	基准-52%	<65℃轻石脑油	1.9	2.6
比表面积/(m^2/g)	基准	基准+34%	65~165℃石脑油	14.9	15.8
裂化反应温度/℃	基准	基准-13.1	165~260℃航煤	23.6	22.8
重石芳烃	4.0	5.1	260~350℃柴油	24.6	23.6
航煤烟点	25.5	26.2	>350℃尾油	35.0	35.0
柴油十六烷值	66.1	63.9			
尾油 BMCI 值	基准	基准+0.9			

由表 4 可知，新开发的灵活型催化剂活性和 RHC-220 相当，石脑油收率提高了 1.5%以上，石脑油芳烃定向能力更高，航煤、柴油质量均可达到常规企业需要。尤为重要的是，催化剂金属成本降低一半以上，堆密度降低了 25%，预期总体成本相对于 RHC-3 降低 50%以上，单位体积催化剂的催化效率大幅度提升，尤其适用于需要降低柴汽比、降本增效的炼油企业。

5 高性价比兼顾尾油质量的轻油型催化剂 RHC-210 的开发

轻油型加氢裂化催化剂主要目的是为催化重整提供重石脑油，文献大量报道了通过全循环来最大量的生产重石脑油的结果，相对于进料重石脑油相对质量收率可达 67%~69%。我国早期轻油型加氢裂化装置也采用了全循环方案，受运转过程中能耗、氢耗、反应控制等因素影响，工业实际收率并不能达到实验水平。此外如图 2 所示由于 VGO 进料中的链烷烃一般在转化率后段进行，这使得高转化率条件下重石脑油中链烷烃含量急剧增加，降低了重整料的质量，而重质链烷烃是优质的蒸汽裂解和 DCC 工艺原料，这使得在具有乙烯料需求的炼厂中轻油型加氢裂化全循环操作模式完全不具有吸引力。因此近十年来，我国早期的轻油型装置均改为一次通过流程，附带的好处是极大的提高了装置原料加工量。

5.1 RHC-210 的开发目标及思路

RHC-210 催化剂的设计目标如下：

轻油型产品分布；催化剂活性较高，原料适应性好，尤其对劣质进料具有足够的反应活性，且产品质量优良；航煤馏分可满足 3#喷气燃料要求，烟点高。尾油 BMCI 值低质量良好，可以满足蒸汽裂解装置长周期运转的需求；催化剂成本大幅度降低。

常规轻油型催化剂为了使得产品分布有利于多产石脑油，通常设计为裂化功能大于加氢功能，以使得二次裂化反应更加容易发生。然而弱的加氢功能使得催化剂具有两个明显的问题，一是催化剂的劣质进料适应性差，在加工进料密度 0.88~0.90g/cm^{3}时催化剂稳定性好，但加工密度大于 0.92g/cm^{3}进料时，反应温度很高，极大的影响了运转周期。另外一个问题是尾油质量较差，特别是在重石脑油收率较低条件下，其尾油质量更差，因此部分装置往往采用灵活型催化剂多产重石脑油，这又带来氢耗、轻组分增多的问题。RHC-210 催化剂针对该问题采用较强的加氢功能，并通过分子筛材料的精细调控，维持较高的裂化活性，使得成本大幅度降低条件下，催化剂活性、重石脑收率得到明显的提高。

5.2 RHC-210 催化剂的性能

5.2.1 RHC-210 催化剂和 RHC-5 催化剂性能的比较

采用中东 VGO 为原料油进行中型评价，其密度(20℃)为 0.9193g/cm^3，硫质量分数 2.8%，氮质量分数 710μg/g，50% 馏出温度 420℃。反应氢分压 15.0MPa。结果如表 5 所示。

表 5 催化剂中型评价结果比较

催化剂	RHC-5	RHC-210	催化剂	RHC-5	RHC-210
相对堆密度/(g/cm^3)	基准	基准-35%	液体产品分布/%		
裂化反应温度/℃	基准	基准-2	<65℃轻石脑油	4.1	3.6
重石芳烃	基准	基准+1.7	65~165℃石脑油	27.6	27.3
航煤烟点	基准	基准-1.2	165~250℃航煤	17.3	18.8
柴油十六烷值	基准	基准-0.7	250~350℃柴油	18.3	17.6
尾油 BMCI 值	基准	基准+0.8	>350℃尾油	32.7	32.7

由表5可知，新开发的RHC-210催化剂相对于RHC-5堆密度降低了近35%，中型结果表明，反应活性更高，相同转化率下，新开发催化剂柴油和轻组分收率更低。产品质量中表征加氢性能指标略低，而芳烃指标更高。

5.2.2 RHC-210多产重石脑油条件下的性能

由于轻油型催化剂工业实际操作转化率一般较高，重石收率控制较高，在相同工艺条件下比较了高重石脑油收率条件下催化剂的产品分布，结果见表6所示。

表6 催化剂中型评价结果比较

催化剂	RHC-5	RHC-210	催化剂	RHC-5	RHC-210
液体产品分布/%			裂化反应温度/℃	基准	基准-5
<65℃轻石脑油	7	6.8	重石脑油选择性/%	85.3	86.4
65~165℃石脑油	40.5	43.2			
165~250℃航煤	22.3	22.6			
250~350℃柴油	17.4	15.2			
>350℃尾油	12.8	12.2			

由表6可知，在基本相同转化率下，RHC-210催化剂重石脑油收率提高2.7%，重石脑油选择性提高1.1%，反应温度降低5℃，且柴油收率降低2.2%，特别适用于当今炼厂加氢裂化装置压减柴油，多产重石脑油的需求。RHC-210催化剂已在中型装置上完成了稳定性、原料适应性试验，2000hr的寿命试验结果表明，相同条件下，其失活速率同已经工业应用的RHC-5相当。

6 大幅度降低成本的轻油型加氢裂化催化剂的开发

国内有些加氢裂化装置处于汽油和芳烃需要极高的炼厂，往往表现为，加氢裂化转化率极高，重石脑油收率超过35%以上，如图2所述处于进料中链烷烃开始转化的区域，此时尾油质量必然不低。这使得成本、氢耗成为装置的追求目标。结合多级孔技术和NiMo金属体系开发了RHC-210F催化剂的开发，在15.0MPa中型装置上进行了油品评价，结果如表7所示。

表7 催化剂中型评价结果比较

催化剂	RHC-5	RHC-210F	催化剂	RHC-5	RHC-210F
相对堆密度/(g/cm^3)	基准	基准-41%	液体产品分布/%		
金属成本	基准	基准-52%	<65℃轻石脑油	3.8	3.8
裂化反应温度/℃	基准	基准+0.3	65~165℃石脑油	27.4	27.8
重石芳烃	6.0	8.3	165~250℃航煤	17.4	18.5
航煤烟点	29.7	27.8	250~350℃柴油	18.8	17.2
柴油十六烷值	71.9	71.0	>350℃尾油	32.7	32.7
尾油BMCI值	基准	基准+1.5			

由表7可知，新开发的灵活型催化剂活性和RHC-5相当，石脑油收率略高，石脑油芳烃定向能力更高，航煤、柴油质量均可达到常规企业需要。尤为重要的是，催化剂金属成本降低一半以上，堆密度降低了41%，预期总体成本相对于RHC-5降低60%以上，单位体积

催化剂的催化效率大幅度提升，尤其适用于极度需要降氢耗降成本的多产芳烃料的炼油企业。

7 结论

（1）为了应对更加激烈的市场化竞争，需要开发低成本的加氢裂化催化剂以降本增效。通过采用多级孔技术开发了一系列新型催化剂。

（2）新开发的兼顾尾油质量的灵活型加氢裂化 RHC-220 催化剂，已经工业应用，堆密度相对 RHC-3 降低了约 20%，航煤收率略高，各馏分质量更优，具有良好的重复性、适应性和稳定性。开发的 RHC-224C 催化剂堆密度进一步下降了 13%，尾油 BMCI 值降低 1 个单位，活性降低 13℃，有利于催化剂继配进一步降本增效。

（3）新开发的低成本灵活型催化剂 RHC-223B 活性和 RHC-220 相当，石脑油收率提高了 1.5 以上，石脑油芳烃定向能力更高，航煤、柴油质量均可达到常规企业需要。预期总体成本相对于 RHC-3 降低 50%以上，尤其适用于需要降低柴汽比、降本增效的炼油企业。

（4）新开发的兼顾尾油质量的高性价比轻油型加氢裂化催化剂 RHC-210，其堆密度相对于 RHC-5 催化剂降低了约 35%，反应活性更高，高转化率下，产品分布中重石脑油收率提高 2.7%，柴油收率降低了 2.2%，选择性提高了 1.1%，具有良好的稳定性和原料油适应性。

（5）新开发的低成本灵活型催化剂 RHC-210F 活性和 RHC-5 相当，石脑油芳烃定向能力更高，航煤、柴油质量优良，预期总体成本相对于 RHC-5 降低 60%以上，尤其适用于极度需要降氢耗降成本的多产芳烃料的炼油企业。

参 考 文 献

[1] 张富平．尾油型加氢裂化反应动力学研究[D]．北京：石油化工科学研究院，2010.

[2] Brouwer D M, Chemistry and Chemical Engineering of Catalytic Processes (Eds: R Prins, G C A Schuit), Sijthoff & Noordhoff, Alphen aan den Rijn, 1980, 137-160.

[3] Korre S C, Klein M T, Quann R J, Hydrocracking of Polynuclear Aromatic Hydrocarbons. Development of Rate Laws through Inhibition Studies[J]. Ind Eng Chem Res, 1997, 36(6): 2041-2050.

[4] 董昌宏，石巨川，窦志俊．绿色低碳高能效加氢裂化成套技术海炼化工业应用总结[C]//中国石化加氢装置生产技术交流会，2012.

大比例增产航煤改善尾油质量加氢裂化技术开发与应用

赵广乐[1] 赵 阳[1] 董松涛[1] 龙湘云[1] 莫昌艺[1] 王 阳[2] 戴立顺[1] 胡志海[1]

（1. 中国石化石油化工科学研究院，北京 100083；
2. 中国石化北京燕山分公司，北京 102500）

摘 要 为满足市场对航煤和优质尾油的需求，石科院开发了新一代加氢精制催化剂 RN-410 和加氢裂化催化剂 RHC-131，通过考察原料油、转化深度、产品切割方案对航煤及尾油的影响规律并结合催化剂的级配优化方案，开发了大比例增产航煤改善尾油质量的加氢裂化技术，并在中国石化燕山分公司成功应用。工业应用结果表明，石脑油收率约 22%的情况下，航煤馏分油收率达到 43%以上，产品质量满足 3 号喷气燃料要求，柴油并入尾油当中，尾油 BMCI 值为 8.7，是优质的蒸汽裂解制乙烯原料。

关键词 加氢裂化 航煤 尾油

1 前言

目前，中国航煤消费量保持每年 11%左右的增长速度，已经成为航空燃料消费大国。2015 年国内航煤需求达到 2500 万 t，预计 2020 年将超过 4000 万 t。加氢裂化过程可将重质馏分油转化为轻质产品，原料范围广，生产方案灵活，航煤收率可在较大范围内变化。

我国的乙烯产业随着我国国民经济的增长一直保持快速发展，2014 年中国乙烯产量达到 1704 万 t，预计 2020 年前，国内乙烯产量年均增速仍将达到 7%~8%。加氢裂化产品尾油馏分具有链烷烃质量分数高、BMCI 值低的特点，是优质蒸汽裂解制乙烯原料；随着乙烯产量的提高，加氢裂化尾油在我国乙烯原料构成中的作用日益重要[1,2]。

中国石化是国内最大航煤生产商，航煤产量约占全国航煤产量的 70%；同时由于我国制乙烯原料供应紧张，需要通过技术途径拓宽原料来源、提高原料质量，从而保证我国乙烯工业的稳定发展。针对需要大量生产航煤馏分同时兼顾优质尾油的加氢裂化装置，市场亟须开发大比例增产航煤改善尾油质量的加氢裂化技术。

石油化工科学研究院(简称 RIPP)为满足市场对航煤和优质尾油的需求，开发了大比例增产航煤改善尾油质量的加氢裂化技术，该技术已在中国石化燕山分公司 200 万 t/a 高压加氢裂化装置上实现了工业应用，并达到了良好预期。工业应用结果表明，采用大比例增产航煤改善尾油质量加氢裂化技术后，航煤馏分收率可达 43%以上，柴油馏分可以实现零产率，尾油 BMCI 值为 8.7，实现了增产航煤、压减柴油和改善尾油质量的三重功效。

2 大比例增产航煤改善尾油质量加氢裂化技术的开发构思

传统以无定形硅铝作为酸性载体的加氢裂化催化剂，有利于多产中间馏分油尤其是多产柴油，但裂化活性低装置运行周期短，且原料适应性较差。采用无定形硅铝并辅助以少量改性后的分子筛作为酸性载体，催化剂活性及中间馏分油的选择性均较高，但该类催化剂得到的尾油质量通常相对较差，BMCI值偏高、链烷烃质量分数较低。尾油型加氢裂化催化剂可以得到高质量的加氢裂化尾油，其BMCI值较低、链烷烃质量分数高，蒸汽裂解制乙烯性能好；但现有的尾油型催化剂也存在着中间馏分油收率偏低的特点。因此，开发新型加氢裂化催化剂，提高中间馏分油选择性，尤其是提高航煤选择性，同时强化其开环能力，降低尾油BMCI值，是新技术开发的关键之一。

通常情况下，采用专用的增产航煤兼产优质尾油催化剂级配，并提高转化深度是增加航煤收率、改善尾油质量的有效手段，但炼厂现有的加氢裂化装置普遍存在分离、分馏瓶颈，轻端产品(石脑油馏分)的收率不能太高；另外，当前企业还有压减柴油的实际需求，减少甚至不产柴油馏分，期望能将BMCI值高的柴油馏分并入尾油馏分。因此，如何在较低石脑油收率条件下，大幅度增加航煤的收率，并有效改善尾油质量也是技术开发的关键。

当前对于影响尾油收率及性质的研究较为深入，但原料性质及构成、裂化反应深度、产品切割方案等对航煤收率和性质也有重要的影响，需对其进行详细的考察，以提炼其影响规律。另外，鉴于加氢裂化催化剂是影响反应过程的核心，对加氢裂化催化剂的级配进行详细的研究。

3 增产航煤改善尾油质量加氢裂化技术的开发

3.1 RN-410加氢精制催化剂的性能水平

对于加氢裂化装置而言，精制段催化剂失活速率通常远高于裂化段裂化催化剂，因此精制段催化剂脱氮活性是加氢裂化装置运行周期的制约因素。RIPP开发的RN-410加氢处理催化剂具有更高脱硫脱氮和芳烃加氢饱和活性，可提高原料适应性、延长运行周期、确保航煤和尾油产品质量。图1和图2是RN-410催化剂与国内外同类型加氢精制催化剂脱氮活性和芳烃饱和活性的对比数据，其中RN-2和RN-32V是RIPP开发的第一代和第二代加氢精制催化剂，催化剂K是国外公司高水平加氢精制催化剂。由图可知，RN-410催化剂的脱氮活性明显高于同类型国内外加氢精制催化剂，并且在相同条件下加氢精制油芳烃含量比RN-32V催化剂低1.5个百分点。

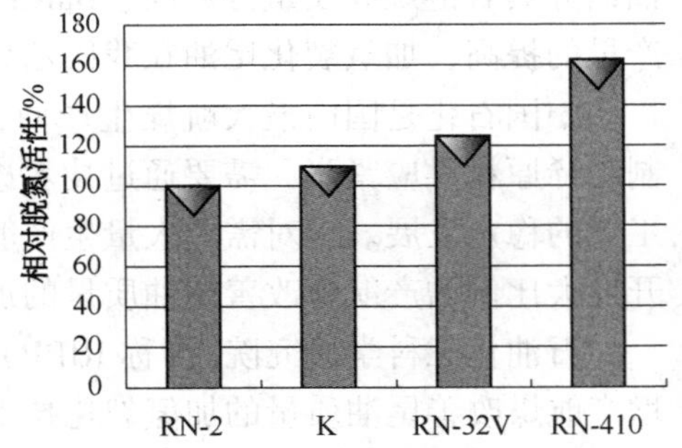

图1 RN-410催化剂脱氮活性对比

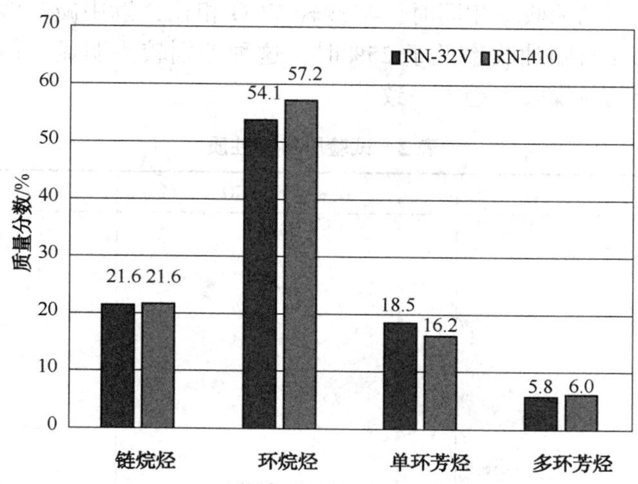

图 2　RN-410 催化剂芳烃饱和活性对比

3.2　RHC-131 催化剂的性能水平

RIPP 基于对加氢裂化反应过程的系统性研究，通过优化金属组分，改进加氢功能，进行载体、介孔硅铝和分子筛材料改性等，开发了第三代尾油型加氢裂化催化剂 RHC-131。

为评价新型加氢裂化催化剂 RHC-131 催化剂的性能，采用相同原料，在氢分压、体积空速、加氢精制催化剂等工艺条件相同的条件下与国外 U 公司高水平的中间馏分油型催化剂 D 进行对比，结果列于表 1。由表 1 可见，在相同转化深度下，RHC-131 催化剂活性、航煤馏分收率以及航煤和尾油馏分质量均优于国外参比剂。

表 1　RHC-131 与国外同类先进催化剂的对比

催化剂	RHC-131	国外参比剂 D
原料油	中东 VGO	
所需裂化反应温度/℃	基准	基准+6
液体产品分布/%		
<132℃	14.46	13.20
132~260℃	31.59	29.90
260~370℃	23.03	23.68
>370℃	30.92	32.81
航煤性质		
烟点/℃	28.8	27.4
尾油性质		
BMCI 值	9.1	10.7
链烷烃质量分数/%	61.2	58.4

3.3　原料油类型对航煤收率的影响

分别采用典型的中间基和环烷基原料-沙轻 VGO 和渤中减三线蜡油(具体性质见表 2)为进料，考察了不同类型原料得到的 140~290℃航煤馏分收率随转化深度增加的变化规律，对比结果如图 3 所示。

由图3可见，在石脑油收率相同时，与沙轻VGO相比，渤中减三线蜡油得到的航煤馏分收率更高；其中，在石脑油收率低于25%时，这种差别较为明显，但随石脑油收率逐渐增加，两种原料得到的航煤收率趋于一致。

表2 试验原料油性质

原料油名称	茂名沙轻VGO	渤中减三
密度(20℃)/(g/cm^3)	0.9144	0.9318
硫质量分数/%	2.76	0.19
氮质量分数/(μg/g)	807	1900
馏程(D-1160)/℃		
初馏点	275	304
10%	377	428
50%	424	453
90%	476	484
终馏点	524(D-2887)	520(D-2887)
烃组成/%		
链烷烃	21.30	11.2
总环烷烃	26.47	56.5
总芳烃	52.23	29.5
胶质	0.0	2.8
总重量	100.0	100.0

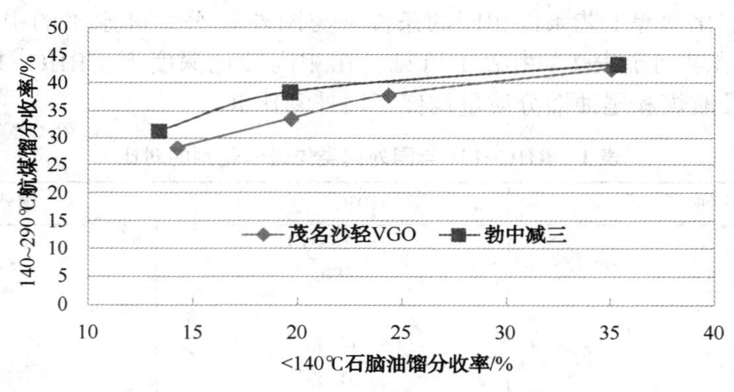

图3 不同类型原料对航煤收率的影响

3.4 原料油构成对航煤收率的影响

以蜡油和直馏柴油为原料，按照不同的配比，配制成馏程轻重不同的混合原料，考察直馏柴油掺炼比例对加氢裂化产品分布和性质的影响。随着混合原料中直馏柴油掺炼比例的增加，混合原料馏程范围增大，原料的体积平均沸点逐渐降低。不同直馏柴油掺炼比例的原料性质如表3所示。

表3 直馏柴油掺炼比例影响研究的试验原料

项　目	原料1	原料2	原料3	原料4
直柴比例/%	0.0	25.0	50.0	75.0
密度(20℃)/(g/cm^3)	0.8985	0.8830	0.8681	0.8537

续表

项　　目	原料 1	原料 2	原料 3	原料 4
馏程（D-1160）/℃				
10%	351	295	277	271
50%	428	392	329	301
95%	487	475	451	391
体积平均沸点/℃	423	388	353	315

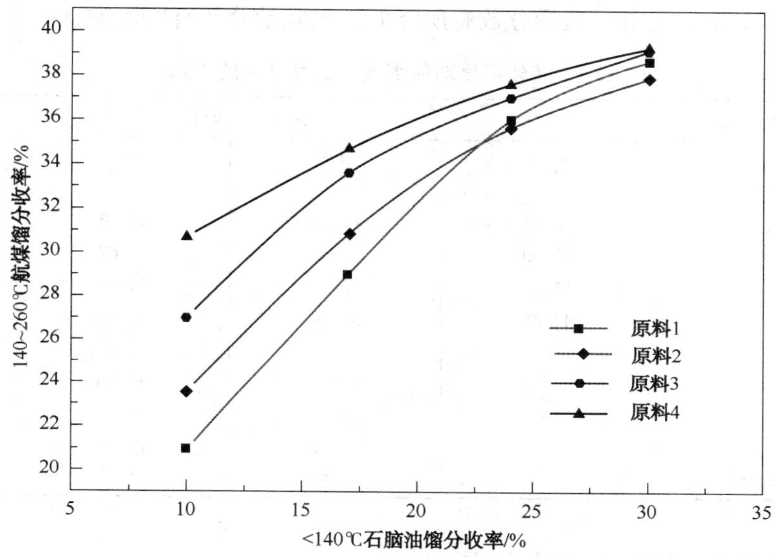

图 4　直馏柴油掺炼比例对航煤收率的影响

图 4 为不同直馏柴油掺炼比例对航煤馏分收率的影响。航煤馏分收率随着转化深度的增加而增加，直馏柴油掺炼比例越高，航煤收率越高。在低转化深度区间，直馏柴油掺炼比例对航煤馏分的收率影响显著，而在高转化深度区间则影响较小。

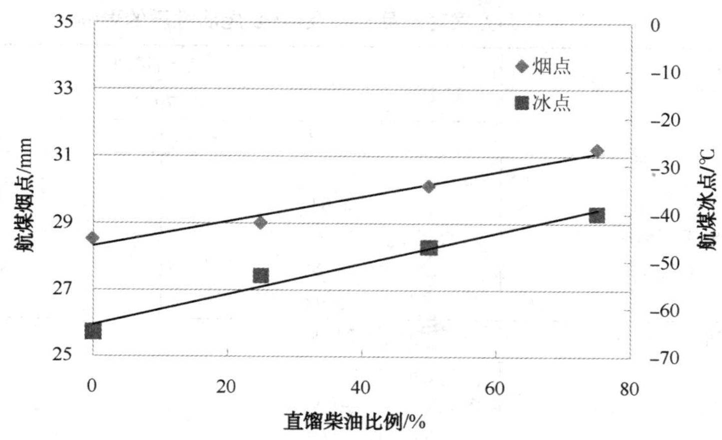

图 5　直馏柴油掺炼比例对航煤性质的影响

图 5 是直馏柴油掺炼比例对航煤性质的影响。由图可知，随直馏柴油掺炼比例的提高，

混合原料中芳烃含量下降，航煤产品中环状烃和芳烃减少，使航煤烟点提高。但直馏柴油比例的提高使航煤产品中链状烃，尤其是直链烷烃含量增加，航煤冰点上升，导致合格航煤馏分实际收率有所下降。

3.5 加氢裂化转化深度对航煤收率和性质的影响

加氢裂化转化深度对航煤收率和性质影响的试验结果列表4。由表4可见，随转化深度增加，产品航煤收率持续增加，在高转化深度区间，其增幅变缓，产品航煤冰点保持稳定，烟点略有增长，对应航煤芳烃质量分数有所降低，氢质量分数有所增加。

表4 转化深度对航煤收率及其性质的影响

原料油	燕山加裂原料			
>350℃转化率/%	49.3	61.6	77.4	85.1
液体产品分布/%				
石脑油	12.66	17.80	24.33	31.66
航煤	29.50	35.4	42.67	43.84
柴油	15.59	15.00	14.40	12.16
尾油	42.25	31.80	18.60	12.34
航煤性质：				
冰点/℃	—	-49.8	-47.4	-50.4
烟点/mm	—	28.9	32.9	34.0
氢含量/%	—	14.12	14.31	14.43
芳烃质量分数/%	—	4.5	4.1	3.9

3.6 产品切割方案的影响考察

3.6.1 产品切割方案对产品收率及航煤/尾油性质影响考察

试验考察了航煤馏分适当拓宽及将柴油馏分并入尾油两种切割方案对航煤及尾油的影响。试验原料油采用燕山蜡油，试验结果列于表5。

表5 不同切割方案对产品分布及航煤/尾油性质的影响

原料油	燕山蜡油	
>350℃馏分转化率/%	79.0	
产品切割方案	Cut-Ⅰ	Cut-Ⅱ
液体产品分布/%		
C_5~65℃轻石脑油	5.84	5.84
65~165℃/65~150℃重石脑油	26.88	22.43
165~260℃/150~270℃航煤	28.24	34.63
260~320℃柴油	12.93	—
>320℃/>270℃尾油	22.98	33.97
航煤性质		
烟点/mm	27.0	29.0
冰点/℃	<-60	-51
闭口闪点/℃	>40	>40
尾油性质		
BMCI值	9.1	11.9

由表5可见，随产品航煤馏分馏程的扩展(由165~260℃调整至150~270℃)，其收率由28.06%增加至34.41%；调整后产品航煤质量也有所提高，烟点由27.0mm提高至29.0mm，冰点略有升高，由<-60℃增加到-51℃，其他所得产品煤油馏分主要性质均符合3号喷气燃料指标要求。采用不同的切割方案，随尾油切割点的前移(由320℃调整至270℃)，柴油被切入尾油当中，产品尾油馏分收率由22.84%相应增长至33.76%；但同时尾油BMCI值由9.1增加至11.9。

3.6.2 产品航煤切割方案的拓展研究

基于前述转化深度及切割方案对航煤及尾油收率及性质的影响规律的认识[3]，在控制石脑油一定的收率并将柴油并入尾油的前提条件下，若能够尽量拓宽航煤馏分的馏程(从轻、重两个端点尽量向“外”拓展)，将可以实现最大量增产航煤并在一定程度下改善尾油(相当于提高了转化深度并切重尾油)的双重目标。

拓展航煤馏分后势必会影响产品航煤的挥发性、燃烧性能及流动性，为此，需详细考察航煤馏分的切割方案对其收率及性质的影响规律。航煤馏分切割范围对航煤收率和质量影响考察结果如表6和表7所示。由表可见，随航煤馏分向两端拓展可明显增加航煤馏分收率，航煤馏分初馏点向轻端拓展时，航煤冰点下降，航煤馏分向重端拓展后，航煤冰点提高，与此同时，航煤烟点也随切割范围的调整而变化。当航煤馏分冰点和闪点卡边时，即是合格航煤产品的最大馏程范围。航煤馏分的最大切割范围不是固定不变的，通常随原料类型、原料构成和催化剂不同而不同。

表6 航煤馏分初馏点对航煤收率和性质的影响

项目	切割方案1	切割方案2	切割方案3
航煤馏分收率/%	48.25	45.45	42.10
20℃密度/(g/cm³)	0.7976	0.8004	0.8034
闭口闪点/℃	42.0	48.0	54.0
冰点/℃	-52	-51	-50
烟点/mm	32.5	32.0	31.5
馏程(D-86)/℃			
初馏点	146	152	163
50%	198	202	206
终馏点	264	264	265

表7 航煤馏分终馏点对航煤收率和性质的影响

项目	切割方案4	切割方案5	切割方案6	切割方案7
航煤馏分收率/%	41.90	44.45	46.34	48.96
20℃密度/(g/cm³)	0.7978	0.7984	0.7987	0.7992
闭口闪点/℃	54	54	54	54
烟点/mm	34	33	33.8	33
冰点/℃	-56	-51	-47	-42
馏程(D-86)/℃				
初馏点	160	161	161	162
50%	199	203	205	209
终馏点	259	263	270	279

3.7　催化剂级配优化研究

采用增产航煤的尾油型加氢裂化催化剂利于在相同石脑油收率条件下，多产航煤且改善尾油的质量，但另外一方面催化剂的活性降低会带来运转周期不足的问题。由于裂化反应器床层通常会有10~20℃的床层温升，若将活性由高到低的催化剂级配装填，则可能兼顾多产航煤/改善尾油的技术效果与足够的运转周期两方面，且可降低冷氢用量，节约能耗。

为确认催化剂级配的效果，采用相同原料，在相同氢分压及体积空速条件下，开展了活性最高的RHC-3催化剂、活性最低的RHC-131及活性由高到低的RHC-3、RHC-133和RHC-131三种催化剂级配后的对比试验。

采用燕山加裂原料为试验原料，控制转化深度大致相当的条件下，催化剂RHC-3、RHC-133和RHC-3/RHC-133/RHC-131催化剂级配方案下的裂化温度、>350℃馏分的转化率、产品分布以及关键产品性质的对比列于表8。

如表8所示，催化剂RHC-3、RHC-131和三个催化剂级配方案所需裂化反应温度分别为基准、基准+20℃和基准+15℃(平均温度)；>350℃馏分的转化率分别为77.1%、84.3%和84.9%；产品航煤(145~280℃)的收率分别为42.8%、45.1%和44.7%，烟点分别为33mm、31mm和32mm，产品尾油(>280℃)的收率分别为23.8%、26.8%和28.2%，BMCI值分别为7.6、8.2和8.7。

上述结果表明，在相当转化深度的条件下催化剂级配方案所需裂化温度介于最高活性催化剂和最低活性催化剂之间，但其传化深度和产品分布均与活性最低催化剂相当，兼顾了较高裂化活性和好的航煤选择性两方面；另外，其产品性质也与活性最低催化剂相当。

表8　不同催化剂效果的对比

加氢裂化催化剂	RHC-3	RHC-131	RHC-3/RHC-133/RHC-131
原　　料	燕山加裂原料		
裂化温度/℃	基准	基准+20	基准+15
液体烃收率/%			
C5~145℃石脑油	29.9	25.2	24.3
145~280℃航煤	42.8	45.1	44.7
>280℃尾油	23.8	26.8	28.2
重石脑油芳烃潜含量/%	58.6	54.9	55.2
航煤馏分烟点/mm	33	31	32
尾油馏分BMCI值	7.6	8.2	8.7

3.8　小结

综合催化剂、原料、裂化反应深度、产品切割方案以及催化剂级配对反应过程的规律性认识，为增产航煤、压缩柴油并兼顾改善尾油的质量，提出了以下大比例增产航煤改善尾油质量的加氢裂化规律认识：

(1) 采用高脱氮和芳烃饱和性能加氢精制催化剂和高航煤收率的尾油型加氢裂化催化剂级配，有利于氢裂化装置长周期稳定运转，并可实现增产航煤、生产优质尾油的目标。

（2）采用适宜类型的原料并优化其构成，可进一步提高航煤收率并改善产品质量；

（3）在较高的转化深度和优化的切割方案可实现最大量产航煤，压减柴油和改善尾油的目的；

（4）采用优化的加氢裂化催化剂梯级活性级配可兼顾装置运转周期和目标产品最大化，实现裂化反应器床层温度梯度分布，减少冷氢注入量并降低能耗。

4 大比例增产航煤改善尾油质量加氢裂化技术的应用

为满足首都地区对航空煤油持续增长的需求，燕山分公司多次对 200 万 t/a 加氢裂化装置进行增产航煤的技术改造。2016 年装置检修后，为进一步增产航煤并保证一定的重石脑油和优质尾油收率、减少柴油产率，加氢裂化装置运行第四周期采用石油化工科学研究院开发的“大比例增产航煤改善尾油质量的加氢裂化技术”及配套催化剂，期望在长周期满负荷稳定运行的条件下实现最大量生产航煤的目标，同时兼顾石脑油及尾油的生产。

考虑到装置运行效果和运行费用及投资成本，加氢精制催化剂采用上周期 RN-32V 再生剂和 RN-410 新剂，裂化段采用催化剂梯级活性匹配 RHC-3 再生剂、RHC-133 新剂和 RHC-131 新剂。2016 年 7 月采用湿法硫化方法一次顺利开车成功。

表 9 列出了大比例增产航煤改善尾油质量的加氢裂化技术在燕山分公司加氢裂化装置的应用结果。由表 9 可见，在反应器入口压力 14.1MPa、精制段平均温度为 371℃，裂化段 RHC-3/RHC-133/RHC-131 梯级温度为 368/378/384℃的条件下，燕山分公司 200 万 t/a 加氢裂化装置可得到 43%以上的航煤馏分和 30%以上的尾油馏分，航煤馏分性质符合 3 号喷气燃料要求，尾油 BMCI 值 8.7，实现了装置大比例增产航煤改善尾油质量的预期目标。另外，由于标定期间全厂氢气不足，装置轻、重石脑油收率总仅和为 22.2%，低于设计值 25%的转化深度，因此在条件允许的情况下航煤收率和尾油质量有进一步提高和改善的空间。

表 9 大比例增产航煤改善尾油质量加氢裂化技术应用结果

项目	数据	项目	数据
原料油性质		化学氢耗/%	2.05
密度(20℃)/(g/cm^3)	0.8993	产品轻石脑油	
氮质量分数/%	0.13	质量收率/%	4.0
硫质量分数/%	1.64	产品重石脑油	
馏程(D-1160)/℃		质量收率/%	18.2
10%	316	芳潜/%	55
50%	397	产品航煤	
90%	474	质量收率/%	43.3
97%	513	烟点/mm	26.6
BMCI 值	43.8	闭口闪点/℃	42.5
主要操作条件		冰点/℃	-51.5
一反入口压力/MPa	14.1	产品尾油	
装置进料量/(t/h)	218	质量收率/%	31.6
一反平均温度/℃	371	硫质量分数/(μg/g)	5
二反平均温度/℃	368/378/384	BMCI 值	8.7

图6是燕山分公司200万t/a加氢裂化装置上周期和本周期加氢裂化反应器床层温度分布和冷氢量示意图。由图可知，采用梯级活性匹配的加氢裂化催化剂级配后，裂化反应器温度分布根据各床层催化剂活性呈梯度升高趋势，在发挥每个催化剂最大功效的同时，大幅减少床层减冷氢使用量，同时降低了加热炉负荷，实现了节能降耗的目的。

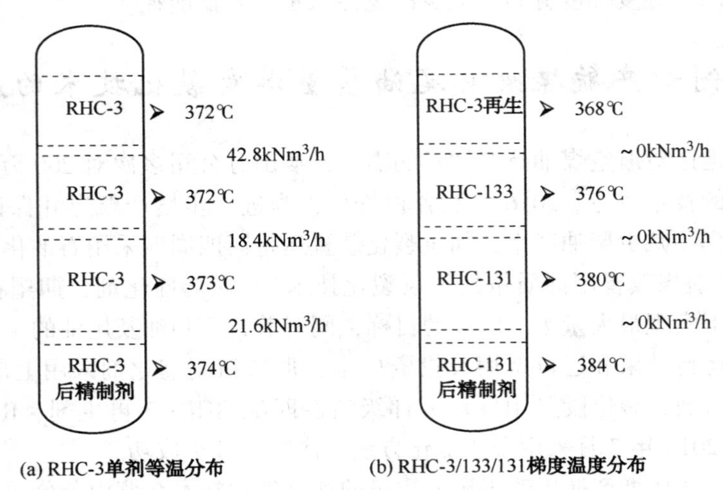

图6 加氢裂化催化剂梯级活性匹配效果

5 结论

RIPP开发的新一代脱氮性能好、芳烃饱和能力强的加氢精制催化剂RN-410和高航煤产率的尾油型加氢裂化催化剂RHC-131可实现加氢裂化装置增产航煤兼产优质尾油的目的。对原料油类型、原料油组成、转化深度以及切割方案对航煤及尾油的影响规律进行了详细考察，在规律性认识的基础上通过对催化剂及级配优化形成了大比例增产航煤改善尾油质量的加氢裂化技术。工业应用结果表明，燕山分公司加氢裂化装置航煤收率在43%以上，尾油BMCI值为8.7，该技术在实现大比例增产航煤改善尾油质量目的的同时，可压减柴油收率，并能够有效的节约冷氢和降低能耗。，航煤收率在43%以上，尾油BMCI值为8.7。

参考文献

[1] 胡志海，熊震霖，聂红，等．生产蒸汽裂解原料的中压加氢裂化工业-RMC[J]，石油炼制与化工，2005，36(1)：1-5.

[2] 崔德春，胡志海，王子军，等．加氢裂化尾油做蒸汽裂解工艺原料的研究和工业实践[J]．乙烯工业，2008，20(1)：18-24.

[3] 胡志海，张富平，聂红，等．尾油型加氢裂化反应化学研究与实践[J]，石油学报：石油加工，2010，10增刊：8-13.

增产重石脑油型催化剂在乌石化公司加氢裂化装置的工业应用

王　静　王新栋　刘世强

（中国石油乌鲁木齐石化分公司炼油厂，乌鲁木齐　830019）

摘　要　根据 DN-3552/DN-3651 型精制剂及 Z-863/Z-NP10 型裂化剂在加氢裂化装置的工业应用结果，分析了该催化剂装填、硫化、钝化及标定过程的工艺性能。结果表明，该催化剂可生产 44%~51%的重石脑油产品，具有产品结构灵活、操作弹性大、产品质量优良的特点，能够满足企业实际生产需求。

关键词　加氢裂化　催化剂　硫化　标定

1　前言

中国石油乌鲁木齐石化公司 100 万 t/a 加氢裂化装置于 2007 年 9 月 30 日建成，2010 年 10 月开工正常。由反应、分馏吸收稳定两部分组成。装置采用“双剂串联尾油全循环”的加氢裂化工艺。加氢裂化装置主要原料为炼油厂常减压装置的减压蜡油（VGO），主要产品为轻石脑油、重石脑油、柴油，副产品为干气、低分气，设计能力为 100 万 t/a（尾油全循环方案），年开工时间为 8400h。

加氢裂化装置开工首次装填催化剂选用抚顺石油化工研究院开发的 FF-26A 精制催化剂、3976 裂化催化剂，目标产品为柴油和重石脑油，柴油设计收率 49%，重石脑油设计收率 38%，为降低柴汽比，增产重石脑油，经过一个周期的运行，在 2016 年 7 月装置大检修期间，对加氢反应器 R-101 及裂化反应器 R-102 催化剂进行再生更换工作。新催化剂采用标准公司 DN-3552/DN-3651 型精制剂及 Z-863/Z-NP10 型裂化剂，原 3976 裂化催化剂再生后回装于 R-102 的三、四床层。

2　催化剂的性能、装填及开工情况

2.1　催化剂的理化性质

2016 年 7 月加氢裂化装置催化剂更换为标准公司催化剂 DN-3552、DN-3651 和 Z-863、Z-NP10 主催化剂，用于加工减压蜡油生产石脑油、航煤及柴油等产品。催化剂主要性质见表 1。

表1 催化剂理化性质

催化剂类型	DN-3552	DN-3651	Z-NP10	Z-NP10	Z-863
化学成分	Ni/Mo on alumina base	Ni/Mo on alumina base	Ni/W on zeolyst	Ni/W on zeolyst	Ni/W on zeolyst
催化剂粒度/mm	1.3/2.5	1.3/1.6	2.5/1.6	2.5	2.5/1.6
催化剂的形状	三叶草型	三叶草型	三叶草型	ATX	三叶草型
磨损指数	>95	>95	>95	>95	>95

2.2 催化剂的装填

乌石化公司100万t/a加氢裂化装置加氢反应器R101设2个催化剂床层，裂化反应器R102设4个催化剂床层，具体装填数据见表2。

表2 催化剂装填量

反应器		催化剂	高度/mm	平均装填密度/(kg/m^3)	装填量/t
R101	1床	DN-3651/DN-3552	5860	866.1	47.5
	2床	DN-3552	8890	702.6	64.5
R102	1床	Z-863/ Z-NP10	2740	678.1	19.738
	2床	Z-NP10	2760	525.5	16.1
	3床	3976再生剂	2720	905.5	25.5
	4床	3976再生剂/ DN-3552	4420	868.5	39.54

2.3 催化剂预硫化

乌鲁木齐石化100万t/a加氢裂化装置2016年7月22日—23日完成氢气气密，7月23日装置具备预硫化条件，催化剂预硫化采用干法硫化形式[1]，硫化剂为二甲基二硫醚(DMDS)。循化氢压缩机运行正常，循环氢量250kNm^3/h，补充氢压缩机运行，反应加热炉投用，反应器器壁最低温度>93℃，反应器入口压力12.89MPa，注硫泵开启，建立注硫系统器外循环。反应温度由195℃向205℃升温，开始注硫，硫化开始后的第12h，催化剂230℃恒温阶段，循化氢中检测出硫化氢。DMDS注入量超过理论值的一半，且循环氢中硫化氢开始有上升趋势后达到第一阶段硫化结束条件开始进行第二阶段高温硫化，为保证再生剂3976的预硫化效果，在290℃时恒温4h后向330℃升温硫化，7月24日15:00反应温度330℃，DMDS注硫量达到理论数据要求。H_2S分析数据达到15300vppm，至20:30开始降温，历时31h催化剂硫化结束，硫化剂注入量达到27.10t(估算数据)，超过理论注硫量26.86t。硫化升温趋势见图1，预硫化期间循环氢中H_2S浓度趋势见图2。

2.4 催化剂钝化及进油开工

催化剂温度200℃，压力12.6MPa开始引柴油进行催化剂床层浸润工作，尾油改长循环并入原料流程后，裂化反应器入口开始注液氨钝化，共准备液氨7.7t，按400kg/h速率计算可连续注入20h。一反入口温度升温至300℃，开始切换原料蜡油以25t/h，分3次切换完毕，总进料量70t/h，原料全部切换为蜡油后，开始提温操作。

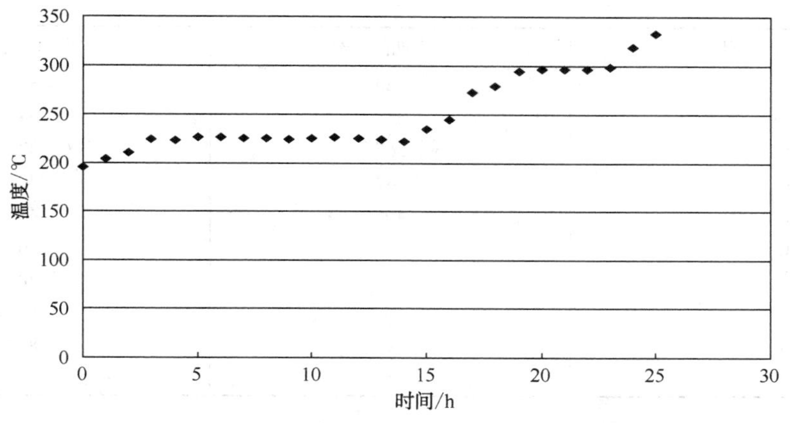

图 1　预硫化反应温度曲线图

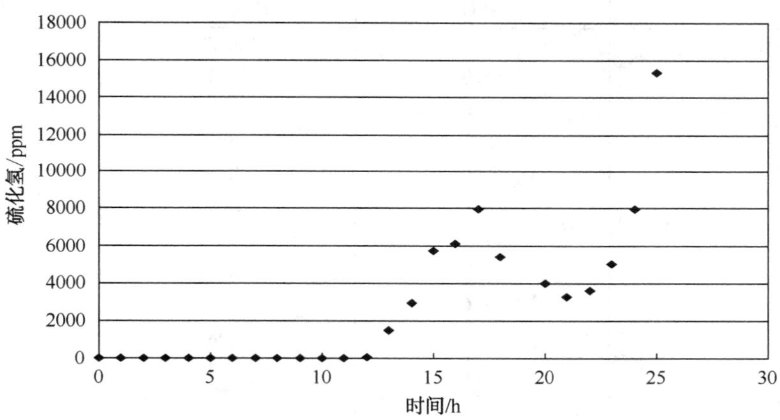

图 2　预硫化期间循环氢中硫化氢浓度曲线图

3　装置运行标定情况

乌石化公司 100 万 t/a 加氢裂化装置于 2016 年 11 月 9 日 10:00 至 2016 年 11 月 11 日 10:00 组织进行了标定工作。

3.1　原料及产品性质

标定期间原料为一常减二线蜡油及三常减二线蜡油混合进罐区，由 2 号、3 号罐直供装置。新氢纯度≮95%。原料性质相对优质，且波动较小，各产品质量均合格。原料主要性质见表 3，柴油、低凝柴油及重石脑油产品分析见表 4。

表 3　标定期间原料主要性质

分析项目	标定期间 3 号	标定期间 2 号
密度(20℃)/(kg/m^3)	880.2	885
初馏点/℃	264	270

续表

分析项目	标定期间3号	标定期间2号
5%馏出温度/℃	320	325
10%馏出温度/℃	335	340
30%馏出温度/℃	367	383
50%馏出温度/℃	387	404
70%馏出温度/℃	406	425
90%馏出温度/℃	437	462
终馏点/℃	465	486
硫含量/%	—	0.14
氮含量/(mg/kg)	994	833
胶质含量/%	<0.1	3.3

表4 标定期间主要产品分析

参数名称	柴油	低凝柴油	重石脑油
密度(自动)/(kg/m³)	804.3	795.2	737.3
闪点(闭口)/℃	55.0	59.0	—
初馏点/℃	155	167	71
50%馏出温度/℃	297	205	117
90%馏出温度/℃	348	253	150
终馏点/℃	363	299	174
铜片腐蚀/级	1b	1b	—
硫含量/(mg/kg)	0.5	0.5	0.5
十六烷指数	72.6	—	—
凝点/℃	—	—38	—
冷滤点/℃	—	—34	—
氮含量/(mg/kg)	—		0.5
氯含量/(mg/kg)	—	—	0.5
铅含量/(μg/kg)	—	—	0.9
砷含量/(μg/kg)	—	—	0.9
铜含量/(μg/kg)	—	—	0.9
溴指数/(mgBr/100g)	—	—	177

重石脑油的S、N含量均≤0.5mg/kg，是优质的催化重整原料。柴油产品硫含量低、十六烷值高，可满足柴油国Ⅴ标准。

加氢裂化装置在上一运行周期时进行了航煤试生产工作，但冰点、烟点不合格，在2016年换剂开工后8月又进行了航煤试生产质量验证工作，具体分析数据见表5。

表5 试生产航煤产品分析数据

项目	质量指标	2015年9月	2016换剂后1	2016年换剂后2
密度(20℃)/(kg/m³)	775~830	782.7	786.2	784.9
闪点/℃	≮38	38.5	46.5	47
初馏点/℃	—	147	152	155
10%馏出温度/℃	≯205	156	171	176
50%馏出温度/℃	≯232	164	194	197

续表

项目	质量指标	2015 年 9 月	2016 换剂后 1	2016 年换剂后 2
终馏点/℃	≯300	239	284	277
冰点/℃	≯-47	-20℃时出现挂壁浑浊	-52.5	-50
烟点/mm	≮25	21.2	26.2	26.2
20℃黏度/(mm^2/s)	≮1.25	—	—	1.762
-20℃黏度/(mm^2/s)	≯8	—	—	—
芳烃/%	≯15	—	4.2	3.8
烯烃/%	—	—	1	—
铜片腐蚀(NONE)	—	—	1b	—
银片腐蚀(NONE)	—	—	0	—

由表 5 可知，本次生产的航煤馏分所分析指标均满足 3#喷气燃料要求。

3.2 工艺参数

通过标定期间反应系统关键参数与设计进行对比，具体数据见表 6。

表 6 反应系统关键参数与设计值对比

项目	设计值	标定期间
新鲜原料量/(t/h)	119	121.55
循环油量/(t/h)	29.8	19.45
反应器入口压力/MPa	15.0	15.268
循环氢纯度/%(v)	≮85	90.4
新氢纯度/%(v)	≮95	95.625
反应器入口氢油比/(Nm^3/m^3)	800	900
化学氢耗/%(m)	2.79	2.41
保护剂空速(对新鲜进料)/h^{-1}	12.68	14.1
精制剂空速(对新鲜进料)/h^{-1}	0.87	0.91
裂化剂空速(对新鲜进料)/h^{-1}	1.18	1.2
后精制剂空速(对新鲜进料)/h^{-1}	8.92	9.05
R101 WABT 精制平均温度/℃	370	371
R102 WABT 裂化平均温度/℃	378	371.4

由表 6 结果可以看出，标定期间循环氢纯度与新氢纯度均满足设计指标要求，循环氢实际纯度 90.4%，新氢纯度 95.625%，高于设计指标，保证了反应器入口氢分压的要求。

设计化学氢耗 2.79，实际化学氢耗 2.41；由于原料油偏轻，非烃化合物的结构简单，裂化反应过程更容易，伴随原料干点降低，原料油中多环芳烃比例降低并且结构简单，因此加氢饱和过程中氢耗降低。

针对新鲜进料量略高于设计值，因此，保护剂、精制催化剂、裂化催化剂及后精制剂体积空速(对新鲜原料蜡油)略高于设计值。

精制反应器平均反应温度控制371℃，与设计初期精制平均温度370℃相当，因加氢裂化装置精制油取样器高压阀门填料问题无法正常取样，所以精制反应平均温度控制相对较高，以防止裂化反应一床催化剂氮中毒。裂化反应平均温度371.4℃，低于设计初期温度378℃，主要取决于原料油偏轻，裂化反应过程难度降低，在维持适当转化深度前提下，裂化反应温度较为缓和。

3.3 物料平衡

此次标定物料平衡具体数据见表7。

表7 标定期间物料平衡表

物料	设计收率/%	标定期间收率/%
原料+氢气	100	100
低分气+干气	2.15	1.54
液化气	4.5	4.04
柴油+低凝	31.99	40.65
轻石脑油	12.7	8.84
重石脑油	48.1	44.93
尾油	0.48	0

此次标定期间重石脑油+低凝柴油+柴油收率合计85.58%，设计收率80.09%，目的产品收率远高于设计值；重石脑油收率44.93%低于设计值48.1%，主要因为标定期间增产低凝柴油原因，低凝柴油收率21%(设计8.4%)，同时柴油终馏点360℃较设计347℃要高。

加氢裂化装置在开工后次月(9月份)进行了增产重石脑油的专项标定工作，9月18日至9月21日期间降低柴油终馏点至平均值349℃，同时，保证尾油循环量不变，9月20日通过提高转化率等手段增产重石脑油，结果见表8。

表8 9月份增产重石脑油期间物料平衡表

物料	当日量/t	收率/%
原料合计	2162.69	—
建北原料	2035.34	—
氢气	127.35	—
重催柴油	0	—
产品合计	2162.69	100.00
低分气	33.25	1.54
干气	10.61	0.49
液化气	107.1	4.95
柴油	786.06	36.35
轻石脑油	116.07	5.37
重石脑油	1109.6	51.30
尾油	0	0

由表可知调整后的重石脑油收率达到 51.3%高于设计值 48.1%，与此同时，柴油与重石脑油收率提高至 87.65%，超过设计值 7.65%。通过 9 月份标定和此次标定期间产品收率情况可以看出目前催化剂运行能够灵活调整重石脑油与柴油产品分布，并且收率均高于设计指标。

4 总结

（1）从精制催化剂 DN-3552、DN-3651 在乌石化公司 100 万 t/a 加氢裂化装置工业应用结果看，DN-3552、DN-3651 催化剂具有良好的脱硫、氮、氧、烯烃饱和的能力，能够满足生产清洁产品的需求。

（2）裂化催化剂 Z-863、Z-NP10 生产方案灵活，通过调整工艺条件和产品切割方案，可根据需求灵活调整目标产品收率。

（3）该催化剂的产品质量好，重石脑油的 S、N 含量均≤0.5mg/kg，可作为催化重整原料。柴油产品硫含量低、十六烷值高，可满足国Ⅴ排放标准。

全混捏法对渣油加氢催化剂金属分散度影响的研究

张春光

（中国石油石油化工研究院，北京　102204）

摘　要　以 $\gamma-Al_2O_3$ 为载体，分别采用全混捏法和浸渍法合成了渣油加氢催化剂（MoO_3-NiO/Al_2O_3）。采用扫面电镜（SEM）研究催化剂表面形态，发现全混捏法制备的催化剂活性金属晶粒较浸渍法的大。采用 TPR 和 H_2-TPD 研究催化剂表面金属分散度，发现全混捏法制备催化剂分散度较浸渍法制备的催化剂有明显提高。采用 BET 研究孔结构，发现全混捏法在制备的催化剂，在比表面积相同的情况下，具备更大的孔容和孔径。采用全混釜反应器以中东混合渣油加氢处理过程做催化剂评价，发现全混捏法制备的催化剂较浸渍法制备的催化剂在金属脱除率、脱硫率、脱氮率和脱残碳率方面都有明显提高。

关键词　全混捏　渣油加氢催化剂　金属分散度

在石油工业中，随着原油重质化和劣质化问题日趋严重，炼油厂常减压蒸馏后得到的渣油质量越来越差，处理难度越来越大，因此越来越多的炼厂需要渣油加氢处理装置[1]。而渣油加氢装置每年都需要更换催化剂，降低催化剂的成本成为重要的研究课题，本文就是采用全混捏法制备渣油加氢处理催化剂，在降低催化剂成本的同时有效地提高催化活性，并对催化剂的物理化学性质进行表征，对反应性能进行初步评价。

1　催化剂的制备

采用浸渍法制备 A 组样品，采用全混捏法制备 B 组样品，每组样品各取四个代表样，为了方便表征数据的对比，每组四个样品具有大体相同的 MoO_3 和 NiO 含量，如表 1 所示。

表 1　四组实验制备样品的 MoO_3 和 NiO 含量

	实验组别	1#	2#	3#	4#
A	浸渍法样品 MoO_3 含量/%（m）	8.55	11.35	13.80	15.12
B	全混捏法样品 MoO_3 含量/%（m）	8.18	10.45	13.40	14.09
	偏差（要求<5%）	2.21%	4.13%	1.47%	3.53%
A	浸渍法样品 NiO 含量/%（m）	2.83	3.78	4.24	5.25
B	全混捏法样品 NiO 含量/%（m）	2.73	3.51	4.20	4.94
	偏差（要求<5%）	1.80%	3.70%	0.47%	3.04%

2　催化剂的表面形态与金属分散度

采用扫描电子显微镜（SEM）研究四组样品的表面形态，鉴于四组样品 SEM 照片具有相同的规律性，本文只给出第一组样品的 SEM 照片。

如图 1 所示，可以看出，图 1(a)中浸渍法制备的 MoO_3-NiO/Al_2O_3颗粒较大，主要集中在氧化铝孔洞内部，有明显的堵孔和团聚现象。图 1(b)中全混捏法制备的催化剂，MoO_3和 NiO 分散在氧化铝外表面上，处于高度分散状态。测量晶粒尺寸 Xi，并计数晶粒数目 Ni，根据公式(1)进算出晶粒的平均尺寸 d，计算的结果如表 2 所示，可以看出，随着金属含量的增加，晶粒尺寸不断增大。

$$d = \Sigma Xi / \Sigma Ni \tag{1}$$

(a) 浸渍法制备的MoO_3-NiO/Al_2O_3

(b) 全混捏法制备的MoO_3-NiO/Al_2O_3

图 1 全混捏法与浸渍法制备催化剂的 SEM 照片

催化剂样品的程序升温曲线(TPR)可以反映负载的活性金属氧化物与 H_2进行还原反应活性[2]。鉴于四组样品的 TPR 曲线具有相同的规律性，本文只给出第一组实验中两个样品的 TPR 曲线。如图 2 所示，可以看出每个曲线都存两个吸收峰，温度较低的峰是 MoO_3活性中心，温度较高的峰是 NiO 活性中心。样品 A1 和 B1 的 MoO_3吸收峰分别出现在 297℃ 和 282℃，而 NiO 吸收峰分别出现在 464℃和 460℃，可见样品 B1 中的金属氧化物更易于与 H_2发生还原反应，毛纾冰等[3]认为全混捏法制备的催化剂上负载的金属氧化物颗粒更小，H_2扩散较为容易，因此反应温度较低。

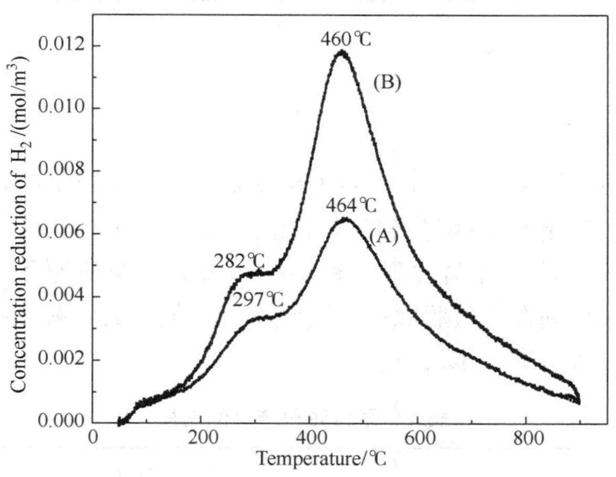

图 2 全混捏法与浸渍法制备催化剂的 TPR 曲线图

根据 TPR 数据可以分别计算出催化剂还原反应中 MoO_3、NiO 吸收 H_2的量，根据 H_2-

TPD数据可以分别计算出已还原出的Mo、Ni原子吸附H_2的量，根据公式(2)和式(3)，可以分别计算出MoO_3和NiO的分散度[4]。

$$MoO_3\text{分散度} = 6 \times (\text{Mo吸附}H_2\text{的量})/(MoO_3\text{吸收}H_2\text{的量}) \quad (2)$$

$$NiO\text{分散度} = 2 \times (\text{Ni吸附}H_2\text{的量})/(NiO\text{吸收}H_2\text{的量}) \quad (3)$$

如表2所示，给出了四组实验的MoO_3和NiO的分散度，全混捏法制备的催化剂较浸渍法制备的催化剂，MoO_3和NiO的分散度都有很大程度的提高。并且，随着金属负载量的增加，金属分散度都呈下降的趋势，是因为负载量越大，活性金属氧化物越易形成团聚。

表2 四组实验制备样品的MoO_3和NiO分散度

实验组别	全混捏法样品的晶粒尺寸/nm	MiO_3的分散度/%		NiO的分散度/%	
		全混捏法	浸渍法	全混捏法	浸渍法
1#	238	34.2	19.8	29.8	16.9
2#	278	33.3	16.2	27.6	13.2
3#	312	31.6.	10.3	25.9	9.6
4#	336	30.2	9.1	24.1	5.7

3 催化剂孔结构的表征

从表3可以看出，第一组实验中的样品A1与B1比表面及基本相同，但孔容和孔径要小很多，说明全混捏方法制备的催化剂具备更大的孔容和孔径。

表3 第一组实验制备催化剂的孔结构参数

样 品	比表面积/(m^2/g)	孔体积/(cm^3/g)	平均孔径/nm
A1	164.5	0.602	13.0
B1	168.9	0.682	16.2

4 催化剂性能

评价试验利用高压反应釜进行评价，以CS_2为硫化剂，以中东混合渣油为原料油，采用第一组实验制备的两个催化剂样品进行评价实验，原料油和产品的性质如表4所示。预硫化过程和加氢反应过程一体，升温过程为程序控制升温。杂质原子脱除结果如表5所示，可知全混捏法制备的催化剂在金属脱除率、脱硫率、脱氮率有小幅度提高，在脱残碳率方面提高很大，具体原因有待于进一步研究。

表4 原料油和产品的性质

性 质	原料油	全混捏法催化剂催化反应后的产品	浸渍法催化剂催化反应后的产品
Ni+V/(μg/g)	79.10	8.30	8.70
S/%(m)	4.326	1.347	1.618

续表

性　质	原料油	全混捏法催化剂催化反应后的产品	浸渍法催化剂催化反应后的产品
N/%(m)	0.3051	0.2009	0.2043
MCR/%(m)	11.34	8.61	9.32

表 5　杂原子脱除率

参　数	全混捏法制备的催化剂	浸渍法制备的催化剂
脱金属率/%	89.51	89.00
脱硫率/%	68.87	62.60
脱氮率/%	34.15	33.04
脱残炭率/%	24.09	14.79

5　结　论

（1）全混捏法制备的催化剂活性金属晶粒较浸渍法的大。

（2）全混捏法制备的催化剂活性金属晶粒较浸渍法制备的催化剂有明显提高。

（3）全混捏法在制备的催化剂，在比表面积相同的情况下，具备更大的孔容和孔径。

（4）采用全混釜反应器以科威特常压渣油加氢处理过程做催化剂评价，确定全混捏法制备的催化剂较浸渍法制备的催化剂在金属脱除率、脱硫率、脱氮率和脱残碳率方面都有提高。

参　考　文　献

[1] Rana M S, Sámano V, Ancheyta J, et al. A review of recent advances on process technologies for upgrading of heavy oils and residua[J]. Fuel, 2007, 86(9): 1216-1231.

[2] Hiromi Matsuhashi, Satoru Nishiyama, Hiroshi Miura, et al. Applied Catalysis A: General, 2004, 272: 329-338.

[3] 毛纾冰，李殿卿，张法智，等. γ-Al_2O_3 表面原位合成 Ni-Al-CO_3 LDHs 研究[J]. 无机化学学报，2004，20：596-602.

[4] Subramani Velu, Santosh K. Gangwal. Synthesis of alumina supported nickel nanoparticle catalysts and evaluation of nickel metal dispersions by temperature programmed desorption. Solid State Ionics, 2006, 177: 803.

可切换上流式反应器与固定床渣油加氢组合技术开发

赵元生[1]　张志国[1]　赵愉生[1]　聂士新[2]　夏恩冬[1]　张全国[1]　刘佳澎[1]　张天琪[1]

（1. 中国石油石油化工研究院，北京　102206；
2. 大连西太平洋石油化工有限公司，大连　116600）

摘　要　开发了可切换上流式反应器与固定床渣油加氢组合技术，能够加工常规固定床无法加工的(Ni+V)达到150～200μg/g、残炭含量达到15%～20%(m)的劣质渣油原料，与常规固定床渣油加氢相比，该技术脱金属和脱残炭率高出4%和2%，液收更高，加氢渣油产品完全满足催化裂化要求，具有良好的发展前景。

关键词　劣质重油加工　上流式反应器　可切换　组合工艺

原油资源的重质化、劣质化以及环保法规日趋严格，使得固定床渣油加氢技术成为劣质高硫原油深加工的关键技术[1]。近些年来，随着渣油原料重质化和劣质化趋势进一步加剧，我国常规固定床渣油加氢装置加工劣质渣油，出现保护反应器压降快速上升、催化剂失活等问题，导致运行周期大大缩短，难以适应生产大型化和长周期运行的要求。

上流式反应器因其反应物流自下向上流动，有助于充分发挥催化剂性能，能有效增加催化剂床层空隙率，缓解结焦、压降超标等常见问题，在加氢领域引起广泛关注[2~5]。目前，国内外对于上流式反应器的研究主要集中在流体力学方面，Saroha 等[6~10]通过搭建冷模实验装置，系统地考察了气速、液速、催化剂性质、床层高度对反应器压降、持液量、轴向扩散系数、径向混合系数、床层膨胀率等因素的影响规律。目前对上流式反应器加氢工艺及原料适应性等方面的研究较少。

本工作以典型劣质渣油为原料，考察了上流式反应器对原料的适应性，并对上流式反应器加氢反应过程进行评价，且进一步对上流式反应器与固定床反应器组合加氢性能进行了评价，并与常规固定床渣油加氢技术进行对比。

1　实验

1.1　试验装置与工艺流程

试验装置为(300 mL×5)渣油加氢试验装置，前两个反应器 R1A 和 R1B 为上流式反应器，后三个反应器 R2、R3、R4 为常规固定床反应器。原料油与氢气混合后进入反应器与催化剂接触，依次通过各个反应器床层，脱除原料油中的金属 Ni、V、硫、氮等杂质；反应后的油气依次通过高压分离罐、低压分离罐进行气液分离，最后进入产品罐。装置流程见图 1。

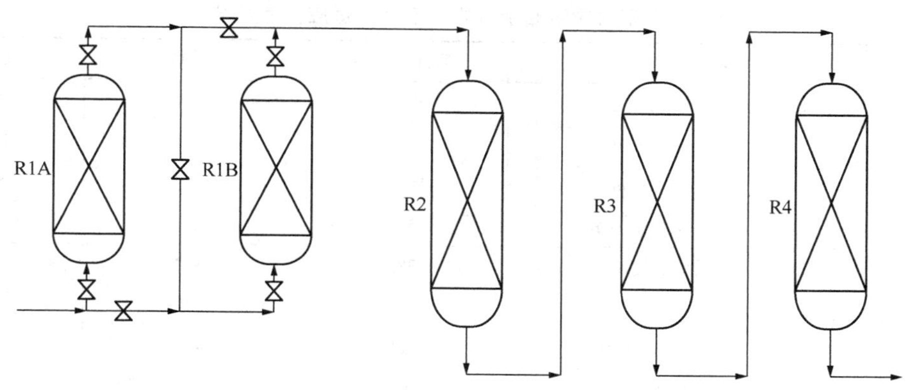

图 1　评价装置流程图

1.2　原料与催化剂

实验原料为 3 种典型劣质渣油原料，其性质见表 1。

表 1　主要原料油性质

项　　目	密度(20℃)/(g/cm³)	S/%(m)	MCR/%(m)	Ni/(μg/g)	V/(μg/g)	Fe/(μg/g)	Ca/(μg/g)
渣油原料 A	0.97	4.09	15.68	16.38	48.75	3.38	0.89
渣油原料 B	0.99	3.09	17.99	35.93	51.74	6.69	0.21
渣油原料 C	1.001	4.25	16.7	32	121	6.62	4.5

采用的催化剂为工业渣油加氢催化剂，包括保护剂 PHR-404 和脱金属催化剂 PHR-103、兼顾脱金属与脱硫的过渡催化剂 PHR-104 和 PHR-201，脱硫催化剂 PHR-202，以及深度脱硫与脱残炭催化剂 PHR-301，均为 Mo-Ni 催化剂。

2　结果与讨论

2.1　上流式反应器性能与原料适应性

只使用其中一个上流式反应器，选择表 1 所示 3 种原料进行上流式反应器加工适应性考察。其中原料 A 为国内某炼厂固定床渣油加氢装置常规加工原料，特点是硫含量高、残炭较高、金属含量适中；B 为国内某炼厂固定床渣油加氢装置较难加工的渣油原料，特点是残炭值高，金属含量偏高，硫含量适中；C 为劣质渣油原料，特点是硫和金属含量高，残炭值较高，固定床渣油加氢装置无法加工。原料适应性考察结果如表 2 所示。

由表 2 可知，3 种渣油原料 A、B、C 经上流式反应器加氢处理后，脱硫率、脱残炭率和脱金属率达到 40%~45%、25%~35%和 60%~70%，加氢样品中硫、金属(Ni+V)、残炭含量均大幅下降，属于优质固定床渣油加氢原料，通过低苛刻度加氢处理，即可满足催化裂化或加氢裂化原料要求。上述结果表明，上流式反应器渣油加氢工艺对渣油原料适应性较好，脱杂质性能尤其是脱金属性能极为优异。

表 2　典型劣质渣油上流式加氢加工适应性考察结果

项　目		渣油原料 A	渣油原料 B	渣油原料 C
渣油原料性质	密度(20℃)/(g/cm^3)	0.97	0.99	1.00
	S/%(m)	4.094	3.09	4.25
	MCR/%(m)	15.68	17.99	15.11
	Ni+V/(μg/g)	65.13	87.7	153.33
反应条件	反应温度/℃	383	383	383
	反应压力/MPa	18	18	18
	H_2/Oil(体积比)	400	400	400
	LHSV/h^{-1}	0.8	0.8	0.8
加氢生成油性质	S/%(m)	2.37	1.78	2.38
	MCR/%(m)	10.9	10.68	11.27
	Ni+V/(μg/g)	26.8	25.9	50.69
脱杂质率	HDS/%(m)	42.11	42.38	44.01
	HDMCR/%(m)	30.48	32.28	25.41
	HD(Ni+V)/%(m)	59.10	70.41	66.95

尤为重要的是，对于常规固定床无法处理的原料C，经上流式反应器处理后，金属(Ni+V)含量由153.33μg/g降至50.69μg/g，硫含量由4.25%(m)降至2.38%(m)，残炭含量由15.11%(m)降至11.27%(m)，能够满足固定床加氢处理原料要求。进一步表明，上流式反应器在加工高金属(Ni+V：150μg/g左右)、高残炭：15%~20%(m)的劣质高硫渣油原料方面具有常规固定床无法比拟的优势。接下来选用劣质渣油原料C，开展上流式反应器加氢工艺、加氢前后组成与稳定性变化、上流式反应器与固定床组合评价试验等研究。

2.2　上流式反应器加氢反应过程胶体稳定性

胶体稳定性对渣油加氢过程具有重要作用，一旦胶体稳定性受到破坏，沥青质和重胶质析出，易于堵塞催化剂孔口，使催化剂迅速失活，影响催化剂的活性和稳定性，影响产品质量，造成管道堵塞，缩短装置运行周期[11~14]。笔者在表3所列工艺条件下对劣质渣油C经上流式反应器加氢处理前后的组分组成(SARA)和胶体稳定性变化进行了研究，结果如表3所示。

表 3　典型劣质渣油 C 上流式加氢处理前后 SARA 和胶体稳定性变化

项　目	渣油原料 C	加氢生成油	项　目	渣油原料 C	加氢生成油
饱和分/%	20.96	26.7	胶质/%	22.07	20.08
芳香分/%	49.39	49.06			
C_7沥青质/%	6.81	3.87	胶体稳定性参数/(g/g)	1.81	2.00

由表3可知，劣质渣油经过上流式反应器加氢处理，胶体稳定性稳定参数从1.81上升至2.00，表明上流式反应器加氢处理能明显改善胶体稳定性。样品胶体稳定性变化的原因来源于体系的组分组成、组分性质和结构的变化。按照SH/T 0226—92方法，对不同反应器

出口油样进行了 SARA 四组分分离，将各个样品分成饱和分、芳香分、胶质和正庚烷沥青质。原料经过上流式反应器加氢处理后，其中的沥青质从 6.81wt.%大幅下降至 3.87 wt.%，脱除率达到 43.18%，显著促进油样胶体稳定性的改善，与此同时，胶质和芳香分含量变化较小，从而较好地保持了胶体体系的固有平衡。

2.3 上流式反应器与固定床组合加氢评价试验

将一个上流式反应器与 3 个固定床反应器进行组合，以典型劣质渣油原料 C 为原料，使用开展组合技术试验研究，在温度 370~385℃、压力 18MPa，空速 0.20 h^{-1}，氢油比 1000（一反 400）：1(v)下，稳定运行 3000h，组合技术表现出优异的脱硫、脱氮和脱残炭性能。典型试验结果如表 4 和表 5 所示。

表 4 劣质渣油 C 上流式反应器与固定床渣油加氢组合处理结果

原 料	渣油原料 C	原 料	渣油原料 C
反应条件		MCR/%(m)	5.37
反应温度/℃	383	Ni+V/(μg/g)	12.89
反应压力/MPa	18	组合技术脱杂质性能	
H_2/Oil(v)	1000(1 反 400)	HDS/%(m)	92.47
LHSV/h^{-1}	0.2	HDMCR/%(m)	64.46
加氢生成油		HD(Ni+V)/%(m)	91.57
S/%(m)	0.32		

表 5 劣质渣油 C 经组合工艺处理前后 SARA 和胶体稳定性变化

项 目	渣油原料 C	加氢生成油	项 目	渣油原料 C	加氢生成油
饱和分/%	20.96	47.92	C_7沥青质/%	6.81	0.89
芳香分/%	49.39	41.00	胶体稳定性参数/(g/g)	1.81	3.25
胶质/%	22.07	10.20			

由表 4 和表 5 可知，劣质渣油原料 C，经过上流式反应器与固定床渣油加氢组合处理后，加氢渣油产品硫、残炭、Ni+V、沥青质含量为 0.32%、5.37%、12.89 μg/g 和 0.89%，完全满足催化裂化装置原料要求，脱硫率、脱残炭率、脱金属率和脱沥青质率达到 92.47%、64.46%、91.57%和 86.93%；与此同时，加氢油样的胶体稳定性参数为 3.25，较原料(1.81)大幅改善，有助于催化剂活性的发挥和装置平稳运行[17]。由此可见，上流式反应器与固定床渣油加氢组合技术，在劣质渣油原料高效清洁加工利用方面，显示出了良好的工业应用前景。

2.4 反应器切换试验研究

先后考察了 R1A-R1B 串联、R1B 单独、R1B-R1A 串联组合、R1A 单独组合 4 种操作模式，实现了反应器在线切换和催化剂在线硫化，各种模式切换平稳可靠，装置运行稳定。

3 与常规固定床技术比较

选取渣油原料C和2家炼厂渣油加氢装置原料，在同等操作工况下，从脱硫、脱残炭、脱金属性能、产品收率、产品分布及产品质量等方面，将组合技术与常规固定床技术进行深入比较。

3.1 脱杂质性能比较

脱杂质性能对比试验结果如表6所示。

表6 组合技术与常规技术脱杂质性能比较

项目		常规技术	组合技术	常规技术	组合技术	常规技术	组合技术
原料性质	种类	渣油原料C		工业装置1#典型原料		工业装置2#典型原料	
	密度(20℃)/(g/cm^3)	1.0010		0.9862		1.0028	
	S/%(m)	4.25		4.18		4.09	
	MCR/%(m)	15.11		12.64		15.68	
	Ni+V/(μg/g)	153.33		77.76		65.13	
工艺条件	反应压力/MPa	18		14		18	
	反应温度/℃	383		375		383	
	氢油比(v)	1000		1000		1000	
	空速/h^{-1}	0.2		0.236		0.2	
加氢性能	HDS/%	91.91	93.57	86.37	86.96	92.62	92.70
	HDMCR/%	68.63	70.62	57.99	61.39	71.24	73.92
	HD(Ni+V)/%	88.01	92.59	80.63	84.49	87.29	91.60

由上表可知，以上述原料油为考察对象，与常规固定床技术相比，组合技术在脱残炭、脱金属和脱硫性能更为优异，其中脱残炭率高出2%以上，脱金属率超出4%。

对于典型劣质渣油原料(渣油原料C)，在空速0.2 h^{-1}、反应温度383 ℃较低苛刻度下，经组合技术处理，硫、残炭、金属(Ni+V)分别降低至0.27%、4.44%、11 μg/g，脱硫率、脱残炭率和脱金属率分别为93%、70%、92%，可以直接作为催化裂化的优质原料。

3.2 物料平衡

渣油原料C的物料平衡结果如表7所示。与常规固定床加氢技术相比，组合技术C_5^+液收高0.5%。氢耗略高0.4%，归因于较深的加氢转化深度和较高的杂质脱除率。

表7 组合技术与常规技术产品分布比较

原料	渣油原料C		原料	渣油原料C	
产品分布/%/(m)	常规	上流式	$C_1 \sim C_4$	3.96	4.70
H_2S	4.94	4.11	C_5^+收率	92.48	93.01

续表

原　　料	渣油原料 C		原　　料	渣油原料 C	
NH_3	0.17	0.16	H_2	-1.55	-1.98

3.3 加氢油样

渣油原料 C 的加氢油样，经过实沸点切割，获得石脑油、柴油和加氢渣油组分。详细分析结果如表 8 所示。

表 8　组合技术与常规技术加氢产品质量对比

项　　目	常规	上流式	常规	上流式	常规	上流式
实沸点切割	石脑油 C_5~160℃		柴油 160~365℃		加氢渣油>365℃	
收率/%	0.84	1.22	16.11	18.89	82.6	79.16
密度(20℃)/(g/cm³)	0.774	0.7687	0.877	0.8725	0.9471	0.9459
凝点/℃	—	—	-33.4	-27.7	—	—
十六烷值	—	—	39.83	40.74	—	—
残炭/%	—	—	—	—	6.57	6.22
硫含量/(μg/g)	36.47	20.82	226.54	210.06	3730	3060
氮含量/(μg/g)	16.95	17.31	248.38	327.03	2752.40	2810.42
Ni/(μg/g)	—	—	—	—	6.56	4.56
V/(μg/g)	—	—	—	—	14.00	8.54

由上表可知，在加氢 C_5^+液体产品中，与常规技术相比，收率方面，组合技术的石脑油和柴油收率分别高出约 0.4%和 2%，渣油收率略低；产品质量方面，组合技术加氢渣油的残炭、硫及(Ni+V)含量更低(分别低 0.35%、670 μg/g、7.46 μg/g)，加氢柴油的硫含量更低(低 15.65μg/g)，十六烷值更高(高 0.9)，加氢汽油的硫含量更低(低 16.48μg/g)。

参 考 文 献

[1] 李大东．炼油工业：市场的变化与技术对策[J]. 石油学报：石油加工，2015，31(2)：208-217.
[2] 孙丽丽．应用上流式反应器技术扩能改造渣油加氢脱硫装置[J]. 石油炼制与化工，2002，33(4)：5-8.
[3] 穆海涛，孙振光．上流式反应器在 VRDS 工艺中的应用[J]. 石油炼制与化工，2004，35(1)：10-15.
[4] 穆海涛，孙启伟，孙振光．上流式反应器技术在渣油加氢装置上的应用[J]. 石油炼制与化工，2001，32(11)：10-13.
[5] 胡大为，杨清河，戴立顺，等．第三代渣油加氢 RHT 系列催化剂的开发及应用，石油炼制与化工，2013，44(1)：11-15.
[6] Saroha A K，Khera R. Hydrodynamic study of fixed beds with cocurrent up-flow and downflow[J]. Chem Eng Process，2006，45(6)：455-460.
[7] Iliuta I，Thyrion F C，Muntean O. Axial dispersion of liquid In gas-liquid cocurrent downflow and upflow fixed-bed reactors with porous particles[J]. Chem Eng Res Des，1998，76(1)：64-72.
[8] Chander A，Kundu A，Bej S K，et al. Hydrodynamic characteristics of cocurrent upflow and downflow of gas

and liquid in a fixed bed reactor[J]. Fuel, 2001, 80(8): 1043-1053.

[9] 王仙体，李文儒，翁惠新，等．微膨胀床渣油加氢处理反应器的研究[J]．化学工程，2006，34(9)：28-31.

[10] 王仙体，李文儒，翁惠新，等．渣油加氢微膨胀床反应器中的气液流动状态及床层膨胀率[J]．华东理工大学学报：自然科学版，2006，32(5)：530-534.

[11] 张龙力，杨国华，阙国和，等．质量分数电导率法研究中东常压渣油中的沥青质聚沉[J]．石油学报：石油加工，2002，18(6)：56-60.

[12] 张龙力，张世杰，杨国华，等．常压渣油热反应过程中胶体的稳定性[J]．石油学报：石油加工，2003，19(2)：82-86.

[13] 张龙力，杨国华，张庆轩，等．渣油胶体稳定性与热反应生焦性能的关系[J]．石油化工高等学校学报，2005，18(1)：4-6.

[14] Kohlia K, Prajapatia R, Maity S K, et al. Deactivation of hydrotreating catalyst by metals in resin and asphaltene parts of heavy oil And residues[J]. Fuel, 2016, 175: 264-273.

[15] 中国石油化工总公司．SH/T 0226—1992 添加剂和含添加剂润滑油中锌含量测定法[S]．北京：中国标准出版社，1992.

[16] Martínez J, Ancheyta J. Modeling the kinetics of parallel thermal and catalytic hydrotreating of heavy oil[J]. Fuel, 2014, 138: 27-36.

[17] 万素娟，宝秋娜，蔺彩宁，等．装填3层催化剂的页岩油加氢精制工艺的中试[J]．石油化工，2015，44(7)：852-855.

渣油加氢装置加工催化柴油的实践

闫家亮

（中国石化金陵分公司，南京　210033）

摘　要　中国石化金陵分公司渣油加氢-催化裂化联合装置于2012年10月建成投产，大量的催化柴油后续处理困难，难以满足未来柴油升级为国Ⅳ，国Ⅴ后的质量要求。该公司将催化回炼油去渣油加氢加工进行了试验，试验结果：Ⅲ催化装置中压蒸汽发汽量增加3t/h，掺渣量提高0.37%~5.08%，总液收提高1.47%，催化柴油质量密度由948kg/m^{3}下降到928kg/m^3，十六烷值由15上升至17.8。渣油加氢装置反应温度基本维持不变，耗氢量略有上升。

关键词　渣油加氢催化裂化　催化柴油　产品质量　优化

目前国内柴油消费量滞涨，柴油配置困难，而催化柴油芳烃和氮含量高、密度大、十六烷值低，加氢精制困难，是柴油质量升级的难点。

中国石化金陵分公司渣油加氢-催化裂化联合装置于2012年10月建成投产，其中渣油加氢装置设计加工能力为1.8Mt/a，催化裂化(FCC)装置设计加工能力为3.5Mt/a，基础设计数据如表1。

表1　Ⅲ催化裂化装置基础设计数据

序号	原　料	设计值	
		百分比/%	处理量/(万 t/a)
1	Ⅱ蒸馏混合蜡油	16.48	57.68
2	Ⅱ蒸馏减压渣油	3.3	11.55
3	加氢蜡油	35.12	122.92
4	加氢重油	45.1	157.85
	合　计	100	350
原油性质		平均	
密度(20℃)/(g/cm^3)		~0.93	
硫/%		0.5	
酸度/(mgKOH/100mL)		0.38	
氮/(mg/kg)		~1982.8	
康氏残炭/%		4.5	
Ni+V/(mg/kg)		13~14	

表2　渣油加氢装置基础设计数据

序号	原　料	设计值	
		百分比/%	处理量/(万 t/a)
1	Ⅱ蒸馏减二线轻蜡油	20.56	37.01
2	Ⅳ蒸馏减三和减四线混合重蜡油	16.58	29.84

续表

序号	原 料	设计值	
		百分比/%	处理量/(万 t/a)
3	Ⅲ蒸馏减压渣油	62.86	113.15
合 计	100	180	
原油性质		平均	
密度(20℃)/(g/cm^3)		~0.988	
硫/%		3.3	
康氏残炭/%		13.97	
氮/(mg/kg)		~4122	
Ni+V/(mg/kg)		~105	

渣油加氢装置依托抚顺研究院(FRIPP)开发的固定床渣油加氢成套技术(S-RHT)，由洛阳石化工程公司设计，是当时国内单系列加工能力最大装置。催化裂化装置反应部分采用石油化工科学研究院的MIP专利技术，再生部分采用洛阳石油化工工程公司的快速床+湍流床烟气串联再生专利技术。该装置运行产品柴油收率22%左右，每天产约2000吨、密度950kg/m^3左右柴油。大量的催化柴油后续处理困难，难以满足未来柴油升级为国Ⅳ，国Ⅴ后的质量要求。鉴于上述原因，金陵分公司利用现有装置对加工催化柴油路线进行优化，即在催化装置压减催化柴油重组分含量，要求催化柴油365℃馏出量≮90%，同时将柴油重组分油压到催化回炼油中作为渣油加氢进料，以此考察对两套装置的操作有何影响，以及催化柴油的产品质量情况。

1 试验过程

2013年8月23日Ⅲ催化装置操作做了较大调整，大幅度降低柴油95%馏出温度不大于363℃，将重组分全部压到分馏塔底。分馏塔底液位一直处于高位，最高至80%，通过提高反应温度、加大油浆外排的手段效果均不明显，装置只有降量处理，处理量由420t/h降至400t/h左右，最小降至380t/h，同时掺渣大幅度降低，严重影响公司效益。2013年9月2日10：30投用Ⅲ催化回炼油至渣油加氢管线。回炼

2 结果与讨论

2.1 对Ⅲ催化操作的影响

2.1.1 回炼油去渣油加氢，改善了Ⅲ催化操作，增加了发汽

由表1可以看出Ⅲ催化回炼油部分到渣油加氢加工后，在处理量不变的情况下，分馏塔的操作变化较明显的是：催化柴油的抽出温度下降明显；回炼发汽量的增加，由未投用前的1.9t/h提高至5.6t/h，(回炼发汽量变化见图1)。为装置减少了约0.2kgEO/t的能耗。

表 3　操作参数调整变化

项　　目	9 月 1 日	9 月 2 日	9 月 3 日	9 月 4 日	9 月 5 日	9 月 6 日
一反出口反应温度/℃	521	522	521	520	520	518
进料预热温度/℃	200	202	205	208	202	198
再生器密相温度/℃	705	706	709	706	703	710
处理量/(t/d)	9250	9486	9535	9717	9895	9774
主风流量/(m^3/min)	7480	7520	7520	7500	7410	7440
再生器顶压力/kPa	308	308	308	308	304	302
沉降器顶压力/kPa	261	262	261	258	259	259
分馏塔顶压力/kPa	226	226	226	223	220	221
分馏塔顶温度/℃	123	123	124	124	124	124
分馏塔底温度/℃	314	313	314	314	314	313
柴油抽出温度/℃	236	218	210	216	215	215
柴油出装置流量/(t/h)	57	58	50	52	52	70
回炼油返塔温度/℃	285	285，265（投用后）	300	295	280	285
回炼油返塔温度/℃	325	324	324	320	318	317
回炼油抽出温度/℃	337	337	336	335	335	338
回炼发汽流量/(t/h)	1.9	2.5	5.2	5.6	5.3	4.5
回炼油至渣加流量/(t/h)	0	10	17	20	25	25

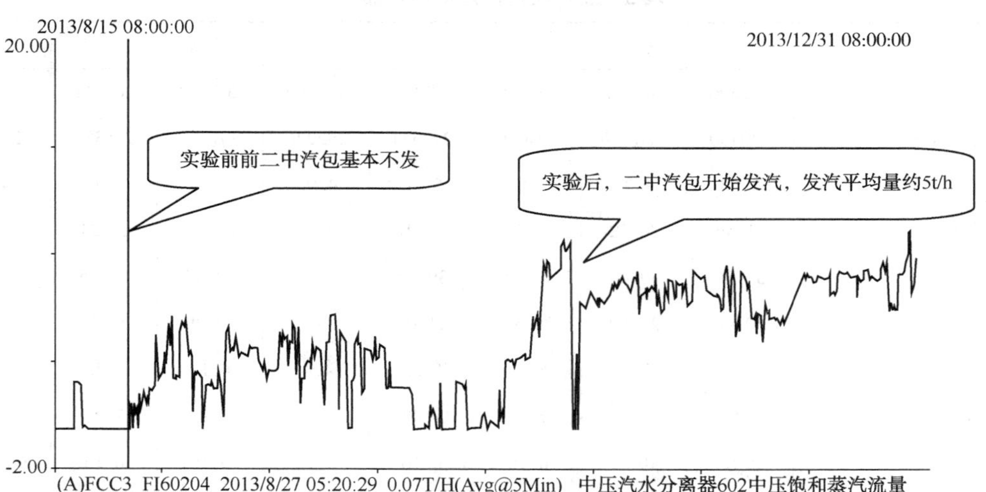

图 1　回炼发生蒸汽量变化

2.1.2 增加了III催化的渣油掺炼量，降低了原料成本，改善了产品发布

Ⅲ催化回炼油进渣油加氢掺炼后，分馏塔底液位多了一个有效的调节手段，在反应再生操作优化的情况下，装置掺渣率得到提高，表4为装置投用回炼去渣油加氢前后三个月的实际原料中重油加工量，按照炼油事业部考核方法，加氢渣油如视同常压重油，按1/2折算成减压渣油，减四线油折算减压渣油按1/2计，投用后掺渣率提高了0.37个百分点。

表4 为装置投用前后三个月的实际原料中重油加工量

		投用前				投用后		
日期	201306	201307	201308	累计	201309	201310	201311	累计
加工量	280450	306517	305666	892633	295276	301588	285335	882199
Ⅰ渣油加氢重油/t	153229	152168	153039	458436	75269	67378	61265	203912
Ⅱ常减压减四线/t	1009	0		1009			189	189
Ⅱ常减压减渣油/t	0	0		0			828	828
Ⅲ常减压减渣油/t	18697	35727	38889	93313	66890	77300	73773	217963
Ⅲ常减压减四线/t	0	0	0	0		1653	1770	3423
Ⅳ常减压减渣油/t	0	0	0	0				0.00
掺渣率(加氢重油折1/2)/%	34.17	36.48	37.76	36.19	35.40	37.08	37.22	36.56
掺渣率(加氢重油折1/3)/%	25.06	28.20	29.41	27.63	31.15	33.35	33.65	32.71
原料油500℃馏出/%	68.92	68.71	67.95	68.53	67.37	67.11	67.52	67.33

按催化混合原料500℃馏出统计计算得出，掺渣提高1.20%。

装置回炼油去渣油加氢后，产品分布改善，见表5，总液收提高了1.47个百分点。

表5 装置投用回炼前后产品发布

		投用前				投用后		
日期	201306	201307	201308	平均	201309	201310	201311	平均
提升管处理量/t	280450	306517	305666	297544	295276	301588	285335	294066
干气/%	5.03	4.94	5.51	5.16	4.95	4.34	4.41	4.57
液态烃/%	21.46	20.72	20.56	20.91	19.19	20.13	19.21	19.51
汽油/%	39.56	39.44	40.25	39.75	38.88	38.87	41.65	39.80
柴油/%	20.46	21.69	20.85	21.00	24.91	24.39	22.17	23.82
油浆/%	5.8	5.46	5.32	5.53	4.4	4.19	4.53	4.37
烧焦/%	7.53	7.59	7.35	7.49	7.52	7.93	7.87	7.77
损失/%	0.16	0.16	0.16	0.16	0.16	0.16	0.15	0.16
合计/%	100.00	100.00	100.00	100.00	100.00	100.00	100.00	100.00
轻质油收率/%	60.02	61.13	61.1	60.75	63.78	63.26	63.82	63.62
总液收/%	81.48	81.85	81.66	81.66	82.97	83.39	83.03	83.13

2.1.3 轻柴油、油浆产品质量的影响改善

催化轻柴在投用之前密度为945kg/m³，十六烷值在15左右，硫含量在0.48%。投用之后分馏塔操作进行优化，把较重的组分压到回炼油中，催化轻柴性质明显降低，密度由945kg/m³降低至928kg/m³(见图2)，十六烷值由15上升至17.8。

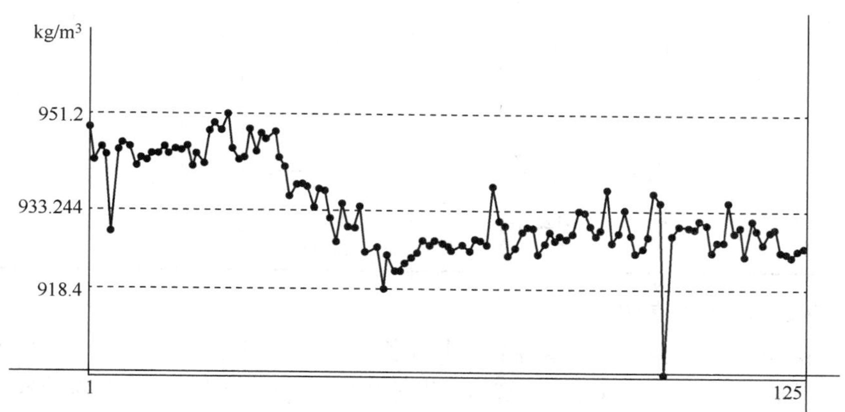

图2 Ⅲ催化轻柴油密度趋势图(2013年8月至11月)

油浆性质也有所改善，5%馏出温度由投用前的305℃上升至投用后的316℃，将柴油最大可能的提炼出来，增加了装置的液收，提高了产品效益。

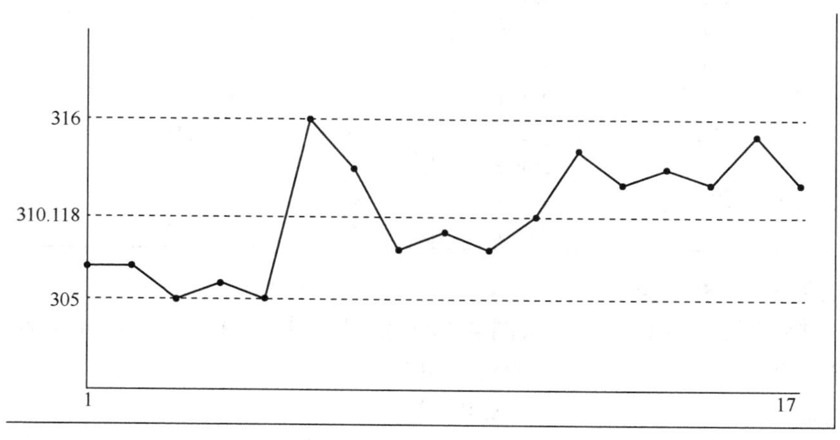

图3 Ⅲ催化油浆5%馏出温度趋势图(2013年8月至11月)

2.2 渣油加氢装置掺炼Ⅲ催化回炼油的影响

2.2.1 渣油加氢原料

Ⅲ催化回炼油去渣油加氢，在掺炼量30t/h时，对渣油混合原料性质影响不大，除密度有所增加外，金属含量、混合原料馏程在掺炼前后没有明显变化。

表6 渣油加氢原料性质

项目		设计混合原料平均	8月26日	9月3日	9月4日
密度(20℃)/(g/cm³)		0.988	0.961	0.963	0.974
CCR/%		13.97	9.48	8.87	9
运动黏度(100℃)/(mm²/s)		258.14	62.1	62.45	
金属/(μg/g)	Fe	11.65	6.3	6.7	8
	Na		2.5	0.9	1.6
	Ca	3.95	5.4	5.2	8.3
	Ni	40.62	18.5	17.8	18.5
	V	61.59	17.7	16.4	17.5
S/%		3.30	2.6	2.59	2.6
N/(μg/g)		4122.00	1458	1349	
沥青质/%		7.04	14.17	13.01	

2.2.2 渣油加氢反应器操作

在反应器操作上，反应系统总均温上升不多，最高上升了1.6℃。一反均温最高上升2.5℃，二反均温最高上升2.1℃，三反均温最高上升1.1℃，四反均温基本维持不变，说明掺炼催柴对反应系统影响不大。

表7 渣油加氢各反应器平均温度

时间	一反均温	二反均温	三反均温	四反均温	总均温
9月1日	377.7	380.2	401.9	413.9	397.9
9月2日	378.5	381.2	402.7	413.6	398.6
9月3日	378.6	381.5	403.1	412.4	398.6
9月4日	379.4	382.3	403.4	412.3	399.1
9月5日	379.3	381.8	403.8	412.4	399.1
9月6日	380.0	382.3	402.9	412.5	399.2
9月7日	379.6	381.2	401.8	411.6	398.6
9月8日	372.2	371.6	389.2	396.9	386.3
9月9日	380.2	382.0	403.0	412.7	399.5

2.2.3 渣油加氢耗氢量

渣油加氢掺炼催化柴油前后，从图4新氢耗量变化不明显，新氢耗量预估增加大约500m³/h，全月多消耗新氢 $500\times0.1\times24\times30\times10^{-3}=36t$。

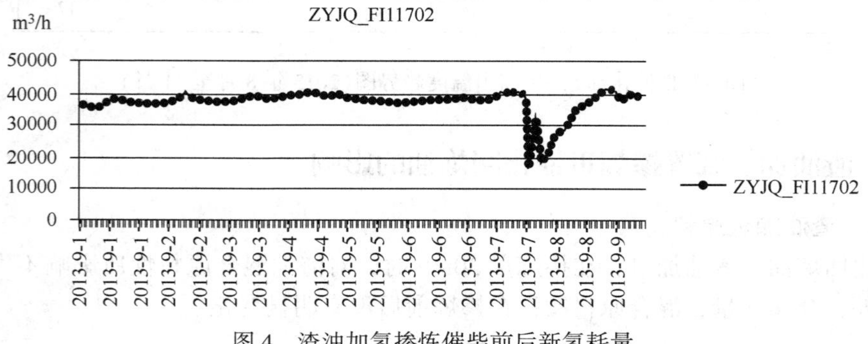

图4 渣油加氢掺炼催柴前后新氢耗量

2.2.4 渣油加氢产品质量影响

在掺渣变化不大的情况下，催柴掺炼前后渣油加氢柴油密度呈增加趋势，从 855kg/m³ 增加到 867kg/m³，最高到 873kg/m³。与蜡油加氢加工催化柴油相比，渣油加氢较高的反应压力和反应温度对催化柴油的改质作用效果明显，有利于全厂柴油质量升级到国Ⅴ柴油。

3 结论

（1）将Ⅲ催化装置回炼油去渣油加氢掺炼后，对Ⅲ催化装置的影响主要是：改善了分馏塔的操作弹性，对分馏塔底液位的调节起到了有效的手段，回炼发汽量增加了 3.7t/h；提高了装置掺渣率约 0.37~5.08 个百分点；改善了轻柴油性质，Ⅲ催化馏出口轻柴油密度降低了 17kg/m³，十六烷值由 15 上升至 17.8；产品分布得到改善，总液收提高了 1.47 个百分点。

（2）对渣油加氢的影响主要是：渣油加氢耗氢量稍有上升，催化柴油改质效果明显，而渣油加氢原料性质、各反应器床温分布，床层压降变化都影响不大。

（3）由于加氢重油减少、直馏渣油增加，减少了中间加工流程，Ⅲ催化原料成本下降。

（4）大约 20t/h 的催化重柴油经渣油加氢处理后，十六烷值从 17 提高到 44，提高了 27 个单位，有利于公司柴油平衡。

克拉玛依超稠油常压渣油临氢热裂化性能研究

黄新平　熊春珠　王雪梅　秦海燕

（中石油克拉玛依石化有限责任公司炼油化工研究院，克拉玛依　834000）

摘　要　在实验室悬浮床中试试验装置上，开展克拉玛依超稠油常压渣油临氢热裂化工艺研究，实验结果表明在合适的工艺条件下，常压渣油大于 460℃ 的馏分由 59.47%降低至 25.73%，汽、柴油馏分收率增加到 32.62%，原料发生了明显的热裂化反应，同时在高压临氢状态下，生焦反应得到了较好的控制，因此该加工方案具有较好的应用性，能有效提高炼厂的经济效益。

关键词　稠油常压渣油　悬浮床　临氢热裂化

1　前言

随着常规石油资源日益减少和重油开采技术日臻成熟，我国的劣质重油产量呈不断增长趋势，新疆克拉玛依风城超稠油的产量在未来几年内将会逐渐达到 400 万 t/a。克拉玛依超稠油具有密度大、黏度大、酸值高、金属含量高等特点，该原料的轻质化以及深度加工工艺技术是克拉玛依石化公司生产非常关注的问题。

由于克拉玛依超稠油黏度大、金属含量高，采用催化裂化和固定床加氢裂化等工艺时，催化剂失活速度快，经济效益很差；采用延迟焦化虽然可以加工这些稠油，但是稠油的残炭值、金属含量和硫含量均比较高，导致延迟焦化的焦炭产量高，焦炭质量差；沸腾床加氢技术完全可以加工克拉玛依超稠油，但是目前该技术需要从国外引进，成本较高，此外该技术工艺流程和设备复杂，操作难度大[1]。

重油悬浮床加氢裂化技术是指重油（渣油）馏分在临氢状态下，与充分分散的催化剂于高温、高压下发生热裂化与加氢反应的过程，是一种既能加工高金属、高残炭、高硫原料，又能生产清洁燃料的有效重油轻质化技术，是处理劣质重油的优良工艺[2]。目前世界上开发的重油悬浮床加氢技术国外主要有意大利 ENI 公司的 EST 技术，UOP 公司的 Uniflex™ 技术，KBR 公司和 BP 公司的 VCC 技术，法国 Axens 公司与委内瑞拉 Intevep 合作开发的 HDH-PLUS-SHP 技术，Chevron 公司的 VRSH 技术；国内主要有 FRIPP 和石油大学开发的重油悬浮床加氢裂化技术，近年来还有北京三聚环保和北京华石能源联合开发的超级悬浮床 MCT 技术[3-4]。

结合悬浮床加氢裂化技术的特点，在实验室开展了无催化剂条件下的超稠油常压渣油临氢热裂化工艺研究，研究结果表明，在适合的工艺条件下，可将常压渣油 460℃ 以上的馏分由 59.47%降低为 25.73%，增加汽、柴油馏分 32.62%，原料发生明显的热裂化反应，同时在高压临氢状态下，生焦反应得到了较好的控制，因此该加工方案具有较好的应用性，能有效提高炼厂的经济效益。

2 实验部份

2.1 原料油性质

超稠油常压渣油具有密度大，黏度大，金属含量高等特点，尤其是总金属含量超过 300 μg/g，常规重油加工手段难以加工该原料，主要性质如表 1 所示。

表 1 超稠油常压渣油性质

分析项目	超稠油常压渣油	方法
密度(15℃)/(kg/L)	0.9643	ASTMD5002
黏度(100℃)/(mm^2/s)	636.5	ASTM D445
残炭/%	8.47	GB/T 17144
饱和烃/ %	47.22	NB/SH/T 0509
芳烃/%	12.02	
胶质/%	36.41	
沥青质/%	4.35	
C/w%	87.45	ASTMD5291
H/w%	11.91	
金属-Ni/(μg/g)	43.15	RIPP 124
金属-V/(μg/g)	0.766	
金属-Na/(μg/g)	1.12	
金属-Fe/(μg/g)	15.16	
金属-Ca/(μg/g)	353	
金属-Mg/(μg/g)	4.42	
N/(μg/mL)	5925	ASTMD4629
S/(μg/mL)	468	ASTMD5453
酸值/(mg KOH/g)	4.59	ASTMD664

2.2 实验设备

实验设备为 200mL 悬浮床加氢试验评价装置，反应器为空筒，在一定的温度、压力和氢气条件下进行超稠油常压渣油的临氢热裂化评价试验，装置工艺流程图如图 1 所示：

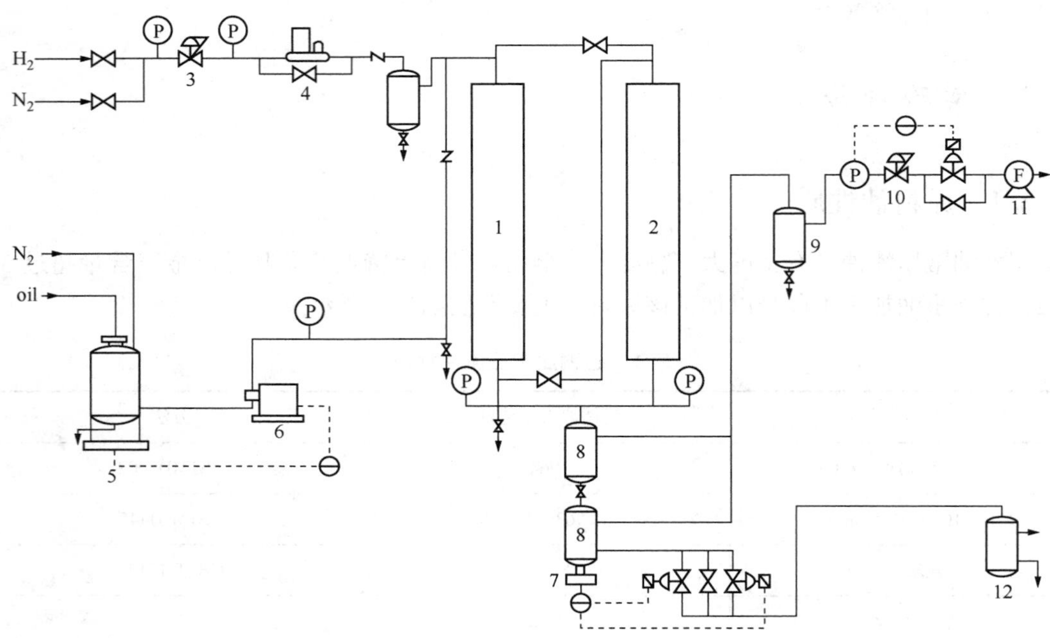

图1 悬浮床临氢热裂化试验装置

1—一级反应器；2—二级反应器；3—定压阀；4—气体质量流量计；5—原料罐；6—原料泵；7—振动式液位计；8—高分罐；9—脱油罐；10—尾气减压阀；11—尾气表；12—产品罐

3 工艺条件考察及结果讨论

3.1 工艺条件与产品分布

以超稠油常压渣油为原料，在一定的反应条件下，分别以不同空速进行工艺条件试验，考察生成汽油、柴油，蜡油，减压渣油收率及各馏分性质，产品分布及各馏分性质分别如表2~表5所示。

表2 原料和产品分布

反应条件	反应温度/℃	常渣原料	基准			基准+10		
	氢油比/(v)		基准			基准		
	反应压力/MPa		基准			基准		
	空速/h^{-1}		2×基准	1.5×基准	基准	2×基准	1.5×基准	基准
样品编号		CZ-0	CZ-1	CZ-2	CZ-3	CZ-4	CZ-5	CZ-6
收率/%	HK~180℃	0	3.81	4.27	4.96	7.22	8.06	8.57
	180~360℃	10.54	22.82	28.38	33.36	25.96	26.24	34.59
	360~460℃	28.91	31.59	25.57	21.38	24.83	29.17	28.38
	>460℃	59.47	40.52	38.70	36.76	39.31	34.11	25.73
	总收率	98.92	98.74	96.92	96.46	97.32	97.58	97.27

表2数据表明，常渣原料经过悬浮床临氢热裂化后，发生了明显的裂化反应，汽油馏分增加到3%~9%，柴油馏分从10%增加到22%~35%，蜡油馏分在21%~32%之间波动，尾油馏分由59%降低到25%~40%。同一反应温度下，随着反应空速的降低，汽柴油收率逐渐增加，减渣收率逐渐降低，蜡油收率在较低反应温度是逐渐降低的，随着反应温度升高，减渣裂化程度增大，蜡油收率有一定增加。

同理在同一空速下，随着反应温度的提高，热裂化反应加剧，汽柴油收率逐渐增加，减渣收率逐渐降低。

3.2 柴油馏分性质分析

柴油馏分性质分析如表3所示。

表3 柴油馏分性质

样品编号		CZ-0	CZ-1	CZ-2	CZ-3	CZ-4	CZ-5	CZ-6
氮含量/%		0.328	0.299	0.285	0.310	0.291	0.313	0.268
硫含量/%		0.156	0.207	0.190	0.179	0.174	0.164	0.142
密度(20℃)/(kg/m^3)		914.1	884.9	872.8	873.3	879.8	874.9	876.1
折光(20℃)		1.5000	1.4898	1.4836	1.4840	1.4872	1.4848	1.4858
十六烷指数		40.5	41.6	41.8	42.9	43.9	42.6	41.8
组成	饱和烃/%	63.56	51.20	50.98	57.14	60.26	61.27	60.12
	芳香烃/%	28.57	32.79	31.59	24.93	28.22	29.87	30.26
	极性化合物/%	7.87	16.01	17.43	17.93	11.52	8.86	9.62

表3数据表明，柴油馏分的氮含量在0.268%~0.313%之间，硫含量在0.142%~0.207%之间，随着反应温度或空速的变化，氮硫含量没有明显规律性的变化，在一定范围内保持波动，十六烷值指数在41.6~43.9之间，比原料的柴油馏分略有增加。由于没有加氢催化剂的存在，该柴油馏分需要经过进一步的精制或者改质。

3.3 蜡油馏分性质分析

蜡油馏分性质分析如表4所示。

表4 蜡油馏分性质

样品编号		CZ-0	CZ-1	CZ-2	CZ-3	CZ-4	CZ-5	CZ-6
氮含量/%		0.472	0.454	0.476	0.484	0.432	0.439	0.450
硫含量/%		0.151	0.211	0.213	0.227	0.173	0.179	0.188
密度(20℃)/(kg/m^3)		933.9	937.6	938.9	940*.9	934.3	936.9	938.7
折光(20℃)		1.5085	1.5154	1.5158	1.5213	1.5168	1.5169	1.5194
残炭/%		0.04	0.03	0.04	0.04	0.05	0.04	0.06
组成	饱和烃/%	69.60	61.69	59.48	58.76	61.24	58.73	57.38
	芳香烃/%	23.63	28.85	31.42	31.87	30.55	33.30	33.85
	极性化合物/%	6.77	9.46	9.10	9.37	8.21	7.97	8.77

续表

样品编号		CZ-0	CZ-1	CZ-2	CZ-3	CZ-4	CZ-5	CZ-6
金属	Fe/(μg/g)	1. 10	5. 95	5. 70	5. 42	4. 50	2. 40	2. 40
	Ni/(μg/g)	<0. 25	0. 450	0. 440	0. 490	<0. 25	<0. 25	<0. 25
	Ca/(μg/g)	0. 750	3. 52	3. 40	2. 91	1. 56	0. 650	0. 775
	V/(μg/g)	<0. 25	<0. 25	<0. 25	<0. 25	<0. 25	<0. 25	<0. 25

表4数据表明，蜡油馏分的氮含量在0. 43%~0. 49%之间，硫含量在0. 15~0. 21%之间，随着反应温度或空速的变化，氮硫含量没有明显规律性的变化，在一定范围内保持波动。组成分析表明，芳烃含量比原料有所增加，在28%~34%之间；极性化合物增加到7%~10%，主要是由于减渣组分的进一步裂化，转化为蜡油组分，同时一部分稠环芳烃缩合成胶质沥青质。金属分析表明，铁含量和钙含量比原料明显增加，但是随着反应温度的升高和空速的降低，金属含量逐渐降低。

蜡油馏分的性质指标符合蜡油加氢或者催化原料的要求，可以进一步二次加工成需要的目标产品。

3.4 尾油馏分性质分析

尾油馏分性质分析如表5所示。

表5 尾油馏分性质

样品编号		CZ-0	CZ-1	CZ-2	CZ-3	CZ-4	CZ-5	CZ-6
氮含量/%		1. 05	0. 784	0. 859	0. 874	1. 32	1. 46	1. 44
硫含量/%		0. 340	0. 226	0. 231	0. 205	0. 267	0. 251	0. 241
残炭/%		15. 70	25. 55	26. 59	28. 24	25. 87	27. 29	31. 63
组成	饱和烃/%	14. 71	15. 86	23. 51	22. 78	20. 83	18. 60	13. 80
	芳香烃/%	24. 58	31. 57	29. 70	29. 73	30. 65	33. 43	30. 36
	极性化合物/%	60. 71	52. 57	46. 79	47. 40	48. 52	47. 97	55. 84
金属	Fe/(μg/g)	31. 5	29. 1	28. 4	21. 5	24. 9	18. 1	10. 5
	Ni/(μg/g)	43. 0	74. 2	61. 0	57. 5	68. 3	63. 7	30. 8
	Ca/(μg/g)	421	678	496	396	527	452	352
	V/(μg/g)	0. 750	1. 31	1. 14	1. 06	1. 22	1. 15	0. 455

表5数据表明，尾油馏分的氮含量在0. 78%~1. 46%之间，硫含量在0. 20%~0. 25%之间，随着反应温度的升高，氮含量有所增加，硫含量没有明显变化。组成分析表明，芳烃含量比原料有所增加，在29%~33%之间，极性化合物略有降低，在46%~56%之间。金属分析表明，钙含量较高，在400~670μg/g之间，随着反应温度的升高，逐渐降低，铁含量在10~30μg/g之间，镍含量在30~80μg/g之间。残炭含量比原料明显增加，在26%~35%之间，随着反应温度的升高，残碳逐渐增加，主要是由于在临氢热裂化的过程中，部分稠环芳烃缩合成胶质沥青质，导致极性化合物增加，同时生焦趋势逐渐变大。

尾油由于金属含量较高，可以作为沥青调和组分或者掺炼到焦化原料中。

4 结论

（1）常渣原料经过悬浮床临氢热裂化评价后，发生了明显的裂化反应，汽柴油收率明显增加，尾油收率大幅度降低。

（2）在合适的工艺条件下，可以达到较高的渣油转化率，同时在高压临氢状态下，生焦反应得到较好的控制，经济效益明显提高。

（3）由于临氢热裂化反应未添加加氢催化剂，所以加氢反应程度较低，以热裂化反应为主，各个馏分产品的杂质含量较高，尾油金属含量高，芳烃和极性化合物组成没有明显的变化，炼厂需要根据需要目标产品的指标标准进一步进行加氢精制或者加氢改质等二次加工，才能达到合格的产品要求。

参考文献

[1] 方向晨．国内外渣油加氢处理技术发展现状及分析[J]．化工进展，2011，30(1)：95-104.

[2] 张数义，邓文安，罗辉等．渣油悬浮床加氢裂化反应机理[J]．石油学报(石油加工)，2009，25(2)：145-149.

[3] 吴青．悬浮床加氢裂化_ 劣质重油直接深度高效转化技术[J]．炼油技术与工程，2014，44(2)：1-9.

[4] 李雪静，任文坡．国内外渣油悬浮床加氢裂化技术进展[J]．石化技术，2012，19(1)：65-70.

加工劣质渣油的固定床渣油加氢催化剂开发及工业应用

孙淑玲　杨清河　胡大为　赵新强　刘　涛
邵志才　戴立顺　聂　红　李大东

（中国石化石油化工科学研究院，北京　100083）

摘　要　根据不同劣质渣油的特点，石油化工科学研究院（RIPP）有针对性地开发了具有超大孔的脱金属催化剂 RDM-36，具有双峰孔的沥青质转化和脱金属催化剂 RDMA-31，具有特殊外形和孔结构的多孔泡沫保护催化剂 RG-30 和蜂窝圆柱保护催化剂 RG-20 及 RG-30E，并开发了适用于加工高（Ni+V）含量、高沥青质含量、高（Fe+Ca）含量渣油原料的固定渣油加氢级配技术，工业应用结果表明，级配有 RDMA-31 的渣油加氢处理技术可以用来处理沥青质含量高的渣油原料，产品中金属杂质含量满足下游催化裂化装置对优质原料的要求；级配有 RDM-36 的渣油加氢处理技术可以用来处理（Ni+V）含量接近 200μg/g 的渣油原料，金属杂质的脱除率达到预期目标；通过合理级配 RG-30、RG-20 及 RG-30E，可以加工高（Fe+Ca）含量渣油原料，并确保催化剂床层维持较低的压降，起到延长开工周期的目的。

关键词　劣质渣油　加氢处理级配技术　催化剂　开发

1　前言

石油、石化产品是国民经济发展的重要物质基础。近年来随着我国经济的高速发展，国内对汽油、柴油等轻质石油产品的需求在不断增加。如何充分高效地利用石油资源，对于缓解国家的石油供应短缺和减少石油进口量、支持国民经济的持续发展和保障国家的能源安全，均具有重要的战略意义。原油高效利用的核心是渣油的利用，从未来国家的发展形势和要求看，就是要把占原油比例在 40%~60%的渣油吃光榨尽，并变为高附加值的轻质液体产品[1]。固定床渣油加氢是目前较理想的渣油加工方式，经过加氢处理后的渣油为 FCC 提供高质量进料可以实现轻质油品的最大化。我国目前在建及拟建的固定床渣油加氢装置总加工能力约为 5000 万吨/年。从中国的实际情况看，大部分渣油包括进口的中东原油的渣油性质，都基本在固定床工艺允许的范围内，因此未来相当长的一段时间内，固定床渣油加氢技术将是我国渣油加氢的主要手段。

石油化工科学研究院（RIPP）在国家和中国石化强有力的支持下，结合实际需要及未来的发展需求，从 1994 年开始，陆续开发完成了适用于加工高沥青质含量、高（Ni+V）含量、高（Fe+Ca）含量渣油原料的固定渣油加氢系列催化剂及级配技术，各项技术合理组合，性能更佳，适应性更强，能满足我国渣油加氢装置加工劣质渣油原料的要求，为企业提供更好的技术服务。

2　适用于加工劣质渣油原料的催化剂设计与工艺开发

针对不同性质的劣质渣油，RIPP 有针对性的进行了催化剂的设计与工艺开发。主要技术包括：

适用于加工高沥青质含量渣油原料的催化剂及级配技术。该技术以具有双峰孔为特点的沥青质转化和脱金属催化剂 RDMA-31 为主，合理级配脱硫和脱残炭催化剂，用于加工沥青质质量分数超过 6%的劣质渣油原料。

适用于加工高金属含量渣油原料的催化剂及级配技术。该技术以具有超大孔为特点的脱金属催化剂 RDM-36 为主，合理级配脱硫和脱残炭催化剂，用于加工金属质量分数超过 200μg/g 的劣质渣油原料。

适用于加工高(Fe+Ca)含量渣油原料的催化剂及级配技术。该技术以具有特殊外形的系列保护催化剂及级配技术为主，用于加工(Fe+Ca)含量高的劣质渣油原料。

2.1　渣油加氢沥青质转化和脱金属催化剂 RDMA-31 的设计与开发

高沥青质含量渣油加氢处理技术开发的关键是沥青质加氢转化催化剂的开发。由于沥青质分子尺寸较大，加氢转化反应受扩散控制，因此沥青质转化催化剂开发的关键在于孔结构的设计。为了改善沥青质的扩散性能，必须增大催化剂反应通道尺寸。通常扩孔会带来两方面的副效应，一是催化剂有效活性比表面积降低，二是催化剂机械强度降低，不能满足在工业装置上使用的要求。最理想的模式是在保持通常的催化剂反应通道性质和足够机械强度情况下，引入部分孔径较大且适宜于沥青质扩散的通道(扩散通道)，实现在同一催化剂上构建适宜沥青质扩散的通道和反应通道的构想，这两种通道互通并相互交织，使大分子的沥青质能够进入到催化剂内部进行反应，从而提高沥青质的加氢转化率。

从制备催化剂载体所用的拟薄水铝石原料和载体成型工艺两方面入手进行了具有双峰孔结构催化剂的研制工作。一方面通过在催化剂所用载体前躯体拟薄水铝石制备阶段加入少量表面活性剂，使一次晶粒组装成粗纤维状的二次粒子，形成了微米级的二次孔道；另一方面，结合拟薄水铝石的性质，进一步优化载体制备工艺，使其在成型过程易于形成扩散孔。两种手段相互配合，制备了具有用于反应的 15~20nm 的大孔结构和用于大分子扩散的 100~500nm 左右的超大孔结构的双峰孔沥青质转化和脱金属催化剂 RDMA-31。

200mL 中型装置评价结果见表 1，从表 1 的结果可以看出，与现有工业渣油加氢脱金属催化剂 RDM-32 相比，新研制的沥青质转化和脱金属催化剂 RDMA-31 的综合性能有了明显提升。RDMA-31 作为沥青质转化和脱金属催化剂，在活性金属上量低 30%的情况下，脱金属活性和沥青质转化活性明显高于 RDM-32 催化剂，沥青质脱除率提高了 16.2 个百分点。由于孔结构的特殊性，与脱金属催化剂 RDM-32 相比，RDMA-31 催化剂的脱硫率降低了 3.6 个百分点，但反应后催化剂上的积炭量要低 1.5 个百分分点，说明催化剂上的扩散孔有助于沥青质的扩散和脱除，从而可以减少催化剂因积炭造成的失活。

表1　催化剂性能评价

催化剂	RDMA-31	RDM-32
原料油性质	科威特常压渣油	
(Ni+V)质量分数/(μg/g)	112.3	
硫质量分数/%	4.70	
沥青质质量分数/%	6.8	
残炭值/%	15.1	
产品性质		
(Ni+V)质量分数/(μg/g)	23.6	32.8
硫质量分数/%	2.03	1.87
沥青质质量分数/%	1.0	2.1
残炭值/%	10.43	10.10
脱(Ni+V)率/%	79.0	70.8
脱硫率/%	56.7	60.3
沥青质加氢转化率%	85.3	69.1
残炭加氢转化率/%	33.1	33.1
反应后催化剂上碳质量分数/%	11.9	13.4

2.2　渣油加氢脱金属催化剂RDM-36的设计与开发

高金属含量劣质渣油脱金属加氢处理技术开发的关键在于前部脱金属催化剂的研制。催化剂首先必须具有优良的脱金属活性，能有效脱除原料中的金属杂质，保护下游的脱硫、脱残炭催化剂，同时催化剂还必须具有高的容金属能力，这是保证系列催化剂长周期稳定运转的必要条件。

新技术在开发过程中秉承催化剂活性与稳定性并重的研究宗旨，根据渣油加氢反应及合成化学的科学基础，从新催化剂开发及工艺级配设计两方面入手，设计开发了针对高金属劣质渣油的加氢脱金属催化剂RDM-36。

采用不同原料油在200mL中型实验装置对催化剂性能进行评价，原料油性质见表2，实验结果见表3、表4。

表2　原料油主要性质

原料油	科威特常渣	伊轻常渣	原料油	科威特常渣	伊轻常渣
密度(20℃)/(g/cm^3)	0.9975	0.9725	(Ni+V)质量分数/(μg/g)	112.3	201.6
黏度(100℃)/(mm^2/s)	181.3	82.66	(Fe+Ca)质量分数/(μg/g)	12.4	35.7
CCR/%	15.1	12.2	四组分质量分数/%		
S质量分数/%	4.70	3.06	饱和烃	20.5	31.9
N质量分数/%	0.30	0.39	芳烃	51.1	41.0
C质量分数/%	83.86	85.14	胶质	21.6	24.0
H质量分数/%	10.53	10.92	沥青质(C_7不溶物)	6.8	3.1

表 3　催化剂性能评价-1

催化剂	RDM-2	RDM-36	催化剂	RDM-2	RDM-36
催化剂堆密度/(g/cm^3)	0.618	0.435	杂质加氢脱除率/%		
原料油	科威特常渣		Fe	56.8	83.0
产品性质			Ca	86.1	86.1
Fe 质量分数/(μg/g)	3.8	1.5	Ni	50.5	55.0
Ca 质量分数/(μg/g)	0.7	0.7	V	77.9	79.1
Ni 质量分数/(μg/g)	14.5	12.0	M	70.8	72.8
V 质量分数/(μg/g)	18.3	14.5	沥青质	79.4	80.9
沥青质质量分数/%	1.4	1.3			

由表 3 结果可见，与常规脱金属催化剂相比，新开发催化剂 RDM-36 由于具有更高孔容、更大孔径的技术特征，使得催化剂的堆密度大幅度降低，但由于催化剂扩散性能以及表面性质的改善，催化剂的脱镍、钒率依然提升 4.5 和 1.2 个百分点，总的金属脱除率(脱镍和钒)提高 2 个百分点。同时扩散性能的改善也促进了沥青质等大分子的加氢转化，催化剂的沥青质脱除率提高了 1.5 个百分点。

由表 4 结果可见，针对金属质量分数超过 200μg/g 的劣质渣油原料，新催化剂 RDM-36 由于具有超大孔径的技术特征，脱钒性能明显好于常规催化剂，但脱镍性能稍差，整体脱金属性能略高于 RDM-2，同时沥青质转化率也达到 80.6%，考虑到新催化剂比常规催化剂的孔径及孔容都有极大的提升，在处理高金属劣质原料过程中，突出的优势在于具有更高的金属容纳能力，因此与常规催化剂相比，更能够满足劣质原料加氢处理的要求。

表 4　催化剂性能评价-2

催化剂	RDM-2	RDM-36	催化剂	RDM-2	RDM-36
原料油	伊轻常渣		杂质加氢脱除率/%		
产品性质			Fe	92.2	91.9
Fe 质量分数/(μg/g)	2.5	2.6	Ca	75.8	81.8
Ca 质量分数/(μg/g)	0.8	0.6	Ni	78.7	73.9
Ni 质量分数/(μg/g)	12.7	15.5	V	80.6	83.4
V 质量分数/(μg/g)	27.5	23.5	M	80.0	80.6
沥青质质量分数/%	0.8	0.6	沥青质	74.2	80.6

2.3　高(Fe+Ca)含量渣油加氢处理技术的开发

原料油中的铁和钙对渣油加氢处理具有不良影响。原油中的有机酸铁盐和钙盐(如油溶性的脂肪酸盐、环烷酸盐和酚盐)绝大部分在减压渣油中(>95%)。通过对固定床渣油加氢处理工业装置运转后的保护剂废剂的研究发现，渣油中的含铁和含钙化合物易在催化剂(保护剂)外表面发生加氢脱铁和脱钙反应，脱除的铁和钙以硫化物的形式沉积在催化剂颗粒外表面，并和其他金属硫化物与焦炭等积垢在催化剂颗粒外表面，形成的“外壳”，这些“外壳”会脱落并填充在催化剂颗粒间的空隙内，脱落的“外壳”进一步与焦炭或金属硫化物作用使催化剂颗粒相互粘连而结块，造成床层压降增加。针对以上情况，为了改善装置运转的稳定性，需要开发具有较高容纳铁和钙等金属杂质能力的脱铁和脱钙剂。

由于加氢反应过程中脱除的铁和钙优先沉积在催化剂的外表面，造成床层压降增加，设计脱铁剂和脱钙剂应注意两方面因素，一是要具有特殊的孔结构，以使脱除的铁和钙能够沉积在保护剂的颗粒内部；二是适宜的空隙率，以容纳沉积在颗粒之间的铁和钙而不会引起床层压降的明显升高。

根据以上催化剂的开发思路，开发了外型为多孔泡沫状的保护催化剂 RG-30、蜂窝状保护催化剂 RG-20 和 RG-30E，该系列保护催化剂在各炼油厂渣油加氢装置催化剂级配中使用，起到了脱除渣油中铁和钙，保护主催化剂的目的。

3　工业应用实例

3.1　上海石化390万吨/年渣油加氢装置催化剂级配优化

由于上海石化390万吨/年渣油加氢装置一反和二反之间冷氢设计流量过小，为了控制二反温升不超过30℃，在整个运转周期中，一反的反应温度始终很低，大部分时间都低于365℃，造成加氢常渣中金属(Ni+V)含量较高，催化裂化装置剂耗较大。因此需要根据上海石化渣油加氢装置的特点，优化催化剂的级配方案，提高催化剂脱金属性能。为此，在第二周期催化剂级配中，增加了沥青质转化和脱金属催化剂 RDMA-31，以强化催化剂整体脱沥青质、脱金属活性，并提高了脱金属催化剂的装填比例。采用新开发的残炭加氢转化活性更高的 RCS-31 催化剂替换部分脱硫脱残炭催化剂 RCS-30，以保证在减少脱残炭催化剂装填比例的条件下，催化剂整体残炭加氢转化活性不下降。

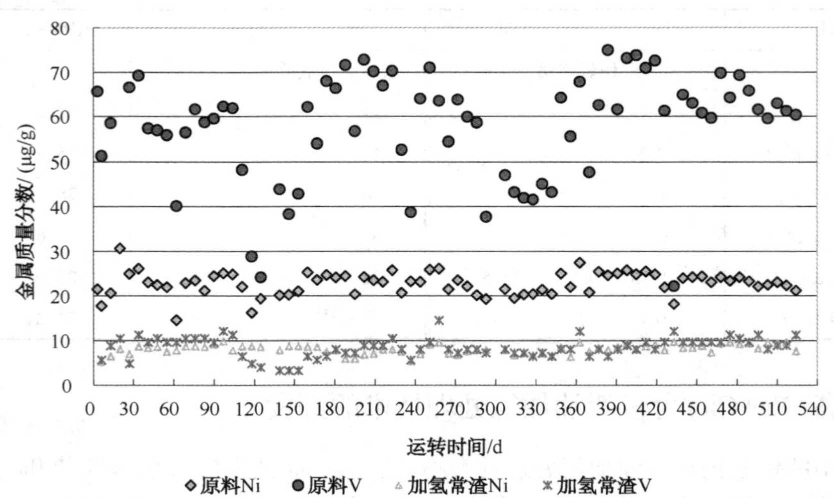

图1　上海石化390万吨/年渣油加氢装置第二周期加氢常渣金属质量分数

上海石化390万吨/年渣油加氢装置第二周期加氢常渣的金属质量分数见图1。由图1中数据可以看出，第二周期加氢常渣金属 Ni 质量分数均小于10.0μg/g，整个周期平均值为8.0μg/g；金属 V 质量分数绝大部分小于10.0μg/g，整个周期平均值为8.4μg/g，达到了预期的目的。

图2是上海石化390万吨/年渣油加氢装置第一周期和第二周期杂质脱除率的比较。从图2中的数据可以看出，第二周期脱金属(Ni+V)率略高于第一周期。

实际运转结果说明，通过级配优化，提高了渣油的脱金属率，达到了级配优化的目的。

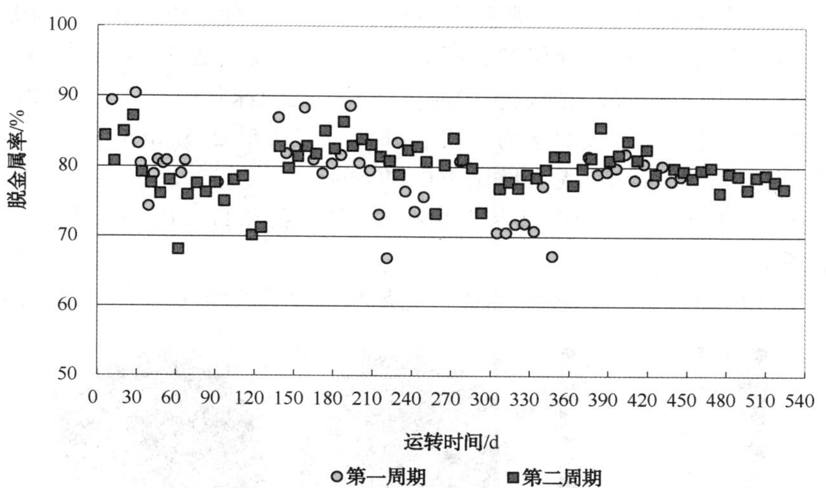

图2　上海石化390万吨/年渣油加氢装置第一周期和第二周期脱金属率

3.2　RDM-36的工业应用

与上海石化390万吨/年渣油加氢装置配套的350万吨/年催化裂化装置为不完全再生装置，要求加氢常渣的残炭值必须高于4.5%。如果加氢常渣残炭值过低，容易造成催化裂化装置尾燃。为了保证加氢常渣的残炭值在4.5%以上，渣油加氢装置运转前期和中期反应温度均较低，造成加氢常渣中金属(Ni+V)含量较高，催化裂化装置剂耗较大。因此需要根据上海石化催化裂化装置的特点，调整渣油加氢装置的操作模式，对反应器提温模式进行调整，优化催化剂的级配方案，以降低加氢常渣金属(Ni+V)含量。

根据上海石化390万吨/年渣油加氢装置第二周期运行情况，参考同类装置催化剂使用效果，第三周期催化剂级配中新增了RG-30(多孔泡沫)、RDM-36和RMS-3催化剂，以强化催化剂整体脱沥青质、脱金属(钒)功能，同时获得残炭值适当的加氢重油。

上海石化390万吨/年渣油加氢装置第三周期A列自2015年4月7日开工以来，已连续运转23个月。目前各项操作参数均处于平稳状态，各项质量指标也达到预期要求。

截至2017年2月底，A列CAT为365℃，一反~五反的BAT分别为356℃、367℃、366℃、366℃和365℃。一反压降在0.10MPa左右，其余各反应器压降在0.30~0.50MPa之间。A列各反应器径向温差均较低且稳定，在4℃以下。装置重新开工后，一反径向温差略有增加，其他各反应器径向温差未发生明显的变化。

原料硫含量大部分在3.0%~3.5%之间，加氢常渣硫含量在0.55%~0.60%之间。原料油的残炭值在10.0%上下波动，加氢常渣的残炭值在5.9%以下。原料油的(Ni+V)含量在60~100μg/g之间。近期加氢常渣金属(Ni+V)含量在15μg/g以下。

根据目前装置操作数据和产品性质，经过级配优化后，第三周期催化剂活性达到了预期的目的。按照上海石化安排，A 列计划 2015 年 4 月 10 日停工，届时催化剂将连续运转 24 个月。

3.3 强化(Fe+Ca)脱除能力的催化剂级配优化

强化渣油加氢装置保护催化剂的脱铁和脱钙能力，一方面可以减小前部床层的压降，延长开工周期；另一方面可以有效地保护后部的主催化剂，使其活性发挥到极致。

目前，RIPP 在用的多家渣油加氢装置都级配了多孔泡沫状保护催化剂 RG-30，该催化剂具有特殊的物化性能，单片孔隙率约 0.75，外形具有 0.5~2.5mm 的多个孔洞，孔洞连续分布，每个孔洞相互连接互通有无，堆比 300~400kg/m^3。

RG-30 特殊的外形和孔结构可以容纳更多的颗粒垢物和 Fe、Ca 化合物，可以确保运转过程中有更低的床层压降。

图 3 是 RG-30 新鲜剂、工业运转后废催化剂和再生后的照片。

RG-30新鲜剂 (5.03g)

RG-30工业卸出剂 (15.99g)

RG-30再生后 (10.09g)

图 3

由图 3 可以看出，再生后一粒 RG-30 的质量比新鲜 RG-30 增加 5.06g，说明一粒 RG-30 就可以容纳 Fe、Ca 等杂质 5.06g，是自身质量的 100.6%(焙烧过程掉落的不计入在内)，可以起到脱除并容纳铁和钙等杂质，降低床层压降和保护主催化剂的目的。

除了级配 RG-30，为进一步强化脱铁和脱钙能力，同时解决增加容垢和降低床层压降的难题，还级配了蜂窝状保护剂。RG-20 和 RG-30E 使用前后的照片见图 4，床层空隙率和相对床层压降数据见表 5。

新鲜的RG-20和RG-30E

工业装置卸出再生后的RG-20和RG-30E

图 4

表 5 床层空隙率和相对床层压降

保护剂	形状	床层空隙率	相对床层压降/%	相对脱(Fe+Ca)活性/%
上一代	拉西环	0.51	100	100
新一代	蜂窝圆柱	0.72	20.3	744

床层压降与催化剂床层空隙率之间存在如下关系：

$$\Delta P = k\frac{1-\varepsilon}{\varepsilon^3}$$

从表5中数据可以看出，蜂窝圆柱比拉西环具有更大的床层空隙率，所以级配RG-20和RG-30E保护催化剂会带来更小的床层压降。

4 结论

为满足加工劣质渣油的不同要求，为企业带来更大的经济效益，RIPP开发完成了适用于加工高沥青质含量、高(Ni+V)含量、高(Fe+Ca)含量渣油原料的固定床渣油加氢系列催化剂及级配技术，并有针对性地在各炼油厂RDS装置工业应用，应用结果表明：

(1) 级配有沥青质转化和脱金属催化剂RDMA-31的催化剂级配技术可以用来处理沥青质含量高的渣油原料，金属杂质的脱除率得到很大的提升。

(2) 级配有脱金属催化剂RDM-36的催化剂级配技术可以用来处理(Ni+V)含量接近200μg/g的渣油原料，产品能够满足下游催化裂化装置对优质原料的要求。

(3) 通过合理级配多孔泡沫保护催化剂RG-30和蜂窝圆柱保护催化剂RG-20及RG-30E，可以加工高(Fe+Ca)含量渣油原料，并确保催化剂床层维持较低的压降，起到延长开工周期的目的。

参考文献

[1] 李志强．重油转化——21世纪石油炼制技术的焦点．炼油设计．1999，29(12)：8-14.

提供优质催化裂化原料的渣油加氢系列催化剂开发及工业应用

胡大为　杨清河　戴立顺　赵新强　刘　涛　孙淑玲　邵志才
刘学芬　邓中活　贾燕子　施　瑢　聂　红　李大东

（中国石化石油化工科学研究院，北京　100083）

摘　要　根据渣油加氢的反应特点以及渣油加氢与催化裂化组合工艺对加氢产品性质的要求，RIPP 开发了包括 RG 系列保护剂、RDMA 沥青转化催化剂、RDM 系列脱金属催化剂、RMS 系列脱硫催化剂以及 RCS 系列脱残炭催化剂在内的 RHT 系列渣油加氢催化剂。系列催化剂具有优良的杂质脱除性能以及稠环类芳烃物种的转化能力，可以为催化裂化提供优质的原料，同时催化剂突出的容金属及抑制表面积炭能力，使渣油加氢装置的运转周期明显延长，可以与催化裂化工艺有效匹配，为用户提供优良的适应现有市场需求的重油转化方案。

关键词　渣油　加氢　催化剂

1　前言

渣油深加工一直受到国内外炼油工作者的高度重视，而渣油加氢技术是渣油深度加工重要的技术手段之一，在现代炼油工业中起着重要作用。渣油中富集了原油中大部分的金属、硫、氮等杂质，渣油加氢技术不仅有利于硫、氮等杂质的脱除减少环境污染，而且渣油加氢与催化裂化工艺相结合，可大幅度提升原油炼制过程中轻质油品的收率，从而实现石油资源的高效充分清洁利用[1,2]。目前我国工业应用的渣油加氢技术均为固定床加氢与催化裂化的组合工艺，年处理能力达到 4890 万 t/a，为了优化汽、柴油产品结构，适应市场对运输燃料油不断升级的技术需求，固定床渣油加氢与催化裂化组合工艺在未来一段时间依然具有广阔的市场前景。相关调查显示目前拟建及在建的渣油加氢装置加工能力近 2000 万 t/a，均为渣油加氢与催化裂化组合加工的技术模式。固定床渣油加氢技术的核心在于高性能渣油加氢系列催化剂的开发，2002 年 RIPP 开发的渣油加氢 RHT 系列催化剂及成套技术首次工业应用，经过 10 多年的发展进步以及不断积累的工业应用实践，RHT 系列渣油加氢催化剂的技术水平得到不断提升，期间在海南（310 万吨）、齐鲁（150 万吨）、茂名（200 万吨）、长岭（170 万吨）、上海（390 万吨）、安庆（200 万吨）、金陵（180 万吨）、九江（170 万吨）、台湾桃园（75 万吨）、台湾大林（150 万吨）、石家庄（150 万吨）、利津石化（260 万吨）等 14 家炼厂的渣油加氢装置（括号内为每年加工能力）进行了累计约五十余次工业应用[3]。相关催化剂年销售量约 4000t，在中国内地的市场占有率超过 50%。工业应用结果表明，不管是针对高硫、高金属的进口中东渣油还是高氮的沿江管输渣油，RHT 系列催化剂均表现出优良的杂质脱除能力及运转稳定性，在为企业带来良好社会和经济效益的同时实现了我国在劣质重油加工领域技术水平的提升，相关技术达到国际领先水平。

2 RHT 系列催化剂的开发

基于对渣油加氢反应机理的深入研究并结合 FCC 对原料性质要求的特点，RHT 系列催化剂的开发围绕渣油中难转化物种如沥青质、胶质、稠环类芳烃的转化而强化催化剂的扩散及加氢饱和性能，使渣油加氢产品作为催化裂化原料不仅具有低硫、低氮、低金属杂质的特点，同时在烃类组成方面更利于催化裂化产品分布的改善。针对组合工艺的特点，为了使渣油加氢与催化裂化装置操作周期能够协调统一，系列催化剂的开发注重了反应稳定性的提升，通过催化剂容金属能力以及抗积炭性能的改善以及催化剂级配方案的优化，使渣油加氢装置的运转周期不断延长，实现组合工艺的效益最大化。

2.1 RG 系列保护剂

渣油中几乎富集了原油中所有的金属杂质，因此很多渣油加氢装置的进料在进行特殊的脱盐处理后铁、钙等杂质含量依然可以达到 20μg/g 以上，比如长岭、安庆等以加工高铁、钙的管输原料为主的渣油加氢装置均存在上述问题。这样很容易导致运转末期前部反应器的压降急剧上升，造成全系列催化剂被迫停工。已有的研究表明，渣油中金属铁、钙的脱除和镍、钒不同，镍和钒主要通过加氢和氢解反应进行脱除，而铁和钙的脱除几乎不需要催化剂的加氢活性，反应主要通过热裂化进行，较易脱除。由于反应进行较快，脱除的铁、钙很难扩散至催化剂内部，而是主要沉积在催化剂颗粒外表面，也因此极易造成催化剂床层压降的上升。为此设计 Fe、Ca 容量明显提升的特殊加氢保护剂，使脱铁、钙反应主要发生在保护剂床层，并且将铁、钙有效沉积于保护剂颗粒内部，将有利于提升全系列催化剂对高铁、钙原料的适应性，避免床层压降快速上升，延长全系列催化剂的运转周期。全新系列保护剂的设计从两方面入手，一是特殊的孔结构，以使铁、钙尽可能扩散至催化剂颗粒内部；二是较高的空隙率，以容纳足够多的杂质沉积在催化剂颗粒之间。保护剂空隙率主要取决于保护剂形状、大小。针对此，专门设计了两种新型保护剂 RG-30、RG-30E，与普通的拉西环保护剂相比，新型保护剂的床层空隙率和强度大幅度增加，增强了全系列保护剂对高铁、钙劣质原料的适应性。

表 1 新型保护剂与普通保护剂对比

牌　号	RG-30	RG-30E	RG-30A
形　状	泡沫状	蜂窝状	拉西环
空隙率/%	75	68	51
强度/(N/粒)	212	29	17

2.2 RDMA 沥青转化催化剂

渣油作为一种由饱和烃、芳香烃、胶质和沥青质组成的混合胶体体系，沥青质的转化是渣油加氢技术的难点和关键所在。沥青质由于其结构复杂，分子大，极性强，并含有高度缩合的芳香核结构以及富集的金属（镍、钒）、硫、氮等杂原子，如果不能即时转化，很容易在催化剂表面强吸附，发生缩合反应引起催化剂表面积炭和堵孔，从而加剧加氢催化剂的失活。为此将沥青质高效转化成小分子，并进一步由下游精制催化剂完成加氢脱硫、脱氮和残炭转化，是提升渣油加氢效率的有效手段。通常沥青质都由一个较大的稠环芳环结构作为核心结构，核心结构周围连接几个相对较小的多环芳烃。分析表征和分子模拟计算结果显示，渣油加氢反应过程中化学键发生断裂的顺序为：金属配位键>结构单元间 S-S 键>结构单元间 C-S 键>结构单元间 C-C 键>噻吩硫脱除>芳氮脱除。因此沥青质的加氢转化除了要求催化剂具有一定的加氢活性外，更重要的是如何解决沥青质在催化剂内部的扩散问题，提高加氢活性中心的可接近性。为此沥青质转化催化剂开发的关键在于孔结构的设计。为了兼顾催化剂扩散性能以及活性中心的数量，脱沥青专用催化剂在开发过程中构建了具有扩散通道的双峰形孔分布特点的催化剂载体，使催化剂在具有良好的扩散性能的同时催化剂表面活性中心的数量也得以保持，极大提升了催化剂的沥青质转化性能。催化剂评价结果见表 2，与常规催化剂相比，RDMA-31 催化剂的沥青转化率提高 14 个百分点。

表 2 沥青质加氢转化催化剂性能评价

项 目	原 料	RDMA-31	常规剂
沥青质含量/%	6.8	0.5	1.4
沥青转化率/%	—	93	79

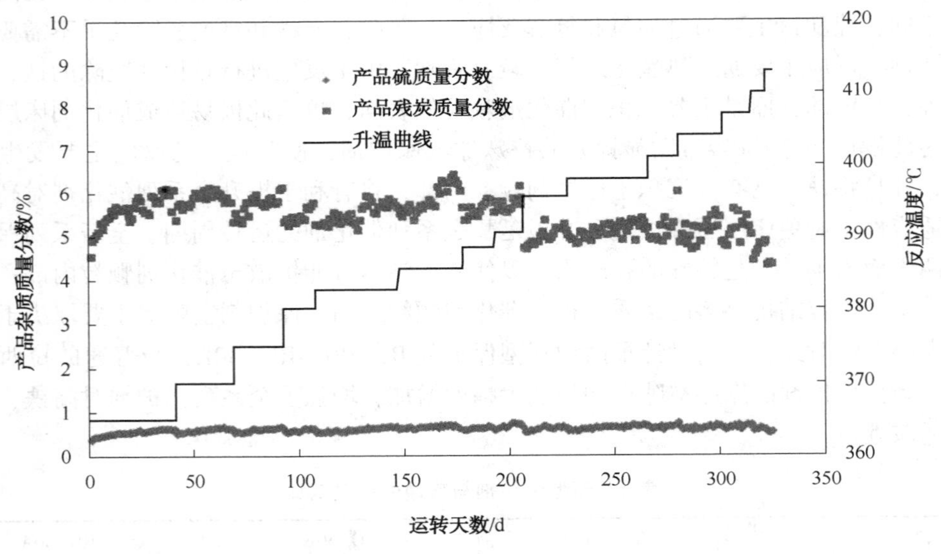

图 1 RDM 系列催化剂活性稳定性试验

2.3 RDM 系列脱金属催化剂

导致渣油加氢催化剂失活的关键因素主要有两方面，一方面是镍、钒等金属杂质在催化剂上的不断沉积，另一方面则是随反应温度不断升高所导致表面积炭的增加[4]。因此催化剂的脱金属和容金属能力是决定系列催化剂运转稳定性的关键因素。目前随着原油重质化、劣质化趋势的不断加剧，渣油中金属杂质尤其是镍、钒的含量不断升高，导致催化剂的运转周期面临更大挑战。要提高全系列催化剂对高镍、钒含量渣油原料的适应性，关键在于脱金属活性高、容金属能力强的高性能脱金属催化剂的开发。研究表明，脱金属催化剂的脱金属、容金属能力取决于催化剂的孔结构、活性组分分布以及表面性质。因此从上述几方面进行设计入手，开发了高容金属能力的RDM系列脱金属催化剂。新催化剂采用了具有专利技术的载体成型配方，使氧化铝载体的孔容增加约20%，孔径增加约50%，极大提升了催化剂的扩散性能及容金属能力。同时催化剂制备采用了特殊的活性组分负载方法，使活性组分呈蛋黄形分布，促进了镍、钒杂质的均匀沉积，提高了催化剂的使用效率。而且催化剂表面性质通过改性后提升了对稠环芳烃的抑制结焦能力，使催化剂的活性稳定性进一步提升。以镍、钒含量超过200μg/g伊轻常渣为原料，将RDM系列催化剂级配装填后在中试装置进行了长周期寿命实验，实验结果见图1。可以看出，采用高容金属能力的RDM系列脱金属催化剂后，对于高金属含量的劣质原料，全系列催化剂可以稳定运转达到8000h，运转过程中，产品的金属质量分数保持低于15μg/g、硫质量分数低于0.65%、残炭值低于6%，可以作为催化裂化进料直接进行二次加工。

2.4 RMS系列脱硫催化剂

渣油原料经保护剂、脱金属催化剂加氢处理后仍然含有大量的含硫化合物以及相当数量的镍、钒等金属杂质，因此要求脱硫催化剂在具有良好加氢脱硫活性的同时还要具有较强的抗金属中毒能力。硫在渣油原料中主要存在于大分子稠环类化合物当中，分子中的硫不易于接触到催化剂活性中心，而且结构较为稳定，脱除难度大。为此要提升催化剂的脱硫活性首先需要提升催化剂活性中心的可接近性，也就是催化剂需要具有合理的孔结构。通常认为渣油加氢脱硫催化剂合理的孔径在10nm左右，确切讲应该在6~15nm区间范围内，孔径太小不利于反应物分子的进入，造成活性中心的浪费，而孔径太大又会降低催化剂比表面积，减少反应中心的数量，因此开发孔分布合理、孔径集中的催化剂载体是高性能催化剂的研制基础。除活性中心可接近性外，含硫化合物的脱除还涉及大分子的加氢饱和以及碳硫键的氢解过程，因此要求活性中心具有协调一致的加氢饱和及氢解功能，使大分子硫化物得到有效转化脱除。从以上角度考虑，设计开发了RMS系列脱硫催化剂，与现有催化剂相比，由表3中评价数据可以看出，RMS系列脱硫催化剂具有突出的加氢饱和及脱硫功能。

表3 RMS-30催化剂性能评价

项目	原料	RMS-30	常规剂
硫含量/%	3.18	0.47	0.67
氢含量/%	11.03	12.37	12.10

2.5 RCS系列脱残炭催化剂

残炭值代表着高沸点组分在加工过程中的生焦趋势，渣油加氢产品中的残炭在催化裂化过程中将全部转化为焦炭，因此渣油加氢脱残炭是渣油加氢的最主要目标，也是渣油加氢的核心所在。通过脱金属及脱硫催化剂加氢处理后，渣油中绝大部分的沥青质、胶质等大分子化合物被转化为较小分子的稠环类芳烃，对此类物种的加氢饱和及转化是进一步降低产品残炭值的关键所在。与大分子反应物相比，小分子稠环芳烃的扩散性能虽然有所改善，但反应性能反而会降低，因此脱残炭催化剂在保证具有良好扩散性能的同时需要活性相结构具有更高的加氢饱和及氢解功能。除此之外，由于脱残炭催化剂的操作温度最高，因此催化剂活性相的稳定性也需要关注。在较为苛刻的反应条件下，催化剂表面积碳的增加以及活性相的聚集对于催化剂活性稳定性会产生极为的不利影响。针对此，RCS 系列催化剂研制过程中通过设计载体孔结构，提高了催化剂的有效反应表面以及活性中心的可接近性；通过活性相结构的设计以及制备方法的优化，提高催化剂活性中心数量及本征活性；通过表面性质改性，减少催化剂运转过程中表面积炭数量并避免活性相的聚集。分别以高硫和高氮两种渣油原料对催化剂性能进行评价，结果见表 4，由实验结果可以看出 RCS 脱残炭催化剂整体反应性能大幅度提升，作为催化裂化原料，产品性质明显改善。

表 2 RCS-41 活性评价结果

项 目	S/%	MCR/%	N/%
高硫原料油	3.5	11.90	0.21
标准剂产品	0.46	5.04	0.11
RSC-41 产品	0.38	4.61	0.09
高氮原料油	1.20	11.72	0.50
标准剂产品	0.14	5.62	0.33
RSC-41 产品	0.14	5.06	0.29

3 催化剂的工业应用

RHT 渣油加氢系列催化剂成功开发后，目前在海内外十余套装置进行了近百余次的工业应用，均取得了良好效果，为用户创造了可观的经济效益。

齐鲁分公司 150 万 t/a 渣油加氢装置分为 A、B 两列，第十周期 A 列装填了 RIPP 开发的 RHT 系列催化剂，B 列装填了另外一系列催化剂。两列催化剂于 2011 年 11 月 20 日开工，2013 年 3 月 1 日停工，累计运转 467 天。催化剂的运转结果见图 2~图 4。由图 2 可以看出由于参比列催化剂产品硫含量超出指标上限，催化剂的操作温度比 RHT 系列催化剂高 3~5℃，即使如此，图 3 及图 4 的产品分析结果显示 RHT 系列催化剂的产品硫含量及残炭值明显低于对比列催化剂。在整个运转周期，RHT 系列催化剂平均脱硫率为 84.3%，平均脱残炭率为 58.7%，分别比参比列催化剂高 5.3 和 3.3 个百分点。

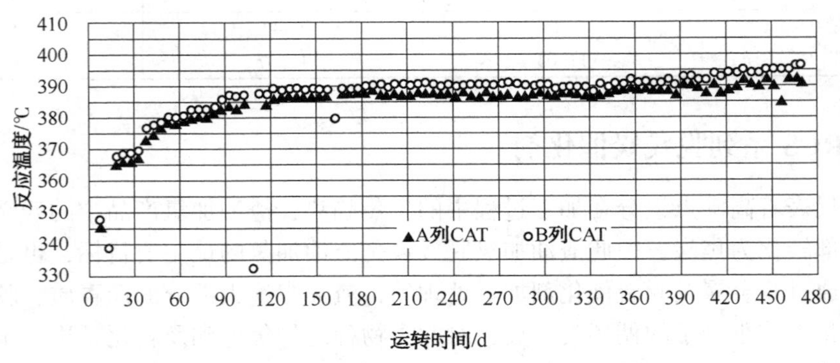

图 2 UFR/VRDS 装置两列 CAT 变化情况

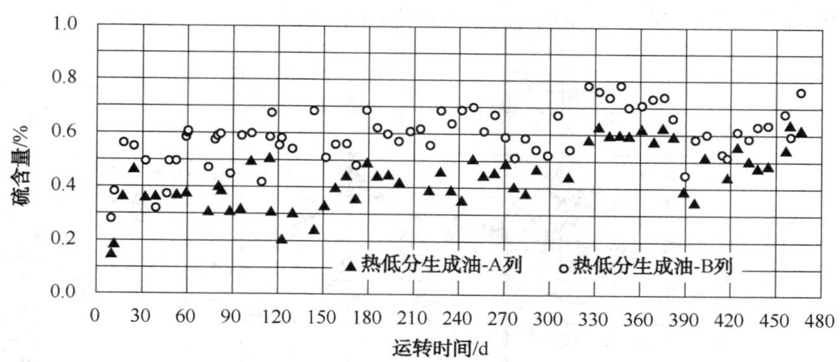

图 3　UFR/VRDS 装置两列热低分生成油硫含量变化

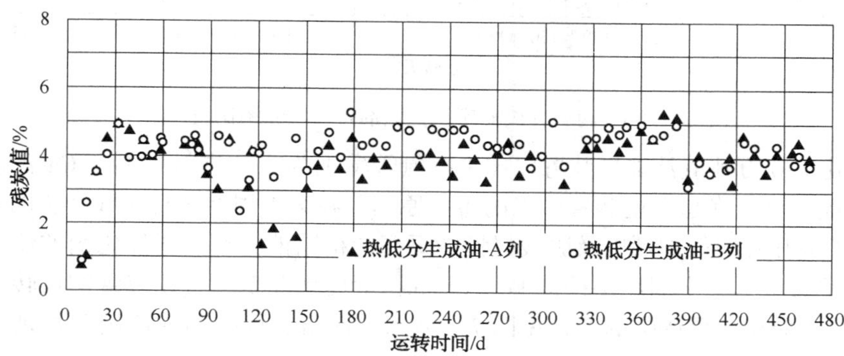

图 4　UFR/VRDS 装置两列热低分生成油残炭值变化

海南炼化 310 万吨/年渣油加氢装置分为 A、B 两列，第六周期 A 列装填了 RIPP 开发的 RHT 系列催化剂，B 列装填了国外进口催化剂。由于第六周期 A、B 两列开工时间不同，因此按相同运转天数的产品数据进行比较。催化剂的运转结果见图 5、图 6。由图 5 可以看出，在相同运转时间内 RHT 系列催化剂的脱硫率明显好于国外进口催化剂。在整个运转周期，RHT 系列催化剂平均脱硫率为 77%，进口催化剂平均脱硫率为 74%。由图 6 可以看出，RHT 系列催化剂的脱残炭率也明显好于进口催化剂，特别是在运转中期。整个运转周期内

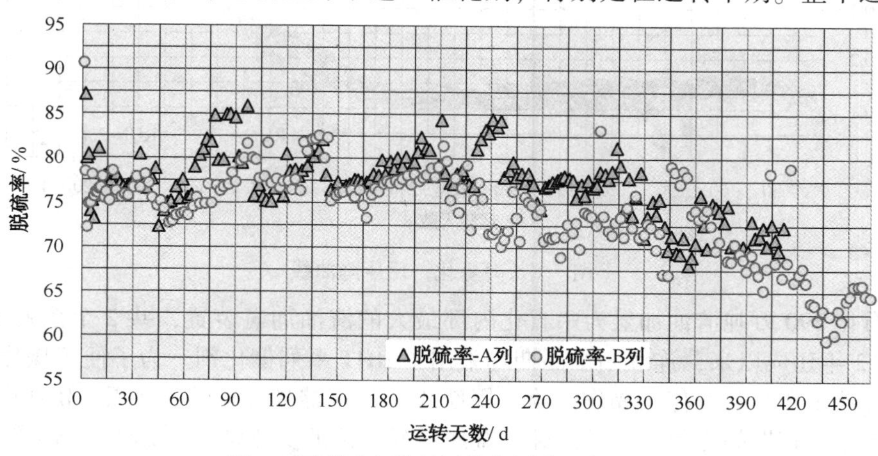

图 5　两列反应器所用催化剂脱硫率比较

RHT系列催化剂平均脱残炭率为40%，进口催化剂平均脱残炭率为37%。

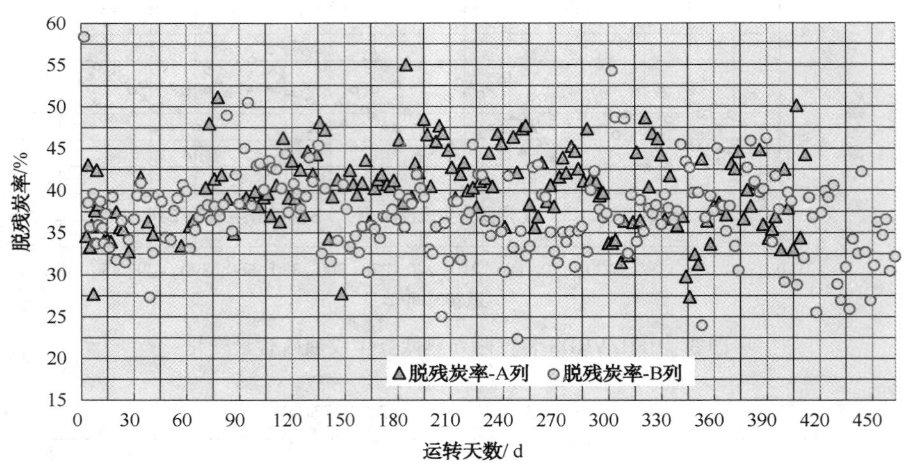

图6 两列反应器所用催化剂残炭脱除率比较

长岭炼化170万吨渣油加氢装置以加工高氮管输油为主，进料中Fe、Ca含量经常超过20μg/g，因此1反压降超限是装置停工的主要原因。在第1周期运行实践经验的基础上，第2周期级配了新开发的保护剂以及脱残炭性能更高的精制催化剂。新催化剂的使用使保护剂床层空隙率增加40%，全周期保护剂Fe、Ca沉积量提高近20%，使装置的运转周期延长了1.5个月。两个周期1反压降的变化见图7，第二周期新型保护剂的使用明显延缓了1反床层压降的上升。

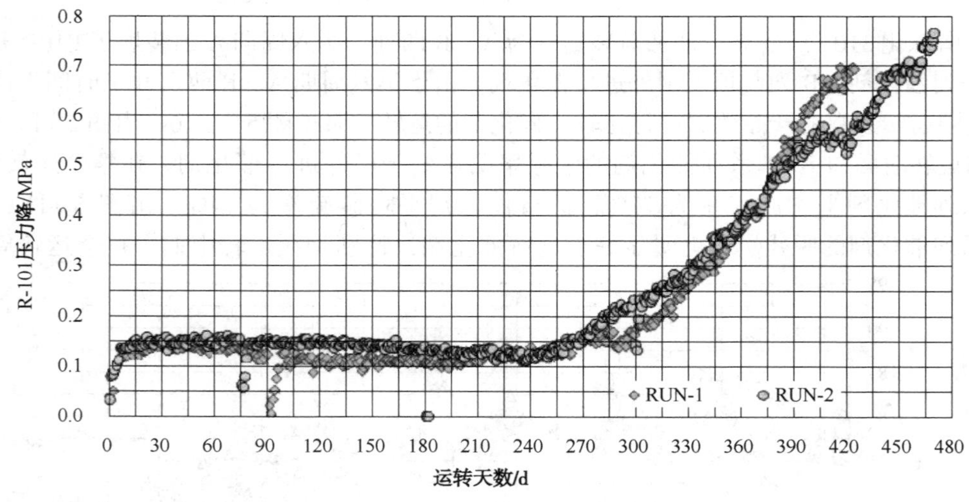

图7 长岭炼化一反压降曲线

上海石化390万吨渣油加氢为中石化内部最大的渣油加氢装置，共2个系列10个反应器，从2012年建成以来，连续四个周期均采用了RHT系列催化剂。为了便于操作生产，两个系列反应器采用交替开停工操作。第一周期A列反应器累计运转582天，B列反应器累计运转445天。运转期间原料及产品的硫、金属、残炭值的变化情况分别见图8~图10。从图中可以看出，原料油硫含量主要集中在3.0%~4.0%之间，残炭值主要集中在10.0%~

12.0%之间，金属(Ni+V)含量波动较大，在 60~140μg/g 之间，整个运转周期内原料的平均硫含量为 3.65%，平均残炭值为 11.3%，平均金属(Ni+V)含量为 84.0μg/g。加氢后渣油的硫含量大部分在 0.5%左右，金属(Ni+V)含量均在 20μg/g 以下，大都在 10μg/g 左右，残炭值在 4.5~6.0 之间，完全能够满足催化裂化装置进料的要求。

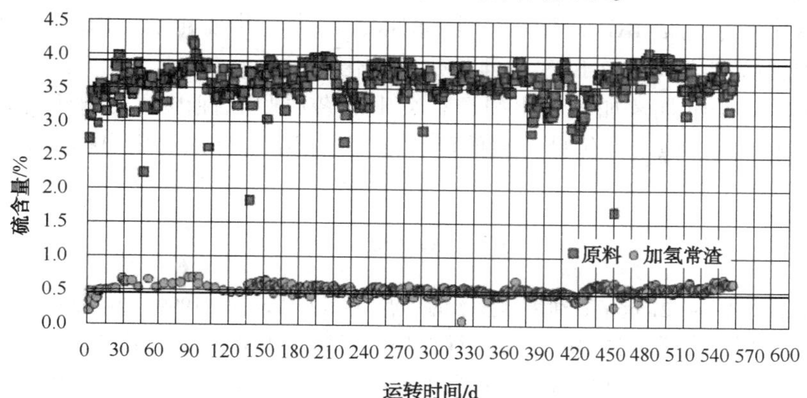

图 8　渣油加氢装置原料油和加氢常渣硫含量变化情况

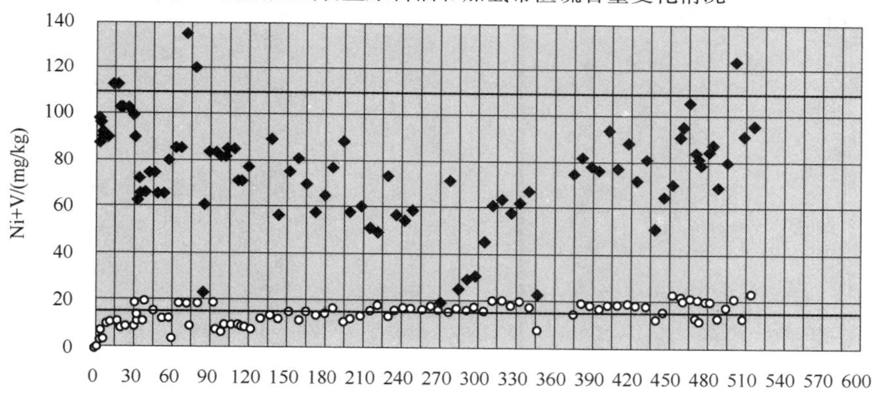

图 9　渣油加氢装置原料油和加氢常渣金属(Ni+V)含量变化情况

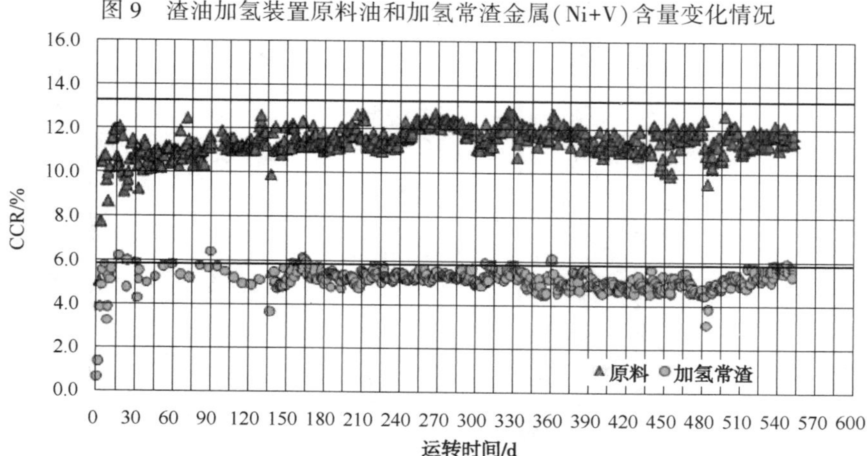

图 10　渣油加氢装置原料油和加氢常渣残炭值变化情况

4 总结

（1）根据渣油加氢反应机理结合FCC对原料性质的要求，RIPP开发了高性能的RHT系列渣油加氢催化剂，包括RG系列保护剂、RDMA沥青转化催化剂、RDM系列脱金属催化剂、RMS系列脱硫催化剂以及RCS系列脱残炭催化剂。

（2）RHT系列渣油加氢加氢催化剂具有突出的杂质脱除性能以及稠环类芳烃物种的加氢转化能力，并且活性稳定性优良，与催化裂化工艺相结合可以为用户提供适应现有市场需求的重油转化方案。

参 考 文 献

[1] 李志强．重油转化——21世纪石油炼制技术的焦点[J]．炼油设计，1999，29(12)：8-14.

[2] 刘家明．渣油加氢工艺在我国的应用[J]．石油炼制与化工．1998，29(6)：17-21.

[3] 胡大为等．RIPP第三代渣油加氢系列催化剂开发及应用[J]．石油炼制与化工，2013，44(1)：11-15.

[4] Guichard B，Roy A，Devers R，et al. Aging of Co(Ni)MoP/Al_2O_3 catalysts in working state[J]. Catal Today，2008，130(1)：97-108.

器外预硫化技术应用进展

高玉兰　徐黎明　佟　佳　方向晨

（中国石化抚顺石油化工研究院，抚顺　113001）

摘　要　介绍了 EPRES 技术的工业应用进展。采用 EPRES 技术，器外预硫化催化剂的开工时间明显缩短，硫化效果显著提高，并较好地解决了加氢装置开工过程中的安全环保问题。采用 EPRES 技术加工生产的器外预硫化催化剂可在不同类型加氢装置上应用。

关键词　加氢催化剂　器外　预硫化　工业应用

1　前言

开发安全、环保、高效及多用途的加氢催化剂器外预硫化（EPRES）技术从而适用于多种炼油加氢催化过程具有极其重要的意义。目前市场提供的加氢催化剂活性金属大多以金属氧化物形式存在，只有将其硫化为金属硫化物后才具有较高的加氢活性和稳定性。国内普遍采用的硫化方法是器内预硫化方法。这种方法通常存在催化剂硫化不充分，装置开工时间长，并存在安全生产隐患及环境污染等问题。近年来器外预硫化开始在国外得到了广泛应用[1-7]，但技术上仍存在着生产过程复杂、成本偏高、产品在储运和装填等使用过程中需额外保护等难题。因此中石化抚顺石油化工研究院开发了具有自主知识产权的 EPRES 技术。

EPRES 技术的先进性在于实现安全、环保器外预硫化的同时，可明显节省加氢装置开工时间，并提高装置生产安全性和企业经济效益；实现清洁生产目标；解决了产品贮运和装填中的安全性问题和开工中的集中放热问题；有效地提高了催化剂活性金属的利用率。与现有器外预硫化技术相比，在原料选择、生产过程、产品储运和产品应用等环节具有投资少、成本低、性能好、安全清洁等优势。

中国石化催化剂抚顺分公司已采用 EPRES 技术在中国建成投产了一套年加工 3000t 加氢催化剂的工业器外预硫化连续化生产装置，具备了规模化生产能力。自 2009 年以来，已先后对 40 多个品种加氢催化剂进行了器外预硫化，并在 49 套不同类型加氢装置上成功地实现工业应用，取得了可观的经济效益和社会效益。该技术的开发成功不仅打破了国外公司在该领域的技术垄断，而且与现有技术相比还具有明显的优势，大大提高了我国加氢技术的整体技术水平和市场竞争能力。

2　研制背景

催化剂厂生产的加氢催化剂在出厂时金属组分基本以氧化态形式存在，而加氢催化剂中的活性金属组分只有以硫化态形式存在时才具有较好的活性和稳定性，因此在催化剂使用前均需进行预硫化。国内外长期以来使用器内预硫化方法进行催化剂预硫化。这种方法需要使用有毒害作用的二硫化碳和二甲基二硫醚等硫化剂，并且装置需要配套建设，仅在开工时才使用催化剂预硫化设备。此外，催化剂器内预硫化过程复杂，步骤较多，装置开工时间长，降低了实际生产效率。在预硫化的开工期间，装置处于高浓度 H_2S 气氛中，需要变换硫化温度和升温速度，这给反应装置带来安全隐患。另外，受催化剂装填和反应器内构件等众多因素的影响，催化剂器内预硫化的效果难以预期。因此，国际上率先开发了加氢催化剂器外预硫化技术，即在加氢反应器外对氧化态催化剂进行预硫化处理，将硫化剂提前加入到催化剂孔道中并以某种化学形式与催化剂的活性金属组分相结合。

国际上虽然先期开发了器外预硫化技术，但是仍然存在以下问题：①EURACAT 公司设在法国 La Voulte。法国 EURACAT 公司采用专门制造的含硫试剂(TPS37)处理加氢催化剂[8,9]，在压力容器内通入氢气进行硫化，然后再进行钝化。过程繁琐，产品包装需用氮气保护，制备成本高，而且催化剂成品在储、运、装填过程中会释放硫化氢等有害物质。②美国 CRITERION 公司位于德州 Woodland。CRITERION 公司 actiCAT 技术采用元素硫作为硫化剂[1,10]，其催化剂器外预硫化过程在压力容器中于惰性气体保护下进行，产品储、运、装填过程也需要在惰性气体保护下进行，增加了生产、储运和装填成本和难度。③德国 TRICAT 公司 Xpress 技术在超过 500℃高温条件下处理催化剂[11]，才能使催化剂完全硫化，因此工业应用时加氢反应器温升很小，对生产设备技术要求高，投资大，预硫化操作成本高。对于中国市场，现有技术催化剂供应商在器外预硫化技术领域已形成相当的技术垄断，以此作为在加氢技术市场上获取竞争优势的一种手段[12,13]。因此，研发拥有中国自主知识产权的器外预硫化技术对于促进我国加氢技术的发展和增强整体竞争力具有重要意义。

本文所述 EPRES 加氢催化剂器外预硫化技术的生产过程安全环保，原料易得，并可利用催化剂生产厂家现有的催化剂储存、运输和装填系统，因而生产成本较低，具有明显的竞争优势[14,15]。

3 器外预硫化催化剂的工业应用研究

3.1 催化剂的储存、运输和装填

为了确保工业应用过程中器外预硫化催化剂储存、运输和装填的安全性，对 EPRES 催化剂进行锤击、燃烧和耐高温试验。

器外预硫化催化剂的锤击试验：在暗室中观察器外预硫化催化剂从 3m 高处自由坠落，以及用 5kg 重锤击打催化剂，两种情况下均未发现催化剂出现火星。

工业氧化态催化剂在装置上使用一定时间后需要进行催化剂再生，当这样的硫化态催化剂从反应器卸出暴露于空气中会产生自燃。而器外预硫化催化剂是否也会产生自燃现象，为了证实这一点，进行了工业器外预硫化催化剂的燃烧试验。以三种方式进行燃烧试验：①明火点燃催化剂；②红外灯照射催化剂；③阳光下暴晒催化剂 5 h。上述三种方式处理的器外预硫化催化剂均未出现自燃现象。

器外预硫化催化剂的耐高温试验：以 10℃/min 升温速度加热催化剂，在 150℃、200℃和 250℃温度下分别恒温 3 h，采集气样进行气体组成分析。EPRES 器外预硫化催化剂高温下的气体组成分析结果见表1。由表1可见，在250℃下，催化剂产生了极其微量的硫化氢，未生成二氧化硫。

表1 器外预硫化催化剂高温下的气体分析

温度/℃	气体组分含量/(μg/g)				
	H_2S	SO_2	CH_4	C_2H_4	C_2H_6
室温~150	0.01	0	0.20	0.57	3.30
150~200	0.31	0	0	0.01	0.06
200~250	0.04	0	0	—	0.02

迄今为止，国内加氢装置采用EPRES技术的器外预硫化催化剂的储存、运输和装填全部采用与氧化态催化剂完全相同的方式，无须采用任何特殊的防护措施。EPRES催化剂在储存、运输和装填过程中均未出现放热和自燃等现象，说明EPRES技术很好地解决了器外预硫化催化剂在储存、运输和装填过程中的安全性问题。

3.2 催化剂的开工程序

以典型柴油加氢精制为例，在开工期间器外预硫化催化剂的升温活化与氧化态催化剂硫化的操作温度和开工时间见图1。试验证明，EPRES催化剂的开工即可以采用湿法活化也可以采用干法活化。

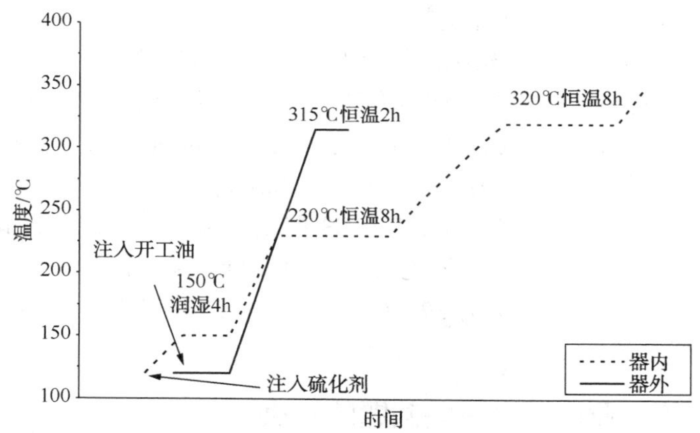

图1 开工期间器外预硫化催化剂升温活化与氧化态催化剂硫化的操作温度和开工时间

氧化态催化剂的开工程序中催化剂的硫化需要经历一个缓慢升温和恒温过程，在此过程中需要判断每个恒温段的催化剂硫化是否完成，并通过反应器出口的硫化氢含量分析来判断，硫化氢含量恒定不变表明催化剂硫化已完成。而器外预硫化催化剂的开工程序是催化剂活化的过程，由于催化剂已经过器外预硫化处理，所以在装置开工过程中催化剂活化反应属于原位反应，催化剂在较低温度条件下就已经开始释放硫化氢，过早的硫化氢释放会对设备产生腐蚀作用，因此，器外预硫化催化剂开工程序需要快速完成，最好使得硫化氢在较短时间内通过反应器。

采用器内预硫化技术，必须缓慢升温并在不同温度段恒温硫化，使硫化氢逐一穿透反应器，因为催化剂的活性金属为氧化态，催化剂的金属氧化物与高温氢气接触，一旦发生热氢还原，就很难再被硫化，从而会使催化剂活性明显下降。相比之下，采用器外预硫化技术，催化剂活性金属已预硫化形成过渡态金属氧硫化物，因而在开工过程中不必担心像氧化态催化剂活性金属以金属氧化物形式存在极易被高温氢气还原的问题，因此，采用器外预硫化技术，加氢装置开工过程中可以使催化剂快速升温活化，因而解决了硫化氢短时通过的问题。通常在催化剂的活化期间硫化氢的浓度保证维持在200~10000 μg/g。

采用器外预硫化技术不必担心催化剂活性金属被高温氢气还原的问题，使得加氢装置开工过程中可以使催化剂快速升温活化，节省了加氢装置的开工时间。

将催化剂装入反应器之前将活性金属大部分转化为金属氧硫化物。器外预硫化催化剂的金属氧硫化物经过开工活化步骤转化生成活性硫化物所需的时间明显小于相应氧化态催化剂器内预硫化所需时间。采用EPRES技术与器内预硫化技术相比，节省了加氢装置开工时间。以典型柴油加氢精制为例，EPRES器外预硫化方法与器内预硫化的开工时间对比，加氢装置采用EPRES器外预硫化技术与器内预硫化相比可节省开工时间50h。

EPRES技术应用于加氢裂化装置可进一步节省装置的开工时间，与器内预硫化相比，加氢裂化装置采用EPRES器外预硫化技术可节省开工时间72h。

工业应用表明采用EPRES技术节省了加氢装置的开工时间。在中国石化福建联合石化有限公司的柴油加氢装置工业应用中使用EPRES催化剂，与以往氧化态加氢精制催化剂相比，节省开工时间50h，提高了企业经济效益。在中国石油克拉玛依石化分公司的重整预加氢装置应用中，器外预硫化催化剂的整个活化过程历时仅为15h，缩短了开工时间。在中国石化上海石化股份有限公司的柴油加氢装置应用中，催化剂开工过程从引入活化油到出合格产品仅用17h，与器内预硫化开工相比，装置提前7天开汽成功。

采用EPRES技术提高了催化剂活性金属利用率。采用EPRES技术对加氢催化剂进行器外预硫化处理，可以改善催化剂的硫化效果，进而可以提高催化剂的加氢脱硫活性和加氢脱氮活性。以混合柴油为原料油，在反应压力3.4MPa、氢油体积比350：1、体积空速2.5h^{-1}、反应温度350 ℃的工艺条件下，EPRES催化剂和器内预硫化催化剂的加氢活性对比，EPRES催化剂的加氢脱硫率和加氢脱氮率分别为90.8%、78.6%；而器内预硫化催化剂的加氢脱硫率和加氢脱氮率分别为89.2%、75.1%。结果表明，EPRES催化剂具有较高的加氢脱硫和加氢脱氮活性。

3.3 催化剂的工业应用中一些问题的解决

3.3.1 EPRES技术的安全与环保问题

EURECAT技术需要采用特殊制备的硫化剂[16]。EURECAT技术和actiCAT技术都需要在一定压力和惰性气体保护下进行加氢催化剂器外预硫化[17]。TRICAT公司Xpress器外预硫化技术是在氢气气氛下用硫化氢气体对加氢催化剂进行高温预硫化[18]，使催化剂活性金属完全转化为硫化态，但这种完全转化的金属硫化物与空气接触极易发生自燃，因此该器外预硫化催化剂需要进行钝化处理，这必然会增加预硫化的生产过程及成本。该技术对设备要求高，投资大，并存在硫化氢泄漏风险。

我们开发的EPRES技术采用廉价硫化剂，在助剂、溶剂等协同作用下，促进了催化剂中金属组分与其反应生成过渡态金属氧硫化物，显著抑制了生成SO_x和H_2S等副反应的发生；顺利导出了反应热，保证了器外预硫化过程不产生热点；有效控制了预硫化系统气相中溶剂物质的浓度，使生产过程不用隔绝空气；EPRES 产品在常温条件下性质稳定，不需要进行钝化。这些特点使该技术在经济、安全和环保等方面均具有明显的竞争力，是一种清洁化的加氢催化剂器外预硫化工艺。

工业装置使用 EPRES 催化剂，开工过程的环境影响明显减小，为炼化企业实现清洁生产创造了有利条件。中国石油抚顺石化分公司石油一厂 15 万 t/a 石蜡加氢装置换用器外预硫化的 FV-20 催化剂。在催化剂开工升温活化期间，装置无泄漏，装置周围大气环境中硫化氢浓度监测值均小于 0. 2mg/L。装置污水井出口采样分析数据表明，污水控制指标全面达标。

3. 3. 2 EPRES 工业催化剂的集中放热问题

催化剂的硫化反应是放热反应，而器外预硫化催化剂硫化反应的放热分为两个部分完成，一部分放热是在器外预硫化催化剂的制备过程中释放，另一部分是器外预硫化催化剂的工业装置开工活化期间释放。尽管如此，器外预硫化催化剂的活化反应如果控制不好则将极易出现 EPRES 工业催化剂的集中放热问题。

EPRES 技术采用多段热处理对加氢催化剂进行器外预硫化，促进了元素硫与加氢催化剂中金属氧化物在不同的温度段生成不同结构和类型的金属氧硫化物，使硫和金属氧化物形成具有不同结合度的过渡态金属氧硫化物。在工业装置催化剂开工活化期间，不同结合状态的金属氧硫化物在不同温度条件下发生进一步的转化反应，从而使加氢装置开工活化过程所释放的热量得到合理分散，避免了开工过程中在某一温度点由于集中释放热量而导致催化剂结构破坏乃至安全事故，有效解决了器外预硫化催化剂在工业装置开工升温活化过程出现集中放热的问题。

为了减少催化剂活化过程中的相对放热效应，提高炼油装置采用器外预硫化催化剂进行生产的安全性，采用优化器外预硫化催化剂开工方案，加氢装置气密时逐渐置入氢气，避免工业器外预硫化催化剂在开工活化过程中出现集中放热。

高压差热(HPDTA)分析结果表明，EPRES 器外预硫化催化剂比国外同类器外预硫化催化剂的相对放热效应小，EPRES 器外预硫化催化剂的相对放热效应降低了 14%，见图 2。

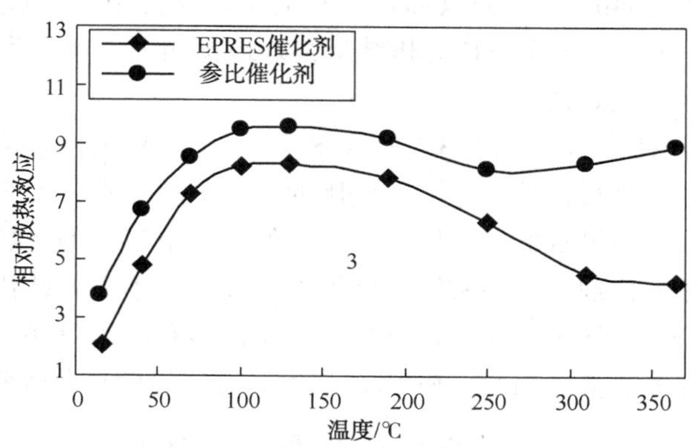

图 2 EPRES 催化剂与国外同类参比催化剂相对放热效应的比较

中国石化上海石化的柴油加氢装置采用 EPRES 催化剂，加氢装置开工升温活化过程中，反应器出口和入口温度变化可见，在加氢装置开工升温活化过程中，反应器出、入口温度呈规律变化，催化剂床层升温过程非常平稳，整体开工过程中未出现集中放热现象，表明 EPRES 技术很好地解决了器外预硫化催化剂的集中放热问题。

3.3.3 开工过程中催化剂放热的起始温度预测

利用DSC分析方法进行各种类型器外预硫化催化剂的DSC放热分析，可以根据DSC分析结果与工业装置催化剂的开工过程的实际放热的起始温度点相关联，找到变化规律，从而指导分析工业应用的实际放热规律。

器外预硫化催化剂的开工过程放热的起始温度与分析预测值的对比结果见表2。由表2结果可见，活性金属种类相同催化剂(如NiMo、NiMoW)的起始放热温度点相近，而不同活性金属种类的催化剂工业的起始放热温度与DSC放热分析的起始温度相差60℃，DSC放热分析的起始温度为何会高于工业应用的起始放热温度，这是由于DSC放热分析测得的温度显示往往滞后于实际的温度值，特别是工业装填催化剂在几十吨或几百吨级规模时，开工过程放热的起始温度低于分析值。

表2 器外预硫化催化剂开工过程放热的起始温度预测

催化剂	活性金属	初始温度/℃(DSC分析)	工业预测温度/℃	工业实际温度/℃
NM(1)	NiMo	240	180	180
NM(2)	NiMo	220	160	160
NMW(1)	NiMoW	180	120	119
NMW(2)	NiMoW	205	145	142

因此，我们可以根据DSC分析结果来预测工业实际的起始温度点。根据DSC分析结果来预测工业实际的起始温度点，将有助于我们有效地预判和控制器外预硫化催化剂工业活化中的放热情况，从而确定合理的器外预硫化催化剂的开工应用程序。

中国石化广州石化公司炼油一部的60万t/a柴油加氢装置2011年4月采用EPRES技术制备的FHUDS-2硫化型催化剂。由表2可以预测得出EP-UDS-2催化剂的工业开工过程的放热起始温度为145℃，而实际工业开工的放热起始温度为142℃。

活化结束后，引入焦化柴油和催化柴油混合油作为原料油，在高分压力6.0 MPa、反应温度310℃、体积空速1.54h^{-1}、体积氢油比270的工艺条件下，生成油产品合格，硫含量400μg/g。此次工业应用中，根据DSC分析结果很好地预测了工业实际放热的起始温度，同时催化剂的工业应用取得较好结果。

EPRES器外预硫化技术特点见表3。EPRES器外预硫化技术与国外同类技术相比，实现了在常压、空气气氛下进行器外活化。所使用的硫化剂特点是：安全、廉价、易得；器外预硫化工艺流程简单；设备投资低；可以在常压、低温、空气氛围下加工生产器外预硫化加氢催化剂；器外预硫化催化剂产品在常温条件下性质稳定，不需要钝化；产品在储存、运输和装填过程中，也无需氮气保护。在生产过程、产品储运和应用等环节均具有投资少、成本低、安全清洁、性能好等优势。因此，EPRES技术具有明显的竞争优势。

表3 EPRES器外预硫化技术特点

项 目	EPRES	项 目	EPRES
硫化剂特性	安全/廉价/易得	钝化与否	否
生产过程		工艺流程	简单
操作压力	常压	设备投资	低
操作温度	低	产品储运和装填	无特殊要求
操作气氛	空气		

4 EPRES 技术的工业应用概况

EPRES 技术用于加氢催化剂进行器外预硫化处理具有高效、安全、环保的特点。采用该技术可以缩短加氢装置开工时间、开工现场避免使用有毒有害的硫化剂、开工过程简单。2009 年至今，EPRES 器外预硫化技术在国内工业应用情况见表 4。由表 4 可见，已采用 EPRES 技术对 40 多个牌号的加氢催化剂进行了器外预硫化，并在中国不同类型 49 套加氢装置上成功地实现工业应用(总加工能力达到 5815 万 t/a)。这些装置涉及重整预加氢、煤油加氢、柴油加氢、石蜡加氢、加氢改质和加氢裂化等领域，均取得了很好的效果。

EPRES 器外预硫化催化剂在生产、储存、运输和装填过程中清洁、环保，无需采取特殊保护措施；加氢装置开工时间短(加氢精制装置可以缩短开工时间 48 h、加氢裂化开工时间短 72 h)，开工过程操作平稳，无集中放热现象，安全环保；器外预硫化催化剂的硫化效果好，其活性金属的利用率显著提高。EPRES 器外预硫化催化剂的工业应用中的经济效益与社会效益显著。

采用 EPRES 技术进行器外预硫化处理的加氢催化剂即可以是新鲜催化剂，也可以是再生催化剂。目前在我国的南方和北方均设有器外预硫化的生产厂家，可以满足由于国内加氢装置规模不断扩大而使得短期大量生产 EPRES 催化剂的需要。

5 小结

(1) EPRES 技术突破了国外在该领域的技术垄断，取得了明显的技术优势，提高了我国加氢技术的整体技术水平和市场竞争能力。

(2) 工业应用结果表明，EPRES 加氢催化剂工艺过程流程简单，技术先进，设备简单。采用廉价硫化剂，器外预硫化催化剂的制备成本低。

(3) 采用 EPRES 技术，不仅可以缩短加氢装置开工时间；而且所生产的催化剂在常温条件下质量稳定，与器内预硫化催化剂相比，可以显著改善催化剂硫化效果，提高催化剂活性金属的利用率；因而创造可观的经济效益。

(4) EPRES 催化剂开工升温活化过程无集中放热现象，提高生产安全性，器外预硫化技术的适应性和实用性较强。

(5) EPRES 催化剂的生产、储存、运输和装填过程无需氮气保护。

(6) 采用 EPRES 技术，将全国各地炼油厂使用的许多催化剂由分散硫化方式转化为集中地器外预硫化处理方式，具有显著的环保效能。

(7) EPRES 技术可广泛应用于各种不同类型加氢催化剂的器外预硫化生产，具有广阔的应用前景。

表 4 EPRES 器外预硫化技术工业应用情况

序号	应用单位	应用时间	规模/(万 t/a)
1	中国石化广州石化分公司	2009.01	100
2	中国石化福建联合石化有限公司	2009.05	280

续表

序号	应用单位	应用时间	规模/(万 t/a)
3	中国石化福建联合石化有限公司	2009. 06	120
4	中国石油哈尔滨石化分公司	2009. 10	60
5	中国石化广州石化分公司	2009. 12	100
6	中国石油锦西石化分公司	2010. 09	90
7	中国石油抚顺石化分公司石油三厂	2010. 01	60
8	和邦化学有限公司	2010. 05	80
9	中国石化镇海炼化分公司	2010. 07	240
10	中国石油辽阳石化分公司	2010. 09	260
11	中国石油抚顺石化分公司石油三厂	2010. 10	120
12	中国石油乌鲁木齐分公司	2010. 10	80
13	中国石油辽阳石化分公司	2010. 11	80
14	中国石化广州石化分公司	2011. 03	60
15	中国石油抚顺石化分公司石油三厂(重整预加氢)	2011. 04	40
16	中国石化广州石化分公司(加氢裂化)	2012. 09	200
17	中国石化洛阳分公司(蜡油加氢)	2013. 04	220
18	玉门油田公司炼油化工总厂(柴油加氢改质)	2013. 04	50
19	中国石化安庆分公司(催化汽油加氢)	2013. 05	67
20	陕西延长石油(集团)有限公司榆林炼厂(重整预加氢)	2013. 07	30
21	中国石化扬子石化有限公司(催化汽油加氢)	2013. 08	40
22	中国石化海南炼化有限公司(重整预加氢)	2013. 10	110
23	中国石化扬子石化有限公司(加氢裂化预精制)	2013. 03	200
24	和邦化学有限公司(重整预加氢)	2013. 06	116
25	中国石油庆阳石油化工分公司(加氢裂化预精制)	2013. 08	120
26	北京三聚环保新材料有限(石蜡加氢)	2013. 09	30
27	中国神华煤制油化工有限公司(煤制油)	2013. 10	100
28	中国石化福建联合石化有限公司(重整预加氢)	2013. 11	120
29	中国石化福建联合石化有限公司(柴油加氢)	2013. 11	80
30	中国石化洛阳分公司(蜡油加氢)	2014. 01	220
31	中国石化上海高桥分公司(蜡油加氢)	2014. 01	140
32	中国石化扬子石化有限公司(重整预加氢)	2014. 03	10
33	中国石化洛阳分公司(柴油加氢)	2014. 05	260
34	山东瑞科石油化工有限公司(苯加氢)	2014. 06	7
35	中国石化扬子石化有限公司(加氢裂化新装置)	2014. 06	200
36	中国石化扬子石化有限公司(加氢裂化老装置)	2014. 06	200
37	中国石油股份有限公司西安分公司(柴油加氢)	2014. 07	30
38	中国石化上海高桥分公司(航煤加氢)	2014. 12	120
39	和帮化学有限公司	2015. 01	170
40	东联石油化工有限公司(柴油加氢)	2015. 02	40
41	北海石化有限公司(柴油加氢)	2015. 04	260
42	中国石油抚顺石化分公司石油三厂(重整预加氢)	2015. 05	60
43	中国石油抚顺石化分公司石油三厂	2015. 09	120
44	中国石化广州石化分公司(柴油加氢)	2016. 01	200
45	中国石化广州石化分公司(蜡油加氢)	2016. 01	180
46	中国石化塔河分公司(柴油加氢)	2016. 02	120
47	中国石油长岭分公司(柴油加氢)	2016. 02	100

续表

序号	应用单位	应用时间	规模/(万 t/a)
48	中国石化金陵石化分公司(沸腾床渣油加氢)	2016.08	5
49	中国石油抚顺石化分公司石油三厂(柴油加氢)	2016.09	120
合 计			5815

参 考 文 献

[1] Seamans J D, Welch J G, Gasser N G. Method of presulfiding a hydrotreating catalyst. US4943547, 1990.

[2] Seamans J D, et al. Method of presulfurizing a hydrotreating, hydrocracking or tail gas treating catalyst. US5292702, 1994.

[3] Dufresne P Sulficat ® : Off-Site presulfiding of hydroprocessing catalyst from Eurecat. Studies in Surface Science and Catalysis, 1988, 38: 393-398.

[4] Dufresne P. Continuous developments of catalyst off-site regenerationand presulfiding. Studies in Surface Science and Catalysis, 1996, 100: 253-262.

[5] Guillaume D, Lopez S, et al. Process for sulfurization of catalysts for hydrotreatment, 2009, US7513990.

[6] EURECAT. Sulfide and pre-activated hydroprocessing catalyst without passivation applicable to handling and loading under nitrogen. TOTSUCAT ® technical document, 2009: 1-5.

[7] Neuman D J, Semper G K, Creager T. Method of presulfiding and passivating a hydrocarbon conversion catalyst. US5958816, 1999.

[8] Dufresne P, Labruyere F. Ex-situ presulfuration in the presence of hydrocarbon molecule. US6417134, 2002

[9] Berrebi G. Process of presulfurizing catalysts for hydrocarbons treatment. US4530917, 1985.

[10] Seamans J D, Adams C T, Dominguez W B, et al. Method of presulfurizing a hydrotreating, hydrocracking or tail gas treating catalyst. US5215954, 1993.

[11] Neuman D J, San Francisco. NPRA, 1998.

[12] 王月霞. 加氢催化剂的器外预硫化[J]. 炼油设计, 2000, 30 (7): 57-58.

[13] 方向晨, 高玉兰. 加氢催化剂的器外预硫化技术的研究. 加氢技术论文集, 2004: 466.

[14] 高玉兰, 方向晨. EPRES 器外预硫化技术的研究及其工业应用. 工业催化 (Industrial Catalysis), 2007, 15(2): 33-35.

[15] 高玉兰, 方向晨. 加氢催化剂器外预硫化技术的研究[J]. 石油炼制与化工 (Petroleum Processing and Petrochemicals), 2005, 36: 1-4.

[16] Berrebi, Georges. Process for presulfurizing with phosphorous and/or halogen additive, US4983559, 1991.

[17] Seamans J D, Adams C T, Dominguez W B, et al. Method of presulfurizing a hydrotreating, hydrocracking or tail gas treating catalyst, US5688736, 1997.

[18] Neuman D J, Semper J K, Creager T. Method of presulfiding and passivating a hydrocarbon conversion catalyst. US5958816, 1999.

STRONG 沸腾床加氢技术工业应用及展望

葛海龙　杨　涛　孟兆会　方向晨

（中国石化抚顺石油化工研究院，抚顺　113001）

摘　要　抚顺石油化工研究院开发的 STRONG 沸腾床渣油加氢成套技术采用新型反应器和微球催化剂，利用带有三相分离器的沸腾床反应器实现内部环流与气液固三相分离，无需使用传统沸腾床技术中的高温高压循环泵及配套设备，提高了反应体系的稳定性与反应器空间利用率，降低了投资。首套采用 STRONG 沸腾床技术的工业化装置累计平稳运行 8000h，540℃$^{+}$单程转化率达到了 78%以上。

关键词　渣油加氢　沸腾床　加氢转化

1　前言

2015 年世界探明原油储量达到 2394 亿 t，平均可开采年限达到 64 年以上，石油资源将长期保持主流能源的地位。从世界石油资源剩余储量来看，高硫、重质等劣质原油的比例逐年上升，因此，如何将重油清洁高效的转化为轻质油品是炼油企业转型升级和健康发展的重要任务。

目前，渣油加氢技术是国内外应用比较广泛的一种重油轻质化手段，而沸腾床渣油加氢技术由于催化剂在反应器内处于全返混状态以及能够在线置换催化剂，使得其具有床层压降小、温度分布均匀、传质和传热效率高、运行周期长以及装置操作灵活等优点，克服了固定床渣油加氢技术床层压力降增长快、运行周期短、原料适应性差等不足[1]。近年来，沸腾床渣油加氢技术受到广泛关注。

2　STRONG 沸腾床技术开发

抚顺石油化工研究院(FRIPP)最早在 20 世纪 60~70 年代开展了沸腾床加氢技术的研究开发工作，研究了不同类型的催化剂和反应器形式，最终确定了使用微球催化剂，带三相分离器的沸腾床反应器的技术路线；进入 21 世纪，2004 年 FRIPP 开始组建攻关组继续进行沸腾床项目研发，开发出了 STRONG 沸腾床技术专用的微球形催化剂，并成功在催化剂抚顺分公司进行了放大试验；自行设计建设了一套处理量为 4L/h 的热模中试装置，并进行了多次长周期试验，运转过程平稳，无生焦现象，催化剂带出量控制在指标以内。中试试验采用自行研发的微球形脱金属和脱硫转化催化剂，脱金属率达 62%~95%，脱硫率达 68%~90%，转化率达 40%~85%，达到国外同类技术水平，并为万吨级沸腾床工业示范装置工艺包的编制提供成套设计数据。

在不同规模的冷模实验装置上进行了大量的试验，最终完成了反应器流体力学特性研究，气液分布器、三相分离器等内构件设计。2007 年 4 月开始与华东理工大学合作，建立了沸腾床反应器流体力学模型，为沸腾床反应器的放大提供相关放大依据。同时，在实验室建设了催化剂加排系统，完善了加排剂罐的设计，确定了催化剂加排过程的流程和操作参数。经过十多年的技术攻关，形成了具有自主知识产权的 STRONG 沸腾床渣油加氢成套技术[2,3]。

3 STRONG 沸腾床技术特点

STRONG 沸腾床技术采用带有三相分离器的沸腾床反应器和微球催化剂，实现了反应器内部环流与气液固三相分离，只需较低的油量和气量就能将催化剂很好的流化，不必额外设置高温高压循环泵，避免由于循环泵的故障引发的意外停车问题[4]；催化剂床层不需要控制料面，省去了复杂的固体料面控制系统和热油循环系统，提高了反应器的空间利用率[5]和系统的稳定性；同时微球催化剂能够消除内扩散影响，反应利用率高，且方便催化剂的加排操作[6,7]。与国外同类技术相比，具体对比参数见表 1。

表 1 STRONG 沸腾床技术与国外同类技术对比

Item	STRONG	Conventional
Catalyst geometry	Micro sphere	Cylinder
Catalyst diameter（mm）	0.4~0.5	0.8~1.2
Catalyst wear resistance	High	Medium
Recycling Pump	No	Yes
HDM(%)	85~95	80~90
HDCCR(%)	50~85	50~80
HDS（%）	60~93	60~90
HDN（%）	30~70	30~70
540℃+ conversion（%）	40~90	40~90
Investment	Base ＊80%	Base

4 工业应用及结果

在中国石化统一部署下，在金陵石化开展 STRONG 沸腾床工业应用。2014 年 2 月 5 万 t/a 沸腾床示范装置顺利完成中间交接，2015 年 7 月，STRONG 沸腾床渣油加氢装置具备工业运行条件。截至 2017 年 4 月按计划进行了两次工业运行试验，累计运行 8000 小时。打通了示范装置的全流程，完成了加氢转化试验、长周期稳定性试验、催化剂在加排以及外排催化剂处理等全部试验，自有技术得到了充分的验证。试验结束后对示范装置进行了全方位的拆检，从拆检的情况来看，反应系统、分离系统和分馏系统均没有发现生焦和带剂的现象，再一次表明 STRONG 沸腾床反应器及内构件、工艺流程以及工程放大过程等关键设备与技术是安全可靠的。

5 万 t/a 沸腾床工业示范装置采用两个沸腾床加氢反应器串联工艺流程，包括反应、分馏、催化剂加排及外排催化剂处理四部分。反应部分工艺流程为原料与氢气炉前混合后，经反应加热炉加热后进入反应器进行加氢反应，反应后的液相产物经热高分、热低分等进入分馏系统；气相经冷高分、膜分离等，氢气循环使用。分馏系统包括汽提塔、常压分馏和减压分馏，完全按照常规工业装置的流程进行设置。

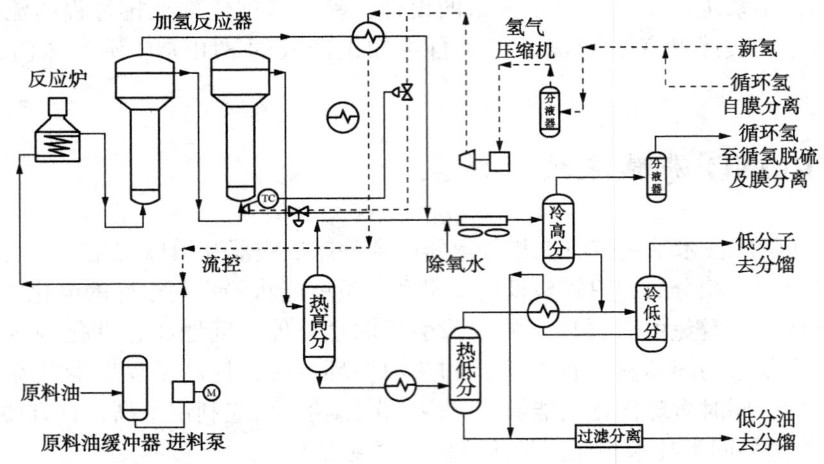

图1 5万t/a沸腾床工业示范装置反应部分流程

试验过程中系统压力~14.1MPa，循环氢量~4000 Nm^3/h，总体积空速为0.17h^{-1}~0.22h^{-1}（相对反应器体积），平均温度400~420℃完成了不同转化率的加氢试验，540℃$^+$加氢转化率达到了51.2%~78.6%。部分试验生成油性质、杂质脱除率以及转化率见表3。

表2 金陵减压渣油性质

项目	数据	项目	数据
密度(20℃)/(kg/cm^3)	1035.8	V/(μg/g)	163.50
CCR/%	23.73	(Ni+V)/(μg/g)	210.8
N/(μg/g)	4600	黏度(100℃)/(mm^2/s)	3063
S/%	6.00		
Ni/(μg/g)	47.30		

表3 沸腾床渣油加氢转化结果

工艺条件	1	2	3
CCR/%	10.83	7.50	4.36
S/%	1.87	1.17	0.83
N/(μg/g)	3774	3010	2830
Ni/(μg/g)	12.91	4.52	4.54
V/(μg/g)	10.33	1.82	1.81
(Ni+V)/(μg/g)	23.24	6.34	6.35
脱除率与转化率/%			
HDCCR	56.7	70.9	83.5
HDS	70.4	82.0	87.6
HDN	22.1	39.6	44.8
HDM	89.5	97.2	97.3
HDC(540℃$^+$)	51.2	69.5	78.6

为了获得工业示范装置长周期试验数据，沸腾床工业示范装置于 2016 年 8 月 18 日至 2017 年 4 月 1 日开展第二阶段试验，长周期稳定性试验 540℃$^+$转化率分别控制在 65%、55%、75%左右。本阶段试验全渣油满负荷工况下稳定运行 100 天，完成了全部试验内容，取得了示范装置平稳运行过程中试验数据及关键参数。长周期杂质脱除率随时间变化趋势见图 2。

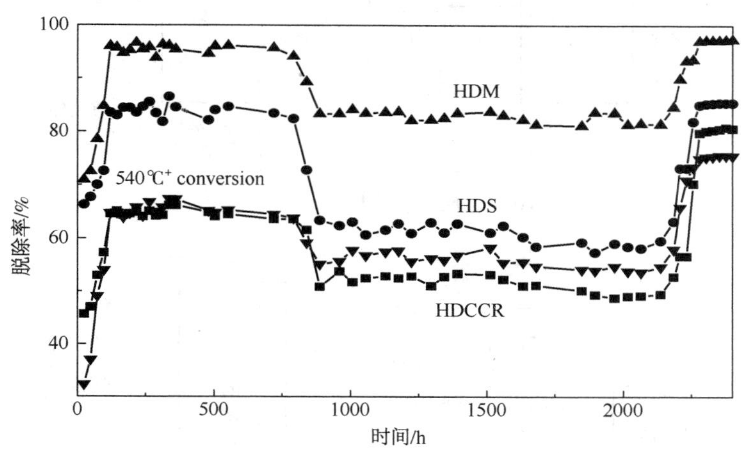

图 2　长周期试验杂质脱除率随时间变化趋势

5　STRONG 沸腾床技术展望

沸腾床渣油加氢工艺的具有较好的原料适应性和加氢转化能力，在劣质渣油加工方面具有较强的竞争力，如加工高硫劣质减压渣油生产船用燃料油或焦化原料，或加工固定床难于加工的渣油生产催化裂化原料，以及超重原油加工包括煤焦油加工等等，STRONG 沸腾床加氢工艺也将会提供很好的解决方案。

（1）沸腾床-固定床组合工艺

FRIPP 开发了沸腾床-固定床组合技术，将沸腾床反应器作为固定床渣油加氢装置的前置保护反应器，减压渣油在沸腾床反应器内经过加氢裂化以及热裂化等反应过程，可以将高黏度、大分子的原料转化成低黏度、小分子的适合后续加工装置的原料。综合来看，沸腾床-固定床组合工艺一方面可以适应劣质原料的加工要求；另一方面，借助沸腾床反应器高效催化剂及反应体系，可以延长装置的运转周期，此两点对于解决目前固定床渣油加氢技术原料适应性相对较差及运转周期短具有重要意义。

（2）沸腾床-催化裂化组合工艺

减压渣油经 STRONG 技术进行深度脱金属、脱硫、脱残炭和部分转化，加氢渣油性质满足重油催化裂化进料指标要求，通过与催化裂化工艺组合实现劣质渣油全转化，提高轻油收率。

（3）沸腾床-焦化组合工艺

当加工更加劣质的渣油原料，建议采用沸腾床-焦化(溶剂脱沥青)组合技术，沸腾床在中等转化率下操作，未转化油进入焦化装置进一步转化，则可以实现劣质渣油的完全转化，

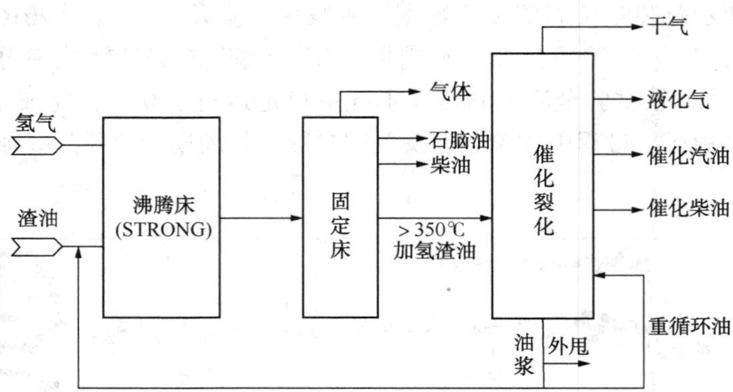

图3 沸腾床-固定床组合工艺

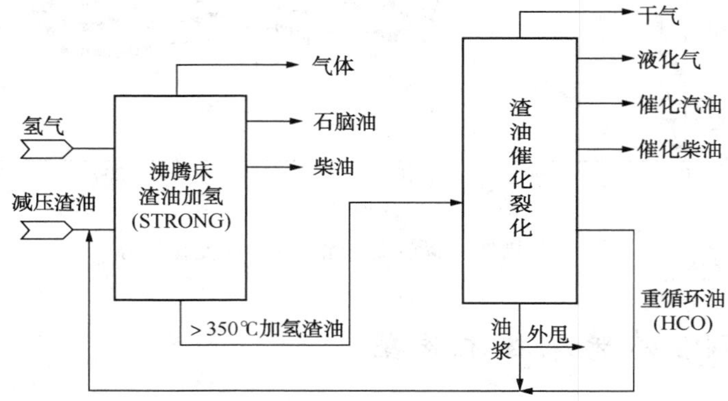

图4 沸腾床-催化裂化组合工艺

实现效益的最大化。

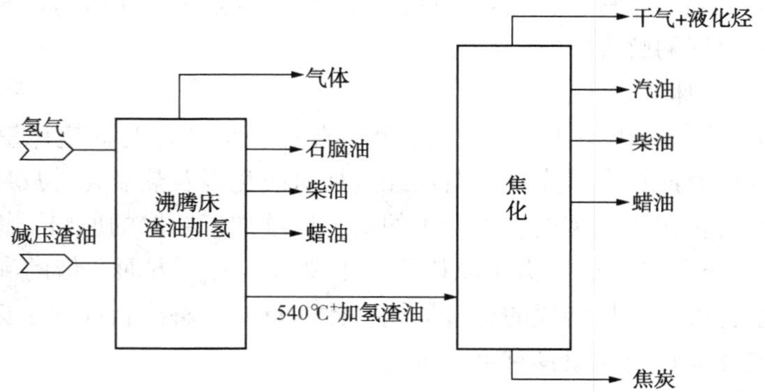

图5 沸腾床-焦化组合工艺

(4) 其他应用

STRONG 技术除了能够用于渣油加氢工艺外，还能用于重蜡油的加氢处理、加氢裂化等反应过程，以及 F-T 合成、甲醇合成等需要用淤浆床反应器等反应体系。

6 结束语

在中石化总部的大力支持下，由中国石油化工股份有限公司抚顺石油化工研究院（FRIPP）、中国石化股份有限公司金陵分公司（JLPEC）、中石化洛阳工程有限公司（LPEC）及华东理工大学组成的攻关团队完成了 STRONG 沸腾床渣油加氢成套技术开发及 5 万 t/a 沸腾床工业示范装置试验，在催化剂、工艺及工程技术方面均获得重大突破，并形成了一系列的专利及专有技术，形成了具有完全自主知识产权的沸腾床渣油加氢技术。目前，已经完成了 200 万 t/a 沸腾床渣油加氢装置工艺包编制，正在积极推进工业化进程。

5 万 t/aSTRONG 沸腾床工业示范装置试验的顺利开展，验证了 STRONG 沸腾床成套技术的可行性、可靠性以及先进性，表明 STRONG 沸腾床技术已经具备了工业推广及应用基础。可根据各个炼厂实际情况提供“量身定制”渣油深加工技术方案，有助于提升炼油企业的竞争力和经济效益。如沸腾床与固定床组合，将沸腾床作为固定床渣油加氢装置的前置保护反应器，提供渣油加氢装置的原料适应性或延长运行周期；沸腾床与催化裂化或焦化组合或溶剂脱沥青工艺的组合，实现渣油最大化清洁利用。

参考文献

[1] M J Angeles, C Leyva, J Ancheyta, et al, A review of experimental procedures for heavy oil hydrocracking with-dispersed catalyst[J], Catalysis Today, 2014, 220-222.

[2] 杨涛，方向晨，蒋立敬，等．STRONG 沸腾床渣油加氢工艺研究[J]．石油学报，2010，1001-8719.

[3] 方向晨，关明华，廖士纲．加氢裂化[M]．北京：中国石化出版社，2008：204-205.

[4] Zhen-Min Cheng, Zi-Bin Huang, Tao Yang, et al. Modeling on scale-up of an ebullated-bed reactor for the-hydroprocessing of vacuum residuum[J]. Catalysis Today, 2013, doi: 10. 1016/j. cattod. 2013. 08. 021.

[5] Craig A McKnight1, Larry P Hackman1, John R Grace, Arturo Macchi, Darwin Kiel3, and Jonathan Tyler. Fluid Dynamic Studies in Support of an IndustrialThree-Phase Fluidized Bed Hydroprocessor, The Canadian Journal of Chemical Engineering, 2003, 81.

[6] 孙素华，王刚，方向晨，等．STRONG 沸腾床渣油加氢催化剂研究及工业放大[J]．炼油技术与工程，2011，41(12).

[7] 樊宏飞，孙晓艳，关明华，等．FC-26 中间馏分油型选择性加氢裂化催化剂的研[J]．石油炼制与化工，2005，36(2)：6-8.

高性能微球沸腾床渣油加氢催化剂的设计及工业应用

朱慧红　孙素华　金　浩　杨　光　杨涛　葛海龙　蒋立敬　方向晨

（中国石化抚顺石油化工研究院，抚顺　113001）

摘　要　针对STRONG沸腾床渣油加氢工艺特点，设计了两种类型的微球催化剂，研究了微球催化剂的制备工艺和沸腾床催化剂的制备条件对催化剂性质和性能的影响，确定催化剂的物化性质。催化剂经过放大和生产，并在5万t沸腾床渣油加氢示范装置成功应用，结果表明：催化剂具有较好的反应性能，与国外领先技术水平相当，催化剂具有较好的抗磨性能，能够满足工业装置的使用要求。

关键词　微球　沸腾床　渣油加氢　催化剂

1　前言

近年来，原油日益变重，而市场对中间馏分油产品的需求不断增长，对渣油燃料油的需求逐渐下降，将渣油加氢转化生产高质量产品变得越来越有吸引力。沸腾床渣油加氢技术具有双功能，该技术既可以达到良好的加氢能力，也可实现较高的渣油加氢转化水平[1]。目前，国外在沸腾床渣油加氢技术工艺类型主要有H-Oil和LC-Fining两种，共有22套工业应用装置[2~3]。沸腾床渣油加氢催化剂形状为ϕ0.8mm圆柱条形，主要化学成分为MoCo/Al_2O_3或MoNi/Al_2O_3，比较有代表性的公司有Amoco、Chevron、Grace、Texaco、IFP等。国内FRIPP开发了具有完全独立自主知识产权的STRONG沸腾床渣油加氢工艺及配套的微球催化剂制备技术，依托STRONG技术在中国石化金陵分公司建设一套5万t/a的沸腾床加氢示范装置。针对STRONG沸腾床渣油加氢工艺特点，开发了两种类型的微球沸腾床渣油加氢催化剂，脱金属催化剂和脱硫及转化催化剂，催化剂粒度为0.4~0.5mm。两种催化剂完成了工业生产并成功应用于5万t/a的沸腾床加氢示范装置。5万t/a沸腾床渣油加氢示范装置工业试验结果表明，催化剂具有良好的加氢活性和抗磨损性能，再现了小试水平，能够满足了工业装置使用要求。

2　STRONG沸腾床渣油加氢催化剂设计思路

定期置换少量的废催化剂、补充等量的新鲜催化剂是沸腾床反应器的一个重要特征，这可使产品性质不会随时间而改变。与固定床体系相比，沸腾床反应体系由于物料大量返混，其加氢效果较差。对于单段沸腾床反应器，加氢脱硫活性在60%左右，文献[4~5]中介绍的沸腾床两段加氢系统，在温度为350~450℃，空速0.2~2.0h^{-1}反应条件下，其中一反脱硫率为55%。若要提高加氢脱硫性能，必须采用几台反应器串联流程。

FRIPP一直致力于沸腾床渣油加氢技术的开发，取得较大进展。所开发的STRONG沸腾床渣油加氢工艺，不采用液体机械强制内外循环，流程简单，提高了设备运行的可靠性，节省了动力消耗。

根据STRONG沸腾床渣油加氢工艺技术特点和加工方案，设计开发两种类型的催化剂：脱金属催化剂和脱硫及转化催化剂。两种催化剂可以在沸腾床加氢工艺中配套使用，一反为加氢脱金属功能反应器，装填加氢活性较低的脱金属催化剂，脱除原料中大部分金属和沥青质，对脱硫及转化催化剂起到很好的保护作用；二反为加氢脱硫及转化功能反应器，装填高活性催化剂，进行深度加氢脱硫及转化，提高整个工艺的反应性能。本研究催化剂，还可以用于沸腾床+固定床组合加氢工艺，脱除原料中大部分金属，为后面固定床渣油加氢装置提供进料或延长装置运转周期。

评价渣油加氢催化剂性能好坏有两个方面：一是反应性能，二是扩散性能。渣油加氢催化剂设计不仅要注重其反应性能，也要充分考虑扩散性能。催化剂的反应性能取决于催化剂表面性质和化学组成，而扩散性能则与催化剂颗粒形状和大小以及孔结构有关。

由于STRONG沸腾床工艺不采用液体循环，反应器内流体向上流动的表观速度较低，催化剂颗粒要小些。资料认为比较适宜的粒度范围是0.2~0.6mm[6~7]，形状最好为球形[8]。根据流体力学研究，确定催化剂粒度为0.4~0.5mm。但在催化剂制备方面，还没有工业化技术能够生产此粒度范围(特别是适用于沸腾床使用要求)的球形催化剂。因此，本研究关键技术之一是催化剂成型技术。

渣油加工的难点是沥青质转化。沥青质的化学结构非常复杂，分子量很大，平均分子大小约6~9nm。沥青质在加氢过程的分解率与所用催化剂的孔径有关。研究发现，沥青质在93~315℃条件下，无法进入直径<7nm的催化剂孔道[9]。因此，对于处理大分子化合物，催化剂的孔结构显得至关重要。本研究另一关键技术是要优化催化剂的孔结构。

3 微球形沸腾床渣油加氢催化剂研究

3.1 催化剂制备工艺流程研究

制备工艺对催化剂的许多性质有着决定性的影响。工业上用于球形颗粒的制备方法主要有喷雾干燥成型、转动成型、油中成型、喷动成型、冷却成型等。以上几种成型方法难于制备小于1mm的小球。针对现有制备技术存在的问题和STRONG沸腾床工艺技术特点，进行微球型沸腾床渣油加氢催化剂制备流程研究。选择三种制备方法进行考察，其中方法Ⅰ为湿法成球，方法Ⅱ转动成型法，方法Ⅲ本研究方法，结果如表1所示。

表1 载体不同制备方法考察

载体	制备方法	磨损指数/%	收率/%	粒度分布/%		
				<0.4mm	0.4~0.5mm	>0.5mm
Z-1	Ⅰ	2.6	55.6	23.5	28.0	48.5
Z-2	Ⅱ	—	90.5	0	0	100
Z-3	Ⅲ	0.6	90.0	2.6	90.0	7.4

由表1结果可以看出，采用方法Ⅰ所制备的球形载体收率低，大颗粒产品较多；按方法Ⅱ，不能制备0.4~0.5mm的微球；采用方法Ⅲ制备载体，产品收率高，颗粒度细小，粒度分布较集中，而且粒度分布范围容易调整。本研究最终以方法Ⅲ为核心进行催化剂制备工艺技术开发。催化剂磨损指数是在FRIPP自行建立的流化床催化剂颗粒磨损测试仪上测定，磨损指数是指单位重量样品在单位时间内的磨损率，数值越小，表明样品耐磨性越好。与制备方Ⅰ相比，本研究催化剂具有良好的抗磨损性能。

不同制备工艺过程，对载体微观形貌如晶粒大小和结合方式都有很大影响。图1为两种工艺(方法Ⅰ和方法Ⅲ)制备的球形载体颗粒微观形貌对比照片。由图可以看出，本研究载体粒子较小、均匀致密，粒子之间接触点多，结合力较强。而方法Ⅰ制备的载体粒子相对较大，粒子之间接触点少，结合力较弱，内部存在明显裂缝，受内外应力的作用，容易发生剥离、脱落和破碎。由此可见，本研究催化剂载体抗磨损性能更好。

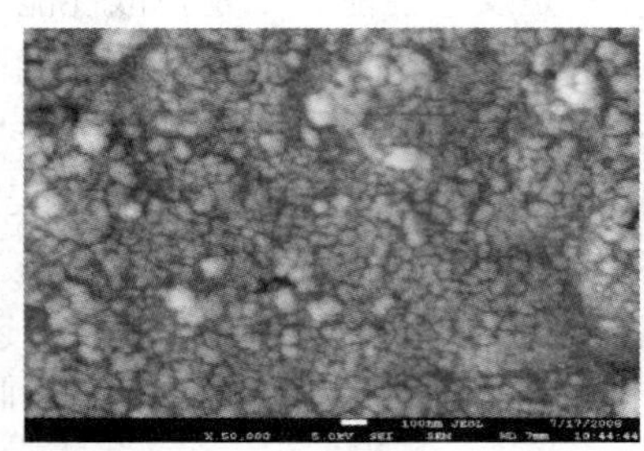

(a) 本研究载体Z-3

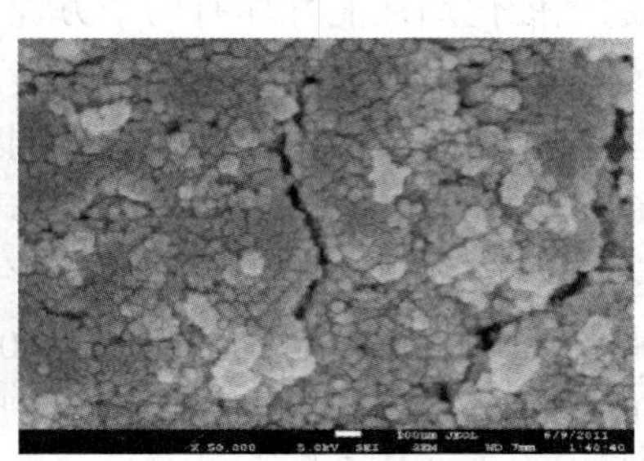

(b) 方法Ⅰ制备载体Z-1

图1 载体微观形貌照片

根据上面制备工艺制备了微球，如图2所示。从图中可以看出：采用本制备工艺制备的载体粒度均一，球形度高，从而耐磨性能好。

0.4~0.5mm微球载体

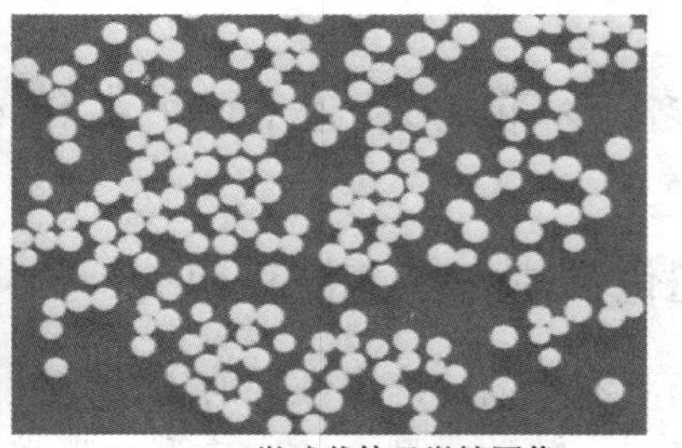

0.4~0.5mm微球载体显微镜图像

图2 制备微球载体照片

3.2 孔结构对沸腾床渣油加氢催化剂反应性能的影响

沸腾床反应器中没有固定的催化剂床层，反应物分子没有如固定床工艺中逐级转化的过程。沸腾床催化剂要同时具有脱金属、脱硫及残炭转化功能，优化催化剂的孔结构尤其是孔径分布很重要。催化剂要有不同范围的孔：大孔使胶质和沥青质大分子容易进入，进行加氢裂解及加氢脱金属反应；中、小孔提供较丰富的活性表面，以提高催化剂加氢脱硫活性。

为了优化催化剂的孔结构，制备三种不同孔结构的载体，采用浸渍方式制备组成相同的相应催化剂，采用压汞法测定三种催化剂的孔径分布见图3。上述催化剂在小型加氢装置上进行反应性能评价，考察不同孔结构对催化剂反应性能的影响，试验结果见图4。

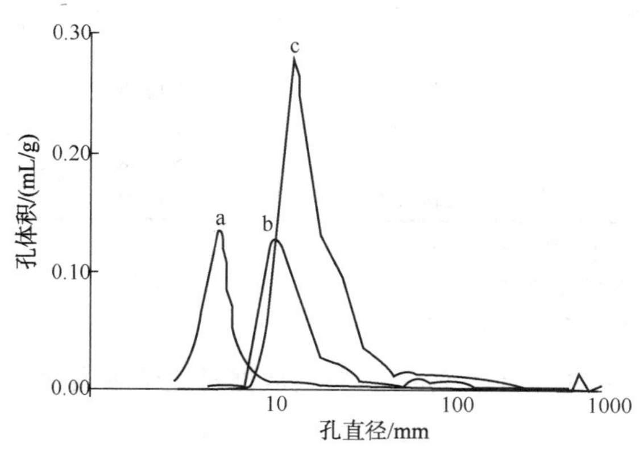

图3 催化剂孔径分布(压汞法)

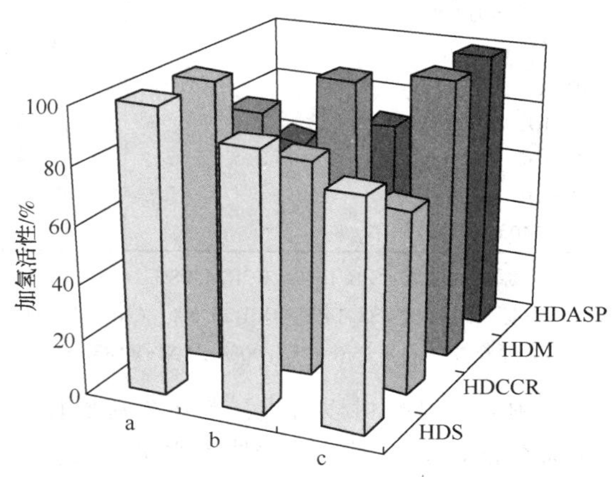

图4 孔结构对催化剂加氢性能的影响
(原料油：S 2.5%，Fe+Ni+V 250μg/g，CCR 13.2%，沥青质2.5%。)

由图3可以看出，催化剂a、b、c孔径分布集中，孔径依次增大。从图4可以看出，随着催化剂可几孔径逐渐增加，催化剂加氢脱硫(HDS)和加氢脱残炭(HDCCR)活性逐渐降低，加氢脱金属(HDM)和沥青质转化(HDAsp)活性逐渐增加。说明<20nm的孔有利于HDS和HDCCR；孔径范围在>20nm的大孔，有利于如沥青质大分子反应物的内扩散，从而达到较高的金属脱除率，这也说明脱金属反应与沥青质转化存在一定的关联性。

3.3 催化剂物化性质

基于上述考察试验，本研究确定了优化的STRONG催化剂制备工艺流程，制备的催化剂物化性质见表2。

表2 STRONG沸腾床渣油加氢催化剂主要性质

催化剂	FEM-10	FES-30
催化剂类型	脱金属	脱硫及转化
外观形状	球形	球形
颗粒直径/mm	0.4~0.5	0.4~0.5
磨损指数/%	≤2.0	≤2.0
活性组分	Mo-Ni(低)	Mo-Ni(高)

3.4 催化剂性能

将一反装填脱金属催化剂，二反装填脱硫及转化催化剂，分别在两段沸腾床加氢中试装置进行活性评价，评价结果与国外H-Oil和LC-Fining典型数据对比，结果见表3。

表3 催化剂活性评价结果比较

项 目	本研究①	国外-1②	国外-2③
工艺条件			
反应温度/℃	390~440	415~440	385~450
反应压力/MPa	15	16.8~20.7	6.8~18.4
总空速/h^{-1}	0.15~1.0	0.2~1.0	0.18~0.23
加氢活性/%			
HDS	60~90	75~92	60~90
HDCCR	40~80	65~75	35~80
HD(Ni+V)	60~98	65~90	50~98
>540℃渣油转化率,%	40~90	45~85	40~97

① 原料油性质：S 6.16%，CCR24.28%，(Ni+V)212μg/g，>540℃渣油收率88.5%。

② 原料油性质：S5.14%，CCR25.3%，(Ni+V)321μg/g，>540℃渣油收率83%。

③ 原料油性质：常渣：S 3.90%，(Ni+V)83μg/g；减渣：S 4.97%，(Ni+V)181μg/g。

由表3结果可以看出，与国外沸腾床工艺(H-Oil和LC-Fining)典型数据对比结果表明，本研究催化剂与国外同类技术水平相近。

4 STRONG沸腾床渣油加氢催化剂工业应用

4.1 工业应用结果

STRONG沸腾床渣油加氢成套技术属于国内首创。为了进一步研究不同规模装置中化学反应的变化规律，解决小试所不能解决或发现的问题，设计并建立了5万t/aSTRONG沸腾床渣油加氢示范装置，进行相关试验，为百万吨级工业化装置提供设计基础。

2009年，在小试基础上，完成了5万t/a沸腾床渣油加氢示范装置工艺包编制。2014年5万t/a示范装置在金陵石化建成，该装置设计为两个反应器串联流程。分别于2015年和2016在金陵石化5万t沸腾床渣油加氢装置上进行了两次工业试验，总试验时间为8000小时。其中一反装填脱金属催化剂(FEM-10)，二反装填脱硫催化剂(FES-30)。试验原料油由金陵石化提供的减压渣油，与国外沸腾床工艺(H-Oil和LC-Fining)典型数据进行对比，见表4，结果表明本研究催化剂与国外同类技术总体水平相当。

表4 STRONG加氢示范装置运转结果

项 目	STRONG工业试验	国外-1①	国外-2②
工艺条件			
反应温度/℃	385~425	415~440	385~450
反应压力/MPa	14	16.8~20.7	6.8~18.4
总体积空速/h^{-1}	0.17~0.22	0.2~1.0	0.18~0.23
加氢活性/%			
HDS	60~88	75~92	60~90
HDCCR	50~88	65~75	35~80
HD(Ni+V)	83~98	65~90	50~98
>540℃渣油转化率,%	45~78	45~85	40~97

① 原料油性质：S5.14%，CCR25.3%，(Ni+V)321μg/g，>540℃渣油收率83%。

② 原料油性质：常渣：S 3.90%，(Ni+V)83μg/g；减渣：S 4.97%，(Ni+V)181μg/g。

4.2 工业运转催化剂分析

采集示范装置运转后的催化剂进行处理及分析表征，以判断催化剂运转后物化性质变化情况，尤其是粒度变化情况。从运转后催化剂的外观来看，催化剂颗粒之间呈松散状态，颗粒完整，没有结块现象，对催化剂进行粒度分析，结果见图 5。采用电子扫描法检测沉积金属钒和铁在催化剂单一颗粒上的径向分布情况，沉积的金属在催化剂颗粒横截面沿径向分布曲线示于图 6。

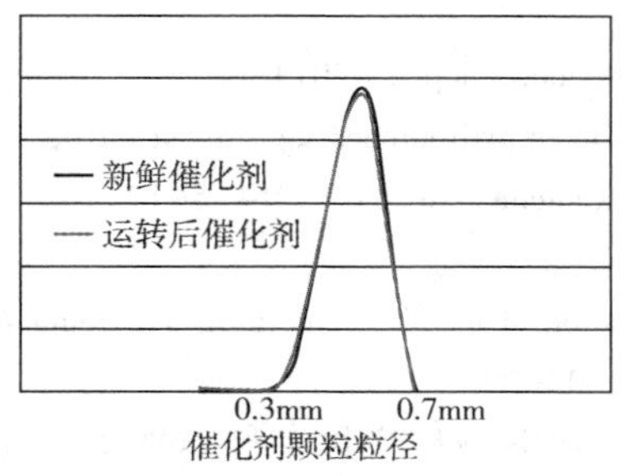

图 5　催化剂运转前后粒度变化

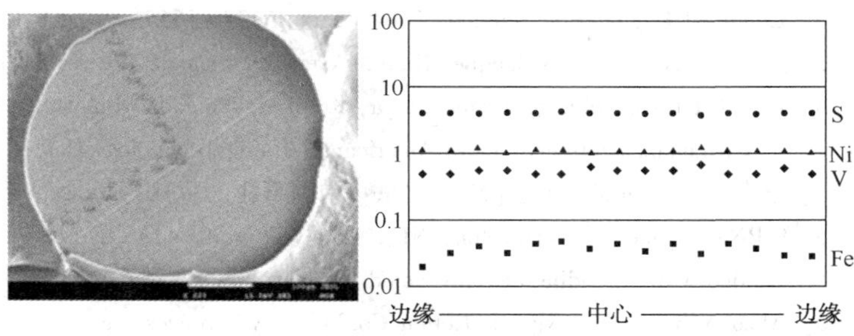

图 6　电子探针测试结果

由图 5 可以看出，与新鲜催化剂相比，运转后催化剂的粒度范围与其新鲜状态时相比没有太大变化，经过长周期运转后催化剂粒径变化很小，说明催化剂具有较高的抗压碎强度和耐磨损强度，产生的细小颗粒和细粉很少。从图 6 中可以看出：杂质在催化剂整个颗粒上分布均匀，说明杂质在催化剂孔道均匀缓慢沉积，没有堵塞孔口，有利于延缓催化剂失活，提高催化剂的利用率。

催化剂对金属的容纳能力是反映渣油加氢催化剂性能的重要指标，对小试装置长周期运转催化剂和 5 万 t 工业示范装置运转催化剂进行分析，其容金属量见表 5。

表 5　催化剂容金属能力比较

催化剂	小试长周期	工业示范装置运转	预测催化剂容金属
运转时间/h	3000	2800	
金属容金属量/[t(Ni+V)/100t 新剂]	60.0	58.2	80.0

从表 5 中数据可以看出：工业示范装置运转后的催化剂与小试装置运转后催化剂金属沉积量相当。由于金属在催化剂均匀沉积，催化剂利用率高，催化剂的容金属能力强。

5　结论

(1) 针对 STRONG 沸腾床渣油加氢工艺特点，开发了两种类型的微球形沸腾床渣油加氢催化剂。微球催化剂制备工艺成熟，流程简便，容易操作，粒度大小及粒度分布容易控制和调整，产品收率高，抗磨损性能好。催化剂具有良好的加氢性能和较高的金属脱除能力，与国外同类技术水平相近。

(2) 5 万 t/a 沸腾床渣油加氢示范装置进行工业试验结果表明，采用 STRONG 工艺双反应器串联流程，劣质渣油经本研究催化剂加氢处理，生成油的性质得到了改善，渣油得到有效转化。催化剂表现出良好的反应性能，与国外典型数据进行对比，表明本研究催化剂与国外同类领先技术总体水平相当。

（3）5万t/a沸腾床渣油加氢示范装置工业试验结果充分证实了STRONG技术的可靠性、催化剂具有良好的抗磨损性能和较高的容金属能力，能够满足沸腾床工业装置使用要求。

参 考 文 献

[1] Jean－Marc Schweitze，Stéphane Kressmann. Ebullated bed reactor modeling for residue conversion[J]. Chemical Engineering Science，2004（59）：5637～5645。

[2] Jean-Fancois Lecoz & Jacques Rault. Axens technologies for residue conversion. Sinopec，2014. 11.

[3] Julie Dirstine，Subhasis Bhattacharya，Kenny J. Peinado. Innovative CLG lubes hydroprocessing project for pemex salamanca refinery. Latin American Refining Technology Conference，Cancun，Mexico. 2014-5-10.

[4] 李春年．渣油加工工艺[M]．北京：中国石化出版社，2002：154～162.

[5] IFPNorth America（Princeton，NJ）. Catalytic multi-stage hydrodesulfurization of metals-containing petroleum residua with cascading of rejuvenated catalyst. 美国专利：5925238，1999-07-20.

[6] Akzo Nobel N V，Nippon Ketjen Co. Ltd. Hydroprocessing catalyst and use thereof. 美国专利：6893553，2005-5-17.

[7] Cities Service Research & Development Company（New York，NY）. Burning Unconverted H-Oil Residual. 美国专利：3708569，1973-01-02.

[8] 朱洪法．催化剂载体[M]．北京：化学工业出版社，1980.

[9] Jorge Ancheyta，G. Speight. Hydroprocessing of heavy oils and residua. Chemical industries，105V117. Taylor & Francis Group，LLC CRC Press，2007.

沸腾床渣油加氢技术应用前景分析

刘建锟　方向晨　杨　涛

（中国石化抚顺石油化工研究院，抚顺　113001）

摘　要　沸腾床渣油加氢反应器内温度均匀、运转周期长、装置操作灵活，是加工高硫、高残炭、高金属重劣质渣油的重要技术，在工业应用中得到了越来越多的关注。沸腾床渣油加氢技术对于解决固定床渣油加氢原料适应性差、系统压降大、催化剂失活快、装置运行周期短等问题，具有明显的优势。将沸腾床渣油加氢技术和固定床渣油加氢技术高效组合，则能够充分发挥两种渣油加氢技术的优势，可以明显改善固定床进料性质，大幅度降低杂质含量，大大改善固定床操作。同时可扩大原料范围，提高原料掺渣比，并可实现三年稳定运转，从而与下游装置相匹配，实现同步开停工。沸腾床渣油与焦化组合，劣质渣油经沸腾床加氢，杂质含量和焦化负荷显著降低，提高了总液体产率，增产高附加值产品的能力明显提升，从而大幅度提高经济效益。沸腾床加氢减压渣油作为焦化原料，明显降低石油焦的硫含量，从根本上解决高硫石油焦的出路问题。同时，该组合工艺具有原料适应性广和工艺灵活等明显优势，是提高原油资源利用率的较佳方案。沸腾床与催化裂化组合，加氢常渣可作为催化裂化原料进行加工，轻质油收率和高附加值产品收率高。同时，可以明显改善催化裂化进料性质，大幅度降低杂质含量，大大改善催化裂化操作。组合工艺将沸腾床加氢和催化裂化的特点有机结合，充分发挥各自的优势，改变了过去单纯由催化裂化作为炼油工艺核心转化的局面，形成了以沸腾床加氢为核心的重油加工新局面。该组合工艺同时拓展了炼厂重油加工的原料来源，可显著提高重渣油资源利用率，从而可以大幅度提高总体经济收益，具有很好的应用前景。

关键词　沸腾床　加氢　组合

随着全世界原油重质化、劣质化趋势日益严峻，原油中的硫、氮和金属等杂质含量明显上升，以及国内外环保的法规对油品质量要求的日益严格，油品质量不断升级的迫切要求以及人们对轻质油品和石油化工原料需求的不断增长，而优质原油的开采逐渐枯竭，包括油砂沥青在内的重劣质原油逐渐成为油品加工的重要来源，如何将大量的重质原油进行深度转化，提高轻质油收率，即重质油轻质化和生产燃料清洁化已成为我国乃至世界炼油工业面临的重大挑战。目前，全球的重油资源储量约为 3.3 万亿桶，沥青资源约为 2.6 万亿桶，其中，均超过 60%集中在南美和北美。非常规石油占总产油量的 25%。非常规石油储量估计约 6 万亿桶，常规石油储量估计为 1.2 万亿桶[1]。

渣油的深度加工技术已经成为炼油工业开发的重点。其中，加氢技术路线因为其具有优质液体产品收率高、投资回报率高等优势而将得到越来越广泛的应用。渣油加氢技术主要分固定床、移动床、沸腾床和悬浮床四种类型。固定床技术比较成熟，投资和操作费用低、运行安全简单，获得较普遍应用。但固定床技术对原料的适应性差、运行周期短，在目前原油进一步劣质化的趋势下，已难以继续适应生产过程对大型化和长周期的需要。渣油沸腾床加氢技术具有加工高硫、高残炭、高金属重质原油的能力，并具有反应器内温度均匀，运转周期长，装置操作灵活等优点，对于解决催化剂失活快、系统压降大、易结焦、装置运行周期

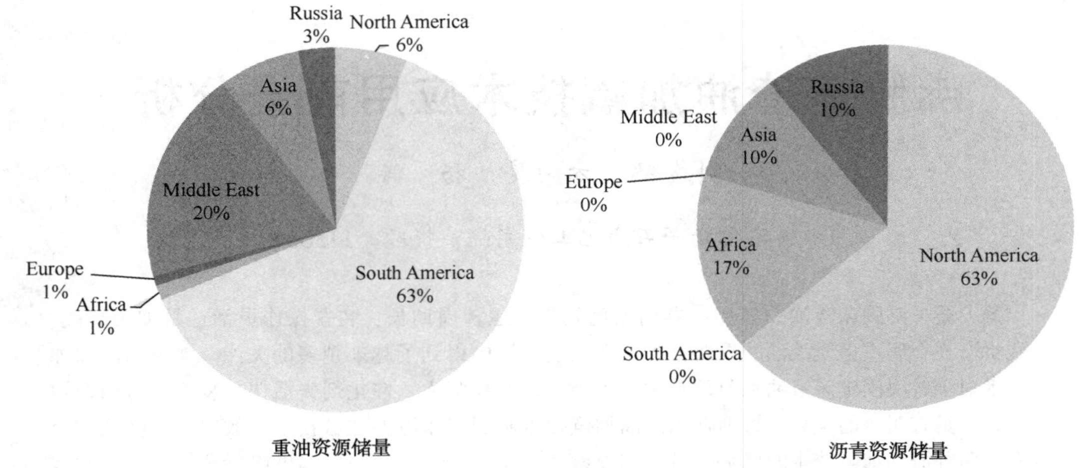

图1 全世界重油及沥青储量

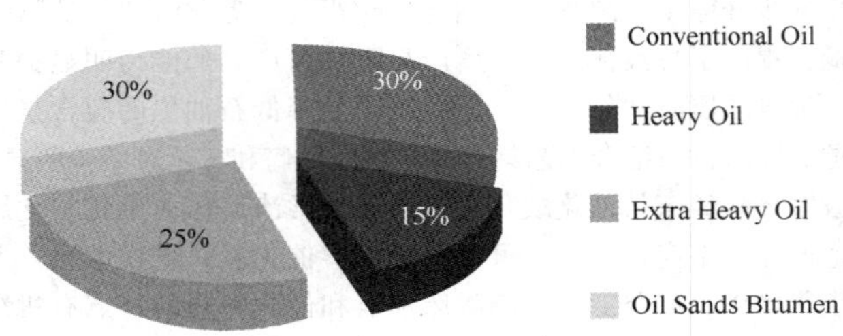

图2 世界石油储量构成

短等问题，具有明显的优势[2]。自2000年以来，国外新建的沸腾床渣油加氢装置多于渣油固定床加氢装置，以满足劣质重质原油深度加工的需要。20世纪50年代国外一些公司开发了劣质重渣油的沸腾床加氢裂化工艺，可处理重金属和残炭高的劣质原料，实现脱硫、脱金属、脱残炭和裂化，其运转周期比固定床工艺更长。催化剂在反应器内呈一定的膨胀或沸腾状态，运行中可以将催化剂在线置换。沸腾床渣油加氢可获得一定量的轻油产品。产品中除高质量的馏分油外，其他产物可做燃料油、合成油，或作为催化裂化(FCC)、焦化、减黏裂化以及溶剂脱沥青的原料。

以自主知识产权开发的沸腾床加氢技术为核心，通过其在炼厂中的关键作用，并与其他工艺组合，可以达到重质油轻质化的目的，实现对渣油的"吃干榨尽"。本文通过沸腾床渣油加氢在延长固定床渣油加氢运行周期流程、炼厂焦化改造流程、新建炼厂总流程分特别是与催化裂化组合等方面进行分析和探讨，找出新型工艺技术和新型总流程的优势，为炼厂升级改造提升效能等方面提供支撑和参考。

1 延长固定床渣油加氢运行周期分析

沸腾床渣油加氢技术对于解决固定床渣油加氢原料限制、催化剂失活快、系统压降大、易结焦、装置运行周期短等问题，具有明显的优势，但目前的高投资和高操作费用是限制其广泛应用的瓶颈。固定床渣油加氢目前存在掺渣比无法提高、运行周期限制等问题，一般掺渣比在 50%、运行周期 1 年左右，针对劣质减渣，显然无法采用固定床渣油加氢进行加工。在当前的形势下，如果将沸腾床渣油加氢技术和固定床渣油加氢技术进行高效的组合，即在固定床渣油加氢前增加前置沸腾床的技术方案，则能够充分发挥两种渣油加氢技术的优势，可以提高掺渣比、提高操作周期，实现经济效益的最大化[3]。抚顺石油化工研究院(FRIPP)开发的沸腾床—固定床组合渣油加氢处理新技术可望成为重质劣质渣油的主要加工手段和技术。

1.1 方案分析

以某劣质渣油原料为例，性质如表 1，该原料性质较为劣质，是一种较难加工的原料，特别是残炭、金属含量，已经高于目前所有固定床渣油加氢设计原料性质。推荐采用前置沸腾床(不设置催化剂在线置换)的固定床渣油加氢处理。设置一台前置沸腾床反应器和三台固定床反应器，每台固定床反应器只设置一个催化剂床层，每个催化剂床层入口设置冷氢管线。整套装置包括进料、氢气、反应、产品分离和公用工程等系统。加工流程见图 3，加工方案和加氢尾油性质见表 1~表 3。可看出，经前置沸腾床的固定床渣油加氢处理，加氢尾油可达到催化裂化的进料要求。

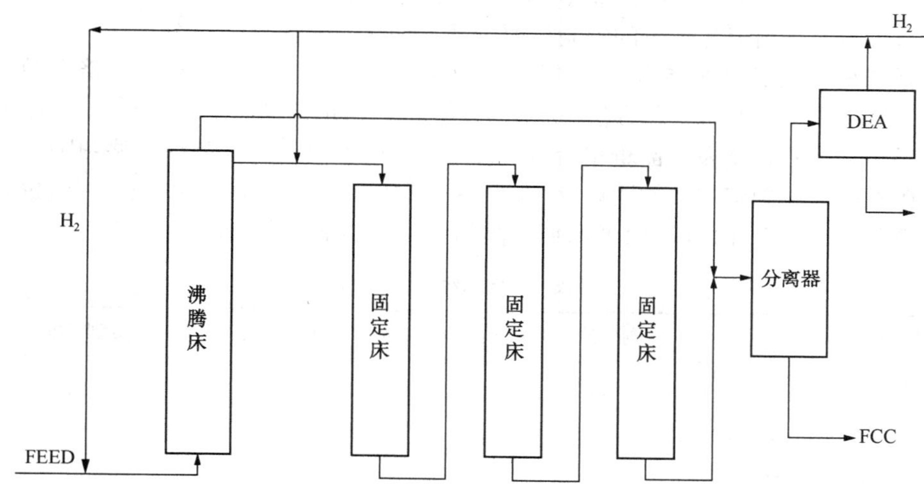

图 3　渣油加氢装置流程示意

表 1　原料性质

项　　目	数　据	项　　目	数　据
密度(20℃)/(g/cm^3)	0.994	Ni/(μg/g)	62
CCR/%	18.56	V/(μg/g)	97
S/%	3.73		

表 2　加工方案

方案描述		前置沸腾床(不设置催化剂在线置换)的固定床渣油处理装置
装置规模		200 万 t/a
反应器个数		4
空速/h^{-1}	沸腾床	0.46

续表

方案描述		前置沸腾床(不设置催化剂在线置换)的固定床渣油处理装置
	固定床	0.20
	合计	0.14
运行周期		1年半

表3 加氢尾油性质

项目	初期	末期	备注
密度(20℃)/(kg/m^3)	938	940	
S/%	0.28	0.37	
CCR/%	5.6	6.0	
Ni+V/(μg/g)	12.0	15.0	

1.2 技术经济评价

参考类似已有200万t/a渣油加氢项目概算投资，综合沸腾床技术对项目投资的影响进行技术经济评价，项目财务评价的编制按照中国石油化工集团暨股份公司《石油化工项目可行性研究报告编制规定》(2005年)、《中国石油化工项目可行性研究技术经济参数与数据》(2012年)和《建设项目经济评价方法与参数》(第三版)中的有关规定按新建项目测算本项目的经济效益[4]。原料价格及产品价格分别以中石化“投资项目效益测算价格-中国东海岸基础价格(2013版)”中确定的效益测算价(布伦特100美元/桶、110美元/桶，接轨价)和2013中石化预算价(布伦特110元/桶)并参照产品品质确定如下(不含税)，见表4。

表4 技术经济评价

方案描述	前置沸腾床(不设置催化剂在线置换)的固定床渣油加氢处理装置
装置规模	200万t/a
运行周期	1年半
建设投资/万元	176966
内部收益率/%	20.74
投资回收期/年	7.21
方案经济性	优

1.3 沸腾床与固定床组合工艺优势

(1)将取消加排系统的沸腾床用于固定床加氢可以适应的场合，沸腾床与固定床渣油加氢的投资相当；

(2)反应器在沸腾状态操作，不存在因反应系统结焦而产生堵塞，原料适应性广；

(3)压降低，不会随运行时间增加而增加，避免固定床压降高产生的问题；

(4)三相沸腾状态利用传质传热，使得温度均匀，利于催化剂活性发挥，避免局部过热产生飞温；

（5）三相沸腾状态利用传质传热，使得温度均匀，利于催化剂活性发挥，避免局部过热产生飞温；

（6）反应器内温度较高，且充分流化，为直接加工纯减渣和更为劣质原料创造条件，不必像固定床原料需稀释，为全厂总流程、投资和结构优化提供更多选项，余下的减压蜡油可以去加氢裂化或催化裂化提升效益；

（7）采用微球催化剂，解决扩散问题，大大提高利用率，为降低单耗创造条件；固定床可以减少装填保护剂或设置内置积垢器，多装脱硫脱氮主剂，提升反应性能；

（8）操作灵活，可根据原料变化和目的产品要求灵活调整反应参数，不必担心一旦调整不当而导致整个反应序列无法运行。

2 炼厂焦化改造流程分析

焦化工艺是目前渣油深度加工、提高轻质油收率的主要手段之一，具有投资少、操作费用低、操作容易等优点，已发展成为渣油轻质化最主要的加工方法之一，在一些炼厂特别是老炼厂应用较多。但是，延迟焦化的低价值产品焦炭产率高，液体产品性质差，且环保压力日益突出。可以通过渣油沸腾床加氢技术与焦化工艺进行组合，达到重质油轻质化的目的[5]。

2.1 方案分析

针对典型的劣质渣油，金属大于 200 mg/g，残炭 20%左右，采用沸腾床加氢与焦化组合工艺进行加工，流程如图 4。

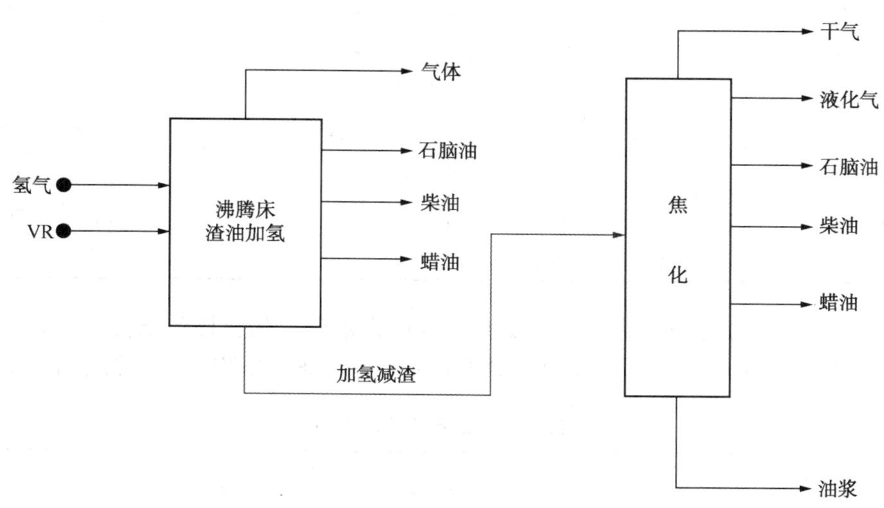

图 4　沸腾床加氢与焦化组合工艺流程

选择选择典型的劣质渣油，性质见表 5。

表5 劣质渣油性质

项目	劣质渣油	项目	劣质渣油
密度(20℃)/(g/cm³)	1.0102	Na	3.67
硫/%	3.31	Ni	61.36
黏度(100℃)/(mm²/s)	979.0	V	171.5
残炭/%	19.67	Ca	4.88
金属含量/(μg/g)		Ni+V	232.86
Fe	13.84	总金属	255.25

工艺路线采用沸腾床双反应器串联流程，在氢分压15MPa、氢油比500：1的反应结果，见表6。

表6 反应结果

反应条件		
温度/℃	基准/基准	基准/基准+5
总空速/h^{-1}	基准	基准
硫/%	0.33	0.29
HDCCR/%	73.31	77.70
HD(Ni+V)/%	93.12	94.98

将总空速基准、反应温度为基准/基准+5条件下得到的沸腾床渣油加氢生成油进行实沸点切割，得到各馏分和加氢减渣，性质见表7。

表7 沸腾床加氢产品性质分析

项目	数值	项目	数值
石脑油馏分性质		氮/(mg/g)	689
密度(20℃)/(kg/m³)	770.2	十六烷值	43.2
硫/(μg/g)	257	加氢减渣性质	
氮/(μg/g)	411	密度(20℃)/(g/cm³)	0.9933
柴油馏分性质		S/%	0.64
密度(20℃)/(kg/m³)	856.6	残炭/%	20.03
硫/(μg/g)	784		

将得到的沸腾床加氢减渣进行焦化试验，参照常规延迟焦化操作条件，物料平衡结果见表8，产品性质见表9。以劣质渣油加工量100万t为基准，总流程的物料平衡见图5。

表8 延迟焦化物料平衡

产品	产品分布/%(m)	产品	产品分布/%(m)
干气	4.10	焦炭	25.16
液化气	2.84	损失	0.29
C_5~180℃	14.76	合计	100
180~350℃	25.93	C_5~350℃收率	40.69
>350℃	26.93		

表 9　焦化产品性质

项　　目	数　值	项　　目	数　值
汽油馏分性质		氮/(μg/g)	1208
密度(20℃)/(kg/m^3)	743.3	十六烷值	49.5
硫/(μg/g)	574.5	重油馏分性质	
氮/(μg/g)	108.9	密度(20℃)/(kg/m^3)	940.6
柴油馏分性质		S/%	0.77
密度(20℃)/(kg/m^3)	847.9	N/(μg/g)	4301
硫/%	0.28		

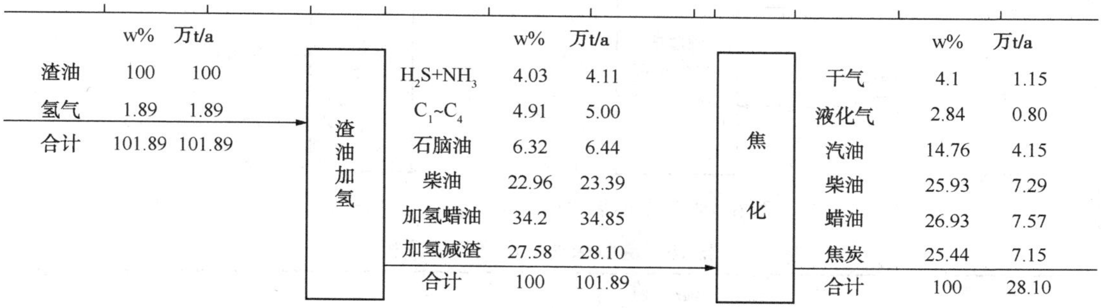

图 5　沸腾床加氢与焦化组合总流程(以劣质渣油加工量 100 万 t 为基准)

2.2　沸腾床与焦化组合工艺优势

劣质渣油原料经过沸腾床渣油加氢后，得到的产品杂质含量显著降低。加氢减渣的杂质含量显著降低，性质得到极大改善。组合工艺总液体产品产量显著提高，高附加值产品收率显著提高，增产高附加值产品的能力明显提升，从而大幅度提高经济效益，达到重质油轻质化的目的。同时，该组合工艺具有原料适应性广和工艺灵活等明显优势。

3　新建炼厂总流程分析

假定新建炼厂，特别是加工重劣质原油的炼厂，考虑环保和轻质油收率等问题，不大可能新建焦化装置，可以将常减压得到的减渣进沸腾床渣油加氢处理而不是进焦化加工。采用两个沸腾床反应器串联，对劣质渣油进行加氢转化。

渣油轻质化技术主要解决重金属、硫、氮等杂质脱除及大分子裂解问题。沸腾床加氢技术采用催化剂在线加排系统，具有广泛原料适应性，可以加工固定床渣油加氢所不能加工的劣质渣油原料克服了固定床加氢过程由于催化剂上积碳和金属沉积造成床层压降快速上升的缺点。但单一的沸腾床加氢技术若达到高转化率，成本高，安全风险大，不能从真正意义上将渣油“吃干榨尽”，经济上也不是较佳选择，不利于经济效益最大化[6]。可以与催化裂化组合，即将沸腾床加氢得到的加氢常渣进行催化裂化反应，利用催化裂化进行转化，得到汽柴油等轻质油品，实现渣油的“吃干榨尽”。

3.1 方案分析

以表5的劣质渣油为原料，组合工艺流程见图5，工艺条件见表6，将总空速基准、反应温度为基准\基准条件下得到的沸腾床渣油加氢生成油进行实沸点切割，加氢常渣进行催化裂化试验，得到催化裂化各窄馏分，性质见表10~表12。以劣质渣油加工量100万t为基准，得到沸腾床加氢与催化组合后的总流程及物料平衡，如图6。

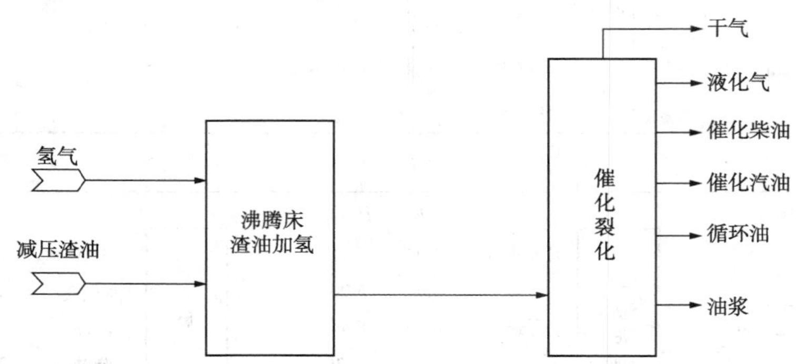

图6 沸腾床加氢与催化裂化组合工艺流程

表10 沸腾床加氢产品性质分析

项　目	数　值	项　目	数　值
石脑油馏分性质		氮/(μg/g)	1041
密度(20℃)/(kg/m³)	785.8	十六烷值	40.2
硫/(μg/g)	268	加氢常渣性质	
氮/(μg/g)	475	密度(20℃)/(g/cm³)	0.973
柴油馏分性质		S/%	0.41
密度(20℃)/(kg/m³)	883.6	残炭/%	6.08
硫/(μg/g)	998		

表11 催化裂化物料平衡

物料平衡	质量分数/%	物料平衡	质量分数/%
干气	1.73	柴油馏分(200~350℃)	18.06
液化气	13.63	重油(>350℃)	16.16
汽油馏分(C_5~200℃)	37.44	焦炭	12.98

表12 催化裂化产品性质

项　目	数　值	项　目	数　值
汽油馏分性质		硫/%	0.20
密度(20℃)/(kg/m³)	753.4	氮/(μg/g)	1107
硫/(μg/g)	34.7	十六烷值	<21.5
氮/(μg/g)	168.1	重油馏分性质	
辛烷值(实测RON)	92.7	密度(20℃)/(g/cm³)	1.0742
柴油馏分性质		S/%	1.05
密度(20℃)/(kg/m³)	912.0	N/(μg/g)	5429

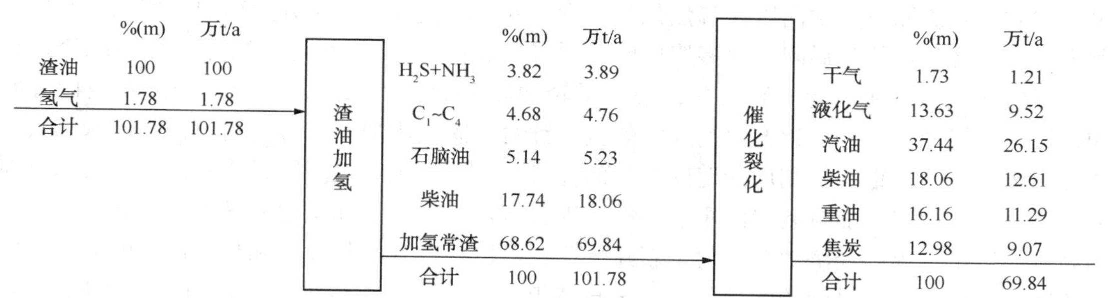

图 7 沸腾床加氢与催化组合总流程(以劣质渣油加工量 100 万 t 为基准)

3.2 沸腾床与催化裂化组合工艺优势

劣质渣油经过沸腾床加氢处理后，加氢常渣可以作为催化裂化的原料进行加工，并且轻质油收率高，高附加值产品收率高。同时，可以明显改善催化裂化进料性质，大幅度降低杂质含量，大大改善催化裂化操作。该组合工艺将沸腾床加氢和催化裂化的特点有机结合在一起，充分发挥各自的优势，改变了过去单纯由催化裂化作为炼油加工工艺核心转化的局面，形成了以沸腾床加氢为核心的重油加工新局面。沸腾床渣油加氢，可以保证连续运转时间3~4年，与催化裂化检修和全厂检修时间同步。该组合工艺同时拓展了炼厂重油加工的原料来源，可以显著提高重渣油资源利用率，从而可以大幅度提高总体经济收益，具有很好的应用前景。

4 结论

以沸腾床渣油加氢为核心，利用沸腾床渣油加氢技术具有的诸多优势，通过与焦化、催化裂化等工艺进行组合，达到劣质重质油轻质化、提升轻质油质量、提高轻质油收率的目的。

从加工原料性质的角度来说，沸腾床渣油加氢与不同工艺组合的加工路线可以有不同的原料适应性。针对劣质化程度不大的原料，如金属杂质含量在<200mg/g、残炭<20%的原料，可以采用沸腾床加氢与固定床加氢组合的路线，可以明显改善固定床进料性质，大幅度降低杂质含量，大大改善固定床操作；针对劣质化程度中等的原料，如金属杂质含量在200~300mg/g、残炭 20%~25%的原料，可以将沸腾床加氢与催化裂化组合，即重油轻质化和增产高附加值产品的两个主要手段强强联合，显著提高资源利用率和经济收益；针对劣质化程度高如金属杂质含量在>300mg/g、残炭>25%的原料，可采用沸腾床加氢与焦化组合的加工方式，减小焦化装置的规模，或消除扩能改造时焦化装置处理量的瓶颈，形成大加氢+小焦化的操作模式，灵活高效，最大程度地减少焦炭产品的产率，沸腾床加氢裂化以在高转化率模式下操作，而不必担心未转化油储存性质不稳定的问题，还可以提高全厂原油加工的适应性，炼厂可以加工更劣质的原油，增加全厂中间馏分油的收率及总液收。沸腾床加氢减压渣油作为燃料油，还可以解决燃料油硫含量超标等问题。

从国内炼厂加工类型和装置构成的格局看，沸腾床渣油加氢与不同工艺组合的加工路线可以有不同的适用范围。随着国际油价持续走低，估计国内新建沸腾床装置由过去的以加工更为劣质的减渣原料为主向以代替焦化装置为主的方向过渡。焦化装置轻油收率低、环保问题突出、经济效益低等局限，很多炼厂已经明确要关停焦化。VR进沸腾床，加氢减渣进行焦化降低现有焦化加工能力和负荷，解决了轻油收率低、环保问题突出、经济效益低等问题，提高总轻油收率，大幅度提高经济效益。针对有固定床加氢装置的企业，固定床加氢增加沸腾床反应器，很好的利用固定床加氢的优势，同时大幅度提高原料掺渣比，延长运行周期；针对没有固定床加氢装置的企业，新建沸腾床加氢装置，加氢常渣进FCC，同时大幅度提高汽油产量，提高经济效益。对于新建炼厂，可以根据其原料性质和目的产品的需求，以沸腾床加氢为核心，灵活的配置各种工艺与其组合，还可以采用沸腾床加氢拓宽炼厂类型，如超重油轻质化，获得合成原油。

沸腾床渣油加氢与固定床、焦化、催化裂化等工艺的组合，工艺技术切实可行，也提高了每种加工工艺的适应性，极大地增加了总流程的灵活性。这也为炼厂利用现有装置加工和拓展沸腾床技术的应用提供技术支撑。组合工艺同时可以提高转化率，装置可靠性高，可以最大程度地实现渣油轻质化，增加全厂中间馏分油的收率及总液收，大幅度提高经济效益，成为重质劣质渣油的主要加工手段和技术。

参 考 文 献

[1] M. R. Riazi. Characteristics of Heavy Fractions for Design and Operation of Upgrading Related Processes: AIChE Annual Meeting, November 7, 2013[C]. San Francisco, California: AIChE Fellow, 2013.

[2] 刘建锟，蒋立敬，杨涛．沸腾床渣油加氢技术现状及前景分析[J]．当代化工，2012，41(6)：35-39.

[3] 杨涛，刘建锟，耿新国．沸腾床-固定床组合渣油加氢处理技术研究[J]．炼油技术与工程，2015，45(5)：24-27.

[4] 周若洪．中国石油化工项目可行性研究技术经济参数与数据2012[M]．北京：中国石油化工集团公司经济技术研究院，2012：44-47.

[5] 刘建锟，杨涛，方向晨，等．沸腾床渣油加氢与焦化组合工艺探讨[J]．石油学报：石油加工，2015，31(3)：616-621。

[6] 刘建锟，蒋立敬，杨涛．沸腾床与催化裂化组合工艺研究[J]．现代化工，2013，33(10)：104-108.

浆态床渣油加氢裂化技术的开发

吴　青[1]　张海洪[2a]　辛　靖[2b]

（1. 中海石油炼化有限责任公司，北京　100029；
2a. 中海油炼油化工科学研究院，青岛　266555；
2b. 中海油炼油化工科学研究院，北京　102209）

摘　要　重油高效转化一直是炼油工业面临的挑战之一，渣油浆态床加氢技术因原料适应性强、转化率高等特点，在加工超重原油方面具有明显的优势。从催化剂研发，新型反应器设计，工艺研究三个方面介绍了中海油劣质重油浆态床加氢裂化技术的开发进展：通过对重油高效转化反应化学工程的深入研究，开发出了新型高效均相油溶性催化剂与新型旋流式反应器。以惠州石化减压渣油为原料，累计运行300h，转化率达到95%以上，总生焦率控制在0.8%以内，反应器并无明显结焦现象。

关键词　渣油　浆态床　加氢裂化　技术开发

当今炼油工业面临的挑战主要包括以下几个方面：①原油资源方面，常规原油日益变重、变差而非常规原油数量则逐渐增多；②市场对运输燃料（轻质油品）的需求持续增长而对重质燃料油的需求则逐渐下降；③产品质量不断提升以及生产过程清洁化。这就迫使炼化企业研究开发劣质重油深度高效转化的技术以不断提高轻油收率和原油资源利用率。浆态床加氢技术因具有原料适应性强、工艺简单、转化率高、轻油收率高等特点，在加工稠油等超重原油方面具有明显的优势，近年来，利用这项技术加工渣油已成为炼油工业的热点和重点[1,2]。

1　浆态床加氢裂化技术发展简介

渣油（重油）浆态床加氢裂化技术是指重油（渣油）馏分在临氢与充分分散的催化剂（和/或添加剂）共存条件下于高温、高压下发生热裂解与加氢反应的过程。该技术最早由Friedrich Bergius发明并因此而获得了1931年的诺贝尔奖。由于本技术的转化率可以达到95%甚至更高、原料可以是极其劣质的渣油甚至是煤和渣油的混合物、而处理所得产品是硫含量很低的石脑油、柴油、蜡油等、且总的液体收率大于100%。

目前国内外浆态床渣油加氢技术主要有VCC、HDH/HDHPLUS、EST、LC-Slurrying[3-10]等多种。这些技术使用的催化剂可分为“均相”和“非均相”两大类别，而“均相”催化剂又可分为油溶性和水溶性两个细类。典型的浆态床加氢催化剂及工艺情况如表1和表2所示。

表1 典型浆态床渣油加氢裂化催化剂介绍

催化剂类别	简 况
非均相类催化剂	(1) 硫酸亚铁载在褐煤、焦粉上 (2) 褐煤、焦粉做添加剂 (3) 硫酸亚铁+煤粉(100目左右) (4) 燃煤或燃油电厂的烟道灰尘做防焦剂 (5) 煤粉(60目左右)上载Fe、Co、Mo、Zn等金属盐 (6) 石油焦+硫酸铁作为防焦剂 (7) 含Ni和V的天然矿物细粉 (8) 钼化合物+炭黑 其他: 氧化铁(用量7%)+酞箐钴废加氢脱硫催化剂 硅铝或钛铝氧化物
均相油溶性催化剂	(1) 多羰基金属(钴或钼、镍、铁等) (2) 有机酸金属盐(钼、钨)化合物 (3) 环烷酸盐或树脂酸盐(钴、钼) (4) 油溶性金属化合物与固体粉末混合
均相水溶性催化剂	钼酸铵催化剂, 磷钼酸催化剂, 硒或碲的硫化物

表2 典型浆态床渣油加氢裂化工艺介绍

工艺名称	反应温度/℃	反应压力/MPa
VCC	440~480	15~30
HDH/HDHPLUS	420~480	10~17
EST	420~450	16~18
LC-Slurrying	420~450	15~20
Uniflex^{TM}	430~470	~15
$(HCAT/HC)_3$	420~450	12~16
MCT	430~460	20~22

2 中海油浆态床渣油加氢技术开发

2.1 浆态床催化剂开发

高分散性、高加氢活性的浆态床加氢催化剂是渣油浆态床加氢技术的核心之一，是能否有效抑制生焦，保证装置长周期运转的关键。同时，催化剂的性能对渣油转化率、装置运行成本以及产品性质和分布等都起着十分重要的作用。中海油从渣油浆态床加氢工艺特点和加氢反应机理入手，结合系统内炼厂渣油的性质特点，开发了新型高分散型钼系ZHS均相催化剂(表3、图1)。ZHS均相催化剂是一类有机钼化合物，可以与渣油完全互溶，分散性优异。另外，在有机配体分子链上引入硫原子，可以在较缓和的条件下原位分解生成硫化钼活性相(MoS_2)。ZHS均相催化剂与有机金属助剂配合使用，具有优异的活化氢和饱和大分子自由基的能力，能够有效抑制反应生焦。

表 3 ZHS 均相催化剂物化性质

分析项目	分析结果	分析项目	分析结果
Mo 含量/%	≥8.0	铜片腐蚀	1b
S 含量/%	≥5.0	开口闪点/℃	>100
密度/(g/cm^3)	1.02	外观	深色油状液体
水分/%	≤0.1		

图 1 ZHS 均相催化剂及原位分解产物

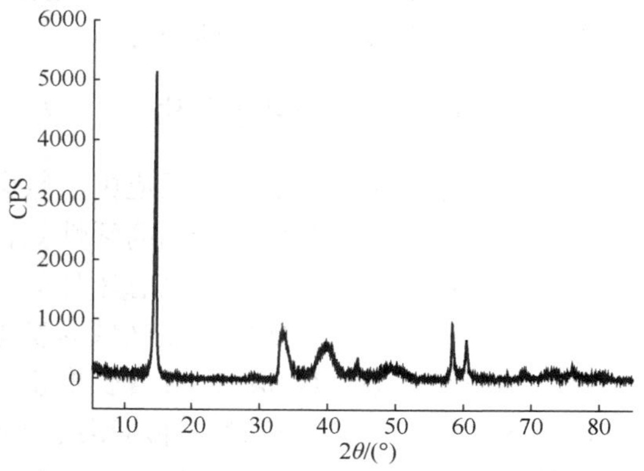

图 2 ZHS 均相催化剂原位分解产物(MoS_2)的 XRD 图谱

图 3 ZHS 均相催化剂原位分解产物(MoS_2)的 SEM 照片

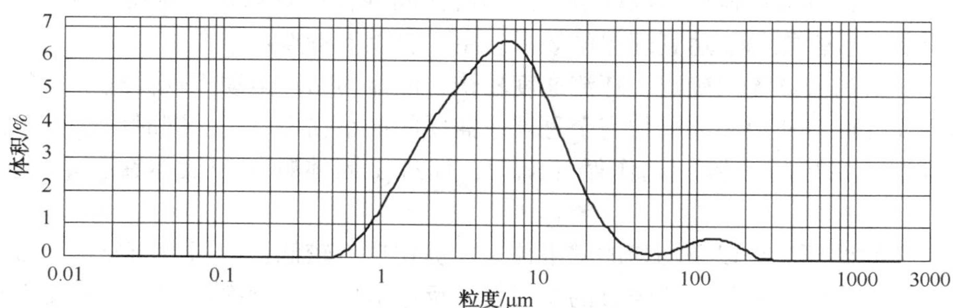

图 4 ZHS 均相催化剂原位分解产物(MoS_2)粒度分布

由 XRD 图谱分析可知(图 2)，在 14.14°，32.96°，39.32°和 48.86°出现较强的衍射峰，可以确定原位分解产物为 MoS_2，MoS_2各特征峰清晰，结晶状态良好。这种晶态化的催化剂颗粒可以活化氢分子为活化氢[11]，从而及时饱和裂解反应生成的大分子自由基，可抑制大分子自由基之间进一步缩合生焦，降低生焦率。从 ZHS 均相催化剂分解产物的 SEM 扫描电镜照片和粒度分布图可以看出(图 3、图 4)，样品粒径在几百纳米到几微米不等，这些小颗粒表现为无规则的片状结构堆积，粒径集中在 5μm 左右。在原料油中分布均匀，可以充分的接触，提供更多的加氢活性中心。

2.2 新型反应器的开发

渣油浆态床深度加氢裂化反应中一般会有焦粒生成，若这些混合流体在反应器中的湍动与混合效果不佳，焦粒就易于同高活性催化剂一起聚结成块，不断长大，沉降堆积在反应器下部，降低反应效率。在渣油浆态床加氢工艺开发过程中，必须要解决的一是因反应器反应温度分布不均，导致在反应热点区域易发生结焦等不良反应；二是气液固三相分布问题，提高氢气的利用率等，从而解决装置长期稳定运转的问题。我们从化学工程与化学反应两个角度进行了系统研究。①开发一种新型反应器，克服现有技术难点；②结合新型反应器模式，采用特定催化剂，优化工艺参数，在提升气液固三相有效分布，提高氢气利用率的基础上，构建新型浆态床加氢反应模式。为改善传统反应器内的气体和液体的流动、混合效果，需要开发新型旋流式环流反应器(旋流反应器)。

旋流反应器主要是内环流反应器的导流筒外壁上安装一定角度、一定长度的旋流片，形成流道，流体高速定向流动，强化反应器内循环流动，在一定气液流量下，使得三相混合物沿着流道旋转上升，增强流体对固体的悬浮作用，起到一定的搅拌作用，有效清除固相沉积，做到无局部积累和沉积，有效避免结焦。另外，旋流反应器能强化流动、传质、传热，提高三相反应效率，优化加氢效果。旋流片的存在，提高湍动程度，加剧聚并气泡的破碎，有利于提高反应器轴向较高处的局部气含率，使得固相流化程度较高，分布均匀，反应体系内气液固三相接触充分，有效提高传质效率；而且，旋流片的存在使得反应器内流体流程加长，反应物停留时间长，有效提高反应转化率，提高生产能力。虽然旋流片的安装导致操作费用的增加，并且加大了液体循环阻力和装置的压降，但比起传统的外加循环泵的重油加氢装置，还是大大地降低了能耗。

旋流反应器内导流筒上附有斜向上的螺旋切片，使反应器内气，液，固三相充分接触，大大增加的反应物料的接触时间与反应时间，使反应进行的更充分，彻底。旋流反应器内有定向的循环流动，且流动速度可以调节，三相流体间混合接触均匀，使反应器内混合均匀，换热、传质及反应性能都能达到理想的效果。主要有以下特点：

(1) 反应器内液体流向确定，环流速度较快，液体的循环运动不仅促进了混合性能和传热速率的提高，而且使得固体颗粒完全悬浮所需要的最小临界气速。同时由于固体颗粒处于完全悬浮状态，并且随液体一起作循环流动，促进了固体颗粒和液体在整个反应器内的接触；

(2) 规则的循环流动以及均匀的动量传递，剪切速率较低，剪切力场分布均匀；

(3) 气体在其停留时间内所经过的路径长，反应器内总气含率较大，单位反应器体积的气泡比表面积较大，气液接触好，气液传质速率高；

（4）总体效率高、能耗小。

2.3 评价试验

以惠州石化减压渣油为原料，采用高压釜装置对 ZHS 均相催化剂的性能进行考察，重点研究了催化剂加入量、反应温度、反应压力、反应时间等对转化率和生焦状况的影响。

表 4 原料油性质

项目	惠州石化减压渣油	项目	惠州石化减压渣油
密度/(g/cm^3)	0.9901	Ca/(μg/g)	314.9
残炭/%	15.98	Mg/(μg/g)	55.5
灰分/%	0.26	C/%	86.22
沥青质/%	1.77	H/%	11.29
Ni/(μg/g)	52.5	S/%	0.402
V/(μg/g)	5.9	N/%	7400

由表 4 可知，惠州石化减压渣油具有低硫、高氮、高密度、高残炭、高金属含量等特点，金属 Ni+V 含量为 58.4μg/g，金属 Na+Ca+Mg 含量高达 371.6μg/g，加工难度较大。浆态床加氢工艺是加工该劣质减渣原料的较适宜技术。

2.3.1 催化剂加入量影响的考察

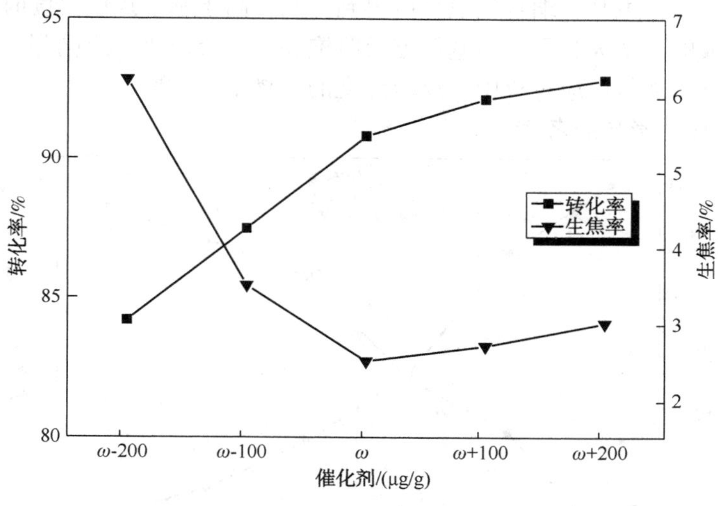

图 5 催化剂加入量对转化率和生焦率的影响

由图 5 分析可知，随着催化剂加入量的增加，反应生焦率明显下降，转化率呈增大趋势，催化剂加入量达到基准量 ω 后，继续提高催化剂加入量，增幅减缓。主要原因是，催化剂加入量较少时，在一定的氢分压下，产生的活性氢较少，热裂化生成的大分子自由基不能及时饱和，缩聚倾向加剧，因而生焦量较多；随着催化剂加入量的增加，产生的活性氢增加，能够及时饱和热裂化生成的大分子自由基，因而生焦量减少，转化深度增加。

2.3.2 反应温度影响的考察

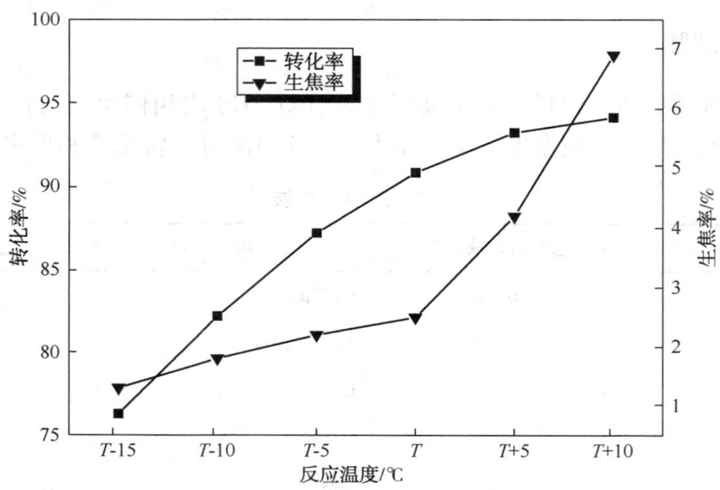

图6 反应温度对加氢转化率和生焦率的影响

由图6分析可知，随着反应温度的提高，反应转化率和生焦率均逐渐明显增加，但二者增长趋势有所不同。低于基准反应温度 *T* 时，随着反应温度的提高，生焦率增加幅度较慢；高于基准反应温度 *T* 时，生焦率增加幅度明显加快。而随着反应温度的提高，转化率增幅趋缓。可能的原因是，反应温度较低时，反应生成的大分子自由基较少，活性氢能够及时饱和裂化生成的大分子自由基，缩合生焦反应得到抑制；高于基准反应温度时，热裂化反应深度明显加剧，生成的大量大分子自由基不能及时饱和，缩合成焦反应剧烈，因而生焦量大幅增加。因此，浆态床加氢反应过程中，反应温度的选择至关重要。

2.3.3 反应压力影响的考察

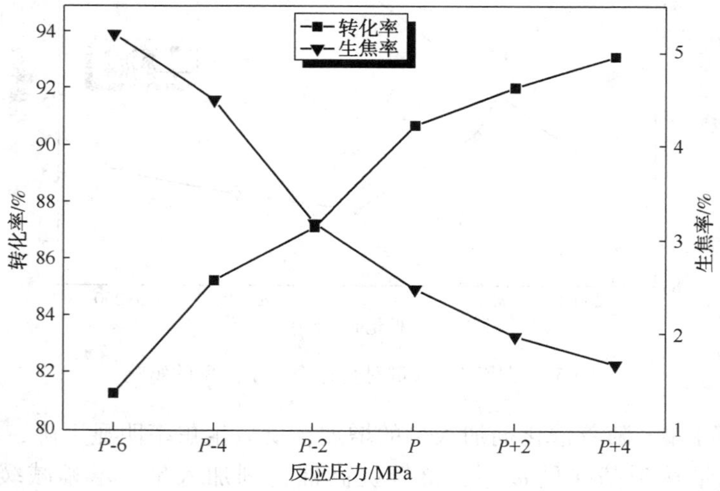

图7 反应压力对加氢转化率和生焦率的影响

由图7分析可知，反应压力对提高转化率和抑制生焦均具有正向影响，因此，渣油浆态床加氢应尽可能选择高的压力等级。

2.3.4 反应时间影响的考察

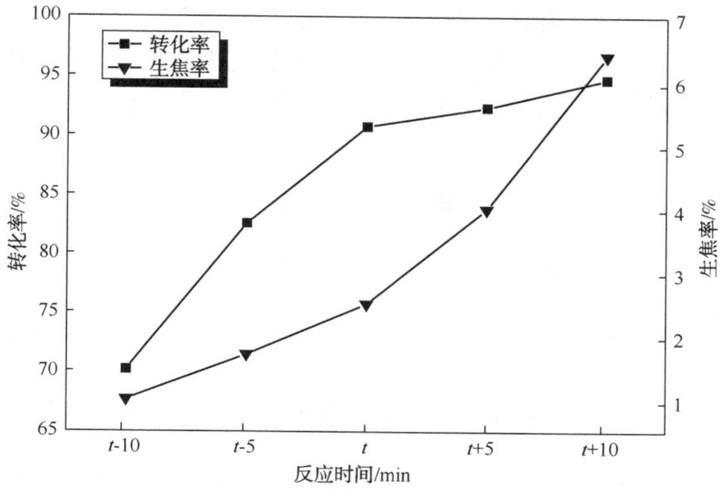

图 8 反应时间对加氢转化率和生焦率的影响

由图 8 分析可知，随着反应时间的增加，反应转化率和生焦率均呈增加趋势，超过基准反应时间后，转化率增幅减缓，而反应生焦量增幅明显加大。可能原因是，延长反应时间导致沥青质等生焦前驱体大量沉积，缩聚生焦反应加快，生焦量大幅增加。

2.3.5 小试试验

在高压釜试验基础上，优选工艺条件，并结合旋流反应器，自行设计 50mL 浆态床小型装置进行小试放大试验。优选高压釜评价的工艺条件进行试验，累计运行 300h，转化率达到 95%以上，总生焦量可以控制在 0.8%以内，反应器并无明显结焦现象。

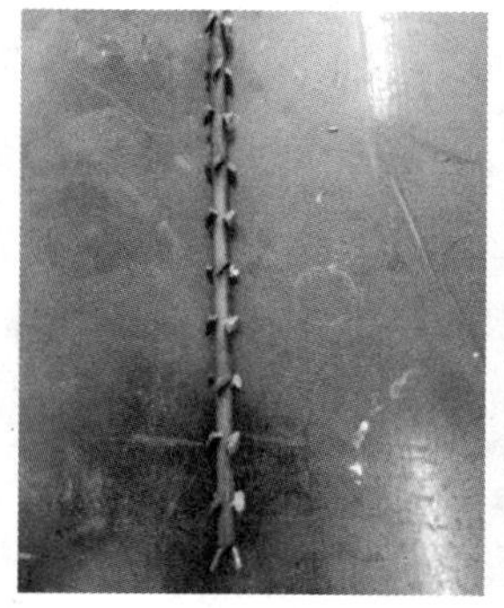

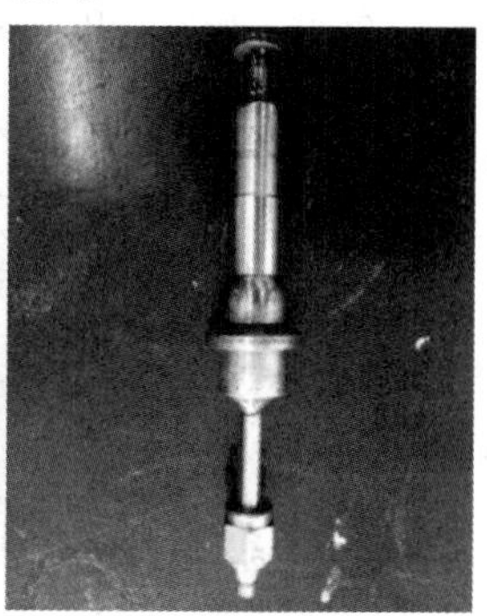

图 9 300h 运行后反应器结焦情况

目前，在 3L/h 浆态床中型装置上正在进行放大试验。

3 结 语

通过对重油高效转化反应化学工程的深入研究，中海油开发出了新型高效均相油溶性催化剂和新型旋流式反应器。以惠州石化减压渣油为原料，累计运行 300h，转化率达到 95%以上，总生焦率控制在 0.8%以内，反应器并无明显结焦现象。

不论是中国海洋石油总公司原油资源现状还是中国国内实际情况，提高重油的资源利用率以及轻油收率均是十分迫切和重要的，而浆态床加氢技术作为实现这一目标的最佳技术，需要我们解放思想，从渣油分子表征、催化剂研发、转化机理以及工程设计等方面着手开展相关工作，加强与国内外科研院所的合作关系，协同创新，力争在浆态床加氢裂化技术方面做到与世界同步。

参 考 文 献

[1] 吴青．悬浮床加氢裂化：快速发展中的劣质重油直接深度高效转化技术[J]．炼油技术与工程，2014，44(2)：1-9.

[2] 吴青，吴晶晶．沸腾床加氢及其未转化油改质重视研究与技术经济性分析[J]．炼油技术与工程．2016，46(11)：1-5.

[3] Motghi M. Slurry phase hydrocracking-possible solution to refining margins. Hydrocarbon Processing，2011，90(2)：37-43.

[4] KBR to construct residue hydrocracker at Russian refinery. Worldwide Refining Business Digest Weekly，2012-02-20：36.

[5] 程之光．重油加氢技术[M]．北京：中国石化出版社，1994：316-325.

[6] 黎元生．渣油浆态床加氢技术现状[J]．炼油．1996，4：15-22.

[7] 王建明，江林．减压渣油悬浮床加氢裂化技术——当代炼油工业的前沿技术[J]．中外能源，2010，15(6)：63-76.

[8] 切夫里昂研究和技术公司．高活性浆液催化工艺[P]：中国，CN1059551，1992-03-18.

[9] 旭化成工业株式会社．用于重质烃油加氢转化的添加剂[P]：中国，CN87107363，1988-08-06.

[10] Exxon Research And Engineering Company. Hydroconversion process[P]：US，4067799，1978-01-10.

[11] 李传，石斌，李慎伟，等．克拉玛依常压渣油浆态床加氢裂化反应胶体性质[J]．石油化工高等学校学报，2006，19(1)：34-39.

新型闪蒸塔在溶剂脱沥青装置上的应用

杨　博　张　伟　孙俊杰　陈振刚

（中石油克拉玛依石化有限责任公司，克拉玛依　834000）

摘　要　某石化公司丙烷脱沥青装置采用单塔一段萃取工艺流程，沥青闪蒸塔分离效果差，闪蒸塔内的汽相丙烷易携带沥青溶液进入中压空冷，堵塞空冷管束，闪蒸塔底部的沥青溶液中含有大量丙烷，进入汽提塔后增大了压缩机负荷，增大了溶剂消耗。该石化公司选用了尺寸增大、增加了内部构建的新型闪蒸塔。新型闪蒸塔投用后分离效果明显改善，塔顶携带沥青的情况有所缓解，塔底的沥青液中丙烷含量也大大降低。

关键词　闪蒸塔　分离　携带

1　引言

溶剂脱沥青是某石化公司环烷基稠油加工过程中的一个重要环节，是减压渣油的重要处理措施。具有操作简单，产品附加值高的特点。其产品脱沥青油是生产光亮油（BS）和橡胶油等的重要原料油，而脱油沥青则是重交道路沥青、改性沥青、乳化沥青和阻燃沥青的原料。该石化公司溶剂脱沥青装置采用 KBR 公司的 ROSE 工艺技术，以丙烷为溶剂，设计加工能力为 800kt/a。

2　丙烷脱沥青装置工艺流程

装置采用单塔一段萃取工艺流程，减压渣油进入萃取塔采用非临界萃取，而脱沥青油溶液进入脱沥青油分离塔采用超临界回收。萃取塔底部的沥青溶液进入沥青溶液闪蒸塔，脱沥青油分离塔底部的脱沥青油进入脱沥青油闪蒸塔。循环溶剂通过超临界分离、闪蒸和汽提三种方式从油液中分离，得以循环使用。通过超临界分离，利用临界状态下溶剂几乎不溶的特性，将溶剂与脱沥青油分离，有 90%左右的溶剂在超临界塔顶得到回收参与循环，另有 9%的溶剂通过闪蒸得以分离，而只有 1%的溶剂通过汽提回收。流程图见图 1。

3　闪蒸塔的工作原理

该工艺中 9%的溶剂通过闪蒸塔的分离来完成，分离效果的好坏也影响着后续操作。闪蒸是高温高压流体经过减压，使其沸点降低，进入闪蒸罐。这时，流体温度高于该压力下的沸点。流体在闪蒸塔中迅速沸腾气化，并进行两相分离。闪蒸塔的作用是提供流体迅速气化和汽液分离的空间。

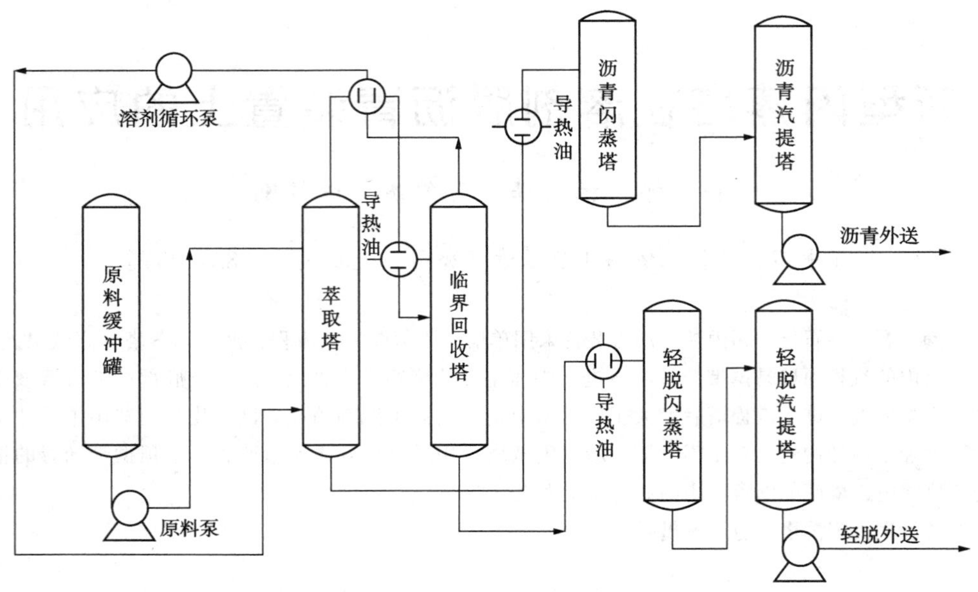

图1 800kt/a丙烷脱沥青装置原则流程图

4 老式闪蒸塔的应用及存在问题

该石化公司的丙烷脱沥青装置有两个闪蒸塔，分别是沥青溶液闪蒸塔和轻脱溶液闪蒸塔。这两个闪蒸塔均为空塔，热物料从塔的中上部切向进料，热物料通过减压分离成汽液两相，汽相从塔顶部汇合进入空冷冷却，液相从塔底部出去再进入汽提塔。老式闪蒸塔存在的问题主要有两个。

4.1 闪蒸塔顶部出口存在携带现象

装置自开工以来运转正常，各项指标均能达到设计要求，但是存在一个影响装置长周期运行的因素，即沥青闪蒸塔分离效果差，闪蒸塔内的汽相丙烷易携带沥青溶液进入中压空冷，堵塞空冷管束，造成中压空冷冷却效果变差，压降增大，中压系统压力升高，中压系统溶剂罐频繁放火炬，造成丙烷消耗量大，压缩机二段出口压力也随中压压力升高，临近设备定压值，容易造成设备超压，制约了加工量的提高。空冷管束压降设计值为0.35kg/m^2，而装置运行三个月后，压降可达2kg/m^2。冬季气温低时还易造成空冷管束堵塞冻裂事故威胁安全生产。针对此问题装置采取的措施有沥青系统注入消泡剂和空冷管束柴油冲洗。注入消泡剂后，沥青溶液中泡沫的减少增大了闪蒸塔的有效容积，减少了雾沫夹带，有效缓解了携带的发生。但此项措施只能缓解携带的发生，长期运行空冷压降依然会逐渐增大。装置只能被动的采取空冷管束柴油冲洗的措施，切除一组空冷，对管束进行柴油循环冲洗，洗去管束内的沥青，一组空冷冲洗时间在一周左右，空冷切除期间装置只能低负荷运行，所以会严重影响装置长周期运行。从长期运行来看，加入消泡剂和空冷柴油冲洗并不能从根本上解决沥青溶液携带的问题。闪蒸罐顶沥青溶液携带仍然是影响装置平稳运行的一个重大问题。

4.2 汽液分离效果差沥青溶液中携带大量丙烷

闪蒸塔底部的沥青溶液中含有大量丙烷，进入汽提塔后再通过汽提分离出来，增大了压缩机负荷，压缩机一段入口压力设计压力为7kPa，而实际压力则达到28kPa，压缩机入口不得不通过放火炬来降低压力，增大了溶剂消耗。

5 原因分析

分析沥青闪蒸塔顶部出口携带的主要原因是闪蒸塔设计较小，尺寸为1600mm×5500mm，而且进口距离顶部出口较短，只有1.2m，气速过大携带沥青。沥青溶液丙烷含量大的原因是液相停留时间段，沥青的表面张力较大，部分泡沫包裹汽相丙烷进入低压系统。

6 新式闪蒸塔的应用

针对老式闪蒸塔存在的问题，该石化公司通过和设计单位沟通，最终选用了尺寸增大、并增加了内部构件的新型闪蒸塔。老式闪蒸塔和新型闪蒸塔的示意图如图2。

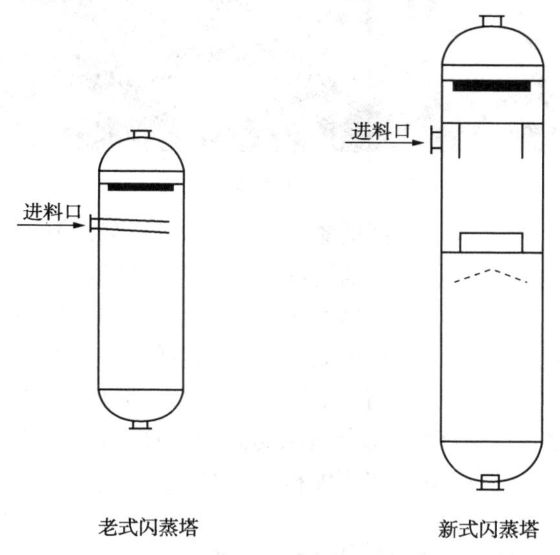

图2 老式闪蒸塔和新式闪蒸塔结构图

老式闪蒸塔尺寸为1600mm×5500mm，进料为切向进料，顶部有破沫网，进料口至破沫网距离为1200mm，内部为空塔。

新式闪蒸塔尺寸为1600mm×12000mm，塔高比老式闪蒸塔增加6700mm，进料口距离塔顶破沫网2000mm，进料同样为切向进料，但是进料口上方有一圈环形挡板，可使进塔的沥青和丙烷混合溶液顺环形挡板向塔的下部流动，可有效阻止混合溶液由于气速过快而直接流向塔顶。在塔的中部有一圈环形集油箱，集油箱底部设有溢流孔，集油箱下部有伞状分布器。闪蒸塔内从上部环形挡板流下的沥青溶液进入集油箱，再从集油箱的溢流孔和溢流堰流向塔下部的伞状分布器上，最后顺伞状分布器的边缘流向塔底部。塔的底部出口部位设有防涡流挡板。

新型闪蒸塔的特点是进料口距塔顶距离加长，而且进料口设有环形挡板，沥青和丙烷的混合溶液沿塔壁切向进塔后由于压力的降低分成气态丙烷和沥青溶液，受环形挡板的限制只能向塔的下部流动，气态丙烷绕过环形挡板后再向上流动，这样就减少了气态丙烷携带沥青从塔顶出去进入空冷。进料口见图3。

图3　进料口仰视图

沥青溶液顺着环形挡板进入塔中部的集油箱中，通过集油箱的溢流孔和溢流堰落到塔中下部的伞状分布器上，再通过伞状分布器边缘均匀的落到塔底。在沥青溶液从下落的过程中在塔内件的作用下，均匀分散、下落，增大了与汽相空间的接触面积，延长了接触时间，部分沥青泡沫破裂释放出丙烷，减少了将丙烷带入液相空间。集油箱及伞状分布器见图4。

由于新型闪蒸塔比老式闪蒸塔增高了6700mm，液相高度也有所增加，液相停留时间也随之增加，在消泡剂的作用下有助于沥青泡沫的破裂，释放出丙烷，减少了进入汽提塔的丙烷量，降低了压缩机的负荷，避免了在压缩机入口排放火炬。

7　新式闪蒸塔使用后的实际效果

该石化厂于2015年检修期间更换了沥青闪蒸塔，新型闪蒸塔投用后闪蒸效果明显提高。最直观的变现为沥青闪蒸塔顶出温度有所降低。改造前沥青闪蒸塔顶出温度比底出温度高出3℃，而改造后顶出温度和底出温度一致。说明改造前确实有部分沥青伴随丙烷从沥青闪蒸塔顶出携带至中压空冷。更换前中压空冷必须连续性的“三用一冲洗”，由于只投用三组空冷，制约了加工量的提高，使装置负荷始终未达到设计水平。更换新型闪蒸塔后，闪蒸塔顶的四组中压空冷全部投用，加工量可达到设计负荷的95%，而且空冷使用周期明显延长，装置在开工一个季度后空冷的压降只增加了50kPa。

图4　集油箱及伞状分布器俯视图

随着沥青闪蒸塔分离效果的提高，进入汽提塔的沥青溶液中丙烷含量减少，所以压缩机进口丙烷量减少，表现在加工量为80t/h时，压缩机出口返回低压系统的调节阀开度还有20%，说明压缩机还有很大的富裕度。而更换前同样加工量，压缩机出口返回低压系统的调节阀已经全关，说明已经到了压缩机负荷的极限，再提高加工量，多余的丙烷必须通过压缩机进口放火炬阀排放。由此说明闪蒸塔分离效果较之前有所改善。

8　结论

新型闪蒸塔塔径不变，高度增加，沥青进料口有一圈环形挡板，塔中部设有集油箱及伞状分布器。作为丙烷脱沥青装置的沥青闪蒸塔，具有减少雾沫夹带，增大沥青溶液中丙烷的挥发的特点。某石化公司在更换新型闪蒸塔后使用效果较好，表现在一方面由于环形挡板的存在闪蒸塔顶丙烷携带沥青的情况有所缓解，延长了空冷的使用周期，降低了空冷柴油冲洗的频次，有利于装置的平稳运行；另一方面中部集油箱及伞状分布器的存在使沥青闪蒸塔底进入汽提塔的沥青溶液中丙烷含量明显减少，降低了压缩机的负荷，减少了丙烷的消耗。

劣质渣油沥青质胶质结构特性对成焦形貌的影响

薛　鹏　孔德辉　汤一强　林存辉　宋政逵　陈　坤　王宗贤

（中国石油大学（华东），重质油加工国家重点实验室，青岛　266580）

摘　要　探索影响成焦形貌的内在因素具有重要的现实经济意义。通过差示扫描量热分析（DSC）微量热方法考察了胶质组分对沥青质的胶溶分散作用，并采用偏光光学显微镜观察分析劣质渣油成焦结构。结果表明：委内瑞拉减渣（VNVR）中胶质对沥青质的胶溶分散作用小于加拿大油砂沥青减渣（OSBVR）中胶质对沥青质的作用。异源胶质对委内瑞拉减渣沥青质（VNAS）的胶溶作用与同源胶质的作用相差不大，VNAS 对胶质有一定的“适应”能力，焦化过程中掺混胶质含量较多的原料可以改善焦化原料的胶体稳定性。采用掺炼的方式加工劣质渣油 OSBVR 可能会使得体系胶体稳定性变差，导致在高温换热流程出现沥青质聚集分相，焦炭塔中沥青质类分子提前脱离体相，生焦速率加快。

关键词　劣质渣油　胶质沥青质　结构特性　胶溶分散　成焦形貌

世界原油资源日益重质化和劣质化，尤其是再加上加工重质原油所带来的成本优势[1]，导致全球约有 42%的石化炼制企业（美国：约有 2/3 炼制企业）倾向于提高加工原料中重质原油的比例[2]，随之产出的劣质渣油数量也必然增大[3]。2012 年的统计数据[4]显示全球渣油的年加工量已经达到了 7.25 亿 t。

近年来，我国逐步建立并扩大与委内瑞拉、加拿大等国家的能源合作。委内瑞拉超重原油和加拿大油砂沥青等重油很有可能成为未来我国炼油企业加工原料的重要接替资源[5]。这些重质原油中大于 500℃的渣油产量高、加工难、应用价值低。我国石化炼制企业当前面临的主要挑战之一便是如何最大限度的加工利用这些宝贵的石油资源，在满足日益增长的轻质运输燃料油需求的同时，提高资源利用效率[6]，增加企业经济效益。

延迟焦化工艺，加工中不使用催化剂，工艺过程相对较为简单成熟，投资较小[7]，特别适合轻质化以高残碳、高沥青质、高杂原子（硫、氮、氧）和高金属（如：镍、钒等）为特点的劣质渣油[8]。但是在实际加工过程中，劣质渣油中沥青质、杂原子含量的增加，会严重影响生焦的成焦形貌，明显增大焦炭塔生焦床层中弹丸焦（shot coke）出现的几率。相对于普通石油焦（又称海绵焦-sponge coke），弹丸焦销售困难、经济价值较低，基本上只能用作发电等所需的燃料，与 1A 级石油焦相比每吨价格相差 500 多元，拥有百万吨焦化装置的炼制企业因生成弹丸焦造成的直接经济损失高达 35 万元/天。同时，焦炭塔中大量弹丸焦生成还会带来一系列的生产和安全问题，例如，在生产过程中使焦炭塔产生“腾涌”现象，造成塔体非正常晃动，缩短了焦炭塔的使用寿命。因此，鉴于成焦形貌调控对于提升炼制企业生产运营能力的战略意义，探索影响成焦形貌的内在因素具有重要的现实经济意义。

本工作拟通过差示扫描量热分析（DSC）微量热方法考察胶质组分对沥青质的胶溶分散作

用，采用偏光光学显微镜分析劣质渣油成焦结构，结合分子模拟构建的劣质渣油沥青质和胶质的分子结构，考察沥青质胶质结构特性对焦化成焦形貌的影响。

1 试验部分

1.1 样品

试验用原料为委内瑞拉减渣(VNVR)和加拿大油砂沥青减渣(OSBVR)，以及源自委内瑞拉减渣的胶质(VNRE)和正庚烷沥青质(VNAS)，源自加拿大油砂沥青减渣的胶质(OSBRE)和正庚烷沥青质(OSBAS)，其基本性质见表1。

表1 试验用原料基本性质

性 质	OSBRE	OSBAS	OSBVR	VNRE	VNAS	VNVR
密度(20℃)/(g/cm³)	1.0915	1.1393	1.0051	1.1035	1.1518	1.0532
残炭/%(m)	35.38	49.50	14.62	40.03	57.06	25.57
平均相对分子质量	1243	6443	699	1714	4050	1150
(S+N+O)/%(m)	10.50	13.03	5.33	10.32	10.91	6.68
H/C(原子比)	1.29	1.15	1.50	1.24	1.07	1.37
金属含量/(μg/g)						
Ni	125	403	92.6	124	620	155
V	278	901	207	469	2344	586

由表1可知，OSBVR的密度已经超过水的密度，VNVR的密度数值更是超过了1.05，这两种减压渣油都属于典型的超重油。同时，OSBVR和VNVR中仅重金属Ni、V的含量就超过了150μg/g(OSBVR：299.6μg/g、VNVR：741μg/g)，这表明OSBVR和VNVR如果利用重油催化裂化工艺加工的话，每加工一百万吨原料沉积在催化剂床层上的重金属Ni和V就远超150t。根据Phillips和Liu[9]在2002年提出原料加工工艺适用范围，这一类高残炭、高金属含量的劣质重油只能通过热加工过程(例如，延迟焦化)进行处理。渣油中的沥青质是热过程成焦的主要贡献者，其结构特性是影响成焦特性，尤其是成焦形貌的重要因素。整体上看，OSBVR和VNVR的沥青质平均分子量都较大，表明在受热裂解过程中，沥青质组分倾向于停留在焦化反应体系中。结合残炭数据可知，沥青质裂解特性差，受热生焦趋势明显。其元素组成显示，S、N、O杂原子含量已经超过10%(m)，这些杂原子通常会诱导形成反应活性位，加速缩合成焦过程，从而影响反应体系的流变特性，明显缩短焦化反应体系处于较低黏度的存在时间[10]。同时，加工这类劣质渣油时，由于缩合生焦的速率较快，因此加热炉管中通常注汽量增大，管线和焦炭塔内线速较大。进入焦炭塔内的高温反应体系黏度迅速增大，在高速油气的冲击下，很容易形成弹丸焦。

1.2 仪器与试验条件

1.2.1 分子动力学模拟

分子动力学模拟选用美国Accelrys公司的Materials Studio 6.1模拟软件，采用COMPASS

凝聚态力场，范德华和电荷交互作用为 Ewald 法的分子力学和分子动力学对所建立模型分子进行初步密度性质模拟，其中环境条件分别采用 NHL 法和 Berendsen 法，使模拟体系温度和压力控制在 298.15K 和 0.1MPa。

1.2.2 差示扫描量热分析

差示扫描量热分析仪(DSC)为德国林赛斯公司 STA PT1600。试验样品用量为 30±0.5 mg，刚玉坩埚承装，带孔(直径约为 1 mm)坩埚盖封顶，保持测试坩埚内部热环境的稳定性。试验前将热分析仪抽至真空，再以高纯氮气充填，重复三次。DSC 量热试验时以 220 mL/min 的气速，通入高纯氮气，提供反应区惰性载气，保护天平等精密设备，并以 5℃ min -1 的升温速率由室温升至 350℃。

1.2.3 焦化实验

焦化反应在实验室可控压中型反应装置上进行，由温控系统、反应系统和产品收集系统三部分组成。温控系统包括温度探测装置、锡浴加热炉、控温信号转化器；反应系统下部温度控制在 500±2℃，中部温度控制在 460±2℃，上部温度控制在 420±2℃。在整个反应过程中，通过安装在排气管线上的背压阀控制反应压力，压力控制在 0.1±0.01MPa。实验过程如下：以氮气吹扫、置换系统中的空气 20min，在设定焦化温度下的反应炉中反应 60min，达到规定的反应时间后，将反应系统急冷终止反应，泄压后，取出焦样。

1.2.4 偏光光学观察

观测焦炭形貌的手段为偏光显微镜光学结构检测。其中分析的主要依据为焦炭抛光剖面的光学结构。取出焦化反应所成焦炭沿轴线方向平面剖开，将剖开的样品放入固定的制模器，填入制模树脂，氧化 2h 后，将固化树脂取出在系列砂纸上按照标准方法，将焦样的剖面打磨平滑，制备成易于观察的样品。偏光观察采用×50 倍油镜，以提高对比度。在偏光下，焦样通常[11]呈现马赛克型光学结构(直径在 1~10μm 之间)和流域型光学结构(直径大于 10μm)。易生成弹丸焦的原料碳化成焦的偏光光学结构中马赛克型结构占主要部分，而普通焦的光学结构中流域型光学结构的比例则占大多数。流域型光学结构所占比例越大，成焦微观结构的有序性程度越大，对应的焦炭质量越高。

2 结果与讨论

2.1 沥青质胶质分子结构模拟

通过将沥青质和胶质相同条件下的实验密度测定值与分子动力学模拟密度值进行比较，沥青质和胶质分子结构模型计算得到的密度数值和实际测定的数值相差较小(偏差±0.0002)，表明计算模拟得到的沥青质胶质模型分子结构(见图 1)在一定程度上能够反映组分的结构特征。

由图 1 可知，相较于胶质分子结构，沥青质中的芳香片层结构较为明显，在二维方向上扩展程度也更高。VNAS 和 OSBAS 相比，分子结构类似，都属于迫位缩合芳环为核心的基本结构构型，但是 VNAS 分子中的“芳香盘”结构较小，理论上其在焦化过程中需要更多的缩合步骤才能完成脱氢炭化过程。VNRE 和 OSBRE 相比，呈现出较大的芳香片层结构，而 S、N 和 O 的含量则相差不大，表明 VNRE 中极性基团的分布密度较 OSBRE 要小，很可能导致 VNVR 中胶质对沥青质的胶溶分散作用小于 OSBVR 中胶质对沥青质的作用。

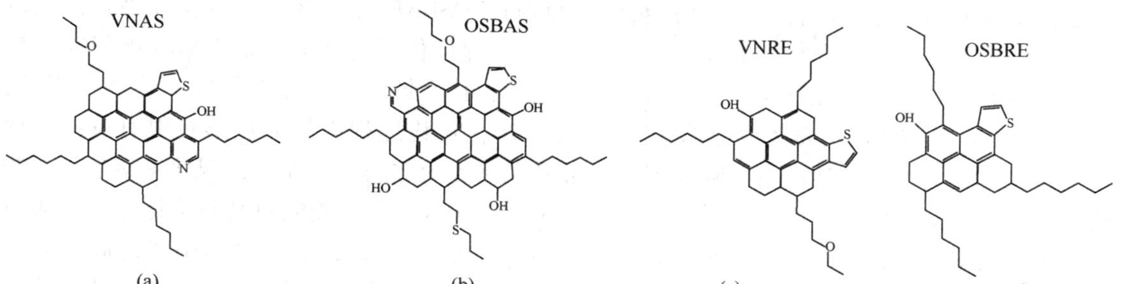

图 1 沥青质和胶质基本结构单元的模型分子

2.2 胶质胶溶沥青质过程中热效应的研究

本研究采用 DSC 微量热模块研究了胶质和沥青质的相互作用情况。以胶质和沥青质加权平均的热流曲线为基线(图 2 中虚点线)，将实际混合体系的热流曲线(图 2 中实线)与基线作对比，将两者积分面积的差值作为沥青质与胶质之间相互作用的定量评价。以 VNRE-VNAS 体系为例，其热分析图如图 2 所示。

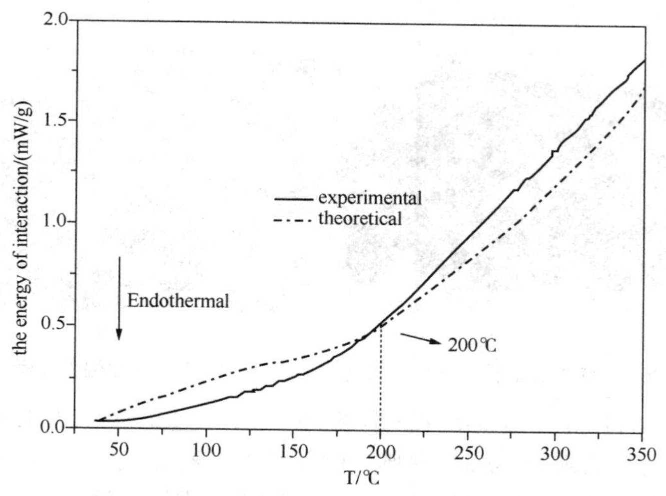

图 2 (VNRE+VNAS)体系理论加权平均热流曲线和试验曲线对比图

如图 2 所示，以理论曲线为基准前提，(VNRE+VNAS)体系的实际热流曲线出现吸热方向的偏向，随后逐渐与理论曲线接近，在 200℃左右超越理论数值发生逆转，进而产生了放热方向的偏转。对此比较合理的推测为：在较低温度时，VNAS 颗粒在 VNRE 中发生了一定程度的胶溶。随后较高的温度使得体系的热运动加强，削弱了分散组分的胶溶作用，导致吸热趋势趋于缓和，直到 200℃时沥青质外层的分散组分彻底丧失溶剂化作用。溶剂化完全消失之前，分散组分对沥青质的胶溶作用程度，可以由特征温度点前的吸热偏差对温度积分表征，通过积分可得 VNRE 胶溶 VNAS 的作用强度为-8.05kJ/mol。而对于(OSBRE+OSBAS)体系而言，OSBRE 对 OSBAS 的胶溶作用为-10.75kJ/mol，强度相对较大，这表明 OSBVR 中胶质对沥青质的胶溶分散作用更大。这与 2.1 节中 OSBRE 和 OSBAS 模拟分子结构推测出的结果是一致的。在焦化过程中，由于沥青质或沥青质类分子的聚集缩合，会逐渐形成不溶于体相的高稠环度芳香性有序碳结构(炭质中间相)。OSBRE对OSBAS的胶溶分散作用可以延缓沥青质稠环芳香环聚集的速率[12]，有利于体相保持低黏度状态。而VNAS虽然需要较多的步骤缩合炭化，但是VNRE对其的胶溶保护作用较弱，部分抵消了这一优势。因此，尽管OSBVR和VNVR同属劣质渣油，但是OSBVR在焦化过程中的成焦形貌很有可能会优于VNVR。由于目前VNVR在实际加工中通常采用掺炼的方法进行加工，因此考察了异源胶质对沥青质的交融分散作用。结果显示，对于VNAS而言，异源胶质对其胶溶作用与同源胶质的作用相差不大，这表明VNAS对胶质有一定的“适应”能力，焦化过程中掺混胶质含量较多的原料可以改善焦化原料的胶体稳定性。通过比较同源和异源胶质对OSBAS的胶溶作用能量，发现异源胶质对OSBAS的胶溶作用明显不如同源胶质，说明掺炼加工劣质渣油OSBVR可能会使得体系胶体稳定性变差，导致在高温换热流程出现沥青质聚集分相，焦炭塔中沥青质类分子提前脱离体相，生焦速率加快。

2.3　成焦偏光光学结构研究

VNVR在焦化过程中容易生成特殊的成焦形态-弹丸焦。在本研究所采用的焦化条件(500℃，0.1MPa)下，中型焦化模拟装置得到了类似于弹丸焦的成焦颗粒[如图3(a)]，其偏光光学结构照片如图3(b)所示。

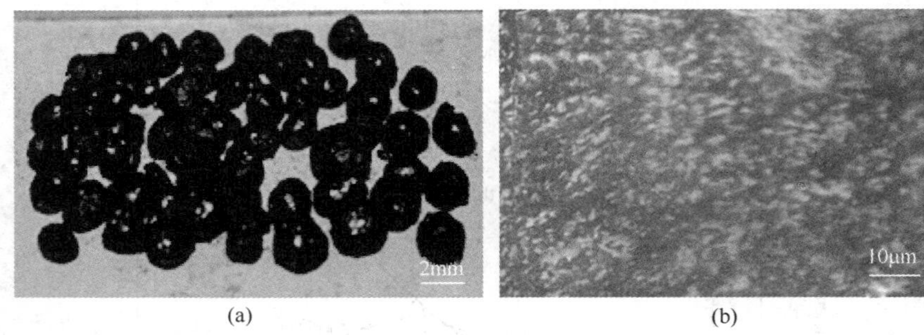

图3　500℃，0.1MPa下VNVR的成焦形貌的光学图片(a)和偏光光学图片(b)

由图3可知，VNVR焦化实验条件下形成类弹丸颗粒直径范围为1.5~3mm，而偏光下对应的光学结构平均粒径则为1μm，为典型的细粒度马赛克光学结构，成焦质量较差。根据2.2中得出的推测，将分离出来OSBRE加入VNVR，添加比例为20%(m)，混合原料在相同条件下进行焦化实验，所成焦形貌如图4所示。

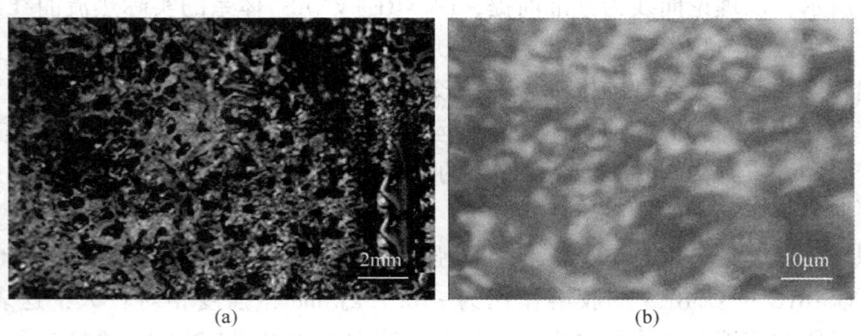

图4　500℃，0.1MPa下(VNVR+20%OSBRE)的成焦形貌的光学图片(a)和偏光光学图片(b)

由图4可知，VNVR添加OSBRE后的焦化生焦由类弹丸的颗粒状成焦转为富空隙的海绵状成焦，偏光光学结构的平均粒径也由原来的1μm增长为8μm，局部区域的光学结构已经大于10μm，呈现流域型结构特征。这表明OSBRE在和VNVR的共焦化过程中较大程度的改善了所成焦炭形貌，这很可能是因为胶质分子结构中含有一定的芳香环并环烷环结构（见图1d），在焦化条件下这类结构会释放活泼氢[13]，湮灭芳香性自由基，减缓稠环化进度。同时，OSBRE分子中含有较多的极性基团，能够与VNVR生焦的主要贡献组分VNAS产生较强的相互作用，从而起到了较好的胶溶分散作用，使得沥青质分子能够在体相中停留较长的时间而不发生聚集缩合，也为胶质中活泼氢的释放提供了足够稳定的反应环境和条件。

3 结论

（1）VNAS和OSBAS分子结构类似，都属于迫位缩合芳环为核心的基本结构构型。VNVR中胶质对沥青质的胶溶分散作用小于OSBVR中胶质对沥青质的作用。

（2）异源胶质对VNAS的胶溶作用与同源胶质的作用相差不大，VNAS对胶质有一定的“适应”能力，焦化过程中掺混胶质含量较多的原料可以改善焦化原料的胶体稳定性。同时，胶质分子结构中含有一定的芳香环并环烷环结构，在焦化条件下这类结构会释放活泼氢，湮灭芳香性自由基，减缓稠环化进度，因此OSBRE在和VNVR的共焦化过程中较大程度的改善了所成焦炭形貌。

（3）异源胶质明显不如同源胶质对OSBAS的胶溶作用，掺炼加工劣质渣油OSBVR可能会使得体系胶体稳定性变差，导致在高温换热流程出现沥青质聚集分相，焦炭塔中沥青质类分子提前脱离体相，生焦速率加快。

参 考 文 献

[1] Sawarkar A N; Pandit A B; Samant S D. Petroleum Residue Upgrading Via Delayed Coking: A Review[J]. The Canadian Journal of Chemical Engineering, 2007, 85 (1), 1-24.

[2] 瞿国华．重质原油加工的热点与难点(I)[J]. 石油化工技术与经济，2013，29(1)：1-7.

[3] 许红星．我国能源利用现状与对策[J]. 中外能源，2010，15(1)：3-14.

[4] Guo A; Lin X; Liu D. Investigation on shot-coke-forming propensity and controlling of coke morphology during heavy oil coking[J]. Fuel Processing Technology, 2012, 104 (0), 332-342.

[5] 李振宇，乔明，任文坡．委内瑞拉超重原油和加拿大油砂沥青加工利用现状[J]. 石油学报：石油加工，2012，28(3)：517-524.

[6] 刘慧娟，周华群，郭绪强，等．劣质残渣油的加工和应用技术进展．中外能源，2012，17(2)：74-79.

[7] Schucker R C. Thermogravimetric determination of the coking kinetics of Arab heavy vacuum residuum[J]. Industrial & Engineering Chemistry Process Design and Development, 1983, 22 (4), 615-619.

[8] Philips G, Liu F. Advances in residual upgradation technologies offer refiners cost-effective options for zero fuel oil production, Proceedings of European Refining Technology Conference, Paris, 2002.

[9] Philips G, Liu F. “Advances in Resid Upgradation Technologies Offer Refiners Cost-Effective Options for Zero Fuel Oil Production,” in “Proc. European Refining Technology Conference,” Paris, 2002.

[10] Mochida I; Oyama T; Korai Y. Study of carbonization using a tube bomb: evaluation of lump needle coke,

carbonization mechanism and optimization[J]. Fuel, 1988, 67 (9), 1171-1181.

[11] Siskin M, Kelemen S R; Eppig C P. Asphaltene Molecular Structure and Chemical Influences on the Morphology of Coke Produced in Delayed Coking[J]. Energy & Fuels, 2006, 20 (3), 1227-1234.

[12] Kun Chen, He Liu, Zhenxi Xue. Co-carbonization of petroleum residue asphaltenes with maltene fractions: influence on the structure and reactivity of resultant cokes[J]. Journal of Analytical and Applied Pyrolysis, 2013 102 (0), 131-136.

[13] Kun Chen, He Liu, Aijun Guo. Study of the thermal performance and interaction of petroleum residue fractions during the coking process[J]. Energy & Fuels 2012 26(10), 6343-6351.

焦粉夹带对焦化装置的影响及应对措施

乐武阳

（中国石化荆门分公司，荆门　448039）

摘　要　焦粉主要在焦炭塔中产生，是延迟焦化装置生焦过程中无法避免的产物。大量焦粉被夹带至焦化装置各个操作单元，使工艺操作条件发生改变，同时影响设备的使用寿命，对装置的长周期及平稳运行造成严重影响。本文介绍了中国石化荆门分公司延迟焦化装置运行过程中焦粉携带问题，并对其产生的原因进行分析，同时阐述目前所采取的一些有效措施，包括：严格控制焦炭塔空高并细化消泡剂注入量；强化提前操作意识，减少间歇操作的压力波动；降低加热炉注水量，控制小吹汽量并严格脱水；加大分馏段蜡油段以下的回流冲洗量；改善焦炭塔溢流及放水操作同时通过流程变更对冷焦水罐进行定期排焦。通过以上措施较大程度上改善了焦粉夹带的问题，确保了装置的长周期运行。

关键词　延迟焦化　焦粉夹带　长周期　措施

中国石化荆门分公司延迟焦化装置设计加工能力 1.3Mt/a，采用 3 炉 6 塔加工方式，主要原料为减压渣油、半沥青、催化油浆及系统污油，是炼油厂重油加工的主要装置之一，在重油平衡中起着重要作用。随着原料劣质化程度不断加剧，同时装置经过多次改造，运行年代较久，设备老化严重，目前因焦粉携带问题严重影响了装置的平稳运行。

1　焦粉携带对装置运行的影响

焦粉主要通过焦炭塔的油气携带至分馏塔中，小部分在分馏塔底沉积，大部分被进一步携带至干气、液态烃、汽油、柴油、蜡油中，从而造成换热器、填料及各塔和容器中焦粉沉积[1]。对装置的长周期安全运行造成严重影响。焦粉携带还能造成阀门无法完全关闭，机泵叶轮磨损等情况，严重时会引发生产事故。

1.1　冷换设备堵塞严重，影响换热平衡

分馏塔底的焦粉在一定气速下被携带至蜡油、柴油等组分中，经过冷换设备后造成焦粉富集，使冷换设备换热效果变差。2014 年装置检修发现 E-3 柴油端焦粉富积堵塞，如图 1 和图 2，严重影响原料换热温度。原料进入 D-1(原料缓冲罐)温度由 175℃降低至 158℃。由于原料换热温度的降低，增加了加热炉的燃料消耗。

1.2　分馏塔底过滤器切换频繁，生产波动大

焦炭塔内焦粉通过油气线进入分馏塔，部分焦粉在分馏塔内循环油的洗涤作用下，富集在塔底。塔底过滤器经常出现堵塞，造成加热炉辐射流量波动大。

图1 E-3(柴油-原料换热器)柴油段焦粉情况

图2 EL-7(柴油水冷气)柴油侧焦粉情况

1.3 冷焦水罐焦粉富集严重，严重影响冷焦

由于冷焦水罐入口无过滤设施，焦炭塔改溢流和放水时，大量焦粉随焦水进入水罐，造成水罐底焦粉富集，影响循环水泵运行。同时焦水空冷器造成焦粉堵塞，如图3影响冷却效果。

图3 冷焦水空冷器焦粉堵塞严重

2 焦粉产生的原因

目前焦化焦粉富集主要集中在分馏塔和冷焦水系统两个操作单元。其中焦粉夹带进入分馏塔的有2个最基本的条件：(1)油气具备足够的线速度；(2)泡沫层具有足够高度。

2.1 焦炭塔气相线速

焦炭塔的油气线速度与原料性质有关，并与操作条件息息相关，以焦炭塔C-1/5.6为例，实际线速度计算如下[2]。

表 1　焦炭塔油气相关数据(C-1/5.6)

塔号	富气	汽油	柴油	蜡油	循环油	蒸汽	合计
流量/(t/h)	5.75	8.88	27.2	13.2	6.1	1.2	
平均相对分子质量	32	115	210	365	420	18	
物质的量流量/(kmol/h)	179.69	77.22	129.52	36.16	14.52	66.67	503.78

线速度公式为：$W=4V_{体}/3600\pi D^2$

$$V_{体}=\sum G_{组}/M_{组}\times 22.4\times(T+273)/273\times P_0/P$$
$$=503.78\times22.4\times(415+273)/273\times0.1/0.2$$
$$=14219.6\text{m}^3/\text{h}$$
$$W=4\times14219.6/3600\times3.14\times(6.8)^2$$
$$=0.11\text{m/s}$$

其中，T 为反应温度 415℃；P 为反应压力 0.2MPa。

在加热炉辐射分支进料一定的情况下，循环比越小，焦炭塔内相应的气相负荷越大，同时加热炉注水量也会影响焦炭塔线速度。如果焦炭塔油气线速超过设计值(一般为 0.15m/s)，焦粉携带量会明显增加。油气线速越大，夹带进分馏塔的焦粉颗粒就越大，夹带量越多。其次泡沫层越高，“空高”越小，油气夹带的焦粉也越多，焦炭塔油气气速如表 2。

表 2　焦炭塔油气气速表

塔号	C-1/1.2	C-1/3.4	C-1/5.6
油气气速/(m/s)	0.10	0.10	0.11

注：C-1/1.2 和 C-1/3.4 的油气气速计算方法同 C-1/5.6。

2.2 焦炭塔泡沫层高度及空高

辐射油进入焦炭塔后，在焦炭塔内发生高温裂解缩合反应。裂解产生高温油气与缩合产生的细小焦粉在焦炭塔内形成一定高度的泡沫层。焦炭塔安全空高低于 3m 时，泡沫焦和焦粉极易通过大油气线被携带至分馏塔。在携带过程中，泡沫层中的焦粉易沉积在管壁形成“焦核”[3]造成管线内径变小甚至堵塞。因此，控制泡沫层高度是有效控制焦粉携带量的关键。焦化空高目前控制在 10m 左右，从 2014 年检修情况看，大挥发线结焦情况不严重，如图 4。

图 4　大油气线结焦情况

2.3 分馏塔塔底循环量

分馏塔焦粉沉积主要是由于进料条件不同，分馏塔底物料的流场分布不同，导致塔底产生流动死角，从而形成焦粉堆积。在生产中，分馏塔底部的焦粉通过塔底循环系统对未集结成块的焦粉进行过滤；分馏塔上段塔盘的焦粉通过洗涤段快速冲洗的方法将焦粉“压”至塔底循环系统，再通过过滤器进行清除。分馏塔底循环回流越小，分馏塔底的焦粉会因抽出流速不够而沉积下来，最终也造成各换热器或管线堵塞。分馏塔塔底循环量和分馏塔下段介质回流量对焦粉的沉积量起决定作用。

2.4 冷焦水系统焦粉富集的原因

冷焦水系统焦粉富集主要是因为焦炭塔改溢流和放水时塔内焦粉进入冷焦水罐。改溢流时，焦炭塔压力过高，焦炭塔与冷焦水罐压差过大，焦炭塔内焦粉颗粒在较高气速线进入冷焦水罐。泡焦0.5h后，焦粉颗粒沉积塔底部，放水随焦水一同进入冷焦水罐。2014年装置检修发现，冷焦水罐D-51、52内焦粉高度达到2m(约300t)，由于焦粉过多，造成AC-5经常堵塞，影响装置的长周期运行。

3 减少焦粉富集的应对措施

3.1 降低泡沫层高度

泡沫层的形成主要是由原料中天然的表面活性物质和反应中间产物的高黏度物质共同裂解作用。其中高黏度、高沥青质的含硫原料在焦化过程中更容易产生泡沫层[4]。

(1) 消泡剂的合理注入。选用的消泡剂为含硅消泡剂，注入位置为塔顶油气线出口处，注入量为50~100μg/g。注入时间为5h，即新塔预热时投用老塔消泡剂。

(2) 根据原料组成情况适当调整循环比。如原料中半沥青含量增大时，增大循环比，改善循环油质量，降低泡沫层厚度。

(3) 加热炉实行变温操作。加热炉出口温度控制在498℃，在焦炭塔不同的生焦阶段(切换四通阀前2个小时及切后2个小时)实行变温操作，加热炉出口温度提至500℃，可以有效降低泡沫层厚度。

3.2 稳定焦炭塔压力

焦炭塔压力过低，塔内油气使泡沫层膨胀过快，泡沫层容易携带至大油气线，造成大油气线结焦；焦炭塔压力过高，影响装置液收。国内焦化装置的操作压力一般控制在0.13~0.28MPa之间，我厂控制在0.18MPa。在预热和换塔过程中，操作人员应提前调节富气压缩机的大循环(或反飞动)控制阀，维持操作压力波动不超过0.01MPa，减少因系统压力波动造成的焦粉携带。

3.3 调整炉管注水量

加热炉注水量不仅与进料量有关，还与原料的性质、循环比有较大关系。进料量大时，可以适当降低注水量，反之则增大注水量。注水量的增加，虽然能够缓解加热炉炉管结焦速率，但使得焦炭塔内油气线速增大，焦粉携带情况加剧。正常情况下按 1.5%控制：例如 F-1/3 辐射分支进料为 40t/h，分支总注水量为 0.6t/h。当原料中饱和烃成分增多、装置处理量减小、循环比降低时，注水量也应适当增大，一般按加热炉进料量的 2%控制[5]。

3.4 调整吹汽操作，优化给汽环境

小吹汽给汽蒸汽带水，温度较低的水在焦炭塔内加热后体积迅速膨胀，造成焦炭塔内油气限速急速上升，易将焦炭塔内焦粉带入分馏中，造成分馏塔内焦粉富集。同时小吹汽给汽速度不能过快，避免焦炭的压力波动。要求小吹汽前必须进行蒸汽脱水，同时小吹汽阀开启过程时间不得低于 3min，确保给汽缓慢进行。

3.5 提高分馏塔底循环量

增加塔底轻油洗涤量，减缓人字塔板结焦。投用轻蜡油串重蜡油流程，使重蜡返塔量维持在 10t/h(介质为轻蜡油)。通过蜡油(轻介质)与塔底部油气换热，即强化了传质作用，同时对塔低“人字”塔板进行有效的洗涤，减缓结焦。

同时塔底循环泵 P-1/3 循环量由之前的 20t/h 提高至 30t/h，加强了塔底的搅拌作用，减缓了因联合油在塔底停留时间过长而造成结焦。

4 冷焦水管焦粉处理的措施

由于焦炭塔至冷焦水管溢流线和放水线无过滤器。给水完成后进行泡焦时细小焦粉在重力作用下沉集在焦炭塔底部，放水时焦粉通过放水线进入冷焦水罐，造成冷焦水罐焦粉富集。为了避免因水罐焦粉的堆积造成 AC-5 频繁堵塞，从而影响焦炭塔冷焦。2014 年检修时，对 D-51、D-52 增加了罐底冲洗线，并制定了排焦方案，如图 5、图 6。

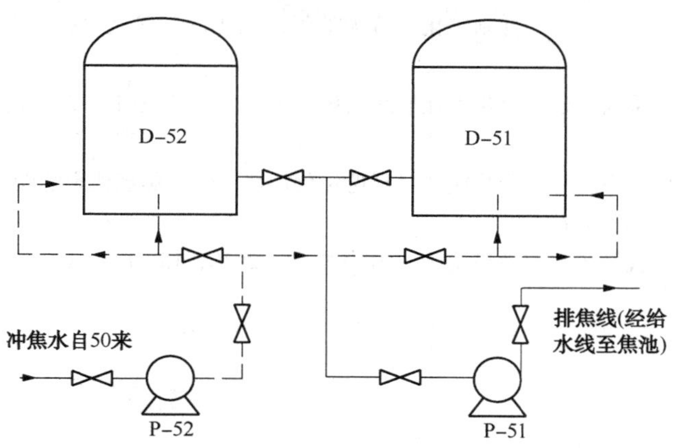

图 5 冷焦水罐冲焦及排焦流程示意图

注：图中虚线为新增的冲焦线

D-50 的冲焦水(冷焦水)经 P-52 增压后注入 D-51、D-52 底部，将冷焦水罐底部沉积的焦粉进行水力搅拌。启动 P-51 将冷焦水罐中经过搅拌的焦粉经过给水线排至焦池。每周

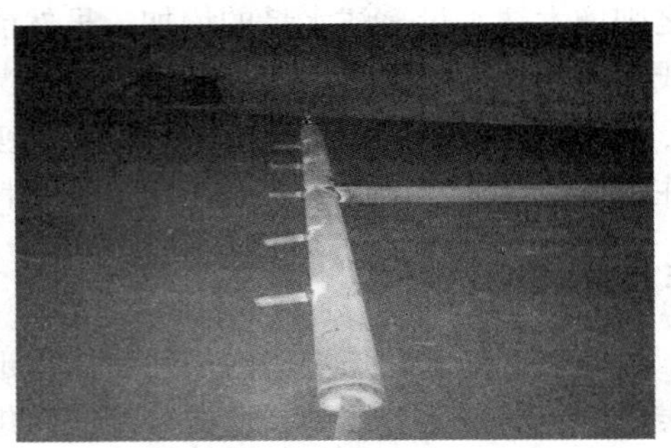

图6 冲焦设施内部结构图

进行一次排焦作业，此项措施投用后，通过罐底温度判断，D-51内南侧焦粉高度由原来的2.5m降低至1.6m，焦粉堆积面积明显减少(焦粉在水罐内成坡状分布)。

5 结语

延迟焦化装置的特有的工艺特点，使得焦炭塔内一般都会形成泡沫层，焦粉夹带是不可避免的。如何减少焦粉夹带以及夹带到分馏塔内的焦粉如何及时清除是确保装置长周期运行的关键。中国石化荆门分公司焦化装置可通过生产调整和设备改造来减小焦粉对整个系统的影响。通过不断的改进和优化，焦化装置的运行周期已由原来的1年延长至2年8个月。在生产的过程中需要不断摸索条件，反复实践，同时通过学习国内外同行的先进生产和管理经验，优化操作，平稳生产，尽量减少焦粉对整个系统的影响，实现焦化装置的安全平稳及长周期运行。

参考文献

[1] 许维相．延迟焦化焦粉夹带的原因及应对措施[J]．安全、健康和环境，2014，14(10)：4-7.

[2] 胥吉昌，程兴国，王学东，等．抑制焦化装置大油气线结焦的对策及分析[J]．山东化工，2010，39：38-40.

[3] 丁世亮，周金宁，解维河．延迟焦化大瓦斯线结焦分析及减缓措施[J]．石油化工设备，2006，35(3)：60-62.

[4] 王宗贤，耿亚平，郭爱军，等．馏分循环对延迟焦化加热炉管结焦规律影响的实验研究[J]．石油炼制与化工，2010，41(9)：65-69.

[5] 焦继霞．解决焦化装置结焦的有效措施[J]．中外能源，2010，15：81-83.

掺炼催化油浆对延迟焦化装置的影响

刘　健

（中国石化洛阳分公司，洛阳　471012）

摘　要　掺炼催化油浆后，延迟焦化装置的操作苛刻度降低，经济效益可观，每月可创效864万元；石油焦和蜡油产品质量变差，石油焦挥发分下降1.23%，灰分上升0.15%，蜡油残炭上升1.19%，密度上升66.7kg/m^3，装置燃料气、3.5MPa蒸汽、电的单耗均上升；加热炉炉管和炉出口转油线结焦加剧，炉出口压力上升速率较掺炼油浆前增大0.015MPa/月；出现了加热炉进料泵出口弯头、跨线阀、进料调节阀阀芯被严重磨蚀等问题，装置安全运行风险急剧上升；针对存在问题提出了应对措施和建议。

关键词　延迟焦化　催化油浆　结焦　磨蚀

1　前言

催化油浆是炼油企业低附加值产品，一般用作燃料油或者用来调和沥青，但随着原油资源的日益重质化劣质化，催化油浆性质日趋变差，出厂困难。中国石化洛阳分公司两套140万t/a催化裂化装置共产油浆约为12t/h，这部分油浆经过油浆拔头装置后，轻油浆进焦化装置原料系统回炼，重油浆调和沥青。2016年以来，随着沥青市场的持续低迷，沥青产品销量大幅下滑，为实现产销平衡和缓解库存压力，企业要求延迟焦化装置按需实施大比例掺炼催化油浆，轻重油浆按比例混合进焦化，掺炼比例持续维持在10%(m)以上，最高达到13.6%(m)。

2　生产现状分析

2.1　催化油浆与减压渣油性质对比

催化油浆主要是馏程在227~682℃之间的未转化馏分，原油成分不同及加工工艺、操作条件不同，油浆性质也有差别。总体来说，催化油浆密度较大，碳氢原子比小、黏度较高，组分以稠环芳烃为主，一般不带长的烷基侧链，含有一定量的催化剂颗粒。由表1可知，催化油浆与减压渣油相比，密度较高，初馏点较减压渣油低，含部分柴油组分，芳烃含量较减压渣油高很多，饱和烃、胶质含量较低，沥青质含量基本相当，固体含量较高。

表1 2016年1月—7月催化油浆与减压渣油的性质

项目	硫含量/%(m)	固体含量/(g/L)	密度(20℃)/(kg/m³)	初馏点/℃	10%/℃	50%/℃	350℃馏出/%(m)	500℃馏出/%(m)	530℃馏出/%(m)	饱和烃/%(m)	芳烃/%(m)	胶质/%(m)	沥青质/%(m)
一催油浆	1.23	7.26	1073.2	233.56	351.88	408.88	8.91	87.52	91.64	11.60	72.60	14.80	1.00
二催油浆	0.92	4.74	1075.2	227.37	363.87	428.63	7.67	83.81	89.91	12.60	64.00	21.10	2.30
减压渣油	2.18	—	1005.7	392.35	538.14	654.07	0.25	4.26	8.35	16.40	44.10	36.90	2.60

2.2 关键操作参数变化

2015年至今，为应对原油价格波动和成品油市场的不断变化，中国石化洛阳分公司按照"催化装置高负荷、焦化装置低负荷、溶脱装置变负荷、加工效益最大化"的原则组织生产，部分优质渣油掺入催化裂化原料，这使延迟焦化装置原料大幅减少，装置加工负荷降低到设计负荷的55%左右。为适应超低负荷生产，焦化装置采用了单炉室生产运行模式，其操作参数、技术指标和质量控制策略等与满负荷生产相比存在很大差异。但焦化装置掺炼催化油浆均在低负荷运行时进行，因此可忽略加工负荷对操作参数的干扰。由表2可知，催化油浆平均掺炼比例为12.5%，装置循环比较掺炼前升高0.03，反应温度降低1℃，加热炉三点注汽流量分别提高50kg/h，反应压力基本不变。

表2 掺炼催化油浆前后装置关键操作参数

项目	渣油量/(t/h)	油浆量/(t/h)	加工负荷/%(m)	循环比/(t/t)	反应温度/℃	反应压力/MPa	一点注汽/(kg/h)	二点注汽/(kg/h)	三点注汽/(kg/h)
掺炼前	88	0	52.79	0.12	490	0.135	200	150	150
掺炼后	80	10	53.99	0.15	489	0.135	250	200	200

2.3 产品分布及经济效益

为客观反映回炼催化油浆前后装置的产品分布情况，选择2016年3月11日—21日和2016年6月10日—20日装置物料平衡数据进行分析，两段时间内减压渣油性质基本一致，加工负荷均为53.99%，但前者没有掺炼催化油浆，可比性强。通过反推计算可知，1t催化油浆经过延迟焦化工艺可产生0.094t干气、0.020t液化气、0.079t稳定汽油、0.183t柴油、0.164t蜡油、0.458t焦炭以及0.002t的加工损失。焦化产物中仅干气和石油焦为炼厂终产物，液化气、稳定汽油、柴油、蜡油需送至下游装置进行进一步分离或精制，终产物如表3所示。

表3 焦化装置掺炼催化油浆的全流程投入产出及物料价格

名称	投入		产出									
	油浆	氢气	石脑油	汽油	柴油	液化气	丙烯	燃料油	石油焦	干气	烧焦	损失
数量/t	1.000	0.009	0.043	0.080	0.266	0.034	0.008	0.006	0.458	0.103	0.007	0.004
收率/%(m)	—	—	0.042	0.079	0.264	0.034	0.008	0.006	0.454	0.102	0.007	0.004
价格/(元/t)	489	5958	2641	3334	2855	2655	4848	1324	728	1679	—	—
金额/元	489	53	112	266	760	91	39	8	333	173	—	—

按照2016年6月炼厂装置加工成本和物料价格体系计算，焦化装置掺炼催化油浆全流程加工成本为40元/t，由表3数据计算可知，焦化装置每加工1t催化油浆可创造经济效益1200元，催化油浆掺炼量按10t/h计算，每月可创效864万元。

3 存在问题

3.1 影响产品质量和装置能耗

催化油浆主要为重蜡油组分，其分子量比减压渣油小，稠环芳烃含量很高，C/H比很大，而芳烃因其C-C键能不同较烷烃、烯烃难反应[1]，在延迟焦化过程中主要发生断侧链-脱H-缩合反应，催化油浆反应后的石油焦收率高达45%以上。催化油浆含有一定量的催化剂粉末，这些催化剂粉末最终滞留在石油焦中，直接影响石油焦灰分含量；另一方面催化油浆中含有大量难以裂解的芳烃，经过焦化工艺不能得到全部裂解，这会造成部分芳烃组分最终又进入焦化蜡油中，影响蜡油收率和质量。由表4可知，焦化装置掺炼催化油浆后，石油焦挥发分下降1.23%(m)，灰分上升0.15%(m)，焦质变硬；蜡油馏程变化不大，残炭上升1.19%(m)，密度上升66.7kg/m^3，质量变差。

表4 掺炼催化油浆前后石油焦和蜡油质量

项目	石油焦质量			蜡油质量							
	全硫/%(m)	挥发分/%(m)	灰分/%(m)	硫含量/%(m)	残炭/%(m)	密度(20℃)/(kg/m^3)	初馏点/℃	终馏点/℃	350℃馏出/%(m)	500℃馏出/%(m)	530℃馏出/%(m)
掺炼前	2.63	11.22	0.32	1.26	0.20	905.35	253.63	626.38	12.80	97.08	96.70
掺炼后	2.78	9.97	0.47	1.50	1.39	972.05	286.88	624.00	7.90	98.00	97.85

掺炼催化油浆后，为了改善原料性质，装置循环比提高0.03~0.05，加热炉负荷增大，燃料气单耗随之升高；为提高原料在炉管中的线速，缩短原料在炉管中的停留时间，延缓炉管结焦，炉管三点注汽流量每点提高50kg/h，每月多消耗3.5MPa蒸汽216t；另一方面，石油焦质地变硬，除焦难度增大，延长了高压水泵的运行时间，平均每塔延长20min，按照36h生焦周期计算，每月多耗电24000kW·h。

3.2 加剧炉管和转油线结焦

如图1所示，由于催化裂化装置旋分效果不好，催化油浆固含量波动较大，经常超过正常控制指标(≯6g/L)，甚至超过化验分析满量程值(26g/L)。从催化油浆组成来看，掺炼催化油浆后焦化原料的临界反应温度应该上升，加热炉炉管结焦部位后移，在各操作参数不变的情况下可以缓解炉管结焦。但是催化油浆携带的催化剂固体颗粒上吸附了大量的铁、镍、钒、钙等金属离子，在高温条件下很容易与减压渣油的无机盐类发生反应而在炉管壁形成盐垢，盐垢改变了炉管流体的局部流动状态，“诱导”炉管局部结焦加剧；另一方面催化剂具有较大的比表面积[2]，很容易吸附胶质、沥青质等大分子进而形成“焦核”，提高了炉管结焦速率。

受低负荷单炉室生产模式影响，原料经过加热炉炉管进入炉出口转油线时，流体线速降低，流型变差，主要原因是低负荷下转油线的单位时间介质输送量变为满负荷时的53.99%，加上催化油浆的“诱导”效应，造成转油线结焦加速，掺炼催化油浆后炉出口压力上升速率较掺炼前增大0.015MPa/月，影响了加热炉的长周期运行，增大了炉管机械清焦频次，装置加工成本增加。

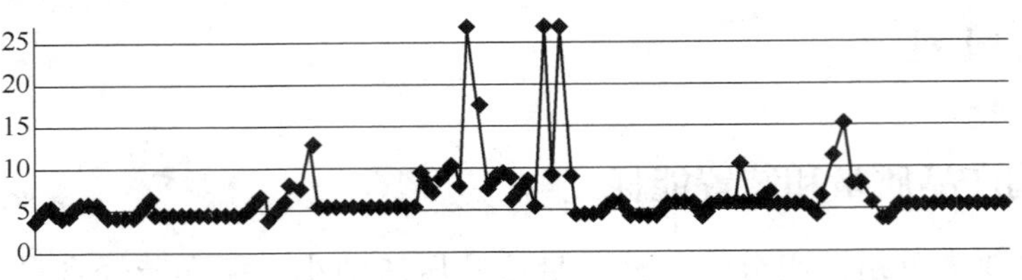

图1 2016年4月至6月催化油浆固含量分析

3.3 原料系统冲刷腐蚀严重

催化油浆携带的催化剂颗粒实际上为ϕ4μm~ϕ25μm的白色微球体，硬度很大，当流体线速很高时，会对焦化装置原料系统的管线设备造成严重的冲刷磨损，对于原料系统介质温度大于220℃的部位，管线设备内壁的保护镀层因磨损丢失而导致高温硫腐蚀加剧，磨损与腐蚀的相互作用大幅增加了管线设备因壁厚减薄穿孔的概率，缩短了设备的使用寿命，严重威胁装置的本质安全[3]。

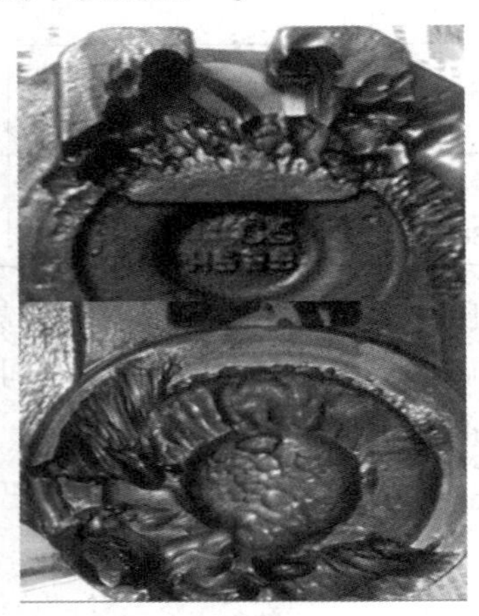

图2 闸板两侧磨蚀情况

图3 连接头磨蚀情况

就目前装置已经出现的问题来看，掺炼催化油浆对原料系统的磨损腐蚀情况比预期要严重很多，掺炼催化油浆后，原料系统的冲刷腐蚀主要表现在以下几方面：

（1）加热炉进料调节阀在相同流量下，阀门开度由掺炼前的19.95%逐步降低至目前的6.15%，说明阀门的通量增加，阀芯磨损严重；

（2）加热炉进料泵在同等负荷下，泵出口压力由掺炼前的3.99MPa下降至目前的3.37MPa，经判断是因加热炉进料泵备用泵跨线阀磨损漏量所致（低负荷运行时，加热炉进料泵备用泵跨线阀需要稍开，防止运行泵憋压），如图2、图3所示，阀门闸板配合密封的阀座（与阀杆夹角约110°的位置）有一个尺寸约为23mm×15mm磨蚀空洞，闸板两侧有多个形状不规则、大小不一的腐蚀坑，闸板密封面有多处豁口，阀杆与闸板的连接头有腐蚀坑，阀门内部件磨蚀严重；

（3）两台加热炉进料泵出口弯头磨蚀减薄速率由掺炼前的0.2mm/年大幅上升至目前的>1mm/a；

（4）循环油泵叶轮磨蚀减薄碎裂。

4 应对措施及建议

基于单炉室低负荷生产实际，针对掺炼催化油浆对焦化装置的影响，提出如下措施和建议：

（1）加热炉进料泵的预热阀、加热炉四路进料调节阀及其上游闸阀均属原料系统节流部件，流经介质均为高温、高压、高线速减压渣油与催化油浆的混合物，运行工况与加热炉进料泵跨线阀的运行工况类似，磨蚀减薄甚至穿孔泄漏的风险很高，一旦发生穿孔泄漏极易造成重大火灾事故。鉴于此，需要专业技术机构或公司定期对以上阀门开展在线检测和磨蚀情况评估，加大对整个原料系统管线弯头的定点测厚频次和密度，并视情况开展预知性检维修；

（2）应对催化油浆进行充分沉降或者增上可靠的过滤设施，严格控制油浆固含量≯6g/L，尽可能只掺炼拔头轻油浆，并将掺炼量控制在8t/h以下；

（3）就目前的市场形势和炼厂加工路线看，焦化装置掺炼催化油浆将会持续常态开展，建议对装置原料系统进行适应性改造，对原料系统阀门、管线及设备进行材质升级，更新为耐磨材质；

（4）建议每年停工小修一次，重点对加热炉炉管（特别是炉管弯头）、炉出口旋塞阀、原料油泵和加热炉进料泵叶轮等隐蔽部位做全面检测，及时掌控磨蚀情况；

（5）建议对原料油泵和加热炉进料泵出入口阀及跨线阀、原料罐抽出阀、加热炉进料罐抽出阀等部位各增加一道阀门，需要节流操作时一道阀门全开，一道阀门卡量，当单体设备出现泄漏或故障需要抢修时能够彻底隔离，不会造成装置停工；

（6）对原料系统开展全天候、全方位特护巡检和监控，制定标准的应急处理预案，做到发生泄露等异常状况时能及时发现、快速处理，避免发生次生事故。

5 结论

总的来说，在炼厂现有的加工模式下，催化油浆进焦化装置的常态化回炼既解决了油浆的后路问题，还创造了十分可观的经济效益，但不容忽视的是掺炼催化油浆也带来了一系列的问题，如石油焦和蜡油的产品质量变差，装置能耗上升，加热炉炉管和炉出口转油线结焦加剧，原料系统冲刷腐蚀严重等，特别是催化油浆对管线设备的磨蚀问题，这一问题使装置的安全风险大幅度增加，严重威胁着装置的本质安全，这需要高度警惕并采取有效措施防患于未然。

参 考 文 献

[1] 杜学贵. 掺炼催化油浆对延迟焦化装置生产的影响[J]. 化学工业与工程技术，2006，27(2)：41-43.

[2] 魏登凌，彭绍忠，王刚，等 . FF-36 加氢裂化预处理催化剂的研制[J]. 石油炼制与化工，2006，37(11)：40-43.

[3] 郭雷，张智 . 炼油厂催化油浆系统设备的腐蚀分析[J]. 化工管理，2013，24：154-155.

洛阳石化延迟焦化装置多功能性开发和应用

侯继承　刘　健　赵　岩　王志刚

（中国石化洛阳分公司炼油三部焦化装置，洛阳　471300）

摘　要　在成品油和原油价格波动，高硫石油焦销售困难，环保要求日益严格的形势下，延迟焦化装置利用其工艺特点，开发并发挥多功能焦化效用。将进料量在80~185t/h之间灵活调整，生焦周期依据进料变化控制在18~36h，同时与溶剂脱沥青、蜡油加氢和加氢裂化等多种工艺组合生产，提升效益；依据工艺反应原理，拓展原料来源，加工催化油浆、脱油沥青及不确定组分油；经优化改造，将排水装置“三泥”、废旧润滑油、环丁砜和轻重污油进行回炼；在低负荷单炉室生产条件下，将制氢装置解吸气、含硫轻烃、减一线油和全厂凝缩油引进装置回炼，在保证安全生产的同时，最大化地发挥了焦化装置在当代炼油厂的新作用，提升了延迟焦化地位，增加了企业效益。

关键词　延迟焦化　重油　劣质化　危废物料　低负荷

中国石化洛阳分公司延迟焦化装置采用“一炉两塔”工艺流程，焦炭塔直径9m，由反应、分馏、吸收稳定、干气脱硫、吹汽放空、冷焦水密闭处理、水力除焦及石油焦输送单元组成。以常减压蒸馏减压渣油为原料，经加热炉加热到495~501℃后迅速转移到焦炭塔中进行深度热裂解和缩合反应。焦炭塔底部进料温度在485~492℃，小分子的气体化合物进入分馏塔分离出焦化汽油、柴油、蜡油组分及焦化干气、液态烃等产品，大分子物质在塔内生成石油焦[1]。

原油市场和成品油在价格波动较大情况下，同时高硫含量的石油焦销售难度增加，采用降低加工负荷、催化掺渣等方法[2]，优化调整加工流程，优质渣油掺入催化裂化原料，焦化装置降低处理量，拓展工艺外延，开发并发挥多功能焦化作用，使焦化装置不但是重油平衡装置，而且是全厂气体回收和环保处理装置。

1　加工重油的平衡灵活性

1.1　低负荷单炉室生产

1.1.1　单炉室生产的处理量

焦化加热炉两室共四路进料，每两路在一个炉室。根据加热炉设计条件：炉管内冷油流速>1.83m/s或质量流速为1200~1800kg/(m^2·s)，当新鲜进料量130t/h、循环比0.2时，可满足装置最低处理量。当焦化装置进料不能满足两个炉室生产时，需要切除一个炉室进料，实施单炉室生产。从加热炉冷油流速计算新鲜进料达到65t/h、循环比0.2时能满足单炉室炉管运行。但在生产实践中，装置进料为80t/h时、循环比0.2时，分馏系统及气压机操作基本到了安全限度值，如再降低会导致分馏塔热量不足和气压机喘振。

1.1.2 单炉室生产备用炉室的处理

如图1所示，焦化加热炉两炉室出口交叉处呈“人”字形，当切除炉室时，出口交叉处会形成不流动区，此区域若扰动不足，会逐渐结焦，很快就会造成通径缩小，甚至堵塞，且处理堵塞需要装置停工。备用炉管采用通入3.5MPa蒸汽约5.8t/h或气压机出口富气约4500 m^3/h 保持管内流速，维持炉出口温度(495±5)℃，保证足够的线速和温度，与生产炉出口油气混合进入焦炭塔，防止出口处管线结焦。

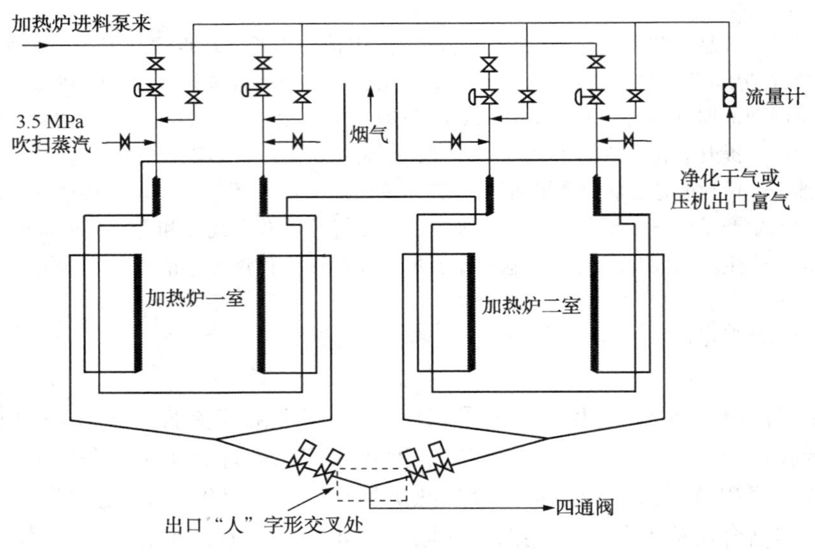

图1 焦化加热炉流程示意图

1.2 进料量和生焦周期的灵活性

通过对加热炉运行模式评估和操作攻关，当进料低于运行最低限时，采用单炉室生产；当渣油储存液位升高，需要焦化加工量增加时，可实施双炉室生，处理量在80~185t/h之间可灵活选择。自2014年实施以来，多次进行单双炉室生产，实现了加工负荷50%~110%灵活调整。

根据加工量和原料性质变化，在控制焦炭塔安全空高的前提下，生焦周期可从18~36h灵活变化，实践证明，在生焦周期灵活变化时，装置可以实现安稳运行，达到延迟焦化装置的处理量和生焦周期双灵活生产模式，节约切塔和冷焦时的动力消耗。

1.3 重油加多种组合工艺

根据延迟焦化装置处理量可灵活调整的特点，核算重油加工产品利润最大化，采取原油定期切换，将优质原油的减压渣油单独储存，为催化裂化装置掺渣原料。劣质渣油进溶剂脱沥青装置，脱油沥青根据市场需要调和成品沥青后，多余部分作为焦化原料，脱沥青油去蜡油加氢作为催化裂化原料。催化油浆作为延迟焦化装置原料，加氢裂化产生的尾油也可作为延迟焦化装置的原料，焦化装置可以实现与多种装置组合生产的工艺。

2 加工劣质原料的重要装置

延迟焦化装置是以渣油为原料，经过加热炉加热到高温(500℃)迅速转移到焦炭塔中进行深度热裂化反应。利用热裂化反应中没有催化剂的参与，在保证加热炉结焦速率的前提下，拓宽原料的选择面，可以加工高硫、高金属、高沥青质劣质原料。在优化重油加工的同时，扩大了焦化装置原料来源。

2.1 原料中掺炼催化油浆

催化油浆是炼油企业低附加值产品，一般用作燃料油或者用来调和沥青，但随着原油资源的日益重质化和劣质化，催化油浆性质日趋变差，出厂困难。为实现产销平衡和缓解库存压力，延迟焦化装置按需实施大比例掺炼催化油浆。

油浆未脱除催化粉末直接作为延迟焦装置的原料，将产生两方面的问题，一方面是对延迟焦化设备的影响，如使加热炉炉管发生磨损、催化剂粉末沉积在加热炉炉管内引发结焦。另一方面影响产品质量，如增加石油焦的灰分、在生产石油针状焦过程不利于中间相小球的生长进而增加石油针状焦的热膨胀系数等[3]。自 2014 年 6 月焦化装置原料掺炼催化油浆以来，克服了油浆中催化剂对设备腐蚀的影响，最高回炼量达到 23%，以平衡催化和外购油浆为调整基准，实现了催化油浆的长周期回炼。

2.2 原料中掺炼脱油沥青

脱油沥青与减压渣油相比较，氢含量低，饱和分含量低，胶质和沥青质含量有较大的增加，残炭和黏度增加，金属含量增加。脱油沥青由于富集了渣油中大部分的金属以及全部沥青质，作为焦化原料时，结焦倾向增加，易引起加热炉结焦，从而影响焦化装置的运行周期[4]。

减压渣油直接进焦化效益为 160 元/t；若减压渣油进溶剂脱沥青装置分割后，将脱沥青油送至蜡油加氢，脱油沥青送至焦化加工，利润为高达 260 元/t。渣油进溶脱装置，脱沥青油进焦化加工成为新的效益增长点。自 2016 年 4 月焦化装置掺炼脱油沥青以来，掺炼长期稳定 22%以上。

3 处理危废物料及污油

随着炼厂的产品质量升级和环保要求的日趋严苛，石油加工过程中产生的各种废料越发难以回收利用或处理，这些废料随意处理则会造成严重的资源浪费和带来环保压力，没有合适的处理办法则会加大炼厂成本投入，影响经济效益。延迟焦化装置不断挖掘装置潜能，尝试开发装置的新功能，通过一系列的流程改造和技术攻关，在确保本质安全的前提下，该装置实现了废料的回收利用和绿色环保处理。

3.1 回炼“三泥”

石油加工产生的含油污水在处理过程中产生大量含油污泥，组成如表 1 所示。“三泥”

的来源主要包括污水处理装置均质调节罐罐底泥及CPI(斜板隔油)、CAF(涡凹气浮)、ADAF(斜板加压气浮)的池底泥，CAF、ADAF气浮产生的浮渣等。如果原油加工量按800万t/a计算，每年将产生约3000m^{3}池底泥，800m^{3}浮渣和30000 m^{3}活性污泥。这些含油污泥中含有的苯系物、酚类、蒽、芘等物质有恶臭味和毒性[5]。

通过技术改造，在焦炭塔大吹汽结束与小给水前进入焦炭塔，利用处理塔内的高温热量使含油污泥中的有机组分裂解或蒸发变成气液产物，固体物质被石油焦捕获沉积在石油焦上，这样可从根本上解决炼厂“三泥”处理的难题[6]。每个生焦周期预计可回炼“三泥”20t，每年约有250个生焦周期，每年可处理5000t“三泥”。5000t“三泥”中约15%转化为焦炭，每年还可创造经济效益60万元，节约三泥外委处理费65万元。

表1 “三泥”组成化验分析数据表

三泥来源	分析项目	分析结果
污水处理装置浮渣	含固率	13.14%
污水处理装置浮渣	含油、含水率	86.86%
污水处理装置污泥	含固率	4.04%
污水处理装置污泥	含油、含水率	95.96%

3.2 回炼废润滑油

炼厂回收的废润滑油作为一种高危废物自身难以处理，委托外部企业处理则成本较高。经过分析论证，延迟焦化装置新上一套废润滑油回收设施，将废润滑油回收进重污油罐和重污油混合，混合均匀之后作为急冷油进入焦炭塔回炼，利用焦炭塔420℃左右的高温，使废油和杂质分离，油气进入分馏塔切割分离，真正做到“颗粒归仓、变废为宝”。润滑油分离后主要产品为蜡油，每年回炼废润滑油约180t，回炼每吨废润滑油可创造效益2600元，每年创造经济效益46.8万元。

3.3 回炼废环丁砜

芳烃装置每年约产生废环丁砜7~8t，随着废剂的处理日益走上规范化程序，以往处置途径无法继续实施。环丁砜温度超过230℃时分解成二氧化硫和其他部分，与氧接触的情况下分解速度加快到5倍，惰性环境下分解为二氧化硫和小分子烃类，含氧环境下易产生磺酸及酸性聚合物，其他包括羧酸、醛类等物质；为微毒性化合物。由于环丁砜溶剂与水互溶，加入污油罐内易随水相脱出，可操作性不强，为实现废环丁砜规范安全环保处理和减少对周围环境污染，特单独设置一套回收系统，将外来桶装废环丁砜加入环丁砜罐然后经计量泵送入焦炭塔顶进行回炼。

3.4 回炼重污油

石油加工过程中，重油装置设备检修吹扫、含油污水隔油、电脱盐脱水等，每年产生重污油8000~10000t，由于杂质含量大、水含量高，进入原油系统影响到电脱盐及常压系统的正常运行。

经过流程优化，罐区重污油经过初次脱水后，利用焦化蜡油至罐区线倒收重污油进入到焦化装置内重污油罐，初期重污油含水量较大，先将含水量大的重污油进分馏塔下部回炼，当重污油中无明水且水分稳定时，再代替蜡油作为焦炭塔生产塔急冷油注入，避免了重污油含水量高引起高温油气法兰泄漏着火。重污油组分与蜡油相近，温度为 90℃左右，可有效控制焦炭塔顶温控制 420±5℃。

3.5 回炼轻污油

炼厂产生的轻污油原来只能进催化装置作为急冷油回炼，随着加工原油的不断劣质化和重质化，轻污油硫含量增加，轻污油进催化装置会影响到产品质量。焦化装置对原料适应性强，液体产物全部为中间产品，从理论上具备处理条件。

轻污油来源主要由三部分组成：汽柴油加氢过滤器反冲洗产生的污油，酸性水汽提装置汽提产生的污油，各装置检修等产生的污油。通过化验分析，轻污油组分多为柴油，考虑到组分相近原则，选择焦化分馏塔中段进行回炼，经过流程改造后，罐区轻污油进入到分馏塔中段调节阀后，成功进行了轻污油的回炼，每年根据需要回炼加工轻污油约 1.5 万 t。

3.6 加工不确定组分油品

西安重油是西安石化停工时吹扫、重油罐清理等产生的重污油，在回炼过程中发现含有保温丝棉、硫化亚铁颗粒等杂物，经过实践掺到原油中加工造成电脱盐系统出现波动。从化验分析数据表 2 可知，西安重油含有从柴油组分到渣油组分，水含量高、盐含量高且乳化严重。经过评估，在线改造利用焦炭塔预热甩油进分馏塔下部 2 层流程，西安重油进入分馏塔回炼，柴油和蜡油组分在塔内分离成产品，重油进入分馏塔底，随循环油进入原料系统，再经过加热炉进行反应。利用分馏塔顶的高效除盐设施，除去加工西安重油中携带的大量盐分，回炼以来未出现结盐现象。

西安重油成分复杂，其进入焦化装置的成功回炼，为企业解决了重油长期储存无法加工问题，同时为延迟焦化装置加工不确定组分油品开创了一条新的流程。

表 2 西安重油组分分析

分析项目	分析数据	分析项目	分析数据
硫含量/%(m)	0.832	95%回收温度/℃	536.2
残炭/%(m)	0.9	350℃馏出量/%(m)	30.25
密度(20℃)/(kg/m^3)	900.9	终馏点/℃	673.8
水含量/%(m)	>10	500℃馏出量/%(m)	73.95
初馏点/℃	183.7	530℃馏出量/%(m)	77.8
10%回收温度/℃	264.6	氮含量/(mg/kg)	2317.73
50%回收温度/℃	415.5	盐含量/(mgNaCl/L)	873.92
90%回收温度/℃	501.2		

4 低负荷加工外来物料，回收高附加值产品

4.1 回炼制氢装置解吸气

制氢装置(PSA)解吸气经气柜的压缩机升压，将压力 0.65MPa、约 5000m^3/h 解吸气送到高压瓦斯管网，作为全厂加热炉燃料气，解吸气组分分析如表 3 所示。从制氢装置解吸气

组分分析可知，C_3^+ 及以上组分含量20%以上，液化气组分作为燃料气是效益的损失点。

将气柜压缩机升压后的解吸气，送进焦化装置作为加热炉保护气使用，经过压缩机后进入吸收稳定系统，分离回收液化气组分。每小时多回收液化气组分约1.1t/h，液化气不含税价格按照2876元/t、干气按照1678元/t，差价为1198t/t，月产生经济效益95万元。

表3 PSA装置解吸气组分分析

分析项目	组成/%(v)	分析项目	组成/%(v)
氢气	36.72	异丁烷	2.82
氮气	1.78	正丁烷	2.71
氧气	0.30	异丁烯	0.01
甲烷	17.87	顺-2-丁烯	0.01
乙烷	22.86	C_5及以上	3.22
丙烷	11.67	C_3 及以上	20.46
丙烯	0.01		

4.2 回炼加氢的含硫轻烃

含硫轻烃气体主要是来自汽、柴油加氢装置预分馏塔、柴油汽提塔等，流量大约2000~2500m³/h，轻烃组成分析如表4所示，富含 C_3^+ 及以上组分。原来这部分气体脱硫后进入高压瓦斯管网作为燃料气，造成大量的高附加值组分被廉价使用。经过改造，含硫轻烃直接引至焦化装置气压机入口，经气压机压缩后，利用吸收稳定单元回收轻烃中的液化气组分。持续满负荷回炼轻烃，平均回炼量为2000m³/h，平均每小时可以回收1.2t液化气。每月可创造经济效益103万元。

表4 含硫轻烃气体分析表

分析项目	平均值/%(v)	分析项目	平均值/%(v)
氨含量	58.25	正丁烷	21.99
氢气	12.48	1-丁烯	0.05
甲烷	1.48	异丁烯	0.09
乙烷	9.93	2-反丁烯	0.12
丙烷	22.22	C_5及以上	15.94
丙烯	0.01	二氧化碳	0.04
异丁烷	11.2	硫化氢	4.65

4.3 减压塔一线油进焦化装置作为再吸收油

常减压装置的减压塔分馏效果不理想，减一线抽出量20~25t/h，其中含有蜡油组分，其性质如表5所示，进入蜡油加氢装置处理。由于蜡油加氢装置已满负荷，罐区库存蜡油量大，减一线进蜡油加氢给全厂优化生产带来很大的难题。经评估论证后进行流程改造，利用焦化装置汽油去罐区线，将减一线引至焦化装置再吸收油泵入口，代替柴油作为再吸收塔吸收剂，返回分馏塔柴油集液箱下部塔盘，进行组分分离，解决蜡油加氢超负荷的难题。

表 5 减一线产品质量分析

分析项目	平均值/℃	分析项目	平均值/℃
初馏点	220.0	90%回收温度	354.4
10%回收温度	254.4	95%回收温度	376.7
50%回收温度	292.6	终馏点	393.8

4.4 回收全厂凝缩油

炼厂的高、低压瓦斯管网的集液罐产生的凝缩油，硫含量和烃类成分复杂且变化大；加氢装置压缩机中间罐产生的凝液，由于本装置没有分馏系统不能回炼；富氢气体至制氢装置后再到压缩机管网产生的凝缩油没有合适的回炼流程。

之前这部分凝缩油均压入轻污油系统，再进入罐区轻污油罐，凝缩油中的轻组分大量挥发造成加工损失和环境污染。通过流程改造和优化，将全厂产生的凝缩油回收后进入到焦化分馏塔顶部，再经过压缩机进入到吸收稳定单元，分离出合格产品。

5 结论

利用延迟焦化装置工艺特点和生产中间产品有利条件，焦化装置发挥着平衡重油加工的作用，在环保要求日益严格的形式下，对处理炼厂危废物料发挥着重要环保作用。

（1）延迟焦化装置进料量可以灵活控制在 80~185t/h，生焦周期依据进料可在 18~36h 之间调整；且可与溶剂脱沥青、催化裂化、加氢裂化、蜡油加氢等重油加工装置，形成多种组合工艺，提高了炼厂的经济效益。

（2）根据原油和产品性质，拓展原料来源，焦化装置可以加工高硫、高金属、高沥青产品，将全厂难以处理的催化油浆、脱油沥青以及来自西安石化的重污油等不确定油品。

（3）在环保法律法规日趋严苛的情况下，石油加工过程中产生的危废物料处理成本不断提高，处置结果追溯越来越严。在评估危废物料对生产和产品影响程度前提下，可以加工处理多种危废物料，降低企业运行风险和加工成本。

（4）在低负荷生产下，通过技术改造创新，加工炼厂其他装置产生但不能处理多气体和液体物料，进行吸收分离或组分分馏，回收气体中的高价值产品，对不确定组分油品和气体经反应或分馏，成为合格中间合格产品。

参 考 文 献

[1] 瞿国华．延迟焦化工艺与工程[M]．北京：中国石化出版社，2011：185-197.

[2] 王志刚，翟志清，李晓昌，等．延迟焦化装置加热炉单炉室生产方案的应用[J]．石油炼制与化工，2015，46(12)：64-68.

[3] 瞿国华．延迟焦化工艺与工程[M]．北京：中国石化出版社，2011：58.

[4] 杜才万．延迟焦化装置掺炼脱油沥青的运行分析[J]．能源化工，2015，36(5)：32-36.

[5] 王毓仁，陈家伟，孙晓兰．国外炼油厂含油污泥处理技术[J]．炼油设计，1999，29(9)：51-56.

[6] 王乐毅，翟志清，李晓昌，等．低负荷延迟焦化装置掺炼三泥的问题分析及对策[J]．炼油技术与工程，2016，46(12)：23-27.

焦化装置分馏塔底焦炭形态分析及大油气线清焦方法探讨

王晓强　杨有文　张宏锋　范红武　孙存龙

（中国石油独山子石化分公司，独山子　833699）

摘　要　独山子石化公司1.2Mt/a延迟焦化装置分馏塔底过滤器内清理出的焦炭形态有片状焦和粉末状焦两种形态，通过对这两种焦炭形态进行分析后，发现片状焦是由焦炭塔换塔后小吹气造成的大油气线内焦层剥落而产生的携带焦片，粉末状焦是在生焦后期及换塔后被焦炭塔内泡沫层携带而来的焦粉。生产过程中，应当将粉末状焦留在焦炭塔内，避免进入分馏塔。由于片状焦是在大油气线内产生，因此要采取措施将大油气线内壁产生的焦炭脱除，避免焦炭塔压力上升影响操作。通过调整焦炭塔换塔后操作，实现了焦炭塔大油气的在线清焦；通过将分馏塔底东边过滤器换大和操作调整，能够减少分馏塔底过滤器清焦频次；通过调整消泡剂不同生焦阶段的注入量，可以减少焦炭塔焦粉携带。

关键词　片状　粉末状　过滤器　在线清焦　消泡剂

延迟焦化装置分馏塔底循环油系统和大油气线系统长周期安全运行一直是诸多石化同行重点研究的对象。独山子石化公司1.2Mt/a延迟焦化装置于2009年9月正式投产，生焦周期24小时，设计连续生产时间为3年，实际检修周期为4年，主要加工哈萨克斯坦高含硫原料油。目前装置分馏塔底循环油过滤器有SR-109A和SR-109B两组相同大小的过滤器，一开一备，切换周期为8天左右，切换后通过对过滤器能量隔离，以人工作业的方式进行过滤器清理，而焦炭塔大油气线还没有有效的在线清焦方式[1]，装置只能在停工大检修期间对大油气内结焦物进行清理。因此，独山子石化公司1.2Mt/a延迟焦化装置对分馏塔底循环油过滤器内结焦物形态进行了研究分析，提出了大油气线在线清焦和延长分馏塔底循环油过滤器运行周期的方法。

1　大油气线及分馏塔底循环油系统流程介绍

焦炭塔至分馏塔大油气线流程及分馏塔底循环油系统流程为：原料油经加热炉F-101加热至500℃左右，然后经过四通阀进入焦炭塔，在焦炭塔内进行裂解和缩合反应，生成油气和焦炭。从焦炭塔顶逸出的高温油气和水蒸气体混合物经过大油气线进入分馏塔下段，在塔内与各馏分油进行换热和传质。为了防止分馏塔底部结焦，分馏塔底设底循环油泵(P-109)和循环油及回流泵(P-118)，分馏塔底部的一部分循环油经过分馏塔底过滤器(SR-109A/B)除去焦炭塔和大油气线携带的焦炭，再由P-109提压后返回至分馏塔。另一部分循环油经P-118提压后分成两路，一路去循环油上回流控制分馏塔蜡油蒸发段温度，同时洗涤大油气线携带而来的焦粉，另一路去循环油下回流控制分馏塔底温度。流程如图1所示：

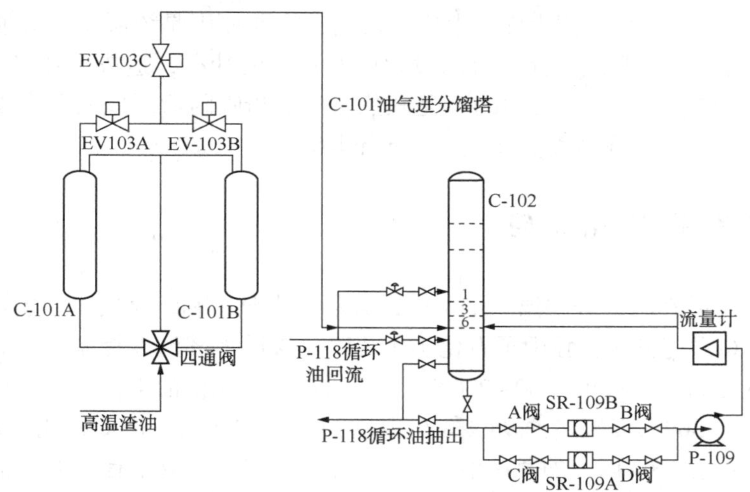

图 1　大油气线及分馏塔底循环油系统工艺流程图

2　片状焦外部形态分析

分馏塔底过滤器清理出来的片状焦有三层，四个形态。第一层硬焦层，第二层是软焦层，第三层是焦粉和油的混合物层，这三层代表着片状焦形成的三个不同阶段。四种形态：第一种是硬焦层靠近大油气线管壁侧形态，第二种是硬焦层靠近介质侧形态，第三种是软焦层表面形态，第四种是焦粉和油的混合物层表面形态。如图 2 所示，a～d 是各形态在 200 倍显微镜下的成像图。

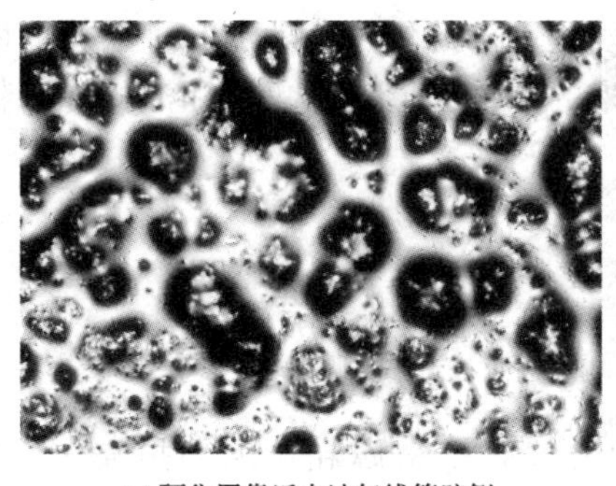

(a) 硬焦层靠近大油气线管壁侧

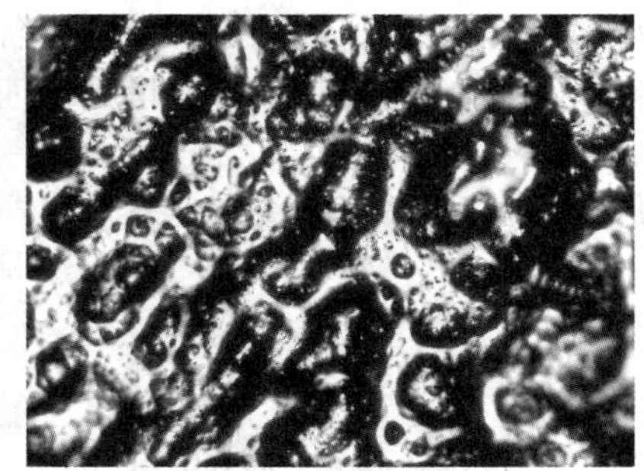

(b) 硬焦层靠近介质侧

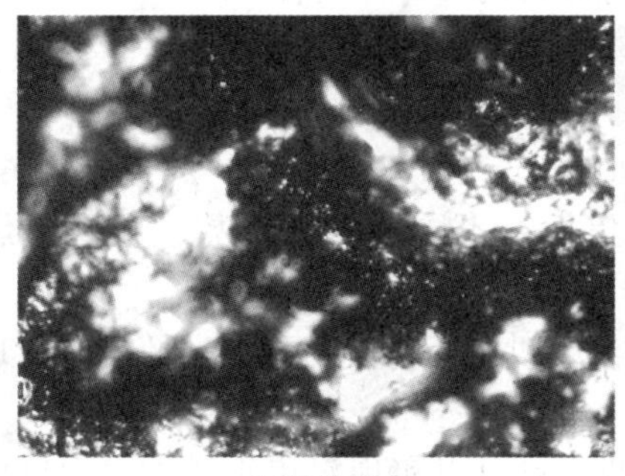

(c) 软焦层

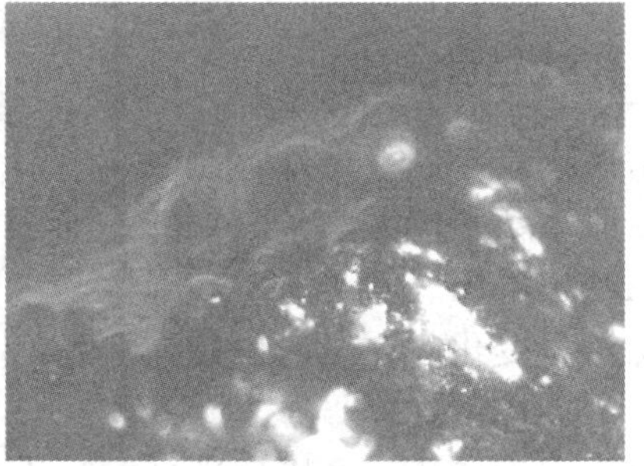

(d) 焦粉和油的混合物层

图 2　片状焦成像图

根据图2可以发现，(a)图表面光滑度比较高，主要原因是该层贴近大油气线内壁，内壁为光滑管；(b)图由于管线内介质流动过程中对焦层的冲刷，造成焦片光滑度下降；(c)图软焦层分布不均匀，局部光滑；(d)图是软焦层对焦粉吸附后形成的混合物层，该层中焦粉排布不规则，导致表面光滑度分布更加趋于不均匀。

3 片状焦的形成原因

有研究证明油品在临界分解温度范围内最容易发生分解和缩合反应，焦化原料临界分解温度一般在420℃[2]。目前，独山子石化焦化装置焦炭塔顶部温度控制在420±5℃，焦炭塔顶部急冷油介质为自产中段油(200~220℃)，中段油比焦化柴油重，又比焦化轻蜡油轻，焦化柴油终馏点小于360℃，轻蜡油98%馏出温度为410~430℃，因此，用中段油做急冷油，在焦炭塔顶部，约有98%以上的急冷油气化，只有不足2%的液相有可能被带入大油气管线管壁上，这部分油贴在管壁上容易发生结焦，因此要严格控制焦炭塔顶部温度，将焦炭塔顶部温度控制在420℃以下，通过控制急冷油流量可以减轻大油气线结焦，但是不能避免大油气线结焦。

上面已提到片状焦有三层，且这三层代表着片状焦形成的三个不同阶段，第一个阶段是焦炭塔在正常生产和间歇操作过程中，未发生气化的液相组分被油气携带至大油气线内，靠近管壁侧的液相组分，尤其是处于层流内层的液相组分，流速很小且阻力较大，最终被吸附在大油气线管壁上，在高温油气的加热作用下发生结焦。第二个阶段是大油气线内壁已形成的焦炭表面继续发生液相的吸附并在高温作用下结焦，由于焦炭塔属间歇操作，此过程中，大油气温度会发生变化，大油气管线和焦炭膨胀系数不同，导致焦层剥落，一部分液相没有足够的反应时间，最终形成软焦层。第三个阶段是剥落的焦层随大油气进入分馏塔底，并最终在过滤器内吸附一些循环油及焦炭塔携带而来的焦粉，形成了焦粉和油的混合物层。

4 大油气线在线清焦方法

4.1 在线清焦原理

在线清焦利用的是“热振”原理[3]，即大油气线管壁金属和焦垢的热膨胀系数的不同，通过改变蒸汽量和管壁温度使焦层剥落，达到清焦目的。

4.2 在线清焦条件

在线清焦要具备如下条件：

(1) 膨胀系数不同。大油气线管壁金属与焦垢有不同的膨胀系数，金属和焦炭组成不同，膨胀系数也不同。

(2) 蒸汽量变化。在线清焦是在换塔后小吹汽时进行，蒸汽量在不低于3t/h的情况下可以调节。

(3) 油气温度变化。换塔后通过控制急冷油流量可以实现对焦炭塔油气温度的调节。

(4) 硬焦的存在。分析了大油气线片状焦的层状结构，发现靠近管壁内侧结焦属于硬焦，且大油气线内壁是光滑管。

（5）焦炭的去向。通过大油气线将剥落的焦炭携带至分馏塔底过滤器 SR-109，再对过滤器 SR-109 能量隔离后进行清理，达到清除焦炭的目的。

4.3 在线清焦方法的具体实施

4.3.1 分馏塔底过滤器 SR-109B 换大

为了减少分馏塔底过滤器清理频次，提高运行周期，在保证分馏塔底循环油泵入口管线流速满足的条件下，对 SR-109B 更换为大过滤器。

4.3.2 分馏塔底过滤器阀门更换

为了减少岗位人员劳动强度，同时提高设备运行水平，如图 1，将分馏塔底过滤器 A、B、C、D 四个闸阀更换为电动阀，可以实现远程操作。

4.3.2 分馏塔操作调整

焦炭塔换塔前 30min 将分馏塔底过滤器切换至大过滤器 SR-109B，换塔 2h 后，油气温度回升至正常生产时温度 405℃，将分馏塔底过滤器切回至小过滤器 SR-109A，将在线清焦所清理的焦炭携带至 SR-109B。

4.3.3 调整焦炭塔操作，进行在线清焦

焦炭塔换塔后在保证分馏塔正常操作的前提下，通过调节焦炭塔新塔和老塔急冷油流量，将油气温度快速降低。由于大油气线管壁金属和焦垢的热膨胀系数不同，管壁温度下降时，焦炭在管壁上产生挤压，焦垢从大油气线管壁上剥落。

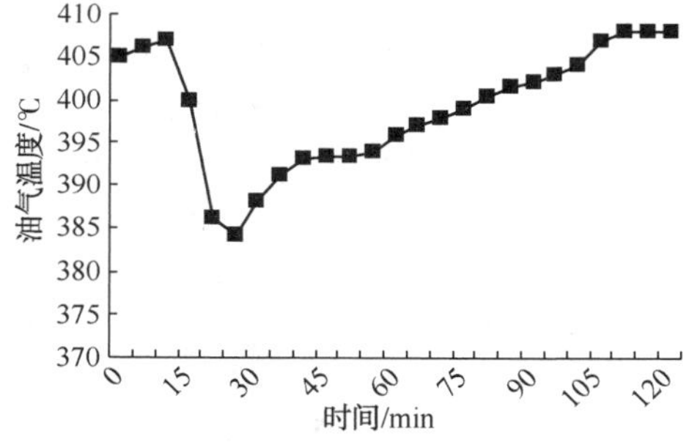

图 3 换塔后油气温度变化曲线图

如图 3，为换塔后油气温度变化曲线图。清焦过程中，油气温度下降越快，温度下降越低，清焦效果越好，要控制好时间在 30min 左右，防止油气长时间温度低，影响分馏塔操作。每次换塔后大油气线温度下降不能太低，变温操作只能实现一次，因此，需要每天换塔时重复进行以上操作，通过观察过滤器中焦炭形状来判断大油气线内片状焦的剥落情况。

5 减少焦炭塔焦粉携带措施

焦炭塔在生焦过程中不可避免会产生泡沫层，泡沫层如果过高，没有及时消除，会将焦炭塔内的泡沫携带至分馏塔，影响分馏塔的长周期运行。实际生产中，要根据焦炭塔的不同生焦阶段，及时调整消泡剂注入量，生焦末期要增加消泡剂注入量，及时消除焦炭上部的泡沫层，避免焦粉被泡沫携带进入分馏塔。

6 结束语

（1）通过对分馏塔底过滤器内焦炭形态分析及换塔后焦炭塔顶油气变温操作，实现了大

油气线内片状焦的在线清理。

（2）通过对分馏塔底过滤器型号换大和分馏塔操作调整，可以延长分馏塔底循环油过滤器的运行周期。

（3）通过调整焦炭塔消泡剂注入方式，减少焦炭塔内焦粉进入分馏塔底循环油系统，可以进一步延长分馏塔底过滤器运行周期。

参 考 文 献

[1] 刘海涛，蔡海军，魏文，等．延迟焦化装置大油气管线在线清焦技术的应用[J]．炼油技术与工程，2016，46(3)：24-27.

[2] 龚朝兵．惠炼焦化大油气线结焦原因分析及对策[J]．广东化工，2009，36(11)：211-212.

[3] 瞿滨．延迟焦化装置技术问答[M]．北京：中国石化出版社，2007：298-302.

环保监管下石油焦的清洁利用研究

张　硕　王丽敏

（中国石油化工集团公司经济技术研究院，北京　100029）

摘　要　2016年冬季，伴随着又一轮全国范围内的重雾霾天气，“石油焦是雾霾罪魁祸首”的说法甚嚣尘上，引发广泛的社会关注度。石油焦作为原油炼制的副产物，既是水泥、玻璃、电厂等行业的燃料，也是铝用碳素等行业不可或缺的原材料。面对日益严峻的环保形势和产业结构调整，石油焦的利用范围进一步收窄，消费增速明显放缓，生产企业和下游消费企业都面临着巨大的压力。本文结合目前的环保政策和产业结构调整大势，对石油焦的污染性及市场走势进行了分析，并结合当下环保监管政策对石油焦的清洁利用路线进行梳理。

关键词　石油焦　环保监管　清洁利用

石油焦是减压渣油等重质油在高温下裂解生成轻质油品时的副产物，除碳、氢两种主要元素外，还含有一定的硫、氮元素和钒、镍等碱金属元素。在我国，硫含量在3%以上的为高硫石油焦。按结构和用途，石油焦可分为针状焦、海绵焦和弹丸焦：针状焦主要用作钢铁冶炼行业的高功率和超高功率石墨电极，在硫含量、灰分、挥发分和真密度等方面有严格的指标要求；海绵焦化学反应性高，杂质含量低，主要用于电解铝行业；弹丸焦含杂质较多，一般在水泥、玻璃、工业硅、碳化硅等行业中作为燃料使用。

2016年冬季，吉林、辽宁、北京、天津、河北、山东、河南、陕西、山西、湖北、安徽、江苏等12省市出现大面积重度雾霾天气，环境治理工作形势严峻。与此同时，石油焦也遭遇“霾伏”，一篇题为《中国正偷偷燃烧一种比煤炭更肮脏的燃料》的文章广为传播，该文认为，燃用石油焦是造成华北地区大面积雾霾的主要原因。石油焦的高污染性引发社会热议。

1　石油焦生产及燃用过程的污染性分析

1.1　石油焦生产环节的污染性分析

石油焦产自原油炼制过程中的延迟焦化环节。延迟焦化装置主要由加热炉、焦炭塔、分馏塔等设备组成，减压渣油、蜡油等重质油经加热炉加热到500℃左右的高温后，被迅速转移到焦炭塔中进行深度热裂化反应，反应过程中产生的油气由焦炭塔顶部进入分馏塔进行分馏，得到焦化干气、汽油、柴油、蜡油等产品，而留在焦炭塔中的焦炭经冷却和除焦处理，最终得到石油焦。

在整个延迟焦化过程中，加热炉燃烧排放的烟气中含有二氧化硫、氮氧化物、总悬浮颗粒物等成分；分馏塔中气液分离罐、焦化富气分液罐及焦炭塔中冷焦和切焦都会排放含有重油、焦粉等成分的污水；石油焦产品储运环节也会形成粉尘和挥发性气体污染。此外，生产过程中机泵、加热炉、气压机等装置会产生噪音污染。

近几年来，通过采取冷焦水、切焦水各自循环处理、焦炭塔密闭除焦、封闭式输送及装储等技术和手段，延迟焦化过程中的废水、废气和粉尘污染已经得到有效解决，企业生产环节得到改善。

1.2 下游行业燃用石油焦的污染性分析

1.2.1 炭素级石油焦的利用

炭素级石油焦是预焙阳极最主要的原材料。预焙阳极同时作为电解槽导电阳极和反应物应用于电解铝过程。由于质量较高，性能稳定，预备阳极在电解槽中使用消耗量小且无有害气体排放，是电解铝生产过程中的核心原料之一。

实际应用过程中，石油焦通过粗碎、煅烧、破碎筛分、配料等过程形成干混料，然后加入一定比例的煤沥青作为粘结剂，混合后的湿混料通过混捏、成型、冷却制成生块后被送入炭块库，放置一定时间后进入焙烧炉，在1100℃的高温下进行焙烧得到预焙阳极；电解铝生产过程中，预备阳极被固定在电解槽上，氧化铝、冰晶石、氟化盐等原料进入电解槽，预焙阳极首先作为介质将电流导入电解槽，其次与氧化铝发生还原反应生成单质铝，得到铝液及电解气体，铝液经过铸造后得到原铝。

预焙阳极生产过程单位能耗较高，由于采用等含有较多硫及重金属元素的石油焦、沥青等作为原料，铝用炭素厂在进行石油焦煅烧、沥青熔化、混捏成型、阳极焙烧等工序时均会产生粉尘、高浓度沥青烟及含有较多二氧化硫的废气等大气污染物。

1.2.2 燃料级石油焦的利用

水泥、玻璃、造纸等行业使用石油焦做燃料，会产生含有较多硫氧化物、氮氧化物的废气，造成污染；燃石油焦火力发电项目主要为炼化企业内自备电站锅炉，一般为石油焦与煤掺烧，但掺烧比例各不相同；此外，为减少高硫焦出厂，许多炼化企业配备了循环流化床(CFB)锅炉，是一种较为清洁的石油焦燃用方式。

2 与石油焦产业相关的环保监管政策

2013年，环保部发布《铝工业污染物排放标准(GB 25465—2010)的6项污染物排放标准修改单》，要求电解铝企业排放的二氧化硫小于100mg/m^3、氟化物小于3.0mg/m^3、电解槽烟气净化、氧化铝、氟化盐储运、电解质破碎及其他工段颗粒物均小于10mg/m^3；同时，《水泥工业大气污染物排放标准》要求水泥生产设施的PM排放限值为20mg/m^3；水泥窑及窑尾余热利用系统的氮氧化物排放限值为320mg/m^3。

2015年，《石油炼制工业污染物排放标准》发布。其中要求：新建装置自2015年7月1日起、现有装置自2017年7月1日起，催化裂化再生烟气中二氧化硫、氮氧化物、颗粒物含量分别低于100，200，50mg/m^3；对于重点污染地区，指标要求则更加严格，必须分别低于50，100，30 mg /m^3；对于现有硫磺装置尾气二氧化硫排放浓度一般地区低于400mg /m^3，重点地区低于100mg/m^3。

2015年8月，《中华人民共和国大气污染防治法》进行二次修订，其中明确规定：自2016年1月1日开始，禁止进口、燃用和销售不符合品质标准的石油焦，按照硫含量分类，硫含量小于3%的称为中低硫焦，大于3%的为高硫焦。由于后者在使用过中对环境的影响较大，成为重点防治对象。

2016 年 12 月，国家能源局发布《关于严格限制燃石油焦发电项目规划建设的通知》，要求严格限制以石油焦为主要燃料（石油焦占比大于 20%）的火电厂规划建设；京津冀鲁、长三角、珠三角等大气污染防治重点区域和重点城市，禁止审批建设自备燃石油焦火电（含热电）项目，其他地区规划建设燃石油焦火电（含热电）项目必须根据环评批复及相关污染物排放标准同步安装高效脱硫、脱硝和除尘设施，满足国家火电厂大气污染物排放控制要求。

同月，《政府核准的投资项目目录（2016 年本）》发布，规定电解铝行业不能以任何方式备案新增产能项目。

2017 年 3 月，环保部等四部委及京、津、冀、鲁、豫、晋 6 省市公布《京津冀及周边地区 2017 年大气污染防治工作方案》，范围覆盖京津冀大气污染传输通道上的"2+26"座城市，计划在冬季采暖季对电解铝、氧化铝和碳素等行业施行限产：其中电解铝行业限产 30%以上（以停产的电解槽数量计）；碳素行业达不到特别排放限值的，全部停产，达到特别排放限值的，限产 50%以上（以生产线计）。

2017 年 4 月初，环境保护部开展京津冀及周边地区大气污染防治强化督查，对于存在"散乱污"、未安装污染治理设施、治污设施不正常运行、涉嫌自动监测数据弄虚作假等问题的企业进行严厉打击。

3 石油焦供需市场清洁化趋势初现

伴随着国家层面产能结构调整及环保治理工作的全面出击，石油焦市场也受到重大影响，正经历着从生产到下游消费的清洁化变革。产能结构调整领域不断扩大，电解铝、水泥、玻璃过剩产能逐步被消化，高硫石油焦的生产和使用受到限制，市场空间进一步收缩。

3.1 高硫石油焦表观消费量减少

一方面，国内高硫石油焦产量增速放缓；另一方面，2013 年后，国内对于石油焦进口

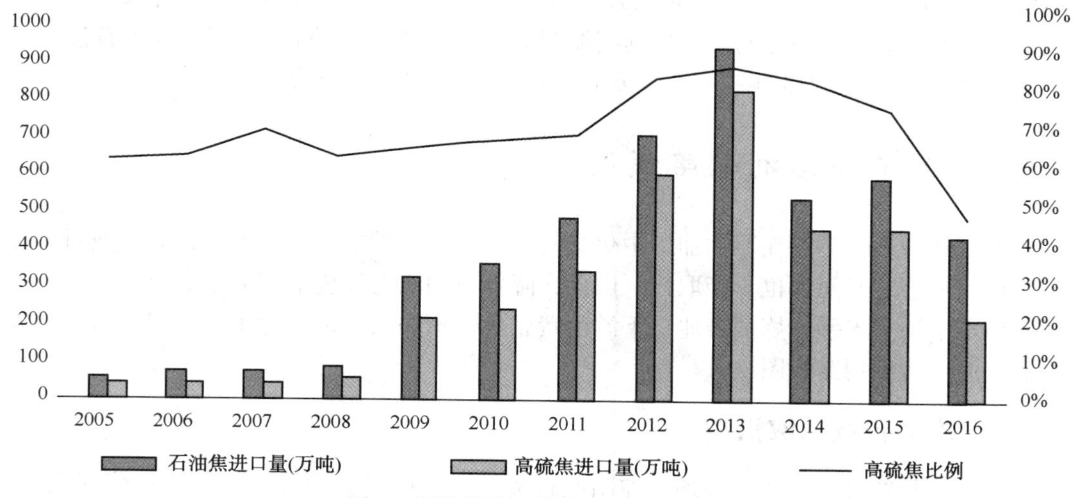

图 1 高硫焦进口情况（2005—2016）

* 2005 年起海关停用石油焦旧税则号，以 3%为界，对硫含量不同的石油焦予以区分

监管趋严，加之国际市场石油焦价格居高不下，进口量呈逐年下降态势，进口高硫焦下降增更为明显，占比从2013年的87.9%下降到2016年的47.7%。

此外，相较于产量和进口量，我国石油焦及高硫石油焦出口量的变化幅度较小。

总体来看，我国高硫石油焦表观消费量均在2013年左右达到高峰1931万t，之后呈逐年下降态势。2016年，高硫石油焦国内生产量1392万t，较2015年增长10.6%，进口高硫石油焦206万t，较2015年下降54.3%，出口高硫石油焦60万t，略有增长，高硫焦表观消费量为1538万t，较2015年下降7.5%。

表1 2005—2016年高硫石油焦表观消费量 万t

	产量	进口量	出口量	表观消费量
2010	731	244	47	928
2011	876	337	77	1136
2012	880	596	52	1424
2013	1158	822	49	1931
2014	1260	450	64	1646
2015	1259	451	57	1653
2016	1392	206	60	1538

3.2 燃料用石油焦消费减少，电解铝消费占比上升

从下游消费看，石油焦主要可以分为两个利用方向，一是炭素级石油焦，用作生产预焙阳极的主要原材料，应用于电解铝行业；二是燃料级石油焦，由于石油焦燃烧性能较好且价格低廉，水泥、玻璃、电厂等行业作为煤的替代燃料使用。

近年来，由于环保力度逐步升级，玻璃厂、水泥厂及造纸厂对石油焦的燃用出现明显下降，电解铝行业消费进一步上升。2016年，电解铝行业石油焦消费1879万t，占石油焦下游消费总需求的59.6%，较2013年增加289万t，占比上升11.2个百分点；玻璃、电厂、水泥厂、造纸厂等对石油焦的需求量则萎缩明显，2016年合计消费405万t，占石油焦下游总需求的12.9%，较2013年减少278万t，占比下降7.9个百分点。

4 石油焦清洁利用路线图

生产方面，焦化装置在原油加工中仍具有重要作用；需求方面，电解铝等行业对于高品质石油焦的需求短时间内也不能取代。因此，降低石油焦的环境危害成本需要从生产、流通和消费等多个环境入手，炼油企业、下游消费企业和相关政府部门等主体形成合力，共同完成石油焦的清洁利用路线图。

4.1 炼油企业采取措施

(1) 焦化装置进料前进行处理，控制原料硫含量。通过原油分储分炼、掺炼催化油浆、焦化原料预脱硫等措施，降低延迟焦化装置进料的硫含量，进而达到降低石油焦硫含量的目的。

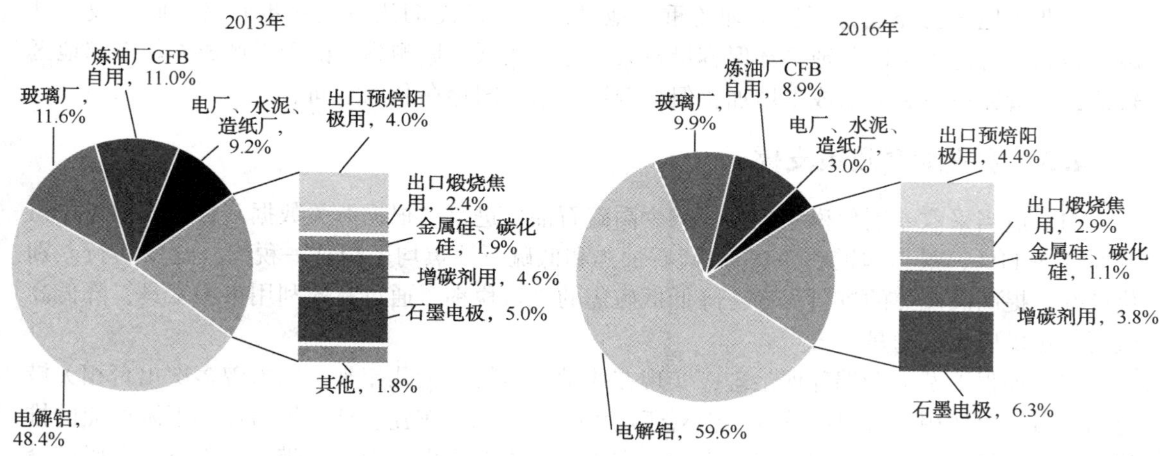

图 2　石油焦下游消费行业分布对比(2013、2016)

（2）优化焦化装置操作条件，降低高硫石油焦产量。实际生产过程中，可进一步优化焦化装置工艺参数，提高焦化操作苛刻度，尽可能降低循环比，降低循环油在焦炭塔内二次反应，降低石油焦产量，提高液体收率，提高沥青产量，从而减少焦化加工量，减少石油焦产量。

（3）密闭存储装卸，减少粉尘污染。石油焦可采用密闭的储存和装卸系统，或者向焦炭上洒水或覆盖，减少焦粉的危害。焦炭塔顶底部设置全自动塔顶底盖机，实现密闭除焦；在焦炭破碎处设置喷水措施，防止石油焦在破碎过程中产生粉尘；在焦池四周设置围挡，有效阻止粉尘扩散；石油焦运输采用包裹式皮带闭路输送至动力站，防止石油焦在运输过程中产生粉尘。

（4）CFB 锅炉增加石油焦掺烧量。CFB 锅炉是通过燃用固体燃料产生蒸汽的装置，燃烧方式介于鼓泡流化床燃烧和气力输送燃烧之间。石油焦经破碎后，在燃烧的同时完成脱硫过程，不需要煤粉制备过程。在 CFB 锅炉脱硫脱硝除尘设备健全，废气排放量符合国家环保排放标准，尽可能加大石油焦掺烧比例，提高石油焦自用量，减少高硫石油焦出厂。

（5）整体式气化联合循环技术(IGCC)的研发应用。IGCC 技术是目前最重要的新型、高效、洁净的高硫石油焦利用技术之一。石油焦经气化炉高温燃烧、净化系统除硫脱尘后得到净化合成气，然后进入燃气轮机燃烧发电，燃气轮机排出的高温气体进入余热锅炉产汽并驱动蒸汽轮机发电，具有发电效率高、脱硫效果好、耗水量的优良特性。从产业链角度看，IGCC 技术将炼油和化工工艺耦合，实现制氢、产汽、发电、合成氨、制甲醇等项目的多联产，优化了资源综合利用，具有延伸产业链、发展循环经济的技术优势。

4.2　下游企业采取措施

（1）做好清洁生产工作。铝工业中，石油焦煅烧炉窑应采用高效的脱硫技术对烟气中 SO_2 进行处理，经脱硫后的烟气再经袋式除尘器处理。经净化处理后的污染物排放指标均能达标；水泥、玻璃等使用石油焦做燃料的行业，应通过烟气脱硫技术降低尾气中硫含量，通过低氮燃烧技术抑制或减少氮氧化物生成，降低 Nox 的排放，以达到脱硫、脱销的目的。

（2）向环保容量较大的地区适当进行产业转移。目前电解铝产能较为集中的河南、山东、河北等地区已经成为环保治理的重点地带，落后产能淘汰将进一步升级。而宁夏、甘肃、新疆、青海等中西部地区环保容量较大，电价较低，据测算，由于生产成本较东部地区较低，尽管原材料和运输成本增加，但综合算下来依旧存在利润空间。

4.3　宏观配套政策支撑

（1）适当采取差别化税率政策，减少高硫石油焦进口。根据海关数据，目前石油焦进口普通税率11%，最惠国税率3%，高硫石油焦和低硫石油焦均采用这一税率。建议实行差别化税率，提高高硫焦的进口税率，降低低硫焦的进口税率。通过有效利用市场工具，降低高硫石油焦供应及流通量。

（2）加强下游消费端环保治理，实现在线动态监管。近几年来，国家曾多次出台相关措施加强石油焦使用、进口的管控，但对于电解铝、水泥、陶瓷、玻璃等石油焦下游产业的排放监管工作仍具备改进空间。目前在我国碳素厂集中的河南、山东一带，大部分企业脱硫设备已较为健全，但出于成本角度考虑，部分设备并不在平时启用。因此，应充分扩大排放在线监测范围，将下游企业全部纳入在线监测系统，实现动态监控，统一管理。

参 考 文 献

[1] 赵子明．高硫石油焦的工业利用前景分析[J]．中外能源，2006，11：65-68.
[2] 金艳春．国内石油焦市场供需现状及预测[J]．中国石油和化工经济分析，2016(3)：57-60.
[3] 冯秀芳等．高硫石油焦的综合利用．第八届全国工业催化技术及应用年会论文集，2015.

其他工艺技术

巴里坤页岩油加工方法

胡卫平　孙　甲　孟　伟

（中国石油乌鲁木齐石化分公司研究院，乌鲁木齐　830019）

摘　要　页岩油不同于常规的油气资源，却是21世纪常规石油的替代原料资源，它是从油页岩矿中提炼出来的一种新型化石能源，和其他常规原油一样同属于Fossil Fuel Oil（化石燃料油），页岩油经过进一步加工提炼，可以制得汽油、煤油、柴油、蜡油、沥青等产品馏分油。但是因为品质差，炼厂单炼加工难度大，通过试验研究，我们找到了在北疆混合原油中小比例掺炼加工的加工方法。

关键词　页岩油　加工方法　混炼

1　前言

页岩油不同于常规的油气资源，却是21世纪常规石油的替代原料资源，它是从油页岩矿中提炼出来的一种新型化石能源，和其他常规原油一样同属于化石燃料油，主要由藻类等低等浮游生物经腐化作用和煤化作用而生成，页岩油经过进一步加工提炼，可以制得汽油、煤油、柴油、蜡油、沥青等产品馏分油，这为页岩油的大规模生产和下游炼厂后续加工提供了必要的技术保障。页岩油通过对油页岩矿石隔绝空气加强热干馏，使有机质受热分解生成黑褐色有特殊刺激气味的黏稠状液体产物，由于局部裂解化学变化，油页岩矿石中的油母质转换为合成类似混合原油的页岩油、分离蒸气、非传统用油、页岩气（主要成分为瓦斯）等组分，页岩油富含烷烃和烯烃，并且还含有氧、氮、硫等非烃类组分，还含有Fe、Ni、V、Pb、Cu、Mg、Ca、Na等微量金属元素，因页岩油有机组成的不同、以及热加工条件的差异，不同时间、不同地点所产的页岩油组成和性质也略有波动，密度约在0.89~0.91之间，页岩油密度和分子量随着油页岩矿石被加热干馏温度的升高而下降。

多数油页岩矿为贫矿，页岩油含量为1%~3%左右，但巴里坤油页岩矿的页岩油含量可达3%~5%，经过现场考察，巴里坤页岩油生产装置实际上是一个由煤炭燃烧供热的570℃的热裂解炉，这种生产工艺很适合综合利用附近农村的塑料地膜和油页岩矿石一起热裂解，使页岩油产出率可提高为5%~7%，同时还能治理废旧塑料带来的白色污染等环保问题。

2　巴里坤页岩油的主要性质

巴里坤页岩油系含硫-中间基原油、陆相生、岩（煤）成油型、中质II，密度适中（0.9034g/cm^3），API度=25，原油特性因数$K=11.5$，性质相对稳定，页岩油密度0.9034g/cm^3，原油凝点+23℃，50℃黏度为14.03mm^2/s，酸值1.42mgKOH/g，凝点23℃，硫(0.514%)符合含硫原油的指标，铂料色度(黄色)、航煤色度(棕色)、柴油色度(黑色)，且馏分油烯烃含量、溴价和氮含量也较高，样品周围未曾闻到硫化氢臭味，硫主要集中分布于轻质油馏分段，需要对二次加工原料采取混炼、加氢等环保达标措施方能生产出符合国V标准的汽柴油产品，其氮含量(0.282%)，若单炼则不符合常减压装置进料控制指标(≯0.23%)，不可单炼，从金属含量分析结果来看，Fe含量<0.001 mg/kg、钙含量12.62mg/kg、Ni含量<0.001mg/kg、V含量0.190mg/kg、Na含量36.78mg/kg，页岩油中金属含量相对较低，残炭(2.6%)、灰分(0.011%)、含水0.20%，都不高。

3 巴里坤页岩油的加工方法

通过评价试验研究，巴里坤页岩油的小于500℃收率为76.43%，比北疆原油收率高10%左右，因此进行掺炼后可以有效的提高各馏分段的收率，但是因为各馏分收率分布不均匀，有的馏分段收率接近于零，有的馏分段收率却又很高，因此加大了炼厂单炼加工难度，若走全套加工流程，则白白浪费没有馏分温度区间的能耗，若直接进加氢，却因其含有渣油和20纳米悬浮微粒而难以实现，我们通过在试验装置上，掺炼1%~10%的页岩油，然后考察掺炼后的馏分油进二次加工装置的耐受性指标，比如进重整的原料氮含量控制指标等，研究证明，在常减压装置混炼加工，作为220~500℃宽馏分油，在北疆混合原油中掺炼7%以下小比例页岩油后，可以实现在常减压和二次加工装置的正常生产。

巴里坤页岩油外观呈黑褐色，良性流体，其馏分油呈暗黄绿色转深褐色透明溶液，说明页岩油中不仅含有较多的烯烃导致油品变色，且含有二价的亚铁离子和三价铁离子，这些特点对铂料性质、直馏航煤性质、直馏柴油性质以及二次装置加工性能的影响不可忽视，但并不是关键影响因素，经加氢可以解决，页岩油样品中含有少量20纳米悬浮微粒，可借鉴

风城油田的旋流除沙工艺或过滤工艺加以解决，也不是关键影响因素。

巴里坤页岩油其馏分油中航煤冰点和柴油凝点、冷滤点较低；航煤馏分闪点和冰点同时合格、单炼密度偏大，不符合0.7750~0.8300g/cm^{3}的3号航空喷气燃料的国家标准密度要求，但若在三套常减压装置混炼新疆油田公司北疆混合原油，不但密度合格，而且可缓解其他基属的原油生产3号航煤时，闪点与冰点这一对矛盾指标不能同时合格、密度偏低的问题，适合在常减压装置混炼，即可按照航煤方案切割120~255±5℃馏分经精制后作为3号航煤产品，同时，页岩油以小比例掺炼石蜡基原油后，烯烃含量高、烟点低的问题也可以得到缓解，直馏航煤经精制后出厂，亦可在一套常减压装置与93%石西原油混炼按柴油方案切割173~365±5℃生产-10号柴油或切割200~305±5℃生产-20#柴油，以及切割200~265±5℃生产-35#柴油，混炼页岩油有利于降低柴油馏分凝点和冷滤点，同时保持低凝柴油的高收率，再经加工精制后出厂。

原油相容性试验结果证明：页岩油+西北局原油的相容性要好于东疆原油(或采南原油以及含有九区稠油或风城超稠油的北疆原油)+西北局原油的相容性，综合其他评价性质之后判断，页岩油富含烯烃，能够在不相容的其他混合原油之间起到融合的作用，因此，“巴里坤页岩油”既可以在一套常减压装置40万t重质油单元同西北局原油混炼，又可以在一套常减压装置同石西原油混炼，还可在三套常减压按照中间基页岩油7%+环烷基风城稠油22%+环烷-中间基九区稠油18.7%+环烷-中间基克浅10稠油0.3%+中间基六东区稠油

2.3%+克拉玛依石化焦化柴油 3.7%+北疆稀油 39%+中间基美惠特原油 1%+石蜡基牙哈原油 5%+石蜡基焉耆原油 0.3%+石蜡-中间基哈萨克斯坦原油 0.7%进行混储混炼，按照柴油方案切割 IBP~173℃进重整装置、切割 173~360℃、200~300℃、173℃~305℃或 200~260℃经脱硫后分别作为-20#至-35#等各种牌号低凝柴油产品或其调和组分，由于页岩油及其蜡油、渣油馏分的金属含量相对较低，所以蜡油馏分既可以作为催化裂化原料、也可以作为加氢裂化原料，但建议先经过预加氢脱氮，在此混炼方案下，通过控制减压渣油软化点 46~48.5℃，用国标方法 GB/T 4509、GB/T 4508、GB/T 4507、GB/T 11148、GB/T 267、GB/T 8928、SH/T 4509、GB/T 5304 和 ASTM D2892 小试生产并测试产品性能，可得到符合 AH-90 和 AH-70 标准的重交通道路沥青直馏产品。虽然页岩油密度高于大多数其他原油，且汽油收率较低，但是这种掺炼比例下柴油的轻质油总收率却保持较高，大收率馏分主要集中在柴油、蜡油段，柴油收率可达 36%~42%，<365℃和<500℃的总收率也保持较高，黏度和凝点也保持较低，这又从原油相容性的角度侧面印证了前苏联科学家休尼亚耶夫提出的“黏度拐点可调节相过渡理论”[1]。

页岩油混输、混储、混炼时掺兑北疆混合原油后，密度和收率适中，可缓解有害因素对装置的影响，气化量亦不会超过常减压蒸馏装置的设计负荷，由于相容性很好，不会在常减压装置塔盘、填料和转油线发生聚合结垢反应，不会出现稠稀分段相间的现象，能够有效降低黏度、凝点以及原油预处理装置电极吊挂、常减压装置塔盘、减压塔填料、储罐和管线等部位的结垢率，基本不结垢，可大幅度降低(甚至不用)阻聚剂和防焦剂的用量，不会降低换热效能，有效节约清垢、清焦、多消耗蒸汽和清洗换热器等成本。

4 结论

(1) 巴里坤页岩油中较多的烯烃和含氮化合物导致油品变色，且含有钠离子、二价的亚铁离子和三价铁离子，这些特点对直馏航煤性质、直馏柴油性质以及二次加工装置的影响不可忽视，但并不是关键影响因素，可借混炼和加氢手段解决，页岩油样品中含有少量悬浮微粒可借鉴旋流除沙或过滤工艺加以解决，也不是关键影响因素；

(2) 页岩油的 120~260℃馏分可起到缓解冰点-闪点-密度之间的矛盾、拉低烯烃、饱和烃和提升烟点的作用，有利于缓解其他原油生产 3 号航煤时闪点与冰点这一对矛盾指标不能同时合格且密度偏低的问题，适合在常减压装置按照航煤方案切割(120~255)℃±5℃馏分经精制后作为 3 号航煤产品。同时，页岩油小比例掺炼北疆混合原油后，烯烃含量高、烟点低的问题也可以得到缓解，直馏航煤经精制后出厂；受氮含量较高的影响，航煤馏分呈现暗黄色，色度不合格，需通过混炼和精制的方法使之合格；

(3) 可以同西北局原油混炼，同时，又可以同东疆原油、北疆原油、采南原油、塔指原油、哈油混储混炼。

(4) 页岩油是很现实的替代原料资源，可以制得汽油、煤油、柴油、蜡油、沥青等产品。

(5) 加工页岩油时，应注意环烷酸腐蚀，应加强常减压装置减压塔转油线、减压塔减四线以下各段的硫、氮、有机氯、酸综合腐蚀监测及防护，还要加强常减压塔常二线以下及相应温位管线的环烷酸腐蚀监测及防护。

（6）页岩油的200~260℃、200~360℃、260~360℃馏分酸度和硫含量会成为影响柴油产品质量的因素之一，在常减压装置应该同低硫、低酸原油混炼，因为页岩油的价格低于正常原油的价格，所以通过混炼可以降低原油的采购成本和加工成本；

（7）页岩油的360~520℃馏分是良好的催化裂化原料，可缓解催化裂化原料钙含量超标问题。

参 考 文 献

[1] 陈煜，鲁雪生，顾安忠．HeII的黏度理论分析与计算[J]．低温与超导，2006(1)：20-25.

脱钙剂 TS-888 在常减压装置上的工业应用

徐千涵　杜文强

（中国石油乌鲁木齐石化分公司炼油厂，乌鲁木齐　830019）

摘　要　在 600 万 t/a 常减压装置上，考察了脱钙剂 TS-888 对高酸高钙原油脱钙及下游焦化装置生产的影响。结果表明：在剂钙比(脱钙剂与原油中钙离子的质量比)为 4∶1 时，原油脱钙率大于 70%，电脱盐脱后原油及外排污水性质均符合指标要求；脱钙剂加注前，1#～4#焦化加热炉的升温速率依次为 0.51，0.54，0.63，0.44℃/d；脱钙剂加注后，其升温速率则依次降低至 0.18，0.28，0.36，0.35℃/d；脱钙剂加注前后，焦炭产品灰分质量分数平均值由 0.91% 降至 0.72%。

关键词　常减压装置　原油脱钙　脱钙剂　电脱盐　渣油　延迟焦化　焦炭

近年来，随着原油中钙离子含量的明显增加以及原油深加工技术的发展，钙离子对于炼油装置的危害已引起人们的广泛关注，钙离子不脱除，最终将富集在渣油组分中。目前，越来越多的渣油已被作为加氢裂化和催化裂化的原料，大量钙离子的存在会导致加氢裂化催化剂失活和结垢，使催化裂化催化剂性能变差、催化剂消耗增加、轻质油收率下降等。此外，钙离子含量增加还会造成延迟焦化所产焦炭灰分升高以及影响氧化沥青的产品质量。由于原油中 40%～80%(质量分数)的钙盐属非水溶性，因此采用常规脱盐方法很难将油品中的钙离子脱除。

目前，中国石油乌鲁木齐石化公司炼油厂 600 万 t/a 常减压装置加工的原油为北疆混合油，其中含有风城高酸原油和美惠特原油，均属高酸高钙原油。脱前混合原油钙离子含量超过 140mg/kg，致使渣油不能用作催化裂化原料，只能全部作为延迟焦化原料，但由于钙离子含量较高亦会影响焦炭产品的质量。本工作在该装置上进行了国内某研究机构开发的有机酸类脱钙剂 TS-888(以下简称脱钙剂)的应用，考察了脱钙剂与原油中钙离子的质量比(以下简称剂钙比)对原油脱钙的影响以及脱钙对下游延迟焦化装置生产的影响，可为同类装置提供借鉴。

1　实验部分

1.1　脱钙剂的物性及脱钙原理

脱钙剂的主要物性指标列于表 1。

表 1　脱钙剂的主要物性指标

项目	指标	检验结果	分析方法
外观	黄棕色至红棕色液体	红棕色液体	目测
溶解性	与水任意比例互溶	与水任意比例互溶	NK151—2015

续表

项目	指标	检验结果	分析方法
凝点/℃	≤-30	<-35	GB/T 510
总磷含量	未检出	未检出	NK 151—2015
醋酸含量	未检出	未检出	NK 151—2015
草酸含量	未检出	未检出	NK 151—2015

脱钙反应机理：原油中的有机钙盐在油水界面存在一定的电离平衡，脱钙剂分子以络合、螯合或置换的方式与原油中的钙离子形成水溶性化合物，发生类似复分解反应，使钙离子从油相转移到水相中。脱钙反应方程式(式中 Y 为脱钙剂分子)如下：

$$(RCOO)_2Ca+Y \longrightarrow 2RCOO^- + [CaY]^{2+} \tag{1}$$

1.2 脱钙流程

如图1所示，药剂储罐中的脱钙剂通过3台计量泵按照一定的比例分别注入一、二级电脱盐注水管线中，与电脱盐注水一同经混合阀混合后，进入电脱盐罐。上述加入脱钙剂的油水混合物在电脱盐罐内停留反应，使原油中的钙离子转移至水相中，利用电场及破乳剂的电化学破乳作用将油水分离，原油中的钙离子随电脱盐切水一起排出。

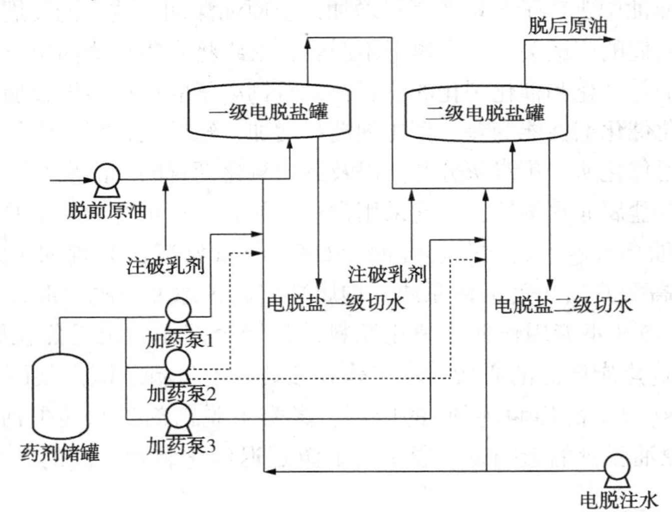

图1 原油脱钙流程示意

1.3 主要操作条件

使用脱钙剂时，电脱盐装置的主要操作条件列于表2。

表2 电脱盐装置主要操作条件

项目	参数	项目	参数
原油加工量/(t/h)	500~700	注水量①/%	5~15
脱钙剂加注点温度/℃	100~145	注水 pH 值	8~9
加注点压力/MPa	0.5~2.0	破乳剂加入量/(g/t)	50
一/二级电脱盐罐脱钙剂加注比(质量比)	2∶1		

① 占原油的质量分数。

2 结果与讨论

2.1 剂钙比对原油脱钙效果的影响

在其他条件相同的情况下，考察了剂钙比对原油中钙离子的脱除效果，结果列于表 3。由表 3 可见：随着剂钙比的增加，原油脱钙效果明显增强；在剂钙比为 4.0∶1.0 时，原油脱钙率大于 70%。

表 3 剂钙比对原油脱钙率的影响

剂钙比	原油中钙离子/(mg/kg)		脱钙率/%
	脱除前	脱除后	
(0.8~1.0)∶1.0	134.53	110.71	17.71
	122.20	96.94	20.67
(2.0~2.5)∶1.0	97.68	62.48	36.04
	85.94	55.69	35.20
(3.0~3.5)∶1.0	104.87	36.56	65.14
	96.55	30.85	68.05
4.0∶1.0	105.7	29.94	71.67
	96.24	26.64	72.32

不同剂钙比时，常减压装置减四线油和渣油组分中钙含量的变化情况列于表 4。由表 4 可见，随着脱钙剂的加入及剂钙比的增大，减四线油及渣油中的钙含量明显降低。

表 4 剂钙比对减四线油和渣油中钙含量的影响

剂钙比	钙离子/(mg/kg)	
	减四线油	渣油
空白试验	112.39~130.66	492.16~525.25
(0.8~1.0)∶1.0	92.83~102.65	340.12~380.45
(2.0~2.5)∶1.0	54.60~66.24	206.20~229.98
(3.0~3.5)∶1.0	49.73~49.92	179.31~180.85

2.2 加注脱钙剂对电脱盐外排污水及脱后原油性质的影响

加注脱钙剂期间，电脱盐外排污水及脱后原油的性质列于表 5 和表 6。由表 5 可见，加注脱钙剂后，电脱盐外排污水的 COD，pH 值及氨氮含量有一定程度的变化，但仍符合指标要求。

表 5 加注脱钙剂对电脱盐外排污水性质的影响

项　目	COD/(mg/L)	pH 值	ρ(氨氮)/(mg/L)
指标	≤3 500	6.00~12.00	≤110.0
空白试验	1 927	8.75	59.0
加注剂钙比			

续表

项　目	COD/(mg/L)	pH 值	ρ(氨氮)/(mg/L)
(0.8~1.0):1.0	1 927	8.27	59.0
(2.0~2.5):1.0	1 845	8.37	64.3
(3.0~3.5):1.0	2 195	8.61	61.9

由表6可见，加注脱钙剂期间，电脱盐脱后原油含盐质量浓度平均值为1.22mg/L，满足指标(小于3.00mg/L)要求。

表6　电脱盐脱后原油性质分析结果

项目	最大值	最小值	平均值
水分/%(m)	0.030	0.025	0.026
ρ(盐)/(mg/L)	4.50	1.00	1.22

2.3　加注脱钙剂对焦化装置生产的影响

常减压装置渣油全部用作延迟焦化生产焦炭的原料。脱钙剂加注前后，延迟焦化装置1#~4#加热炉炉管贴片热偶升温速率的变化情况示于图2，由图2可见：脱钙剂加注前，1#~

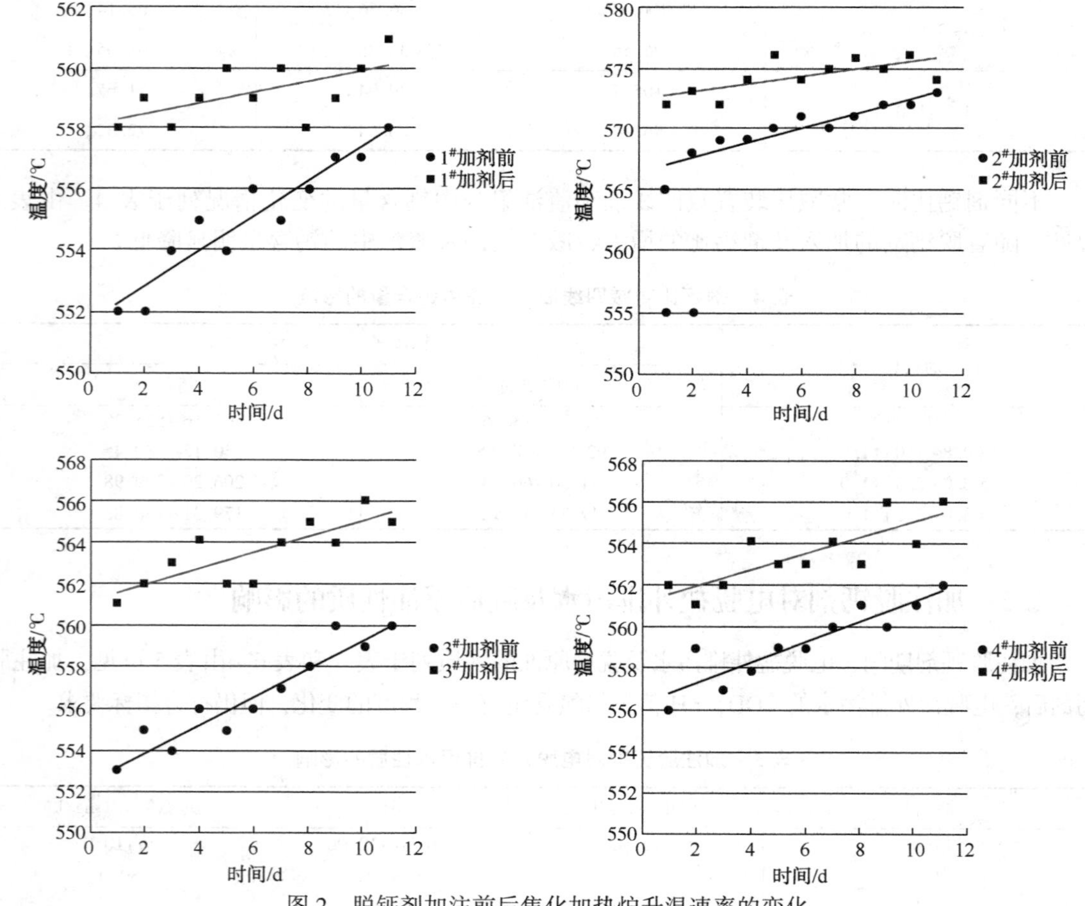

图2　脱钙剂加注前后焦化加热炉升温速率的变化

4#焦化加热炉的升温速率依次为 0.51，0.54，0.63，0.44℃/d；脱钙剂加注后，其升温速率则依次为 0.18，0.28，0.36，0.35℃/d。

焦炭产品灰分含量的变化情况示于图 3。由图 3 可见，脱钙剂加注前，焦炭产品灰分质量分数平均值为 0.91%，加注脱钙剂期间该值降至 0.72%，由于受原料油性质变化的影响，停止加注脱钙剂后该值上升至 1.10%。这说明加注脱钙剂降低了渣油中的钙含量，优化了延迟焦化装置的原料性质，进而使焦化加热炉升温速率及焦炭产品灰分含量显著降低，即焦化加热炉炉管结焦速率降低，炉管内结焦量减少，从而延长了加热炉的运行周期。

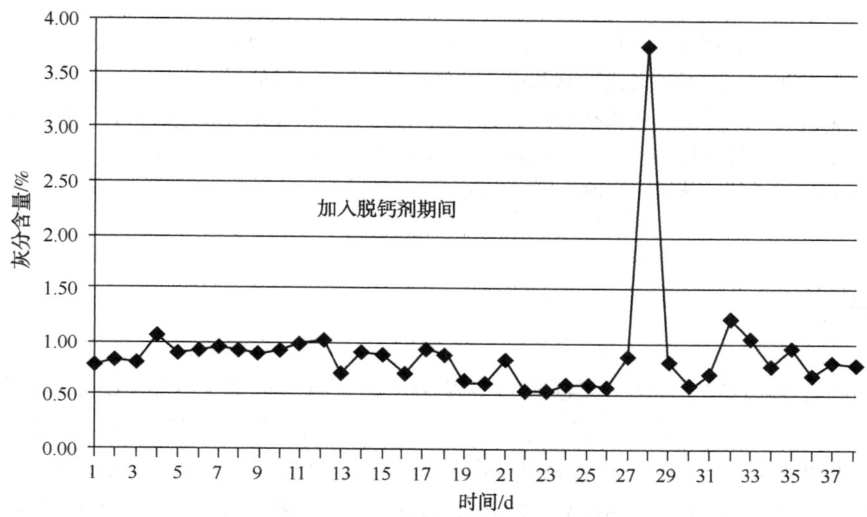

图 3　脱钙剂加注前后焦炭产品灰分含量的变化

3　结论

（1）在 600 万 t/a 常减压装置上，考察了脱钙剂 TS-888 对高酸高钙原油脱钙的影响。结果表明：在剂钙比为 4:1 时，原油脱钙率大于 70%；电脱盐脱后原油及外排污水性质均符合指标要求。

（2）脱钙剂加注前，1#～4#焦化加热炉的升温速率依次为 0.51，0.54，0.63，0.44℃/d；脱钙剂加注后，其升温速率则依次降低至 0.18，0.28，0.36，0.35℃/d。脱钙剂加注前后，焦炭产品灰分质量分数平均值由 0.91%降至 0.72%。

参 考 文 献

[1] 徐振洪，于丽，谭丽，等．新型原油脱钙剂 RPD-Ⅱ及其应用研究[J]．炼油技术与工程，2004，34(4)：44-48.

[2] 朱玉霞．我国原油中的钙含量及其分布的初研究[J]．石油学报：石油加工，1998，14(3)：57-60.

[3] 刘灿刚，徐振洪，朱建华，等．原油中钙存在状态的研究[J]．石油学报：石油加工，2000，29(2)：866-868.

常减压装置总拔出率的影响因素及改进措施

牟 宗 范 利

（中国石化青岛石油化工有限责任公司，青岛 266000）

摘　要　主要介绍中国石化青岛石油化工有限责任公司350万t/a常减压装置总拔出率的影响因素以及改进措施。经过几次检修和改造，根据加工高酸原油的特点，结合全厂加工流程所确定的产品方案，本装置采用成熟的电脱盐-闪蒸-常压-减压工艺路线。对减压系统进行技术改造升级，加上日常操作精细化，蜡油的终馏点提高至571℃，提高了总拔出率。

关键词　常减压　拔出率　真空度　措施

1　前言

中国石化青岛石油化工有限责任公司350万t/a常减压装置为燃料型蒸馏装置，主要产品有石脑油(重整原料)、柴油、蜡油、减压渣油，为下游重整、柴油加氢、催化裂化、延迟焦化装置提供原料。2009年装置进行高酸原油适应性改造，对高温部位设备、管线、塔内件材质使用TP316L(Mo≥2.5%)，新建常压塔、减压塔等设备，利旧少部分原有设备。2012年装置大检修，进一步完善工艺流程及设备升级。主要包括新建减压塔，采用全填料技术，共设四条减压侧线，减一线根据生产方案的调整，生产柴油或者蜡油；减二三线生产蜡油合并后，作为催化原料；减四线为减压过汽化油，抽出后返回减压炉入口；减压渣油作为延迟焦化原料。

常减压装置作为炼油企业的龙头装置，是炼油工业的第一道工序，为二次加工装置提供原料，其拔出率的高低，直接决定了企业的效益。青岛石化加工的原油品种多，性质多变且劣质，装置的工艺和设备虽然已经基本满足加工高酸原油的条件，但是油品收率仍有提高的空间，尤其是减压系统，操作水平和运行水平有待于提高。

2　影响总拔出率的因素

2.1　汽化段的压力和温度

汽化段压力由汽化段到塔顶总压降和塔顶抽真空系统操作决定，汽化段真空度越高，油品汽化越容易，减压拔出深度越高。2015年检修以来，汽化段残压基本维持在≯2kPa，保持了较高的真空度。汽化段温度的提高受限于炉管的结焦和高温进料的过热裂化倾向，在汽化段压力不变的情况下，以不形成结焦和过热裂化为前提，应尽量提高汽化段温度。汽化段温度升高，油品汽化程度也会增加，减压拔出深度提高。本装置炉出口温度控制在385±

2℃，考虑到转油线的温降，汽化段温度基本在 380℃左右。

2.2 减压炉炉出口温度

一般情况下，减压炉炉出口温度提高，可提高减压拔出率。但是温度过高，常压渣油在炉内裂解加剧，产生大量不凝气，使减顶真空度下降，反而影响减压塔的汽化率，降低了总拔。对每一特定的油料都存在一个最佳减压炉出口温度的优化问题，但是本装置根据厂控要求，控制在 385℃，基本不做调整。而进常减压的原油品种较多，往往是各种掺炼的而且掺炼比例变化大，因而会出现裂解不充分，导致渣油 500℃馏分高，或者裂解过度，产生不凝气增多，都会影响真空度，影响总拔出率。

2.3 减压炉进料性质

常压渣油中的柴油组分过多会增加减压炉的负荷，致使减压炉进料性质变轻，增大减压塔汽相负荷，增大减压塔填料层的压降，直接影响到减压塔汽化段的真空度。常压拔出率不足，必然造成减压塔顶负荷增加，真空度下降，影响了减压拔出率的提高。根据公司生产调度要求，目前常压柴油 95%点基本控制在 340℃以下，柴油 95%点低控，更多的柴油组分进入减压炉，减压塔顶负荷较大。

2.4 真空度高低

减压塔操作中，维持真空度的稳定，对塔平稳操作，产品收率起着决定性作用。保持较高的真空度，将减压渣油里的轻组分充分拔出，提高总拔出率。影响真空度下降的因素如下：

2.4.1 抽真空系统压力

减压塔真空度采用多级蒸汽喷射泵的串接运行来获得，蒸汽压力的改变将明显影响真空度。抽真空系统采用一、二级蒸汽抽真空加液环真空泵系统可保证真空度稳定，从而实现较高的拔出率。但是日常生产中，基本上采用三级蒸汽抽真空，只有冬季平衡全厂瓦斯时，开启真空泵。

2.4.2 减顶冷后温度高

根据设计，抽真空能力是一定的。减压塔顶轻组分含量高，势必造成减顶冷却负荷大，再加上受环境的影响，夏季气温高，减顶冷后温度基本在 40~50℃，降低了抽真空效率，真空度下降。

本装置在夏季生产时，减顶空冷喷淋系统全开，但因塔顶汽相负荷过大，冷后温度仍然偏高，未达到理想效果。

2.4.3 减压塔顶温度偏高

根据公司安排，目前生产方案是少产柴油、多产蜡油，减一线抽出后并入蜡油外送。柴油 95%点低控，势必造成减顶轻组分过多，减顶回流冷却能力不够，导致减压塔顶温度过高，气相负荷增大，进入冷凝冷却器油气量增加，增加了冷凝冷却器负荷，冷后温度升高，造成真空度下降。

3 优化措施

3.1 根据原油性质变化，及时调整炉出口温度

因原油性质变化较大，日常操作中，要及时掌握油种、掺炼比例的变化情况，注意加热炉各点温度的变化，其中以辐射管入口温度和炉膛温度尤为重要，这两个温度的波动预示着炉出口温度的变化，根据这两个温度的变化及时进行调节。油品性质变重时，在现有温度基础上适当提高炉出口温度1~2℃，油品性质变轻时，适当降低炉出口温度1~2℃。

在调节时，要根据减压塔顶真空度的变化来调节，调节以不影响塔顶真空度为准，同时在调节过程中以1~2℃为基数，调节一次，稳定一段时间观察塔顶真空度是否有变化，一直调节至真空度略有变化。然后回调1~2℃，此时炉出口温度最佳(在工艺卡片范围内)。

3.2 提高常压系统拔出率

常压系统的拔出率高低对减压系统操作影响很大，应尽量降低常渣中轻组分的含量。主要措施有控制合理的过汽化率、塔底吹汽量、侧线拔出量以及常压炉出口温度。

根据生产调度安排，柴油95%点控制较低，基本控制在340℃以下，在操作中，柴油95点尽量控制在335~340℃。严格控制常四线过汽化油液位，禁止溢流，抽出后并入减压蜡油外送，尽最大可能避免轻组分溢流到常压塔底。

3.3 提高塔顶真空度

保持真空度稳定，对减压侧线收率至关重要。向公司有关部门申请，尽可能多的开启真空泵，采用一、二级蒸汽抽真空和机械抽真空综合使用。这样即可节约蒸汽，降低加工成本，也能减少环保压力，减少含硫污水的产生，同时不受蒸汽压力的影响，而影响真空度。

夏季气温高时，减顶冷却负荷大，喷淋系统全开，及时疏通喷嘴，保证喷淋效果最佳；联系消防车，对空冷翅片管进行清洗；根据循环水进装置温度，及时联系相关部门降低循环水温度，保证冷却效果。

3.4 严格控制减压塔塔底液位

减压塔塔底液面过高或者过低都不利于正常操作。液面过低，易造成减底泵流量不稳，影响装置正常运行；液面过高，会使渣油热裂解增多，增加了塔顶抽空器的负荷，增加塔内压降，对提高拔出率不利，并且液面过高，渣油停留时间长，易造成塔底结焦。减底液面过高和真空度相互对应，真空度下降，造成液面升高；液面过高，可使真空度下降。因此，在操作中，塔底液面计采用双法兰差压式液位计和浮球液位计共同使用，互相参考，并且严格控制塔底液面在50%~70%。

4 优化结果

针对常减压装置影响总拔的问题，根据分析结果及时调整操作。以下是近四年以来蜡油

馏程及渣油数据分析图表：

		2013 年	2014 年	2015 年	2016 年
减压蜡油	10%馏出温度/℃	374.7	366.5	354.2	367.4
	50%馏出温度/℃	445.6	441	436.6	452.6
	终馏点/℃	558.8	552	552.9	570.9
减压渣油	500℃馏出体积/mL	4.68	4.5	4.35	4.26

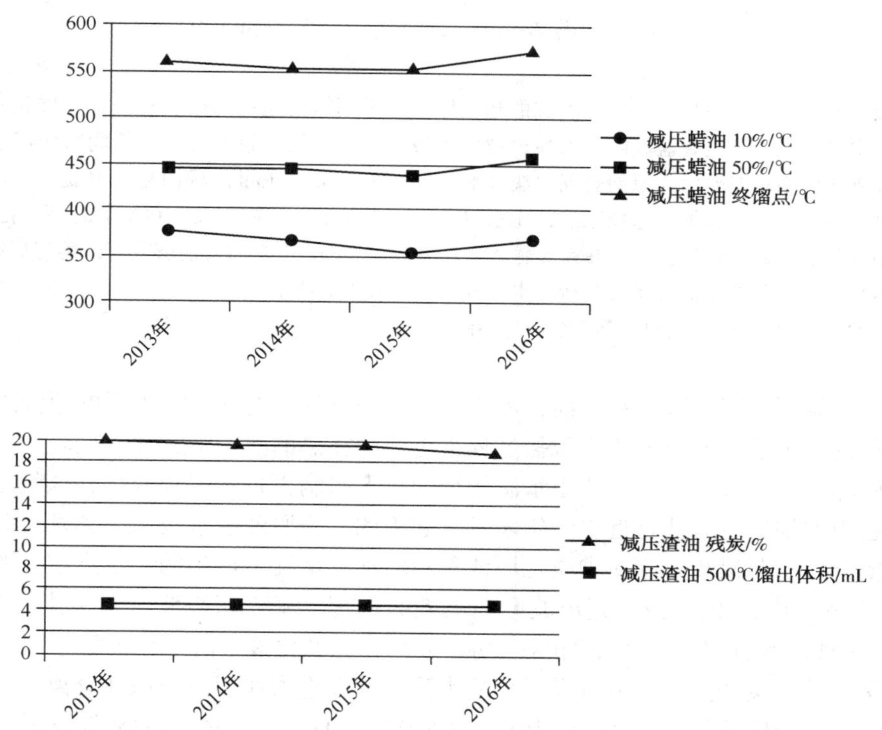

经过一系列的优化措施，蜡油终馏点在 2016 年达到了 571℃，渣油 500℃馏出量也是逐年递减，2016 年降低至 4.26mL。

5 总结

提高减压拔出率，更多的减压蜡油进入催化裂化装置，生产更多的高附加值油品。我公司常减压装置总拔出率虽然得到提到，但是仍然有深拔的余地，炉出口温度目前控制≯390℃，同其他装置相比较低，炉管也未注汽。为此需要我们在日常操作中，精细操作，消除瓶颈，努力提高常减压装置总拔出率，为公司效益最大化做出贡献。

参考文献

[1] 庄肃清，畅广西．炼油技术与工程．2010，40(5)：6-11.
[2] 陈建民，黄新龙，王少峰．炼油技术与工程，2012，42(2)：8-13.

罐内超声的电脱盐设备应用于超稠原油脱盐脱水中试研究

刘江华　黄代存　张　新

（中石油云南石化有限公司，昆明　650300）

摘　要　对于电脱盐处理较为困难的超稠原油，采用罐内超声的电脱盐设备开展脱盐脱水中试。中试表明：在电脱盐罐内引入超声波发生设备，将电场与超声波能量场同时作用于注水的原油乳化体系，能够增强原油破乳脱盐脱水效果。在2t/h加工量的罐内超声电脱盐中试装置上，对某炼厂蒸馏装置加工超稠原油，注水10%，交流电场强度控制在1100V/cm，采用工作频率21kHz的连续超声作用方式，在超声输入电功率控制在800W左右，能够较好改善超稠原油电脱盐运行工况，脱盐原油含水及脱盐下水排放满足一般工业要求。

关键词　超声波　电脱盐　超稠原油　中试

原油进入炼厂常减压蒸馏装置前，需要注水洗去原油中的盐，注水后的原油脱盐和脱水是同时进行的。工业上的原油脱水脱盐过程是将原油在热的状态下，加入破乳剂并施加高压电场，以破坏原油的乳化状态，使小水滴聚结为较大水滴再自然沉降分离，这就是所谓电脱盐过程。超声波辅助电脱盐是近二十年才发展起来的一项原油脱水技术，其发展背景是在原油加工的复杂性不断提高，重质劣质化原油不断增加的情况下产生的。超声波一般是指频率范围在20kHz～10MHz的声波，超声波原油破乳的机理，基于超声波作用于流体产生的“位移效应”来实现油水分离[1]。由于“位移效应”的存在，乳化液中的水粒子将不断向波腹或波节运动、聚集并发生碰撞，生成直径较大的水滴，并在重力作用下与原油分离。

关于超声波辅助电脱盐工艺，专利技术CN2539559Y和CN2669953Y等提出了在原油进入电脱盐罐前，在管道中对原油乳化液进行超声预处理，其处理液再进入电脱盐罐，提高脱水脱盐效果。就加工工艺而言，在管道中对原油进行超声预处理，原油与水不能立即实现油水的分离，继续在管道中输送将产生油水返混的不利破乳问题。另外，超声和电场分两步进行，工艺的环节增加，设备的总体利用较低。笔者研发了一种将超声波和电场同时作用于原油乳化液的罐内超声电脱盐设备，利用该设备，实现对原油乳化液在原油电脱盐罐中同时进行超声和电场破乳作用，破乳的油水自然沉降分离。超声和电场的协同作用能够加速油水分离，提高原油破乳分离效率。

近十几年，国内外原油呈现重质原油产量增加的趋势[2]，重质原油在原油电脱盐脱水过程，其油水分离较一般轻中质原油要困难，尤其对超重质油（超稠油）这一问题更为突出，因此，探索一条有效的解决此类问题的途径很有必要。本文介绍了笔者采用罐内超声的电脱盐设备开展的超稠原油脱水脱盐中试研究。

1 罐内超声的电脱盐设备介绍[3]

罐内超声的电脱盐设备结构示意如图1，外筒体由圆筒体与两侧的碟形封头连接，构成封闭卧罐体。进油管在罐内有两条平行与罐体水平中心轴线，且在罐体水平中心轴线下方，油水界面上方，距离封头罐壁5~15cm的管子，管的水平两侧都开有均匀分布的小孔，管的两端延伸至两端封头区域，两条管在罐内对称等长。注水原油由罐底中央竖直向上进入罐体至罐内的两条进油管等高处，分两路与两条进油管平行，分别水平流向两端封头区域至与两条进油管两端齐，再各自水平分两路分别连接到两条进油管两端，构成一组对称结构的进油管网。出油管在罐内是一条与罐水平中心轴线平行且在其正上方，靠近罐顶处的管子，管两端在罐两端封头区域且管末端封闭，管水平两侧均匀分布小孔，管正中向上连接并伸出罐体，脱盐脱水的原油由出油管小孔汇集，流出罐体。排水管连接在外筒体底部，是经超声及电场作用，沉降分离得到的水相出口。

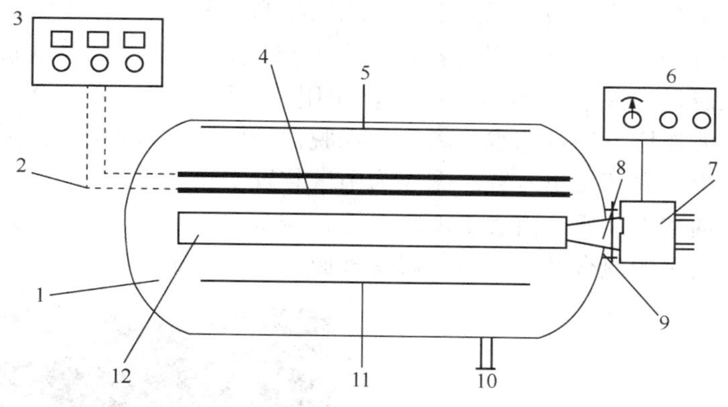

图1 罐内超声的电脱盐设备结构

1—外筒体及保温套；2—电极线；3—电场控制电源；4—电极网；5—出油分布管；6—超声电源；7—超声换能器及冷却水套；8—传振杆；9—固定及密封法兰；10—排水管；11—进油分布管；12—超声辐射体

超声变幅杆处于罐体水平中心轴线上，为圆柱状金属体，其由罐体的一侧封头水平插入罐内，至另一侧封头附近。变幅杆向整个罐体全方位辐射超声振动能量。超声电源的输入电为常用220V或380V交流电源。超声换能器的作用是将电能转换成超声振动能量，在工作状态下，冷却水移走换能器产生的热量，超声电源内含高频振动信号源，匹配系统及控制系统等，超声换能器通过传振杆将超声能量传递至超声变幅杆。

电场控制电源为原油超声电脱盐罐提供电场，其电场作用方式为工业常见的交流，直流及交直流等。电极网位于罐体水平中心轴线以上，由上、下两层金属网组成，金属网可以是水平布置的方格网或矩形网，也可以是竖直交错分布的金属条网，两层金属网的间距依罐体尺寸及物料多少确定，一般在1~50cm之间。下层金属网与超声变幅杆之间的最短距离不小于5cm。电极线是联系电场控制电源与电极网的两条金属导线，将两层金属网分别与电源相连。

罐内超声的电脱盐设备的使用方法是：注水的乳化原油由乳化原油进料管进入罐体，在电场和超声波的协同作用下，经沉降，油相由罐体上部出油管流出，水相由罐体下部排水管流出。超声频率一般控制在20kHz左右，电场强度依据原油及乳化液性质调整，一般在500~1500V/cm。根据加工量和加工工艺要求，设计制作超声和电场电源，其输出功率能在一定范围内实现优化调节。超声作用可连续也可脉冲工作，并可对超声波周期及脉宽进行调节，以实现对原油乳化液的破乳效果优化。

乳化原油在罐体中的温度根据原油性质和加工工艺要求调整，一般原油常温黏度越大，其在罐体中的温度应相应提高，以减小原油黏度，增强破乳效果。乳化原油在罐体内的停留时间视油相与水相的分离效果而定，以达到工艺要求的油相含水量为目标，停留时间通过设计制造罐体的容积大小和调节乳化原油流量控制。

2 脱水脱盐中试

2.1 中试装置及原料

如图2所示的试验流程，中试原油来自某炼厂蒸馏装置加工超稠原油，通过控制阀调节原油达到要求的流量进入中试装置混合器；注水(含破乳剂)由注剂泵通过控制阀调节到与原油相适应的注水流量进入混合器与原油混合作用，其混合液进入1立方罐内超声电脱盐罐，在电场及超声波作用下进行油水分离。脱水脱盐的原油由罐顶部流出中试装置，进入生产系统；含盐废水由罐底部排出装置。图3为中试装置实物图。

表1为中试原油基本性质。由表1可以看出试验原油的密度大，黏度高，同时酸值高，金属含量高，原油与水的混合及分离较一般常规原油更为困难。

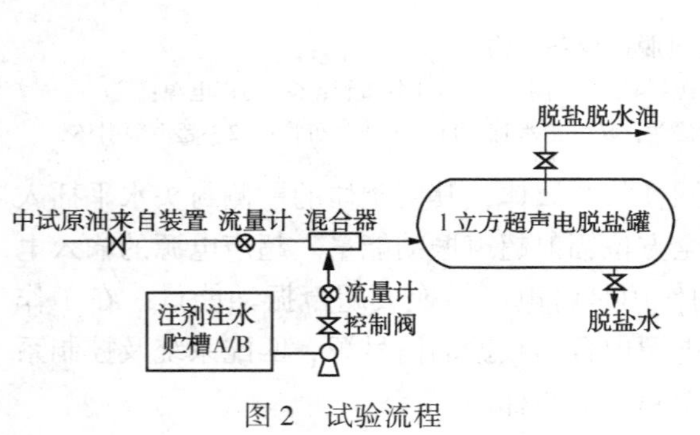

图2 试验流程

图3 中试装置

表1 中试原油基本性质

项目	数据	项目	数据
水分/%(m)	0.5	铁/(μg/g)	30.2
酸值/(mgKOH/g)	7.4	钙/(μg/g)	220.1
密度(20℃)/(kg/m³)	972.8	镁/(μg/g)	3.6
盐(NaCl)质量浓度/(mg/L)	31.0	镍/(μg/g)	35.7
运动黏度(100℃)/(mm²/s)	382.8		

2.2 罐内超声的电脱盐罐技术参数与主要配置

超声波主要技术参数如下：A，超声工作频率：20kHz±3kHz；B，输入电功率：0~1000W 可调 C，工作方式：可连续也可脉冲工作；D，脉冲调节：周期及脉宽可调；E，冷却方式：超声换能器水冷；F，工作电源：220V/50Hz。主要配置：(1)超声发生器(超声电源)内含高频振动信号源，磁化电源，匹配系统，控制系统等。输出调节：频率微调；功率、脉宽、周期可调。使用条件环境温度：0~40℃；相对湿度：15%~75%；大气压力：86~106kPa。(2)超声换能器高效磁致伸缩式换能器，适合较长时间耐高温工作。特殊的制作方式，允许用水进行冷却。为确保安全，装置外壳需有良好的接地。(3)超声辐射体优质钢材制作(或镀覆)而成，特别的设计，让超声振动能量，沿着辐射体四周径向传递。

电场调节部分技术性能：(1)供电电源电压：电压 AC 380V±10%，频率 50 Hz±5%；(2)脱水电源输出频率：交流，50Hz；直流，0Hz。(3)脱水电源输出电压：交流/直流 0~1500V/cm 之间可调。(4)交流、直流电场两种作用方式可切换，切换时手动断高压电操作。(5)脱水电源额定输出功率：0~3kW 之间可调。

罐内超声的电脱盐罐容积 1 立方，规格为 $\phi800\times2000$，按照压力容器国标 GB 150—1998 设计\ 制作，设计压力为 1.6MPa；设计工作温度为 160℃。油水界位控制系统包括磁致伸缩界位仪、油水界位调节阀及智能控制器，智能控制器安装于变压器配电控制柜内。罐内电场的金属网为水平布置的矩形网，两层金属网间距 10cm，下层金属网与超声变幅杆之间的距离 5cm。

2.3 中试试验方法

中试原油来自某炼厂生产系统的蒸馏装置加工的超稠原油，温度 140℃，压力 1.1~1.3MPa，通过控制阀调节流量约在 2.0m^3/h 进入中试装置混合器；注水(含破乳剂)由注剂泵流经控制阀调节流量约在 0.2 m^3/h，其进入混合器与原油混合作用，混合液进入 1 立方罐内超声电脱盐罐，在电场或电场与超声波场同时作用进行油水分离，控制罐体压力在 1.1MPa 左右，脱盐脱水的原油由罐顶流出，采样分析含盐、含水；含盐废水由罐底流出，采样分析含油量。

中试电场作用方式为交流电，电场强度在 700~1300V/cm；采用连续超声作用方式，超声工作频率 21kHz，超声输入电功率：400~1000W，控制罐内油水界面在液面计的 1/3~2/3 之间。

2.4 分析方法与数据处理

原油中水分的分析方法采用《原油水含量的测定蒸馏法》，标准代号：GB/T 8929—2006。原油中的盐分含量采用《原油盐含量的测定电量法》，标准代号：SY/T 0536—2008。含盐废水中的油含量采用《水质石油类和动植物油类的测定红外分光光度法》，标准代号：HJ 637—2012。原油脱盐率是指作用前的原油盐含量与经罐内超声的电脱盐罐脱盐脱水作用后的原油的盐含量之差，与作用前的原油盐含量之比乘以百分数所得值。

3 结果与讨论

3.1 电场强度优化试验

电场对乳化原油的破乳基于偶极聚结，电场强度过高过低都不利于油水破乳分离，常见的工业电脱盐罐一般采用700～1000V/cm的强度范围，而前期的中试试验表明，对于超稠原油，这一范围的电场强度效果并不理想，中试将电场强度作了调整，中试考查了电场强度在700～1300V/cm的强度范围内，原油脱盐率和含水率变化情况。中试电场强度与脱盐脱水效果见图4；电场强度与脱盐废水中的含油量对应结果见图5。

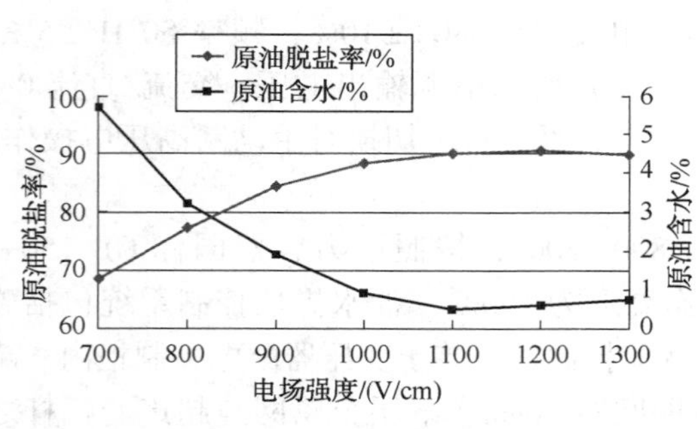

图4 中试电场强度与脱盐脱水效果

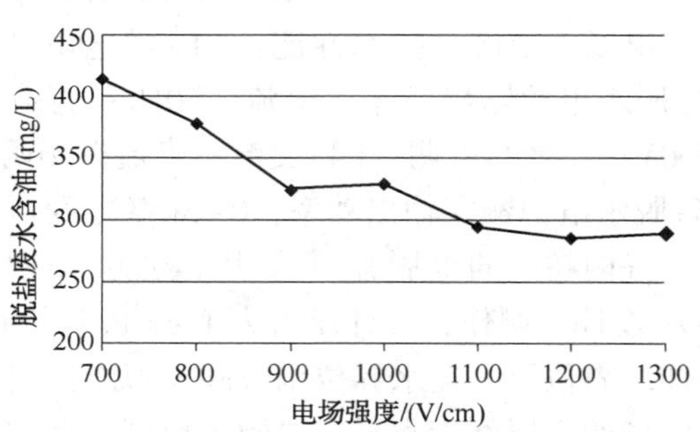

图5 电场强度对脱盐废水中的含油量影响

由图4可以看出，随着电场强度的增大，脱盐率持续提高，1100V/cm时，脱盐率达89.9%，1200V/cm时，脱盐率达90.3%，但继续增大电场强度至1300V/cm时，脱盐率略有下降，为89.5%；随着电场强度的增大，脱盐原油含水率持续下降，至1100V/cm时，达0.50%的最低值，以后再增加电场强度，脱盐原油含水率略有上升，当电场强度至1300V/cm时，在0.71%。分析认为，对于超稠原油，原油的黏度及其与水的界面张力较常规原油要大，在电场作用下发生电分散现象的临界电场强度较常规原油大，适当提高电场强度可增强电场的偶极聚结作用，以克服原油黏度过大带来的不利影响，对中试处理的超稠原油工况下，1100V/cm的电场强度是较合适的，后面的超声和电场同时作用也是在此条件下进行。

图5反映了原油脱盐后下水中的油含量与电场强度的关系。由图5可以看出，随着电场强度的增大，水中的油含量总体呈下降趋势，由电场强度700V/cm时，水中的油含量的415mg/L，降至电场强度1100V/cm时，水中的油含量300mg/L左右，再增加电场强度，水中的油含量变化不大。分析认为，电场强度的增加，对油水的分离有直接影响，加速了脱盐脱水速度的同时，油水的分离更彻底。

3.2 超声功率优化试验

超声波功率(声强)是影响超声波作用于油水乳化液破乳脱水的重要因素，超声波原油破乳时应控制声强在临界声强(空化阈值)以下。在超声波作用下，随着声强的不断增大，水滴加速运动，并产生所谓的位移效应，在这一过程中小水滴相互碰撞、凝聚，与油分离。但当声强增大超过某一数值时，水滴运动加剧，反而使油水乳化，有空化现象产生，此时的声强为临界声强，即空化阈值，要达到好的破乳脱水效果，声强必须在临界声强以下。临界声强需要针对具体的乳化液体系及工况条件试验确定，一般声强在 0. 30W/cm^2 以下，是工业推荐的安全破乳声强。

在 1100V/cm 的电场作用下，同时启动超声波作用，超声输入电功率在 400～1000W 之间进行，超声波输入电功率对原油脱盐脱水效果影响见图 6；对脱盐废水中的含油量影响效果见图 7。

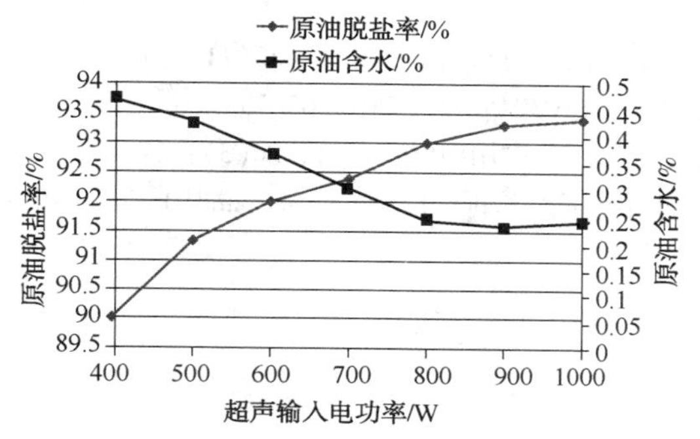

图 6　超声波输入电功率对原油脱盐脱水效果影响

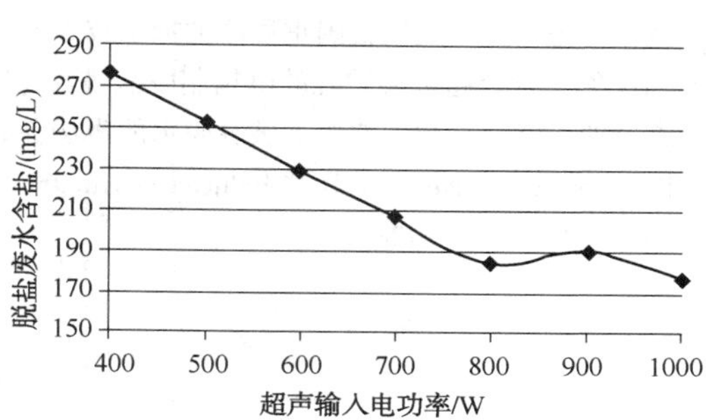

图 7　超声波输入电功率对脱盐废水中的含油量影响

由图 6、图 7 可以看出，超声输入电功率在 400～1000W 的范围内，随着超声输入电功率的增加，原油脱盐率持续提高，从 400W 时的 90%到 800W 时的 93%，以后略有增加，增幅不大；原油含水持续下降，到超声输入电功率 900W 时，降至最低值 0. 23%，以后略有上升；原油含水持续下降，到超声输入电功率 800W 时，降至 185mg/L，以后有波动而变化不大。分析认为，随着超声输入电功率的增大，超声波场对原油的破乳作用增强，有利于油水破乳分离。当超声输入电功率达到 800W 时，超声波的空化作用开始对原油破乳产生不利影响，从作用效果来看，800～1000W 的范围，脱盐脱水均较好，考虑到节能，对本中试装置，建议采用 800W 的超声输入电功率较合适。

对于一般炼厂，电脱盐要求脱后原油盐（NaCl）质量含量小于 3mg/L，水分小于 0. 3%，脱盐下水油含量小于 200mg/L，由中试可以看出，通过超声波场与电场的协同作用，对于难加工的超稠原油，达到了这一要求指标。

4　结束语

中试开展的将超声波引入电脱盐罐，在电脱罐内实现电场与超声波场同时作用于乳化原油，在国内尚未见报道。笔者采用炼厂电脱盐处理较困难的超稠原油，利用试制的中试装置开展试验，中试得到如下结论：

（1）将电场与超声波场同时作用于封闭的注水原油体系是可行的，超声波作用能够增强原油电脱盐破乳作用效果。

（2）对于中试的超稠原油，交流电场强度控制在 1100V/cm；采用连续超声作用方式，超声工作频率 21kHz，当超声输入电功率控制在 800W 左右，能够较好改善超稠原油电脱盐运行工况，脱盐原油含水及脱盐下水排放满足一般工业要求。

对于超声波原油破乳，还有其他一些参数可以做调整和优化，由于时间原因未做更细致工作。另外，工业上应用罐内超声的电脱盐技术，应考虑超声波在罐内的衰减[4,5]及超声辐射体强度支承要求等，需要重新设计加工制作，愿笔者的前期工作能够对罐内超声的电脱盐技术工业化推进产生积极作用。

参 考 文 献

[1] 张玉梅，彭飞，吕效平．超声波处理炼油厂污油厂污油破乳脱水的研究[J]．石油炼制与化工，2004，35(2)：67-71.

[2] 龙军，祖德光．发展我国重质原油加工技术的建议[J]．石油炼制与化工，2004，35(11)：1-4.

[3] 刘江华．复合超声波破乳的电精制脱盐罐及其应用[P]．CN103045294B．2015.05.13.

[4] 虞建业，袁萍．超声波原油破乳脱水的声场参数实验研究[J]．应用声学，2001，20(3)：27-30.

[5] kotyusov A N，Nemtsov B E. Induced coagulation of small particles under the action of sound[J]. Acoustica，1996，82(5)：23-28.

原油膜强化传质预处理技术开发

李　华[1]　余喜春[2]　黄　华[2]　姚　飞[2]　康之军[2]　贺际春[2]

（1. 中国石化长岭分公司，岳阳　414012；
2. 湖南长岭石化科技开发有限公司，岳阳　414012）

摘　要　采用自主开发的膜接触器及其工艺对仪长管输原油进行脱盐、脱水和脱金属技术研究。1.5万t/a工业侧线和800万t/a工业试验结果表明，在原油温度120～140℃、压力0.8～1.2MPa、总注水量6%～8%、脱金属剂用量120～140ppm条件下，经膜接触器处理后，脱后原油中水含量<0.2%、盐含量<3.0mgNaCl/L、钙<10.0μg/g、铁含量<10.0μg/g、切水油含量<150mg/L，各项指标满足工业生产要求，优于电脱盐工艺。同时对新疆塔河原油、马瑞原油、某炼厂清罐污油等劣质原油进行了原料适应性研究，结果表明本技术对不同性质原油均具有良好的适应性。

关键词　原油　膜强化传质　电脱盐　预处理

原油的预处理主要是对原油进行脱盐、脱水及脱金属等。

油田采出的原油虽经过初步脱水处理，仍含有一定量的盐和水，必须在原油炼制之前，进一步将其脱除，因为原油含水在加工过程中必然增加燃料动力消耗，严重时会引起蒸馏塔超压或出现冲塔现象。

原油中的无机盐大部分以氯化钠、氯化钙或氯化镁等形式存在，受热后易水解成盐酸，腐蚀设备，并容易结成盐垢堵塞管路。而原油中的钙、铁等金属化合物则主要以环烷酸盐、酚盐等形式存在。原油中的金属在蒸馏时大部分残留在重馏分油或渣油中，影响二次加工[1]。

因此，进行原油的预处理十分必要，这对于保证原油后续加工装置的平稳运行，提高重质油加工性能，提高炼厂经济效益等均具有十分重要的意义。

当前炼厂普遍采用的原油预处理技术为电脱盐技术[2]。随着原油日益重质化、劣质化，原油变稠、变重，盐含量升高，乳化严重，增加了电脱盐的难度[3]，主要表现为[4,5]：①电场不稳、电流升高，能耗增大；②破乳剂用量增大，增加了原油预处理成本；③电脱盐工艺操作调整频繁；④脱出污水含油量高，增大了污水处理难度；⑤脱后含盐高。

膜强化传质技术是一种新型的传质技术，两相在膜接触器内的接触方式不是常规的混合分散式液滴之间的球面接触，而是非分散式液膜之间的平面接触[6]。具有接触面积大、传质效率高、不易形成油水乳化等优点[7]。

本文将非分散式膜强化传质技术应用于原油的预处理，一方面通过膜强化传质，增大油和水的传质面积，提高其传质效率，从根本上解决油水乳化问题；另一方面采用膜强化传质技术进行原油的预处理，取消破乳剂和高压电场，提高装置平稳运行，降低切水油含量。

1 试验部分

1.1 原料性质

仪长管输原油基本性质见表1。注水采用脱硫净化水，其主要性质见表2。

表1 仪长管输原油基本性质

项目	数据	项目	数据
组成	鲁宁(胜利：进口9：1)：日仪≈1：2	盐含量/(mgNaCl/L)	18.4~316.9
密度(20℃)/(kg/m^3)	882.5~901.9	钙含量/(μg/g)	29.4~54.5
运动黏度(50℃)/(mm^2/s)	17.50~20.14	铁含量/(μg/g)	13.9~29.0
水含量/%	0.15~1.80		

表2 脱硫净化水主要性质

项目	数据	项目	数据
盐含量/(mgNaCl/L)	52.44~92.77	铁含量/(μg/g)	<0.01
pH值	7~8	钠含量/(μg/g)	3.09
钙含量/(μg/g)	<0.01		

1.2 工艺流程

原油温度130~140℃，压力1.1~1.2MPa。注水温度50~60℃，压力2.5MPa。原油和注水分别进入一级膜接触器，然后进入油水分离罐沉降分离。

一级油水分离罐上层的原油进入下一级膜接触器，依次经二、三级膜接触器处理后出装置，二三级切水循环使用或外排。

2 结果与讨论

2.1 工业侧线试验

在中国石化长岭分公司800万t/a常减压装置进行了工业侧线试验，原油处理量1.5万t/a。

2.1.1 典型数据

表3为工业侧线试验典型数据。原油经三级膜强化传质处理后水含量、盐含量、钙含量及切水油含量均达到工业生产要求。

表 3　工业侧线试验典型数据

	脱前	一级	二级	三级
水含量/%	0.18	0.09	0.10	0.03
盐含量/(mgNaCl/L)	85.26	44.14	9.57	1.20
钙含量/(μg/g)	30.40	23.20	10.60	4.82
铁含量/(μg/g)	18.72	13.84	8.650	5.43
切水油含量/(mg/L)	—	45.80	38.90	25.6

试验条件：原油温度 120~130℃，压力 1.0MPa，总注水量 8%。

2.1.2　与同期电脱盐工业装置对比

在原油温度 120~140℃、压力 0.8~1.2MPa、总注水量 6%~8%、脱金属剂用量 120~140ppm 条件下，与同期电脱盐工业装置运行数据进行了对比。

（1）脱盐效果对比

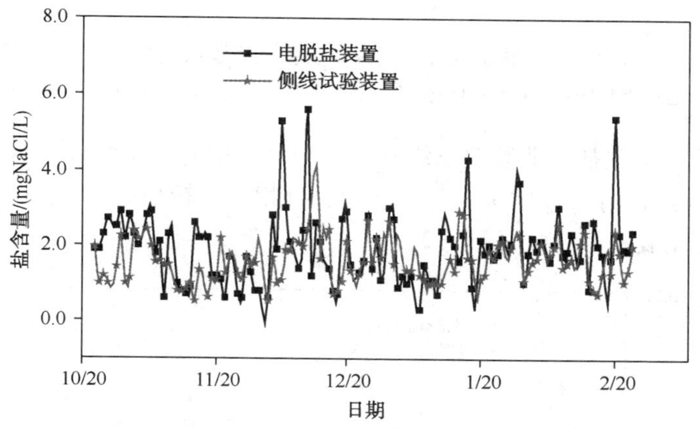

图 1　侧线试验装置与电脱盐装置三级脱后盐含量对比

侧线试验装置与电脱盐工业装置三级脱后盐含量的对比结果表明，侧线试验装置三级脱后盐含量均小于 3.0mgNaCl/L，而电脱盐工业装置脱后盐含量波动相对较大。

（2）脱水效果对比

侧线试验装置与电脱盐工业装置三级脱后水含量的对比结果显示，侧线试验装置三级脱后水含量均小于 0.20%，而电脱盐工业装置脱后原油水含量波动相对较大。

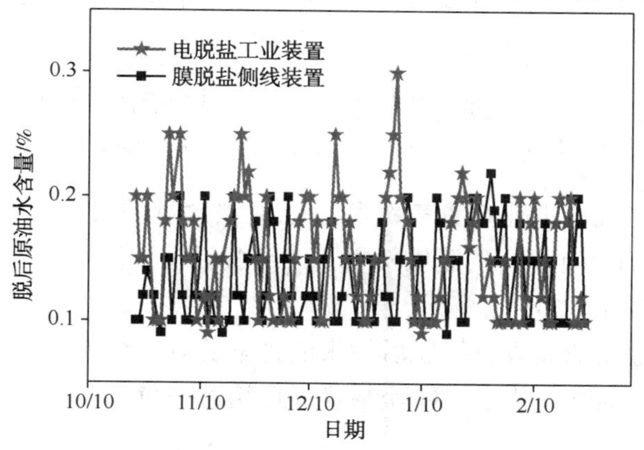

图 2　侧线试验装置与电脱盐装置三级脱后原油水含量对比

（3）脱钙效果对比

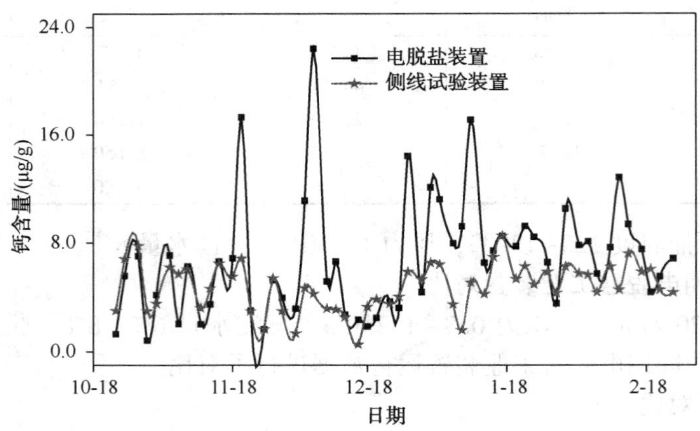

图3　侧线试验装置与电脱盐装置三级脱后钙含量对比

注：电脱盐工业装置采用工业脱钙剂，侧线试验装置采用KJ-FMT1专用脱金属剂

侧线试验装置与电脱盐工业装置三级脱后原油钙含量的对比结果表明，侧线试验装置三级脱后钙含量均小于10μg/g，优于电脱盐装置，且相对比较平稳。

（4）脱铁效果对比

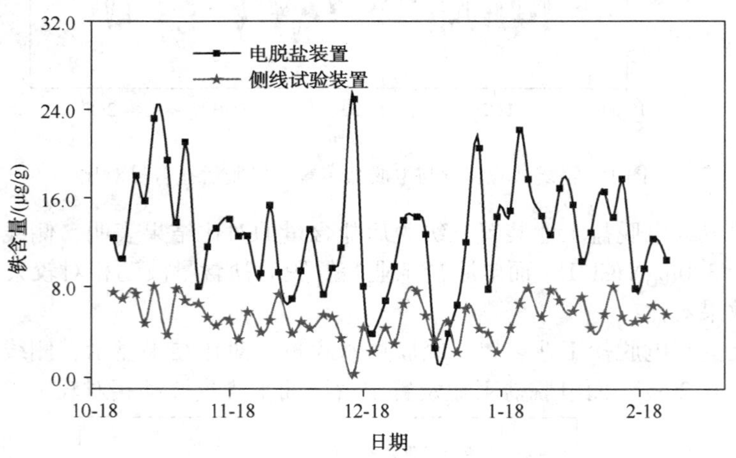

图4　侧线试验装置与电脱盐装置三级脱后铁含量对比

注：电脱盐工业装置采用工业脱钙剂，侧线试验装置采用KJ-FMT1专用脱金属剂

侧线试验装置与电脱盐工业装置三级脱后原油铁含量的对比结果表明，侧线试验采用KJ-FMT1配套脱金属剂具有更好的脱铁效果，三级脱后铁含量均小于10μg/g。

（5）切水油含量对比

侧线试验与电脱盐工业装置三级脱后切水油含量的对比结果表明，侧线试验三级脱后的切水油含量均小于100mg/L，优于电脱盐装置，且相对平稳。

2.2 工业试验

2014 年 5 月，800 万 t/a 原油膜强化传质预处理工业试验装置在中石化长岭分公司建成投产，开车一次成功。

2.2.1 脱盐效果

图 5 为工业试验装置原油经二级膜强化传质处理后盐含量。由图可知，脱后原油盐含量 <3.0mgNaCl/L，合格率 100%。

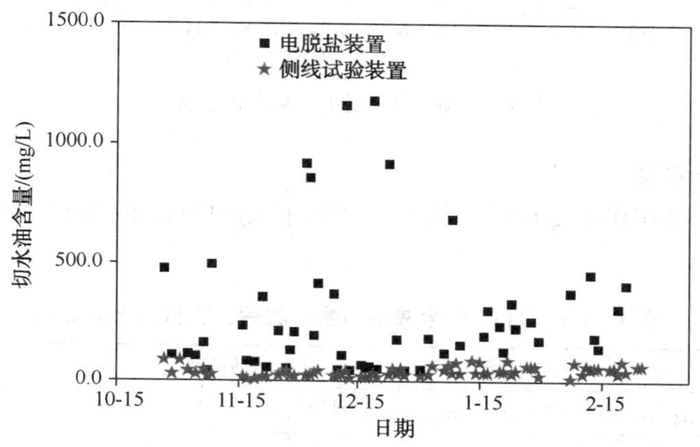

图 5 侧线试验装置与电脱盐装置三级脱后切水油含量对比

2.2.2 脱水效果

图 6 为工业试验装置原油二级膜强化传质处理后水含量。由图可知，脱后原油中水含量 <0.20%，满足工业生产要求。

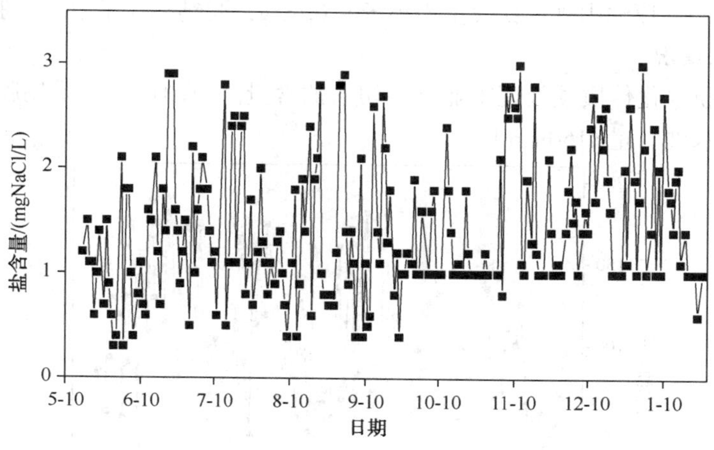

图 6 工业试验原油二级脱后盐含量

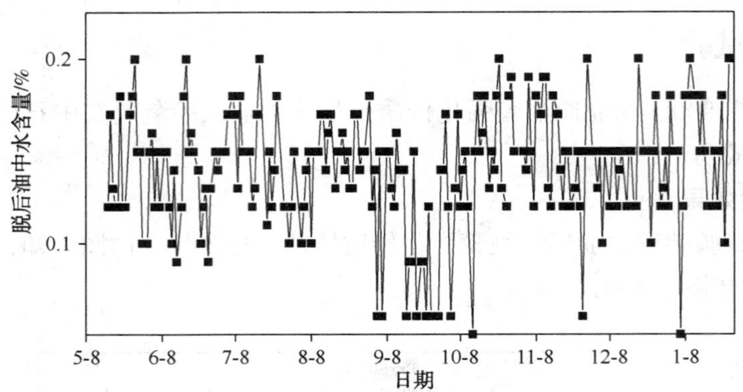

图7 工业试验原油二级脱后水含量

2.2.3 脱金属效果

工业试验采用KJ-FMT1专用脱金属剂，考察了KJ-FMT1的性能及用量对脱金属效果的影响。

表4 KJ-FMT1脱金属剂用量对脱钙、脱铁效果的影响

脱金属剂用量/ppm	脱前原油		脱后原油		脱钙率/%	脱铁率/%
	钙含量/(μg/g)	铁含量/(μg/g)	钙含量/(μg/g)	铁含量/(μg/g)		
70	38.7	18.5	13.4	12.5	65.4	32.4
90	41.2	17.9	11.5	9.8	72.1	45.3
120	37.9	19.6	6.5	6.2	82.8	68.4
140	38.5	18.3	5.4	5.3	86.0	71.0

工艺条件：温度120~140℃；压力1.0~1.3MPa；总注水量6.0%~6.5%。

结果表明，脱金属剂注入量越大，脱后原油中钙、铁含量越低。当脱金属剂注入量达120ppm以上时，脱后原油中钙、铁含量均小于8.0μg/g，脱钙率大于80%，脱铁率大于60%。

2.2.4 切水情况

图8为原油膜强化传质预处理工业试验切水油含量。由图可知，采用膜强化传质技术进行原油预处理切水油含量<150mg/L。

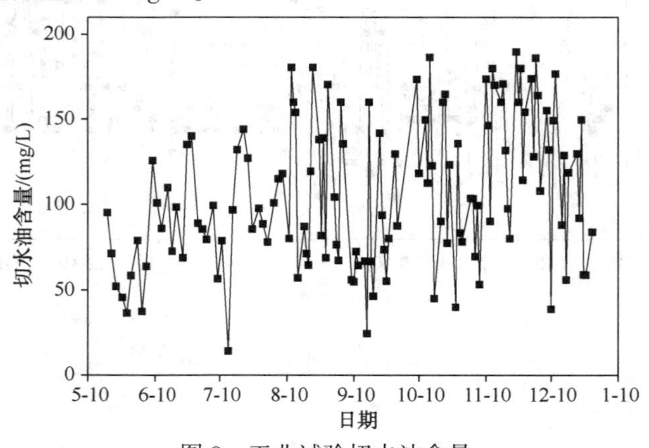

图8 工业试验切水油含量

3 原油适应性研究

3.1 新疆塔河原油

3.1.1 塔河原油基本性质

表5为新疆塔河原油性质。塔河原油的特点为密度、黏度大，胶质、沥青质含量高，硫含量、金属含量高。

表5 塔河原油基本性质

项目	数据	项目	数据
密度/(kg/m^3)	963.8	硫/%(m)	1.9
100℃黏度/(mm^2/s)	56.3	氮/%(m)	0.56
胶质/%(m)	21.3	镍/(μg/g)	35.5
沥青质/%(m)	11.5	钒/(μg/g)	245.0

3.1.2 塔河原油预处理效果

表6为膜脱盐侧线装置与电脱盐工业装置工艺条件对比。膜脱盐侧线试验采用三级串联，每级油水沉降时间约0.5h，不加破乳剂和高压电场，总注水量14%。电脱盐工业装置采用四级串联，一、二、三级沉降时间约0.5h，四级约1.5h，破乳剂加量40~50ppm，有高压电场，总注水量13~15%。

表6 膜脱盐侧线装置与电脱盐工业装置工艺条件对比

序号		膜脱盐	电脱盐
1	级数	三级串联	四级串联
2	处理量/(t/h)	0.192	380~390
3	沉降时间	每级约30min	一、二、三级约30min，四级约1.5h
4	高压电场	无	有
5	破乳剂加量/ppm	无	40~50
6	脱盐剂/ppm	无	无
7	注水量/%	14	13~15

表7为2000t/a塔河原油膜强化传质预处理工业侧线试验装置与350万t/a电脱盐工业装置脱盐效果对比。膜脱盐三级脱后原油盐含量低于电脱盐四级脱后原油，说明膜脱盐效果好于电脱盐。

表7 膜脱盐侧线试验装置与电脱盐工艺装置效果对比

项目	膜脱盐侧线试验装置		电脱盐工业装置	
	水含量/%	盐含量/(mgNaCl/L)	水含量/%	盐含量/(mgNaCl/L)
脱前原油	0.40	318.0	0.40	318.0
一级脱后原油	0.35	29.6	1.00	65.6
二级脱后原油	0.25	11.2	0.95	33.6
三级脱后原油	0.20	7.0	1.30	24.1
四级脱后原油	—	—	0.20	12.2

3.2 马瑞原油

3.2.1 马瑞原油基本性质

由表8可以看出，京博原油密度、黏度、灰分、硫含量、金属含量、胶质沥青质含量较高，性质较复杂。

表8 马瑞原油基本性质

分析项目	马瑞油	分析项目	马瑞油
密度/(kg/m³)	954.6	Ca/(μg/g)	21.10
黏度 50℃/(mm²/s)	171.8	Fe/(μg/g)	6.93
胶质/%	13.12	Ni/(μg/g)	65.50
沥青质/%	6.88	V/(μg/g)	292.00
灰分/%	0.076	酸值/(mgKOH/L)	1.67
S/%	2.59	盐含量/(mgNaCl/L)	197.5~210.5
N/%	0.59	H_2O 含量/%	1.50

3.2.2 马瑞原油预处理效果

表9为马瑞原油膜强化传质预处理小试典型结果。由结果可知，马瑞原油采用膜强化传质技术预处理，原油脱盐、脱水效果好，脱后原油水含量、盐含量低，且总切水油含量低。

表9 马瑞原油膜强化传质预处理小试典型结果

样品名称	水含量/%	盐含量/(mgNaCl/L)	总切水油含量/(mg/L)
脱前原油	1.40	210.0	
一级脱后原油	0.05	37.7	
二级脱后原油	0.03	15.1	118.5
三级脱后原油	0.03	6.2	
脱除率/%		97.05	

3.3 清罐污油

3.3.1 某炼厂清罐污油性质

表10为某炼厂清罐污油性质。清罐污油主要特点为固含量、水含量高。

表10 某炼厂清罐污油性质

项目名称	数　值	项目名称	数　值
固含量/%	10~25	密度/(kg/m³)	960~970
水含量/%	10~30		

3.3.2 某炼厂清罐污油预处理效果

某炼厂清罐污油原料水含量达27.6%，经过两级膜强化传质技术处理后水含量小于0.2%，同时盐含量小于3.0mgNaCl/L。

表 11 某炼厂清罐污油预处理效果

项　　目	水含量/%	盐含量/(mgNaCl/L)
清罐油原料	27.6	89.5
一级脱后清罐油	0.15	10.6
二级脱后清罐油	0.15	2.4

4 结论

（1）成功开发了原油膜强化传质技术预处理工艺技术。1.5 万 t/a 工业侧线试验和 800 万 t/a 工业试验结果表明，在原油温度 120~140℃、压力 0.8~1.2MPa、总注水量 6%~8%、脱金属剂用量 120~150ppm 条件下，经三级膜接触器处理后，脱后原油水含量<0.20%、盐含量<3.0mgNaCl/L、钙含量<10.0μg/g、铁含量<10.0μg/g 以及切水油含量<150mg/L，达到工业生产指标要求。

（2）与电脱盐工艺相比，本技术无需破乳剂和高压电场，且具有更好的脱盐、脱水和脱金属效果，切水油含量低。

（3）适应性研究表明，本技术对塔河原油、马瑞原油、清罐污油等劣质原油均具有良好的适应性。

参 考 文 献

[1] 刘长久，张广林. 石油和石油产品中的非烃化合物[M]. 北京：中国石化出版社. 1991，326-327.
[2] 王金斧. 原油交直流电脱盐技术在我厂的应用[J]. 天然气与石油，1999，17(1)：11-13.
[3] 谭丽，沈明欢，等. 原油脱盐脱水技术综述[J]. 炼油技术与工程，2009，39(5)：1-7.
[4] 贾鹏林. 炼制高硫原油防腐蚀新技术[J]. 石油化工腐蚀与防护，1999，16(1)：54-60.
[5] 娄世松，楚喜丽. 原油电脱盐装置的运行现状与存在问题[J]. 石油化工腐蚀与防护，2002(5)：47-49.
[6] 蔡卫滨，王玉军，等. 纤维膜萃取器的传质特性[J]. 清华大学学报(自然科学版)，2003，43(6)：738-741.
[7] 罗万明，李达，等. MERICHEM 纤维膜技术在催化汽油精制中的应用[J]. 天然气与石油，2004，22(4)：32-36.

CPM 技术在常减压装置 DCS 控制优化的应用

陈映波[1]　刘振海[2]

（1. 中国石化湛江东兴石油化工有限公司，湛江　524012；
2. 常州智控信息科技有限公司，常州　213164）

摘　要　典型的炼化厂一般有超过 2000 个 PID 控制回路。通过人工手段实现日常的监控、评估和优化既不实际，也无法满足系统化和精细化的管理的要求。通过 CPM 技术实现对基础 PID 控制层面的监控和优化来提高装置的自控率和控制平稳率可以带来可观的直接经济效益。本文章阐述了 CPM 技术在湛江石化常减压装置的应用，使装置的自控率平稳在 94%以上，塔顶油中 C3 和 C4 以上组分含量降低 13.1%，塔底油中小于 350℃馏分含量降低 4.94%，装置轻油收率提高 0.15%，装置液化气的收率提高 0.033%，年直接经济效益 368 万元。

关键词　常减压装置　PID 控制优化 CPM 技术　经济效益

1　前言

东兴石化Ⅱ套常减压装置是以原油为原料通过蒸馏将原油分割成液化气、石脑油、柴油及常压渣油。装置于 2005 年建成并投产，工艺部分包括电脱盐系统、常压系统、减压系统、轻烃系统、精制辅助系统五个部分，设计加工能力为 500 万 t/a。常压塔设有三个侧线汽提塔，并采用了常顶循环和两个中段循环的设计。设计加工油种为利比亚原油和尼日利亚原油混合油，实际加工油种则根据集团公司油品调配频繁调整。流程见图 1。

整套常减压装置共有 170 个 PID 控制回路。尽管 PID 控制器调节参数在开车调试期间根据工艺设计、设备参数以及经验进行过整定，但由于该装置的主体单元设备属于利旧设备，在长期的运行中，由于生产工况、原油来源的不断调整、执行器和被控对象的动态特性由于磨损、内漏、主要设备阻尼增加等原因发生变化、生产设备的改造等，使用早先设定的参数进行回路调节，调节性能已经开始下降，各控制参数的波动会逐渐增大，系统整体的自控率和控制平稳性下降，导致产品产量、收率、能耗等关键指标的波动，给整个装置的效益指标带来负面影响。

为进一步提升装置的自控率，通过 PID 控制平稳率的提升来自动降低原油更换时对整套装置控制平稳性和经济指标的影响，并建设一套系统化的 PID 控制性能监控和管理平台，2016 年对常减压装置上线了 PlantTriageTM CPM(Control Performance Management)控制性能管理和优化系统。PlantTriageTM 控制性能实时监控、故障诊断和优化管理系统是目前国际上最为先进和完善的 CPM 系统，已连续 18 年荣获国际知名机构 ARC 的最佳用户产品奖及国际控制工程杂志的工程师最佳选择产品奖。产品几乎被世界绝大多数的大型企业所采用，涉及到石化、电力、化工、造纸、医药、冶金、食品等所有流程工业。而 CPM 技术结合了自动化、模式识别、数据整合分析、生产管理等多学科技术和理念、对生产过程的 DCS 控制

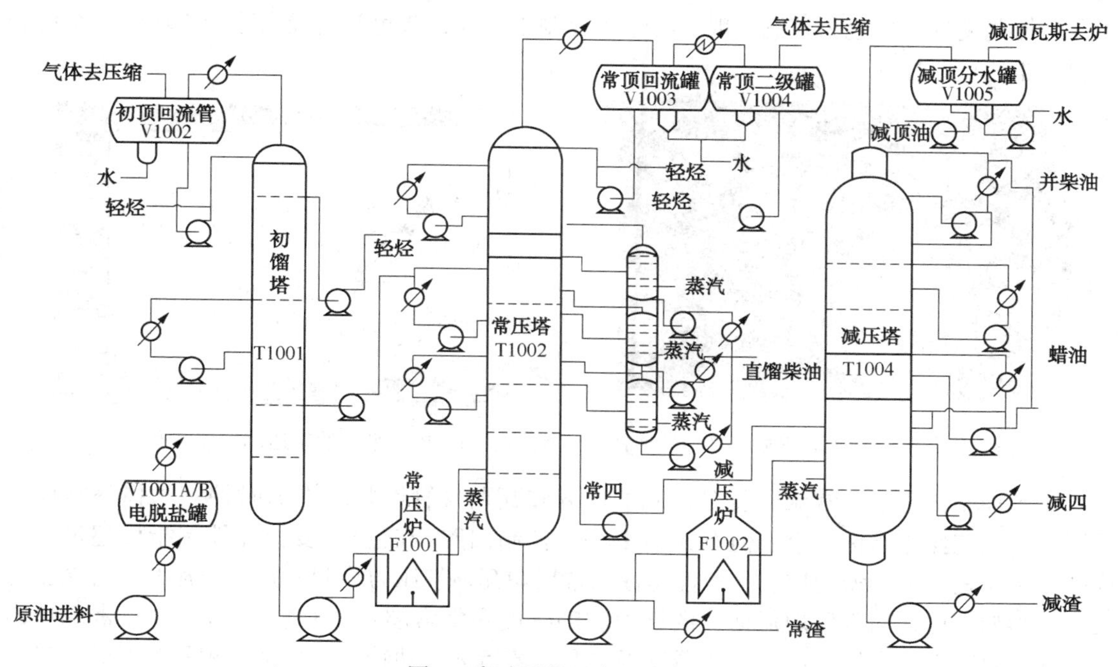

图 1　常减压装置流程示意图

状况进行系统化的分析、实时评估、故障诊断和优化，成为先进企业智能化工厂建设的一个必不可少的组成部分，为生产过程控制的精细化管理提供了一套系统化的持续改进平台。

2　常减压装置 DCS 控制优化

PlantTriageTM CPM 系统安装和组态完成后通过标准的 OPC 通讯自动采集与 PID 控制相关的数据，基于实时数据自动实现 PID 控制回路性能的评估、故障诊断、监控和优化（图 2）。

2.1　自控率和平稳率评估

装置的自控率是指正常工况下处于非手动状态下 PID 控制器占全部在线 PID 控制回路的比例。常减压装置 DCS 系统控制回路优化前，当原油更换时或常压炉瓦斯气管网压力波动较大时，自动控制状态下装置的稳定性变差，操作员习惯于先将部分 PID 控制回路切换到手动。

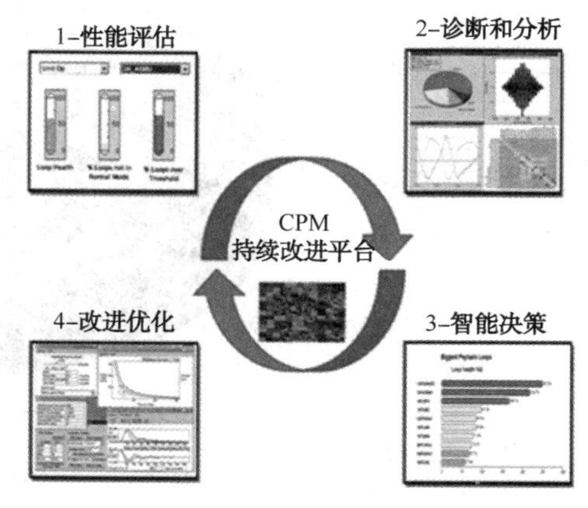

图 2　CPM 系统原理和功能示意图

控制回路的平稳率是基于平均绝对误差、振荡强度、阀门行程和方差 4 个主要控制性能的 KPI 指标由 PlantTriageTM 系统自动计算而成，并通过控制性能树映射图 Treemap（图 3）展现出来。各控制回路以不同颜色方块代表控制回路性能。

绿色为控制良好，橙色为控制一般，红色为控制不平稳，灰色为离线回路。方块的大小代表控制回路的重要性。

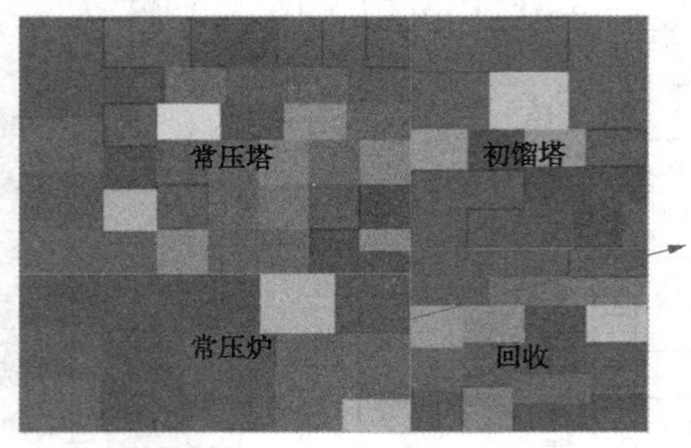

图3 优化前常减压装置控制平稳性评估

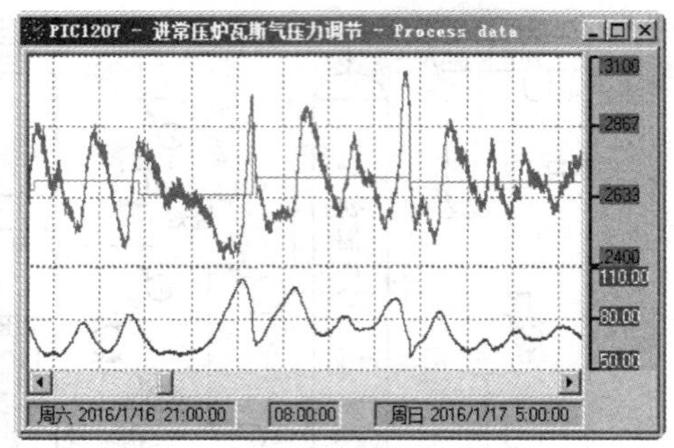

图4 控制平稳性未达标的控制回路(例)

DCS控制优化前，常减压装置在原油成分和瓦斯气管网相对平稳时控制平稳率整体上可以达到工艺操作指标要求，但有大约20%的控制回路(红色)主要性能控制指标超过考核标准。图4是一个典型的控制平稳性超标的常压炉瓦斯气压力控制回路。受瓦斯气管网压力波动的影响，优化前常压炉瓦斯气的压力波动幅度在常常超过25%(红线)，导致常压炉出口原油的温度以及常压塔低、测线温度等主要工艺指标波动较大，直接影响到装置的直接经济效益。操作员要经常调整PID控制器的设定点(绿线)试图来稳定常压炉瓦斯气的压力。

2.2 分析和诊断

影响控制性能的因素很多，包括流量、压力、液位等传感器，控制阀、变频电机、挡板等执行机构，控制回路的设计，PID控制器的选型及参数设置，控制回路之间的相互耦合作用等等。这些因素可能都会对控制性能产生不同程度的影响，而如何把影响因素自动诊断出来仍然是一个挑战。DCS控制优化前必须对影响控制性能的可能因素进行正确的诊断和分析，然后才能对症下药。

基于PlantTriageTM系统的自动诊断，影响常减压装置整体控制平稳率的主要原因集中在以下几个方面(图5)：

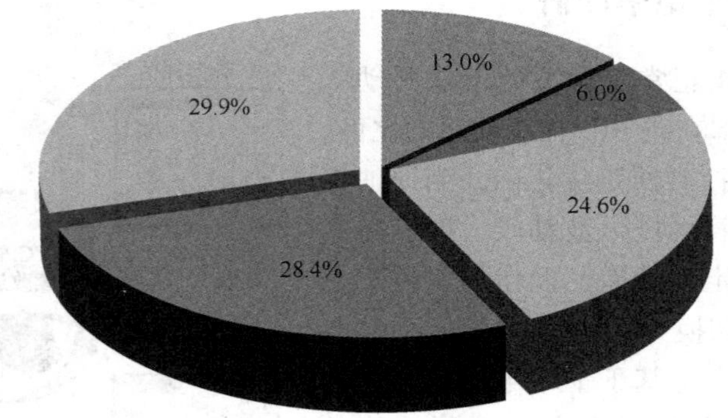

图5 影响PID控制性能的主要问题分布

PID 控制器调节参数有待优化的回路占总回路的 28.4%；

由于工艺本身特点及 PID 控制调节不当而导致回路间相互耦合干扰的回路占 24.6%；

由于控制阀问题或传感器噪声过大而影响控制性能的回路占比为 19%；

由于以上综合原因导致 PID 控制器无法长期投入自动的回路占 29.9%；

如图 6 所示，为 PlantTriageTM 系统对常压炉瓦斯气压力控制的性能诊断报告。系统显示压力控制阀的黏滞性达到 3.1%，超过了常规的黏滞性上线。控制阀的输入/输出呈现严重的非线性特征，控制器输出(CO)在 38%~45%区间变化时，瓦斯气的压力(PV)无对应的变化，由此导致常压炉瓦斯气的压力无法实现平稳控制(图 4)。现场确认结果证实控制阀的定位器已经松动并且变形，如不及时维修很可能会导致常压炉温度失控，导致装置故障停车。

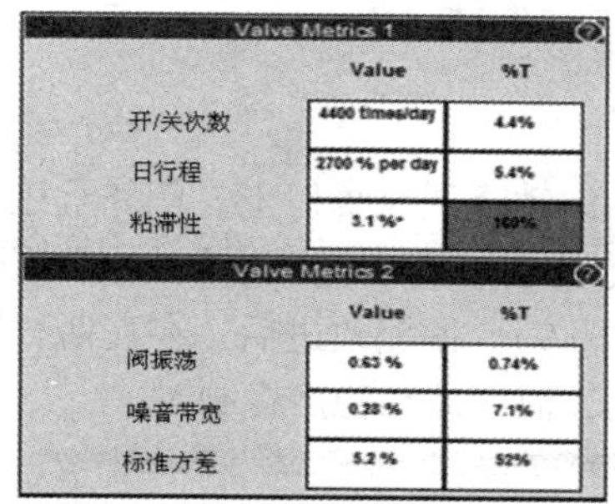

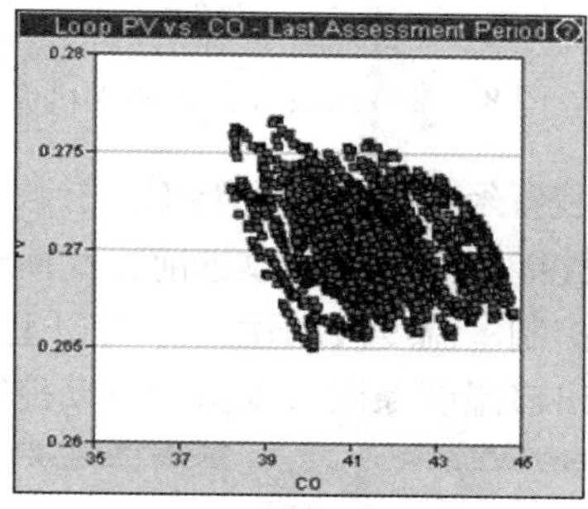

图 6 常压炉瓦斯气压力控制阀故障诊断及现场确认

图 7 为 PlantTriageTM 系统对传感器性能诊断的例子。系统诊断表明原油进料流量传感器噪音干扰过大，进而导致控制阀长期处于持续的波动状态。通过在 DCS 系统里对流量测量信号的一阶滤波处理，消除了传感器“毛刺”，控制性能得以明显改进，控制阀的波动和磨损降低超过 90%。

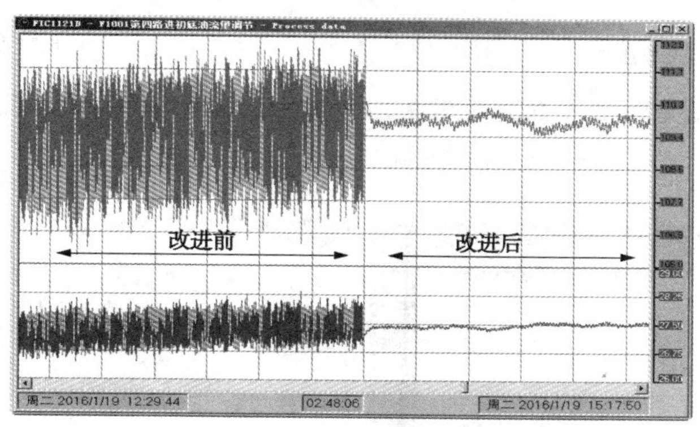

图 7 流量传感器的噪声干扰及滤波

2.3 常减压装置整体控制优化

基于对整套装置控制性能的量化评估、仪表、工艺及 PID 控制参数等问题的诊断和分析结果，通过 PlantTriageTM 系统的自动模式识别和 PID 控制优化技术、耦合作用分析、稳定性分析、基于相对响应时间原理的解耦等技术，对常减压装置的 DCS 控制回路进行了系统化的改进和优化。优化改进后常减压装置的自控率由优化前的80%提高到94%(图8)。仅有个别控制回路由于工艺和设计原因暂时不能满足自动控制条件。整体装置控制平稳率达到99%以上。

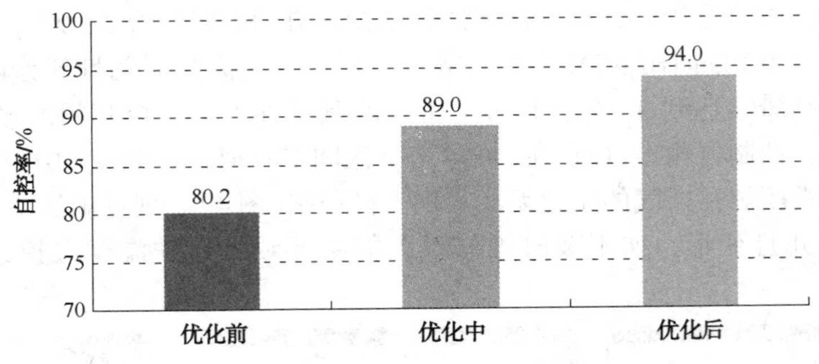

图8　常减压装置自控率优化提升

优化改进后影响到常减压装置经济效益的主要工艺参数的波动降低50%以上。例如常压炉出口温度控制平稳性及抗干扰性能明显提高。改进前在瓦斯气压力出现大幅度波动时，常压炉出口温度控制必须要改到手动控制，温度波动达到10℃以上(图9)。回路改进后，在瓦斯气压力出现大幅度波动时，常压炉出口温度控制可以保持自动控制，温度波动稳定在±1℃。

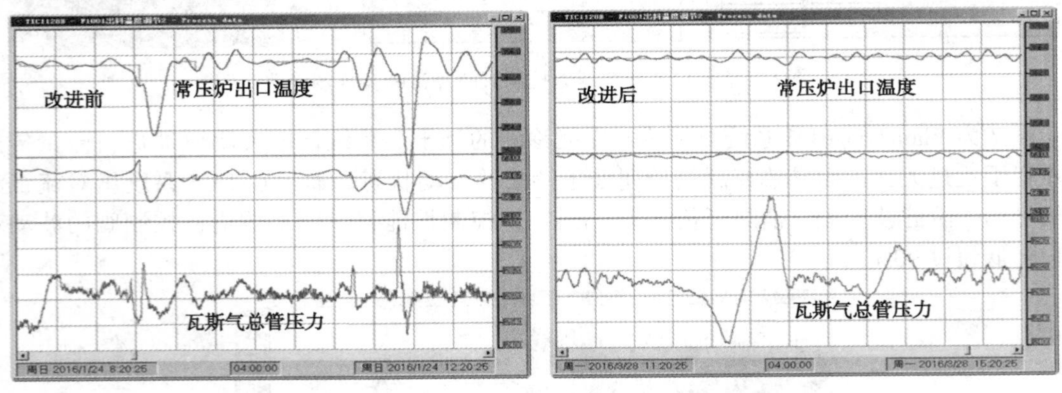

图9　优化前后常压炉出口温度控制性能对比

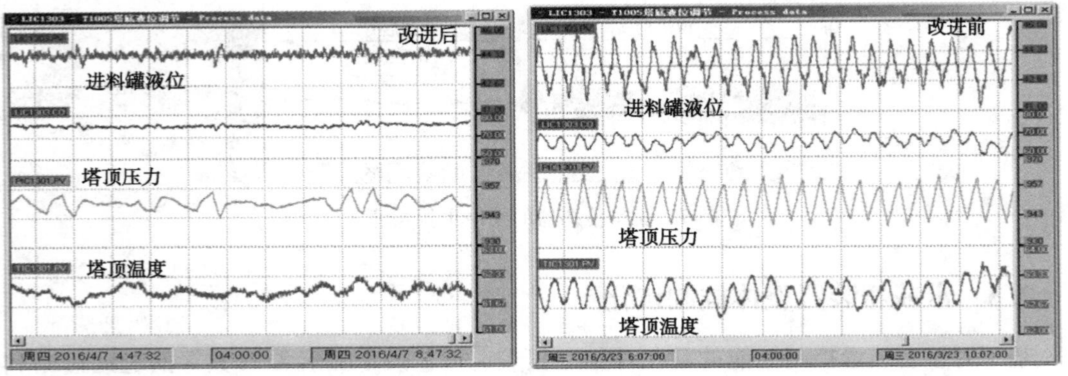

图10　优化前后轻烃回收装置主要工艺指标控制性能对比

图 10 为轻烃回收装置塔底液位、塔顶压力和塔顶温度几项主要工艺指标优化前后控制性能的对比。受工艺和设备的固有特性所决定，这些主要工艺指标之间耦合干扰作用明显，并在同一振荡频率下呈现持续的等幅振荡状态。基于 PlantTriageTM 系统的耦合作用诊断和分析，利用 PID 单回路相对响应时间调节技术和降耦合作用原理，对轻烃回收装置的各 PID 控制参数进行了综合整定，降低了各控制回路间的耦合主要干扰，消除了等幅振荡，装置的整体控制稳定性得到提高。

3 DCS 控制性能与经济效益

湛江石化常减压装置基于全厂流程优化，减压系统未开工，其主要质量控制点在常压塔，常压塔的产品主要是常顶油(石脑油)、常一线油(柴油)、常二线油(柴油)、常三线油(柴油)及常压塔底油(常渣)。原油的品种一旦确定，常压塔的拔出率既经济效益则主要取决于关键对工艺指标的控制，例如常压炉出口温度、常压塔顶压力和温度、各侧线的抽出温度、塔顶至塔进料段的压降、常压汽提塔的汽提蒸汽量及塔底汽提蒸汽量等。自控率和控制平稳率的提升一方面会降低常顶、侧线及塔底油质量、塔底渣油 350℃ 前馏分含量的波动，同时也为各工艺指标的“卡边”控制奠定基础，实现常压装置经济效益的最大化。

表 1 为 DCS 优化项目实施前后主要工艺控制指标和常底油中小于 350℃ 馏分含量及常顶油异构化料中 C3 和 C4 以上组分含量的对比。

表 1 DCS 控制优化前后主要工艺指标波动和含量对比

	DCS 控制优化前	DCS 控制优化后	变化比例
装置自控率/%	78.00	93.60	20.00%
控制平稳率/%	90.00	99.30	10.33%
常压炉出口温度波动/℃	2.60	0.50	-80.77%
常压塔测线温度波动/℃	2.40	1.10	-54.17%
常压塔顶温度波动/℃	2.50	0.80	-68.00%
常压塔釜温度波动/℃	3.50	0.40	-88.57%
常压塔顶压力波动/MPa	0.15	0.05	-66.67%
常底油中小于 350℃ 馏分含量/%	6.00	5.70	-5.00%
异构化料 C3 及 C4 以上组分含量/%	17.49	15.20	-13.09%

(1) 在常压塔底汽提量及常压炉出口温度不变的前提下，通过 DCS 自控率和控制平稳率的提升，常底油中小于 350℃ 馏分含量降低了 4.94%，轻质油收率提高约 0.15%，降低后续加工装置催化装置的负荷和加工成本。按常减压装置加工量 480 万吨/年进行计算，年可增加轻收 7200 吨，催化装置的单位加工成本按 300 元/吨算，单节省催化装置的加工成本达 216 万元。

(2) 异构化料中 C3 和 C4 以上组分含量降低了 13.1%，异构化料中液化气组分的减少，降低了液化气被当燃料气排往加热炉燃烧的总量，每年可多产液化气 1600 吨，按民用液化气与炼厂干气差价 950 元算，年可增效 152 万元。

预计 DCS 控制优化每年带来的直接经济效益超过 368 万元。

4 结论

通过提升常减压装置的自控率和控制平稳性，降低装置主要工艺指标的波动，塔顶油中C3和C4以上组分含量降低明显，塔底油中小于350℃馏分含量也有所降低，提高了装置的柴油收率，增加了装置的经济效益。

控制的平稳为进一步实现主要工艺指标的“卡边”控制奠定了基础。可以增加常压塔底提蒸汽量以及提高常压炉出口温度来进一步降低常底油中小于350℃馏分含量，提高了装置的柴油收率，同时避免由于温度提高会带来炉管结焦、管内油品裂解等不良后果。

目前湛江石化常压装置控制平稳率的进一步提升和常底油中小于350℃馏分含量的降低受到以下工艺因素的制约。受到其他装置(如催化)控制波动及动态产供平衡的影响，瓦斯气管网压力波动幅度过大，直接影响常减压装置的平稳。当原油轻组分含量比较高时会导致常压塔顶压力升高，塔顶压力控制阀经常处于全开状态，塔顶压力无法调节和控制。当塔顶压力过高时提高塔底汽提蒸汽量对常底油350℃前馏分含量降低效果不明显，反而增加了蒸汽损耗和生产成本。

参考文献

[1] 李云浩. 常减压蒸馏装置提高轻质油收率的措施[J]. 炼油设计, 2002, 32(2): 20-23.
[2] 李红. 提高常压蒸馏装置轻质油收率的技术[J]. 石化技术与应用, 2003, 21(5): 344-346.
[3] 王绣程. 减压深拔技术在常减压装置中的应用[J]. 中外能源, 2009, 8: 75-79.
[4] 姚月华. 原油常减压蒸馏装置的流程模拟及参数优化[J]. 过程工程学报, 2011, 11(3): 405-413.

降低 PSA 装置解析气中氢含量的操作参数的探索

张　亮　杨克峻

（中国石化青岛石油化工有限责任公司，青岛　266000）

摘　要　介绍了制氢装置变压吸附生产中的应用情况，对在生产中出现的问题进行分析，做出相应的操作优化。

关键词　制氢　变压吸附　优化　程控阀

1　前言

吸附分离是一门古老的学科。早在数千年前，人门就开始利用木炭、酸性白土、硅藻土等物质所具有的强吸附能力进行防潮、脱臭和脱色。但由于这些吸附剂的吸附能力较低、选择性较差，因而难于大规模用于现代工业。

变压吸附（Pressure Swing Adsorption）气体分离与提纯技术成为大型化工工业的一种生产工艺和独立的单元操作过程，是在 20 世纪 60 年代迅速发展起来的[1]。这一方面是由于随着世界能源的短缺，各国和各行业越来越重视低品位资源的开发与利用，以及各国对环境污染的治理要求也越来越高，使得吸附分离技术在钢铁工业、气体工业、电子工业、石油和化工工业中日益受到重视；另一方面，60 年代以来，吸附剂也有了重大发展，如性能优良的分子筛吸附剂的研制成功，活性炭、活性氧化铝和硅胶吸附剂性能的不断改进，以及 ZSM 特种吸附剂和活性炭纤维的发明，都为连续操作的大型吸附分离工艺奠定了技术基础。本公司新建一套制氢装置采用上海华西化工科技有限公司研制的变换气 PSA 氢提纯技术，于 2009 年 11 月一次开车成功。在实际生产中由于本装置长期处于低负荷运行状态，造成 PSA 多数操作参数未达到设计要求。氢气收率的高低是装置经济效益的重要指标，本文主要介绍 PSA 操作的优化调整。

2　装置运行情况

调整前装置化验指标分析：

产品氢气：氢气纯度 99.99%、一氧化碳+二氧化碳 27.14ppm；

中变气：氢气纯度 81.67%；

解析气：氢气纯度 36.12%；

计算出氢气收率：87.31%。

根据化验数据针对如何降低解析气中的氢气含量做了一下几点调整：

(1) 在保证产品氢气质量合格的前提下，适当提高装置的操作系数，每次增加0.02，稳定一轮班次，观察产品氢气质量的变化，主要是一氧化碳+二氧化碳的变化，当一氧化碳+二氧化碳的含量没有明显上升时，再适当提高操作系数，直到一氧化碳+二氧化碳的含量有了明显的变化为止，我装置的一氧化碳+二氧化碳的指标是≤50ppm，当达到40ppm时就降低操作系数0.02，稳定一段时间观察产品氢气质量是否合格并稳定。通过近期的调整操作装置的产品氢气质量一直保持合格，同时解析气中的氢气含量也有了一定的降低，达到了提高氢气收率的效果；

(2) 同时针对装置一直处于50%~70%的操作负荷的运行状态对部分操作参数也进行了相应的调整，适当将顺放罐的冲洗控制阀关小，使冲洗过程尽量的缓慢平稳，提高冲洗效果，降低顺放罐压力上升而造成冲洗流量增加，顺放气的利用率下降。通过调整提高了解析过程中的解析效果，达到了保证产品质量的目的，为进一步增加操作系数和提高氢气收率打下了基础；

(3) 根据操作负荷将解析气缓冲罐和解析气罐的压力进行了调节，因为以前操作参数是满负荷设定，而在低负荷时造成两个缓冲罐的压力没有压力梯度，在逆放和冲洗过程中压力波动大，通过关小解析气缓冲罐到解析气罐的控制阀，使两个罐的压力有了一定的梯度，而平稳了逆放和冲洗的流量，使吸附塔的解析更彻底。

通过以上几点操作的调整，PSA的操作有了一定的改进，在保证产品氢气质量合格的前提下产品的氢气收率有了一定的提高。以下是调整操作后的化验指标分析(分析数据取三月的平均值)：

产品氢气：氢气纯度99.99%、一氧化碳+二氧化碳22.31ppm；

中变气：氢气纯度80.77%；

解析气：氢气纯度32.25%；

计算出氢气收率：88.67%。

通过化验分析数据可以看出产品氢气收率提高了一个多百分点，同时产品质量保持在合格的状态，同时一氧化碳+二氧化碳的含量还有一定的下降，还有进一步提高操作系数的余地。

3 优化方向

通过近一段时间的操作调整，PSA的操作有了一定的优化，产品氢气的收率有所提高，但是离90%的设计指标还有差距。针对这个目标下一阶段的工作主要有以下几个方面。

(1) 在保证产品氢气质量合格的前提下将解析气中的氢气含量降低到30%以下，要将解析气中的氢气含量降低主要可以从以下几个方面进一步入手，首先通过极限操作尽量提高操作系数，使产品氢气纯度保持在99.99%并使一氧化碳+二氧化碳的含量尽量靠近设计值的50ppm，通过延长单塔的吸附时间来降低氢气的损耗，提高氢气收率；其次可以适当的降低顺放量，在保证冲洗彻底的前提下减少顺放量可以有效地降低氢气损耗，由于PSA的氢气损耗主要由顺放的氢气量决定的，要进一步提高氢气收率降低解析气中的氢气含量降低顺放量是最有效的方法，但是由于PSA的操作性质的限制，调整PSA的操作需要尽量的缓慢，同时需要长时间的稳定操作并观察分析调整后所带来的变化，剔除不稳定状态的影响，找到合理的操作参数，所以在今后的一到两个月的时间主要工作是在保证冲洗彻底的前提下减少顺放量来达到提高产品收率；

（2）由于装置的低负荷运转PSA的解析气流量波动很大，造成制氢转化炉的燃烧也产生波动，炉膛温度和氧含量也跟着解析气的流量波动，为了降低解析气流量的波动可以通过控制解析气去转化炉控制阀进行调节来达到控制解析气流量的作用[2]；

（3）由于PSA装置是高度程序化的设计，很多控制参数已经由设计单位程序化固定好，但其中很多参数是满负荷状态的设计，与我装置现在的低负荷生产并不相符，今后可以根据我装置的实际情况应该与设计单位进行沟通，可以根据实际情况进行适当的调整来到达最佳的运行状态，达到装置的最佳经济效益。

4 程控阀故障

通过以上调整制氢解析气氢含量得到大幅度降低，但由于PSA在2015年7月21日、8月8日相继出现PSA吸附塔T4101C二、三均压控制阀与吸附塔T4101E顺放程控阀故障，对PSA操作造成严重影响。

4.1 情况介绍

4.1.1 二、三均压

（1）二均降压(E2D)

在一均降过程完成后，打开程控阀XV1704C和XV1704F，将C塔内较高压力的氢气放入刚完成三均升的F塔，用于F塔的二均升。这一过程继续回收C塔床层死空间内的氢气，同时C塔的吸附前沿也将继续向前推移，但仍未达到出口。

（2）三均降压(E3D)

在二均降过程完成后，打开程控阀XV1704C和XV1704G，将C塔内较高压力的氢气放入刚完成了四均升的G塔，用于G塔的三均升，直到C、G两塔的压力基本相等为止。这一过程同样是继续回收C塔床层死空间内的氢气，同时C塔的吸附前沿也将继续向前推移，但仍未达到出口。

（3）三均升压(E3R)

在四均升压过程完成后，打开程控阀XV1704C和XV1704G，再将G塔内较高压力的氢气回收进刚完成了四均升的C塔，进行三均升。

（4）二均升压(E2R)

在三均升压过程完成后，打开程控阀XV1704C和XV1704H，利用H塔二均降时较高压力的氢气对C塔进行二均升。

如图1所示，在C塔二、三均降的过程中C塔的压力未与F、G两塔均压，二三均降过程失效，造成C塔四均降压力超标，对吸附塔床层造成一定的冲击。同理在二三均升的过程中受此影响亦对吸附剂床层造成冲击。

4.1.2 顺放

均压过程结束后，吸附塔压力仍有0.4MPa左右，而此时的杂质吸附前沿仍未到达床层顶部，故可通过顺放获得冲洗再生气源。顺放过程通过XV1706E、XV1709进行，顺放气进

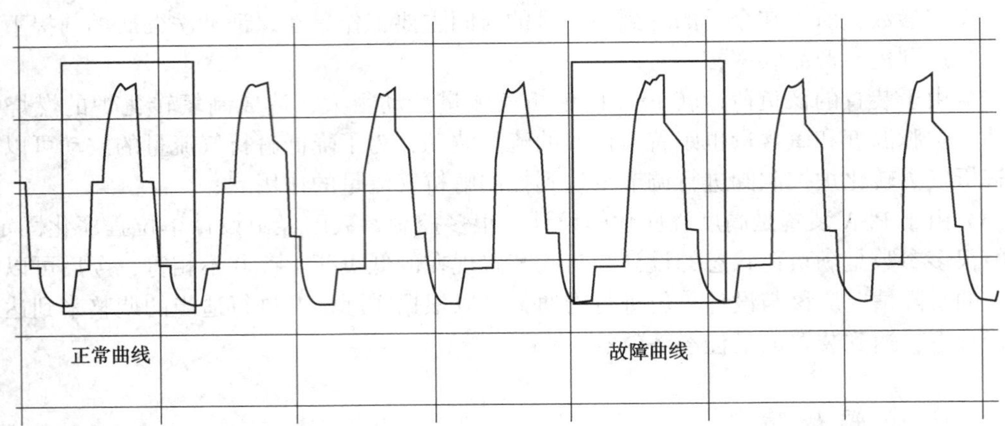

图1　吸附塔 T4101C 运行曲线

入顺放气罐 V4101。

表1　产品氢气化验数据

时间	纯度	一氧化碳/ppm	二氧化碳/ppm	一氧化碳+二氧化碳
8日	99.995	12.8	22.5	35.3
9日	99.9969	2.7	24	26.7
10日	99.5152	2761.2	19.5	2780.7
10日	99.9605	286.3	8.1	294.4
10日	99.9875	29.4	75	104.4
10日	99.9986	4.9	2.9	7.8

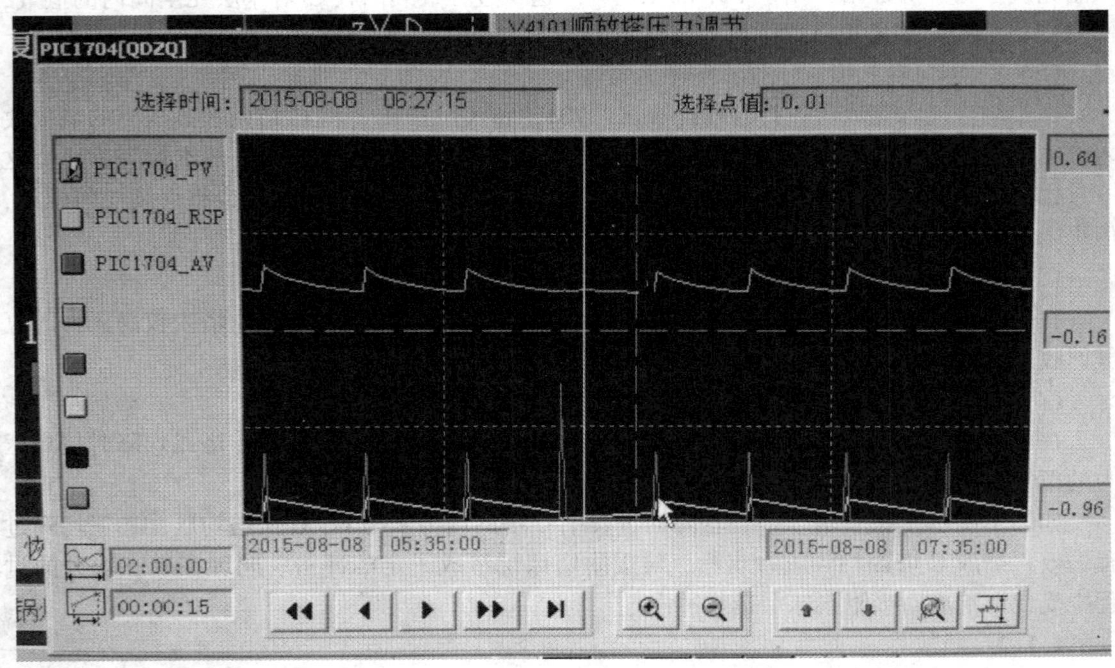

图2　V4101 顺放罐压

如图2所示，受T4101E顺放控制阀故障的影响，E塔不能顺放造成顺放罐T4101压力只能达到0.01MPa，对后续吸附塔冲洗造成巨大的影响，由于无足够的氢气对吸附塔进行冲洗，造成吸附剂杂质逐渐增多。引起产品氢气纯度由99.99%降至99.51%，一氧化碳含量由12.8 ppm增大至2761.2ppm，控制指标为产品氢≮99.9%，$CO+CO_2 \leqslant 40$ppm。一氧化碳严重超标。

表2 RSDS产品汽油化验数据

采样日期	硫含量(≤0.0050)/%(m)	硫醇性硫(≤10)/(mg/kg)
2015/8/9 9：00	0.006	1
2015/8/9 17：00	0.0058	
2015/8/9 23：00	0.01	
2015/8/10 5：00	0.0131	
2015/8/10 9：00	0.0134	3.3
2015/8/10 11：00	0.0123	
2015/8/10 15：00	0.0113	
2015/8/10 17：00	0.0092	
2015/8/10 23：00	0.0061	
2015/8/11 6：00	0.002	

8月9日汽油选择性加氢装置产品汽油出现硫含量超标，硫含量最高达到0.0134%(硫含量控制指标0.005%)，操作人员初期怀疑是原料硫含量波动造成的，将加氢反应温度由245℃提高至263℃，效果不明显。取循环氢化验发现循环氢内一氧化碳含量达到133.5ppm。由此得出此次汽油不合格的主要原因是新氢中一氧化碳超标造成的。

表3 RSDS循环氢化验数据

日期	一氧化碳/ppm	二氧化碳/ppm	硫化氢/(mg/m^3)
2015/8/5			0
2015/8/6			0
2015/8/7			0
2015/8/8			0
2015/8/9			0
2015/8/10	133.5	41.9	
2015/8/10			0
2015/8/10	29.3	8.6	
2015/8/11			0
2015/8/12			1

4.2 原因分析

PSA程控阀是由上海华西制造的气动截止阀又称气动程控阀。本次程控阀故障怀疑是底部阀杆与阀座连接处销子脱落造成的(如图3所示)。

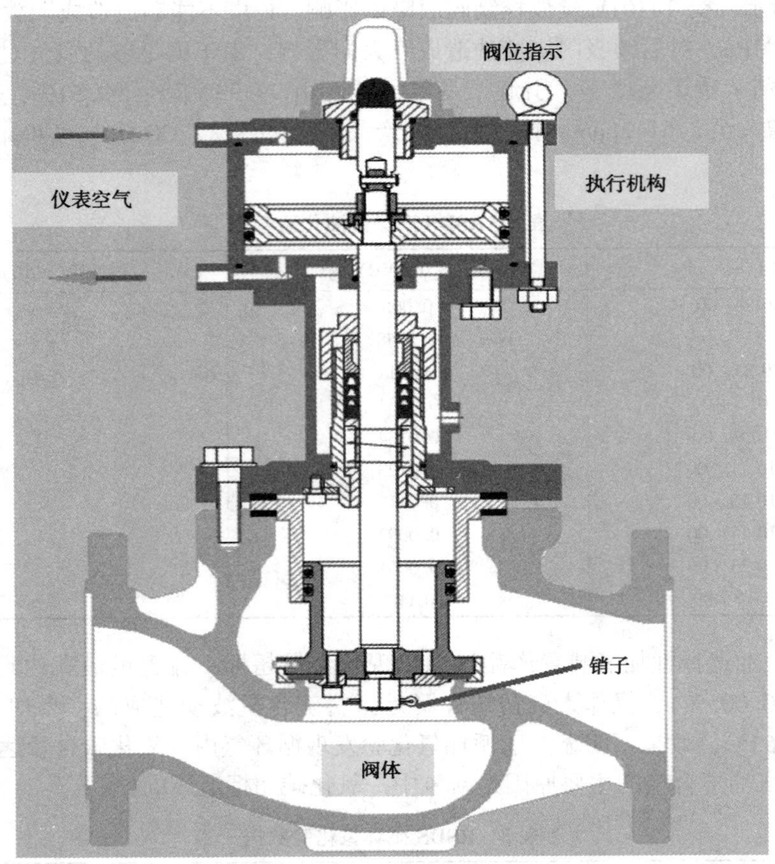

图3 程控阀内部结构

4.3 措施

控制阀出现故障后车间及时采取以下措施：

（1）分别将PSA吸附塔T4101C、E两塔切出系统，PSA六塔运行；

（2）根据负荷调整操作系数，保证产品氢各参数合格。

4.4 操作注意事项

（1）控制PSA产氢压力在2.15MPa左右，严禁产氢压力低于2.0MPa；

（2）六塔运转时先不考虑解析气氢含量，保证产品氢纯度合格（一氧化碳+二氧化碳小于40ppm）；

（3）中控人员关注PSA运转塔程控阀运行情况，发现问题及时联系处理；

（4）根据加氢装置负荷，及时调整制氢装置进料量。

5 结论

通过近期的实际操作调整，PSA的实际操作有了一定的优化，但是离目标还有一定差距，在今后的生产中应该根据上面的调整方法进一步优化操作，进一步提高氢气收率已达到提高经济效益的目的。

参 考 文 献

[1] 黄星，曹文胜．变压吸附PS净化天然气技术[J]．低温与特气，2014.3(32)：6-9.
[2] 李继文．变压吸附(PSA)废气的回收利用[J]．化工科技，2011，19(1)：38-39.

不同改性 ZSM-5 分子筛的镍基催化剂上甲基环己烷的脱氢性能研究

宋 烨 林 伟 田辉平 王 磊 刘 俊

（中国石化石油化工科学研究院，北京 100083）

摘 要 采用浸渍法制备了一系列 Ni/ZSM-5 和 Ni/SiO_2 催化剂；采用饱和吸附 MCH 后程序升温脱附考察了不同催化剂对 MCH 的吸附性能。采用 BET、XRD、程序升温氨脱附（NH_3-TPD）、程序升温还原（H_2-TPR）以及吡啶吸附-脱附红外光谱法表征了制备的催化剂。在反应温度 400℃、压力 1.5MPa、空速 $5h^{-1}$ 的条件下，考察了催化剂 Ni/NaZSM-5、Ni/ZSM-5-P、Ni/ZSM-5-P-Fe 和 Ni/SiO_2 上的甲基环己烷的脱氢芳构化反应活性，同时也分析了甲基环己烷在不同催化剂上的产物分布。结果表明，不同改性 ZSM-5 分子筛负载 Ni 催化剂的吸附性能对甲基环己烷的反应活性有重要的影响。催化剂 Ni/ZSM-5-P-Fe 具有较高的甲基环己烷脱氢芳构化反应活性，说明一定强度的 Bronsted 酸中心能较好的促进甲基环己烷脱氢芳构化反应的进行；具有一定强度的酸中心和金属中心双功能催化剂可以相互耦合，通过协同作用使甲基环己烷脱氢芳构化反应活性最高。

关键词 改性 ZSM-5 甲基环己烷 脱氢芳构化 辛烷值 脱硫技术

随着国家和社会对于环境保护的日益重视，世界各国不断出台更加苛刻的环保法规，汽油质量和尾气排放标准也随之在不断升级[1~5]。同时发动机技术的提高、排放净化装置的正常工作，也对汽油品质提出越来越高的要求，特别是汽油中硫成分将会使催化转化器和氧传感器因发生硫中毒而失效，导致排放控制系统的无法正常工作。因此，减少汽油中的硫含量成为清洁汽油生产的重要内容。北京地区已经于 2015 年 5 月 31 日开始实施京Ⅴ清洁汽油标准，要求汽油中的硫含量下降至 10μg/g 以下，全国其余地区也将于 2017 年 1 月 1 日起正式实施国Ⅴ汽油标准，全面将硫含量压缩至 10μg/g 以下，为了满足日趋严格的环保法规，对更高效汽油脱硫技术的需求不断增加[5]。

SZorb 吸附脱硫剂是一种在临氢条件下，通过专用吸附剂选择性吸附汽油中的含硫化合物，降低汽油硫含量的工艺技术。S Zorb 具有脱硫深度高，辛烷值损失低的特点成为一种具有竞争力的清洁汽油生产技术，中国石化将该技术作为降低汽油硫含量、满足清洁汽油生产、实现汽油质量升级的主要技术[6~8]。

我国汽油池中催化裂化汽油占 85%以上，辛烷值不足的问题尤为突出，为弥补汽油 RON 在脱硫过程中因烯烃加氢饱和的损失，在脱硫同时改善产品汽油辛烷值具有重要意义。针对目前我国车用汽油标准中对芳烃含量的上限还有一定伸缩空间，可以在脱硫的同时将催化裂化汽油中的环烷烃组分通过脱氢芳构化反应，将其转化为具有较高辛烷值的芳烃类产物[9-12]。但是环烷烃脱氢反应会有一系列副反应发生，如缩合、开环裂化、异构化等，因此催化剂在提高高辛烷值目标产物的选择性上起着重要的作用。

虽然环烷烃脱氢反应可以在单一金属中心[13, 14]或酸中心上[15, 16]进行，但也有研究[17]表明双功能催化剂上的脱氢活性高于单一活性中心。不少研究尝试考察沸石分子筛的酸性的对芳构化选择性的影响，但并没有明确的结果。

本研究以甲基环己烷为模型化合物，通过浸渍法制备了一系列 Ni 负载型双功能催化剂，在催化加氢转化脱硫反应条件下，考察了甲基环己烷在不同载体负载 Ni 催化剂上的脱氢芳构化反应活性。

1 实验

1.1 样品与试剂

NaZSM-5 分子筛原粉，上海申昙环保新材料有限公司催化剂厂产品，$Ni(NO_3)_2$、$Fe(NO_3)_3$、$NH_4H_2PO_4$、甲基环己烷，分析纯，Alfa Aesar 公司产品。惰性 SiO_2，Evonik Degussa 公司产品。

1.2 催化剂制备

按笔者相关报道方法[11, 12]制备得到催化剂 Ni/ZSM-5-P，Ni/ZSM-5-P-Fe，Ni/SiO_2，Ni/NaZSM-5。将催化剂压片造粒，收集 50~170 目的催化剂颗粒用于脱氢芳构化反应活性评价。

1.3 催化剂活性评价

催化剂的脱氢芳构化活性评价在连续加氢微型反应装置上进行。脱氢反应温度为 400℃、反应压力 1.5MPa。反应稳定 2h 后开始取样分析，液体产品采用 Agilent Technology 公司的 7890－5975C 型气相色谱—质谱联用仪进行分析，气相产物组成采用 Agilent Technology 公司的 7890B 气相色谱仪分析。

2 结果与讨论

2.1 催化剂的表征

2.1.1 不同载体负载镍催化剂的物化性质

图 1 为四个样品的 N_2吸附-脱附等温线。由图 1 可见，根据 IUPAC 分类标准，三个不同分子筛负载 Ni 催化剂的吸附/脱附等温线可归为 Ⅳ型等温吸附线，它们滞后回线为 H_4型。催化剂 NiO/ZSM-5-P、NiO/ZSM-5-P-Fe 滞后回线为垂直型，NiO/NaZSM-5 的滞后回线为水平型，说明载体分子筛经过改性后，部分孔道由“墨水瓶状孔”转变为“管状孔”，管状孔结构的催化剂与孔外表面连通性更好，有利于反应物扩散[11,12,18,19]。

2.1.2 XRD 表征

图 2 为四个催化剂样品的 XRD 衍射图。由图 2 可知，四个催化剂样品均明显的 NiO 的

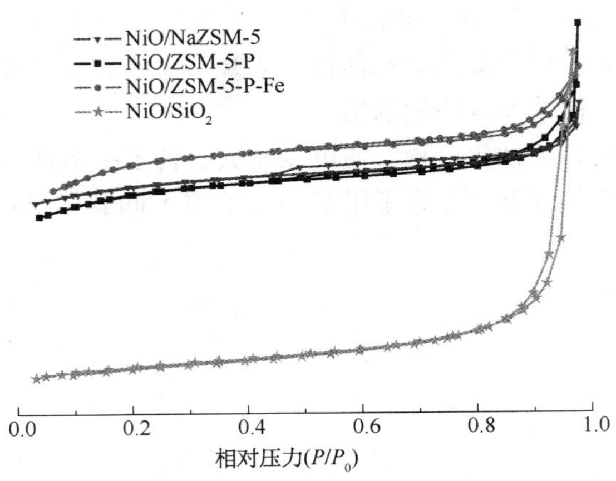

图1　不同改性ZSM-5分子筛负载Ni催化剂的N_2吸附-脱附曲线[11, 12]

晶相衍射峰(PDF 00-001-1239)，说明催化剂样品中的金属镍主要以负载型金属氧化物的形态存在。催化剂NiO/ZSM-5-P-Fe的NiO衍射峰强度弱与催化剂NiO/NaZSM、NiO/ZSM-5-P的衍射峰强度，说明在载体ZSM-5-P-Fe上NiO分散的更好。

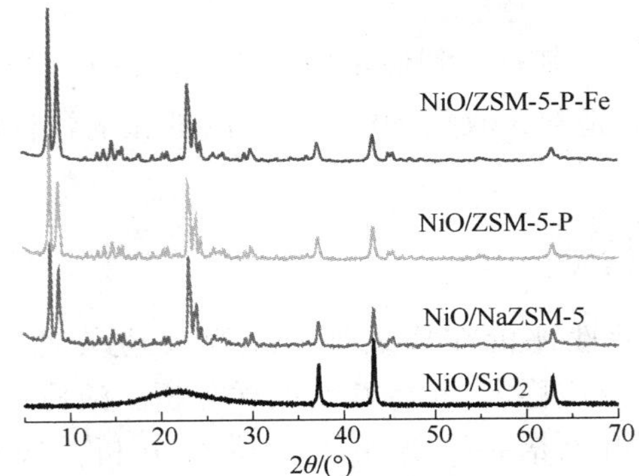

图2　不同改性ZSM-5分子筛负载Ni催化剂的XRD谱图[11, 12]

2.1.3　NH_3-TPD结果分析

用NH_3-TPD法测定催化剂的总酸量，结果如图3所示，总酸量见表1。根据NH_3-TPD图谱，可以归纳出三个脱附区，其中<250℃脱附区对应于弱酸中心，250-450℃对应于中强酸中心，而>550℃对应于强酸中心。催化剂NiO/SiO_2载体为高纯二氧化硅，没有任何酸中心，总酸量为0，说明双功能催化剂上的酸性中心主要来自于载体酸性，金属Ni的引入基本带来酸性中心。样品NiO/NaZSM-5在230℃左右出现NH_3脱附峰，说明该催化剂以弱酸中心为主。通过对脱附峰面积积分计算，样品NiO/NaZSM-5、NiO/ZSM-5-P、的总酸量分别为283μmol/g、422μmol/g、360μmol/g[20]。样品NiO/ZSM-5-P-Fe在385℃左右出现了较强的NH_3脱附峰，说明样品NiO/ZSM-5-P-Fe上具有相对较高比例的中强酸活性位。由于载体中Fe的引入，可能会吸附在原分子筛中的部分酸中心上，因此样品NiO/ZSM-5-P-Fe的总酸量较样品NiO/ZSM-5-P总酸量有所减少，并可能在一定程度上修饰了ZSM-5载体的孔道结构，使活性组分NiO在ZSM-5载体上的分散的更好，可减小NiO晶粒大小，促进活性组分与载体之间的相互作用。

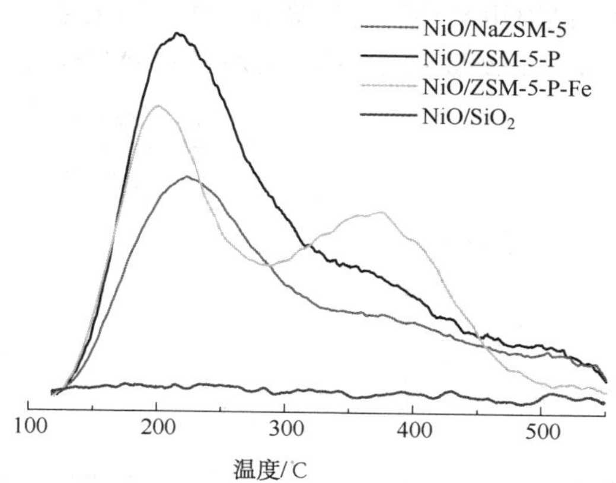

图 3　不同改性 ZSM-5 分子筛负载 Ni 样品的 NH_3-TPD 谱图[11, 12]

表 1　不同样品的酸性分析结果

样　　品	NH_3-TPD 总酸量（吸附的 NH_3 总量）/（μmol/g）
NiO/SiO_2	0
NiO/NaZSM-5	282. 9
NiO/ZSM-5-P	421. 6
NiO/ZSM-5-P-Fe	360. 7

2. 1. 4　H_2-TPR 结果分析

TPR 技术可以提供负载型金属催化剂在还原过程中金属物种与载体之间相互作用的信息。图 4 是不同改性 ZSM-5 分子筛负载 Ni 样品的 H_2-TPR 谱图。由图 4 可见，这四个样品均在 300℃开始出现镍的还原峰，但由于载体性质不同，其上面镍的分布状态会有所不同。样品 NiO/ZSM-5-P、NiO/ZSM-5-P-Fe 最高还原峰在 380℃左右，还原温度较样品 NiO/NaZSM-5 的还原峰温度有所降低，说明载体分子筛经过磷、铁改性后，负载其上的 NiO 更容易还原，这对提高金属 Ni 的脱氢活性是有利的。

样品 NiO/ZSM-5-P-Fe 的 NH_3-TPD 谱图在 450℃后还出现了两个小的肩峰，峰位置分别在 462℃和 540℃左右。这两个肩峰可以归属为 Fe_2O_3 逐渐还原为 FeO 和 Fe 的还原峰。说明载体改性过程中引入的 Fe 可能与负载的 NiO 发生相互作用，提高 NiO 的反应活性。

2. 1. 5　催化剂上甲基环己烷吸附性能

对于气固非均相催化反应来说，根据扩散理论，必须经过外扩散-内扩散-吸附-反应-脱附-内扩散-外扩散这几个步骤。对于小分子反应来说，不同催化剂对于甲基环己烷的吸附性能在一定程度也能影响到该催化剂的反应性能。采用饱和吸附甲基环己烷后程

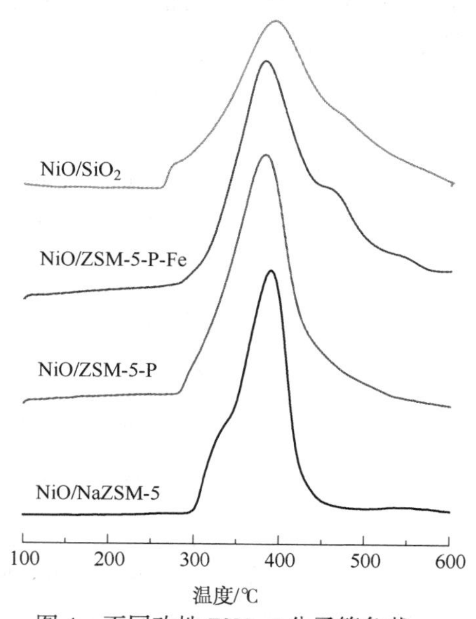

图 4　不同改性 ZSM-5 分子筛负载 Ni 样品的 H_2-TPR 谱图[11, 12]

序升温脱附考查了该四种样品对甲基环己烷的吸附性能，结果如图5所示。吸附容量由高到低依次为：Ni/ZSM-5-P-Fe>Ni/ZSM-5-P >Ni/NaZSM-5>Ni/SiO_2。

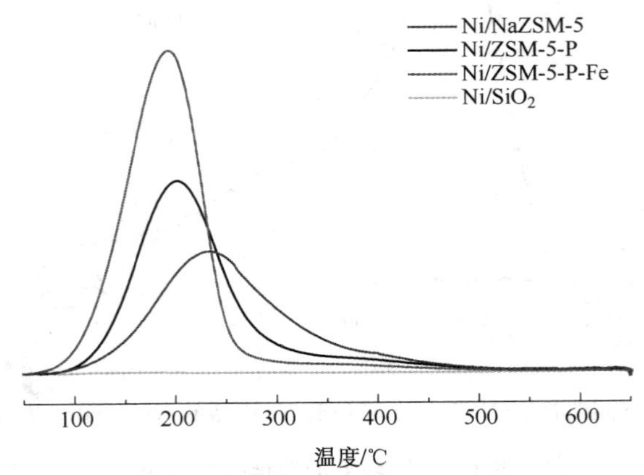

图5 不同改性ZSM-5分子筛负载Ni样品的MCH-TPD谱图

2.2 催化活性

2.2.1 不同Ni/分子筛催化剂上甲基环己烷的转化率

甲基环己烷在双功能催化剂作用下主要发生脱氢芳构化、异构化、裂化等反应，产物以芳烃、直链或环状异构烷烃以及小分子烷烃为主。图6是甲基环己烷在同改性ZSM-5分子筛负载Ni催化剂的转化率，从图6中可看出，甲基环己烷在不同样品作用下的反应活性有明显的差别，但均随着反应时间的增加有所下降。甲基环己烷在样品Ni/ZSM-5及Ni/SiO_2上转化率比较低，初始转化率都不超过20%。首先从MCH脱附试验结果发现这两种样品对甲基环己烷的吸附量均很低，在催化剂活性中心上反应物浓度较低，是导致反应活性低的重要原因。

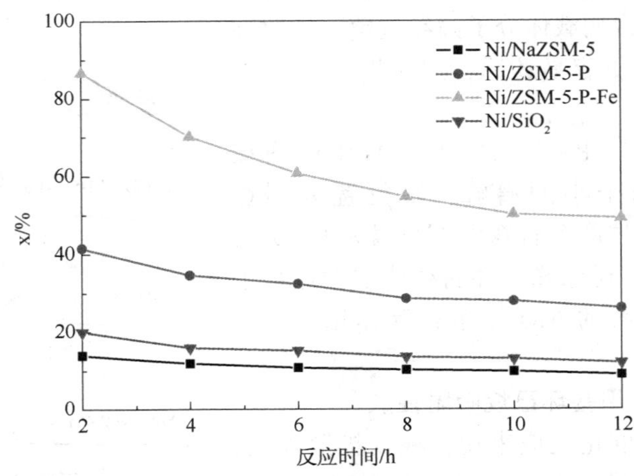

图6 甲基环己烷在不同改性ZSM-5分子筛负载Ni催化剂的转化率

结合NH_3-TPD酸性分析结果，说明在单一的金属Ni活性中心作用下，MCH可以发生脱氢芳构化反应，但反应活性较低，Lewis酸的加入并不能促进MCH的脱氢反应。样品Ni/

ZSM-5-P-Fe具有最高的反应活性，初始转化率超过85%，反应12h后的平衡转化率也较高，在50%左右。样品Ni/ZSM-5-P的活性低于Ni/ZSM-5-P-Fe的反应活性，反应2h后的转化率为41.5%，但其活性也随着时间的增加而缓慢降低，12h后的转化率为26.1%。说明Bronsted酸中心的存在能很好地促进MCH的脱氢芳构化反应。该活性结果与催化剂对MCH的吸附性能结果一致。

2.2.2 甲基环己烷在不同Ni/分子筛催化剂作用下的产品分布

图7为甲基环己烷在不同催化剂作用下的产品分布。由图7(a)可见，样品Ni/ZSM-5-P-Fe在反应开始的前2h芳烃的收率高达65%，反应12h后，在平衡转化率下，芳烃收率稳定在30%左右，而异构化产品的收率和裂化气体产率并不是很高，气体产率反而均低于Ni/ZSM-5-P，说明样品Ni/ZSM-5-P-Fe的脱氢芳构化活性比较高。在双功能催化剂上，芳烃主要是吸附在催化剂表面的MCH分子在金属-酸双活性中心的协同作用下生成，但在甲基环己烷脱氢反应生成芳烃的过程中，部分芳烃可进一步脱氢聚合生成大分子芳烃乃至积碳，导致活性中心被覆盖，造成芳构化反应减少。但由于S Zorb反应吸附脱硫技术是在流化床反应器中进行，催化剂不断在反应器及再生器中循环，能够得到及时再生，可以很好地解决积炭造成活性降低的问题。

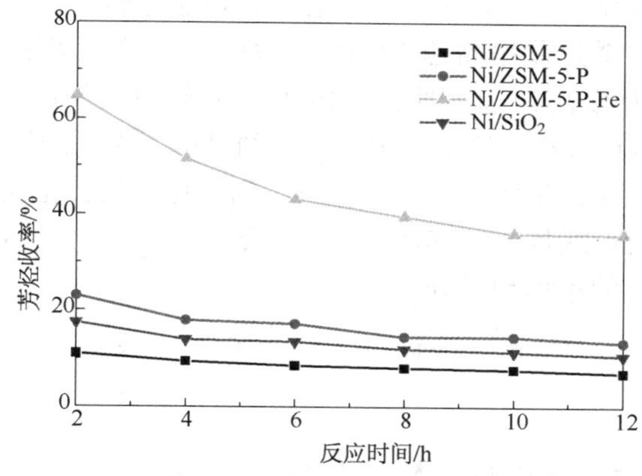

图7(a) 甲基环己烷在不同改性ZSM-5分子筛负载Ni催化剂的芳烃收率

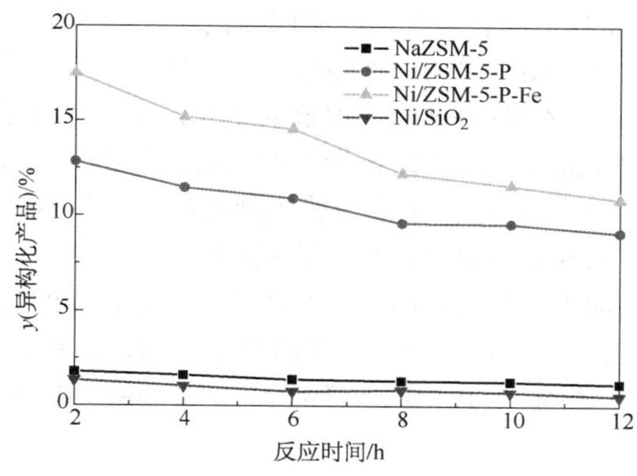

图7(b) 甲基环己烷在不同改性ZSM-5分子筛负载Ni催化剂的异构化产物收率

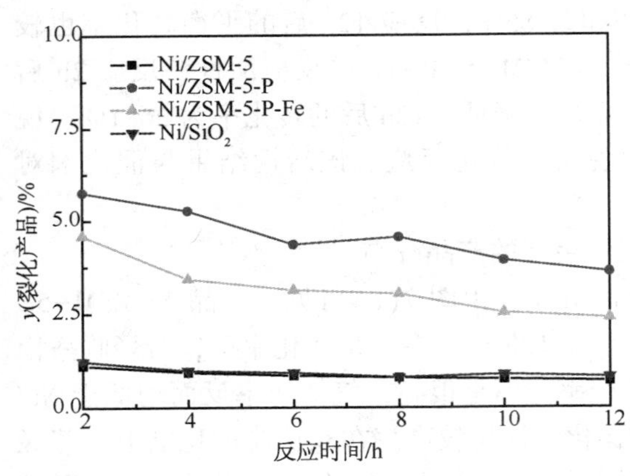

图 7(c) 甲基环己烷在不同改性 ZSM-5 分子筛负载 Ni 催化剂的裂化产物收率

样品 Ni/NaZSM-5、Ni/ZSM-5-P 以及 Ni/SiO_2的芳烃收率均比较低，其中具有较高转化率的 Ni/ZSM-5-P 发生芳构化反应也很少，结合图 7(b)和图 7(c)可知，样品 Ni/ZSM-5-P 由于具有大量的酸性活性中心，更倾向于发生异构化及裂化反应，其异构化产品收率与活性很高的 Ni/ZSM-5-P-Fe 比较接近。值得注意的是，样品 Ni/ZSM-5-P 催化 MCH 反应后气体收率要高于 Ni/ZSM-5-P-Fe；从气体生成的反应原理分析，酸中心的裂化反应是气体生成的主要原因，样品 Ni/ZSM-5-P 最高的酸量也是其裂化反应较多的原因。

样品 Ni/NaZSM-5 的酸量比较低，并且强度也比较弱，其整体转化率很低，芳构化、异构化以及裂化反应的活性都不高，各组分产品均处于一个比较低的值。样品 Ni/SiO_2不具备任何酸性，很难发生异构化反应，因此其异构化产品收率很低；但其芳烃收率比较高，在初始阶段 20%转化情况下，芳烃收率高达 17.4%，说明单一的金属中心也可以促进甲基环己烷的脱氢反应，并且具有较高的选择性，但由于缺少酸中心的协同作用，活性偏低。Ni/SiO_2虽然没有酸中心，但在氢气气氛下，镍基催化剂可产生大量的活泼氢，烃分子也会在活泼氢作用下可发生均裂反应，生成小分子烃。考虑到催化加氢转化脱硫过程中，芳构化和异构化催化剂是以添加剂的形式加入，其加入量受到限制，因此对其活性要求更高。因此单一的金属催化剂并不是理想的添加剂组分。

3 结论

比较不同改性 ZSM-5 分子筛负载 Ni 催化剂反应性能可知，磷改性后的 ZSM-5 的酸量明显增大，因此样品 Ni/ZSM-5-P 比 Ni/ZSM-5 具有更高的异构化和裂化活性，样品 Ni/ZSM-5-P 上的异构化产品收率和裂化产物收率明显高于样品 Ni/ZSM-5 上的异构化产品收率和裂化产物收率，异构化产品收率的增加能够增加产品汽油辛烷值，而过高的裂化活性会造成产品收率降低，样品 Ni/ZSM-5-P 在 30%转化的情况下，小分子烷烃收率高达 5%，液收降低造成的经济损失明显高于辛烷值改善带来的效益，使得该催化剂的反应效果不理想。采用铁对 ZSM-5-P 进一步改性后的分子筛为载体制备出的样品 Ni/ZSM-5-P-Fe 的有一定量的中强酸，因此样品 Ni/ZSM-5-P-Fe 上金属-酸双功能活性中心协同作用更明显[11, 12]，并且从甲基环己烷脱附反应中发现该样品对甲基环己烷具有很高的吸附量，这些因素促使该样品容易吸附甲基环己烷，并通过金属-酸两种活性中心的协同作用发生芳构化反应，大量生成芳烃，说明与样品 Ni/ZSM-5-P 相比，样品 Ni/ZSM-5-P-Fe 具有更优的异构化、芳构化反应性能。

参考文献

[1] SONG C. An overview of new approaches to deep desulfurization for ultra-clean gasoline, diesel fuel and jet fuel [J]. Catalysis today, 2003, 86(1): 211-263.

[2] BABICH I V, MOULIJIN J A. Science and technology of novel processes for deep desulfurization of oil refinery streams: a review[J]. Fuel, 2003, 82(6): 607-631.

[3] ITO E, Van Veen J R. On novel processes for removing sulphur from refinery streams[J]. Catalysis Today, 2006, 116(4): 446-460.

[4] BRUNET S, MEY D, PÉROT G, et al. On the hydrodesulfurization of FCC gasoline: a review[J]. Applied Catalysis A: General, 2005, 278(2): 143-172.

[5] 曹湘洪. 车用燃料清洁化——我国炼油工业面临的挑战和对策[J]. 石油炼制与化工, 2008, 39(1): 1-8. Petrochemicals, 2008, 39(1): 1-8.

[6] 龙军, 林伟, 代振宇. 从反应化学原理到工业应用: Ⅰ. S Zorb 技术特点及优势[J]. 石油学报: 石油加工, 2015, 31(1): 1-6.

[7] 林伟, 龙军. 从反应化学原理到工业应用: II. S Zorb 催化剂设计开发及性能[J]. 石油学报: 石油加工, 2015, 31: 419-425.

[8] 李鹏, 张英. 中国石化清洁汽油生产技术的开发和应用[J]. 炼油技术与工程, 2010, 40(12): 11-15.

[9] Belatel H, Al-Kandari H, Al-Kharafi F, et al. Catalytic reactions of methylcyclohexane (MCH), on partially reduced tungsten oxide (s)[J]. Applied Catalysis A: General, 2007, 318: 227-233.

[10] Belatel H, Al-Kandari H, Al-Khorafi F, et al. Catalytic reactions of methylcyclohexane (MCH) on partially reduced MoO_3[J]. Applied Catalysis A: General, 2004, 275(1): 141-147.

[11] 宋烨, 林伟, 龙军, 等. 不同改性 ZSM-5 分子筛负载 Ni 催化剂上的正辛烷芳构化和异构化催化性能[J]. 石油学报: 石油加工, 2016, 32(4): 659-665.

[12] 宋烨, 林伟, 田辉平, 等. 不同改性 ZSM-5 分子筛负载 Ni 催化剂上 1-庚烯芳构化和异构化性能研究[J]. 石油炼制与化工, 2016, 47(8): 1-6.

[13] Allan D E, Mayer F X, Voorhies Jr A. Influence of Catalyst Properties on the Simultaneous Dehydrogenation and Isomerization of Cyclohexane. Industrial & Engineering Chemistry Product Research and Development, 1977, 16(3): 233-237.

[14] Blakely D W, Somorjai G A. The dehydrogenation and hydrogenolysis of cyclohexane and cyclohexene on stepped (high miller index) platinum surfaces. Journal of Catalysis, 1976, 42(2): 181-196.

[15] Corma A, Agudo A L. Isomerization, dehydrogenation and cracking of methylcyclohexane over HNaY zeolites. Reaction Kinetics and Catalysis Letters. 1981, 16(2-3): 253-257.

[16] Corma A, Mocholi F, Orchilles V, et al. Methylcyclohexane and methylcyclohexene cracking over zeolite Y catalysts. Applied catalysis, 1990, 67(1): 307-324.

[17] Coughlan B, Keane M A. The catalytic dehydrogenation of cyclohexane and methylcyclohexane over nickel loaded Y zeolites. Catalysis letters, 1990, 5(2): 89-100.

[18] Janssen A H, Koster A J, De Jong K P. On the shape of the mesopores in zeolite Y: A three-dimensional transmission electron microscopy study combined with texture analysis[J]. The Journal of Physical Chemistry B, 2002, 106(46): 11905-11909.

[19] Groen J C, Pérez-Ramírez J. Critical appraisal of mesopore characterization by adsorption analysis[J]. Applied Catalysis A: General, 2004, 268(1): 121-125.

[20] Choi E, Nam I, Kim Y G. TPD Study of Mordenite-Type Zeolites for Selective Catalytic Reduction of NO by NH_3. [J] Journal of Catalysis, 1996, 161(2): 597-604.

船用残渣型燃料油在线调合工艺及小试装置实验研究

李遵照　薛　倩　刘名瑞　肖文涛　李　雪　王晓霖　王明星　张会成

（中国石化抚顺石油化工研究院，抚顺　113001）

摘　要　针对船用残渣型燃料油在线调合工艺要求，开展了渣油掺稀黏温模型研究、开发了船用燃料油在线管理系统、设计了新型高效静态混合器，并在此基础上开发了残渣型燃料油在线调合工艺。建立了处理能力为 240L/h 的残渣船用燃料油在线调合小试装置。运行试验表明，该设备运行平稳，能够实现调合方案生成、连续生产自动控制、产品性能实时反馈和配方调整的全过程。能够生产国标各型号船用残渣型燃料油，产品稳定性好。

关键词　残渣型燃料油　黏度模型　在线调合工艺　小试设备

1　引言

重质船用燃料油是用于大型中低速船用柴油机的燃料，也称为船用残渣型燃料油，通常是直馏渣油、减压渣油或和一定比例的轻组分混合而成[1,2]。2016 年全球船用燃料油需求量为 2 亿吨左右，国内 2016 年船用燃料油市场需求约为 1500 万吨。

在重质船用燃料油的调合中，由于各组分油黏度比较高，在机械能传递给物料时，主要不是形成涡流扩散，而是在剪切作用下把被调合的物料撕拉成很薄的薄层，再通过分子扩散达到均匀混合[3]。

常用的油品调合工艺可分为两种方式：油罐批量调合和管道连续调合。目前，国内残渣船用燃料油生产以间歇式罐式批量调合为主，生产效率低，能耗高，各组分油主要是通过搅拌混合，产品稳定性有待提高。英国 JISKOOT 公司报道了船用燃料油管道连续调合工艺及设备[4]，该工艺采用喷射混合器，对于组分油黏度差异大的油品难以取得较好的混合效果。目前，残渣型燃料油连续调合工艺国内还未见应用的报道。

残渣型燃料油在线调合需要解决以下几个问题，一是针对黏度、闪点等非线性指标的预测模型研究；二是针对黏度差异大的组分油管道混合器和强化混合器开发；三是低成本为目标的优化调合方法；四是连续在线调合工艺及设备的建立。

抚顺石油化工研究院（FRIPP）在重质燃料油调合方面，开发了以非线性指标预测模型为基础的燃料油优化调合方法[5]和燃料油连续优化调合工艺[6]、研制了燃料油连续高效均质调合装置[7]、取得燃料油调合管理系统软件著作权[8]，解决了劣质组分油高效、连续、优化调合技术和低成本生成难题。为燃料油销售企业降低成本、提高效益、实现现代化生产工艺提供了核心技术。

2 船用燃料油在线调合管理系统

2.1 残渣型燃料油掺稀黏温模型研究

目前，对于混合原油黏度测定研究较多，对于渣油掺稀降黏这种高黏度比情况研究较少。混合油品的黏温关系一般借用阿累尼乌斯公式或者采用类似形式进行描述[9]。也有学者采用纯数学经验公式，公式中引入混合油比例项建立数学模型，再通过大量实验数据回归，得到模型参数。但是，该类模型都是基于经验模型，模型参数没有物理意义。

本研究将张克武导出的液体黏度理论方程[10]拓展应用到渣油掺稀混合油的黏温关系描述。基于实验和分析，提出渣油掺稀降黏包括沥青质稀释和解缔两种机理，并建立了渣油掺稀降黏模型[11]，见式(1)。

$$\ln\mu=(x'_{xy}\times\ln\kappa_{xy}+x'_{cy}\times\ln\kappa_{cy})+(x'_{xy}\times n_{xy}+x'_{cy}\times n_{cy})\times\ln[(T+140)/T^{1.47}] \quad (1)$$

上式中，$x'_{cy}=\dfrac{(1-\alpha)\times x_{cy}}{1-\alpha\times x_{cy}}$，$x'_{xy}=\dfrac{x_{xy}}{1-\alpha\times x_{cy}}$。

该模型只需测定各组分油的黏温数据和少量不同配比的混合油的黏温数据，即可拟合出模型参数，可用于不同配比和不同温度条件下渣油掺稀降黏黏度的预测。该模型计算值与实验值吻合较好。模型参数反映了混合油的构成和稀油对渣油沥青质缔合作用的影响，具有一定的物理意义。

2.2 燃料油在线调合管理系统

针对多组分的低成本调合、现有燃料油调合生产企业的数据管理等问题，开发“燃料油在线调合管理系统”[8]。该系统可以实现对组分油及调合油性质数据的管理、利用组分油的性质生成调合方案、对调合方案进行控制输出等功能。其中，利用最小二乘支持向量机模型，对产品指标进行预测，为提供调合方案提供了有力的支撑。将调合管理系统与控制系统结合，实现燃料油调合自动化或半自动化，提高生产效率，同时，利用控制系统对设备进行实时监控，不仅保证调合方案的稳定运行，还起到了安全防控的作用。

3 残渣型船用燃料油在线调合工艺

3.1 新型高效静态混合器

油品在管道内的调合大多采用静态混合器。静态混合器是在管道内安装各类混合元件，从而能够改变油品的流动方向，来达到混合均匀的目的。目前的管道混合器大多侧重于管道径向油品的混合，很少解决管道轴向油品配比不均的问题。本项研究开发了一种新型管道混合器(如图1所示)，该混合器由嵌套的内筒和外筒组成，内筒内部有不同管径的螺旋管道，外部有涡轮叶片，混合油品流经预混室、轴向螺旋管道、后混合室和径向涡轮流出，油品在螺旋管道内流动时，产生反推作用力，驱动内筒上的涡轮旋转，叶轮上的叶片对油品再进一步进行剪切、研磨，最终是各组分油混合均匀。油品可同时满足管道油品轴向与径向均匀混合的要求。

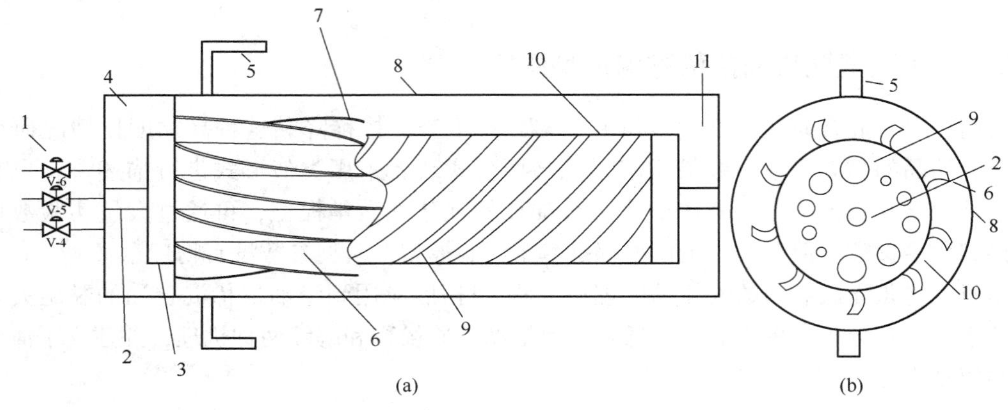

图1 新型静态混合器示意图(a)及平面图(b)

1—进料口；2—旋转轴；3—法兰；4—预混合室；5—出料口；6—涡轮；7—叶片；8—太阳能板外筒；9—螺旋管道；10—内筒；11—后混合室

3.2 在线调合工艺

在燃料油在线调合管理系统、高效静态混合器和剪切混合单元研究的基础上，开发了残渣型燃料油在线调合工艺(见图2)，该工艺针对生产残渣型燃料油的组分油特点，采取管道静态混合器分步降黏、高效剪切混合、流量、温度、黏度等在线计量、实时反馈及调整的思路。

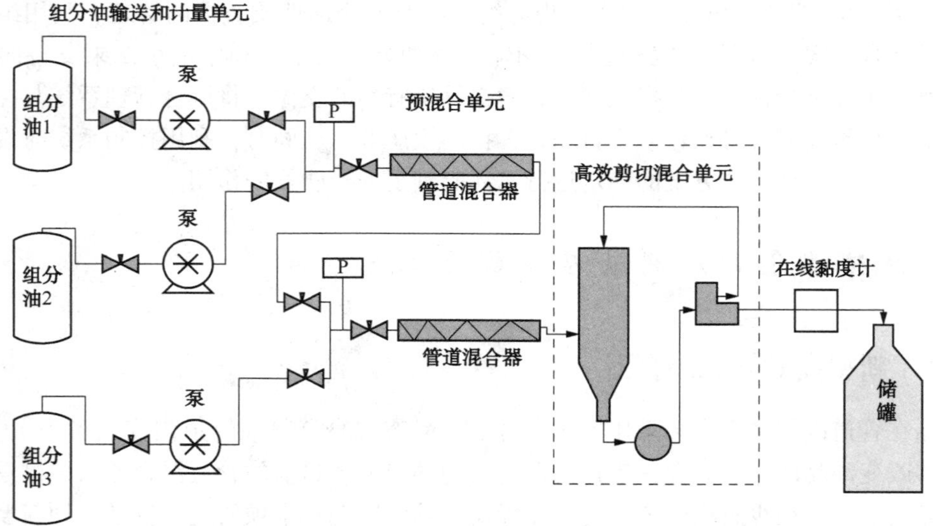

图2 残渣型燃料油在线调合工艺流程示意图

具体工艺路线如下：

（1）利用燃料油在线调合系统根据组分油的性质，计算出调合方案，操作人员根据实际的市场需求选定最优的调合方案后，确定并输出，输出的方案通过控制系统对设备进行控制。

（2）在对各组分油流量进行设定和各设备满足启动条件后，按动“装置启动”软按钮，控制系统启动煤柴油泵、页岩油泵和重油泵，连接的各阀门打开并处于自动调节状态。组分油通过泵从储罐中泵出，其流量按照燃料油调合系统计算得出的流量进行定量，在各组分油输送管线上均设置有调节阀，通过调节阀门开度，保证各组分油严格按照燃料油在线调合系统软件确定的流量配比进行混合。

（3）其中渣油或重油等稠油先与某稀油进入管道混合器进行稀释混合，然后再与其他组分进入主管道混合器进行充分混合。

（4）混合后的燃料油进入高效剪切混合单元，在该单元中预混合的物流与回流物流在高效混合罐中进一步混合，输出的物流通过高效剪切泵进行研磨、分散、剪切，且高效剪切泵后的物流经离心泵，部分回流至高效混合罐，进一步优化燃料油质量，延长储存周期。

（5）经过高效剪切混合单元的燃料油直接输送至储罐或配送单元。

（6）调合结束后，使用轻质组分油依次经过泵、阀门、管道混合器、高效剪切混合单元等设备，达到冲洗线路及设备的目的，为下一次设备再启动提供安全保障。

重质船用燃料油的组分油大多性质差距较大，尤其黏度对生产工艺的影响较大。对黏度较大的组分油进行泵送时，采用分步式降黏的方法，先将黏度最大的组分油与某一稀油在管道混合器中混合，降低黏度后，再与其他组分油一同进入主管道混合器混合。

燃料油从管道混合器预混合后，为了进一步提高油品性质，设置了剪切混合单元，该单元采用了一个具有回流线路的高效混合罐，通过将预混合新鲜物料与混合后的物料在高效混合罐中的混合、输出、再回混的过程，使各组分物流混合得更加充分，并且在高效混合罐后设有高效剪切泵，高效剪切泵中流体在转子磨齿与定子磨齿在高速旋转下的相对运动，使被加工物料在自重、离心力等复合的作用下，通过其可变环状间隙时，受到强大的剪切力、摩擦力和高频震动，达到分散、粉碎、均质、混合的目的，使燃料油的稳定性进一步的提高，同时延长油品变质周期。

4 残渣型燃料油在线调合装置及实验

4.1 小试设备简介

为了验证上述工艺，建立了一套残渣型燃料油在线调合小试装置(见图3)，该设备实现撬装化，占地面积小。应用了自主研发的燃料油在线调合管理系统、高效静态混合器和剪切混合单元，能够实现从计算调合方案、控制生产设备到连续调合生产、形成合格产品的全部生产过程。装置处理量为240L/h，能够实现2~4种组分油的调合，可以生产各类船用残渣船用燃料油。

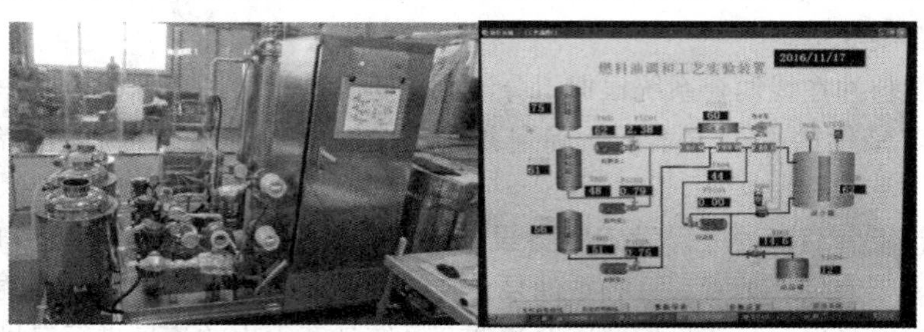

图3 残渣型燃料油在线调合小试装置及操作界面

4.2 实验结果

采用上述燃料油在线调合装置，针对三种组分油开展调合实验生产180cst船用燃料油，通过燃料油在线调合管理系统计算得到低成本调合配方(表1)，然后控制三种组分油的体积流量，通过两级管道静态混合器分步降黏，然后通过剪切混合单元对混合的油品进行剪切和研磨，最终产品通过黏度计进行在线测量和反馈。

表1 各组分油流量及温度

组分油	体积分数/%	温度/℃	流量/(L/min)
组分油1	46	70	1.84
组分油2	34	50	1.36
组分油3	20	50	0.80

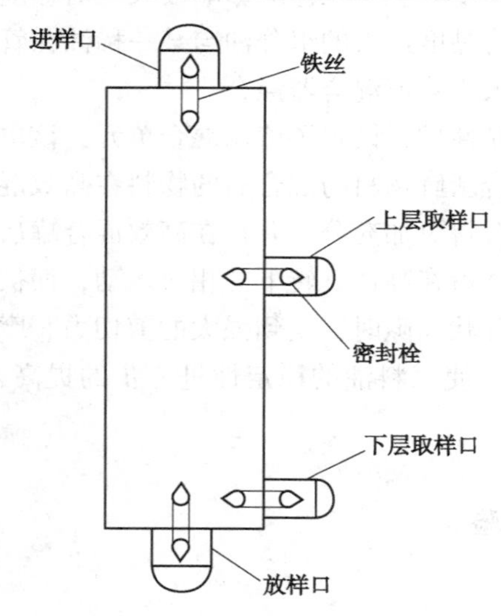

图4 残渣型燃料油稳定性测量装置

测量了上述装置生产的船用燃料油的运动黏度、密度和产品稳定性，并与采用磁力搅拌方式得到调合油进行了数据对比，见表2。稳定性采用梯度黏度法[12,13]进行测量，图4为残渣型燃料油产品稳定性测量装置示意图，该装置为一个长50cm的老化管，上部为进样口，下部为放样口，中部和底部设置有上层取样口和下层取样口。将待测燃料油加入该装置中密封，并在120℃条件下加速老化10h，然后分别从上层取样口和下层取样口取样并测定两者的运动黏度和密度。从而计算得到上层取样口和下层取样口样品的黏度差和密度差，并用来表征燃料油的稳定性。当上下层样品的黏度差不超过5mm²/s时，调合燃料油的稳定性较好；当逆流黏度差在5~10mm²/s时，调合燃料油的稳定性处于边界状态，具有不稳定的趋势，需要进一步考察；当逆流黏度差超过10mm²/s时，调合燃料油的稳定性较差。

表2 在线调合和搅拌调合产品数据对比

调合方式	50℃黏度/(mm²/s)	20℃密度/(g/cm³)	黏度差/(mm²/s)	密度差/(g/cm³)
搅拌调合	170.7	0.9855	1.3	0.0050
连续调合	167.4	0.9850	1.0	0.0035

从实验结果可知，该方案用两种方式调合后，检测数据接近，且从稳定性评价数据上来看，采用在线调合装置生产的产品，黏度差和密度差相对较小，说明混合更充分，稳定性更好。

5 结论

（1）开展了渣油掺稀黏温模型研究、开发了船用燃料油在线管理系统、设计了新型高效静态混合器，并在此基础上开发了残渣型燃料油在线调合工艺。

（2）建立的残渣船用燃料油在线调合小试装置，能够实现调合方案生成、连续生产自动控制、产品性能实时反馈和配方调整的全过程。试验表明，采用小试装置生产的船用燃料油产品与搅拌法生产的产品性能接近，稳定性更好，比传统残渣型燃料油生产方式效率提高。

参考文献

[1] Doust A M, Rahimi M, Feyzi M. Effects of solvent addition and ultrasound waves on viscosity reduction of residue fuel oil[J]. Chemical Engineering and Processing: Process Intensification, 2015, 95: 353-361.

[2] GHANAVATI M, SHOJAEI M J, AHMAD RAMAZANI S A. Effects of asphaltene content and temperature on viscosity of Iranian heavy crude oil: Experimental and modeling study[J]. Energy and Fuels, 2013, 27(12): 7217-7232.

[3] 闫昆．渣油降黏及船用燃料油的调和[D]．青岛：中国海洋大学，2015.

[4] JISKOOT M A, MARK A J, JOOST JJ, et al. Apparatus for mixing liquid in a pipeline. Great Britain, GB2357710(B)[P]. 2003-03-12.

[5] 刘名瑞，肖文涛，张雨，等．最小二乘支持向量机在重质燃料油调合中的应用[J]．石油化工自动化，2017(53)1：33-36.

[6] 薛倩，刘名瑞，张会成．低凝点180号船用燃料油的调合[J]．石油炼制与化工，2015，46(12)：77-80.

[7] 薛倩，肖文涛，刘名瑞，等．一种管道混合器[P]．中国，ZL201410793396. X，2016. 7. 13.

[8] 中国石油化工股份有限公司抚顺石油化工研究院．燃料油调和方案数据管理系统[简称：Mfuels]1.0，证书号：软著登字第1368521号．

[9] 郑云萍，李勋，汪玉春，等．混合原油黏温数学模型研究进展[J]．油气储运，2010，29(9)：683-686.

[10] 张克武，刘奎学，张宇英．分子热力学理论模型——氩模型与液体黏度的理论计算[J]．化学工程师，2000，81(6)：26-32.

[11] 李遵照，刘名瑞，程亚松，等．非石油基油品对渣油掺稀降黏效果及掺稀模型研究[J]．石油炼制与化工，2017，48(1)：38-42.

[12] 刘名瑞，项晓敏，张会成，等．梯度黏度法研究重质船用燃料油稳定性[J]．石油炼制与化工，2015，46(11)：96-100.

[13] 薛倩，刘名瑞，张会成，等．重质船用燃料油稳定性评价方法[J]．炼油技术与工程，2016，16(8)：48-51.

制氢单系列高负荷运行改造及成效

黄　圣　温修泽

（中国石化扬子石化有限公司芳烃厂，南京　210048）

摘　要　芳烃厂制氢装置的A/B系列通过增加双系列跨线、优化调整PSA进料温度等改造及措施，将制氢装置A/B系列中停运的装置合理优化利用，有效地降低了PSA进料杂质的水含量，提高了PSA装置的氢气回收率，将单系列运行时高负荷下温降不足的问题彻底解决，节约了能耗、提高了产量。

关键词　节能降耗　制氢　高负荷　PSA进料温度

扬子石化芳烃厂合成气车间制氢装置是以天然气为原料，先采用轻烃水蒸气转化法来制取粗氢气，后经PSA装置提纯获得99.9%以上纯氢的工艺。装置共有A/B两系列，可满足轻石脑油、液化气、天然气等多种原料操作。

在近三年中，根据公司氢气平衡需要，制氢A系列处于较高负荷状态，制氢B系列长期处于停车状态。由于制氢A系列变换气空冷器及水冷器冷却能力不足造成装置夏季高负荷生产的瓶颈，是困扰装置生产的一道难题。通过增加A/B系列变换气冷却脱水系统间的跨线，对停运状态的冷却系统再次利用，有效解决了制氢A系列夏季高负荷生产的瓶颈，满足了公司氢气管网的平衡需求。

1　装置简介

制氢装置1000单元设计成A/B两条独立生产系列(如图1所示)，以提高装置运行的安全可靠性。每个系列包括加氢精制脱氯脱硫、转化、高变及PSA部分，于1990年1月建成投料开车。其中在A/B两系列在进入PSA300及PSA400前有一条跨线，可以在装置转化单负荷运行时同时运行两套PSA装置，提高了设备的开工率和利用率，同时使得在单系列转化高负荷运行时能够投用两套PSA装置，提高了PSA的氢收率，降低了能耗、物耗。

制氢A系列在单系列运行期间，装置负荷根据公司氢气需求在45%~80%之间调整运行。其中转化炉设计加入3.5倍于原料重量的水蒸气，一部分水蒸气分别在转化和变换反应中参加反应而成为干气，还有一部分未反应的水蒸气存在于变换气中，该部分水蒸气在变换气进入PSA单元之前经过锅炉给水换热器EA1013、空冷器EC1001、循环水冷却器EA1014A/B冷却脱水，分离出水后的变换气进入PSA进行粗氢提纯。

2　运行瓶颈

2.1　单系列运行的限制因素

在夏季高温时间段，由于工艺因素、气温因素、设备因素等方面的原因，使得制氢A

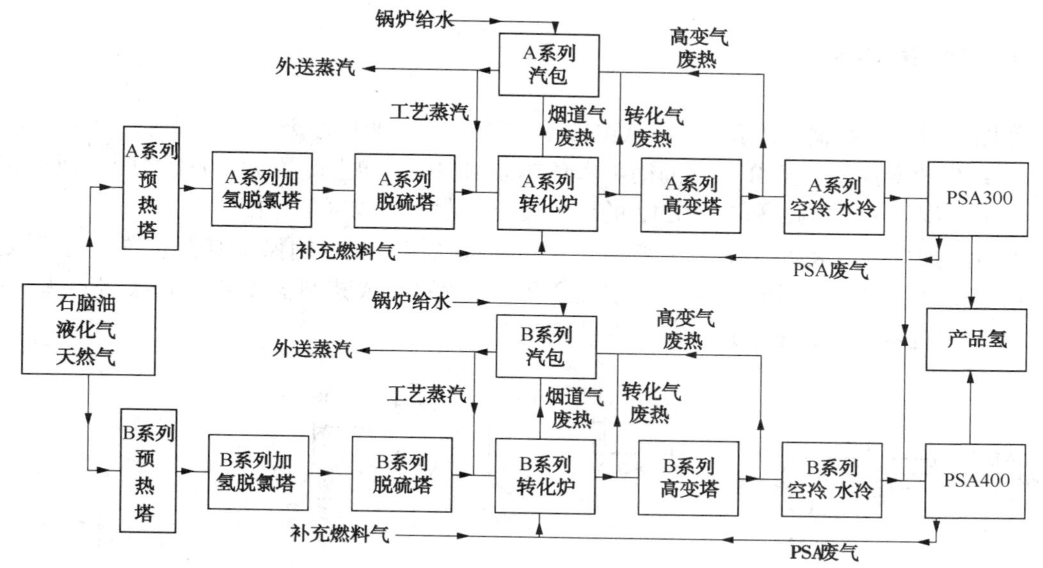

图1 制氢装置工艺方框图

系列转化单元的负荷难以在较高负荷运转，成为装置运行的一个重要限制瓶颈。

（1）工艺因素。在氢气提纯单元的 PSA 工艺中，水分子对吸附剂(主要是活性炭和分子筛)有着不可逆的损坏作用。当 PSA 进料原料气的温度高于 40℃时，大量水汽会随着工艺气夹带进入 PSA 床层中，使得吸附剂结构被破坏、粉碎等，床层吸附容量大幅下降，严重时会发生床层杂质穿透、产品氢气不合格的现象。

（2）气温因素。夏季高温天气时，环境温度能够达到 40℃以上，此时：一方面，装置的空冷换热器 EC1001 的冷却效果急剧下降；另一方面，装置的水冷换热器 EA1014A/B 在循环水平均进出温度升高后，造成换热器冷却后的工艺气温度同步升高。当工艺气经过空冷、水冷后的温度无法降至 PSA 进料允许温度时，就限制了装置的生产负荷的提升，减少了产品氢气的产出外送。

（3）设备因素。制氢装置建成投产已有 30 余年，装置的换热器中管束的结垢、堵管等现象较多，影响了换热效率。

2.2 闲置系列利用的可能

制氢 B 系列在近三年中，长时间停车。其中钴钼加氢剂、氧化锌脱硫剂、转化催化剂、高变催化剂等因时限较长，催化剂性能降低，不具有再利用的较高价值。而空冷器 EC1051、水冷器 EA1064A/B 等设备，使用情况良好，具有较高的再利用价值。同时，由于 B 系列设计通量与 A 系列相同，能够进行两个系列余热回收单元间的相互对换使用而不存在装置负荷的限制。

如能够在余热回收单元之前增加一条跨线，同时结合原有设计的 PSA 进料跨线，能够做到 A/B 两系列的平稳切换运行，同时在单系列高负荷运行时解决高温瓶颈限制。

3 改造实施

如图2所示，在锅炉水预热器EA1013和空冷器EC1001的管线之间增加一条跨线，将部分A系列的变换气引至B系列的锅炉水预热器EA1063和空冷器EC1051之间，通过转化系统压力控制阀PC10112和PC10212的压力设定控制两边物料的分配。

通过增加变制氢装置A/B系列变换气冷却脱水系统跨线，确保了制氢装置A系列夏季高负荷安全、稳定、长周期运行，同时通过调整合适的PSA进料温度减少PSA进料水含量，提高PSA装置氢气回收率，进一步降低装置物耗。

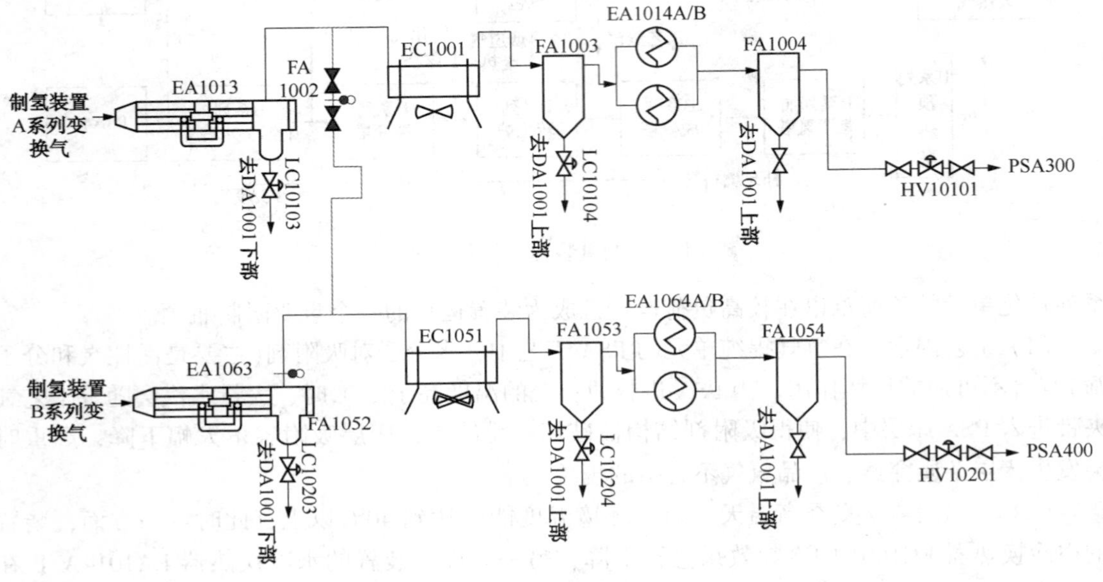

图2 变换气跨线工艺流程图

4 效果及效益

4.1 项目实施效果

新增变换气跨线自2016年7月26日投入运行。

投用后A/B系列变频空冷器开度逐渐关小直至关闭，两系列水冷器及空冷器喷淋始终均未投用，在7月28日~8月15日装置持续维持80%的运行负荷并且环境最高温度连续多日>35℃条件下，A系列变换气冷却后温度最高33.3℃，B系列变换气冷却后温度最高31.3℃。

如图3所示为跨线投用后2016年7月26日~8月29日相关参数运行趋势(红色–A系列空冷器出口变换气温度，最高60℃；蓝色–B系列空冷器出口变换气温度，最高50℃；绿色–A系列水冷器出口变换气温度，最高33.3℃；紫色–B系列水冷器出口变换气温度，最高31.3℃)。

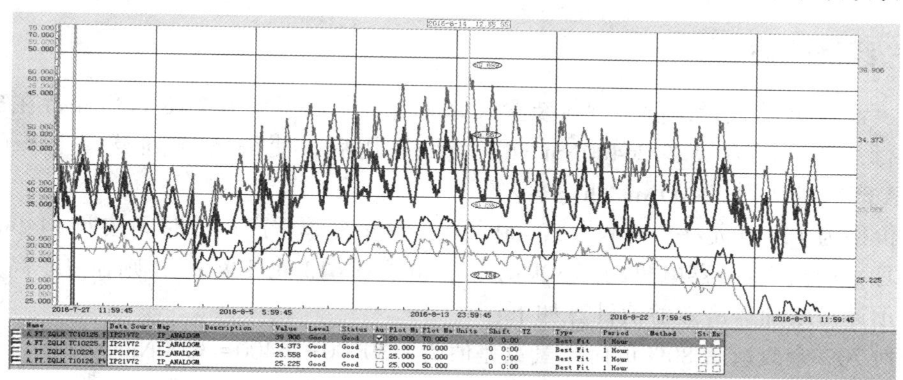

图 3　跨线投用后部分参数曲线

如图 4 所示为制氢装置 A 系列转化天然气进料量趋势图（2016 年 7 月 25 日 ~ 8 月 29 日）：A 系列转化进料天然气最高 12000Nm^3/h（80% 负荷），最低 9000Nm^3/h（60% 负荷）。

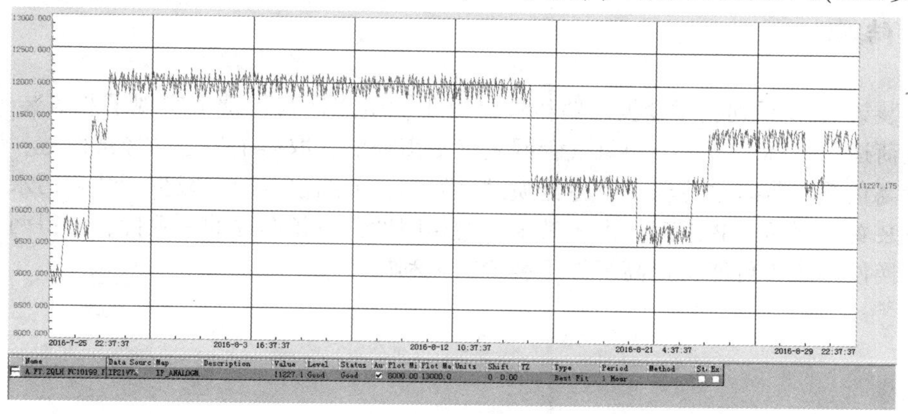

图 4　A 系列进料负荷流量趋势

如图 5 所示为制氢装置 A/B 系列变频空冷器开度趋势（2016 年 7 月 25 日 ~ 8 月 29 日）。（红色为 A 系列 EC1001. 1M，绿色为 B 系列 EC1051. 1M）。

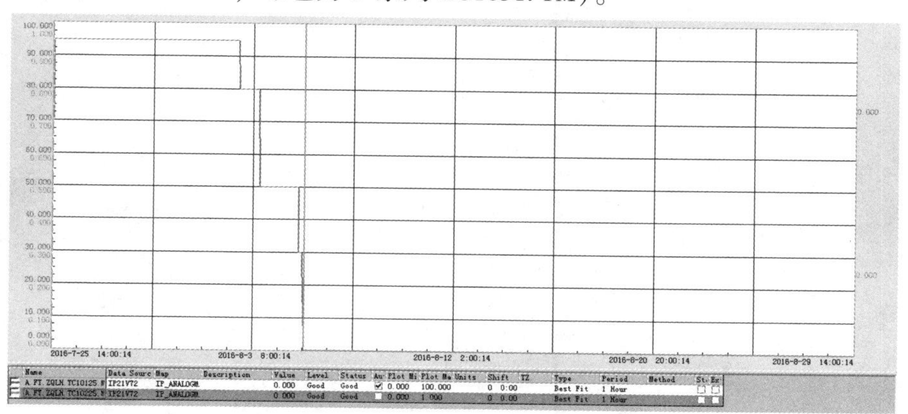

图 5　A 系列空冷变频开度趋势

4.2 经济效益

制氢装置A/B跨线投用前，制氢装置A系列在每年高温季节7~8月份保持在70%及以下负荷运行，产氢能力最多26400Nm^3/h。跨线投用后，使得A系列夏季生产负荷达到80%，PSA产氢量达到30000Nm^3/h。

氢气价格为12000元/t，成本为10000元/t，每年夏季生产运行时间按照1440h(高负荷运行两个月)计算，空冷器电机功率30kW/台，电价0.613元/kW·h，则在夏季高负荷运行两个月，预计可增加经济效益值计算如下：

A系列70%余改造后80%负荷产氢量差值为：30000-26400=3600Nm^3/h；

B系列空冷器夏季用电费用为：1440×30×2×0.613/10000≈5.3万元；

改造后A系列在夏季(两个月)可提高最大负荷约10%，可增加经济效益：

$$(3600/22.4)\times(2.02/1000)\times(12000-10000)\times1440-5.3\approx88.2\text{万元}$$

5 结论

制氢装置A/B系列新增变换气跨线项目投用，生产运行正常，实现了制氢装置A系列夏季高负荷运行目标，满足公司氢气管网氢气平衡需要，取得了一定的经济效益；同时杜绝了原装置高负荷运行时水冷器、空冷器喷淋水使用，节约水资源，减少了装置污水排放量。

制氢装置A系列、B系列，由于其工艺的相同性，设备布局的一致性，使得两个系列部分单元切换使用成为可能，提高了停运装置的再利用率。

8万方制氢转化炉更换部分炉管系技术难点分析

靳首相　花小兵　程　勇

（中国石油独山子石化分公司炼油厂重整加氢联合车间，独山子　833699）

摘　要　制氢转化炉是制氢装置的关键设备，8万 Nm^3/h 制氢装置转化炉炉管及热壁管破裂失效后，对转化炉部分炉管及全部热壁管进行更换，其难度比全部更换炉管和热壁管更大；本文根据现场实际更换大型转化炉炉管系难点及风险控制，进行详细分解高难点工序，进行关键的技术核算和安全风险论证，圆满完成105根炉管和6根热壁管的更换，保证装置安、稳、长、优运行，从而取得良好的经济效益。

关键词　转化炉　顶烧式　热壁管　冷壁管　猪尾管　弹簧恒力吊　脱氢

中国石油独山子石化加氢联合车间8万 Nm^3/h 制氢引进 Technip 公司工艺包，装置公称规模8万 Nm^3/h。转化炉是该装置的核心设备，采用顶烧式烟气下行、双面辐射箱式炉型。由于该转化炉炉管及热壁管多次出现破裂，严重影响装置安全平稳运行，因此依据对炉管及热壁管的检验检测以及实际运行周期，对转化炉部分炉管及全部热壁管进行更换，但更换技术难度非常大，难度远远大于转化炉全部更换炉管及热壁管的技术，因此需要全面掌握炉管系膨胀、材质、安装、安全等技术才能圆满完成部分炉管系的更换。

1　转化炉管系结构及数据简介

转化炉的管系包括上集合管、上分支管、猪尾管、转化炉炉管、出口热壁管、出口冷壁集合管。

转化炉炉管共有252根，分6列垂直排列，每列42根。炉管总长为12930mm，设计温度960℃；炉管下部与短直管通过一个大小头连接，短直管出口与热壁管相连。转化炉出口热壁管共6根，每根直接和炉管出口短直管连接，然后每根热壁管又通过短管和大小头与冷壁管连接。热壁管设计温度900℃，冷壁管设计温度300℃，转化炉上猪尾管252根，设计温度640℃。

2　转化炉炉管及热壁管失效概述

2013年8月24日转化炉出口第四分支热壁管中部五通南侧横向焊缝出现裂缝，见图1；全部6支热壁管上的热偶套管根部全部出现裂纹，见图2；对其余5支热壁管做着色、射线检测，同样在五通两侧横向焊缝发现长度为110~170mm大量裂纹，如图3。

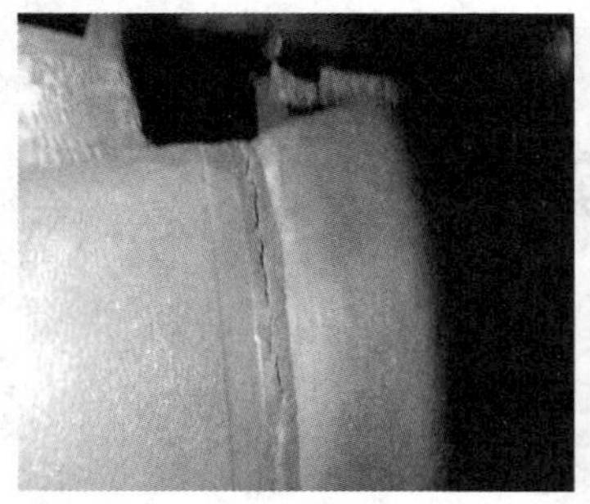

图1 五通南侧横向裂纹

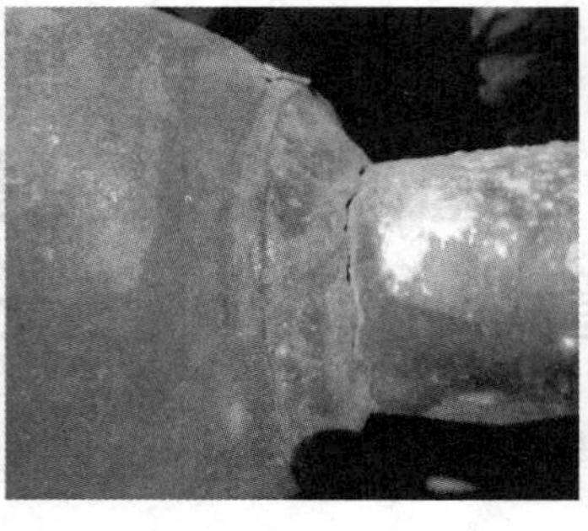

图2 热偶套管根部裂纹

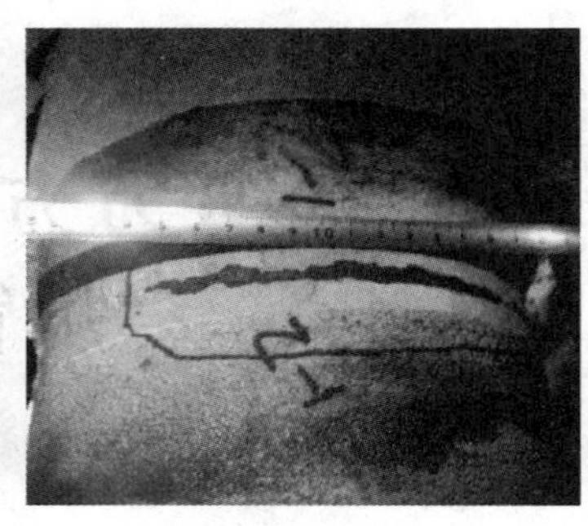

图3 着色检测出裂纹

2014年1月4日转化炉出口第六支路热壁管五通焊缝出现泄漏，停炉后对热壁管五通焊缝及热偶焊缝进行渗透(PT)和射线检测(RT)检测，对所有252根催化剂管进行了超声波检测、蠕胀测量、宏观检查。PT发现热壁管五通及热偶焊缝共6处有裂纹，RT发现共8处有缺陷。2014年1月15日，转化炉抢修完毕交付工艺开工气密试压阶段，当压力升到1.5MPa时转化炉一根炉管3m处出现1.83m长的裂缝，见图4。装置再次进入紧急抢修，将破裂炉管裂缝补强后进行上下封堵处理。

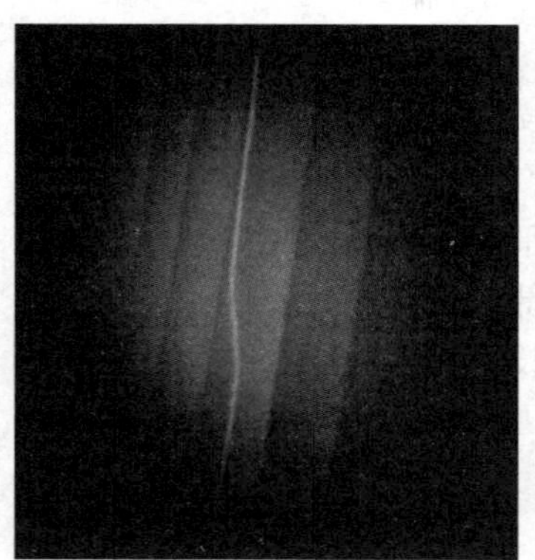

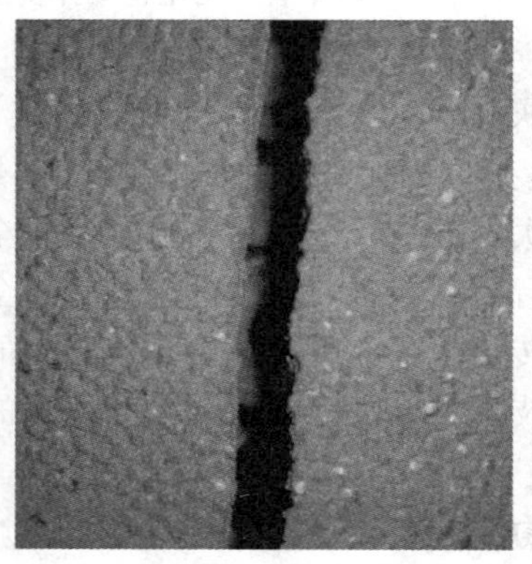

图4 破裂炉管裂缝及补强后的炉管

3 更换炉管管系技术难点及采取措施

由于制氢转化炉出口6支热壁管五通焊缝及热偶焊缝在2013年、2014年出现大量裂纹，2014年出现1根转化炉炉管在开工试压阶段爆管；同时根据2014年1月炉管检测检验分析报告结论：转化炉252根炉管中有104根评定为B级，不包括破裂的1根炉管。

鉴于上述情况，公司决定2015年大修更换全部转化炉出口6支热壁管和105根转化炉炉管，但是更换部分转化炉炉管和出口管系，就意味着提前攻克新旧材质的焊接、组对，新旧炉管质量不同、弹簧恒力吊的调节等难点，才能顺利完成大修。通过2年时间提前规划、准备，提前组成大修专家组，经过各种试验、通过多次论证，形成最终检修方案，最后顺利圆满完成检修。

3.1 单根炉管爆裂后补强和堵管

单根炉管爆裂后，采取对爆裂炉管上、下堵管和裂缝封堵。

难点1：爆裂炉管内部没有介质流动，高温下膨胀量发生变化，计算好炉管下方短直管切除长度。

难点2：爆裂炉管上下割除后，将影响同一组弹簧恒力吊上的其他炉管膨胀。

3.2 转化炉炉管部分更换后弹簧恒力吊载荷核算

转化炉管系恒力吊为力赛佳公司制造，弹簧为德国公司原产进口的并经预松弛处理的产品，技术协议要求炉管恒力吊架工作载荷偏差不超过±2%，最大工作荷载偏差不超过5%。

部分炉管更换，同一恒力吊上同时存在新旧炉管，而且新旧炉管制造厂家不同，新旧炉管质量不同，将导致不同恒力吊载荷不同，必须进行核算校核。

3.2.1 更换新炉管前恒力吊载荷核算

根据设计及炉管原始数据：

PS-14(只承载1根炉管)恒力吊单台载荷为8.29kN

PS-13(承载4根炉管)恒力吊单台载荷为33.16kN

3.2.2 更换新炉管后恒力吊载荷核算

(1) 热壁管重量计算(密度参考五通热壁管计算密度8.73g/cm^3)

一根热壁管由内径、长度、厚度以及七通管和热壁管两个管帽数据，核算结果为：每根热壁管总重量：1121.5+357.5+17.25×2+400=1913.5kg

(2) PS-13，PS-14精确载荷计算(含热壁管)

根据热壁管上每根炉管重量以及催化剂重量进行核算，PS-14载荷为8.52kN。

七通上方共有4根炉管，每根炉管相对应安装重量，加上催化剂重量，每根炉管相对应安装载荷为8.93kN。

3.2.3 炉管更换前后弹簧恒力吊载荷核算比较

表1 旧热壁管弹簧恒力吊载荷

支吊架编号	PS-14-1	PS-13-1	PS-13-2	PS-13-3	PS-13-4	PS-13-5
载荷/kN	8.347	32.71	32.71	32.71	32.71	32.71
支吊架编号	PS-13-6	PS-13-7	PS-13-8	PS-13-9	PS-13-10	PS-14-2
载荷/kN	32.71	32.71	32.71	32.71	32.71	8.347

表2 新热壁管弹簧恒力吊载荷

支吊架编号	PS-14-1	PS-13-1	PS-13-2	PS-13-3	PS-13-4	PS-13-5
载荷/kN	8.52	33.4	33.4	33.4	33.54	33.68
支吊架编号	PS-13-6	PS-13-7	PS-13-8	PS-13-9	PS-13-10	PS-14-2
载荷/kN	33.68	33.54	33.4	33.4	33.4	8.52

结论：根据对转化炉炉管弹簧恒力吊的载荷核算，PS-13，PS-14设计载荷与实际核算载荷偏差较大，PS-13载荷偏差达到5%，PS-14载荷偏差达到7%，与设计要求炉管恒力

吊架工作载荷偏差不超过±2%严重不符，因此更换新炉管后需要对其载荷进行二次整定。

3.3 转化炉炉管部分更换后弹簧恒力吊载荷二次整定

由于转化炉更换了105根炉管和6支出口热壁管，而且炉管与热壁管的质量发生了变化，通过精确的核算，现有的弹簧恒力吊恒力载荷必须进行二次整定，根据Techlip公司的载荷核算数据，邀请力赛佳公司专业技术人员现场对弹簧恒力吊进行二次整定。

3.4 转化炉冷壁管与热壁管连接锥体更换

3.4.1 冷壁管与热壁管连接锥体

冷壁管与热壁管连接锥体如图5，①在图5中1位置（焊缝中心线ID280×40mm）使用坡口机进行切割。②在图5中2位置（焊缝下440mm处ID457.2×24mm）使用坡口机进行切割。

3.4.2 冷壁管与热壁管连接新锥体安装

冷壁管与热壁管连接新锥体安装如图6，①安装定位冷壁管上方新套筒；②安装新锥体大小头段（含内套筒）；③安装新锥体直管段；④新锥体大小头段与冷壁管组对；⑤新锥体直管段与新锥体大小头段组对；⑥新锥体直管段与热壁管七通出口组对；⑦对每根管道焊口进行焊接；⑧对新锥体直管段与热壁管七通出口组对焊缝进行射线检测100%合格。

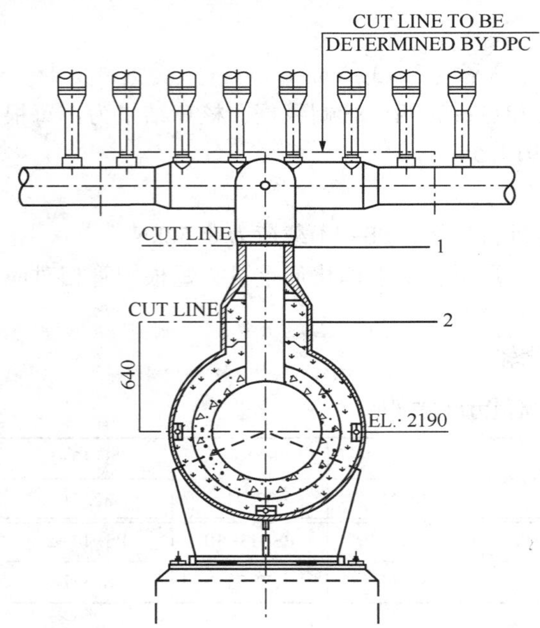

图5 冷壁管与热壁管连接锥体

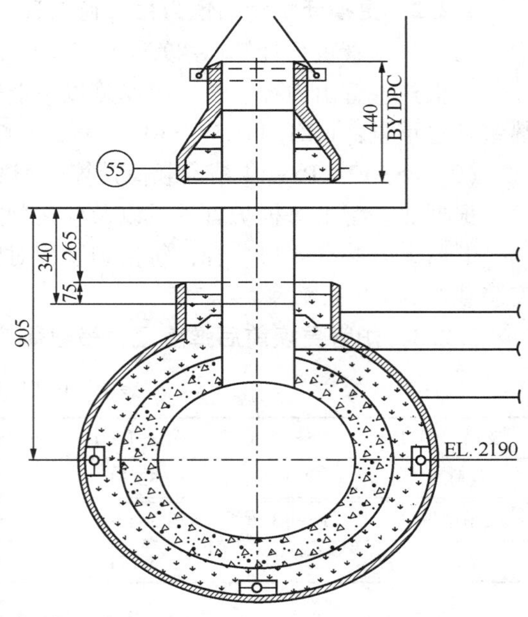

图6 冷壁管与热壁管连接新锥体安装

3.5 转化炉更换炉管系的焊接

转化炉在更换炉管系过程中，只要将弹簧恒力吊调整完成并定位，同时热壁管定位好，新、旧炉管与新热壁管的组对和焊接、上猪尾管与新炉管的焊接过程非常顺利，一次性拍片（RT）100%合格，但在新热壁管与原冷壁管之间连接旧锥体的焊接遇到非常大的困难。

3.5.1 新热壁管与冷壁管连接旧锥体焊接

（1）第一次焊接

第一次焊接工序严格执行TP专家提出的方案，当坡口机严格按照要求切割后，对坡口进行PT，PT后发现保留的5mm焊缝坡口表面上有大量不规则裂纹(如图7)，现场对这些裂纹进行缺陷消除(打磨处理)，再堆焊后，进行PT检测时，发现母材和原焊缝熔合区以及新堆焊10mm焊缝与原5mm焊缝熔合区出现裂纹，但新堆焊的10mm区无裂纹。

（2）第二次焊接情况

根据第一次焊接出现的问题，修改焊接方案，进行第二次焊接：将焊件加热到700℃(起到减小热应力和脱氢的作用)，在700℃条件下进行焊接，然后以150℃/h的速度降温，冷却到常温，再做PT时，发现母材和焊缝熔合区几乎没有裂纹(非常少)，接着重新加热到700℃，在700℃条件下进行堆焊10mm，然后以150℃/h的速度降温，冷却到常温，再做PT，此时在母材和熔合区出现大量裂纹(如图8)，但新堆焊的10mm区无裂纹。对出现的裂纹打磨消缺时发现部分裂纹较深，无法直接打磨消除。

图7　第一次焊接出现裂纹

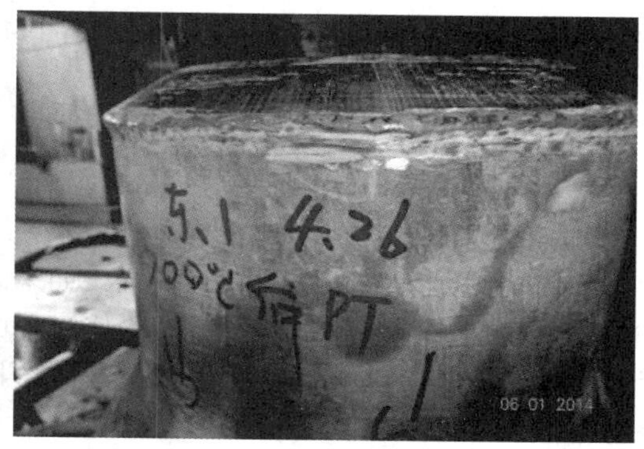

图8　第二次焊接出现裂纹

（3）第三次焊接情况

由于第二次焊接情况经验，第三次焊接时，直接用电加热器将焊件加热到700℃后，在保持700℃的环境下进行堆焊10mm，然后以150℃/h的速度降温，冷却到常温，再做PT时，此时在母材和熔合区出现大量裂纹(如图9)，但新堆焊的10mm区无裂纹(与第二次结果基本一样)。

图9　第三次焊接出现裂纹

图10　更换后的新椎体

结论：根据国内焊接专家以及TP专家对三次焊接结果的分析，热壁管与冷壁管连接的原锥体由于长期受高温影响，材质发生严重劣化，无法进行二次焊接，必须进行更换。

3.5.2 新热壁管与冷壁管连接新锥体焊接

由于旧锥体无法进行二次焊接，紧急采购新锥体后，对新热壁管与冷壁管连接锥体进行更换，更换过程中的焊接没有出现任何异常情况，而且一次性拍片(RT)100%合格，如上图10(更换后的新锥体)。

4 转化炉更换部分炉管系后运行评价

中国石油独山子石化加氢联合车间8万Nm^3/h制氢装置转化炉于2015年5月更换部分炉管系(转化炉炉管、出口热壁管等)。在整个更换施工过程中，遇到了许多困难以及技术难点，而且有的技术难点在国内检修中是没有经验的，公司及炼油领导组织专家经过多次分析、论证，同时在现场进行多次试验，最终解决了全部问题和技术难点，圆满完成检修。2015年6月，转化炉正常开工，到2017年4月已经运行了快两年，转化炉各项运行参数正常，转化炉炉管系运行完好。

5 小结

制氢装置是炼油新区的心脏装置，如果因为转化炉出现问题停工检修，将会影响整个炼油的正常生产，因此解决好转化炉检修过程中的每个难点，不仅是保证装置安、稳、长、优运行的关键，而且为以后转化炉检修及改造提供大量的技术数据、可靠地经验以及科学的检修方案。

高性能 SBS 改性沥青的开发与生产

陈忠正　王朝晖　黄怀明　余　鹏

（中国石化集团资产经营管理有限公司长岭分公司油港作业部，岳阳　414000）

摘　要　为满足湖南高速公路提质建设的需要，开发生产了高性能 SBS 改性沥青，从基质沥青原料的优选或互配、稳定剂性能改进、生产工艺优化等方面开展了技术攻关，通过研究高性能 SBS 改性沥青产品质量的影响因素，采取应对措施以提高产品性能，并在生产应用中取得了较理想的效果，有效地保证了高性能 SBS 改性沥青的质量。

关键词　SBS 改性沥青　性能　基质沥青　稳定剂　生产

1　高性能 SBS 改性沥青的技术要求

随着 SBS 改性沥青在高速公路建设中的广泛应用，以及现代交通对路面的要求越来越高，客户对 SBS 改性沥青品质提出了严格的要求。以往中南地区 SBS 改性沥青只需满足交通部《公路改性沥青路面施工技术规范》（JTG F40-2004）中 I-D 指标要求，但近年来，湖南省高速公路建设普遍要求 SBS 改性沥青针入度更低、软化点更高、5℃延度更长等，见表 1。

表 1　2015 年—2016 年部分高速公路项目对 SBS 改性沥青的技术要求

指　标		龙永、大岳、潭邵高速改性沥青	I-D 改性沥青
针入度（25℃，100g，5s）/0.1mm		30~55	40~60
针入度指数 PI		≥0	≥0
延度（5℃，5cm/min）/cm		≥25	≥20
软化点（TR&B）/℃		≥75	≥60
运动黏度（135℃）/（Pa·s）		≤3	≤3
闪点/℃		≥230	≥230
溶解度/%		≥99	≥99
离析，软化点差/℃		≤2.5	≤2.5
弹性恢复（25℃）/%		≥85	≥75
TFOT 后残留物	质量变化/%	-1.0~+1.0	-1.0~+1.0
	针入度比（25℃）/%	≥65	≥65
	延度（5℃）/cm	≥15	≥15

从表 1 中对比数据可知，龙永、大岳、潭邵高速改性沥青在针入度、软化点、延度、弹性恢复指标上，均高于 I-D 改性沥青技术要求，说明此改性沥青要求具备优异的高温性能、低温性能以及拉伸韧性。但是，高温性能与低温性能往往会相冲突，表现为针入度越低，延度越差。为了解决此技术难题，开发生产高性能 SBS 改性沥青，从基质沥青原料、稳定剂、

生产工艺等方面开展了技术攻关，进行了大量的改性配方试验和试生产应用工作。

2 改善基质沥青原料性质，提高 SBS 改性沥青性能

2.1 基质沥青原料的优选

沥青的改性效果与基质沥青的化学组分密切相关，改性沥青的性质依赖于基质沥青原料性质，因此，要开发生产高性能 SBS 改性沥青，必须选用合适的基质沥青作生产原料。

2015 年，进厂基质沥青共 57 批次：金陵 70A 沥青 20 批次、金山 70A 和 70B 沥青 8 批次、镇海 70A 沥青 19 批次、泰州 70A 沥青 4 批次、阿尔法 70A 沥青 6 批次。针对各种基质沥青原料，开展了改性沥青配方试验，研究总结了每种基质沥青的性质以及改性效果，以便筛选适合的基质沥青，用于生产高性能 SBS 改性沥青。

表 2　2015 年部分进厂基质沥青性能与用途

进厂基质沥青明细			性能与用途
编号	船号	进厂日期	
JL-0196	大洋号	20150317	性质较好，作为高性能 SBS 改性沥青生产原料
JL-0197	顺达油 8#	20150320	可作 I-D 改性沥青生产原料
TZ-0198	永兴 66#	20150403	改性效果差，作为重交道路沥青出厂
JL-0201	华通油 1198	20150416	可作 I-D 改性沥青生产原料
TZ-0202	兴中油 006	20150417	改性效果差，作为重交道路沥青出厂
JL-0203	丰润 1#	20150418	可作 I-D 改性沥青生产原料
JS-0213	宁川 8#	20150507	可作 I-D 改性沥青生产原料
JL-0214	豪顺油 2#	20150510	性质较好，作为高性能 SBS 改性沥青生产原料
JL-0215	风顺油 001	20150511	改性效果差，作为重交道路沥青出厂
JL-0217	祥州号	20150521	性质较好，作为高性能 SBS 改性沥青生产原料

2.2 基质沥青原料的互配生产

由于存在基质沥青与 SBS 配伍性的问题，不同品种的基质沥青严重影响 SBS 改性沥青的性能，结合改性沥青生产原料受限制、品种较多且性质较好的基质沥青原料少的现状，通过采用两种不同性质的基质沥青互配生产的方式，使不适合单独改性的基质沥青能用于生产，降低了对基质沥青原料的依赖。2015 年下半年大负荷生产供货 SBS 改性沥青时，受适合生产的基质沥青原料不足的限制，对一些不适合单独生产的批次基质沥青，经互配后生产了部分高性能 SBS 改性沥青，有效地缓解了受改性沥青原料限制的压力，且生产方式的多样化起到了降本增效的效果。

3 研究与改进稳定剂性能，提高 SBS 改性沥青性能

稳定剂能够引发 SBS 的交联反应，促使分散的 SBS 形成稳定的空间网络结构，将沥青包裹在网络中，防止 SBS 与沥青分离，同时还引发 SBS 与沥青发生接枝反应，生成 SBS-沥

青接枝物，抑制相分离，不仅从根本上解决了热储存稳定性问题，且可以大幅度提高SBS改性沥青的性能[1]，特别是提高产品软化点、改善延度。通过大量的试验和工业生产数据总结，发现不同基质沥青需要与之适应的专属配方稳定剂才能生产出高性能SBS改性沥青。与长岭科技开发公司加强合作，针对不同性质的基质沥青原料调整改进稳定剂配方，取得了较好的效果，稳定剂从原有第一代逐步改进到现有的第三代，有效提高了产品的软化点。同时，为了改善产品质量，解决改性沥青膜后延度卡边的问题，到山东、广东、浙江等地开展了稳定剂市场调研和技术交流。2015年1月筛选了稳定剂B和C两种，对其配伍性、性价比进行了综合评价，发现其中一种稳定剂效果较好、具有一定的应用优势，组织了生产试用，效果较好。

表3 B、C型沥青稳定剂对比情况

样品名称	GX-5012	GX-5013	DH-5026	DH-5027	高性能SBS改性沥青技术要求
采用70A沥青(M类)作原料，1301-1SBS改性剂					
B	X	0	X	0	
C	0	X	0	X	
25℃针入度/0.1mm	53	53.5	52	52.3	30-55
软化点/℃	79	72	81	75	≥75
5℃延度/cm	29	25	31	28	≥25
TFOT5℃延度/cm	15.9	14.4	16.5	15	≥15
48小时离析差值/℃	1.8	16	2.1	11	≤2.5
备注	小试样品		中试样品		—

从表3中对比数据可知：针对M类70A沥青，B型稳定剂比C型稳定剂配伍性好，改善了延度和膜后延度指标，离析较好，软化点较高。

2016年2月筛选了D型稳定剂，对其配伍性、性价比进行了综合评价。

表4 D、B型沥青稳定剂对比情况

样品名称	GX-6005	GX-6008	DH-6032	DH-6031	高性能SBS改性沥青技术要求
采用70A沥青(N类)作原料，1301-1SBS改性剂					
D	Y	0	Y	0	
B	0	Y	0	Y	
25℃针入度/0.1mm	47	45.5	48	48.6	30-55
软化点/℃	70	69	81.5	82	≥75
5℃延度/cm	29	25	30	29	≥25
TFOT5℃延度/cm	14.8	14	18.5	18	≥15
48小时离析差值/℃	2.5	>30	2.4	11	≤2.5
备注	小试样品		中试样品		—

从表4中对比数据可知：针对N类70A沥青，①小试样品GX-6008完全离析，说明D型比B型稳定剂配伍性好，离析更易合格；②中试样品DH-6032的离析合格，DH-6031的离析不合格、较差，针入度、软化点、延度、膜后延度指标差别很小，说明D型比B型稳定剂配伍性好。

4 寻找添加剂，降低产品针入度

采用70A沥青作原料生产高性能SBS改性沥青，当70A沥青原料针入度大于70(0.1mm)时，生产的改性沥青产品针入度不能合格，而2015年和2016年进厂的大部分70A沥青资源，针入度在70~77(0.1mm)范围内。因此，直接采用这些70A沥青原料生产高性能SBS改性沥青时，产品针入度超标，不能满足技术指标要求。通过寻找添加剂，开展试验摸索，发现硬质沥青母粒能有效降低沥青针入度，同时还能对软化点稍有提升，除延度和膜后延度稍有衰减外几乎不会影响沥青其他性质。为此，详细全面地研究了硬质沥青母粒掺量对改性沥青性能指标的影响，确定了最佳添加比例，并在生产应用中取得了较好的效果，有效地降低了改性沥青产品针入度，保证了高性能SBS改性沥青的产品质量。

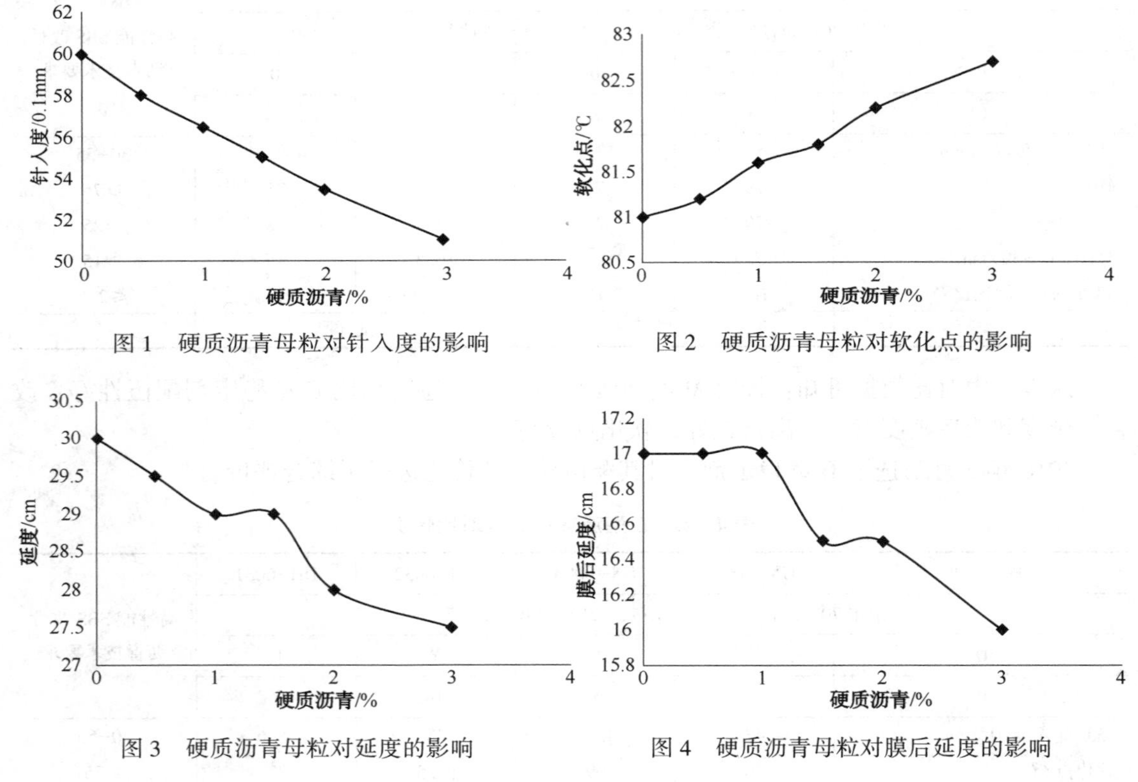

图1 硬质沥青母粒对针入度的影响

图2 硬质沥青母粒对软化点的影响

图3 硬质沥青母粒对延度的影响

图4 硬质沥青母粒对膜后延度的影响

5 优化生产工艺，提高产品质量

为了开发生产高性能SBS改性沥青，确保产品质量，尝试调整优化生产工艺，进行了很多实验与反复试生产。实验表明，SBS、稳定剂加料方式、时间点很重要，对SBS改性沥青产品性能有着极为重要的影响。加料方式主要有两种：一是SBS、稳定剂同时匀速加入、研磨剪切、搅拌发育，二是SBS先加入、研磨剪切，待溶胀充分后再加入稳定剂、搅拌发育。采用DALWORTH实验胶体磨对比考察了两种加料方式，效果见表5。

表 5　加料方式产生的效果

加料方式	SBS、稳定剂同时匀速加入	SBS 先加、稳定剂后加
半成品 135℃布氏黏度/(Pa·s)	1~2	0.7~1.6
产品合格所需发育时间	4 小时 20 分	2 小时 40 分
表观状态	有极少量的颗粒团	无明显颗粒

从表 5 可知，SBS、稳定剂同时匀速加入，存在 SBS、沥青、稳定剂局部过度反应情况，导致半成品布氏黏度偏大，降低搅拌效果，产品发育时间较长。而 SBS 先加，待充分溶胀后再加入稳定剂反应，效果更好，产品发育时间短，能有效提高产品性能，减缓性能指标老化。目前，长岭分公司均采用 SBS 先加，待充分溶胀后再加入稳定剂反应的方式来生产 SBS 改性沥青。

同时，通过模拟工业生产，在实验室进行了工艺参数优化试验。通过跟踪改性沥青生产温度、发育时间与性能指标情况，及时调整优化工艺参数，将产品发育温度降低了 4℃左右，相应地缩短了产品发育保温时间，节约了能耗，降低了产品质量的老化损害程度。

6　工业生产应用

2015 年 6 月到 2016 年 12 月，长岭分公司开发生产了 5 万余吨高性能 SBS 改性沥青，产品质量获得了市场的普遍认同，有效地保证了龙永、大岳、潭邵高速项目等的 SBS 改性沥青质量，满足了湖南高速公路提质建设的需要，也为今后长岭 SBS 改性沥青市场开拓提供了强有力的技术支撑，提升了中石化“东海牌”SBS 改性沥青品牌形象。

参　考　文　献

[1] 凌逸群. 沥青生产与应用技术手册[M]. 北京：中国石化出版社，2010，108-119.

生产石油沥青母粒新技术和新产品

柴志杰

（中国石化炼油销售有限公司，上海 200050）

摘　要　介绍石油沥青母粒生产的新技术和新产品特点，并与常规石油沥青的生产技术和沥青产品特点进行了比较。新技术很好的解决了脱油沥青出路，提高了重油装置的加工能力，新产品不仅应用在道路、建筑等领域，还用在诸多其他领域如橡胶、钻井和活性炭等领域，随着开发力度增大，市场需求越来越好。石油沥青母粒新技术和新产品具有很好的经济效益和社会效益。

关键词　石油沥青母粒　新技术　新产品

炼油企业的重质渣油尤其是溶剂脱沥青装置的脱油沥青的出路问题是困扰企业扩大重油加工量提高经济效益主要问题之一。目前重质渣油的出路之一是作为焦化装置的原料，进行二次深加工，其主要产品石油焦因硫含量高在下游的应用中受到环境保护政策的压力与日增大，其销售受到较大影响；出路之二是用来生产石油沥青，但通常脱油沥青在生产成品沥青时品质低，效益差。

沥青市场方面，随着国内经济的持续快速发展，社会对沥青的需求也在发生着变化，由大统一产品逐步向个性化产品需求发展，道路沥青由高针入度沥青向低针入度沥青方向发展，这为重质渣油和脱油沥青提供了提质增效好机会。

该文研究内容就是利用脱油沥青开发新的沥青母粒生产技术，其产品满足沥青差异化市场需求、增加企业效益、扩大溶剂脱沥青装置加工量等。

1　石油沥青母粒生产新技术与常规沥青生产技术比较

1.1　石油沥青母粒生产新技术

石油沥青呈粒状或粉状生产方法可归纳为4种[1,2]：直接喷射法、溶剂喷雾法、水中造粒法和冷却粉碎法。直接喷射法压力高、能耗高，产品密度小；溶剂喷雾法产品夹带溶剂，生产过程污染大；水中造粒法工艺简单，但产品含水率高，污水排放量大；冷却粉碎法能耗高、粉尘量大，不利于安全生产和环境保护。上述4方法均未工业化，且其产品等级和附加值较低。

本文介绍的沥青母粒生产新技术是将熔融态的脱油沥青DOA脱气后，以液滴状均布到回转式钢带上，经非接触式水冷后形成$\phi 3 \sim 8$mm半球状沥青颗粒。该技术的特点是工艺简单可靠、自动化程度高，无“三废”排放，安全环保。其产品颗粒均匀，外观光洁，整个生产过程未与任何介质接触，污染小，方便储存运输和使用，著显提高了DOA造粒产品的品质和附加值。因此该技术明显优于上述技术，在国内工业上首次应用。

该技术生产的沥青母粒的工艺流程示意图见图 1。

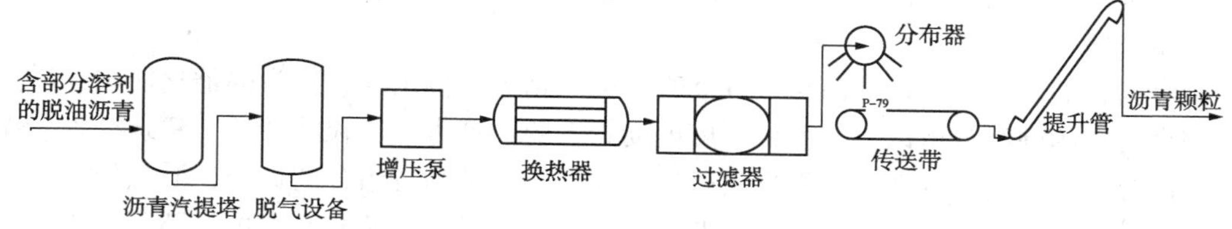

图 1 生产沥青母粒原则流程

将来自烷烃脱沥青装置的脱油沥青，从溶剂脱沥青装置汽提塔塔底排出，经换热后进入脱气罐进行静置脱气处理，然后用沥青泵升压，再经换热后通过过滤器，输送至造粒机，通过造粒机的布料器将熔融态的脱油沥青分布成均匀的液滴，滴落在匀速移动的钢带上，钢带下方设置了连续喷淋的冷却装置，同时在钢带的上方进行空气冷却，这样使沥青颗粒在移动、输送过程中快速冷却、固化成型，在卸料端自动脱落，用传输带输送到包装机进行产品包装。

1.2 通常石油沥青生产技术

石油沥青的生产工艺主要有蒸馏工艺、溶剂脱沥青工艺、调合工艺和氧化工艺等四种工艺，现简要介绍如下[3]。

（1）减压蒸馏工艺

原油蒸馏技术是利用原油中各馏分挥发度不同而进行的物理分离过程。原油在初馏塔、常压塔和减压塔中分别分离不同的石油产品，如常压塔分离出汽油、煤油、柴油等轻质馏分，常压塔底的常压渣油经加热炉加热进入减压塔进行蒸馏塔，侧线得到相对较重的减压馏分，减压塔底的减压渣油若符合道路沥青质量标准时就是沥青产品，称为直馏沥青。目前国内最常用的直馏沥青技术是减压深拔工艺：原油经常压蒸馏后的常压渣油，进入减压炉进行加热，其温度通常控制在 380~395℃，减压塔真空度通常控制在 97~100kPa，在原油合适情况下就可以得到直馏的重交通道路石油沥青产品。

利用蒸馏工艺生产石油沥青，其流程较短、较经济、产品质量相对稳定，但对原油性质提出了更高的要求，首选环烷基原油，中间基原油要进行选择才能生产高品质石油沥青产品。

（2）溶剂脱沥青工艺

溶剂脱沥青工艺是利用溶剂（如丙烷、丁烷）对渣油中各组分溶解能力不同，从渣油中分离出富含饱和烃和芳香烃的脱沥青油，同时得到含胶质和沥青质很高的脱油沥青。

丙烷脱沥青装置主要是为生产润滑产品设计，丙烷脱油沥青产品具有软化点较低、蜡含量相对偏高等特点。丁烷脱沥青装置主要用来改善二次加工装置（如催化裂化和加氢裂化）原料的性质而设计的，丁烷脱油沥青产品具有软化点高、针入度低、延度低等特点。

无论是丙烷脱沥青还是丁烷脱沥青，所得到的脱油沥青产品一般都不符合道路沥青的标准要求（特别是丁烷脱沥青产品），通常炼油厂所得脱油沥青或全部作为焦化装置原料，或一部分作为焦化装置的原料，另一部分作为沥青调合硬组分，或全部作为沥青调合硬组分。

(3) 沥青调合工艺

沥青调合工艺是利于调合软组分和调合硬组分按照一定比例在一定温度下搅拌混合均匀而制得沥青产品的技术工艺。调合沥青软、硬组分选择必须要有互补性，调合比例和温度要通过试验来确定。

调合沥青的软组分可以是高针入度沥青、糠醛精制的抽出油、拔头的催化油浆、煤焦油等。调合沥青的硬组分可以下是低针入度的沥青、脱油沥青、颗粒状沥青、建筑沥青、煤沥青等。调合软、硬组分的选择应根据实际情况而定，两种沥青组分的选择，质量指标上要求有互补性，要有稳定原料来源，要具备调合设施等，通过沥青调合技术可得到高品质的道路石油沥青，该沥青生产技术不受原油类型影响，使用灵活方便应用广。

(4) 氧化沥青工艺

氧化法是将软化点低、针入度大及温度敏感性大的减压渣油、溶剂脱沥青、针入度不合适的沥青等在一定高温下吹入空气，使其化学组成发生氧化反应，氧化后的沥青产品软化点升高、针入度降低、沥青产品温度敏感性降低，以达到沥青规格指标和使用性能要求。采用此工艺所得产品称为氧化沥青。由于沥青氧化会产生苯并芘等毒性非常大的物质，对操作人员和周围环境造成严重影响，不符合我国环保要求，氧化沥青生产能力快速下降。

1.3 沥青母粒新技术和沥青常规技术比较

生产沥青母粒新技术是脱油沥青通过造粒及冷却等方法而得到的沥青固体颗粒，减压蒸馏技术是对某些原油通过蒸馏技术而得到液态石油沥青产品，溶剂脱沥青技术是对减压渣油采用抽提技术得到的液态产品，沥青调合技术是通过软、硬组分在一定条件下混合均匀而得到的液态沥青产品，沥青氧化是对某些减压渣油进行通风氧化和冷却得到块状或液态沥青产品。可见，沥青母粒新技术从原料、技术和沥青产品状态均有自身特点。

2 石油沥青母粒新产品和常规石油沥青产品比较

2.1 石油沥青母粒新产品质量、特点及应用

表1 石油沥青母粒质量指标

项　目		Ⅰ类	Ⅱ类	试验方法
软化点(环球法)/℃		100~120	120~140	GB/T 4507
颗粒尺寸/mm(直径<8mm)		实测	实测	Q/SH 3210049
针入度(25℃)/0.1mm	不大于	5	5	GB/T 4509
溶解度/%	不小于	99.0	99.0	GB/T 11148
灰分/%	不高于	1.0	1.0	SH/T 0029

石油沥青母粒产品特点[4]：

(1) 沥青母粒产品呈片颗粒状，是一种特殊的硬质沥青产品。

(2) 沥青母粒产品富含胶质和沥青质。

（3）沥青母粒产品具有软化点高、针入度低、溶解度高、杂质含量低等特点。

（4）沥青母粒产品采用编织袋包装、运输和使用方便。

石油沥青母粒有着很广用途：

（1）石油沥青母粒用于生产不同系列或特殊要求的低针入度沥青

显著改善沥青的高温性能、抗老化性能和黏附性，而对低温性能影响较小。

（2）用于复合 SBS 改性沥青或橡胶改性沥青生产

可生产高黏、高强度改性沥青，可在一定程度上降低 SBS 的用量和改性沥青生产成本，改善橡胶沥青的质量等。

（3）替代天然沥青

该产品类似于天然沥青，但其高、低温性能显著优于天然沥青。同时，它几乎不含无机物和杂质，不存在天然沥青改性过程中出现的设备磨损、矿物质沉积堵塞管线等问题。

（4）抗车辙剂

石油沥青母粒因为具有非常高的软化点，可作为道路沥青的抗车辙剂。使用时可直接添加到拌和楼的石料中，加热搅拌混合均匀应用即可。

（5）非道路方面的应用

石油沥青母粒在非道路方面也有广泛的应用，如橡胶生产中的添加剂，用于建筑防水材料、油田钻井液添加剂、活性炭原料等。

2.2　常规石油沥青产品质量、特点及应用

目前公路石油沥青的质量要求是交通部颁发《公路沥青路面施工技术规范》(JTG F40-2004)，质量要求见表 2。

表 2　道路石油沥青路面施工技术规范(JTG F40-2004)[5]

指标	等级	沥青标号															试验方法
		110 号			90 号					70 号③					50 号	30 号	
针入度(25℃，5s，100g)/0.1mm		100~120			80~100					60~80					40~60	20~40	T 0604
适用的气候分区		2-1	2-2	3-2	1-1	1-2	1-3	2-2	2-3	1-3	1-4	2-2	2-3	2-4	1-4	—	
针入度指数(PI)　≮	A	-1.5~+1.0															T 0604
	B	-1.8~+1.0															
软化点(R&B)/℃　≮	A	43			45			44		46		45			49	55	T 0606
	B	42			43			42		44		43			46	53	
	C	41			42					43					45	50	
60℃动力黏度/(Pa·s)　≮	A	120			160			140		180		160			200	260	T 0620
10℃延度/cm　≮	A	40			45	30	20	30	20	20	15	25	20	15	15	10	T 0605
	B	30			30	20	15	20	15	15	10	20	15	10	10	8	
15℃延度/cm　≮	A、B	100													80	50	T 0605
	C	60			50					40					30	20	

续表

指　　标	等级	沥青标号					试验方法
		110号	90号	70号[3]	50号	30号	
蜡含量(蒸馏法)/% ≯	A	2.2					T 0615
	B	3.0					
	C	4.5					
闪点/℃ ≮		230	245	260			T 0611
溶解度/% ≮		99.5	T 0607				
密度(15℃)/(g/cm^3)		实测记录	T 0603				
T 0610 或 T 0609							
质量变化/% ≯			±0.8				
残留针入度比/% ≮	A	55	57	61	63	65	T 0604
	B	52	54	58	60	62	
	C	48	50	54	58	60	
残留延度(10℃)/cm ≮	A	10	8	6	4	—	T 0605
	B	8	6	4	2	—	
残留延度(15℃)/cm ≮	C	30	20	15	10	—	T 0605

注：道路石油沥青路面施工技术规范中的130号沥青和160号沥青，限于篇幅，未列入。

从表2中可以看出，石油沥青对质量项目的要求多达14项，质量要求高，沥青的三大指标中软化点低、针入度高、延度长，对薄膜烘箱中沥青质量也提出了三项要求。

目前常规石油沥青主要应用在铺筑公路道路上，其次在建筑防水建材方面的也有较大应用。在道路方面应用最多的是。

从目前实际应用情况看，道路石油沥青满足JTG F40-2004要求的绝大部分是70号沥青，此外还有50号沥青和90号沥青的应用。重交通道路石油沥青(GB/T 15180-2010)主要70号沥青，其次是90号沥青。由于70号沥青的软化点通常在44～47℃，偏低，通常在120～140℃液态热储存运输，防水卷材沥青大部分也是液态运输。沥青液态运输便于接卸，但对沥青的质量有一定的负面影响，同时消耗较多的热能。

建筑石油沥青中10号沥青应用较多，通常是以袋装的块状运输和使用。但块状沥青在使用时需要在沥青池加热融化，编制袋子与热沥青相容性差，大部分编制袋需要从熔融的沥青池中捞出，沥青数量有损失，并且加热温度高对沥青质量也有一定负面影响。

3　新产品新技术的技术经济性

经济效益计算：对两种减渣加工方案“焦化+FCC”(方案1)和“溶脱+FCC+沥青调合+造粒”(方案2)进行综合比较，产品收率为实际生产和实际数据，价格采用年平均值。方案1加工减渣的吨综合效益为5987.40元，方案二为6581.71元，即生产抗车辙母粒的效益为594.31元/t(注该计算是沥青母粒价格与普通沥青价格一样计算的，目前沥青母粒价格高出普通沥青价格约1000元，其经济效益非常显著)。随着该产品的推广应用，市场需求越来越大，经济效益将更显著。

社会效益：该项目完善了企业重油加工工艺，提升了溶剂脱沥青装置竞争力；改善了产品结构，提高了脱油沥青的附加值。其产品性能满足很多行业对硬质沥青的特殊需求，如铺筑道路领域、防水卷材领域、橡胶生产领域、勘探钻井领域、活性炭领域等等。该造粒技术简单可靠、能耗低、污染小，达到了充分利用石油资源、减少环境污染等目的，社会效益良好。

4 结论

（1）石油沥青母粒生产是一种新的沥青生产新技术

（2）石油沥青母粒是一种新的沥青产品，有着广泛用途，不仅用作道路和建筑防水领域，还可以用于橡胶领域、石油钻探等领域

（3）石油沥青母粒生产技术很好的解决了重油的出路问题。

（4）石油沥青母粒产品有很好的经济效益和社会效益。

参考文献

[1] 刘智强．脱油硬沥青造粒成型技术[J]．石油沥青，1994(3)：57-61.

[2] 范勐，孙学文．脱油沥青喷雾造粒过程影响因素分析[J]．高校化学工程学报，2011(5)：888-892.

[3] 韩青英，裴玉同．沥青产品及其评价手册[M]．上海：华东理工大学出版社，2016.

[4] 柴志杰，任满年．沥青生产与应用技术问答[M].2 版．北京：中国石化出版社，2015.

[5]《公路沥青路面施工技术规范》(JTG F40-2004)[S]．北京：人民交通出版社 . 2004.

国内改性沥青市场需求分析

杨春晖

（中国石化长岭分公司信息技术中心，岳阳　414012）

摘　要　本文通过对目前我国改性沥青需求的分析，有针对性的介绍了部分改性沥青的产品的生产工艺，并根据市场的需求提出今后改性沥青生产发展的建议。

关键词　改性沥青　市场需求　产品介绍

近年来，我国普通沥青行业产能过剩情况愈发明显，普通沥青产品的效益和利润空间不断被压缩，但国内改性沥青需求旺盛、高端产品供不应求，尤其是中西部地区尚有一定缺口。目前改性沥青的使用方向主要有新建高速公路、路面维修与养护、市政建设和机场路建设4个方向。

1　需求分析

1.1　新建高速公路是未来改性沥青需求重点

截至2015年，我国高速公路的总里程达近12万公里，仅高速公路建设方向所消耗的沥青需求量就占到15%以上，其中又集中了70%以上的改性沥青需求量。东部发达地区由于高速公路网已基本建成，未来改性沥青需求增量将以市政道路建设和原有道路养护为主；中西部地区交通基础设施落后，随着国家公路建设重点向中西部地区转移，未来改性沥青需求增量将以新建高速公路为主，该地区将成为我国专业沥青行业未来的主要市场。“十三五”期间，即2016至2020年，预计西部新建的高速公路和国道等高级公路总里程将在2.5万公里以上，以250t/km单耗计算，仅西部新疆高速公路改性沥青需求量在625万t左右，加上部分养护需求量，预计总需求将在700万t以上，平均到每年的需求量是140万t以上。

1.2　路面维修养护需求方向

我国大部分高速公路的设计使用寿命为15~20年，但由于我国长期以来对高速公路“重建轻养”的传统观念，公路养护意识不足，实际使用5~7年后，就出现开裂、严重车辙等问题。我国在“十五”、“十一五”期间建设的大量高速公路项目将陆续进入养护时代，据了解，2015年底，全国公路养护里程已达440万公里，占公路总里程的比重高达98%，养护任务逐年增加。“十三五”以后，我国将有更多公路项目进入养护阶段，改性沥青在公路养护中的需求量将大幅增长。

1.3　市政建设需求方向

我国的市政建设发展较快，部分发达地区省市的市政道路建设规模超过了新建高速公路建设规模。随着经济的发展，且对地方市政道路建设标准不断提高，例如江苏省部分地市的市政道路全部要求铺设改性沥青。随着我国经济和社会的不断发展，对市政道路建设的要求也将继续提高，改性沥青以其质量优势，需求将不断扩大，预计 2016~2020 年，市政方向的改性沥青需求占比将可能上升至 8%~10%。

1.4 高铁、机场建设需求方向

近年来，机场和高铁建设用沥青需求整体上升，根据《全国民用机场布局规划》到 2020 年中国民航运输机场总数将达到244 个，其中新增97 个。"十三五"期间我国将新建约50 个机场，其中大部分也在中西部地区，新建机场数量较"十二五"明显增长，由于机场路绝大部分都使用特种沥青和改性沥青。同时，全国高速铁路达 3306 公里，铁路营业里程比上年增长 8.2%，预计未来仍将保持小幅增长。因此，这些均将明显提振改性沥青需求。

2 改性沥青产品介绍

所谓改性沥青是指在普通沥青中添加橡胶、树脂、高分子聚合物、磨细的橡胶粉或其他填料等改性剂，采取对沥青轻度氧化加工等措施，使沥青或沥青混合料的性能得以改善。

按照改性剂的不同，一般分为三类：

（1）热塑性橡胶类：即热塑性弹性体，如苯乙烯-丁二烯-苯乙烯嵌段共聚物(SBS)、苯乙烯-异戊二烯-苯乙烯嵌段共聚物(SIS)等；

（2）橡胶类：如丁苯橡胶(SBR)、天然橡胶(NR)、氯丁橡胶(CR)、丁二烯橡胶(BR)、乙丙橡校(ERDM)；

（3）树脂类：热塑性树脂、如聚乙烯(PE)、乙烯-醋酸乙烯共聚物(EVA)、无规聚丙烯(APP)、聚氯乙烯(PVC)、聚酰胺等；

以下根据目前市场对改性沥青的需求有针对性的介绍几种改性沥青。

2.1 SBS 改性沥青

目前改性沥青的应用以 SBS 改性道路沥青最为广泛，SBS 独特的结构使沥青的韧性提高、软化点上升、渗透性降低、高温下的流动倾向减弱，还能提高沥青的刚性、拉伸强度、延性以及回弹性。

2.1.1 SBS 改性沥青的工艺

SBS 改性沥青加工过程一般包括改性剂的溶胀、磨细分散、发育三个阶段。每一个阶段的加工温度和时间是关键的因素。一般来说，溶胀温度为 165~175℃，分散温度为 175℃左右，发育温度为 165℃左右，加工时间则视加工工艺及技术质量控制确定。SBS 改性沥青的生产方式基本可分为现场生产和工厂生产两个方式。生产方法主要有三种：搅拌法、胶体磨法和高速剪切法。目前高速剪切法应用最为广泛。

2.1.2 SBS 改性沥青应用

近年来，SBS 改性沥青在国内许多重大工程中得到广泛的应用，如：首都机场高速等许多城市道路的重要路段都采用 SBS 改性沥青，同时在机场建设和方程式赛车道、自行车赛道都有应用。

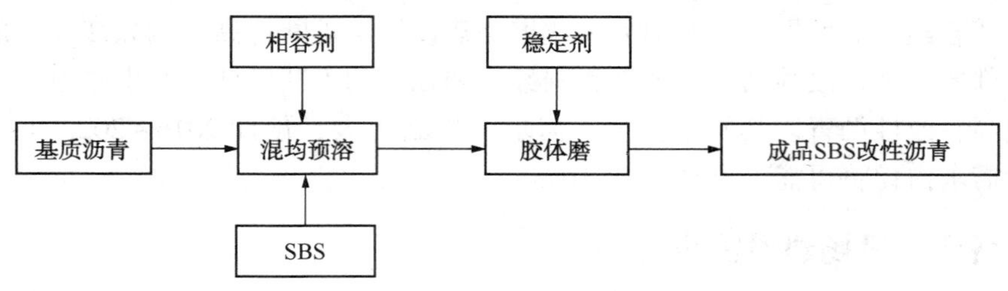

图1 SBS改性沥青生产工艺图

2.2 SBR改性沥青

SBR是橡胶类沥青改性剂，它改性物点是能显著提高沥青的低温延度，对沥青的低温使用有较大的改善，但对提高高温性能作用不显著。

2.2.1 SBR改性沥青工艺

SBR改性沥青的加工方式有直接添加法、强剪切法、母体法。它们的共同特点是在加工过程中使沥青与聚合物达到最大程度的相容与分散，并尽量避免沥青与聚合物的老化。在SBR改性沥青的制备过程中，温度、剪切力的大小、剪切作用时间为关键因素。在适宜的温度下，随剪切时间的延长，聚合物颗粒逐渐变得更小，分布也越趋均匀，改性效果也更好。

2.2.2 SBR改性沥青的应用

2015年，国家提出“一带一路”倡议，其中有相当一部分的地区处于高海拔低温地区，SBR改性沥青专门针对解决高海拔地区的气候特点，提高沥青和沥青混合料的低温抗裂性能和抗冻水稳性，能够很好针对如青藏公路低温开裂等问题解决。

2.3 乳化沥青

乳化沥青是将黏稠沥青加热至流动态，再经高速离心、搅拌及剪切等机械作用，而形成细小微粒(粒径为2~5μm)，沥青以细小的微滴状态分散于含有乳化剂的水溶液中，形成水包油状的沥青乳液，由于乳化剂稳定剂的作用而形成均匀稳定的分散系。

2.3.1 乳化沥青的工艺

乳化生产工艺包括：生产流程、原料配方、温度控制、油水比例控制等内容，每一套沥青乳化生产设备在投产前，都应根据设备性能和生产不同类型乳化沥青的技术要求，编制相应的、合理的乳化工艺。乳化沥青的生产流程大致分成沥青配制、乳化剂水溶液配制、沥青乳化和乳液储存四个主要程序。

2.3.2 乳化沥青的应用

由于乳化沥青是一种含水的沥青材料，在常温下呈流动状态，可以用于常温下用潮湿的矿料筑路养护，也可以应用于道路表面的问题治理，或应用于高速铁路板式无碴轨道中等。

2.4 彩色沥青

彩色沥青由脱色沥青中加入红、黄、绿等一定色泽的颜料配制而成。传统生产脱色沥青技术是用适当的溶剂将沥青中的黑色沥青质脱去，留下颜色较淡的其他部分，加入一定色泽的颜料。

2.4.1 彩色沥青的生产工艺

彩色沥青混合料的生产工艺与一般沥青混合料的生产工艺基本相同，不同之处是各工艺流程上所加工的材料发生了变化，填充料改为颜料，骨料改成彩色石子，结合料改成半透明的黏结料，经过传统的工艺加工制成彩色沥青混合料。

2.4.2 彩色沥青的应用

彩色沥青混合料主要用于道路或其他有特殊要求的景观场地的沥青混凝土表面。

3 沥青产品发展建议

近年来，中石化长岭分公司沥青厂不断开发沥青新产品，先后中标了武广高铁、奥运鸟巢等多个项目，已成功为上述项目建设提供了高品质的改性沥青，且公司内部具有研究院等研究机构，完全具备开发高品质改性沥青的技术能力。

“十三五”期间，国家公路建设投资大量向云、贵、川等西南省份集中，这一地区未来沥青及特种改性沥青的需求潜力巨大。但目前西南仅中海四川一家沥青生产厂家，一年沥青产量约在 28 万 t，而目前西部地区主要改性沥青生产厂家的年实际产量在 117.45 万 t，远不能满足西南当地需求。“十三五”期间，西部改性沥青市场前景较为看好，部分改性沥青的龙头企业早已在中西部市场进行营销布局。江苏宝利沥青作为我国规模和影响力最大的改性沥青生产厂家，是国内最早积极布局西部市场的改性沥青龙头企业，并实行全国扩张战术。2010 年，宝利沥青在吉林，四川和新疆设立了新项目，覆盖西部区域的大部分市场，并在 2012 年以后逐年放量，近几年来为宝利沥青创造了可观的利润。国创高新是我国改性沥青行业传统的中西部龙头企业，一直都是湖北、湖南等华中地区的区域龙头，在陕西和广西都有生产基地，并辐射华中和西南地区。国创高新近年来继续采取西部战略，在四川和湖北等西部省份继续新上马了改性沥青加工设备，积极布局西部市场。随着“十三五”期间国家对中西部地区公路建设的重点倾斜，西部改性沥青需求将迎来一股需求高峰。

西部地区主要改性沥青生产厂家产能和产量统计表

省份	生产企业	产能/(t/a)	单年产量/t
四川	壳牌	81000	16500
	SK	100000	22000
	宝利沥青	450000	91000
	中航路通	110000	20000
	重庆美仑	150000	19000
	成都泰和	200000	40000
重庆	SK	250000	50000
	深圳路安特	180000	41000
	重庆美仑	210000	40000
贵州	SK	100000	20000
	中远国际贸易	220000	40000

续表

省份	生产企业	产能/(t/a)	单年产量/t
云南	SK	100000	20000
	云南云路	110000	20000
	云南新天丰	100000	20000
陕西	壳牌	200000	40000
	SK	400000	80000
	宝利沥青	300000	55000
	陕西国琳	400000	80000
	国创高新	500000	100000
甘肃	甘肃交通物资	500000	100000
新疆	宝利沥青	450000	90000
	新疆金石	300000	60000
广西	SK	100000	20000
	国创高新	150000	30000
	埃索	100000	20000
	中航路通	200000	40000
总计		5961000	1174500

中石化长岭分公司地处湘北，属于国家西部大开发战略范围。与贵州、四川两省临界，且高速公路运输交通便利。根据目前沥青市场的发展需要，建议公司着重研制开发以下几个品种的改性沥青。

3.1 顺应国家政策导向，开发高寒沥青

随着国家“一带一路”倡议和西部大开发战略的进一步实施，高原和寒温带地区沥青行业发展越来越受到重视。未来对高寒沥青的需求将逐渐扩大，公司可考虑采取合作办厂或引进技术等方式开发此项产品。

3.2 适应高铁、机场建设需求，开发乳化沥青新产品

目前国家正处到西部大开发战略实施阶段，西部高铁、机场的建设项目增长明显，而东部发达地区高速公路也陆续进入大修期，道路维修也需要大量的特种沥青。这些都是乳化沥青、彩色沥青需求的增长点。

3.3 提高改性沥青品质，抓住市场机遇

我公司目前已有部分改性沥青产品，应加快开拓西部市场，抓住战略契机，有针对性地研发高品质的改性沥青，增强中西部地区的营销力度，提高新的增长点。

参 考 文 献

[1] 刘宝举，梁东，贺益田．改性沥青对乳化沥青性能的影响[J]．石油沥青，2016，6.

[2] 张弛．低油价状态下的沥青生产与营销[J]．石油沥青，2016，3.

[3] 柴志杰，黄婉利，张宜洛，等．机场专用AB-70沥青性能及应用研究[J]．石油沥青，2015，6.

春风稠油试制重交通道路沥青

贺西宝

（中国石油乌鲁木齐石化分公司研究院，乌鲁木齐　830019）

摘　要　春风稠油属于重质原油，轻油收率低，渣油收率高，。春风稠油生产的沥青产品或基质沥青质量好，沥青低温性质和高温性质都比较理想。春风稠油的减压渣油四组分搭配合理，渣油具有极好的低温延度，不同切割温度的减压渣油馏分可以满足 70#和 90#重交通道路沥青指标。

关键词　春风稠油　重交沥青

1　前言

沥青作为一种重要的基础建设材料，广泛的应用在交通运输（道路、铁路、航空等）、建筑业、农业、水利工程、工业（采掘业、制造业）、民用等各部门。随着高速公路网的大量建设，对高等级道路沥青需求旺盛，高等级道路沥青生产一般主要通过原油蒸馏，得到减压渣油作为沥青调和组分，在经过调和得到合格的沥青产品。沥青价格高于减压渣油价格，同时不需要上交消费税，所以能将低价渣油作为沥青调和组分，经济上是非常合适的。春风稠油的减压渣油是优质沥青调和组分，加工春风稠油生产重交通道路沥青具有较高的经济效益。

乌石化公司研究院对春风稠油进行全面评价，努力开展研究方案，通过大量实验，确定可以利用春风稠油生产出合格的重交通道路沥青产品。

2　利用春风稠油试制重交通道路沥青试验

2.1　春风稠油基本性质介绍

春风稠油属于低硫—环烷基原油，原油密度高，酸值高，硫、氮含量较低，轻质油收率低，蜡油、渣油收率较高。金属含量高，特别是铁含量和钙含量，表现在渣油馏分中含量更高，不适宜作为重油催化裂化原料进行加工。同时减压渣油馏分芳烃含量和胶质含量高，二者之和高达 86.6%，非常都符合生产道路沥青，说明春风稠油的减压渣油馏分可作为优质道路沥青的调和组分。春风稠油及减压渣油基本性质见表 1。

从表 1 所列数据来看，春风稠油具有密度高，酸值高，黏度大、硫含量低、金属铁、钙含量高的特点，减压渣油芳烃、胶质含量高、沥青质含量适中，非常适合生产道路沥青产品。

表1 春风稠油及其减压渣油性质

分析项目	春风稠油	分析项目	春风>500℃渣油
密度(20℃)/(g/cm³)	0.9581	密度(20℃)/(g/cm³)	0.9879
凝点/℃	13	残炭/%	12.6
酸值/(gKOH/g)	8.30	硫含量/%	0.28
黏度(80℃)/(mm²/s)	367.6	氮含量/%	0.42
胶质/%	4.03	铁含量/(mg/kg)	195
沥青质/%	0.90	镍含量/(mg/kg)	8.94
硫含量/%	0.26	钒含量/(mg/kg)	0.89
氮含量/%	0.18	钙含量/(mg/kg)	1860
铁含量/(mg/kg)	16.9	饱和烃/%	12.2
镍含量/(mg/kg)	7.33	芳香烃/%	40.8
钒含量/(mg/kg)	0.516	胶质/%	45.8
钙含量/(mg/kg)	1480	沥青质/%	1.2

由于原油生成条件的复杂性，即使同类组分，亦因油源的不同，表现出的性质特征也不尽相同，最终反映在沥青的性能和胶体结构上会出现差别。

通常认为沥青质是液态组分的增稠剂，胶质对改善沥青的延度有显著的效果，芳烃对沥青质有很好的胶溶作用，形成稳定的胶体结构，而饱和烃则起一定的软化作用。

一般认为，石油沥青都是由上述四种组分以不同比例组成的稳定的胶体体系。是以沥青质为中心，胶质吸附于其周围形成胶束，作为分散相分散在由芳烃和饱和烃组成的分散介质中。

芳烃是组成沥青胶体溶液的分散介质，起到胶溶和软化作用。它和胶质、沥青质应有一定的匹配，否则不能形成稳定的胶体体系，增加芳烃的含量有助于提高沥青的延度，降低沥青的低温开裂温度。

从春风稠油的减压渣油性质来看，四组分的搭配是比较合适的，沥青质含量非常适合生产高等级道路沥青。

2.2 利用春风稠油试制重交通道路沥青试验

春风稠油属于重质原油，轻油收率低，渣油收率高。春风稠油生产的沥青产品或基质沥青质量好，沥青低温性质和高温性质都比较理想。

通过大量沥青蒸馏切割分析实验，筛选了相关的试验数据，列于表2中。

表2 不同沸点的春风稠油的减压渣油沥青性质分析

样品名称	针入度(25℃)	软化点/℃	延度(10℃)/cm	延度(15℃)/cm
>435℃渣油	112	43.5	>100	>150
>440℃渣油	102	46.5	>100	>150
>450℃渣油	96	48.7	>100	>150
>460℃渣油	84	47.8	>100	>150
>465℃渣油	80	51.5	>100	>150
>470℃渣油	73	54.2	>100	>150

通过对春风稠油不同沸点的渣油分析发现，春风稠油的减压渣油低温性质比较好，10℃延度均大于100cm，15℃延度均大于150cm，均满足GB/T 15180-2010重交通道路沥青指标及交通部道路石油沥青技术规范JTG F40-2004沥青技术要求

对以上不同馏分的春风稠油的减压渣油进行薄膜烘箱试验，考察沥青的高温性质，结果列于表3中。

表3 不同沸点的春风稠油的减压渣油薄膜烘箱试验

样品名称(烘后)	针入度比(25℃)/%	软化点/℃	延度(25℃)	延度(10℃)	质量变化/%
>440℃渣油	76.7	49.2	>150	86	0.06
>450℃渣油	75.9	54.1	>150	80	0.11
>460℃渣油	79.7	55.4	>150	62	0.12
>470℃渣油	68.0	58.1	>150	53	0.17

通过对表2和表3数据分析来看，春风稠油大于470℃、大于460℃、大于450℃和大于440℃减压渣油经过薄膜烘箱试验后，各项指标既可以满足国标GBT/15180-2010重交通道路AH-70、AH-90和AH-110沥青指标青要求，也可以满足交通部道路石油沥青技术规范JTG F40-2004的70#、70#和110#A类相应规范标准要求。

3 结论

（1）春风稠油轻质油收率低，而渣油收率高，在加工上采取沥青生产方案是合适的，在加工时只要控制好软化点，则针入度就容易满足90#和70#沥青指标要求，由于春风稠油的减压渣油中芳烃含量和胶质含量之和达到85%左右，因此沥青的延度很容易达标。

（2）实验研究证明，春风稠油是可以生产出符合标准的重交通道路沥青产品的，而且加工时操作弹性大，更容易生产优质的道路沥青

参考文献

[1] 侯祥麟. 中国炼油技术[M]. 北京：中国石化出版社，1991.
[2] JTG F40—2004，公路沥青路面施工技术规范[S].

SBS 改性沥青生产新工艺研究及应用

周本岳　陈忠正　王朝晖

（中国石化集团资产经营管理有限公司长岭分公司油港作业部，岳阳　414000）

摘　要　生产工艺对 SBS 改性沥青的生产与质量控制有着极为重要的影响，本文通过对胶体磨 SBS 改性沥青生产工艺分析，结合 SBS 改性沥青机理，开展了新工艺的实验研究。结果表明，SBS 改性沥青生产新工艺效果良好，能有效缩短产品发育时间，提高产品质量，并在实践应用中取得了较显著的成效。

关键词　SBS 改性沥青　新工艺　生产

1　前言

随着经济的快速增长，我国的公路里程迅速增加，其中高速公路里程已跃居世界前列。目前用于路面铺装的粘结料主要为沥青（包括重交沥青和改性沥青），重交沥青存在高温流淌、低温开裂的问题，因此改性沥青（以 SBS 类改性沥青为主）的应用在国内早已相当普遍。

由于 SBS 属高分子材料，其性质与沥青相差很大，因此二者的相容性较差，使得 SBS 改性沥青一直面临着稳定性差、易离析、发育时间长、能耗高、成本高等问题[1]。随着 SBS 改性沥青的发展，其生产工艺技术也在不断发展，相继经历了间歇式的单纯搅拌、单罐剪切、双罐研磨、多级串联研磨，直到现在的连续式一次剪切研磨工艺。

中国石化资产长岭分公司沥青厂作为中南地区主要的 SBS 改性沥青生产商与供应商，对改性沥青的生产及产品质量十分重视，现有三套改性沥青生产设备，年改性沥青加工能力超过 20 万吨，但是也同样存在着产品发育时间长、生产成本高、产品质量不稳定等诸多问题。为此，长岭分公司在石油化工科学研究院、中国石化炼油销售有限公司等的技术指导下，开展了 SBS 改性沥青生产新工艺研究及应用工作。

2　产品标准

长岭分公司主要生产中华人民共和国《公路沥青路面施工技术规范》（JTG F40—2004）中所规定的 I-D 级 SBS 改性沥青产品。

3　原料

基质沥青为中石化“东海牌”70A 沥青，改性剂为岳化产 YH1301-1 和 YH4303 两种 SBS，外购稳定剂。

4 设备

实验室 SBS 改性沥青小试样品制备采用国产试验剪切机，中试样品制备采用实验胶体磨，工业生产采用 40T/h 连续式改性沥青生产设备(胶体磨)。

5 生产设备与工艺探讨

目前，SBS 改性沥青主要加工生产设备有高速剪切机和胶体磨。高速剪切机生产工艺：采用高温溶胀、剪切工艺，先将 SBS 与基质沥青高温混合搅拌溶胀，再用高速剪切机进行剪切、加入稳定剂，达到产品质量要求后送至成品罐储存。胶体磨生产工艺：采用高温胶体磨一次研磨、成品罐高温发育工艺。SBS、稳定剂等与基质沥青按比例混合后直接进入胶体磨研磨，再进入成品罐高温发育直至合格，如长岭 SBS 改性沥青采用胶体磨生产工艺，见示意图 1。

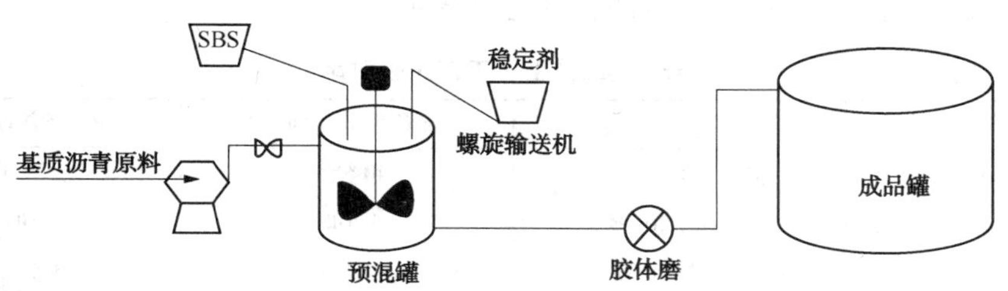

图 1 SBS 改性沥青生产工艺示意图

生产设备、工艺技术特点：

(1) 胶体磨：独特的内齿型高剪切胶体磨具有高速剪切和高速研磨的双重功能，其螺旋型内齿结构路径较长，内齿数量多，SBS 等聚合物能被多次重复剪切和研磨成亚微颗粒。

(2) 双螺距螺旋输送器，确保添加剂剂量输送精确；预混罐体积小，只有 $1m^3$，配有浆式搅拌器，可连续生产，操作者可实时观察预混罐情况。

(3) 一次研磨，剪切研磨效率高，生产周期短，加工能力强，能达到 40 吨/小时改性沥青，连续性生产，操作较简单，生产一罐 SBS 改性沥青(240 吨)需要 7 小时。

(4) SBS 和稳定剂同时匀速加入预混罐，与基质沥青混合后马上进入胶体磨剪切研磨，此过程只有十几秒，SBS 几乎没有溶胀过程就进入胶体磨剪切研磨分散。

(5) 基质沥青高温(185～195℃)进胶体磨，成品罐在高温(185～190℃)条件下搅拌发育，发育时间大于 30 小时，产品质量较难控制，需定期跟踪检测产品质量，产品性能老化衰减较严重。

6 新工艺开发

根据 SBS 改性沥青机理，对生产设备与工艺分析，并通过试验对比，发现降低改性沥青质量的主要原因是 SBS 与沥青的物理共混过程不充分，SBS 没有得到充分的溶胀，就直接与稳定剂混合反应，导致部分SBS与稳定剂反应过于剧烈而又有部分SBS未能与稳定剂充分反应。因此，新工艺开发的理想效果为确保SBS得到充分地溶胀，再与稳定剂反应，避免SBS与稳定剂反应不完全或过度反应的情况发生[2]。

6.1 改进工艺流程，确保SBS充分溶胀

结合长岭SBS改性沥青生产装置实际，要确保SBS充分溶胀有两种方式：一是研磨剪切前SBS充分溶胀，通过增建一个200m³的搅拌溶胀罐来实现，见工艺示意图2；二是研磨剪切后SBS充分溶胀，利用现有改性沥青产品罐来实现，见工艺示意图3。

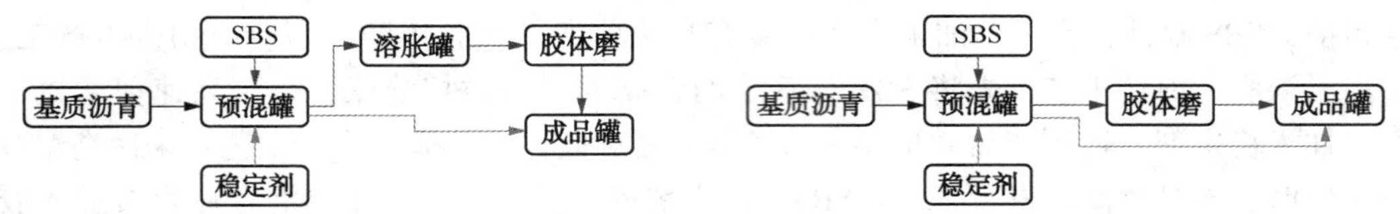

图2 SBS研磨剪切前溶胀工艺　　图3 SBS研磨剪切后溶胀工艺

采用实验胶体磨模拟三种工艺生产，对比结果见表1。

表1 三种生产工艺实验对比

工　艺	原有旧工艺	SBS研磨剪切前溶胀	SBS研磨剪切后溶胀
溶胀时间	0	40分钟	25分钟
产品合格所需发育时间	4小时20分	3小时	2小时40分
实验周期	4小时20分	3小时40分	3小时5分

从表1对比可知，SBS研磨剪切后溶胀工艺试验周期最短，效率高，能耗最低，且无需增建溶胀罐。

6.2 优化添加剂加料方式，提高产品性能

SBS、稳定剂加料方式、时间点很重要，决定了沥青、SBS、稳定剂三者间的反应速率[3]，影响着半成品黏度与搅拌发育效果，对SBS改性沥青产品性能有着极为重要的影响。加料方式主要有两种：一是SBS、稳定剂同时匀速加入、研磨剪切、搅拌发育，二是SBS先加入、研磨剪切，待溶胀充分后再加入稳定剂、搅拌发育。采用实验胶体磨对比考察了两种加料方式，效果见表2。

表2 加料方式产生的效果

加 料 方 式	SBS、稳定剂同时匀速加入	SBS先加、稳定剂后加
半成品135℃布氏黏度/(Pa·s)	1~2	0.7~1.6
产品合格所需发育时间	4小时20分	2小时40分
表观状态	有极少量的颗粒团	无明显颗粒

从表2可知，SBS、稳定剂同时匀速加入，存在SBS、沥青、稳定剂局部过度反应情况，导致半成品布氏黏度偏大，降低搅拌效果，产品发育时间较长。而SBS先加，待充分溶胀后再加入稳定剂反应，效果更好，产品发育时间短，能有效提高产品性能，减缓性能指标老化。

采用 SBS 和稳定剂同时匀速加料方式试验(旧工艺)，与采用 SBS 研磨剪切后溶胀工艺、SBS 先加、稳定剂后加方式试验(新工艺)，对比产品主要性能指标见图 4 至图 7。

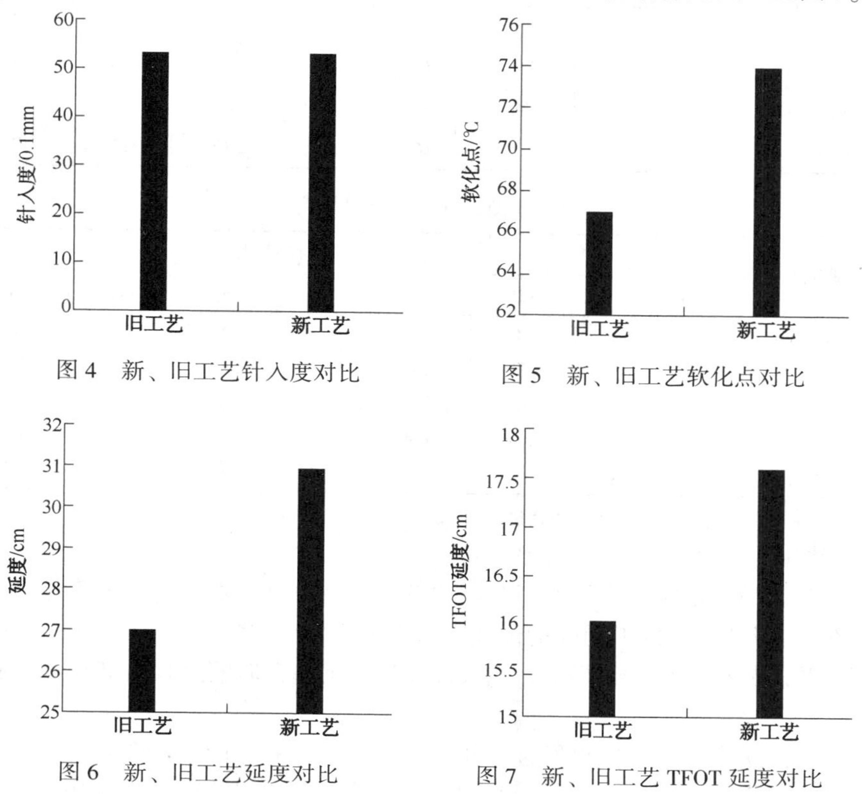

图 4　新、旧工艺针入度对比

图 5　新、旧工艺软化点对比

图 6　新、旧工艺延度对比

图 7　新、旧工艺 TFOT 延度对比

7　工业化生产

在完成实验室研究的基础上，长岭分公司沥青厂进行了工业生产。结合改性沥青生产装置实际，开发的新生产工艺为：将一定温度的基质沥青经换热器加热到适当的温度，输送到改性沥青站，与添加剂同时加入预混罐，在预混罐混合搅拌后，进入胶体磨剪切，再输送储存到成品罐，控制成品罐温度不断搅拌发育，直至成品合格。但是，添加剂要分两阶段加入：先加入 SBS，加料频率调至最大，待 SBS 加完后才开始加入稳定剂，以确保经过胶体磨剪切的 SBS 能在产品罐内溶胀搅拌一定时间，待 SBS 溶胀发育较好后再与稳定剂反应。

在相同原料、配方、工艺参数的条件下，SBS 改性沥青旧生产工艺与新工艺应用效果对比。

表 3　旧工艺生产产品质量

检测项目	采样时间点							
	6h	12h	18h	24h	30h	36h	60h	80h
针入度(25℃)/0.1mm	56	56	55	56	55	56	56	55
软化点/℃	62	65	69	71	76	78	82	79

续表

检测项目	采样时间点							
	6h	12h	18h	24h	30h	36h	60h	80h
延度(5℃，cm/min)/cm	32	32	31	30	28	26	23	21
48h离析，软化点差/℃	42	34	17	2.3	1.2	—	—	—
薄膜烘箱延度(5℃)/cm	17	17	16	16	15	14	12	11

表4 新工艺生产产品质量

检测项目	采样时间点							
	6h	12h	18h	24h	30h	60h	80h	100h
针入度(25℃)/0.1mm	55	56	55	55	56	56	56	55
软化点/℃	64	72	79	80	82	83	81	80
延度(5℃，cm/min)/cm	33	33	33	33	32	30	28	26
48h离析，软化点差/℃	14	1.9	0.9	—	—	—	—	—
薄膜烘箱延度(5℃)/cm	18	18	18	17	17	16	15	14

注：h代表小时；离析合格是指48h离析的软化点差(℃)≤2.5。

结合生产情况，将表3与表4对比：

(1)新工艺产品质量明显优于旧工艺：两者针入度没有差别；新工艺软化点上升速率快于旧工艺；新工艺延度、TFOT延度指标优于旧工艺。

(2)新工艺产品抗老化性能更优，相关性能指标随储存时间延长衰减较慢，有效提高了产品质量。

(3)新工艺离析合格所需搅拌发育时间更短，能有效缩短产品发育时间，节约能耗，降低单位加工成本。根据生产统计，每罐改性沥青搅拌发育时间缩短了9~12h。

截至2016年底，长岭分公司沥青厂采用新工艺生产SBS改性沥青15万余吨，生产过程稳定，产品质量优异，成功应用于湖南龙永、大岳、潭邵等多条高速公路的铺装。

参考文献

[1] 张德勤. 石油沥青的生产与应用[M]. 北京：中国石化出版社，2001.

[2] 董允等. 稳定剂对SBS改性沥青显微结构与性能的影响[J]. 石油沥青，2006，12.

[3] 陈守明. SBS改性沥青的热储存老化研究. 第十一届石油沥青技术交流会论文. 2008. 4.

生物甲烷化技术的研究进展

江　皓　李叶青　汪昱昌　苏东方　丁江涛　周红军

（中国石油大学（北京）新能源研究院，生物燃气高值利用北京市重点实验室，
生物能源北京高等学校工程研究中心，北京　102249）

摘　要　生物甲烷化技术是利用微生物在厌氧条件下在常温常压催化甲烷化过程，原料气可以是氢气和二氧化碳，或者合成气，该转化能够大大提高沼气或合成气的价值，并且有效减排温室气体。本文综述了生物甲烷化的机理、工艺、原料气来源和国内外研究进展，为生物甲烷化技术的发展及应用提供参考。

关键词　厌氧发酵　生物甲烷化　氢气　二氧化碳　合成气

1　引言

中国经济的高速增长和快速发展，使得能源需求和环境保护压力日益增加。我国生物质资源丰富，可作为能源利用的农作物秸秆及农产品加工废弃物、林业废弃物和能源作物、生活垃圾与有机废弃物等生物质资源总量每年约 4.6 亿吨标准煤。[1]厌氧发酵即将生物质通过生物转化进行甲烷化的过程，其既可充分利用各种有机废弃物，减少垃圾排放和污染，减排温室气体，生产的沼气又可用于发电，或净化提纯后作为天然气使用，具有重要的经济效益和环境效益。

但厌氧发酵这一生物甲烷化过程存在运行效率低、操作稳定性差、停留时间和启动时间长等问题，且生产的沼气中还有 30%~50% CO_2，降低了沼气的能量密度，阻碍其成为可再生天然气并入现存的天然气管网设施。因此，传统的厌氧发酵技术具有很大的提高和优化空间，亟需与新型的生物甲烷化技术相结合，以推进其工业化、产业化的进程。本文综述了生物甲烷化技术的研究进展，包括 H_2/CO_2生物甲烷化和合成气生物甲烷化。

2　生物甲烷化的机理

厌氧发酵是复杂的生物转化过程，发酵细菌、产氢产乙酸菌和产甲烷菌协同作用，完成水解、酸化、乙酸化和产甲烷化四个阶段的转化。微生物是厌氧发酵的核心。20 世纪 70 年代，Bryant 等人提出了厌氧发酵的经典理论模型[2]。如图 1 所示，在水解阶段，复杂大分子由多种酶催化，生成可溶于水的糖类、氨基酸和长链脂肪酸等。这些溶解性有机物接着被产酸菌转化为以挥发性脂肪酸（volatile fatty acids，VFA）为主的产物，并伴随 CO_2和 H_2的生成。在产乙酸阶段，产氢产乙酸菌利用挥发性脂肪酸和醇类等小分子碳源，生成 CO_2、H_2和乙酸等。氢分压在此阶段至关重要，过高的氢分压会阻止中间产物的转化，使有机酸积累并抑制

CH_4生成。产甲烷阶段是厌氧发酵中的薄弱环节，这主要是由于产甲烷菌生长率低，且易受干扰。产甲烷菌是地球上最古老的微生物之一，是严格厌氧菌，能够利用的能源和碳源为H_2、CO_2、甲酸、甲醇、甲胺和乙酸等，将其转化为CH_4、CO_2和新的细胞物质。根据底物的不同，产甲烷菌又分为乙酸营养型、氢营养型和甲基营养型(见图1)，其中厌氧发酵工程中占优势的是前两种，工艺条件会影响两种营养途径生成CH_4的比例[3]。

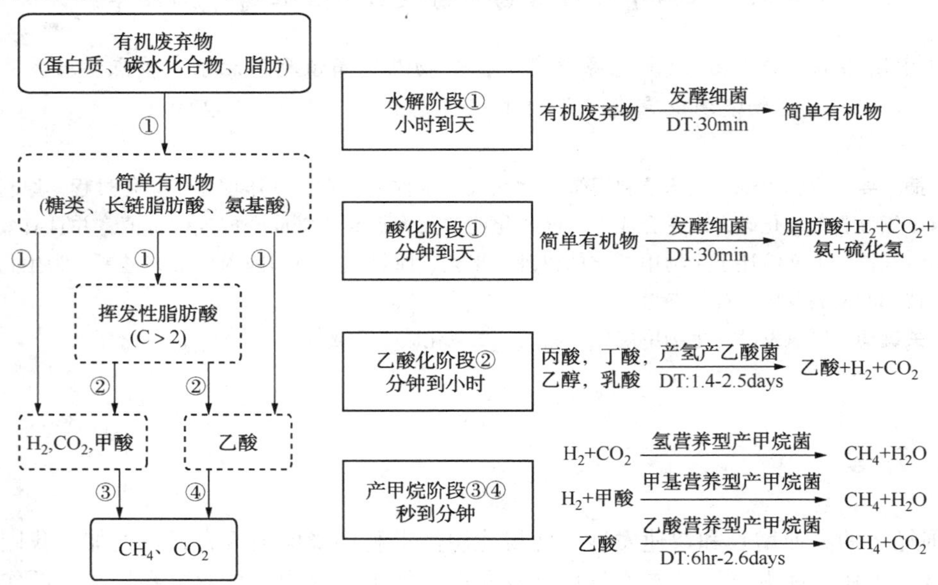

图1 厌氧发酵过程示意图[4,5]

注：DT指doubling time，为典型微生物的倍增时间

在乙酸化和乙酸营养型甲烷化的过程中会产生部分CO_2，而这些CO_2可以被氢营养型产甲烷菌利用，通过氢营养型甲烷化转化成CH_4[6]。

$$4\,H_2+CO_2 \longrightarrow CH_4+2\,H_2O$$

从反应方程式来看，H_2与CO_2按照4∶1的比例进行反应，生成的气相产物中只有CH_4，如果能加强这一反应路径，沼气的质量能在很大程度上得到改善。然而在实际情况中，由此路径生成的甲烷比例不足30%[7]。由于在沼气中通常不易检测到H_2的存在，因此氢不足被认为是该反应的主要限制性因素[8]。通过向发酵罐中通入H_2，可以解决这个问题。H_2较低的分子质量导致其体积能量密度仅为10.88MJ/m^3，远低于CH_4的36MJ/m^3[9]，并且其在储存和运输方面还存在诸多问题尚待解决。而CH_4的运输可利用现有的天然气管网，具有较高的沸点和能量密度，储存成本仅为H_2的1/3[10]。利用过剩的电力进行电解水是获取氢源的有效途径之一[11]。

除H_2和CO_2可作为生物甲烷化的底物外，合成气也可以是生物甲烷化的原料。合成气的主要成分为CO、H_2和CO_2，来源广泛，包括煤、油页岩、焦油沙、重残渣以及劣质天然气，生物质经气化技术处理后可作为合成气生产的重要原料[12]。合成气生物甲烷化即合成气中的CO、H_2在微生物作用下，在常温、常压或加压条件下转变为甲烷的反应。由于微生物具有一定的耐硫能力，因此，对合成气净化程度要求低。

合成气生物甲烷化机理有以下两种[13]：

（1）合成气中 CO、CO_2和 H_2在微生物作用下，反应生成 CH_3COOH：

$$4CO+2H_2O \longrightarrow CH_3COOH+2CO_2$$

$$2CO_2+4H_2 \longrightarrow CH_3COOH+2H_2O$$

然后，CH_3COOH 在微生物作用下分解成甲烷：

$$CH_3COOH \longrightarrow CO_2+CH_4$$

（2）合成气中 CO 在微生物作用下转化为 CO_2：

$$CO+H_2O \longrightarrow CO_2+H_2$$

然后，CO_2、H_2在微生物作用下生成 CH_4：

$$4H_2+CO_2 \longrightarrow CH_4+2H_2O$$

3 生物甲烷化的工艺

生物甲烷化的工艺可分为原位工艺和异位工艺两种，如图 2 所示。原位工艺即以厌氧发酵反应器为依托，向其中通入 H_2或合成气分别进行 H_2和 CO_2、合成气的生物甲烷化转化过程；异位工艺是将功能微生物固定在生物反应器中，将 H_2和 CO_2或者合成气通入反应器中，从而获得高浓度甲烷或沼气的过程。

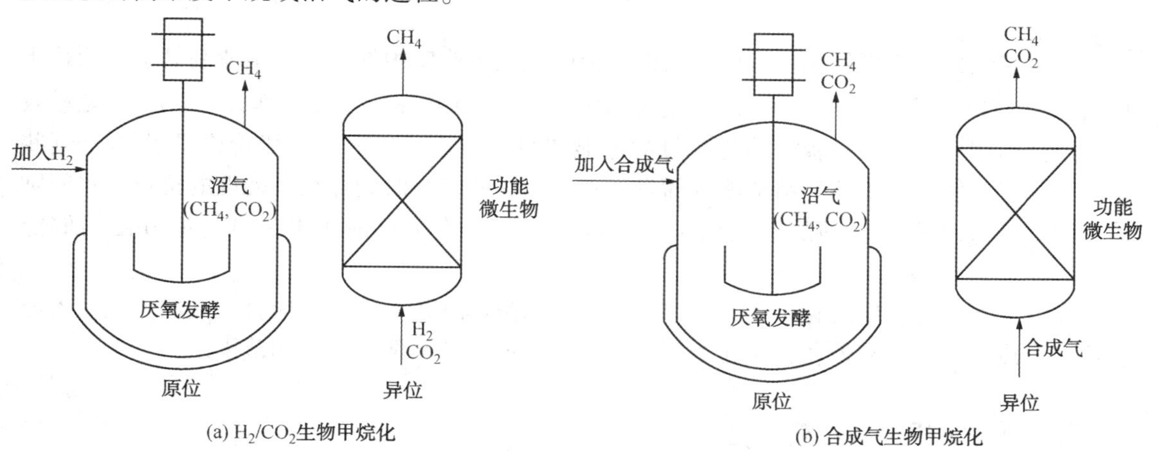

图 2　生物甲烷化工艺

具有生物甲烷化功能的微生物可以从自然环境中富集或分离，微生物种类及数量对甲烷化反应速率有重要影响，部分微生物信息见表 1。

表 1　具有甲烷化功能的微生物及反应[14]

微生物名称	反应物	主要产物
Acetobacterium woodii	H_2+CO_2	乙酸
Acetoanaerobium noterue	H_2+CO_2	乙酸
Clostridiumthermoaceticum	CO	乙酸
Clostridiumthermoautotrophicum	H_2+CO_2	乙酸
Butyribacterium methylotrophicum	CO	乙酸

续表

微生物名称	反应物	主要产物
Acetobacterium sp.	H_2+CO_2	乙酸
Peptostreptoroccus productus	CO	乙酸+CO_2
Rhodopseudomonas gelutinosa	CO	H_2+CO_2
Rhodospirillum rubrum	CO	H_2+CO_2
Clostridiumaceticum	H_2+CO_2	乙酸
Eubascterium limosum	CO	乙酸+CO_2
Methanobacterium thermoautotrophicum	CO	CH_4+CO_2
Methanosarcina sp.	乙酸	CH_4+CO_2
Methanohrix soehngenii	乙酸	CH_4+CO_2
M. Barkeri	H_2+CO_2	CH_4
M. formicicum	H_2+CO_2	CH_4

外源 H_2的加入，在消耗 CO_2的同时，增加了沼气中甲烷的浓度，除此之外，研究者发现，沼气中混有少量未被完全转化的 H_2(5%~30%)，可以提高沼气的燃烧性能[15]。

4 原料气的来源

H_2和 CO_2的生物甲烷化技术中，获得廉价的氢是工业应用的关键。工业制氢主要依赖于化石燃料的裂解[16]、电解水[17]以及生物制氢[18]。其中电解水通常以其大于70%的能量效率被广泛运用，然而该过程需消耗大量的电能使得由该途径生产的氢能价格昂贵[19]。近些年来，随着风能、太阳能等清洁能源的发展，利用其能量与时间存在波动性的特点，将间歇输出的不可直接并入电网的弃电用于电解水制氢，成为了目前成本最低、最方便的储能方法。

在合成气的生物甲烷化过程，生物质如秸秆的热解气化可作为供应合成气的方式。若能将这些合成气进一步高值化，转化为甲烷，将极大增加其经济性和应用范围。

5 生物甲烷化研究进展

近年来，丹麦科技大学的 Angelidaki 课题组在生物甲烷化领域开展了很多探索性的研究，证明利用外源氢气强化产甲烷过程的可行性[9,20~23]。为了使甲烷含量提升至90%以上，中空纤维膜(HFM)组件被用来向厌氧发酵体系供应氢气[22]。当氢气流率从930mL/(Ld)增加到1440mL/(Ld)，甲烷含量可由78.4%增加至90.2%，而反应器中的pH在8以下；当氢气流率增至1760mL/(Ld)，甲烷含量达到96.1%，pH升至8.3。在HFM上形成的生物膜会增加氢气的扩散阻力，而且生物膜只贡献了22%~36%的氢气消耗，大多数氢气是液相中的微生物消耗的。pH升高是因为氢气加入后会消耗体系中的二氧化碳，而若将牛粪与酸性的乳清共发酵，可以使pH保持在8.0以下[21]。

Bukhardt 等[24,25]利用新型的厌氧滴流床反应器固定氢营养型产甲烷菌生物膜，将二氧化碳和氢气连续通入，实现在中温和常压下的甲烷化转化。在此过程中，没有气体混合和循环装置，氢气转化率可高达 $6Nm^3/(m^3d)$，而甲烷的生成率为 $1.49Nm^3/(m^3/d)$，甲烷含量可达98%。

在合成气生物甲烷化方面，国内也有很多学者做了研究。同济大学谢丽[26]等使用焦炉气利用生物厌氧发酵的方法发明了一种同步实现焦炉气甲烷化及沼气原位提纯的方法，将焦炉气和沼气中除甲烷外的大部分成分转化为了甲烷。而刘莉[27]研究了沃氏甲烷球菌(*M. voltae*)以CO为碳源产甲烷发现：该菌不仅可以利用CO产甲烷，也可以利用 H_2/CO 产甲烷，同时发现在利用CO产甲烷时有中间产物 H_2 和 CO_2 生成，即代谢途径为：

$$CO+H_2O \longrightarrow CO_2+H_2$$

$$CO_2+4H_2 \longrightarrow CH_4+2H_2O$$

中国石油大学(北京)使用优选微生物，完成了原位加氢提纯沼气、离位催化 CO_2 和 H_2 生物甲烷化、离位催化合成气生物甲烷化的小试实验，完成2000小时长周期实验，开发了小规模低成本煤制甲烷成套技术、CO_2 回收利用及工业废氢利用技术，并申请了系列专利。这些技术能在常温常压下催化甲烷化过程，能够大大提高沼气或合成气的价值，并且有效减排温室气体排放。

致谢

感谢国家自然科学基金项目(21406263)和中国石油大学(北京)科研基金(2462015YQ1303)资助。

参考文献

[1] 国家能源局. 生物质能发展“十三五”规划[J]. 2016.

[2] McInerney M J, Bryant M P, Pfennig N. Anaerobic bacterium that degrades fatty acids in syntrophic association with methanogens[J]. Archives of Microbiology, 1979, 122(2): 129-135.

[3] Guide to biogas-From production to use. Gülzow: FNR; 2010.

[4] Karthikeyan O P, Visvanathan C. Bio-energy recovery from high-solid organic substrates by dry anaerobic bio-conversion processes: a review[J]. Reviews in Environmental Science and Bio/Technology, 2012, 12(3): 257-284.

[5] Lv W, Schanbacher F L, Yu Z. Putting microbes to work in sequence: recent advances in temperature-phased anaerobic digestion processes[J]. Bioresource Technology, 2010, 101(24): 9409-9414.

[6] Hu Y, Hao X, Zhao D, Fu K. Enhancing the CH_4 yield of anaerobic digestion via endogenous CO_2 fixation by exogenous H_2[J]. Chemosphere, 2015, 140: 34-39.

[7] Weiland P. Biogas production: current state and perspectives[J]. Applied Microbiology and Biotechnology, 2010, 85(4): 849-860.

[8] Bagi Z, Ács N, Bálint B et al. Biotechnological intensification of biogas production[J]. Applied Microbiology and Biotechnology, 2007, 76(2): 473-482.

[9] Luo G, Johansson S, Boe K et al. Simultaneous hydrogen utilization and in situ biogas upgrading in an anaerobic reactor[J]. Biotechnology and Bioengineering, 2012, 109(4): 1088-1094.

[10] Balat M. Potential importance of hydrogen as a future solution to environmental and transportation problems[J]. International Journal of Hydrogen Energy, 2008, 33(15): 4013-4029.

[11] Sherif S A, Barbir F, Veziroglu T N. Wind energy and the hydrogen economy—review of the technology[J].

Solar Energy, 2005, 78(5): 647-660.

[12]应浩, 蒋剑春. 生物质气化技术及开发应用研究进展[J]. 林产化学与工业, 2005, 25(10): 151-155.

[13] Kimmel D, Klasson K, Clausen E et al. Performance of trickle-bed bioreactors for converting synthesis gas to methane[J]. Applied Biochemistry and Biotechnology, 1991, 28(1): 457-469.

[14] Lorowitz W H, Bryant M P. Peptostreptococcus productus strain that grows rapidly with CO as the energy source[J]. Applied and Environmental Microbiology, 1984, 47(5): 961-964.

[15] Akansu S O, Dulger Z, Kahraman N, Veziroglu T N. Internal combustion engines fueled by natural gas-hydrogen mixtures[J]. International Journal of Hydrogen Energy, 2004, 29(14): 1527-1539.

[16] O'Brien J E, McKellar M G, Harvego E A et al. High-temperature electrolysis for large-scale hydrogen and syngas production from nuclear energy-summary of system simulation and economic analyses[J]. International Journal of Hydrogen Energy, 2010, 35(10): 4808-4819.

[17] Kelly N A, Gibson T L, Ouwerkerk D B. A solar-powered, high-efficiency hydrogen fueling system using high-pressure electrolysis of water: Design and initial results[J]. International Journal of Hydrogen Energy, 2008, 33(11): 2747-2764.

[18] Balat H, Kırtay E. Hydrogen from biomass-Present scenario and future prospects[J]. International Journal of Hydrogen Energy, 2010, 35(14): 7416-7426.

[19]张轲, 刘述丽, 刘明明, 等. 氢能的研究进展[J]. 材料导报, 2011, 09): 116-119.

[20] Luo G, Angelidaki I. Integrated biogas upgrading and hydrogen utilization in an anaerobic reactor containing enriched hydrogenotrophic methanogenic culture[J]. Biotechnology and Bioengineering, 2012, 109(11): 2729-2736.

[21] Luo G, Angelidaki I. Co-digestion of manure and whey for in situ biogas upgrading by the addition of H2: process performance and microbial insights[J]. AppliedMicrobiology and Biotechnology, 2013, 97(3): 1373-1381.

[22] Luo G, Angelidaki I. Hollow fiber membrane based H_2 diffusion for efficient in situ biogas upgrading in an anaerobic reactor[J]. Applied Microbiology and Biotechnology, 2013, 97(8): 3739-3744.

[23] Bassani I, Kougias P G, Treu L, Angelidaki I. Biogas Upgrading via Hydrogenotrophic Methanogenesis in Two-Stage Continuous Stirred Tank Reactors at Mesophilic and Thermophilic Conditions[J]. Environmental Science & Technology, 2015.

[24] Burkhardt M, Koschack T, Busch G. Biocatalytic methanation of hydrogen and carbon dioxide in an anaerobic three-phase system[J]. Bioresource Technology, 2015, 178(0): 330-333.

[25] Burkhardt M, Busch G. Methanation of hydrogen and carbon dioxide[J]. Applied Energy, 2013, 111(0): 74-79.

[26] Wang W, Xie L, Luo G et al. Performance and microbial community analysis of the anaerobic reactor with coke oven gas biomethanation and in situ biogas upgrading [J]. Bioresource Technology, 2013, 146: 234-239.

[27] 刘莉, 刘晓凤, 王娟 等. 利用沃氏甲烷球菌将 CO 转化成 CH_4的研究初报[J]. 中国沼气, 2006, 24(1): 15-17.

小型化制氢及燃料电池系统集成技术与增程式电动汽车应用

班　帅　孙　晖　谢　静　周红军

（中国石油大学（北京）新能源研究院，生物燃气高值利用北京市重点实验室，北京　102249）

摘　要　传统油气产业正在面临以低碳化和电气化为代表的能源转型。交通运输行业作为石油消费的主体也在国家推动下快速进行电动汽车对燃油车的替代。在这一变革中，传统油企如何利用自身石化技术优势介入并引领新能源产业是一个亟待解决的问题。中国石油大学（北京）新能源研究院定位甲醇原位制氢-燃料电池特色技术，重点开发小型化制氢加氢装置和电动汽车燃料电池增程系统，有效解决现有纯电动汽车续驶里程短、充电时间长、产品成本高、燃料加注难等问题，以此加速新能源关键技术的成果转化和商业推广。

关键词　原位制氢　质子膜燃料电池　电动汽车　加氢站　甲醇　天然气

1　引言

在能源转型和节能减排的大背景下，由传统化石能源向新能源的过渡成为国内外能源产业发展的必然趋势。而未来20~30年能源替代表现出低碳化和电气化的特点，以及由传统能源，到低碳能源，再到可再生能源的发展规律[1]。虽然当前对新能源取代传统能源的时间节点问题尚存争议，但新能源的快速发展和在能源结构中占比的稳步提高则是毋庸置疑的事实，这一变革对以“三桶油”为代表的国内油企业务所产生的冲击也日益显现。而国内油企如何利用自身石化技术优势介入并引领新能源产业则是一个亟待解决的问题。

2　新能源汽车产业

交通运输行业是石油消费的主体，而电动化则是当今交通工具的发展趋势，同时中国“十三五”规划也将电动汽车产业作为一项国家战略积极布局推进[2]。早在20世纪90年代，欧美日汽车企业就提前制定了电动汽车市场化方案和产品研发策略，即（1）纯电动汽车，适用于100~300公里内的市内通勤；（2）燃料电池汽车，对应于300~600公里的城际间交通；（3）混合动力汽车和插电式混合动力汽车等则作为近期过渡型节能产品[3]。其中，燃料电池是一种直接将燃料化学能高效转化为电能的装置，其能效高、排放低、燃料加注便捷、运行安静等特点，更加符合人们的使用习惯和消费需求[4]。经过数十年研发，车用燃料电池在发电效率、功率密度、循环寿命、低温启动等方面已经取得了突破性进展，加之丰田燃料电

基金项目：北京市科技计划项目基金资助项目（项目编号 D141100002814001）。

池汽车已于2015年成功上市，本田、现代、通用、奔驰等国际车企也将于2017年完成其燃料电池汽车量产，新一轮的燃料电池汽车产业化浪潮正在迫近。

中国对燃料电池汽车的发展提出三个阶段：第一是在关键材料零部件方面逐步实现国产化；第二是燃料电池和电堆整车性能逐步提升；第三方面是要实现燃料电池汽车的运行规模进一步扩大[5]。预计到2020年，中国燃料电池汽车产销量8000台，含1000台客车，3000台物流车和4000台乘用车，市场规模约60亿~70亿元。到2025年，制氢、加氢等配套基础设施基本完善。中国目前拥有的5座加氢站，分别位于北京、上海、郑州、深圳、大连，主要为燃料电池实验车辆、城市燃料电池示范汽车提供氢气加注服务，尚未进行商业化运营。预计2016~2017年国内将新建4~5座加氢站，2020年增加到20座。并且国家对燃料汽车和加氢站都给予大幅补贴以解决产业初期的成本问题[6]。

3 技术瓶颈

国内燃料电池汽车商业推广存在两大瓶颈，即燃料电池电堆技术不成熟和氢气供给配套不到位。国内燃料电池电堆性能接近国际水平，但在使用寿命和产品成本方面还存在较大差距。此外，为保证燃料电池汽车续航里程大于500公里的要求，需要将约5公斤氢气压缩至70MPa的车载高压气瓶中存储[7]。这对储氢瓶和加氢站压缩机、氢气储罐和加注机的技术要求高，国内尚不具备形成完整产品链的能力，在带来安全性、经济性问题的同时，也加大了加氢站大规模建设和氢气生产运输的难度。与燃料电池汽车相似，纯电动汽车也存在储能电池成本高、寿命短，整车续航里程短、充电时间长、充电桩配建及运行维护不到位的制约问题[8]。

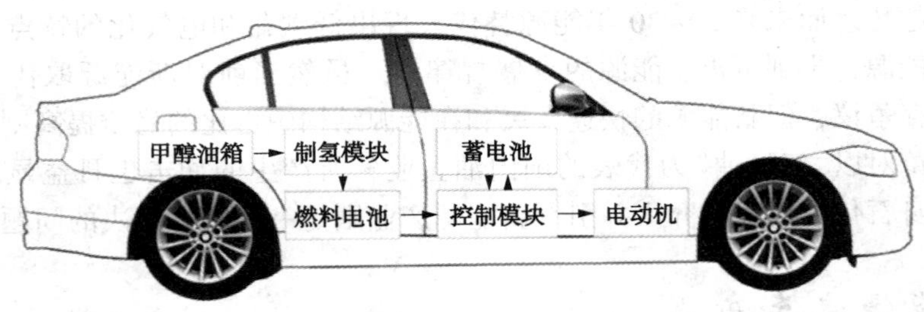

图1 甲醇原位制氢-燃料电池电动汽车动力系统

应对新能源汽车发展瓶颈，中国石油大学(北京)新能源研究院依托自身在燃料净化、转化制氢等领域的石化技术优势，针对交通工具电动化这一能源转型的大趋势，以“原位制氢-燃料电池系统”技术为核心，重点研发一体化小型制氢反应装置和集储能电池模块为一体的“电-电混合”(燃料电池+储能电池)动力系统(如图1所示)，完成电动汽车增程器的设计开发和整车集成。该技术利用小功率燃料电池装置延长电动汽车续航里程，降低储能电池装载量和整车成本。考虑到中国“富煤、少气、贫油”的资源特点和下游炼化产能的配置，优先选择以甲醇取代氢气作为能量介质[9]，采用“甲醇原位制氢”技术解决氢气储运和电动汽车续航里程问题，并以此特色技术路线规避国外车企专利封锁，实现2020年国内燃料电池车大规模应用推广，奠定我国低碳能源和燃料电池产业基础。开发工作计划于2017年完成千瓦级重整制氢-燃料电池样机研制；2018年完成10千瓦级重整制氢-燃料电池增程系统的样机研制；2019 年完成重整制氢-燃料电池动力系统整车集成与工程验证，并设计商业模式进行产业推广。

4 燃料电池汽车技术

中国石油大学(北京)新能源研究院定位制氢及燃料电池的技术开发与工程示范，以产量丰富、价格低廉的甲醇作为代表性燃料，重点攻关重整制氢反应器小型化及原位制氢-燃料电池集成两个关键创新点。该系统工作流程如图 2 所示，具体为甲醇与水混合后进入原位制氢反应模块，即经过预热、转化、变换、氧化得到富氢产品气，与空气分别进入燃料电池阳极和阴极参与电化学反应。反应产生的电可对储能电池模块充电，或联合储能电池驱动电动机；反应生成的热可用于车内供暖或制冷。同时尾气中的水经冷凝后重新参与蒸汽重整反应，阳极尾气返回制氢反应器燃烧供热。该动力系统可实现电动汽车的超低二氧化碳排放，而当采用可再生能源制得的甲醇燃料后即可实现碳封闭循环下的零排放。

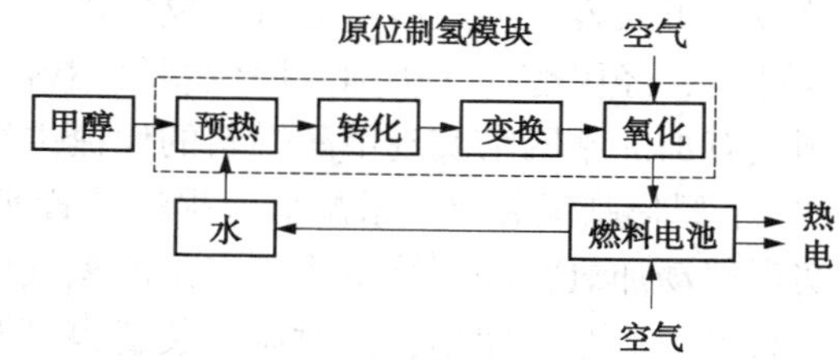

图 2 甲醇原位制氢-燃料电池工作流程

表 1 甲醇原位制氢燃料电池动力系统主要技术指标

设计参数	数 值	设计参数	数 值
额定功率/kW	5	循环寿命/h	5000
发电效率/%	40	装置体积/L	10
甲醇消耗量/(L/kW·h)	0.5	系统成本/元	80000

小型制氢模块是研发的重点和难点，开发高效的新型重整、变换、氧化等催化剂，以及集全流程多段反应于一体的小型化反应器，保证产品气中一氧化碳浓度可有效控制在 20ppm 以内供后端燃料电池装置稳定工作，并针对汽车运行工况改进提升反应器响应性、可靠性、高效性。同时，燃料电池模块对其阳极材料进行针对重整气的失效分析和性能优化，并设计稳定可靠的控制逻辑以实现与制氢模块的高效耦合。该动力系统主要技术指标如表 1 所示，其中额定功率为 5kW 与当前纯电动汽车慢充条件相当，系统整体发电效率为 40%，另有约 50%的余热可用，度电甲醇消耗量约为 0.5L。系统使用寿命至少 5000h，当根据汽车工况优化燃料电池-储能电池耦合系统运行条件后，其运行寿命应高于 20000h。除油箱外，主要部件体积约 10L，目标成本低于 8 万元，而随着燃料电池量产规模的逐步增加，预计未来整车成本可降低 40%以上。

甲醇制氢-燃料电池增程器技术可在保证相同能效的前提下，有效解决当前纯电动汽车使用中由锂离子电池技术特点所导致的续驶里程短、充电时间长和产品成本高的缺陷。当使用 60L 车载油箱加注甲醇燃料时，该增程系统可发电 100 余度，以电动汽车百公里耗电量 15 度计，在不额外充电的条件下达到至少 600 公里的续驶里程，且燃料加入方式与燃油车一致[10]，间接降低了加氢站的基础设施建设成本。同时，由于车载甲醇燃料提供了极高的能量密度，因此不需要通过增加车载储能电池来提高续航里程，可将现有纯电动汽车内的锂离子电池装载量大幅减少至10~20kW·h，甚至可以使用其他较成熟的低成本储能电池进行替代，从而大幅降低电动汽车整车成本。

5 加氢站技术

小型化制氢技术可有效你解决燃料电池汽车氢气加注问题，具体设计流程如图3所示。该技术可兼容三种燃料电池汽车氢气供给方式：(1)利用现有加油站汽，在站内增设液体甲醇储罐，经甲醇加注机加入原位制氢燃料电池汽车油箱内使用。由于甲醇原位制氢路线可利用现有加油站网络实现甲醇燃料的便捷供给，所以是一种更具产业化优势的电动汽车技术。(2)小型化制氢装置可搭配氢气提纯装置实现加氢站的现场制氢，或整体安装于撬装装置内实现移动加氢，经压缩机将生产出的氢气压缩至氢气储罐后，通过氢气加注机加入常规的氢燃料电池汽车内使用，同时制氢装置也可改造为以管网天然气为原料的制氢设备。(3)氢气可通过高压槽罐车从生产厂运输至加氢站，经压缩机压至加氢站氢气储罐后供氢燃料电池汽车使用。对比工业上较成熟的水电解制氢能耗高、天然气重整制氢运行维护难、外部供氢成本高等方式，现场制氢是一种极具应用潜力的替代方案，利用小型化制氢核心技术可有效解决上述技术所带来的问题，使未来加氢站提供高效可靠的廉价氢燃料成为可能。

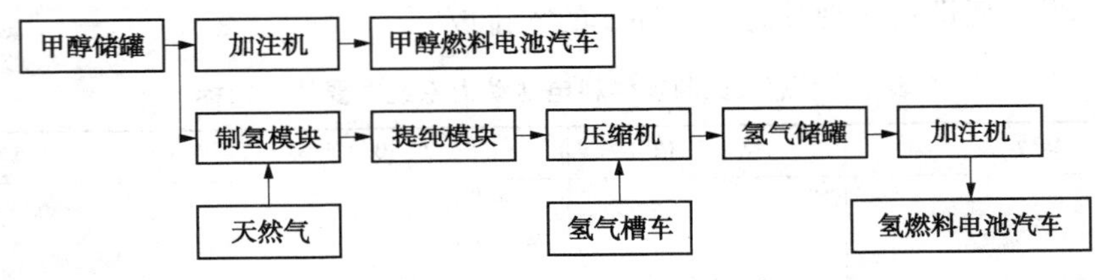

图3 燃料电池汽车燃料加注站

6 结论

在“十三五”期间，国家对燃料电池汽车和加氢站都提出了目标和要求，并给予了大幅补贴。因此发展燃料电池汽车和加氢站都是顺应国家形式和时代能源背景的棋局性的技术。然而前国内氢燃料电池车技术存在两个瓶颈，短期内无法追赶日本等国家燃料电池汽车的技术水平。“甲醇原位制氢-燃料电池系统”技术是结合我国能源结构、结合中国石油大学(北京)新能源研究院自身在制氢、气体净化等领域的技术开发与工程化优势提出的一种攻克目前技术瓶颈的关键技术。甲醇原位制氢-燃料电池核心技术的成功研发必将极大推动中国交通运输行业电动化进程，加速新能源在能源结构中的占比，降低我国对传统能源的需求，达到环境保护和可持续发展的多重目的。

参考文献

[1] 曹斌，李文涛，杜国敏，等. 2030年后世界能源将走向何方？——全球主要能源展望报告分析[J]. 国际石油经济，2016，24(11)：8-15.

[2] 孔垂颖，王今，门峰. 新常态下我国新能源汽车产业发展趋势与政策展望[J]. 汽车工业研究，2015(9)：10-13.

[3] 张钟允，李春利．日本新能源汽车的相关政策与未来发展路径选择[J]．现代日本经济，2015(5)：71 -86.
[4] 侯明，衣宝廉．燃料电池技术发展现状与展望[J]．电化学，2012，18(1)：1-13.
[5] 阴和俊．科技部："十三五"期间重点研发部署六个方向[J]．汽车纵横，2016(9)：21-21.
[6] 王周．我国加氢站建设的发展前景探讨[J]．城市燃气，2015(10)：28-32.
[7] 全国氢能标准化技术委员会．氢能国家标准汇编[M]．中国标准出版社，2013.
[8] 王相勤．当前我国电动汽车发展的瓶颈问题及对策[J]．能源技术经济，2011，23(3)：1-5.
[9] 薛金召，杨荣，肖雪洋，等．中国甲醇产业链现状分析及发展趋势[J]．现代化工，2016(9)：1-7.
[10] 刘成祺，解来卿，樊月珍，等．某增程式电动汽车北方冬季工况下能耗测试与分析[J]．汽车技术，2016(2)：45-49.

节能与环保

高温差能量高效利用的系统集成建模与优化方案研究

吴　青

（中海石油炼化有限责任公司，北京　100029）

摘　要　本文针对高温差热能利用方式单一以及高温差引起的不可逆传热㶲损大等问题，采用基于布雷顿燃机循环和加热炉 Lobo-Evans 计算方法，完成了燃气轮机-加热炉（反应炉）联合系统的集成建模与加热炉的约束条件下集成系统的优化计算，同时还提出了用燃料发电效率、系统㶲效率和加热炉少用燃料等为主要指标的集成系统用能评估方法。案例分析表明，前置式的燃气轮机-常压炉集成案例除了实现每年多获得 1400 余万元效益外，实际降低过程中不可逆传热㶲损 4.1%；而后置式的燃气轮机-反应炉集成方案除了燃气轮机可产功率可以达到 2262~5462kW、增加效益 5660 万~9459 万元/年外，其提高热力学第二定律的能效可达 5.15%，效果比较明显。

关键词　高温差热能　燃气轮机　前置式　后置式　加热炉　反应炉　集成　㶲损

1　前言

炼油、石化、钢铁、冶金等工业过程因燃料燃烧、物料气化、化学反应等产生大量的高温位热量（温度超过 800℃甚至 1400℃），目前基本上只用于中、高压蒸汽的产生，或工艺物料的加热，但这些过程的温度需求基本上不高于 500℃（大部分低于 400℃），导致高温差（通常温差大于 500~900℃或更高）现象比比皆是。虽然提高传热、换热效率的技术不断进步[1,2]，热力学第一定律能效可达 90%以上，但高温差引起的不可逆传热㶲损，必然导致热力学第二定律能效很低，燃烧、气化或化学反应热所拥有的出功能力被白白浪费。

高温差热能利用仅依靠传热交换并不能实现热力学第二定律能效的较大幅度提高，因此，集成其他技术如燃气透平成为研究的热点与方向[3~6]。无论是换热前还是换热后，集成燃气透平是将燃料燃烧、物料气化或化学反应所产生的高温热量（烟气、合成气或介质）先经燃气轮机做功，然后导出的中温富氧乏气再完成原来的加热、换热功能，期间如有需要可进一步补充燃料一起加热工艺介质。简单来说就是将单纯的换热模式变换为热电联产模式，从而大大提高热力学第二定律的能效即㶲效率。目前该技术尚处于研究的初步阶段，系统集成的研究鲜有报道，本文通过案例研究提出了系统建模与优化的方法。

2　案例选择

炼化企业工艺装置普遍使用的加热炉，天然气或石脑油制氢的气化过程，加氢裂化、连续重整、合成氨等典型工艺都涉及加热炉燃料燃烧、物料气化、化学反应等能量的产生、换热等转化过程。分别以炼化企业十分普遍的工艺加热炉和制氢工艺反应炉做案例研究，用以说明集成建模方法。

案例一：工艺加热炉集成燃气轮机的系统

以常减压工艺为例，图1为典型前置式燃气轮机-加热炉联合系统基本流程。

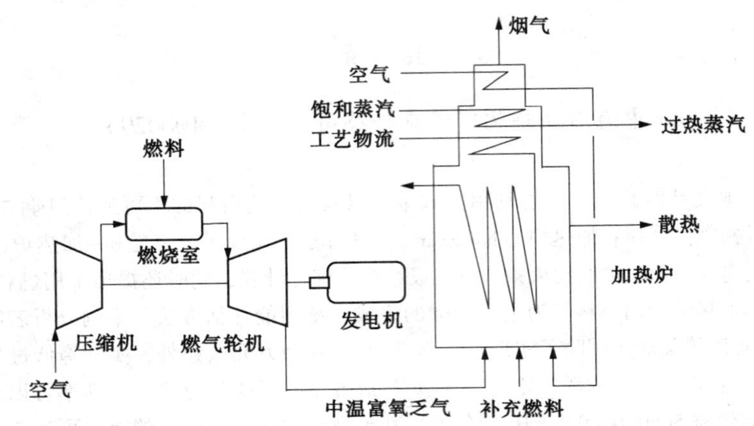

图1 前置式燃气轮机-加热炉联合系统基本流程

案例二：反应加热炉集成燃气轮机的系统[6]

以制氢装置为例，图2是烃类水蒸气制氢的典型工艺流程。为了建模方便，图中还以某装置为例标示了工艺介质的温度、流量和压力的数据。据此提出了后置式燃气轮机-反应炉

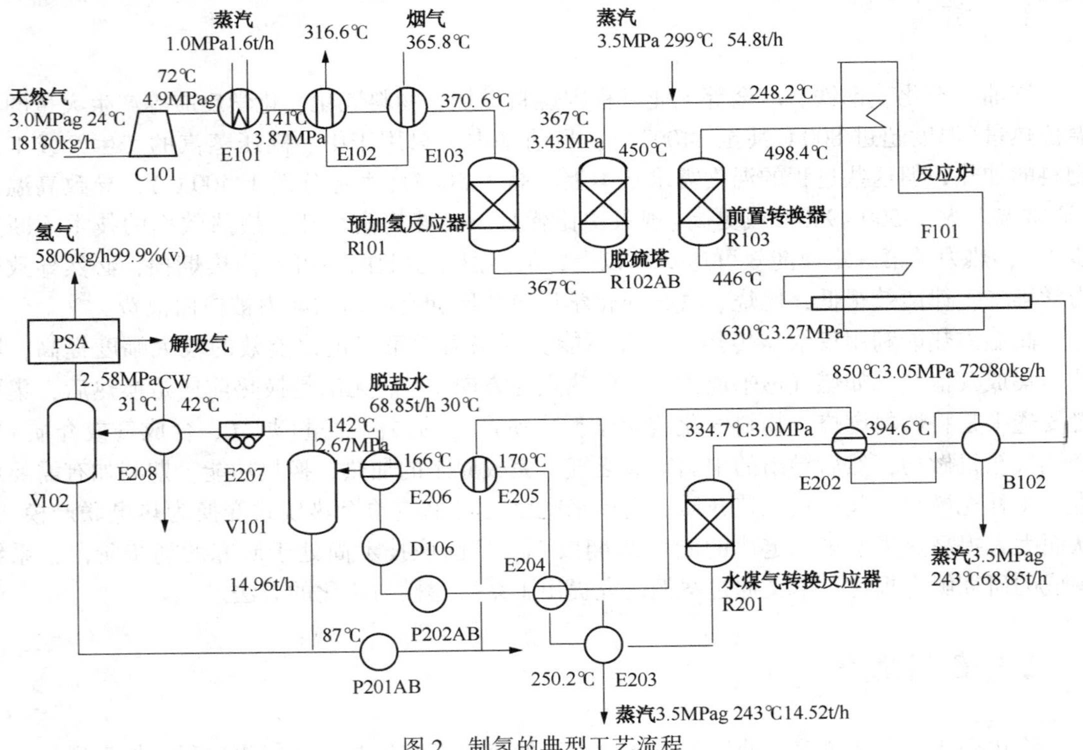

图2 制氢的典型工艺流程

集成方案(图 3)和进一步优化后的集成方案(图 4)。

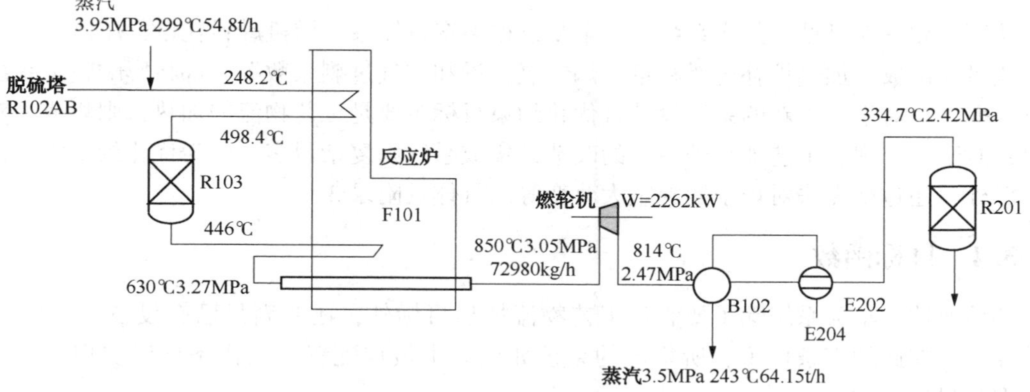

图 3　后置式燃气轮机-反应炉集成方案的流程

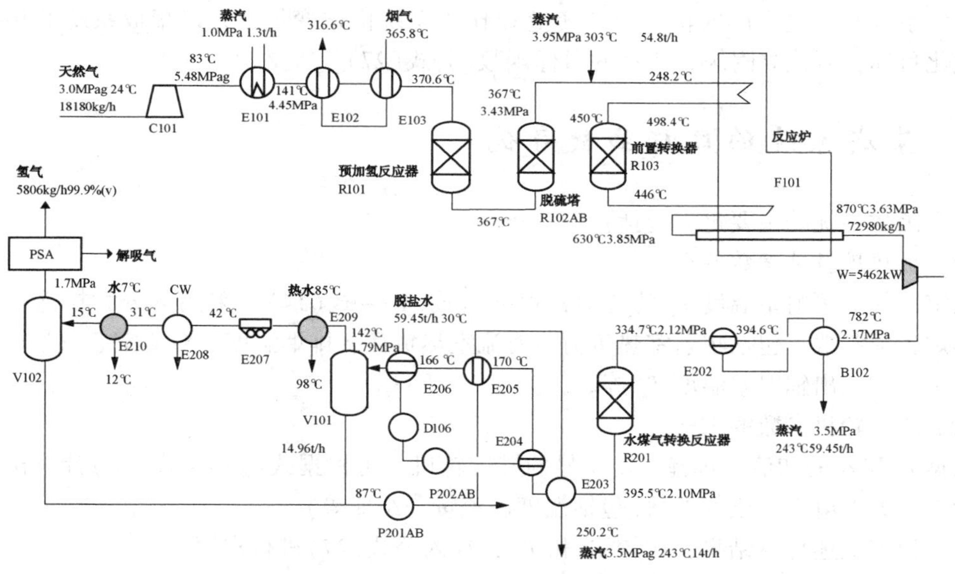

图 4　优化后的集成透平的烃类水蒸气制氢装置流程

3　系统集成建模的研究

3.1　加热炉模型[7~10]

采用 Lobo-Evans 法对加热炉进行建模。相关假设条件、主要计算公式见附录 1。

3.2　燃气轮机模型

燃气轮机的模型分为等熵压缩、等压加热、等熵膨胀和等压放热四部分，采用布雷顿循环[11]法进行计算，各相关物理量的计算公式见附录 2。

3.3 约束条件

从图1和图3可见，集成系统是一个复杂得多变量体系。燃机燃料耗量，压比，乏气温度、流量和组成，加热炉补充燃料量，烟气氧含量和空气过剩系数等，都将影响整个系统的配置和操作。对于一个新的系统设计且优化约束目标主要是工艺物流的加热，则集成相对较简单；对于一个现有工艺加热炉系统的改造，集成系统则复杂得多。因为优化约束除工艺加热目标外，还包括无法对炉子实施重大改变等。具体见附录3。

3.4 目标函数

如前所述，集成系统除了要满足工艺物流加热目标外，还要满足已有设备不做(大)改造等需要。在此约束条件下，所集成的系统如何寻求最佳配置与操作条件以实现总效益最佳，即是目标函数。

考虑一定加热炉条件下所集成系统的自由度和变量关系并进一步分析，可以考虑加热炉过剩空气系数 α 和进入燃气轮机的空气量 G 作为系统优化变量，并以集成系统的年度总效益为优化目标，可建立附录3所示的目标函数[公式(27)]。

4 集成系统的目标函数寻优

目标函数寻优的主要过程包括：

(1) 加热炉各项参数的求解：

确定烟气出辐射室温度 T_g 的初值；根据公式(1)~式(14)，采用部分替换迭代法计算出加热炉各项参数，包括辐射室热负荷、对流室热负荷、排烟温度、对流室蒸汽过热量、补充燃料量、烟气出辐射室温度 T_g'等。

(2) 燃气轮机参数的求解：

依据 G 和 α 的初值，选择一定型号的燃气轮机；再根据式(15)~式(24)计算出燃气轮机的参数，如发电量、乏气参数(包括温度、流量和组成等)。

(3) 根据上述计算结果，比较 T_g 和 T_g'，代入公式(27)进行求解。

5 结果与讨论

以中海石油炼化有限责任公司下属惠州炼化一期项目的常压炉为研究对象进行案例一的分析，得到燃气轮机集成与否的结果(表1)。

表1 系统集成前后的对比

No.	项目	数值	
		集成前	集成后
1	联合系统总燃料消耗量/(kg/h)	7445.5	9450.5
2	燃气轮机燃料消耗量/(kg/h)	0	3119.5
3	加热炉燃料消耗量/(kg/h)	7445.5	6331
4	燃机发电量/MW	0	13.06

续表

No.	项　目	数值	
		集成前	集成后
5	燃机型号	LM1600	
6	对流室 0.4MPa 蒸汽产量/(t/h)	0	12.6
7	对流室 0.4MPa 蒸汽过热量/(t/h)	16.6	29.2
8	加热炉耗空气量/(t/h)	131.8	21.9
9	燃机耗空气量/(t/h)	—	140
10	压缩空气压力/ MPa(表压)	—	2.2
11	大气温度/℃	25	25
12	乏气温度/℃	—	500
13	乏气流量/(t/h)	—	143.1
14	乏气氧含量/%(mol)	—	14
15	烟气出辐射室平均温度/℃	731.3	678
16	烟气出对流室平均温度/℃	327.4	363.3
17	辐射炉管表面平均热强度/(W/m^2)	28408	24088.3
18	对流炉管表面平均热强度/(W/m^2)	6236.9	10527.1
19	辐射室热负荷/MW	62.63	53.62
20	对流室热负荷/MW	18.83	27.84
21	辐射室热负荷比率/%	76.88	65.82
22	工艺物流出炉温度/℃	362	362
23	空气预热后温度/℃	255	255
24	加热炉烟气流量/(t/h)	139.2	171.3
25	排烟温度/℃	163	163
26	烟气氧含量/%(mol)	3.23	3.23
27	加热炉过剩空气系数	1.2	1.2

从表1得出，经过集成，在工艺物流加热目标、加热炉排烟温度及氧含量得到保证的前提下，集成系统以多用燃料瓦斯2005kg/h的代价获得了13.06MW发电量，使多用燃料的发电效率达到55%，远高于各种形式包括单纯燃机和热电联产的发电效率；其次对流室多产0.4MPag蒸汽12.6t/h；相当于增加效益1438万RMB/年（燃料瓦斯单价3558RMB/t，0.4MPa蒸汽单价100RMB/t，电价0.6RMB/kW·h，投资折旧期15年）。

同时还得到结论：集成后加热炉少用瓦斯1114.5kg/h（减少15%），说明较少的燃料被低值消耗；同时，加热炉炉膛温度降低53.3℃，说明烟气与工艺物流的传热温差被减小，不可逆传热㶲损失被降低。图5是集成前后的系统㶲损分布，表明联合系统㶲效率提高了4.1%。

再以中海石油炼化有限责任公司下属某企业的制氢装置所建立的后置式燃气轮机集成（案例二）的结果进行分析。表2是集成前后的主要工艺参数对比。

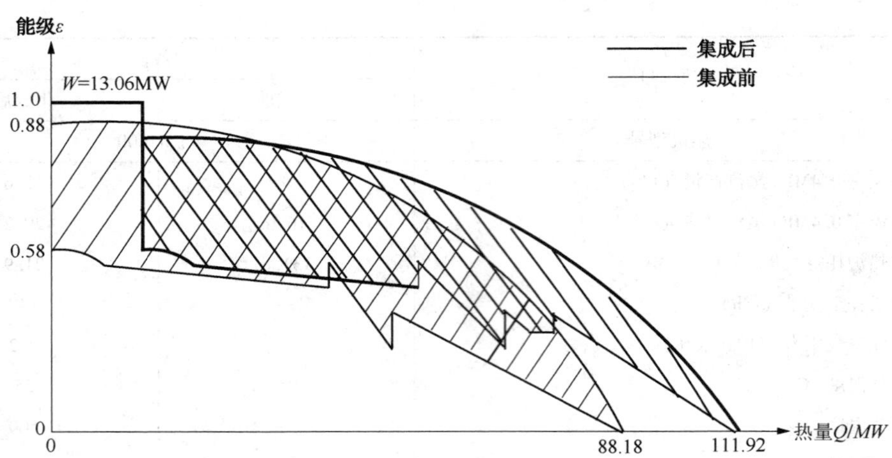

图5 改进前后的系统火用损分布

表2 后置式方案集成前后的工艺参数对比

No.	项目	数值	
		集成前	集成后
1	天然气流量/(kg/h)	18180	18180
2	天然气温度/℃	24	24
3	天然气压力/MPa	3.0	3.0
4	蒸汽流量/(kg/h)	54800	54800
5	蒸汽温度/℃	299	299
6	蒸汽压力/MPa	3.5	3.5
7	反应炉入口气流量/(kg/h)	72980	72980
8	反应炉入口气温度/℃	630	630
9	反应炉入口气压力/MPa	3.27	3.27
10	反应炉出口气流量/(kg/h)	72980	72980
11	反应炉出口气温度/℃	850	850
12	反应炉出口气压力/MPa	3.05	3.05
13	燃气轮机出口气流量/(kg/h)	—	72980
14	燃气轮机出口气温度/℃	—	814
15	燃气轮机出口气压力/MPa	—	2.47
16	R201 进口气流量/(kg/h)	72980	72980
17	R201 进口气温度/℃	334.7	334.7
18	R201 进口气压力/MPa	3.0	2.42
19	R201 出口气流量/(kg/h)	72980	72980
20	R201 出口气温度/℃	395.5	395.5
21	R201 出口气压力/MPa	2.98	2.40
22	PSA 进口气流量/(kg/h)	45421	45446
23	PSA 进口气温度/℃	31	31
24	PSA 进口气压力/MPa	2.58	2.0
25	氢气流量/(kg/h)	5806	5806
26	解吸气流量/(kg/h)	39615	39640
27	解吸气压力/MPa	0.007	0.007
28	酸性水流量/(kg/h)	27559	27534

续表

No.	项　目	数值	
		集成前	集成后
29	酸性水温度/℃	87	69
30	酸性水压力/MPa	2.58	2.0
31	锅炉给水流量/(kg/h)	68850	64150
32	锅炉给水温度/℃	30	30
33	中压蒸汽流量/(kg/h)	68850	64150
34	中压蒸汽温度/℃	243	243
35	中压蒸汽压力/MPa	3.5	3.5
36	燃气轮机功/ kW	—	2262

由表2可见，在制氢的典型工艺流程中的反应炉（F101)之后，余热蒸汽发生器(B102)之前设置一个燃气轮机回收合成气(850℃，3.05MPa)的热量和压力能量，并由燃气轮机驱动进料压缩机C101，基于等熵效率约为75%，设置出口温度为814℃，背压为2.47MPa，则燃气轮机产生的功率为2262kW，但系统相应减少3.5MPa蒸汽4.7t/h。此时，该方案的实际增效相当于845万美元/年(5660万RMB/年)(装置运行时间以及价格体系见[6])。

在这种方案(即图3流程)中，其集成的思路是基于合成气的温度、压力以及反应器R201与V102的温度保持不变，因此只是局部优化。

从系统集成和全局优化的角度考虑，基于相同的H2回收率条件下，上述流程(即图3流程)还可以通过升高反应温度和压力以及降低变压吸附系统的操作压力和温度来提高氢气的产量和燃气轮机做功，图4流程就是进一步优化的结果。这种优化方案的主要实施方案基于以下方法。

Aspen Plus模拟计算表明，当反应温度和反应压力分别为870℃和3.63MPa时(设备材料可接受范围内)，可保证在氢气产量不变的情况下，燃气轮机做功达到最大。

当PSA温度和压力是31℃/2.0 MPa或15℃/1.7 MPa时，氢气回收率相同。因此，可以通过降低PSA的温度来降低PSA压力。为了降低PSA的温度，图4流程中在空气冷却器E207之前安装热水换热器(E209)，余热可从V101的合成气中回收，并加热98℃的水，然后，98℃热水驱动溴化锂吸收式制冷机冷却7℃的低温水。另外，7℃的低温水用于冷却V102的进料，使V102的操作温度从31℃降低至15℃，这样可以实现PSA低压操作。

E209加热98 t/h 98℃的热水可回收1486kW余热。与此同时，溴化锂吸收式制冷机冷却179 t/h 7℃的低温水。随着新冷却器E210的安置，V102的温度下降到15℃，并且其压力从2.0 MPa降低至1.7 MPa。

模型计算表明，图4的优化方案能明显提高能源回收效率：将燃气轮机的入口参数从850℃/3.05 MPa提高到850℃/3.63 MPa，出口参数从814℃/2.47MPa降低至782℃/2.17 MPa。此外，PSA的入口参数从31℃/2.58 MPa降低至15℃/1.7 MPa，可将燃气机轮机功提高14%，即从2262kW提高到5462kW，进料压缩机的功率也从521kW提高到650kW，但减少3.5MPa蒸汽9.92t/h。与图3的简单优化相比，图4的进一步优化方案可获得效益1412万美元/年(9459万RMB/年)，多了567美元/年(3800万RMB/年)，效果是很明显的。

燃气轮机温度和压力的系统优化不仅增加了能级(从Ω= 0.73增加到Ω= 0.74)，也增大了压力差，即从0.58 MPa增加到1.46 MPa，使系统可多产3200kW燃气轮机功。此外，由于合成气的能级在进入 B102 时从 $\Omega=0.73$ 减少到 $\Omega=0.71$，B102 的㶲损失减少 18.14%，即从 6569.09 kW 减少至 5377.76 kW。因此，膨胀和换热过程中总㶲损失减少 5.15%，即从 9729.68 kW 减少至 9228.76 kW。图 6 为后置式集成方案两种操作模式(局部优化与全局优化)系统㶲损变化对比。

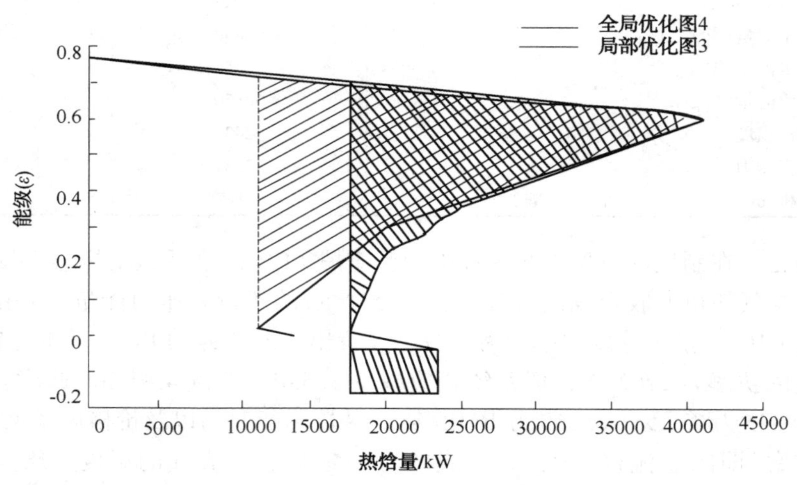

图 6 改进前后的系统㶲损分布

6 结论

(1) 基于布雷顿燃机循环和加热炉 Lobo-Evans 计算方法，完成了燃气轮机-加热炉(反应炉)联合系统的集成建模；

(2) 对约束条件(包括加热炉、工艺加热目标约束和主要设备参数约束等)下的集成系统的优化计算，可以寻找出集成系统的最佳燃气轮机配置方案和最佳操作方案；

(3) 可以采用多用燃料发电效率、系统㶲效率、加热炉少用燃料率等主要指标对集成系统进行用能评估；

(4) 集成系统可以提高热力学第二定律的能效，两个案例表明可以分别提高 4.1% 和 5.15%。

7 致谢

本文得到华南理工大学强化传热与过程节能教育部重点实验室李国庆副教授以及高聃、李玉树等人的帮助，特此致谢。

参 考 文 献

[1] 温治．代朝红．蓄热式高温空气燃烧技术的研究现状及应用前景分析[J]．河南冶金，2002(6)：3-8.

[2] 刘蒙，柴西林．中国铝工业炉节能减排分析及展望[J]．冶金设备，2010 (03)：67-70.

[3] 吴青，高聃，罗玉树，李国庆．燃气轮机-加热炉联合系统集成优化研究[J]．石油炼制与化工，2012，43 (9)：86-91.

[4] P. A. Ostergaard, H. Lund. A renewable energy system in Frederiskshavn using low-temperature geothermal energy for district heating[J]. Appl. Energy, 2011 (88): 479-487.
[5] M. Sahafzadeha, A. Ataei, N. Tahouni, et. al. Integration of a gas turbine with an ammonia process for improving energy efficiency[J]. Applied Thermal Engineering, 2013 (58): 594-604.
[6] G. Q. Li, G. T. Zhong, Q. Wu. Study on integrating a gas turbine in steam methane reforming process[J]. Applied Thermal Engineering 2016 (99): 919-927.
[7] 钱家麟，于遵宏，王兰田等．管式加热炉[M]．第二版．北京：中国石化出版社，2003：2-105.
[8] SHJ 36-91，石油化工管式炉设计规范[S]．北京：中国石油化工集团公司工程建设部，1991.
[9] C. Unal, T. Murat. Ankara. Heat Transfer Analysis for Industrial AC Electric Arc Heater[J]. Journal of Iron and Steel Research, 2005, 12(4): 9-16.
[10] 王秉铨．工业炉设计手册[M]．北京：机械工业出版社，1996.
[11] 林汝谋，金红光．燃气轮机发电动力装置及应用[M]．北京：中国电力出版社，2004：14-44.

附录 1　加热炉建模涉及的计算公式

加热炉建模有如下假设：

（a）辐射室中，构成辐射传热热源的气体只有一个温度；

（b）吸热面和反射面分别只有一个温度；

（c）反射面的辐射能反射率为 100%；

（d）烟气为灰气体，吸热面为灰表面。

各相关物理量的计算公式：

（1）辐射室传热速率

$$Q_R = 5.72\alpha A_{cp}F\left[\left(\frac{T_g}{100}\right)^4 - \left(\frac{T_w}{100}\right)^4\right] + h_{Rc}A_R(T_g - T_w) \tag{1}$$

$$\alpha A_{cp} = nL_aS(4\alpha_D - \alpha_D^2) \tag{2}$$

$$\alpha_D = 1 + \frac{d}{S}\arccos\frac{d}{S} - \left[1 - \left(\frac{d}{S}\right)^2\right]^{\frac{1}{2}} \tag{3}$$

$$F = \begin{cases} \dfrac{0.9}{0.9\phi(1-\varepsilon_g)+\varepsilon_g} & \dfrac{1}{2} \leqslant \phi \leqslant 1 \\ \dfrac{0.9\varepsilon_g(1-\varepsilon_g)\phi}{0.9\varepsilon_g(1-\varepsilon_g)\phi+\varepsilon_g(1-\varepsilon_g\phi)} & \dfrac{2}{15} \leqslant \phi \leqslant \dfrac{1}{4} \\ \text{见参考文献[11]} & \dfrac{1}{4} \leqslant \phi \leqslant \dfrac{1}{2} \end{cases} \tag{4}$$

$$\phi = \alpha A_{cp}/(A_W + \alpha A_{cp}) \tag{5}$$

式中　Q_R——辐射室的传热量，W；

A_{cp}——冷平面面积，m^2；

F——总交换因素；

T_g——辐射室中烟气的平均温度，K；

T_w——辐射管外壁平均温度，K；

h_{Rc}——辐射室内烟气对炉管表面的对流传热膜系数，$W/(m^2 \cdot K)$；

A_R——辐射管外表面积，m^2；

n——辐射管子数；

L_a——辐射管有效长度，m；

S——辐射管管心距，m；

d——辐射管外径，m；

α_D——管排的有效吸收因素；

ε_g——气体的黑度（又称气体辐射率）；

A_W——反射面面积，m^2。

（2）气体辐射率 ε_g

$$\varepsilon_g = A_1 (pL - A_2)^{A_3} [1 - \left(\frac{T_g - A_4}{100}\right) A_5 A_6 (pL) A_7 \qquad (6)$$

式中 p——二氧化碳和水蒸气的分压之和，atm；

L——气体的平均射线行程，m；

$A_1 \sim A_7$——一组经验常数。

（3）辐射管总表面积 A_R

$$A_R = n\pi d L_a \qquad (7)$$

（4）管壁外表面平均温度 T_w

$$T_w = 0.5(\tau'_1 + \tau_2) + (\frac{1}{h_i} + R_i + \frac{\delta}{\lambda_s}) q_R \frac{d_o}{d_i} \qquad (8)$$

$$\tau'_1 = \tau_2 - (\tau_2 - \tau_1) \times (70\% - 80\%) \qquad (9)$$

式中 τ'_1——原料进入辐射室的温度,℃；

τ_2——原料离开辐射室的温度,℃；

h_i——管内流体传热膜系数，$W/(m^2 \cdot K)$；

R_i——管内结垢热阻，$m^2 \cdot K/W$；

δ——管壁厚度，m；

λ_s——管材导热系数，$W/(m^2 \cdot K)$；

q_R——辐射管的平均热强度，W/m^2；

d_i——炉管内径，m；

d_0——炉管外径，m。

（5）辐射室热平衡

$$Q_R = Q_n + q_a + q_f + q_s - q_L - q_2 \qquad (10)$$

式中 Q_n——燃料总发热量，W；

q_a、q_f、q_s——空气、燃料及雾化蒸汽显热，W；

q_L、q_2——辐射室炉墙散热损失及离开辐射室烟气所带走的热量，W。

（6）烟气出辐射室带走热量 q_2

$$q_2 = 0.01Q_nB_1(T_g - B_2)B_3[1-(B_4-\alpha)B_5(\frac{B_6}{T_g-B_7})^{B_8}B_9] \tag{11}$$

式中　B_1到B_9均为常数。

（7）对流室热负荷Q_d(W)

$$Q_d = Q_p + Q_s \tag{12}$$

$$Q_p = CP_p(\tau'_1 - T_{in}) \tag{13}$$

$$Q_s = CP_s(T_{s,out} - T_{s,in}) \tag{14}$$

式中　Q_p、Q_s——对流室工艺物流和过热蒸汽的热负荷，W；

CP_p、CP_s——工艺物流和蒸汽的热容流率，kJ/(kg·h)；

T_{in}——工艺物流进对流室的温度,℃；

$T_{s,in}$、$T_{s,out}$——过热蒸汽进、出对流室的温度,℃。

附录2　燃气轮机建模涉及的计算公式

（1）燃料燃烧理论空气体积耗量V_0(Nm^3/h)

$$V_0 = 0.268H_l/1000 \tag{15}$$

式中　H_l——燃料低热值，kJ/Nm^3。

（2）燃料燃烧实际空气体积耗量V(Nm^3/h)

$$V = 0.268\alpha H_l/1000 \tag{16}$$

式中,α为过剩空气系数。

（3）空气压缩机功耗w_c(kW)

$$w_c = c_pT_1(\pi^{(k-1)/k} - 1)/\eta_c \tag{17}$$

式中：c_p——空气等压比热容，kJ/(kg·K)；

T_1——空气进压缩机温度，K；

π——压比；k为等熵压缩系数；

η_c——压缩机效率。

（4）膨胀功w_T(kW)

$$w_T = c_pT_3(1 - 1/\pi_T^{(k-1)/k})\eta_T \tag{18}$$

式中　T_3——烟气出燃烧室温度，K；

π_T——透平膨胀比；

η_T——透平的机械效率。

（5）输出功率w_e(kW)

$$w_e = (1+f)(1-\mu_{cl})w_T - w_c \tag{19}$$

$$f = G_f/(G - G_{cl}) \tag{20}$$

$$\mu_{cl} = G_{cl}/G \tag{21}$$

式中　G——空气流量，kg/h；

G_{cl}——冷却空气与漏气流量之和，kg/h；

G_f——燃料耗量，kg/h。

(6) 乏气流量 m_r(kg/h)

$$m_r = (1+f)(1-\mu_{cl})G \tag{22}$$

(7) 乏气温度 T_4(K)

$$T_4 = T_3/\pi^{(k-1)/k} \tag{23}$$

(8) 乏气组成(kg/kg 燃料气)

$$\begin{aligned} W_{CO_2} &= \sum Y_i a_i + CO_2 \\ W_{H_2O} &= \sum Y_i b_i \\ W_{SO_2} &= 1.88H_2S \\ W_{N_2} &= 0.768\alpha L_0 + N_2 \\ W_{O_2} &= 0.232(\alpha - 1)L_0 + O_2 \end{aligned} \tag{24}$$

式中 CO_2、H_2S、N_2、O_2——燃料气中二氧化碳、硫化氢、氮和氧的重量百分率；

L_0——燃料气的理论空气量，kg 空气/kg；

a_i、b_i——计算系数。

附录3 约束条件与目标函数

(1) 加热炉排烟温度约束

$$T_{f,\ out} = T_1 + \psi \tag{25}$$

(2) 加热炉工艺加热目标和主要设备参数约束

$$\begin{aligned} &\Delta t_{pr,\ fin} \leqslant \beta \\ &q_R^1 \leqslant q_R \leqslant q_R^2 \\ &T_g^1 \leqslant T_g \leqslant T_g^2 \\ &T_w^1 \leqslant T_w \leqslant T_w^2 \end{aligned} \tag{26}$$

式中 ψ 和 β——小的非负数；

$T_{f,out}$——排烟温度,℃；

T_1——排烟露点腐蚀温度,℃；

$\Delta t_{pr,fin}$——联合前后工艺物流出炉温度变化,℃；

q_R^1 和 q_R^2——辐射室炉管表面热强度上、下限，W/m²；

T_g^1 和 T_g^2——辐射室烟气平均温度上、下限,℃；

T_w^1 和 T_w^2——烟气离开对流室平均温度上、下限,℃；

上述可从现有加热炉设计规定中查到。

(3) 目标函数

$$\phi = E_U \times W + H_U \times G_s - I_U - F_U \times G_f \tag{27}$$

式中 ϕ——联合系统的年度化总效益；

W——燃机发电量；

E_U——电价；

G_s——加热炉多过热蒸汽量；

H_U——对流室产蒸汽单价；

B——投资；

I_U——资折旧率；

G_f——总燃料耗量（包括燃机燃料耗量和加热炉补充燃料耗量）；

F_U——燃料单价。

深化炼厂能量集成的新技术与新措施

李文慧　郭文豪　赵建炜

（中石化洛阳工程有限公司洛阳，洛阳　471003）

摘　要　分析了新形势下炼油厂总工艺流程及能量利用的特点，炼化一体化、规模大型化及产品与环保标准升级为能量集成创造了新的条件和空间。总结了中石化洛阳工程有限公司近几年在设计工作中使用效果较好的深度能量集成技术与措施，如装置之间的深度热联合、优化蒸汽等级、溶剂再生分级设置、芳烃装置产生 0.12MPa 蒸汽、加热炉热集成等。深化能量集成利用的技术和措施具有显著的节能效果和效益，是今后进一步提升用能水平的重点，但该项工作需要从炼油厂规划设计阶段开始做起，并应配置充分的软、硬件措施予以保证。

关键词　炼油厂　规划　能量集成　节能技术　节能措施

在目前石化产能过剩、竞争加剧、资源环境问题突出的形势下，我国炼化企业逐渐向着集约化、规模化、一体化的趋势发展，努力提高能源和资源的综合利用水平、降低能耗与污染、增加效益已经成为石化企业持续发展的关键。

1　新形势下炼油厂的总工艺流程及用能特点

1.1　炼化一体化

当前在建及规划的大型炼厂均为炼化一体化模式，即“炼油+芳烃”或“炼油+芳烃+化工”配置，为充分利用石油资源，需围绕“分子炼油”理念，实施资源差异化战略，按照“细分物料，细分装置，精细匹配，宜烯则烯，宜芳则芳”的优化思路，将一、二次加工资源用好用尽。如为乙烯裂解装置提供优质原料，总加工流程中设置干气回收分离装置、液化气分离、轻石脑油正异构分离等设施，使得炼厂中为化工或芳烃部分优化服务的装置或设施增加，同时不同的化工产品要求也使装置配置有较大的不同。这种炼化一体化配置为能量集成提供了很大的优化空间，但同时也增加了优化工作难度和安全运行难度。

1.2　产品及环保标准升级

为降低加工成本，项目中一般按高硫原油设计，按照国家成品油质量标准升级的步伐，建成后生产的汽、柴油产品需达到国Ⅵ质量标准的要求；同时受柴汽比的限制，柴油一般通过加氢裂化装置转化成轻、重石脑油等供乙烯、芳烃装置作原料，或进催化等装置回炼。与此同时，对项目环保要求也越来越高，炼油厂执行《石油炼制工业污染物排放标准》GB 31570—2015，有些地区需达到该标准中特别排放限值的要求，相应增加的环保措施如：催化裂化装置配套烟气脱硫脱硝设施，会导致烟气能量回收的效率降低，与硫黄回收配套的溶剂再生部分蒸汽单耗增加等，以上特点对装置组成和总流程产生了较大的影响，使得炼厂构成较为复杂，加工程度增深，表现为能量因数增大，单位原油的综合能耗增加，加工成本上升。

1.3 装置及系统规模大型化

新建炼厂均为千万吨级以上大型企业，单线生产装置规模大型化，过去许多不被重视的小物流、小措施变为效果显著的大物流与大措施，也即大型化为深度能量集成创造了条件和空间。

2 应用深化炼厂能量集成的新技术和新措施是进一步提升节能水平的关键

炼油厂包括自产燃料动力在内的所有能耗成本，占炼油完全加工成本的40%~50%，是总加工成本中占比最大的部分。我国炼厂总体上相当重视节能工作，目前许多炼油装置及炼厂的能耗达到世界领先水平。在炼油厂设计和运行中采取了各种单项和系统优化的节能措施，取得了显著的节能效果及效益，如工艺装置采用节能型工艺流程和技术，不同装置具有类似性质的物流集中加工(如全厂性轻烃回收、溶剂再生、气体脱硫、C_2回收等)，装置之间及装置与系统之间的热集成，全厂性低温余热的综合回收与利用，蒸汽能级逐级利用，氢气资源综合优化回收，燃料气系统优化等多种成熟可靠的节能措施。但总体上看，我国炼厂能量集成的深度与广度还不够，各企业能量集成水平不一，还存在着较大的提升空间。炼化一体化、大型化、环保标准提高后导致的少用低价格的煤多用高价格的天然气等为炼厂能量集成创造了条件和空间。

一般情况下，只有位置相邻或相近的装置和系统，才能进行热联合，故需要从平面布置开始做起。能量集成的效果越大，涉及的范围也越大，涉及的公用工程消耗变化也越大，需要从炼厂规划或总体设计阶段开始做起。否则在炼厂建成后再采取措施，或者由于位置远、投资大，很可能造成经济性大幅下降甚至不可行；或者无位置布置新增的设备，工程上无法实施。

本文总结了中石化洛阳工程有限公司近几年在设计工作中使用效果较好的深度能量集成技术与措施，如装置之间的深度热联合、优化蒸汽等级、溶剂再生分级设置、芳烃装置产生0.12MPa蒸汽、加热炉热集成等。

2.1 采取深度热联合，减少过程㶲损

深度热联合是在一般性热出料或热交换的基础上，将可能的上下游装置(或系统)间的冷源和热源作为一个整体考虑，通过安全和技术经济评价等综合权衡，所有冷热源都尽可能找到合适的热匹配，实现二个装置以上范围内的能量逐级利用。从节能的本质上看，只要有过程，就必然存在不可逆损失。只有消灭或减少过程，才能从根本上实现节能，深度热联合就是一种减少过程的本质节能途径。具体表现为：进出装置物流温位(温度)更高、涉及的物流数量多、装置之间或装置与系统之间交换的热量更多。

以在建的某千万吨级炼厂为例，采用常减压装置与轻烃回收、催化裂化、渣油加氢深度热联合技术。具体为催化裂化装置的催化油浆和渣油加氢装置的渣油直接进入常减压装置参与换热，常减压装置常二中作为轻烃回收装置脱丁烷塔重沸器热源，常顶循作为轻烃回收装

置脱乙烷塔、脱丙烷塔重沸器热源。同时，常减压装置的柴油、轻蜡油和减压渣油全部热出料直接进入下游相关装置。

表1 装置热联合热量交换表

序号	物流名称	流量/(t/h)	温度范围/℃	热负荷/MW	备注
一	热输出				
1	常顶循	512.32	130→113	4.70	至轻烃回收装置
2	常二中	522.38	276→233	17.58	至轻烃回收装置
	小计			22.28	
二	热输入				
1	催化油浆	1138.6	345→300	37.68	来自催化裂化装置
2	加氢渣油	450.00	325→295	11.10	来自渣油加氢装置
	小计			48.78	
三	热出料				
1	常一线	134.16	110→70	3.40	至煤油加氢装置
2	常二线	86.19	120→70	2.68	至柴油加氢装置
3	常三线	86.19	120→70	2.63	至柴油加氢装置
4	轻蜡油	161.03	160→120	4.11	至加氢裂化装置
			120→80	3.88	
5	减压渣油	461.35	160→120	11.21	至渣油加氢装置
	小计			27.90	

正常工况下，常减压装置减压炉不开，仅考虑常减压自身换热流程优化的条件下，换热终温只有284℃。考虑与催化油浆热联合后，换热终温可提高至307℃，每年可节约常压炉燃料18.6kt。从节能效果上看，若节约的燃料在动力站使用，至少可产10MPa蒸汽，而油浆热量仅在催化装置内利用，只可发生中压蒸汽。故两者比较结果，催化油浆热量供常减压装置后，㶲损至少减少1.5MW。在此基础上，与渣油加氢装置来的加氢重油热联合后，换热终温可进一步提高至319℃，每年节约燃料8.3 kt，与加氢重油发生中压蒸汽相比，㶲损减少0.67MW。

该项目中加氢重油在常减压蒸馏装置换热到~295℃返回渣油加氢处理装置换热至200℃进催化裂化装置作为原料。与目前催化装置普遍150℃进料温度相比，热进料多带入的热量减少了油浆的换热，油浆减少换热的热量就多产中压蒸汽，这与加氢重油200~150℃热量在渣油加氢装置产生0.3MPa蒸汽相比，㶲损减少2.3MW。

该项目设计中对柴油、煤油和汽油等加工装置采取100%直供料控制方式，打破常规的80%直供+20%罐区供的进料方式，减少了20%物流冷却后进罐的热量损失，这也是一种深度的热联合方式。

从节能原理看，热出料温度越高效益越大，但须充分考虑相关的安全、工程、操作、控制等问题，必须配置充分的软、硬件措施加以保证，设计中需考虑在特殊事故状态下，要有最快切断联合，处理事故部分的辅助流程。非正常工况该项目按以下原则设计：渣油加氢重油做柴油汽提塔重沸热源后继续与本装置原料油(160℃)换热，再经空冷器冷却后160℃送催化裂化装置或罐区；催化油浆与原料油换热器按原料油温度 160℃设计，油浆蒸汽发生器按油浆不参与常减压换热网络时进行设计。

2.2 细分物料和装置，优化工艺过程

（1）根据脱硫需求分级设置溶剂再生

目前溶剂再生装置一般控制贫液中 $H_2S+CO_2 \leq 1.0 \sim 1.2$g/L，对贫液质量的控制比较严格，能耗较高。在某项目中，根据下游装置的脱硫需求，分级控制贫液质量，产品型溶剂再生贫液质量按 $H_2S+CO_2 \leq 0.8 \sim 1.0$g/L，非产品型按 $H_2S+CO_2 \leq 1.6$g/L。贫液质量降低后，可大幅降低蒸汽和循环水的消耗。

以某在建炼厂 2400t/h 的溶剂再生装置为例，含三个系列，每个系列的处理能力均为 800t/h。将溶剂再生由原来的处理加氢型和非加氢型富液，优化为处理产品型和非产品型富液，装置规模不变。这样可以降低其中 2 个非产品型系列（Ⅰ、Ⅱ系列）贫液的质量（由原来的 1.2g/L 提至 1.6g/L），优化前后数据对比见表 2。

表 2 溶剂再生优化前后消耗对比

项　目	调整前：贫液质量 1.2g/L		调整后：贫液质量 1.6g/L		降低消耗数量
	系列Ⅰ	系列Ⅱ	系列Ⅰ	系列Ⅱ	
0.4MPa 蒸汽/(t/h)	99.9	100.4	74.6	78.5	47.2
再生回流泵功率/kW	9.7	9.8	4.6	6.1	8.8
酸性气空冷器功率/kW	144	144	96	96	96
酸性气冷凝器循环水/(t/h)	118.5	92.9	81.2	92.9	63.4

该措施每年减少能耗 2.64 万 t 标油，全厂加工能耗降低 1.32kgoe/t 原油，折算效益约 3816 万元/年。其中最主要的是降低 0.4MPa 蒸汽消耗 47.2t/h，显然这么大数量的蒸汽对全厂蒸汽平衡与优化产生较大的影响。

（2）干气回收分离装置采用浅冷油吸收技术回收 C_{2+}组分

浅冷油吸收技术根据相似相溶的原理，用碳四做为吸收剂，采用浅冷油（10～15℃）吸收的方法脱除炼厂干气中的甲烷、氢、氮气等，回收其中的碳二馏分；采用汽油吸收技术回收甲烷、氢、氮气等夹带的碳四吸收剂。利用该技术得到的富碳二气中甲烷含量小于 5mol%，氮气等杂质含量较低，富乙烯气可以直接送入乙烯装置脱丙烷塔，富乙烷气可直接送入乙烯装置裂解炉；干气中乙烷及乙烯回收率均能达到 90%以上；汽油吸收单元未被吸收下来的粗氢气经过膜分离和变压吸附单元提纯分离出氢气。与 PSA 分离技术相比，浅冷油吸收技术日常运维简单、设备故障率低、占地面积、投资和运行成本较低。以在建的某千万吨炼化企业为例，进料量为 40 万 t/a 的干气回收分离装置采用浅冷油吸收技术，以催化干气和 PSA 尾气作原料，可回收富乙烯气 5.06 万 t/a，富乙烷气 10.52 万 t/a，氢气 0.87 万 t/a。经初步估算，这种方案与可比方案（石脑油产乙烯和煤制氢装置生产氢气）相比，年节约标油 2400t。

2.3 高效利用芳烃联合装置塔顶低温热

芳烃联合装置塔顶冷凝负荷最大的两个台位为抽余液和抽出液，目前一般采用低温热水

回收方式，但由于炼厂回收的低温热水夏季均用不完，故热量利用率最多50%，加之低温热水回收的温度低，热量不好利用，节能效果不理想。在建的某4.5Mt/a芳烃联合装置，采用超低压蒸汽发生器代替常规空冷的方案，共计产0.12MPa蒸汽1138 t/h，可发电80000kW。若采用传统的热水发电方式，由于经过两次换热(低温热量产生热水及热水扩容变为蒸汽)，效率明显低于产生0.12MPa蒸汽的一次换热方式，仅可发电50000kW，与产生0.12MPa蒸汽的发电量相比，每年的节能量减少55000t标油。

2.4 重视加热炉的热集成

在新设计的炼厂项目中，加热炉燃料一般为脱硫后干气和合成气，硫含量较低，烟气露点为108℃左右，为提高炉效率且保证长周期运转，除采取联合烟气余热回收、耐低温露点腐蚀的空气预热器等外，主要采用前置空气预热器，利用低温余热将空气加热至50~60℃，排烟温度由140℃降至120℃，使加热炉效率由92%提高到94%。以1.6Mt/a炼化一体化企业为例，采取以上措施需增加投资约3870万元，每年减少能耗1.157万t标油，全厂加工能耗可降低0.72 kgoe/t原油，折算效益约4989.6万元/年。

重整装置"四合一"炉常规设计是对流室烟气余热发生中压蒸汽达到节能的效果，实际上该措施相当于燃料产生中压蒸汽，在当代形势下是一种较差的节能措施。某炼厂在建的1.8Mt/a连续重整装置"四合一"炉采用强制通风，利用低温余热将空气预热到42℃，再由315~140℃烟气，将助燃空气的温度提高到229℃，每年减少燃料消耗8000t，排烟温度不高于140℃，加热炉的整体热效率提高到93%。减少的燃料消耗在动力站至少可产10MPa蒸汽，与目前自然通风"四合一炉"产生中压蒸汽相比，年节能量至少700t标油。采用强制通风提高空气温度，节能量仅是一方面，更重要的是效益，如前述措施，年效益至少1000万元。

2.5 优化设置蒸汽压力等级

炼化一体化企业中蒸汽动力系统一般设11MPa、4.0MPa、1.2MPa和0.4MPa四级管网，由于部分4.0MPa蒸汽用户实际上可以使用压力较低的蒸汽(主要用于加热)，尤其是在有芳烃装置的情况下，这部分用户的蒸汽消耗量也很可观，因此应在项目中设置2.2MPa级管网。

以某1.6Mt/a炼厂为例，增设2.2MPa蒸汽管网后，原使用4.0MPa蒸汽可以调整为2.2MPa蒸汽的装置及蒸汽消耗量变化见表3。

表3 蒸汽消耗量变化对比 t/h

序号	装置	不设2.2MPa管网		增设2.2MPa管网		
		4.0MPa蒸汽消耗	1.3MPa蒸汽消耗	4.0MPa蒸汽消耗	2.2MPa蒸汽消耗	1.3MPa蒸汽消耗
1	轻烃回收	55		0	55	
2	渣油加氢	2		0	3	
3	芳烃联合装置					
3.1	芳烃抽提装置	58.6		0	63.4	

续表

序号	装置	不设 2.2MPa 管网		增设 2.2MPa 管网		
		4.0MPa 蒸汽消耗	1.3MPa 蒸汽消耗	4.0MPa 蒸汽消耗	2.2MPa 蒸汽消耗	1.3MPa 蒸汽消耗
3.2	对二甲苯装置	621	-61.6	280.7	345.4	-36.4
	合计	736.6	-61.6	280.7	466.8	-36.4

由表 3 可以看出，此措施可以优化利用的蒸汽多达 400t/h，利用这部分蒸汽余压发电可以得到很好的效益。经测算可多发电 10.43MW，年节能量为 11740t 标油，降低全厂能耗 0.73 kgoe/t 原油。

3 结论及建议

（1）深化能量集成利用的技术和措施具有显著的节能效果和效益，是今后进一步提升用能水平的重点。

（2）新建大型炼油厂从规划设计开始，就要根据项目和总加工流程的特点，重视并开展全厂范围的能量集成工作。

（3）在新建炼厂的设计中，应推广使用装置深度热联合、溶剂再生分级设置、芳烃装置产生 0.12MPa 蒸汽、加热炉热集成、优化蒸汽等级等技术措施。

（4）深度热联合措施将增加安全生产的难度，必须配置充分的软、硬件措施予以保证。

润滑油加氢装置节能增效措施浅谈

谷云格　徐亚明

（中国石化上海高桥石油化工有限公司，上海　200129）

摘　要　介绍了润滑油加氢装置在回收利用废氢和异构干气技改中采取的措施，以及针对在装置运行过程中，机泵通过增加变频、叶轮切削等措施节电，优化汽提蒸汽、减顶抽真空蒸汽用量，以降低装置能耗。经过一系列措施的实施，装置取得显著的经济效益：异构干气回收用于制氢装置原料，每年可节约 2301 万元；装置电耗每年大约节省 75.78 万元，1.0MPa 蒸汽每年大约节省 60 万元。随着节能措施的实施，装置能耗下降明显。

关键词　润滑油加氢　异构干气　装置能耗　经济效益

1　概述

上海高桥石油化工有限公司（以下简称高化）润滑油加氢装置是采用美国雪弗龙技术，以减压蜡油和轻脱沥青油为原料，生产 HVIⅡ类、部分达到 HVIⅢ的润滑油基础油产品的装置。该装置于 2004 年 11 月开始第一阶段投产运行，已经处理加工超过十种不同的原油。从 2008 年 8 月起高化公司润滑油加氢装置将进入第 2 阶段运行，在这个阶段，HCR 部分设计处理能力仍然是 30 万 t/a，但 IDW 部分润滑油加工处理量提高至 40 万 t/a。一部分含蜡润滑油原料由现有的高桥燃料型加氢裂化装置尾油（UCO）提供。

为提高装置的运行效益，在确保安全生产的前提下，对生产装置进行节能、增效优化改进。在润滑油加氢装置原设计中，加氢裂化系统循环氢中硫化氢的浓度超过一定量时，装置通过流量控制阀 FV511 将废氢直接排往焚烧炉进行烧掉，并没有将宝贵的氢资源进行回收利用；异构脱蜡系统中分馏塔 C201 顶产生的干气，在原设计中是排至火炬系统，这样造成资源极大浪费。本文本着针对润滑油加氢装置节能降耗、回收有效资源的原则，对装置能耗高的设备优化及工艺管线相应改造，降低生产成本，增加企业的经济效益。

2　工艺现状及改造方案

润滑油加氢装置加氢裂化循环氢系统在运行过程中，随着加氢脱除原料中的硫、氮生成硫化氢和氨气在循环气中积聚，以及在反应过程副反应生成的碳一至碳五气相组分，导致循环气中氢气纯度会逐渐降低。为维持加氢裂化反应器较高的脱氮能力，反应系统须保持一定的氢分压，即维持循环氢中氢气的纯度，需要对循环氢进行定时排放，以下称为废氢排放。此外，润滑油加氢装置产生的异构脱蜡干气，直接排往火炬系统进行焚烧，干气没有得到充分利用。为实现产品的有效利用，装置对上述工艺现状提出了相应的改造方案。

2.1 废氢回收改造

废氢回收常采用变压吸附分离技术、变温吸附法、气体膜分离技术等[1]。本文针对需要排放的废氢，通过对废氢排放工艺进行改造，实现对废氢的回收利用，将其引入4#加氢装置和1#制氢装置作为制氢原料，改造后的流程图见图1。

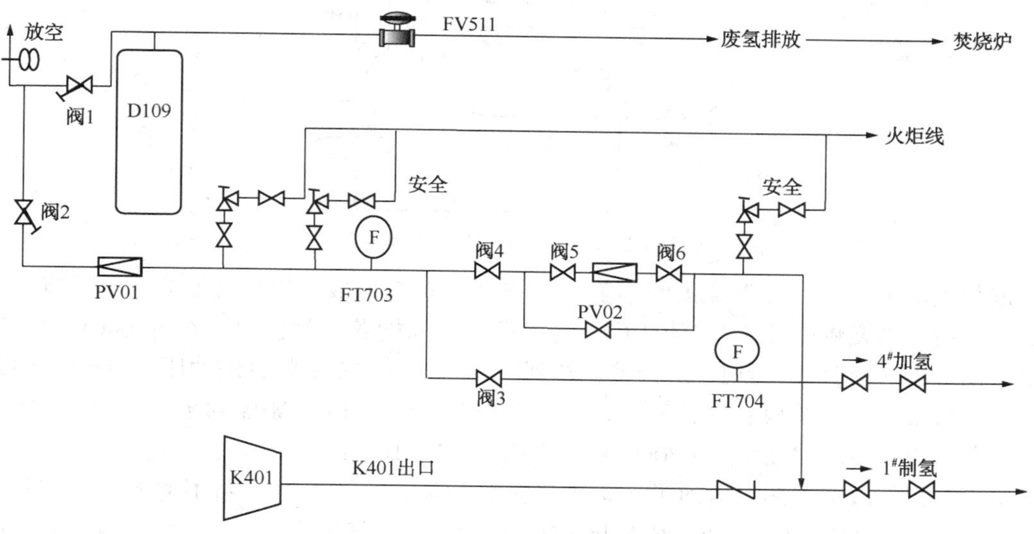

图1 废氢回收改造后流程

由图1可知，经过工艺改造，在原废氢放空管道上引出至第一级减压阀PV01，将废氢压力由系统压力14.0MPa降至2.2MPa，其中一路到加氢裂化裂化边界和其干气管线碰接至4#加氢装置，另一路经第二级减压阀PV02再次减压至0.8MPa，和螺杆压缩机K401机出口的异构干气管线碰接，输送至1#制氢装置作为制氢原料。在废氢出装置的过程中，若后续装置发生异常，造成后路不畅憋压，或在运行过程中，安全阀起跳，则立即停止废氢出装置，关闭阀1、阀2，废氢走原来流程FC511排放到地面火炬。

2.2 异构脱蜡干气回收改造

目前，干气的回收常采用提浓回收和直接利用两种方式[2]，干气提浓技术首先对干气进行预处理，然后脱除其中的氮气、甲烷等杂质气体来提浓氢气和碳二以上组分。干气直接利用技术是将干气作为原料，通过化学反应制得相应化工产品。本文对干气的回收是采用干气直接利用技术，作为制氢装置的原料。通过技术改造实现对异构干气的回收。改造前，异构脱蜡塔C201常顶气进入D206后，分离为气、水、油三相，气相经过控制阀排往火炬系统，改造后的流程将图2 。

图2为装置改造后异构干气回收的流程，在装置原设计基础上，增加了干气去缓冲罐D401，螺杆式压缩机和储罐以及相关工艺管线。经过工艺改造，异构系统产生的干气进入缓冲罐D401内，气相经螺杆压缩机抽取，压力从0.06MPa升压至0.8MPa。升压后的干气与加氢裂化产生的废氢一起输送至1#制氢装置，作为1#制氢装置的原料，实现资源有效利用。

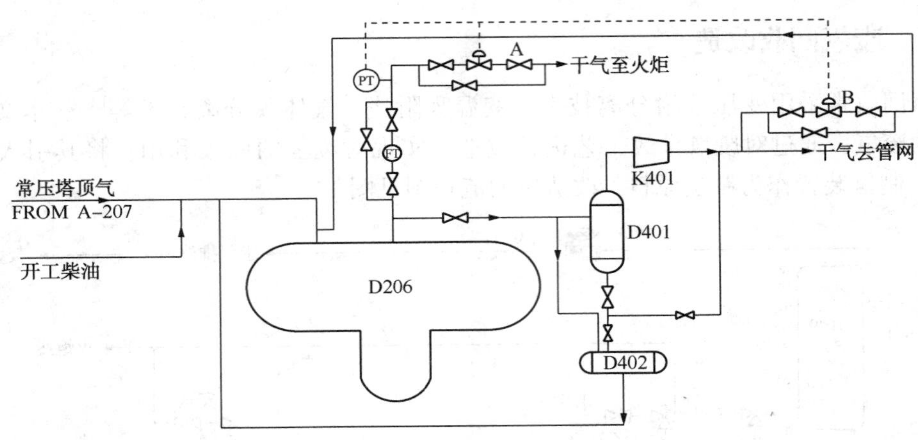

图2 改造后异构干气流程图

液相是由干气携带的碳四以上的组分在D401内凝缩而成，称为凝缩油。当凝缩油达到一定液位后，需要将其排放至D402内，为保证凝缩油能够顺利流出，在进D401的干气管线上引出一条平衡管线。当D402内液位达到一定高度时，需要将凝缩油压至D206。因此从螺杆压缩机出口引出一根管线接至D402入口的管线上，引0.8MPa的干气对D402进行冲压，利用压力差将凝缩油压至D206，然后再由P212A/B抽出。

综上，根据改造方案，增加了异构干气去管网流程。当管网后路不通畅时，控制阀B阀打开，干气返回D206，为维持常压塔C201压力，将干气排往火炬。另外，改造后，原有塔顶压力单回路控制方案变为二分程控制方案。

3 装置节能降耗

节能减排、降本增效已成为影响企业发展的重要因素，为建设资源节约型、环境友好型企业，需要把节能降耗工作摆在更加突出的位置，积极落实制定的各项节能措施，努力完成全年的各项指标，提高装置的经济效益。

3.1 装置能耗现状

润滑油加氢装置设计能耗为135.21kg标油/t(原料)，2007年装置实际能耗为107.03kg标油/t(原料)，具体参数见表1。

表1 装置设计能耗和2007年实际能耗表

项目	消耗量	设计能耗/(kg标油/t原料)	2007年能耗/(kg标油/t原料)
循环水/(t/h)	726.6	1.94	2.72
脱氧水/(t/h)	8	1.96	1.69
除盐水(净化水)/(t/h)	8.7	0.53	0.36
新鲜水/(t/h)	6.5	0.03	0
电/kW	4842.15	33.57	27.93
1.0MPa蒸汽/(t/h)	16.903	34.25	30.22
净化风/(Nm^3/h)	240	0	0

续表

项目	消耗量	设计能耗/(kg 标油/t 原料)	2007 年能耗/(kg 标油/t 原料)
燃料气/(kg/h)	2484	62.93	43.78
能耗合计		135.21	107.03

由上表 1 计算可知，装置用电、1.0MPa 蒸汽、燃料气三项分别占装置设计能耗和 2007 年装置实际能耗的 96.7%和 95.2%，这三项几乎决定了整个装置的能耗指标。2007 年装置能耗较设计值降低了 28.18kg 标油/t，主要原因是装置用电、1.0MPa 蒸汽、燃料气的消耗量较设计有不同程度的降低。而润滑油加氢装置中还存在着加热炉热效率不高，汽提蒸汽用量高以及装置机泵设计符合偏高等现象。因此，装置能耗理论上降低的空间较大。本文针对润滑油加氢装置用电设备、精馏塔的汽提蒸汽以及抽真空系统工艺进行优化改造，以降低装置的综合能耗。

3.2 装置用电情况的优化

润滑油加氢装置内所用的部分机泵，存在原设计负荷较实际工艺所需负荷偏高的现象，基本上是采用关小出口阀卡量控制，这样使得泵偏离了最佳工作点，泵的效率降低。因此，为优化装置用电情况，采取必要的措施势在必行。实施措施：对于一般机泵、空冷可采取切削叶轮或增加变频等措施；高压进料泵 P102A/B、P201A/B，在满足工艺要求的前提下，分别对其中一台泵进行齿轮箱改造，降低高压泵的功率；新氢机增加无极调速系统，通过延迟进气阀在压缩过程的关闭时间，将不需要压缩的氢气返回进气腔，降低新氢机工作功率，达到节电的目的。下面将对部分机泵采取的节能措施列入表 2 中。

表 2 部分机泵采取的节能措施

机泵编号	机泵名称	拟采取的节能措施
A206/A~D	减底油产品空冷	增加变频
P-101/A、B	原料油升压泵	B 泵叶轮切割好，A 泵增加变频
P-102/A、B	加氢裂化反应进料高压泵	B 泵齿轮箱改造，A 泵增加变频或透平
P-106/A、B	加氢裂化航煤中段回流泵	增加变频
P-109/A、B	加氢裂化分馏塔底泵	B 泵叶轮切割好，A 泵增加变频
P-201/A、B	异构脱蜡反应进料高压泵	B 泵齿轮箱改造，A 泵增加变频或透平
P-202/A、B	分馏塔底泵	增加变频
P-205/A、B	柴油回流油泵	增加变频或叶轮切割
P-208/A、B	重质润滑油回流泵	B 泵叶轮切割好，A 泵增加变频
P-210/A、B	减底产品泵	B 泵叶轮切割好，A 泵增加变频
P-215/A、B	轻质润滑油泵	增加变频
P104/A、B	航煤产品泵	增加变频或叶轮切割
P213/A、B	航煤产品泵	增加变频或叶轮切割
B301	空气鼓风机	增加变频
B302	烟气引风机	增加变频
K301A	新氢机	增加无极变速系统

3.3 蒸汽用量的调整

通过对精馏塔 1.0MPa 汽提蒸汽用量的调查，发现各分馏塔汽提蒸汽用量大，C101、

C201、C202、C203汽提蒸汽总量为3.15t/h，比设计值的3.02 t/h高0.13t/h，还有很大的下调空间。根据产品质量调节汽提蒸汽，在满足产品质量的基础上，逐步降低蒸汽量，将汽提蒸汽用量调整情况列入表3中。

表3　汽提蒸汽用量调整情况

项　目	调整前/(t/h)	调整后/(t/h)	减少量/(t/h)
C101	1.2	0.7	0.5
C201	0.8	0.62	0.18
C202	1.1	0.45	0.65
C203	0.75	0.45	0.3
合计	3.85	2.22	1.63

由表3可知，经调整后，1.0MPa汽提蒸汽用量由调整前的3.85 t/h，降至调整后的2.22 t/h，1.0MPa蒸汽用量减少了1.63t/h，1.0MPa蒸汽下降效果明显。

减压塔C202抽真空系统采取三级蒸汽喷射泵抽真空，蒸汽用量为3.2t/h。为降低装置蒸汽消耗量，装置采用一级抽真空系统+液环真空泵组合替代原来三级抽真空系统。替换后的流程简图见下图3。

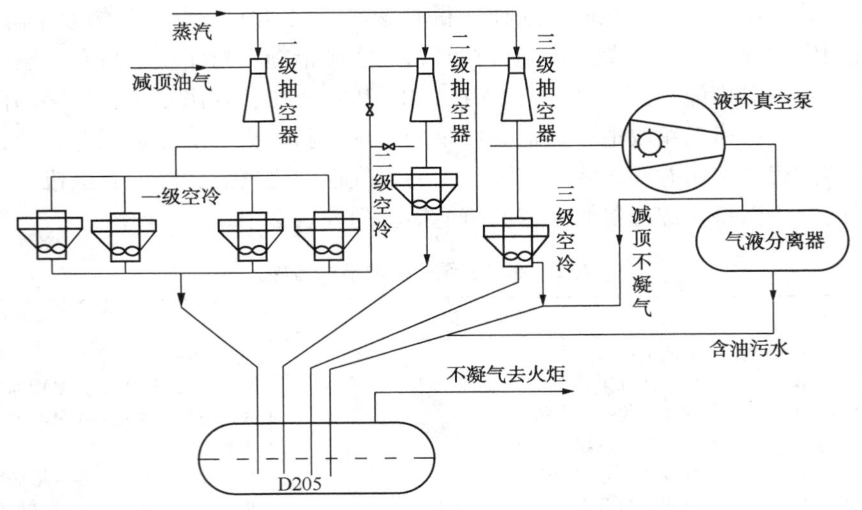

图3　抽真空系统流程简图

由图3可知，从一级不凝气出口引出管线至液环真空泵，在液环真空泵的作用下，形成负压。从真空泵出来的不凝气进入气液分离器，减顶不凝气最后进入减顶罐。当液环真空泵出现故障时，二级和三级抽真空可以切换投用，保证抽真空系统正常运行。投用液环真空泵后，蒸汽用量可降至2.1t/h，蒸汽用量减少了1.1t/h左右，这样不仅降低了蒸汽的消耗量，同时也减小了含油污水的处理费用。

4　节能增效措施的效果评价

4.1　废氢回收和异构干气回收改造效果分析

近年来，润滑油加氢装置加工的原料低硫蜡油，并且在加工过程中常掺炼加氢裂化尾油，以及根据装置进料的硫、氮含量及时调节注水量等措施，大大降低了循环氢气中硫化氢的浓度，不用往外排放氢气就能满足装置生产需要。故本文对废氢回收的经济效益不做评论。

通过增加异构干气至1#和4#制氢装置的工艺管线，减少了干气排往火炬，异构干气一年累计可回收25015t，这样就降低了制氢装置生产所用原料的费用。制氢装置所用干气原料价格920元/t，这样可降低制氢装置原料费用约2301万元，提高了公司的经济效益。

4.2 装置用电改造效果

通过对相关机泵、电机以及新氢机的一系列改造，下面将改造效果列入表4中。

表4 装置用电设备的改造效果

机泵编号	机泵名称	节能措施	完成日期	改造前电流	改造后电流	年节电量/万度
P-101/A	原料油升压泵	叶轮切削	2008.4	115	85	8.53
P-202/B	分馏塔底泵	叶轮切削	2008.4	75	62	3.7
P-205/B	柴油回流油泵	叶轮切削	2008.4	120	95	7.11
P-5001/B	除盐水泵	叶轮切削	2008.4	36	25	3.13
P-210/B	减压塔底泵	叶轮切削	2008.4	80	65	4.26
P-201/A	异构脱蜡进料泵	齿轮箱改造	2008.4	78	41	166.11
P104/B	航煤产品泵	叶轮抽级	2008.6	—	—	0.45
P213/B	航煤产品泵	叶轮抽级	2008.6	—	—	0.54
P-202/A	分馏塔底泵	增加变频	2008.8	75	63	3.41
A206/A~D	减底油产品空冷	增加变频	2008.9	20	5	4.26
合计	—	—		—	—	201.5

由表4可知，通过改造后，年节电量达210.5万度，按每度电为0.36元算，每年可节省75.78万元，节能效果可观。

4.3 蒸汽改造效果

通过降低装置精馏塔的汽提蒸汽用量，以及改用一级抽真空+液环真空泵组合替代原三级抽真空系统，蒸汽用量大约每小时节约2.73t。其中改造后的抽真空系统可降低蒸汽用量1.1t/h，润滑油加氢装置机械抽真空一次性投资134.60万元，投用后，新增电耗160kW。

年新增电耗成本：160×365×24×0.36=50.46万元；

年节约蒸汽成本：1.1×365×24×114=109.85元；

年节约成本=109.85-50.46=59.39万元；

项目投用后，预计134.60/59.39≈2.43年收回一次性投资，年可节约生产成本约60万元。

4.4 能耗改变情况

随着采取节电、节蒸汽以及预热回收系统的投用等措施的实施，装置能耗得到显著降低，下面选取2008年至2010年润滑油加氢装置累计能耗变化情况，列入表5。

表5 润滑油加氢装置能耗变化情况

项目	单位	2008年		累计能耗/(kg标油/t)	2009年		累计能耗/(kg标油/t)	2010年		累计能耗/(kg标油/t)
		累计量/t(kW·h)	累计单耗		累计量/t(kW·h)	累计单耗		累计量/t(kW·h)	累计单耗	
电	kW·h/t	25029785	106.655	27.65	30706858	98.503	25.691	32318738	92.702	23.443
1.0MPa蒸汽	t/t	84399	0.333	25.282	61626	0.214	16.244	55975	0.176	13.387
自发汽	t/t	-29677	-0.117	-8.89	-21001	-0.111	-8.435	-29583	-0.093	-7.075
瓦斯	t/t	11802	46.518	44.192	12515	43.407	41.237	11305	35.575	33.796
循环水	kg/t	5726225	22.57	2.257	9952515	34.519	3.452	10535248	33.153	3.315
新鲜水	t/t	1443	0.006	0.001	800	0.003	0	6319	0.02	0.003
自来水	t/t	559	0.002	0	2895	0.01	0.002	2974	0.009	0.002
除盐水	t/t	31422	0.124	0.285	30315	0.105	0.242	37803	0.119	0.274
除氧水	t/t	46436	0.183	1.684	55495	0.192	1.771	59201	0.186	1.714
			—	92.46	—	—	80.203		—	68.86

由表5可知，随着装置加热炉余热回收系统的投用等各项节能措施的落实，装置用电能耗消耗从2008年的27.65kg标油/t降至2010的23.443kg标油/t，蒸汽用量从25.282kg标油/t降至13.387kg标油/t，瓦斯消耗从2008年的44.192kg标油/t降至2010年的33.796kg标油/t，装置累计综合能耗从92.46kg标油/t降至68.86kg标油/t。装置原设计值的能耗131.21kg标油/t下降至2010年的68.86kg标油/t，节能降耗效果显著。

5 结论

(1) 润滑油加氢装置在回收利用废氢和异构干气技改中采取的措施，以及针对在装置运行过程中，机泵通过增加变频、叶轮切削等措施节电，优化汽提蒸汽用量和减顶抽真空蒸汽用量，来降低装置能耗。

(2) 经过一系列措施的实施，装置取得显著的经济效益：异构干气回收每年可节省2301万元的制氢原料费用；装置节电每年大约节省75.78万元，1.0MPa蒸汽每年大约节省60万元。

(3) 随着节能措施的实施，装置能耗下降明显。目前，装置还存在低温热的未回收利用以及加热炉热效率不高的现象等，但装置还存在节能增效的空间，下面的工作重心将继续节能增效工作。

参考文献

[1] 季新跃，杜洪涛，李迎春．工业废气中氢气的回收利用工艺[J]．河南化工，2015，32(12)：45-47.
[2] 张敬升，李东风．炼厂干气的回收和利用技术概述[J]．化工进展，2015，34(9)：3207-3216.

柴油加氢改质装置蒸汽能耗影响因素浅析

冯震恒

（中国石化济南分公司，济南　250101）

摘　要　通过对中国石化济南分公司柴油加氢改质装置1.0MPa蒸汽能耗的分析，找出了影响蒸汽能耗的影响因素，提出了降低装置的氢油比、充分利用内部换热、根据需伴热管线内的介质确定疏水器手阀开度、根据气温变化及时开停防冻凝、消灭伴热蒸汽线上“小白龙”、对1.0MPa蒸汽线破损保温及时恢复、降低K302转速等降低1.0MPa蒸汽能耗的措施。

关键词　柴油加氢改质装置　蒸汽能耗　影响因素　措施

中国石化济南分公司800kt/a柴油加氢改质装置是于2011年在原1.20Mt/a柴油加氢装置改造而来，采用中国石化石油化工科学研究院开发的中压加氢改质MHUG技术[1]，改造后可以提高柴油质量，适应市场柴油质量升级和环保要求。柴油加氢改质是在高温、高压、临氢的条件下进行，需要大量的燃料和动力，因此，柴油加氢改质装置是企业中能耗较高的装置之一。

1　柴油加氢改质装置能耗分析

柴油加氢改质装置的能耗主要包括电、1.0MPa蒸汽、燃料气、循环水、除盐水、凝结水、采暖水(热媒水)。其中电、1.0MPa蒸汽、燃料气、循环水、除盐水为消耗，是正能耗；凝结水、采暖水(热媒水)为输出，是负能耗。济南分公司柴油加氢改质装置2016年1~7月累计能耗见表1。

表1　柴油加氢改质装置2016年1~7月累计能耗　　kg标油/t

项目	电	1.0MPa蒸汽	燃料气	循环水	除盐水	凝结水	采暖水
能耗值	6.04	5.87	1.49	1.44	0.3	-0.59	-1.26

由表1可以看出，柴油加氢改质装置的能耗主要集中在电耗和1.0MPa蒸汽能耗上，降低电耗和1.0MPa蒸汽能耗为降低柴油加氢改质能耗的关键。电耗主要体现在新氢压缩机、机泵电机和空冷电机的用电上，降低电耗的主要措施为使用带无极调量的新氢压缩机K301B和用电量少的P302C，及时开关空冷等，影响因素少，且可操作空间不大；而1.0MPa蒸汽能耗的影响因素较多，具有较大调整空间。

2　影响1.0MPa蒸汽能耗的因素

柴油加氢改质装置正常生产期间，1.0MPa蒸汽主要用于循环氢压缩机汽轮机、分馏塔汽提及冬季防冻凝系统。因此，通过对这三方面的统计分析，可以得到影响蒸汽能耗的因素。

2.1 循环氢压缩机汽轮机进汽量的影响因素

循环氢压缩机的汽轮机是杭州汽轮机股份有限公司生产的凝汽式汽轮机，动力为1.0MPa蒸汽，产物为凝结水。

2.1.1 循环氢氢气纯度

柴油加氢改质是在一定的温度、压力、氢油比、空速条件下，借助加氢精制催化剂和加氢改质催化剂的作用，使油品中的硫、氮、氧非烃类化合物转化为相应的烃类和硫化氢(H_2S)、氨(NH_3)、水，得到低硫、低芳烃柴油产品。在加氢反应器中，只有一小部分氢气参与反应，大部分氢气仍以自由态与精制柴油(简称：精柴)一起存在，通过高分分离，这部分分离出来的氢气通过循环氢压缩机再次与新氢混合进入反应器中参与反应，这部分氢气就是循环氢。因为循环氢是经过反应器后分离出来的，其中含有H_2S、小分子烃类等杂质[2]，氢气含量相对于新氢会有所降低。对于循环氢压缩机来说，在所需循环氢量不变的情况下，循环氢氢气纯度越高，压缩难度越小，消耗1.0MPa蒸汽量越少，循环氢氢气纯度越低，压缩难度越大，消耗1.0MPa蒸汽量越多。

2.1.2 原料性质

2.1.2.1 原料中的硫、氮含量

柴油加氢改质装置的原料主要为催化裂化柴油、焦化柴油和直馏柴油，含有相当多的硫(S)、氮(N)和烯烃类物质，经过反应器后，大部分的硫、氮会被脱除转化为硫化氢和胺类物质会进入循环氢中，从而降低循环的纯度，造成循环氢压缩机消耗1.0MPa蒸汽量增大。

2.1.2.2 原料中催化裂化柴油的比例

催化裂化柴油相比于直馏柴油含有更多硫、氮和烯烃类物质，因此反应更加剧烈，消耗氢气量更多，会增加循环氢压缩机的负荷，消耗更多的1.0MPa蒸汽。

2.1.3 反应压力

反应压力是影响加氢精制和加氢裂化反应的主要因素之一，反应压力提高，可以促进加氢改质反应进行，脱硫、脱氮更为彻底[3]，会引起循环氢中氢气含量的降低；同时提高反应压力会增大循环氢压缩机的负荷，从而使汽轮机消耗更多的1.0MPa蒸汽。

2.1.4 反应温度

反应温度是装置最重要的工艺参数[4]，必须严格控制。由于加氢裂化反应的活化能比较高，因此提高反应温度，可使加氢裂化速度加快，循环氢中小分子烃类增加，氢气纯度降低，导致循环氢消耗的1.0MPa蒸汽增加。

2.1.5 氢油比

氢油比是指每小时通过反应器内的氢气(循环氢气+新氢)体积与每小时通过的原料油体积之比，因此，在加工量不变的情况下，氢油比增加会增加循环氢用量，从而增加循环氢压缩机汽轮机消耗的1.0MPa蒸汽用量。

2.1.6 新氢纯度

循环氢是反应器中未反应的氢气(新氢+循环氢)通过高分分离而来，因此，新氢的氢气纯度会影响循环氢的氢气纯度，新氢的氢气纯度高，循环氢的氢气纯度会增加，新氢的氢气纯度降低，循环氢的氢气纯度也会降低，从而引起循环氢压缩机汽轮机消耗的1.0MPa蒸汽量的增加。

2.1.7 循环氢压缩机 K302 工况

循环氢压缩机是沈阳鼓风机股份有限公司生产的凝气式压缩机，其汽轮机动力为1.0MPa 蒸汽，其原理是1.0MPa 蒸汽带动汽轮机叶轮转动来压缩气体做功，汽轮机在正常工况下的额定功率为1740kW，转速为13630r/min，但随着压缩机运行时间的延长，其运行工况会逐步下降，在做功一定的情况下，其转速会增加，会消耗更多的1.0MPa 蒸汽。

2.2 分馏塔汽提蒸汽量的影响因素

分馏塔中注入汽提蒸汽的目的是降低柴油中轻组分的油气分压，促使轻组分从柴油中分离出来，汽提蒸汽的注入量直接决定柴油中轻组分的含量，在保证大部分石脑油和硫化氢能够被汽提出来的前提的下，可以尽量降低汽提蒸汽量，柴油加氢改质装置的汽提蒸汽采用1.0MPa 蒸汽。

汽提蒸汽的主要作用在于降低柴油中轻组分的油气分压，但其潜在作用也可以提高分馏塔塔底温度，如果分馏塔进料温度降低，引起塔底温度降低，会降低汽提效果，这时必须提高汽提蒸汽量以保证汽提效果，达到柴油产品合格，因此消耗的1.0MPa 蒸汽量会增加。

2.3 防冻凝消耗蒸汽量的影响因素

冬季低温会使部分油品在设备、管线中冻凝，柴油加氢改质装置中一般在12月—次年2月投用防冻凝系统，防冻凝所使用的加热介质为1.0MPa 蒸汽。

2.3.1 防冻凝管线泄漏

柴油加氢改质装置的防冻凝管线使用时间长，且防冻凝管线只在冬季投用，间歇式使用加剧了管线的腐蚀，因此，每年冬季，防冻凝管线投用初期都会出现防冻凝管线泄漏现象，出现蒸汽浪费现象，增加1.0MPa 蒸汽用量。

2.3.2 热媒水替代1.0MPa 蒸汽做防冻凝介质

柴油加氢改质装置冬季需要做防冻凝的油品组分相对较轻，因此，防冻凝介质温度不需要特别高，可以使用热媒水替代1.0MPa 蒸汽做为防冻凝介质，节约1.0MPa 蒸汽。

2.4 装置加工负荷

装置加工负荷是影响能耗的重要参数，加工负荷高，整体能耗会降低，加工负荷低，会造成能耗的降低。

3 降低1.0MPa 蒸汽能耗的措施

根据分析可以得到，影响1.0MPa 蒸汽能耗的影响因素主要包括循环氢氢气纯度、原料性质、原料中催化裂化柴油比例、反应温度、反应压力、氢油比、新氢纯度，汽提蒸汽量、防冻凝蒸汽量、装置加工负荷及循环氢压缩机工况等，这些因素又相互影响，共同作用。

3.1 控制原料性质，降低催化裂化柴油比例

原料中的硫、氮及烃类含量对1.0MPa 蒸汽能耗影响较大，改质装置的原料主要包括直馏柴油、催化裂化柴油和焦化柴油，在三者比例变化不大的情况下，原料中的硫、氮变化不大。

2016年1~7月加氢改质装置原料S、N含量变化见图1；改质原料中催化裂化柴油所占比例情况见图2。

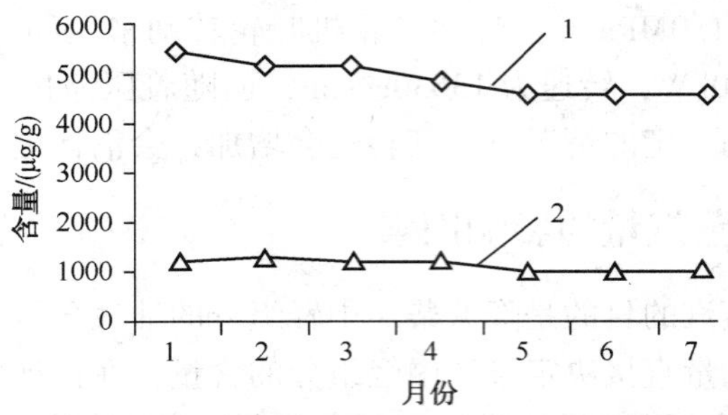

图1 2016年1-7月加氢改质装置原料S、N含量趋势图

1—原料S含量；2—原料N含量

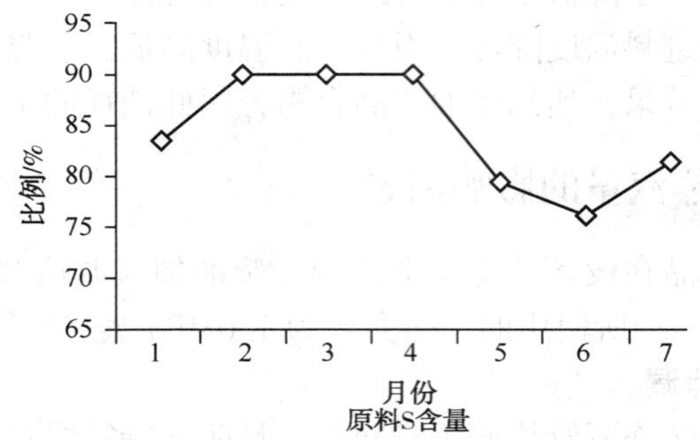

图2 2016年1~7月改质原料中催化裂化柴油所占比例

由图1、图2可以看出，改质原料中S含量基本维持在5000μg/g左右，N含量基本维持在1000μg/g左右，原料性质较平稳，由于催化裂化柴油中S、N含量较大，自4月起，催化裂化柴油加工比例由90%左右降至80%左右，原料S、N含量都有不同程度的降低，因此，降低催化裂化柴油比例有利于降低1.0MPa蒸汽能耗。

3.2 提高新氢氢气纯度

改质氢气主要来源于制氢装置和连续重整装置，新氢氢气纯度会受到气温、连续重整PSA操作条件和制氢装置PSA操作条件影响，新氢氢气体积比基本维持在92%以上，纯度较高。2016年1~7月新氢、循环氢氢气纯度见图3。

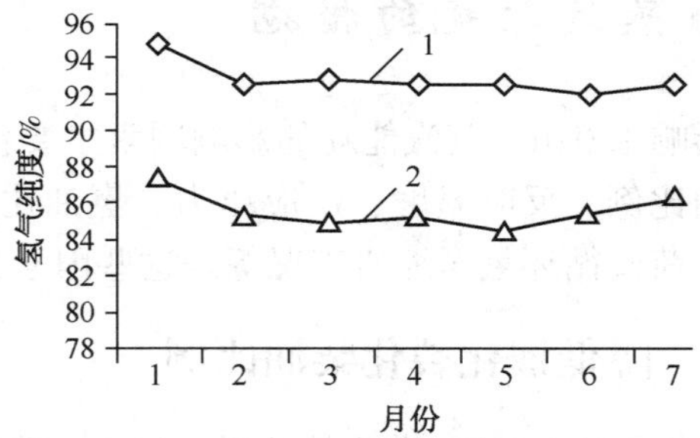

图3 2016年1-7月新氢、循环氢氢气纯度趋势图

1—新氢；2—循环氢

由图 3 可以看出，循环氢纯度与新氢纯度成正比关系，循环氢氢气体积比基本维持在 86%左右，较平稳。

3.3 在保证精制柴油质量合格的条件下维持较低的反应条件

反应温度和反应压力是加氢反应的两个主要操作条件，精制柴油去 800kt/a 重油催化裂化装置(简称：一催化)做原料时对精制柴油中多环芳烃量要求较高，需要控制较高的反应温度和反应压力，因此，反应压力和反应温度上半年维持较为平稳。2016 年对氢油比进行了优化，在保证产品质量合格的前提下，尽量降低氢油比。2016 年 1~7 月改质装置氢油比变化见图 4。

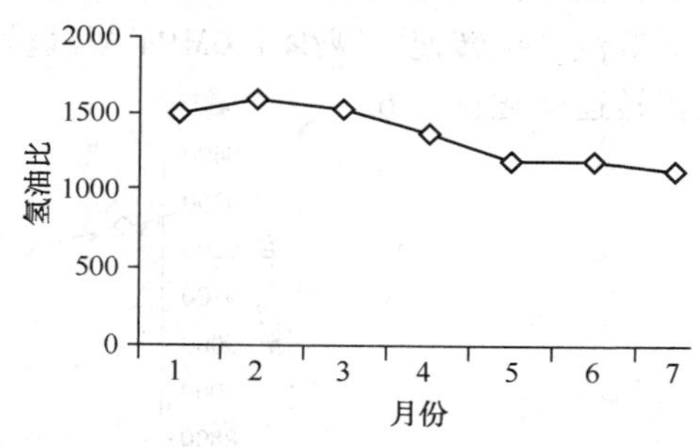

图 4　2016 年 1~7 月改质装置氢油比趋势图

由图 4 可以看出，加氢改质装置的氢油比由 1600Nm^3/m^{3}左右逐步优化降低至 1100Nm^3/m^{3}左右。

3.4 降低汽提蒸汽量

图 5 为分馏塔 C301 进料流程。

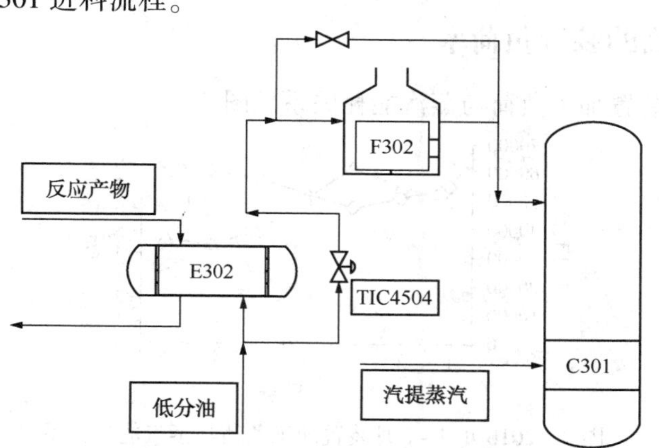

图 5　分馏塔 C301 进料流程简图

由图 5 可以看出，低分油经高压换热器 E302 与高温反应产物换热后进入分馏塔进料加热炉加热，然后进入分馏塔 C301。为节约汽提蒸汽，现 E302 副线调节阀 TIC4504 已全关，以提高分馏塔进料温度。但为了降低加氢改质装置整体能耗，F302 处于停炉状态，低分油经过 F302 副线进入 C301，因此，C301 汽提蒸汽量一直维持在 0.8t/h 左右。

3.5 节约防冻凝蒸汽用量

防冻凝使用 1.0MPa 蒸汽量为 1.5t/h 左右，为减少 1.0MPa 蒸汽使用量，采取了如下措施：①根据需伴热管线内的介质确定疏水器手阀开度；②根据气温变化及时开停防冻凝；③消灭装置内伴热蒸汽线上的“小白龙”；④对 1.0MPa 蒸汽线破损保温及时恢复。另外，计划实施用热媒水取代1.0MPa蒸汽作为防冻凝热源。

3.6 优化调整循环氢压缩机K302

根据循环氢压缩机K302工况及时优化调整，在保证正常生产条件和机组安全的情况下，降低汽轮机转速，减少1.0MPa蒸汽量，降低1.0MPa蒸汽能耗。2016年1~7月K302汽轮机转速变化见图6。

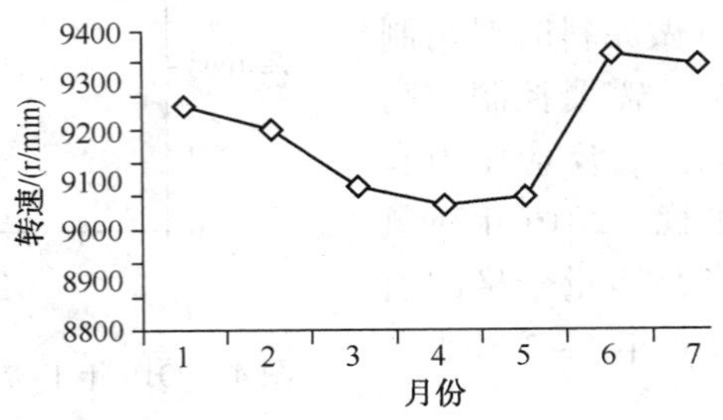

图6 2016年1~7月K302汽轮机转速趋势图

由图6可以看出，2016年1~4月份汽轮机转速呈下降趋势，5月份之后，由于加氢改质装置加工量的提高；改质精制柴油去一催化回炼，反应压力维持较高；K302汽轮机本身由于运行至末期出现间歇性杂音，处于保护设备的缘故，提高了汽轮机的转速。

3.7 维持较高的装置负荷率

2016年1~7月装置加工负荷与蒸汽能耗关系见图7。

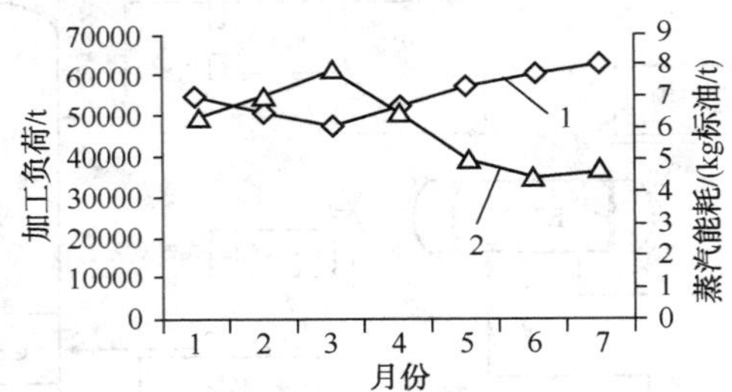

图7 2016年1~7月装置加工负荷与蒸汽能耗关系

1—加工负荷；2—蒸汽能耗

由图7可以看出，2016年1~3月份由于柴油加氢装置存在防冻凝蒸汽用量，且催化裂化柴油加工比例高，加工量相对较低，1.0MPa蒸汽能耗较高，4~7月份由于防冻凝解除，且催化裂化柴油加工比例下降，加工量提高的缘故，1.0MPa蒸汽能耗较前3个月有所降低。即：1.0MPa蒸汽能耗与加工负荷成反比，即加工负荷越高，1.0MPa蒸汽能耗越低。

4 结论

柴油加氢改质装置1.0MPa蒸汽能耗的影响因素主要是循环氢氢气纯度、原料性质、原料中催化裂化柴油比例、反应温度、反应压力、氢油比、新氢纯度、汽提蒸汽量、防冻凝蒸汽量、装置加工负荷及循环氢压缩机工况等。降低装置的氢油比、充分利用内部换热、根据需伴热管线内的介质确定疏水器手阀开度、根据气温变化及时开停防冻凝、消灭装置内伴热蒸汽线上的“小白龙”、对 1.0MPa 蒸汽线破损保温及时恢复、降低 K302 转速等措施均能有效降低 1.0MPa 蒸汽能耗。

参考文献

[1] 高军．利用先进的加氢工艺生产清洁柴油[J]．辽宁化工，2006，35(9)：543-545.

[2] 蒋东红，石玉林，胡志海．气相杂质对硫化态催化剂上柴油芳烃加氢反应速率的影响[J]．石油炼制与化工，2006，37(4)：23-27.

[3] 许雪茹．低、中、高压催化柴油加氢工艺探讨[J]．齐鲁石油化工，2005，33(2)：83-84，87.

[4] 王建平，翁惠新．柴油深度加氢脱芳烃反应影响因素的分析[J]．炼油技术与工程，2004，34(8)：26-29.

重整芳烃抽提装置精馏系统流程模拟及优化改进

叶剑云　王北星　蔡玉田

（中石化节能技术服务公司，北京　100029）

摘　要　通过分析芳烃抽提装置精馏系统的特点，发现预分馏塔的分离效果是影响装置精馏系统能耗的关键。应用流程模拟软件PRO/Ⅱ对预分馏塔进行模拟计算，结果显示通过采用取消侧线采出可以实现苯与甲苯的清晰切割分离，从而停用苯塔。此外，结合原料中碳九芳烃含量低的实际情况，考虑停用二甲苯塔。优化后，装置的精馏系统只保留了预分馏塔和甲苯塔，总计节省再沸器负荷1.61Mkcal/h，折减少1.4MPa蒸汽3.2t/h。

关键词　流程模拟　精馏塔　节能　优化　PRO/Ⅱ

1　前言

流程模拟软件在石化系统已经广泛地应用，应用模拟软件可以对工艺装置现有的流程进行模拟计算，分析装置存在运行瓶颈，指导装置的优化改进[1~4]。

本文应用流程模拟软件PRO/Ⅱ对某石化企业的芳烃抽提装置精馏系统进行的模拟计算，针对预分馏塔非清晰切割导致装置存在的运行瓶颈，提出优化改进的方案，并对方案进行了模拟计算，计算结果显示优化节能效果显著。

2　工艺流程说明

国内某石化企业芳烃抽提装置为重整装置配套的装置，加工重整汽油，原设计能力为16万t/a(芳烃)的液液抽提装置，由于装置的处理能力由36万t/a扩大到80万t/a，芳烃抽提单元进料负荷达到53万t/a，因此新建一套抽提蒸馏单元，处理C_6馏分，对原液液抽提单元进行适当的改造，处理C_7~C_8馏分，具体工艺流程为：

抽提原料先经过预分馏塔，分离C_6、C_7，塔顶C_6馏分进入苯抽提蒸馏单元，C_7~C_8馏分从预分馏塔提馏段抽出，进入老液液抽提单元，塔底C_{8+}组分则直接进入后续的精馏单元；抽提蒸馏单元的苯产品及非芳抽余油直接出装置，液液抽提单元的芳烃进入精馏单元，非芳抽余油与苯抽提蒸馏单元的抽余油混合后出装置；精馏单元共有三个塔，分别是苯塔、甲苯塔和二甲苯塔。工艺流程图见图1。

3　流程模拟计算结果对比

应用流程模拟软件PRO/Ⅱ对该装置精馏系统的四个塔设备建立流程模拟模型（见图2），

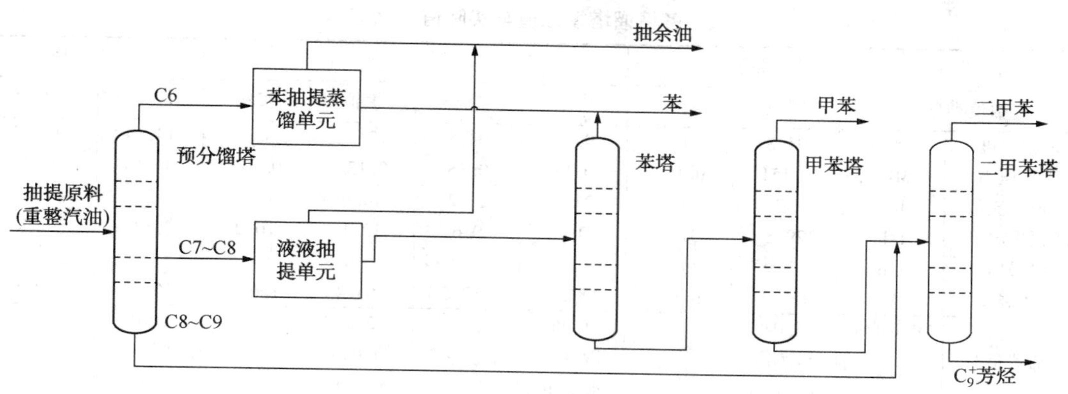

图 1　重整芳烃抽提装置精馏系统工艺流程图

采用的热力学方法为 PR 方法。装置的原料分析组成见表 1。

表 1　原料分析组成

组　分	原料组成/%	组　分	原料组成/%
碳五链烷烃	0.77	碳八链烷	1.05
碳六环烷	8.34	苯	47.68
碳六链烷	1.34	甲苯	23.52
碳七环烷	3.21	碳八芳烃	10.21
碳七链烷	2.51	碳九芳烃	0.06
碳八环烷	1.31		

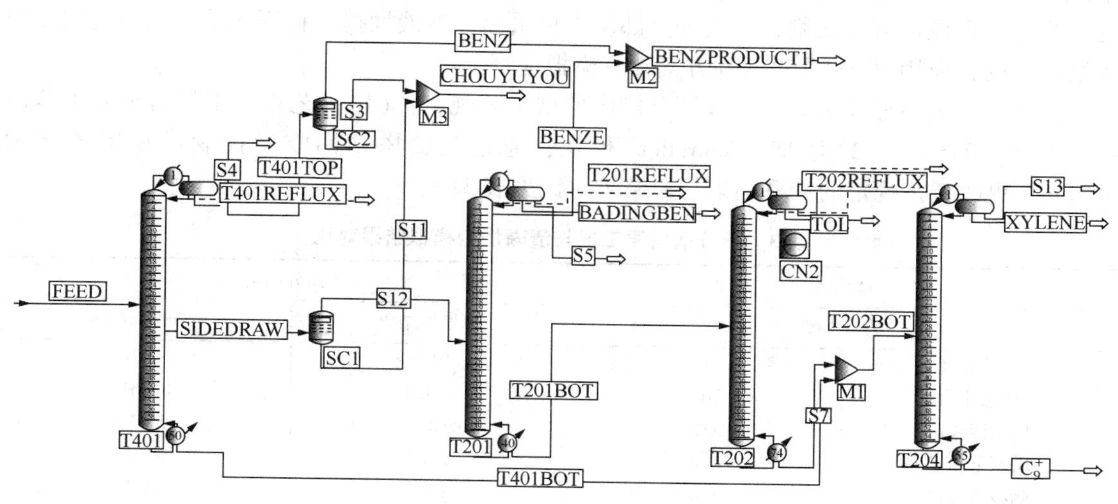

图 2　PRO/Ⅱ流程模拟模型

在模型中，取各塔的塔顶压力、塔顶回流量与实际值相同，对比各塔的塔釜温度、再沸器负荷、塔顶产品采出量，以及产品分离精度，各塔的模拟计算结果与实际操作参数对比分析如表 2 所示。从对比的结果看，模拟值与实际值比较吻合，该模型可作为分析及优化的基础。

表2 各精馏塔模拟值与实际值对比汇总

塔设备		预分馏塔		苯塔		甲苯塔		二甲苯塔	
数值类型		模拟	实际	模拟	实际	模拟	实际	模拟	实际
塔顶温度	℃	91.8	91.5	93.3	93.5	121.2	119.1	142.4	140.2
塔顶压力	MPa	0.151	0.151	0.15	0.15	0.135	0.135	0.113	0.113
塔顶回流量	t/h	37	34.7	21.2	21.2	14.6	14.6	3	3
塔顶采出量	t/h	29.8	31.5	0.6	0.6	12.1	10.9	5.2	6.2
侧线采出量	t/h	17.9	17.3						
塔底温度	℃	167.1	165.4	136.8	137.5	164.4	166.6	161.8	166.9
再沸器负荷	Mkcal/h	6.04		1.96		2.2		0.61	
	t/h	折蒸汽 12.9t/h	10.7	折蒸汽 4.2t/h	5.2	折蒸汽 5.2t/h	4.6	折蒸汽 1.5t/h	2.1
塔顶产品组成/%	苯	79.01	无分析	99.96	99.99	0.027	<0.01		
	甲苯	0.01		0.04	<0.01	99.96	99.96	0.099	0.09
	碳八芳烃	0				0.014	<0.01	98.3	95.9

注：装置蒸汽脱过热，其中预分馏塔、苯塔使用1.4MPa蒸汽，甲苯塔、二甲苯塔使用3.5MPa蒸汽，1.4MPa脱过热蒸汽相变热0.466Mkcal/t，3.5MPa脱过热蒸汽相变热0.420Mkcal/t，备注中模拟结果折蒸汽值仅计算相变热。

4 优化改进过程模拟计算

4.1 预分馏塔优化

预分馏塔的作用是分离C6及C7组分，但实际上分离并不清晰，部分苯组分进入侧线采出，为了分离液液抽提产品的苯组分，必须保留苯塔，从而增加了三苯分离系统的蒸汽消耗。为了实现该塔清晰切割，苯组分全部从塔顶采出，液液抽提进料不含苯，从而达到停用苯塔的目的，应用PRO/Ⅱ对两种方案计算模拟计算。

方案一：调整操作参数。更改预分馏塔模型工艺规定：(1)工艺规定中将塔顶采出苯回收率改为99.5%；(2)增加“Controller”模块，通过改变塔顶回收量控制塔顶甲苯含量0.01%。更改工艺规定的计算结果与原结果对比见表3。

表3 预分馏塔原工况与清晰切割模拟结果对比

塔设备		预分馏塔	
数值类型		原模拟结果	更改后结果
塔顶温度	℃	91.8	91.9
塔顶压力	MPa	0.151	0.151
塔顶回流量	t/h	37	55.7
塔顶采出量	t/h	29.8	31.1
侧线采出量	t/h	17.9	16.2
塔底温度	℃	167.1	167.2
再沸器负荷	Mkcal/h	6.04	9.49
侧线产品组成/%	苯	5.48	0.76
	甲苯	67.52	74.72
	碳八芳烃	9.13	6.86

从结果可以看出，在原流程的基础上将预分馏塔改为清晰切割需要付出很大的代价，再沸器负荷需要增加 3.61Mkcal/h（折蒸汽 7.7t/h），而且即使如此，侧线苯含量仍然有 0.76%，若取消苯塔，仍然不能满足甲苯的纯度。再规定更严格的工艺规定，模拟结果不收敛。因此不能通过调整操作参数实现该塔清晰切割。

方案二：取消侧线采出。同时作以下工艺规定：(1)规定塔顶采出苯回收率改为 99.99%；(2)增加“Controller”模块，通过改变塔顶回收量控制塔顶甲苯含量 0.01%。模拟计算结果与原结果对比见表 4。

表 4　预分馏塔原工况与取消侧线采出模拟结果对比

塔设备		预分馏塔	
数值类型		原模拟结果	更改后结果
塔顶温度	℃	91.8	91.8
塔顶压力	MPa	0.151	0.151
塔顶回流量	t/h	34.7	35.7
塔顶采出量	t/h	29.9	30.8
侧线采出量	t/h	17.7	0
塔底温度	℃	167.1	142.5
再沸器负荷	Mkcal/h	6.04	6.06
塔顶产品组成/%	苯	79.01	79.62
	甲苯	0.01	0.01
	碳八芳烃	0	0

从结果来看，优化后塔顶产品甲苯含量与原工况的结果一致，而塔底产品的苯含量仅为 0.011%，不影响甲苯产品的纯度（实际值为 99.96%）。并且再沸器的负荷仅增加 0.02Mkcal/h。因此，本方案可以实现预分馏塔清晰，后续的苯塔完全可以停用。优化后，液液抽提进料增加了 2.7t/h，按溶剂比为 4.6 算，溶剂循环量将增加 12.3t/h，对液液抽提单元的汽提塔及溶剂回收塔的再沸器负荷有一定的影响。

4.2　三苯分离系统优化

结合预分馏塔的优化，三苯分离系统的优化存在两种情况：(1)预分馏塔不作改变，仍为侧线采出，苯塔仍需保留，苯塔和甲苯塔可实施热集成，即甲苯塔提压操作，提高甲苯塔顶温度，利用甲苯塔顶气作为苯塔再沸器热源，减少苯塔蒸汽消耗；(2)预分馏按上述方案二优化，实现清晰切割，取消苯塔，但甲苯塔的进料将增加。两种情况甲苯塔的模拟计算结果对比见表 5。

表 5　甲苯塔升压操作与停用苯塔两种情况模拟结果对比

塔设备		甲苯塔			备注
数值类型		原工况	升压操作	停用苯塔	
塔顶温度	℃	121.2	167.6	121	
塔顶压力	MPa	0.135	0.4	0.135	

续表

塔设备		甲苯塔			备注
数值类型		原工况	升压操作	停用苯塔	
塔顶回流量	t/h	14.6	20.2	18.5	
塔顶采出量	t/h	12.1	12.1	12.1	
进料流量	t/h	13.7	13.7	17.4	
塔底温度	℃	164.4	206.4	164.5	
再沸器负荷	Mkcal/h	2.2	2.75	2.53	升压操作需改用3.5MPa蒸汽
	t/h	折蒸汽5.2t/h	折蒸汽6.5t/h	折蒸汽5.4t/h	
塔顶产品组成/%	苯	0.027	0.028	0.02	
	甲苯	99.96	99.96	99.97	
	碳八芳烃	0.014	0.021	0.01	

计算结果显示，情况1甲苯塔升压操作与苯塔热集成可减少苯塔再沸器负荷1.96Mkcal/h，折蒸汽4.2t/h，但甲苯塔塔釜温度上升至206.4℃，再沸器热源需改用3.5MPa蒸汽（相变温度242℃），同时再沸器负荷增加0.55Mkcal/h，折3.5MPa蒸汽1.3t/h；情况2停用了苯塔，甲苯塔的操作条件不变，但由于进料量增加了3.7t/h，再沸器负荷增加了0.33Mkcal/h，折1.4MPa蒸汽0.2t/h。前者的节能效果要明显低于后者。

4.3 优化后的精馏系统模拟计算

综合上述计算结果，按以下方案对装置的精馏系统进行优化：（1）预分馏塔取消侧线采出，改为清晰切割，预分馏塔底产品全部进液液抽提单元；（2）停用苯塔。优化后的模拟计算结果见表6。

优化后，装置精馏系统仅保留预分馏塔和甲苯塔，精馏系统的加热负荷是9.20Mkcal/h，比原流程的10.81Mkcal/h减少了1.61Mkcal/h，折减少1.4MPa蒸汽3.2t/h。

表6 优化精馏系统模拟计算结果

塔设备	预分馏塔	甲苯塔	二甲苯塔
塔顶温度/℃	91.8	121	142.4
塔顶压力/MPa	0.151	0.135	0.113
塔顶回流量/(t/h)	35.7	18.5	3
塔顶采出量/(t/h)	30.8	12.1	5.2
塔底温度/℃	142.5	164.5	161.8
再沸器负荷/(Mkcal/h)	6.06	2.53	0.61

5 结论

原流程的预分馏塔没有清晰切割苯、甲苯，部分苯组分进入侧线采出，带入液液抽提单元，导致后续的芳烃分离系统仍保留苯塔，增加了装置的蒸汽消耗。

通过对预分馏塔进行模拟计算，可以采用取消侧线采出的措施进行优化，实现了苯与甲苯的清晰切割分离，从而停用苯塔。优化后预分馏塔再沸器负荷仅增加 0.02Mkcal/h，苯塔停用节省再沸器负荷 1.96Mkcal/h，而甲苯塔因进料量增加了 3.7t/h，使再沸器负荷增加了 0.33 Mkcal/h。

综上所述，优化后，装置的精馏系统只保留了预分馏塔和甲苯塔，苯塔和二甲苯塔均可停用，总计节省再沸器负荷 1.61Mkcal/h，折减少 1.4MPa 蒸汽 3.2t/h。

参考文献

[1] 陆恩锡，张慧娟，尹清华．化工过程模拟及相关高新技术(I)：化工过程稳态模拟[J]．化工进展，1999，(4)：63-64.

[2] 张鹏飞，王申江，张华伟，等．吸收稳定系统能耗分析及优化[J]．化学工程，2006，34(11)：75-77.

[3] 焦书建．乙苯装置循环苯塔侧线采出工艺的优化与改造[J]．石化技术与应用，2005，23(4)：288-290.

[4] 王建平，王乐．芳烃联合装置模拟与优化(Ⅱ)：芳烃抽提单元的全流程模拟与优化[J]．中外能源，2013，18：76-80.

以降低燃动费用为目标的能源价值量化管理模式

伍宝洲

（中国石化洛阳分公司，洛阳　471012）

摘　要　对石化企业实施以降低燃动费用为目标的能源价值量化管理模式背景进行阐述，对其概念、内涵及特点进行说明，重点对装置用能诊断、推动“能效倍增”计划、重点节能设施运行与管理、装置检修能源消耗计划管理等做法进行详细论述。通过实施以降低燃动费用为目标的能源价值量化管理模式，企业能源管理水平会得到有效提高，增强企业盈利能力和水平。同时，为中国石化实现“绿色低碳”发展战略提供有力支持。

关键词　石化企业　燃动费用　能源价值　管理　效果

目前，中国石化洛阳分公司分炼油、化工、化纤三个板块，拥有20多套大型炼油、化工、化纤装置及相应配套的公用工程和安全环保设施。2016年，洛阳分公司能源消耗折合标准煤98.54万t，属国家重点耗能企业，被列入国家千家企业以及河南省“3515节能行动计划”耗能企业。

1　以降低燃动费用为目标的能源价值量化管理实施背景

近年来，随着我国经济社会的高速发展，能源需求和消费强度在不断提高，经济发展与资源环境的矛盾日益突出，前所未有地要求企业加强节能管理。同时，国民经济增速也有所减缓，之前石油化工、钢铁、水泥等行业的迅猛发展，导致出现了行业产能严重过剩的情况。同时，企业用能成本是生产成本的重要组成部分，提高用能水平也是企业挖潜增效的重要手段，因此用能水平的高低关系到企业效益及生存发展。另外，部分企业生产人员在平时生产时，仅仅是对能源消耗数量有所关注，很少将其价值进行量化。实施以降低燃动费用为目标的能源价值量化管理模式主要基于以下认识：

1.1　国家节能减排形势严峻

随着生态环境不断恶化，应对气候变化和能源安全已经成为全球性重要议题。在2009年哥本哈根世界气候大会上，我国承诺到2020年，单位国内生产总值二氧化碳排放比2005年下降40%~45%，后又作出了在2030年左右碳排放达到峰值的承诺。2017年1月5日，国务院印发《“十三五”节能减排综合工作方案》。主要目标：到2020年，全国万元国内生产总值能耗比2015年下降15%，能源消费总量控制在50亿吨标准煤以内。其中规定：对重点单位节能减排考核结果进行公告并纳入社会信用记录系统，对未完成目标任务的暂停审批或核准新建扩建高耗能项目。落实国有企业节能减排目标责任制，将节能减排指标完成情况作为企业绩效和负责人业绩考核的重要内容。因此，作为石化企业，也要响应国家号召，承担起社会责任，为国家键能减排做出贡献。

1.2 贯彻中国石化绿色低碳战略的重要抓手

石化企业在能源开发和能源节约上承担着重大的社会责任，应发挥国有企业的骨干带头作用，牢固树立可持续发展的观念，更加注重速度和结构、质量、效益的统一，加快技术进步和结构调整步伐，大力推进节能降耗、积极转变增长方式，推进节能降耗，发展循环经济，提高能源资源的利用效率，实现绿色、低碳、可持续发展，为社会做出更大的贡献。目前，化石能源消耗仍是主流，全球占 87.9%，中国占 93.8%。化石能源的特点是在消耗过程中排放大量二氧化碳，抓好节能降耗，减少化石能源消耗是控制碳排放的直接措施。鉴于此，中国石化集团公司将绿色低碳发展提升到集团公司的发展战略，从这个意义上讲，炼化企业节能降耗是实施绿色低碳发展的的一项重要抓手。

1.3 企业降本增效的重要措施

石化行业既是产能大户，又是能源消耗大户。如果万元产值能耗降低 0.1t 标准煤，每年可增效近亿元。因此说，做好节能降耗工作不仅具有良好的社会效益，而且具有巨大的经济效益。传统的“扫浮财”管理措施已基本到位，装置在运行过程中难于实施大的节能项目。因此，只有细化企业内部能源管理，才是实现节能降耗的突破口。而实施以降低燃动费用为目标的能源价值量化管理模式，能够促使生产单位自主开展优化和细化能源管理，以达到降本增效的目的。因此说，做好节能降耗工作不仅具有良好的社会效益，而且具有巨大的经济效益。

1.4 信息化提供保障

近年来，洛阳分公司成功上线 DCS、ERP、MES 系统，实时数据库系统均较完善。建立能源消耗及价值量化监控系统，对生产装置能源消耗控制及对生产成本的影响提供基础数据，以便完成能耗数据收集与处理，分析、诊断企业节能减排降碳的问题，挖掘潜力，为实施以降低燃动费用为目标的能源价值量化管理模式提供信息保障。

2 以降低燃动费用为目标的能源价值量化管理模式概念、内涵及特点

以降低燃动费用为目标的能源价值量化管理模式，就是通过分解年度节能目标至各装置，依据生产经营计划和各装置能源介质生产与消耗实际工况，结合能源介质生产成本，制定装置燃动预算计划，再以装置实际能源消耗与燃动预算计划对比找差距，以差距找措施，以措施促提升，持续提高能源利用效率，实现节能增效目的。主要包括四个方面：一是建立以降低燃动费用为目标的能源管理机制；二是将装置实际能源产耗与计划进行对比，再采用能量优化“三环节”理论，根据装置负荷、季节、生产工艺等因素，从能量利用、回收、转化三个方面，开展装置用能诊断及装置能源产耗成本分析，从而为降低能源消耗提供数据支持和依据；三是将各装置能源产耗计划完成准确率、能源费用完成情况纳入装置能耗对标体

系，每月对两项指标完成情况进行排序，排序第一的单位讲经验，排序最后的单位开展装置用能诊断，制定措施和措施实施时间表；四是依靠先进的节能技术，实施“能效倍增”计划，同时建立以降低燃动费用为目标的能源价值量化管理核机制，督促各项措施落实与改进。

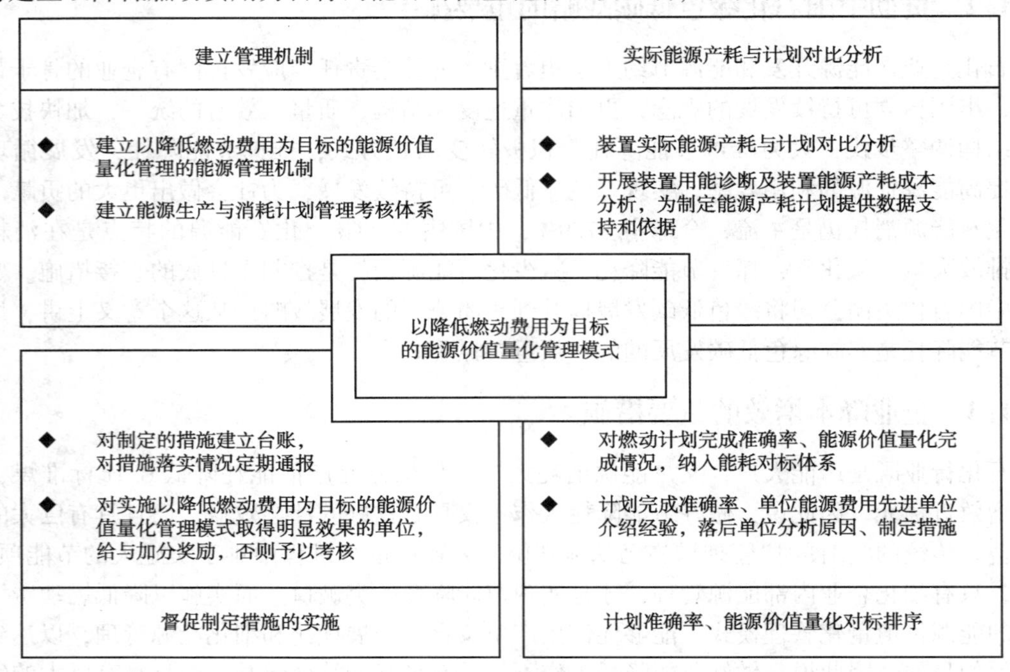

图1 以降低燃动费用为目标的能源价值量化管理模式

3 以降低燃动费用为目标的能源价值量化管理模式主要内容与做法

3.1 建立以降低燃动费用为目标的能源价值量化管理组织机构和考核体系

设立以企业总经理为主任的节能委员会，下设节能办公室，各生产单位设立专职或兼职节能员，建立企业、装置、班组三级节能管理体制，从组织结构上为降低燃动费用为目标的能源价值量化管理模式提供机构保障。同时每月月初，根据总部年初批复的能源介质数量及费用预算指标，对各单位逐级、逐月进行分解，确保各单位能源介质费用不超年度预算指标；同时根据每月下达的生产经营计划及各生产装置能源介质产耗情况，实现能源介质产消平衡；结合外购能源介质市场价格和自产动力介质生产成本，确定动力系统最佳运行模式及外购能源介质量。综合上述因素，制定出不同的能源介质生产与消耗计划，进而将装置能源产耗进行价值量化。

为确保完成燃动费用预算指标，促使各生产单位内部开展装置用能诊断，洛阳分公司能源管理部门根据装置计划加工负荷以及季度天气特点，制定各生产装置水、电、汽、风和燃料等能源介质产耗计划。在确定能源介质产耗计划、能源价值量化指标时，分基准值和攻关值。达不到基准值的进行考核，对达到攻关值的，从“一体化”考核体系中进行加分奖励。

3.2 开展装置用能诊断

3.2.1 装置能耗与设计能耗、同类装置先进水平对比分析

开展装置能耗与设计能耗对比分析。根据生产实际和装置改扩能情况，将装置实际能耗与设计能耗进行对比，找出与设计能耗偏差原因，对低于设计能耗的总结经验，进一步挖掘潜力；对高于设计能耗的进行原因分析，提出改进措施，并制定措施实施时间统筹表。

3.2.2 选定用能水平先进装置对比分析

开展装置能耗与同类装置先进水平对比分析。以生产实际、装置能耗水平先进性为原则，同时兼顾所选企业或装置要与洛阳分公司装置工艺流程及加工规模相近。2016 年，炼油板块选定 2015 年镇海炼化与金陵石化能源消耗水平作为用能水平标杆企业，化纤板块选定 2015 年仪征化纤作为用能水平标杆企业。每月根据能耗指标实际完成情况逐项对比，做到比有方向、学有对象、赶有目标、超有指标。同时根据装置能耗对标情况，多次组织人员赴镇海炼化、金陵石化及仪征化纤进行调研和学习。通过调研和学习，找出装置耗能点动力消耗存在的差距，结合各自装置实际，提出优化措施 17 项，部分措施实施后节能效果明显。

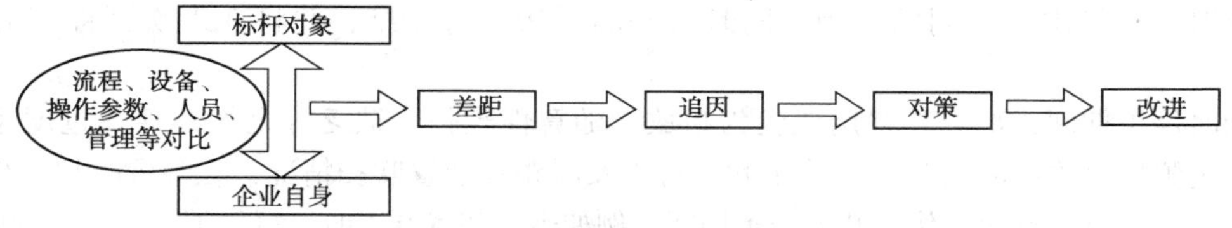

图 2 与标杆企业对标管理流程

同时，洛阳分公司采用能量优化“三环节”理论，从能量利用、回收、转化三个方面开展装置用能诊断，找出存在节能瓶颈，提出相应优化措施，吸收用能水平先进企业先进的节能理念和技术，完善能源管理机制，持续提高能源利用效率，达到节能降耗目的。2016 年，运用能量优化“三环节”理论，同时对比用能水平先进的标杆装置，对部分装置燃动消耗，从装置运行能耗、设计能耗、装置历史最好能耗水平及用能水平先进装置进行逐项对比分析，找出存在的节能瓶颈，提出相应节能措施。2016 年，先后对硫黄装置、常减压等 8 套装置开展用能诊断。通过实施以降低燃动费用为目标的能源价值量化管理模式，提出用能优化措施二十项，部分措施实施后节能增效效果明显。

3.3 积极推动“能效倍增”计划

为进一步提升企业盈利能力及能效水平，增强企业核心竞争力，结合中国石化集团公司《关于全面实施“能效倍增”计划的通知》提出的目标和任务，借助实施以降低燃动费用为目标的能源价值量化管理模式，按“能源结构、能源介质产耗成本分析—现场节电、节汽、低温热利用等方面节能潜力调研与评估—提出节能优化措施”的思路，完成厂区能源利用现状调研，找出设备产耗能、工艺产耗能和管理节能等方面存在节能瓶颈和差距，并提出相应优化措施和建议。从结构节能、技术节能、管理节能及合同能源管理等方面编制完成了《中国石化洛阳分公司“能效倍增”滚动计划》。

洛阳分公司自主投资约 5000 万元，实施“能效倍增”项目 30 余项。项目实施后节能和经济效益明显，如减压塔增上机械抽真空项目投用后，减压抽真空末级蒸汽喷射器停用，同

时根据减压塔顶压力，适当关小一级蒸汽喷射器喷射用蒸汽，合计减少1.0MPa蒸汽消耗约5.0t/h，减顶压力保持在1.27kPa左右，且较改造前要稳定，减顶含硫污水量由投用前25.0t/h降至20.0t/h，降低了污水汽提装置污水处理量，降低污水汽提汽提蒸汽约0.6t/h。同时积极推行合同能源管理项目实施，实施合同能源管理项目3项，共计投资约3040万元。

3.4 抓好重点节能设施运行与管理

对装置液力透平、催化烟机和余热炉、发电机、压缩机无极气量调节、变频器、液力耦合、三元流水泵、永磁调速等重点节能设施每月的运行情况进行统计和通报，对能投而不投的单位进行考核；对设施故障的，督促相关单位尽快处置正常；对工艺停用的节能设施，寻找工艺条件相当的设备，进行移位重新利用。

3.5 实施装置检修能源消耗计划管理

各单位结合装置检修能源介质消耗情况及开工方案和统筹，各单位制定装置停工、开工能源介质消耗计划。装置开工后，统计各装置在停工和开工期间能源介质消耗情况，并与计划进行对比，找出超计划的原因，同时对好的做法进行总结，并将在下次开停工时予以推广。

同时停工期间，部分装置用能较为粗放，随意性较强，缺乏计划性，存在过度用能现象，如装置蒸汽吹扫时间过长。鉴于此，可以及时跟踪装置吹扫情况，在装置吹扫合格后及时关闭吹扫蒸汽。同时，优化装置开工用能，例如硫黄装置开工时，氮气消耗量约1200m^3/h，经过优化，降为约450m^3/h。

3.6 利用信息化建设，创新管理节能手段

建立能源监控体系，注重过程控制用能。以装置用能诊断为抓手，依托DCS系统，建立能源消耗信息化监控系统，对重要能源利用状况和重要能源设施能效参数进行实施监控，为及时找出存在节能瓶颈、实现用能优化提供有利条件，达到能源消耗过程控制的目的。一是认真开展装置用能诊断，找出存在问题，提出相应优化措施。如对新建聚丙烯装置从工艺、设备运行和能源消耗等方面进行对比分析，分析存在差距原因，提出优化措施15项，如措施实施后，可使2#聚丙烯装置能耗约降低30个单位。二是基于目前DCS系统，利用EXCEL表取DCS数据，建立蒸汽、热供料、加热炉用能动态平衡系统，及时查找节能瓶颈，为生产调整提供依据。通过系统运行，先后发现中压蒸汽、0.3MPa蒸汽产量大而放空和热供料温度低等15项问题。三是坚持每周开展能源督查，对查出问题采用“红黄”牌管理，在网上“黄牌”警告并限期整改，到期未整改系统自动亮“红牌”，并进行考核。同时，在漏点现场实施红黄牌管理，即各装置需停工整改的漏点，挂红牌；不需停工整改及正在整改的漏点，挂黄牌；对查出问题建立台账，进行问题归类分析，找出突出问题，重点突破。

4 结束语

通过实施以降低燃动费用为目标的能源价值量化管理模式，企业能源管理水平和创效能力得到有效提高，降低生产成本效果明显。2016年，洛阳分公司炼油板块原料油加工量为

626. 8 万 t，吨油燃动费用完成 69. 35 元，较总部下达的年度指标降低 4. 32 元，直接降低生产成本 2707. 8 万元；化工板块产品产量为 79. 98 万 t，吨产品燃动费用完成 386. 6 元，较总部下达的年度指标降低 17. 5 元，直接降低生产成本 1399. 5 万元。

洛阳分公司通过实施以降低燃动费用为目标的能源价值量化管理模式，2016 年炼油和化工板块合计降低能源消耗生产成本 4107. 3 万元，同时节能管理工作精细化水平明显提升，增强了企业盈利能力和水平。同时，为中国石化实现“绿色低碳”发展战略提供有力支持。

锅炉给水系统变频节能方案的优化

黄先平

（中国石化长岭分公司油港作业部，岳阳　414000）

摘　要　油港作业部锅炉给水泵变频节能改造采用恒压给水的方式，既保障了给水平稳又能节约能源。但锅炉汽包压力实际运行时参数变化幅度大，能耗分析的结论是，有必要对恒压给水控制方式进行优化，采用实时跟踪锅炉汽包压力的方式，使给水压力始终维持在锅炉汽包压力加一个为保证给水安全的修正值水平的方式，节能效果会更好。

关键词　锅炉给水　变频改造　能耗分析　方案优化

油港作业部锅炉房现有4台锅炉，一台20t/h燃油锅炉，三台10t/h燃煤锅炉，为生产提供蒸汽。产汽负荷随生产量及季节等因素而变化，一般情况下运行一至二台燃煤锅炉，产汽负荷最大时近20t/h，最小时不到5t/h，锅炉运行汽包压力变化范围也大，最高时可达1.25MPa，最低时只有0.4MPa。现有锅炉给水系统采用母管制供水，配有三台DG46-50×3多级离心式给水泵。为提高给水泵组的能量利用率，2013年实施了变频调速节能改造，后为进一步提高给水泵组的能量利用率，2015年又对变频调速控制方案作了优化。

1　变频调速节能改造

因运行三台给水泵中任何一台都能满足锅炉给水需求，为节省投资，采用了图1的改造方案，在只增加一套变频器及控制系统的前提下，实现3台给水泵均可变频运行。变频控制系统可以在3台水泵之间进行切换，当其中一台水泵或者是电机需要进行维修时，系统可以很方便的切换到其他的给水泵上继续工作。变频控制系统的下方安装有三个接触器，分别可向3台水泵供电，相互之间通过软件及接触器触点联锁，任何时刻只要其中的一个接触器闭合，其他的就不能启动。原工频回路继续保留，变频控制系统故障时可以切换至工频运行，变频回路与原工频回路的电源也相互联锁，保证了系统的运行安全。

锅炉给水采用恒压供水方式，变频调速系统由PLC控制。为确保在最大汽包压力1.25MPa下也能安全给水，设定给水压力为1.45MPa，利用给水母管上的压力传感器检测给水压力，反馈给PLC作闭环控制，实现恒压给水。

2　变频改造能耗分析

锅炉给水，变频改造前给水压力在1.7MPa左右，变频改造后实现了恒压给水，稳定运行在1.45MPa。根据离心泵的特性曲线公式：

$$N=RQH/102\eta$$

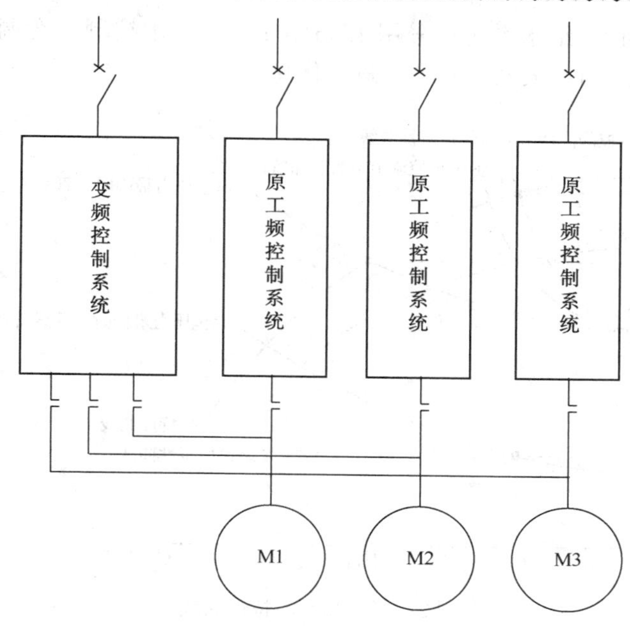

图 1　系统接线简图

式中　N——水泵使用工况轴功率，kW；

Q——使用工况点的流量，m^3/s；

H——使用工况点的扬程，m；

R——输出介质单位体积质量，kg/m^3；

η——使用工况点的泵效率，%。

可求出运行在同一流量时，变频改造前后的轴功率之比，实际就是给水压力之比，约为 0.85，轴功率降低了 15%，也就是说相对轴功率节电率在 15%。

调速节能的原理在于提高泵机组的能量利用率，能量利用率可用下式来表示：

$$\Psi=H_p/H_b\times\eta_b\times\eta_e\times100\%$$

或

$$\Psi=(1-\Delta H/H_b)\times\eta_b\times\eta_e\times100\%$$

式中　Ψ——能量利用率；

η_b——泵的运行效率；

η_e——电机的运行效率；

H_p——需要的泵扬程；

H_b——泵出口实际扬程；

ΔH——泵的剩余扬程，$\Delta H=H_b-H_p$。

从上式可知，要提高能量利用率，就应提高泵和电机的运行效率，减小泵的剩余扬程。

锅炉给水采用恒压供水方式后，根据管路和泵的特性曲线（图 2），当主汽压力为 H_{max} 时，泵的出口扬程 H_{b1} 与管路总压降 H_p 相近，也就是 ΔH 很小，此时系统的能量利用率还是不错的，此状态下现有系统节能效果比较理想。而锅炉房基本上只运行煤炉，只有煤炉运行时锅炉汽包压力一般情况下略高于 H_{min}，给水压力只适当高于锅炉汽包压力即可，而此时泵的出口扬程 H_{b1} 比管路总压降 H_{p1} 大很多，也就是 ΔH 变大，系统的能量利用率较低。如果系统长期处于此工况运行，给水系统仍采用1.45MPa恒压给水控制方案调节，泵的扬程过剩多，节能改进潜力大，有必要对控制方式进行优化。

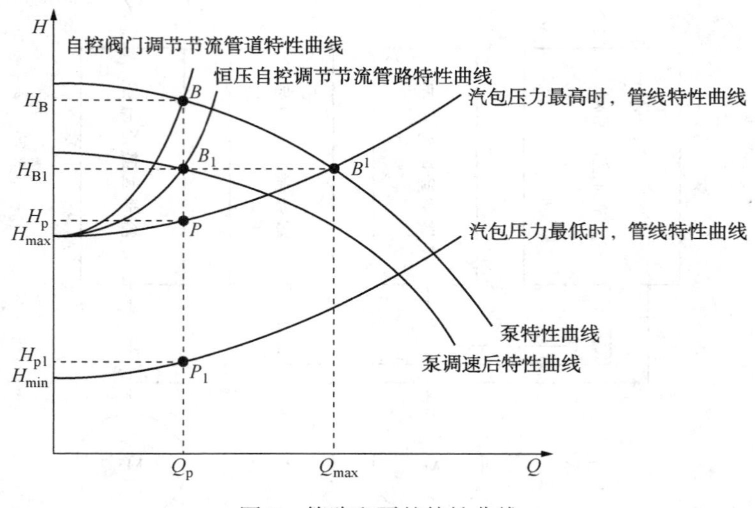

图2 管路和泵的特性曲线

3 控制方案优化

为了实现既能减小锅炉给水系统的剩余扬程节约能源，又满足锅炉给水安全要求，将四台锅炉的汽包压力(p_1、p_2、p_3、p_4)通过压力传感器都引入PLC，由PLC进行判断，选其中压力最大值$p_{max}=\max\{p_1, p_2, p_3, p_4\}$作为控制依据，然后系统控制的给定压力$p_a$在$p_{max}$的基础上留出适当的裕度确保给水安全。当$p_{max}>0.4MP_a$时，$p_a=(p_{max}+0.3)$MPa；当$p_{max}\leqslant 0.4$MPa时，$p_a=0.7$MPa，由PID控制变频给水运行压力值$p_b$，其控制逻辑如图3。

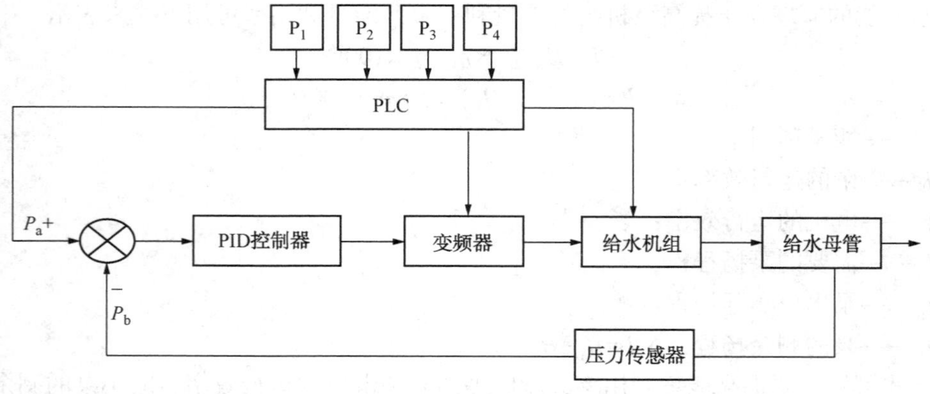

图3 优化后的控制逻辑

4 控制优化后的能耗分析

图4是给水系统控制方案优化后的机泵和管路的特性曲线。从图中可以看出，锅炉汽包

压力波动范围在 H_{max} 与 H_{min} 之间，给水管路特性则随锅炉汽包压力变动而不同。由于给水压力值能随汽包压力变动而改变，泵通过变频调速与之匹配，形成新的工作点 B，大幅减少了阀门调节造成的节流损失。

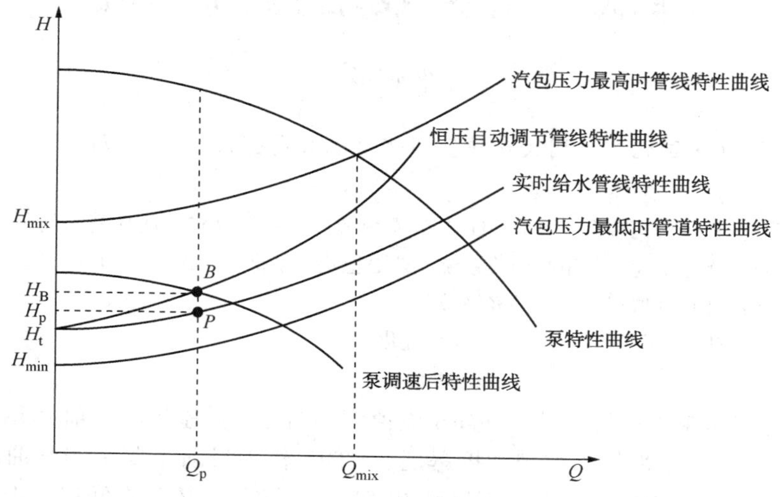

图 4　方案优化后机泵和管路的特性曲线

优化控制前，给水压力不随锅炉汽泡压力大小而改变，给水系统维持在 14.5MPa 运行。优化控制后，给水压力值随锅炉汽泡压力大小而改变，实际生产过程中，绝大部分时间运行在 0.7MPa 至 0.9MPa 之间。根据离心泵的特性曲线公式：$N=RQH/102\eta$，轴功率之比，实际就是给水压力之比，优化控制后比优化控制前轴功率降低了 38%至 52%，节能效果显著。

5　结论

锅炉汽泡压力运行参数稳定，给水阀门节流明显时，为了节能采用变频调速恒压结水的方式即可。如果锅炉汽包压力运行参数变化幅度大，为保证供水安全，又能最大限度节约能源，采用实时跟踪锅炉汽包压力的方式效果更显著。

参考文献

[1] 钱锡，陈弘编．泵和压缩机[M]．石油大学出版社，1989.

[2] 国家经济贸易委员会资源节约综合利用司编．风机水泵节能改造指南[M]．煤炭工业出版社，1996.

降低甲醇回收塔蒸汽单耗

申晓彤

（中国化工集团大庆中蓝石化有限公司，大庆　163713）

摘　要　分析了公司现有 8 万 t/aMTBE 装置甲醇回收系统存在的能耗高的问题，在保证质量的前提下进行操作优化，使甲醇回收系统工艺更稳定、易操作，保证了 MTBE 生产的连续性，同时降低了系统能耗并取得了可观的经济效益。

关键词　MTBE　甲醇回收　能耗　操作优化

MTBE 俗称甲基叔丁基醚，是一种高辛烷值汽油组分，其基础辛烷值 RON：118，MON：100，是优良的汽油高辛烷值添加剂和抗爆剂。MTBE 作为目前主要用作汽油添加剂可获得高辛烷值无铅汽油，MTBE 调和汽油不仅可提高汽油辛烷值，还可降低汽油中烯烃、芳烃的含量，减少汽油废气中 CO 和残余烃类的含量[1]。另外，MTBE 还是一种重要化工原料，如通过裂解可制备高纯异丁烯。至 1999 年，我国启动了“全国空气净化工程——清洁汽车行动”，颁布了车用汽油的新标准(GB 17930—1999)，要求从 2000 年开始停止生产、销售和使用含铅汽油，并开始鼓励使用含有 MTBE 的汽油[2]。我公司 8 万 t/aMTBE 装置在 2006 年与催化裂解装置配套建设完成，并在原年产 8 万 t 的设计能力基础上于 2012 年 10 月通过改造后投产，但是由于上游碳四原料供应不足，装置处理负荷不足 70%，能耗较高。且甲醇回收系统操作参数仍按照高负荷工况进行控制，灵敏点温度控制较高，存在严重的能源浪费。

本文通过对本公司 MTBE 装置甲醇回收系统的全面分析，在保证 MTBE 连续生产且产品合格的前提下，通过调整操作参数，优化 PID 参数等方法成功降低甲醇回收系统能耗，创造了可观的经济效益。

1　甲醇回收系统优化背景及工艺流程

1.1　优化背景

节能降耗、内部挖潜增效成为了全面提升企业竞争力的有效途径。降低装置的生产成本，成了本公司此项工作关注的重点。而 MTBE 装置中甲醇回收塔以 1.0MPa 蒸汽为热源，以达到分离甲醇和水，回收甲醇的目的。为响应公司号召，我们随即成立持续改进项目专题小组，想通过持续改进项目，降低甲醇回收塔蒸汽单耗，并同时保证产品质量，减少能源消耗，为企业创造效益。

2015 年 7 月项目成立初期，小组成员对甲醇回收塔现工况下的运行能耗情况进行分析，得到 2015 年 1~5 月 MTBE 装置能耗及占比图见图 1、图 2。

MTBE装置能耗(1~5月)								
指标名称	单位	折算值(kgEO)	实物消耗量			单耗/(t/t)		
			2015年	2014年	对比	2015年	2014年	对比
新鲜水	t	0.17	301	150	151	0.02	0.01	0.01
循环水	t	0.1	2535507	2524451	11056	199.72	181.95	17.77
电	kW·h	0.228	967267	466203	501064	76.19	33.60	42.59
蒸汽	t	66	22746	22798	-52	1.79	1.64	0.15
脱盐水	t	2.3	2232	426	1806	0.18	0.03	0.15
外送凝结水	t	7.65	-22746	-14606	-8140	-1.79	-1.05	-0.74
低温热水输入	MJ		145500	176000	-30500	11.46	12.69	-1.22
综合能耗/(kgEO/t)						153.75	139.01	14.75
加工量/t						12695.6	13874.5	-1178.9

图 1 MTBE 装置 2015 年 1~5 月装置能耗

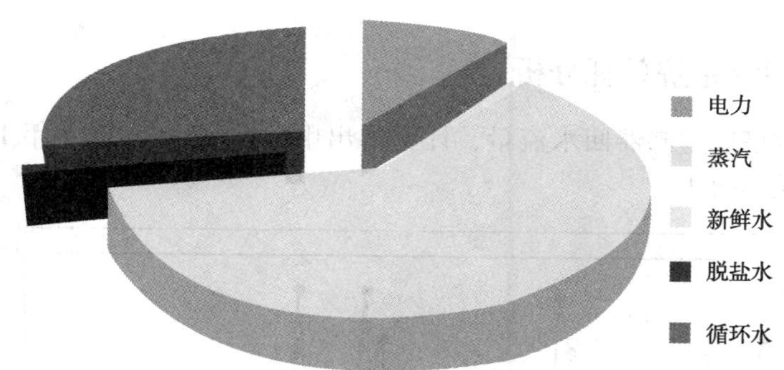

图 2 MTBE 装置 2015 年 1~5 月份能耗金额占比情况

2015 年 1~5 月，蒸汽消耗 341.19 万元，占总消耗资金的 61.58%，因此降低甲醇回收塔蒸汽消耗量是减少甲醇回收系统生产成本的重要举措之一。

1.2 工艺流程

本公司 MTBE 装置甲醇回收系统工艺流程，见图 3。

甲醇萃取塔底部的富含甲醇的甲醇水经换热器加热后，进入甲醇回收塔回收甲醇。甲醇回收塔底部重沸器采用 1.0MPa 蒸汽加热，塔底部工艺水（甲醇含量≤1%的萃取水）经甲醇萃取塔底部换热器回收热量后，再经萃取水泵加压后进萃取水冷却器降温后作为萃取剂返回萃取塔循环使用。精甲醇由甲醇回收塔顶部馏出（水含量≤1%的甲醇），经塔顶冷凝器冷凝后进入甲醇回流罐一部分作为回流液返回甲醇萃取塔，其余作为甲醇原料送往甲醇原料罐。

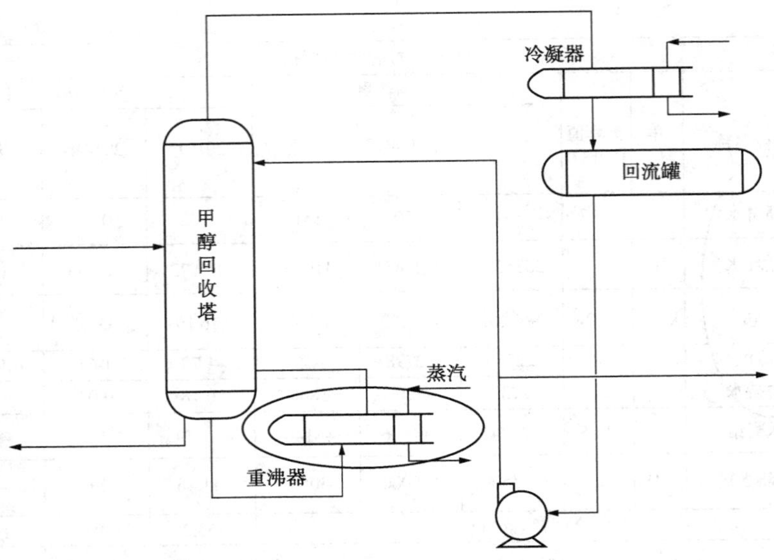

图 3 甲醇回收系统工艺流程图

2 分析及改进过程

2.1 甲醇回收系统单耗分析

根据甲醇回收塔底重沸器回水流量，计算得出甲醇回收系统 2015 年 10 月 1 日至 2015 年 10 月 31 日单耗如图 4。

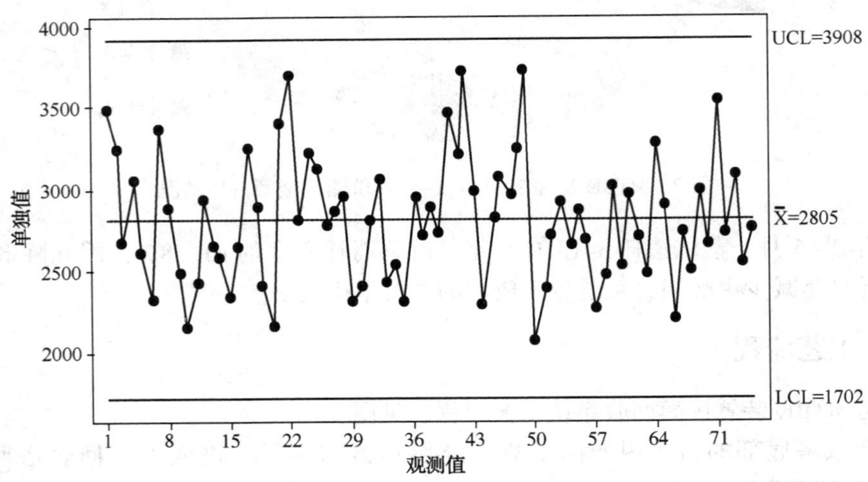

图 4 甲醇回收系统单耗的单值控制图

通过蒸汽单耗的控制图可以看到：2015 年 10 月 1 日至 2015 年 10 月 31 日的蒸汽单耗波动较大，平均值为 2805 kg/t。

2.2 分析甲醇回收系统单耗的影响因素

项目小组成员根据装置工况，通过头脑风暴共筛选出分析人员、甲醇回收塔重沸器、电器维护规程、回流比、循环量、灵敏板温度、1.0MPa 蒸汽等 40 个可能有影响的因素。并经过进一步打分筛选找出回流量、循环量、灵敏板温度、1.0MPa 蒸汽 4 个因素为关键影响因素，进行更深一步研究。

（1）1.0MPa 蒸汽的改善前后的变化

甲醇回收系统所用蒸汽为蒸汽管网提供的 1.0MPa 蒸汽，但存在一定的弊端，当公用工程部波动或者其他部门用气量过大时，会造成 1.0MPa 蒸汽压力波动大，影响甲醇回收塔的热量平衡，从而影响塔底蒸汽单耗。经过小组讨论后和上级申请，决定将使用管网蒸汽改用装置自产蒸汽，蒸汽压力稳定后，甲醇回收塔的热量平衡稳定，减少波动，明显改善系统单耗，效果图见图 5。

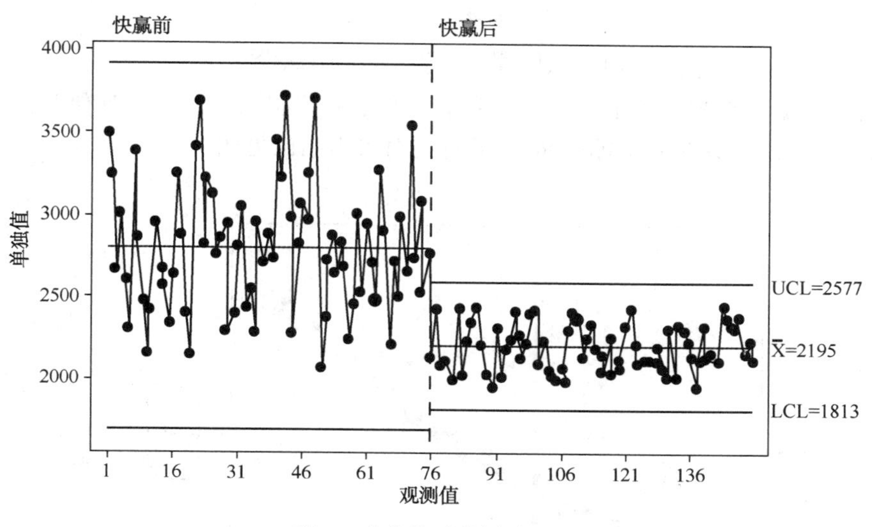

图 5 改善前后单耗对比图

从图的分析数据可以看出 1.0MPa 蒸汽改变后蒸汽单耗均值从 2805kg/t 下降至 2195kg/t，单耗有明显改善。

（2）回流量对甲醇回收塔蒸汽单耗的影响

本公司 MTBE 装置甲醇回收系统长期处于过剩运行状态，回流量指标按大负荷工况下控制，大幅度增加了运营成本，但是回流太小又会降低馏出物的纯度，不能达到精馏的目的。所以根据 MTBE 装置工艺卡片采取单一变量的控制原则，固定其他关键因子（循环量、灵敏板温度等），逐步降低回流量，通过比对得出结论见图 6。

由拟合线图及回归分析可以看出：①回归 $P=0.000<0.05$，说明两变量存在线性相关。②R-Sq（调整）= 84.5%，说明回归方程对数据拟合得很好。得出结论：回流量越大，蒸汽单耗越大。

（3）循环量对甲醇回收塔蒸汽单耗的影响

甲醇回收塔循环水作为萃取水循环利用，但由于 MTBE 装置处理量小，循环水量远大于待处理的未反 C_4与甲醇混合物的所需水量，一方面造成资源浪费，另一方面增加甲醇回收

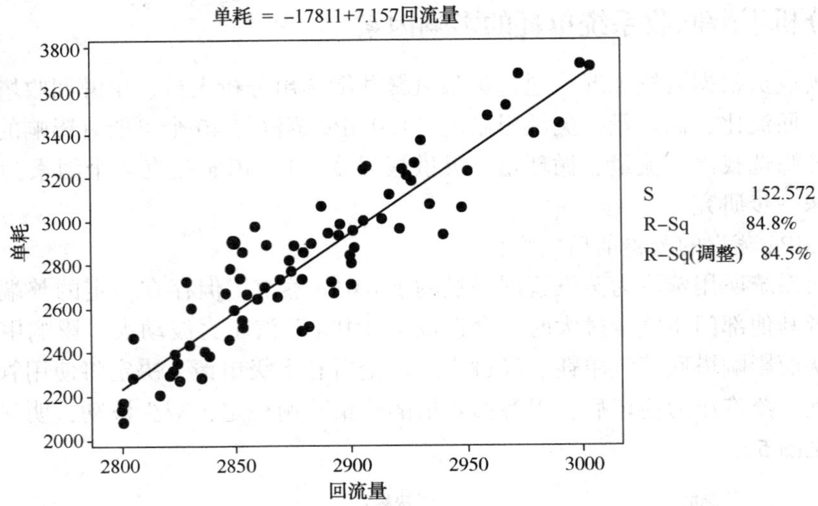

图6 回流量与蒸汽单耗的拟合线图

塔负荷。所以根据MTBE装置工艺卡片采取单一变量的控制原则，固定其他关键因子(回流量、灵敏板温度等)，逐步降低循环量，通过比对得出结论见图7。

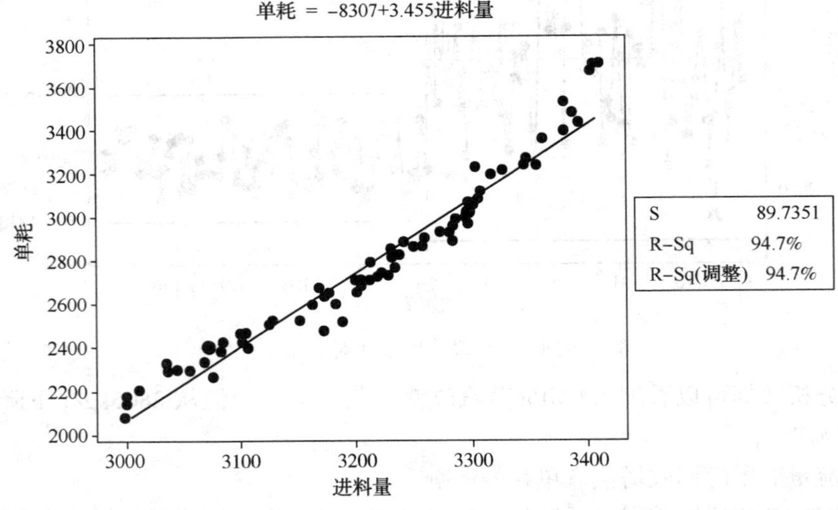

图7 循环量与蒸汽单耗的拟合线图

由拟合线图及回归分析可以看出：①回归 $P=0.000<0.05$，说明两变量存在线性相关。②R-Sq(调整)=94.7%，说明回归方程对数据拟合得很好。得出结论：循环量越大，蒸汽单耗越大。

(4)灵敏板温度对甲醇回收塔蒸汽单耗的影响

灵敏板温度决定了甲醇回收塔的供热量，影响产品分离效果，同时灵敏板温度对塔顶回流量也有一定的影响，若温度高控，若想保证塔顶馏出产品合格，则需加大回流的控制，间接加大了回收系统负荷，证明选择合适的控制温度是直接降低负荷的主要措施。所以根据MTBE装置工艺卡片采取单一变量的控制原则，固定其他关键因子(回流量、循环量等)，逐步降低循环量，通过比对得出结论见图 8。

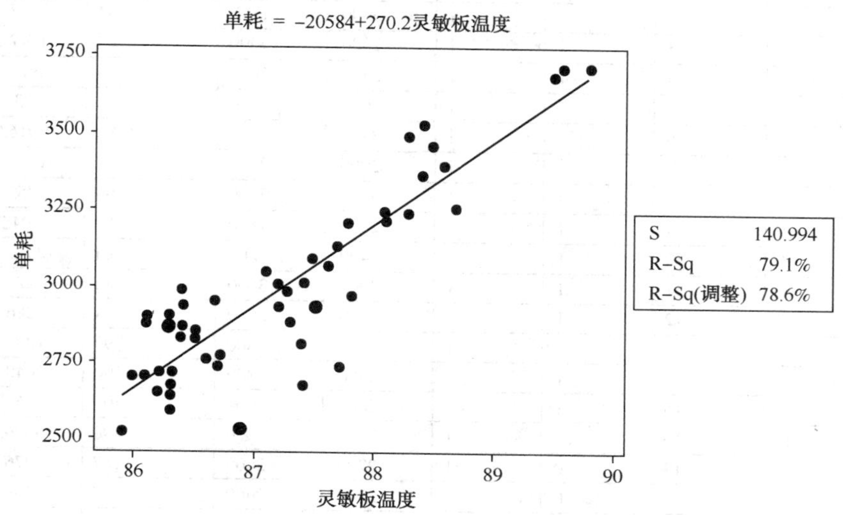

图 8　灵敏板温度与蒸汽单耗的拟合线图

由拟合线图及回归分析可以看出：①回归 $P=0.000<0.05$，说明两变量线性相关。②R−Sq(调整)=78.6%，说明回归方程对数据拟合得很好。得出结论：灵敏板温度越高，蒸汽单耗越大。

3　最佳操作参数的确定及关键因素的改善

通过总结的相关参数与生焦率的关系由 Mintalb15 作为辅助条件找到最佳工艺操作条件。

在现有流程控制上、下限附近综合考虑安全、环保和试验成本的基础上，通过团队成员反复讨论后进行两因子两水平试验。

全因子设计：

因子：　3　　　试验次数：19　　　仿行：2

区组：　1　　　中心点(合计)：3

所有项均不混杂。

通过 Mintalb15 对全因子设计进行分析，分析结果如图 10。

因子中还有一些项是不显著成绩的，需从高次幂及不显著程度，逐步去除，得到如图 11。

通过逐步去除不显著项，得到循环量、回流量、灵敏板温度为显著项。随即利用响应优化器工具确定三个关键因子的最佳操作参数如图 12。

通过响应优化器可以看出，循环量 2065kg/h、回流量 1850kg/h、灵敏点维持在 87℃，蒸汽单耗下降到 998kg/h。

在确定好操作参数的同时通过仪表同事对控制 X 的自控组进行 PID 参数调节，使自控组跟踪灵敏，使参数更稳定，从而更容易保持塔的热平衡。改善前后蒸汽单耗变化如图 13。

标准序	运动序	中心点	区组	循环量	回流量	灵敏板温度	蒸汽单耗
1	1	1	1	2000	1800	84	825.58
2	2	1	1	3400	1800	84	2457.45
3	3	1	1	2000	3000	84	1147.23
4	4	1	1	3400	3000	84	2927.15
5	5	1	1	2000	1800	90	973.21
6	6	1	1	3400	1800	90	2916.99
7	7	1	1	2000	3000	90	1562.56
8	8	1	1	3400	3000	90	3853.98
9	9	1	1	2000	1800	84	704.29
10	10	1	1	3400	1800	84	2337.14
11	11	1	1	2000	3000	84	1227.86
12	12	1	1	3400	3000	84	3286.38
13	13	1	1	2000	1800	90	1201.75
14	14	1	1	3400	1800	90	3048.36
15	15	1	1	2000	3000	90	1562.56
16	16	1	1	3400	3000	90	3696.24
17	17	0	1	2700	2400	87	2076.34
18	18	0	1	2700	2400	87	2739.78
19	19	0	1	2700	2400	87	2143.56

图9 全因子设计表

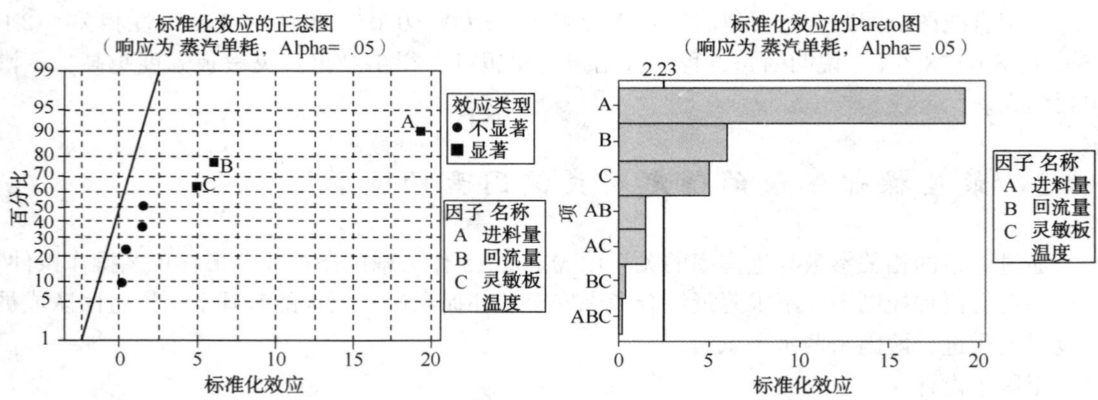

图10 全因子分析图

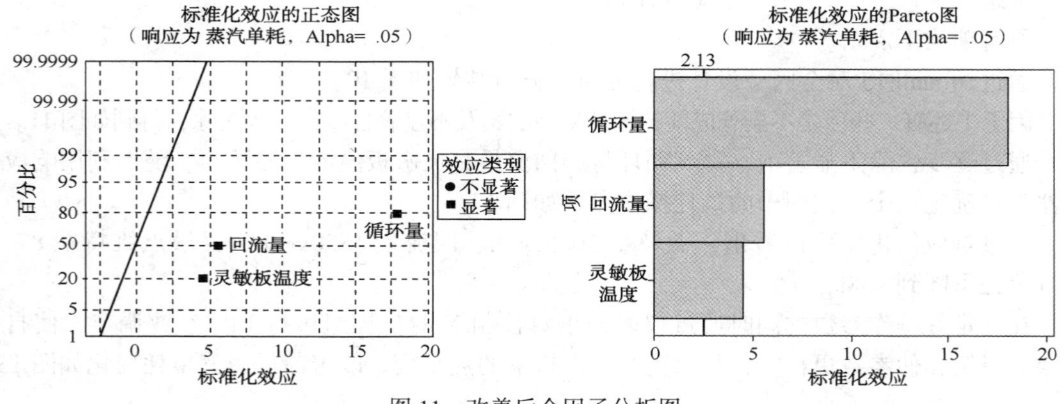

图11 改善后全因子分析图

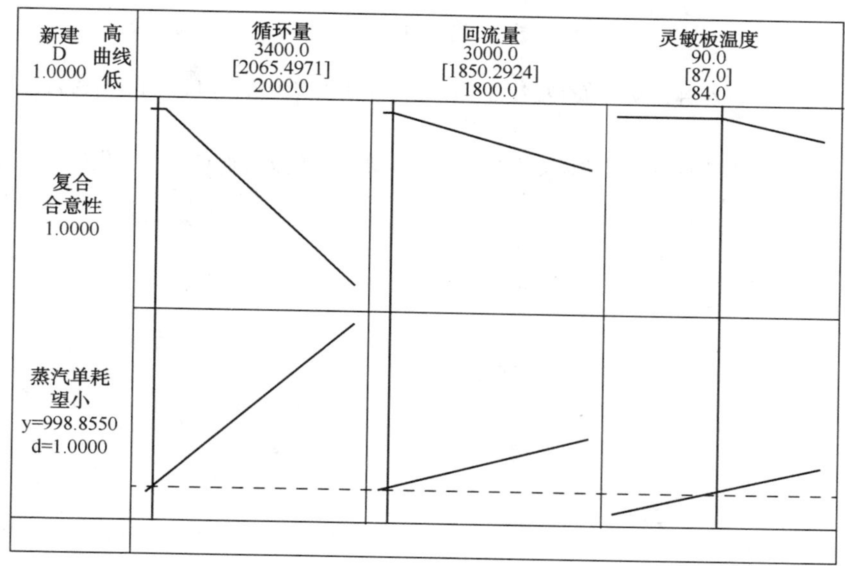

图 12 响应优化器

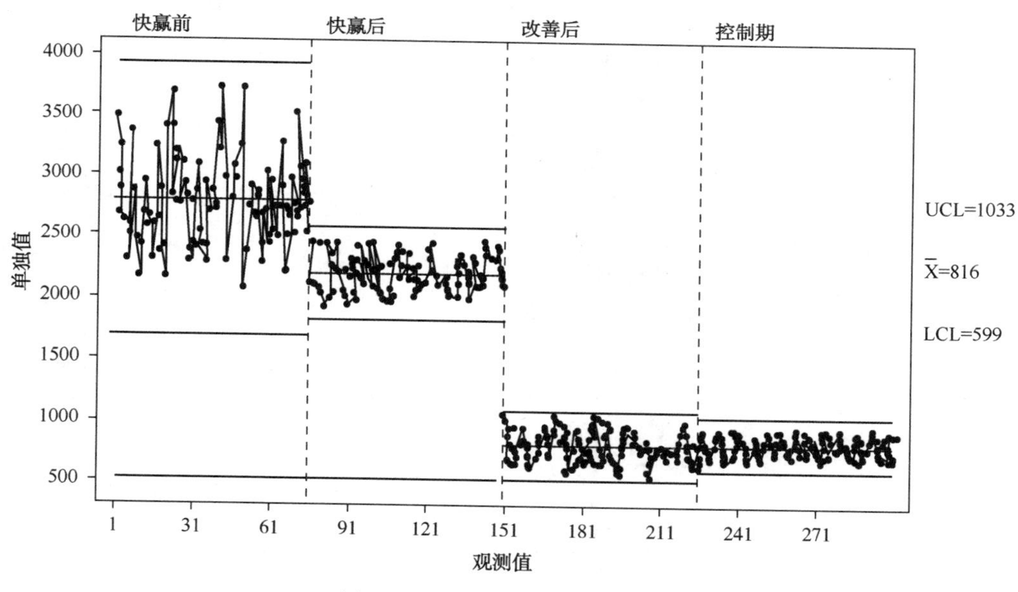

图 13 蒸汽单耗改善前后对比图

4 结语

通过对 MTBE 甲醇回收系统的全面分析，找出对蒸汽单耗影响较大的影响因子，并借助 Mintalb15 对影响因子进行了细致的分析，找到影响因子的最佳操作参数，从而降低甲醇回收塔蒸汽单耗，节约能源，达到了为公司创造效益的目的，同时也增加了装置的稳定性。

参 考 文 献

[1] 李多民，段滋华，仇性启．波齿复合垫片常温压缩回弹性能实验研究[J]．润滑与密封，2009，34（3）：91-93．

[2] 刘宏超，任建民．柔性石墨金属波齿复合垫片金属骨架结构参数的研究[J]．当代化工，2012，41(6)：617-619.

干气制乙苯-苯乙烯装置低负荷下节能增效研究

魏林海[1]　葛　新[2]

（中海油东方石化有限责任公司运行三部，海南东方　572600）

摘　要　对于气制乙苯-苯乙烯联合装置低负荷下的能耗状况进行分析。文章以东方石化为分析载体，对装置能耗进行逐项分析，制定整改对策。并针对蒸汽、燃料气、浮压操作、催化剂、外购原料等关键能耗因素提出整改，取得了比较好的节能效果，为同类型装置节能增效提供了一定借鉴意义。

关键词　低负荷干气法　乙苯苯乙烯　节能降耗

乙苯（EB）是重要的化工原料，99%作为中间产物用于生产苯乙烯（SM），进而生产ABS树脂、PS、SAN树脂等诸多下游产物。工业生产中85%的乙苯由乙烯和苯烷基化生成，少部分由C_8芳烃分离法、苯/乙醇法等生成。目前国内烷基化反应主要有纯乙烯制乙苯和稀乙烯制乙苯两个分支[1,2]。

近年来，随着生产的发展和社会的进步，节能增效逐渐成为化工企业面临的一项重要课题。作为传统的高耗能行业，节能增效是缓解化工企业能源约束矛盾的根本措施，是增强企业核心竞争力和实现可持续发展的必然要求。限于炼油装置的规模，催化干气量普遍较低，国内大部分稀乙烯制乙苯装置的负荷常年维持在65%左右，严重影响了乙苯-苯乙烯联合装置的综合效益。本文以东方石化为分析载体，着重分析低负荷干气制乙苯-苯乙烯装置的运行现状，以及如何通过调整优化，最终实现节能降耗，提升经济效益。

1　低负荷干气制乙苯-苯乙烯现状

1.1　工艺流程简介

催化装置产生的干气中含有约10%～20%（v）的干气，该部分干气通常作为燃料使用，造成乙烯资源的浪费。利用催化干气制乙苯-苯乙烯就是一个合理利用干气中乙烯的有效途径。乙苯装置设气相烷基化反应和液相烷基转移反应，生成中间产物乙苯和副产物丙苯、烷基化尾气、高沸物等。苯乙烯装置一般采用负压绝热脱氢，生成产物苯乙烯和副产物丙苯、甲苯、脱氢尾气等。

其中干气制乙苯装置包括催化干气脱丙烯、反应及产物换热、反应产物分离、热水及冷冻水、热载体和公用工程部分。乙苯制苯乙烯装置包括乙苯蒸发及脱氢、油水分离及凝液回收、尾气压缩及吸收、苯乙烯粗馏、乙苯/甲苯/苯回收、苯乙烯精馏、阻聚剂和公用工程。

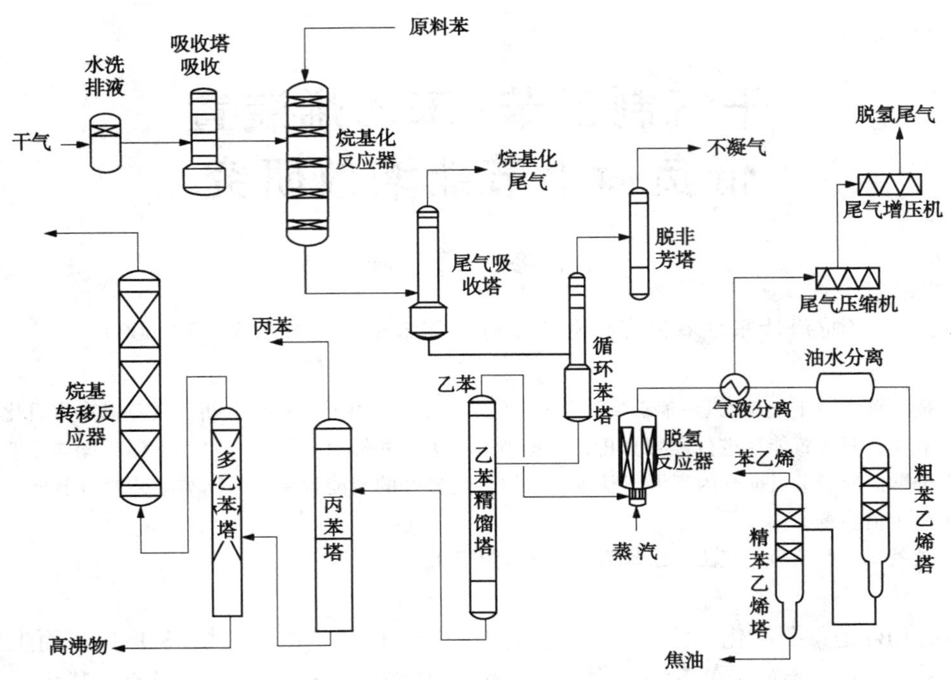

图1 干气制乙苯-苯乙烯装置原则流程图

1.2 装置存在问题

干气受上游装置影响，大部分干气制乙苯-苯乙烯的设计负荷较低，综合单位能耗较高。况且在运行过程中受上游调整影响，使得低负荷操作成为常态，这就导致了装置整体能耗的必然增高。况且由于负荷与设计工况不符合，按设计参数操作易导致系统不稳定和能耗的增加，进而影响装置的整体经济效益，所以迫切需要对装置操作进行优化调整。

2 节能降耗措施制定

2.1 外购中间产品乙苯提升苯乙烯装置负荷

国内大部分稀乙烯干气制乙苯-苯乙烯装置的负荷整体偏低，基本维持在6万t/a至12万t/a之间，装置整体能耗偏高。况且在生产过程中，由于上游装置的影响，装置负荷常常低于设计负荷，这就导致装置整体能耗大大增加，导致经济效益受损。

以中海油东方石化为例进行分析。东方石化干气制乙苯装置设计负荷为12万t/a，装置设计能耗为500kgEO/tSM。受上游催化装置限制，装置负荷常年维持在70%左右，导致乙苯-苯乙烯装置整体能耗偏高，能耗常年在550~570kgEO/tSM之间徘徊。公司考虑外购原料来提升装置负荷。提升负荷可以选择外购乙烯或者中间产品乙苯，考虑到装置所处地域周围并无炼厂有过剩干气，故考虑外购中间乙苯的可能性。原料苯、中间产品乙苯、产品苯乙烯的价格表对比分析如表1。

表 1　原材料价格对比

月份	原料苯/(元/t)	中间乙苯/(元/t)	苯乙烯(元/t)
2017-1-26	8300	9500	11000
2016-12-30	7280	8460	9850
2016-11-30	6720	8330	10100
2016-10-31	5530	7010	8600
2016-10-31	5310	6850	8330

经上表 1 对比可以看出，虽然原料苯、中间乙苯、苯乙烯价格波动幅度较大，但是苯与乙苯、乙苯与苯乙烯的级间价格差相对稳定。经过综合分析之后发现，负荷提升带来的能耗增加成本低于苯乙烯与乙苯的差价，装置外购中间产品乙苯存在利润空间。

通过组织罐区更改现场流程，实现外购乙苯工序，并且制定苯乙烯装置负荷调整措施，最终实现了优化调整。调整之后乙苯装置负荷不变，苯乙烯装置负荷提升到 92%左右。对比情况如表 2 所示。

表 2　外购乙苯前后对比

项　目	外购乙苯前	外购乙苯后
干气制乙苯负荷	70%	70%
乙苯制苯乙烯负荷	72%	92%
乙苯苯乙烯综合能耗	558. 28kgEO/tSM	496. 28kgEO/tSM

2.2　燃料气消耗优化

燃料气消耗在整个乙苯-苯乙烯装置中能耗占比较高，下图为东方石化各加热炉燃料气能耗占比。

从图 2 可以看出，燃料气消耗在装置能耗中占比较高，达到了总能耗的 49. 04%；而其中尤其以循环苯塔重沸炉 F-103 和蒸汽过热炉 H-3001 消耗量最大。通过分析对比，判断这两个炉可优化的空间较大，所以针对这两个加热炉进行着重分析。

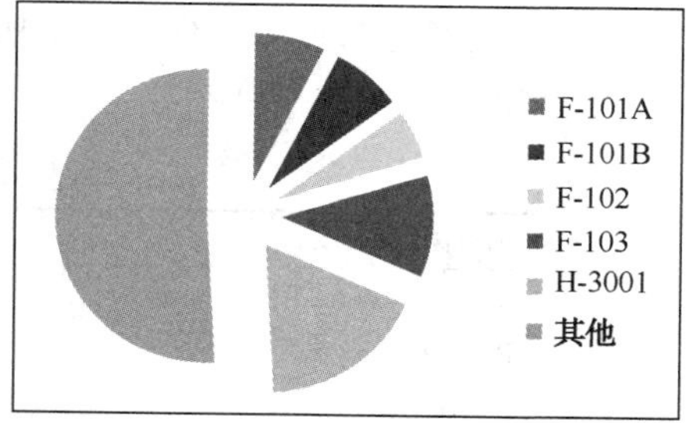

图 2　装置能耗分布

2.2.1　循环苯塔加热炉燃料气优化

通过要因分析表进行逐个确认，然后进行实验验证，最终确认循环苯塔在降温降压之后产品依然可以维持优良的产品质量，于是对循环苯塔进行了操作调整。通过优化循环苯塔操作，使得加热炉(F-103)燃料气消耗量从约 1521. 2NM^3/h 降到 1243. 7NM^3/h。燃料气密度按 0. 6kg/m^3 计算，每小时节约燃料气 166. 5kg，一年运行 8000h，年节约燃料气 1332t。F-103 综合能耗由最初的 99. 39kg 标油/t 乙苯降到目前的 58. 26kg 标油/t 乙苯。

2.2.2　蒸汽过热炉燃料气优化

根据现场逐个排查分析，确定从提高热效率和检查整改加热炉保温两方面来减少整个加热炉的燃料气用量。通过调整氧含量之后蒸汽过热炉的热效率提升如图 3。

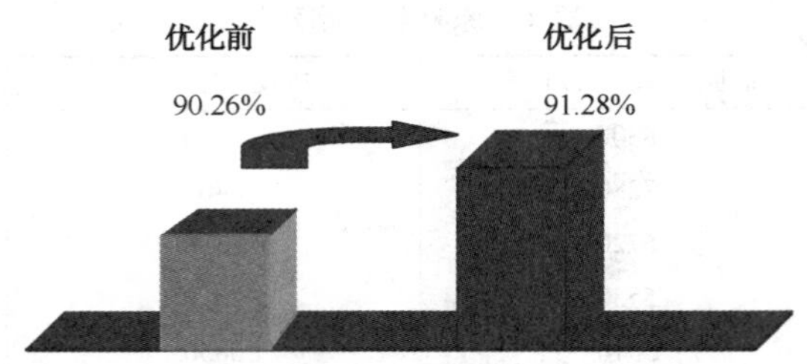

图3 蒸汽过热炉热效率提升

制定对策，通过调整风门开度，使得炉膛氧含量降至2.5%以下。调整、修理炉管外壁的保温，使得炉管外壁温度低于80℃，并对外壁温度进行检查，最终实现了效果优化。

优化前加热炉燃料气流量由938kg/h降至901kg/h，每小时节省燃料气37kg/h，按燃料气价格1元/kg，那么每年可节省：37×24×365≈32万元

2.3 蒸汽系统优化

2.3.1 尾气压缩机蒸汽用量大

尾气压缩机C-3001为整个脱氢单元提供负压，汽轮机驱动蒸汽采取3.2MPa(表压)的蒸汽。开工运行初期按设计要求控制压缩机入口压力在28kPa，出口压力在163kPa，压缩机出口气相返回入口的阀门PV-37001阀门开度保持在10%左右。3.2MPa(表压)蒸汽在装置综合能耗中占比较高，在一定程度上也影响了装置整体的能耗超标。如果能够调整稳定操作，使得压缩机负荷减小，3.2MPa(表压)蒸汽用量能够得以减少，将在极大程度上降低苯乙烯装置的综合能耗。

在工艺设计中尾气压缩机的入口压力值为28kPa。工艺设定尾气压缩机入口压力在28~32kPa都能满足工艺需求，前提是R-3001/R-3002入口压力能够处在较低范围，且反应系统压降较低。装置针对尾气压缩机入口进行提压操作，提压力期间观察反应器操作温度、压力、出口转化率等参数，确保不影响脱氢转化率和催化剂寿命。调整前后各参数对比情况如表3。

表3 压缩机压力调整前后对比

压缩机入口压力	28kPa	31kPa
R-3001入口温度	606℃	606℃
R-3002入口温度	611℃	611℃
R-3001出口压力	37.8kPa	40.4kPa
R-3002出口压力	32.1kPa	34.8kPa
苯乙烯收率	95.12%	94.10%
装置负荷	70%	70%
3.2MPa(表压)用量	7780kg/h	6832kg/h

根据上表可以看出，在相同负荷和操作参数下，提升压缩机入口压力亦即反应器压力对苯乙烯收率在一定程度上影响不大，可以通过略微提高反应温度的方法予以弥补。通过调整脱氢系统压力，在稳定延长催化剂寿命的同时，也能降低蒸汽耗量，减少装置综合能耗[3]。

2.3.2 乙苯蒸发器加热蒸汽用量偏大

(1) 乙苯蒸发器为脱氢反应提供进料，壳程采用0.35MPa(表压)蒸汽进行加热。其中

乙苯进料有罐区冷乙苯、热乙苯(乙苯装置乙苯精馏塔直供)、循环乙苯(苯乙烯装置乙苯回收塔供给)三股。装置开工初期由于系统尚未完善：热乙苯进料纯度、乙苯蒸发系统都未完全稳定，所以在初期并未投用乙苯蒸发器热乙苯进料。这在一定程度上增加了乙苯蒸发器E-3004的加热蒸汽用量增加了装置的整体能耗。

（2）装置刚开工期间由于乙苯产品中二乙苯及异丙苯含量不稳定，且之前负荷较低，在乙苯蒸发器 E-3004 的三股进料：罐区冷乙苯、循环乙苯、热乙苯的配比上未协调好，导致热乙苯在投用的时候乙苯蒸发系统波动较大，故在开工初期并未投用乙苯装置直供的热乙苯。装置缓慢的投用热乙苯供料，并调整 E-3004 液位至最佳液位，保证最好的蒸发效果，从而减少乙苯蒸发器 E-3004 的加热蒸汽用量。

（3）通过试投用热乙苯，观察记录系统的工艺情况变化，从以下几个方面对系统进行了对比分析，分析结果参见表 4。

表 4　热乙苯投用对比

热乙苯投用量	0kg/h	6000kg/h
总乙苯投用量	23500kg/h	23500kg/h
E-3004 壳程加热蒸汽量	3949kg/h	3190kg/h
乙苯蒸发器出口温度	86. 1℃	86. 0℃
乙苯蒸发器出口压力	72. 3kPa	72. 1kPa

通过上表对比我们可以看出，在投用热乙苯进料之后乙苯蒸发器的出口温度和压力几乎没有变化，不影响蒸发效果，但是能够大幅度地减少壳程加热蒸汽的用量从两方面减少了装置的综合能耗。

（4）优化前脱氢单元 3. 2MPa(表压)蒸汽用量为 7780kg/h，优化后为 6832 kg/h，节约 948 kg/h，年节约 7584t。优化前脱氢单元 E-3004 的 0. 35MPa(表压)加热蒸汽为 3850kg/h，优化后为 3200kg/h；节约 650 kg/h，年节约 5200t。0. 35MPa(表压)按 120 元/t，3. 2MPa(表压)按 110. 14 元/t 计算，一年共产生经济效益 145. 93 万元。

2. 4　浮压法操作降温降压

所谓的浮压操作[4]是指在精馏塔操作控制过程中不人为刻意地改变塔顶的操作压力，从而使塔顶压力随着塔顶冷量、进料量、进料组成等外界干扰因素的变化而随之改变的一种操作模式。装置首先选取循环苯塔进行浮压法操作降温降压。通过逐段降低塔顶压力后，分别采集不同压力下塔釜加热量、塔顶回流量、塔顶/侧线含量等进行拟合分析，最终确定最优的操作参数。

通过优化循环苯塔操作，使得加热炉(F-103)燃料气消耗量从约 1521. 2NM^3/h 降到 1243. 7NM^3/h。年节约燃料气 1332t，年效益 113. 22 万元；F-103 综合能耗由最初的 99. 39kg 标油/t 乙苯降到目前的 58. 26kg 标油/乙苯。另外我们还在解析塔上同样的进行试点，取得了很好的节能降耗效果。

2. 5　延长催化剂寿命

干气制乙苯-苯乙烯装置共包括烷基化反应器、烷基转移反应器、脱氢反应器。由于催化剂价格较高，在装置运行成本中占比较大。故针对乙苯-苯乙烯装置针对烷基化、烷基转移、脱氢催化剂分别制定了优化寿命使用方案。

首先严格按照设计院及厂商给出的操作指引，禁止出现催化剂失活的现象发生。另外实时关注转化率、选择性、关键产物含量等，及时与设计院沟通，在保证反应效果的前提下，力争实现催化剂寿命的延长。目前以烷基化反应器为例，单个反应器使用周期由2年延长到4年计算，年节约催化剂使用成本166.8万元。

3 待实施节能增效计划

3.1 更换催化剂，降低脱氢水比

乙苯脱氢生成苯乙烯装置中，脱氢单元的能耗主要在0.25MPa(表压)蒸汽消耗和蒸汽过热炉的燃料消耗。脱氢催化剂的负压水比一般维持在1.45左右，此时进料蒸汽和蒸汽过热炉的蒸汽消耗都比较大。在装置下个周期更换低水比型催化剂，将能大幅度降低装置的能耗。

3.2 利用技改，实现能量回收

对装置整体进行能源热量分布调查，通过技改项目进行余热回收。例如利用脱氢单元工艺凝液给粗苯乙烯塔进行进料预热节省能量，给烷基化反应器进行进料加热等。

4 小结

目前为止东方石化乙苯-苯乙烯装置运行情况良好，但是节能增效依然任重道远，需要通过改造尽量降低能耗。但是要想再进一步的降低能耗，必须依靠新工艺、新技术和新设备，要从设计环节做起，从工艺路线的选择上做起。

参考文献

[1] 侯至杨．我国苯乙烯产业分析[J]．化学工业，2010，28(7)：26-29.
[2] 张欣．苯乙烯装置的节能前景探讨[J]．炼油技术与工程，2012，23；25-27.
[3] 杨森．苯乙烯装置低压蒸汽系统节能技术[J]．炼油技术与工程，2013，31；111-112.
[4] 张大年．精馏塔的浮压控制与节能[J]，江苏化工，2002，30(3)：33-36.

构建本质安全与清洁环保城市炼厂的实践

唐安中

（中国石化九江分公司安全环保监督处，九江 332004）

摘 要 随着国家对安全生产和环境保护要求日益严格，石化企业尤其是位于城区炼厂面临更为严峻的安全和环保压力，区域位置敏感的九江石化通过建立本质安全和绿色低碳管理体系、机制，运用信息化技术构建有毒有害报警和移动视频监控交互交融的立体网络，强化直接作业环节全过程实时监管，突出事前管理，强化风险防控；从严环保管理，突出源头控制，环保设施装置化操作，高标准推进“碧水蓝天”环保专项和VOC_S综合治理，持续打造绿色低碳核心竞争优势，实现增产减污目标。成功构建本质安全与环境友好循环发展的城市炼厂。

关键词 安全监管 绿色低碳 城市炼厂 构建

安全与清洁生产是城市炼厂生存发展的前提和基础条件。“十二五”以来，九江石化牢固树立科学发展理念，把安全生产摆在最重要位置，强化红线意识和底线思维，常抓不懈，确保一方平安。坚持“环保优先、全员参与；自我加压，勇创一流；开门办厂，迎接监督”的理念，倾力打造绿色低碳核心竞争优势，狠抓污染物源头削减、过程管控、末端治理，严格建设项目环保“三同时”，依托智能工厂建设，提升环保监测水平，扎实推进“碧水蓝天”环保治理专项行动，实施VOC_S综合治理，打造无泄漏装置、花园式工厂。2014 年在石化企业中率先发布《环境保护白皮书》，向社会作出庄严承诺。2015 年，公司外排污水 COD 平均值 43. 1mg/L，氨氮平均值 1. 5mg/L，达到行业领先水平，连续两年获评中国石化环境保护工作先进单位，荣获江西省及中国石化清洁生产企业；2010~2016 年，连续七年获评中国石化安全生产先进单位。九江石化初步实现安全生产、绿色发展城市型炼厂的目标。

1 面临问题

九江石化地处庐山脚下、长江之滨、鄱湖岸边，位于环鄱阳湖生态经济区，距九江市主城区仅 10 公里，地理位置十分特殊，环境保护压力巨大。特别是 2015 年，800 万 t/a 油品质量升级工程项目投产后，九江石化正式迈入千万吨级炼化企业行列，原油一次加工能力达到 1000 万 t/a，固定资产将超过 500 亿元，销售收入超过 500 亿元，无论从装置规模、技术，还是销售收入、盈利能力、税收等在九江都是一流。但随着九江石化的快速发展及加工原油劣质化，生产装置安全风险及污染物的排放也可能相应增加，如何做到生产经营、发展建设与实现本质安全、增产减污相互促进，是九江石化面临的主要困难和亟待解决的问题。

2 城市炼厂构建的理念与内涵

随着时代变迁、城市的扩展，许多曾经远离城市的炼厂日益成为城市的“近邻”。石化企业高温高压、易燃易爆的生产特点，注定使每一家石化企业都必须直面对待“如何与周边和谐共存”的重大挑战。与此同时随着实际卫生防护距离不断缩短，安全与环境风险也变得越来越大，这一点，城市型炼厂尤为突出。因此，构建本质安全管理，实施绿色低碳战略，减少排污，改善环境质量，是城市炼厂生存发展的必然选择[1]。

党的十八大提出大力推进生态文明建设，确立建设美丽中国，坚持以人为本、安全生产，节约资源和保护环境，实现永续发展的目标。因此，着力推进安全生产、循环发展、低碳发展，城市炼厂构建是履行社会责任实现永续发展的需要。

3 构建本质安全与绿色低碳管理的实践

3.1 健全完善制度体系，落实安全环保责任

构建本质安全和以绿色低碳核心竞争优势为目标的管理制度及考核体系。认真贯彻国家、地方及集团公司相关法律、法规，建立健全安全生产规章制度和监管体系，形成安全生产长效机制。落实安全生产责任制，按照“管业务必须管安全，管生产经营必须管安全”要求，把安全生产责任制落实到生产经营最小单元和每位员工。完善细化重大危险源操作规程和应急预案；加强关键装置、要害(重点)部位管理，通过卓越文化进班组建设和卓越执行、责任在我等教育方式，不断强化岗位人员安全责任意识。落实安全环保“一岗双责，党政同责”，实行安全与环保目标责任管理，层层分解指标，做到安全环保与生产同规划、同部署、同实施、同考核[2]。

3.2 突出事前管理，强化风险防控

以“识别大风险、消除大隐患、杜绝大事故”为主线，强化风险防控和隐患治理。前移管理重心，突出事前防控，全面开展安全与环保风险辨识，组织全员排查隐患和风险评估，辨识生产工艺、设备设施、作业环境、人员行为、污染物治理与排放等方面存在的风险，并加强风险定量评价，2016年，共识别出一般风险5432项，中等风险531项，重大风险10项，所有安全风险和环保隐患分级、分层、分类、分专业进行管理，落实治理措施，直至消除隐患。加强过程监管，发挥安全督查、体系督查等优势，持续强化直接作业现场安全监管。对全厂作业区域、作业过程开展JSA分析，强化作业前风险辨识；推行标准化作业，落实“班前600秒”和“看板管理”，从严规范承包商施工作业。完善安全环保应急预案内容和处置程序，以全覆盖的方式开展分级培训和演练，提高应对安全环保突发事件的处置能力。

3.3 加强危化品管理，治理安全隐患

全面开展危化品采购、生产、使用、存储、转运、处置全过程排查与处理工作，制定《危险化学品储存场所安全专项整治工作方案》，对生产过程中各类添加剂、化工助剂等，识别理化性质，建立台账，制定防范措施和应急预案。强化生产过程安全管理，严格执行操作规程和工艺卡片，规范巡检路线和安全检查内容，开展日常检查和专项检查，消除安全隐患。完善安全保护自控设施，在各关键装置、要害部位、重点罐区装备了自动联锁、紧急切断停车、视频监控、SIS等控制系统，设置安全警示标志，提升装置本质安全水平。精心组

织，整体实施厂际管廊隐患整治，彻底消除厂际管廊安全隐患；积极推进原油及成品油罐区安全隐患治理，制定“五定”计划，落实防控措施，高标准实施储罐防雷防静电、增设人孔等隐患整改，确保风险受控。

3.4 深化信息技术应用，提升安全环保水平

运用科技手段构建硫化氢等有毒有害可燃气报警、火灾报警、关键部位视频监控有机结合的一体化监控网络，提升本质安全水平。按照“提质、加密、联动”技术要求，优化、调整、增设现场气体报警和视屏监控的数量和位置，建立地面、高空、周界立体监控体系，装置现场1377台气体报警仪与700余套视频与119接处警系统监控实现集中管理、实时联动。开展“六合一”报警仪研究试点，加强现场作业实时分析数据监控，提高了现场操作和检修人员安全系数。开展安全信息化研究，开展基于4G、RFID等技术的人员定位技术研发，加强人员行为的安全管控。

推行4G智能巡检，加强高风险作业监控。终端巡检以4G无线网络为基础，实现了现场巡检测温、异常情况拍照、巡检记录实时传送和全程视频监控。监督巡检人员按时按点巡检，积极发现装置泄漏隐患；发挥语音对话功能，为消除隐患赢得时间；开发并投用石化展示厅视频监控系统，对现场高风险作业全程视频监控，有效加强动火、有毒有害或其他高风险作业的风险监控；利用应急指挥平台开展综合演练，应急指挥实现实时化、可视化。

率先在石化行业开发投用“环保地图”在线监测系统（见图1），对各装置排污情况实时在线监测，强化预警功能，异常数据第一时间发送至公司负责人及相关人员手机，并在1小时内查清原因、排除问题。2015年，公司环境监测站顺利通过了国家实验室认可，初步建立了环境信息实时数据库和关系数据库，通过ERP、SMES、环境在线监测系统，使各管理层级能够及时感知污染物及其相关生产信息的变化，形成整体最优调整指令或决策。废水、废气等5个总排国控监测点数据实时上传省市环保在线平台，正常运转率大于99%、数据有效传输率大于98.8%；积极推进开门开放办企业，在石化大厦、发展建设楼等五个公众场所，实时在线向公众展示外排污染物浓度情况。

信息技术的深化应用，全面推进安全环保管理实现由定性管理向定量管理转变，由经验管理向科学管理转变，由事后管理向事前预测、预警，事中控制转变。

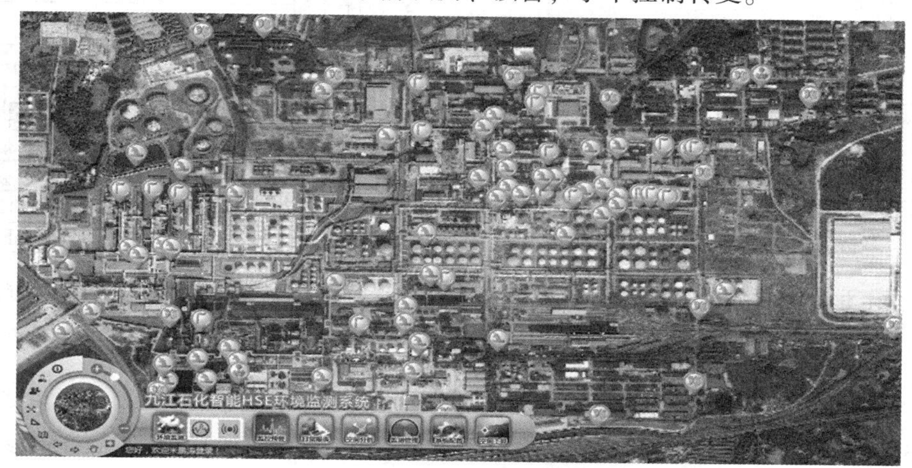

图1 九江石化“环保地图”示意图

3.5 践行绿色低碳理念，提升全员环保意识

公司致力于建设千万吨级绿色智能一流炼化企业，倾力打造绿色低碳核心竞争优势。开展系列环保宣传教育，组织全员学习新《环境保护法》《石油炼制工业污染物排放标准》等法律和标准；举办 VOC_S治理、固废管理等系列环保管理培训班，制作《践行绿色低碳实现永续发展》专题片作为全员“地毯式”培训的重要内容，使“绿色低碳”理念入脑入心，逐渐外化于行。

3.6 运用先进工艺技术，提升清洁生产水平

强化源头管控，采用先进环保型工艺，持续推进清洁生产，实现本质环保。从2013年开始，公司将源头削减要求落实到生产全过程，制定上游生产装置污染物浓度排放标准，实施分级控制，严控异常排污，污水处理场总进口来水主要污染物含量大幅下降。2015年，污水处理场总进口污水平均含油量103mg/L、COD 688mg/L，氨氮19mg/L，同比分别下降51%、24%、36%。从规划设计伊始，贯穿清洁生产理念，2015年建成投用的800万t/a油品质量升级改造工程更是采用全加氢型环保工艺；同时，通过优化全厂总工艺流程，加热炉原料改为脱硫干气，同时采用低氮燃烧火嘴，烟气 NO_x浓度控制在80 mg/m^{3}以下；2×7万t/a硫黄回收装置外排烟气 SO_2浓度设计值为187 mg/m^3，硫总回收率可达99.9%。

污水处理、烟气治理、土壤防渗等均选用先进技术，实现了增产减污清洁发展目标。外排废水及废气总量减排均获得国家环保部认定，其中：含油污水回用装置认定当年削减COD 77.89t，削减氨氮11.18t，CFB锅炉烟气脱硫效率获得75%的认定。两套硫黄回收装置进一步提标改造后，外排烟气 SO_2 浓度稳定控制在100mg/m^3 以内。两套催化烟气及CFB锅炉脱硫脱硝装置运行效果优良，SO_2、NO_x、烟尘排放浓度远优于国家标准，达到国内领先水平(详见图2、图3)。在行业内首次采用防渗技术对装置内污水管线及下水井进行防渗处理获得成功，有效防止土壤受到污染。

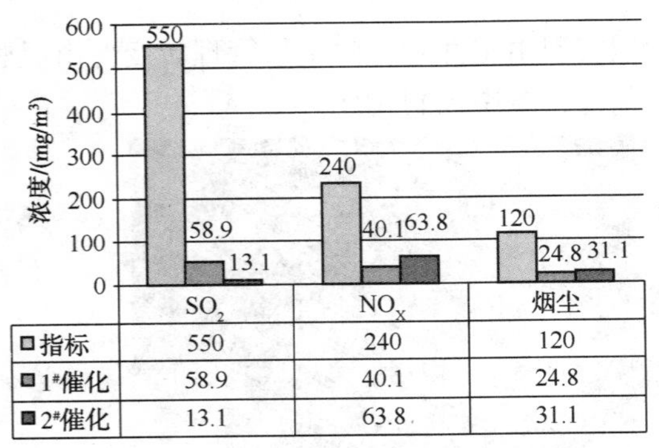

	SO_2	NO_X	烟尘
指标	550	240	120
1#催化	58.9	40.1	24.8
2#催化	13.1	63.8	31.1

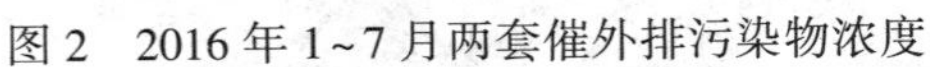
图2 2016年1~7月两套催外排污染物浓度

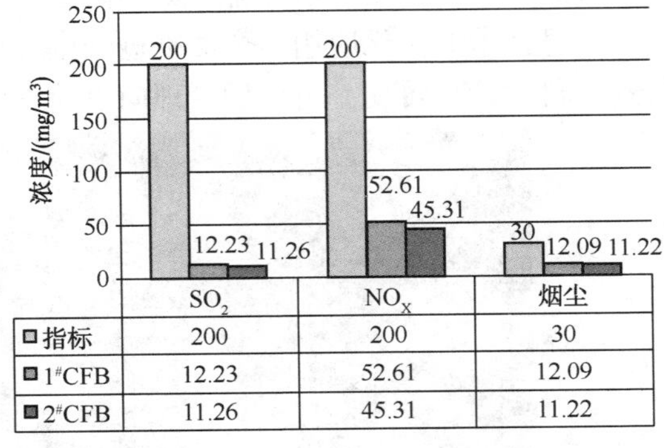

	SO_2	NO_X	烟尘
指标	200	200	30
1#CFB	12.23	52.61	12.09
2#CFB	11.26	45.31	11.22

图3 2016年两套CFB装置外排污染物浓度

3.7 推进“碧水蓝天”行动，提升环保治理能力

2013~2016年，以集团公司“碧水蓝天”环保治理专项行动为抓手，投资15亿余元建设环保设施，高标准实施了催化裂化烟气治理等近30个环保隐患治理与提标改造项目，全力

打造全国环保最好炼厂。选用先进的“粉末活性炭吸附+湿式氧化炭再生”处理工艺进行污水处理场提标改造，外排达标污水 COD 稳定控制在 40mg/L 以下、氨氮控制在 1.0mg/L 以下；攻克结垢难题，炭泥再生单元创纪录连续运行 31 天；采用高温高压湿式氧化技术，攻克和解决了碱渣处理难题；采用两级 A/O 组合工艺成功处理高氨氮废水，在石化行业取得突破。

开展环保专题攻关，提升环保治理水平。全面排查重点污染源，开展了 38 项专题技改攻关。优化注碱工艺，将液态烃碱渣回注污水汽提，每年节约新鲜碱 1680t，减少 2100t 碱渣；污污分治，将火炬冷凝液切水改进酸性水罐，送汽提装置脱氨处理，污水处理场总进口污水氨氮稳定在 20mg/L 以下。先行先试，“三泥”处理取得突破性进展。作为中国石化第一批合同环境管理试点项目，九江石化经过技术比选和论证，采用了“油泥酸化破乳脱油及干化技术”，对原“三泥”处理装置进行技术改造。“无害化处理石化行业底油泥、浮渣和活性污泥的方法”等多项专利技术得到成功应用。2016 年 6 月，该装置建成开车一次成功。油泥经浓缩脱水、破乳除油及脱水干化后，含水率降至 30%以内，实现了三泥“减量化、无害化、资源化”处置。“三泥”产生量仅为原来的 10%，污油回收率达到 91%以上，每年节约危废处理费用近千万元，环保效益和经济效益显著。

污水处理场实行装置化管理，从污水进口到外排口进行全流程在线监测，自动调控，过程优化，确保工艺卡片每一个参数都合格。高效运行预处理单元；优化含油、含盐生化单元硝态液回流比及炭泥比，出水氨氮及总氮浓度达到行业领先水平；建立污泥观察镜检分析，实时跟踪污泥活性及生化特性，及时调整投炭量；外排达标污水 COD 平均 33mg/L、氨氮平均 0.5mg/L，污水处理场整体达到国内领先水平。（详见图 4）

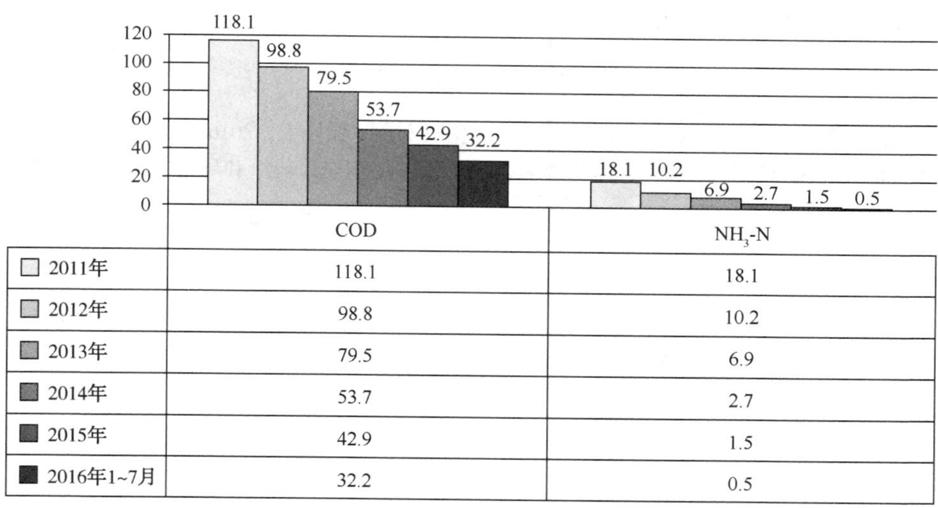

	COD	NH_3-N
2011年	118.1	18.1
2012年	98.8	10.2
2013年	79.5	6.9
2014年	53.7	2.7
2015年	42.9	1.5
2016年1~7月	32.2	0.5

图 4 “十二五”外排废水 COD、NH_3-N 浓度

3.8 推进 VOC_S 综合治理，打造无异味工厂

高质量建设 LDAR 系统，率先在中石化系统内完成炼油装置第一轮设备泄漏检测与修复（LDAR），LDAR 系统录入检测数据 231969 个，发现并修复泄漏点 1397 个，减少泄漏 89.5t，促进环境空气质量明显改善。实施工艺改进、废水废液废渣系统密闭性改造等措施，有效控制工艺废气排放、废水废液废渣系统逸散等环节及非正常工况排污。与国家环保部合

作开展石化行业 VOC_S 排放量核算九江课题，为我国石化行业 VOC_S 排放量核算提供示范和参照。率先在石化行业自主开发 VOC_S 管控信息平台，在 VOC_S 分析、检测、管控与核算方面取得初步成效。

全面治理装置异味，各装置产生的含硫污水均密闭管道输送，污水原料罐采用氮封和水封密闭措施。苯及二甲苯铁路装置采用“低温柴油吸收+膜吸收+活性碳吸附”组合工艺，苯及二甲苯的去除率在99%以上，实现稳定达标排放。建成投用两套酸性水罐油气回收及异味治理等设施，油气回收率达97%以上，异味去除率在90%以上。装置停工采用柴油/除盐水循环清洗后再密闭吹扫的环保型处理方案，实现停工过程烃类等污染物零排放。

4 结语

(1) 推动安全与环保风险辨识，隐患排查工作全员、全过程、常态化管理，完善安全环保应急预案和处置程序，以全覆盖的方式组织分级培训和演练，有效提高了安全环保突发事件的处置能力。

(2) 采用视频联动技术构建有毒有害及火灾报警管理平台，推行4G智能巡检，开发运用“环保地图”监测系统等信息技术，全面推进安全环保管理实现由事后管理向事前预测、预警，事中控制转变，由经验管理向科学管理转变。

(3) 践行绿色低碳理念，注重污染物源头管控，持续推进清洁生产，深化信息技术运用，提升安全环保管理效能，扎实推进环保隐患治理，有效提升风险防控能力，是构建本质安全与清洁环保城市炼厂有效途径。

参考文献

[1] 唐安中. 绿色低碳实践与城市炼厂构建[J]. 石油化工安全环保技术，2016，32(4)：1-5.

[2] 孙晓宇. 世界一流石油公司 HSE 管理及体系对比分析[J]. 安全、健康和环境，2015，15(7)：1-4.

炼厂酸性气处理技术现状分析及其对策研究

李 涛

（中国石化扬子石油化工有限公司南京研究院，南京 210048）

摘 要 从催化剂、尾气处理、酸性气的分离等方面综述了国内外炼厂酸性气处理技术现状，在其基础上针对当前公司酸性气处理存在的硫回收装置负荷过高、烟气 SO_2 浓度超标、煤气化装置酸性气处理等问题提出了具体对策建议。

关键词 炼厂 酸性气 硫回收

随着炼油厂原油加工规模的扩大以及加工进口含硫原油比例的增加，国家对环境保护要求的日益严格，炼油厂酸性气配套处理设施也日趋完善，规模也逐渐大型化。对石油炼制二次加工装置的干气、液态烃脱硫以及加氢精制(脱硫)过程中产生的酸性气和含硫污水汽提装置产生的酸性气，普遍采用克劳斯硫回收工艺制取硫黄。

1 国内外炼厂酸性气处理技术现状分析

目前的硫回收技术主要有 Claus 法、生物脱硫法、活性炭吸附法、离子液体法等，根据回收制得产品的不同，可以分为回收制硫黄、硫酸、亚硫酸铵、硫氢化钠、硫脲、甲硫醇、二甲基亚砜等。大型硫回收装置一般采用 Claus 法制硫黄工艺以及丹麦托普索公司、南化研究院等制酸工艺。近年来，国内外在酸性气处理技术方面取得了很大进展，现从硫回收催化剂、尾气处理、酸性气的分离等方面总结如下。

1.1 催化剂

目前先进的硫回收工艺均在经典的克劳斯硫回收工艺基础上进行完善以及添加尾气处理功能发展起来的，典型的有超优克劳斯工艺、超级克劳斯工艺、SCOT 工艺、Clinsulf 工艺、Sulfreen 工艺、MCRC 工艺、山东三维硫回收工艺和华陆工程科技先进高效硫回收工艺等，这些工艺均使用克劳斯硫回收催化剂、水解催化剂和加氢催化剂[1]。

克劳斯硫回收催化剂最早为天然铝矾土，后来被人造的、活性更高的活性氧化铝取代，但纯的活性氧化铝催化剂活性有限，提高催化剂活性，还需要从多方面对催化剂进行改进。代表性的如法国 Rhone—Progil 公司开发的 CR 系列活性氧化铝催化剂，具有催化活性高、床层压降小、耐压、磨耗小和硫回收率高等特点。类似的催化剂有美国铝业公司的 s 型系列催化剂，该系列催化剂活性高，耐硫酸盐化性能好，可用于多种工艺的不同反应器，也可用于露点温度以下操作的硫回收反应器。含硫化物的酸性气体中含有一定量难以脱除的有机硫化物，严重影响硫回收装置的总硫回收率和尾气达标排放。日本触媒化成株式会社的 CSR-2 氧化铝催化剂，对有机硫水解活性高。

另外，近年开发出钛基系列催化剂，代表性的有 TiO_2 系催化剂、$TiO_2-Al_2O_3$ 系催化剂

和 TiO_2-Al_2O_3-助剂系催化剂。例如，浙江德清三龙催化剂有限公司开发的钛基克劳斯硫黄回收催化剂反应活性高，几乎达到热力学平衡转化率；对有机硫水解能力强，水解率几乎是三氧化二铝催化剂的一倍以上。法国罗纳—普朗克公司开发的 CRS-31 催化剂和中国石化齐鲁分公司研究院的 TiO2 型催化剂 LS-901 均为较好的有机硫水解催化剂。代表性的加氢催化剂有 AKZO 公司的 KF-756 以及中国石化齐鲁分公司研究院的 LS-951。美国新技术投资公司(NTV)附属化工产品工业控股公司开发出一种高活性纳米铁催化剂来吸收硫化氢，通过利用一种特制的铁源，这些纳米粒子可以从各种铁酸盐，如硫酸盐和氯化物，以较低的成本和更少的杂质来制备。

1.2 尾气处理方面

国际壳牌研究有限公司公开了一种从酸性气流中回收硫的方法(授权公告号 CN100532250)[2]，该方法采用生物氧化法对尾气进行处理，以提供含有非常低浓度的硫化氢和二氧化硫的脱硫气流。主要步骤包括直接还原反应条件下使 Claus 尾气反应以得到含有硫的直接还原气体，直接还原尾气与贫吸收剂接触，由此从尾气中将其中含有的部分硫化氢除去并得到脱硫气体和含有溶解的硫化氢的富溶剂。通过在合适的生物氧化条件下使富溶剂与硫细菌接触而将富溶剂的溶解的硫化氢生物氧化成元素硫。

武汉国力通能源环保有限公司潘威等公开了一种降低硫黄回收装置二氧化硫排放浓度的系统、方法及脱硫剂(申请号：CN201510147363.2)[3]，该法是在一套络合铁脱硫系统中净化液硫池脱气和硫黄回收装置尾气，脱硫剂包括氨基多羧酸螯合铁、氨基多羧酸螯合剂、丙烯酰胺和水等，焚烧后的烟气二氧化硫浓度低于 $50mg/Nm^3$。

山东三维石化工程股份有限公司王震宇等公开了一种 SWSR-6 硫黄回收工艺及装置(申请号：CN201510633242.9)[4]，该法是采用化学吸收法，将 SO_2 烟气在烟气净化塔中与吸收剂接触，烟气中的 SO_2 被吸收剂吸收，烟气净化塔中生成的盐溶液与碱液反应，经结晶、离心后得到亚硫酸钠，脱除 SO_2 后的净化烟气排放。该法可产出符合 GB 1894 的无水亚硫酸钠产品，保证硫黄回收装置排放气中 SO_2 浓度 $<50mg/Nm^3$。

山东三维石化工程股份有限公司高炬等公开了一种硫黄回收工艺及其装置(CN201510405728.7)[5]，该专利是将制硫尾气与氢气混合送入尾气加氢还原系统进行尾气加氢还原反应，再进入 H_2S 吸收及溶剂氧化系统，气体中的 H_2S 被氧化为单质硫，净化气体排空；最后分离出硫黄和溶剂。该工艺特点是克劳斯工艺与液相氧化技术优化组合，形成硫黄回收及尾气处理新工艺，能使排放气中硫化氢含量降到最低，处理后排空气中的 H_2S 含量降低到 5ppm 以下，设备投入少、工艺流程短、能耗低、工艺过程安全可靠，环境友好。

中石化南京工程有限公司/中石化炼化工程(集团)股份有限公司李明军等公开了一种处理硫黄回收尾气硫化氢的方法(申请号：CN201310331095.0)[6]，该专利也是采用化学吸收法，将浓度为 25%~60%的甲基二乙醇胺吸收液分别输入常温吸收段、低温吸收段与硫黄回收尾气逆流接触进行双级双温吸收，控制尾气进入焚烧段的硫化氢含量在 130~50ppm 以内，从而大大降低了排放尾气中 SO_2 的量，有效提高硫化氢的回收率达到 99.99%，以满足越来越严格的环保要求。

中国石油化工股份有限公司刘爱华等公开了一种降低硫黄回收装置 SO_2 排放浓度的工艺(申请号：CN201410248133.0)[7]，该工艺发明了一种双功能氧化锌脱硫剂，将来自催化反应段的Claus尾气首先在加氢反应器内加氢催化剂的作用下，含硫化合物加氢转化为H_2S，然后经急冷塔降温，进入胺液吸收塔吸收加氢尾气中的H_2S；从胺液吸收塔出来的净化尾气进入装有双功能氧化锌脱硫剂的脱硫反应器进行净化处理，将部分净化尾气引入液硫池作为液硫脱气的气提气，液硫脱气的废气抽出后与反应炉尾气混合后进入进行硫回收处理，其余净化尾气引入焚烧炉焚烧后排放，最终硫黄回收装置烟气SO_2排放浓度可降至50mg/m^{3}以下。

1.3 酸性气的分离

中国科学院大连化学物理研究所在专利中公开了一种可实现酸性气体高效吸收的微反应方法(授权公告号CN102451653B)[8]，该专利采用微反应技术。实现酸性气体(CO_2、H_2S、SO_2、SO_3、HCl等)吸收过程的强化。主要步骤包括采用一种微反应器，使待吸收的酸性气体与吸收液在反应压力0.1~7MPa下流经该微反应器，并在其并行微反应通道中停留0.001~10s，完成吸收。

美国巴特尔纪念研究院公开了可以捕集一或多种某些酸性气体的可逆性的酸性气体结合有机液体物质、系统和方法(申请公布号CN102159301A)[9]，该专利采用了一种单分子的两性离子液体来捕集酸性气体，这些酸性气体结合有机化合物可以再生，从而释放捕集的酸性气体，并且能够使这些有机酸性气体结合物质被重复利用。与目前的水系统相比，这种系统能够输送液体捕集化合物，并且从有机液体中释放酸性气体，同时节约大量能量。

南化集团研究院公开了一种从酸性气流中除去COS的方法(授权公告号CN101143286B)[10]，提出一种采用复合胺水溶液作吸收剂，添加适量活化剂，从气流中完全除去H_2S，并在除去率不高的情况下除去大部分COS的方法，吸收剂可以再生并循环使用。复合胺由甲基二乙醇胺MDEA和二异丙醇胺DIPA组成，活化剂由二氮杂二环DBU和哌嗪或二氮杂二环(DBU)和吗啉组成。该法比常规胺法有较高的COS脱除率。

美国联合碳化物化学和塑料技术公司公开了一种改进的吸收剂组合物(授权公告号CN1157248)[11]，用于脱除气流中的酸性气，例如CO_2，H_2S和COS。这种吸收剂组合物包括一种水溶液，其中含有：1)大于1摩尔的哌嗪每升水溶液；和2)大约1.5至大约6摩尔的甲基二乙醇胺每升水溶液。

陶氏环球技术公司公开了一种从含有硫化羰的酸性气体中除去硫化羰的改良的组合物和方法(授权公告号CN100411710)[12]，该组合物主要包括聚亚烷基二醇烷基醚、链烷醇胺化合物和哌嗪化合物。

日本三菱重工业株式会社公开了一种用于从合成气分离CO_2和H_2S的酸性气体的方法(授权公告号CN101875484B.)[13]，该方法依次包转换反应步骤，即将所述合成气中的CO转化为CO_2；物理吸收步骤，即通过利用含有二甲醚和聚乙二醇的物理吸收溶剂移除在所述转换反应后的合成气中含有的H_2S；溶剂移除步骤，即从已经在所述物理吸收步骤中移除H_2S的合成气移除所述物理吸收溶剂；化学吸收步骤，即通过利用含有烷基胺的化学吸收溶剂从已经在所述物理吸收步骤中移除H_2S的合成气移除CO_2。

中国石油天然气股份有限公司杨威公开了一种选择性吸收二氧化硫的吸收剂及其应用(申请号：CN201510048400.4)[14]，该发明的SO_2吸收剂适用于工业含SO2尾气特别是硫黄回收装置尾气的净化，具有良好的可再生性能及稳定性。吸收剂包括以下组分：有机多元胺，质量分数5%~80%；无机强酸，所述无机强酸与所述有机多元胺的摩尔比为(0.3~

1.2)：1；抗氧化剂，质量分数0.01%~1.00%；脱硫活化剂，质量分数0.01%~8.00%；余量为水；所述吸收剂的pH值为4.0~6.5。该吸收剂对SO_2具有较高的吸收率和选择性，在从含SO_2和CO_2的混合气中吸收SO_2时，不吸收CO_2，初始吸收率可以达到100%，30min内吸收率仍保持在99%以上。

气体膜分离是一种环保绿色的分离技术，目前主要有三种类型膜用于CO_2的去除：醋酸纤维素，聚酰亚胺和含氟聚合物。天津大学王志等公开了一种用于分离酸性气体的固定载体复合膜制备方法(授权公告号CN1171665)[15]，该方法以聚丙烯腈(PAN)，聚砜(PS)，聚醚砜(PES)，磺化聚醚砜(SPES)材质的、截留分子量为30000~60000的平板膜或者中空纤维膜为基膜，在其表层涂覆含有对酸性气体起促进传递作用的仲胺和羧基的功能基团聚合物薄膜，该复合膜用于酸性气体的分离与富集，具有较高的分离因子和优异的CO_2渗透速率，其透过性能与支撑液膜和离子交换膜相接近。

日本富士胶片株式会社开发了一种气体分离用组件，其利用选择性地透过CO_2气体的CO_2气体分离膜(申请公布号CN105102107A)[16]，从被分离气体中分离CO_2气体。本发明制造酸性气体分离性优异、涂布适合性优良的酸性气体分离用涂布液以及酸性气体分离复合膜。复合膜主要是聚乙烯醇缩醛化合物，涂布液是除氢氧根离子、羧基离子、碳酸根离子和碳酸氢根离子以外的至少一种阴离子分散或溶解于水中而形成的液体。

酸性气富集(AGE)技术就是富集酸性气中的H_2S浓度，使之满足现有硫黄回收工艺对进料气中H_2S含量的要求，提高克劳斯装置的有效利用率。酸性气富集技术主要包括BASF公司开发的aMDEA工艺、Dow Chemical公司开发的Gas/Spec工艺、Shell公司开发的Sulfinol工艺、Union Carbide公司开发的Ucarsol工艺、UOP公司开发的Amine Guard工艺、Societe National Elf Aquitaine公司开发的SNEA工艺以及Exxon公司开发的Flexsorb工艺，以上工艺都是采用MDEA基、二乙基砜或二异丙醇胺、复合胺等胺类溶剂。其中，Exxon公司采用了基于空间位阻胺类的独特溶剂。位阻胺是在与氮原子相邻的碳原子上连接1个或2个体积较大的烷基或其他基团，从而形成空间位阻效应的新型有机胺。由于大的基团存在较强的空间位阻效应，可改善溶剂的选择性、降低溶剂循环量和能耗，减少装置操作费用。埃克森美孚研究工程公司已开发应用1套气体处理技术和吸附剂FLEXS0RB。FLEXSORB SE Plus溶剂利用位阻胺专利，选择性脱除含CO_2的H_2S。FLEXSORB SE和SE PLUS溶剂基本能吸收所有体积分数低于10×10^{-6}的H_2S，同时又使CO_2中的95%不进入工艺气中，在低压下也极其有效[17]。

2 公司酸性气处理存在问题及其对策研究

2.1 装置存在问题

扬子石化硫黄回收装置采用“两头一尾”工艺，即相同的双系列CLAUS制硫单元、液硫脱气单元、单系列尾气处理单元RAR、尾气焚烧单元四部分。酸性气主要来源于生产装置酸水汽提及气体脱硫，酸性气中H2S质量分数高达60%~95%，因此采用部分燃烧法处理。硫黄回收装置原料来自500t/h溶剂再生装置、200t/h酸水汽提装置、本装置RAR尾气处理部分自产酸性气、芳烃厂一氧化碳装置、S-ZORB装置再生烟气、1#高压加氢装置与煤气化装置产生的混合酸性气。

目前，装置存在的主要问题包括：(1)公司1#、2#硫黄回收装置液硫总产能是24万t/a，从液硫产量分析，目前负荷已达到87.5%甚至更高。从酸性气进料量分析，1#硫回收酸性气进料量为日均9200Nm³/h，设计混合酸性气进料指标为19511kg/h，目前基本满负荷；2#硫回收酸性气进料量为日均6700Nm³/h，设计单列混合酸性气进料为10075kg/h，目前也基本满负荷；(2)目前化工厂煤制气装置的酸性气脱除采用低温甲醇洗工艺，富集后的酸性气送至硫黄回收装置进行处理。根据原料煤的来源不同，酸性气体解吸后H_2S的浓度达到10%~24%，其余为CO_2气体为主，显然这股酸性气稀释了整个克劳斯工艺的原料气，是不适于硫回收的；(3)硫回收装置烟气SO_2浓度存在超标问题。

2.2 对策研究

目前，酸性气处理专利技术改进主要集中体现在三个方面：一是催化剂的改进，包括克劳斯反应、有机硫水解反应、加氢催化、选择性氧化4个方面催化剂功能的改进和提高，例如TiO_2系催化剂、高活性纳米铁催化剂等；二是采用富氧回收工艺技术提高装置的处理能力，已工业化的富氧克劳斯工艺主要有COPE、SURE、OxyClaus和后燃烧(P-Combustion)工艺；三是尾气处理工艺的改进，有以下几种：(1)对SCOT尾气处理工艺的改进，对经过加氢、溶剂吸收阶段得到的富溶剂在合适的生物氧化条件下使富溶剂与硫细菌接触而将富溶剂的溶解的硫化氢生物氧化成元素硫；(2)采用选择性氧化催化剂为尾气处理的主要手段，对SO_2等进行加氢处理，使其全部转化为H_2S，再对H_2S进行选择性氧化催化反应，生成单质硫和水，例如齐鲁石化公司的气相氧化工艺、三维石化的液相氧化工艺、LO-CAT工艺、武汉国力通环保公司的络合铁氧化工艺等；(3)先对尾气进行焚烧，所有含硫介质均转化为SO_2，形成含SO_2烟气，含SO_2烟气在烟气净化塔中与吸收剂接触，烟气中的SO_2被吸收剂吸收，烟气净化塔中生成的盐溶液与碱液反应，经结晶、离心后得到亚硫酸钠，脱除SO_2后的净化烟气排放。酸性气的分离与富集技术主要包括利用有机多元胺、复合胺水溶液、两性离子液体、位阻胺等吸收剂来选择性吸收CO_2、SO_2、COS等、实现酸性气的分离与富集，以及采用各种膜分离技术。

针对当前公司硫回收装置负荷过高的问题，建议：(1)改进和提高提高克劳斯反应催化剂的活性，例如采用TiO_2系催化剂、高活性纳米铁催化剂等，保证反应转化率，提高装置的处理能力；(2)借鉴SURE、COPE工艺等，采用富氧工艺对装置进行改造，提高酸性气的处理能力，采用富氧工艺的优势在于，传统的克劳斯装置不需要更换任何的设备部件，只需要增加一部分必要的设备，将主燃烧器改造采用新富氧烧嘴，更换与富氧烧嘴相匹配的炉头，增加氧气及控制系统。

针对烟气SO_2浓度超标问题，通过分析主要是因为COS、CS_2在尾气中占有一定的数量，使尾气总硫含量超标，导致烟气中二氧化硫超标。酸性气中不可避免地含有烃和二氧化碳。燃烧炉中，这两种物质与硫、硫化氢反应生成CS_2、COS。只有CS_2、COS在催化剂床层中完全水解为H_2S，这部分硫才能得到有效回收。如果CS_2、COS在加氢反应器中没有得到完全水解，MDEA溶剂对它们没有作用，这部分硫经过焚烧造成烟气二氧化硫排放超标。因此，建议：(1)改进和提高有机硫水解反应催化剂的活性，从源头上减少COS的生成；(2)采用复合胺水溶液等吸收剂脱除尾气中的COS、H_2S等；(3)增加选择性氧化单元，将经过加氢处理、溶剂吸收后的尾气不再返回克劳斯反应单元，而是选择性氧化成单质硫和水；(4)采用三维石化尾气处理工艺，增设烟气净化塔，SO_2烟气在中与吸收剂接触，烟气中的

SO_2被吸收剂吸收，烟气净化塔中生成的盐溶液与碱液反应，经结晶、离心后得到亚硫酸钠，脱除SO_2后的净化烟气排放。

对于煤气化装置酸性气处理问题，建议采用化学吸收或膜分离等技术对煤制气装置的酸性气先进行分离与富集，例如，采用Exxon公司开发的Flexsorb工艺等。针对公司煤气化装置酸性气的具体组成，可针对性地筛选复配合适的溶剂，以达到最高的选择性和最低的操作费用，进行富集处理后，再送入硫黄回收装置进一步处理。

参考文献

[1] 刘增让，刘爱华，刘剑利，等．国内外贫酸性气处理工艺技术研究进展[J]．齐鲁石油化工，2011，39(4)：346-351.

[2] J·K·陈，M·A·赫夫马斯特．从酸性气流中高效回收硫的方法[P]．中国专利：CN100532250，2009-08-26.

[3] 潘威，刘斯洋，祝茂元，等．一种降低硫黄回收装置二氧化硫排放浓度的系统、方法及脱硫剂[P]．中国专利：CN104787730A，2015-07-22.

[4] 王震宇，高炬，张恒拓，SWSR-6硫黄回收工艺及装置[P]．中国专利：CN105271132A，2016-01-27.

[5] 高炬，曾翔鹏，林彩虹等．硫黄回收工艺及其装置[P]．中国专利：CN104961103A，2015-10-07.

[6] 李明军，邢亚琴，蒋国贤，等．一种处理硫黄回收尾气硫化氢的方法及其装置[P]．中国专利：CN103381331A，2013-11-06.

[7] 刘爱华，刘剑利，张义玲．降低硫黄回收装置SO2排放浓度的工艺[P]．中国专利：CN105129741A，2015-12-09.

[8] 陈光文，袁权，党敏辉，等．一种可实现酸性气体高效吸收的微反应方法[P]．中国专利：CN102451653B，2014-04-16.

[9] D.J. 赫尔德布兰特；C.R. 杨克；P.K. 克赫．用酸性气体结合有机化合物捕集和释放酸性气体[P]．中国专利：CN102159301A，2011-08-17.

[10] 毛松柏，朱道平，丁雅萍，等．从酸性气流中除去COS的方法[P]．中国专利：CN101143286B，2010-05-12.

[11] C·N·舒伯特；P·福特；J·W·蒂恩．从气流中脱除酸性气体的吸收剂组合物[P]．中国专利：CN1157248，2004-07-14.

[12] C·N·舒伯特；A·C·阿什克拉夫特．从含有硫化羰的酸性气体中除去硫化羰的改良的组合物和方法[P]．中国专利：CN100411710，2008-08-20.

[13] 荻野信二，佐藤文昭，加藤雄大，等．用于从合成气分离酸性气体的方法和设备[P]．中国专利：CN101875484B，2014-06-20.

[14] 杨威，常宏岗，何金龙，等．一种选择性吸收二氧化硫的吸收剂及其应用[P]．中国专利：CN105983310A，2016-10-05

[15] 王志，蔡彦，柏云华等．分离酸性气体的含聚烯丙基胺促进传递膜的制备方法[P]．中国专利：CN101239284B，2010-07-28.

[16] 油屋吉宏，泽田真，米山聪，等．酸性气体分离复合膜的制造方法和酸性气体分离膜组件[P]．中国专利：CN105102107A，2015-11-25.

[17] 张弛．30年位阻胺气体处理实践[J]．气体净化，2013，13(2)：15-18.

六西格玛方法在降低锅炉烟气脱硫运行成本中的应用

孙明亮

（中国化工集团大庆中蓝石化有限公司，大庆　163713）

摘　要　干法脱硫作为常见的锅炉烟气脱硫的手段之一，主要作用是通过碳酸钙的高温煅烧形成氧化钙与烟气中的二氧化硫反应，达到降低烟气中二氧化硫的目的。大庆中蓝石化有限公司锅炉装置存在脱硫运行成本较高的问题，通过技术改进、精细化操作，在保证烟气达标排放的同时，降低吨蒸汽脱硫系统的运行成本，最终达到降低生产成本的目的。

关键词　六西格玛　脱硫系统　运行成本

1　装置工艺流程介绍

大庆中蓝石化有限公司130t/h循环流化床锅炉于2009年建成投产。本锅炉是一种单锅筒横置式中温次高压自然循环水管锅炉，采用由燃烧室、炉膛、水冷旋风分离器、返料器组成的循环燃烧系统[1]。

目前两台130t/h循环流化床锅炉采用炉内添加石灰石粉脱硫工艺。单台炉为一个单元，两套石灰石输送设备共用一个石灰石储罐，输送气源由罗茨风机提供。利用压缩空气把石灰石粉直接喷到锅炉最佳温度区，炉膛内的热量将石灰石粉煅烧成具有活性的CaO粒子，这些粒子与烟气中的SO_2反应生成硫酸钙（$CaSO_4$）和亚硫酸钙（$CaSO_3$），反应产物和飞灰一起被除尘设备所捕获，达到脱硫目的[2~4]。

2　现状分析

2.1　装置现状调查

锅炉脱硫系统从投用以来，虽然能保证二氧化硫排放达标，但脱硫系统的运行成本相对较高，且运行状况稳定性较差。本文通过运用六西格玛科学的分析方法对脱硫工艺个环节进行分析，切实降低锅炉脱硫系统的运行成本，使该装置运行逐渐趋于合理、科学、高效，减少操作的随意性，达到操作标准化程度。为了便于对成本进行控制，将脱硫运行成本均摊到产出的蒸气之中，制定了关键质量特性（CTQ）为吨蒸气脱硫运行成本。脱硫系统工艺流程图如图1所示。

2.2　运行成本现状调查

从运行成本占比柏拉图（图2）看出，石灰石、电对锅炉脱硫系统影响较大，占权重的

94%，所以这两项成本是降低整体运行成本的关键。

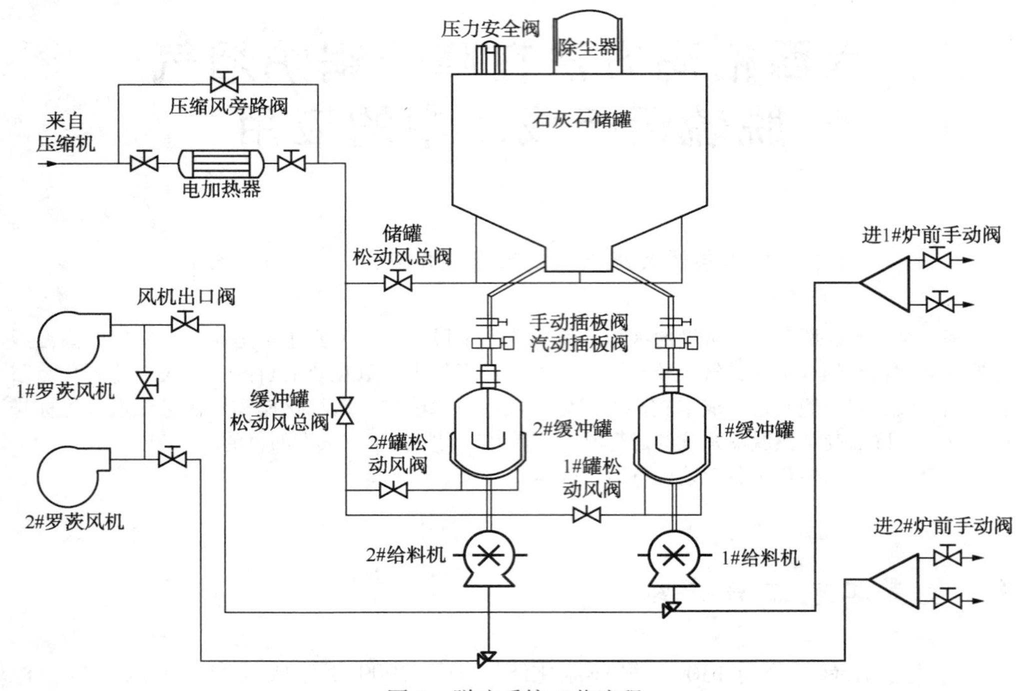

图1 脱硫系统工艺流程

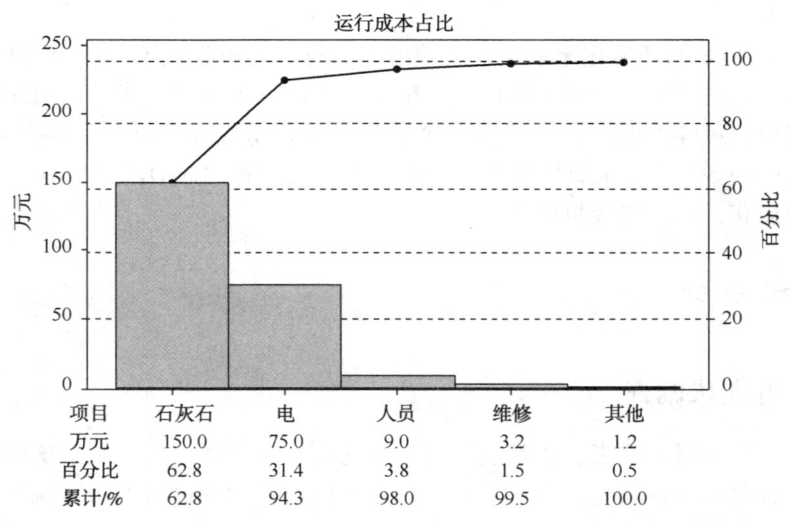

项目	石灰石	电	人员	维修	其他
万元	150.0	75.0	9.0	3.2	1.2
百分比	62.8	31.4	3.8	1.5	0.5
累计/%	62.8	94.3	98.0	99.5	100.0

图2 运行成本占比柏拉图

将脱硫运行成本进行分解，具体分解和计算方式如下：

Y：吨蒸汽脱硫运行成本

Y1：吨蒸汽脱硫石灰石成本＝石灰石消耗量×石灰石单价÷蒸汽产量

Y2：吨蒸汽脱硫耗电成本＝脱硫系统耗电量×电单价÷蒸汽产量

在改善前，吨蒸汽脱硫系统运行成本的均值为4.214元/t。其中石灰石成本和电成本均值分别为 2.739 元/t 和 1.323 元/t。锅炉烟气中二氧化硫排放量都能够控制在国家标准 200ppm 以下，在项目开展过程中，要保证排放指标符合国家排放标准。

2.3 原因分析

通过对目标流程进行分析，共查找出 51 个与运行成本相关的原因。并通过对 51 项输入因子运用因果矩阵进行打分并按降序排列，筛选出的对输出影响较大的因子做进一步的研究。因果矩阵评分见表 1。

表 1 因果矩阵

对客户重要程度(1-10)		8	3	3	
编号	评分标准：0、1、3、9	1	2	3	合计
	流程输入或流程步骤	石灰石单耗	电单耗	SO_2 排放	
1	炉膛温度	9	3	9	117
2	炉膛出口氧含量	9	0	9	99
3	空压机额定功率	3	9	3	87
4	输送风风量	3	9	3	87
5	一次风机风量	9	1	3	81
6	返料器温度	9	1	3	81
7	投料位置	9	1	3	81
8	输送风压力	3	9	1	79
9	炉膛负压	9	0	3	75
10	排气量	1	9	0	61
11	额定最大工作压力	0	9	1	58
12	加热器功率	0	9	1	58
13	石灰石品质	3	0	9	57
14	硫钙比	3	0	9	57
15	脱硫 DCS 操作系统	3	3	3	51
16	石灰石粒径	3	3	1	43
17	给料机频率	3	3	1	43
18	石灰石中碳酸钙含量	3	1	3	39
19	二次风机风量	3	1	3	39
20	一二次风量比	3	1	3	39
21	锅炉 DCS 操作系统	3	1	3	39
22	粉仓湿度	3	0	3	33
23	料层厚度	3	0	3	33
24	输送风湿度	3	0	3	33
25	输送风温度	3	0	3	33
26	粉仓温度	3	1	1	31
27	给料机转速	3	1	1	31
28	给煤量	3	1	1	31
29	给料机转子容量	3	1	0	27
30	操作工	1	1	3	25
31	入口手动阀开度	3	0	1	25
32	入口气动阀开度	3	0	1	25
33	压缩机进气温度(室温)	0	3	1	22

续表

编号	对客户重要程度(1-10)	8	3	3	合计
	评分标准：0、1、3、9	1	2	3	
	流程输入或流程步骤	石灰石单耗	电单耗	SO_2排放	
34	启动轴转速	0	3	1	22
35	公称进口容积流量	0	3	1	22
36	额定工作压力	0	3	1	22
37	加热器电压	0	3	1	22
38	干燥罐 PLC 操作系统	0	3	1	22
39	压缩机疏水次数	0	3	0	18
40	入口电磁阀灵敏程度	0	3	0	18
41	出口电磁阀灵敏程度	0	3	0	18
42	逆止阀灵敏程度	0	3	0	18
43	给料机松动风温度	1	1	0	13
44	松动风阀门开度	1	0	1	11
45	给料机松动风风量	1	0	1	11
46	入口气动阀灵敏度	1	0	1	11
47	电加热器尺寸	0	1	1	10
48	加热器频率	0	1	1	10
49	粉仓存储量	1	0	0	7
50	给料机维修频率	1	0	0	7
51	干燥罐保温效果	0	1	0	6

对上述得分较高的9个主要影响因子进行了FMEA分析，对实施改善的安全性评价后，最终确定对7个实施安全性较高的因子进行改善。这7个因子分别为：投料位置、输送风风量、输送风压力、输送风机耗电量、炉膛温度、炉膛负压、炉膛氧含量。其中前4个因子可以通过技术改造来解决。后三个因子需要通过对工艺参数进行调整。

3 解决问题的方法

3.1 技术改造解决办法

3.1.1 改变石灰石粉进如炉膛的投料位置

改造前石灰石投料进口位于落煤管的下部，石灰石的投料位置距离床面不足60厘米，一次风直接影响石灰石粉进入炉膛，经常发生管道堵塞。改造后将将石灰石的投料位置改到返料器的返料腿位置，经过设计部门计算，不会影响锅炉燃烧。消除了炉膛送风对石灰石进料的影响，提高了石灰石与床料的混合程度，提高了石灰石的反应效率，同时也降低了石灰石输送系统堵管情况的发生几率。

3.1.2 输送风机设备更新

针对输送风量、输送风压、额定功率这三个因子，经过研究决定对石灰石输送风机进行设备更新。改造前脱硫系统使用干燥压缩空气作为输送风源，压缩机功率为110kW，风量为11.88m^3/h、压力为0.7MPa，管道经常发生堵塞。改造后，使用罗茨风机作为输送风源，罗茨风机功率为37kW，风量为552m^3/h、压力为78.4kPa，经过设计改造，基本上能够杜绝由于输送风引起的管路堵塞问题。同时也降低了电能的消耗。

3.2 工艺指标分析

通过对炉膛温度、炉膛负压、炉膛氧含量这三个因子与 y1 吨蒸汽脱硫石灰石成本进行一元回归分析，以确定这三个因子与 y1 的相关性以及相关程度。经过数据分析，炉膛温度、炉膛负压、炉膛氧含量这三个因子与 y1 吨蒸汽脱硫石灰石成本的相关程度分别为 76.5%、75.2%、65.1%。具有较强的相关性。

根据相关性较高的三个因子进行 DOE 因子试验。首先确定三个因子的实验水平设定。

3.2.1 炉膛温度

分析阶段确定炉膛温度与 y1 石灰石成本负相关，越高越好，但根据操作规程的要求，参考生产运行的实际情况，因此在工艺操作指标范围内取高低水平。低水平 800℃，高水平 880℃，中心点为 840℃。

3.2.2 炉膛负压

分析阶段确定炉膛负压与 y1 石灰石成本负相关，越高越好，但根据生产运行情况，炉膛负压对锅炉运行以及除尘系统有较大影响。因此取工艺操作指标为高低水平。低水平-450Pa，高水平-150Pa，中心点为-300Pa。

3.2.3 氧含量

分析阶段确定出口氧含量与 y1 石灰石成本正相关，越低越好，但根据生产运行情况以操作规程的要求，出口氧含量对锅炉的运行有较大影响，因此取工艺操作指标为高低水平。低水平为 3%，高水平 7%，中心点为 5%

在现有流程控制上、下限附近综合考虑安全、环保和试验成本的基础上，通过反复讨论后进行三因子两水平试验。在前三个阶段使用的数据为日累积量计算，在 DOE 因子试验中考虑到实验的特殊性，数据为小时计算量。根据水平设定制定 DOE 实验设计方案(见表 2)。

表 2 DOE 实验设计方案

标准序	运行序	中心点	区组	炉膛温度	炉膛负压	氧含量
1	1	1	1	800	-450	3
2	2	1	1	880	-450	3
3	3	1	1	800	-150	3
4	4	1	1	880	-150	3
5	5	1	1	800	-450	7
6	6	1	1	880	-450	7
7	7	1	1	800	-150	7
8	8	1	1	880	-150	7
9	9	1	1	800	-450	3
10	10	1	1	880	-450	3
11	11	1	1	800	-150	3
12	12	1	1	880	-150	3
13	13	1	1	800	-450	7
14	14	1	1	880	-450	7

续表

标准序	运行序	中心点	区组	炉膛温度	炉膛负压	氧含量
15	15	1	1	800	-150	7
16	16	1	1	880	-150	7
17	17	1	1	840	-300	5
18	18	1	1	840	-300	5
19	19	1	1	840	-300	5

DOE因子中还有一些项是不显著的，通过从高次幂及不显著程度逐步去除不显著项，通过标准化效应的Pareto图(图3)和标准化效应的正态图(图4)得到炉膛温度、炉膛负压、出口氧含量为显著项。从残差图(图5)中可以看出，四个图形没有违背假设检验，证明拟合是有效的，数据是可信的。通过DOE实验得到优化图(图6)，从图中可以得到，当炉膛温度控制在845℃、炉膛负压控制在-176 Pa、出口氧含量控制在4 %，吨蒸汽脱硫石灰石成本达到预期目的。实际结果将通过试运行加以验证。

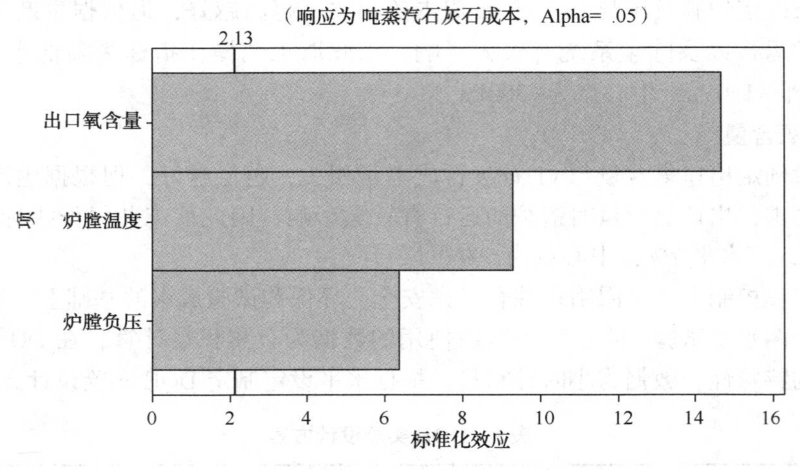

图3 标准化效应的Pareto图

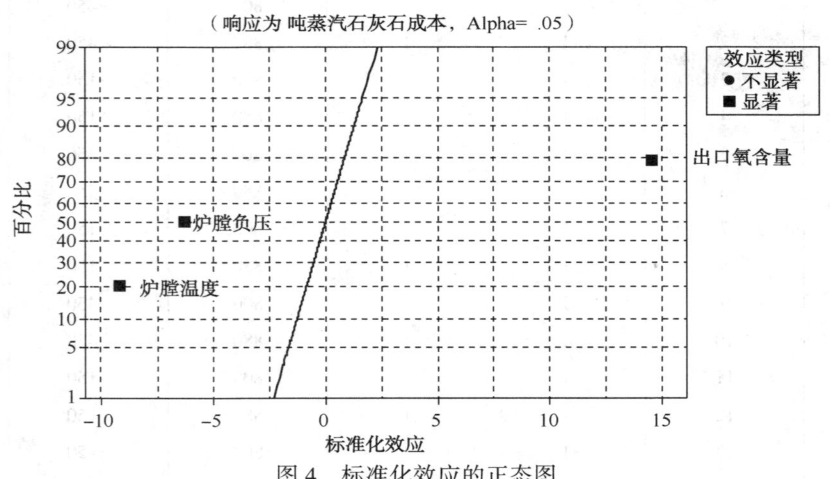

图4 标准化效应的正态图

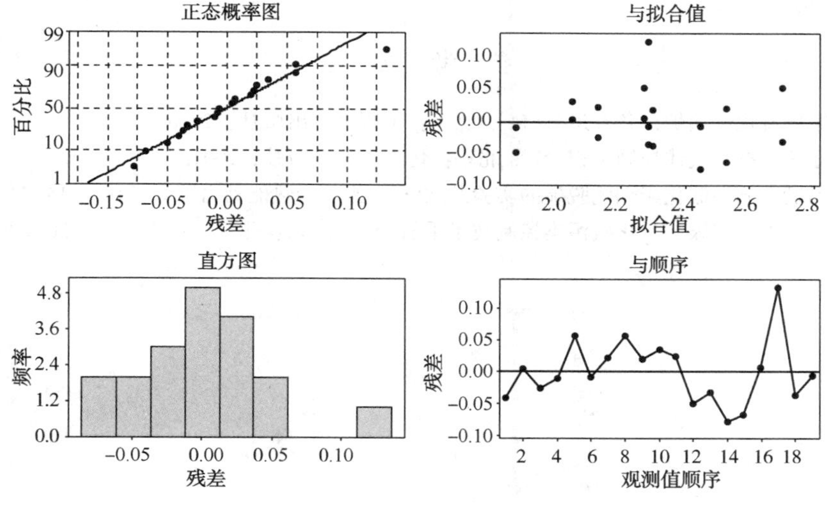

图 5　残差图

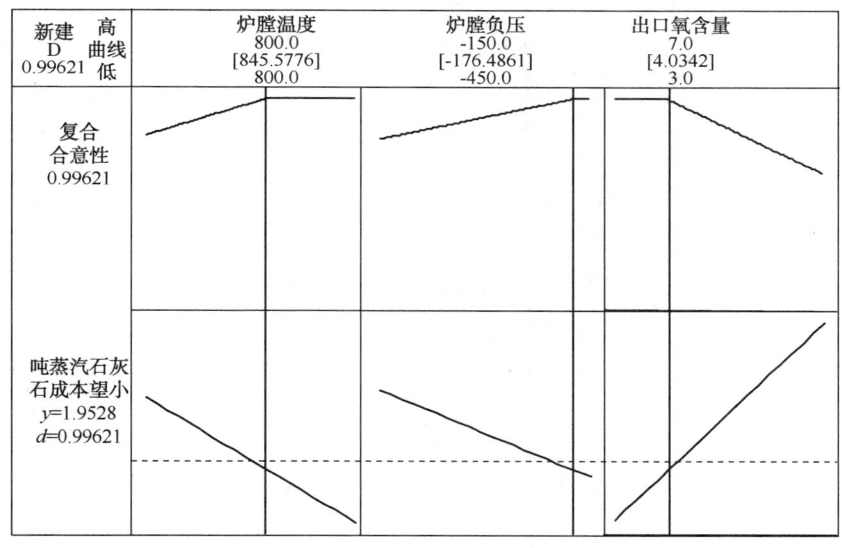

图 6　优化图

3.3　改善指标执行与固化

通过下达生产方案变更通知单，建立工艺指标考核制度等方式，确保制定的工艺指标能够落实执行。同时利用 DCS 操作系统 PID 参数进行调整，在锅炉稳定运行情况下能够实现自控操作。

4　实施后的经济效益

通过改造的实施，脱硫运行成本从最初的 4.214 元/t 下降到 2.91 元/t,，且对烟气二氧化硫的排放没有产生不良影响。按照年产蒸汽量 58.7 万 t 计算，每年可节省脱硫系统运行费用76.5万元。

参 考 文 献

[1] 杨建华. 循环流化床锅炉设备及运行[M]. 北京：中国电力出版社，2010.
[2] 赵毅，李守信. 有害气体控制工程[M]. 北京：化学工业出版社，2001.
[3] 吴颖海，冯斌. 循环流化床烟气脱硫的实验及数学模型[J]. 热能动力工程，1999. 14(4).
[4] 郝吉明，王书恩. 燃煤二氧化硫污染控制技术手册[M]. 北京：化学工业出版社，2001.

催化裂化烟气干式脱硫脱硝技术工业侧线试验研究

郭大为[1]　张久顺[1]　毛安国[1]　张晨昕[1]　徐永根[2]　刘　炬[3]

(1. 中国石化石油化工科学研究院，北京　100083；
2. 中国石化工程建设有限公司，北京　100101；
3. 中国石化中原油田分公司，濮阳　457001)

摘　要　在连续式循环工业侧线试验装置上进行了吸附法脱除催化裂化再生烟气中硫氧化物和氮氧化物的试验。采用稀相流化吸附、密相床再生模式、以催化裂化催化剂为吸附剂，在常压、吸附温度为200～300℃、再生温度为500～600℃的条件下，对SO_2的脱除率可达95%以上，对NO_x的脱除率可达60%以上，烟气尾气中SO_2和NO_x的质量浓度均满足排放要求。针对吸附剂再生的尾气中的硫全部以硫化氢形式存在，两器硫平衡率高于85%。试验结果表明，低压、连续循环、吸附-再生方式同时脱硫脱氮的工艺路线具有可行性。

关键词　催化裂化烟气　硫氧化物　氮氧化物　吸附　侧线试验

1　前言

我国对石油石化行业的环保要求正日益严格，已经于2015年发布了新的《石油炼制工业污染物排放标准》(GB 31570—2015)，对国内炼油装置催化裂化再生烟气中SO_2、氮氧化物、颗粒物的排放限值作出规定。目前，脱除催化裂化再生烟气中SO_x和NO_x的技术选择虽然有多种，但各有利弊，这一方面需要改进和完善已有技术，另一方面也迫切期待研发出能够扬长避短的新技术。

中国石化石油化工科学研究院经过多年探索，形成了独特的吸附法脱除催化裂化再生烟气中SO_x和NO_x的技术思路[1]。该技术(简称RESN)使用催化裂化催化剂作为吸附剂，采用循环流化床吸附-再生工艺。在吸附器中烟气与吸附剂接触脱除SO_x和NO_x，而在再生器中，利用还原性气体对吸附剂进行再生，经过还原再生后，硫氧化物被还原为硫化氢继续利用，氮氧化物被还原为氮气无害排放。再生后吸附剂可循环使用，或返回催化裂化装置的反应系统。该工艺过程简单，利用了催化裂化催化剂在200℃左右对SO_x和NO_x的吸附潜力，不外排污染物，无二次污染。

RESN技术的实验室小试和中试试验结果表明，对于配制的烟气(SO_2质量浓度为不低于5000mg/m^3)，催化裂化催化剂作为吸附剂具有良好的吸附性能和再生性能。该工艺具有同时维持SO_x和NO_x脱除率高于95%的潜力。此外，吸附剂经过运转后再用作催化裂化催化剂，对催化裂化过程无负面影响。为进一步考察RESN技术的可行性，石油化工科学研究院、中国石化工程建设有限公司和中原油田分公司石油化工总厂合作，在中原炼厂催化裂化装置附近建造了一套侧线试验装置，探索工艺路线并为工业应用方案提供基础。

2 试验过程

2.1 工艺流程与试验装置

侧线试验的工艺实施方案见图1。流程说明：催化裂化再生烟气自余热锅炉后经风机引入缓冲罐，再经热式气体流量计和控制阀进入吸附器下部，与吸附剂接触反应后进入吸附器出口旋风分离器，经气固分离后排入烟道。吸附剂经回收或沉降汇入吸附器沉降器内，沉降器中吸附剂一路经自循环管线返回吸附器底部继续与烟气接触，另一路经吸附剂待生管线去再生器，再生后的吸附剂经管线降温后返回吸附器底部。新鲜吸附剂由吸附剂储罐补充进入吸附器或再生器。还原性气体分两路进入再生器，一路是纯再生用气，加热升温后进吸附再生器底部，维持吸附再生器的流化并完成吸附剂的再生；另一路是待生剂提升气，经预热后随待生吸附剂进入再生器上部。混合气体经过滤管后出再生器，而后经小型压缩机提压后送入瓦斯管网。

整个流程包含吸附-再生系统、分析设备、工艺管线、气体计量与控制、温度及压力测量、加热保温、DCS系统、框架结构、操作间等。其中，主装置的照片见图2。

试验中气体均为常压，其中烟气标准状态处理量在50~100 m^3/h，温度在200~300℃。还原气体有两种，分别是天然气和富氢气体，标准状态流量均在1~10 m^3/h，温度在450~600℃。

2.2 吸附剂

中原炼厂使用的催化裂化催化剂牌号为CGP-C，由中国石化催化剂有限公司长岭分公司生产，试验中使用了CGP-C新鲜剂和平衡剂。新鲜剂中S、N、Cl等元素的质量分数远高于平衡剂中的质量分数。此外，新鲜剂的比表面积大于平衡剂的比表面积，其中细粉也比平衡剂中的多。

2.3 过程气体体积分析

吸附过程的原料和尾气采用MGS300多组分连续气体测量系统(北京杰席特科技有限公司提供)在线分析。试验中每15s更新一次记录，送入DCS并实时显示数据。该测量系统集成了烟气保温采样单元、预处理单元、FT-IR准原位气体分析仪、氧分析仪、氢分析仪和后处理单元。其中，FT-IR准原位气体分析仪由美国万机仪器有限公司生产，型号Multigas2030。具有分析包括SO_3、SO_2、NO_x、H_2O、CO_x、NH_3、H_2S在内380多种气体物质的潜力。

3 结果与讨论

3.1 催化裂化再生烟气组成

中原炼厂的催化裂化装置于1996年建成投产，经过几次改造后，目前装置的年处理量为 55 万吨，测得该装置再生烟气组成见表 1。

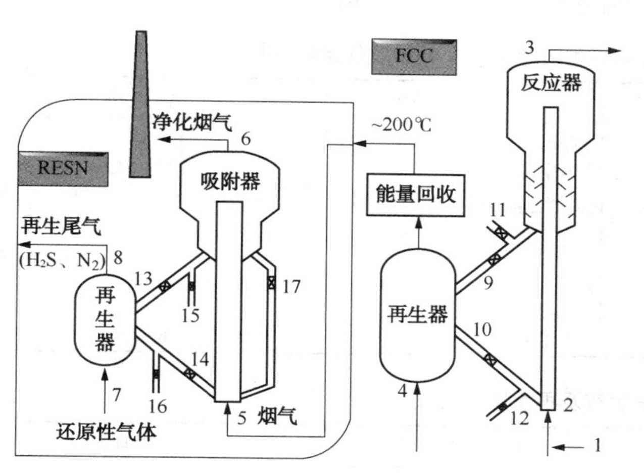

图 1　RESN 技术工业侧线实施方案示意图

图 2　RESN 技术工业侧线装置正面图

表 1　催化裂化装置再生烟气组成

气体	$\varphi(CO_2)/\%$	$\varphi(H_2O)/\%$	$\varphi(O_2)/\%$	$\rho(SO_2)/(mg/m^3)$	$\rho(NO)/(mg/m^3)$
数值	12~15	8~10	2~3.5	1800~2300	140~160

3.2　使用 CGP-C 新鲜剂的试验结果

3.2.1　富氢气体作为再生气

表 2 中给出了采用 CGP-C 新鲜剂并用富氢气体再生时的吸附-再生条件。经过吸附运转操作后的净化烟气中 $\rho(SO_2)$ 最低至 49 mg/m^3，相当于脱除 SO_2 的绝对量在 1800 mg/m^3，SO_2 的脱除率在 97%；同时净化烟气中的 $\rho(NO_x)$ 最低至 27mg/m^3，相当于脱除 NO_x 的绝对量在 124 mg/m^3，NO_x 的脱除率在 82%。上述结果已满足现行 GB 31570—2015 中重点地区催化裂化烟气的排放限值要求（SO_2 的排放限值为 50 mg/m^3，NO_x 的排放限值为 100 mg/m^3），接近超洁净排放目标（SO_2 的排放限值为 35 mg/m^3，NO_x 的排放限值为 50 mg/m^3）。

进一步计算可得每千克吸附剂对 SO_2 的吸附量是 3.1~6.2 g，每千克吸附剂对 NO_x 的吸附量是 0.2~0.4 g。因此，吸附剂的运转处于一种相对高效的工作状态。

表 3 为再生反应前富氢气体和反应后再生尾气组成，可以看到，吸附剂再生尾气中未检出 SO_x，说明吸附剂上脱除下来的 S 全部转化成了还原态的 H_2S。表 4 为某一时刻两器的硫平衡核算，可以看到，两器中 S 元素的平衡率为 91.6%。

3.2.2　天然气作为再生气

使用天然气作为再生气时的过程操作参数与使用富氢气体作为再生气时的过程操作参数相近。测得吸附器出口烟气的组成有所波动，其原因在于 SO_2 和 NO_x 的上限值是再生一侧未通入还原性气体之前所能达到的最好数值，是靠热再生所能维持的脱除 SO_2 和 NO_x 的最高能力，其对应的脱除率分别为 81% 和 45%；而 SO_2 和 NO_x 的下限值是再生一侧通入还原性气体之后达到的数值，是靠化学再生所维持的脱除 SO_2 和 NO_x 的较好能力，此阶段内的最低质量浓度分别为 91mg/m^3 和 62mg/m^3，其对应的脱除率分别在 95% 和 61%。

表2 使用新鲜剂并用富氢气体再生时的 RESN 处理过程操作参数

吸附系统	范围	再生系统	范围
FCC 再生烟气标准状态流量/(m^3/h)	45.2~51.9	再生气标准状态流量/(m^3/h)	2.8~7.8
吸附温度/℃	234~300	再生温度/℃	515~549
吸附器顶压/kPa	22.7~27.8	再生器顶压/kPa	27.0~33.0
吸附器全塔压降/kPa	1.4~1.8		
吸附剂循环量/(kg/h)	13~28		
剂气比/(kg/m^3)	0.26~0.54		
系统吸附剂总藏量/kg	150~180	再生器藏量/kg	8~25

表3 富氢再生气及再生尾气组成

组分	富氢气体	再生尾气(湿基)	再生尾气(处理)
$\varphi(H_2)$/%	70.0~87.0	63.2	85.9
$\varphi(CH_4)$/%	0.3~2.5	0.71	0.99
$\varphi(CO_2)$/%	11.0~25.0	3.75	5.10
$\varphi(CO)$/%	0.2~1.6	3.20	4.35
$\varphi(N_2)$/%	—	15.8	—
$\varphi(H_2O)$/%	—	10.65	—
$\rho(H_2S)$/(mg/m^3)	—	3809	5179

表4 使用富氢气体再生时吸附器-再生器硫平衡核算

目标位置	吸附侧	再生侧	目标位置	吸附侧	再生侧
尾气组成			$\varphi(H_2O)$/%	4.97	10.65
$\varphi(H_2)$/%	—	63.2	$\rho(SO_2)$/(mg/m^3)	120	—
$\varphi(CH_4)$/%	—	0.71	$\rho(H_2S)$/(mg/m^3)	—	3809
$\varphi(CO_2)$/%	9.81	3.75	脱硫率/%	91.7	
$\varphi(CO)$/%	0.0036	3.20	尾气流率/(m^3/h)	66.5	12.0
$\varphi(N_2)$/%	82.3	15.8	转移的单质硫/(g/h)	47.1	43.1
$\varphi(O_2)$/%	2.9		S 平衡率/%	91.6	

表5 天然气再生气及再生尾气组成

项目	天然气	再生尾气	项目	天然气	再生尾气
$\varphi(CH_4)$/%	90.28	64.3	$\varphi(C_2H_4)$/%		0.13
$\varphi(CO_2)$/%	2.30	1.68	$\varphi(C_2H_6)$/%	5.13	3.27
$\varphi(CO)$/%	0	0.08	$\varphi(C_3\sim C_5)$/%	1.38	0.72
$\varphi(O_2)$/%	0.08	0.24	$\rho(H_2S)$/(mg/m^3)	0	3100
$\varphi(N_2)$/%	0.83	29.58			

表5为再生反应前天然气和反应后再生尾气组成，可以看到，吸附剂再生尾气中未检出 SO_x，说明吸附剂上脱除下来的S全部转化成了还原态的 H_2S。经过核算，两器的硫平衡率

维持在85%以上，进一步证实了试验装置在物料平衡上的可靠性。

3.3 使用CGP-C平衡剂的试验结果

使用CGP-C平衡剂并用天然气进行再生，当吸附器出口烟气的主要组成达到理想状态时SO_2和NO_x的质量浓度分别为81mg/m^{3}和47mg/m^3，其对应的脱除率分别在96%和69%，与使用CGP-C平衡剂时的数值相当。但是和使用CGP-C新鲜剂方案相比，差异较大的参数是吸附剂的剂气比：使用平衡剂时是0.39~0.90 kg/m^3，比使用新鲜剂时对应值的0.24~0.60 kg/m^{3}高出50%左右。究其原因是因为CGP-C平衡剂中同基准单位提供的脱硫脱氮活性中心少于CGP-C新鲜剂活性中心。

4 结论

工业侧线试验结果表明RESN技术路线具有可行性。催化裂化烟气中SO_x和NO_x的脱除率分别大于95%和60%，满足现行GB 31570—2015中关于催化裂化烟气排放标准的要求，并有达到超洁净排放的潜力。无论使用富氢气体还是天然气作为再生剂，吸附剂均具有再生性。

参 考 文 献

[1] 郭大为，张久顺，龙军，等．脱除烟气中硫氧化物和/或氮氧化物的方法及烃油裂化方法[P]．中国，ZL200610171550.5.

催化裂化装置绿色环保停工措施应用与探讨

卫纲领　汪正武　陈　军

（中国石油独山子石化分公司炼油厂，独山子　833699）

摘　要　催化裂化装置停工过程中会产生较多的污水，污油和废气，随着环保压力的加大和落实中石油总部关于“气不上天，油不落地，声不扰民，尘不飞扬”的要求，必须要做到绿色环保停工，停工吹扫操作难度增加。某催化装置通过对以往停工操作分析，提出并实施了包括优化和完善流程，停工不放火炬，密闭吹扫，化学除臭、清洗钝化等控制措施，实现了催化装置“气不上天，油不落地，声不扰民，尘不飞扬”的绿色停工目标。

关键词　催化裂化　停工　绿色　化学清洗　效果　措施

1　前言

催化裂化装置以往停工过程中，吸收稳定、分馏系统轻油系统退油完毕后，用新水将油品顶至罐区，重油系统用蒸汽将油品扫至塔内，用塔底油浆泵转至原料罐，待泵抽不上量后打开塔底放空阀，将存油放至下水系统，然后先用蒸汽密闭向火炬系统吹扫24h，然后打开塔顶人孔继续向大气吹扫48h，再停汽进行监测，可燃气及硫化氢监测合格后，交付检修。

某石化公司炼油厂有两套催化装置，采用高低并列式提升管，处理能力分别为0.8Mt/a（简称Ⅰ套催化）和0.5Mt/a（简称Ⅱ套催化）。再生器采用单段加CO助燃剂完全再生方式，无内外取热设施。加工原料为减压馏分油、焦化蜡油的混合油，硫含量在0.8%~1.0%，残炭0.8%~1.0%，采用LDO-75D催化剂。

随着催化装置加工原料性质的变重，硫含量的上升，催化吸收稳定系统设备腐蚀及产生含硫化合物、硫化亚铁增加；分馏油浆系统结垢加剧，停工处理过程更加困难。停工吹扫过程中产生的废气，污水，污油，造成现场气味较大，污油较多，对周围环境造成严重污染，同时也不能满足日益严格的环保要求。

根据总部关于“气不上天，油不落地，声不扰民，尘不飞扬”的要求，必须要做到绿色环保停工，而要实现催化装置绿色环保停工，关键是停工不放火炬，实现密闭吹扫，在保证吹扫效果的前提下，减少吹扫时间，减少污水，污油，废气的排放。

2　实现催化装置绿色环保停工的难点及措施

2.1　完善密闭吹扫的相关流程

要实现密闭吹扫，需考虑现有流程是否能够满足密闭吹扫要求，装置正常生产期间是否能够对流程进行完善，增加的吹扫流程和排放点设置是否合理，吹扫过程中出现困难如何解决等。

2.2 对接公用工程及上下游系统

实现密闭吹扫需解决大量吹扫蒸汽排入火炬系统带来的超温风险，吸收稳定系统氮气置换瓦斯，系统能否保证氮气供应，化学除臭清洗钝化废液排放去向、罐容及处置方法，吹扫冷凝液废水排放去向。

2.3 做好吹扫排放点污油放空接卸及重油系统吹扫困难等问题

密闭吹扫期间，油浆、回炼油等重油系统吹扫难度大、耗汽量高，吹扫流程长，采用外引柴油清洗而又会产生大量污油，如何解决重油系统吹扫问题，是密闭吹扫过程中的又一个难点。

2.4 优化停工方案，细化吹扫流程

停工前针对每一个系统，每一条流程，制定专门的吹扫方案，确定给汽点，排汽点，检查点，记录给汽时间，给汽人，停汽时间，停汽人，同时要防止吹扫过程中蒸汽互串，污染已吹扫干净的管线。

2.5 实施蒸汽错峰吹扫及错峰排放

在全厂停工吹扫过程中，所有装置若同时吹扫，将造成氮气、蒸汽流量及压力不足，同时所有吹扫蒸汽排入火炬系统，将造成火炬系统超温、超压，威胁火炬系统的安全运行。实施错峰吹扫及错峰排放，将解决氮气、蒸汽供应不足及火炬系统超温、超压问题。

3 实现绿色停工措施及效果

3.1 优化停工方案和停工网络

停工前对退油、吹扫工艺处理方案进行多次讨论，制定停工环保管理方案及控制措施，与调度部门进行对接，优化停工网络，细化到每一个系统，每一条管线，明确给汽点，排汽点，放空检查点，安排专人落实；停工前加强对员工过程关键点控制培训和组织停工人员以仿真形式进行桌面推演，确保每一名操作员工掌握停工过程关键操作。同时制定密闭吹扫期间，火炬系统安全运行措施，根据调度安排实施错峰排放，防止火炬系统超温、超压。

3.2 停工前增加和完善相关吹扫流程

针对停工过程中分馏系统油浆流程长，压降大，退油后期油浆不易外送等问题，在油浆泵出口增加直接外甩至原料线流程，将分馏塔底油浆送至原料退料罐，减轻切换油浆换热器副线的工作量，解决以前的直接排入下水系统，通过下游装置回收，排水系统含油超标问题。

为实现密闭吹扫，吸收稳定系统吹扫蒸汽通过新增的干气控制阀与富吸收油返塔连通

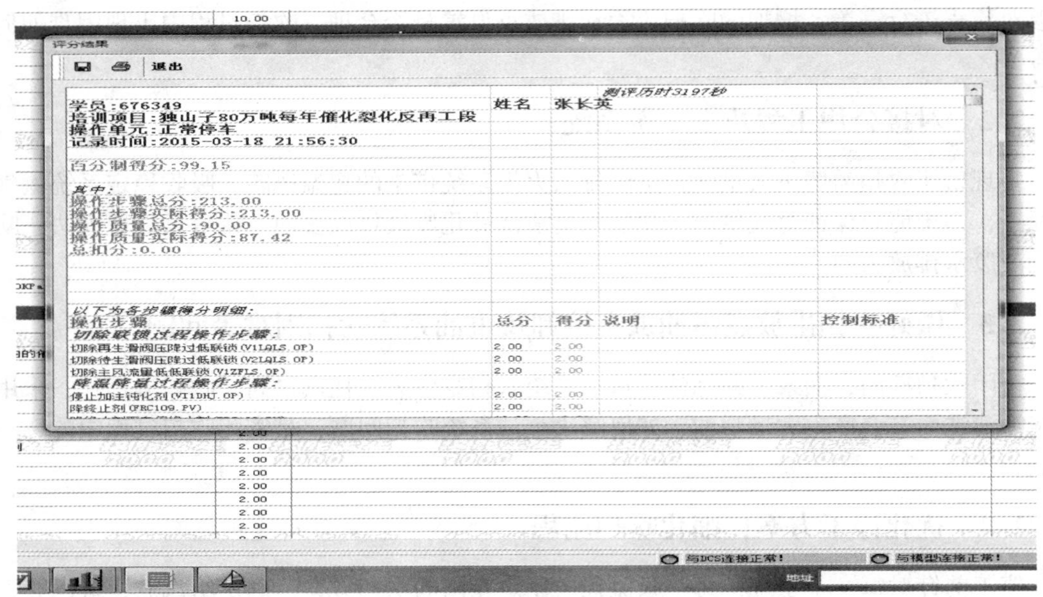

图 1 仿真学习成绩

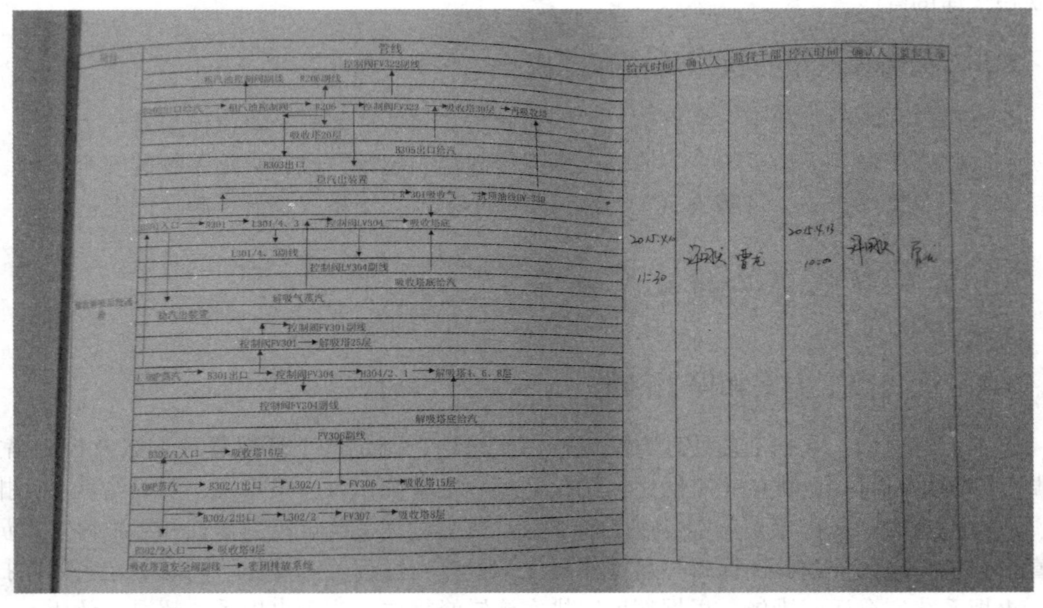

图 2 吹扫流程确认

线，稳定塔(解吸塔)顶与分馏塔顶密闭排放跨线，送到分馏塔顶冷却系统，通过冷却，减少吹扫蒸汽进入火炬系统温度及流量。

3.3 增加完善氮气吹扫流程

以前吸收稳定系统退油、泄压完毕后，直接给汽吹扫，系统中的瓦斯气排入火炬系统烧掉，造成浪费，增加、完善氮气流程后，系统水顶油完毕后，先用氮气将系统内油气进行置换，回收，然后再给汽吹扫。

3.4 提升管切断进料后，减少火炬燃放的措施

催化裂化装置停工阶段，通过富气压缩机出口长时间放火炬，来控制反应再生系统的压力平衡，在业内是非常普遍的做法，但大量的瓦斯和轻油经火炬燃烧后排入大气，会造成燃料浪费和环境污染。

2015 年大修，催化装置停工时，受吸收稳定系统压力高制约，提升管切断进料后，气压机继续运转 5 分钟左右停机，通过放火炬控制沉降器压力。

2017 年 6 月 I 套催化装置停工前，提前与下游装置联系，降低瓦斯系统压力，将再吸收塔压力由正常生产的 0.85~0.9MPa 降低至 0.4~0.5MPa，降低气压机出口压力，延长切断进料后气压机运行时间，尽量回收反应器和分馏塔内残存油气。提升管切断进料后，根据沉降器顶压力控制，通过提高反飞动量和降低气压机转速，气压机继续运转 40min，然后停气压机，用放火炬阀控制反应压力(提前降低气柜液位，控制放火炬量)，实现了火炬气全部回收，停工火炬不燃烧。

3.5 切断进料后，采取措施，减少加装大油气线盲板时油气污染

催化装置提升管反应器切断进料后，为保证吹扫安全，需在进分馏塔大油气线加盲板隔断沉降器与分馏及后续系统的联系，而加装分馏塔入口大油气线盲板时，若吹扫时间不足，压力控制不好，拆开法兰后，大量油气外泄，不但污染周围环境，而且压力控制不好，还会造成空气吸入分馏塔，造成塔内油气自燃而发生事故。

通过对中国石化、中国石油三十多套催化装置停工加大盲板操作进行分析，结合装置实际情况，确定提升管切断进料后，提升管及沉降器给汽吹扫 8~10h，分馏塔各侧线用蒸汽将油气赶入分馏塔吹扫至火炬气回收系统，待沉降器内油气基本吹扫干净，分馏塔油气入口温度降至 200℃以下，分馏塔底气相温度降至 250℃以下，分馏塔内存油转空，按编制的拆加盲板安全预案，除保留沉降器汽提蒸汽，分馏塔底搅拌蒸汽(或柴油塔汽提蒸汽)外，停提升管、沉降器及分馏塔给汽，关闭分馏塔顶空冷入口电动阀(蝶阀)，缓慢打开沉降器顶放空，控制沉降器顶、分馏塔顶微正压(一般 1~2kPa)，然后加装大油气盲板。

为防止分馏塔入口结焦，拆开大油气线法兰时油气线内存油漏出，污染环境，提前制作接油盒，拆开法兰时将存油接到盒子里，然后倒入容器中。

通过上述控制措施的实施，现场油气味明显减少，现场 5m 范围内 VOC 监测数据为零，再加上前期准备工作充分，实现了安全快速加装盲板，没有对周围环境造成污染。

3.6 吸收稳定水洗前，在系统中加入除臭剂，解决排水臭味及硫化氢、可燃气体超标问题

随着炼油厂加工进口含硫原油比例的增加，催化原料硫含量高达 0.8%~1.0%，造成装置液相产品中总硫，干气、液态烃中硫化氢含量大幅度上升，以往吸收稳定系统退油完毕，新水顶油后，排水时现场硫化氢、可燃气体超标报警，装置内及附近臭味大，对周围环境影响很大，很容易引起周围居民投诉。

通过增加 2 次氮气置换，在顶水过程加入除臭剂，对吸收稳定系统氮气充压至 0.4MPa，

进行三塔循环水洗除臭。在排水时观察，效果非常明显，现场可燃气体和硫化氢报警仪基本未发生报警，装置内基本无异味，达到了预期目的。

若装置采用密闭除臭钝化吹扫，冷凝水送下游酸性水汽提装置进行处理，不直接排入下水系统，可取消在吸收稳定水洗前，在系统中加入除臭剂操作。

3.7 优化分馏系统重油清洗方案

催化装置分馏系统原料，油浆、回炼油及分馏塔底是催化裂化装置停工吹扫的难点。2011年大修装置对油浆系统、原料系统、回炼油系统及中段回流进行了全清洗，即从装置外引柴油并加入清洗剂，点加热炉，控制130~140℃对重油系统进行循环清洗置换10~15h，当置换产物的密度和柴油密度相差在5%以内时，认为置换合格，将系统内油品退至原料罐，然后加新水顶油，给蒸汽吹扫。通过实施全清洗，增加了吹扫效果，原料、油浆换热器管束无明显油污。但采用全清洗，一方面需要外引柴油，置换产生大量污油，退油结束水顶油时，高温柴油乳化，造成排水COD超标；另一方面加注清洗剂，造成成本增加，同时延长停工时间。

2015年及2017年检修，通过充分讨论，结合装置实际情况，Ⅰ套催化装置取消重油系统化学清洗，退油结束后直接用蒸汽进行吹扫，仅一套装置就可减少重油清洗产生的污油300t，废水300t，停工时间缩短了8h。

3.8 分馏及吸收稳定系统实施密闭吹扫

催化装置停工吹扫时，传统的做法是先往火炬系统给蒸汽吹扫24h，然后打开所有塔、容器顶部人孔继续给蒸汽吹扫48h，装置停工吹扫期间，现场及界区臭味很大，经常引起周围居民的投诉和不满。

为减少吹扫过程中产生的油气及其他臭味，制定吹扫方案时，取消以往打开塔、容器顶部人孔吹扫，实施密闭吹扫，吹扫前先用氮气置换系统内的油气，然后给蒸汽吹扫，并在前期12h蒸汽吹扫过程中加入除臭钝化剂，将除臭钝化剂按要求配置成合适的浓度，用计量泵通过吹扫蒸汽加注到稳定塔底、解吸塔底、分馏塔底等相应给汽点，进行气相除臭吹扫。

通过实施密闭吹扫及气相除臭，大大降低了对周围环境的污染，密闭吹扫结束后对塔、容器气体检测结果，硫化氢和CO监测数据均为0，达到了预期的吹扫效果，安全检修动火条件。

除臭吹扫结束后，为考察气相除臭效果，对Ⅰ套催化装置吸收稳定系统R-301(压缩机出口油气分离罐)开人孔后检测值如表1所示。

表1 Ⅰ催化装置气体检测

检测项目	氨	硫化氢	甲硫醇	甲硫醚	二甲二硫	二硫化碳
指标	$<2.0mg/m^3$	$<0.1mg/m^3$	$<0.01mg/m^3$	$<0.15mg/m^3$	$<0.13mg/m^3$	$<5.0mg/m^3$
实测	0	0	0	0	0	0

从表中数据可以看出：硫化氢，硫醇，硫醚等实测数据均为0，除臭效果较好，达到了预期的除臭吹扫目的。

表 2　I 催化装置内外 VOC 检测数据

VOC 检测记录：

时间	I 催化装置办公室路口	I 催化装置脱硫脱硝东路口	炼油厂上大门	健身中心处	原料操作室西路口	192#泵房西侧公路	隔油池西公路	I 催化装置操作室	检测人
	ppm	ppm	ppm	ppm	ppm	ppm	ppm	ppm	
2017.6.16 11:00	0	0	0	0	0	0	0	0	[illegible]
14:50	0	0	0	0	0	0	0	0	[illegible]
18:52	0	0	0	0	0	0	0	0	[illegible]
22:50	0	0	0	0	0	0	0	0	[illegible]
2017.6.17 2:50	0	0	0	0	0	0	0	0	[illegible]
6:55	0	0	0	0	0	0	0	0	[illegible]
10:50	0	0	0	0	0	0	0	0	[illegible]
14:55	0	0	0	0	0	0	0	0	[illegible]
18:50	0	0	0	0	0	0	0	0	[illegible]
22:54	0	0	0	0	0	0	0	0	[illegible]
2017.6.18 2:45	0	0	0	0	0	0	0	0	[illegible]
6:50	0	0	0	0	0	0	0	0	[illegible]
10:52	0	0	0	0	0	0	0	0	[illegible]
15:00	0	0	0	0	0	0	0	0	[illegible]

注：6 月 16 日为停工第一天，监测地点分别距装置 10m，30m，100m 范围内。

3.9　对装置易产生硫化亚铁的部位进行评估，采用化学钝化进行处理

因装置加工原料硫含量高，对装置易产生硫化亚铁部位进行分析评估，对分馏塔顶油气线、冷换设备，油气分离器；吸收稳定系统，气压机中间冷却器，油气分离器，装置瓦斯分液罐进行钝化浸泡、循环、钝化，避免设备入口打开后产生硫化亚铁自燃。

装置内瓦斯分液罐，气压机中间冷却器，油气分离器，分馏塔顶油气线、冷换设备，油气分离器采用浸泡钝化 8~10h。吸收稳定系统采用循环钝化 8h。

2015 年停以前停工钝化时分馏系统、吸收稳定系统同时钝化，产生废钝化液 250~300t。通过优化钝化方案，先对吸收稳定系统进行循环钝化，循环钝化 8h 后，将吸收稳定系统的钝化液再掺入部分新鲜钝化液注入到分馏系统及其他容器内浸泡钝化 8~10h，减少钝化液 50%以上，且钝化效果相当。

3.10　控制吹扫过程中产生污水排放量，通过监测分析，确定合适的处置方法

在吸收稳定系统新水顶油时，同时对粗汽油罐 V206、凝缩油罐 V301 进行置换，置换的污水通过装置内含硫污水线进单塔汽提装置，当污水 COD 分析数据<1000mg/L，才排入装置内下水系统。

装置吹扫过程中产生的蒸汽冷凝水做 pH 值，COD，含油分析，若 COD 值大于 1000mg/L，将冷凝通过含硫污水线送单塔汽提装置进行处理；当 COD 值小于 1000mg/L 时，可直接排入下水系统。每 2 小时对装置污水总排取样分析 COD，同时对下游污水总排 COD 在线表进行实施监控。在整个吹扫过程污水排放未对下游污水总排造成影响。

3.11　增加密闭排放专线，将吹扫蒸汽冷凝水送下游装置处置，实现密闭排放

以往检修，为避免吹扫管线蒸汽冷凝水集聚而造成水击，管线低点放空直排大气或通过

接胶皮管排入地漏(下水井)，现场吹扫气味大。

停工吹扫、水洗、除臭钝化过程中产生的冷凝水；设备、管线低点放空通过新增密闭排放专线，经原含硫污水输送泵加压后送下游装置进行处理，实现密闭排放，吹扫过程中现场干净且无恶臭气味。

图3 密闭吹扫新增临时污水处置措施

3.12 装置清理出的油泥，废渣用桶统一回收，处置

塔、容器清理出的油泥，废渣统一装入提前准备好的塑料桶内，集中处理，防止发生FeS自燃现象。

图4 塔、容器清理出的油泥入桶

3.13 停工过程粉尘控制方案及措施

催化装置停工过程中，粉尘主要来源于再生器卸剂平衡剂罐R-102顶放空、两器清理过程中提升管底部放催化剂、三旋回收催化剂放槽车，两器吹扫过程中产生的粉尘。

在平衡剂罐R-102顶部放空安装过滤器(如图5、图6)，用过滤器过滤放空排出的粉尘，从实际使用效果看，粉尘排放大幅减少；再生器卸剂过程中严格控制卸剂速度，卸剂速度按照≯30个料位/h控制，防止卸剂速度过快，平衡剂罐R-102顶部放空气体排出速度快，携带粉尘。

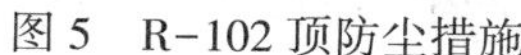

图 5　R-102 顶防尘措施

图 6　运行中的防尘措施

3.14　停工过程中噪声控制方案及措施

催化装置停工过程中噪声主要来源于沉降器顶部放空、主风机出口放空以及余热锅炉、油浆蒸发器泄压。

通过主风机放空之前将静叶角开度控制在最小开度，尽量缩短加 DN800 盲板的时间，减少排放。沉降器顶部三个放空安装消音器，两器吹扫期间沉降器顶部放空阀控制合适的开度，缩短放空时间，

安排专人在沉降器顶对检测噪音分贝，控制余热锅炉、油浆蒸发器泄压等措施，停工期间装置周围噪声监测数据见下表。

表 3　I 催化装置停工期间噪声监测数据表

噪音检测记录：

时间	I 催化装置办公室路口	I 催化装置脱硫脱硝东路口	炼油厂上大门	健身中心处	原料操作室西路口	192# 泵房西侧公路	隔油池西公路	I 催化装置操作室	检测人
	dB	dB	dB	dB	dB	dB	dB	dB	
2017-6.16 11:00	64	69	58	55	70	62	64	62	[illegible]
14:50	70	70	62	49	77	65	62	67	[illegible]
18:52	63	61	60	54	65	60	59	59	[illegible]
22:50	70	67	62	63	64	68	64	65	[illegible]
2017.6.17 2:50	72	67	62	64	65	59	59	66	[illegible]
6:55	70	68	63	64	66	62	63	66	[illegible]
10:50	65	70	60	57	70	65	62	64	[illegible]
14:55	67	68	73	58	72	62	60	60	[illegible]
18:50	65	70	62	55	70	60	64	62	[illegible]
22:54	63	65	64	58	67	65	58	60	[illegible]
2017.6-18. 2:50	63	66	64	57	67	64	60	61	[illegible]
6:55	64	65	63	59	66	65	61	62	[illegible]
10:52	70	65	64	57	70	64	64	60	[illegible]
15:00	67	62	53	62	65	62	59	59	[illegible]

从表中噪声监测数据可以看出，距装置10m范围内最高为70dB(A)以下，距装置30m范围内最高为65dB(A)左右，距装置100m范围内最高为60dB(A)以下。

4 存在问题分析与讨论

4.1 关于分馏重油系统全清洗对外排污水影响

分馏油浆、回炼油等重油系统停工处理，从前期实施全清洗来看，可以通过外引柴油，添加清洗剂并升温循环清洗置换，将冷换设备、塔器上黏附的油垢剥离开来，从而提高清洗及后期吹扫效果，但外引柴油会增加污油量，退油后期水顶油造成柴油乳化，外排污水COD超标，增加污水处理难度，需根据装置实际，选择是否进行重油全清洗；同时也可通过在停工期间将柴油组分退至分馏塔，并通过油浆循环流程冲洗置换油浆系统，或将厂区内的轻污油引进装置置换重油系统，可减轻吹扫难度，并不多产生污油。

4.2 气相除臭吹扫及气相钝化过程中，加注点管线腐蚀泄漏问题及解决措施

随着催化装置大型化，设备和管径加大，采用液相钝化，产生的废钝化液量很大，拉运及处置工作量大，国内某清洗公司结合国外先进的清洗技术，开发了炼化装置的气相清洗技术(包括气相除臭、气相钝化)，该技术在装置蒸塔、吹扫过程中加入气相清洗剂，可以迅速清除H_2S、FeS等，快速、高效的保证炼化装置停工过程的无毒、无害，实现完全净化。与传统的液相清洗相比，该技术没有清洗废液产生；同时可以缩短停工时间，大大降低清洗工作量[1]。

2014年I套催化装置采用气相除臭、钝化吹扫过程中，虽然除臭及钝化效果良好，设备打开后未发生自燃现象，同时检测容器内H_2S含量为零。但出现加注点管线多处泄漏问题，经对气相钝化液、凝液进行pH试纸监测，气相钝化液pH值在5左右，凝液pH值在4~5，液相钝化液pH值在8左右。

针对前期气相除臭钝化过程中存在的加注点腐蚀泄漏问题，国内某清洗公司通过调整除臭钝化配方，将除臭和钝化剂复配为一体，原液pH值为中性，除尘钝化液是一种溶于水的表面活性剂，可以去除工艺设备中的烃类残留物，可以在水中将烃类物质微乳化，温和的氧化性去除残留的硫化氢和硫化亚铁，不含无机成分而且可以完全溶解在水中并百分百生物降解，后续废液处理不会对污水处理造成影响。2017年6月Ⅰ催化装置采用气相除臭钝化，除臭钝化液用水稀释后，用计量泵通过吹扫蒸汽加注到稳定塔底、解吸塔底、分馏塔底等相应给汽点，进行气相除臭吹扫，吹扫结束设备打开后，未出现硫化亚铁自燃问题，硫化物、CO及VOC检测数据为零，装置周围无异味，达到了预期除臭钝化目的，同时解决了加注点腐蚀泄漏问题。

4.3 停工液相钝化废液处理及气相除臭钝化技术的比选

催化装置停工液相除臭，钝化就是将除臭，钝化原液用水稀释，然后通过泵打入到需除臭钝化的塔器中进行循环浸泡8~10h，废钝化液通过含硫污水(或污油)流程或用槽车全部转移至厂内的三污油罐暂存，后续对污油罐内的废钝化液再进行处置，转移废钝化液耗时约

一个白天，延长了停工时间。可通过化验分析，若 COD 值>1000mg/L，将钝化废液通过酸性水线送酸性水汽提装置进行处理，若 COD<1000mg/L 左右，建议对废钝化液加入消色剂后直接排入装置下水系统，可缩短停工时间。

气相除臭钝化技术是将除臭钝化原液用水稀释后，用计量泵通过吹扫蒸汽加注到需除臭钝化塔器相应的给汽点，进行气相除臭吹扫，它将装置吹扫与除臭钝化结合起来，在装置停工蒸汽吹扫过程中加入药剂，不额外使用蒸汽、不额外占用时间、不产生大量废液，大大减轻了企业废液排放处理的压力，缩短了停工时间，且清洗效果更佳，吹扫、除臭钝化过程中产生的冷凝水通过含硫污水泵送入下游酸性水汽提装置进行处理，建议停工采用气相除臭钝化。

5 结论

从某公司两套催化装置停工过程可以看出，通过优化装置停工方案，停工不放火炬，实施密闭除臭吹扫，化学钝化，污水分类处理排放处理，现场不乱排，乱放等措施，与以往停工过程对比，每套催化装置可减少污水及钝化废液排放 600t 以上，未对周围环境造成污染和对下游装置污水系统造成冲击，实现了催化装置“气不上天，油不落地，声不扰民，尘不飞扬”的绿色停工目标。

参考文献

[1] 陈俊武，许友好．催化裂化工艺与工程[M].3 版。北京：中国石化出版社，2015.

$1^{\#}$催化装置烟气脱硫及电除尘运行情况

刘海洲

（中国石化荆门分公司，荆门 448039）

摘　要　主要介绍中国石化荆门分公司1#催化装置的环保项目改造运行情况。在原料中硫含量相当的情况下，每天加注硫转移剂180kg，硫转移剂占系统藏量6.6%左右，烟气中的硫转移率为65.9%，烟气中二氧化硫排放达到合格标准。烟气静电电除尘系统于2015年2月13日首次开工，开工后运行较为平稳，电流、电压正常。电除尘能耗为0.69 kg标油/t原料，除尘后烟气中的粉尘含量为16.3mg/m³，除尘率达97.55%，达到环保排放要求。电除尘运行后，烟机背压上升4kPa对烟机的发电有影响，烟机的最高发电量为4200kW/h，比之前下降200kW/h左右。

关键词　催化裂化　烟气脱硫　二氧化硫　硫转移剂　静电电除尘　粉尘

随着我国加工原油呈高含硫趋势发展，各炼厂开始加工高硫原油，催化裂化加工的原料越来越重，硫含量也越来越高，再生烟气中SO_2含量也越来越高。催化裂化原料中的硫化物在裂化产品中的分布大致规律是约50%的硫以H_2S形式进入到气体产品中，约40%的硫进入到液体产品中，其含量10%（质）左右的硫进入到焦炭中[1]。

目前环保排放标准不断提高以及政府各级环保监管部门对SO_x、NO_x和颗粒物等污染物排放监管力度的不断加大，全面开展催化裂化装置再生烟气污染物达标排放的技术改造势在必行。目前控制催化裂化再生器烟气SO_x排放的技术主要有：优化催化原料、原料加氢脱硫预处理、烟气后处理和加注硫转移剂等。相比之下，采用硫转移剂来减少SO_2的排放量，无需改造装置、操作简便，还可根据排放情况灵活选择硫转移剂的类型和用量，是一条既经济又有效的技术途径。

中国石化荆门分公司联合一车间1#催化再生烟气中的二氧化硫通过反再系统催化剂中持续不断地加注硫转移剂的方法控制，保证了烟气中的二氧化硫含量达到环保排放标准。

电除尘设施为本装置新上的环保项目，该设施功能是去除烟气中的粉尘，使空气中污染物含量符合政府相关法规。设施由电除尘装置和输灰系统两部分构成，电除尘采用比利时HAMON公司设计制造，输灰系统采用江苏纽普兰气力输送技术工程公司设计制造，设施于2015年2月13日首次开工。

1　烟气硫转移剂脱硫及电除尘原理

1.1　硫转移剂脱硫原理

RFS-09硫转移剂的作用原理及使用方法是，RFS-09硫转移剂与催化裂化主剂RSC-2006按一定比例加入到烧焦罐中，硫转移剂在反应器和再生器之间循环依次发挥效用。在再生器中，硫转移剂在氧化气氛下，将SO_2氧化吸附形成稳定的金属硫酸盐，然后与催化剂一起被输送到提升管反应器和汽提器中，所形成的金属硫酸盐在还原气氛下被还原，以H_2S的形式随裂化产物一起从沉降器顶部排出，最后经分馏和气体分离系统被回收处理。再生后的硫转移剂则进行下一次的循环使用。这样既可以回收到有经济价值的单质硫产品，同时又减少了烟气中SO_x的排放量，有效降低了再生烟气中SO_x对环境的污染。

各部分的主要反应如下[2]：

（1）再生器(金属硫酸盐的生成)

Ⅰ　$S+O_2 \longrightarrow SO_2+SO_3$

Ⅱ　$SO_2+1/2O_2 \longrightarrow SO_3$

Ⅲ　$MO+SO_3 \longrightarrow MSO_4$

（2）反应器(金属硫酸盐的还原)

Ⅳ　$MSO_4+4H_2 \longrightarrow MS+4H_2O$

Ⅴ　$MSO_4+4H_2 \longrightarrow MO+H_2S+3H_2O$

Ⅵ　$MS+H_2O \longrightarrow MO+H_2S$

1.2　静电除尘原理

含催化剂粉尘的烟气经中锅出口进入电除尘入口喇叭，后依次经过电场1#~4#电场在高压电场的作用下，大部分带负电荷的粉尘吸附在阳极板上，少部分带正电荷的粉尘吸附在阴极线上，在振打系统的作用下，将吸附的粉尘振打下来分别落入四个电场的灰斗内。经过除尘后的合格烟气经电除尘出口喇叭进入烟囱，排向大气。落入灰斗的粉尘在输灰系统的控制下，周期性进行输灰，灰斗内的粉尘经下料阀落入输灰管线后，再在输送风的作用下，将落入输灰管线的粉尘吹扫进灰库，最后联系收灰单位定期对灰库内的粉尘进行收灰处理。

1.3　烟气工艺流程

1#催化装置是采用DCC-Ⅱ工艺，原设计为烟气携带粉尘从再生器顶出来经过三旋分离后，分离出来的烟气中粉尘含量小于200mg/m³，进入烟机发电，三旋旋分下来的催化剂细粉通过临界喷嘴进入烟道，一起进余热锅炉取热，烟气温度达到200℃以下后，通过烟囱排向大气。烟气中粉尘浓度高达650mg/m³，对环境污染很大，不符合政府的环保指标。为了满足达标排放，公司决定新增电除尘设施，烟气从余热锅炉经过烟道进入电除尘，通过四组除尘器后，再排向烟囱，进入大气，改造后流程如图1。主要改造内容有：

（1）增加烟道，从余热锅炉出口到电除尘入口，从电除尘出口到烟囱管线，电除尘设备副线，以及管线上的各个蝶阀。

（2）增加4组除尘器，包括除尘器顶的振打设备，气流均匀装置，灰斗。

（3）增加输灰系统及灰库、抽风机、卸灰系统。

（4）增加烟气分析小屋。

（5）增加动力系统，电除尘低压配电间、仪表间、整流变压器、加热器、风机等用电设备。

（6）增加仪表风、工业风系统。

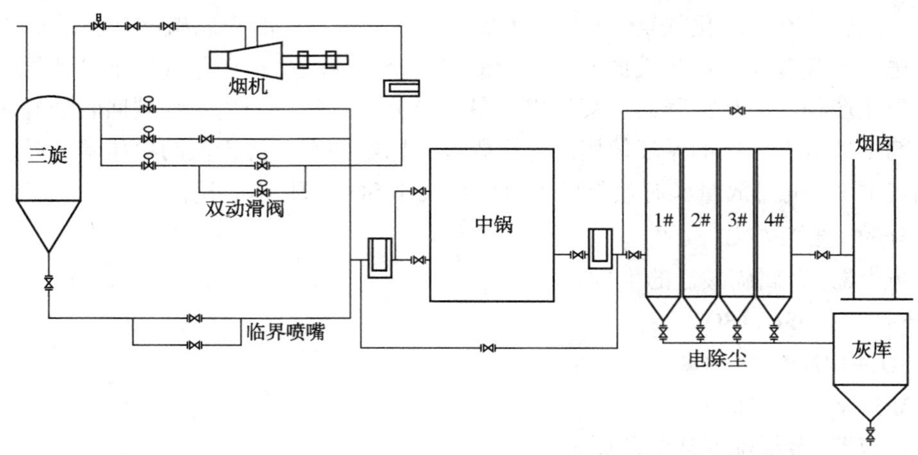

图1 1#催化装置改造后烟气流程

2 装置除尘情况标定

为了分析装置的物料中的硫分布和硫平衡情况，以及考察硫转移剂RFS-09的使用情况，考察静电除尘设备除尘情况及运行效率，按照公司统一安排，2015年4月23日0:00至4月25日0:00进行脱硫电除尘装置标定，历时48小时。

2.1 标定试验范围

在满足设计工况条件下，标定原料中的硫、外来物料中的硫含量、产品中硫含量、烟气中二氧化硫含量、含硫污水中硫含量，标定烟气中的粉尘含量，计算装置的硫分布情况、电除尘的粉尘脱除率。

2.2 试验操作工况

试验期间1#催化装置的处理量接近于设计值2280t/d，主风量为1472Nm^3/min，试验期间装置操作工况如表1。

表1 1#催化装置工况

仪表位号	项目	4-23 8:00	4-23 16:00	4-24 0:00	4-24 8:00	4-24 16:00	4-25 0:00	平均值
TC2101	反应温度/℃	522.40	526.00	525.95	525.44	525.42	525.47	525.11
TC2102	烧焦温度/℃	678.40	687.64	684.50	687.31	696.83	689.74	687.40
FY2108	主风流量/(Nm^3/h)	1489.54	1441.2	1484.67	1495.72	1444.18	1475.53	1471.81
P2101	反应压力/kPa	164.18	159.47	160.64	159.55	158.89	158.56	160.22
PC2102	再生压力/kPa	177.64	177.31	177.19	177.44	177.28	177.37	177.37
T2134	再生稀相温度/℃	734.52	726.19	736.87	711.87	729.04	732.50	728.50
FC2174	汽油回炼量/(t/h)	0.00	0.00	0.00	0.00	0.00	0.00	0.00

续表

仪表位号	项目	4-23 8：00	4-23 16：00	4-24 0：00	4-24 8：00	4-24 16：00	4-25 0：00	平均值
PI2931	电除尘入口压力/kPa	2.245	2.158	2.232	2.20	2.149	2.139	2.187
TI2931	电除尘入口温度/℃	207	204.8	205.3	206.1	205.1	205.8	205.68
F2029	蜡油量/(t/h)	78.98	87.94	87.45	78.05	77.89	75.86	81.03
F2028	掺渣/(t/h)	14.77	12.66	14.04	14.42	14.58	15.79	14.38

2.3 试验分析数据

装置的物料中液态物质硫分布如表2，气态物质硫分布如表3，烟气分析数据如表4。

表2 液态物质分析数据

物料	硫含量		密度/(kg/m^3)	
	4-23 9：00	4-24 9：00	4-23 9：00	4-24 9：00
混合原料	0.652%	0.714%	923.4	923.3
油浆	0.86%	0.831%	1080.7	1086.3
稳定汽油	0.099%	0.1351%	724.2	723.5
轻柴	0.709%	0.673%	942.5	941.2
汽油加氢轻烃	242mg/kg	2167mg/kg	659.8	999.4
柴油加氢轻烃	—	—	—	—
含硫污水 D201	1120mg/L	1060mg/L	—	—
含硫污水 D301	2390mg/L	2300mg/L	—	—

表3 气态物质硫含量分析数据

物料	硫含量/(mg/m^3)	
	4-23 9：00	4-24 9：00
D201 压缩富气	1081	34980
脱硫前干气	21200	14628
脱硫后干气	<1	<1
脱硫前液态烃	23532	63600
脱硫后液态烃	<1	<1
汽油加氢尾气	>50000	4452
柴油加氢尾气	31800	—

表4 烟气分析数据

样品名称	烟机入口		烟囱		再生烟气	
时间	4-23 9：00	4-24 9：00	4-23 9：00	4-24 9：00	4-23 9：00	4-24 9：00
二氧化碳/(mg/m^3)	13.6	12.0	12.4	11.7	13.5	12.9
一氧化碳/(mg/m^3)	0	0	0	0	0	0
氧气/(mg/m^3)	6.5	6.4	7.2	7.3	6.6	7.1
SO_2/(mg/m^3)	15	15	15	15	15	15
NO_x/(mg/m^3)	255	286	213	223	250	265
粉尘/(mg/m^3)	82.6	85.6	—	—	—	—

3 试验结果分析

3.1 装置硫平衡

标定期间装置硫平衡情况如表5。

表5 标定期间装置硫平衡情况

项目		物流流量/(kg/h)	含硫量/%(m)	硫或硫化物携带量/(kg/h)	折合成单质硫量/(kg/h)	硫分布/%(m)
入方	混合原料	95600kg	0.683%	652.90	652.90	93.0
	汽油加氢尾气	$450m^3$	$32000mg/m^3$	14.40	13.60	1.94
	汽油加氢轻烃	500kg	2167mg/kg	1.08	1.10	0.10
	柴油加氢尾气	$1100m^3$	$31800mg/m^3$	35.00	32.90	4.86
	柴油加氢轻烃	500kg	3100mg/kg	1.60	1.50	0.20
	小计	—	—	—	702	—
出方	脱硫后干气	2354m3	<1	忽略	忽略	—
	脱硫后液态烃	22729kg	<1	忽略	忽略	—
	酸性气	549.7kg	62%	340.8	320.8	51.2
	汽油	38100kg	0.117%	44.58	44.58	7.1%
	柴油	20400kg	0.691%	141	141	22.5%
	油浆	12400kg	0.845%	105	105	16.7%
	焦炭	6150kg	—	16.4	8.2	1.5%
	损失	1500kg	0.50%	7.5	7.5	1.3%
	小计	—	—	—	627	—
	含硫污水	18200kg	1.09g/L	19.9	18.7	—
	出方—入方	—	—	—	-56.3	—

其中：混合原料、液态烃、汽油、柴油、酸性气、含硫污水、油浆是计量表数据，干气、焦炭、加工损失是平衡流量，加氢尾气、加氢轻烃是估算数据。

分析数据由质管中心提供：原料、汽油、柴油、油浆硫含量采用平均值，脱硫后液态烃、脱硫后干气采用分析数据的平均值，加氢尾气硫化氢含量采用平均值，汽油加氢轻烃硫含量采用最大值，剔除异常值，柴油加氢轻烃硫含量采用以往的标定数据。酸性气硫化氢含量采用以往的经验数据62%来计算。

硫平衡分析数据：出入-入方为56.3kg，主要是由于外来气体量估算不准，烟气中的部分二氧化硫转化为三氧化硫分析仪器测不出来，其次计量数据、分析数据误差造成的。由硫平衡的分析数据可以看出，约为51.2%的硫以硫化氢的形式进入到干气和液态烃中，46%的硫进入到油浆、汽油、柴油中，加硫转移剂后1.5%的硫进入到烟气中。

3.2 硫转移剂的加注

硫转移剂加注现在采用现有小型助剂加料系统加料，每天按班次加注。助剂加注分三个阶段进行：

第一阶段：集中加入助剂，每天均匀加注助剂 240kg，连续加 16 天(2014 年 11 月 5 日—11 月 20 日)，使 RFS09 硫转移剂在系统中所占比例达到 3.22%左右。根据在线监测再生烟气组成，据此调整 RFS09 型硫转移剂加注量。

第二阶段：第 17 天起视烟气监测数据，按等比例跑损的方法估算每天需补充的助剂量(2014 年 11 月 21 日~2014 年 11 月 30 日)。计划按主催化剂的 3%比例补充硫转移剂，每天加注 RFS09 助剂 80~100kg，根据烟气中二氧化硫含量进一步调整。

第三阶段：2015 年开工后为达到环保标准，硫转移剂的加注量控制在 150~200kg 左右，烟气中二氧化硫含量控制在 150~200mg/m^3。

1 月份开工后共加硫转移剂 19223kg，平均每天按照大约 188kg 左右加硫转移剂。催化剂平均共加注 265t，平均每天加注 2.65t，目前硫转移剂的藏量占系统藏量的 6.6%。

2013、2014 两年，原料中的硫含量平均值为 0.667%，本次标定原料中硫含量均值为 0.683%，两值比较接近，2013、2014 两年烟气中二氧化硫的含量平均值为 515mg/m^3。23 日、24 日平均每天加硫转移剂 180kg，烟气中二氧化硫的浓度为 155mg/m^3，196mg/m^3。

$$烟气中硫转移率=\frac{(155+196)/2}{515}=65.9\%。$$

成本费用评价：本剂使用的为中国石化山东齐鲁分公司生产的硫转移剂 RFS-09。按照每天 200kg 计算，单价为 48717.95 元/t，一年的用量为 73t，一年的费用为 355.641 万元。

3.3 电除尘标定

3.3.1 电除尘能耗

标定期间电除尘能耗情况如表 6。电除尘开工后合计增加能耗 0.69kg 标油/t 原料，占装置比例的 1.07%。

表 6 电除尘能耗情况

物　料	小时消耗	单位能耗/(kg 标油/t 原料)
工业风/Nm^3	600	—
电/(kW·h)	300	0.69
仪表风/Nm^3	200	—

3.3.2 电除尘除尘效率

4 月 23 日、24 日两天共卸出电除尘催化剂细粉 3.0t，平均 1.5t/d。

主风：V1=1472Nm^3/min　　烟气/风=1.09

烟气量=1472×60×24×1.09=2310451Nm^3/min

烟囱中排放的粉尘=烟气量×16.3mg/m^3=37.7kg

粉尘总量=1500kg+37.7kg=1537.7kg

粉尘的脱除率=排放烟气中粉尘量/粉尘总量=97.55%

3.3.3 电除尘对烟机发电的影响

2014年新上电除尘系统，并对中锅蒸发段进行了改造，省煤段和过热段进行了清理。投用电除尘后，锅炉炉膛压力由4kPa上升至13kPa，烟机后路的出口压力由11kPa上升至15kPa，烟机的最高发电量由原来的4400kW/h降至4200kW/h。

4 结论

(1) 由硫平衡的分析数据可以看出，约51.2%的硫以硫化氢的形式进入到干气和液态烃中，46%的硫进入到油浆、汽油、柴油中，加硫转移剂后1.5%的硫进入到烟气中，烟气中的二氧化硫含量比经验值10%要低。

(2) 通过考察硫转移剂RFS-09在本装置上的实际应用，在原料中硫含量相当的情况下，硫转移剂占系统藏量6.6%左右，加注硫转移剂180kg，烟气中的硫转移率为65.9%，烟气中二氧化硫排放达到合格标准。

(3) 电除尘系统运行较为平稳，电流、电压正常。除尘效果好，烟气的粉尘排放量为16.3mg/m^3，除尘率为97.55%，达到环保要求。电除尘设施运行后，烟机后路的出口压力比原来高4kPa，烟机的最高发电量为4200kW/h，比原来低200kW/h。

5 目前存在问题及建议

(1) 硫转移剂占系统藏量的6.6%，注入量偏大，稀释了主剂，一定程度上降低了装置的裂化能力。此外，该剂的失活率高，再生性能不好，需连续不断的加入。建议采用新型高效三效助剂——脱硫、脱硝、助燃功能[3]，此外，要求助剂的再生性能好，低失活率，藏量最大值不超过系统藏量的5%。

(2) 电除尘系统易堵塞，堵塞部位集中在灰斗下料段和灰库出灰段。运行到目前1#、2#电场灰斗高料位报警仪已经数次提示报警，每次报警需要人到现场用铜锤振打灰斗和下料管，否则单靠灰斗上的气动振打无法疏通；灰库出灰段堵塞在开抽风机和松动风反吹均无效的时候只能通过拆短接和阀门进行处理。建议在电场灰斗的下料阀后加反吹风，在当电场高料位时，通过反吹疏通管线。

参考文献

[1] 曹汉昌主编．催化裂化工艺计算与技术分析[M]．北京：石油工业出版社，2000.

[2] 邹圣武，陈齐全，杨铁男，等．RFS09硫转移剂在催化裂化装置上工业应用[J]．炼油技术与工程，2012，42(2)：52~55.

[3] 周建文，娄可清，张伟．三效助剂在催化裂化装置烟气脱硫中的应用[J]．炼油技术与工程，2015，45(3)：43~45.

等离子体协同低温脱硝催化剂脱除 NO_x 技术研究

杨　克　范亚锋　陈志伟　周红军

（中国石油大学（北京）新能源研究院，北京　102249）

摘　要　等离子体法烟气脱硝是一种具有良好研发潜力以及应用前景的新型烟气净化技术，可与催化剂协同使用增强脱硝效果。根据反应器结构不同可分为等离子体驱动催化（PDC）与等离子体增强催化（PEC）两种不同协同催化方式。本研究分别采用两种协同催化方式考察了乙烯添加剂与反应温度对其脱硝效果的影响。利用我们之前研究所最新开发的低温脱硝催化剂，通过比较研究，选定采用等离子体与催化剂 PDC 协同方式并同时添加乙烯时脱硝效果较好，在温度为 100 ℃放电功率 12W 时即可达 85%的 NO_x 脱除率。

关键词　等离子体　低温催化　氮氧化物脱除　协同作用　乙烯

燃煤电厂排放的 NO_x 在人为固定污染源中占很大比例。因此，如何有效地消除电厂烟气中的 NO_x，已成为环保中一个令人关注的重要课题。以 NH_3 为还原剂的 SCR 法是去除电厂烟气中 NO_x 的有效方法，反应温度通常是在 350～400℃范围内，SCR 反应器常被直接布置在锅炉之后。但是，这种布置方式的烟气中含有大量 SO_2、K_2O、CaO 和 As_2O_3 等，会引起催化剂中毒，而高浓度的飞灰又会引起催化剂的堵塞和腐蚀，降低其使用寿命；由于空间和管道的局限性，在一些电厂现有锅炉系统中对安装在脱硫除尘器上方的 SCR 系统进行改造的费用很高。如果能够开发出高效的低温脱硝技术，则可以解决上述的种种问题。

等离子体脱硝技术主要原理是通过高压电场将部分气体分子电离为活性粒子，如电子、带电离子、自由基等，而这些粒子都具有高能量，其中高能电子能够继续与气体分子发生碰撞，不仅使得气体分子发生电离、离解等反应使气体分子处于活化状态，而且可使得分子间的键断裂，生成一些单原子分子和亚稳态碎片，进而活化反应物，使其在催化剂表面的反应更容易进行。此外，等离子体中会产生 O・和 OH・等自由基及 O_3，这些物质具有较强的氧化性，与 NO 进行氧化反应生成 NO_2，而 NO_2 可与还原剂发生快速 SCR 反应，从而提升 NO_x 脱除效果。

等离子体协同催化脱硝主要包含两种形式：等离子驱动催化 PDC（Plasma-Driven Catalysis）和等离子体增强催化 PEC（Plasma-Enhanced Catalysis），其中等离子体驱动催化是将催化剂填充在等离子体反应器中，即一段式布置，而等离子体增强催化是将催化反应装置放置在等离子体反应器之后，即两段式布置[1]。在两种不同的等离子体协同催化脱硝形式中都会发上以上的提到的反应。由于等离子体放电对于发生反应的气体分子是没有选择性的，而催化剂的存在可以选择性的促进特定的反应物质往一定的方向发生反应生成最终的产物，从而也减少了副反应以及副产物的产生，有效控制二次污染。

对于等离子体协同催化，Mirosław 等[2]研究了直流电晕放电结合催化剂采用 PEC 协同方式在氨作为还原剂条件下的脱硝效果，NO_x 脱除率和能量效率分别达到 96%和 3.4gNO/

kWh；而只有等离子体时，NO_x脱除率和能量效率分别只有66%和1.8gNO/kW·h。研究还发现在脱硝反应中气体中加入一定量的碳氢化合物(如乙烯、丙烯、丙烷等)会显著提高NO_x的脱除效率。孙琪[3]等使用C_2H_4作添加剂，在250℃下，协同脱硝率为79%，远大于单独使用等离子体和催化剂的脱硝率，脱除每个NO_x分子的能耗为84eV。Guan等[4]研究了加入丙烯后的脱硝效果，发现丙烯的加入至少有4种作用：促进等离子体中NO向NO_2的转化；降低氧化过程的能耗；丙烯与氧自由基反应的产物能进而促进NO_x的还原；丙烯可以抑制SO_2氧化为SO_3，能提高催化剂的耐硫特性。过去的一系列研究已经证明了等离子体协同催化的良好效果以及碳氢化合物的添加对脱硝效率的提高，但是并未发现有系统的研究对PDC以及PEC两种协同方式进行比较，我们在本研究中对比了碳氢化合物作为添加剂在两种不同协同方式下的脱硝效果，以及温度对于两种脱硝方式的影响。

通过之前的研究，我们已经开发出了一种高效低温催化剂，为了进一步降低反应温度区间，提升低温脱硝效果，本研究中我们使用此催化剂与等离子体进行协同实验，以选择出针对于此低温催化的最佳协同催化方案。

1 实验材料与装置

以$Ce(NO_3)_3 \cdot 6H_2O$、$Mn(CH_3COO)_2 \cdot 4H_2O$、$NH_4VO_3$分别作为Ce、Mn、V活性组分的前驱体，利用浸渍法制备Mn-Ce-V/TiO_2催化剂，首先用去离子水将草酸溶解，待溶解完全后按比例加入偏钒酸铵、硝酸铈和乙酸锰，搅拌加热至完全溶解后，加入载体TiO_2，恒温搅拌浸渍1h，将所得浑浊溶液移至旋转蒸发仪上蒸干，在80℃下烘干后在一定温度下煅烧成型，降温后取出备用。将制备好的催化剂进行研磨筛分，控制催化剂粒度为20~40目装入等离子体催化协同装置。

模拟烟气流量为1000ml/min，空速10000h^{-1}，成分为NO 500ppm、O_2体积分数为3%的合成空气、N_2作为平衡气体，500ppm的氨作为还原剂为以及500ppm的乙烯作为添加剂。实验装置如图1、图2所示，对于PDC脱硝流程(图1)，由于催化剂填充在等离子体反应器中，所以从混合装置出来的气体直接进入等离子体装置，而对于PEC脱硝流程(图2)，模拟烟气混合后经过等离子体反应器，然后通过催化剂评价装置，最后尾气经碱液处理排出。

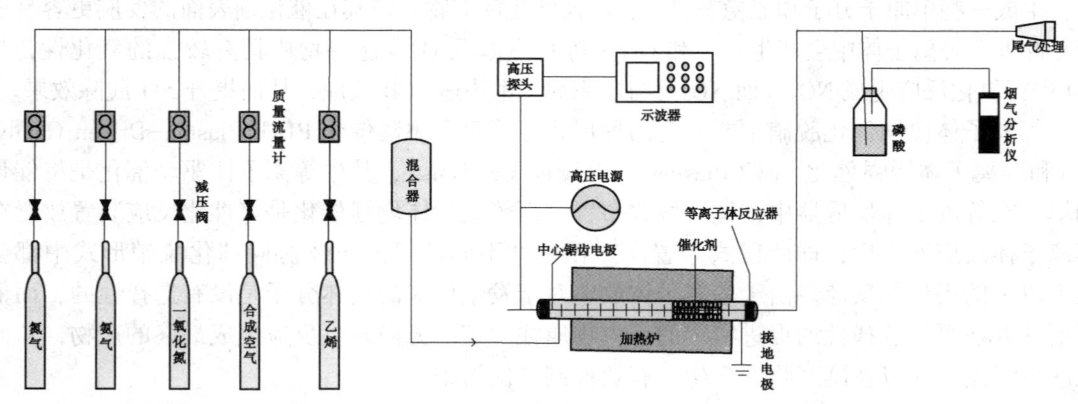

图1 PDC实验装置示意图

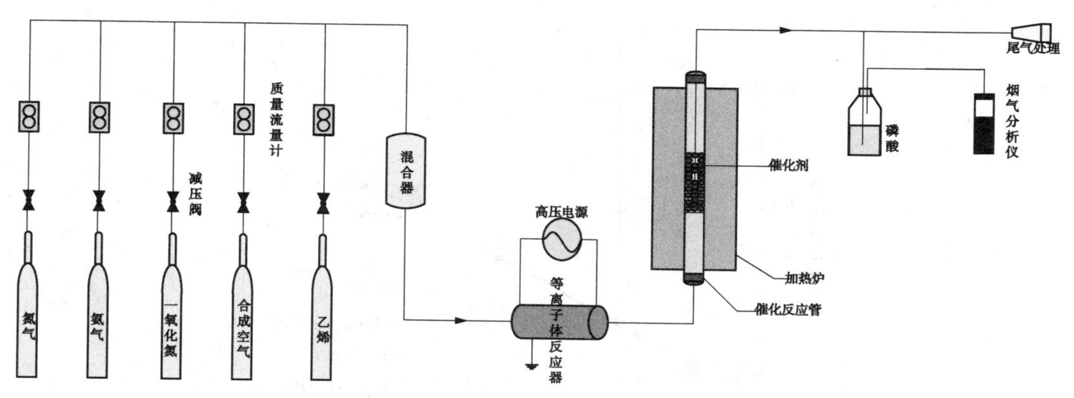

图 2　PEC 实验装置示意图

使用的电源为 AC/DC 交直流叠加电源，低温等离子体反应器为线筒型，中心电极直径 18 mm，长 250 mm，电极上带有锯齿作为放电电极，相邻放电电极距离为 20.83 mm。接地电极为圆筒状，长度 260 mm，材料为 304 不锈钢。放电功率的测量采用瞬时功率法。其原理为通过示波器对瞬时电压和瞬时电流波形进行积分，得到放电功率。

本研究中，实验分为两组进行，第一组研究添加剂乙烯对于两种协同催化方式的不同影响，催化段温度设定为 100℃，分别对 PEC，PDC 两种协同催化形式在加入乙烯添加剂与不加乙烯添加剂的条件下进行脱硝反应，利用烟气分析仪表征所排出尾气中的氮氧化物的含量从而可计算出每种情况下脱硝效率随着等离子体所加电压的增大的变化情况。第二组研究温度对两种协同催化方式的不同影响，选定 50℃，80℃，100℃三个催化段温度，在每个温度条件下，使用相同组成的反应气体分别采取 PEC 与 PDC 的协同催化方式进行脱硝反应，同样利用烟气分析仪表征所排出尾气中的氮氧化物的含量从而计算出每种情况下脱硝效率随着等离子体所加电压的增大的变化情况。根据两组实验结果，针对所合成的低温脱硝催化剂选择最合适的协同催化方案以取得最优的脱硝效果。

2　实验结果与讨论

2.1　乙烯添加对 PDC 与 PEC 脱除 NO_x 的影响

通过图 3 所示的结果可以看出添加乙烯前两种协同催化方式的脱硝效果相近，乙烯添加后对 PDC 协同催化方式的脱硝效果增强明显大于 PEC 协同催化方式；在放电功率 12W 时，未添加乙烯的 PDC 体系脱硝效率接近 60%，而添加乙烯后协同脱硝效率可达到 80%左右。我们认为乙烯的添加之所以会提高脱硝效率是因为乙烯分子在等离子体放电的条件下容易被激发产生自由基，这些自由基可与氧气分子反应生成强氧化有机基团，从而可以把 NO 氧化成 NO_2，有利于快速 SCR 的进行，增强脱硝效果。而新生成的自由基与强氧化有机基团的寿命较短，在气体的流动过程中很容易就湮灭或者变化，在 PEC 协同催化形式下仅有部分自由基及强氧化有机基团可以到达催化剂反应段，而 PDC 协同催化形式下自由基及强氧化有机基团一旦产生就可马上接触到催化剂进入下一步反应。这也就是乙烯的加入对 PDC 的脱硝效果增强要优于 PEC 协同催化的原因。

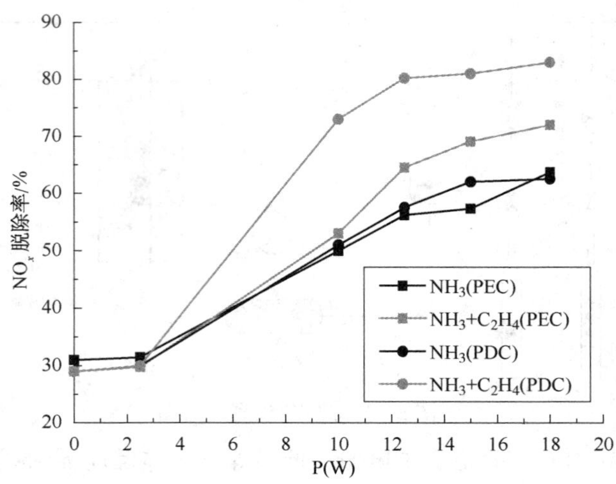

图3　乙烯添加对协同脱硝的影响

2.2　不同温度下PDC与PEC脱除NO_x的研究

在$NO/O_2/NH_3/C_2H_4/N_2$体系下，通过不同温度下采用PDC与PEC协同催化方式的脱硝效率随放电电压变化的比较(图4)表明，等离子在3W左右开始明显起作用，在低功率时，由于等离子体发挥的作用还比较小，但是PEC比PDC协同催化方式在反应器结构上要更加复杂，对气体的混合作用要更好一些，因此同样的温度下初期PEC的脱硝效果要好于PDC，随着放电功率的加大，等离子体协同效果提升，PDC的脱硝效果超过PEC，并在12W以后达到峰值并趋于稳定，在温度较低时，催化的活性也较低，气体混合程度对于催化的影响相对较大，因此在低功率放电时，低温下PEC与PDC的脱硝效率差别较大，随着温度的提高，催化剂活性提高，其对脱硝效率的影响增大变为主要影响因素，气体混合程度的影响相较之下可以忽略，低放电功率阶段PEC与PDC脱硝效果趋于相同。温度越高，催化剂的活性越高，峰值脱硝效率随之提高，在温度为100℃，放电功率为12W时，PDC协同催化形式的脱硝效率可以达到85%，满足了我们之前设定的脱硝目标。对于PEC与PDC

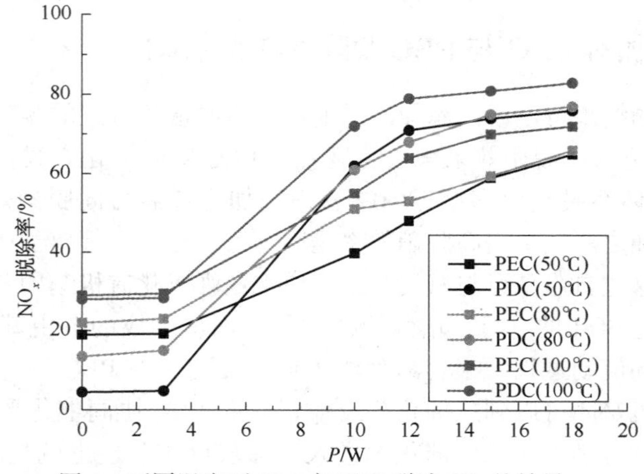

图4　不同温度下PDC与PEC脱除NO_x的效果

之间的原理上的差别，除之前所描述的乙烯所产生的自由基及强氧化有机基团寿命较短的原因外，由于在PDC协同催化形式中催化剂位于等离子体放电装置内，所以催化剂在发挥本身催化作用的同时也充当了放电介质增大了放电面积，提升了等离子体的放电效果，在这一过程中，高压放电也会升高催化剂表面的局部温度，促进脱硝反应的进行，因此PDC协同催化形式的催化效果随电压的升高会提升的更快一些，最终的稳定的脱硝效率也要更高一些。

3　结论

（1）乙烯作为添加剂参与到等离子体协同催化过程中可以明显提高脱硝效率。

（2）PDC协同催化形式不但可以更高效的利用乙烯所产生的自由基及强氧化有机基团，而且等离子体与催化剂相互促进作用更加显著，脱硝效果优于PEC协同催化形式。

（3）利用所开发的低温脱硝催化剂，在温度为100℃，放电功率为12W时，PDC协同催化形式的脱硝效率可以达到85%，此条件可作为优选方案，效果好于目前可见的同类研究结果，满足了我们之前设定的脱硝目标。

对于等离子体的优化设计，进一步降低能耗提高放电效率，更高效低成本的低温脱硝催化剂的开发以及成型研究将会是下一步的研究计划重点，以期达到可以工业化标准的低温脱硝技术。

参　考　文　献

[1] Chen H L, Lee H M, Chen S H, et al. Removal of volatile organic compounds by single-stage and two-stage plasma catalysis systems: a review of the performance enhancement mechanisms, current status, and suitable applications[J]. Environmental science & technology, 2009, 43(7): 2216-2227.

[2] Mirosław Dors, Jerzy Mizeraczyk. NO_x removal from a flue gas in a corona discharge-catalyst hybrid system[J]. Catalysis Today, 2004, 89(1-2): 127-133.

[3] 孙琪. 富氧条件下等离子体与催化活化协同脱除氮氧化物研究[D]. 大连：大连理工大学，2004.

[4] Bin Guan, He Lin, Qi Cheng, et al. Removal of NO_x with selective catalytic reduction based on nonthermal plasma peroxidation[J]. Ind Eng Chem Res, 2011, 50(9): 5401-5413.

基金项目：中国石油大学（北京）引进人才科研启动基金（2462016YJRC018）。

硫黄回收装置尾气超洁净排放工艺的工业化应用

邱利民

（中国石化北京燕山分公司炼油事业部，北京　102500）

摘　要　对硫黄回收装置尾气超洁净排放工艺进行了简要概述，介绍了该工艺在燕山石化公司 3[#]硫黄回收装置首次工业化应用的效果，并对工业化应用过程中出现的问题采取了相应的解决措施，最后对该工艺在模拟停工阶段的达标排放进行了试验。结果显示，经该工艺处理后的硫黄尾气中的 SO_2 含量从 500mg/m^3 降到了 50mg/m^3 以下，达到了最新标准中硫黄回收装置尾气 SO_2 排放不大于 100mg/m^3 的要求；在模拟停工吹硫烧硫阶段，控制焚烧炉后烟气中的 SO_2 含量在 20000mg/m^3 以下，尾气可以实现达标排放的目标。

关键词　硫黄回收　尾气　二氧化硫　超洁净排放工艺

按照《石油炼制工业污染物排放标准》(GB 31570—2015)最新标准要求，特殊地区现有硫黄回收装置自 2017 年 7 月 1 日起，尾气 SO_2 排放按照不大于 100mg/m^3 的标准执行。目前，国内硫黄回收装置大多采用的 CLAUS+SCOT 工艺技术已不能满足新标准的排放要求[1]。特别是在装置停工吹硫、烧硫阶段，尾气中二氧化硫含量更是远远超过新标准的排放要求。

燕山石化公司 3[#]硫黄回收装置采用尾气超洁净排放工艺，对焚烧炉后尾气进行净化处理。该工艺于 2016 年 8 月份炼化系统大检修结束后，进行了首次工业化应用。在应用过程中，模拟停工吹硫、烧硫状态，对尾气超洁净排放工艺在停工过程中的达标排放效果进行了试验，为停工期间的达标排放提供了经验借鉴。

1　工艺概述

1.1　原料性质及产品方案

硫黄回收装置尾气超洁净排放工艺的原料为焚烧炉后的烟气和 NaOH 溶液。焚烧炉烟气性质参数见表 1。其中，吸收剂 NaOH 溶液的浓度为 20wt%。

表 1　焚烧炉后烟气性质参数

介　质	烟气	介　质	烟气
组成/%(mol)		相对分子质量	27.73
CO_2	4.76	SO_2 浓度/(mg/Nm^3)	571
N_2	82.45	温度/℃	260
H_2O	10.45	压力/kPa(G)	2~3
O_2	2.35	摩尔流量/(kmol/h)	1097
总量	100	质量流量/(kg/h)	30420

硫黄回收装置尾气超洁净排放工艺的主要产品为净化脱硫后的尾气，同时还产生少量废碱。净化脱硫后尾气的设计指标见表2，废碱的设计指标见表3。

表2 净化后尾气参数

指　标	设计值	指　标	设计值
SO_2/(mg/Nm³)	≯50	水含量/(mg/Nm³)	≯75
温度/℃	60		

表3 废碱参数

指　标	设计值	指　标	设计值
流量/(kg/h)	227	pH	6~9
COD/(mg/L)	≯400	Na_2SO_4/%(m)	13

1.2 工艺原理及特点

硫黄回收装置尾气超洁净排放工艺是降低尾气中二氧化硫排放的技术，采用碱法洗涤脱硫除尘双塔技术，包括文丘里降温脱硫塔(急冷段)、填料脱硫除雾塔等，以一定浓度的碱液作为脱硫剂，对焚烧炉后的烟气进行净化处理。基本原理为：

$$2NaOH + SO_2 \longrightarrow Na_2SO_3 + H_2O$$

$$2Na_2SO_3 + O_2 \longrightarrow 2Na_2SO_4$$

基本流程简单概括为，来自硫黄回收装置焚烧炉后的高温烟气，经相变换热器与冷空气进行换热冷却后，从顶部进入激冷塔(或急冷段)，与喷淋层喷出的循环液一起通过文丘里格栅进行降温、脱硫。烟气中的二氧化硫等有害成份被循环液吸收。浆液与尾气经激冷塔底部进入综合塔，在综合塔底部完成气液两相分离。经急冷、吸收后的尾气进入综合塔的填料层，与循环碱液继续接触进行深度脱硫处理后排入烟囱；浆液在综合塔塔釜与空气反应，将 Na_2SO_3 氧化为 Na_2SO_4，工艺流程简图见图1。

硫黄回收装置尾气超洁净排放工艺具有二氧化硫脱除率高、占地空间小、工艺简单易改造、操作弹性高、能有效降低停工阶段污染物排放等特点。由于增加了风机、机泵等设备，硫黄回收装置的能耗会有所升高；尾气净化处理过程中还会产生少量废碱，增加了炼油系统减渣的处理量。

2 工业化运行效果分析及存在的问题

2.1 硫黄回收装置尾气超洁净排放工艺工业化运行效果分析

硫黄回收装置尾气超洁净排放工艺设施与主体装置检修后同步开工，进入工业化试运行阶段。在试运行期间，对循环碱液的pH值、循环碱液流量、换热前后烟气温度等参数进行了摸索及调整。稳定后的工艺参数见表4，工艺投用前后的尾气二氧化硫排放对比见表5。

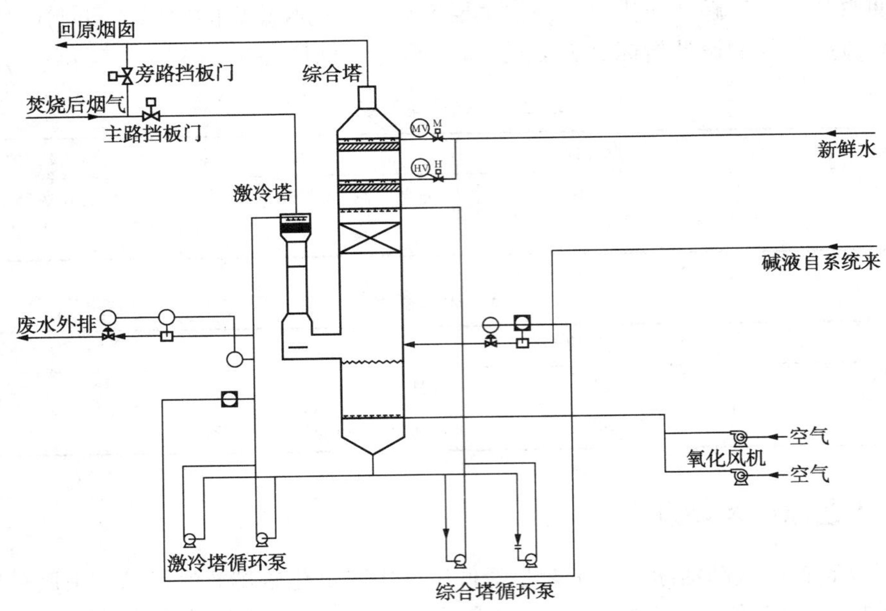

图 1　硫黄回收装置尾气超洁净工艺流程简图

表 4　硫黄回收装置尾气超洁净排放工艺设施试运行工艺参数

项　目	工艺参数	项　目	工艺参数
循环碱液流量/(t/h)	137	外排碱液流量/(t/h)	0.03
新鲜碱液流量/(t/h)	0.01	加热空气温度/℃	150
循环碱液 pH 值	7~9	氧化空气流量/(Nm^3/h)	1000
换热后烟气温度/℃	200	排烟终温/℃	94
换热前烟气温度/℃	261	二氧化硫排放量/(mg/m^3)	0~40

表 5　硫黄回收装置尾气超洁净排放工艺投用前后烟气二氧化硫含量对比

项　目	检测手段	数据	备注
脱硫前烟气二氧化硫含量/(mg/m^3)	CEMS	325~463	
脱硫前烟气二氧化硫含量/(mg/m^3)	第三方单位离线检测	430	
脱硫前烟气二氧化硫含量/(mg/m^3)	便携式现场测量仪	421	
脱硫后烟气二氧化硫含量/(mg/m^3)	CEMS	0~39	
脱硫后烟气二氧化硫含量/(mg/m^3)	第三方单位离线检测	27	
脱硫后烟气二氧化硫含量/(mg/m^3)	便携式现场测量仪	15	

从表 5 及图 2 中可以看出，经过 CEMS、第三方环保检测单位离线检测及便携式现场测量仪的多方检测对标，硫黄回收装置尾气超洁净排放工艺设施投入运行后，二氧化硫减排效果明显，净化脱硫后尾气中的二氧化硫含量$<50mg/m^3$(小时均值)，达到了新标准及设计的要求。

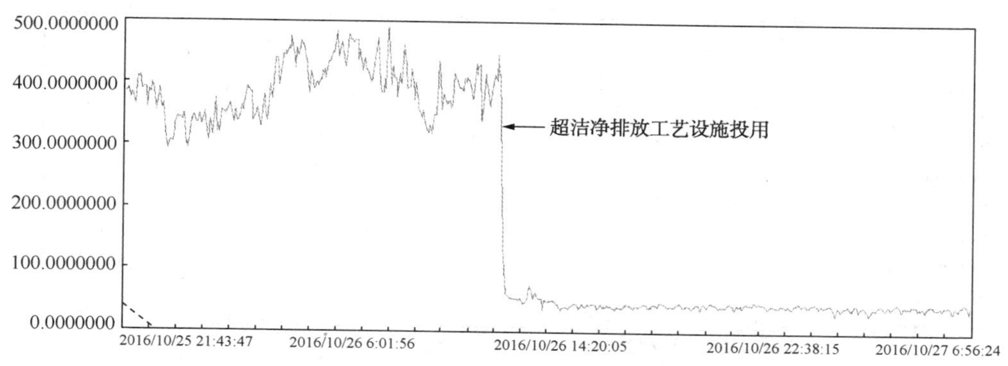

图 2 硫黄回收装置尾气超洁净排放工艺投用前后尾气二氧化硫排放曲线图

2.2 运行过程中存在的问题及解决措施

2.2.1 运行过程中存在的问题

燕山石化公司两套酸性水汽提装置酸性水储罐的罐顶气经脱臭处理后，送至硫黄回收装置的焚烧炉进行焚烧处理。3#硫黄回收装置对尾气超洁净排放工艺投入工业化运行后进行了连续观察，发现脱臭后的酸性水储罐罐顶气送至焚烧炉进行焚烧处理后，尾气中的二氧化硫含量出现快速冲高现象，瞬时值超过 50mg/m^3，甚至超过 100mg/m^3(图 3)。脱臭后罐顶气间断外送，在外送启动后对尾气超洁净排放工艺产生了冲击干扰。

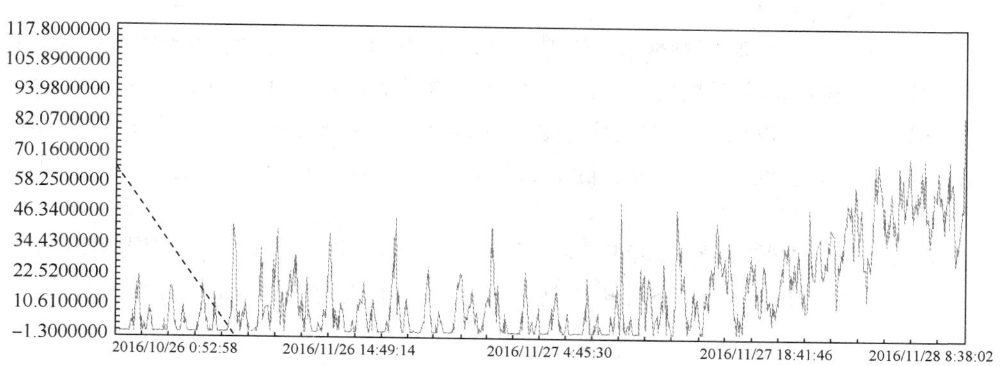

图 3 脱臭后酸性水储罐罐顶气对硫黄回收装置尾气超洁净排放工艺的影响曲线图

2.2.2 解决措施

针对脱臭后酸性水储罐罐顶气对硫黄回收装置尾气超洁净排放工艺的冲击干扰，尽量采取小流量、连续外送的方式，可最大程度降低冲击程度。具体的措施为：①关闭酸性水储罐一级水封罐的补水阀，放净水封罐内的存水，即取消一级水封罐内的水封，罐顶气直接进入脱臭设施；②减小脱臭设施喷射器的循环吸收剂流量，使得脱臭后的罐顶气缓慢增压，小流量向焚烧炉输送；③降低酸性水储罐罐顶的控制压力，使得罐顶气；连续向脱臭设施输送。

经过调整后，尾气超洁净排放工艺受到的冲击及干扰明显降低，SO_2 排放在 30mg/m^3 以下(图 4)。

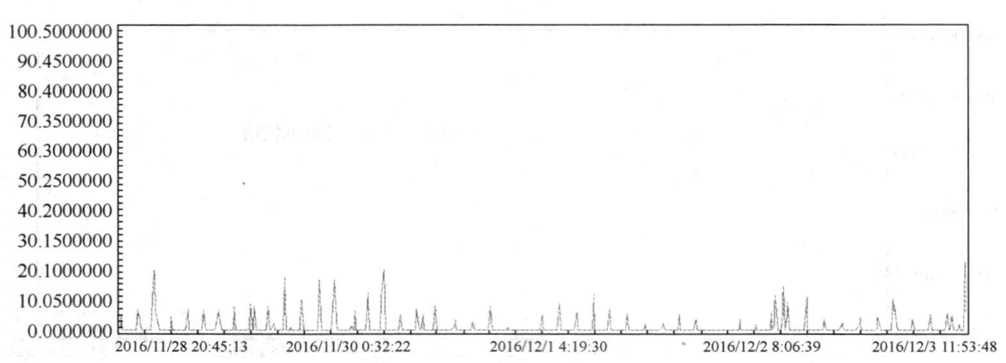

图4 硫黄回收装置尾气超洁净排放工艺 SO_2 排放曲线图

3 硫黄回收装置尾气超洁净排放工艺在模拟开停工状态下的运行效果试验

针对装置开停工期间尾气处理单元不能投用的现实状况，对硫黄回收装置尾气超洁净排放工艺在停工期间的达标排放效果进行了试验。试验方法为：在装置正常运行的前提下，打开尾气处理单元的跨线阀，部分克劳斯尾气直接进入焚烧炉，以此来增加焚烧后烟气中的二氧化硫含量，再进入尾气超洁净排放工艺设施进行处理。跨线阀开启后，焚烧炉后烟气中二氧化硫含量从约400mg/m^{3}缓慢增加至约20000mg/m^3，硫黄回收装置尾气超洁净排放工艺设施的运行状况见图5。

从图中可以看出，在循环碱液pH值保持7~9的条件下(碱液pH值大于9，二氧化碳共吸收现象加剧)，随着焚烧后烟气中二氧化硫含量的增加，经该工艺处理后的尾气二氧化硫含量明显升高。在焚烧炉后烟气中二氧化硫含量增加至20000mg/m^{3}时，处理后的尾气二氧化硫含量瞬间最高值达到140mg/m^3，随后又快速下降至新标准要求的范围之内，小时均值总体未超标。

由此可以得出，在装置停工期间，适当延长吹硫及烧硫的时间，控制焚烧炉后烟气中的二氧化硫含量在20000mg/m^{3}以下，可以达到国家新标准规定的二氧化硫含量<100mg/m^{3}指标要求。

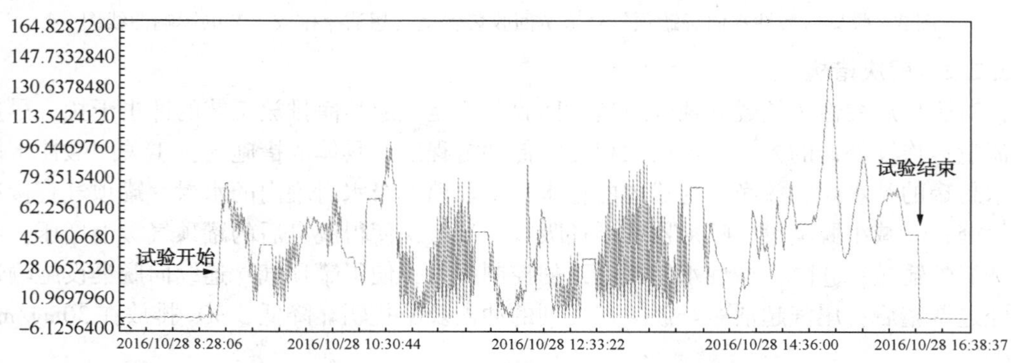

图5 模拟开停工状态下的二氧化硫排放曲线图

4 结论

（1）硫黄回收装置尾气超洁净排放工艺经过工业化试验后达到了预期的脱硫效果，满足新标准二氧化硫含量<100mg/m^3 的指标要求，实现了超洁净排放的目的。

（2）在模拟停工状态下的运行结果表明，装置停工期间，适当延长吹硫及烧硫的时间，控制焚烧后烟气中的二氧化硫含量在20000mg/m^3 以下，净化尾气中的二氧化硫含量可以达到<100mg/m^3 的要求，能够实现停工期间达标排放。

参考文献

[1] 李鹏，刘爱华．影响硫黄回收装置 SO_2 排放浓度的因素分析[J]．石油炼制与化工，44(4)，2013.

硫黄回收装置烟气排放提标实践与探讨

王喜亮　龚朝兵　党建军　花　飞

（中海油惠州石化有限公司，惠州　516086）

摘　要　硫黄回收装置的烟气 SO_2 排放限值由≤850mg/m³调整为≤100mg/m³（特别限值地区），需要通过操作优化和技术改造以满足尾气达标排放。影响烟气 SO_2 浓度的主要因素为液硫脱气和净化尾气。将液硫脱气尾气由入焚烧炉改为入制硫炉，硫黄尾气 SO_2 浓度由400mg/m³降至255mg/m³，液硫池废气改入制硫炉将减少尾气 SO_2 排放浓度约100mg/m³。净化尾气选用高效脱硫剂试验说明，吸收塔顶净化尾气硫化物大约为20ppm，排放尾气 SO_2 浓度在46～85mg/Nm³，低于排放限值100mg/Nm³。为保证硫黄尾气完全合格排放，增加了净化尾气碱洗系统，采用文丘里碱洗技术，可满足国家对于硫黄烟气 SO_2 排放浓度的严苛排放要求。

关键词　硫黄回收　烟气　SO_2　液硫脱气　高效脱硫剂　碱洗

硫黄回收装置作为炼油厂的环保装置，随着炼厂规模的扩大和含硫原油加工比例的增加，硫黄回收装置的规模相应扩大，其回收率也有较大提高，尾气 SO_2 排放浓度执行850mg/m³的限值。新颁布的《石油炼制工业污染物排放标准》（GB 31570—2015）要求2015年7月1日后新建的硫黄回收装置尾气 SO_2 排放限值小于400mg/rn³（特别限值地区小于100mg/m³），老装置于2017年7月1日后执行新排放标准。硫黄回收装置尾气排放浓度100mg/m³的限值属于非常严苛的标准，如世界银行关于硫黄回收装置尾气二氧化硫排放标准是150～200mg/Nm³，世界银行投资建设的硫黄回收装置要求烟气 SO_2 排放浓度不大于150mg/Nm³。中海油惠州石化有限公司（以下简称惠州石化）所处的大亚湾地区属于特限地区，需要执行尾气 SO_2 排放质量浓度100mg/m³的限值，目前硫黄回收装置的 SO_2 排放浓度远大于100mg/m³。在当前环保考核日益严格的情况下，亟需通过操作优化和技术改造降低硫黄烟气中 SO_2 浓度[1~3]。

1　装置概况

惠州石化1#硫黄回收装置规模为6万t/a，引进意大利SINI公司的工艺包，采用Claus+SCOT的典型配置，按两头一尾设置（即两套制硫配一套尾气处理）。该硫黄回收装置由制硫、尾气处理、液硫脱气、尾气焚烧及液硫成型5部分组成，设置有独立的溶剂再生系统。制硫部分采用部分燃烧法，尾气处理采用SINI公司的HCR（高 H_2S/SO_2 比例）加氢还原溶剂吸收工艺，液硫脱气采用SINI公司的空气气提专利技术。

2013年7月1#硫黄回收装置烟气监测分析数据如下：SO_2：400mg/m³，NO_x：18mg/m³。从分析数据来看，硫黄回收装置的尾气 SO_2 浓度不满足特限地区 SO_2 排放标准，需进行操作优化及技术改造。

2 降低尾气 SO_2 的措施

排放烟气中 SO_2 主要来源为净化尾气、液硫脱气、燃料气及部分因阀门泄漏的烟气。装置采用的燃料气为天然气及脱硫后的催化干气、焦化干气及火炬气柜回收的瓦斯气，硫含量很低。根据阀门密封性检测，因阀门泄漏的烟气极少。装置采用高 H_2S/SO_2 比例技术，主燃烧炉配风按 $H_2S/SO_2=4$ 左右控制，该工艺对原料组成的变化有较好的适应性，操作弹性较大，硫黄回收率达到99.9%以上，因此主要影响因素为净化尾气和液硫脱气的影响。

降低净化尾气 H_2S 浓度的主要措施有：优化吸收塔操作条件(如降低吸收塔温度)；选择脱硫效果更好的高效脱硫剂；采用碱洗工艺脱除净化尾气中的硫化氢。

2.1 液硫脱气改造

液硫脱气废气一般直接进入焚烧炉焚烧后排放，废气中所携带的硫化物和硫蒸气燃烧生成 SO_2，造成装置烟气 SO_2 排放浓度增加，大致可增加 $100\sim200mg/m^3$[1]。目前液硫脱气废气处理的主要方式有：①水洗注氨处理；②引入制硫炉处理；③引入制硫反应器处理；④引入加氢反应器处理。1#硫黄回收装置液硫脱气采用空气气提工艺，脱气废气的组分主要为空气、硫化氢和硫蒸气。鉴于含大量空气的废气不能引入制硫反应器、加氢反应器处理，水洗注氨需新增水洗罐，水洗罐存在硫冷凝堵塞需要定期清理的问题，故采用液硫脱气废气引入制硫炉处理的工艺。

2014年10月1#硫黄回收装置检修时，对液硫脱气尾气处理单元进行改造，将液硫脱气塔尾气由入尾气焚烧炉改为入制硫炉，流程示意图见图1。尾气改造后投用时，液硫脱气塔C-401废气成功引入制硫燃烧炉F101，而蒸汽抽空器废气原计划与液硫脱气塔废气合并后进燃烧炉，但因其压力低于液硫脱气塔废气，未能引入。因此标定工况是在硫池气抽废气直排焚烧炉的条件下进行的。标定结果表明，改造后硫黄尾气 SO_2 排放浓度均值为 $205mg/m^3$，氧含量均值6.5%；以3%氧含量为基准，折算后尾气 SO_2 排放浓度均值为 $254.5mg/m^3$，满足当时《石油炼制工业污染物排放标准》(讨论稿)$300mg/m^3$ 的限值标准。

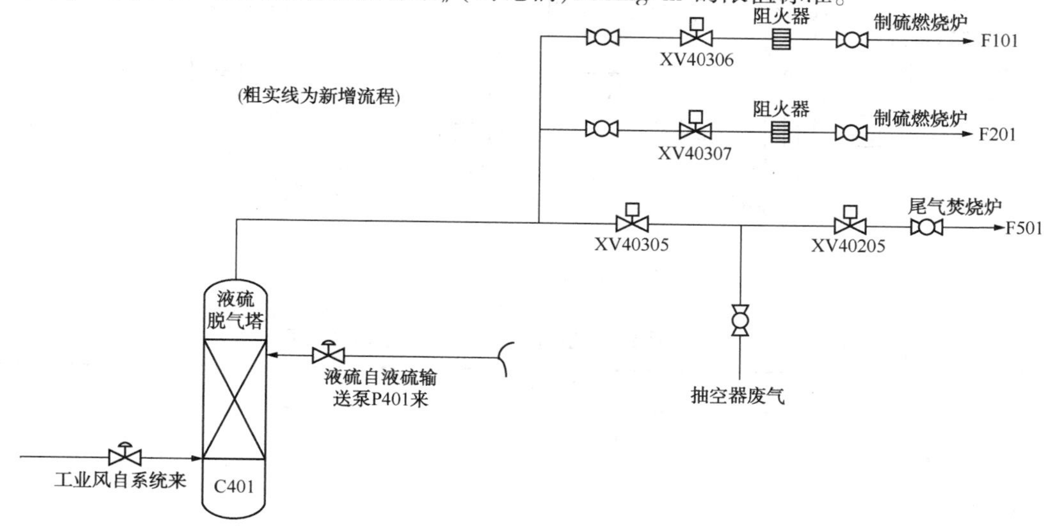

图1 硫黄回收装置尾气治理改造流程示意图

根据装置实验，硫池废气将增加100mg/m^{3}左右的SO_2排放浓度，这部分废气必须进行回收。目前考虑蒸汽抽空器改型提高压力，将液硫池闪蒸气改入制硫炉，同时考虑用工业风代替蒸汽作动力，以降低蒸汽对制硫炉的影响。

2.2 高效脱硫剂试用

吸收塔操作温度对烟气中SO_2的排放浓度有直接关系。伴随着尾气吸收塔顶温度的上升，尾气中SO_2的浓度呈明显的上升趋势。吸收塔操作温度主要取决于尾气入塔温度和贫液入塔温度。在日常生产中，贫溶剂进料温度控制在28~33℃，尾气进吸收塔的温度控制在28~35℃，吸收塔出口温度在30~35℃，说明吸收塔的温度在合适的温度范围。MDEA贫液热稳盐在0.2wt%左右，贫液H_2S浓度均值在0.02wt%，远低于控制指标0.15wt%。从吸收塔操作温度和贫液质量来看，本装置的吸收效果较好，如果需要再度提高吸收效果，需要采用高效脱硫溶剂。

目前，1#硫黄回收装置所用脱硫剂为国产普通脱硫剂MDEA，国外开发的配方型高效脱硫剂(如HS-103、MS-300、TG-10等)[1~4]，其净化效果明显优于国产普通脱硫剂，可显著降低净化尾气硫化氢含量，从而降低硫黄烟气中SO_2浓度。如乌鲁木齐石化公司炼油厂4万t/a硫黄回收装置尾气吸收塔使用陶氏化学的HS-103高效脱硫剂后，排放尾气中的二氧化硫浓度由744mg/m^{3}降低至236mg/m^{3}左右。

2.2.1 试用流程与条件

为了1#硫黄回收装置的烟气提标，试用了国外某公司的高效脱硫剂。尾气处理单元流程图见图2，试用前后的典型工艺条件见表1。

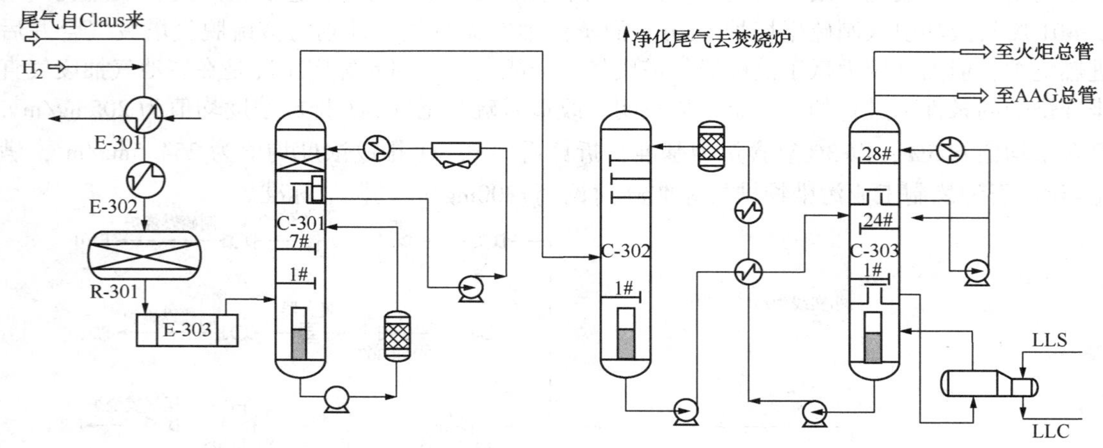

图2 尾气处理单元流程图

表1 高效脱硫剂试用前后装置操作条件对比表

项　　目	试用前	试用后
原料加工负荷/%	69.1	63.9
尾气进吸收塔温度/℃	34	34
溶剂胺浓度/%	28.5	31.5
溶剂循环量/(t/h)	35.5	35.9

续表

项　　目	试用前	试用后
汽提蒸汽量/(t/h)	4.52	4.61
蒸汽溶剂比	0.127	0.128
贫液进料位置	15#塔盘	15#塔盘

2.2.2　试用结果

高效脱硫剂试用之前，液硫池蒸汽抽空器停用，硫池去焚烧炉废气阀门关闭，规避其他因素对烟气 SO_2浓度的影响。在置换过程中，因时间关系，系统清洗不彻底，置换后贫液较脏。经过滤，一周后有所好转，这在一定程度上影响了试验效果。试用后，溶剂热稳盐浓度基本稳定在 0.1%左右，比试用前下降一半，见图 3。

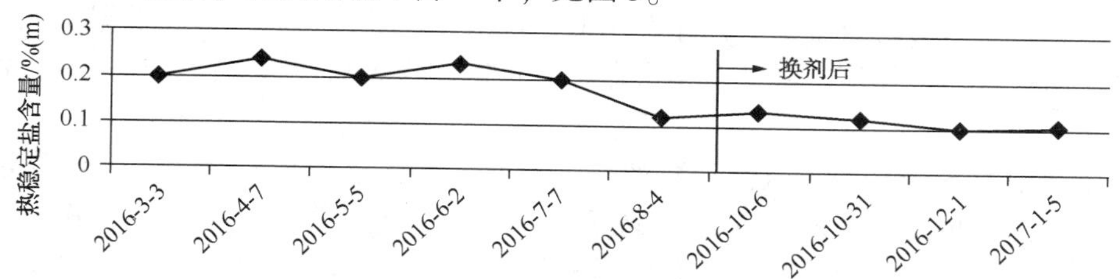

图 3　高效脱硫剂试用前后热稳定盐含量变化曲线

试用高效脱硫剂前后的烟气 SO_2浓度对比见图 4。使用前后以阶段 1 和阶段 2 表示，每阶段设定 34℃、38℃、40℃、42℃共四个温度梯度，每个梯度测试 48 小时，取 4 组数据。从图 4 可知，使用高效脱硫剂后，当贫胺液温度不大于 42℃时，排放尾气 SO_2浓度在 46～85mg/Nm³，低于排放限值 100mg/Nm³，满足排放标准。反推吸收塔顶净化尾气硫化物大约为 20ppm，因化验检测不出，这部分含硫物质很可能以难以吸收的 COS 为主。

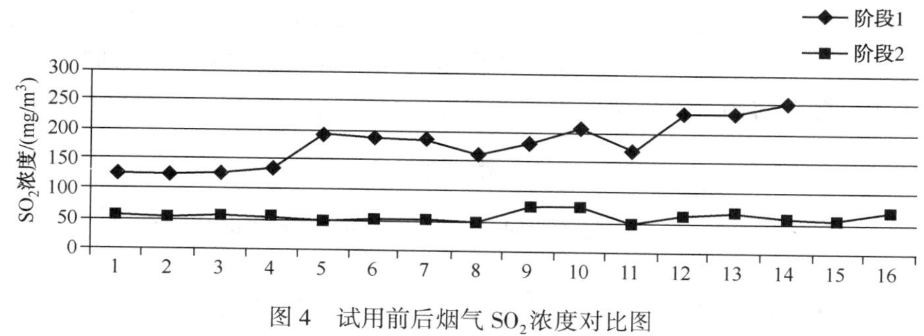

图 4　试用前后烟气 SO_2浓度对比图

高效脱硫剂试验历时两个月，系统操作运行平稳，不需额外添加消泡剂，溶剂损失量小，两个月内吸收塔、再生塔操作运行平稳，未出现任何波动，未加注消泡剂，而以往经验，每一个月至少要补充一次新溶剂，或加注一次消泡剂，才能保证系统平稳运行。高效脱硫剂在操作稳定性、吸收活性及吸收选择性上，均优于原用国产剂。

2.3　尾气碱洗

硫黄净化尾气二次洗涤，或焚烧烟气洗涤，也是降低烟气 SO_2排放的重要举措，近年来，有多种技术对该领域表现出兴趣，并有一些已投入试验。这些技术之前多应用于煤化工、锅炉烟气、天然气净化等领域。

2.3.1 焚烧烟气脱硫

可以说，单就降低烟气硫排放，烟气脱硫是最直接有效的，而且不需要特别考虑针对其他因素的改造。从技术路线上，主要有氨法脱硫，碱法脱硫，生物脱硫等。对于新建装置，有的甚至可以取代 SCOT 尾气处理部分。

但是，此类工艺的副产物，如硫酸铵、硫酸钠，或单质硫，需要考虑后续的处置。另外，低温烟气的气溶胶问题，以及对烟囱的露点腐蚀，也值得探讨。

2.3.2 净化尾气脱硫

与烟气脱硫不同，净化尾气主要脱除的是硫化氢，相应的技术是碱洗和固定床吸附。

固定床吸附不需要运行维护，操作费用低，但设备尺寸通常较大，在低温工况下吸附脱硫剂有可能出现板结、偏流，降低使用寿命，一旦饱和，无法在线更换，按一开一备配置又不太经济。

硫黄尾气中 H_2S 极易溶于碱性水溶液。由于 H_2S 易溶于水的特性，其在洗涤塔内极易去除，一般仅需极短的停留时间即可完成反应。文丘里洗涤系统和传统的湿式洗涤系统比较，系统体积小(洗涤塔体积为传统湿式洗涤技术的 1/2～1/4)，且压降低、耐受高浓度粉尘，并具有可灵活调整脱硫率和适应烟气量变化的特点，能有效去除亚微米尘埃和气溶胶以及包括 SO_2 和 H_2S 在内的酸性气体。通过合理控制碱液 pH 值，可有效防止碱液和 CO_2 反应，从而降低碱液消耗。少量的含盐废水，可送到酸性水汽提装置脱硫处理。目前项目已进入设计阶段。

3 结论

特别限值地区的硫黄回收装置的尾气排放限值为 100mg/m^3，控制难度大，需要采取综合管控措施。硫黄烟气中 SO_2 主要来源为净化尾气和液硫脱气，通过液硫脱气废气不焚烧、尾气吸收采用深度脱硫剂、净化尾气增加碱洗等组合措施，可满足硫黄尾气平稳达标排放。

参 考 文 献

[1] 刘爱华，刘剑利，陶卫东，等．降低硫黄回收装置尾气 SO_2 排放浓度的研究[J]．硫酸工业，2014，(1)：18-22.

[2] 金洲．降低硫黄回收装置烟气中 SO_2 排放问题探讨[J]．石油与天然气化工，2012，41(5)：473-478.

[3] 李鹏，刘爱华．影响硫黄回收装置 SO_2 排放浓度的因素分析[J]．石油炼制与化工，2013，44(4)：75-79.

[4] 陈志刚，何建刚，王磊，等．40kt/a 硫黄回收装置尾气排放的影响因素及改进措施[J]．硫酸工业，2015，(5)：35-38.

高桥石化4#硫黄装置低排放管理和操作经验总结

王军长　朱　峰　许　可

（中国石化上海高桥石油化工有限公司，上海　200137）

摘　要　分析了高桥石化4#硫黄回收装置尾气二氧化硫排放情况，针对低排放经验从装置开车到装置平稳运行进行总结，并对新环保指标下硫黄装置管理和操作的优化方法进行讨论和探索。

关键词　硫黄回收　克劳斯　比值回路　尾气净化　溶剂吸收　溶剂再生

1　前言

2015年4月16日，新的《石油炼制工业污染排放标准(GB 31570-2015)》发布后，对硫黄回收装置尾气二氧化硫排放限值进一步严格，其中一般地区要求达到400mg/m³以下，重点特殊地区要求达到100mg/m³，且硫黄尾气SO_2排放量也作为环保部污染物总量核查核算的重要指标之一。此背景下，对硫黄回收装置管理和操作提出了较高的要求，通过不断总结操作和管理经验，对好的操作和管理方法进行规范化，以提高总硫收率和确保硫黄尾气稳定达到新的排放指标已经成为了一项刻不容缓的工作内容。

2　高桥石化4#硫黄装置简介

2.1　装置概况

4#硫黄回收装置采用镇海石化工程公司的“ZHSR”硫回收技术，设计硫黄生产能力为6万t/a，操作弹性为30%~110%，硫黄回收率99.95%以上，年开工时数按8400h设计。

装置由硫黄回收、尾气处理、溶剂再生和公用工程等单元组成。克劳斯部分的一、二级反应器和加氢反应器均采用自产中压蒸汽加热。

尾气处理采用还原-吸收工艺，溶剂系统采用两段吸收两段再生工艺，尾气经焚烧炉焚烧处理后通过尾气烟囱排放大气。

设计之初装置尾气外排控制指标为200mg/m³，为满足最新的排放标准，装置利用LS-Degas技术对装置进行提标改造：使用齐鲁科力生产高效克劳斯催化剂和加氢催化剂，提高克劳斯转化率同时促进有机硫水解；使用高效进口溶剂；增加净化尾气碱洗塔和溴化锂制冷机组。改造完毕后硫黄装置排放满足新指标要求，尾气二氧化硫含量可以稳定达到100mg/

m^3以下。

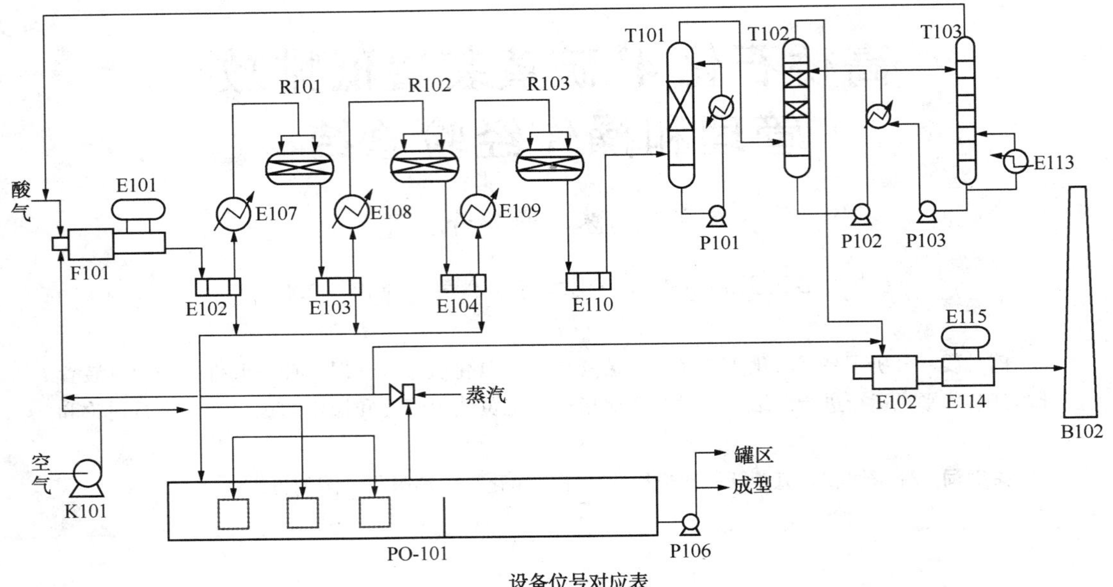

设备位号对应表

F101	反应炉	F102	焚烧炉	T101	急冷塔	T102	吸收塔	T103	再生塔	PO-101	液硫池
E101	反应炉锅炉	E102	一级硫冷器	E103	二级硫冷器	E104	三级硫冷器	E110	蒸汽发生器	E115	焚烧炉锅炉
E107	第一再热器	E108	第二再热器	E109	第三再热器	E114	过热器	E113	重沸器	B102	烟囱
P101	急冷水塔	P102	富液泵	P103	精贫液泵	P106	液硫泵	K101	反应炉风机		

图1 4#硫黄装置原则流程示意图

2.2 装置开车及试运行情况

装置于2016年2月28日进料投产，至2017年4月15日装置运行平稳，进料为清洁酸性气和含氨酸气，负荷在60%~100%之间波动。烟囱排放尾气中二氧化硫含量在100mg/m^3以下，符合新标准要求的100mg/m^3(特殊地区)以下的排放限值，装置开工至今尾气二氧化硫现场实测值见表1。

表1 4#硫黄装置开工至今现场实测

装置	采样点	采样日期(时)	氮氧化物/(mg/m^3)	二氧化硫/(mg/m^3)	非甲烷总烃/(mg/m^3)
4#硫黄	工艺尾气排口	2016/2/26 13：00：00	96	22. 9	9. 5
4#硫黄	工艺尾气排口	2016/3/22 14：00：00	89	26. 0	10. 6
4#硫黄	工艺尾气排口	2016/4/12 9：00：00	88	6. 8	13. 4
4#硫黄	工艺尾气排口	2016/5/19 8：00：00	68	57	16. 6
4#硫黄	工艺尾气排口	2016/6/1 13：00：00	61	33	19. 0
4#硫黄	工艺尾气排口	2016/6/21 9：00：00	14	27. 8	
4#硫黄	工艺尾气排口	2016/6/21 13：00：00	9	25. 3	
4#硫黄	工艺尾气排口	2016/7/1 13：00：00	43	22. 6	22. 5
4#硫黄	工艺尾气排口	2016/7/7 10：00：00	32	29. 1	20. 6

续表

装置	采样点	采样日期(时)	氮氧化物/(mg/m^3)	二氧化硫/(mg/m^3)	非甲烷总烃/(mg/m^3)
4#硫黄	工艺尾气排口	2016/8/16 9：00：00	43	37.1	13.8
4#硫黄	工艺尾气排口	2016/9/8 8：00：00	51	35.6	7.6
4#硫黄	工艺尾气排口	2016/10/18 9：00：00	49	42.2	6.3
4#硫黄	工艺尾气排口	2016/11/15 9：00：00	70	43.3	4.9
4#硫黄	工艺尾气排口	2016/12/21 9：00：00	54	60.0	3.5
4#硫黄	工艺尾气排口	2017/1/3 9：00：00	91	20.2	2.6
4#硫黄	工艺尾气排口	2017/1/3 9：00：00	94	20.8	
4#硫黄	工艺尾气排口	2017/2/10 9：00：00		33.6	3.4
4#硫黄	工艺尾气排口	2016/3/10 10：00：00		71.6	3.6

3 低排放管理和操作经验

3.1 完善开车方案 确保系统进料前处于最优状态

3.1.1 自动控制回路和联锁系统调试完好

装置采用Emerson公司的DCS控制系统和BMS控制系统。其中BMS系统中有装置主风机K101AB开机程序，反应炉F101点火开工程序，焚烧炉F102点火开工程序。装置联锁系统包括：克劳斯单元，液硫脱气单元，尾气脱气单元，尾气焚烧单元联锁四个部分。试车初期要制定详细的控制回路和联锁调试方案，确保各控制回路和联锁回路完好。

3.1.2 催化剂按规范装填

一级克劳斯反应器R101中填装LS-02型催化剂高度285mm，占反应器内催化剂总量三分之一，LS-981G型催化剂高度565mm，占反应器内催化剂重量三分之二。二级克劳斯反应器R102中填装LS-02型催化剂高度850mm，加氢反应器R103中填装加氢催化剂LSH-03A高度550mm。催化剂装填按照规范，专人监督，有确认催化剂正确安装的确认标准，有防催化剂损坏的措施。将催化剂吹灰列入试车方案。

3.1.3 急冷和溶剂系统清洗

对于硫黄装置来说，溶剂吸收系统运行的状况决定了过程气尾气中剩余硫化氢含量，对装置尾气中二氧化硫含量影响较大。若溶剂系统运行不畅，将会造成溶剂耗量增加并影响吸收效果。急冷和溶剂系统尽量清洗干净，尤其是溶剂系统要确保干净，溶剂系统水清洗阶段系统内每个放空建立检查表格，每个放空均排水干净后确认打钩。将低浓度溶剂清洗列入试车方案(低浓度溶剂显弱碱性，有助于清除新设备和管线内油脂，降低溶剂发泡可能。)

3.1.4 尽量缩短瓦斯点火时间

尽量缩短系统燃烧瓦斯时间，燃烧瓦斯期间调节好系统配风，使配风稍微过量，防止系统积碳。引酸性气前关闭捕集器顶跨线阀，引酸气时流量尽量偏低，溶剂系统负荷尽量调大，引酸气后尽快投用比值回路(不超1h)，确保开工过程排放合格。

3.2 精细化克劳斯系统操作 使系统保持较高的转化率

3.2.1 限制硫黄装置操作的“跷跷板”

硫黄装置的许多操作条件呈“跷跷板”效应，精细化有助于找到每个“跷跷板”的平衡点使装置处于最优工况运行。

表2 硫黄装置部分“跷跷板”效应汇总

‘跷跷板’名称	过高的影响	过低的影响
配风比	二氧化硫生成多 对加氢和溶剂系统冲击大	硫化氢转化率低 影响加氢反应器有机硫水解 对溶剂系统冲击大
三级冷凝器内质量流速	已冷凝在管壁上的液硫会被过程气带进反应器	三级冷却凝器内有形成硫雾的潜在风险
催化剂中氧化钠含量	增加催化剂硫酸盐化可能	影响有机硫水解能力
溶剂循环量	影响进吸收塔贫液温度 增加装置能耗	影响吸收效率 精贫液中硫化氢含量升高
吸收塔理论板数	二氧化塔吸收量剧增 进而影响硫化氢吸收率	硫化氢吸收率不足

3.2.2 提高比值回路投用率

控制是克劳斯硫黄装置平稳的关键，如果能在克劳斯阶段提升1%的转化率，那么对应的进入溶剂吸收塔前过程气硫化氢含量将降低上千 ppm，这对降低加氢和溶剂负荷有很大好处。

在装置进料前仪表调试阶段，应该完成比值回路中各控制阀的调试和控制器的正反作用检验；在风机开启后系统吹扫阶段，整定好比值回路中主调风流量调节器和微调风流量调节器的 PID 参数，并尽量使两个控制器处于单流量回路控制状态。进料前可以结合原料气预估流量和实验室分析数据，计算出所需设置的比例，并在 DCS 系统中进行预设，配风比计算公式见式(1)。

$$\text{配风比}\quad \frac{Q_{风}}{Q_{酸}}=\frac{1/2\times H_2S\%+(3n+1)/2\times C_nH_{2n+2}\%+3/4NH_3\%}{21\%} \tag{1}$$

式中 $Q_{酸}$、$Q_{风}$——进炉酸性气量和进风量；

$H_2S\%$、C_nH_{2n+2}——酸性气中硫化氢、C_nH_{2n+2}的浓度；

n——烷烃的种类；

21%——空气中氧的体积含量，如果采用富氧工艺那么按实际氧浓度计算。

注：需要注意的是式(1)中所需风量为克劳斯系统全部需风量总和，在计算比值回路中配风比时，应该将其他干扰项进行剔除。如：反应炉炉头仪表视镜等保护风如果使用的是压缩空气，那么应该查明总量并从总需风量中剔除；液硫脱气气如果使用空气脱气且脱气气进反应炉，那么也应该查明脱气气中空气总量，并从总需风量中剔除。

装置进料后应该尽快投用比值回路串级控制，通过观察进料后系统实际需风量和原料酸气量对 DCS 中预设的配风比进行计算校准，校准后主调风控制回路投用串级控制，比值回路前馈控制系统投用。完成以上工作后比值回路前馈和反馈系统均投用完毕，装置还需在实际运行过程中对微调风串级回路控制器进行 PID 整定，使回路稳定运行。

3.2.3 提高总硫收率 充分发挥新型催化剂作用

通过 DCS 中酸气流量显示结合实验室分析酸气浓度和液硫实时产率，在 DCS 中增加克劳斯总硫收率显示，使克劳斯转化率保持在催化剂厂家要求转化率以上。

3.3 优化溶剂系统运行 充分发挥高效溶剂作用

3.3.1 建立并完善急冷水、溶剂质量监控和管理规范

建立急冷水和溶剂清洁度管理和考核措施，确认溶剂和急冷水样品清洁无杂质，如有杂质立刻进行分析，并采取应对措施。建议急冷水全过滤。急冷水和贫液一直处于洁净的状态可以标明克劳斯处于优良的运行状态，同时使溶剂系统处于良好的运行环境，可以充分发挥高校脱硫剂的作用。

图2 4#硫黄装置急冷水和溶剂等样品

3.3.2 优化溶剂系统补水和排水操作 降低溶剂损失和污染

因为急冷塔和吸收塔存在温差，过程气会因为温度不同而造成其中饱和水含量不同，造成过程气中的水分会冷凝进入溶剂系统或者过程气将溶剂系统的水分带走，产生的影响是溶剂系统储量变化。4#硫黄装置总结的操作经验是：能排水尽量不补水，能通过开停急冷水空冷调节双塔温差就尽量不排水。如果空冷能增加变频，通过变频自动调节急冷塔和吸收塔顶温差来控制溶剂系统液面，这种理念是值得推广的。因为即降低了工作量，同时也避免反复补水或排水造成的溶剂污染或损失。

3.3.3 管理人员和操作人员掌握装置溶剂系统负荷及余量情况

各岗位应该清楚溶剂系统的能力和受限情况，如果有条件的话可以进行溶剂系统抗干扰实验和溶剂系统模拟计算，对溶剂系统能力有清楚的认识。

（1）溶剂系统抗干扰实验

在装置处理量维持 5800Nm^3/h 不变的情况下，人工提高比值回路 AIC1501（H2S-2SO2）的设定值，维持溶剂循环量维持 83t/h 不变，对溶剂系统固定循环量下的抗干扰能力进行考验。通过上图记录趋势可以看出，比值回路设定值 AIC1501 由 0 增加至 4.5 的情况下，过程

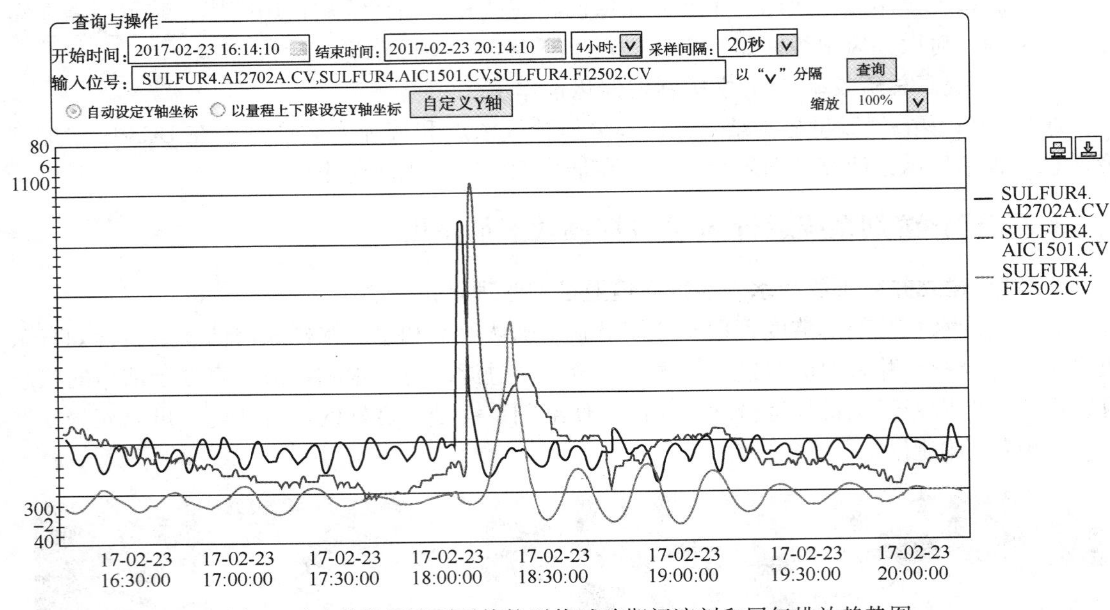

图3　4#硫黄装置溶剂系统抗干扰试验期间溶剂和尾气排放趋势图

气中硫化氢含量迅速上升，溶剂再生产酸气量FI2502由400Nm^3/h增加至750Nm3/h，尾气二氧化硫含量AI2702A由45增加至65mg/m^3。这说明溶剂系统在循环量83t/h的运行情况下有非常充足的吸收空间，抵御波动能力较强。

（2）溶剂系统流程模拟计算

用Aspenplus模拟软件对装置溶剂吸收和再生系统进行了模拟，通过模拟证实了装置管理人员前期手算和实验的结果，装置溶剂循环量仍有下降空间，通过降低循环量，在节能的同时更能降低溶剂返吸收塔温度，能有效降低尾气二氧化硫含量。

3.4　提升管理人员对装置认知深度　确保异常情况及时发现处理

对装置整体进行物料衡算、对各关键设备进行热量衡算、对装置水汽系统进行衡算。

通过制定以上计算表格，定期从DCS截屏中向表格中输入数据，对装置仪表准确性、实验室分析结果准确性等进行验证，及时发现仪表偏差和装置可能存在的异常并予以消除。

对装置发生的异常及时处理，并分析总结到位，将分析总结发装置各操作岗位学习讨论。装置建立异常情况处理档案，以便经验的分析和总结。

4　优化上游装置操作、平稳硫黄装置相关管网流量及组成

根据装置操作经验总结，发现尾气排放指标从960mg/m^{3}降至100mg/m^{3}时。公用工程及管网对装置的影响也进一步扩大，因此必须对硫黄装置相关管网进行监控和优化。

4.1　对上游产酸性气装置进行排查 稳定管网酸气

对上游产酸性气装置进行排查，提高上游装置自控率，优化全厂酸性气管网操作，稳定

全厂酸性气管网。

4.2 实时数据库中建立并完善相应管网监测画面

在实时数据库中建立并完善酸性气管网、溶剂再生管网流程画面，监控各酸气产出点流量变动情况。对每次波动原因进行排查分析并采取考核措施，维持酸性气管网稳定。

储运装置	热电装置	水务中心	数据查询	先进控制	指标平稳率台账	生产报	储运装置	热电装置	水务中心	数据查询	先进控制	指标平稳率台账	生产报

炼油系统酸性气流量表

序号	项目	数值	
1	2#溶剂再生酸性气	1483.31	
2	3#溶剂再生系列一酸性气	2885.06	
3	3#溶剂再生系列二酸性气	2475.14	
4	3#硫磺尾气溶剂再生酸性气	370.99	
5	4#溶剂再生酸性气	0.00	
6	加氢裂化溶剂再生酸性气	857.66	
7	1#脱硫溶剂再生酸性气	294.26	
8	1#酸性水酸性气	343.10	
9	3#酸性水酸性气	1736.11	
10	4#硫磺酸性气处理量	3638.17	
11	3#硫磺系列一酸性气处理量	2909.15	

炼油系统脱硫贫液流量表

序号	项目	数值	
1	2#脱硫干气脱硫	27.52	
2	2#脱硫液化气脱硫	14.59	
3	加氢裂化干气脱硫	52.28	
4	4#加氢循环氢脱硫	68.08	
5	4#加氢低分气脱硫	21.48	
6	蜡油加氢循环氢脱硫	70.99	
7	1#蒸馏液化气脱硫	14.83	
8	5#加氢循环氢脱硫	24.76	
9	5#加氢低分气脱硫	9.53	
10	润滑油加氢循环氢脱硫	-1.28	
11	加氢裂化循环氢脱硫	47.13	
12	加氢裂化液化气脱硫	9.08	
13	1#焦化冷焦热水罐除臭	12.17	
14	2#焦化干气脱硫	45.99	
15	2#焦化液化气脱硫	40.39	
16	2#制氢干气脱硫	0.00	

图4 实时数据库中全厂酸性气和溶剂系统汇总表

4.3 提高焚烧炉燃料气质量

如果焚烧炉使用全厂瓦斯管网瓦斯作为燃料气，要保障瓦斯质量或尽可能改用天然气作为硫黄装置燃料。

4.4 进一步推进管网优化

下一步应该对酸气管网进一步进行排查，消除一些可能存在的积液点；进一步推进实时数据库和 LIMS 间的数据传递，在实施数据库中显示最新分析数据瓦斯质量、贫液浓度质量、酸气组成等。

5 高桥4#硫黄装置现有设施下尾气排放提升空间

5.1 进一步优化比值回路中 H_2S/SO_2 设定值

在比值回路中找到适合本装置 H_2S/SO_2 值，这个值一般会小于2，因为微过量的配风在提高炉温的同时进一步促进有机硫水解，用公式可表示为 $(H_2S+COS)/SO_2=2$。

通过图5可以看出，在其他条件不变的情况下优化配风比可以将烟气二氧化硫排放浓度降至了 $30mg/m^3$ 以下。

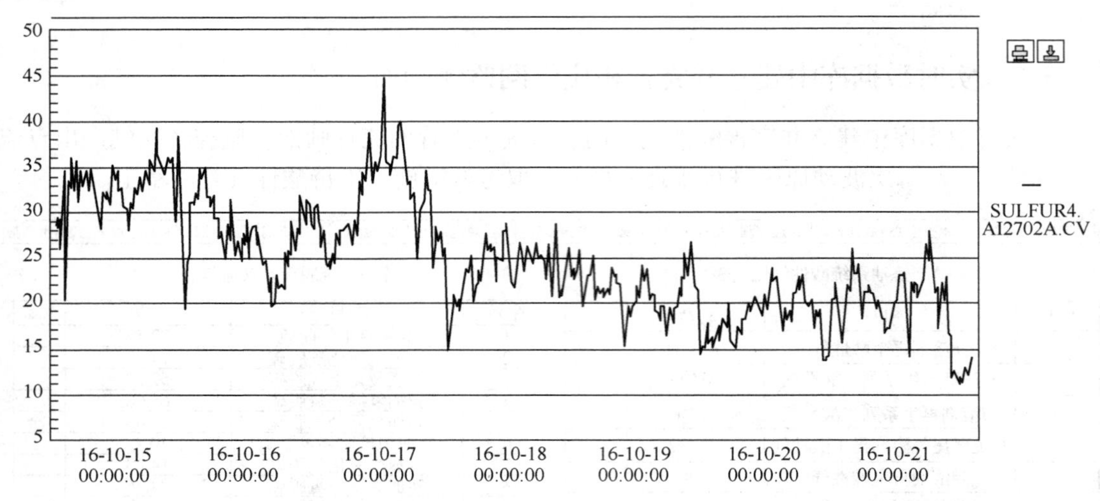

图5　适当提高配风比后尾气二氧化硫排放(其他条件不变)

5.2　进一步提高加氢反应器温度，促进有机硫水解率

目前装置加氢反应器进口温度控制在220~230℃，加氢反应器床层温升在20~30℃范围内波动，按目前数据来看加氢反应器还有进一步提高温升的空间，加氢反应器温升提高能促进有机硫水解。

5.3　进一步优化溶剂系统操作

目前装置贫液中硫化氢含量控制较高在0.7~1.0g/L，降低贫液中硫化氢含量，且溶剂循环量控制在85t/h(设计负荷为135t/h)按照设备下限来控制，装置通过在日常操作中进行总结，发现提高溶剂循环量和降低贫液贫度都能进一步降低装置尾气二氧化硫排放，具体情况见图6。

由图6可以看出，在其他条件不变的情况下，溶剂循环量FI2301从95t/h降至85t/h装置二氧化硫排放量从32mg/m^3升高至48mg/m^3。

通过图7可以看出装置提高再生塔底重沸蒸汽用量FIC2401后，再生塔顶温度TI2402变化明显，接着装置尾气二氧化硫排放量也出现降低趋势。提高再生塔底蒸汽用量有助于降低贫液中硫化氢含量，再生塔底蒸汽用量变动后贫液质量分析情况见图8。

5.4　进一步降低贫液温度

4#硫黄装置尾气治理工艺中设有循环水溴化锂机组，可以通过进一步降低循环水温度而使贫液温度降低。

由图9可以看出精贫液温度和排放有明显的对应关系，较低的贫液温度对应较低的尾气二氧化硫排放值。溴化锂冷却机组的配置使装置尾气二氧化硫的进一步优化和气温较高时排放稳定有了应对和可调措施。

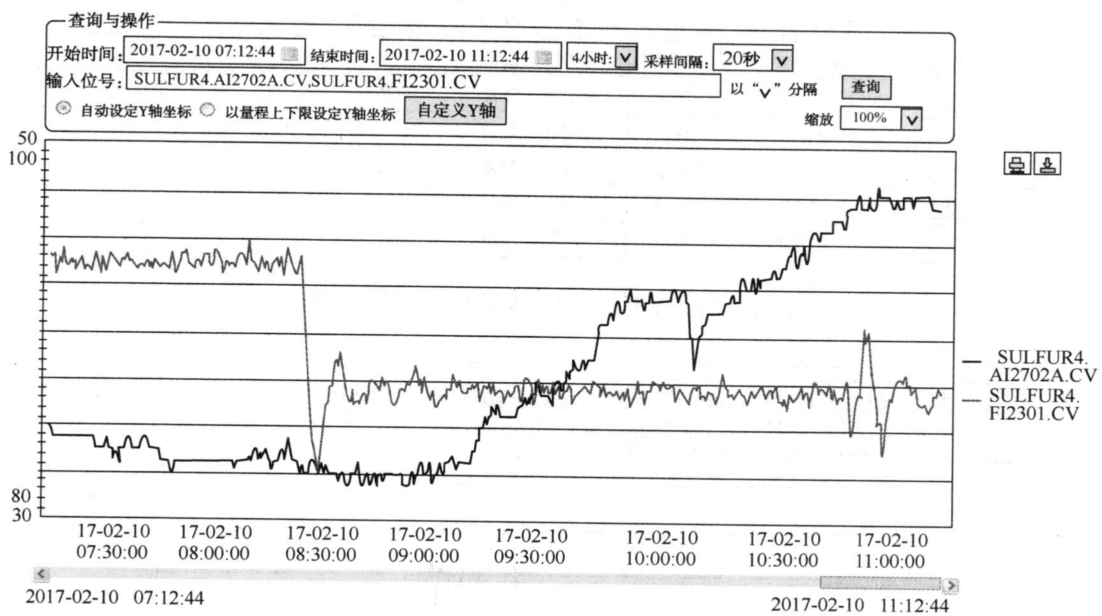

图6 溶剂循环量和尾气二氧化硫对应关系（其他条件不变）

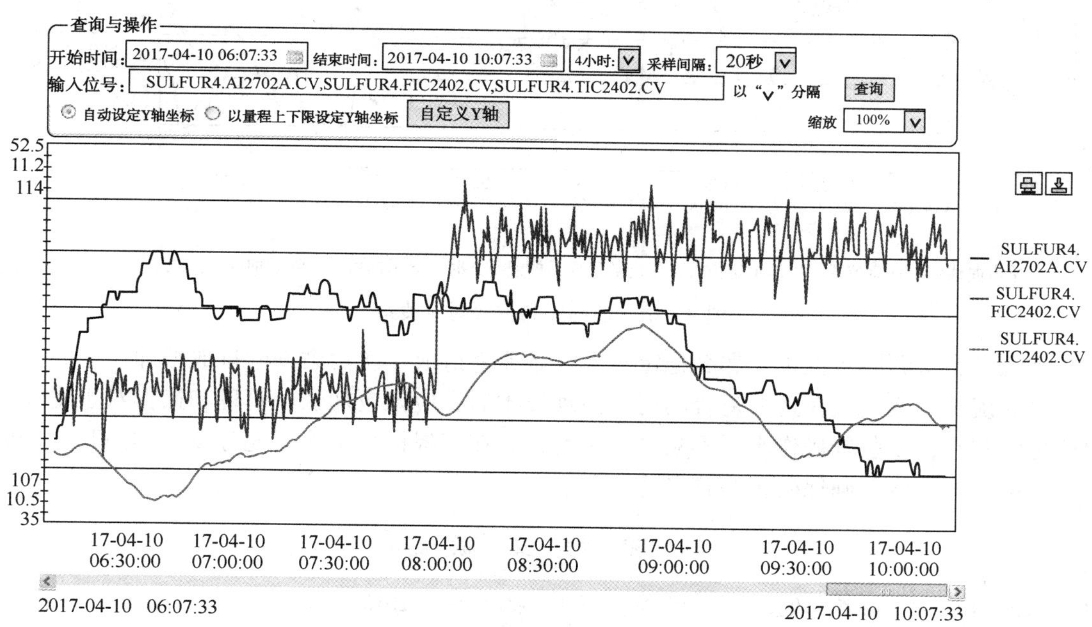

图7 再生塔底重沸蒸汽量与再生塔顶温度和排放对应关系

6 小结

自动控制、精细化操作和提高装置主体硫转化率是尾气平稳达标的关键，也是硫黄回收装置管理的关键。新指标的推行要求硫黄装置的管理要进一步精细化，如果硫黄装置精细化

序号	任务单	报告	采样日期	样品名称	位置	采样点	有效浓度，%(质量分数)	溶解硫化氢，g/L
1		报告	2017/4/3 8:00:00	贫液	#4硫磺	贫液	41.68	0.75
2		报告	2017/4/5 8:00:00	贫液	#4硫磺	贫液	39.26	0.68
3		报告	2017/4/7 8:00:00	贫液	#4硫磺	贫液	41.41	1.12
4		报告	2017/4/10 8:00:00	贫液	#4硫磺	贫液	41.52	0.28
5		报告	2017/4/12 8:00:00	贫液	#4硫磺	贫液	39.78	0.77
6		报告	2017/4/14 8:00:00	贫液	#4硫磺	贫液	42.51	0.28

图8　再生塔底重沸蒸汽量提高后贫液质量情况

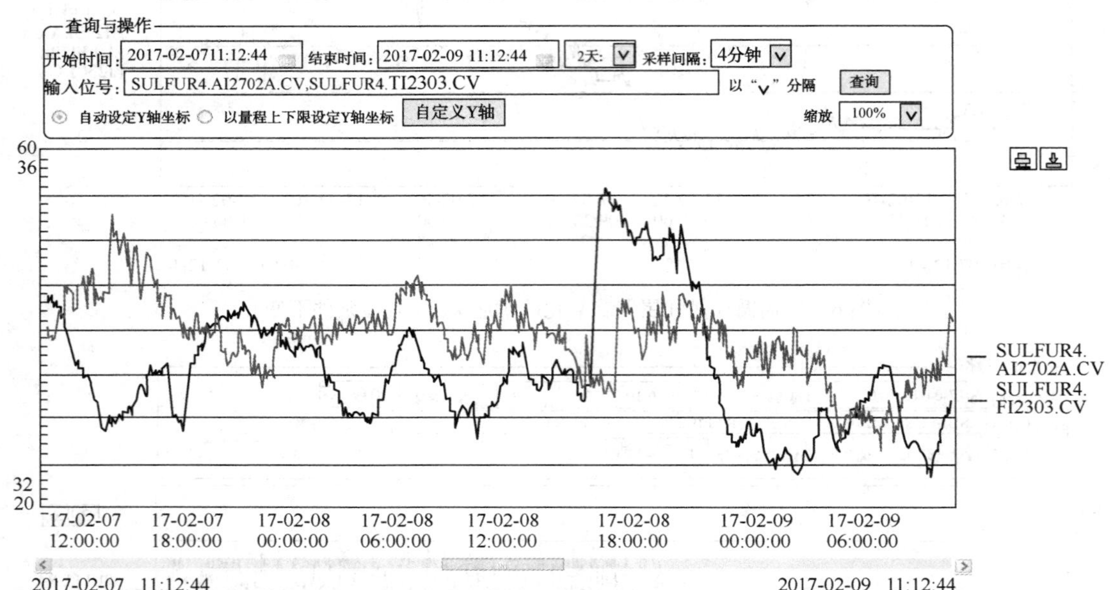

图9　精贫液温度和排放对应关系

操作理念没有得到同步推进，那么稳定达标较难或者造成二次污染物的排放增加。

因此硫黄回收装置在选取适合的尾气治理技术后，应该更加强调管理和操作对于尾气稳定达标的左右，使装置操作水平不断提高和完善，在将提标技术作用充分发挥的同时，避免二次污染物的产生，确保硫黄装置平稳达标。

参　考　文　献

[1] 李菁菁 闫振乾．硫黄回收技术与工程[M]．石油工业出版社，2010.

Mn-Ce/TiO_2脱硝催化剂的研究

杨文景　肖巍巍　任旭婷　曹　丽　徐　泉　周红军

（中国石油大学(北京)生物燃气高值利用北京市重点实验室，新能源研究院，北京　102299）

摘　要　以TiO_2为催化剂载体，采用浸渍法制备Ce-Mn/TiO_2催化剂，探究催化剂掺杂比例、煅烧温度和煅烧气氛对脱硝活性的影响，并对各催化剂进行了BET、XRD、XPS表征。实验结果表明：锰铈掺杂能够有效提高催化剂的低温脱硝活性，随着Ce负载量的增加，NO_x转化率先增加后又下降，Ce/TiO_2的质量比为20%时催化剂具有最好的低温脱硝活性，160℃时转化率趋近100%；催化剂低温活性随着煅烧温度的增加先上升后降低，500℃最佳；氮气、合成空气(21%O_2)和不通入气体对催化剂活性影响不明显。表征结果表明：锰铈掺杂催化剂表面活性组分分散程度高，孔结构以5~10nm的介孔为主，增加CeO_2的量，能够有效提高催化剂的比表面积；掺杂后催化剂表面负载的MnO_2和吸附的活性氧有较强的氧化性能，Ce^{3+}/Ce^{4+}与Mn^{4+}/Mn^{3+}价态之间的转变，实现储氧、释放氧的循环过程，能有效提高催化剂的低温性能和氧化还原性能，

关键词　Mn-Ce/TiO_2　脱硝　低温　SCR

随着经济的快速发展和工业的不断进步，以燃煤电厂为主的固定源和以机动车为主的移动源排放的NO_x量不断增加。近五年国家环保部对氮氧化物治理的关注与日俱增，氮氧化物排放情况有所改善但仍然保持相对高的数值，仍需要进一步的增大减排力度[1,2]。燃烧后控制技术(尾气脱硝)是当前治理NO_x最重要的方法，其中的选择性催化还原法(SCR)是目前火电厂应用最为广泛的烟气脱硝技术之一，其脱硝效率高，适用于排放量较大的连续排放源[3-5]。

根据脱硝(SCR)装置的实际布设位置可将脱硝(SCR)催化工艺分为高温高尘布置、高温低尘布置和低温低尘布置(或称尾部布置)三种方式[6]。高温高尘布置，催化剂安装在空预器和ESP前，反应器处于300~400℃，有利于反应的进行，但催化剂处于高尘烟气中，要求中温条件的催化剂具有较强的抗阻塞能力及抗SO_2毒性等[7]。高温低尘布置，反应器在ESP与空气预热器之间，可防止飞灰对催化剂的污染；但仍要求催化剂具有较强的抗SO_2毒性。低温低尘布置，催化剂安装在FGD与空气预热器之间，催化剂免受高粉尘和SO_2的毒害；但反应温度较低，催化剂需要再热。而如果应用低温SCR催化剂能避免尾气的二次加热，有效降低能耗[8]。

SCR脱硝技术的核心部分是催化剂，SCR反应的结果受到催化剂性能好坏的直接影响，催化剂的投资成本占烟气脱硝总成本的20%以上。我国燃煤电厂中最常用的的商业催化剂为V_2O_5-WO_3(MoO_3)/TiO_2催化剂体系[9,10]，在众多金属氧化物中，铈氧化物具有良好的比表面积，存在Ce^{3+}/Ce^{4+}的氧化还原对，具有很强的储氧能力，既可以作为催化剂的载体，又可以作为活性组分，在低温脱硝领域应用很广[11~13]；MnO_x具有很强的氧化催化性能和选择性，且较好的稳定性和耐水性能，被广泛应用于烟气处理中[14~16]。

本文采用浸渍法制备了双金属负载型催化剂 Ce-Mn/TiO_2用于 NO_x的低温脱除，研究了催化剂铈锰掺杂比例和制备工艺条件对 Ce-Mn/TiO_2低温催化活性的影响，并通过 XRD 和 BET 等方法对催化剂进行了表征。

1 实验部分

1.1 催化剂的制备

以纳米级二氧化钛(TiO_2，P25，天津光复)为催化剂载体，将硝酸铈($Ce(NO_3)_3 \cdot 6H_2O$，分析纯，天津光复)和乙酸锰($Mn(CH_3COO)_2 \cdot 4H_2O$，分析纯，天津光复)加入去离子水中磁力搅拌 1h，全部溶解形成浸渍液。将载体 TiO_2加入浸渍液中继续搅拌 2h，所得悬浊液移至旋转蒸发仪上 60℃蒸出多余的水分，将所得黏稠液在 105℃的恒温干燥箱中烘干，得到的固体状物质经研磨后在马弗炉中进行高温煅烧成型，制得 Ce-Mn/TiO_2催化剂。将制备好的催化剂粉末进行压片、筛分待用。

诸多研究表明，当 Ce/Mn 的摩尔比为 3：2 时，催化剂表现出优异的低温活性[17]，实验中始终保持 Ce/Mn 的摩尔比为 3：2，改变 Ce/TiO_2的质量比 a%，制备的催化剂记作：Ce(a)-Mn/TiO_2。

1.2 催化剂的表征

采用德国 Bruker 公司 Bruker D8 Advance 型 X 射线衍射仪进行催化剂的物相分析。测试前将试样充分研磨，以 CuKα 辐射源，扫描范围为 2θ=10°~90°，管电压 50kV，电流 50mA。采用美国 Micrimeritics Instrument Corporation 公司 ASAP2020 Surface Area and Porosity Analyzer 型 N_2吸附仪测试催化剂孔结构参数，包括比表面积、比孔容和孔径分布；催化剂以 He 作载气，N_2作吸附气，催化剂在 He 气氛下 300℃脱气 2h。用 Brunauer-Emmett-Teller(BET)方程计算催化剂的比表面积；通过 Barrett-Joyner-Halenda(BJH)模型分析其比孔容及孔分布。催化剂表面元素价态及 Al Kα 射线含量分析采用美国 Thermo 公司 ESCALAB 250 Xi 型光电子能谱仪(XPS)，采用粉体样品，扫描能量范围为 BE=0~5，000 eV。

1.3 催化剂的活性评价

催化剂的活性评价装置如图 1 所示，采用标准钢瓶作为模拟烟气，N_2为载气，NH_3为还原剂，其中[NO]=[NH_3]=0.05%(体积分数)、O_2为 3%(体积分数)，气体总流量 1000mL/min，体积空速 10000h^{-1}。反应器为不锈钢管(内直径 11mm)，通过电热炉加热调节温度，装填粒径 20~40 目的催化剂颗粒 6mL。德国 testo340 烟气分析仪对尾气浓度进行测量。在反应前先进行气体吸附饱和实验，当 NO_x的浓度不再发生变化后，再进行升温测试。反应过程中的所有数据都是在反应稳定条件下取得的。

SCR 催化剂的脱硝活性由 NO_x的转化率来衡量。NO_x转化率的计算方法如下式所示：

$$NO_x\text{转化率}(\%)=\frac{[NO_x]_{\text{入口}}-[NO_x]_{\text{出口}}}{[NO_x]_{\text{入口}}}\times 100\%$$

其中[NO_x]=[NO]+[NO_2]，[NO_x]$_{入口}$和[NO_x]$_{出口}$均为稳定状态下进气口和出气口处的NO_x浓度，以减少系统的不稳定性因素对实验结果的影响。

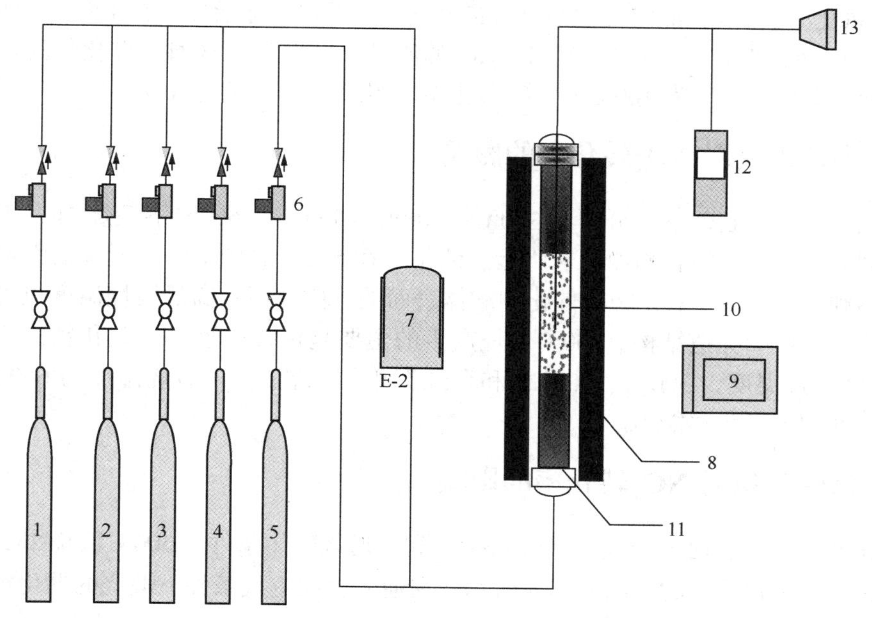

图1 催化剂评价装置示意图

1—N_2；2—NO/N_2；3—O_2/N_2；4—SO_2/N_2；5—NH_3/N_2；6—质量流量计；7—混合器；8—加热炉；9—温度控制器；10—控温热电偶；11—不锈钢反应管；12—烟气分析仪；13—尾气处理

2 结果与讨论

2.1 Mn、Ce掺杂对催化剂活性影响

双金属掺杂型催化剂Ce(a)-Mn/TiO_2的NO_x脱除效率如图2所示。

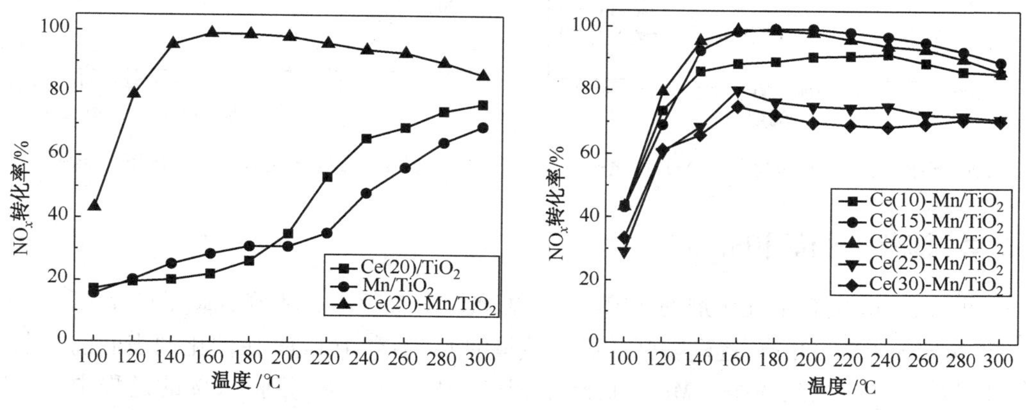

图2 不同Mn、Ce元素负载催化剂的NO_x转化率

相对于单纯 Ce 或 Mn 元素掺杂，Ce、Mn 共掺杂显著提高了催化剂在低温区间的脱硝活性。随着 Ce 负载量的增加，NO_x转化率先增加后又下降。当 Ce/TiO_2的质量比为 20%，对应 Mn/TiO_2质量比为 5.2%，此时催化剂具有最好的 NO_x低温脱除活性，在 120℃时转化率趋近 80%，160℃时转化率趋近 100%。当 Ce/TiO_2的质量比增大到 30%时，催化剂的低温脱硝活性反而降低，在反应温度为 160℃时 NO_x转化率取得最大值，仅达 70%。

2.2 煅烧温度对 NO_x转化率的影响

在通入合成空气条件下，分别在 300℃、400℃、500℃和 600℃下煅烧 2h，不同煅烧温度对催化剂 NO_x转化率的影响如图 3 所示。催化剂在 500℃煅烧条件下低温活性最佳，煅烧温度较低不利于 Ce、Mn 氧化物在催化剂载体表面的分散，而较高的煅烧温度也可能会造成催化剂的烧结，影响孔道结构。500℃煅烧产生的主要是锐钛矿型的二氧化钛，比板钛矿型的二氧化钛（煅烧温度为 300℃、400℃）和金红石相的二氧化钛（煅烧温度为 600℃）具有更好的催化活性和电子转移能力。

2.3 煅烧气氛对 NO_x转化率的影响

分别在通入氮气、通入合成空气（21% O_2）和不通入气体条件下 500℃煅烧 2h，不同煅烧气氛对催化剂 NO_x转化率的影响如图 4 所示。在通入合成空气条件下煅烧的催化剂低温活性最优，120℃时 NO_x 的转化率为 79.4%；不通入气体条件下，120℃ 时 NO_x 的转化率为 74.4%；通入氮气气氛下催化剂低温活性最差，120℃时 NO_x的转化率为 72.1%。三种煅烧气氛之间存在微小差别，对催化剂低温催化活性的影响并不明显。

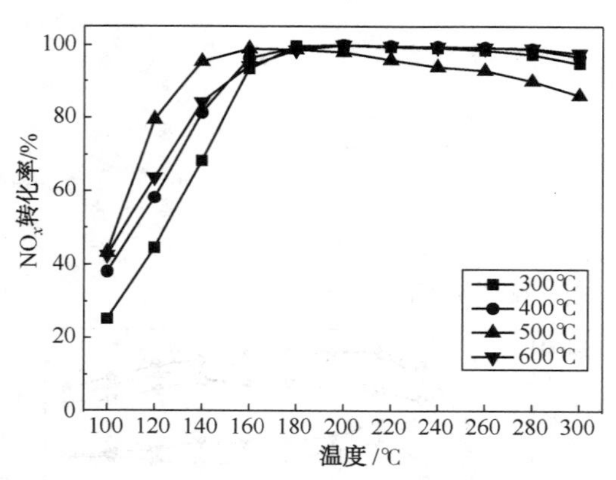

图 3 不同煅烧温度催化剂的 NO_x转化率

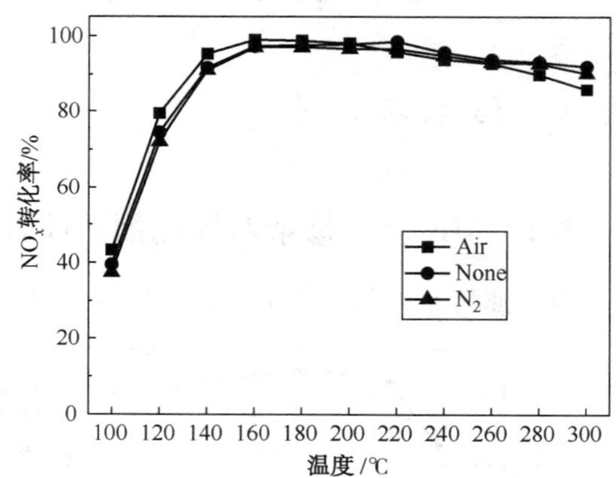

图 4 煅烧气氛对 NO_x转化率的影响

2.4 催化剂的晶相分析

不同 Ce、Mn 负载量催化剂的 XRD 表征结果如图 5 所示。随着负载量的增加，CeO_2的衍射峰（$2\theta=28.6°$、$33.1°$）逐渐增强，高负载量的 Ce 不利于 CeO_2在催化剂表面的分散。当 Ce 负载量从 10%提高到 30%，Mn 的负载量相应的从 2.6%提高到 7.8%的过程中，均未检测到 MnO_x 的衍射峰，说明 MnO_x 在催化剂表面分散程度高，以非晶态的形式存在或者形成的 MnO_x 微晶粒径小于 5nm，未能被仪器检测到。

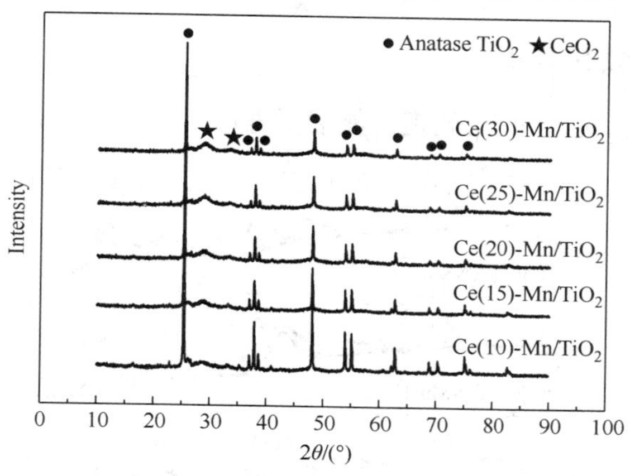

图 5 Ce(a)-Mn/TiO_2的 XRD 谱图

2.5 催化剂的 BET 分析

通过 N_2程序升温吸附脱附实验，研究 Ce、Mn 负载量对催化剂孔结构的影响，孔径分布如图 6 所示，催化剂比表面积、孔径和孔体积的如表 1 所示。Ce(a)-Mn/TiO_2的孔结构以 2~50nm 的介孔为主，在 5nm~10nm 处孔分布比较集中；负载量越大，10nm 以上孔的数量越少。平均孔径随负载量增加呈下降趋势，孔容则表现出先增大后减小的趋势，Ce(20)-Mn/TiO_2的孔容最大，达到 0.0699cm^3/g。随着 MnO_x和 CeO_2在载体表面量的增多，催化剂的比表面积也相应增大，从 18.45m^2/g 增加到 35.04m^2/g，增幅明显，增加 CeO_2的量，能够有效提高催化剂的比表面积。

表 1 Ce(a)-Mn/TiO_2比表面积和孔结构

催化剂	比表面积/(m^2/g)	孔容/(cm^3/g)	平均孔径/nm
Ce(10)-Mn/TiO_2	18.45	0.0625	13.56
Ce(15)-Mn/TiO_2	24.09	0.0666	11.06
Ce(20)-Mn/TiO_2	28.81	0.0699	9.71
Ce(25)-Mn/TiO_2	30.62	0.0634	8.96
Ce(30)-Mn/TiO_2	35.04	0.0559	6.38

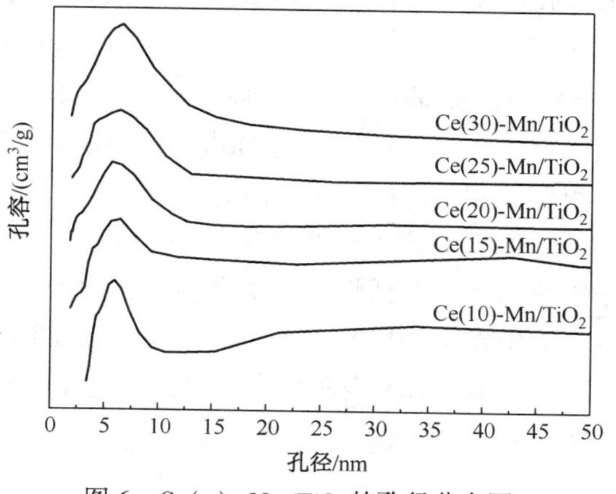

图 6 Ce(a)-Mn/TiO_2的孔径分布图

2.6 催化剂的XPS分析

对 Ce_{3d}轨道、$Mn_{2P3/2}$轨道和 O_{1S}轨道的能谱图进行分峰拟合，结果如图7所示。

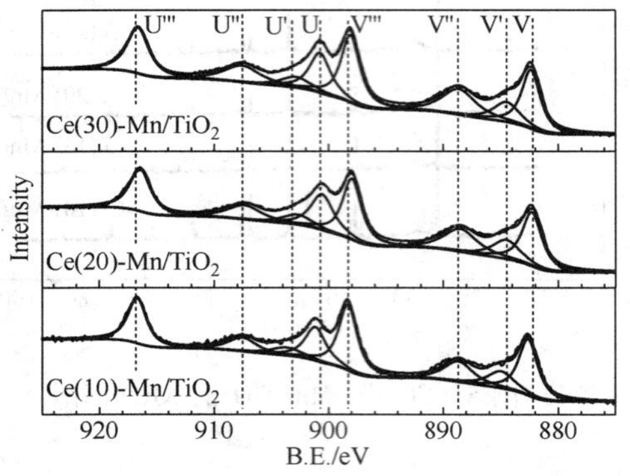

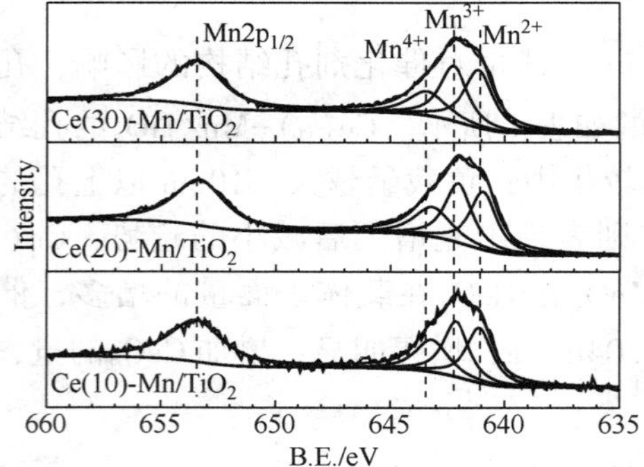

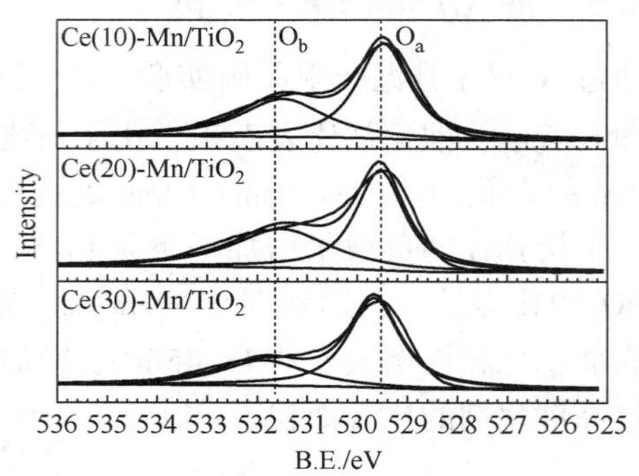

图7 Ce(a)-Mn/TiO_2的(a)Ce_{3d}、(b)Mn_{2P}、(c)O_{1S}XPS谱图

不同负载量Ce-Mn/TiO_2的 Ce_{3d}轨道的分峰结果结果如图7(a)所示，随Ce负载量增加，Ce^{3+}/Ce^{4+}比例先上升，后又有所下降，Ce(20)-Mn/TiO_2的 Ce^{3+}/Ce^{4+}比例最高，达到15.9%。铈氧化物可以通过电子对 Ce^{3+}/Ce^{4+}价态之间的转变，实现储氧—释放氧的循环过程，使催化剂具有很强的氧化能力，促使快速SCR反应发生。

不同负载量Ce-Mn/TiO_2的 $Mn_{2P3/2}$轨道的分峰结果如图7(b)所示。锰氧化物的催化脱硝效果大小为 $MnO_2>Mn_2O_3>MnO$，且 Mn^{4+}/Mn^{3+}可以通过价态间的转换，提高催化剂的氧化还原性能[18]。三组催化剂中Ce(20)-Mn/TiO_2的 Mn^{4+}/Mn^{3+}比例最高，达到84.0%，催化剂也相应表现出了比其他两组催化剂更优的 NO_x低温脱除效果，

不同负载量Ce-Mn/TiO_2的 O_{1S}轨道的分峰结果如图7(c)所示。其中吸附氧具有很强的氧化效果，不仅在反应中能将被还原的活性位再氧化，完成循环过程，而且它还能增强NO到 NO_2的氧化过程，促进反应中发生快速SCR反应[19]。Ce-Mn/TiO_2表面吸附氧含量占总氧含量的比例很高，其中Ce(20)-Mn/TiO_2表面吸附氧含量高达43.6%。催化剂表面吸附氧的量受氧空位的影响，Ce^{3+}/Ce^{4+}等不饱和电子对会在催化剂表面形成氧空位，氧空位吸附气相中的 O_2形成表面活性氧。

3 结论

本文以 MnO_X 和 CeO_2 为活性组分，以二氧化钛为催化剂载体，采用浸渍法在合成空气、500℃条件下煅烧制备了具有良好的低温脱硝活性催化剂，160℃时 NO_x 转化率高达99%。结合催化剂的活性评价测试和表征结果，得出以下结论：Mn、Ce 共掺杂能够有效提高催化剂的低温脱硝活性；Ce/TiO_2 为 20% wt，Mn/TiO_2 比为 5.2% wt 时催化剂 Ce^{3+}/Ce^{4+} 最高为 15.9%，Mn^{4+}/Mn^{3+} 比例最高达到 84.0%，表面吸附氧含量最高为 43.6%。Mn、Ce 掺杂后催化剂表面负载的 MnO_2 和吸附的丰富的活性氧有较强的氧化性能，且 Ce^{3+}/Ce^{4+} 与 Mn^{4+}/Mn^{3+} 价态之间的转变，实现储氧、释放氧的循环过程，提高催化剂的低温性能和氧化还原性能，为低温 NH_3-SCR 催化剂的改进开辟了一条新的研究途径。

参 考 文 献

[1] 吴晓青．我国大气 NO_x 污染控制现状存在的问题与对策建议[J]. 中国环保产业．2009，08：13-16.

[2] 井鹏，岳涛，李晓岩，等．火电厂 NO_x 控制标准、政策分析及研究[J]. 中国环保产业，2009，04：19-23.

[3] 管一明．选择性非催化还原法烟气脱氮氧化物工艺[J]. 电力科技与环保，2006，22(4)：15-19.

[4] 谭青．我国烟气脱硝行业现状与前景及 SCR 脱硝催化剂的研究进展．2011，S1：709-713.

[5] 孙雅丽，郑骥．燃煤烟气氮氧化物排放控制技术发展现状[J]. 环境科学与技术，2011，S1：174-179.

[6] 赵卫星，肖艳云，林亲铁，等．烟气脱硝技术研究进展[J]. 广东化工，2007，34(5)：59-61.

[7] Heck R M. Catalytic abatement of nitrogen oxides-stationary applications[J]. Catalysis Today，1999，53(4)：519-523.

[8] 高翔，卢徐节，胡明华．低温 SCR 脱硝催化剂综述[J]. 江汉大学学报：自然科学版，2014，02：12-18.

[9] 氟、硫掺杂 V_2O_5/TiO_2 脱硝催化剂的制备及性能研究[D]. 南京：南京理工大学，2014.

[10] 张舒乐．$V_2O_5-WO_3/TiO_2$ 及其 F 掺杂催化剂的制备、脱硝特性与应用研究[D]. 南京：南京理工大学，2013.

[11] Fan X Y，Qiu F M，Yang H S，et al. Selective catalytic reduction of NO_x with ammonia over Mn-Ce-O_X/TiO_2-carbon nanotube composites[J]. Catalysis Communcation，2011，12：1298-1301.

[12] Li J，Wei J L，Jin W Y，et al. Effects of Ce-Doping on the Structure and NH_3-SCR Activity of Fe/Beta Catalyst[J]. Rare Metal Materials and Engineering，2015，44：7.

[13] Li X，Li X S，Crockerc M，et al. A study of the mechanism of low-temperature SCR of NO with NH_3 on MnOx/CeO_2[J]. Journal of Molecular Catalysis A：Chemical，378（2013）82-90.

[14] Richte H，Yang R T. Catalytic performance of MnOx/NaY catalysts for selective catalytic reduction of nitric oxide by ammonia[J]. Journal of Catalysis，1999，188(2)：332-339.

[15] Liu Z，Yi Y，Zhang S X，et al. Selective catalytic reduction of NO_x with NH_3 over Mn-Ce mixed oxide catalyst at low temperatures[J]. Catalysis Today，2013，216：76-81.

[16] Kang M，Park E D，Kim J M，et al. Cu-Mn mixed oxides for low temperature NO reduction with NH_3[J]. Catalysis Today，2006，111：236-241.

[17] Qi G S，Ralph T Y. Performance and kinetics study for low-temperature SCR of NO with NH_3 over MnOx-CeO_2 catalyst[J]. Journal of Catalysis，2003，217：434 - 44.

[18] 江博琼. Mn/TiO_2系列低温SCR脱硝催化剂制备及其反应机理研究[D]. 杭州：浙江大学，2008.
[19] 金瑞奔. 负载型Mn-Ce系列低温SCR脱硝催化剂制备、反应机理及抗硫性能研究[D]. 杭州：浙江大学，2010.

致　谢

感谢北京市科技计划(No. Z161100001316010)，中国石油大学(北京)科研发展基金(No. 201603，2462014YJRC011)的资助。

炼化企业 VOCs 及异味治理技术应用与探讨

肖慧英

（中国石化九江分公司，九江　332004）

摘　要　针对炼化企业挥发性有机物（VOCs）及异味治理技术进行探讨，通过从不同浓度 VOCs 治理工艺技术特点及治理效果等方面综合分析，对九江石化酸性水罐、轻污油罐顶气中 VOCs 及异味不同的治理设施，以及铁路装车苯、混合二甲苯以及轻质油 VOCs 回收治理设施等治理工艺及其应用情况进行了总结和探讨，并提出了建议，对炼化企业高 VOCs 治理起到借鉴作用。

关键词　挥发性有机物（VOCs）　VOCs 治理技术　应用

“十二五”以来，随着人们生活水平的提高，社会经济的迅猛发展，各地环保问题相继出现，尤其是雾霾严重，形成雾霾重要物质之一是挥发性有机物（简称 VOCs）。

VOCs 是挥发性有机物的总称，包括烷烃、芳香烃类、烯烃类、卤烃类、脂类、醛类以及酮类 8 大类化合物，共 300 多种。研究发现，VOCs 是导致 $PM_{2.5}$ 和雾霾形成的重要原因，长期接触 VOCs 气体会导致一系列疾病。

自 2013 年以来，国家环保部相继出台了一系列政策、法律法规来确保 VOCs 的治理进程，包括《大气污染防治行动计划》（大气十条），《京津冀及周边地区落实大气污染防治行动计划实施细则》等，“十三五”规划将 VOCs 纳入总体控制指标，在重点区域、重点行业加快 VOCs 治理进程、推进 VOCs 排放总量控制和减排，截至 2016 年 12 月底，北京、天津、上海、江西省等十多个省市已出台了 VOCs 排污费征收标准。

近几年，按照国家环保部《炼化企业挥发性有机物综合整治方案》的要求，中国石化加快推进 VOCs 废气治理进度，推广催化燃烧法、蓄热式催化净化（RCO）、蓄热式热力氧化（RTO）、活性炭法、膜法、净化回收法、生物法等 VOCs 治理技术。九江石化也率先推行“绿色低碳”的发展战略，相继积极开展设备动静密封点 VOCs 泄漏、油品储运与调和挥发等 12 个源项 VOCs 排放量核算及其 VOCs 治理；九江石化现有 8 套 VOCs 及异味治理设施，其中两套低温柴油吸收+碱洗治理设施，一套铁路轻质油活性炭吸附吸收设施，一套苯、混二甲苯及公路航煤膜法吸收设施，一套焦化冷焦水水罐异味治理设施和一套污水处理场 PACT 活性炭吸附及生化治理设施、一套煤制氢污水预处理异味治理设施相继投用，一套新罐区苯、混二甲苯膜法及活性炭吸收设施因涉及罐区油气管线联通未作安全评估而停运（已与青岛安工院联系安评），在役 VOCs 及异味治理设施运行效果均达到设计要求。

1　两套“低温柴油吸收+碱洗技术”的应用和效果

九江石化有两套（1#、2#）抚顺石油化工研究院开发设计的“低温柴油吸收+碱洗工艺技术”治理装置，主要是用于回收和治理酸性水罐、轻污油罐区及精制油罐 VOCs 及异味废气，两套 VOCs 治理设施分别于 2015 年 10 月和 12 月建成并投用，现运行 1 年有余。

1.1　装置设计工艺性能

两套 VOCs 治理设施罐区废气排放量为 300 m^3/h(操作弹性 60%～120%)。在废气进口 VOCs 浓度(1～10)×10^5mg/m^3，有机硫 200～500mg/m^3的工艺设计条件下，净化气中各污染物浓度满足《储油库大气污染物排放标准》(GB 20950—2007)浓度要求，单项有机硫化物排放符合《恶臭污染物排放标准》(GB 14554—93)相关限值。废气净化后指标为非甲烷总烃≤25g/m^3、总有机硫化物≤20 mg/m^3。

1.2　总体流程介绍

酸性水罐罐顶气、污油罐和产品精制尾气治理工艺采用“低温柴油吸收+碱洗”工艺。

该装置的主体处理装置为低温柴油吸收系统，附加处理设施为碱洗脱硫设施。一是贫富油回路；二是来自酸性水罐及轻污油罐区的废气管路。装置启动时，来自界区低于 40～60℃的粗柴油，通过控制阀调节控制流量后进入处理装置，在贫油预冷器冷却至 40 ℃，然后柴油进入制冷机组冷却后，降温到 5～15℃左右进入吸收塔，通过富油泵输送经过贫油/富油换热器换热后出装置。

正常工作时，4 台轻污油罐及 4 台酸性水罐罐顶废气达到控制压力 0.6 MPa(G)时，控制阀开启，汇总进入吸收塔进行吸收，在 0～15℃，吸收压力 0.1 MPa(G)条件下，VOC_S气体中 95%以上油气资源得到回收，大部分有机硫被柴油吸收去除。吸收后气体进入到原有碱洗罐净化硫化氢，净化气体由排气筒排放到大气，该装置系统流程如图 1 所示，两套装置的现场运行效果图，见图 2。

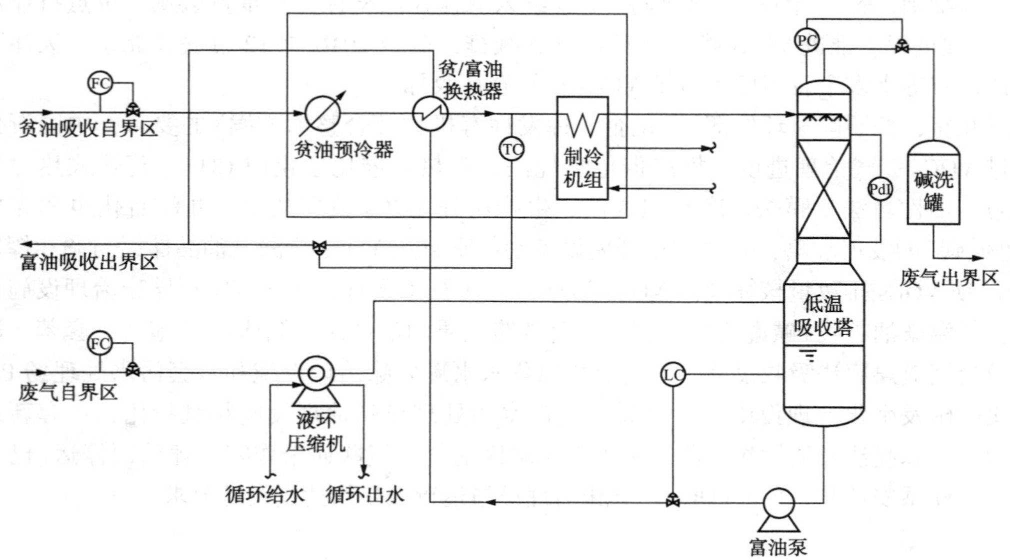

图 1　酸性水罐及轻污油罐 VOCs 及异味治理工艺流程示意

图 2　两套 VOCs 及异味装置现场运行效果

1.3　装置实际运行效果

自 2015 年 10 月和 12 月投用至今，两套治理设施运行稳定，罐顶废气的处理能力基本满足设计要求。2016 年 3 月及 8 月份，2 次采样标定两套治理设施运行时出、入口废气浓度，标定数据见表 1。

表 1　两套 VOCs 及异味治理装置标定检测数据统计

设施类别及次数	入口浓度/(mg/m^3)	出口浓度/(mg/m^3)		处理效率/%		备注
		实际值	新标准指标	实际值	新标准指标	
1#-1	84227	7883	120	90.64	97	
1#-2	40000	18900	120	52.75	97	
1#-3	26341	2006	120	92.38	97	
2#-1	15894	1595	120	89.96	97	
2#-2	83303	6648	120	92.02	97	

注：1#、2#表示第一套和第二套治理设施，1~3 表示检测次数。

存在问题：从表 1 可以看出，两套 VOCs 治理设施运行时出口废气 VOCs 浓度均远大于 $120mg/m^3$，该装置处理率在 52%~92%，不能满足《石油炼制工业污染物排放标准》(GB 31570—2015)新标准中有机废气排放口 VOCs 浓度≤$120mg/m^3$及去除效率 97%以上要求。

2　铁路装卸 VOCs 回收治理设施的应用和效果

目前，九江石化铁路装车油气回收治理设施有两套，一套为轻质油(汽油或柴油)装车 VOCs 回收治理设施，采用青岛安工院活性炭吸附法油气回收治理技术；一套为苯、混二甲苯和航煤装车回收治理设施，采用德国 BORSIG 公司工艺技术，缓冲干式气柜+压缩+吸收+膜+PSA 工艺流程。

2.1　铁路装卸苯、混二甲苯及航煤回收治理设施的应用和效果

2.1.1　装置设计工艺性能

回收设施，系统处理能力 $600m^3/h$，利用柴油为吸收剂，吸收剂的温度不大于 30 ℃，吸收塔的操作压力约 0.25MPa，气相返回口压力为微正压或微负压操作，操作温度为常温，

最大操作温度为-5~40℃，排放气中非甲烷总烃≤120mg/m³，苯浓度≤4mg/m³。

2.1.2 总体流程介绍

铁路装车苯、混二甲苯公路航煤装车采用缓冲干式气柜+压缩+吸收+膜+PSA 工艺流程。

在装车过程中所挥发出的油气/空气的混合物，经过密闭管线集中至进气总管(分液集气罐)并送入膜法油气回收装置中(简称回收设施)。

进入膜法化学品回收系统中的油气/空气的混合物，经液环压缩机加压至操作压力0.20~0.25MPa(G)。压缩后的气体与部分密封液在塔内通过切向旋流可将环液与压缩气体分离。

气态的油气混合气在塔内由下向上流经填料层(填料为八氏内部盘，由5cm长、5cm宽的圆柱组成)与自上而下喷淋的液态柴油对流接触，形成富集的柴油。富集的柴油在吸收塔压力的作用下返回柴油储罐。剩下的油气/空气混合物经塔顶流出后进入膜分离器。

膜分离器的混合气体在系统压力的作用下进入变压吸附(PSA)单元，通过吸附剂床层，将其中的油气吸附在吸附剂上，净化后气体，直接排放。吸附在吸附剂上的油气经真空解吸后，与收集的油气/空气混合物相混合，进行上述循环，原则流程图及装置现场运行见图3。

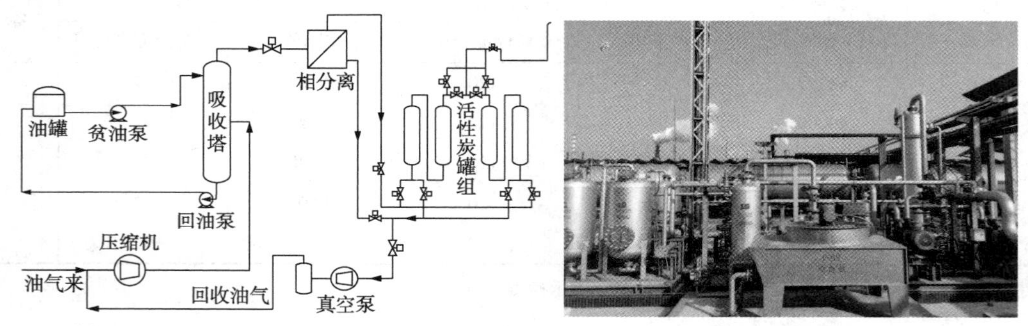

图3 铁路装车苯、混二甲苯回收装置工艺原则图及设施运行效果

2.1.3 装置实际运行效果

该装置于2016年11月建成并投用，现已运行3个多月；目前，该设施运行稳定，2017年1月26~28日，外请第三方检测单位对铁路装车苯和二甲苯回收设施运行时进行了标定监测，具体监测数据见表2、表3。

表2 铁路苯装车VOCs回收治理设施标定检测数据统计

次数	入口浓度/(mg/m³)					出口浓度/(mg/m³)					回收效率/%
	苯	甲苯	二甲苯	乙苯	苯乙烯	苯	甲苯	二甲苯	乙苯	苯乙烯	
1	2.33×10^5	<1	<1	<1	<1	<0.06	<0.06	<0.06	<0.06	<0.06	(1) 苯100%； (2) 其他苯系物未检出
2	2.50×10^5	<1	<1	<1	<1	<0.06	<0.06	<0.06	<0.06	<0.06	
3	1.97×10^5	<1	<1	<1	<1	<0.06	<0.06	<0.06	<0.06	<0.06	
4	1.60×10^5	<1	<1	<1	<1	<0.06	<0.06	<0.06	<0.06	<0.06	

表3 铁路二甲苯装车VOCs回收治理设施标定检测数据统计

次数	入口浓度/(mg/m³)					出口浓度/(mg/m³)					回收效率/%
	苯	甲苯	二甲苯	乙苯	苯乙烯	苯	甲苯	二甲苯	乙苯	苯乙烯	
1	5.51×10^3	<1	8.97×10^3	2.29×10^3	1.33×10^3	<0.06	<0.06	<0.06	<0.06	<0.06	(1)二甲苯100%; (2)其他未检出
2	3.15×10^3	<1	9.20×10^3	2.29×10^3	1.42×10^3	<0.06	<0.06	<0.06	<0.06	<0.06	
3	2.92×10^3	<1	1.20×10^3	2.86×10^3	1.85×10^3	<0.06	<0.06	<0.06	<0.06	<0.06	
4	2.83×10^3	<1	8.52×10^3	2.44×10^3	2.27×10^3	<0.06	<0.06	<0.06	<0.06	<0.06	

从表2、表3可以看出，铁路苯、混二甲苯装车时，出口气中苯、二甲苯回收效率100%，出口气中苯、二甲苯<0.06 mg/m³，出口气中乙苯及苯乙烯<0.06 mg/m³；各项指标均优于《石油炼制工业污染物排放标准》(GB 31570—2015)对应项指标(去除率97%；苯4mg/m³，甲苯15mg/m³，二甲苯20mg/m³)。

3 铁路装卸轻质油回收治理设施的应用和效果

3.1 装置设计工艺性能

铁路装车汽油或航煤回收设施，活性炭为吸附剂，油气处理能力600m³/h，循环柴油流量20~60m³/h(当进油泵流量低于10m³/h时系统报警)，循环柴油温度<30 ℃，动力柜室内温度<40℃，油气回收率≥98%；排放气中非甲烷总烃≤120mg/m³。

3.2 总体流程介绍

铁路汽油、航煤装车油气回收设施采用柴油吸收+活性炭吸附法组合工艺。通过处理油气和空气的混合气体，将其中的空气排放掉，油气随柴油吸收剂返回贮罐中实现回收。

汽油、航煤在铁路装车过程中所挥发出的油气/空气的混合气，经过密封管线集中至进气总管，在引风机的作用下将混合气送入吸收塔中，混合气在塔内由下向上流经填料层与自上而下喷淋的柴油对流接触，大部分油气被吸收。剩下的混合气在系统微正压作用下进入活性碳吸附(PSA)单元，通过吸附剂床层将油气吸附，经吸附净化后的气体达标排放。附着在吸附剂上的油气经真空解吸后，再返回至回收设施入口与混合气一起循环吸收。来自罐区的柴油(≯30℃)经贫油泵送入吸收塔塔顶，塔底吸收油气的柴油称为富油，由回液泵抽出返回柴油储罐。回液泵设有变频器，由塔液位信号控制变频输出调节泵排量，使塔中液位保持稳定运行。

活性炭吸附法主要是利用了混合气体中各组分与活性炭结合力强弱差别的原理，不同的吸附剂对各组分的选择性是不同的。当油气与活性炭接触后，油气中的烃分组会进入活性炭的孔隙中被吸附下来，空气和水蒸气则不能被吸附，从而完成了烃类组分和空气的分离，然后通过解吸和吸收工艺对吸附的烃分子进行收集，完成对油气的回收。4个活性炭罐工作时分为两组，如图所示：V-230、处于吸附状态时，V-220、V-320处于解析再生状态，两组吸附罐交替进行。具体V-330见图4。

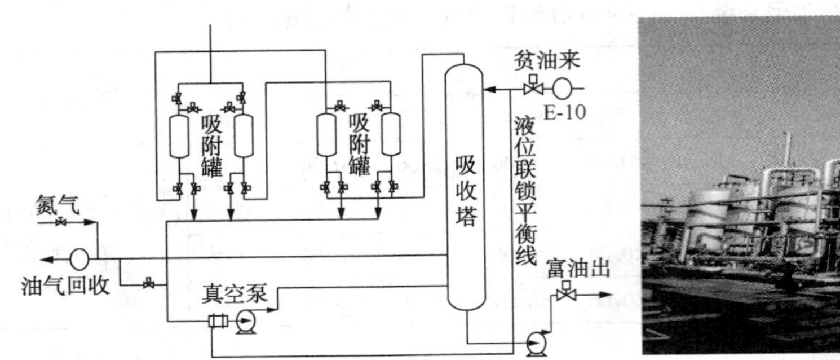

图4　铁路装卸轻质油回收治理设施工艺原则图及设施运行

3.3　装置实际运行效果

装置于2016年11月建成并投用，现已运行3个月。目前，该装置运行稳定，2017年1月26~28日，外请第三方检测单位对该装置铁路装汽油、航煤时进行了标定监测，具体监测数据见表4、表5。

表4　铁路航煤装车VOCs回收治理设施标定检测数据统计

次数	非甲烷总烃入口浓度/（mg/m³）	非甲烷总烃出口浓度/（mg/m³）		处理效率/%
		实测值	指标	
1	5500	10.75	120	99.8
2	12421	43	120	99.7
3	9800	25	120	99.7
4	10321	56	120	99.5

表5　铁路汽油装车VOCs回收治理设施标定检测数据统计

次数	入口非甲烷总烃浓度/（mg/m³）	出口非甲烷总烃浓度/（mg/m³）		处理效率/%
		实测值	指标	
1	213762.5	107.5	120	99.9
2	86541	85	120	99.9

从表4、表5可以看出，铁路汽油、航煤装车时，出口气中非甲烷总烃及其处理效率均优于《石油炼制工业污染物排放标准》（GB 31570—2015）对应指标（非甲烷总烃120mg/m³，去除率97%）。

4　结论及建议

（1）酸性水罐、污油罐罐顶气和产品精制尾气“低温柴油吸收+碱洗”技术既可回收部分高浓度VOCs储罐油气，减少了油品的损失；也可对硫化氢和总硫等特征污染因子有良好的去除作用，达到VOCs及异味治理的效果。因该治理工艺技术对VOCs的吸收效果有限，出口废气中非甲烷总烃及去除率都不能满足《石油炼制工业污染物排放标准》（GB 31570—2015），因此建议将以上设施作为预处理设施保留，后面需增加进一步处理设施。

（2）铁路装车苯、混二甲苯及航煤 VOCs 回收治理设施运行平稳时，既可回收苯、混二甲苯或航煤等产品，减少苯系物等排放，同时治理后尾气中苯、甲苯和二甲苯、非甲烷总烃以及治理设施去除率均优于《石油炼制工业污染物排放标准》（GB 31570—2015）新标准对应项特别限值，减轻了环境空气的污染，大大地改善了环境空气质量。

（3）铁路装车轻质油 VOCs 回收治理设施运行平稳时，铁路汽油装车标定检测出口气中非甲烷总烃及其处理效率均优于《石油炼制工业污染物排放标准》（GB 31570—2015）对应指标（非甲烷总烃 $120mg/m^3$，去除率 97%）。

（4）目前，九江石化在运 VOCs 回收治理设施运行平稳，运行效果明显；既回收了油气，也大大地减少了 VOCs 及异味的排放，改善了环境空气质量，具有一定的经济和社会效益。

炼厂污水场三泥减量化处理的探讨

肖立光　龚朝兵　李海华　花　飞

（中海油惠州石化有限公司，惠州　516086）

摘　要　炼厂三泥污染物成分复杂，处理难度大。通过对三泥的综合利用，可大幅降低外委处理量，环保效益和经济效益明显。介绍了目前炼厂三泥处理的适用技术。浮渣进延迟焦化装置作小给水，既保护环境又节约了新鲜水用量。剩余活性污泥采用干化技术进行减量具有良好的效果。油泥采用热洗、超声波+气浮、离心分离等的组合技术或采用干化焚烧技术。清罐污油可采用膜传质处理技术得到合格的油、水产品。

关键词　三泥处理　减量化　焦化　纤维液膜　干化　焚烧

炼油厂在污水处理过程中隔油池产生的油泥、浮选池产生的浮渣、生化池产生的剩余活性污泥以及污水调节罐、污油罐和絮凝沉降池等构筑物产生的罐底油泥被简称为“三泥”。三泥具有污染物成分复杂、恶臭严重、含水率高、脱水难度大、深度处理难度大的特点。三泥如果没有得到合理的处置，会污染水体和环境，造成二次污染。三泥的处理一直是炼化企业面临的难题，因为三泥作为废弃物清理出厂，不仅要付出昂贵的外委环保处理费，还由于不易跟踪其去向而产生环保风险。因此，在保证污泥无害化的前提下，采取适宜的污泥处理处置方案[1,2]越来越受到关注与重视。

1　浮渣的处理

含油污水中的大部分油类物质、悬浮物及胶体等污染物通过浮选工艺去除，形成浮渣，因此浮渣含有化学药剂(聚合氯化铝)、悬浮物、油类、胶体等有机物质，呈黏稠状。

浮渣的产生量较大，其有效处理显得非常重要。浮渣的处理方式[3]主要有：①放置在堆放场，长期不处理；②外委填埋处理；③将浮渣经浓缩脱水、加药搅拌、离心脱水，含水量80%左右的浮渣输送到本企业的三泥焚烧炉焚烧；④将浮渣输送到当地垃圾焚烧处理厂处理；⑤进延迟焦化装置处理。

浮渣外输填埋属于污染转移，会继续污染环境，造成二次污染；长期堆放不处理会污染周围环境；这两种处理方法不符合环保要求。浮渣进焚烧炉或垃圾焚烧厂处理的成本较高，目前将浮渣送延迟焦化装置进行处理是炼厂较普遍的方式。

含油浮渣进延迟焦化装置处理，替代焦炭塔冷焦过程的冷却水(通称小给水)使用，既保护了环境，又节约了水资源，该方式在炼厂有较多的应用[2~5]。延迟焦化装置焦炭塔在冷却高温焦炭的过程中需要注入大量的冷却水，采用含油浮渣代替新鲜水从焦炭塔塔底部注入，利用焦炭的高温余热将其中的油类污染物加热蒸发为油气，从塔顶逸出至冷却系统，进入后续分馏系统回收，固体杂质则吸附在焦炭层表面上，并随高压除焦工序进入焦池而成为石油焦产品，从而实现含油浮渣的密闭无害化处理。浮渣注入时间一般为焦炭塔大吹汽结束后，作为辅助小给水自焦炭塔底注入，注入时间1h左右。存在的问题主要有：三泥回炼焦化时，在卸顶、底盖和除焦时恶臭气味较严重，工作环境较恶劣，影响周边环境及员工健康；冷焦水携带浮渣，冷焦水池清理周期变短。

2 生化剩余污泥的处理

炼油厂剩余活性污泥具有产量大、含水率高、污泥与水的亲和力强，难浓缩不易发酵和脱水等特点[6]。热干化技术在城市生活污泥及其他工业污泥处理方面得到应用，在炼油厂剩余活性污泥处理方面的案例较少。剩余活性污泥干化后如回用锅炉做辅助燃料需重点控制重金属、有机物和病原菌3类污染物。在进行高温干化处理过程中，有机物和病原菌均可被有效杀灭。污泥中还含有少量烃类组分和氯化物，在干化过程中烃类组分可进行有效回收，但氯化物在低温燃烧时会产生二噁英；产生二噁英的主要条件是：有形成二噁英的基本元素(碳、氢、氯、氧)或前驱物，一定的温度范围、金属催化剂以及氧化所需的氧气。通常认为当燃料中氯含量超过4%时，燃料燃烧时会明显产生二噁英[6]。炼油厂剩余活性污泥的氯含量较低，其焚烧时二噁英的产生概率较小。炼油厂剩余活性污泥干燥过程中能否产生二噁英污染物以及干化处理后污泥中重金属含量是否满足要求需要进一步研究。

镇海炼化、天津石化、九江石化等炼厂建设有5700~10000t/a的干化装置[7]。污泥干化按加热方式可以分为直接干化、间接干化和直接-间接干化。直接干化机主要有转鼓干化机、流化床干化机、回转圆筒干化机、带式干化机等；间接干化机主要有空心浆叶干化机、卧式转盘式干化机、薄层干燥机、盘式干化机等。直接干化的传输和蒸发效率较高，但尾气处理负荷大(即使采用了气体循环回用的设计)。间接干化的传输和蒸发效率较直接干化低，但尾气处理负荷较小，安全性较高。干化机的选型要结合污泥的水分、成分、形状等，统筹考虑其安全性、能耗、灵活性、适应程度、环保、投资等方面的因素，尤其在安全性方面，要特别注意防止干化过程中发生自燃和闷烧而引起的爆炸问题。

污水处理场剩余活性污泥由于含水率较高，一般要浓缩处理进行减容，以便于后续处理。脱水污泥含水率对干化处理成本影响很大。根据文献[8~9]的研究，剩余活性污泥选择热干化减量处理时，首先要采用高效率的污泥脱水机，尽量在机械脱水阶段脱除更多的水，这对控制后续污泥干化处理规模、投资和运行成本具有重要意义。

污泥干化装置一般设计用于处理生化活性污泥，要求进口污泥油含量低于3%，循环气中氧含量控制在2.5%以下，以控制油气爆炸风险。

表1 干化技术在国内炼油厂的应用

项　目	天津石化	镇海炼化	九江石化
干化工艺	涡轮薄层干化	带式干化	浆叶式干化
干化方式	间接干化	直接干化	间接干化
干化技术供应商	意大利VOMM	德国Sevar	
湿污泥含水率,%	85	75~85	80~85
干化污泥含水率/%	25~30	10~35	20

续表

项　　目	天津石化	镇海炼化	九江石化
投资/万元	4000	2500	4500
处理能力/(t/h)	1.5	1	0.7
运行成本①	600~700	约600	约600

① 不含人工、折旧。

3　油泥的处理

含油污泥(简称油泥)主要来自原油罐、污水处理场污水原料罐、隔油池等。油泥的成分复杂，含油量较高但处理难度大。国际范围内，一般将总石油烃(TPH)<1%作为含油污泥的无害化处理标准。国家环保部《废矿物油回收利用污染控制技术规范》(HJ607—2011)处置技术要求中规定，含油污泥沙经油沙分离后含油率应<2%。《危险废物鉴别标准——毒性物质含量鉴别》(GB 5085.6—2007)规定，含油污泥及其处理残余物的石油烃含量>1.7%时，属于危险废物。可以考虑将总石油烃(TPH)<1.5%作为油泥的无害化处理标准[10]；一般采用溶剂萃取法、焚烧处理法、热解析法、焦化处理法、热蒸汽喷射法等方法[10,11]进行油泥处理。采用萃取法所萃取出的有机产品一般不超过总有机物成分的62%，萃取效果不佳。中国石化抚顺石油化工研究院开发了“热萃取/脱水”油泥处理技术，在中国石化洛阳分公司、广州分公司分别建设了1~2t/h、8t/h的油泥溶剂萃取装置[2,12]；洛阳分公司油泥萃取装置脱出水水质控制COD≤1000mg/L，油含量<150mg/L[12]。中国石化长岭分公司8Mt/a常减压装置采用纤维液膜原油脱盐工艺[13]，于2014年5月一次开车成功，工业装置统计数据表明：脱后原油各项指标达到工业生产要求，其中原油中水质量分数小于0.2%，盐(以NaCl计)质量浓度小于3.0mg/L，切水油含量小于100mg/L。与电脱盐相比，膜脱盐工艺的切水油含量和COD明显降低，取消了外加电场和破乳剂注入，运行费用大幅下降。

3.1　油泥的综合处理

多种工艺的有机组合对于油泥的处理更为经济有效，如“热化学洗涤+超声波”、“热洗+超声+旋流”等；化学药剂的筛选和使用是化学热洗工艺的关键。天津大良油气环保科技有限公司(简称大良环保公司)和惠博普环境工程技术有限公司(简称惠博普公司)选用组合技术处理油泥，取得了较好的效果，见表2。

表2　油泥处理中组合技术的应用

项　　目	大良环保公司	惠博普公司
工艺技术路线	化学破乳+超声破乳+气浮+离心分离	化学破乳+离心分离
处理后主要指标		
污油含水/%	<5	<5
污油含固/%	<10	<10
污水含油/(mg/L)	<1500	<1500
剩余污泥含油/%	<2	<5
剩余污泥含水/%	~80	65~75

大良环保公司采用超声破乳技术降低油泥稳定性(利用超声波的机械振动、微扰、声空化等作用)、改善油泥分离性能；采用气浮和离心分离技术对油泥进行最终处理—油、水、泥三相分离。操作温度在65℃左右。流程示意图见图1。

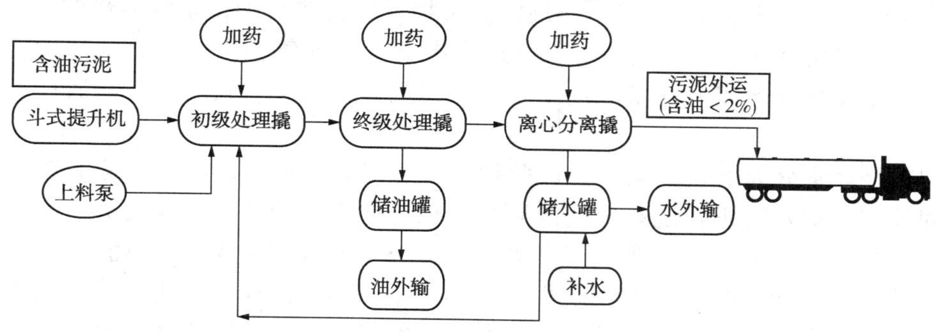

图1 大良环保公司油泥处理流程示意图

惠博普公司工艺路线的关键点为化学药剂的筛选+离心技术的合理应用。其研制了撬装化的含油污泥处理装置，固液相的分离采用卧式螺旋离心机，二级离心采用旋流技术。曾处理过庆阳石化、长庆石化、镇海炼化等多个石油炼化企业产生的多种污油泥，流程示意图见图2。特点是处理方式灵活，处理效率高，处理工艺相对简单。

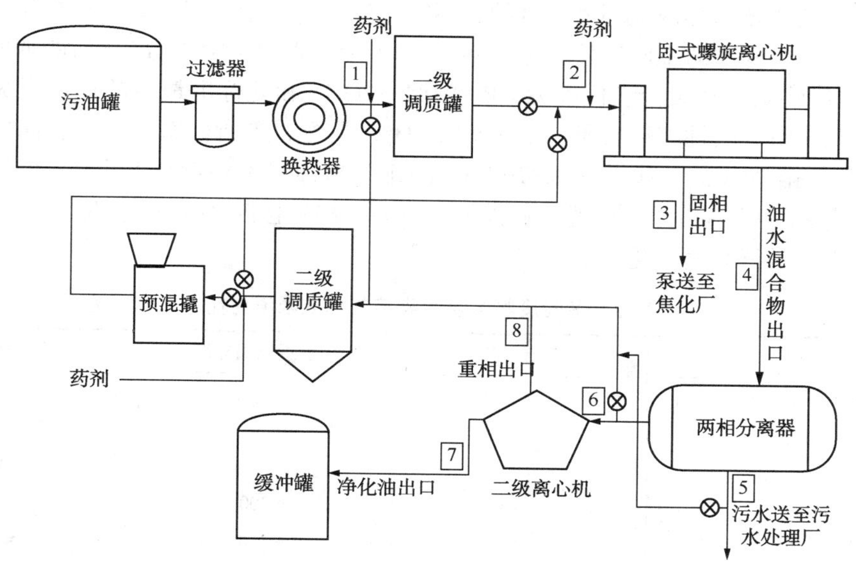

图2 惠博普公司油泥处理流程示意图

3.2 油泥的干化焚烧处理

国内的一些炼化企业选择旋转炉窑或流化床焚烧炉处理含油污泥[14~17]，焚烧灰渣埋入指定填埋场或用于筑路等，焚烧生热可用于供热、发电等。对污泥进行焚烧，从组合形式上来说，可以分为污泥的直接焚烧、半干污泥焚烧、绝干污泥焚烧三种。直接焚烧工艺存在一个共性问题，即“燃料消耗大，运行费用高”；其主要原因是消耗了大量高品质燃料，产生了难以合理利用的蒸汽。将干化和焚烧相结合能有效的降低燃料消耗，焚烧产生的高品质蒸汽可以在干化过程加以利用。为了实现节能目的，需要将污泥先干化，大幅降低其含水率后再进行焚烧。因此，目前的污泥焚烧工程一般采用干化和焚烧联用的处理工艺；污泥半干化+焚烧可以实现污泥焚烧系统废热与干化系统需热的平衡，是三种形式中最为经济环保的。含油污泥干化过程中会产生油气，油气在氧气环境下存在爆炸危险；为防止爆炸、闷燃等事故的发生，在粉尘、含氧量、温度等方面需设置监测和控制措施。

污泥焚烧通常分为单独焚烧和混烧两种方式。因为污泥混烧改变了原有锅炉的运行工况，对原有锅炉及辅机系统有负面的影响，现趋向于单独集中焚烧处置。目前国内外用于工业废物焚烧的焚烧炉大致有炉排炉、流化床焚烧炉、回转窑焚烧炉等多种炉型。从污染源项分析可知，炼厂的工业废物有固体、半固体、液体等多种形态，热值高低悬殊，具有典型的石油化工特点。对于此类混烧废物，尤其是危险废物，目前国内外普遍采用回转窑式焚烧炉进行焚烧。其具有以下特点：①适应性较强，能处理多种固体、半固体、液体危险废物，可单独或混合投料；②可连续或阶段操作，进料和脱灰可连续进行；③技术成熟，自控水平较高、窑内无移动的机械组件，易于操作维护，故障率低；④焚烧系统靠引风机形成微负压，可防止污染物泄漏；⑤回转窑的旋转促进湍流状态的形成。缺点是其热效率相对较低。

污泥干化焚烧技术必须是环境安全的，不能产生二次污染，尾气处理和臭味控制得到高度重视。尾气排放标准的不同直接决定着尾气处理系统配置的不同。净化后的烟气排放限值应满足《危险废物焚烧污染控制标准》(GB 18484—2001)和此标准最新的征求意见稿，征求意见稿对飞灰含量、酸性气体含量、二噁英、NO_x、重金属等指标都提出了较高的要求，与《欧盟工业废气排放标准》(欧盟2000/76/EC)的排放指标基本相近，见表3。烟气处理系统可采用急冷塔+活性炭喷射系统+消石灰投加装置+袋式除尘器(含脱硝、脱二噁英)+湿式洗涤塔的组合工艺进行烟气净化。

表3 危险废物焚烧污染控制标准限值对比

污染物	现行限值	征求意见稿标准	欧盟标准
烟气黑度(林格曼级)	一级	—	—
烟尘/(mg/m^3)	≤100	≤30	≤30
一氧化碳/(mg/m^3)	≤100	—	≤50
二氧化硫/(mg/m^3)	≤400	≤200	≤50
氟化氢/(mg/m^3)	≤9.0	≤2.0	≤1
氯化氢/(mg/m^3)	≤1000	≤50	≤10
氮氧化物/(mg/m^3)	≤500	≤400	≤400
汞及化合物/(mg/m^3)	≤0.1	≤0.05	≤0.05~0.1
镉及化合物/(mg/m^3)	≤0.1	≤0.05	≤0.05~0.1
砷、镍及化合物/(mg/m^3)	≤1.0	≤0.05	≤0.05~0.1
铅及化合物/(mg/m^3)	≤1.0	≤0.5	≤0.05~0.1
铬、锡等化合物/(mg/m^3)	≤4.0	≤2.0	≤0.05~0.1
二噁英类/($ngTEQ/m^3$)	≤0.5	≤0.1	≤0.1

4 清罐污油的处理

清罐污油因其水含量和固含量高，乳化严重，直接掺入原油进行电脱盐预处理，易造成电压升高、电场不稳，甚至跳闸[19]。中国石化沧州分公司库存的清罐污油约 2 万吨，采用湖南长岭石化科技开发有限公司的膜强化传质技术处理清罐污油[13]，取得了较好的效果。设计处理流程为：清罐污油→两相分离→污油加热→一级膜处理→二级膜处理→处理后的污油进原油罐，设计规模为 4.2 万 t/a。主要操作条件如下：污油膜接触器入口温度：120~130℃，系统压力：0.8~1.2MPa(g)，注水量：5%~8%(m)，破乳剂投加量：约 50mg/kg。处理后污油的水含量和固含量均小于 3%(m)，其进原油罐掺炼对电脱盐的运行基本无影响，污水进污水处理场处理。清罐污油产量大的企业可考虑建设膜传质处理装置处理清罐污油，控制指标：油中水含量≤5%(m)，油中固含量≤5%(m)，切水油含量≤1000mg/L。

5 结论

随着环保政策的不断严格，填埋费用与危废处理单价将会大幅上涨，减少一般废物与危废处理量是必然选择。污泥处理处置应该以“减量化、无害化”为目的，“资源化”并不是最终的目的，但应尽量利用污泥处理处置过程中的能量和物质，以达到提高经济效益和节约能源的效果。

参考文献

[1] 王旭，张一楠．炼油厂“三泥”处理新技术研究进展[J]．石油化工安全环保技术，2012，(1)：50-52.

[2] 李世君．炼油污水“三泥”减量化处理技术探讨[J]．中外能源，2012，17(1)：103-107.

[3] 刘承河，唐文祥，徐华．污水处理场含油浮渣处理工艺在炼油厂的应用[J]．齐鲁石油化工，2009，37(2)：97-98，108.

[4] 邵建海，张立海，郭守学．延迟焦化装置掺炼浮渣存在问题及对策[J]．炼油与化工，2005，16(1)：30-32.

[5] 严宇翔．浮渣回炼在延迟焦化装置中的应用[J]．炼油技术与工程，2014，44(5)：42-46.

[6] 周志国，牟桂芹．炼油厂剩余活性污泥综合利用可行性分析[J]．安全、健康和环境，2012，12(2)：37-38，49.

[7] 时永前．天津石化污泥干化装置运行分析[J]．石油化工安全环保技术，2014，30(4)：45-47.

[8] 李华，孙福奎，陈超，等．污泥机械脱水与热干化脱水的经济性比较[J]．中国给水排水，2012，28(23)：143-144，148.

[9] 孙晓．污泥含水率对污泥干化能耗成本的影响评价[C] \\ 全国城镇污水处理及污泥处理处置高级技术高级研讨会论文集．2009. 714-717.

[10] 霍国栋，樊新斌，丁海玲，等．石油企业含油污泥合规处置分析与对策[J]．油气田环境保护，2015，25(5)：81-84.

[11] 郑川江，舒政，叶仲斌，等．含油污泥处理技术研究进展[J]．应用化工，2013，42(2)：332-336，340.

[12] 张爱华，周德峰，卢运良．热萃取技术在油泥处理中的应用[J]．石油化工安全环保技术，2010，26(5)：56-59.

[13] 屈叶青．纤维液膜技术在石化领域的应用进展[J]．石油化工技术与经济，2015，31(6)：19-22.
[14] 凌军，杜红，鲁承虎，等．欧洲污泥干化焚烧处理技术的应用与发展趋势[J]．给水排水，2003，29(11)：19-22.
[15] 张琼华，邵焜琨，李太元，等．韩国首尔首都填埋地污泥热干化工程案例分析[J]．给水排水，2016，42(7)：41-43.
[16] 程晓波，李博，王飞，等．上海市竹园污泥干化焚烧系统的能量平衡分析[J]．节能，2011，(11)15-18.
[17] 任向锋，鲁巍．深圳市上洋污泥处理工程工艺选择及运行工况探讨[J]．给水排水，2010，36(10)：23-26.
[18] 张月辉．污泥干化焚烧工艺系统分析[J]．能源与环境，2009，(4)：76-77，79.
[19] 张琰彬．常减压装置掺炼原油储罐清罐油的工业实践[J]．炼油技术与工程，2016，46(9)：22-26.

含碳酸根废氨水进污水汽提处理的技术探讨

姚坚刚　周　纲

（中国石化镇海炼化分公司，宁波　315207）

摘　要　该文通过对比分析中国石化镇海炼化分公司三套污水汽提装置工艺，结合外委通标标准技术服务有限公司(SGS 公司)镇海实验室对碳酸氢铵稳定性的实验室评价、华东理工大学对碳酸氢铵和碳酸铵稳定性的实验室评价及装置模拟计算结果，认为两套低压污水汽提装置具备处理 CO_3^{2-} 浓度较高的化工 07/08 废氨水条件，并在试验成功的基础上探索出了 CO_3^{2-} 浓度较高的废氨水长期进低压污水汽提处理的新工艺，具有良好的社会效益和环境效益。

关键词　污水汽提　碳酸根污水　碳酸铵　碳酸氢铵

1　前言

中国石化镇海炼化分公司(以下简称镇海炼化)现有三套酸性水汽提装置。Ⅰ汽提采用单塔加压侧线出氨工艺，设计处理量 200t/h，主要处理氨氮和硫化物浓度相对较高的临氢型含硫污水，产品净化水送至污水处理场做生化处理或送至上游装置回用，回收的粗液氨作为产品出厂或送至上游装置回用，回收的酸性气送至硫黄回收装置进一步处理生成硫黄产品。Ⅱ汽提和Ⅲ汽提采用单塔低压不出氨工艺，设计处理量 120t/h，主要处理氨氮和硫化物浓度相对较低的非临氢型含硫污水，产品净化水送至污水处理场做生化处理或送至上游装置回用，回收的含氨酸性气送至硫黄回收装置进一步处理生成硫黄产品，其中的氨在高温下转化为氮气高空排放。

化工水汽 07/08 单元(以下简称 07/08 单元)处理合成氨装置污水，处理后的塔底污水送至污水处理场做生化处理，塔顶含 CO_3^{2-} 和 NH_4^+ 的污水(约 0.5t/h，NH_4^+ 浓度 8%~10%)设计用槽车装运外委处理。由于碳酸盐性质不稳定，装车期间会有氨气、硫化氢等废气溢出，污染环境，存在较大的环保和安全风险，还需支付较多的外委处理费。更重要的是，随着环保要求的日益提高，该污水外委处理越来越困难，并随时有可能被地方限制出厂，因而迫切需要探索新的、更加环保的处理方式。

2　进污水汽提可行性分析

07/08 单元主要处理合成氨 4113 工号(主要是炭黑洗涤液，流量 6~8t/h)和 4114 工号废水(工艺冷凝液，流量 6~8t/h)，其中 4114 工号废水中 CO_3^{2-} 浓度较高(参见表 1 和表 2)。该股污水在 07/08 单元汽提后，其中的 NH_4^+、CO_3^{2-} 等离子浓缩于塔顶废氨水中，Mg^{2+}、Na^+ 等离子基本停留在塔底污水中。

表1 2010年合成氨4113工号污水性质 mg/L

月份	NH_3-N	CO_3^{2-}	COD	Cl^-	S^{2-}	Na^+	Mg^{2+}	CN^-
1月	864	5.0	1347	18.06	0.8	16.9	0.58	6.26
2月	904	5.5	1114	12.65	0.4	12.2	0.59	5.89
3月	847	4.0	1076	23.98	2.2	17.1	0.71	5.21
4月	860	3.5	1138	24.84	0.7	20.7	0.72	5.32
5月	819	4.5	1050	16.26	0.9	15.6	0.64	5.09
6月	649	4.0	895	13.54	1.0	16.4	0.55	4.99
7月	708	5.5	1127	12.71	0.8	13.9	0.58	5.09
8月	647	4.0	850	9.08	0.7	8.88	0.47	3.78
平均	787.3	4.5	1075	16.39	0.94	15.2	0.61	5.20

表2 2010年合成氨4114工号污水性质 mg/L

月份	NH_3-N	CO_3^{2-}	月份	NH_3-N	CO_3^{2-}
1月	停运	停运	5月	1945	2770
2月	4553	3057	6月	1361	2495
3月	4478	3005	7月	1978	3115
4月	2731	2280	8月	1741	2515

1993年，镇海炼化曾尝试以1t/h的流量将07/08单元废氨水送至炼油酸性水汽提装置处理(该装置现已经拆除)，该汽提装置设计处理能力15t/h、采用单塔加压侧线抽氨工艺，带氨的侧线气冷却至40℃以下后送至氨精制系统。但处理不到半个月，该装置侧线系统出现堵塞现象，约1个月后侧线被完全堵塞，装置被迫紧急停工。在尝试用蒸汽吹、用新鲜水顶失败后，最终通过钢锯将这些堵塞的管线慢慢割除(管线预处理失败，达不到动火条件，没法动火割除)，在钢锯割除过程中发现管道及设备内存在大量白色晶体，这些白色晶体易挥发，挥发后产生刺激性气味，现场及装置周边环境受到较大污染。从外观及其易挥发性能判断，这些白色晶体应该是CO_3^{2-}和NH_4^+在装置温度较低部位反应生成固体结晶物。Ⅰ汽提也采用单塔侧线抽氨工艺，与1993年那套被堵塞的污水汽提装置工艺和流程相似，镇海炼化分析后认为07/08单元含CO_3^{2-}的废氨水不能进Ⅰ汽提处理。

Ⅱ、Ⅲ汽提采用单塔低压不出氨工艺，所产的含氨酸性气冷却至约95℃分别送至Ⅵ硫黄(设计年产100kt硫黄)和Ⅶ硫黄(设计年产100kt硫黄)，与其他装置酸性气直接混合后进入硫黄装置反应炉。07/08单元含CO_3^{2-}的废氨水进入Ⅱ、Ⅲ汽提装置汽提塔后，假设其所含的CO_3^{2-}全部变为CO_2进入酸性气中，按4114工号废水流量10t/h、废水中CO_3^{2-}浓度3000mg/kg计算得出进入酸性气中CO_2流量约为15m^3/h，约占装置酸性气总量的0.20%(v)，几乎不会对硫黄装置的原料酸性气浓度产生稀释作用，对硫黄的影响基本可以忽略。不过Ⅱ、Ⅲ汽提塔顶系统各参数设计时均按硫氢化氨不析出结晶考虑的，在相同的条件下碳酸氢铵或碳酸铵是否会析出结晶尚没有相关数据和经验，兄弟企业也没有类似的生产经验。考虑到固体碳酸氢铵和碳酸铵热稳定性均不强，其中碳酸氢铵在30℃就会分解、碳酸铵干燥物在58℃下很容易分解生成NH_3和CO_2，而Ⅱ、Ⅲ汽提装置汽提塔顶酸性气冷后温度在95℃左右，该条件下碳酸氢铵或碳酸铵应该不会析出结晶，Ⅱ、Ⅲ汽提可以尝试回炼07/08单元废氨水。

为探索碳酸氢铵结晶条件，2013年镇海炼化外委通标标准技术服务有限公司(SGS公司)镇海实验室进行了碳酸铵氢热分解试验。SGS 公司在空气气氛中，分析 80℃、90℃和 95℃下热分解情况，发现碳酸氢铵在 80~95℃下会逐步分解，不过分解时间较长(表 3)。同时 SGS 公司将放置少量样品约 0.1g 到试管中，放入水浴中，温度从 80℃开始持续加热，经 2h 后样品完全消失。SGS 的试验结果表明，在 80~95℃下碳酸氢铵会逐步分解，其中 95℃、水浴恒温 20min 后分解约 85%(包括 80℃恒温 40min、90℃恒温 20min 及升温期间的分解量)；而Ⅱ、Ⅲ汽提含氨酸性气空冷冷后温度约 95℃，结合 SGS 公司的试验结果，可以认为碳酸氢铵应该不会在Ⅱ、Ⅲ汽提空冷管束及后续系统大量析出并结晶。

表 3　SGS 公司碳酸氢铵热分解试验结果

项　目	重量/g	样品减少量/g	样品残余量/g	分解率/%
铂金坩埚	44.8457	—	—	—
样品量	2.1643	—	—	—
80℃恒温加热 40min(坩埚+样品)	45.9992	1.10108	1.1535	49.13
90℃恒温加热 20min(坩埚+样品)	45.3495	0.6497	0.5838	69.98
95℃恒温加热 20min(坩埚+样品)	45.0180	0.3315	0.2523	84.68

为进一步研究碳酸氢铵和碳酸铵热分解性能，2014 年 2 月份镇海炼化联系华东理工大学，对上述两种碳酸盐的热分解性能进行了测定，实验是在氮气气氛、以 2℃/min 的升温速度进行测定。结果表明碳酸铵在 42℃下分解 10%，93℃下完全分解，碳酸氢铵热分解温度要高于碳酸铵(表 4)。

表 4　不同分解率下碳酸铵与碳酸氢铵的热分解温度

项　目	分解温度/℃			
	10%	50%	90%	99%
碳酸铵	42	64	82	93
碳酸氢铵	78	104	120	126

华东理工大学用Ⅱ汽提的设计参数和 07/08 单元废氨水 2014 年 1 月份加样分析数据、污水流量，理论计算出全部化工水汽 07/08 废氨水均匀进Ⅱ汽提回炼后，汽提塔顶酸性气中 CO_2 含量占总气量的 0.056%(v)，NH_3 占总气量的 38.65%(v)，CO_2 浓度很低。华东理工大学经过试验和理论计算后认为：①Ⅱ汽提在设计时采取了管线伴热、控制空冷冷后温度等防止硫氢化氨结晶析出，此工况下，NH_3 主要以气相游离形式存在，而且与 NH_3 相比 CO_2 物质的量很少，即使有 CO_2 与 NH_3 反应也是生成碳酸铵，只有在 CO_2 过量的情况下 CO_2 才会继续和碳酸铵反应生成碳酸氢铵；②只要汽提塔顶及管线温度在 95℃以上，就不会有碳酸铵固体析出，在此条件下不可能生成碳酸氢铵；③对于塔顶空冷等局部温度在 85℃且流动缓慢的部位才可能形成少量碳酸铵固体，不会产生明显的碳酸盐析出结垢堵塞现象。由于Ⅱ、Ⅲ汽提工艺相同、规模相当，原料污水性质基本相近，镇海炼化公司分析后认为华东理工大学针对Ⅱ汽提模拟计算得出的结论同样适用于Ⅲ汽提。

根据 SGS 公司及华东理工大学的试验和理论计算结果，镇海炼化讨论后认为：①Ⅱ、Ⅲ汽提塔顶含氨酸性气冷后温度约 95℃，碳酸铵结晶析出的可能性非常小；②含氨酸性气中二氧化碳浓度很低，应该不会发生二氧化碳与碳酸铵进一步反应生成碳酸氢铵；③07/08

单元废氨水均匀的送至Ⅱ、Ⅲ汽提处理完全是可行。

3 进Ⅲ汽提试验情况

初步核算，将07/08单元废氨水送至Ⅱ、Ⅲ汽提投资约100万，一次性投资较大，而上述结论是基于试验时研究和理论计算，存在一定的投资失败风险。为降低投资风险，并进一步验证试验室和理论计算结果，2014年8月26日公司组织用槽车装运约20t化工水汽07/08单元废氨水一次性加入Ⅲ汽提原料水罐(V802)，进行了为期2周的现场试验。

试验期间，Ⅲ汽提处理量100t/h，按V802罐容理论计算废氨水掺炼量0.91t/h，大于07/08单元废氨水产量(约0.6~0.7t/h，氨水质量分数8%~10%)。考察期间，Ⅲ汽提装置汽提塔塔顶馏出温度121℃，塔顶酸性气冷后平均温度97℃，汽提塔顶压力稳定，酸性气冷后温度未出现异常波动，酸性气出装置流量稳定，汽提塔顶馏出系统没有碳酸盐析出结晶现象。

考察前两天，Ⅲ汽提酸性气中CO_2含量有一个上升期，两天后最高达到5.98%(v)，随后CO_2浓度呈下降趋势，最低为0.21%(v)，试验期间含氨酸性中CO_2平均浓度1.19%(v)(表5)。上述现象的发生，应该是Ⅲ汽提原料水罐中一次性加入20t废氨水后罐内污水混合不均、局部CO_3^{2-}浓度较高，随着这股污水的处理，V802内污水中CO_3^{2-}又逐步恢复至正常浓度。

表5 试验期间Ⅲ汽提酸性气CO_2浓度变化情况

日期	CO_2浓度/%(v)	日期	CO_2浓度/%(v)
8月27日	采样器故障	9月2日	0.42
8月28日	1.32	9月3日	0.60
8月29日	5.98	9月4日	0.87
8月30日	1.88	9月5日	0.69
8月31日	0.44	9月6日	0.21
9月1日	0.42	9月7日	0.28

在为期2周的试验期内Ⅲ汽提净化水氨氮平均浓度18.71mg/L，硫化物平均浓度2.31mg/L，COD平均含量715mg/L，Cl^-平均浓度5.37mg/L，氨氮和氯化物均低于公司内控指标，各项数据未有明显异常(表6)。

表6 试验期间Ⅲ汽提净化水质量变化情况

日期	NH_3-N/(mg/L)	S^{2-}/(mg/L)	COD/(mg/L)	Cl^-/(mg/L)	pH
8月27日	20.7	1.2	629	4.2	7.19
8月28日	20.5	1.7	573	4.6	6.96
8月29日	17.6	0.9	567	6.0	6.43
8月30日	21.1	1.4	691	5.0	6.96
8月31日	24.1	0.4	659	5.4	6.41
9月1日	15.8	3.9	827	4.8	7.55
9月2日	3.9	0.2	712	4.8	6.79
9月3日	18.5	0.6	727	8.7	7.42
9月4日	22.9	4.8	824	8.0	7.21

续表

日　期	NH_3-N/(mg/L)	S^{2-}/(mg/L)	COD/(mg/L)	Cl^-/(mg/L)	pH
9月5日	17.4	5.4	915	6.8	7.92
9月6日	14.8	5.2	943	6.2	7.99
9月7日	10.7	0.5	664	6.0	8.60
9月8日	26.4	0.3	718	—	7.89
内控指标	≯60	≯20	—	—	—

从二周的试验情况看，20t 的化工水汽 07/08 单元废氨水一次性送入进Ⅲ汽提原料水罐，与其他原料水混合后送Ⅲ汽提处理，汽提塔工况稳定，塔顶酸性气流量、净化水质量均在正常指标范围内，汽提塔顶馏出系统没有碳酸盐析出堵塞迹象。结合外委试验结果、理论计算和工业试验结果，镇海炼化认为 07/08 单元废氨水可以进炼油低压汽提处理。

4　长期回炼情况

经过前期的施工和准备，2016 年 2 月起 07/08 单元废氨水通过新建管线持续送至Ⅲ汽提处理。同时为防止碳酸盐在装置局部温度较低部位结晶析出，回炼前组织对汽提塔顶馏出系统相关管线、仪表、导淋等伴热进行了全面排查和完善。

处理开始后，07/08 单元废氨水中 NH_3-N 浓度控制在约 3%(m)，CO_3^{2-} 浓度约 14000mg/kg，水量约 2t/h；Ⅲ汽提通过调整汽提塔顶空冷电机变频频率、空冷入口阀门开度等，控制含氨酸性气冷后温度在 90℃以上，以免出现局部低温部位碳酸盐结晶析出。截至 2017 年 4 月，Ⅲ汽提共处理 07/08 单元废氨水约 20kt，期间汽提塔顶压力稳定，酸性气出塔顶空冷冷后温度未基本稳定，未出现较明显的下降现象，酸性气出装置流量稳定，塔顶馏出系统未显示出有结盐堵塞管道的迹象，产品质量合格(表 7)。

表 7　废氨水混掺前后Ⅲ汽提净化水质量变化情况　mg/L

日期	NH_3-N	S^{2-}	是否混掺
2014 年	26.90	4.54	否
2015 年	28.86	2.96	否
2016 年	27.84	1.93	是
2017 年 1~4 月	20.14	1.48	是
内控指标	≯60	≯20	—

2016 年 11 月装置计划检修时，设备管线打开后未发现有碳酸盐析出堵塞现象(也有可能在停工水洗过程中，少量结晶析出的碳酸盐被水溶解带走)。上述表明，CO_3^{2-} 含量较高的 07/08 废氨水进炼油低压汽提处理完全是可行的。

5　结论

镇海炼化一年多的工业生产表明，低压污水汽提可以稳定的以一定比例混炼方式处理 CO_3^{2-} 含量较高的废氨水，探索出了 CO_3^{2-} 含量较高的废氨水新的、更加环保的处理工艺。

酸性水汽提运行中存在问题及改进

杨传山

（中国石化青岛石油化工有限责任公司，青岛 266043）

摘　要　论述了炼油厂酸性水汽提装置在处理酸性水过程中存在的主要问题，同时对各种问题进行分析，通过相应解决的办法，降低了装置能耗，减少了环境污染，为企业的生存缓解了环保压力。

关键词　酸性水汽提　问题　改进

1　概述

酸性水汽提装置在炼油厂中是重要的环保装置之一。原油在加工过程中，会产生和排除各种污染环境的废水。废水中除了含有硫化氢、二氧化碳和氨以外，还含有油、酚、氰等物质，毒性较大，不能直接排至污水处理场，以免影响生化处理单元的正常操作。随着原油加工深度的提高，特别是随着加工高硫、高酸原油比例的上升，各炼油装置产生的污水量以及污水中的污染物含量也不断增加。青岛石化 40 万 t/a 酸性水汽提装置是 2002 年建成投产的一套环保装置。由洛阳石油化工工程公司和青岛化工设计院共同设计，中石化第二建设公司负责施工安装。2009 年 9 月公司进行加工高酸原油适应性改造时，将装置处理能力扩至 80t/h，设计上限为 110%。该装置采用单塔加压蒸汽汽提侧线抽出工艺，对上游装置来的含硫含氨污水进行净化，并生产出净化水、酸性气和富氨气，污水处理后得到的净化水符合环保要求，从而达到综合治理、化害为利的目的。

2　生产概况

2.1　工艺流程说明

自装置外(催化裂化、加氢精制、常减压、催化重整和延迟焦化等装置)来的酸性水，进入原料水脱气罐，脱出的轻油气送至系统管网。脱气后的酸性水进入原料水罐先沉降脱油，脱油后的酸性水再进入原料水除油器进一步除油，自原料水罐和原料水除油器脱出的轻污油自流至地下污油罐，经污油泵间断送出装置。经进一步除油后的酸性水再经原料水泵加压后分为两路：其中一路进入主汽提塔塔顶，必要时可经冷进料冷却器冷却，另一路经原料水—净化水一级换热器、一级冷凝冷却器和原料水—净化水二级换热器，分别与净化水、侧线气换热至 150℃后，进入主汽提塔的第 1 层塔盘。塔底用 1.0MPa 蒸汽通过重沸器加热汽提。侧线气由主汽提塔第 17 层塔盘抽出，经过三级冷凝冷却(第一级为与原料水换热冷却、第二级为循环水冷却、第三级为循环水冷却）和三级分凝后，得到浓度高于97%（V）的粗氨气，用净化水配制成氨水供其他装置使用也可直接送至硫黄装置进行烧氨；一、二级分凝液经一、二级分凝液冷却器冷却后，与三级分凝液合并进入原料水罐；汽提塔底净化水与原料水换热后，一部分送至装置外用于电脱盐注水和加氢装置注水使用，其余经净化水冷却器冷却至40℃排至含油污水管网；汽提塔顶酸性气经分液后送至硫黄回收装置。当硫黄回收装置事故停工时，酸性气送至火炬顶焚烧。流程图见图1。

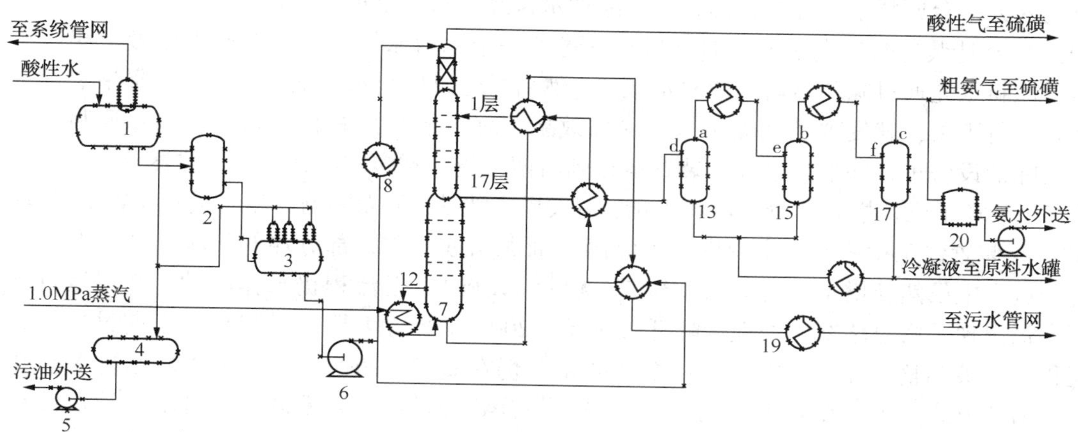

图1　酸性水汽提装置工艺流程图

1—原料水脱气罐；2—原料水罐；3—除油器；4—污油罐；5—污油泵；6—原料水泵；7—主汽提塔；8—冷进料冷却器；9—原料水-净化水一级换热器；10—一级冷凝冷却器；11—原料水-净化水二级换热器；12—重沸器；13—一级分凝器；14—二级冷凝冷却器；15—二级分凝器；16—三级冷凝冷却器；17—三级分凝器；18—一、二级分凝冷却器；19—净化水冷却器；20—氨水罐

2.2　生产中存在的实际问题

（1）原料水带油、带焦粉，进塔后堵塞塔盘。

（2）侧线温度长期偏高，侧线气冷却不下来。

（3）管线结垢堵塞。

（4）侧线结铵盐。

（5）净化水中氨氮偏高。

（6）氨水罐及原料水罐罐顶冒恶臭味。

（7）虽然设计了塔底重沸器，但投用不上，能耗较大。

3　原因分析及改进

（1）强化原料水预处理，降低进塔原料水的油和焦粉的含量

原料水进行预处理，主要是为了脱除原料酸性水中携带的烃类、悬浮物、焦粉等杂质。酸性水中的油含量是影响酸性水汽提装置长周期运转的重要因素。催化裂化酸性水携带的催化剂粉尘及焦化装置酸性水里的焦粉等，很容易吸附在油珠上，在酸性水中形成悬浮物。这些悬浮物，易使水泵堵塞；易在重沸器和换热器内黏附、结焦，降低传热效率；易在塔盘、

浮阀上黏附、结垢，增加浮阀重量，影响浮阀开度，降低处理能力。焦粉被携带到后路进入净化水中，极易堵塞原料水-净化水二级换热器及净化水冷却器，轻者造成换热器堵塞，冷却效果下降，严重时导致净化水不畅，装置紧急停工处理换热器。一旦焦粉经净化水带到常减压及加氢等装置注水，容易造成后续装置注水泵过滤器堵塞及注水量不足现象，对下游装置安全平稳生产带来影响。

装置原设计流程是原料水先经过原料水罐沉降脱油后，再进入除油器进一步除油，然后再进入另一台原料水罐静置，静置后的酸性水再经原料水泵加压后进入主汽提塔汽提。由于2002年建造装置时考虑场地影响，当时只建了一个原料水罐A，所以流程也做了相应的调整：原料水先通过除油器后到原料水罐A，然后再通过原料水泵加压进入主汽提塔。开工后装置运行不久，就发现除油器堵塞，除油效果不好，最后只好将其切出，只靠原料水罐A内的除油设备进行除油。这样，装置运行到后期，越来越多的油在塔、换热器及容器内不断积累，破坏了汽提塔内的汽、液相平衡，造成操作波动，从而影响产品质量及装置平稳操作。2005年装置停工检修时，发现塔盘、浮阀上油泥堵塞严重，部分浮阀根本无法打开。这次检修过程中虽然新增了一台原料水罐B(无除油设施)，但流程仍未作改动，装置运行到后期，仍出现了塔盘堵塞，处理量降低等现象。2008年装置大检修时因检修工期过短等原因流程仍未被调整，并且装置开工时原料水罐A仍在做罐内防腐，只好采用从原料水罐B直接进料的方式开工。在开工不到二十天内，装置处理量便急剧下降，并且塔底液位波动较大。虽然后来将原料水罐A内除油设施投用，但处理能力一直在不断下降，两原料水罐内液位不断上升，最终导致了装置紧急停工。打开汽提塔人孔后检查发现，塔盘、浮阀上黏附、结垢非常严重。在清理塔盘、浮阀之后重新开工，装置运行趋于正常。2009年酸性水扩能改造过程中，将装置流程按原设计进行改造后，原料水除油效果得到了较大改善。改造前后流程比较如图2所示。

在流程改造的同时，公司加强了对上游原料水含油量及焦粉的控制，并将原料水罐AB进行串联使用，原料水罐A作为除油沉降罐，原料水罐B作为缓冲罐，增加焦粉沉降时间，也大大降低了焦粉对装置的影响。

(2) 改造冷却水管线，更改换热流程

侧线抽出的氨气中含有水气和少量硫化氢，氨气的提纯就是靠三级分凝器的逐渐分凝作用，将氨气中夹带的硫化氢留在液相中来实现的。因此侧线冷换设备的负荷大小及循环冷却水压力的的高低，直接关系到侧线脱硫的效果。由于此装置的循环水处在全厂系统管网的最末端，而且侧线换热器在十几米高的三平台上，循环水压力低，流量小，严重影响了侧线冷却器的冷却效率。原设计侧线二级冷凝冷却器和三级冷凝冷却器的冷却循环水回水在出换热器后汇集到一起，两路回水温差较大，经常造成水阻。三级冷凝冷却器的回水阻碍了二级冷却器回水的流动，二级冷却器里的循环水在管程内不断被加热，温度不断上升，最后汽化。现场测量显示，循环水出口温度最高达到120℃。在这种温度下，$CaCO_3$等盐类不断沉积在换热器传热表面形成致密的水垢，再加上微生物的滋生和生物黏泥不的断积附，使冷却水的流量不断减少，从而大大降低了换热器的冷却效率。装置运行到中后期，循环水管程结垢严重，侧线气更加冷却不下来。由于侧线冷却负荷不够，侧线气中硫化氢与氨气就不能很好分离，大量硫化氢被带入到氨水罐中，并有一部分硫化氢从氨水罐顶放空散发出来，给装置乃至全厂造成较为严重的大气污染，不但影响到本厂职工的身体健康，而且给厂内的环保

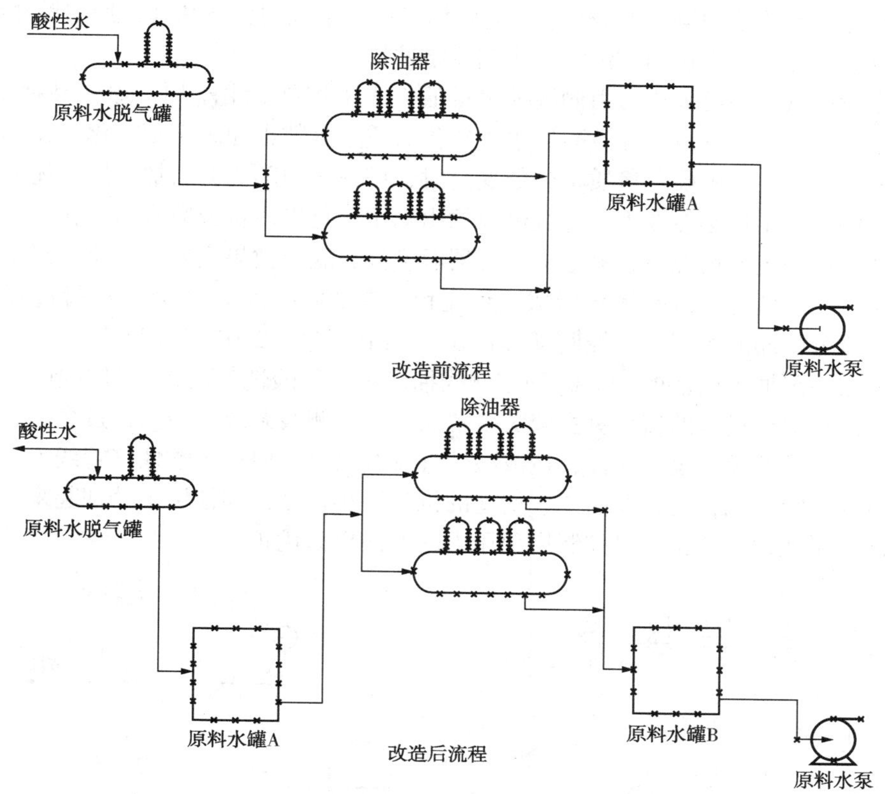

图 2　改造前后除油流程

带来巨大压力。

2008 年大修，车间通过英派尔设计院重新核算，将侧线冷却水管线进行改造，将循环水总管及三级冷凝冷却器管线加粗，并适当调整换热流程，将二级冷凝冷却器由循环水冷却换热改造为原料水冷却换热。改造后，侧线冷却负荷充足，保证了产品氨气的纯度。改造前后对比如表 1 所示。

表 1　侧线循环水管线改造前后对比

项　　目	循环水总管	二级冷凝冷却器	三级冷凝冷却器
改造前公称直径(DN)	100	40	40
改造后公称直径(DN)	200	150	100

（3）抑制铵盐生成，防止管道堵塞

管道堵塞的主要原因是：在低于 85℃下，高浓度的 NH_3，H_2S，CO_2等易产生铵盐结晶，如在汽提塔顶、分凝器出口等处。常规处理堵塞的方法是采用热水冲洗、蒸汽吹扫等。在 2008 年消缺改造过程中，车间对部分易结铵盐的管线增加了吹扫接头，对酸性气管道进行增加保温伴热等方式，对减少堵塞的发生起到了很好的作用。冬季生产易出现铵盐结晶、堵塞酸性气管线现象，尤其在压控阀上下游死角处较严重。因此，控制塔顶温度在 40℃ 以下是防止酸性气系统铵盐堵塞的关键。塔顶温度可以用冷进料调节。足够低的温度一方面可以把上升到塔顶部气相中的氨组分最大限度地溶于冷进料中，同时还可把气相中的蒸汽冷凝下来。一旦酸性气系统中的氨大大减少，就会破坏了铵盐生成的物质基础，抑制铵盐结晶。

(4) 改进汽提塔压力控制方法，防止侧线结铵盐

装置原设计汽提塔塔顶压力由侧线抽出量的大小来控制。由于加工原油品种不断变化，上游装置操作参数不断调整，导致酸性水中硫化氢质量分数也随之不断变化。在其他条件不变的情况下，当酸性水中硫化氢质量分数变高时，塔顶压力随之会增加。用上述方法控制塔顶的压力，侧线抽出量必然变大，并且侧线抽出物中硫化氢质量分数升高。在一、二、三级冷凝冷却器负荷一定的情况下，易造成分凝器温度高，脱硫效果变差等现象。严重时，硫化氢与氨反应生成的硫化氢铵晶体会堵塞侧线流程。在2006~2007年装置运行过程中，二级分凝器、三级分凝器液控阀及压控阀就多次出现结晶现象。2007年年底车间将塔顶压力控制方法改为按一定抽出比(9%~11%)固定侧线抽出量，用酸性气的排放量控制塔顶压力后，效果良好，能够保证过多的硫化氢去硫黄装置而不进入侧线系统。当然，过多的氨气进入塔顶也可能生成较多的硫化氢铵晶体，造成酸性气管线堵塞。但整个酸性气管线上只有一个控制阀，与侧线系统相比，流程要简单、堵塞的机率要小得多，即使堵了处理起来也相对比较方便。因此，用酸性气的排放量控制塔顶压力的方法更为优越。

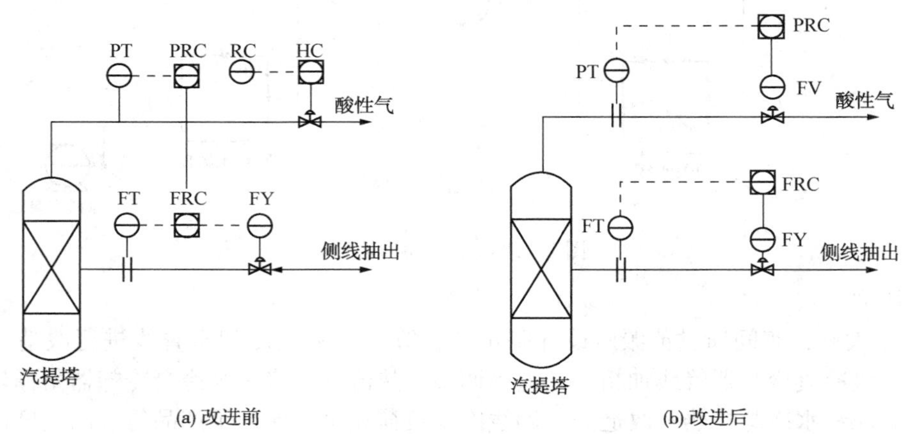

图3 改进前后汽提塔顶压力控制回路

(5) 汽提塔增加注碱工艺

在重整、催化、焦化产生的酸性水中，除有游离氨以外，还有相当一部分氨氮是以铵盐形式存在，随原油加工种类及加工工艺的改变，这种固定氨氮的含量不断增加。固定氨氮在汽提过程中很难去除，使净化水中氨氮偏高，影响净化水回用质量及影响污水处理厂总排水氨氮超标。单纯靠提高汽提蒸汽量和增加汽提塔塔板数可降低汽提塔塔底出水中氨的浓度，但氨的降低是有限的，耗费大量的蒸汽也无法将净化水中的氨浓度降低到30mg/l以下。为有效去除这部分氨氮，2009年停装置工检修改造时在汽提塔侧线抽出口增加注碱线。注碱工艺原理如下：

在酸性水体系中铵离子存在以下平衡：

$$(NH_4)_2SO_4 + 2NaOH \rightleftharpoons 2NH_4OH + Na_2SO_4 \tag{1}$$

$$NH_4OH \rightleftharpoons NH_3 + H_2O \tag{2}$$

由于在酸性水中存在着NH_4^+的离解反应，在汽提过程中通过OH^-，平衡(1)可以向右移

动；随着 NH_3不断被汽提出去，平衡(2)也不断向右移动，这样，在汽提过程中，固定氨基本上都可以脱除。

目前，在原料水中含硫化氢、氨总浓度在 10000mg/L 的情况下，通过注碱后，净化水中的氨氮含量由原来的 60~90mg/L 下降到 10mg/L 左右，硫化物含量也有所下降。净化水到常减压电脱盐及加氢注水使用符合要求，可以长期使用。

（6）改进原料水脱臭设施，减少恶臭排放

氨水罐及原料水罐罐顶冒恶臭是多年来一直困扰我公司的难题。氨水罐原设计采用氮封形式，但因投用效果太差被弃用。每当氨水浓度偏高时，恶臭味便从氨水罐罐顶放空直接冒出，对环保造成很大压力。后来公司只好采用氨水外运的方式减少装置内氨的循环量，但不能从根本上解决问题。原料水罐顶上设有水封，但有时因操作波动等原因罐内压力升高，当罐内压力大于水封压力时，往往罐内的酸性气会顶破水封，进入到大气中去，造成周边的大气污染。为解决这一问题，2008 年大修技改新增了一台酸性气脱臭罐，并将氨水罐放空引入到脱臭罐内。脱臭罐投用后，装置内恶臭味明显减少。2013 年，车间通过技术改造，将侧线抽出氨气引至 1 万 t/a 硫黄装置焚烧炉进行烧氨，进一步解决了氨水罐恶臭问题。2014 年，公司采用抚顺石化研究院开发的“低温柴油正压吸收-碱液吸收脱硫”工艺技术，对原料水罐和氨水罐的恶臭气体进行治理，对废气中的总烃、硫化氢、有机硫化物等进行净化治理，确保废气治理高效、达标。

（7）汽提方式的改进

原汽提装置虽然在流程设计上是采用塔底重沸器供热，但开工后发现重沸器实际负荷不足，无法正常使用。后来一直采用蒸汽直接进塔汽提的方式进行操作，结果造成塔的气相负荷偏大。当污水浓度高时，操作会不平稳，常出现氨水不合格现象，净化水质量不达标，同时也间接地增大了装置的能耗。2009 年车间在装置检修技改时增加了一台塔底重沸器。装置开工投用重沸器后，大大降低了塔的气相负荷，使操作稳定性大大增强。由于利用了蒸汽的潜热，降低了装置的能耗，同时变相地提高了汽提塔的处理能力。

4 改进效果

改进后装置运行平稳，解决了现场冒恶臭味的问题，减轻了企业的环保压力，降低了装置的整个能耗，节约了装置的生产运行成本。改进前后主要操作参数对比如表 2 所示。

表 2 汽提塔改进前后主要操作参数对比

项 目	改造前	改造后
汽提塔塔顶温度/℃	43~55	40~50
汽提塔塔顶压力(表)/MPa	0.55~0.58	0.52~0.54
汽提塔第 1 层温度/℃	138~146	135~140
汽提塔第 17 层温度/℃	155~165	150~160
汽提塔塔底温度/℃	165~170	161~165
分一压力 a(表)/MPa	0.48~0.52	0.42~0.45
分二压力 b(表)/MPa	0.35~0.38	0.34~0.36
分三压力 c(表)/MPa	0.20~0.35	0.20~0.25
分一入口温度 d/℃	132~142	120~130

续表

项　　目	改造前	改造后
分二入口温度 e/℃	95~112	90~105
分三入口温度 f/℃	50~70	30~40
分一液位/%	50~70	20~60
分二液位/%	50~70	0~40
分三液位/%	50~70	0~40

随着公司原油加工能力的不断提高，2015 年公司又新增了 2 台原料水罐 CD 作为一组，与原料水罐 AB 并联，并增设原料水罐倒罐流程，可以切换使用，方便检修原料水罐。现污水汽提装置经过几次改进后，已取得了较好的效果。重沸器投用后，可产生 9t/h 的凝结水，酸性水处理能力也由原来的 50t/h 增加到 80t/h，满足了公司当前生产的需要，为公司减轻环保压力做出了重要贡献。

5 装置存在问题及改进方向

第 1 台原料水罐使用多年，腐蚀较为严重，罐壁曾多次出现漏点，存在较大安全隐患。在 2015 年装置检修时进行了彻底进行维修改造，并进行细致防腐。

原料水中带油及焦粉含量过高仍是影响酸性水装置长周期运行的一个主要因素。尽快解决原料水带油及焦粉的影响，解决净化水冷却器的堵塞问题，仍是酸性水装置优化改造的重要任务。

6 结束语

(1) 通过强化原料水预处理，可以有效降低原料水中的油和焦粉的含量。

(2) 通过改进换热流程和汽提方式，可有效降低侧线气温度及降低装置能耗。

(3) 采用注碱汽提新工艺，能有效脱除炼化行业中废水中的氨氮化合物，可最大化利用净化水，降低污水处理厂处理负荷，为污水处理后氨氮达标排放创造了条件。

(4) 通过改进原料水脱臭设施，可有效减少恶臭排放，有利于职工身心健康及达到环保指标。

参考文献

[1] 刘春燕，张东晓．炼厂酸性水单塔加压汽提侧线抽氨及氨精制装置工艺设计[J]．炼油技术与工程，2007，37(10).

[2] 齐慧敏，林大泉．炼油厂酸性水汽提装置存在的问题及对策[J]．石油化工环境保护，1998，(4)：22.

[3] 徐言彪，阚志龙，王义东．炼油厂酸性水汽提装置的改造与运行[J]．化工科技，2000，8(1)：34-38.

钴改性的氧化锌吸附剂结构及其脱硫性能研究

康　蕾[1]　王海彦[1,2]　孙　娜[2]　王钰佳[2]

(1. 中国石油大学(华东)化学工程学院，青岛　266555；
2. 辽宁石油化工大学化学化工与环境学部，抚顺　113001)

摘　要　采用共沉淀法合成在氧化锌，并掺杂金属钴进行改性，用等体积浸渍法负载金属Ni，制备反应吸附脱硫剂。通过X射线衍射(XRD)对不同钴掺杂量的氧化锌晶体进行了表征，并考察了其脱硫性能；确定钴的最佳掺杂量，以正庚烷-噻吩为模型化合物，优化了其脱硫工艺条件。

关键词　共沉淀法　钴　氧化锌　脱硫

近些年来，随着环保要求的不断提高，车用汽油的质量标准不断提高，因此油品中硫含量的要求也日趋严格[1,2]。传统的加氢脱硫技术是工业上广泛应用的脱硫方法之一，但是加氢脱硫存在反应条件苛刻，需要大量氢源，装置投资大，操作费用高，辛烷值损失大等缺点，因而各种非加氢技术逐渐发展起来。典型的油品非加氢脱硫技术有吸附脱硫[3~6]，氧化脱硫[7]、萃取脱硫[8]、生物脱硫等[9]。其中吸附脱硫技术由于其脱硫效果好，辛烷值损失小[10]而备受关注。ZnO是吸附脱硫工艺中广泛使用的一种脱硫剂，但其在脱硫过程中存在失活快、剂耗高等问题，因此对ZnO吸附剂的改性成为研究的热点。邵纯红[11]等通过掺杂过渡金属氧化物来改善ZnO脱硫剂的结构，加入造孔剂改善脱硫剂的孔结构，以提高其脱硫性能及再生性能。本文通过向ZnO中添加金属钴对其进行改性，考察其脱硫工艺条件，评价其脱硫性能。

1　实验部分

1.1　原料与试剂

硝酸镍($Ni(NO_3)_2 \cdot 6H_2O$)、硝酸锌($Zn(NO_3)2 \cdot 6H_2O$)、草酸($H_2C_2O_4 \cdot 2H_2O$)、硝酸钴[$Co(NO_3)_2 \cdot 6H_2O$]、正庚烷(C_7H_{16})、噻吩(C_4H_4S)。本实验所用药品均为分析纯，购自国药集团化学试剂有限公司。

1.2　催化剂的制备

称取一定质量的草酸溶于蒸馏水中，配成0.2mol/L的草酸溶液，再称取一定质量的硝酸锌和硝酸钴溶于蒸馏水中，配成硝酸锌和硝酸钴的混合溶液，钴的掺杂量分别为为0%、1%、3%、5%，将草酸溶液滴加到混合溶液中，室温下，剧烈搅拌12h。将得到的沉淀进行抽滤洗涤，在120℃的干燥箱内干燥，将得到的粉末500℃焙烧3h，得到氧化锌和氧化钴的粉末，标记为C_0Z，C_1Z，C_3Z，C_5Z。

采用等体积浸渍法将$Ni(NO_3)_2$分别负载到C_0Z、C_1Z、C_3Z、C_5Z上，保持NiO的负载量占Co-Zn复合氧化物总质量的5%，120℃下烘干12h，500℃下程序升温焙烧3h，制得脱硫催化剂NC_0Z、NC_1Z、NC_3Z、NC_5Z。

1.3 催化剂脱硫性能评价

将吸附剂压片成型，研碎后筛分出40~60目的吸附剂颗粒10mL用于反应吸附脱硫实验。在还原温度为350℃，还原压力为0.6MPa下还原3h；以正庚烷和噻吩为模拟油；反应前后模拟油中的硫含量采用华东分析仪器厂DL-2B微库仑测硫仪测定。

2 结果与讨论

2.1 不同钴掺杂量对氧化锌晶体结构的影响

图1给出了不同钴掺杂量的氧化锌样品的XRD谱图。将其与JCPDS标准卡对照，在C_0Z，C_1Z，C_3Z，C_5Z四个样品的谱图中，均在2θ = 31.7、34.3、36.2、47.5、57.0、62.7、66.4、67.8、69.0处出现了明显的对应六方铅锌矿ZnO(100)、(002)、(101)、(102)、(110)、(103)、(200)、(112)、(201)晶面的特征衍射峰[12]；钴的掺杂量为1%的样品，谱图中除ZnO的特征峰外并没有其他物质的特征衍射峰，这可能是钴离子高度分散在ZnO的表面或是进入了ZnO的晶格内部，故无法检测到；当钴的掺杂量增加到3%和5%时，分别在2θ=44.5、59.3处出现了对应氧化钴的特征衍射峰，这说明了钴锌复合氧化物的存在。

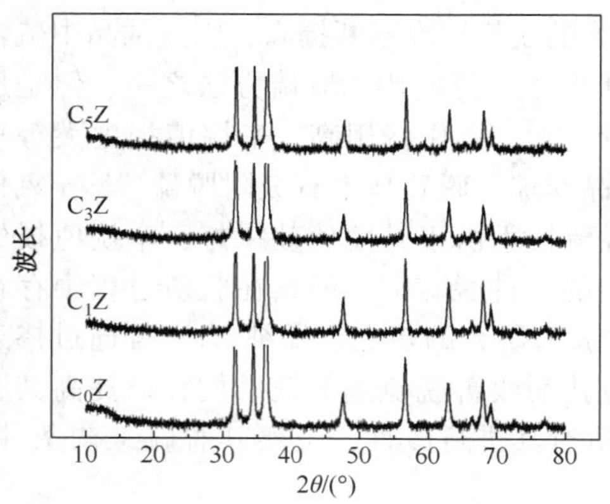

图1 不同钴掺杂量氧化锌样品的XRD谱图

2.2 不同钴掺杂量对吸附剂脱硫率的影响

图2为C_0Z，C_1Z，C_3Z，C_5Z四个样品浸渍Ni制成吸附剂后，在还原压力为0.6MPa、氢气流量30mL/min、还原温度350℃、还原4h；反应压力0.6MPa、体积空速$6h^{-1}$、反应温度280℃下的脱硫率曲线。由图2可以看出未添加Co的NC_0Z吸附剂脱硫率为79%；添加Co后，NC_1Z、NC_3Z、NC_5Z吸附剂的脱硫率明显增大，分别达到90%、81%和84%；由此可见，催化剂中Co的添加能够改善ZnO吸附剂的脱硫性能；但是当Co的掺杂量达到3%和5%时，催化剂的脱硫率比Co的掺杂量为1%时下降；这说明Co的加入量对催化剂的脱硫性能有重要影响。结合XRD结果分析，在NC_1Z吸附剂中，钴进入到氧化锌晶格内部或是高度分散在氧化锌的表面，有效改善了氧化锌的脱硫性能；而在NC_3Z、NC_5Z吸附剂，钴形成了独立的氧化相，其脱硫效果明显下降。

2.3 吸附剂脱硫工艺条件的考察

2.3.1 反应温度对脱硫性能的影响

脱硫效果最好的 NC_1Z 吸附剂在反应压力为 0.6MPa、体积空速为 $6h^{-1}$、反应温度分别为 240℃、260℃、280℃、300℃、320℃下进行反应吸附脱硫性能考察，得到的反应温度和脱硫曲线的关系如图 3 所示。由图可见，当温度低于 280℃时，吸附剂的脱硫率随着温度的升高也增大。但当反应温度升高到 300℃时，吸附剂的脱硫率基本趋于稳定，随着温度的继续升高，吸附剂的脱硫率略有下降。这是因为当温度低于 280℃时，反应属于热力学控制步骤，升高温度有利于反应向正方向进行；但是当温度升高到 300℃后，反应属于动力学控制步骤，对于放热反应升高温度不利于反应向正方向进行。因此，吸附脱硫的最佳反应温度为 300℃。

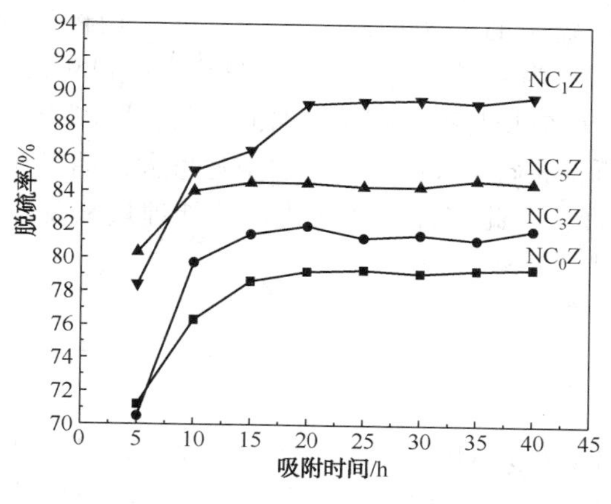

图 2 不同钴掺杂量对吸附剂脱硫率的影响曲线

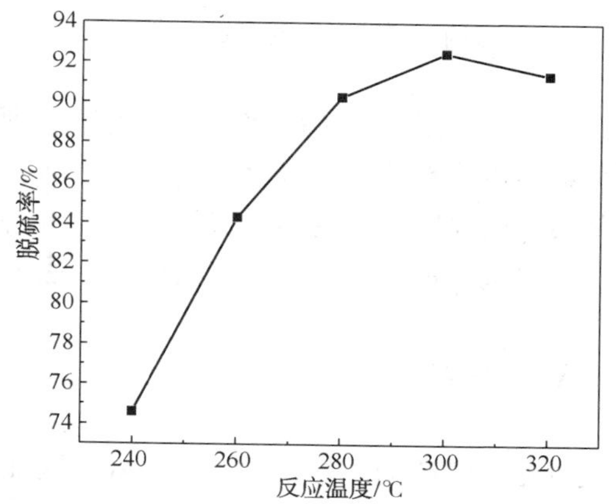

图 3 反应温度对 NC_1Z 吸附剂脱硫性能的影响曲线

2.3.2 反应压力对脱硫性能的影响

NC1Z 吸附剂在反应温度为 300℃、体积空速为 $6h^{-1}$、反应压力分别为 0.4MPa、0.6MPa、0.8MPa、1.0MPa、1.2MPa 时进行吸附脱硫性能考察，反应压力和脱硫率的关系曲线如图 4 所示。由图可见，吸附剂的脱硫率随着压力的增加而逐步变大。当反应压力为 0.4MPa 时，脱硫率较低，因为在低压条件下，氢气在吸附剂表面上的吸附尚未达到饱和，因此有较多的吸附活性位空余，吸附剂表面的氢气浓度较低，导致噻吩硫化物氢解速度较慢，致使吸附剂脱硫活性不高。当压力为 0.8MPa 时，脱硫率迅速增加达到 96%、继续升高压力，脱硫率增速变缓。脱硫过程是体积缩小的反应，因此，提高压力有利于反应正向进行，同时随着压力的提高，吸附剂表面的反应物和

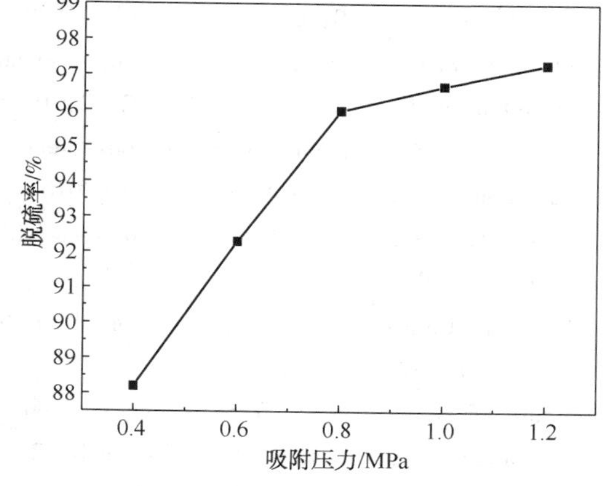

图 4 反应压力对 NC_1Z 吸附剂脱硫性能的影响曲线

氢气浓度都增大，反应速度随之加快。但当压力增大到一定程度，氢气在吸附剂表面上的吸附逐渐达到饱和，而此时噻吩硫化物的氢解速度变化不大，吸附剂脱硫活性也不会有明显的提高。考虑反应压力过大对设备要求，操作成本等的要求相应提高，因此选择最佳的脱硫压力为0.8MPa。

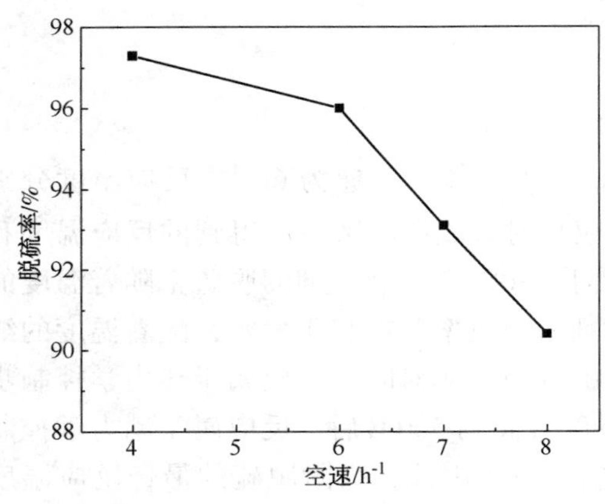

图5 体积空速对NC_1Z吸附剂脱硫性能的影响曲线

2.3.3 空速对脱硫性能的影响

NC_1Z吸附剂在反应温度为300℃、反应压力为0.8MPa、体积空速分别为4h^{-1}、6h^{-1}、7h^{-1}、8h^{-1}时进行吸附脱硫性能考察，体积空速和脱硫率的关系曲线如图5所示。由图可见，在空速为4h^{-1}时，吸附剂的脱硫率达到97.3%，空速增大，吸附剂的脱硫率下降。较低空速下，反应物与吸附剂接触时间较长，所以能保证硫化物与吸附剂的充分接触，使反应更彻底，所以脱硫率较高；而随着空速增大，油料在催化剂表面的停留时间变短，吸附剂的脱硫率下降，因此综合考虑催化剂的处理量和脱硫性能，所以选择最佳的吸附脱硫反应的空速为6h^{-1}。

3 结论

氧化锌脱硫剂添加钴后，脱硫效果明显增加。当钴的掺杂量为1%时，钴进入到氧化锌晶格内部或是高度分散在氧化锌的表面，有效改善了氧化锌的脱硫性能，在反应温度为300℃，反应压力为0.8MPa，反应的空速为6h^{-1}时，其脱硫率高达97.3%。

参考文献

[1] Song C. X Ma. New design approaches to ultra-clean diesel fuels by deep desulfurization and deep dearomatization[J]. Appl Catal B: Environ[J]. 41(2003)207-238.

[2] Zhang S, Zhang Y, Huang Y. Mechanistic investigations on the adsorption of thiophene over Zn_3NiO_4 bimetallic oxide cluster[J]. Appl Surf Sci, 258 (2012)10148-10153.

[3] Samokhvalov A, Tatarchuk B J. Adsorptive removal of hazardous materials using metal-organic frameworks [J]. Journal of Hazardous Materials, 52 (2010) 381.

[4] Yang RT. Desulfurization of transportation fuels with zeolites under ambient conditions[J]. Science, 2003, 34 (40): 79-81.

[5] Chica A, Corma A. Catalytic oxidative desulfurization (ODS) of diesel fuel on a continuous fixed-bed reactor [J]. Catal, 2006, 242(10), 299.

[6] Rodriguez G, Galano A, Torres-Garcia E. Surface acid-basic properties of WO_x-ZrO_2 and catalytic efficiency in oxidative desulfurization[J]. Appl Catal B, 2009, 92(1-2), 1-8.

[7] Babichi V, Moulijn J A. Science and technology of novel processes for deep desulfurization of oil refinery streams: a review[J]. Fuel, 2003, 82(6): 607-631.

[8] Zhang YL, YangY X, Han H X. Ultra-deep desulfurization via reactive adsorption on Ni/ZnO: The effect of

ZnO particle size on the adsorption performance[J]. Applied Catalysis B：Environmental，2012，119(21)：133-141.

[9] Zhang JC，Liu Y Q，Tian S. Reactive adsorption of thiophene on Ni/ZnO adsorbent：Effect of ZnO textural structure on the desulfurization activity[J]. Journal of Natural Gas Chemistry，2010，19(3)：327.

[10] Liu YQ，She N，Zhao J C. Fabrication of hierarchical porous ZnO and its performance in Ni/ZnO reactive-adsorption desulfurization[J]. Pet Sci，2013(10)：589-595.

[11] 邵纯红，李芬，王路，等. 多周期脱硫/再生对脱硫剂 Ce-Fe/ZnO 表面结构及再生性能影响[J]. 化学学报，2011，69，3037-3042.

[12] 赵红晓，王淑敏，薛登启，等. Pt-ZnO/C 复合材料的合成及对醇类催化活性的研究[J]. 燃料化学学报，2011，39(2)：140-143.

在用火炬头运行状况监视
——直升无人机航拍技术应用

屈　威[1]　屈晓禾[2]　刘亚贤[3]

(1. 中国石油广西石化公司储运中心，钦州　535008；
2. 中石油云南石化有限公司，安宁　650399；
3. 中国石油华南化工销售公司钦州调运分公司，钦州　535000；)

摘　要　大型炼化企业、油气田开采生产过程中，火炬作为安全环保的最后一道安全设施，起着无比巨大的作用。在使用过程中火炬头设施处在高温(故障状态下过量燃烧)或偏烧的状态，运行一个周期，内部设施状况如何是企业一直关心的问题。引入直升无人机技术可以解决这一难题，机上视频系统能提供高清火炬头部影像，使相关人员对火炬设备运行状况有全方位清晰了解。利于企业安全运行。

关键词　火炬头　无人直升机　低空拍摄　悬停

1　炼化企业火炬系统

1.1　实际生产中难点

在炼化企业中，火炬系统日常承担着处理各类装置产生排放的可燃物(即通过燃烧处理有毒有害可燃物)。在应急条件下，要处理企业停电时各装置同时排放的可燃物。考虑热辐射等原因火炬建筑较高，新建炼化企业火炬高达150m，原有生产规模较小的炼化企业火炬高度也达80m左右，由于高空中气流复杂，使得火炬头在燃烧时出现局部过热现象，导致火炬头设施变形、损坏。目前对火炬头设施的监视，只限于借助望远镜远观观察，呈仰视状态，无法观察到火炬头内部状况。火炬头框架结构限制，也无法安装视频监视设施，岗位人员对设施状况无法做到心中有数。

火炬的作用决定了在用时间要远大于其他装置。炼化企业装置检修周期为三年一检，各装置因物料平衡原因不同步开停工，在一个检修期内(检修时间1~2两个月)，装置全部停工到开工间隔时间很短，火炬系统必须在装置全部停工后方能停用，并要在装置开工前达到投用状态。据近年对新建火炬检修情况了解，可拆卸捆绑式火炬(一般含3套以上火炬)检修，能避免超高空作业，但耗时近30天[1]。这是由于对火炬头情况不明，无法有目的检修，这样检修往往会出现材料准备过度或不足、施工队伍人员准备不足，为不可预知检修。

1.2　亟待解决的问题

火炬系统的管理，除按照规程正常操作外，关键是对火炬的检查，对火炬头的设施运行状况检查尤为重要。火炬头内部引射蒸汽管、雾化蒸汽喷头、传焰管、热电偶、长明灯、酸性火炬头耐火层的状况是无法在地面完全观察清的，因此需要有一设备能对火炬头设施近距离清晰观察(不定期)。要求设备能处于火炬头上方俯视、侧俯视、水平 360°俯视观察，并提供高清照片。

2 无人机航拍技术引入

2.1 低空直升无人机航拍引入

随着无人机技术的应用日益广泛，并已民用、商业化。航拍技术得以广泛应用。航拍：是指用直升机，固定翼飞机或超轻型飞机在空中飞行过程中对实景实物，根据不同的高度、角度、多方位进行摄影，摄像。航拍又称空中摄影或航空摄影，是指从空中拍摄地球地貌，获得俯视图，此图即为空照图。这正好解决了火炬头运行期间想要实际了解又无法了解的情况。

无人机(Unmanned aerial vehicle，UAV)是一种由无线遥控设备或由程序控制操纵的无人驾驶飞行器[2]。迄今已是一种成熟的技术平台。其飞行高度在 1000 米以下，为低空空域。按照我国空域管理分类属报告空域管理即类似于自由飞行[3]。

国家民航总局 2004 年 6 月 1 日颁布第 120 号令《一般运行和飞行规定》。对 116kg 以下的私用超轻型飞机(包含直升机)，只要按照规章运行，不必民航审批。表明我国低空领域已向更多的单位和私人开放，意味着发展低空航拍摄影系统有了可靠的政策保证[4]。

但在实际运营时还需与现行国家相关法规结合。如《民用无人机空中交通管理办法》规定：在临时飞行空域内进行民用无人机飞行活动，由从事民用无人机飞行活动的单位、个人负责组织实施，并对其安全负责。对无人机操作员规定承担的机长权利和责任。并且不得在民用无人机上发射语音广播通信信号，遵守国家有关部门发布的无线电管制命令等。

《通用航空飞行管制条例》规定在我国境内进行航空物探或者航空摄影活动的；提出飞行计划申请时，提交有效的任务批准文件。

《民用无人驾驶航空器系统驾驶员管理暂行规定》要求行业协会对无人机系统驾驶员的管理，无人机系统驾驶员，由运营人指派对无人机的运行负有必不可少职责并在飞行期间适时操纵飞行控件的人。

2014 年《低空空域使用管理规定(试行)》(征求意见稿)对空域分类划设；飞行计划审批报备；飞行方法等都有具体规定。如要求目视飞行航线；飞行方法要求：管制空域内允许实施仪表飞行和目视飞行；监视、报告空域内以及目视飞行航线只允许实施目视飞行。

综上所述：虽然我国低空空域正在逐渐放开，但还必须同时执行相关空管部门的规定。

无人机中无人直升机平台(旋翼式)。由于具有无需专门的起降场地和跑道，对飞行速度可任意控制，可空中悬停。是固定翼飞机所不可比拟的。在可控性和抗风性方面对氢氦气囊有巨大优势。可以以无人直升机为飞行平台，以 CCD 数字相机为有效载荷，配置相关的地面监控设施、数据链路、应急装置等组成无需专用机场支持，能够获取规则重叠影响的航空摄影系统。

2.2 低空直升无人机航拍设施及功能

低空直升无人机航拍设施以无人驾驶平台作为空中承载平台，以高分辨率数字相机为机载设备获取信息。主要由电子系统组成，分空中子系统与地面控制子系统。并已模块化。其中空中子系统包括飞行控制模块、图像采集模块、遥控接收机、GPS(COMPASS)模块及空速机、飞姿控制模块、无限音视频模块、数据传输电台、电源模块等。地面控制子系统包括计算机、数据传输模块、遥控接收模块、遥控发射机、电源等[5]。其具有：

(1) 机身由碳纤维和玻璃钢等材料组成。石化火炬附近无人员与其他危化品设施。[6]且按照等效安全水平原则为无人机安全性指标。[7]从安全性方面确保对人员与设备无额外的损害。

(2) 无人机可由地面人工遥控飞行，又可安与设定路线进行自动飞行。且允许操作人员终中断予编程飞行，执行人工操作飞行。还可恢复自动控制飞行。

(3) 以惯性/卫星导航为基础的自动飞行控制导航技术系统。GNSS 系统兼容接收机至少可兼容 GPS\\COMPASS\\GLONASS\\GALILEO 两种系统。

(4) 可任意高度悬停；飞机意外超出控制范围，即一旦发现讯链路不可靠，会执行“AUTO GO HOME”功能，返回起飞点或某一预设置的失控保护点。

(5) 地面计算机里预先构建一个路线格网图，在飞行前坐标传至飞控计算机里，就可执行任务飞行。

(6) 可将照片实时发回地面。

低空直升无人机航拍设施实际上是一个单片相机技术、航拍传感器技术、GPS 导航技术、通讯航拍服务技术、任务控制技术、编程技术等多种技术集成。

2.3 无人机航拍在火炬系统应用的安全评定及成本

无人机航拍火炬头情况时要考虑是否影响火炬及其附近系统的安全。石化行业火炬系统考虑当火炬燃烧的可燃气体可能因不完全燃烧而产生火雨，火雨洒落范围在 60~90m。在此范围为保证设备人员安全，不设置与火炬系统无关设施并最大限度减少相关设备布置。火炬系统设置考虑石化行业的防火规范要求基本上设置在远离企业装置(GB 50160)，无人机在此区域飞行一旦出现故障不会对本区域设施产生影响。无人机机体材料也要求采用碳纤维和玻璃钢等材料组成，不会产生因坠落撞击地面设施产生火花现象。

成本方面：20min 飞行时间内，可以完成对火炬头监控拍摄工作。费用约 2 万元内。如人工实际上塔检查，必须停运火炬，这是在企业运行过程中无法实现的。

2.4 航拍方案确定及结果

为了能够实际观察低压火炬、高压火炬、含硫油火炬、酸性火炬头在一个运行周期(三年)的现状，采用无人直升机航拍火炬头设施情况。

制定航拍方案：就是制定航路轨迹规划。所谓航路轨迹规划就是根据任务目标规划满足约束条件的飞行轨迹。分两个层次进行。第一层是整体参考航迹规划。飞行前在地面进行，依据拍摄区域情况和性能指标，根据任务要求、安全要求、飞行时间等因素组合确定。

具体是：

（1）安全要求：根据石化企业安全生产要求，明确无人机机体材料为冲击地面设施是不产生火花。要求 TLS 值不高于 1E-7/飞行小时。

（2）航高要求：鉴于火炬总高为 150m，确定航高在 200~250m 之间。

航拍飞行区范围：条件：火炬塔架为 26000m×26000m；火炬集中于塔架东侧呈南北排布，东侧无障碍物；塔架边缘东西距离 50m 内无任何物体；西侧有塔架区域宽度为 28.750m（高度 150m），距火炬筒体中心线 63m 处有水封罐。因此确定：无人直升机飞行航迹以火炬塔架外边缘（26000m×26000m）为界，东、南、北向不得超出 50m 范围。东侧由于有水封罐等在用设施存在，要求飞行航迹规划在距火炬筒体中心线 31.5m 内飞行即在塔体上方飞行。

航拍时间要求：根据要求拍摄 4 台火炬头 360°侧俯视图，直流电池供电时间要求，确定航拍时间在 20min 内。

由此确定航迹规划路线后，专业人员采用航迹规划软件（如 PDA）生成航迹。

第二层局部航迹动态优化。具体是：向计算机输入无人直升机任务目标点等航路数据。现场取 GPS 站点获得交点坐标或直接输入。经生产安排，火炬熄灭，长明灯、引射蒸汽、雾化蒸汽停止后 4~8h，开始升起直升无人机对火炬头拍摄俯视图片。见图 1。

图 1　火炬头航拍图

从图 1 中看出火炬头情况基本良好，除个别引射蒸汽管微变形外，其他设备均在可用的程度内，从引射蒸汽罐微变形反映出今后操作中应较之前操作较大引射蒸汽量。不需大面积的检修。为企业节省资金。

3　结论

直升无人机航拍技术用于石化企业火炬头运行情况监测，可以大大加强火炬头设施日常监护检查，做到对运行设备完好性心中有数，也为火炬头检修内容、方案的制定提供实际直观的支持依据。同时可为操作人员提高操作水平提供指导，它在这方面的应用可为今后石化系统相关方面设施检查提供一个有效的手段，也可以广泛用于油田火炬系统检查。

在无人直升机航拍技术应用上要根据实际情况进行考虑：

（1）无人直升机航拍期间要考虑风速的影响，在实际应用中，由于其执行任务较为简单，航迹短，从费效角度考虑无人直升机采用结构简单，在空中抗风性较差，因此宜在四级风以下进行航拍。最好是无风、雨状态(方便人工遥控操作)。

(2) 航拍火炬头任务简单，飞行时间短，飞行航迹短，可以省略航迹规划线路，直升机升空后完全由人工遥控。水平移动距离 50m 之内，避免飞经装置上空。

(3) 飞行任务是拍摄图像，因此机载设施只需携带 CCD 数字相机，因此任务重量在 2kg 以下，可根据这些条件选择相应的无人直升机平台。

(4) 要考虑火炬熄灭后的余热对无人机直升机热辐射影响，留出足够火炬头散热的时间，再进行航拍工作。

参考文献

[1] 屈威，刘亚贤．可拆卸捆绑式火炬检修[J]．广东化工，2014，41(14)：249-250.

[2] 段贵军．无人机在海事管理中的应用探讨[J]．世界海运，2015，38(236)：38-40.

[3] 陈俊，王茹军，熊辉，等．无人机技术在长江海事监管中的应用[J]．交通科技，2015(2)：164-167.

[4] 高晖，陈欣，夏云程．无人机航路规划研究[J]．南京航空航天大学学报，2001，33(2)：135-138.

[5] 孟佳男，陈浪，贾建丰，等．低空航拍无人机[J]．甘肃科技，2014，30(11)：60-63.

[6] GB 50160—2008. 石油化工企业设计防火规范[S]．中华人民共和国住房和城乡建设部．

[7] 尹树悦，王少飞，陈超．无人机安全性指标要求确定方法研究[J]．现代防御技术，2015，43(2)：154-158，164.

确保火炬头运行，消除VOCs排放

屈晓禾[1]　屈　威[2]　刘亚贤[3]

（1. 中石油云南石化有限公司，安宁　650399；
2. 中国石油广西石化分公司储运中心，钦州　535008；
3. 中国石油华南化工销售公司钦州调运分公司，钦州　535000）

摘　要　国家环境保护部下发“环发[2014]177号文件”，明确了石化行业2017年VOCs排放量较2014年削减30%，并率先开展VOCs排污收费(7000元/t)。作为石化企业排放气处理的最后关口——火炬，在这方面起着无可替代的作用。火炬系统运行中最易出现问题的部位主要集中于火炬头设施。火炬头运行状况完好与否决定着企业能否真正实现低碳环保生产。针对大型炼化企业火炬头运行出现的问题，从环境、材质、设施结构、操作方式几方面加以分析，找出原因所在，以期对同类火炬头设施在使用过程中提供一些借鉴。

关键词　火炬头　结构形式　工艺设置　晶间腐蚀　应力腐蚀　火焰　热辐射

一沿海大型炼化企业设有高架火炬塔架一座，有4具火炬共用。自北向南依次排布3具直径1.2m，高150m的高、低压火炬，以及1具直径0.45m，高150m的酸性火炬。(见图1)塔架结构采用自拆卸捆绑式。在一次检查中发现低压火炬上部消烟蒸汽(上部蒸汽)环管出现不规则裂缝与裂痕(图2)。相邻火炬头引射蒸汽(中部蒸汽)管嘴偏斜。

图中左侧起为高压、低压、含硫(后建)、酸性火炬。

图1　火炬及塔架

图2　上部蒸汽环管开裂图

1 火炬头现状与结构

1.1 火炬头所处环境

该火炬地处南亚热带海洋性季风气候。具有亚热带向热带过渡性质的海洋季风气候特点。太阳年辐射量104.6~108.8千卡每平方厘米，年日照时数为1633.6~1801.4h，年平均降雨量1649.1~2055.7mm。由于沿海地带空气湿度常年处于高湿状态，金属管道表面形成水膜是避免不了的。海浪水沫飞散，不断地将含盐分的海水混入大气，致使低空大气中含盐分较多，盐雾浓度接近海洋飞溅区。氯离子多。其年平均大气温度：22.3℃；年平均相对湿度：80%；最大风速：34.27m/s(离地10m高出)；常风向：N(出现频率19.2%)；强风向：NNE(出现频率9.3%，最大风速18m/s)。

1.2 火炬头燃烧介质情况

火炬分为高、低压、含硫及酸性火炬。其中高低压火炬燃烧介质情况见表1。

表1 高低压火炬放空气实测值(可看出高压火炬以氢气排放为主)

	项目(体积分数)	实测值(低压)	实测值(高压)
放空气	氢气	27.64	95.21
	C_5^+	0.79	0.14
	二氧化碳	1.25	
	丙烷	5.46	0.8
	丙烯	1.46	
	异丁烷	1.29	0.15
	正丁烷	3.03	0.11
	正丁烯	0.03	
	异丁烯	0.06	
	反丁烯	0.03	
	异戊烯	1.06	0.06
	顺丁烯	0.02	
	正戊烷	0.73	0.03
	1,3-丁二烯		
	氧	0.1	0.02
	氮	35.36	1.11
	甲烷	18.97	1.23
	一氧化碳	0.04	0.06
	乙烯	0.02	
	乙烷	1.26	0.15
	C_3以上含量	7.04	0.49
	硫化氢含量/(mg/m^3)	5680	2840

1.3 火炬工艺设置

高低压火炬放空系统各自独立设有放空总管、分液罐、水封罐，在两个分液罐前和两个水封罐后各设连通管连通，并以阀门分隔。

当低压放空系统排放量大于设定值时，打开高低压分液罐前的连通阀和高压火炬筒体根部阀，部分低压放空气分流至高压火炬系统内进行燃烧排放，此时高低压火炬同时燃烧。而当放空量小于设定值时，关闭高、低压分液罐前的连通阀，关闭高压火炬根部阀，打开水封罐后部的连通阀，打开低压火炬根部阀，高、低压放空气体通过各自的分液罐和水封罐后，排入低压火炬。反之可排入高压火炬。

1.4 火炬头的结构形式

火炬头是火炬气排放系统重要组成部分，担负着燃料排放的重要任务。火炬头造型考虑：介质成分、介质及燃烧产物对材料的腐蚀，正常开车及中小事故、排放时间、对无烟燃烧排放的要求；小于最小排放量工况时，如火炬气排放速度小于火炬头部燃烧速度时，烃类气体直接排放对环境的影响；大于最大排放量时，应控制马赫数不大于0.5。同时应考虑排放未燃物对环境的影响；火炬头无烟燃烧马赫数一般小于0.1~0.2，约为最大排放量的15%~25%。

火炬头可分为音速、非音速火炬头。音速火炬，需要具有一定压力的排放气，不需要蒸汽和喷射蒸汽，热辐射小[1]。一般在海上油气井用得多，陆上火炬一般在无人区使用，且火炬高度一般都很高才会使用音速火炬；主要超音速火炬的噪音太大。非音速火炬又分为蒸汽型、空气型及蒸汽空气混合型火炬头。对于沿海地区高温湿热盐雾浓度大的海洋腐蚀气候环境，不适合使用空气助燃型火炬。故该企业除高、低压、含硫火炬头采用了国内常用的无烟蒸汽型火炬头。

其结构主要由稳焰器、中心蒸汽管(下部蒸汽)、顶部环形消烟喷嘴(上部蒸汽)及引射蒸汽(中部蒸汽)组成[2]。顶部带有消烟蒸汽环管组件，采用不同结构蒸汽喷嘴，使蒸汽呈各种流态喷射，主要作用是卷吸周围空气，提高火炬气燃尽率和起到消烟作用，另外托升并搅拌火炬场，对火炬头有一定冷却作用，以延长火炬头使用寿命。中心蒸汽管设于火炬头内，将蒸汽喷向火焰中心，预混少量蒸汽，有助于火炬气扩散燃烧消烟，缩短火焰长度及在一定程度上托高火焰，降低火炬燃烧器头部温度，延长火炬头使用寿命。引射蒸汽带有蒸汽环管，为多个梅花喷咀喷射引吸空气，多管引至火炬头顶部，进行预混式燃烧。蒸汽喷射引射空气噪音较大，特设有专用隔音罩，保证喷射噪音及燃烧噪音在环保允许范围之内。

稳焰器主要作用是当火炬气排放量小于火炬头允许最小燃烧速度时，在一定程度上使火焰不断，在火炬气最大排放量时，防止由于附壁效应，空气顺火炬筒壁下窜。稳焰器结构有环形聚火块，采用S型。

2 原因分析

2.1 理化性质分析

从损坏的火炬头上部蒸汽环管(图2)可见，管材上出现线性裂纹(细长曲折)。裂纹分布在环管与配件结合焊接处热影响区域。环管经光谱检测材质为310奥氏体不锈钢(Mn1.13，Cr24.54，Ni19.70)符合材质质量要求。从裂纹情况分析：裂纹发生在焊接热影响区表面，多平行且近似垂直焊接方向，符合金属应力腐蚀的表征。环管所处高温湿热多盐雾的易发生腐蚀环境，处理介质为含硫化物(见表1)的排放气，环管经常处于因火炬燃烧产生高温的状况，可以确定为由晶间腐蚀为先导引起的应力腐蚀造成的管线开裂[3]。

奥氏体不锈钢在450~850℃时(此温度区间称敏化温度区)，所含过饱和碳部分或全部产生碳化铬(Cr23C6)沉淀在晶界析出，晶粒内部的铬原子又不能扩散到晶界，最容易形成贫铬层，贫铬层做为阳极而遭受腐蚀发生晶间腐蚀。晶间腐蚀是金属腐蚀的一种常见的局部腐蚀，以晶间腐蚀为起源，在应力(火炬头经常处于高温低温变化引起环管固定件因热胀冷缩对环管的拉力、高空风载荷引起的拉力以及焊接造成的残余应力)和特定腐蚀介质(空气中丰富的氯离子、水分及燃烧的硫化物)的共同作用下，使不锈钢环管发生应力腐蚀，出现管材应力裂缝现象。这是奥氏体不锈钢经常发生的腐蚀破坏形式，据统计应力开裂引起事故占整个腐蚀破坏事故60%以上。

消除晶间腐蚀方法可以通过降低含碳量。如采用：低碳的310s不锈钢(含碳量小于室温溶解度)；加入固定碳的Ti、Nb元素，生成TiC及NbC[4](钛碳比大于7.8时，钛优先地与全部的碳结合，消除了晶间的贫铬地带，从而改善了抗蚀性)；固溶处理；采用铁素体和奥氏体双相钢。这些方法一定程度解决了晶间腐蚀的问题却增加了成本，

可以考虑将蒸汽环管及梅花喷嘴引出管采用防火隔热材料加以防护。

2.2 火炬头本体及环境因素分析

低压火炬头的上部蒸汽环管烧损部位在火炬头北侧其他细小裂纹均出现在环管与梅花喷嘴引出接口焊接处。环管上沿距火炬头火口高差约[5]300mm。处于火炬头燃烧热直接影响区。国内炼化企业曾出现类似烧损情况[6]。

分析原因：

(1) 低压火炬头中部蒸汽环管烧损严重的部位处于火炬头北侧，为日常主导风向的上风侧。如在主导风向的情况下该火炬头点燃燃烧时，环管内有蒸汽流动带走一定热量，不至长时间处于450~850℃高温环境下。能引起自身火焰烘烤超温只有在低流量环管内无蒸汽的情况下才能发生。此时火焰因刚性低而下移，舔烧到环管。另外火炬头被风面因风力产生绕流旋涡低压区会使火焰烧蚀背风侧外壁，增加火炬上部蒸汽量及加强火焰刚性可以解决。因此，环管烧损主要原因非火炬头自我燃烧排放气造成。

(2) 低压火炬头北侧相邻高压火炬头相距5m(中心距)。在主导风向作用下，火焰偏向火炬头南侧，高压火炬燃烧产生的高温热辐射直接影响相邻火炬头。高压火炬头中部引射蒸汽管嘴口向偏斜，使得蒸汽喷射方向改变[7]从而使火焰倾斜角度加大。火焰偏向相邻低压火炬头，图1中现实的火炬头燃烧情况是：低压火炬头点燃燃烧，仅由于风力原因火焰偏斜至含硫火炬头上部。2017年某日含硫火炬头燃烧时：风向为偏北风6级；放空量为3570kg/h；火炬头燃烧火焰呈近似水平向南，完全灼烧北侧相邻火炬头。实际表明，在低排放量时火焰会直接达到相邻火炬头。

(3) 相关规范在计算火焰长度[8]及火焰倾斜角度[9]采用的公式为：

$$H=120D_{\mathrm{f}}$$

式中 H——为火焰长度，m。

D_f——为火炬筒体出口直径，m。

$$\Phi = tg^{-1}(V_w/V_a)$$

式中 Φ——有风时的火焰倾斜角度，(°)。

V_w——火炬头出口处最大平均风速，取10m/s。

V_a——出口气体允许线速度，m/s。

从公式计算可以看出：在低排放量情况下，火炬头火焰长度不变，火焰倾斜角度加大。也佐证了火焰能影响到相邻火炬头。另外火焰热辐射的名义中心定义是火炬出口与火焰末端连线的中心[10]或1/3(国内炼厂采用)处。不管采用何种定义，相邻火炬头处在火焰热辐射中心区域内。

火焰辐射热使以球形均匀向四周传播，即在同一球面上各点热辐射强度相等，在高压火炬燃烧火焰倾斜角度不大或偏南时火焰辐射热同样会影响到低压火炬。

(4) 高压火炬燃烧介质，多为氢及少量烃类。其火焰温度也同样很高，氢气火焰温度可达1900℃。从燃烧火焰(图1)颜色也可知鲜橙白色是火焰温度也将达到1200~1300℃。高压火炬头燃烧的排放气产生温度足以能使火炬环管受热达到450~850℃。

要确保火炬头设施完好如初，火炬头燃烧时按实际情况控制引射、消烟蒸汽量，防止排放气高流量下火焰脱焰[11]、偏烧情况。低流量下调节蒸汽量的同时采取相应工艺措施防回火与火焰平烧。

可以得出结论：此次火炬环管损坏原因主要在于相邻火炬燃烧对环管的热辐射，相邻火炬头排放气低流量有风情况下，会出现火焰直接舔烧火炬环管。

2.3 操作与工艺因素分析

日常操作时，员工往往从节能角度考虑以火炬不直接见蒸汽为准。这就会出现排放气流量下的回火情况，轻者发生回火重者发生爆炸。本次检查发现的火炬头中心蒸汽管变形就是中心蒸汽量在燃烧时不足造成，后果造成火焰偏斜，上部蒸汽调控难度加大。在该状态下应调大中部蒸汽量，增加火焰刚性。同时对上部蒸汽也要按实际情况增大，消除火焰平烧、反烧。

根据排放气来源组分成分调整用气量。高压火炬含烃量低，适当降低引射蒸汽量，防脱火；低压火炬含烃量高，适当加大引射蒸汽，提高氧气带入量，保证充分燃烧。火焰颜色避免呈黄色[12]。

从工艺角度，要避免最低流量下火炬头燃烧，可通过流程变更，如将低压气引入高压火炬燃烧(或反之)。即加强多套火炬系统间切换工作，火炬之间切换管线一般设置双切断阀中间加盲板并配备放空吹扫设施。通过切换可以停止燃烧多个火炬，集中使用一台火炬，并保证该火炬有足够排放气量。消除回火现象。

在火炬头燃烧时要按照设计给出的最小蒸汽量(火炬头燃烧时防反烧冷却火炬头的最低用气量)供给蒸汽。并保证全程供气，不可停用蒸汽应根据实际调整相应供气管路的供气量。停止燃烧还要供气一段时间。

3 结论

为实现石化企业VOCs控制达标，实现企业绿色低碳环保运行。火炬系统的正常平稳运行是其中的前提条件之一，而火炬头的完好又是重中之重。为此在火炬头的使用、设施完好方面要做到：

（1）火炬头自身防护方面：火炬头上部3m以上部分部件可选用310s材料降低含碳量、加入固定碳的Ti、Nb元素、采用铁素体和奥氏体双相钢等方法消除晶间腐蚀预应力腐蚀。为降低费用也可采取环管加隔热耐火材料。

（2）消除相邻火炬头燃烧时影响：分析本次火炬环管烧损是由于相邻火炬长期间断燃烧造成，而非完全由于自身火炬燃烧造成。因此在相邻火炬燃烧时要调整好上中下部蒸汽量，削减热辐射、消除直接对相邻火炬头灼烧。

（3）加强操作，保证自身设施完好。使用时火炬要确保最低用气量，以保证火炬头及附件完好。并通过优化调整排气量的排放去向，减少火炬长期在低流量排放状况燃烧。

参考文献

[1] 袁庆．火炬的选型设计[J]．中国化工贸易，2012(7)：075-076.
[2] 徐燕萍．火炬消音器处着火原因分析及防护[J]．江西石油化工，1999(3)：23-25.
[3] 王建．晶间腐蚀的危害及原因分析[J]．铸造技术，2011(12)：1756-1759.
[4] 董伟娟．火炬头下法兰断裂原因分析[J]．腐蚀科学与防护技术，2000，12(1)：60-62.
[5] 王俭革，杨卫中，李兵科．中原乙烯20万t/a火炬头结构改造及使用效果[J]．机械，2014，31卷增刊：188-190.
[6] 李建辉．火炬头的结构改造[J]．石油化工设备，1995，24(6)：52-53.
[7] 李常岭．火炬头损坏原因及改进[J]．GM通用机械，2005(4)：45-46.
[8] SH 3009—2013石油化工可燃性气体排放系统设计规范．
[9] 方士珍，张红伟．炼油厂火炬系统的工艺设计[J]．安徽化工，2010，36(3)：67-70.
[10] API RP 521.
[11] 王晓霞，陈志伟．火炬系统设计应注意的安全因素[J]．化工设计，2010，20(6)：24-26；44.
[12] 刘兴茂，寇国，王相飞．蒸汽消除火炬黑烟的原理与方法[J]．河北化工，2010，33(6)：68-69.

碳排放权交易市场下炼油行业碳配额基准方法研究

田　涛

（中国石油化工集团公司经济技术研究院，北京　100029）

摘　要　碳配额作为碳市场机制下控排企业的碳排放许可权利，是碳市场交易的重要标的物，制订公平、科学的配额分配方法意义重大。本文分析了欧盟炼油行业的基准线分配方法（CWT 法），研究了我国炼油行业配额分配的能量因数法。由于基准线法具有基于产出效率的特点，本文分析了炼油行业配额分配方法的研究趋势，为完善基准线分配方法提供了参考。

关键词　碳市场　炼油行业　基准线　碳配额　能量因数

控制并减少温室气体排放是目前全球各国环境政策的主要目标。碳排放权交易在温室气体减排措施中引入市场机制和经济手段，在各国的环境政策中正在受到越来越多的关注。碳排放权及碳配额的初始分配是指管理机构采用一定的方法来规定企业或者个人碳排放数量。

在碳市场机制下，碳配额是政府对控排企业分配的 CO_2 排放许可权利，纳入总量控制与交易的企业必须有足够数量的、可供履约的配额以清缴其 CO_2 排放量完成履约，否则将会受到碳市场机制的惩罚。

一是碳配额是控排企业发展权利的体现。碳配额作为控排企业排放 CO_2 数量上限，控排企业的实际排放量大于配额量时，企业需通过市场购买相应数量的配额完成履约，否则将会受到监管部门惩罚；同时企业的碳排放大部分是由能源使用导致的，配额作为碳排放上限的制约因素会限定控排企业的能源使用，进而对企业乃至区域和国家的发展产生制约，因此，碳配额是企业发展权利的重要体现。

二是碳配额是企业碳资产管理的重要内容。碳配额不仅是碳市场交易的重要产品；同时作为一种排放权力也成为企业的一种“无形资产”，由配额的价值衍生出的众多金融产品，更是企业资产管理的重要内容。

配额的经济价值决定了配额分配过程在本质上是配额所包含的经济价值在控排企业之间的分配，因此，碳市场机制下的配额分配是碳交易机制设计中一个充满争议的过程，制订公平、高效的配额分配方法意义重大。碳市场机制下的配额分配方法包括有偿分配和无偿分配两种，其中无偿分配又分为历史法和基准线法。历史法是按照控排企业历史年份的 CO_2 排放量为依据分配配额；基准线法则是按照控排企业的经济活动绩效为基准制订配额分配方法。基准线法相比历史法的配额分配更加公平，是碳市场配额免费分配方法的重要发展趋势。目前欧盟、美国等国际碳市场均应用了基准线法来分配配额。基准线法相比历史法更加公平，是碳市场免费配额分配方法的发展趋势。目前欧盟、美国等国际碳市场均应用了基准线法进行分配配额。

炼油行业是国民经济的重要命脉产业，同时也是能源消耗和碳排放大户，按照加工 1t

原油排放0.35t碳计算，2015年炼油行业排放的CO_2量高达1.8亿t。因此2016年1月11日国家发展和改革委员会发布《关于切实做好全国碳排放权交易市场启动重点工作的通知》(发改办气候[2016]57号)，将原油加工行业纳入2017年启动运行的全国统一碳市场之中。

2013年，我国已启动运行了7个省份的试点碳市场，但是7个试点省份的炼油企业数量均较少，无法研究制定并采用基准线法对炼油行业进行配额分配。欧盟碳市场是目前运行时间最长、机制建设最完善成熟的碳市场，借鉴欧盟碳市场的相关配额分配方法对制定我国统一碳市场下炼油行业基准线法具有重要意义。

1 欧盟炼油行业基准线法

1.1 CWT方法

欧盟ETS于2005年开始运行，并在第三阶段开始采用基准线法进行配额分配。欧盟碳市场的配额分配针对产品来制定，每个控排设施计算配额量，如下：

$$FA = BM \times HAL \times CLEF \times CSCF \tag{1}$$

式中 FA——排放设施由于生产产品而获得的配额数量；

BM——该产品的排放强度基准值，以欧盟ETS在2007-2008年间前10%最高效率强度平均值确定；

HAL——排放设施由于生产产品导致的历史活动数据，可以选择2005-2008年或2009-2010年数据；

CLEF——产品面临的碳泄露风险因子，该碳泄露风险因子每五年评估一次；

CSCF——适用所有行业的统一的总量调整因子，按照年均1.74%的速率下降。

由于炼油生产过程是由一种原料生产多个产品的过程，作为基准法的基准项(HAL项)很难由某一种产品产量设定，必须要综合炼厂结构、原料性质等因素确定合理的基准项。

欧盟炼油行业基准线的基准项采用了由Concawe和Solomon共同提出的CWT方法。在CWT方法中，每个类型炼油装置被赋予一个CWT因子，原油蒸馏装置的CWT因子被设置为1，其他装置的CWT因子则反映了它们在平均能效水平、相同燃料结构、平均装置排放水平下的碳排放强度(单位加工量的碳排放量)。表1列出了炼厂部分标准装置清单及CWT因子值。

表1 CWT方法涵盖装置及CWT因子值

序号	CWT过程单元	进料类型①	CWT因子②
1	常压蒸馏	F	1.00
2	减压蒸馏	F	0.85
3	减黏裂化	F	1.40
4	延迟焦化	F	2.20
5	流化焦化	F	7.60
6	灵活焦化	F	16.60

由炼油工艺装置计算出的CWT值经过修正后作为炼厂的CWT值，修正因素主要包括炼

厂储罐、调和、接卸和污水处理等辅助过程的碳排放，炼厂 CWT 值公式如下：

$$HAL_{CWT} = 1.0183 \cdot \sum TP_{i,k} \times CWT_i + 298 + 0.315 \cdot TP_{AD,k}$$

由上述修正公式计算出的 CWT 值作为炼厂的历史活动数据(即 1 式中的 HAL 项)。计算炼厂的配额数量时，可以由基准值和历史活动数据计算得到，在欧盟 ETS 下，炼油行业的基准线值(BM 值)为 0.0295t/tCWT。

1.2 方法分析

在 CWT 方法中，炼厂的装置结构和处理量是决定碳配额的产出因素，而炼厂能效水平、能源结构等因素对配额产出值的影响均体现在 CWT 因子当中，CWT 因子则代表了行业平均能效水平、相同燃料结构和平均绩效因素下的平均值。

由于欧盟炼油工业与我国炼油行业的能源结构、原料构成、运行特点、管理方式等存在一定差异，使得 CWT 方法并不适用于我国。

一是 CWT 方法中的炼油装置与中国炼厂的装置分类、装置包含内容和界区划分并不完全一致；例如 CWT 方法中的常减压装置需要分别计算常压蒸馏、减压蒸馏的 CWT 值，而中国炼厂的常、减压单元往往作为一个装置合并统计能源消耗和加工量等数据。

二是欧盟炼厂能源结构与中国炼厂有很大不同，导致应用 CWT 方法计算的配额与排放量会存在较大偏差，由此可能会导致炼油企业履约困难，进而对产业造成影响。

三是 CWT 方法对于我国某些先进炼厂计算的配额量与真实排放量相差较大，应用该方法会使得这些炼厂完成履约的成本较高，例如某包含煤制氢的炼油企业碳排放量 557 万 t，但 CWT 方法计算的配额量仅 347.5 万 t，差额达到 209 万 t，这对企业的履约造成极大困难，不利于碳市场初期的启动运行。

2 国内炼油基准法研究

2.1 能量因数法

根据欧盟 CWT 方法的推行经验，开发稳定合理的、基于装置级排放数据的配额分配方法至少需要三年排放数据积累，而目前我国对炼油行业的碳排放数据仅达到工厂级别，尚未达到装置级别。因此配额分配方法要基于炼厂排放情况来制定。

由于基准线法是以某个产品产量或处理量为历史活动数据，对炼油行业进行配额分配时，以原料油处理量相比于以某个产品产量作为历史活动数据更加科学可行。但是，如果单纯采用单位原油加工量作为配额分配的基础，则无法体现炼厂流程结构和复杂程度对配额的影响，复杂炼厂流程长、排放量大，但复杂炼厂的排放效率却不一定低，炼油行业的配额分配方法应该将不同类型炼厂放到统一的效率平台进行比较。由于炼厂的能量利用与碳排放之间具有较大关联性，因此，为了体现基准线方法依据排放效率进行配额分配的特征、考虑炼厂复杂程度对配额分配的影响，对炼油行业的基准线法可引用能量因数作为配额分配的修正值，增加配额分配的公平性。

将能量因数引入配额分配方法中，炼油行业的配额量与炼厂原料油加工量、能量因数和配额基准值相关，即：

$$A_i = BM_{ref} \cdot E_{f,\ i} \cdot F_i \tag{2}$$

式中 A_i——i 炼厂的配额量；

BM_{ref}——炼油行业配额基准值；

$E_{f,i}$——i 炼厂的能量因数值；

F_i——i 炼厂的原料油处理量。

由能量因数法计算炼厂配额量需要确定炼油行业基准值、炼厂能量因数和原料油加工量；其中能量因数和原料油加工量可由现有统计数据获取，能量因数法推行的关键是研究提出炼油行业的配额基准值 BM_{ref}。

2.2 基准值研究

炼油行业配额基准值需要以行业内各炼厂的碳排放强度指标为基础，依据行业平均先进水平的原则划定基准线，并由基准线的位置确定相应的配额基准值。其中，碳排放强度指标应与炼油碳排放量、原料油处理量和能量因数相关，即：

$$EF_{ref,\ i} = \frac{E_{GHG,\ i}}{E_{f,\ i} \cdot F_i} \tag{3}$$

式中 $EF_{ref,i}$——i 炼厂的碳排放强度值；

$E_{GHG,i}$——i 炼厂碳排放量；

$E_{f,i}$——i 炼厂能量因数；

F_i——i 炼厂的原料油处理量。

对于碳排放量数据可以使用炼油生产过程的能源实物量消耗数据、在遵循《中国石油化工生产企业温室气体核算方法与报告指南》(发改办气候[2014]2920号)基础上计算获取。采用该方法相比于应用第三方核查机构数据具有明显优点。一是计算排放量的范围与能量因数范围一致。炼油生产过程的能源实物量与能量因数范围一致，由此计算的排放量即碳基准值的分子(排放量)与分母(能量因数)相对应，这避免了应用现有盘查数据造成的边界不清晰问题。二是可以借助炼油生产能源消耗统计基础。炼油生产过程的能源消耗量数据是企业日常生产运行统计的重要数据，该数据具有完善、成熟的统计惯例，以此作为依据可以避免边界划分不清、界区内容模糊等问题，使不同企业来源的数据相互配套、卡边合缝。三是该方法更符合研究行业碳基准值问题的需要。以炼油能源实物消耗量计算碳排放量与盘查报告的碳排放量在本质上都是从碳排放的根源——能源消耗的角度计算碳排放量，但盘查报告中部分企业采用了实测排放因子，这就偏离了研究行业基准水平的要求；而以炼油能源实物量计算碳排放量则是针对炼油行业的“统一的排放源、统一的排放边界、统一的排放因子”，研究炼厂基于现有生产水平下应该排放多少二氧化碳，由此计算出的碳基准值更代表行业平均先进水平的碳排放效率，将其作为行业基准值更具有代表性和对标性。

2.3 基准值设定的因素分析

根据上述方法可以收集炼油行业数据，并确定基准线位置，图1是欧盟炼油行业基准线图，该图共收集98家炼厂数据，基准线位置设定为行业前10%，即前10家炼厂碳强度的平均值作为行业基准值。

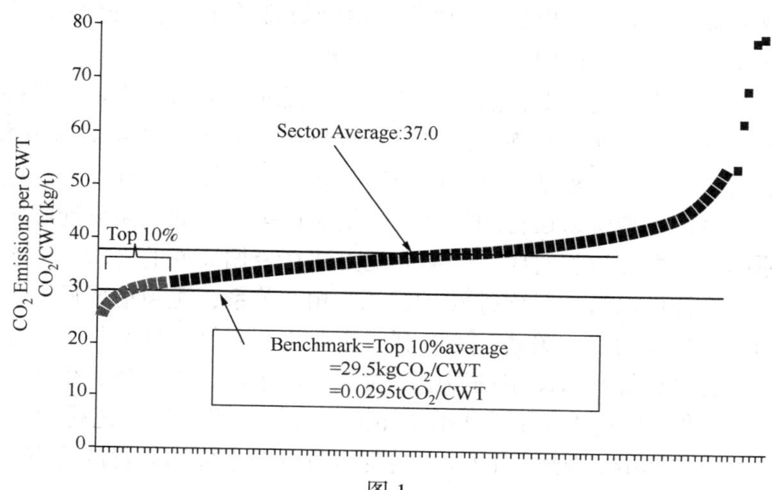

图 1

炼油行业的基准值对行业的配额分配至关重要，因此应考虑不同因素。一是要发挥碳市场对行业结构调整的作用；合理控制炼油行业的配额整体缺口，尤其对落后产能炼厂，可以通过一定的碳配额缺口促进其转型升级甚至淘汰退出。二是合理发挥碳市场的减排作用；基准值制定宽松会导致行业配额富裕，这将不利于减排目标实现；同时要根据现有碳价水平，确定不同企业的碳履约成本，评估碳市场运行对石化行业的影响。

2.4 应用分析

能量因数是从能效水平角度表征炼厂复杂程度的评价指标，炼厂的碳排放效率不仅仅与能效水平相关，还与炼厂的能源品种、工艺排放密切相关，能量因数表征的炼厂较简单，碳排放量不一定低。尤其炼厂的制氢、催化裂化、硫黄回收等过程存在较高的工艺排放，而工艺排放是炼厂伴随生产过程进行必然产生的排放，对存在较多上述工艺装置的炼厂，按照能量因数法分配的配额可能会不足。

由于能量因数法不能体现工艺排放因素，因此目前对炼油行业的工艺排放采用不分配配额、不清缴排放、不履约，实质是未将炼油行业的全部排放源纳入到全国统一碳市场之中，这种覆盖不完整的碳市场是由能量因数法的特点引起的。

同时，能量因数法对炼厂配额的分配粗放，没有涉及装置的碳排放构成。由于炼油生产边界内的碳排放量较大，能量因数法将炼油生产作为一个整体、以能量因数与原料油处理量为基准进行配额分配相对粗放，这不利于炼厂找出排放效率较低的工艺生产环节；也不能指导炼油行业通过不同路线的比较达到“绿色低碳”转型升级。

3 炼油基准法研究方向

配额分配的基准线法往往是按照某个行业的产出绩效(例如产品产量、运输周转量等)为依据、通过制定行业平均先进水平的基准值(单位产出绩效的配额)进行配额分配。因此，基准线法更体现了配额分配的效率因素，开发炼油行业的基准线方法就是要提出“确定一个炼厂应该排放多少二氧化碳”的研究命题，这种“应该排放多少二氧化碳”的确定依据必须以一定的产出绩效为基础，通过产出效率(单位产出绩效排放量)的比较得出行业平均先进水平的基准值，并在行业内推行使用。

对炼油行业基准法应满足以下特点。一是可以掌握炼厂不同工艺装置对排放和配额的贡献程度。配额分配方法可以通过对炼厂排放的分解掌握不同工艺装置对排放和配额的贡献，这样将更有利于引导炼厂从流程结构等方面的低碳转型。二是配额分配方法应避免企业对配额分配量的质疑和争议。碳交易运行的机制之一是通过排放源的配额分配确定排放限额，排放源的排放量原则上与配额量相对应，配额分配方法在遵循简便的同时，力求对每一个排放源进行配额分配，这样可以清晰对比排放与配额的相对关系，避免造成质疑。同时，使炼厂掌握配额的使用及与排放的对应关系，更有利于企业进行有针对性减排。三是配额分配方法应将炼油行业的所有排放源纳入碳市场当中。对于炼厂来讲，煤制氢、催化裂化装置的工艺排放量大(10Nm^3/h 的煤制氢装置排放 180 万 tCO_2/a)，是否包括工艺排放对炼油企业的排放、配额和履约有重要影响。配额分配方法制定本身应考虑炼油装置的所有排放，尤其对煤制氢、催化裂化等存在工艺排放的装置。

对炼油行业来讲，炼厂的碳排放量与炼厂的流程结构、工艺路线和能效水平有很大关系，若单纯以单位加工量排放量作为产出效率(以原油加工量为产出绩效)，实际就是在制定配额分配方法的规则当中未考虑流程结构、工艺路线和能效水平等因素对排放的影响，这对加工重质劣质高硫原油、生产超洁净产品的复杂炼厂是不公平的。因此为了增加配额分配的公平性，产出绩效必须体现炼厂结构对排放差异的影响，将不同结构炼厂放到同一效率平台进行比较，增加炼厂结构对配额影响的考量。

由于炼油过程涵盖工艺装置较多，同类装置的工艺有时差别较大，但同类装置在炼厂中所起到的原油加工任务几乎是相同的，碳配额的分配应按照炼厂内不同工艺装置“完成的产出活动”这一产出指标来分配，体现不同工艺装置在炼厂中因生产作用不同而产生的碳排放贡献率。通过制定炼油行业各种工艺装置平均先进水平的碳基准系数，确定一个炼厂具有某种工艺装置情形下“应该增加的碳排放量或配额量”。

另一方面，根据欧盟经验，CWT 因子的研究需要多年炼油装置级排放数据的积累，目前我国炼油行业的碳排放数据缺乏装置级数据积累，建议在 2017 年全国统一碳市场建立后，加强装置级排放数据的统计，为完善炼油行业配额分配方法奠定基准。

4 结论

(1) 我国政府提出 2017 年建成涵盖石化、化工、建材、有色等八大行业的全国统一碳市场，为配合全国统一碳市场的建立，炼油行业采用能量因数法的配额分配方法简便易行：①通过引入能量因数表征炼厂复杂程度，校正了炼厂原油品种、流程结构等因素对配额量的影响，使得复杂炼厂因流程长导致的排放大而获得较多的配额量，更加体现了配额分配的公平性；②能量因数法建立在现有统计惯例基础上，作为企业日常统计数据健全完善，可以满足全国统一碳市场建设初期对炼油行业配额分配的要求。

(2) 能量因数法并未将炼油行业的所有排放源纳入碳市场当中，为了进一步推进全国统一碳市场对炼油行业排放源的全部覆盖，建议加强炼厂内装置级排放数据的核查，逐步积累建立基于炼厂装置生产绩效的配额分配方法。

（3）炼油行业是全国统一碳市场的重要纳入行业，炼油行业的配额分配方法应该不断完善、使其能涵盖所有排放源，同时对炼油行业采用的基准线法应基于炼油装置的排放情况。建议在 2017 年全国统一碳市场建立后，加强装置级排放数据的统计，为完善炼油行业配额分配方法奠定基准。

碳排放权交易对高耗能行业淘汰落后产能的影响

李　远

（中国石油化工集团公司经济技术研究院节能技术服务中心，北京　100029）

摘　要　发展中国家的高耗能行业具有较大的节能潜力和较高的落后产能。许多发展中国家已经或计划实施市场化的减排政策来控制本国的碳排放、促进落后产能的淘汰和生产水平的升级。本文对于中国高耗能行业的碳排放权交易（碳市场）进行了量化的评估。通过建立一个双国三商品的局部均衡模型以及综合运用基于技术的微观层面的减排成本曲线，区分了非落后产能和落后产能的技术集合，获得了碳排放权交易对于高耗能行业的影响。模拟结果显示在配额免费分配（“祖父制”）的碳市场中，可能会造成非落后产能和落后产能的扭曲效应。通过比较部分拍卖的碳市场和基于产出的配额返还的碳市场，建议在中国的碳市场中使用灵活的基于产出的配额分配方式，以更好的达到促进落后产能淘汰、促进节能技术升级的政策目标。

关键词　碳排放权交易　高耗能行业　落后产能　配额分配　碳减排

1　引言

作为主要的发展中国家之一，我国目前是世界上最大的 CO_2 排放国。近年来我国对于高耗能行业的产品需求增速很大，也导致了大量的产能过剩。发展中国家高耗能行业具有两个特点，即：

（1）较大的节能潜力。即对于高耗能行业而言，减排的主要手段是提高能效。

（2）较大的落后产能。即其所使用的生产设备在行业平均技术水平之下；或者在生产过程中与行业平均水平相比，有更高的污染物排放，以及更多的水资源和能源消耗。

以上这两个特点意味着非落后产能和落后产能不能用统一的政策来应对，因为我国高耗能行业的节能减排政策在进一步控制国内碳排放的目标之外，还要促进落后产能的淘汰和技术水平的更新。

政府也在寻求进一步的碳排放控制措施，即实施市场化的减排措施——碳排放权交易机制（Emission trading scheme，ETS）。我国目前已经建立了 7 个 CO_2 排放交易试点，并将在 2017 年建立全国统一的碳市场。基于目前我国高耗能行业的现状，除了控制排放，ETS 的设计还应该起到以下协同效果：（1）降低落后产能在市场上的竞争力，同时加速其退出市场。（2）在最大程度上维持整个行业的竞争力。（3）最大程度放大对于社会福利的正面影响。

本文建立了两国三商品的局部均衡模型，研究了碳排放权交易对高耗能行业淘汰落后产能的影响。研究创新点主要体现在：（1）使用了基于技术的自底向上的减排成本曲线，节能的协同效应被纳入了考虑。（2）将高耗能行业的产品分为两组，来自于非落后产能的产品和来自于落后产能的产品，研究了两种产品在 ETS 下的互动。(3)使用社会核算矩阵，将由于 ETS 而导致的上游行业对于高耗能行业的价格传导机制，以及高耗能行业对于其他行业的影响都被纳入了考虑。

2 模型描述

为了描述我国高耗能行业的生产技术水平，本文在 Fisher and Fox(2011)的两国两商品局部均衡模型的基础上，扩展到了两国(国内和进口)三商品(国内非落后产能商品、国内落后产能商品、国外商品)的局部均衡模型。我国被认为是国内区域，它的产品被分为两组：来自于非落后产能生产的产品 N 和来自于落后产能生产的产品 B，每一种产品都认为是由一个代表性厂商所生产的。世界其他国家被当作一个整体认为是海外地区，生产产品 F。

2.1 市场结构和每种产品的需求

假设国内两种产能生产的产品 N 和 B 是同质的，但是和世界其他地区所生产的产品 F 是异质的。因此假设产品 N 和 B 是可以完全替代的，而 N、B 和 F 是不完全替代的。使用古诺寡头模型的线性需求函数来描述两种产品在国内市场和国外市场的产品竞争。N 和 B 的总需求可以表述为：

$$\begin{aligned} P(D) &= \alpha - \beta D \\ D &= N + B \end{aligned} \tag{1}$$

$P(D)$代表 N 和 B 在国内和出口市场的价格水平，D代表 N 和 B 的总需求。

根据 Fisher and Fox (2011)的描述，产品 F 的消费者需求函数是一个简单的价格函数，使用异质竞争商品的价格弹性来描述，假设需求函数的弹性是一个常量，因此可以得到：

$$\begin{aligned} F_x(P_D,\ P_F) &= \alpha_x P_F^{\eta_{xx}} P_D^{\eta_{xd}} \\ F_w(P_D,\ P_F) &= \alpha_w P_F^{\eta_{ww}} P_D^{\eta_{wm}} \end{aligned} \tag{2}$$

F_x 代表进口的商品 F，F_w 代表商品 F 在国外消费的部分，P_F 代表商品 F 的价格。

为了区分 N 和 B 在两个市场的消费者需求，这里部分参考了 Demailly and Quirion (2008)的研究方法。在本章的模型中，N 和 B 在国内和出口市场的总消费可以用古诺模型(Cournot Model)来刻画，这里可以用一个简单的函数来刻画 N 和 B 的出口需求。

$$\begin{aligned} N_m(P_D,\ P_F) &= \alpha_N P_D^{\eta_{mm}} P_F^{\eta_{mw}} \\ B_m(P_D,\ P_F) &= \alpha_B P_D^{\eta_{mm}} P_F^{\eta_{mw}} \end{aligned} \tag{3}$$

对于 N_m，B_m，F_x 和 F_w，假设自身价格弹性是负的，交叉价格弹性是正的(Fisher and Fox，2011)。这三种商品在国内和出口市场的总消费分别为 $N_d+B_d+F_x$ 和 $N_m+B_m+F_w$。在市场均衡状态下可以得到：

$$\begin{aligned} N &= N_d(P_D,\ P_F) + N_m(P_D,\ P_F) \\ B &= B_d(P_D,\ P_F) + B_m(P_D,\ P_F) \\ F &= F_x(P_D,\ P_F) + F_w(P_D,\ P_F) \end{aligned} \tag{4}$$

在模型中，假设是价格竞争机制的市场结构(价格竞争发生在国内和出口商品之间)，同时产量竞争(在国内市场的两种商品之间)。

2.2 实施ETS之后的成本变化

文章假设产品N和B的单位成本分别为c_N和c_B。这里将单位成本划分为四部分，分别为：燃料成本、电力成本、减排成本以及其他成本(例如运营成本等)。在ETS实施之后，假设碳价为P_C，因此生产成本可以被表达为：

$$c_N = c_{NOther} + (P_{Elec} + \delta_{Elec} \cdot P_C \cdot e_{Elec}) \cdot (Ec_{NElec0} - Es_{NElec}(r_N)) + (P_{Fuel} + \delta_{Fuel} \cdot P_C \cdot e_{Fuel}) \cdot (Ec_{NFuel0} - Es_{NFuel}(r_N)) + c_{NAC}(r_N) \quad (5)$$

$$c_B = c_{BOther} + (P_{Elec} + \delta_{Elec} \cdot P_C \cdot e_{Elec}) \cdot (Ec_{BElec0} - Es_{BElec}(r_B)) + (P_{Fuel} + \delta_{Fuel} \cdot P_C \cdot e_{Fuel}) \cdot (Ec_{BFuel0} - Es_{BFuel}(r_B)) + c_{BAC}(r_B) \quad (6)$$

c_{NOther}和c_{BOther}分别代表产品N和B的其他成本；$c_{NAC}(r_N)$和$c_{BAC}(r_B)$分别代表产品N和B的减排成本，r_N和r_B为产品N和B的单位减排量，这里有$\frac{\partial c_{AC}(r)}{\partial r}=c_{MAC}(r)$；$P_{Elec}$和$P_{Fuel}$分别代表ETS实施之前的电力和燃料价格，$e_{Elec}$和$e_{Fuel}$代表电力和燃料的排放因子；$\delta_{Elec}$和$\delta_{Fuel}$分别代表电力和燃料的价格传导率。$Ec_{NElec0}$，$Ec_{NFuel0}$，$Ec_{BElec0}$和$Ec_{BFuel0}$代表ETS实施之前生产一单位的N和B所投入的电力和燃料；$Es_{NElec}(r_N)$，$Es_{NFuel}(r_N)$，$Es_{BElec}(r_B)$和$Es_{BFuel}(r_B)$代表减排r_N和r_B所带来的电能和燃料投入的节约量。

2.3 基于技术的减排成本曲线

本文使用了作者之前的研究结果(Li and Zhu，2014)中获得的钢铁行业基于技术的自底向上的曲线，将节能收益纳入了模型。本文将这条曲线应用在研究中时，做了一些处理。对于每单位产出，给定技术j有四个维度：减排成本tc_j(元/吨CO_2，通过将节能成本使用标煤的排放因子转换为减排成本)，减排潜力r_j，节约电能的潜力s_{Elecj}和节约燃料的潜力$s_{Fuel}(r_j)$。对于产品N和B，有两个技术集St_N和St_B。鉴于生产技术水平的多样性，St_N和St_B是不同的。具体的不同之处在参数和模型校准时给予详细说明。

2.4 实施ETS之后对于国内产量的影响效果

实施了ETS之后，假设配额分配方式是祖父制(grandfathering)与拍卖(auction)相结合的模式，国内非落后产能和落后产能的利润(π_N和π_B)分别可以表示为：

$$\pi_N = P_D \cdot N - c_N \cdot N - P_C[N \cdot (e_N^0 - r_N) - FA_N \cdot N_0] \quad (7)$$

$$\pi_B = P_D \cdot B - c_N \cdot B - P_C[B \cdot (e_B^0 - r_B) - FA_B \cdot B_0] \quad (8)$$

e_N^0和e_B^0分别表示产品N和B的初始碳强度；FA_N和FA_B是免费分配的配额比例。如果$FA_N+FA_B=100\%$，那么分配方式就是完全的“祖父制”；如果$FA_N=FA_B=0$，那么分配方式就是完全的拍卖。

除了祖父制之外，在本文中，也考虑了国内市场的基于产出的分配(Output based allocation，OBA)，即历史强度下降法。对于每单位的国内产出，企业会收到一定量的配额ob，这可以被看作是每单位产出(或者是每单位基准值)的一种补贴。当给予ob之后，企业的利润函数可以被改写成：

$$\pi_N = P_D \cdot N - c_N \cdot N - P_C[N \cdot (e_N^0 - r_N) - N \cdot ob] \quad (9)$$

$$\pi_B = P_D \cdot B - c_N \cdot B - P_C(B \cdot (e_B^0 - r_B) - B \cdot ob) \tag{10}$$

2.5 社会福利和最优的 ob(表示为 ob*)

在本文的福利度量中，高耗能行业对于下游产出的影响也被纳入考虑中。假设高耗能行业的下游有 K 个行业，$k \in K$。来自于某一高耗能行业对于行业 k 的价格乘数(Pm_k)被转换为行业 k 的产出水平变化。所以福利函数可以被表示为：

$$\begin{aligned} Wl = & CS(N_d, B_d, F_x) - N \cdot c_N - B \cdot c_B - P_F F_x + P_D(N_m + B_m) \\ & - P_C(N \cdot (e_N^0 - r_N) + B \cdot (e_B^0 - r_B)) \\ & + \sum_{k=1}^{K} P_k \cdot Q_k \cdot Pm_k \cdot \left\{1 - \left(\frac{P_D(N_d + B_d) + P_F F_x}{N_d + B_d + F_x} \Big/ \frac{P_{D0}(N_{d0} + B_{d0}) + P_F F_{x0}}{N_{d0} + B_{d0} + F_{x0}}\right)\right\} \end{aligned} \tag{11}$$

$CS(N_d, B_d, F_x)$是国内总的消费者剩余；Q_k 代表下游行业 k 的产出水平，假设和 P_k 一样是不变的。$P_k \cdot Q_k$ 可以看作是行业的产出价值。

对于给定的 P_C，最优的 ob^* 水平可以被定义为以下线性方程组的解：

$$\begin{aligned} & \max\ Wl(ob) \\ & s.t. \\ & \begin{cases} 0 \leqslant ob \leqslant (N_0 \cdot e_N^0 + B_0 \cdot e_B^0)/(N_0 + B_0) \\ N + B = N_0 + B_0 \\ N > N_0,\ \pi_N > \pi_{N0} \\ B < B_0,\ \pi_B < \pi_{B0} \end{cases} \end{aligned} \tag{12}$$

3 实例分析——以我国钢铁行业为例

第 2 章中所建立的是一个普适性模型，适用于所有包含在碳市场中的高耗能行业。在案例分析中，选择钢铁行业进行实例研究。

3.1 参数和模型校准

研究将基准年设置为 2010 年，文中使用到的参数可以被分为三组：(1)来自于 2010 年我国钢铁行业的实际数据；(2)来自于 2005~2010 年需求函数的经验数据而估计出的参数；(3)来自于模型中校准的参数，主要是用来区分 N 和 B 的多样性。

焦煤和电力的价格传导率都设置为 0.9(Demailly and Quirion, 2008)，碳价格设置为 50 元/吨 CO_2，免费分配比例为初始排放的 90%，这来自于七个碳市场试点的实际情况。来自于实际数据的模型参数如表 1 所示，需求曲线的模拟参数如表 2 所示。

表 1　来自于实际数据的模型参数

参　数	数值	单位
国内初始产量 N_0+B_0	622.17	百万吨粗钢
国内初始消费量 $N_{d0}+B_{d0}$	584.30	百万吨粗钢

续表

参　数	数值	单位
出口量 $N_{m0}+B_{m0}$	37.87	百万吨粗钢
进口量 F_{x0}	19.82	百万吨粗钢
国内消费量 $N_{d0}+B_{d0}+F_{x0}$	604.12	百万吨粗钢
国内价格 P_{D0}	4420.10	百万吨粗钢
国外价格 P_{F0}	8202.85	元/吨粗钢
电力价格 P_{Elec}	0.85	元/千瓦时
燃料价格 P_{Fuel}	900	元/吨焦煤
单位产出平均电能消耗 Ec_{Elec0}	10.44	千瓦时/吨粗钢
单位产出平均燃料消耗 Ec_{Fuel0}	8.20	吉焦/吨粗钢
燃料热值	28.44	吉焦/吨焦煤
单位产出平均排放强度 e^0_{N+B}	1.80	吨 CO_2/吨粗钢
电力排放因子 e_{Elec}	0.0008	吨 CO_2/千瓦时
燃料排放因子 e_{Fuel}	0.0050	吨 CO_2/吨焦煤
电力传导率 δ_{Elec}	0.9	无量纲
燃料传导率 δ_{Fuel}	0.9	无量纲
初始排放 E_0	1051.48	百万吨 CO_2
碳价格 P_C	50	元/吨 CO_2
免费分配配额比例 FA	90%	无量纲

*来源：《中国统计年鉴2010》，《钢铁统计年鉴2011》，《中国能源统计年鉴2011》

表2　需求曲线的模拟参数

参　数	数值	参　数	数值
α for N+B	7343	α_x for F_x	64242.40
β for N+B	5.0024	出口价格弹性 η_{mm} for P_D	−2.5914
α_{N+B} for export	1.83E−09	出口价格弹性 η_{mw} for P_F	5.0493
α_{N0} for N_m	1.28E−09	进口价格弹性 η_{xx} for P_F	−2.4526
α_{B0} for B_m	5.49E−10	进口价格弹性 η_{xd} for P_D	1.6703

* 来源：作者计算，基础数据来自于《中国统计年鉴2011》，《钢铁统计年鉴2011》

N 和 B 的校准数据如表3所示。

表3　校准数据的具体数值

参数	描述	数值	单位
N_0	N的产量	409.01	百万吨粗钢
B_0	B的产量	175.29	百万吨粗钢
N_{d0}	N的国内消费量	382.50	百万吨粗钢
B_{d0}	B的国内消费量	163.93	百万吨粗钢
N_{m0}	N的出口量	26.51	百万吨粗钢
B_{m0}	B的出口量	11.36	百万吨粗钢
c_{N0}	N的单位产出成本	2374.07	元/吨粗钢
c_{B0}	B的单位产出成本	3543.23	元/吨粗钢

续表

参数	描述	数值	单位
$c_{NOther0}$	N 的除能源成本外单位成本	1589.38	元/吨粗钢
$c_{BOther0}$	B 的除能源成本外单位成本	2544.45	元/吨粗钢
e_N^0	N 的单位产出排放强度	1.66	吨 CO_2/吨粗钢
e_B^0	B 的单位产出排放强度	2.12	吨 CO_2/吨粗钢
Ec_{NElec0}	N 的单位产出电力消耗	617.77	千瓦时/吨粗钢
Ec_{BElec0}	B 的单位产出电力消耗	786.33	千瓦时/吨粗钢
Ec_{NFuel0}	N 的单位产出燃料消耗	8.20	吉焦/吨粗钢
Ec_{BFuel0}	B 的单位产出燃料消耗	10.44	吉焦/吨粗钢
NSt_N	N 的技术集合	24	个
BSt_B	B 的技术集合	35	个

* 来源：作者计算。

3.2 技术集合和行业价格乘数

本章所采用的边际成本曲线来自于作者之前完成的工作（Li and Zhu，2014），其中选取了共 35 项我国钢铁行业的节能技术，减排成本曲线如图 1 所示，其中 CO2 价格 0.1 元/kg 为预期值，以此来表明碳市场下技术的成本有效性。

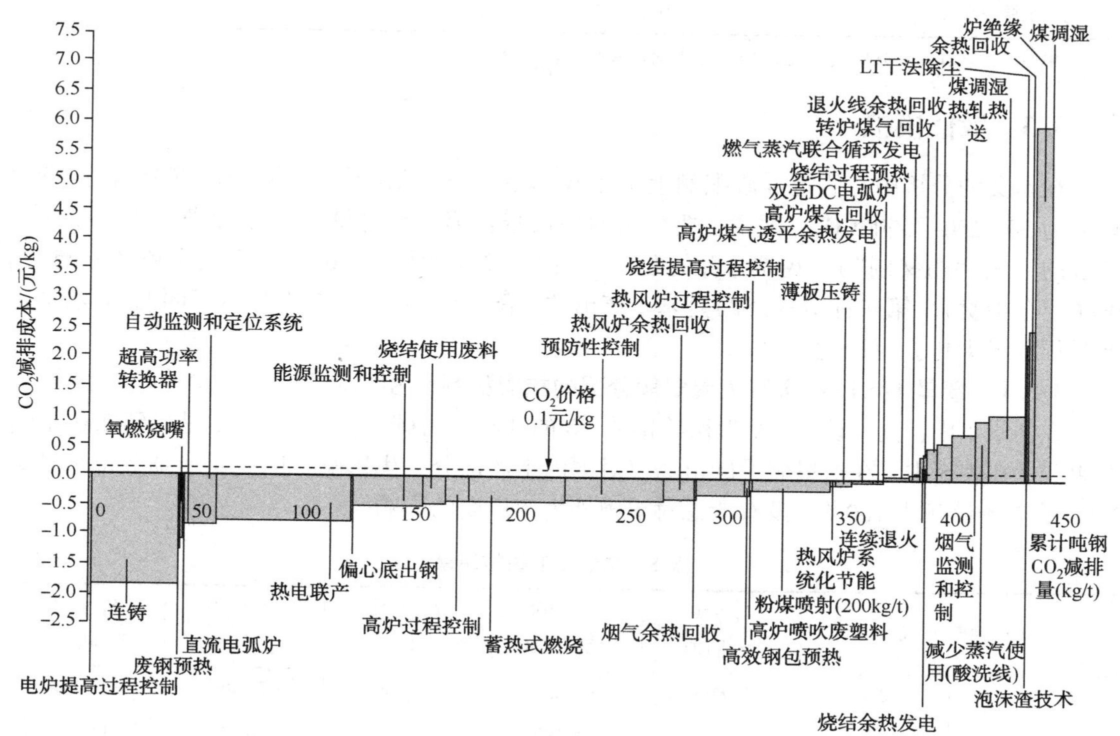

图 1 减排成本曲线（Li and Zhu，2014）

首先，为了描述产品 N 和 B 的边际减排成本曲线的差别，每个产品所包含的技术是不同的。这里将非落后产能 N 和落后产能 B 的比例设定为 70% 和 30%。对于 N 的技术集 St_N

而言，认为技术采用率在70%以上的节能技术已经被N采用了，St_N和St_B分别包含24项和35项节能技术。

每项技术的应用比例sh_j参考Li and Zhu(2014)年的研究获得，因此技术的减排潜力被设置为$r_j \cdot (1-sh_j)$。

在核算社会福利函数时，文章使用了行业间的价格传导矩阵。价格乘数计算结果如表4所示，由于篇幅限制仅列出部分结果。

表4 价格乘数矩阵计算结果(部分)

行 业	数值	行 业	数值
电气机械及器材制造业	0.6616	卫生、社会保障和社会福利业	0.1116
交通运输设备制造业	0.4541	居民服务和其他服务业	0.1022
建筑业	0.4005	水利、环境和公共设施管理业	0.0987
石油和天然气开采业	0.1708	纺织服装鞋帽皮革羽绒及其制品业	0.0726
非金属矿物制品业	0.1696	文化、体育和娱乐业	0.0710
金属矿采选业	0.1677	教育	0.0639
石油加工、炼焦及核燃料加工业	0.1449	电力、热力的生产和供应业	0.1444
研究与试验发展业	0.1261		

*来源：作者计算，基础数据来自2007年中国投入产出表。

3.3 数值模拟

在本文的分析中，假定排放配额上限是我国钢铁行业初始排放的90%，碳价格的变化幅度为50~250元/吨CO_2。文章主要分析两种情景：第一种情景(S1)是免费分配与拍卖相结合的方式(“祖父制”)，免费分配的配额比例FA变动范围从90%(几乎完全免费分配)到0%(完全拍卖)。第二种情景(S2)是基于产出的分配(OBA)，在S2中分析不同的ob水平是通过福利最大化获得最优的ob^*。

3.3.1 情景1(S1)：含有免费配额分配的拍卖机制(“祖父制”)

在情景1中，同样认为FA为初始排放E0的90%，将碳价格从50元/t提高到250元/t，结果展示在表5中。在这里假设碳市场仅对国内生产部分产生影响，因此企业绩效部分认为N+B的市场份额为100%，没有考虑对于国外生产厂商的影响。

表5 情景1的模拟结果

FA=90% of E_0		P_C=50 元/吨CO_2	P_C=100 元/吨CO_2	P_C=150 元/吨CO_2	P_C=200 元/吨CO_2	P_C=250 元/吨CO_2
行业竞争力	ΔN	0.77%	-0.25%	-1.30%	-2.14%	-3.03%
	ΔB	1.29%	-3.54%	-8.04%	-12.86%	-17.38%
	$\Delta(N+B)$	0.93%	-1.24%	-3.32%	-5.36%	-7.34%
	$\Delta(N_m+B_m)$	1.60%	-2.09%	-5.48%	-8.63%	-11.55%
	ΔP_D	-0.61%	0.82%	2.20%	3.54%	4.85%

续表

FA = 90% of E_0		$P_C=50$ 元/吨 CO_2	$P_C=100$ 元/吨 CO_2	$P_C=150$ 元/吨 CO_2	$P_C=200$ 元/吨 CO_2	$P_C=250$ 元/吨 CO_2
排放控制	ΔE_N	-15.99%	-21.16%	-26.59%	-27.71%	-28.86%
	ΔE_B	-18.17%	-25.36%	-31.16%	-36.17%	-39.81%
	ΔE	-16.76%	-22.64%	-28.20%	-30.70%	-32.72%
企业绩效	N 的市场份额	69.89%	70.70%	71.46%	72.38%	73.25%
	B 的市场份额	30.11%	29.30%	28.54%	27.62%	26.75%
	ΔProfit_N	5.20%	6.81%	8.39%	10.39%	12.32%
	ΔProfit_B	13.47%	14.77%	17.16%	19.39%	22.58%
国内消费和福利	$\Delta(N_d+B_d+F_x)$	0.81%	-1.09%	-2.93%	-4.74%	-6.51%
	ΔWl	7.96%	-17.12%	-41.01%	-64.56%	-67.51%

* 来源：作者计算。

当碳价格升高时，可以发现一些规律：

首先，在碳价格较高时(超过 100 元/吨 CO_2)，产量损失中的大部分是由于 B 造成的(高于 N 的产量损失)，同时 B 在整个国内市场的份额也随着碳价格的上升而有所下降(图 2)，在图 2c 中，为了明显地显示 N 和 B 的比例变化，仅截取了坐标轴的一段(68%~74%)，而未截取整个坐标轴。

第二，对于 N 来说，当碳价格从 100 元/t 变化到 250 元/t 时，大部分的减排是由能源强度的改善所带来的。对于 B 来说结果完全不同，随着碳价格的提高，大部分的减排是由于产出的减少所带来的，这也与企业 B 的产量损失相符合(图 3)。

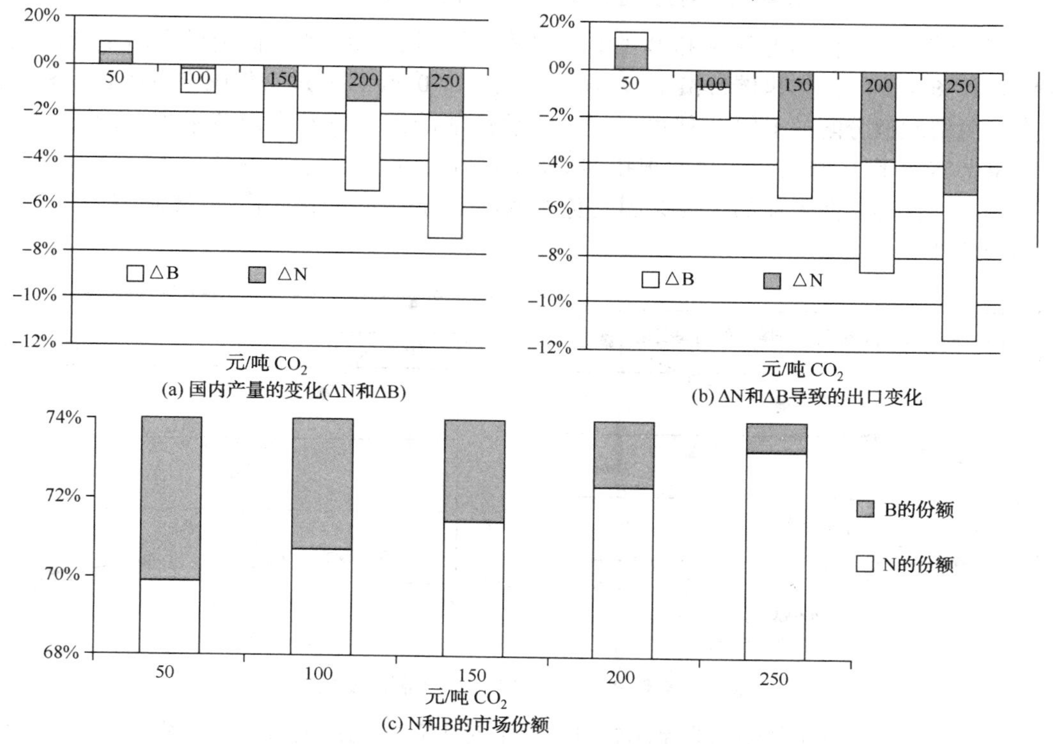

图 2　碳价格变化时 N 与 B 的变化趋势

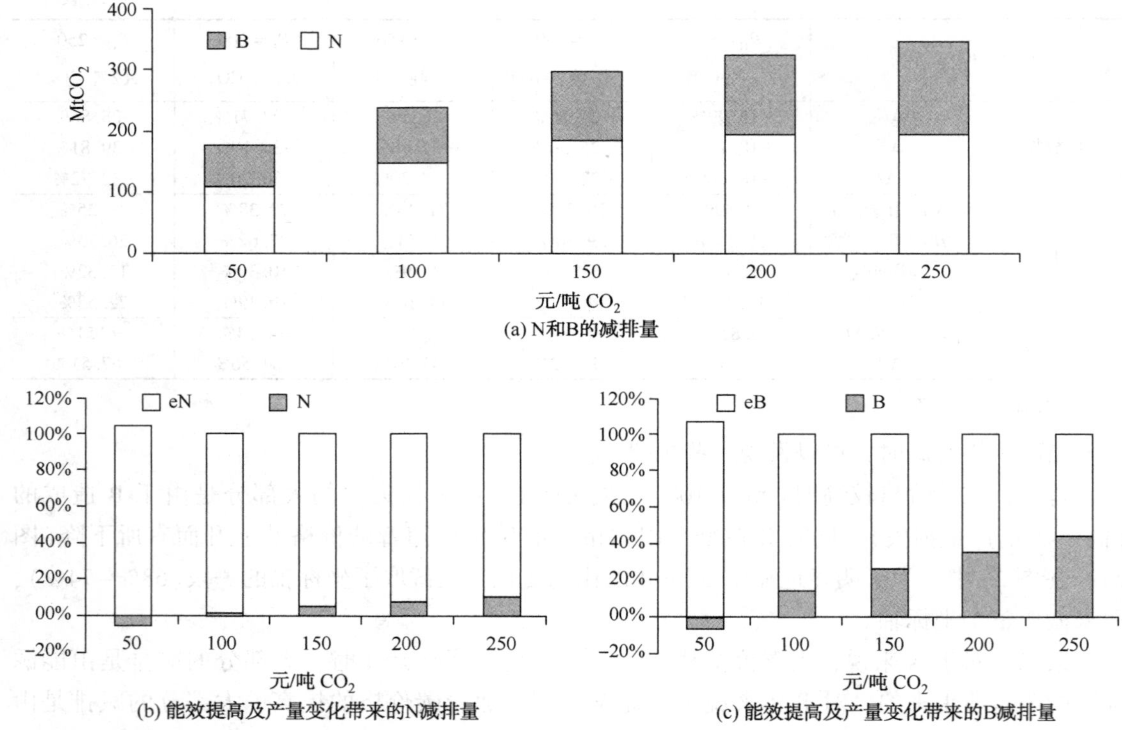

(a) N和B的减排量

(b) 能效提高及产量变化带来的N减排量

(c) 能效提高及产量变化带来的B减排量

图 3 碳价格变化时 N 和 B 的减排量以及减排构成

第三，随着碳价格的上升 N 和 B 的利润都有所上升，同时社会福利呈现出下降的趋势[图 4(a)和图 4(b)]。如果碳价格足够高的话(高于 100 元/t)通过支付国内生产和福利的损失，带有免费配额分配的 ETS 仍然可以促进落后产能的淘汰以及生产技术水平的提高。实际上如果考察 N 和 B 的利润就会发现扭曲效应的存在，在利润增加的情况下，落后产能并没有被淘汰。这种扭曲效应的主要原因是免费的配额分配，也印证了“祖父制”配额分配方法的不合理性。

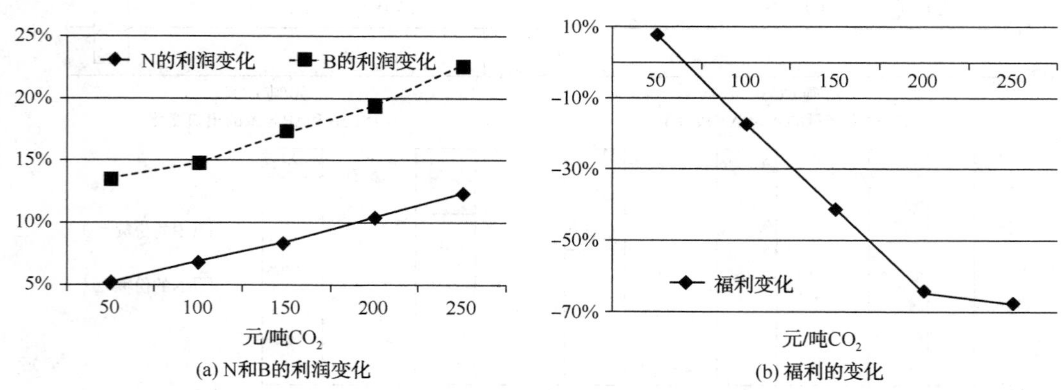

(a) N和B的利润变化

(b) 福利的变化

图 4 N 和 B 的利润以及社会福利的变化

接着文章考察了 FA 从 90%降到 0%的过程中对于企业利润的影响(如图 5 所示)。企业利润的扭曲效应会在很大程度上由 FA 的下降得到弥补，尤其是对于 B 的利润。在图 5(d)

中，在 Δ(N+B) = 0 的点，企业 N 的利润变化是正的，同时企业 B 的利润变化是负的，因此意味着在完全拍卖的情况下会出现最优的情况。

通过福利最大化，可以在完全拍卖（FA = 0%）的情况下可以满足最优条件的碳价格水平为 70.87 元/t。这个结果也可以被认为是 ob* = 0 时，碳价格水平为 70.87 元/t。

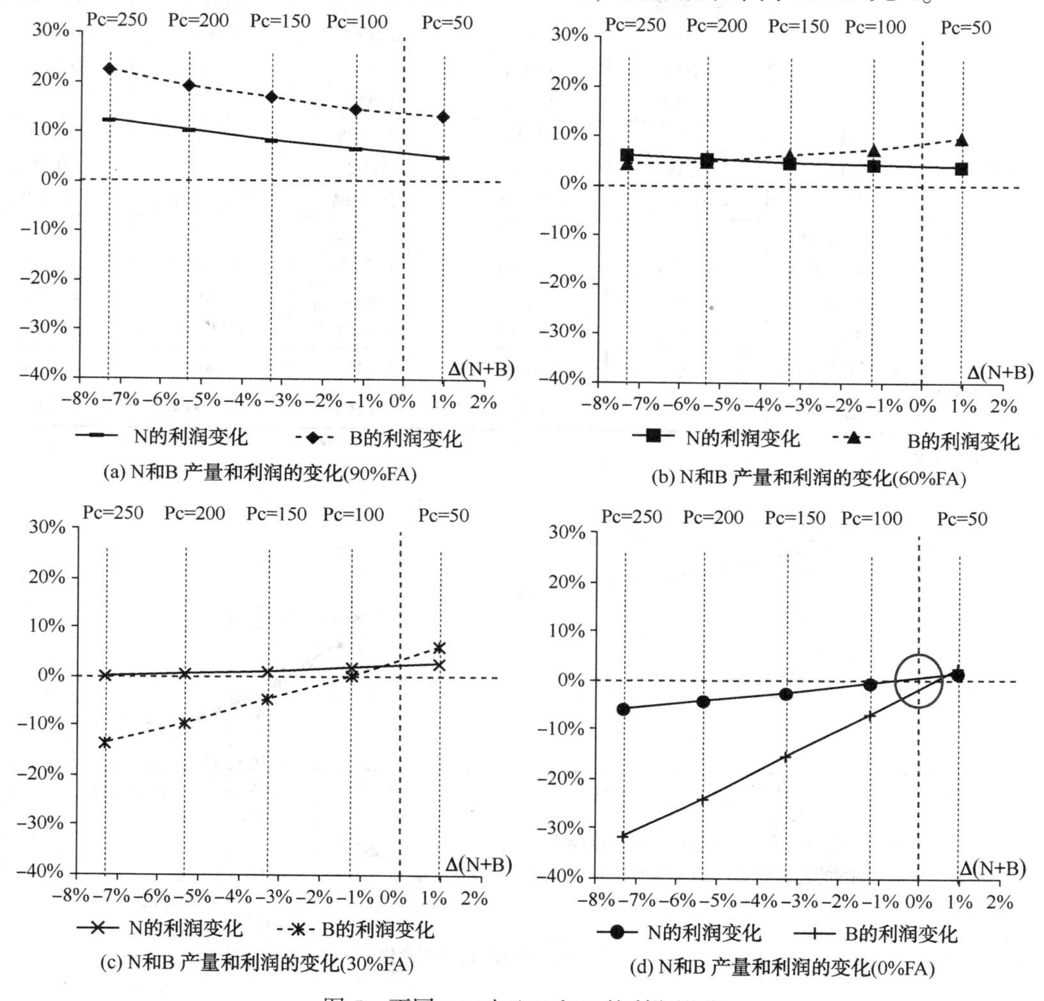

(a) N和B 产量和利润的变化(90%FA)

(b) N和B 产量和利润的变化(60%FA)

(c) N和B 产量和利润的变化(30%FA)

(d) N和B 产量和利润的变化(0%FA)

图 5　不同 FA 对于 N 和 B 的利润影响

3.3.2　情景 2（S2）：OBA（基于产出的分配，Output based allocation）

在情景 2 下，当碳价格为 50 元/吨时不存在最优情况，对于 ob* 的计算从碳价格为 100 元/吨开始进行。计算结果如表 6 所示。

表 6　情景 2 的模拟结果

	p_C = 70.87* 元/吨 CO_2（0%FA）	p_C = 100 元/吨 CO_2（ob*）	p_C = 150 元/吨 CO_2（ob*）	p_C = 200 元/吨 CO_2（ob*）	p_C = 250 元/吨 CO_2（ob*）
最优 ob 比例（吨 CO_2/吨粗钢）	—	0.54	0.97	1.17	1.29
ob^*/e^0_{N+B}	—	30.10%	53.90%	65.02%	71.68%
ob^*/e^0_N	—	32.46%	58.31%	70.34%	77.55%
ob^*/e^0_B	—	25.50%	45.81%	55.26%	60.93%

续表

		p_C=70.87*元/吨 CO_2(0%FA)	p_C=100元/吨 CO_2(ob*)	p_C=150元/吨 CO_2(ob*)	p_C=200元/吨 CO_2(ob*)	p_C=250元/吨 CO_2(ob*)
行业竞争力	ΔN	0.33%	0.63%	1.07%	1.68%	2.21%
	ΔB	−0.76%	−1.48%	−2.50%	−3.93%	−5.16%
	Δ(N+B)	0.00%	0.00%	0.00%	0.00%	0.00%
	$\Delta(N_m+B_m)$	0.00%	0.00%	0.00%	0.00%	0.00%
	ΔP_D	0.00%	0.00%	0.00%	0.00%	0.00%
排放控制	ΔE_N	−18.11%	−20.46%	−24.82%	−24.88%	−25.01%
	ΔE_B	−21.19%	−23.76%	−27.02%	−29.62%	−30.90%
	ΔE	−19.20%	−21.62%	−25.60%	−26.56%	−27.09%
企业绩效	N的市场份额	70.23%	70.44%	70.75%	71.18%	71.55%
	B的市场份额	29.77%	29.56%	29.25%	28.82%	28.45%
	$\Delta Profit_N$	0.65%	1.27%	2.16%	3.40%	4.47%
	$\Delta Profit_B$	−1.52%	−2.93%	−4.94%	−7.71%	−10.05%
国内消费和福利	$\Delta(N_d+B_d+F_x)$	0.00%	0.00%	0.00%	0.00%	0.00%
	ΔWl	−2.78%	−5.86%	−10.86%	−16.00%	−21.19%

* 来源：作者计算。

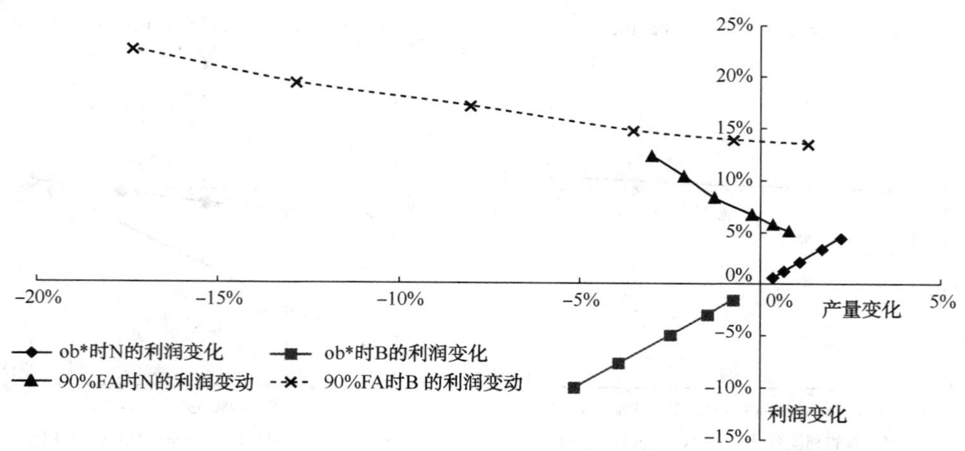

(a) S1和S2 中N和B的利润变化

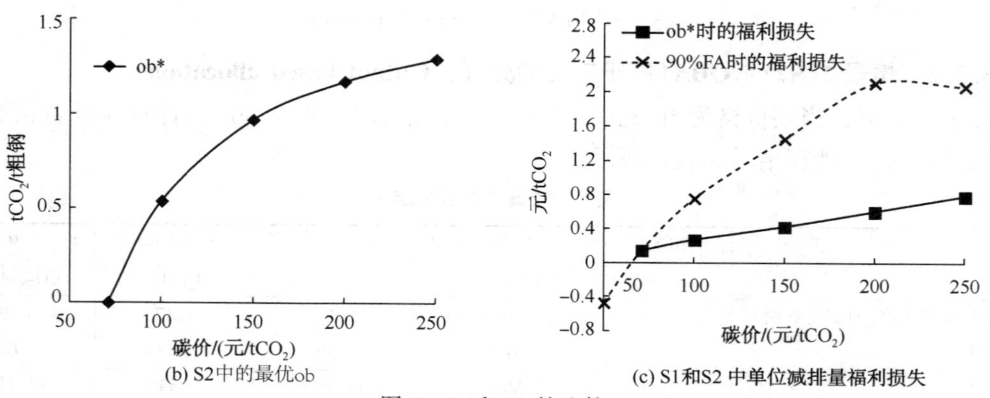

(b) S2中的最优ob

(c) S1和S2 中单位减排量福利损失

图6 S1 和 S2 的比较

在图 6(a)中，S1 中出现了扭曲效应，在 ob* 的情况下可以在很大程度上得到纠正。在图 6(b)中，随着碳价格的提高，需要提供更多的补贴(随着 ob* 的水平而增加)来维持行业的竞争力，同时促进落后产能的淘汰。随着碳价格水平的变化显示出随着碳价格的增长边际效用递减。在图 6(c)中，对于给定的 ob*，国内福利仍然是损失状态。通过比较 S1 和 S2 中每单位减排量的福利损失，可以发现与 S1 相比，S2 中的福利损失可以在很大程度上得到补偿。

另外，在模型中获得的 ob* 可能是较低的(当碳价格为 100 元/吨时，ob^*/e^0_{N+B} = 30.10%，ob^*/e^0_N = 32.46%)。Meunier 等(2014)的研究计算了欧盟水泥行业的最优的 OBA 值。在他们的工作中，当碳价格为 20 欧元/吨时，OBA* 约占到欧盟行业标杆值免费分配的 37.08%，虽然在模型的构造和行业选取上有很大的差别，但是本文的计算结果与他们的计算结果在一定程度上是吻合的。

4 结论和讨论

本文为 ETS 对于发展中国家高耗能行业非落后产能和落后产能的潜在影响提供了分析框架。通过建立双国三商品的局部均衡模型，可以得到 ETS 对于正常和落后产能的影响。在运用微观层面的减排成本曲线时，已经将节能收益体现在减排成本中。通过运用价格乘数矩阵可以获得价格传导影响，高耗能行业的上下游行业的溢出效应也可以被纳入计算。

基于我国钢铁行业的实例分析，政府的意愿是促进落后产能的淘汰并促进节能技术的升级，那么在高耗能行业中建议使用灵活的基于产出的分配模式。因为过多的免费分配配额可以在很大程度上引起在国内非落后产能和落后产能的扭曲效应，我们没有必要再重复欧盟碳市场第一阶段的失误。即使是直接的碳税也比实施“祖父制”分配方法的 ETS 更加有利。

对于高耗能行业来说减少 CO_2 排放的主要手段就是不断的提高能效，因此在通过节能来减排时一定要考虑节能的收益，否则会低估行业的减排潜力造成配额的超发。如果配额分配过多，会导致 ETS 的实施使得行业的实际情况与当初的设计意愿背道而驰(例如它增加了落后产能的竞争力)。

即使一个较高的碳价格水平(高于 100 元/吨)“祖父制”的配额分配方式能够促进落后产能的淘汰，但是却会造成企业利润的扭曲。仅在完全拍卖的情况下(此时的碳价格为 70.87 元/吨)存在社会福利最大化的情况，它等于这种情况下的碳税。若实施 ETS 政策，需要合理确定免费的配额分配比例与配额分配方式，避免配额分配过多导致的碳市场政策失灵，以更好的达到 CO2 控制的政策目的。

参考文献

[1] Li Y, Zhu L. Cost of energy saving and CO_2 emissions reduction in China's iron and steel sector [J]. Applied Energy, 2014(130): 603-616.

[2] Fischer C, FoxA K. Climate policy and fiscal constraints: Do tax interactions outweigh carbon leakage? [J]. Energy Economics 2012(34): 218-227.

[3] Fischer C, Fox A. Output-Based Allocations of Emissions Permits: Efficiency and Distributional Effects in a General Equilibrium Setting with Taxes andTrade[EB/OL]. Washington, DC: Resources for the Future. ht-

tp：//rff. org/rff7Documents/RFF-DP-04-37. pdf，2010.

[4] Peterson E B，Schleich J. Economic and environmental effects of border tax adjustments[R]. Working paper sustainability and innovation，2007.

[5] Demailly D，Quirion P. European Emission Trading Scheme and competitiveness：A case study onthe iron and steel industry[J]. Energy Economics，2008(30)：2009-2027.

[6] Meunier G，Ponssard J-P，Quirion P.. Carbon leakage and capacity-based allocations：Is the EU right? [J]. Journal of Environmental Economics and Management，2014(68)：262-279.

[7] Takeda S，Arimura T H，Tamechika H，et al. Output-based allocation of emissions permits for mitigating the leakage and competitiveness issues for the Japanese economy[J]. Environmental Economics and Policy Studies，2014，16(1)：89-110.

[8] Grubb M，Wilde J. The European Emissions Trading Scheme：Implication for IndustrialCompetitiveness[R]. A Report for Carbon Trust，2004.

[9] Oberndorfer，U.，Rennings，K.，Sahin，B. The Impacts of the European Emissions Trading Scheme on Competitiveness and Employment in Europe -a Literature Review[R]. A report commissioned by World Wide Fund for Nature，2006.

[10] Lecuyer O，Quirion P. Can uncertainty justify overlapping policy instruments to mitigate emissions? [J]. Ecological Economics，2013(93)：177-191.

[11] Anger N，Oberndorfer U. Firm performance and employment in the EU emissions trading scheme：An empirical assessment for Germany [J]. Energy Policy，2008，36(1)：12-22.

[12]《中国钢铁工业年鉴》编辑委员会. 中国钢铁工业年鉴[EB]，2011.

[13] 中华人民共和国国家统计局. 中国能源统计年鉴[EB]，2011.

[14] 中国人民共和国科技部. 国家重点低碳技术应用和推广目录[EB]，2014.

[15] 中华人民共和国国家发展和改革委员会. 万家企业节能低碳行动实施方案[EB]. 2011. http：//www. sdpc. gov. cn/zcfb/zcfbtz/2011tz/t20111229_ 453569. htm.

[16] 李寿德，黄桐城. 初始排污权分配的一个多目标决策模型[J]. 中国管理科学，2003(11)：40-44.

[17] 莫建雷，朱磊，范英. 碳市场价格稳定机制探索及对中国碳市场建设的建议[J]. 气候变化研究进展，2013，9(5)：368-375.

[18] 陈文颖，高鹏飞，何建坤。用MARKAL-MACRO模型研究碳减排对中国能源系统的影响[J]. 清华大学学报(自然科学版)，2004，44(3)：342-346.

设备与安全

设备完整性管理及应用

蒋　平

（中海石油宁波大榭石化有限公司，宁波　315200）

摘　要　本文主要是介绍设备完整性管理的概念、特点、技术要求及技术方法；最后介绍宁波镇海炼化利安德化学有限公司的设备完整性管理的应用和实施，以及整套石化装置设备完整性管理体系的建设。

关键词　RBI　RCM　SIL　失效　风险

1　设备完整性管理的介绍

1.1　设备完整性的概念

（1）设备始终处于安全可靠的工作状态；

（2）设备在物理上和功能上是完整的，设备处于受控状态；

（3）设备管理者不断采取行动防止设备故障的发生；

（4）设备完整性与设备的设计、制造、安装、运行、维护、检修和管理的各个过程是密切相关的；

（5）通过建立设备管理体系，应用各种技术对所有影响设备完整性的因素进行综合的、一体化的管理，保持过程设备的持续完整性。

1.2　设备完整性要求

设备完整性要求包括设备的范围、作业程序文件化、维修保养培训、检查与测试、设备异常管理、质量保证。

（1）设备的范围：机泵（转动设备）、压力容器和储罐、管道、安全排放系统及设备、紧急停车系统、控制系统（包括监测装置、传感器、警报装置、联锁装置）等。

（2）作业程序文件化：建立和执行作业程序文件，保持过程设备的持续完整性。

（3）维修保养培训：对参与设备完整性管理活动的所有员工进行培训，以保证员工能够以安全的方式完成工作任务。培训内容包括工艺过程、存在风险、作业程序等。

（4）检查与测试：

① 对过程设备进行检验与测试；

② 检验与测试的方法应被一致认可，并具有良好的工程实践经验。

③ 检验与测试的频率应结合设计制造的建议和工程经验以及法规确定。

④ 记录检验与测试的数据，并存档，其内容应包括检验日期、检验人员姓名、设备系

列号、检验过程及结果。

(5) 设备异常管理：应及时消除设备的缺陷故障，以保证设备的安全运行。

(6) 质量保证：在新厂区与新设备的建设安装过程中，应保证所选用的设备是适用于工艺过程的；应进行适当的检查与检验，保证设备的正确安装，符合设计与制造的要求；应保证所用材料、备件、设备与工艺过程相匹配。

1.3 设备完整性管理的特点

(1) 整体性：设备完整性具有整体性，是指一套装置或系统的所有设备的完整性。

(2) 基于风险：风险识别、风险评估与风险控制是设备完整性管理的关键技术。即运用风险分析技术对系统中的设备进行风险识别、风险评估，按风险大小排序，对高风险的设备需要采取特别的控制措施。

(3) 基于可靠性：深刻理解设备的工作原理、分析设备如何发生故障以及每种故障的根本原因，推荐保证设备按期望的性能水平运行的维护改进策略。

(4) 全寿命：设备完整性管理是对设备全寿命周期进行管理，从设计、制造、安装、使用、维护，直至报废。

(5) 综合性：设备完整性管理是管理体系与技术手段的整合，其核心是在保证安全的前提下，以整合的观点处理设备的维护管理工作，并保证每一项任务的落实与品质保证。

(6) 持续性：设备的完整性状态是动态的，设备完整性管理是一个持续改进的过程。

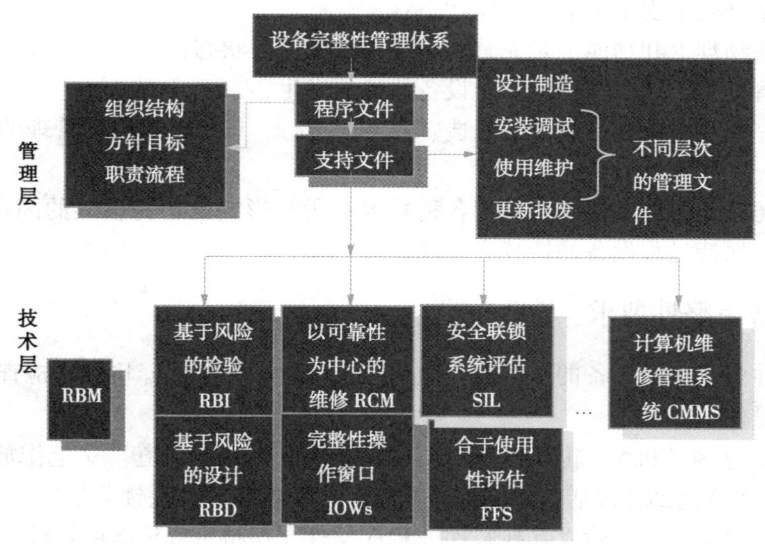

1.4 设备完整性管理的架构

设备完整性管理的实施包括管理和技术两个层面：

(1) 在管理上建立设备完整性管理体系；

(2) 在技术上以风险分析技术作支撑，包括针对静设备、管线的基于风险的检验技术(RBI)，针对动设备的以可靠性为中心的维修技术(RCM)、针对安全仪表系统的安全完整性水平分析技术(SIL)及含缺陷的结构合乎使用评估技术(FFS)、状态监测检测技术等。

1.5 设备完整性管理的技术方法

1.5.1 基于风险检验(RBI)技术

基于风险检验(RBI)技术是潜在事件对人员/环境和经济财产所造成的损害。

风险=失效概率×失效后果

(1) RBI风险分析的基本步骤:

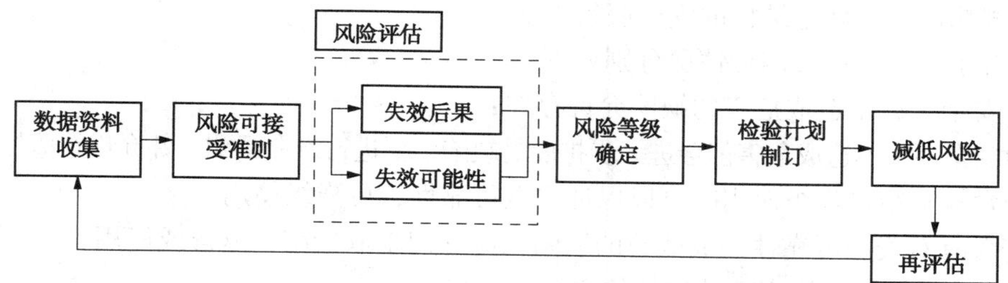

(2)RBI解决的是静设备的风险排序与检验策略，可在装置设计阶段利用RBI评定材料选择的设计和防腐设计，可在制造、施工阶段提出重点监造/监检方案，可在运行维护阶段提出设备检验方案。

(3) 技术关键：a. 建立适合的可接受风险基准；b. 采集、整理静设备基础需求数据；c. 损失模式识别；d. 风险分析；e. 检验策略制定；f. 编制静设备全寿命周期完整性管理体系。

1.5.2 以可靠性为中心的维修(RCM)

(1) 以可靠性为中心的维修：是确定有形资产在其使用背景下维修需求的一种过程。

(2) 基本思路：对设备系统进行功能和故障分析，明确系统内各故障的后果；用规范化的逻辑决断方法，确定出各故障后果的预防性对策；通过现场故障数据统计、专家评估、定量化建模等手段在保证安全性和完好性的前提下，以维修停机损失最小为目标优化系统的维修策略。

(3) RCM用于动设备的维修策略的制定，可在装置设计阶段利用RCM对设备选型，可在制造、施工阶段提出重点监造方案，可在运行维护阶段提出设备维修计划。

(4) 技术关键：a. 建立适合的可接受风险基准；b. 采集、整理动设备基础需求数据，零部件故障率统计分析；c. 系统筛选分析；d. 利用FMEA技术识别重要设备故障模式、故障影响；e. 故障模式风险评估、设备重要度风险评估；f. 分析故障原因(RCA)/根本原因(RCFA)；g. 维修策略制定与优化；h. 编制动设备全寿命周期完整性管理体系。

1.5.3 安全联锁系统评估(SIL)

(1) 安全联锁系统评估是开展故障树可靠性定量分析和评价工作。找出安全仪表系统中的危险源，评估危险源的风险以及确定危险源的允许风险。最终确定安全功能和安全功能的安全完整性等级。

(2) SIL重点研究安全仪表系统的可靠性与风险的关系，将HAZOP、LOPA和SIL评估紧密衔接在一块，可以安排贯穿设备全寿命周期的工艺安全管理方案。

(3) 技术关键：a. 建立适合的可接受风险准则；b. 定性工艺危害分析(PHA)；c. 对高风险的PHA结论进行半定量风险评估(LOPA)；d. 确定要求的安全仪表功能的安全级别；e. 确定现役或计划新增的安全仪表技术和结构；f. 利用可靠性数据库，对安全仪表进行整体功能级别评定；g. 对不满足功能安全级别安全仪表，优化测试间隔/硬件改进；h. 编制安全仪表全寿命周期完整性管理体系。

1.5.4 完整性评定技术(合于使用评价技术)

(1) 合于使用评价(Fitness for Service，FFS)，也称为缺陷评定、安全评定、完整性评定，它不仅包括超标缺陷的安全评估，还包括环境(介质与温度)的影响和材料退化的安全评估。主要是对含缺陷结构能否适合于继续使用的定量工程评价。它是在缺陷定量检测的基础上，通过严格的理论分析与计算，确定缺陷是否危害结构的安全可靠性，并基于缺陷的动力学发展规律研究，确定结构的安全服役寿命。

(2) 合于使用评价按四种情况分别处理：

a. 对安全生产不造成危害的缺陷允许存在；

b. 对安全性虽不造成危害但会进一步扩展的缺陷，要进行寿命预测，并允许在监控下使用；

c. 若含缺陷结构降级使用时可以保证安全可靠性，可降级使用；

d. 若含有对安全可靠性构成威胁的缺陷，应立即采取措施，返修或停用。

(3) 用于含缺陷结构完整性评价的主要标准与方法

a. 欧洲工业结构完整性评定方法(SINTAP)；

b. 英国含缺陷结构完整性评定标准(R6)；

c. 英国标准 BS 7910 金属结构中缺陷验收评定方法；

d. 中国标准 GBT 19624—2004 在用含缺陷压力容器安全评定；

e. 美国石油学会推荐标准的 API579：API 579-1、API579-2。

2 设备完成性管理应用

石化装置设备完整性管理是一个连续的执行过程，此过程贯穿于装置的设计、施工、维护、运行直至报废。宁波镇海炼化利安德化学有限公司(简称：镇利化学)是国内首次开展建立石化装置基于动、静、仪设备的，集 RCM、RBI、SIL 技术于一体的设备完整性管理的制度体系。

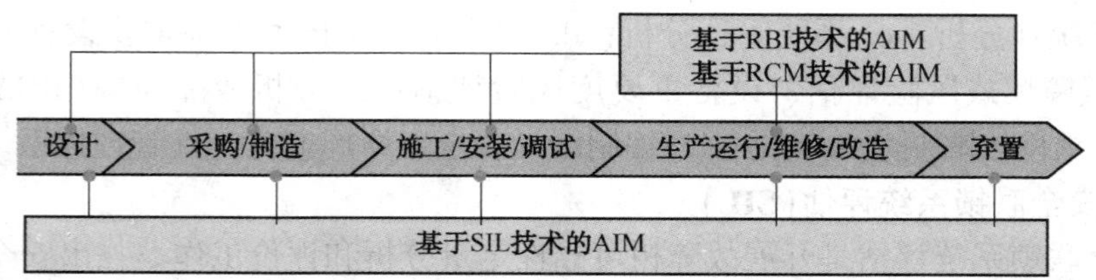

镇利化学于2012年委托中国特种设备检测研究院对环氧丙烷/苯乙烯(PO/SM)、乙苯(EB)装置以及废碱焚烧炉等辅助配套设施等进行了首次 RBI 评估，根据评估结果制定了停车检验时间和检验策略。2013年4月，中国特检院对辅助配套设施废碱液焚烧进行了基于风险的检验(验证)；2014年5月，宁波市特种设备检验研究院对环氧丙烷/苯乙烯、乙苯装置等主要装置进行了基于风险的检验。2014年9月至11月项目组对环氧丙烷/苯乙烯、乙苯装置开展检验后的风险验证评估工作。RBI 评估共计包含压力容器418台和压力管道2915条，容器共划分1055个评价单元，管道共划分2915个评价单元。镇利化学还相继开展了34

台储罐 RBI 和 665 台安全阀 RBI 评估工作。

压力容器和压力管道在检验前后，和下次检验点(2020 年 6 月 30 日)，其设备的安全风险比对情况如下表。

	检验前	检验后	检验前	检验后	检验前	检验后	检验前	检验后
风险等级	高		中高		中		低	
容器单元数量	0	0	249	177	542	580	264	298
所占比例	0. 00%	0. 00%	23. 60%	16. 78%	51. 37%	54. 98%	25. 02%	28. 25%
管道数量	9	0	572	456	1481	1367	853	1092
所占比例	0. 31%	0. 00%	19. 62%	15. 64%	50. 81%	46. 9%	29. 26%	37. 46%

RBI 技术应用解决了镇利化学压力容器和压力管道首检与装置停工大检修时间的矛盾(首检时间为 2013 年，后主装置停工大修延长至 2014 年)，保证装置本质安全及长周期运行，科学合理地调整了设备的检验周期。另镇利化学通过 RBI 技术应用，其经济效益统计情况：直接经济收益为 21816. 9 万元，间接经济收益约 20000 万元，总经济收益约为 21816. 9+20000= 41816. 9 万元。

镇利化学在 2014 年大修中对不开罐检验的加氢反应器(R10760B)进行了合于使用评价。根据相关规定，压力容器首次检验，应打开设备进行内外全面检验，由于加氢反应器内部装有催化剂，为了保证催化剂的完好性，在定期检验过程中，参照 R10760A 全面检验结果，对 B 台进行了合于使用评价，以提高设备的安全运行可靠性，以至于最终实施基于风险的停车不开罐检验。

镇利化学于 2016 年 3 月与中国特种设备检验研究院签订关于石化装置设备完整性管理体系研究及应用合作项目。本项目在现代维修及安全保障相关的设备综合工程学、风险工程学、可靠工程学等理论的基础上，参照欧盟基于风险的维修与检验程序(RIMAP)和美国管道完整性管理(PIM)方法等国外先进经验，以石化装置的动静电仪为研究对象；将基于风险的检验(RBI)方法与静设备专业管理融合，将以可靠性为中心的维修(RCM)方法与动设备、电气专业管理融合，将安全仪表系统安全评定(SIL)方法与仪表专业管理融合；研究一套针对石化企业设备管理，以设备为核心的，基于全寿命周期的，且执行度高的资产完整性管理(AIM)体系，以满足公司在检验、维修、安全、环保等多领域的目标管理要求。

镇利化学于 2016 年完成了基于 RCM 方法的动设备维修管理体系架构研究、动设备数据库研究开发、试点装置动(电)设备完整性管理体系应用。其转动设备 RCM 分析结果表如下(截图一小部分)。

系统名称	设备边界	设备名称	设备类型	可能性	可能性	安全后果	安全后果备注	环境后果	环境后果备注	生产损失后果	生产损失后果备注	维修成本后果备注	维修成本后果备注	风险
S10100	C10110	(动)POSM 装置空气压缩机 C10110	离心式压缩机	2		A		A		B		B		高风险
S10100	C10110-C2	(动)POSM 装置空气压缩机 C10110 油雾分离器风扇 C10110-C2	离心式风机	1		A		A		B		B		中风险

续表

系统名称	设备边界	设备名称	设备类型	可能性	可能性	安全后果	安全后果备注	环境后果	环境后果备注	生产损失后果	生产损失后果备注	维修成本后果备注	维修成本后果备注	风险
S10100	C10110-C3A	(动)POSM装置空气压缩机C10110隔音罩风扇C10110-C3A	轴流风机	1		A		A		A		A		低风险
S10100	C10110-C3B	(动)POSM装置空气压缩机C10110隔音罩风扇C10110-C3B	轴流风机	1		A		A		A		A		低风险
S10100	C10110-P1	(动)POSM装置空气压缩机C10110主润滑油泵C10110-P1	螺杆泵	1		A		A		B		B		中风险
S10100	C10110-P2	(动)POSM装置空气压缩机C10110辅助润滑油泵C10110-P2	螺杆泵	1		A		A		B		B		中风险
S10100	C10110P3	(动)POSM装置空气压缩机C10110紧急事故油泵C10110-P3	螺杆泵	1		A		A		A		B		中风险
S10100	C10130	(动)POSM装置循环气压缩机C10130	离心式压缩机	2		B		B		B		B		高风险
S10100	C10130-C2	(动)POSM装置循环气压缩机C10130油雾分离器风扇C10130-C2	离心式风机	1		A		A		B		B		中风险

转动设备RCM分析完成设备总台数1414台，具体如下统计表。

设备大类	设备类型		数量	详情
(1) 泵	(1) 离心泵	(1) 单级泵	267	完成
		(2) 多级泵	11	完成
		(3) 高速泵	17	完成
	(2) 往复泵	(1) 隔膜泵	31	完成
		(2) 活塞(或柱塞)泵	4	完成
	(3) 回转泵	(1) 齿轮泵	24	完成
		(2) 螺杆泵	16	完成
	(4) 磁力泵		87	完成
	(5) 轴流泵		2	完成
	(6) 屏蔽泵		29	完成
	(7) 滑片泵		3	完成
	(8) 液环泵		12	完成
	(9) 喷射泵(器)		7	完成
	(10) 其他泵		3	完成

续表

设备大类	设备类型		数量	详情
（2）压缩机	（1）离心式压缩机		3	完成
	（2）活塞式压缩机		4	完成
	（3）螺杆式压缩机		2	完成
	（4）液环压缩机		4	完成
（3）风机	（1）离心式风机		12	完成
	（2）轴流风机		25	完成
（4）汽轮机	（1）背压式汽轮机		5	完成
	（2）抽/注汽冷凝式汽轮机	冷凝式汽轮机	4	完成
（5）电机			592	完成
（6）电动执行器			250	完成

建立转动设备完整性管理体系。本体系用于指导镇利化学现有转动设备基于全生命周期的完整性管理工作，将风险和可靠性理念融入到设计、制造、安装、运行维护等阶段管理中，使转动设备的管理得到全面提升，为确保公司转动设备安全性、环保性、经济性运行提供管理支撑。同时本体系给出了镇利化学转动设备完整性管理的管理流程和管理控制点，通过对转动设备设计制造安装阶段、运行维护阶段和处置阶段管理流程的监督、控制，以及各个阶段管理流程的有效衔接，使转动设备的管理达到完整性的目的。

镇利化学于2016年底对RCM转动设备完整性管理体系进行了再完善、评审、专家验收等相关工作。

镇利化学将于2017年完成基于RBI方法的静设备检验管理体系构架研究、试点装置静设备完整性管理体系应用；完成基于SIL方法的安全仪表设备的检测/改造管理体系架构研究、试点装置安全仪表设备完整性管理体系应用。最终建立石化装置设备完整性管理体系。

总之，设备的完整性状态是动态的，设备完整性管理是一个持续改进的过程。

参 考 文 献

[1] 宁波镇海炼化利安德化学有限公司基于风险的检验(RBI)基础培训教材，2012年2月.

[2] 中国特种设备检测研究院．宁波镇海炼化利安德化学有限公司环氧丙烷/苯乙烯装置RBI评估报告，2012年12月.

[3] 中国特种设备检测研究院．宁波镇海炼化利安德化学有限公司环氧丙烷苯乙烯装置检验后RBI风险验证评估报告，2014年12月.

[4] 中国特种设备检测研究院．宁波镇海炼化利安德化学有限公司石化装置资产完整性管理体系研究与试点应用启动会，2015年6月.

[5] 中国特种设备检测研究院．宁波镇海炼化利安德化学有限公司石化装置资产完整性管理体系(转动设备完整性管理)，2016年10月.

板壳式冷换设备泄漏原因分析及对策

毛广宇　屈　勇　吕延伟

（中国石油乌鲁木齐石化分公司炼油厂，乌鲁木齐　830019）

摘　要　针对装置板壳式换热器发生泄漏的原因，分别从运行参数、材质、腐蚀环境进行分析，得出了板壳式换热器泄漏主要原因是由于制造缺陷和腐蚀造成，然后采取不同的措施对泄漏的换热器进行维修，并对板壳式换热器的适用性提出改进措施。

关键词　板壳式换热器　泄漏　对策

随着国内外炼油化工企业对节能增效要求的不断提高，具有换热效率高、压降低、节省占地面积等优点的板壳式换热器逐步得到了应用。板壳式换热器是由一组焊接的波纹板组放入壳体，代替原壳管式换热器的换热管，以波纹板组成的板管作为传热元件的换热器，又称薄片换热器。它主要由板管束和壳体两部分组成(图 1 中)。将冷压成形的成对板条的接触处严密地焊接在一起，构成一个包含多个扁平流道的板管(图 1 中)。许多个宽度不等的板管按一定次序排列。为保持板管之间的间距，在相邻板管的两端镶进金属条，并与板管焊在一起。板管两端部便形成管板，从而使许多板管牢固地连接在一起构成板管束。板管束的端面呈现若干扁平的流道板管束装配在壳体内，它与壳体间靠滑动密封消除纵向膨胀差。设备截面一般为圆形，也有矩形、六边形等。

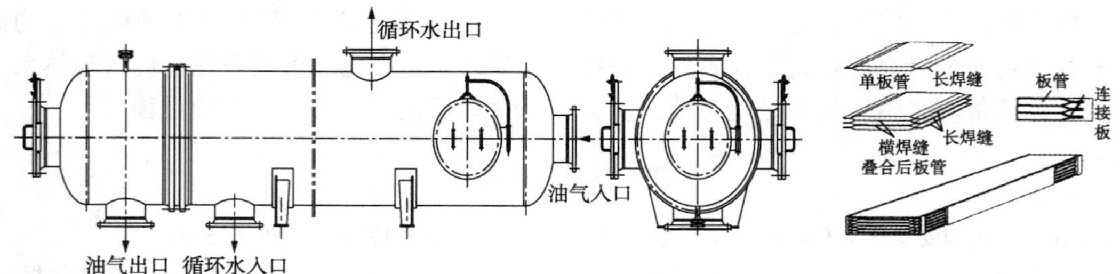

图 1　板壳式冷换设备结构图

由于板壳式换热器的波纹板片具有“静搅拌”作用，能在很低的雷诺数下形成湍流，且污垢系数低，所以传热效率是管壳式换热器的 2～3 倍。另外板壳式换热器与管壳式换热器相比，还具有结构紧凑的优点，因此在完成同样换热任务的情况下，板壳式换热器的体积小重量轻，从而可大大节约设备安装空间及成本。

1　600 万 t/a 常减压装置及 160 万 t/a 轻烃回收装置板壳式换热器相关参数及检修概况

600 万 t/a 常减压装置及 160 万 t/a 轻烃回收装置共计有 10 台板壳式换热器投入运行，

均由甘肃蓝科(上海蓝滨)制造，板片材质有双相钢、超级不锈钢和钛材。

表 1　600 万 t/a 常减压装置及 160 万 t/a 轻烃回收装置板壳式冷换设备明细表

序号	设备名称	设备位号	设备型号	板束材质	壳体材质	介质	
						板程	壳程
1	常顶后冷器	E-101W	LBQ1200-1.6-LTC	TAI	Q345R	常顶油气	循环水
2	常顶后冷器	E-101X	LBQ1200-1.6-LTC	TAI	Q345R	常顶油气	循环水
3	压缩机出口水冷器	E-401W	LBQ1300 * 3-285-2.0-LTC	TiGr.	Q345R	凝缩油	循环水
4	吸收塔一中段回流水冷器	E-402W	LBQ1000 * 3-175-2.4/1.9-600LT2	S31254	Q345R	吸收油	循环水
5	吸收塔二中段回流水冷器	E-403W	LBQ1000 * 3-175-2.4/1.9-600LT2	S31254	Q345R	吸收油	循环水
6	稳定石脑油-吸收塔底油换热器	E-405	LBQ1200 * 6.6-560-2.6/2.1-11-600LT2	S31254	Q345R	吸收塔底油	稳定石脑油
7	稳定石脑油-脱吸塔底油换热器	E-406A	LBQ1200 * 6.6-560-2.5-11-600LT2D	S32205	Q345R	脱吸塔底油	稳定石脑油
8	稳定石脑油-脱吸塔底油换热器	E-406B	LBQ1200 * 6.6-560-2.5-11-600LT2D	S32205	Q345R	脱吸塔底油	稳定石脑油
9	贫-富再吸收换热器	E-409	LBQ1200 * 6.6-560-2.5-11-600LT2D	S31254	Q345R	富再吸收油	贫再吸收油
10	稳定塔顶水冷器	E-411W	LBQ1000-190-2.5-LT2D	S32205	组合件	凝缩油	循环水

2016 年大检修对 9 台板壳式换热器进行检修，其中 E-401W、E-402W、E-403W、E-405 现场水试压合格未发现泄漏，E-101W/X、E-406A/B、E-411W 在试压过程发现泄漏。E-101X、E-411W 泄漏点位于板片焊缝上，经过现场补焊试压合格。E-406A/B 板管间漏水，通过抽芯补管堵漏成功。E-101W 由于材质特殊现场多次补焊不成功，最终返厂解体大修。

2　泄漏板壳式换热器原因分析

由于本次大修板壳式换热器泄漏台次较多，所以对出现缺陷情况比较典型的 E-101W/X 和 E-406A/B 的泄漏原因进行了详细的分析，找出泄漏的根源并制定出相应的防范措施。

2.1　E-101W/X 泄漏原因分析

E-101W/X 是常顶后冷器，板片材质是钛材，板程介质常顶油气混合物，壳程介质循环水。以下是常顶后冷器的流程。

E-101W/X 在壳程给水试压时均发现存在泄漏点，其中两处处漏点位于板片之间的焊缝，另外 E-101W 还有一处漏点出现在管板左上角与板片的夹角部位。

为了准确判断出冷却器的泄漏原因，分别从运行参数、材质、腐蚀环境三个方面进行对标分析，首先对 E-101W/X 运行参数进行逐一对照。

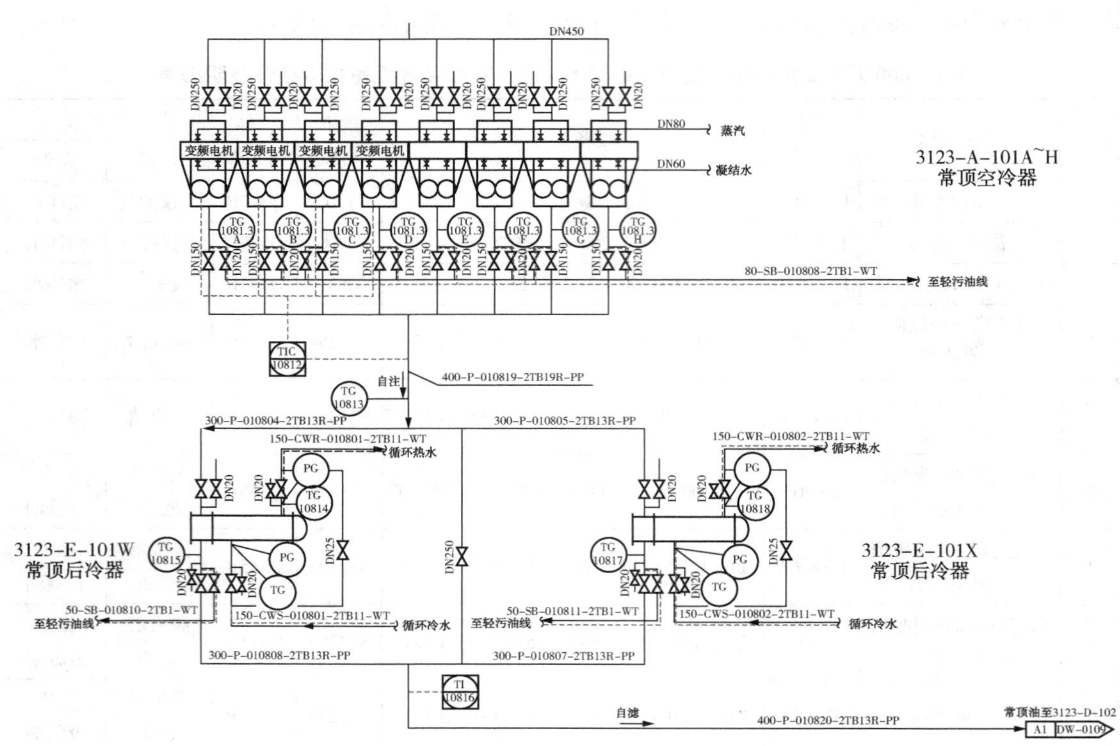

图2　E-101W/X 流程图

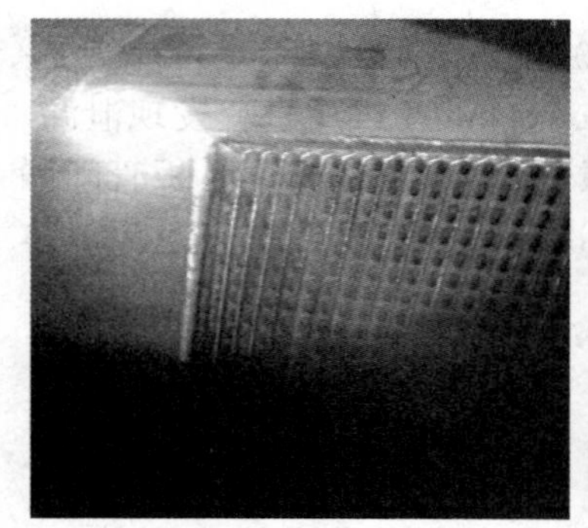

图3　E-101W/X 泄漏部位

表2　E-101W/X 设计参数与实际操作参数对比

位号	设备名称	规格型号	设计操作条件				实际操作条件			
			冷源		热源		冷源		热源	
			进口	出口	进口	出口	进口	出口	进口	出口
E101W	常顶气-循环水	LBQ1200-1.6-LTC	28	38	60	40	21	36	54	46
E101X	常顶气-循环水	LBQ1200-1.6-LTC	28	38	60	40	20	35	57	45

从设备运行参数对标数据来看，设备实际运行参数与设计值基本一致，未出现过大偏

差，且设备自投入运行后没有出现过异常或泄漏的工况，说明设备运行符合要求，没有因使用不当造成设备损伤的因素出现。

由于大部分的冷却器泄漏均与循环水的流速与水质有关系，因此参照标准对 E-101W/X 冷却器的循环水流速进行对标，2016 年 5 月对循环水测速数据如下：

表 3　E-101W/X 循环水测速数据

用水设备	出口管线公称直径	出口管道壁厚/mm	出口管道外径/mm	管线材质	截面积/m^2	设计总用水量/(m^3/h)	实际总用水量/(m^3/h)	流速/(m/s)
E-101W	DN150	5.6	168	20#	0.0193	137.4	124.31	1.79
E-101X	DN150	5.6	168	20#	0.0193	137.4	115.08	1.66

从两台冷却器循环水流速检测结果来看，完全符合《中石油炼油工艺防腐蚀管理规定》2.10 循环冷却水换热器控制管程循环冷却水流速不宜小于 0.9m/s；壳程循环冷却水流速不宜小于 0.3m/s。

根据 SHT 3129-2012 高酸原油加工装置设备和管道设计选材导则，对 E-101W/X 冷却器的材质进行了对标。导则要求冷却器使用双相钢 2205 或 2507 即可，实际 E-101W/X 使用的是钛材，材质抗腐蚀能力高于导则的要求，说明这两台冷却器所选材符合标准，排除了选材不当造成设备损伤的可能。

表 4　选材导则要求

换热器	初馏塔顶冷却器 常压塔顶冷却器 减压抽空冷却器	进口温度高于露点	壳体	碳钢+022Cr23Ni5Mo3N 或碳钢+022Cr25Ni7Mo4N[g]	指油气侧
			管子	022Cr23Ni5Mo3N 或 022Cr25Ni7MoN[g]	
		其他	壳体	碳钢[f]	指油气侧
			管子	碳钢[h]	油气侧可涂防腐涂料

E-101W/X 作为常顶油气的水冷器存在湿硫化氢腐蚀和盐酸腐蚀，通过 2016 年常顶冷凝水系统中铁离子和氯离子监控的数据可以看出，铁离子含量比较稳定，氯离子含量略有波动，说明设备的腐蚀环境相对比较稳定，常顶系统的腐蚀状况无明显恶化。

表 5　常顶系统切水铁离子/氯离子

常顶系统冷凝水铁离子		常顶系统冷凝水氯离子	
时间	D-102/(mg/L)	时间	D-102/(mg/L)
2016.2.8	1	2015.10.12	81.2
2016.2.15	0.5	2015.11.6	108.3
2016.2.29	1	2015.12.7	3.2
2016.3.7	0.4	2016.1.11	23.5
2016.3.14	0.3	2016.2.1	18.04
2016.3.21	0.2	2016.3.7	18.2
2016.4.4	0.6	2016.4.4	27.3

API571 中给出的常压塔顶系统中预防、减缓腐蚀措施是：把碳钢升级为镍基合金或钛能减少盐酸腐蚀问题，钛管可以解决大部分塔顶冷凝器管的腐蚀问题，从 E-101W/X 运行工况及对标来看完全符合标准对于腐蚀防护的要求，所以综合上述分析，判断造成冷却器泄漏的主要原因是设备制造加工质量存在缺陷导致未能达到使用要求。

2.2 E-406A/B 检修情况

E-406A/B 是稳定石脑油-脱吸塔底油换热器，板程介质脱吸塔底油，壳程介质稳定石脑油，板片材质 S32205(超级不锈钢)，是稳定塔的进料换热器，具体流程如下：

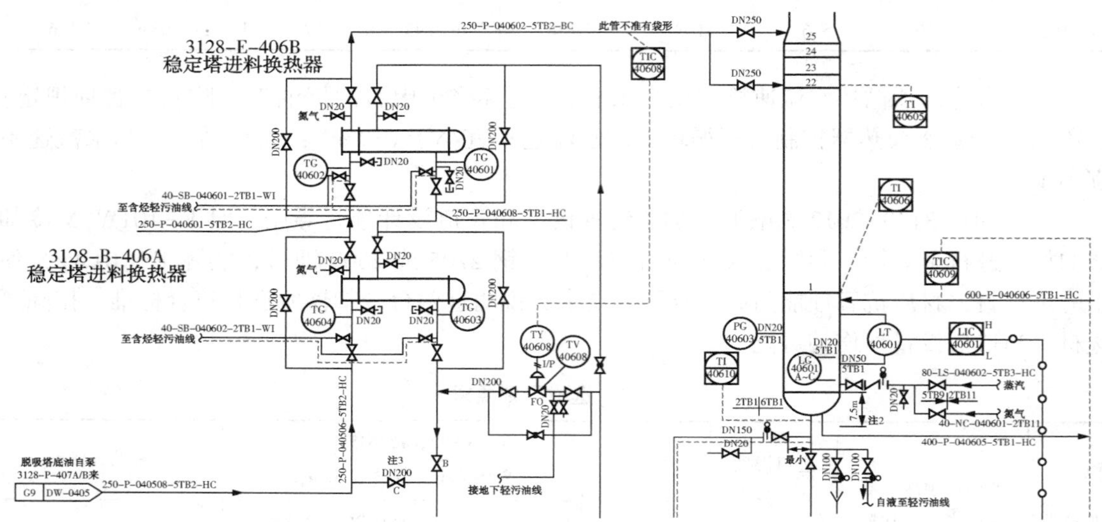

图 4 E-406A/B 流程图

E-406A/B 按照检修规首先从板程侧给水试压，在进水后发现水压升至 0.4MPa 后迅速下降，于是调整试压方案，将板程侧人孔打开从壳程给水试压，结果发现板片间隙不断有水流出，只能将板束抽出后对流道进行贴板消漏。

图 5 E-406A/B 板束泄漏情况

从换热器板束抽出后的情况来看，管束外部比较脏锈蚀严重，污泥和沉积物较多，板口表面坑蚀明显，板管内部有白色沉积物。

根据 API571“影响炼油工业固定设备的损伤机理”中轻烃回收装置腐蚀流分布图可以看

图 6　E-406A/B 板束抽出后运行状况

出主要的腐蚀类型有：湿硫化氢损伤、硫化氢铵腐蚀、氯化铵腐蚀、冲蚀/冲蚀-腐蚀、碳酸盐腐蚀等。

为了准确判断换热器泄漏原因，先从介质来源进行查找。160 万 t/a 轻烃回收装置所加工的物料来源比较广泛，主要有芳烃车间液态烃、150 万蜡油加氢装置液态烃和粗石脑油、200 万柴油加氢装置液态烃、一常装置初常顶铂料、两套加氢装置粗汽油、另外还有 600 万 t 常减压装置自产常顶油。其中芳烃装置和加氢装置的轻组分中携带有铵盐和氯盐，常压装置塔顶轻组分中携带含硫物质，这些介质都是产生腐蚀的主要因素，与 API571 中的描述一致。

依据 GB30579-2014"承压设备损伤模式识别"中湿硫化氢损伤、硫化氢铵腐蚀、氯化铵腐蚀的定义来进一步判断 E-406A/B 泄漏的主要原因。承压设备损伤模式识别中对于这三种损伤的描述如下：

（1）湿硫化氢损伤

在含水和硫化氢环境中碳钢和低合金钢所发生的损伤，包括氢鼓泡、氢致开裂、应力导向氢致开裂和硫化物应力腐蚀开裂 4 种形式，其中硫化物应力腐蚀开裂是由金属表面硫化物腐蚀过程中产生的原子氢吸附，在焊缝和热影响聚集造成的一种开裂。受影响的材料是碳钢、低合金钢。

（2）硫化氢铵腐蚀(碱性污水腐蚀)

金属材料在含有硫氢化铵(NH_4HS)的酸性水中，在介质流向发生改变的部位或硫氢化铵浓度超过 2%(质量分数)的紊流区易形成严重的局部腐蚀；当介质注水不足以溶解析出的硫氢化铵时，在低流速区可能出现结垢，发生垢下局部腐油；受彩响的材料是 300 系列不锈钢、双相不锈钢、镍基合金等。

$$NH_4HS+H_2O+Fe \longrightarrow FeS+NH_3 \cdot H_2O+H_2$$

（3）氯化铵腐蚀

氯化铵在一定温度下结晶成垢，无水情况下发生均匀腐蚀或局部垢下腐蚀，其中以点蚀最常见。腐蚀部位多有白色、绿褐色盐状沉积物，若进行水洗或吹扫会除去这些沉积物，目视检测时可能不明显。受影响的材料是碳钢、低合金钢、300 系列不锈钢、合金 400、双相不锈钢以及钛等。易发生氯化铵腐蚀的装置或设备有：常压塔塔顶、塔内上部塔盘、塔顶管线及热交换器、加氢装置、重整装置等。

通过上述的定义并结合板束抽出后的损伤形式、腐蚀状态、板束上存在的白色沉积物来综合比对，E-406A/B的腐蚀型态与标准中湿硫化氢腐蚀和氯化铵盐腐蚀较为一致。另外160万t/a轻烃装置所接收液相物料最终都通过塔402底进入E-406A/B，物料中携带的各种腐蚀性介质都汇聚到E-406A/B处，对其造成叠加的腐蚀，因此造成E-406A/B泄漏的主因是湿硫化氢腐蚀和氯化铵盐腐蚀。

3 板壳式冷换设备泄漏原因分析及对策

泄漏的板壳式冷换设备，依据其板片材质以及泄漏的原因采取不同的措施来解决泄漏问题。

3.1 E-101W/X泄漏的处理方法

E-101X泄漏点位于两组板片结合位置，缺陷容易打磨和焊接，采取现场直接补焊的方法处理。E-101W的泄漏点位于管板的夹角位置，在补焊前无法彻底打磨以暴露出缺陷且板片厚度只有0.9mm，现场补焊后无法彻底消除泄漏只能返厂解体大修消除缺陷。

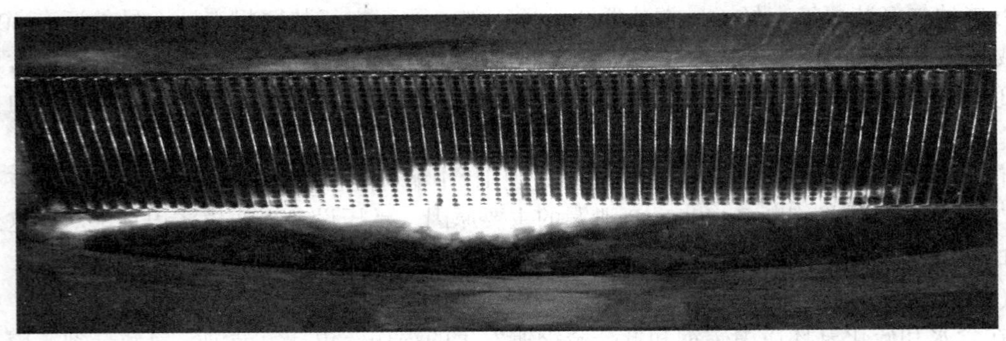

图7 E-101X缺陷修复后渗透检验合格图片

3.2 E-406A/B泄漏的处理方法

E-406A/B由于管束泄漏量过大，只能将板束抽出进行堵管消除漏点。由于板壳式换热结构的特殊性，检修过程比较复杂。首先将要管箱落地，然后将板程入口接管与封头焊缝割开，将板程入口膨胀节固定后再将板束抽出，板束抽出后将入口拱盖割开露出板束的入口，最后再将板束装入特制的试压胎具后才能查漏贴板堵管。

4 对于板壳式换热器泄漏后续的解决手段

600万t/a常减压装置是担负乌石化原油加工任务的主力装置，设备的可靠运行是保证装置长周期平稳完成生产任务的保障，而160万t/a轻烃回收装置更是炼油厂平衡轻烃物料的关键装置，如果出现异常将对芳烃及加氢系装置产生巨大影响，因此板壳式换热器虽然具有传热效率高、结构紧凑、设备安装空间小等优点，但是板壳式换热器故障率高、维修难度大，维修时间过长的弊端会严重制约炼油厂轻烃物料的正常加工，所以在板壳式换热器技术还不够完善的情况下不建议继续使用。

图 8　板壳式换热器内部构造及检修状况

图 9　E-406A/B 堵管后照片

根据装置设备目前运行状况及检修的现状建议后期进行如下的工作：

（1）对目前在用板壳式换热器进行核算，给出换热器换型的可能性，建议轻烃单元选用运行工况稳定，便于检修的浮头式换热器；

（2）原油进行预处理，从源头减少腐蚀性物质的含量，同时优化电脱盐的操作，控制好原油的脱盐效果，解决盐腐蚀带来的危害；

（3）联合轻烃回收物料来源装置，通过工艺防腐措施或技术改造，控制好铵盐、氯盐腐蚀的问题。

参 考 文 献

[1] 王黎明．板壳式换热器在连续重整装置的应用[J]．石油化工设备，2010，39(1)：73-74.

[2] 余良俭．国产超大型板壳式换热器在石化装置中的应用[J]．石油化工设备，2010，39(5)：69-73.

红外设备检测软件在加氢装置中应用

董　霖　廖　果　吴新昌　王　婷

（中石油克拉玛依石化有限责任公司，克拉玛依　834003）

摘　要　近年来，红外热成像技术广泛应用于炼油行业当中。本文针对高压加氢装置设备，运用红外热成像技术，设计编写了红外设备检测软件。该软件考虑了外界环境对所拍摄的红外图像可能带来的影响，合理的对红外图像温度矩阵进行分析，找出图中温度异常区域，给出该区域可能存在的故障或隐患提示。软件可对处理的图像进行记录并生成电子报告，便于操作人员查看。通过对装置设备检测结果可以看出，该软件能够较好的运用于设备保温检查、故障判断、隐患排查当中，为装置设备的运行检测带来帮助。

关键词　红外热成像　设备检测　检测软件　高压加氢

1　引言

中石油克拉玛依石化有限责任公司第三联合车间高压加氢装置采用石油加氢技术对原料油进行加工，可获得较好性质的目的产品。润滑油高压加氢装置由加氢裂化、加氢脱蜡、减压蒸馏三部分组成的，不但具有一般炼油生产装置的易燃易爆特点，且大部分的工艺过程均是在高温、高压下完成的，更具危险性[1]。高压加氢装置这一性质既增加了操作难度，同时也提升了对设备的质量的要求。同等的设备在高温、高压的环境下其磨损、断裂等故障率有所增加。此外，对于高压设备，当其出现裂纹泄漏时，其所造成的危害随着设备原有压力的增加而增加，具有较大的危害。

炼油第三联合车间高压加氢装置在生产过程中，部分管线由于受自身介质的影响，加之常年使用，易出现管线堵塞、管线壁减薄、内部出现裂纹等现象，且由于这些情况多数出现于管线内部，通过外侧难于观察，加之当管线减薄、内部裂纹严重时，更易出现管线腐蚀穿孔现象，如2014年12月某日夜班Ⅰ套高压加氢装置某管线出现腐蚀穿孔，这对装置安全平稳生产带来影响，亦是装置正常生产的潜在隐患。因此，对于设备的及时检测，及时诊断设备故障并停用维修对于装置的安稳常满优生产具有重要的意义。

2　红外热成像技术

2.1　基本原理

1800年，英国物理学家F. W. 赫胥尔从热的角度来研究各种色光时，发现了红外线，红外线以电磁波形势存在，波长介于0.76~100 μm之间，与无线电波及可见光本质相同，按波长的范围红外线可分为近红外、中红外、远红外、极远红外四类，它在电磁波连续频谱中的位置是处于无线电波与可见光之间的区域[2]。红外热成像就是通过红外探测器接收被测物体的红外辐射，再由信号处理系统转变为目标的视频热图像的一种技术[3]。自然界中，一切物体都可以辐射红外线，利用红外探测仪器测定目标本身和背景之间的红外辐射强度差可以得到不同的红外图像[4]。红外监测技术为非接触式测量，具有操作安全、灵敏度高、诊断效率高的特点[5]，其广泛应用于医学[6]、炼油[7]、军事[8]等领域。

2.2 理论依据

与可见光相同，当红外辐射投射至物体表面时，其获得的总能量 Q 包含吸收、反射、透射三部分，即：

$$Q = Q_{吸} + Q_{反} + Q_{透}$$

通常，将 $Q_{吸}/Q=1$ 的物体称之为黑体，然而，黑体仅是一种理想化物体，其在自然界中并不存在。而所有实际物体发射或吸收的辐射量都比相同条件的黑体的低。

工业设备内部缺陷的红外检测，实质上就是对设备发射的红外辐射进行探测及其显示处理的过程[9]。在广义上，当设备出现故障并通过温度形式表征出来时，其便可通过红外热成像技术对其进行检测和分析。然而，在实际检测中，红外热成像测量精度受光照、风速、环境温度、设备表面发射率以及附近设备干扰等影响。因此为了获得较好的检测效果，一般在环境温度 5～10℃、风速小于 2m/s 的条件下进行，为避免阳光直照，测试时间一般选在傍晚和阴天进行[10]。红外热成像仪接受的来自被测物体表面的红外辐射功率为：

$$\mathrm{d}E = \int_{\lambda_2}^{\lambda_1} \varepsilon(\lambda) M_{b\lambda} \mathrm{d}A \mathrm{d}\lambda$$

式中：$\mathrm{d}A$ 为热成像仪瞬时视场观察到的被测物体表面积；$\varepsilon(\lambda)$ 为被测物体的光谱发射率；λ_1、λ_2 为热成像仪所接受到的辐射波长的范围；$M_{b\lambda}$ 为普朗克辐射函数。

红外热成像仪采集获取了被测物体表面的温度矩阵，利用红外检测软件对该温度矩阵分析，根据温度梯度的变化得出异常区域。该区域可为规则的集合图形，亦可能为不规则的温度散点，根据异常温度区域的不同，从而进一步分析出被测设备完好度及可能存在的设备缺陷。

3 红外设备检测软件

红外设备检测软件是由中石油克拉玛依石化有限责任公司炼油第三联合车间技术人员针对车间装置设备运行情况开发而成，其目的在于对设备的检测与分析，协助设备故障的判断。

3.1 整体设计

软件主要包括文件、视图、工具、报告等功能，软件功能设计图如图 1 所示。

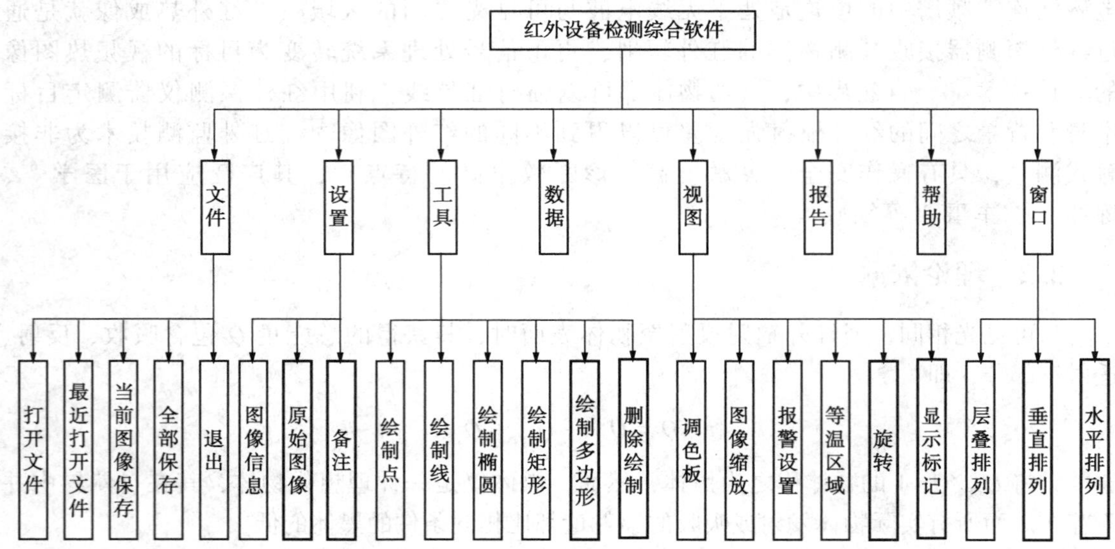

图1　软件功能设计

(1) 打开：选择需要分析的红外图像，获取图像相关的红外数据并显示。

(2) 设置：图像信息、原始图像、备注内容的设定修改，操作人员可对打开的红外图像添加所拍摄部位的原始图像，便于操作人员对比观看。

(3) 工具：操作人员将所关注的部位采用绘制点、线、椭圆、矩形、多边形的方式将其圈出，同时得出所圈部位的温度最高、最低、温度跨度等信息，观测其折线趋势图或直方图。

(4) 视图：操作人员可选择自身习惯的观测方式对当前打开的红外图像进行调整，例如中心点、最高温、最低温等参数标记；选择调色板；标记等温区域；设置报警区域等。

(5) 数据：对图像温度修正，缺陷诊断，给出可能存在设备损伤原因供操作人员参考。

(6) 报告：红外图像信息汇总，绘制重点区域的直方图、折线图整理，最终生成 word 报告文件。

(7) 窗口：当操作人员打开多个红外图像时，各个红外图像窗口可通过该功能进行水平、垂直、层叠排列。

(8) 帮助：为操作人员提供帮助信息。

3.2　界面设计

进入红外设备检测综合软件，打开需要分析的红外图像后，其显示主界面如图2所示。软件主界面主要包括红外图像、趋势图、图像信息、区域温度数据四大部分。红外图像左侧为当前红外图像所选用的色标条，操作人员可在色标条中设置图像等温区域，便于设备缺陷判断分析。趋势图包括线、椭圆、矩形、多边形的趋势图，操作人员在红外图像中选择感兴趣的区域，并观测其趋势图。区域数据则是绘制的线、点、矩形等区域的相关温度参数。除主界面外，软件还设有各个功能的分界面，为用户使用提供了简单大方的操作显示。

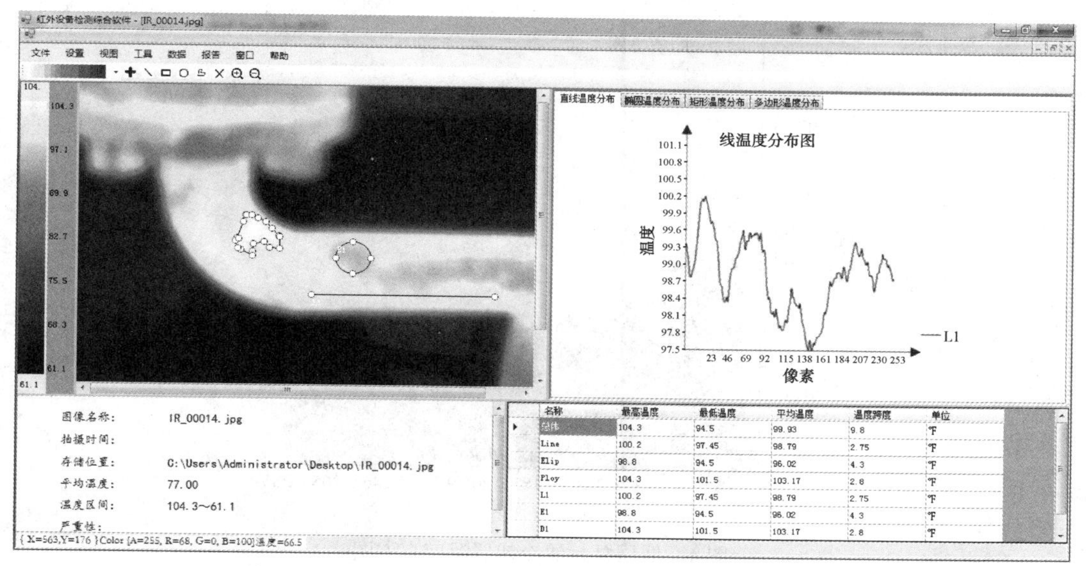

图 2　软件主界面

4　红外检测软件应用实例

红外热成像技术在加氢装置具有多种应用，如对在用设备使用情况检查，入冬前对装置关键管线保温情况测量等。2017 年对高压加氢装置低压泵封油冷却器检查时发现某机泵冷却器温度不能均匀分布，如图 3 所示。

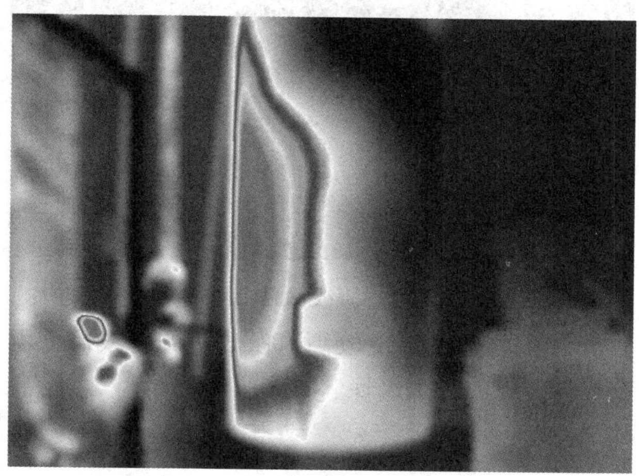

图 3　低压泵封油冷却器红外图

对该冷却器分析，获取其温度直方图如图 4 所示。

图中可以看出，该冷却器高温可达 285℉，低温只有 89℉，温度跨度约 200℉，跨度较大，超出冷却器正常运行时的温度跨度。此外，图中可以看出，冷却器从左侧中心处呈规则的温度梯度变化，由高温逐步降低。对于右侧部分温度较低且为明显变化。由此诊断出该冷却器可能存在管束偏移与左侧壳程接触情况，进而造成冷却效果下降，影响机泵运行。

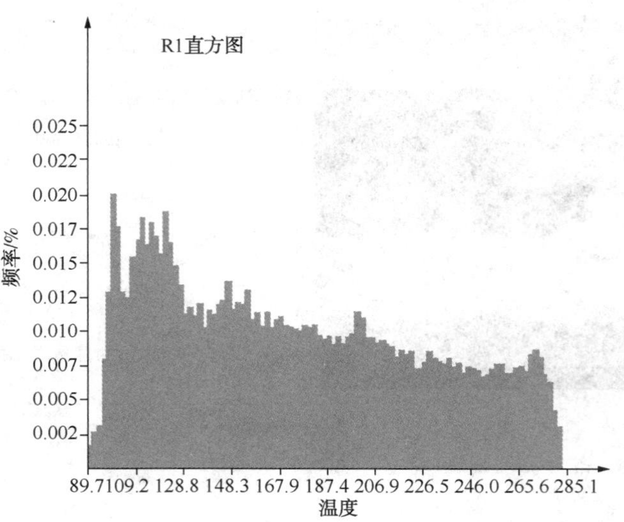

图4　低压泵封油冷却器温度直方图

除设备运行检测外，该软件亦可协助操作人员对装置保温情况进行检查。对装置某管线进行检测，其红外图像如图5所示。

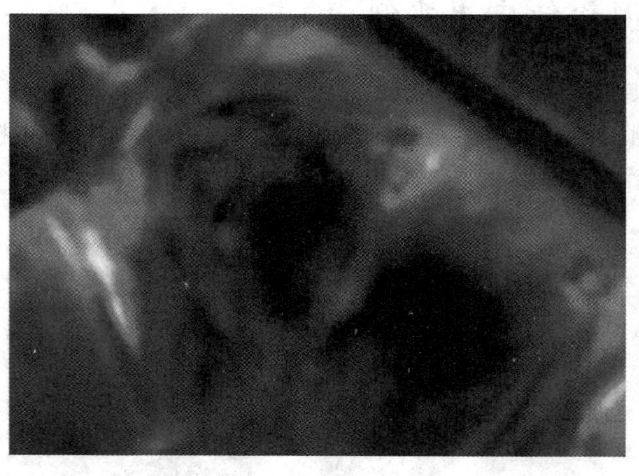

图5　管线保温检测

图中可以看出该段管线多处地点温度较高，保温后的管线高低温度差可达20℉以上，可见其保温材料使用不均匀，保温效果欠佳。

5　结论

本文运用红外热成像技术，针对中石油克拉玛依石化第三联合高压加氢装置设备运行检测，设计编写了红外设备检测软件。该软件运用的红外热成像技术采用非接触式测量方式，不仅可对常温物体进行检查，亦能较好的对应用于高温设备检测当中，具有较为宽泛的应用领域。该软件界面简洁大方，操作方便，并可根据检测数据自动生成电子报告，减少了人为的撰写操作工作，电子报告易于保存，亦减少了厚重的纸质报告搬运、存储工作。通过应用实例可以看出，软件能够较好的运用于设备保温检查、故障判断、隐患排查当中，为装置安、稳、常、满、优的运行带来进一步的保障。

参 考 文 献

[1] 范有慧．浅谈润滑油高压加氢装置平面布置[J]．石油化工安全技术，2003，19(4)：20-22.

[2] 郭世苗，魏臻，吴建东．显微红外光学成像技术的设计[J]．生命科学仪器，2008，6：28-31.

[3] 杨涛．管路积液红外检测技术研究[D]．北京：中国石油大学，2011.

[4] 吴继平，李跃年．红外热成像仪应用于电力设备故障诊断[J]．电力设备，2006，7(9)：38-41.

[5] 杨春，方浴宇，徐建庆．红外热成像技术在炼油化工装置设备诊断中的应用[J]．石油化工设备技术，2008，29(6)：30-32.

[6] 贺婧斐，甄希成，汤海梅．红外热像仪在医学领域中的应用[J]．科技视界，2015，(12)：43-33.

[7] 史强，朱文胜，胡洋等．红外热成像技术在炼油行业的应用[J]．石油化工腐蚀与防护，2013，30(1)：55-60.

[8] 路学荣，吕日恒，程明阳．红外探测系统在军事海洋中的应用[J]．海洋信息，2011，(1)：5-7.

[9] 张建涛．基于红外测温技术的工业热设备内部缺陷诊断方法[D]．重庆：重庆大学，2008.

[10] 左立杰，付冬梅，于晓．基于红外技术的蒸汽管线保温状况检测与评估方法[J]．化工自动化及仪表，2012，39(1)：32-35.

FCC 第三级旋风分离器研究进展

王松江　张振千

(中石化炼化工程(集团)股份有限公司洛阳技术研发中心，洛阳　471003)

摘　要　介绍了目前国内外 FCC 第三级旋风分离器的应用现状，阐述了多管式三旋、大旋分式三旋在工业运行中存在的问题，并对其优缺点进行了分析，重点介绍了 SEG 洛阳技术研发中心开发的新型直流式分离单管研究近况。当入口气速为 25~40m/s 时，新型直流式分离单管的分离效率为 82%~90%，压降为 2.2~5.4kPa。并提出了直流式分离单管的研究方向。

关键词　直流单管　直流式三旋　第三级旋风分离器　FCC

1　前言

催化裂化(FCC)装置再生烟气温度一般为 650~720℃、压力为 0.13~0.2MPa(表压)，高温烟气带走的能量约占全装置能耗的 26%[1]。目前，国内炼油企业大多采用烟气轮机(简称“烟机”)回收这部分能量。烟机入口高温烟气中所含催化剂颗粒的浓度越高，催化剂颗粒的粒径越大，越容易损坏烟机。高温烟气经过再生器内两级串联的高效旋风分离器后，所含催化剂颗粒的浓度一般在 500~1000mg/m^3之间，其颗粒平均粒径约为 15μm，不能满足烟机入口气体含尘浓度低于 80~100mg/m^3、基本不含 10μm 以上颗粒的要求[2]。因此，需在烟气进入烟机前设立第三级旋风分离器(简称“三旋”)，以确保烟机的长周期安全稳定运行。

目前，FCC 装置三旋主要有多管式三旋和大旋分式三旋两种。国内应用较多的是多管式三旋，其中分离单管是多管式三旋的核心部件，其工作效能直接决定了三旋的分离效率和压降。一般，多管式三旋总效率为 60%~80%，压降为 12~15kPa。由于多管式三旋结构原因，再生烟气进入三旋后分配不均匀，单管易窜气、返混、结垢及锥体磨损，影响了单管使用寿命；同时，多管式三旋分离单管结构较复杂，不易维修。而大旋分式三旋总效率一般为 70%~80%，压降为 15~20kPa，比多管式三旋压降要高，有时生产运行中会产生振动，影响 FCC 装置安全稳定运行。

分离单管从分离方式上可分为逆流单管和直流单管。与逆流单管相比，直流单管具有压降小、耗能低、结构简单、在三旋中布置和安装较为便捷、气体分布均匀等优点。因此，近年来随着节能减排要求的不断提高，对直流单管的研究逐步引起了人们的关注。

本文对 FCC 三旋技术现状进行了分析，提出了一种新型直流式分离单管及其第三级旋风分离器构型，以期解决目前三旋运行中存在的问题。

2　多管式三旋国内外研究现状

目前，国内应用较多的是多管式三旋，分为立管式三旋和卧管式三旋，如图 1 所示。其分离元件是逆流式旋风单管，它由导向叶片、分离管、排气管(亦称“排气芯管”或“升气管”)、排尘结构等组成。

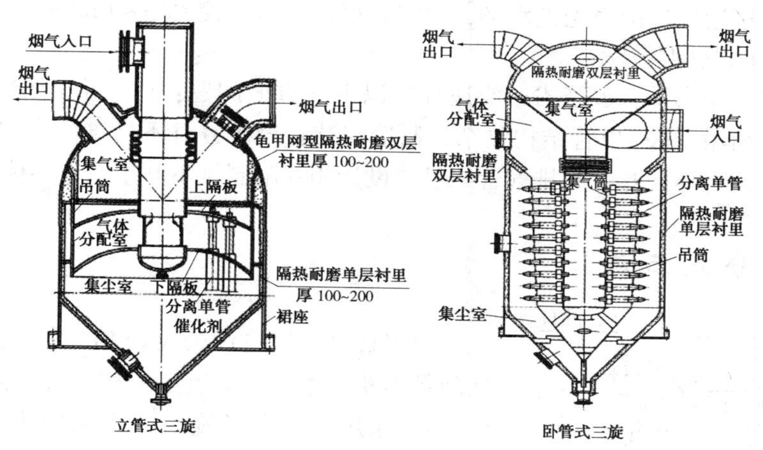

图 1　多管式三旋

FCC 多管立式三旋最早由美国壳牌石油公司于 20 世纪 60 年代开发应用[3]，1975 年英荷 Shell 公司取消单管的泄料盘，克服了泄料孔易被堵塞的缺点[4]，从而形成了新、旧两种 Shell 旋风管型号。工业应用发现，由此单管组成的三旋可完全除净 20μm 的颗粒，大于 10μm 颗粒尚有 3%~6%(m)[5,6]。

我国从 20 世纪 70 年代后期开始研究 FCC 多管式三旋。最初以引进吸收、消化国外技术为主，从 80 年代开始自主开发研制，对导向叶片、排气结构和排尘结构不断进行改进，取得了大量先进成果，先后开发出了 EPVC 系列、VER 型、PDC 型[7]、PSC 型[8]等各种类型的单管，形成了我国完整的具有自主知识产权的三旋分离单管技术。各种型号单管的结构见图 2。

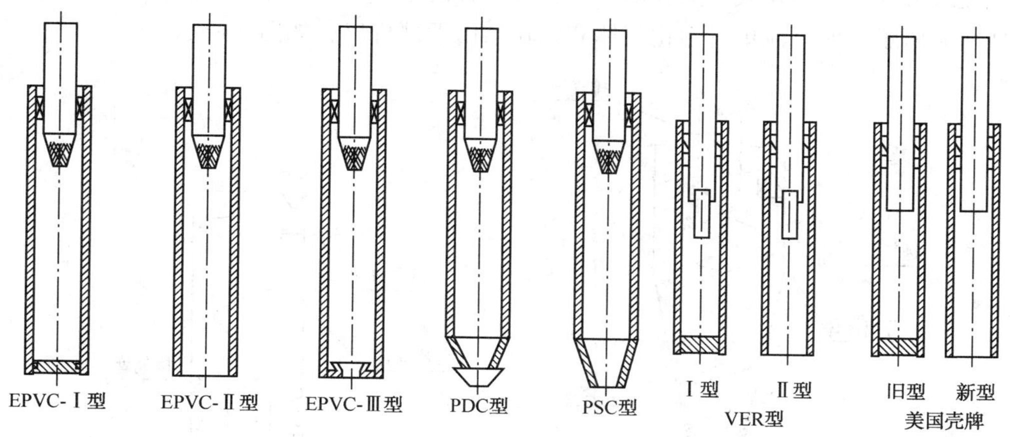

图 2　分离单管(逆流式)结构类型示意图

我国三旋单管的改进研究主要是针对排尘结构的变化，最早的 EPVC 型带泄料盘，EPVC-II 型又取消了泄料盘，PDC 型增加了防返混双锥；中国石油大学又研发出单锥开槽的PSC结构，并形成了ϕ250mm和ϕ300mm的系列产品。ϕ300mm旋风管比ϕ250mm旋风管的处理风量大了50%（ϕ250mm旋风管处理量约2200m^3/h）。单就分离效率而言，我国新开发的三旋单管已接近发达国家先进水平，但主要存在着压降较大(7~14kPa)、易结垢、使用寿命过短(4~6年)的问题[8]。

从工业应用情况来看，多管式三旋还存在以下几方面问题：(1)再生烟气分配不均匀，易窜气、返混、结垢；(2)单管结构复杂，制造安装较困难，且不易维修；(3)排气管与进气口在同一侧，使得导向叶片和排气管的尺寸设计相互限制，不利于三旋整体的均匀布气。

3 大旋分式三旋

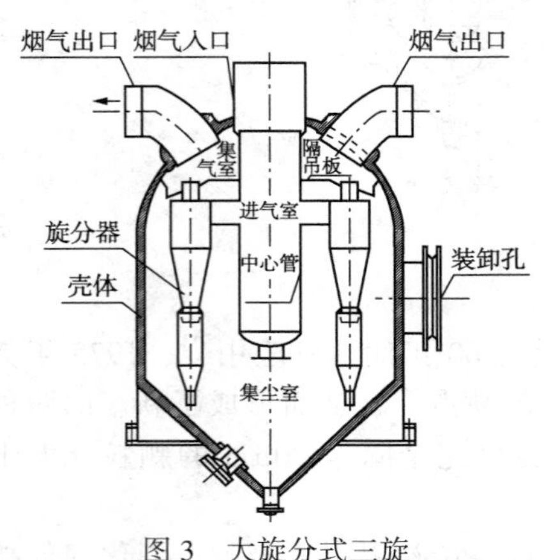

图3 大旋分式三旋

中国石化工程建设公司(SEI)为了适应FCC装置处理量不断增大，开发出了一种大旋分式三旋(如图3所示)。采用较大直径旋风分离器作为三旋的分离元件，取代传统多管式三旋的逆流分离单管，对三旋结构和尺寸进行了优化设计，延长了三旋使用寿命[8]。2006年8月在中国石化海南2.8Mt/aFCC装置上投入应用，取得了很好的效果，目前已在多套工业装置上应用。但大旋分式三旋主要存在的问题是压降较高，一般为15~20kPa，操作弹性小，有时装置会产生振动，影响装置稳定运行。

4 直流式单管三旋国内外研究现状

逆流式分离单管净化气体大多沿中心轴线由分离单管的顶部排出，颗粒则由下部出口排出，如图4所示；而直流单管净化气体和颗粒均由下部排出，如图5所示。

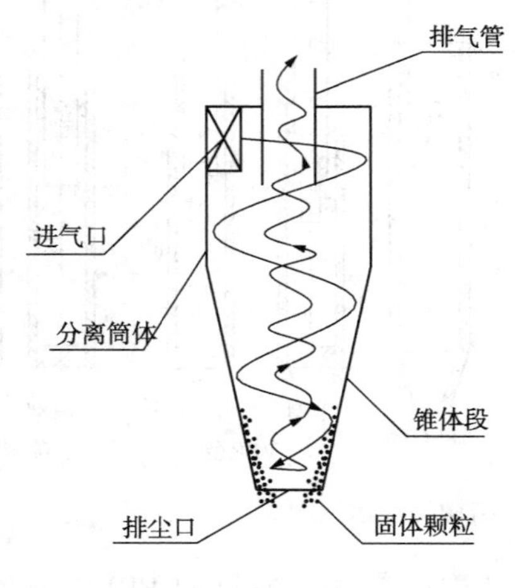

图4 逆流式分离单管

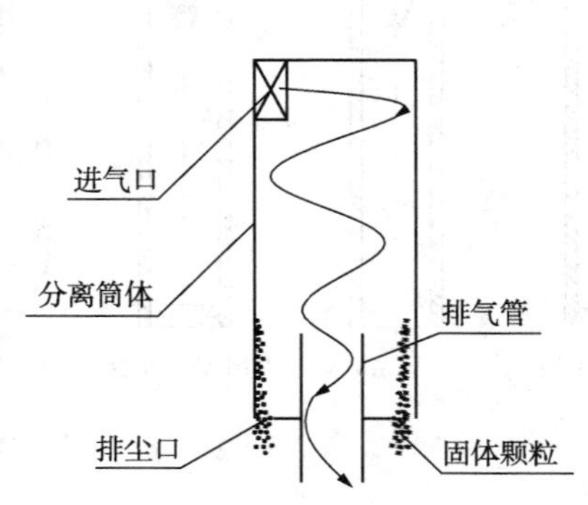

图5 直流式分离单管

直流式分离单管进气口和排气口分别位于分离单管的上下两端，分离筒体常采用直筒型结构，不产生内旋流，气流旋转到分离筒体下部后，直接由排气口排出；颗粒被离心力甩向器壁后，与器壁碰撞，流向单管下部，由下部排尘口排出。这使得分离单管的压降较低，能耗减小。与逆流单管相比，直流单管具有压降小、耗能低、结构简单、在三旋中布置和安装较为便捷、气体分布均匀及占地面积小等优势。

美国 UOP 公司[10]研制了一种应用于 FCC 三旋的直流单管，其结构如图 6 所示。该直流单管采用轴向进气方式，立式安装在三旋中，在其中的布置与安装简捷方便、占地面积较小。试验结果表明，对于中位粒径为 10～20μm、固体颗粒浓度为 300～400mg/m^3 的含尘烟气，该三旋在入口气速为 25m/s 时分离效率约为 87%；在入口气速为 40m/s 时分离效率约为 90%。

中石化洛阳工程有限公司张世成等[11]设计了一种应用于三旋的直流单管，其结构示意图如图 7 所示。该直流单管采用轴向进气方式，排尘口为锥段与排气管外壁组成的环隙，排尘口的面积为分离筒体横截面积的 5%～15%，在锥段底部设有防倒锥，目前还没有用于工业装置。

现有直流式分离单管多采用轴向进气方式，此类进气方式容易使催化剂颗粒被导向叶片打碎。由于小粒径催化剂颗粒不容易分离，因此，该进气结构不利于提高分离单管的分离效率；而且，现有直流式分离单管排尘口缝隙过小，排尘口容易结垢堵塞，降低了分离单管的使用寿命。

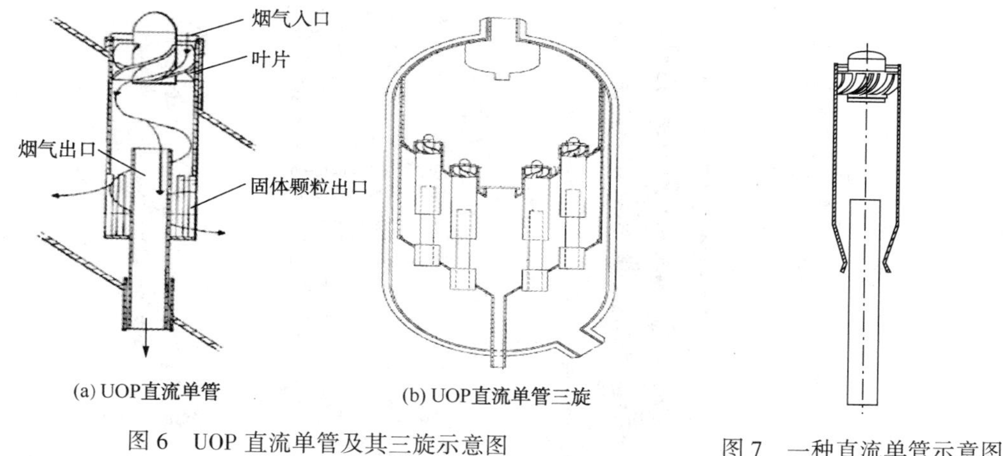

(a) UOP直流单管　(b) UOP直流单管三旋

图 6　UOP 直流单管及其三旋示意图

图 7　一种直流单管示意图

5　SEGR 直流式分离单管研究进展

针对目前 FCC 三旋存在的问题，中石化炼化工程(集团)股份有限公司洛阳技术研发中心(简称 SEG 洛阳技术研发中心或 SEGR)开发了具有自主知识产权的直流式分离单管及第三级旋风分离器，构型如图 8 所示。

单管结构研究方法主要采用冷模实验和数值模拟。冷模实验结果比较真实、准确，但实验过程需要消耗大量的人力、财力和时间。因此，首先选用 CFD 数值模拟软件对直流单管

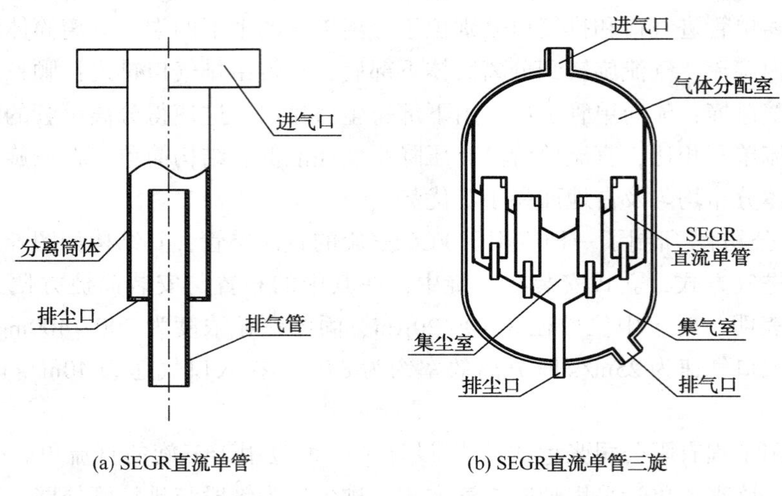

(a) SEGR直流单管　　(b) SEGR直流单管三旋

图8　SEGR 直流式分离单管及其第三级旋风分离器

进行优化，遴选出分离性能较好的直流单管进行冷模实验研究。该直流单管不产生内旋流，其压降明显低于逆流式分离单管，能耗低。烟气进入直流式三旋后可一次分配给各个分离单管，无需二次分配，烟气分配均匀。该直流单管采用双切向进口，催化剂颗粒不会被打碎，使直流单管内流场对称，有利于气固分离，提高了分离效率。SEGR 直流式分离单管数值模拟压力云图和切向速度云图如图 9 所示。

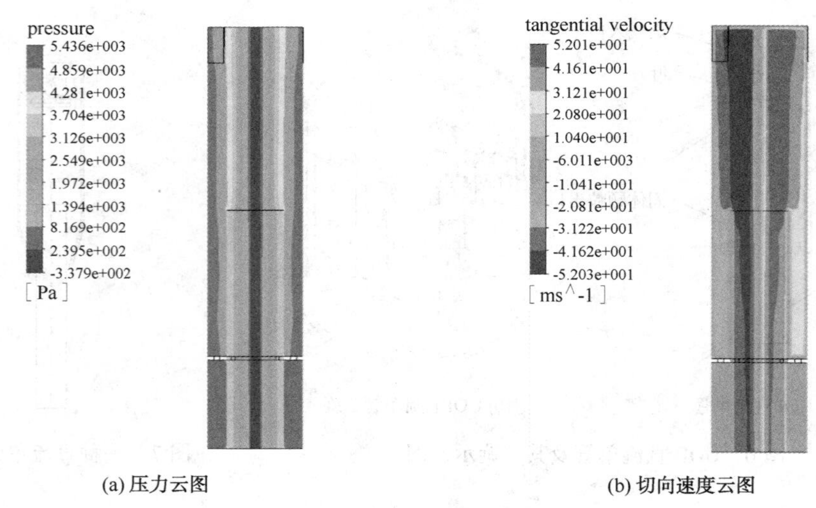

(a) 压力云图　　(b) 切向速度云图

图9　SEGR 直流式分离单管数值模拟结果

由图 9(b)所示，SEGR 直流式分离单管切向速度云图对称性良好，流型稳定，分离空间内气流没有扰动，这种流型有利于气固分离。

对数值模拟优化后的直流单管进行了冷模试验研究。流化介质为常温空气，固体介质为滑石粉，密度为 2700kg/m^3，体积中位径约为 13μm，单管分离效率和压降见图 10、图 11。

可见，当单管入口气速为 25～40m/s 时，分离效率约为 82%～90%，压降为 2.2～5.4kPa。压降明显低于同等条件下逆流式分离单管的压降。

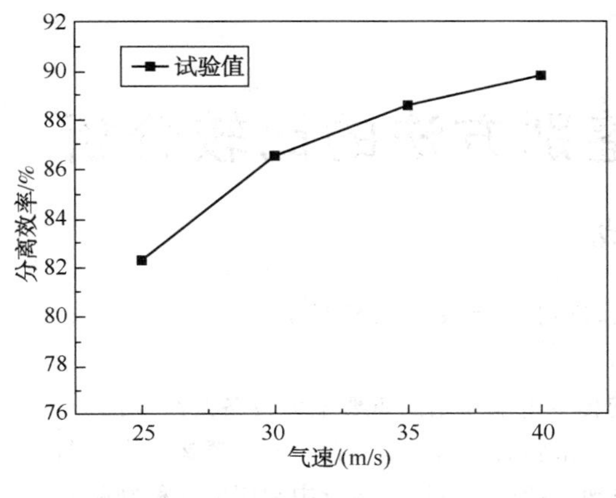

图 10　直流单管分离效率与气速关系

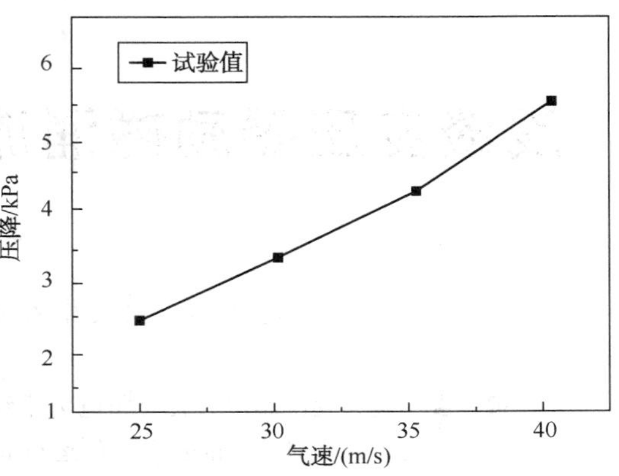

图 11　直流单管压降与气速关系

6　展望

FCC 第三级旋风分离器经过近四十年的发展，已日臻成熟，所存在的问题正在得到逐步解决，新型三旋的研究开发是一个锦上添花、逐步完善的过程，有望通过科研人员的不断努力，赶超世界先进水平。直流式分离单管压降较小，提高其分离效率还有较大的空间，这也是开发者努力的方向。为保证气流能够在分离空间内规则旋转，可采用内构件有效提高气流切向速度，从而提高单管的分离效率。初步冷模试验结果表明，在分离筒体内加入内构件后，在同等条件下，可提高单管分离效率 2%左右，压降基本保持不变。

参 考 文 献

[1] 于鸿斌．用于催化裂化三旋的切流式旋风分离器的分离性能研究[D]．中国石油大学，2011.

[2] 陈俊武，曹汉昌．催裂化工艺与工程[M]．北京：中国石化出版社，1995：813-822.

[3] Al Y Z X W. Particle Separation Efficiency of a Uniflow Deduster with Different Types of Dusts. 2007.

[4] Zhang Y. Modeling and Sensitivity Analysis of Dust Particle eparation 2007.

[5] 张艳．催化裂化第三级旋风分离器新型单管的开发研究[D]．中国石油大学，2007.

[6] 居颖．国产立管式多管三旋发展状况述评[J]．石油化工设备技术，2006(04)：56-59.

[7] 李振兴，权军胜，洪峡，等．催化裂化立管式与卧管式三旋的综合分析比较[J]．石油化工设备技术，1997(04)：11-14.

[8] 李乃生．催化裂化装置中三级旋风分离器结构设计进展[J]．炼油与化工，2009(01)：34-36.

[9] 卢永，孙湘磊．BSX 型三旋在催化裂化装置的应用[J]．中外能源，2008(13)：138-140.

[10] Paul A S，Brian W H. Apparatus and process for separating fine solid particles from a gas stream[P]. United States，6797026，2004.

[11] 张世成，顾月章，郝希仁．一种用于立管式第三级旋风分离器的分离单管[P]．中国，201283317Y，2008.

浅谈变压器励磁涌流鉴别方法的比较分析

李　成

（中海石油宁波大榭石化有限公司，宁波　315812）

摘　要　电力变压器作为我公司电力系统中起传变电能作用的重要电力设备及组成部分，确保其工作的可靠性对系统的安全平稳运行起到至关重要的作用。本文针对变压器运行中长期存在励磁涌流问题，系统分析了励磁涌流的产生原理及特点，总结了运行中常用的几种励磁涌流识别方法的基本原理，归纳了各自的优缺点，为防止励磁涌流引起保护误动提供了理论方法。

关键词　变压器　励磁涌流　鉴别方法

宁波大榭石化有限公司作为大型炼油企业，目前运行中的电力变压器有 90 余台。随着公司新建生产装置的不断发展，电力系统的供电容量和电压等级的不断提高，变压器数量也会不断增加，变压器设备造价持续走高，内部结构愈加复杂，现场检修难度增大，在实际运行中为变压器配置可靠的保护，对于延长其工作寿命，提高系统运行可靠性具有十分重要的意义。然而，由于变压器运行过程中存在励磁涌流，且大多数励磁涌流现象只存在于变压器绕组一侧，数值可达额定电流的 6~10 倍。变压器保护必须正确识别并避开励磁涌流，否则将会造成保护的误动。因此，对于如何正确识别并抑制励磁涌流问题的研究分析具有十分重要的意义。

1　励磁涌流的产生与特点

1.1　变压器励磁涌流的产生原理

变压器励磁涌流是由于变压器铁芯饱和造成的。本文以单向变压器为例说明励磁涌流产生的原因，以变压器额定电压的幅值和额定磁通的幅值的标幺值来表示电压 μ 和磁通 ϕ，电压和磁通之间的关系为：$\mu=\frac{\mathrm{d}\phi}{\mathrm{d}t}$。

设变压器在 $t=0$ 时刻空载合闸时，加在变压器上的电压为 $u=U_m\sin(\omega t+\alpha)$，根据电压和磁通之间的关系求得磁通为 $\phi=-\Phi_m\cos(\omega t+\alpha)+\Phi_{(0)}$。

式中，$-\Phi_m\cos(\omega t+\alpha)$ 为稳态磁通分量，而 $\Phi_m=U_m/\omega$；$\Phi_{(0)}$ 为自由分量，由于铁芯的磁通不能突变，可求得 $\Phi_{(0)}=\Phi_m\cos(\alpha)+\Phi_r$，其中 Φ_r 是变压器铁芯的剩磁，其大小和方向与变压器切除时刻的电压（磁通）有关。

电力变压器的饱和磁通一般为 $\Phi_{sat}=1.15\sim1.4$，而变压器的运行电压一般不会超过额定电压的 10%[1]，相应的磁通 ϕ 不会超过饱和磁通 Φ_{sat}，所以在变压器稳态运行时，铁芯是不会饱和的。但在减压器空载合闸时产生的暂态过程中，由于 $\Phi_{(0)}$ 的作用使 ϕ 可能会大于

Φ_{sat}，造成变压器铁芯的饱和。若铁芯的剩磁 $\Phi_r>0$，$\cos\alpha>0$，合闸半个周期（$\omega t=\pi+\alpha$）后 ϕ 达到最大值 $\phi=2\Phi\cos\alpha+\Phi_r$。最严重的情况是在电压过零时刻（$\alpha=0$）合闸，$\phi$ 的最大值为 $2\Phi_m+\Phi_r$，远大于饱和磁通 Φ_{sat}，造成变压器的严重饱和。

图 1 所示的是变压器的近似磁化曲线，铁芯不饱和是，磁化曲线的斜率很大，励磁电流 i_u 近似为零；铁芯饱和后，磁化的斜率 L_μ 很小，i_u 大大增加，形成励磁涌流。其波形与 $\Phi-\Phi_{sat}$ 只相差一个 L_μ，故在 0 至 2π 周期内有

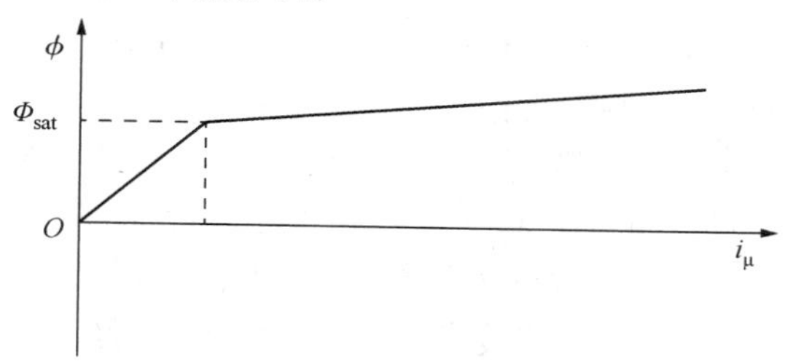

图 1　变压器的近似磁化曲线

当 $0\leqslant\theta\leqslant\theta_1$ 或 $\theta\geqslant2\pi-\theta_1$ 时，$i_\mu=0$；

当 $\theta_1<\theta<2\pi-\theta_1$ 时，$i_\mu=I_m(\cos\theta_1-\cos\theta)$，其中 $I_m=\Phi_m/L_\mu$；

励磁涌流的波形如图 2 所示，波形完全偏离时间轴的一侧，且是间断的。波形间断的宽度称为励磁涌流的间断角 θ_J。

1.2　变压器励磁涌流的特点

三相变压器空载合闸时，三相绕组都会产生励磁涌流。一般情况下，三相变压器励磁涌流有如下特点：

（1）由于三相电压之间有 120°的相位差，因而三相励磁涌流不会相同，任何情况下空载投入变压器，至少在两相中要出现不同程度的励磁涌流。

（2）某相励磁涌流可能不再偏离时间轴的一侧，变成了对称性涌流。其他两相仍为偏离时间轴一侧的非对称性涌流。对称性涌流的数值比较小。非对称性涌流仍含有大量的非周期分量，但对称性涌流中无非周期分量。

（3）三相励磁涌流中有一相或两相二次谐波含量比较小，但至少有一相比较大。

（4）励磁涌流的波形仍然是间断的，但间断角显著减小，其中又以对称性涌流的间断角最小。但对称性涌流有另外一个特点：励磁涌流的正向最大值与反向最大值之间的相位相差 120°。这个相位差称为“波宽”，显然稳态故障电流的波宽为 180°。

2　励磁涌流的鉴别方法

2.1　基于波形特征的鉴别方法

长期研究表明，励磁涌流和故障电流在波形上具有不同的特征，随着近年来微机保护的不断发展，对于波形的识别也更加准确可靠，因而该方法也得到了进一步的发展。

（1）波形对称原理。通过对多个版周波的波形进行连续比较，励磁涌流的波形中，最多

只有约1/3各半波能够对称，而故障电流的波形中，能够有5/6各半波能够对称，基于此来判断励磁涌流。原理如下：

$$\left|\frac{I_k+I_{k+180°}}{I_k-I_{k+180°}}\right| \leqslant K_{bxx}$$

式中，I_k 是前半波的电流参数，$I_{k+180°}$ 是后半波的电流参数。波形对称原理虽然比较简单，但其整定比较复杂困难。

（2）间断角原理。在变压器各种运行情况下，励磁涌流中都会出现明显的间断角，而故障电流中则不具备这个特征。其判据为：

当 $W_k>140°$，$W_j<65°$时，为内部故障电流；当 $W_k<140°$，$W_j>65°$时，为励磁涌流。

式中，W_k 为三相电流周波宽度，W_j 为间断角大小。此原理中，波宽同样被纳为判据条件之一。间断角原理在现场运行中收到采样精度、CT传变误差、采样率等硬件条件影响，难以做到精确测量电流，故需要对经济技术指标以及实际运行经验进行综合考虑。

2.2 基于磁通特性的鉴别方法

铁芯磁通是表征变压器是饱和程度的重要物理量。一种基于磁通量和电流的变化率的励磁涌流识别方法。原理如下：

$$\mu=Ri+L\frac{\mathrm{d}i}{\mathrm{d}t}+\frac{\mathrm{d}\Psi}{\mathrm{d}t}$$

式中，Ψ 表示变压器绕组的互感磁链，R 表示绕组的电阻，L 代表电感参数。

当变压器内部发生故障时，$\mathrm{d}\Psi/\mathrm{d}i$ 数值较小，然而当变压器正常运行时，$d\Psi/\mathrm{d}i$ 数值较大。当出现励磁涌流时，变压器在磁化曲线的保护区段和非饱和区段交替工作，故 $\mathrm{d}\Psi/\mathrm{d}i$ 数值也是时变的。基于磁通特性的励磁涌流鉴别方法避免了考虑励磁涌流和过励磁电流等问题，但是该原理需要使用到变压器漏感的参数，具有较大的不确定性，整定门槛值的确定需要进行大量实验才能够确定，导致整定过程难度增加。

2.3 新型鉴别方法

随着现代计算机水平的提高一级新型数学分析方法和数据处理算法的出现和发展，一些新型励磁涌流识别方法开始出现，其中包括：使用现代信息处理方法对涌流特征进行分析，如：小波分析、数学形态学等；对变压器进行数学建模，针对涌流出现时某些参数的变化情况进行识别；人工智能识别，如：人工神经网络、模糊数学等。这些方法虽然具备一定的可行性且具有较大的发展潜力，但当前尚不够完善，作为传统识别方法的辅助，有待于进一步提高。

3 总结

本文总结的励磁涌流识别原理中，谐波制动原理和波形特征原理都是在励磁涌流和变压器内部故障时电压或电流具有不同特征的基础上按的。本文认为未来一段时间内变压器差动保护的发展趋势为：综合考虑变压器的电流、电压这两个重要的特征变量，从中获取信息今儿通过一定算法和判据识别；简单的单一判据已经无法使用对保护的要求，昂多种原理有效结合起来进行智能化识别。

现有的保护方法很难做到对励磁涌流的100%可靠识别，变压器差动保护还有很多亟待的重要问题。随着我国电力系统规模扩大和电压等级的提高，研究出新的，更适用的识别励磁涌流问题的方法，或是另辟蹊径来探索变压器保护新原理，克服差动保护应用于变压器中的先天不足从而适用大规模复杂电力系统的需要具有很强的理论和实践意义。

参 考 文 献

[1] 张保会，尹项根. 电力系统继电保护[M]. 北京：中国电力出版社，2010.

[2] 张雪松，何奔腾. 基于误差估计的变压器励磁涌流识别原理[J]. 中国机电工程学报，2005，25(3)：95~99.

[3] 宗洪良，金华烽. 基于励磁阻抗变化的变压器励磁涌流判别方法[J]. 中国机电工程学报，2001，21(7)：93~94.

基于 TRICON 系统的压缩机防喘振研究

徐小粘

（中国石化荆门分公司，荆门　448039）

摘　要　介绍了 TRICONEX 的 TRICON 系统硬件与软件，以及上位机监控软件 INTOUCH，简述了离心压缩机的喘振原理，对压缩机的防喘振控制方案进行研究与探讨，并对中国石化荆门分公司 180 万/年柴油加氢装置的压缩机防喘振控制方案进行了详细介绍，就 TRICON 系统防喘振控制功能块进行分析与探讨。

关键词　压缩机　TRICON　喘振　柴油加氢

中国石化荆门分公司(以下简称荆门石化)180 万吨/年柴油加氢装置循环氢压缩机组，采用沈阳鼓风机集团有限公司设计制造的 BCL407 型循环氢离心压缩机，以杭州汽轮机股份有限公司(杭汽公司)的 NK32/36 型汽轮机作为驱动设备，压缩机与汽轮机由膜片联轴器连接，压缩机和汽轮机安装采用联合底座，整个机组采用干气密封技术作为压缩机的轴端密封。并以 TRICON 系统作为压缩机的 CCS 控制系统，以实现压缩机机组的调速控制、防喘振控制、压缩机启动控制、联锁停车保护、状态监测及报警。

1　TRICON 系统介绍

荆门石化 180 万吨/年柴油加氢装置循环氢压缩机 K102 控制系统采用 TRICONEX 公司 TRICON 系统，实现对循环氢压缩机组的透平控制以及压缩机的控制和状态监测。TRICON 系统主控制器具有三重化冗余模件，即 TMTRICON TMR，其目前已经通过 TUV 六级认证，具有很高的安全可靠性。

1.1　容错技术

TRICON 系统采用具有高容错能力可编程逻辑的控制技术，在线识别瞬态和稳态的故障并进行适当的修正，通过容错技术提高了控制器的可靠性和可用性，可以不间断的控制现场生产过程。

TRICON 系统是采用三重化冗余模件结构(TMR)实现其容错能力。此系统由三个完全相同的系统通道组成(电源模件是双重冗余模件)。每个系统通道独立地执行控制程序，并与其他两个通道并行工作。TRICON 系统的输入输出 I/O 模件、主处理器 MP 均三重化配置。每个输入卡件都有三个分电路，各电路之间相互独立，现场数据通过每一个分电路读取，并将采集的数据通过 A/D 转换传送给主处理器进行处理。主处理器 MP A，MPB，MPC 之间通过 TriBus 总线进行通讯。TRICON 系统的三重化冗余结构原理如图 1 所示。

TRICON 系统通过硬件表决机制对所有来自现场的数字式输入和输出信号进行表决和诊

断。对于模拟输入信号，进行取中值的处理。对于数值量，则是进行三取二处理。

输入输出卡件中的三个分电路之间相互隔离，任一分电路内出现故障不会影响该卡件的其他两个分电路。当某个卡件的分电路出现故障时，在有备用卡件的情况下，可以在线进行更换，做到无扰动切换，不影响系统的运行及现场控制。

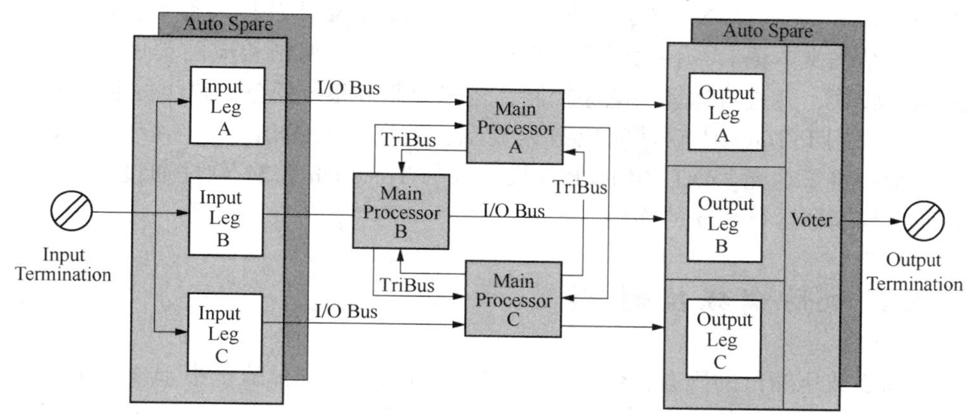

图 1　TMR 结构原理图

1.2　CCS 系统硬件

180 万吨/年柴油加氢装置 CCS 系统的 TRICON 硬件系统包括三个主控制器模块，冗余电源模块，DI 卡件，DO 卡件，AI 卡件，AO 卡件，PI 卡件，通讯卡件，以及相应卡件的端子板。设有主机架，扩展机架，以及远程机架。主控制器由 32 位微处理器，浮点处理器，I/O 及通讯处理器等组成，主处理器间通过内部容错总线 Tribus 进行连接，具备硬件表决，SOE 事件记录，以及自诊断功能。TRICON 系统的主机架，扩展机架，远程机架均设置了冗余电源模件，为 TRICON 系统的 I/O 卡件及通讯卡件的正常工作提供电源供应。AI 卡件主要是采集现场变送器，热偶等设备的模拟信号，模拟输入信号进行取中值处理后，再传送给主控制器。AI 卡件内置三重化的 A/D 转换器，满量程精度为 0.15%，无单点故障，各通道之间光电隔离，在备用卡件的情况下可以在线更换。AO 卡件内置三重化的 D/A 转换器，通过三取二表决机制，选取一个正确的数据输出，以便控制现场的调节阀，变频器等执行器，系统周期性的对卡件的每个输出通道进行反馈检测，卡件内置参考电压，并自动进行电压校正。DI 卡件主要是采集现场输入的开关量信号，内置独立，隔离的信号转换器，具有无单点故障，Stuck-On 测试功能等特点。DO 卡件通过三取二的硬件表决机制，选择正确的输出数字信号，控制现场的切断阀开关，机泵启停等现场设备，内置具有专利的四方输出电路，具有无单点故障，现场回路故障检测及潜在故障检测等功能。TRICON 系统对所有 I/O 卡件的反馈电压，数字量的断开或闭合状态，卡件的电压/电流反馈回路，连接到卡件的负载状态(短路/开路)进行检测。PI 脉冲卡内置三重化冗余的脉冲计数器，主要用于采集现场脉冲信号，一般用于旋转机械转速信号的测量。TCM 通信卡件具有 RJ45 和 RS485 通信口，分别用于主处理器与工程师站，操作站的数据交互，以及 TRICON 系统与 DCS 等第三方控制系统设备的通信。

本装置机组控制系统(CCS 系统)具有工程师站一台，操作员站两台，采用网络交换机以及光纤通讯构成操作站，控制器系统网络。

1.3 系统软件

TRICON系统通过Tristation的工程组态软件进行编程。Tristation 1131的开发平台运行环境是WINDOWS XP或WIN 7操作系统。Tristation 1131支持三种编程语言：功能块语言，梯形图语言及结构文本语言。一般采用FBD即功能块语言编制相应的程序，完成模拟量，数字量处理，转换，并进行运算，顺序控制，逻辑控制等系统任务。机组控制系统状态监测以及操作软件采用INTOUCH软件完成数据显示，数据输入输出，操作指令输入，状态报警，数据超限报警等功能。INTOUCH上位机软件与Tristation 1131软件通过DDE完成上位机与TRICON控制器运行程序的连接。

2 压缩机防喘振控制

喘振是离心式压缩机的固有特性，当进入压缩机入口的气体流量小于该工况下的喘振流量时，因管网阻力，出口气体会倒流至压缩机；当压缩机的出口压力大于管网压力时，压缩机又正常运行，将气体排至管网中，周而复始的产生上述现象，对压缩机机体产生极大的震动，发出类似哮喘病人的喘气声，此时压缩机的气体流量呈脉动式变化，工程上将此工作现象称之为喘振。

离心压缩机固有的喘振特性使压缩机避免不了发生喘振现象，为保护压缩机的正常运行，根据实际工况，采用防喘振控制方案对压缩机进行过程控制。

2.1 防喘振控制方案

要避免离心压缩机发生喘振，根据喘振的工作原理，只需保证压缩机的入口流量大于发生喘振点的流量即可，通过控制防喘振阀的开度，从而调节压缩机出口气体的回流量，以增加入口气体流量，使之大于喘振点的流量。

如图2所示，根据离心式压缩机不同的转速n，绘制相对应的压缩机出入口气体压力压力比P与压缩机入口气体流量Q之间的特性关系曲线。每条$P-Q$曲线都有一个最高点，在最高点右侧区域称为稳定工作区，最高点左侧区域即为喘振区，特性曲线最高点所对应的气体流量即为压缩机喘振流量Q_p。不同转速下的特性曲线均有一个最高点(峰值)，该点即为喘振点。将不同转速特性曲线上的喘振点连接起来，可得一曲线，该曲线称为离心压缩机的喘振曲线。由于压缩机不能做全范围的喘振实验，喘振曲线是一条近似拟合曲线，通过插补运算所得。为保证压缩机的安全运行，需设置一条防喘振曲线，该曲线与喘振曲线有5%~10%的距离，该距离为压缩机防喘振控制的安全裕度。离心压缩机防喘振曲线如图3所示。喘振线方程可近似用抛物线方程来表示：

$$\frac{p_2}{p_1} = a + b\frac{Q_1^2}{\theta_1} \tag{1}$$

p_1表示压缩机入口气体压力，p_2表示压缩机出口气体压力，a、b为压缩机系数，θ表示温度，Q表示压缩机入口气体流量。压缩机系数由压缩机制造厂商提供。当压缩机入口气体介质不同，压缩机系数会不同。压缩机后路系统管网容量越大，喘振频率越低；系统管网容量越小，喘振频率越高，喘振振幅越小。要防止离心压缩机发生喘振，只需压缩机运行时的吸入流量大于喘振点流量。

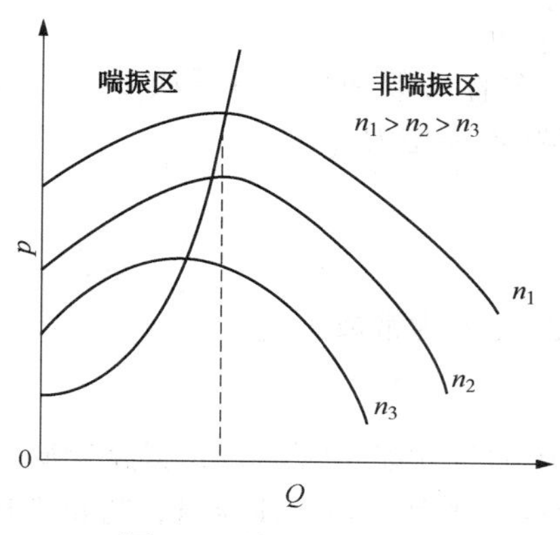

图 2　压缩机喘振曲线

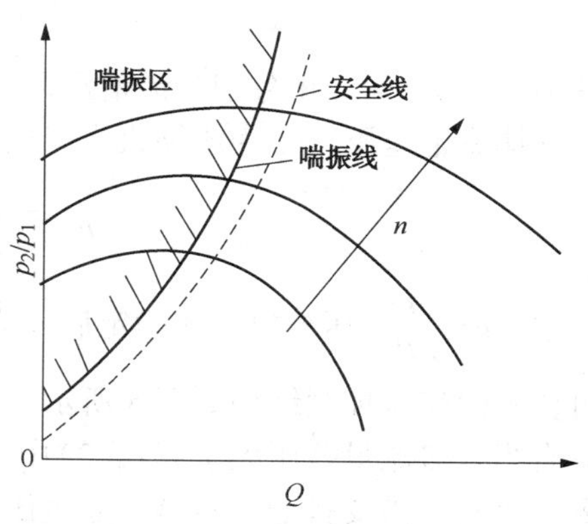

图 3　压缩机防喘振曲线

当所压缩机运行时需要的流量小于喘振点流量时，通过压缩机流量旁路管线，将出口气体返回到入口，以增加压缩机入口流量，以满足大于喘振点流量的控制要求。离心压缩机喘振的控制方案有两种：固定极限流量法(即最小流量法)和可变极限流量法。

2.2　固定极限流量控制

固定极限流量控制方案是假设在最大转速下，如果能够使压缩机入口流量总是大于该喘振临界流量 Q_p，则能避免离心压缩机发生喘振。当入口气体流量小于该该临界流量 Q_p 时，打开旁路控制阀，使出口的部分气体返回到压缩机入口，保证压缩机入口流量大于临界流量 Q_p。防喘振固定极限流量控制系统如图 4 所示。

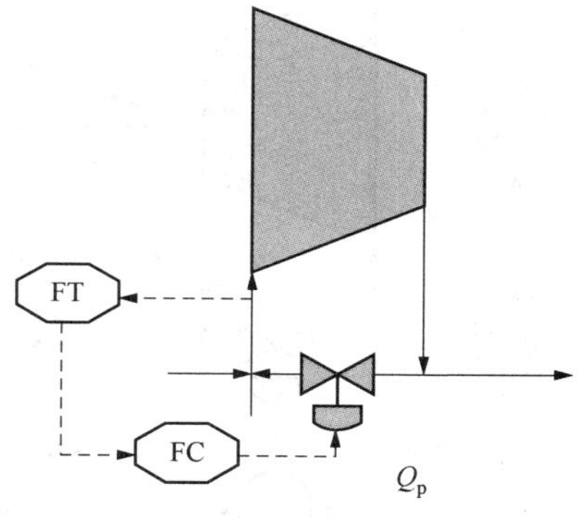

图 4　固定极限流量防喘振

固定极限流量防喘振控制系统结构简单，可靠性高，项目投资少，工艺流程简单。由于压缩机的不同工况和装置需求，其转速不一样。当压缩机转速较低时，其流量的安全余量较大，从而使能耗偏高，压缩机的运行效率不高，该控制方案仅适用于对转速固定的离心压缩机。因其不适用于本装置机组防喘振控制的需要，故不再详细赘述。

2.3　可变极限流量控制

可变极限流量控制方案是根据转速不同，其对应的喘振点流量也不同作为控制依据，当然要保持足够的安全余量。由于不同的转速对应所控制的喘振点流量不同，因此称为可变极限流量控制。可变极限流量控制是根据控制模型计算设定值，属于随动控制系统。

根据公式(1)可知，若$\dfrac{p_2}{p_1}<a+b\dfrac{Q_1^2}{\theta_1}$，

则说明此时压缩机的入口气体流量大于喘振点处的流量，工况安全，若$\dfrac{p_2}{p_1}>a+b\dfrac{Q_1^2}{\theta_1}$，则说明压缩机的入口气体流量流量小于喘振点的流量，压缩机在喘振状态下运行。由于压缩机

入口气体流量采用孔板差压的方法进行测量，则有

$$Q_1 = K_1\sqrt{\frac{p_d}{r_1}} = k_1\sqrt{\frac{p_d ZR\theta}{p_1 M}} \tag{2}$$

其中 K_1，Z，R，M 分别为流量常数，压缩系数，气体常数和相对分子质量，p_d 为压缩机入口气体流量差压，p_1 为压缩机入口气体压力。其喘振模型为：

$$p_d \geqslant \frac{n}{bK_1^2(p_2 - ap_1)} \tag{3}$$

其中，$n=\frac{M}{ZR}$，压缩机介质确定后 n 为常数，K_1，a，b 为常数。

可变极限流量控制结构如图 5 所示。

只有当入口流量差压大于算式(3)中的计算值，压缩机才能正常运行，旁路阀阀位为全关位置。否则，需要打开旁路阀，通过压缩机旁路管线增加其入口气体流量，防止喘振现象发生。算式(3)中的计算值被用作防喘振控制器(PI 控制器)的设定值。一般情况下，压缩机的喘振模型可以简化，上述算式中的 $a=0$ 或 1，使其模型更加简化。

喘振线的模型如图 6 所示。

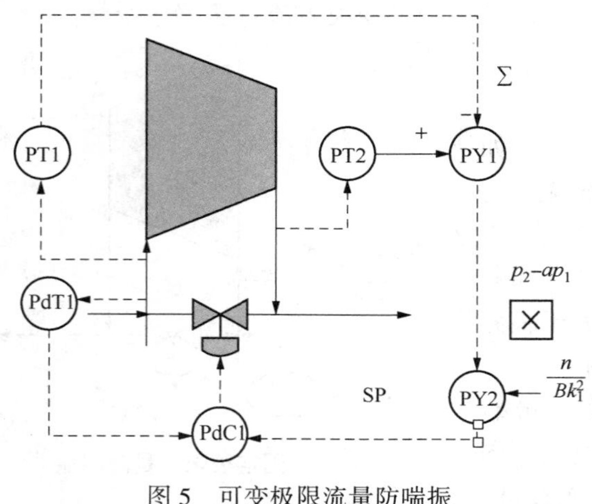

图 5 可变极限流量防喘振

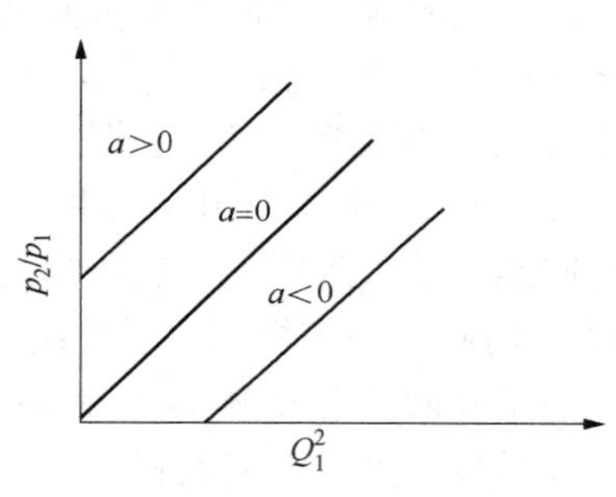

图 6 喘振线的模型

3 TRICON 系统防喘振控制分析

基于 TRICON 系统架构的机组控制系统(简称 CCS 系统)的防喘振控制，利用 TRICON 公司开发的防喘振功能块，用于压缩机喘振曲线以及防喘振曲线的绘制，压缩机相关变量的计算，压缩机安全操作的调整，防喘振阀的控制等。当机组投入运行后，TRICON 系统将根据压缩机入口流量、入口压力、出口压力及相应的温度，分子量大小等，利用 TRICONEX 独特的防喘振技术来判断是否发生喘振。如发生喘振，则由防喘振控制器的输出值来调节防喘振控制阀的开度。

3.1 防喘振曲线图分析

图 7 为 180 万吨/年柴油加氢 CCS 系统的防喘振曲线图。防喘振算法采用 $p_d/p_s \sim F/p_s$ 算

法，横坐标为：F/p_s 的比值，纵坐标为：p_d/p_s 压比，其中 F 为流量孔板的差压(可用差压 F 来表示流量 Q)，p_s 为进口压力，p_d 为出口压力。即可简单化的可以把横坐标理解成流量的大小，纵坐标可以理解为压力的高低，防喘振主要由这两个因素构成。

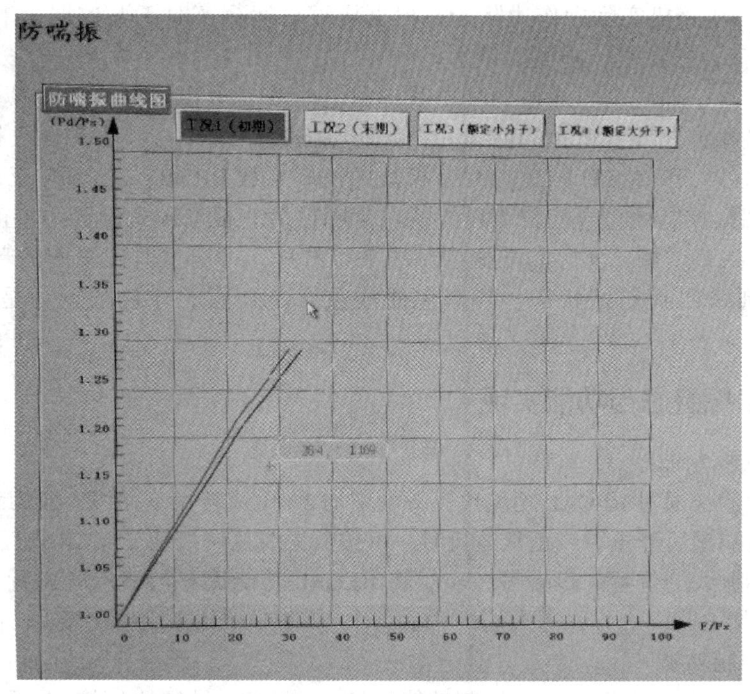

图 7　防喘振曲线图

利用 TRICON 系统的喘振线功能块 SRG_ LINE，可以画出压缩机的喘振线，该装置采 K1PR_ A，K1PR_ B，K1PR_ C，K1PR_ D，K1PR_ E，K1PR_ F，K1Hc_ A，K1Hc_ B，K1Hc_ C，K1Hc_ D，K1Hc_ E，K1Hc_ F 六个工况点，根据相应的数据输入点，计算出喘振线，即通过模块内部用插补运算画出喘振线。将喘振线向右平移 5%~10%的裕度，即可以画出防喘振线，同时计算出喘振操作点。压缩机运行的实时工况点采用的利用防喘振曲线图的(F/Ps，Pd/Ps)坐标点来表示。根据不同的工况，该装置的喘振曲线图分为工况初期，工况末期，额定小分子，额定大分子四种工况，只是喘振曲线所对应的不同工况点，其喘振实验所得的数据也不同，故曲线有所差异。但都是从喘振曲线功能块 SRG_ LINE 得出相关数据，画出喘振线和防喘振线。

根据相关程序分析，p_d/p_s 压比的计算公式为：

$$\frac{p_d + 0.1}{p_s + 0.1} = \text{Part} \tag{4}$$

上述 Part 值即纵坐标 p_d/p_s，即压缩机出入口压力之比为其两者绝压值之比值。其横坐标 F/p_s 其实是差压百分比，其计算公式如下：

$$\frac{FI17001 \times 18.25}{PI17001 + 0.1} = H_c \tag{5}$$

FI17001 即入口流量差压值，PI17001 为压缩机入口压力值，H_c 即是横坐标 F/p_s。通过不同的压力比，可以通过喘振曲线功能块 SRG_ LINE 得出横坐标，即 SRG_ PT 值。根据 Hc-SRG_ PT=MARGIN，得出实际操作裕量，作为防喘振控制相关功能模块的测量输入值。

根据压缩机入口流量和喘振点 SRG_ PT，基本喘振偏移量 e1EBIAS，利用 SAFETY_ MAR 模块计算出压缩机实际操作边际，并根据压缩机运行实时工况数据，来得出安全裕度值 TOT_ SAFETY，并在监控画面上显示。

如图 7 中，红色曲线为压缩机的喘振线；黄色曲线表示根据喘振点计算累计安全裕量，得出的实际防喘振控制线；蓝色的曲线为初始防喘振控制线，表示是压缩机未发生喘振时计算得到的防喘振线。因在 SAFETY_ MAR 模块的比率系数 PROP_ MAR 为 0，初始防喘振控制线与实际防喘振控制线重合，仅当压缩机发生喘振后，根据预先设置的校正距离，安全裕度值 TOT_ SAFETY 增加，实际防喘振控制线平行右移，可通过监控画面的喘振线按钮，使实际防喘振控制线回到初始状态，与蓝色曲线重合。画面的绿色圆点为是压缩机实际工作点。

3.2 防喘振组态与功能实现

（1）防喘振控制曲线

当喘振发生后，通过 RECAL 功能块，每次增加 2%生成喘振下移线，成为新的防喘振控制曲线。但压缩机喘振后开机，或正常运行时，可按喘振线复位按钮 g1MARRST，使下移防喘振线回到初始防喘振线的位置。每喘振一次，将 RECAL 功能块参数 f1INSUR 置为 1，喘振计数器加 1，并赋值给 REC_ CNT，送上位机显示，作为监控画面的防喘振次数统计显示。

（2）超驰控制功能

在本装置 CCS 系统里设有超驰控制功能块 Srg_ Ovrd，是纯比例控制，可以强制将防喘振阀打开。当操作点在防喘振控制线左侧时，其实际操作裕量小于安全裕度值 TOT_ SAFETY 的 70%时，开始打开防喘振阀。由于机组正常运行时，防喘振电磁阀处于得电状态，故不需要单独设置联锁逻辑打开电磁阀。因功能块 SRG_ OVRD 设置系数为 0.7，若喘振线与防喘振线之间的距离为 0%~100%，即当工作点在防喘振线左侧距离喘振线 70%时防喘振阀开始打开。当工作点移到到喘振线时，超驰功能块输出值 OVRD_ OUT 为 100%，防喘振阀完全打开。

（3）防喘振 PID 控制

在该机组控制系统内，设有 PI 调节的 PID 控制功能块 PID_ SRG。根据喘振曲线的流量值 SRG_ PT，设定的防喘振安全偏差值 8%，通过 SAFETY_ MAR 功能块，以及校正模块 RECAL 得到累计安全裕度值 TOT_ SAFETY。根据压缩机运行工作点 Hc 与喘振点 SRG_ PT 相减计算得出的实际的操作裕量 MARGIN，作为防喘振功能块的输入测量值，利用 TOT_ SAFETY 等参数，通过设定徘徊功能块 SP_ HOVER 计算出防喘振设定值 SRG_ SP。防喘振输入测量值 MARGIN，SRG_ SP 值进入功能块 PID_ SRG 进入运算，得到防喘振 PID 的输出值 PID_ OUT。其中该 PID 控制器的 P，I 参数均来自适应功能块 ADPTV 得出的自适应增益与积分。其增益参数为 GN_ ADPT，积分参数为 RST_ ADPT。该 PID 控制器为反作用，防喘振阀为 FO 阀。

（4）设定点徘徊功能

压缩机在正常运行时，不能随意大幅度改变防喘振阀阀门的开度，且压缩机喘振线与喘振控制线之间裕量不大，通过盘旋设定曲线，实时跟踪压缩机工作点，并使工作点围绕盘旋设定曲线线在预设的范围值内调节。设定点徘徊功能块 SP_ HOVER 强制防喘振 PID 控制跟踪压缩机的操作裕量值 MARGIN。当操作点随着流量的增加或者压比的改变远离喘振控制线时，使操作点迅速移动到喘振线的右边，当压缩机工况点以一定速度接近喘振线时，防喘振控制器立即跟踪操作点。SP_ HOVER 功能块输出作为防喘振 PID 块的设定值。盘旋裕量（kHOVER）为盘旋设定点跟踪操作裕量的距离。盘旋增量（kHOV_ INC）为盘旋线设定点移向喘振线的速率。设定点徘徊允许压缩机工作点趋向喘振线。

（5）控制模式选择

180 万柴油加氢装置 CCS 系统设有手动，半自动，自动三种操作模式。该操作模式可以通过上位机监控画面选择，其内部逻辑选择通过 TRICON 功能块 VALVE_ SEL 功能块实现。当处于自动时，FULL=0，AUTO=1。当处于手动时，VALVE_ SEL 功能块的 FULL=1，AUTO=0；当处于半自动时，FULL=0，AUTO=0。控制模式处于自动时，防喘振阀的阀位值通过防喘振 PID 输出值与比例控制（超驰控制）输出值两者高选得出；当控制模式处于半自动时，手动阀位输出值 MAN_ OVRD 与防喘振 PID 输出值两者进行高选，得出防喘振阀的阀位值。当控制模式处于手动时，防喘振阀的阀位输出由操作人员在监控画面给出。当压缩机发生喘振时，VALVE_ SEL 功能块的阀位输出值 VLV_ DMD 为 100%，即防喘振阀全开。

3.3 防喘振阀动作分析

压缩机的运行通过防喘振控制功能块来实现操作点的调整，以免使压缩机出现喘振现象。防喘振控制的输出执行是通过防喘振阀来实现。防喘振阀的阀位是通过防喘振阀位选择功能块来实现的，根据压缩机控制模式的不同，通过高选得出阀位值 VLV_ DMD。由于防喘振阀是气关阀，故是反作用输出。到现场防喘振阀 FV17001 的信号值为 100%-VLV_ DMD。

防喘振阀带 24V DC 电磁阀，用于实现机组联锁控制。当机组出现喘振时，电磁阀失电，防喘振阀全开。当压缩机发生停机事故时，防喘振阀全开。防喘振阀联锁逻辑设有复位开关，通过 SR 触发器发出复位信号，使防喘振电磁阀得电。

在监控画面上电磁阀有两个状态，即防喘振阀快开状态与防喘振阀电磁阀状态。正常时，电磁阀为绿灯显示，表示电磁阀开，防喘振阀快开为绿灯显示，表示没有出现联锁停机或喘振现象发生。一旦发生联锁停机或喘振，上述两种状态指示灯为红色。

当流量波动大时，TRICON 控制系统能快速打开防喘振阀，但当工作点达到防喘振控制线右侧时，进入安全区域后，TRICON 控制系统将按照此前设定的一个速率值 k1SLW_ CLS（VALVE_ SEL 功能块参数）将防喘振阀慢慢关闭，以保证压缩机能迅速调整到一个新的工作点。

开压缩机前，应先将防喘振阀强制打开至 100%。

当压缩机实际工作点靠近防喘振线时，应提高压缩机转速，维持正常生产，若压缩机转速已达最大，则应打开防喘振阀，并适当降低装置负荷，保证压缩机的正常运行。

当压缩机进入喘振区，CCS 系统发出声光报警时，应立即打开防喘振阀，并相应降低装置生产负荷，消除喘振，使压缩机回到正常工作区运转，避免压缩机损坏或故障。

4 压缩机控制系统运行分析

该压缩机控制系统自投用以来，为压缩机的运行，优化控制提供了安全保障，降低了装置的能耗，创造了可靠的经济效益。

4.1 压缩机的运行工况分析

该压缩机控制系统根据装置运行的不同阶段，加氢反应器催化剂的活性及氢气的成分变化等因素，设有四种工况，分别是工况1(初期)，工况2(末期)，工况3(额定小分子)，工况4(额定大分子)。根据不同工况，分别设定A，B，C，D，E，F共6个喘振点值(K1XA，K1YA)，(K1XB，K1YB)，(K1XC，K1YC)，(K1XD，K1YD)，(K1XE，K1YE)，(K1XF，K1YF)。K1X为横坐标，为压缩机入口流量差压百分比值r1Hc，K1Y为纵坐标，为压缩机的出入口压力比Pd/Ps。四种工况的喘振点值如表1所示。利用TRICON系统的喘振线功能块SRG_ LINE，即通过模块内部用插补运算画出喘振线，从而根据实际的r1Hc，Pd/Ps值计算出喘振工作点SRG_ PT。防喘振控制通过此喘振点计算出实际操作裕量，作为防喘振控制相关功能模块的测量输入值。

由于将压缩机的工况分为四种，根据实际运行的工况进行选择，得出不同的喘振曲线和喘振控制线，灵活地选择合适的操作裕量，改变防喘振PID的实际输入测量值，控制防喘振阀开度相适应的变化，从而使压缩机的回流量自适应变化，降低机组运行负荷，以及蒸汽轮机的耗汽量，增加了进入装置系统中的混氢流量。

表1 压缩机喘振点

工况	喘振点A	喘振点B	喘振点C	喘振点D	喘振点E	喘振点F
初期	(0，1.0)	(25.13，1.28)	(25.18，1.24)	(28.48，1.26)	(32.09，1.29)	(32.09，1.29)
末期	(0，1.0)	(22.94，1.24)	(26.09，1.26)	(29.53，1.29)	(33.25，1.32)	(33.25，1.32)
额定小分子	(0，1.0)	(29.66，1.24)	(33.76，1.27)	(38.20，1.30)	(43.05，1.33)	(43.05，1.33)
额定大分子	(0，1.0)	(22.97，1.28)	(26.21，1.31)	(29.78，1.35)	(33.64，1.39)	(33.64，1.39)

4.2 压缩机控制系统运行出现的问题

压缩机控制系统(CCS)是一个系统，整体的概念，TRICON系统只是作为整个控制系统的核心，还应该包括构成系统的现场检测仪表，以及阀门等执行机构。任何一个环节出现故障，都会对机组的运行带来影响。

(1) 入口流量仪表故障

2016年冬季，该压缩机入口流量FI17001突然下降至零，导致防喘振电磁阀失电，防喘振阀全开至100%，从而使进入装置的循环氢流量大幅下降，装置只能降负荷生产。经过分析，FT17001采用标准孔板加差压变送器测量入口流量，因氢气带液，气温较低(零下2~3℃左右)，引压管处有积液导致被凝冻，从而使仪表指示突然回零。从便于仪表维护考虑，决定对该仪表引压管加临时伴热措施，防止再次引压管因积液而凝冻。2016年夏季检修对该仪表伴热进行整改，2017年冬季未再发生此故障现象。

(2) 控制系统机柜散热的问题

该机组控制系统的机柜布局过于紧凑，尤其是机柜同一侧面主机架，扩展机架，

远程机架下面直接安装 IO 卡件的端子板，安全栅设备，导致机柜前后侧面的安装背板过于突出，使安全栅，IO 卡件端子板离机柜门的间距特别小，容易造成机柜内接线的松动，挤压。整个布局太过于紧凑，导致机柜的散热效果不太好。2014 年夏季因机柜室内的吸顶式空调故障，导致该机组控制系统的大部分 IO 卡件因温度高（当时室内温度显示 33℃）报警，而同机柜室内的 SIS 系统（同样是 TRICON 系统）未出现 IO 卡件报警。经分析，决定对该机柜室增加 1 台柜式空调，使机柜室的空调做到一开一备，每半个月切换一次，减少因空调故障导致室内温度偏高对控制系统的影响。建议该机组控制系统系列产品更改机柜内机架布局方案，分别设立系统柜，端子板柜，安全栅柜，提高该系统的散热性，减少安全隐患。

5 结束语

荆门石化 180 万吨/年柴油加氢装置机组控制采用 TRICON 控制系统，实现了 K102 轴系，气路，油路等流程图画面的状态监测与报警，以及压缩机的联锁保护，调速控制，防喘振控制等。该系统以其丰富的功能块，实现了复杂的算法运算与控制，组态，监控软件界面友好，便于该控制系统的组态修改，操作，监控。提供历史数据趋势，报警和 SOE 功能，为机组停机事故的查询与分析提供依据。利用其控制系统的自我诊断功能，为控制系统维护提供便利。

该系统自投用以来，运行状态良好，在装置生产异常时，工艺操作人员运用防喘振系统及时调整压缩机运行工况，为装置的运行提供了安全保障，产生了可观的经济效益。

参考文献

[1] 王琦．机组控制技术[M]．上海：华东理工大学出版社，2007.

HONEYWELL 安全联锁 SM 系统控制器停掉原因分析及处理

刘双龙

（中海石油宁波大榭石化有限公司，宁波 315812）

摘　要　通过对 honeywell 安全联锁系统 SM 的了解及研究，对装置安装调试阶段出现的出现的控制器冗余 CPU 停掉作进行分析，提出有效的解决方案。

关键词　安全联锁系统 SM　联锁　控制器停掉

1　SM 系统概述

霍尼韦尔公司为满足用户对不同装置安全性和连续性生产的要求，SM 在设计上具有多种配置方式，能满足 TUVAK6 级及 SIL3 级（SM2004D）标准的要求。SM 能保证在装置出现任何异常情况时，控制在一个安全的状态。高度的自诊断功能确保 SM 能在过程安全时间内发挥作用。

在过程安全时间内，SM 系统可以完成诊断整个系统，并执行两次以上应用程序。这种自诊断可以消除内部一切可能存在的隐患，且该技术已经获得 TUV 认证。

2oo4D 系统是由 2 套独立并行运行的系统组成，专用的内部通讯接口负责其同步运行，当系统自诊断发现一个模块发生故障时，Watchdog 将强制其失效，确保其输出的正确性。同时，安全输出模块中 SMOD 功能，确保在两套系统同时故障或电源故障时，系统输出一个故障安全信号。一个输出电路实际上是通过四个输出电路及自诊断功能实现的。这样确保了系统的高可靠性，高安全性及高可用性。

2　项目配置

本项目各工艺生产装置进行联合集中布置，设置 1 个 CCR，主要由 5 个 FAR，其中 FAR-01A，有 4 套独立的 SIS 系统，FAR-02A 有 2 套 SIS 系统，FAR-03A 系统有 3 套 SIS 系统，FAR-04A 和 FAR-05A 各有 1 套 SIS 系统，每套 SIS 系统都在 CCR 有独立的 RIO 远程 IO 与之相连，每套系统都有独立的二层安全交换机，在 CCR 内经过三层交换机连接在一起，在三层网配置 3 台公用工程师站，2 台公用操作站，2 台服务器（兼 OPC 服务器），并通过防火墙传到厂级 MES 系统。

霍尼韦尔公司 honeywell 为本项目配 12 套 SM 控制器，SM 系统采用 QMR-2oo4D 配置：冗余的中央控制器，冗余的 I/O，及独立的远程 IO，符合 TUV AK6 级及 IEC 61508 SIL3 级标准安全认证。

3 控制器冗余 CPU 停掉分析处理

3.1 误动作经过

2006 年 3 月 5 日下午霍尼韦尔公司 honeywell 工程服务人员在调试苯乙烯尾气压缩机 C301 时发生本装置 SIS 系统的控制器冗余 CPU 都停掉，装置所有联锁输出动作，联锁停机。

3.2 故障分析

查看 Diagnostics 中显示 QPP-0002 已经 Calculation overflow，错误代码为 161。然后通过查看错误代码中标注的错误原因，错误注释为：

Analog output value in apllication out of range with the analog output channel range settings

为 AO 的输出变量超过之前 AO 通道设定的量程，造成控制器停掉。

查找到原因后在输出和输入之间增加了一个数值保护功能块（如图 1），使 AO 赋值不超过设定的量程。

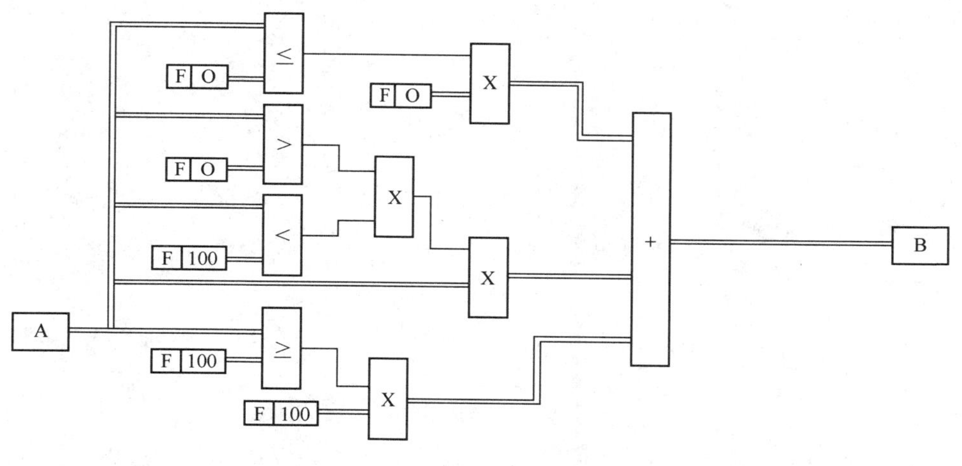

图 1 数值保护功能块

3.3 误动作处理

2016 年 3 月 6 日霍尼韦尔公司 honeywell 工程服务人员开具作业票将 11 套 SIS 系统的赋值 AO 点进行修改，以后工程调试当中未发生同类问题。

4 结束语

以上对 HONEYWELL 安全联锁系统 SM 控制器停掉案例进行了认真仔细的分析，诊断正确，制定处理措施完善，使问题及时解决，给厂家技术人员及维护人员提供了很好的经验和依据，也为SM系统以后应用提供宝贵的经验，提高了系统安全稳定性。

参 考 文 献

[1] HONEYWELL安全联锁系统SM故障手册.
[2] HONEYWELL安全联锁系统SM操作手册.

利用γ射线扫描技术检测填料塔的填料情况

刘其光　汪李胜　吴维军　鲁陆怡

（岳阳长岭设备研究所有限公司，岳阳　414000）

摘　要　对γ射线扫描检测技术的原理和检测方法等做了简单介绍，并通过在中石化某分公司减压填料塔中的应用结果表明，γ射线扫描检测技术能够快速准确地诊断填料塔内填料的分布情况，从而为填料塔检修处理提供可靠的依据，保证了其长、满、优的安全运行。

关键词　γ射线扫描检测技术　填料塔　诊断　分布

1　前言

减压填料塔是石化企业常减压装置的关键设备，塔内填料分布运行情况的好坏对填料塔甚至对整个装置的正常运行都有很大的影响。就目前而言，对填料塔的填料分布运行情况的在线检测技术极少，主要由技术人员凭借现场有限的仪表和以往的检验来进行判断，这种方式极难对其做出准确的判断。为了了解中石化某分公司预处理与常减压装置减压填料塔 C104 内填料的分布情况，利用γ射线扫描检测技术从塔顶至塔底对其进行了多方位的扫描检测，并通过对扫描图谱进行科学准确地分析，得知塔内填料的运行分布情况，为填料的检修处理提供可靠依据，缩短了检修时间，保障了装置长、满、优的安全运行。

2　γ射线扫描检测技术的基本原理

γ射线是放射性同位素衰变而放射出的低波长电磁波，其透射强度与介质的厚度、密度及吸收系数有关。γ射线透过介质的衰减服从 Lambert-Beer 指数规律：

$$I=I_0 e^{-\mu\rho l_m} \tag{1}$$

式中　I——γ射线透过吸收介质衰减后的强度，Bq；

I_0——γ射线透过无吸收介质后的强度，Bq；

μ_m——介质的吸收系数，m^2/kg；

ρ——介质密度，kg/m^3；

l——γ射线透过介质的厚度，m。

从式(1)中可以看出，射线透过吸收结合后的强度与γ射线初始强度、介质的吸收系数、介质密度和介质厚度有关。当γ射线的能量超过一定值时，射线的吸收量主要是介质的密度和厚度的乘积函数。在塔设备的检测过程中，由于塔的直径是一定的，因此，射线扫描所得的图谱实际上是反映塔内介质密度的变化情况。塔类设备的射线扫描检测，就是利用

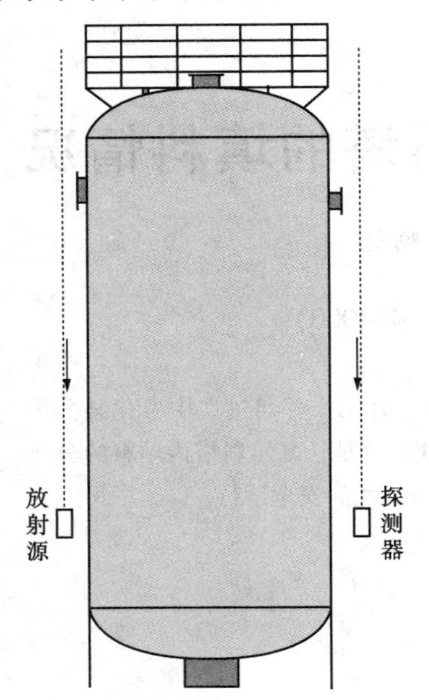

图1 减压填料塔C104检测示意图

射线扫描得到反映塔内介质密度情况的扫描数据形成图谱，并对图谱进行分析，来判断塔内介质的运行情况。

3 减压填料塔C104的检测

3.1 检测方法

如图1所示，在减压填料塔C104的检测过程中，将放射源与信号探测器分别放置在塔的两侧，通过一定的手段保证放射源与信号探测器在同一相对高度上，探测器即能接收到放射源穿透塔后的辐射强度信号。为了解塔C104各段填料的运行分布情况，将放射源与信号探测器同步从塔顶减压回流口至塔底进料口往下移动，信号探测器即能接受到射线源扫过的塔不同截面上的辐射信号数据。

3.2 检测方位

结合减压填料塔C104的图纸、运行参数和现场布局情况等，选定四个方位对填料层进行检测，各检测方位的射线源与信号探测器的距离相同。由于该塔上下部位的塔径不一，因此在实际检测过程中根据此情况对塔进行了分部检测，具体的检测方位见图2和图3。

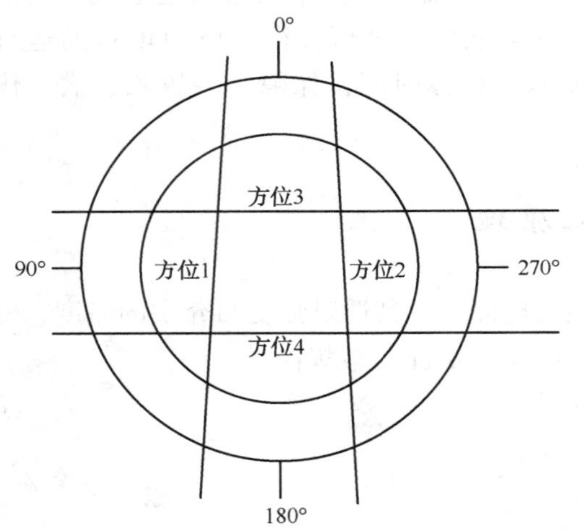

图2 减压填料塔C104上部检测方位

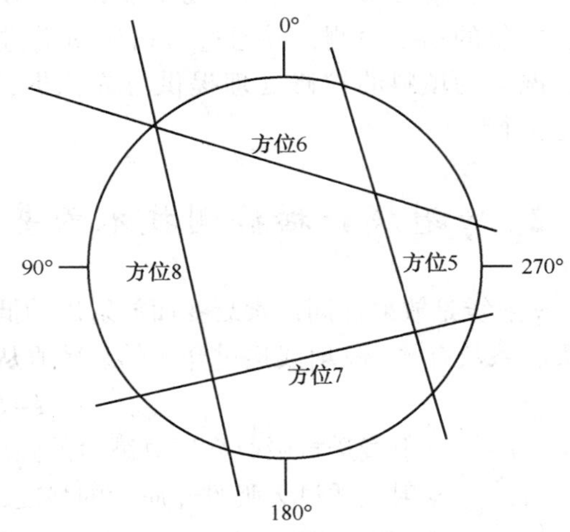

图3 减压填料塔C104下部检测方位

3.3 检测图谱与分析

3.3.1 图谱说明

图4为塔C104上部的检测图谱，图5为塔C104下部的检测图谱。图谱中左侧为减压填料塔C104的示意图；右侧X轴表示辐射数据的大小，Y轴对应塔的高度位置。

3.3.2 塔 C104 上部的检测图谱与图谱分析

（1）检测图谱

塔上部的检测图谱见图 4，不同检测方位得到的图谱分别用不同颜色的曲线来表示。为便于对比分析塔内的填料分布情况，将以上四个方位的检测图谱放置在同一图中进行对比。

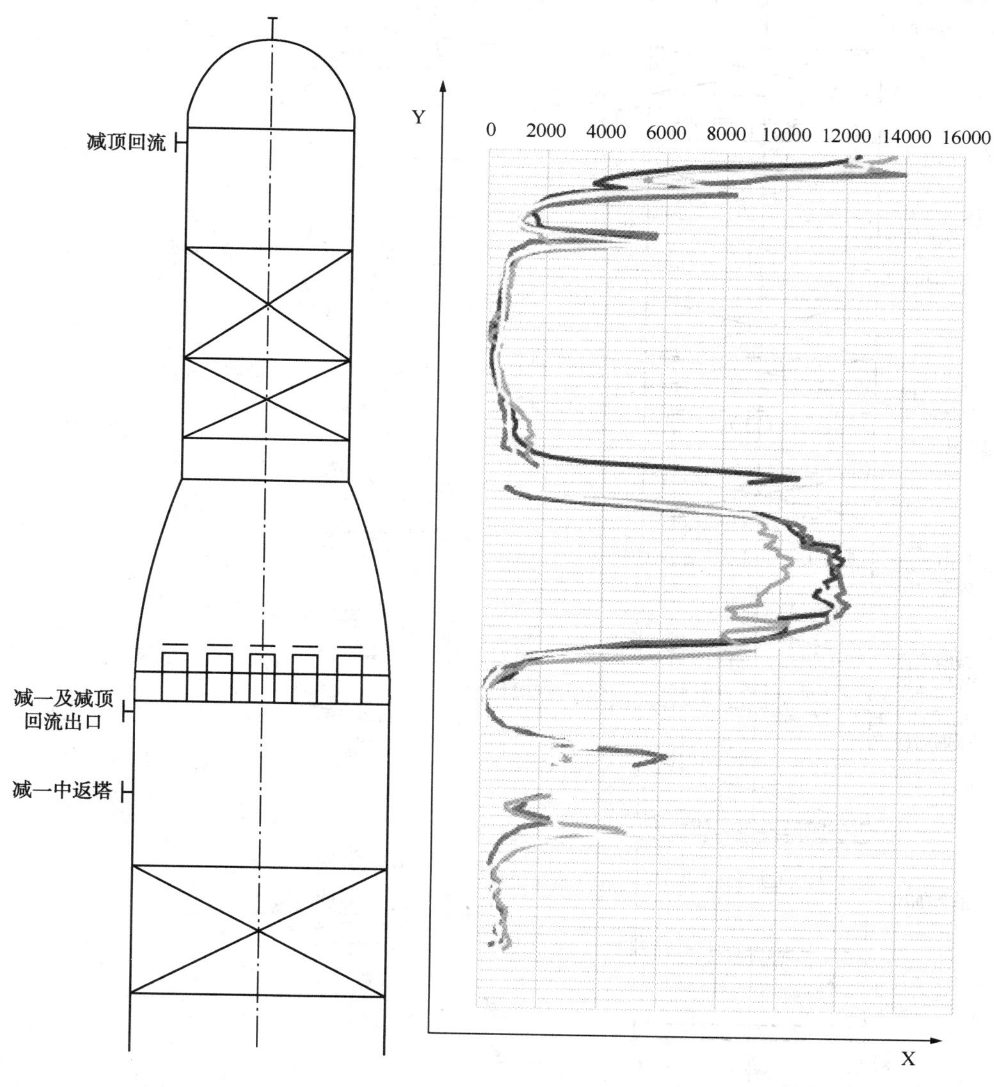

图 4 减压填料塔 C104 上部的检测图谱

（2）图谱分析

图 4 为塔 C104 第 1、2 段填料的检测图谱，从图中可以看出：

① 同一高度上四个方位的辐射数值（X 值）基本一致，说明第 1、2 段填料层四个方位的密度分布均匀。

② 填料层下部检测到了集油箱的存在，且集油箱内一定高度的油层。

3.3.3 塔C104下部的检测图谱与图谱分析

(1) 检测图谱

塔下部的检测图谱见图5。

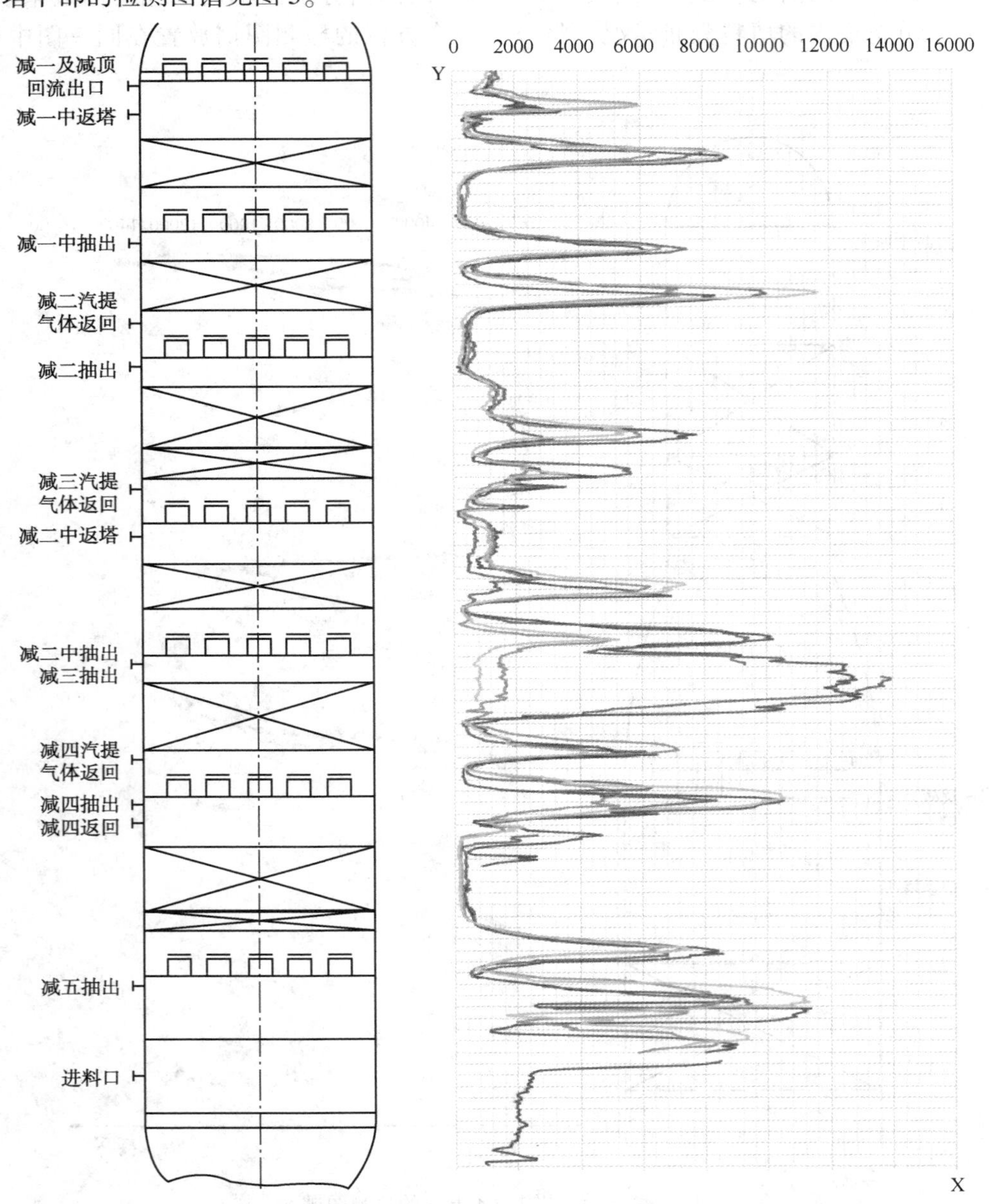

图5 减压填料塔C104上部的检测图谱

(2) 图谱分析

图5为C104第3、4、5、6、7层填料的检测图谱，从图中可以看出：

① 第3、4段填料四个方位检测到的辐射数值基本一致，此两段填料层四个方位的密度分布均匀。

② 第5段填料层方位6(红色线表示)检测到的辐射数值相对略低，其他三个方位辐射

数值比较一致，但四个方位总体差别不大。

③ 第6段填料层四个方位的辐射数值相差特别明显，方位5(蓝色线表示)与方位6(红色线表示)检测到辐射数值非常大，此辐射数值较塔下部无填料位置的辐射数值一致甚至更大，说明此两个方位基本无填料存在。此填料层另两个方位检测到的辐射数据也不一致，虽检测到有填料存在，但密度也存在较大差别。

④ 第7段填料层上部方位5与方位6检测到的辐射数值较大，此两个方位填料层上部存在腐蚀塌陷，此填料层下部四个方位的辐射数据基本一致，密度分布均匀。

⑤ 各段填料下部均检测到了集油箱的存在，且各集油箱内均有一定高度的油层。

3.4 检测结果与建议

① 第1、2、3、4段填料各方位分布均匀，填料层正常。

② 第5段填料轻度分布不均，但填料层整体完整。

③ 第6段填料损坏严重，此填料层方位5与方位6两个方位基本已无填料。

④ 第7段填料填料层上部方位5与方位6有腐蚀塌陷，填料层下部正常。

⑤ 在减压填料塔C104持续运行的情况下，第6段填料层的腐蚀可能会继续向上或向下推进，加剧第5或第7段填料的腐蚀。

⑥ 各填料层下部检测到的集油箱内均有油层存在。

从检测结果可以来看，为确保减压填料塔的分离效果和正常运行，建议对第6、7段填料进行更换。

4 减压塔C104腐蚀检查情况

在2017年年初，对减压填料塔C104进行了停工腐蚀检查，检查发现第5、6、7段填料腐蚀严重(见图6)，其他几段填料基本正常，与减压塔扫描检测结果相符。

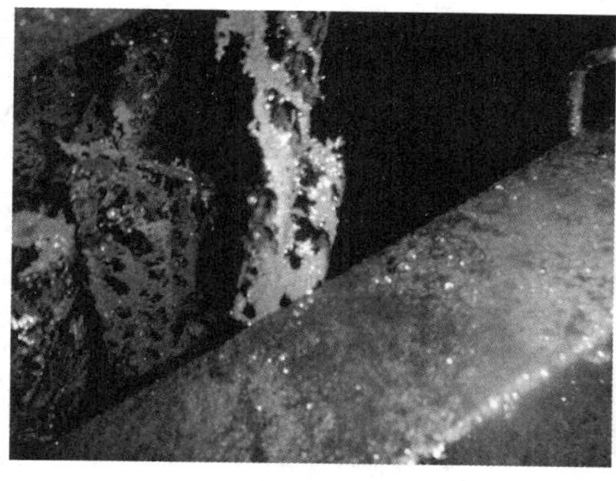

图6 减压填料塔C104第5、6、7段填料腐蚀形貌

5 结语

在装置运行的情况下，利用γ射线扫描技术对填料塔进行扫描检测，并对扫描所得图

谱进行科学地分析，能准确地得知填料塔内填料的运行分布情况。除此以外，该技术还可以准确地诊断出分馏塔内气液相分布、塔盘运行情况，以及工艺气体管道是否结焦、堵塞等故障。

为工艺操作调整和停车检修处理故障提供了可靠地依据，大大地缩短了检修时间，减少了检修费用，为装置长、满、优安全运行提供了保障。

参 考 文 献

[1] 颜祥富，汪李胜，魏伟胜．利用γ射线扫描技术检测反应器催化剂床层损坏故障[J]．石油化工设备．2011.

[2] 颜祥富，汪李胜，刘其光．减压塔填料层腐蚀状况的γ射线扫描检测与评估[J]．同位素．2013.

干气密封失效原因浅析

贾　嘉

（中海石油宁波大榭石化有限公司机械动力部，宁波　315812）

摘　要　结合干气密封工作原理，密封失效后端面的磨损状况，从密封气管线布置、温度损失、密封气露点温度等几方面，对干气密封失效原因进行综合分析。指出了密封气带液对干气密封造成的危害，并提出改进方案。本文根据现场实际情况和操作经验，针对不满足干气密封使用条件件的而暂时又法整改的机组，提出了所采取的临时措施，日常检查内容，来保证干气密封安全运行。通过阅读本文，对干气密封的日常维护及实际操作，具有一定的指导意义。

关键词　干气密封　带液　热裂纹　失效　措施

1　概述

某石化公司 210 万 t/a 蜡油加氢装置由中石化洛阳工程公司设计，其关键设备——循环氢压缩机，由沈阳透平机械有限公司制造，型号为 BCL406/A。机组密封系统采用约翰——克兰公司生产的串联式干气密封，型号为 28XP。机组性能参数详见表 1。

表 1　机组性能参数

项　目	数　据	项　目	数　据
转速/(r/min)	10035	入口温度/℃	50
功率/kW	1929	出口温度/℃	64
流量/(Nm^3/h)	247303	入口压力/MPa	15
型号	BCL406/A	出口压力/MPa	17

2　干气密封工作原理

干气密封是一种气膜润滑的非接触式机械密封，动静环配合表面具有很高的平面度和光洁度，通常在动环表面上加工有一系列的特种槽。槽的形式分为单向、双向两种，因单向螺旋槽的动压效应强，气膜刚度大，搞扰动能力较强，一般优先采用单向槽。不论采用何种形式的槽形，工作原理都是通过槽的密封坝，增加气体膜压力，在动静环表面之间产生压力，使动静环分开并保持一个很小的间隙，一般为 3μm 左右。当气体压力和弹簧力产生的闭合压力与气体膜的开启压力相等时，动静环之间的间隙保持恒定，从而维持一个稳定的密封状态。

倘若因某种原因造成密封间隙逐渐降低时，端面之间的压力会升高，此时端面开启压力

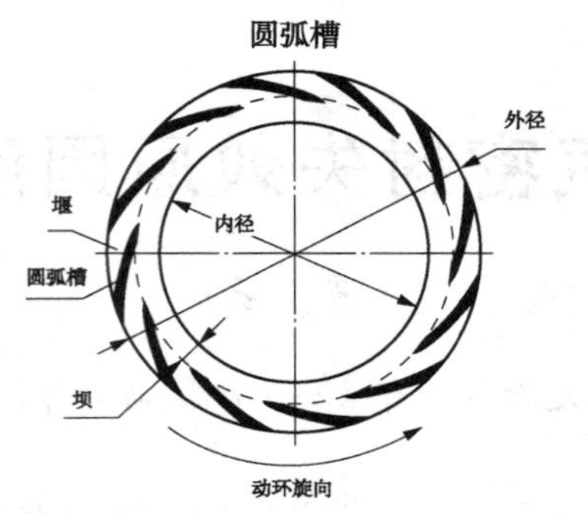

图1 干气密封结构示意图

大于闭合压力，迫使密封间隙重新变大，随着密封间隙逐渐增加，端面之间的压力又会降低。当端面开启压力等于闭合压力时，密封就会又回到一种平衡状态，保持动静环之间的间隙恒定，从而在动静环之间形成一种动态的平衡关系，保持密封泄漏量始终处于一种微量泄漏状态。

3 故障经过

该循环氢压缩机干气密封系统为串联式二级密封，一级密封气为压缩机出口介质气(循环氢气)，二级密封气为氮气，同时氮气还作为轴承箱与二级密封之间的隔离气，以保护润滑油的润滑性能。干气密封流程见图2。

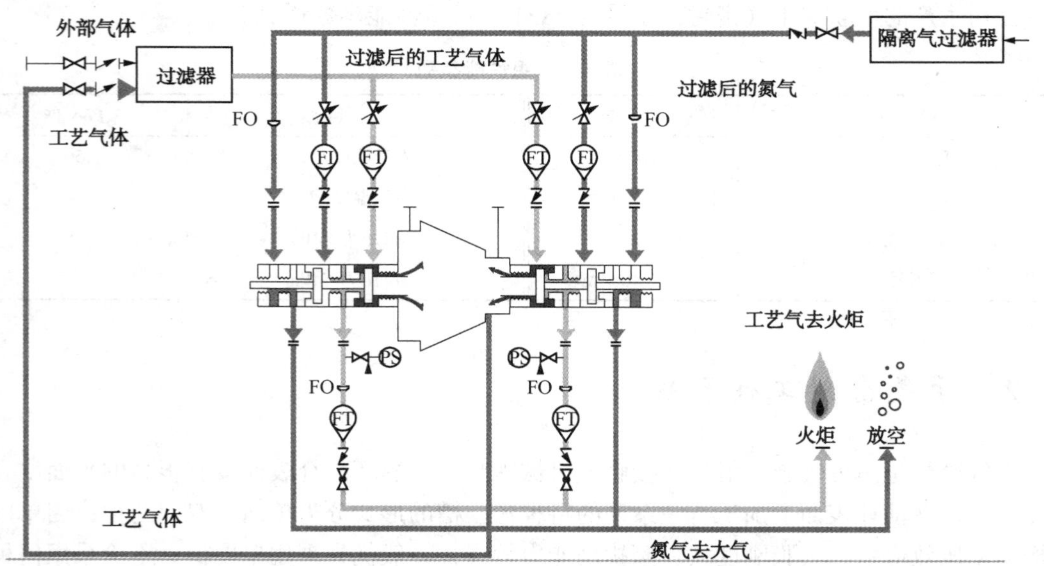

图2 干气密封流程示意图

该机组于2016年6月份开车成功后一直正常运行，其间除因蒸汽原因造成机组停机两次外，未见异常。2017年1月，压缩机突然停机，经查为一级密封排火炬泄漏量超过联锁值。为确保不是仪表误动作，经检查后再次开机，当转速达到2700r/min时，一级密封排火炬泄漏量再次超过联锁值，机组停机。

停机拆检后发现，压缩机进、排气端干气密封表面均有磨损，一级密封磨损较二级密封严重，其中排气端一级密封端面磨损最为严重。其动、静环表面不仅有磨损，动环表面还出现了一条贯穿性裂纹。

密封端面磨损情况详见图 3。

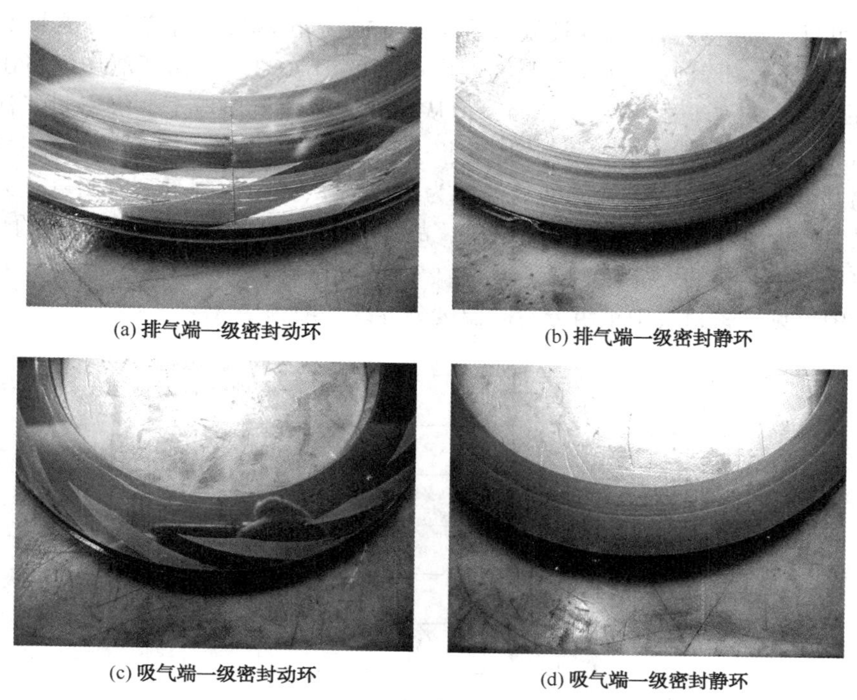

(a) 排气端一级密封动环　(b) 排气端一级密封静环

(c) 吸气端一级密封动环　(d) 吸气端一级密封静环

图 3　密封端面磨损情况

4　原因分析

根据干气密封工作原理，正常运转的干气密封，其开启力与闭合力处于平衡状态。当密封气中突然出现微小液滴时，会对干气密封原有的平衡产生干扰，破坏密封动、静环间原有的压力平衡。虽然动环表面的螺旋槽具有自动调节密封间隙的功能，但无法适应剧烈的压力变化。密封间压力的突然改变，会造成密封间隙瞬间减小，动、静环相互接触，由原先的非接触式密封变为接触式密封，从而发生磨损，这一点从拆检的动、静环表面磨损痕迹可以得到验证。动静环接触后会产生摩擦热，瞬间剧大的热量无法及时排出，导致在动环表面产生热裂纹。磨损后的干气密封失去密封作用，泄漏量持续增大，当泄漏量超过联锁值时，机组联锁停机。

综上所述，此次干气密封失效，为密封气带液所致。

那么导致干气密封失效的液滴是如何产生的呢？密封气(循环氢)的主要成分是氢气，占 92%左右，氢气本身不会产生冷凝，其他组分会产生冷凝吗？密封气露点分析见表 2。

表2 密封气露点分析

密封气成分	甲烷	乙烷	丙烷	异丁烷	正丁烷	戊烷
含量/%	4	0.644	0.612	0.512	0.208	0.193
相应露点/℃	-130	-50	-25	-15	-20	2~15

从表2可见，重组分露点温度较低，约为2~15℃。在密封厂商给出的技术文件中指出，为防止密封气带液，干气密封在注入点的温度应不低于70℃。从循环氢压缩机出口来的密封气温度为64℃，虽然与70℃相差不多，但从循环氢压缩机出口至一级密封气注入点间管线较长，且管线有保温，无伴热，温度损失大。现场干气密封控制盘上的热电偶(TIA92001)显示，密封气在控制盘处的温度为43℃。从现场控制盘到密封气注入点，有一段管线有保温无伴热，还有一段管线是裸管，故障当天有风，环境温度较低，约2~5℃，存在密封气中重组分冷凝的可能性。

从图4中可见，密封气中重组分冷凝温度分界线一般为20℃。

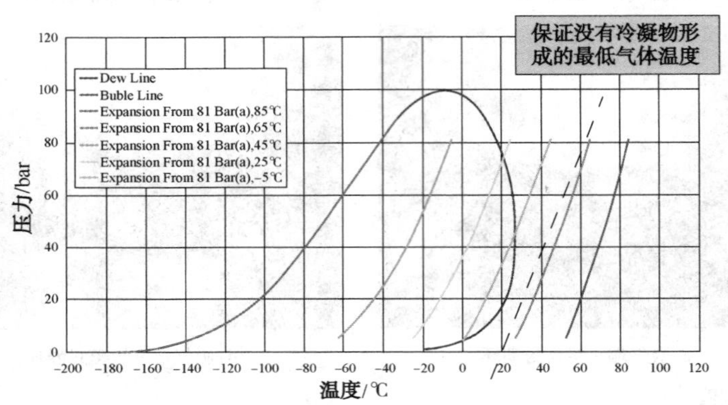

图4 密封气重组分冷凝温度分界线

检修后开车(环境温度已回升)，实测密封气注入点管线外表面温度为20℃左右；考虑到停机前的环境温度，联锁停机前，密封气注入点管线外表面温度应低于20℃。因此确定，此次干气密封失效的根本原因为密封气带液。

密封系统故障前各点温度见图5。

5 处理结果

更换新密封，对密封气系统全部管线进行吹扫，将密封气由原循环氢气改为新氢压缩机出口氢气(110℃)，提高密封气温度，开机后正常。

密封气改为新氢后密封气温度见图6。

6 防范措施

(1) 将密封气由循环氢改为新氢。干气密封厂商要求密封气注入点温度不得低于70℃，循环氢温度为64℃，但从循环氢压缩机出口到密封注入点间的管线较长，温度损失大，存

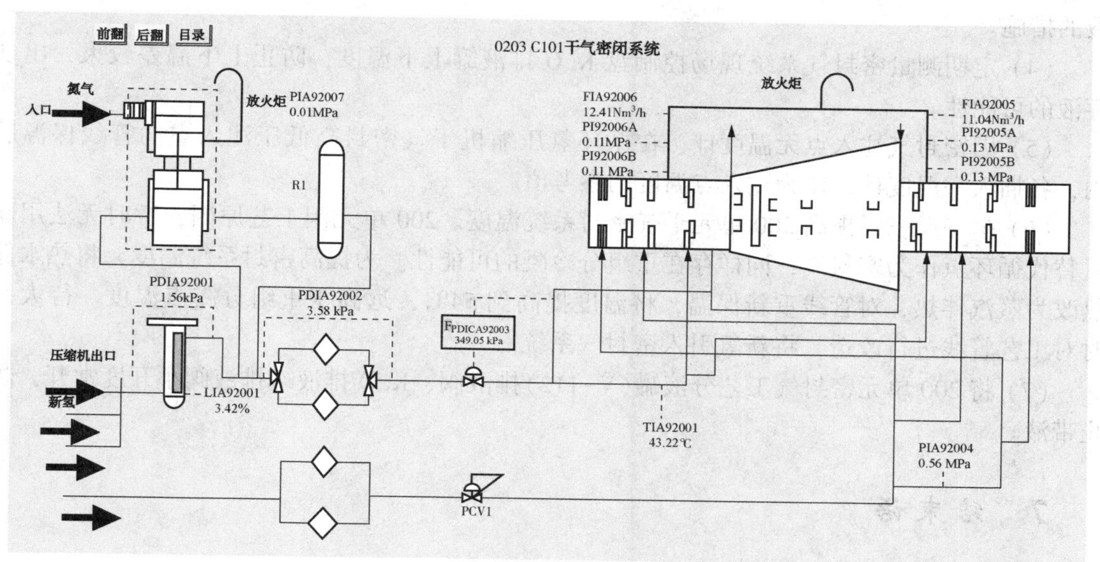

图 5　故障前干气密封系统各点温度

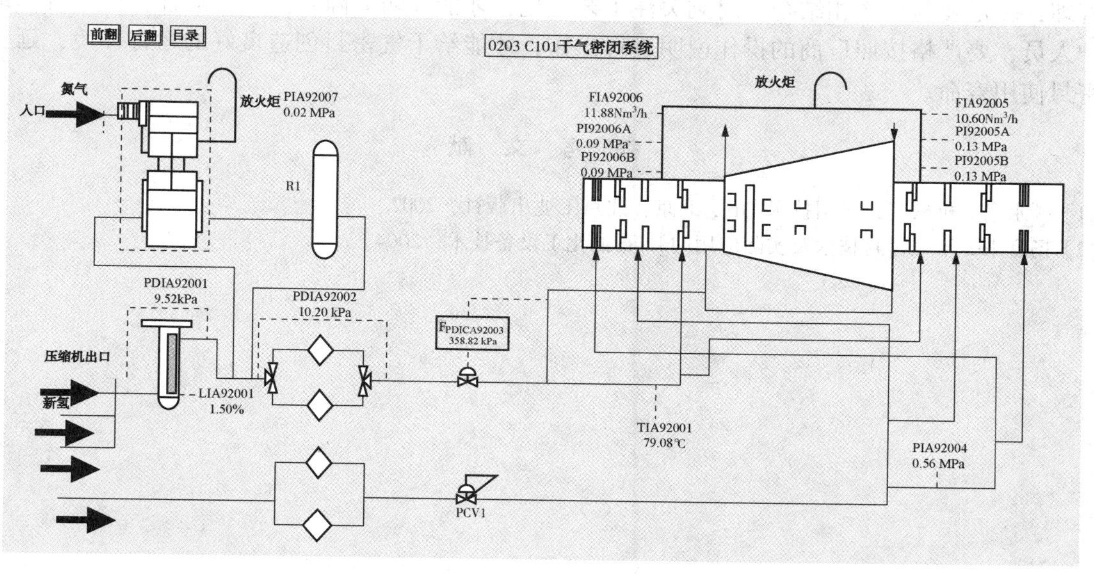

图 6　检修后干气密封系统各点温度

在密封气中重组分冷凝的可能性。新氢从压缩机来的温度为 110℃，远高于循环氢温度 64℃，新氢质量也满足密封气的质量要求。

（2）改善干气密封系统保温。为确保密封气注入点温度高于密封气介质露点温度，不会出现冷凝状况，对密封气管线对无伴热的部分，增加伴热；对无保温或保温缺失的管线，重新保温。整改后，干气密封控制盘上热电偶（TIA92001）显示为 80℃，实测密封气注入点管线外表面温度为 76℃，满足要求。

（3）加强密封气系统汽液分离罐液位监控。工艺介质组成或操作发生变化后，重组分含量会有变化。通过密切关注分液罐液位的变化趋势，预判密封气带液的可能性并采取及时排液的措施。

（4）定期测量密封气系统现场控制盘K.O排液罐上下温度，防止上下温差较大，出现存液的可能性。

（5）因密封气注入点无温度计，在循环氢压缩机干气密封高低压注入点的管线保温层内，各插入一温度计，作为注入点温度的参考值。

（6）举一反三，提高200单元干气密封系统温度。200单元因工艺原因，暂时无法用新氢替代循环氢作为密封气，同样存在重组分冷凝的可能性。为提高密封系统温度，将热水伴热改为蒸汽伴热，对管线重新保温，将温度提高到54℃，远高于重组分露点温度。待大修时对工艺管线进行改造，将新氢引入密封气系统。

（7）将200单元密封气工艺分液罐（V-112）排液阀、K.O排液罐排液阀小开度常开，防止带液。

7 结束语

干气密封泄漏失效的原因多种多样，较为复杂，需要在生产中不断地总结、提高。设备管理，一定要与生产相结合，时刻关注工艺变化，才能预防故障发生的可能性。操作者和维护人员，要严格按照厂商的操作说明进行操作，才能给干气密封创造良好的运行环境，延长密封使用寿命。

参考文献

[1] 顾永泉．机械密封实用技术[M]．北京：北京工业出版社，2002.
[2] 杨富来．干气密封技术及实际应用[J]．石油化工设备技术，2004.

重整装置电加热器常见故障与应对建议

陆　杰

（中海石油宁波大榭石化有限公司，宁波　315812）

摘　要　中海石油宁波大榭石化有限公司三期馏分油综合利用项目150万吨/年连续重整装置由中石化洛阳工程有限公司参考UOP工艺包设计，装置反再系统共设计电加热器5台套，根据加热介质、出入口温差、允许压差以及所需加热量等参数，经业主综合考虑，其中两台套加热器改用国产加热器，剩余三套大功率加热器采购美国CHROMLAOX原厂产品。进口加热器自2016年投运至今一年左右时间陆续出现控制保险烧毁、控制柜接线端子过热、腔体内接线端子烧毁等故障。经专业分析，提出一些运行与整改建议供同行参考。

关键词　重整装置　电加热器　故障　应对建议

伴随科技的进步，国内制造企业引进吸收国外先进技术的步伐加快，某些甚至经过融合国情进行创新开发，领先国际水平。以电加热器为例，包括在UOP工艺包上采用深孔焊接电加热器管束的应用已经与国外同行CHROMLAOX等厂家不分上下，缺少的是实际的应用与质量验证。

1　电加热器常见故障解析

电加热器基本控制见图1，主要由现场加热器发热元件、配电室控制柜及控制室监控系统组成。受重整装置所需高温高压加热特性影响，最易发生故障的是加热器发热元件即现场电加热管束；随着国内重整装置加工量的不断增加，加热器趋向大功率发展，控制柜内元器件在长期承受大电流传导的作用下，稍有松动即会出现过热进而引发故障导致损坏。常见故障有加热管束短路与断路；加热器接线腔与控制柜连接电缆接线松动导致过热短路与断路；瞬时高功率导致过流烧毁熔断器；接触器与可控硅等控制设备故障等。

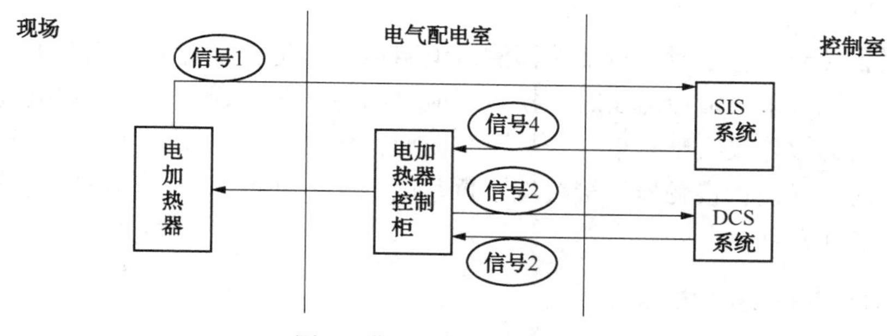

图1　典型电加热器控制图

2. 故障应对措施

2.1　加热管束故障应对措施

加热管束的故障多为短路或断路。从本质安全考虑，为有效减少加热束自身故障，在材料选取上，加热管选取壁厚1.25mm以上的Incoloy 800的无缝钢管、加热丝选用瑞典KANTHAL的80%Ni-20%Cr，尤为重要的是氧化镁粉要求在高温下仍具有优异的导热性能、绝缘性能及介电强度，行业较多使用的是日本Tateho产品；加热束的加工与检测是质量控制的重要环节，要求厂家在加工过程使用同批次产品，一次加工完成所有管束可有效保证一致性，氧化镁粉填装前需经高温焙烧，填装后的管束必须经过X光拍照保障所有管束内电阻丝的同心度，加工好的管束进高温炉焙烧退火以最大限度排除氧化镁粉内含水后封管。加热器接线如图2所示，采用三角形接法，方便在运行中出现管束故障情况下直接摘除而不影响另外两根管束的使用，或者在某根断路时可暂不处理继续运行。国产加热器接法方便及时解除故障管束，进口加热器接法考虑最大可能保障管束自身连接可靠性。

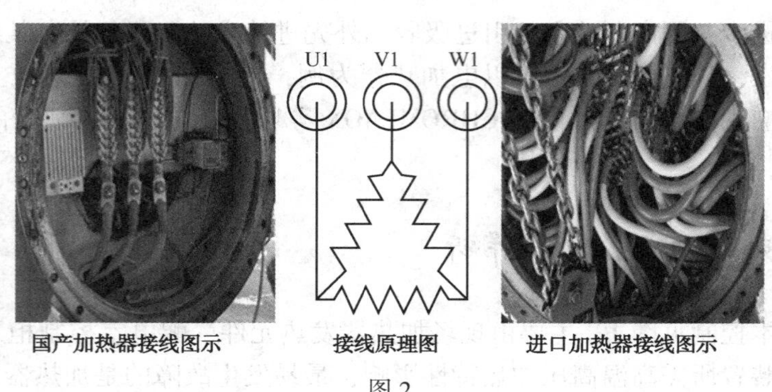

图2

2.2　接线故障的应对

运行过程发生低概率的管束故障不可避免，加热器的故障会有叠加效应，在出现管束断路故障后为保障同样输出功率，另外两相耐受电流升高（发热量增加）导致故障概率进一步扩大。因此建议：

（1）根据条件允许，定时停运加热器测试电阻值确认是否有管束故障发生；

（2）发现个别管束故障后需及时更换或对应摘除另外两相管束确保三相电流平衡。加热器接线松动引发的故障仅次于管束自身故障，因此，建议合理的停运测试电阻间隔时间不超三个月，停运时一并进行接触器等接线端子再紧固工作。处理部分过热连接端子并视必要性更换有异常发热元器件。

2.3　备件的必要性准备

大功率电加热器往往配多个可控硅，为节约成本和方便备件考虑，建议在设计制造阶段规范配置，以达到备件在尽可能少的情况下达到互起备用效果；日常运行除备好接触器、功率模块等必要备件以外尤为重要的是多备最易故障的快溶保险管，采购时需考虑备可控硅内部快溶。对工艺特殊要求场合甚至考虑等同机泵设计一开一备加热器。

2.4 本质安全之设计确认事项

从我公司运行实际出发，对新采购加热器要求提出一些建议供同行参考。

（1）要求加热器功率密度不超25000W/cm^2，如有必要宁可设计较大压力容器；

（2）结合国内设计原则，考虑足够的接线腔体空间，保障接线可靠性；

（3）加热器接线腔体内紧固要用防松螺栓；

（4）每组功率不超120kW为宜；

（5）500kW以上加热器最低不少于6根备用管束，正常运行时备用束不接入使用。

3 国产与进口利弊解读

（1）国内加热器制造起步晚于国外厂家，国外有如美国的CHROMLAOX、法国的VULCANIC已是百年老厂，是UOP合作制造商。国内加热器制造历史仅有20余年。

（2）进口加热器在元器件、材料选择与加工工艺上要优于国产。特别原材料中的氧化镁粉，国产的纯度低、颗粒半径大是直接影响加热束寿命的根本所在。

（3）国产加热器管束制作工艺自动化水平较进口落后，加工管束误差大，加工成型过程的报废率远高于进口，加工环节人为影响因素高。

（4）国产加热器深孔焊接工艺在石化行业尚处在初始应用阶段，进口加热器已经普及。

（5）国产加热器配件易于购置，生产成本远低进口，各类合格证的取得较为方便，制造周期短，进口配件需要考虑三至五个月的采购周期，且配件价格虚高。

（6）国产加热器管束接线多为附图二左图所示-各支采用耐温导线整齐引接至铜牌，相较进口接线(附图二右图)-分组采用连接板串联后再并接易于接线、易于更换管束、整体性管束故障率极低。

（7）对于大功率加热器建议采用中压供电方式，中压供电具控制系统简单、投资成本低、传输电流小等优点。

4 结语

炼化装置UOP工艺包设计装置循环、再生、过热等加热器均为单台套设计，因此较多企业盲目的认为进口质量优于国产是错误的。经测算，国产加热器采购成本不到进口的1/2，只要我们做好过程质量控制、优选原材料，很多国产的应用案例已经证明国产加热器的质量已经非常稳定，况且采购配件与服务都要优于进口设备。以上一些具体建议供同行采购、运行、检维修参考使用。

参 考 文 献

[1] 钱颂文．换热器设计手册[M]．化学工业出版社，2002.

[2] 南阳防爆研究所．爆炸性气体环境用电气设备 电阻式伴热器 第1部分：通用和试验要求：GB/T 19518.1—2004[S].2003.

VM600 振动在线监测系统在烟机上的应用

黄　辉

（中国石化上海高桥石油化工有限公司，上海　200137）

摘　要　VM600 振动监测系统应用于催化裂化装置烟气轮机上，由于其高度敏感性和准确性帮助装置尽早排除隐患，使得设备运转可靠、装置生产平稳。

关键词　振动监测系统　烟机　内置式　转子

1　概述

中国石化上海高桥石油化工有限公司 140 万 t/a 催化裂化装置烟气轮机为进口设备，安装投用至今已近 20 年时间，配套运行状态监测系统中的振动测点主要是各轴瓦处内置式振动位移的监测，这些监控测点敏感度差，往往不能真实或及时地反应烟机实际运行状态细微的变化。

2015 年 6 月，该套烟机因轮盘冷却蒸汽带水导致振动上升，随后对烟机进行停用切出系统并进行抢修。烟机振动值上升过程中，其驱动端振动测点 VT402X 已由正常值 30～40μm 上升至频繁发生高报警(高报 60μm)，而使用手持式测振仪测量烟机轴承外壳振速已由 3～5mm/s 上升至 11～13mm/s，上升幅度较为明显。本次抢修期间，新增加一套 VM600 振动在线监测系统，用于在线监测烟机轴承箱外部振动速度值，并将监测值接入装置 DCS 控制系统，便于随时监控烟机振动情况，有利于及时发现并处理问题。

2　应用状况

2.1　总况

烟机振动监测系统配置方案主要是应用 Vibro-Meter 公司 VM600 机组振动监测保护系统（Turbine Supervisory Instrument TSI）系列产品 VM600 Slimline 和高温加速度传感器系统（CA306），该系统具有 4～20mA 输出、继电器输出、原始信号缓冲输出，适用于高温环境监测，该系统常应用于电厂汽轮机组，而用于催化裂化装置烟气轮机的监控在行业内极少。

2.2　应用情况

VM600 振动在线监控系统组主要由 1 台振动监测框架(4 通道)、2 只高温加速度传感器、2 只加速度传感器前置器、2 只速度传感器、4 只安全隔离栅、电缆及附件组成[1]，见图 1。

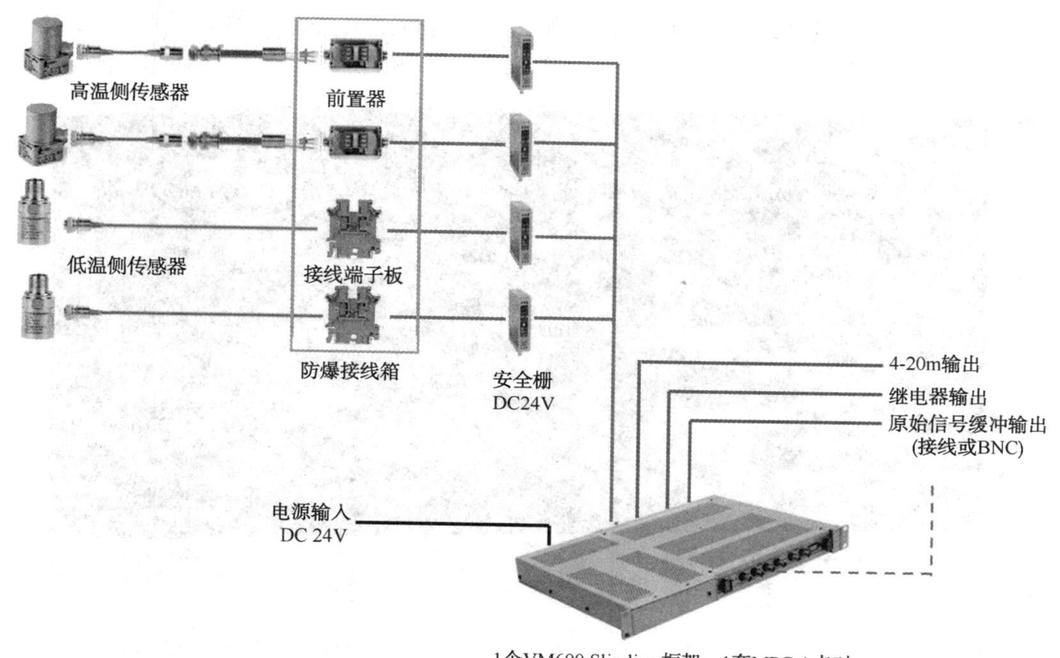

图 1　烟机振动在线检测系统组成

该系统特点是 VM600 Slimline 采用最新的 DSP 数传信号处理技术实时测量和监测，通过 RS-232 或以太网完全软件组态，在阶频跟踪模式下同时实现振幅和相位监测，可编程设定报警，停机和 OK 值，自适应设定报警和停机值，并为为加速度、速度、涡流传感器提供工作电源，保证所有输入和输出具有电磁干扰保护，提供前后原始信号缓冲输出，电压(0~10Vdc)和电流(4~20mA)输出。

高温侧高温加速度传感器 CA306 特点是频率响应：5Hz 到 3000Hz，灵敏度：50pC/g，温度范围：-55~+500℃，动态测量范围：0.01g 到 100gpeak。

低温侧压电速度传感器 PV102 特点是灵敏度：100mV/in/sec（3.94mV/mm/sec），频率相应：6.0~2500Hz，温度范围：-50~+120℃，速度范围：50in/sec peak （1270 mm/sec peak）。

3　实际应用分析

3.1　烟机振动

烟机经过抢修，更换一套备用转子，投用后半个月内烟机运行正常，VM600 烟机振动在线监测系统 4 只测点 vt-01、vt-02、vt-03 和 vt-04 测定值在 0.8~2mm/s，表明设备运行状态良好。而半个月之后，出现过两次振动测定值缓慢上升并自行下降，其中最后一次振动速度最高上升至 8.5mm/s。在这期间里，装置在操作上做了较多微调，主要有将余热锅炉盘路蝶阀开大以降低烟机背压、降低润滑油温度设定值和关小烟机入口蝶阀等等，这些调整操作并没有彻底改变4只新增的在线监测点测定值的自行上升并缓慢修复下降的趋势，见图2。

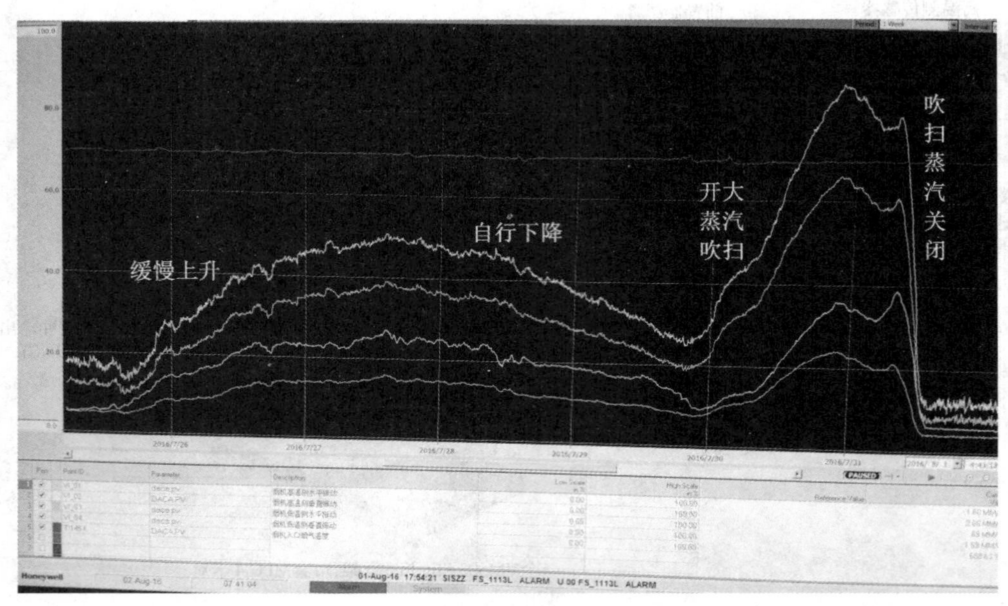

图2　烟机振动在线监测值趋势

3.2　振动原因分析

通过公司大型机组状态监测系统检查烟机轴瓦振动测点VT401XY的频谱图，主要是工频因素，判断烟机转子不平衡。同时检查监测各点，都无明显异常，排除其他部位传递因素。

图3　烟机轮盘背部出扫蒸汽

从前两次振动变化趋势来看，有上升也有下降，说明导致烟机振动变化因素有生成也有缓解，因此排除机械性缺陷因素，即断定烟机转子并没有机械上的不平衡因素，金属部件没有问题。

因此，认为导致振动的原因多半是催化剂结垢或堆积导致。而本烟机转子自更换后投用以来，仅仅半个月就发生较为严重的催化剂堆积结垢现象。再回顾装置运行的异常情况，即烟机刚修复投用后就发现再生器过热盘管第6根泄漏，导致产生大量的催化剂细粉并跑剂，随烟气进入烟机，而新外取热器因流化不起来直到10天后才处理好，其内部大量细粉也再次随烟气跑至烟机，在烟机转子堆积造成不平衡。

当检查烟机轮盘背部叶片根部的吹扫蒸汽时，发现蒸汽阀门未关死，留有2圈左右，如图3所示，蒸汽流量很小，容易产生凝结水进入，催化剂遇到带水蒸汽会在轮盘背部结住，导致转子不平衡，但随着运行时间推移，催化剂黏住轮盘又会趋向于均匀，或者说黏住的催化剂又会脱落，都会使得转子平衡性又自行恢复，进而振动下降。

从现场图片来看，轮盘动叶背部吹扫蒸汽阀门旁边有角钢，开关阀门位置十分不便，造成阀门未关死，留有 2 圈左右，长期很小流量的蒸汽会冷凝并进入轮盘。

3.3 烟机振动在线处理

7 月 29 日 15：00 将轮盘动叶背部吹扫蒸汽打开至 0.04MPa，30 日凌晨振动迅速上升，上午 10：00 关闭吹扫蒸汽，振动继续上升，7 月 31 日上午烟机振速迅速下降至正常值。后期进行跟踪、测量，DCS 监控振速和现场测量振速值均维持在较低水平。上图 2 中后半部分趋势线直观地表现了对烟机振动进行处理过程的监测值变化情况，可见达到了理想的效果。

3.4 与内置式位移监测对比

与此同时，我们再来查看原机组自带的内置式振动位移监测值，振动位移幅度在整个过程中并未产生明显上升和下降趋势。以图 4 为开大吹扫蒸汽后烟机振动上升过程中 VM600 振动在线监测系统 4 只测点测定值的变化情况，可以看出，其值发生明显上升，最高值上升至 16mm/s 左右，是正常值的 7 倍左右；而相同时间段里，机组自带的内置式振动位移监测值如图 5 所示，可以看出，振动位移没有产生较为明显的上升变化趋势，位移值从正常的 28μm 上升至最高的 37μm 左右。

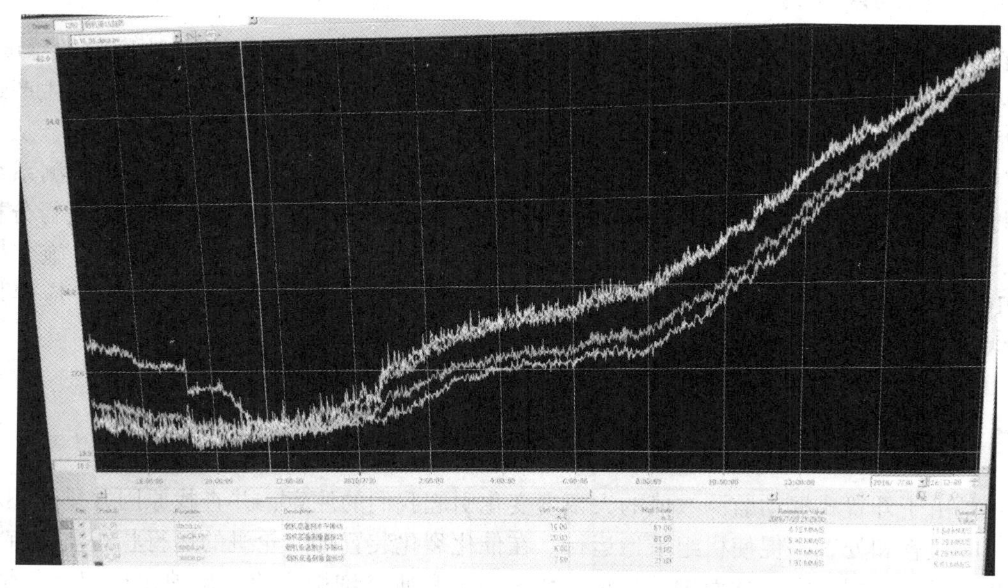

图 4 VM600 振动在线监测系统测定值趋势明显

通过对比，可以较为直观地看到 VM600 振动监测系统的敏感度高，容易发现机组异常状况并引起我们的注意，及时进行检查并处理，从而及早降低风险，使得设备运行状态平稳。

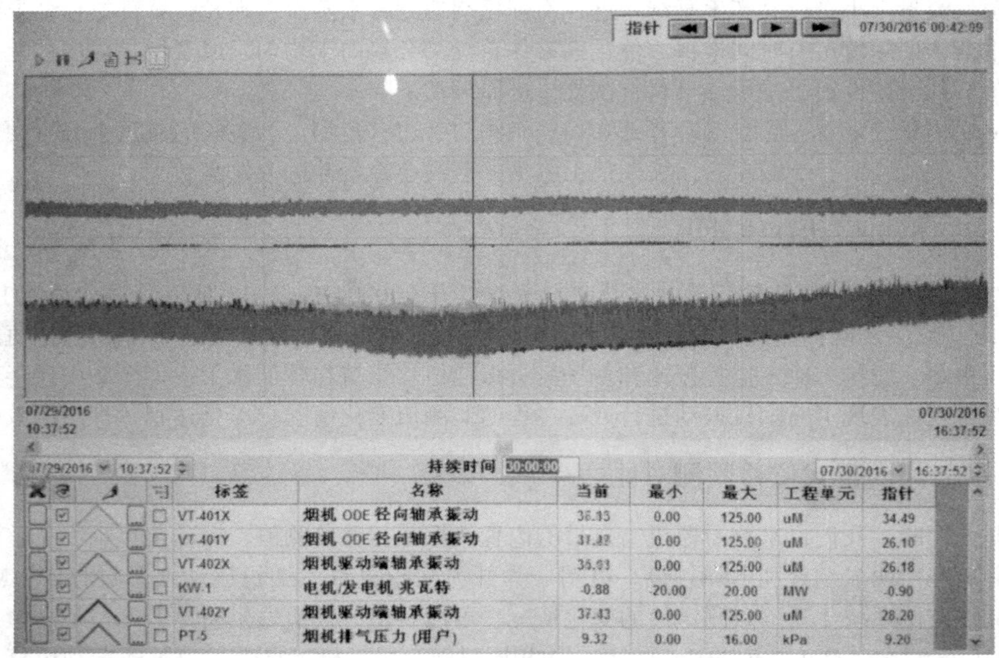

图5 内置式振动位移测定值趋势平缓

3.5 长周期运行

在接近两年多的应用观察中，发现该在线监测系统对于烟气中催化剂浓度的敏感度高，主要体表现在，一旦催化剂浓度超过正常值时，其监测数据明显上升。本周期装置生产运行中前后发生5根过热盘管(位于再生器内部，共12根)泄漏并导致催化剂细粉产生，从而导致烟气中催化剂浓度上升，而每次发生催化剂跑剂现象早期，VM600振动在线监测系统均能捕捉到细微的变化，监测到烟机振速明显上升至1到2倍数值，进而帮助我们进行分析和判断，尽早切断泄漏的过热盘管，并同时根据情况对烟机进行必要的保护措施。根据SHS01003《石油化工旋转机械振动标准》，当最高振速值连续超过7.1mm/s时，应停用设备，烟气改至旁路，从而保护烟气轮机、乃至整个主风机组的安全。

4 应用评价

正是由于外置式振动监测数值的大幅度变化引起我们的注意，并查找原因并排除不利因素，及时检查和处置，促使机组平稳运行。在催化裂化装置烟气轮机的运行状态监测有效地帮助我们尽早发现异常，从而进一步跟踪数据情况和研究细微变化，反映出机组运行情况，为我们提供判断依据，VM600振动监测系统得到了及时、高效的应用。

参考文献

[1] 季丽文．烟气轮机监测技术改进及应用[J]．石油化工设备，2015(7)，44-4.

双法兰液位变送器受环境温度变化波动原因分析及处理

刘双龙

（中海石油宁波大榭石化有限公司，宁波　315812）

摘　要　深入剖析了我公司生产装置所用毛细管双法兰液位变送器大量波动的原因，并找出可行性解决方案，实施后效果显著。

关键词　双法兰液位变送器　环境温度　波动

1　概述

在中海石油宁波大榭石化 DCC 联合装置，由于部分被测介质易结晶、易固化堵塞等原因，加上双法兰液位变送器故障率低（相对浮筒液位计），维护量小，精度高等特点，在我司选型阶段广泛采用带毛细管法兰膜片式变送器来测量液位、压力和差压。

我司在 2016 年 6 月份首次开工，开工以来早晚存在部分小量程的双法兰液位变送器波动，特别是小量程的界位变送器，而且有一定的规律，基本上都是在气温变化明显的早晚，特别是进入秋季 10 月份早晚温差大的时候，波动特别明显，尤其是太阳出来的时候，波动更大。

2　工作原理

双法兰液位变送器由密封膜片法兰、毛细管和差压变送器组成，密封膜片的作用是防止管道中的介质直接进入差压变送器，它与变送器之间是靠注满液体（一般采用硅油）抽真空的毛细管连接起来的，当膜片受压后产生微小变形，变形位移或频率通过毛细管的液体传递给变送器，由变送器处理后转换成输出信号。双法兰液位变送器其实也是一种差压式液位变送器，由于无导压管（容易堵塞、积液或集气）及变送器不直接与介质接触的结构，减少维护量、提高了变送器的稳定性。

3　原因分析

3.1　问题出现后我们组织了人员进行大量分析

首先，对工艺工况进行充分了解，工艺严格按设计条件进行操作，压力、温度控制都在指标范围内，工艺介质未见气化或结冰，并对取压短管及一次阀进行保温，未见好转，仪表重新校验，零点、量程及迁移量都没有问题。

其次我们怀疑是信号干扰，经检查波动仪表附近磁场正常，磁场强度基本上小于30微特斯拉。对接地系统进行检查，屏蔽接地只在系统侧进行良好接地，一端接地未形成环路，接地电阻正常，电缆敷设严格按型号类型严格分开。

3.2 双法兰液位变送器本身分析

（1）现场试验发现手捏双法兰液位变送器毛细管，液位有较小的波动。开工以来持续存在波动的现象，而且随着早晚温差越大波动越明显，通过分析应该是受环境温度的影响。

（2）波动明显的都是量程比较小的双法兰液位变送器，量程基本上都是在20kPa以内，小量程敏感。

（3）可能的原因，其一是抽真空不够，填充硅油中含有气泡，当环境温度变化时气泡热胀冷缩，出现昼夜指示偏差大或指示不准；其二是硅油不足，硅油无法准确传输膜片的感压信号造成的；其三是由于选择变送器填充液的型号不合适，受环境温度变化也会引起昼夜指示偏差大。

（4）填充液有高温型、普通型，选用不当会导致仪表指示不准，高温硅油在冬天使用，毛细管暴露在零下的低温环境中，已超出了其适用的环境温度。

（5）通过查看选型说明书及与厂家沟通硅油型号是DC200的基本型硅油，不是高温型DC704，硅油充装不合理基本排除。DC200的基本型硅油的参数，接液温度-30~210℃，环境温度-10~60℃，我司当地气温秋天最低基本上都在0℃以上，远远高于其最低使用温度。

（6）毛细管是充满DC200硅油，热胀冷缩基本没有，原则上不受环境温度的影响。如果厂家在生产当中抽真空不够填充硅油中含有气泡，根据理想气体方程 $p1*v1/T1=p2*v2/T2$，假定毛细管内总的体积是不变的，温度变化时，硅油的体积变化忽略不计，毛细管内气泡体积也就没有变化。根据上面的公式，压力与温度成正比。温度变高，压力也就越大，压力就传递给了膜头，从而产生误差。环境温度变化时气泡热胀冷缩，引起压力波动，出现昼夜指示偏差大或指示不准。

经过综合分析应该是抽真空不够填充硅油中含有气泡造成。

4 处理措施

针对以上情况主要消除毛细管随环境温度变化而变化，最好办法是在毛细管增加保温隔热，我司采取以下措施：

（1）对存在问题的双法兰液位变送器的毛细管进行重新固定，防止摆动影响测量。

（2）组织维保单位对双法兰液位变送器的正负压室的毛细管加上保温措施，里面缠上2cm的保温棉（不能使用硅酸铝绳，太重），外面使用自粘铝箔布，进行完好的保温，毛细管保温后正负压侧的毛细管昼夜温度变化不大，消除了环境温度变化的影响。

通过以上措施波动明显消除，毛细管保温前后液位测量趋势如图1、图2。

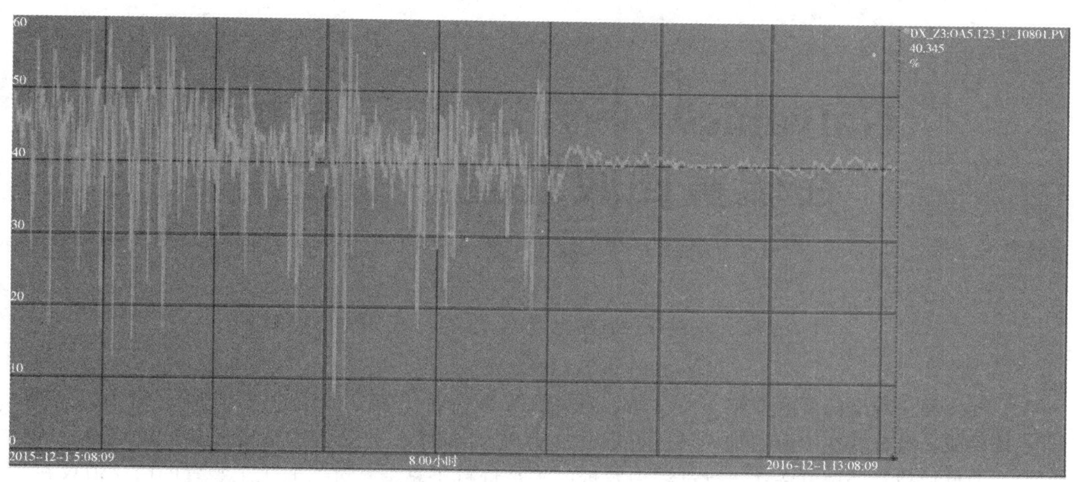

图 1　LT-10001

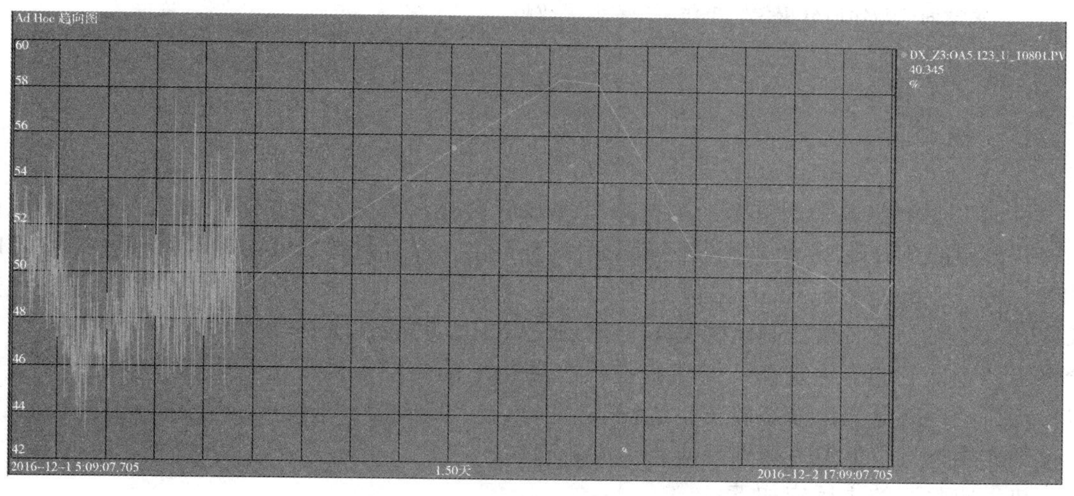

图 2　LT-10101

5　结束语

以上对双法兰液位变送器进行了大量观察及认真仔细的分析，诊断准确，制定处理措施得当，使问题及时解决，提高了数据的准确性，给安全生产提供了强有力的保障。

Galvanic943-TGX 比值分析仪在硫黄回收装置中的应用

麻炳方

（中海石油宁波大榭石化有限公司，宁波　315812）

摘　要　本文简要的介绍了 Galvanic 943-TGX 型硫黄比值分析仪的选用背景、工作原理、系统构成，结合其在中海石油宁波大榭石化 3 万吨/年硫黄回收装置的运行经验，对其运行状况、常见故障及处理方法和运行过程中发现的不足进行了总结，对类似化工装置的硫比值仪在投产运行、日常维护中有一定的借鉴意义。

关键词　硫比值分析仪　工作原理　常见故障

1　概述

目前工业上普遍采用克劳斯工艺来处理炼厂含硫化氢酸性气以保护大气环境和回收硫黄。我公司的 3 万吨/年硫黄回收装置采用镇海石化工程有限责任公司的硫黄回收技术（ZH-SR），该工艺分克劳斯（Claus 法硫回收）、斯科特法尾气净化（SCTO 法尾气净化）和尾气热焚烧三大单元。克劳斯法制硫的基本工艺是使含 H_2S 的酸性气在焚烧炉内用空气进行不完全燃烧，未反应的硫化氢和二氧化硫在没有催化剂的高温条件下进行反应，生成气态硫和水，随后经冷凝分离出液态硫黄，过程气经加热进入反应器，未反应的硫化氢和二氧化硫在催化剂作用下进行低温克劳斯反应，生成硫和水。

热反应阶段的主反应如下：

首先，在焚烧炉内 1/3 硫化氢与氧燃烧反应，生成二氧化硫

$$H_2S+1.5O_2 = SO_2+H_2O+Q$$

然后，剩余的硫化氢与生成的二氧化硫，在催化剂的作用下，进行克劳斯反应生成硫黄

$$2H_2S+SO_2 = 3S+2H_2O+Q$$

通过反应过程可以看出，硫化氢与二氧化硫的含量取决于燃烧反应，要控制尾气中硫化氢与二氧化硫的比值，就必须控制空气需求量。即酸性气与氧气的配比控制。氧气过量会生产大量二氧化硫，炉膛温度过高，过量的二氧化硫对装置安全和环境有严重的影响。氧气不足导致硫化氢反应不充分，燃料气过剩，介质一旦泄露，严重影响人身安全和产品质量。严格控制需氧量，使 H_2S 反应后生成的 SO_2 量满足克劳斯尾气中 H_2S/SO_2 化学计量浓度百分比变化比等于或接近于 2，硫黄的回收率最高，废气排放的浓度最低，污染最小。

本装置采用 Galvanic 的 BRM-943-TGX 型硫比值分析仪，用于 Claus 尾气（H_2S/SO_2）分析，对硫黄回收装置尾气进行分析并且输出一个对应的空气需求信息。

当克劳斯硫黄回收工厂工艺为最佳状态，正确的 H_2S 及 SO_2 的化学计算浓度，即反馈

信号(通常称作空气需求信号)为零(不需要变化),即空气需求量应保持在零左右。简化的空气需求方程为:

$$空气需求=F\times([H_2S]-Rop[SO_2])$$

其中,F=工厂特殊增益因素,通常为:-3.0;

$[H_2S]$=H_2S 浓度;

$[SO_2]$=SO_2 浓度;

Rop=工作比值,通常为 2。

空气需求范围-5%~5%(v),这个数据定义相关的 4~20mA。5%为模拟输出之满量程,可根据实际调整:

4mA 为负的满量程(-5%),空气不足;

12mA 为中间值 0%,最佳需求;

20mA 为正的满量程(5%),空气过剩。

为得到克劳斯硫黄回收工厂的最佳性能,此简化公式中,当 H_2S 及 SO_2($[H_2S]/Rop[SO_2]=2/1$)化学计算浓度在工作比值(Rop)等于 2 时,不考虑工厂特殊增益因素,空气需求信号输出为零。

2 硫比值分析仪工作原理、系统构成

硫比值仪的检测方法主要有色谱法(FID)和紫外分光光度计。相对而已,后者结构简单,相应速度快,其中加拿大 Galvanic 公司生产 BRM-943-TGX 型硫黄比值分析仪为代表的采用无色散紫外光吸收法-单光路,灯及光表稳定,不需要量程标定,维护成本较低。波长范围为 200~800nm,检测器基于分子内电子跃迁产生的吸收光谱进行分析测定的方法,根据朗伯-比尔定律

$$A=\lg(I_0/I)=abc$$

式中 A——吸光度;

I_0——入射光强度;

I——透射光强度;

a——吸光系数;

b——吸收池厚度,cm;

c——被测物质浓度,g/L;

I_0/I——透射比,用 T 表示。

吸光度与检测物质的浓度和液层的厚度的乘积成正比。持续监视制硫尾气中的 H_2S 和 SO_2 气体浓度,输出独立的 4~20mA 模拟信号。硫比值分析仪直接分析制硫尾气中 H_2S 和 SO_2 气体的体积浓度,并计算输出两种气体的体积浓度比和制硫炉配风需氧量,从而实现制硫炉的精确配风。

比值分析仪由控制系统,显示系统,光路检测组件,采样探头组成(图 1)。在机柜前面板上提供所有的重要的操作信息,状态信息、输出信息及进行操作。光路由宽带氙灯;光栅相耦合为一的-2048 个像素的 CCD 检测器组成。仪表风分为两路,一路作为样气动力源,带动样气从工艺管道经过 60M 的过滤器进入气室,在气室测量后返回工艺管道。另一路作

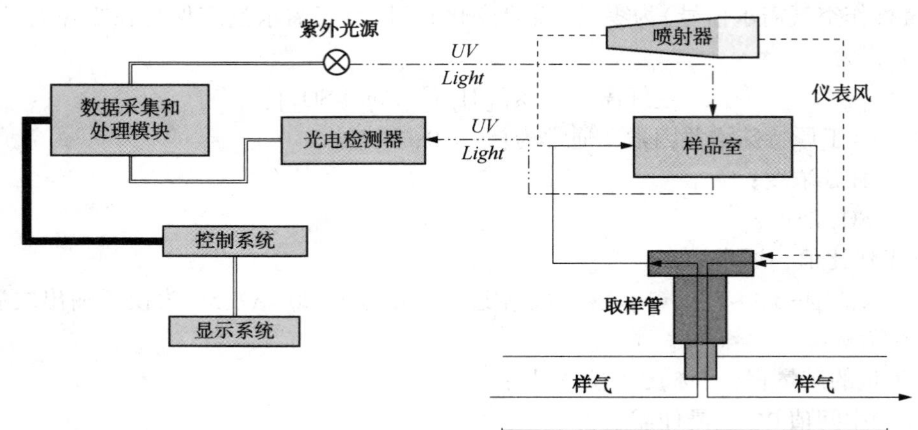

图1 比值仪结构图

为冷却风，将取样管中的气态冷却成液态，返回到工艺管道中，达到除硫。在离线/维修状态，进行吹扫，标零。

信号输出：采用4路4~20mA DC输出，本装置采用三路，空气需求量H_2S/SO_2，-5%~5%(v)；H_2S：0~5%(v)；SO_2：0~5%(v)。

3 应用中的主要问题及应对措施

硫黄比值仪自2016年6月装置开工投用以来，出现以下故障：

3.1 气温低出现连续反吹

随着天气的变冷，11月份硫黄比值仪出现反吹，特别是晚上，出现的频率比较高。白天又恢复正常。

表1 比值仪公用条件及尾气成分

序号	名称	压力	温度	序号	名称	NOR/%(v)	MAX/%(v)
1	Claus尾气	0.02MPaG	160℃	1	H_2S	0.928	5
2	仪表风	0.4MPaG	常温	2	SO_2	0.462	2.5
3	蒸汽	1.0MPaG	250℃	3	O_2	0.0012	0.005
4	电源	220VAC 50Hz		4	S_6	0.0329	0.06

比值仪厂家对蒸汽条件要求：加热蒸汽压力1.0~1.2MPa、温度160~200℃；伴热蒸汽压力0.28~0.5MPa、温度130~160℃。

本装置采用1.0MPa蒸汽对气室进行加热，气室的工作温度设置范围在140~160℃，气室还有1组电伴热进行伴热进行补偿，无分析小屋。通过初步分析，各种工况温度均能满足比值仪的运行工况。降低气室的工作温度为135℃，加大分析仪疏水阀后返回阀门的开度及总管的疏水阀开度。环境温度降低，气室的温度低于设定值，分析仪进入反吹。用一支PT100热电阻对蒸汽的测量气室伴热的外管壁，热电阻阻值151.3Ω，换算温度133℃。测量距离比值仪取样口后 1 米工艺外管壁温度，电阻值 152.5Ω，换算温度为 137℃，工艺进入 V-103 之前的总管上的一支热电偶，显示温度 145℃。开大分析仪疏水阀，分析仪温度也会下降 2℃。当温度上升到设定值+3℃，报警消除。在 6 月份采用同样的方法进行测温，1.0MPa 电阻值 167.9Ω，换算温度为 176℃。综上所述，可以判断实际加热蒸汽温度受环境温度变化影响较大，同时仪表自身的管线直径不够大，换热效果不是特别明显。目前采取增加一路伴热，确保仪表正常工作。若条件允许，在设计阶段增加分析小屋，确保仪表正常运行。

3.2 进样过滤器堵塞

在运行半年后出现 H_2S 浓度测量值为零，SO_2 测量正常。，工艺调整风量，H_2S 无变化，对气室镜片、导光液、UV 灯源进行更换处理，测量值无大变化，面板的压力检测是 766.73mm Hg，正常测量值 700~800mm Hg。对检测器进行检查，故障现象依旧存在，面板也无相应的报警值输出。工艺通过取样定性分析 H_2S，判断样气中有 H_2S 存在，检查气室前的 60M 过滤器，发现上面有粉尘，更换过滤器后，测量值正常。

3.3 强制回零反吹情况下有测量值显示。

投用半年后，在仪表从 On line 切换到 Off line 并强制回零反吹的工况下，正常情况下，在几秒钟内集中输出应稳定在接近零读数。反吹时间超过十分钟，面板还有数值在波动，关闭样品气进气室的阀门，松动气室的管路，便携式报警仪报警。过一段时间后面板显示回零。出现问题原因有：(1)反吹风量不够，反吹不掉气室里的样品气。(2)气室前的阀门出现内漏。检查净化风过滤器活性炭出现粉末，引起管路堵塞。采取将干燥剂活性炭改成氧化铝。

3.4 仪器进入样品测量，报警画面出现高整合期报警

出现该报警时，仪表能正常测量，引起该报警的原因有：(1)导光液过少或变质；(2)光纤老化；(3)光源强度衰减；(4)气室镜片附有异物。

在分析仪中使用导光溶液起到高通滤光器，起到聚光作用，防止光路曲线出现尖锐峰值，同时避免光纤直接暴露在宽带源中老化。

光纤直接暴露在小于 250nm 的波长范围内会产生一个吸收带，这个吸收带会降低光纤的透光率。光纤老化是时间累积的函数，在远紫外小于 200nm 区域时，由分析仪宽带紫外线光源灯产生的辐射能够使光纤老化，特别在深紫外(200~350nm)导光液减少辐射的使加速光纤老化。

在光谱面板内，可以修改集合时间，集合时间指的是当数据被采集时提供一个时间点可以保证谱线的最小噪声下获得最优的分辨率；集合时间越短分辨率越高，但是噪声可能会相对很高；如果集合时间长，分辨率势必会受到影响，少许谱线特征就会丢失，谱线的噪声就会减小。导光液吸收过多能量也会使集合时间接近最大值 1000ms，造成透光率降低，其集合时间达到最大值 524nm 时老化会到极点。当分析仪显示损失光谱仪信号水平大幅度降低(最大 32000)，最可能的原因是导光液液降解，失去作用。导光液更换频率鉴于于一周到几个月/次，主要取决于分析仪的工况。

当整个光强度低于15000时，报警界面会出现报警，仪器无法进行测量。可以进行手动优化光源，获取新的谱线，优化时确保分析仪切换到零气状态下进行检查和调整。当需要对光纤进行更换或者调整时，要小心并且避免与光纤尾部直接与导光液接触。UV光源灯的正常使用期限大约是1年。灯的寿命与灯的启动次数成反比，重新启动次数少的话寿命会更长一些。UV光源灯有一种故障模式，在固定间隔期间不能重新启动到UV光源灯。有时在这种方式下灯将在冷却一段时间后重新启动，大约要15~20min。拆洗镜片时，防护措施需要做到位，防止气室内有残留H_2S。以上更换后均需要重新优化光路曲线。

3.5 登录分析仪

部分操作无法在操作面板上完成，如零点气反吹保持输出，更换风光光度计程序下载等需要通过以太网线连接电脑到分析仪进行设置修改，必须使用Firefox(火狐)浏览器，输入分析仪的IP地址(默认：192.9.00.16)。可以实现一些分析仪操作面板上无法实现的操作。

3.6 分析仪零点标定时输出无法保持

克劳斯炉配风采用双回路控制系统，即大配风与酸性气流量采用比例控制，小配风与硫比值分析仪计算的空气需求量串级控制。仪表每隔2个小时进行零点检查、吹扫，空气需求量输出也跟着回零，无法投用自控，引起工艺生产波动。登录分析仪，点选左边的Factory，FactoryParameters的页面就出现，点选顶部的Change to UpdateMode，输入密码，进入后选择每个模拟输出的模式(Track或者Hold)，选择H_2S-SO_2模拟电流输出为Hold(保持)，按底部的Save to Unit进行保存，同时将Zero Hold Interval零点输出间隙时间修改大于零点反吹时间。

3.7 更换检测器

需要更换检测器，在更换之前，先在C盘上安装一个新的校准真值表文件。只有在需要这个系统文件的情况下才可执行这项功能。通过浏览器进入192.9.200.16/Utility.html界面，在Calibration Matrix File Name后的Browser，选择检测器有关的矩阵文件，然后按Calibration Matrix Upload To Analyzer，矩阵文件将上传到电子板。按Reboot Analyzer按钮重启分析仪。

4 总结

硫比值分析仪在克劳斯硫黄回收装置中的作用是非常重要的，在硫黄回收装置中应用硫黄比值分析仪可以有效地提高硫的回收率，降低二氧化硫等酸性气体的排放量，有利于企业实现节能减排，保护环境等目标。如何使用维护在线分析系统在硫黄回收工艺中持续、稳定、有效分析是一个设备管理人员必须重点关注点，及时掌握仪器原理及性能、故障问题判断，制定合理的定期维护计划，定期检查分析仪各类运行参数，及时做好跟踪记录，便于检修及备品备件提报提供帮助，同时在设计选型中对仪器公用条件设置选取及是否选择分析小屋做系统辩证，确保经济合理，仪器为工艺提供准确的数据，从而实现安全、环保、绿色生产。

参 考 文 献

[1] 王森，符青灵．仪表工试题集：在线分析仪表分册[M]．北京：化学工业出版社，2006.
[2] 加拿大 Galvanic 公司．943-TGX 型尾气分析仪系统操作手册．2012.
[3] 镇海石化工程公司．3 万吨/年硫黄回收装置工艺说明．镇海，2012.

炼油厂腐蚀保运技术及其应用

于凤昌　张宏飞　崔中强

（中石化炼化工程（集团）股份有限公司洛阳技术研发中心，洛阳　471003）

摘　要　随着国内环保、安全法规的日益严格，以及石化装置长周期安全稳定运行的要求，防腐工作逐步从消极治标的被动局面向积极治本的主动局面转变。中石化防腐蚀研究中心根据主动防腐理念开发的炼油厂腐蚀保运技术经过在炼厂装置的实际应用，充分证实了该技术可利用炼厂现有的数据平台及实时数据，实现炼油设备和管道的在线实时腐蚀评估，预测腐蚀发生破坏的概率，提出针对性防护建议，可帮助用户主动采取防护措施，控制腐蚀风险，降低腐蚀发生的概率，开创了炼油装置腐蚀监控和腐蚀管理的新模式。

关键词　炼油装置　腐蚀保运　腐蚀评估　腐蚀监控　腐蚀管理

1　前言

目前，随着高酸和高硫等劣质原油加工比例的不断增加，劣质原油加工已成为世界炼油企业共同面临的课题，劣质原油加工过程中腐蚀问题已成为困扰炼油装置安全生产和长周期运行的一个重要难题[1~4]。炼油设备的腐蚀问题影响因素众多且复杂，现有腐蚀预测技术具有一定的局限性，不能准确地对炼油厂提供指导意义[5~9]。并且随着国内环保、安全法规的日益严格，以及石化装置长周期安全稳定运行的要求，防腐工作需要逐步从消极治标的被动局面向积极治本的主动局面转变[10~13]。

炼油厂腐蚀保运技术是中国石化集团石油化工设备防腐蚀研究中心根据主动防腐理念开发的腐蚀控制技术，炼油装置腐蚀监控系统即为实现该技术方法的工作平台。其核心是依据炼油厂日常的腐蚀监测，结合炼油装置的生产工艺、原料性质以及历史加工记录等与腐蚀相关的数据，并利用炼厂现有的数据平台实现利用实时数据，通过专家系统对炼油厂设备和管道进行实时腐蚀评估和预测，提高腐蚀评估的实效性以及准确性。对运行中或运行后的设备和管道进行腐蚀安全评估，发现腐蚀隐患，从而保障炼油装置的安全运行[14]。

2　炼油厂腐蚀保运技术

2.1　工作流程

炼油装置安全运行成为一项系统工程，涉及炼油厂的工艺调整、材料选择、工艺防腐、腐蚀检测、化学助剂、生产管理等众多方面[15]，需要在实际生产过程中逐一落实，并根据腐蚀监测与分析结果动态调整才能保证装置的安全稳定运行。炼油厂腐蚀保运技术就是根据炼油装置的实际运行状况，对各种防腐措施动态地调整与完善，达到保障炼油装置安全稳定运行的目的。其工作流程如图 1 所示。

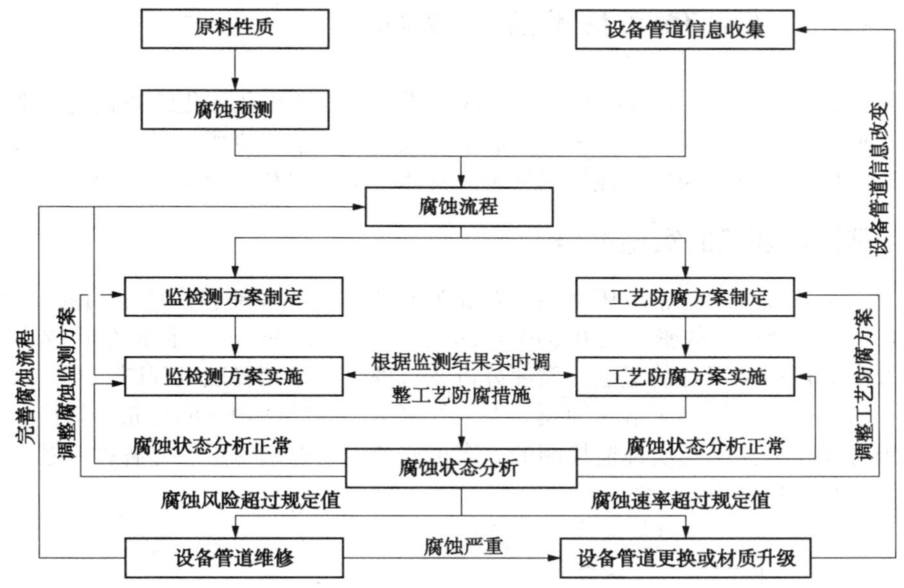

图 1　炼油厂腐蚀保运工作流程示意图

2.2　工作平台

炼油装置腐蚀监控系统是炼油装置腐蚀保运技术的工作平台，该系统可依据设备管道基本信息、化学分析、定点测厚、腐蚀探针等日常腐蚀监测，结合 DCS 系统和 LIMS 系统中生产工艺数据，以及历史检维修数据等，通过专家系统对炼油装置设备和管道进行定期和实时腐蚀评估和预测，分析并预测腐蚀发生破坏的概率，并提出针对性防护建议，帮助用户主动采取相应的防护措施，或进行生产调整、制定维修计划、调整工艺防腐措施或调整腐蚀监测方案，从而控制腐蚀风险，降低腐蚀事故破坏的概率，保障炼油装置的安全运行。

2.3　主要功能及特点

腐蚀保运技术的主要功能及特点包括：

（1）可动态量化评估炼油设备和管道的腐蚀状况，输出腐蚀风险等级，自动生成腐蚀月报；

（2）可自动检查化学分析、腐蚀探针等监测数据，数据异常时可快速报警；

（3）可自动读取 DCS 和 LIMS 系统的数据；

（4）具有图形化显示与查询功能；

（5）具有数据自动校正功能；

（6）具有装置基础信息数据库、金属材料数据库和炼油装置腐蚀类型数据库；

（7）具有氯化铵结晶温度、硫氢化铵结晶温度、水蒸气露点温度、水饱和蒸汽压等特色计算工具；

（8）可协助技术人员制调整腐蚀监测方案、定炼油装置的检维修计划等。

3　炼油厂腐蚀保运技术应用案例

2013年12月炼油腐蚀保运技术在某厂常减压、加氢裂化及焦化装置进行工业应用，炼油装置腐蚀监控系统自上线运行以来，开展了多次腐蚀评估，应用效果良好。本文以其在常减压蒸馏装置应用为例来探讨腐蚀保运技术的具体实施过程和实际应用情况。

3.1　常减压装置的实施过程

（1）腐蚀流程图绘制。常减压蒸馏装置加工原油为沙特轻油和沙特重油的混合原油(混合比为1∶1)，混合原油的密度为0.8706g/cm^3，硫含量2.56wt%。根据公司提供的装置基础资料以及现场调研情况对装置进行腐蚀分析及梳理，并绘制腐蚀流程图(见图2)。根据腐蚀流程图，可以从系统层面了解腐蚀及其发生的概率，腐蚀性物质的分布与转换，从而可以在全局高度考虑工艺防腐与腐蚀监检测的方案，避免发生遗漏与重复等各种问题，提高工艺防腐与腐蚀监检测的效率。

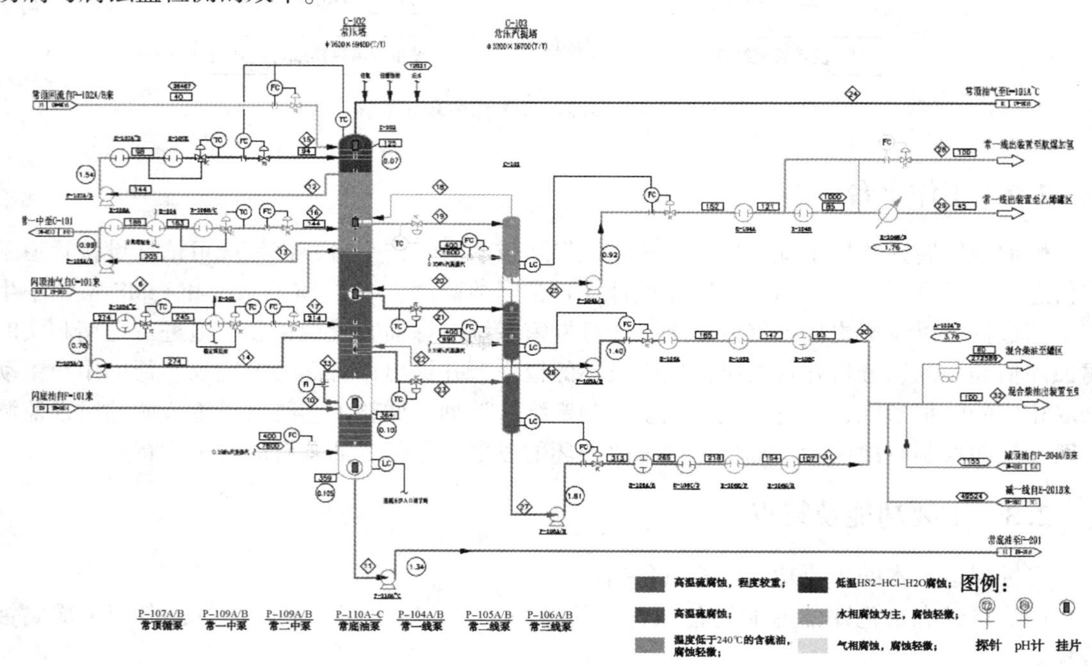

图2　常减压蒸馏装置腐蚀流程图(部分)

（2）工艺防腐与腐蚀监检测方案制定。依据装置腐蚀流程图，遵循检测方式多样化、长短期监测互补、监测与化学分析互补、工艺防腐措施效果评估等原则下[16~18]，制定工艺防腐与腐蚀监检测方案。经统计在常减压蒸馏装置中部署了腐蚀探针4个、pH计2个、腐蚀挂片点18个、化学分析取样点22个、测厚布点约420个。

（3）信息收集整理。收集常减压蒸馏装置设备管道基本信息、介质信息、腐蚀监测信息，并整理成标准数据表格，方便导入到腐蚀监控系统。

（4）腐蚀监控系统开发及安装调试。开发针对该厂装置特点的腐蚀监控系统，并现场安装、调试，导入上述已收集的各种信息数据，并与系统运行中录入与维护日常监测数据，且该系统可实时读取炼厂 DCS 系统中相关操作数据及 LIMS 系统中的化学分析数据。

（5）腐蚀监控系统运行。过程中可动态量化评估炼油设备和管道的腐蚀状况，输出腐蚀风险等级，自动生成腐蚀月报；可自动检查化学分析、腐蚀探针等监测数据，数据异常时可快速报警。

3.2　腐蚀监控系统的运行分析

3.2.1　腐蚀风险汇总

腐蚀监控系统每月定期对常减压蒸馏装置设备和管道进行一次全面的腐蚀状态分析，并标示出腐蚀风险等级较高的设备和管道。2016 年 4 月份该厂应用腐蚀保运技术的三套生产装置运行概览如图 3，其中常减压蒸馏装置中总损伤因子大于 100 的设备统计图见图 4，并配有相应的腐蚀风险汇总一览表，既直观亦方便用户查阅，便于发现腐蚀隐患。

生产装置运行概览

项目	3#常减压	2#焦化	2#加裂
规模/万t	800	230	180
运行负荷/%	87.4	95.1	99.7
开停工状态	●	●	●

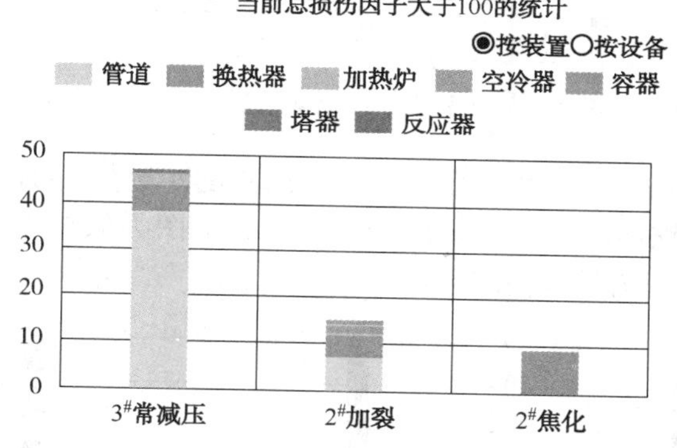

图 3　生产装置运行概况

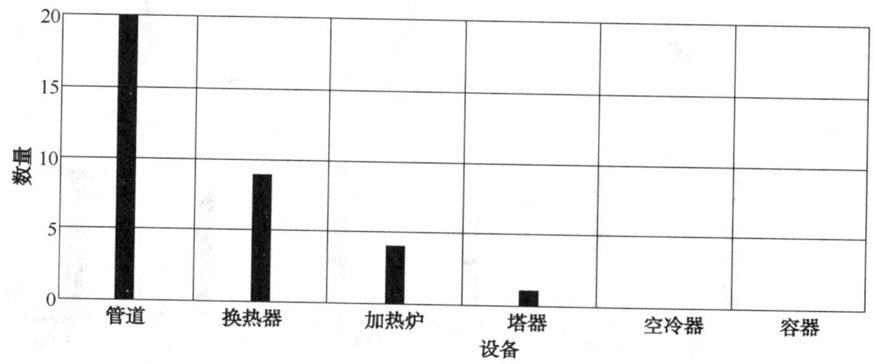

图 4　常减压蒸馏装置中总损伤因子大于 100 的各种设备统计

3.2.2 腐蚀监检测信息汇总

腐蚀监控系统同时对腐蚀监检测情况进行汇总分析，并标示出超标的腐蚀监测数据，便于技术人员和管理人员查询和分析。2016年4月份常减压蒸馏装置在线监测数据统计见图5，可通过下拉列表选择显示图表显示内容，包括在线腐蚀探针监测的腐蚀速率和在线pH计测得的pH值。

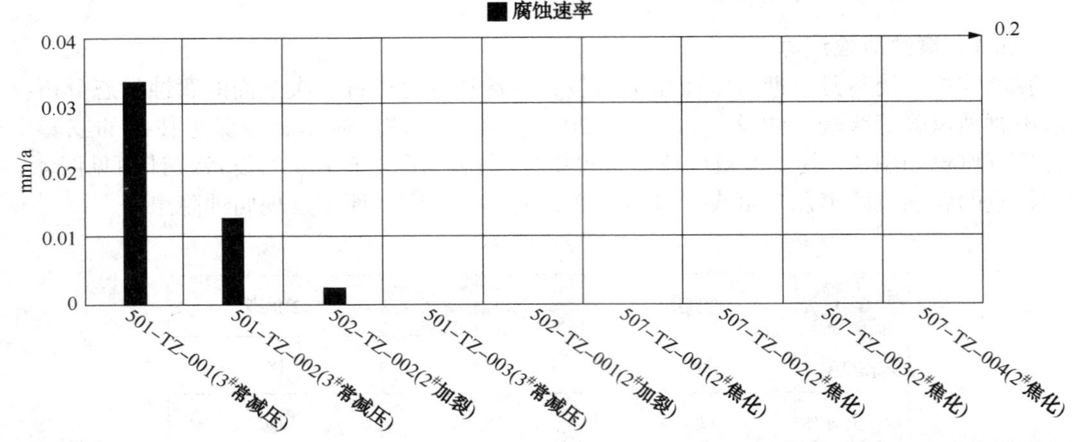

装置	探针位号	安全装置	测试日期	H4腐蚀速率	D1腐蚀速率	D7腐蚀速率	D14腐蚀速率
3#常减压	501-TZ-001		2016/04/13	4.618798	0.6727844	0.03316588	0.0440524
3#常减压	501-TZ-002		2016/04/13	0.3989147	0.02867126	0.01297496	0
3#常减压	501-TZ-003		2016/04/13	0	0	0	0.00396396

图5 常减压蒸馏装置4月份在线监测情况-腐蚀速率监测

工艺防腐监检测情况如图6，主要为各位置酸性水的定期检测，同样可通过下拉列表选择检测项目，包括pH值、铁离子含量、氯离子含量等，上图为依据相关标准[19~20]标出的当前项目的检测合格率，下图为具体检测数据。

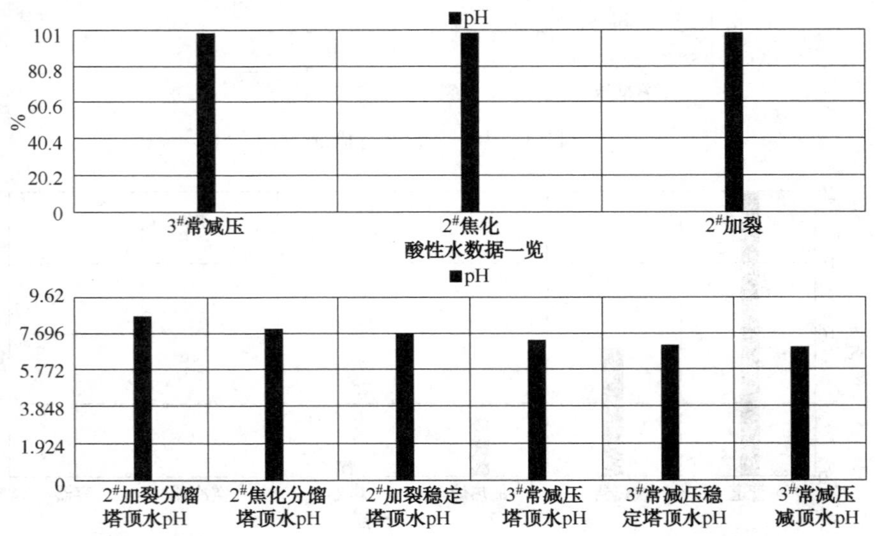

图6 常减压蒸馏装置4月份工艺防腐监测情况-酸性水监检测

腐蚀监控系统同样可以对近期原油性质(包括硫含量、酸值、脱后含盐量、脱后含水率等)监测信息进行汇总分析，如图7即为原油近期硫含量曲线图，并可通过日期选择浏览历史数据。

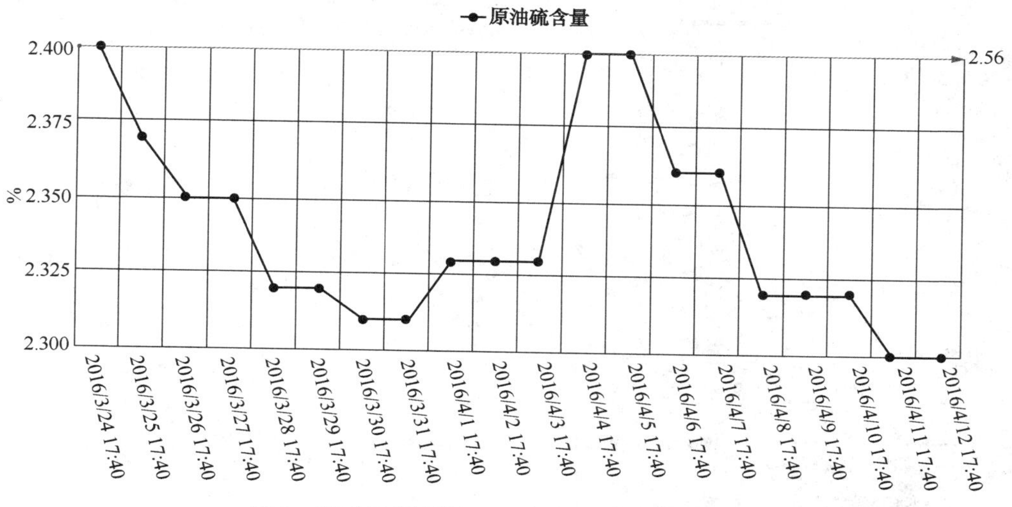

图7 常减压蒸馏装置4月份原油硫含量曲线图

3.2.3 腐蚀监测数据的快速分析

监测数据的快速分析主要是针对化学分析、在线监检测和定点测厚等数据，以及腐蚀状态分析结果进行分析，便于发现数据异常，及时采取针对性措施，防止发生严重腐蚀。例如，可通过点击图5中腐蚀探针501-TZ-001对应的蓝色柱状图进入监测数据的快速分析页面，分析腐蚀探针数据是否存在异常波动，如图8所示，为近期常压塔顶空冷A-101出口支管腐蚀探针501-TZ-001的腐蚀监测数据曲线，可通过改变起止日期更改分析区间。

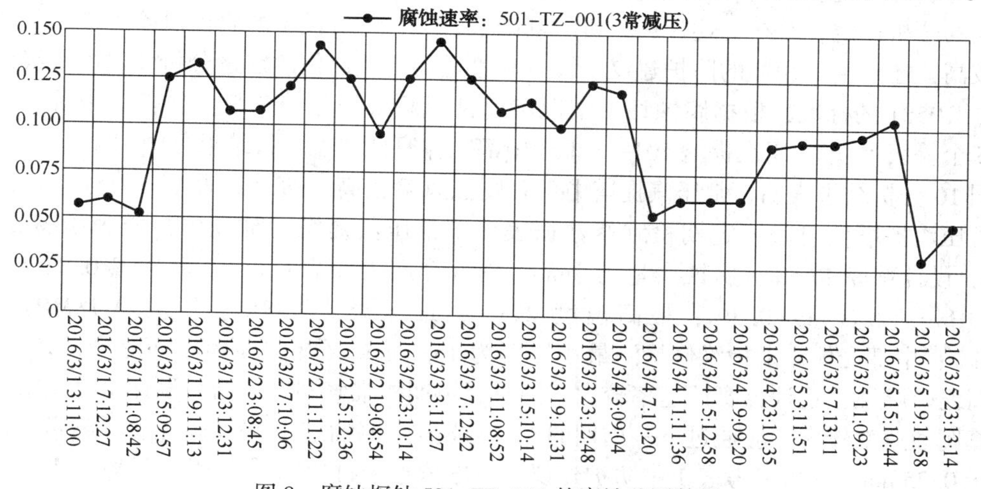

图8 腐蚀探针501-TZ-001的腐蚀监测数据

3.2.4 图形化显示与查询

腐蚀监控系统具有强大的文字检索功能的同时亦具有图形化显示与查询功能，便于用户从直观的图形界面中查找需要关注的重点信息，如图9所示，显示的为减压塔部分的流程图，当鼠标置于减压塔底管线时，可显示该管道名称信息，当点击该管线时可链接该管道相关的详细信息页面。

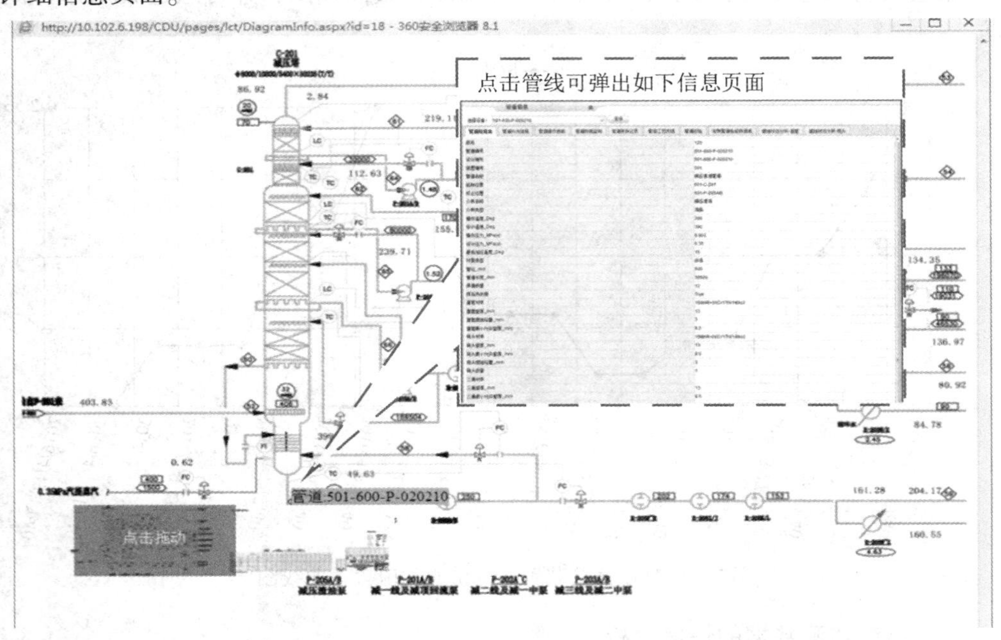

图9 减压塔部分图形化显示与查询示例

3.2.5 腐蚀状况分析

根据设备的基础信息和工艺信息，以及与设备相关的腐蚀监测信息，可以对设备的减薄腐蚀类型、腐蚀机理[21]、估算腐蚀速率、实测腐蚀速率、减薄损伤风险、脆性断裂腐蚀风险、应力腐蚀类型及风险、外部腐蚀类型及风险、HTHA 腐蚀风险、衬里腐蚀风险等进行腐蚀状况的分析评定，并在上述计算分析的基础上，综合评价设备的腐蚀风险等级。如果风险等级较高，还可给出相应的防护建议。设备和管道的腐蚀评估的定量分析及腐蚀等级划分采用 API RP581 的标准，根据腐蚀评估情况将腐蚀风险等级划分为低、较低、中等、高、较高共 5 个等级[22]。常压汽提塔 501-C-103 中部壳体腐蚀状态分析结果见图 10。

图 10 分析结果表明，常压汽提塔中部总腐蚀风险较高。通过该表结合腐蚀监控系统提供的常压汽提塔信息表、定期检维修数据表可知常压汽提塔中部壳体材质为 16MnR 内衬 0Cr13，设计壁厚 17mm，腐蚀余量为 3mm；内部介质为油品+油气，硫含量 0.82%，酸值 0mgKOH/g，水含量：0.3%；最高温度 253℃，最低温度 248℃，压力 0.18MPa，流速 0.12m/s；中部壳体定期检维修检测最小厚度为 15.3mm。分析上述信息可知该部位存在一定的高温硫腐蚀，且计算腐蚀速率较大。同时因定期检维修测厚数据与设计壁厚差值较大导致计算腐蚀速率较大，应通过下一周期的测厚数据进行验证，如果经验证后实测腐蚀速率仍然大于 0.25mm/y，可参考表 1 中防护建议，考虑依据选材导则[23~24]做好材质升级工作。

腐蚀监控系统中类似上述的炼油设备和管道的腐蚀状态分析可以根据情况定期或实时进行分析计算，可生成腐蚀状态分析报告，并支持下载。

腐蚀保运技术在企业炼油装置实际应用情况表明，该技术实施实现了炼油装置和管道腐蚀状态的量化和动态评估，能够指导企业调整工艺防腐措施、腐蚀监测方案、制定装置检维

设备编号	501-C-103
设备名称	常压汽提塔
分析部位	中部壳体
减薄腐蚀类型	General
减薄机理	高温硫/环烷酸腐蚀
估算腐蚀速率/(mm/a)	0.0254
实测腐蚀速率/(mm/a)	0.6312308
减薄损伤因子	144.0729
脆性断裂损伤因子	0.3141619
应力腐蚀类型	
应力腐蚀损伤因子	
计算外腐蚀速率/(mm/a)	
实测外腐蚀速率/(mm/a)	
外腐蚀类型	减薄
外腐蚀损伤因子	1
HTHA损伤因子	
衬里损伤因子	0.7
总损伤因子	144.7729
计算日期	2016/4/30 0:16:22
特别说明	没有腐蚀挂片腐蚀速率！没有定点测厚腐蚀速率！
工艺条件	最高温度253℃，最低温度248℃，压力0.18MPa，流速0.12m/s
介质情况	介质为油品+油气，硫含量0.82%，酸值0mgKOH/g,水含量：0.3%
防护建议	减薄腐蚀类型为：高温硫/环烷酸腐蚀，防护措施：1)对比实测腐蚀速率与腐蚀速率等，如实测腐蚀速率大于计算腐蚀速率，需要检查工艺操作条件具有加速腐蚀的因素；2)计算腐蚀速率以及实测腐蚀速率均大于0.25mm/y,可参看选材导则考虑材质升级，注意环烷酸腐蚀与硫腐蚀用材的差异；3)如果监测数据齐全且损伤因子大于100，应查看使用年限，估算使用寿命，合理安排检修周期

图 10　常压汽提塔中部壳体腐蚀状态分析

修计划，提高了炼油装置管理水平，达到了保障炼油装置的安全平稳运行的目的，取得了良好的经济效益和显著的社会效益。

4　结语

炼油厂腐蚀保运技术是根据主动防腐观念开发的腐蚀控制技术，根据炼油装置的实际运行状况，对各种防腐措施动态的调整，达到保障炼油装置安全运行的目的，炼油装置腐蚀监控系统是该技术的工作平台与系统工具。腐蚀保运技术在炼厂装置的实际应用充分证实，通过该技术的实施，可对设备和管道进行定期和实时腐蚀评估，分析并预测腐蚀发生破坏的概率，并提出针对性防护建议，可帮助用户主动采取相应的防护措施，控制腐蚀风险，降低腐蚀发生的概率，达到保障炼油装置安全运行的目的同时取得良好的经济效益和社会效益。

参考文献

[1] 曹湘洪．后石油时代中国炼油工业的可持续发展[J]．当代石油石化，2010，18(7)：1-6.

[2] 侯芙生．加工劣质原油对策讨论[J]．当代石油石化，2007，15(2)：1-6.

[3] 刘小辉．炼油装置防治腐蚀存在问题及建议[J]．安全、健康和环境，2010，10(6)：12-15.

[4] 袁晴棠．中国劣质原油加工技术进展与展望[J]．当代石油石化，2007，15(12)：1-6.

[5] 林莜华．石化装置风险管理技术与应用[M]，北京：中国石化出版社，2009：1-12.

[6] 于凤昌，崔新安．中石化加工劣质原油腐蚀及控制研究进展[C]\\ 第四届中国国际腐蚀控制大会技术推广文集．河南安阳，2009.

[7] Kane RD，Cayard S. Understanding Critical factors that Influence Refinery Crude Corrosiveness[J]. Materials Performance，1999，48(7)：48-54.

[8] Hau J. Predicting Sulfidic and Naphthenic Acid Corrosion[J]. Corrosion，2009，65(12)：831-844.

[9] 丛广佩．石化设备基于风险和状态的检验与维修智能决策研究[D]．大连理工大学，2012，3-4.

[10] 陈学章．石化装置长周期生产面临的主要问题及对策[J]．石油化工安全技术，2006，22(3)：42-42.

[11] 陈琦，张智等．浅谈石化设备长周期运行的管理与检验检测[J]．化工管理，2013，8(8)：156-156.

[12] 郑建华．石化装置长周期运行中的设备可靠性管理对策研究[D]．天津大学，2015，1-2.

[13] 伏胜军．炼油企业清洁生产与绿色低碳发展[J]．企业技术开发，2014，33(22)：79-79.

[14] 于凤昌．炼油厂腐蚀的保运技术与腐蚀监控系统[J]．石油化工腐蚀与防护，2011，28(4)：39-46.

[15] 王百森．炼油装置全面腐蚀控制体系建立与运行[J]．石油化工设备，2009，38(5)：69-72.

[16] 易铁虎．在线腐蚀监测技术在炼油装置中的应用[J]．腐蚀科学与防护技术，2013，25(1)：74-76.

[17] 薛光亭．腐蚀检(监)测技术在炼油装置上的应用[C]\\ 第二届全国石油和化工行业腐蚀与防护技术交流会文集，2011，70-75.

[18] 丁明秀，韦秀瑜．炼油装置中腐蚀监测技术的应用现状及优化策略[J]．化工管理，2016，4(4)：65-65.

[19] 石化股份炼[2011]339号．中国石化炼油工艺防腐管理规定[S]，2011，8-9.

[20] 石化股份炼[2012]128号．《中国石化炼油工艺防腐管理规定》实施细则[S]，2012，7-8.

[21] API RP 571. Damage Mechanisms Affecting Fixed Equipment in the Refining Industry[S]，2010.

[22] API RP 581. Risk Based Inspection，Base Resource Document American Petroleum Institute[S]，American Petroleum Institute，2008.

[23] SH/T 3096—2012. 高硫原油加工装置设备和管道设计选材导则[S]，2012.

[24] SH/T 3129—2012. 高酸原油加工装置设备和管道设计选材导则[S]，2012.

对一条穿越海底滩涂原油管道的防腐分析

屈　威[1]　屈晓禾[2]　刘亚贤[3]

（1. 中国石油广西石化公司储运一部，钦州　535008；
2. 中石油云南石化有限公司，安宁　650399；
3. 中国石油华南化工销售公司钦州调运分公司，钦州　535000）

摘　要　输油管道途径海滩并置于沿海湿热高温盐雾环境下，腐蚀是显而易见的。加强输油管道防护，使之安全长周期运行避免因腐蚀原因发生泄漏造成环境污染。就需要对输油管线所处地质条件、环境、自身防腐保护设施等方面进行全面分析，采取与之相适应技术手段，确保管道处于最优的防腐保护状况下。本文以一条油码头至储存库 8km 输油管道进行腐蚀防护方面分析，为今后此类管道防护提供借鉴。

关键词　腐蚀　牺牲阳极保护　交流排流　穿跨越　土壤电阻率　绝缘接头

随着我国成为原油净进口国，数以亿吨的原油由国外输入。其中海运占绝大多数。原油经油轮运输至港口，卸入岸罐，再由输油管道输送至目的地。海岸滩涂为管线必经之地，有时还会穿越海底，并常年处在海浪飞溅区域空气条件下。这些特殊的地质特征加上海洋性气候影响对输油管道产生的腐蚀防护问题与内陆埋地输油管道防腐有着一定的差异。应加以区别对待，找出发生腐蚀的主因加以重点解决，不能照搬内陆常输管道的通用防腐做法。

1　管道概况

输油管道(管道直径为 DN800)全长 8.1km。起自原油码头库围墙外 1m，管道出码头库后架空敷设在管架上，向西北方向敷设约 1.495km，管道离开管架沿临海大道南侧向东埋地敷设，到江(此处为江海交汇口处于航道)西岸，穿越(穿越段长 1.4km，航道 650m)过江后继续向东埋地敷设，到达二号路后折向南，沿二号路西侧敷设，到达港区二大街后向东穿越二号路，向东敷设 300m 后到达管道终点。埋地管道一般地段外防腐涂层采用三层 PE 普通级防腐，大型河流穿越、Ⅱ级及以上带套管公路穿越采用加强级防腐。架空管道防腐方面，钢结构构件和外露管道采用底漆为 70μm 的环氧富锌，中间漆为 70μm 的环氧云铁，面漆为 80μm 的丙烯酸聚氨酯漆。

2　对管道腐蚀和防护措施的分析

输油管道为碳钢材质，金属管道腐蚀主要属于电化学腐蚀。其阳极反应为：

$$2Fe \longrightarrow 2Fe^{2+} + 4e$$

表明 Fe 因失去电子而游离出金属表面，形成金属腐蚀发生[1]。

输油管道处于不同环境条件下，腐蚀形态和腐蚀严重程度略有不同。以下对各种环境条件下存在的腐蚀情况进行详细分析，并提出防腐建议。

2.1　管道外的环境腐蚀

2.1.1　气候环境腐蚀性

输油管道敷射地处于南亚热带海洋性季风气候。具有亚热带向热带过渡性质的海洋季风气候特点。太阳年辐射量104.6~108.8kcal/cm^2，年日照时数为1633.6~1801.4h，平均降雨量1649.1~2055.7mm/a。由于沿海地带空气湿度常年处于高湿状态，金属管道表面常年存在水膜。海浪水沫飞散，不断地将含盐分的海水混入大气，致使低空大气中含盐分较多，盐雾浓度接近海洋飞溅区，溶解在金属表面水膜中，形成良好的电解质溶液，对金属管道造成腐蚀。原因是：

（1）矿化度增高，电解液中无机盐浓度加大，导电率加大，导致电化学腐蚀速度加快。

（2）海洋中氯离子浓度高，易发生点腐蚀。由于氯离子半径小，极化度高具有极强的穿透性，易有限吸附于金属表面，同时具有吸湿性[2]，破坏金属表面涂层或锈层致密性，在有缝隙及应力集中的小孔富集区，造成孔蚀、垢下腐蚀和缝隙腐蚀。

（3）氧浓差电池形成。同一金属表面出现不同的电极电位，氧浓度大的区域电位高为阴极。图1为该管道进入埋地段现场情况。可以看出该出地部位因氧浓差极化造成金属在水浸泡处极易形成水线腐蚀。

图1　管道进入埋地处现场实景

（4）高温加速腐蚀速度。管道所处地区常年温度处于高温，夏季实测地表温度可达76℃以上。根据电化学理论，界面反应速度常数和扩散系数都与温度呈指数关系因此温度的升高将提高各种离子在导电介质(如水)中的传输速度，大大加快金属的腐蚀速度。

本输油管道架空管道防腐采用的方案为常规防腐，在沿海盐雾高湿度高温环境下发生腐蚀难免。应加强专业检查，及时发现处理防腐层漏损处。必要时可实施气相阴极保护技术。

2.1.2 土壤腐蚀性

管道线路经过场地为近岸浅海，地面均被海水淹没，属海陆交互沉积地貌，地形略有起伏，沿线分布软弱泥类土及松散砂层。管顶一般覆土1.2m。

土壤具有多相性和毛细管多孔性，常形成胶体体系，可看作腐蚀性电解质。在干燥且透气性良好的土壤中其阳极过程的进行方式接近于铁在大气腐蚀的阳极行为。湿度在10%～20%范围内，土粒粘合成小团块，增加了介质不均匀性，改变了同金属面接触的固气相比，接触固相的阳极面积缩小使腐蚀电流更集中，形成明显局部腐蚀[3]。

土壤的透气性、含水率、电阻率为影响腐蚀的主要因素。从土壤电阻率与腐蚀关系(表1)可以看出。

表1 土壤电阻率与腐蚀关系

土壤电阻率/(Ω·m)	0～5	5～20	20～100	>100
土壤腐蚀性	很高	高	中等	低
钢的平均腐蚀速度/(mm/a)	>1	0.2～1	0.05～0.2	<0.05

土壤含水率在湿度20%以上，土壤空隙几乎全部为水所充满，氧气很难达到金属表面。但相较低湿度土壤其含菌量高约100倍以上(湿度不同造成不同的厌气性)。

土壤介质的不均匀性主要是土壤透气性不同引起的。在不同透气条件下氧的渗透速度变化幅度很大，强烈地影响着和不同区域土壤相接触的金属各部分的电位，这是促使形成氧浓差腐蚀电池的基本因素。

由此可以得出，在管道埋设过程中要保证回填土的均匀性，回填土的密度要均匀尽量不要带夹杂物。并对土壤的电阻率进行测量，一旦电阻率低于20Ω·m，就必须采取相应措施。含水率偏高处要防止硫酸盐还原菌生成。

2.2 管道外的阴极防护

管道埋地段采用三层PE防腐层进行外防腐，外加牺牲阳极进行阴极保护。对于架空管道，不采取阴极保护措施，在架空管道入地处、埋地管道进库前，设置绝缘接头。

2.2.1 牺牲阳极保护

埋地段管道途径地区为浅海滩涂吹填而成，土壤对管道腐蚀性较强。由于输油管道都沿现有及规划的道路敷设，道路两侧均有高压电线，采用牺牲阳极法保护埋地管道。现场情况，每间隔500m设1组镁牺牲阳极，每组采用2支镁阳极，阳极通过测试桩与管道连接。牺牲阳极安装位置可根据现场实际情况在上述位置前后100m范围内适当调整。共计12组。

分析看出，管道设置绝缘接头数量不足，没有实现管道起端、管道穿越将江河进出两端等处的电绝缘设置，不同防腐层间未设电绝缘装置[4]。这就造成保护电流不能被隔断，出现未进行阴极保护管道部分通电，即影响了采取阴极保护段管道保护电位降低又造成不采取阴极保护措施段管道通以电流。

过江穿越与埋地阴极保护为一体，未进行绝缘装置隔离。穿越处处于江入海口，海水涨潮时管线穿越地段处在海水浸泡区域，属海底敷设管线。对于海底穿越管道与路上管道采取的阴极保护系统绝对不能成为一体(电解质不同)，应分别设置并采用绝缘接头等设施予以隔离。

牺牲阳极与被保护金属的电位差仅几百毫伏发出的电流一般是毫安级的。所以牺牲阳极保护的范围不如外加电流阴极保护的范围大而且要消耗一定量的有色金属，受介质电阻率的限制。在这种状态下，就显得牺牲阳极保护装置设置略显不足。

2.2.2 杂散电流与交流排流

管道埋地段与交流高压电缆敷并行交叉，高压电缆有埋地、架空敷设。埋地电缆与管道相距仅5m左右。管道中存有较强的杂散电流，且随高压线距离减小而增强。其中阻性耦合、感性耦合为主要干扰形式，阻性耦合虽然为三相输电系统零序电流不为零时产生，但产生几倍乃至几十倍于正常输送电流的不平衡电流，电流通过接地极流入大地，钢管的电阻率远远小于土壤电阻率，大部分电流沿管道流动，产生杂散电流。感性耦合是管道与强电线路接近，交变相电流周围产生磁场作用而在管道上产生二次交流电压时发生。正常情况下管道主要受此影响[5]。据有关资料介绍，距离高压线路200m以外时，管道才不受影响。鉴于此应对管道与高压电缆并行交叉段测量管地电位与电位梯度，横向电位梯度2.5mV/m，管地电位偏移的幅值大于100mV，说明杂散电流偏大，表明超警戒值，应采取排流措施[6]。电位梯度的正负还可以确定出杂散电流在管道的流入流出方向，判断排流位置。

交流排流系统设置建议采用牺牲阳极接地方式排流。也可采用接地排流方案。

2.3 管道内腐蚀

管道输送的油品为原油，输送温度：中东的中轻质含硫原油为常温、苏丹PF混合原油为45℃、委内瑞拉重油为38.5℃。管道设计压力为2.5MPa。管道间歇运行，设通球设施用于清蜡。

由于输送介质含硫且间歇运行，管道内部会引起硫化物应力腐蚀开裂(SSCC)、氢致开裂(HIC)。

2.4 管道内的防护

管道内腐蚀危及管道安全运行，这点要引起高度重视，采取相应措施防范。具体为：

2.4.1 添加缓蚀剂

缓蚀剂分无机和有机缓蚀剂两类。中性介质多使用无机缓蚀剂，其原理是以钝化型和沉淀型为主。对于酸性介质添加缓蚀剂原理是在金属表面形成非金属吸附膜，隔离溶液与金属。对于间歇运行的原油管道尤为适用。但要综合考虑杀菌剂、破乳剂、防蜡剂、除垢剂等其他种类化学药剂配比及对生产装置加工原油的影响[7,8]。

2.4.2 通球作业

定期清管，通球作业可以将将管内壁含硫、杂质沉积物(尤其是无机盐)从管道内清除，减少对管道的腐蚀。

2.5 管道穿跨越腐蚀及建议

穿越管线选择中等风化的泥岩和砂岩中通过，金鼓江穿越处的地质情况，江底标高-

12m 以下基本均为泥岩和砂岩，洪水难以冲刷，穿江段管道水平段管顶标高为-22.2m。管道穿越处采用加强级防腐层，未采取防腐保护技术。

穿越段土壤视电阻率值为 7.4~18.4Ω·m，综合评价穿越段土壤对钢质管道具强腐蚀性[9]。众所周知管道防腐层(外涂层)制造安装过程不能确保无瑕瑕，这就会在局部管道河(海)底发生腐蚀，在电解质优良的环境下，腐蚀速度更加惊人，一旦腐蚀泄漏影响将是巨大。有必要对管道穿跨越段采取阴极保护防腐措施，鉴于穿越段航道距离长 650m，可考虑采取牺牲阳极阴极保护措施。

2.6 微生物腐蚀及建议

微生物腐蚀是指在微生物生命活动参与下所发生的腐蚀过程。凡是同水、土壤或湿润空气相接触的金属设施都可能遭到微生物的腐蚀。尤其是硫酸盐还原菌(Sulfate reducing bacteria，SRB)是一些厌氧产硫化氢的细菌的统称，是以有机物为养料的厌氧菌。它们广泛分布于 pH 值 6~9 的土壤、海水、河水、淤泥、地下管道、油气井、港湾及锈层中，它们生存于好气性硫细菌产生的沉积物下，其最适宜的生长温度是 20~30℃，可以在高达 50~60℃ 的温度下生存。据研究报道，美国生产油井发生的腐蚀，70%是由硫酸盐还原菌造成的。管道敷设地正处于硫酸盐还原菌适宜生存成长环境。它的腐蚀过程是电化学过程。硫酸盐还原菌对管道腐蚀要有足够的认识。

3 结论

原油输送管道的防腐要予以高度重视。它关系到管道运行的安全和长周期。对于已建成管道要注意：

(1) 日常检查中对防腐涂层破损、老化情况及时发现及时整改。减少环境与管道本体腐蚀影响。对敷设线路工况变化及时复原，如由架空管线进入埋地段处管线发生水浸泡，要及时恢复消除水浸情况。

(2) 严格按照相关管道防腐规范整改现有防腐技术问题，如管道穿越段与埋地敷设段没有设置绝缘接头设施，且穿越段没有设置阴极保护设施。原有的埋地段采用牺牲阳极阴极保护装置数量不能达到保护管道部不被腐蚀的要求，应及时整改。

(3) 针对管道所处位置特殊性，即与高压电缆并行相距较近情况。应对管道管地电位、土壤电位梯度等指标进行专业测定，采取交流杂闪电流排流保护设施消除杂闪电流对管道的腐蚀。

(4) 加强管道内壁防护。结合管道间歇性运行的方式，可依据运行情况适时进行通球作业消除腐蚀性物质在管道内沉积；同时可采用添加缓蚀剂的方式降低管道内壁的腐蚀。

参 考 文 献

[1] 万德立，郜玉新，万家瑰．石油管道、储罐的腐蚀及其防护技术[M]．第 2 版．北京：石油工业出版社，2011：1-273.

[2] 张智，何仁洋，黄辉．海洋大气环境管道的腐蚀研究[J]．化学工程与设备，2010(2)：170-171.

[3] 何斌，孙成，韩恩秀，等．不同湿度土壤中硫酸盐还原菌对碳钢腐蚀的影响[J]．腐蚀科学与防护技

术，2003，15(1)：1-4.

[4] GB/T 21448—2008. 埋地钢质管道阴极保护技术规范[S]，中华人民共和国质量检验检疫总局，2008.08.

[5] 尚秦玉，许进，尚思贤．高压线路对地下输油管道中杂闪电流影响规律[J]．腐蚀科学与防护技术，2007，19(15)：371-372.

[6] 赵健，张莉华，赵泉，等．成品油管线杂闪电流调查及排除[J]．腐蚀科学与防护技术，1997，9(4)：314-318.

[7] 张炬，陈振栋．海底管道腐蚀与防护措施研究现状[J]．腐蚀研究，2015，29(6)：55-57.

[8] 徐学武．海底油气管道内腐蚀分析与防护[J]．腐蚀研究，2014，35(5)：500-504.

[9] SY/T 0053—2004，油气田及管道岩土工程勘察规范[S]，表 D.0.1-2.

常减压常顶循环线结垢腐蚀的成因分析及建议

崔 蕊 于焕良 钟广文

（中国石化天津分公司，天津 300270）

摘 要 针对中石化天津分公司3号常减压装置常压塔顶循环管线结垢的问题，详细分析了未知物组成，并从结构机理和塔顶各物料的性质方面分析了造成常压塔塔顶循环管线结垢的原因。建议可以通过降低缓蚀剂和有机胺的添加量、调整塔顶注水水质、添加助剂等措施，减缓常减压常顶循环线结垢腐蚀问题。

关键词 常减压 常顶循环线 结垢腐蚀 氯化铵 缓蚀剂

常减压装置是炼油的龙头，是否能安全稳定的运行，关系到整个石化装置的原料供应，因此，1000万t/a的常减压装置在天津分公司有着特别重要的地位。自2009年开工，其常顶循环线经常未知物所堵塞，导致顶循泵出现空转和腐蚀的现象。2012年装置大修，将内部的未知物全部清除，但半年后，又出现了这种现象，几乎1~2个月就切换顶循泵，进行清理，设备腐蚀极其严重，严重威胁了装置安全稳定运行，且造成了巨大的经济损失。本文对常顶循环线的未知物成分及腐蚀机理等进行分析，并提出了减缓腐蚀结垢的建议。

1 未知物的成分和性质

2014年1月，在常减压装置的顶循泵取得未知物，样品呈棕褐色，具有较大的黏性，附着力较强，且具有流动性。

1.1 未知物的表征

未知物的溶解性实验表明，未知物溶于水，形成棕褐色液体；不溶于甲苯、乙醚；未知物几乎全部溶于硝酸(质量分数为10%)，并呈黄褐色；未知物大部分溶于氢氧化钠(质量分数为10%)，呈墨绿色，并伴有气体生成，该气体的pH值在8~9，氨气的可能性比较大。利用电镜-能谱对未知物的进行表征，结果见图1。

根据图1所示，碳、氯、铁等元素的含量较高，再利用原子吸收、元素分析等方法，分析了其水溶液中有害元素，结果见表1。

表1 未知物成分的分析

检测指标	数 值	测试方法
总氮/%(m)	4.276	GB/T 11894—89
氨氮/%(m)	3.806	HJ 535—2009
氯离子/%(m)	32.842	离子色谱法
硫酸根/%(m)	0.179	离子色谱法

续表

检测指标	数　值	测试方法
硫离子/%(m)	未检出	GB/T 16489—1996
总硫/%(m)	0.503	元素分析
总 Fe 离子/%(m)	9.087	原子吸收
未知成分/%(m)	47.697	

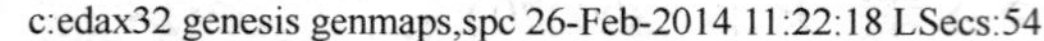

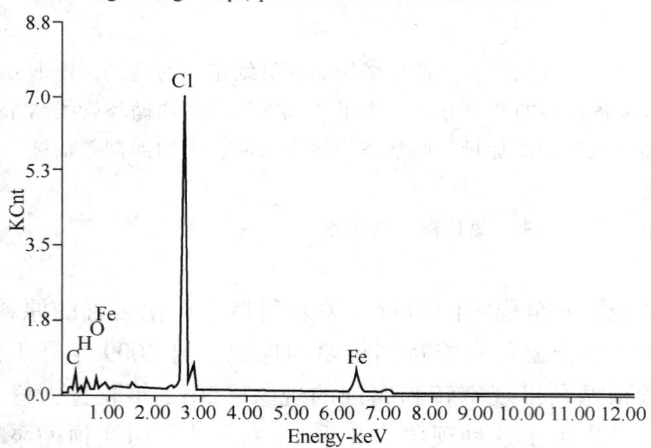

Element	Wt%	At%
CK	28.20	50.72
NK	04.86	07.50
OK	05.91	07.98
ClK	45.84	27.93
FeK	15.19	05.88
Matrix	Correction	ZAF

图1　未知物能谱图

由表1可知：(1)未知物中总氮的质量分数为4.276%，氨氮的质量分数为3.806%，未检测出有硝酸根和亚硝酸根离子，计算可知，有机氮的质量分数为0.47%；(2)未知物中氯离子的质量分数为32.842 %，可能形成氯化铵，估算其含量为49.49%；(3)未知物中总硫元素的质量分数为0.503%，硫酸根的质量分数为0.179%，并未检测出硫离子，含有有机硫的可能性比较大；(4)未知物中总铁离子的质量分数为9.087%；(5)未知物中仍有质量分数为47.697%的未知成分。

1.2　未知物的腐蚀性

通过旋转挂片的腐蚀实验，确定未知物的腐蚀情况。未知物对碳钢的腐蚀速率可达15.448mm/a，工业防腐蚀技术严重腐蚀的标准为低于0.25 mm/a，已经远远大于该标准，为极严重腐蚀[4]。

2　未知物的成因分析

由以上分析可知，未知物中含有大量的氯离子和铵根离子，为氯化铵的形成提供有力条件，对可能造成氯离子、氨氮含量高的因素进行追踪。

2.1　塔顶物料有害成分分析

随着原油逐渐劣质化，硫、氯、氮含量逐渐升高，原油添加剂的种类和添加量不断增加，造成电脱盐的难度不断增大，已经超过电脱盐单元的进料要求，原油脱后的盐含量不能满足不大于 3 mg/L 的标准，是造成常顶循环腐蚀结垢的原因[5~7]。采集分析 4 批次脱后原油的性质，结果见表 2。

表 2 电脱盐脱后原油性质分析[8]

项　　目	2014-3-3	2014-4-21	2014-4-28	2014-5-5
盐含量/(mgNaCl/L)	5.961	5.194	5.224	4.532
硫含量/%(m)	2.0 68	2.4 59	2.3 22	2.4 09
氮含量/%(m)	0.1 388	0.0946	0.0941	0.0908
总氯含量/(mg/kg)	6.262	4.641	3.632	3.064
无机氯/(mg/kg)	3.991	2.783	2.184	1.834
有机氯/(mg/kg)	2.271	1.858	1.448	1.23

由表 2 可知，采集的 4 批次脱后原油样品的盐含量均超出了标准(不大于 3 mg/L)。据文献报道，电脱盐可以脱除原油中的部分可溶的无机盐，如氯化钠、氯化镁等，氮原油的大部分有机氯是脱不掉的，而有机氯在被加热到 350~360℃时，发生水解反应，生成氯化氢，造成塔顶腐蚀[9]。

2.2 缓蚀剂成分及性质

常压塔顶注入中和缓蚀剂(HS-04 型)，对缓蚀剂的老化性考察显示，将缓蚀剂与空气接触静置一个月后，溶液呈黑褐色，黏度变大，而密封的缓蚀剂只出现颜色变深的现象，说明与空气接触将会加快了缓蚀剂的老化速率。除此之外，分析了缓蚀剂的有害成分，结果见表 3。由表 3 可知，总硫含量为 3 020μg/g，总氯含量为 258.048μg/g，氨氮含量为 224.79μg/g，说明缓蚀剂中含有可能造成腐蚀的害成分，是否会造成腐蚀是由缓蚀剂的添加量所决定的，并与加工油种的性质有关。

表 3 缓蚀剂的有害成分分析[8]

测定项目	数　　值	测定项目	数　　值
硫含量/(mg/kg)	3020	氨氮/(mg/kg)	224.794
氯含量/(mg/kg)	258.048		

2.3 有机胺中有害成分的分析

常压塔顶注入的有机胺的型号为 ZH-01 型中和有机胺，分析其有害成分，结果见表 4。

表 4 有机胺的有害成分分析[8]

测定项目	数　　值	测定项目	数　　值
硫含量/(mg/kg)	0	氨氮/(mg/kg)	150.552
氯含量/(mg/kg)	2.521		

由表 4 可知，本有机胺不含硫元素，含有少量的氯和氨氮。常压塔顶注入的中和有机胺要求具有沸点低的特性，在常压塔顶气化后冷凝，从而更充分的中和塔顶的酸性气体。如果沸点过高，就会直接进入到侧线中去，没有中和塔顶的酸性气体，而失去作用。另外，如果有机胺反应生成的氯盐沸点过高，可能会沉积，导致结盐[8]。

2.4 循环油和回流油中有害成分分析

分析常压塔顶循环油和回流油中硫、氯、氮等有害成分，结果见表5。由表5可知，循环油中硫含量较高，为755.1 μg/g，循环油的硫含量高于塔顶回流油；回流油中的氨氮含量为2.182 μg/g；两种油品中的氯含量都较低。

表5 油品分析结果[8]

测定项目	塔顶循环油	塔顶回流油
硫含量/(mg/kg)	755.1	390.4
氯含量/(mg/kg)	<0.20	<0.20
氨 氮/(mg/kg)	0.594	2.182

2.5 塔顶注水性质分析

含硫污水经污水汽提装置净化再注入常压塔顶，分析常顶注水、常塔切水和减顶切水的水质，并与中国石化《炼油工艺防腐蚀管理规定》实施细则规定中的标准相比对，结果见表6。

表6 塔顶注水、切水分析结果[8]

检测指标	样品编号			水质标准最高值	分析方法
	常压塔注水	常顶切水	减顶切水		
pH值	8.55	6.15	7.83	9.5	pH计
总硬度/(mg/L)	0.49	0.31	0.24	1	GB/T 6909—2008
溶解的铁离子/(mg/L)	<0.12	1.62	<0.12	1	HJ/T 345—2007
Cl^-/(mg/L)	29.49	95.38	18.91	100	硝酸银滴定法
H_2S/(mg/L)	未检出	未检出	未检出	—	HJ/T 60—2000
氨氮/(mg/L)	38.13	55.19	14.93	—	HJ 535—2009
CN^-/(mg/L)	10.41	5.20	20.82	—	HJ 484—2009
COD_{Mn}/(mg/L)	262.75	254.90	301.96	—	
固含量/(mg/L)	219	250	189	—	
悬浮物/(mg/L)	47.0	22.7	13.0	0.2	

由表6可见，采集的3种水样中悬浮物的浓度超出了中国石化《炼油工艺防腐蚀管理规定》实施细则规定中的水质标准最高值，且净化水的含有较多沉淀物，常顶注水的水质严重超标，为常压塔顶结垢提供有利条件。减顶水与常压塔注水比较，除了CN^-和COD_{Mn}两个指标比较差，其他指标均好于常压塔注水。

3 腐蚀机理[8]

常减压装置采用一脱三注工艺，脱除原油中的盐和水，通过注水、注胺、注缓蚀剂来缓解塔顶的腐蚀。当NH_4^+和Cl^-在常压塔顶相遇，容易形成氯化铵的结晶，造成塔顶结盐腐蚀。铵盐本身具有黏性和吸湿性，并且塔顶有注水，造成塔顶设备严重腐蚀，生成盐垢。有机胺本身具有黏性，将铵盐、盐垢等黏结在一起，最终沉积形成大量未知物[12]，并随着油相进入到常压塔顶循环中。

3.1 氨/胺的来源

在常压塔顶的氨/胺的有两种：一是来源于塔顶本身有注有机胺，二是原油中的有机胺和无机胺。从水质分析可知，净化水中溶解的氨氮一定量，注入到电脱盐单元溶解在水相中的氨氮被携带到常压塔，生成 NH_3。净化水的 pH 在 8~9 之间，而电脱盐注水的最佳 pH = 7.5，碱性越强，更容易造成电脱盐乳化层增厚，油水分离效果变差，使常压塔顶脱后原油含水和氨/胺类变高。

3.2 HCl 的来源

常减压装置常压塔顶 HCl 的来源有三个方面：

（1）原油中在电脱盐单元未脱掉的的氯化钙、氯化镁、氯化钠等无机氯，在常压塔进料时被加热到 350~360℃ 发生水解反应，生成 HCl。

（2）脱后原油中含有微量的水溶解部分的盐类，包括氯化钙、氯化镁、氯化钠等。

（3）原油开采过程中加入的一些药剂（如清蜡剂）中含有机氯化物（如四氯化碳），这些氯化物在一定温度下分解生成 HCl[16]。

3.3 缓蚀剂的裹挟

大部分的缓蚀剂为咪唑啉季铵盐类，黏性较大，当其在常压塔顶成膜之后，多余的部分缓蚀剂就会进入到油相中。而缓蚀剂本身具有高黏性，会包裹住一些腐蚀的盐垢，形成胶体附着在金属表面，并造成垢下腐蚀，如此循环往复。

3.4 顶循环中含有的水

常顶循环中，含有较多量的水，来源于以下 4 个方面：脱后原油中含有的微量水；常压塔注入的汽提蒸气；常顶回流石脑油中含有的水；缓蚀剂为水相，含有一定量的水。

4 阻垢分散实验

4.1 作用机理

阻垢分散剂一般为酰胺类混合物，其分散机理为如下：阻垢分散剂分子降低了液体与液体的界面张力及固体与液间的界面张力，使未知物在液体分散，其非极性基团并包裹住破碎后小分子未知物，使未知物之间的排斥力逐渐变大，不再聚集，阻垢分散剂具有表面活性剂的性质，与未知物中的羧基，硝基，羟基等直接作用，形成络合物分散在油相中，从而达到了清垢的目的。

4.2 阻垢分散剂的选择

对了 4 种阻垢分散剂进行筛选试验，称取少量的阻垢分散剂，剂油比为 1∶50，溶剂为常顶循环油，在 40℃ 条件下，静置 10min 后，搅拌频率为 120r/min，反应 5min，观察各样品的分散效果，结果见表7。

表7　各样品分散效果[8]

种类	加剂量/g	未知物质量/g	溶剂量/g	加剂浓度，mg/kg	效果图
Ⅰ	0.01	1.0	50.0	196	
Ⅱ	0.01	1.0	50.0	196	
Ⅲ	0.01	1.0	50.0	196	
Ⅳ	0.01	1.0	50.0	196	

由表7可知，Ⅰ、Ⅲ的样品均分散成均匀的小颗粒，且Ⅲ样品的颗粒比Ⅰ样品要小；Ⅱ样品分散效果最差，只有少部分的样品被分散为较大颗粒；Ⅳ样品被快速的分散为小颗粒，但Ⅳ样品的溶剂变为黄色，其他样的品颜色均未变化。阻垢分散剂Ⅲ的分散效果最好。为了进一步寻找最佳投用量，对阻垢分散剂的浓度进行考察。

4.3　阻垢分散剂Ⅲ的最佳投用量的考察

本实验考察了不同阻垢分散剂Ⅲ的浓度下的分散效果，寻找最佳投用量，见表8。

表 8 最佳投用量选择

加剂量/g	未知物质量/g	溶剂油量/g	加剂浓度/(μg/g)	效果图
0.003	0.500	25.004	98	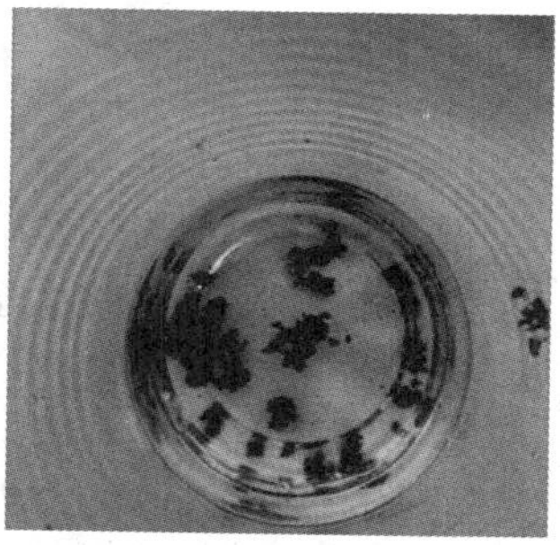
0.005	0.501	25.003	196	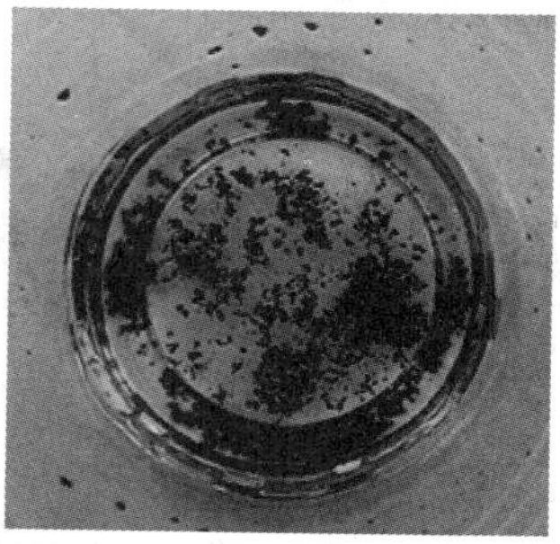
0.009	0.501	25.001	365	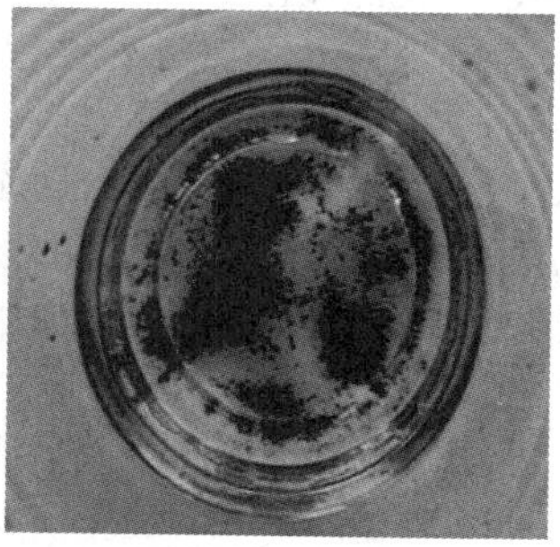
0.016	0.501	25.003	616	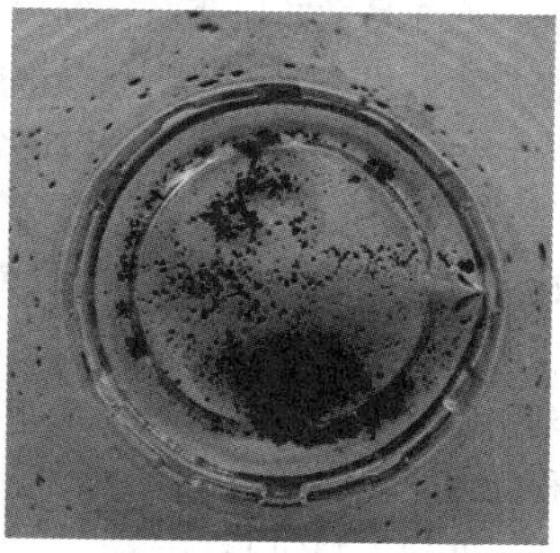

由表 8 可知，在 99μg/g 的浓度时，未知物并未分散开；在 196μg/g 的浓度时，未知物被分散成均匀小颗粒，分散效果良好；当浓度为 356μg/g 和 616μg/g 时，均可将未知物分散成小颗粒，且有较多的未知物溶解于油相中，溶剂的颜色变深。因此，实验室最佳投剂量约为 196 μg/g。

5 建议

（1）减少缓蚀剂的添加量；

（2）改善塔顶注水水质；

（3）改善电脱盐单元的脱盐效果；

（4）减少塔顶注有机胺的量，将塔顶的 pH 控制在 5.5~7.5；

（5）塔顶注入阻垢分散剂，分散装置中的垢物。

以上建议，均可减缓顶循环结垢的腐蚀的现象，如 5 条措施一同实施，将会达到更好的效果。

参 考 文 献

[1] A. W. SLOLEY，CH2M HILL，减缓原油蒸馏装置塔顶结垢[J]．石油技术进展，2013.9：37-43.

[2] 刘锐，蔡萌，王继国．常减压装置炼制大庆原油的腐蚀原因分析[J]．化工科技市场，2010，33(8)：9-12.

[3] S Kapusta，R Danne，M C Place. The Impact of oil field chemicals on Refinery Corrosion Problems，NACE Corrosion 2003 Paper No. 03649.

[4] 中国工业防腐蚀技术协会，中国标准出版社第二编辑室．中国防腐蚀标准汇编[M]．北京：中国标准出版社，2006-01.

[5] 樊秀菊，朱建华．原油中氯化物的来源分布及脱除技术研究进展[J]．炼油与化工，2009，20(1)：8-11.

[6] 宋海峰，朱建华，樊秀菊等．炼油加工过程中氯化物的腐蚀与防治．2009 年全国石油和化学工业腐蚀与防护技术论坛论文集，2009，256-261.

[7] 叶荣，李晓文．氯化物对炼油加工过程的危害与防治措施探讨[C]//2005 年中国石油炼制技术大会论文集，2005：1004-1011.

[8] 崔蕊，于焕良，钟广文，等．常压塔塔顶循环管线结垢腐蚀的原因分析及解决措施[J]．石油炼制与化工，2015，6：89-94.

[9] 刘国胜．3 号常减压蒸馏装置加工索鲁士混油的影响及对策[J]．原油评价年会，2013.84-91.

[10] 张黎明，侯玉宝，赵新强．常压塔塔顶结盐分析与对策[J]．炼油技术与工程，2010，40(2)：26-28.

[11] 吴春生，侯锐钢．注氨法解决常压塔冷凝系统腐蚀存在的问题及对策研究[J]．腐蚀与防护，2003，24(10)：445-447.

[12] 杜荣熙，张幕，张林．ZH101WT 有机胺中和剂的评定与工业应用[J]．石油炼制与化工，2006，37(10)：64-68.

[13] 刘明晓．原油蒸馏常减压塔结盐成因及应对技术研究[D]．华东理工大学．2013：51-63.

[14] 程光旭，马贞钦，胡海军，等．常减压装置塔顶低温系统露点腐蚀及铵盐沉积研究[J]．石油化工设备，2014，43(1)：1-8.

[15] Jo erg Gutzeit. Effect of Organic Cholride Contamination of Crude Oil on Refinery Corrosion，NACE Corrosion 2000 Paper No. 00649.

[16] 崔新安．加工高硫原油蒸馏装置塔顶缓蚀剂的研究[J]．石油化工腐蚀与防护，2004.2：5-9.

炼油装置级间水冷器泄漏原因剖析与处理

孙兰霞

（中国石油独山子石化分公司炼油厂技术处，新疆　833600）

摘　要　独山子石化公司炼油厂新区共有157台循环水冷器，2016年6月以来，多台循环水走壳程换热器发生泄漏，对循环水系统造成恶劣影响。本文针对这一现象产生的原因进行分析，提出相应的管理控制措施。

关键词　循环水　泄漏　独山子　级间冷却器

1　前言

独山子石化炼油厂新区循环水场是敞开式循环冷却水系统，该系统负责向炼油9套装置供应循环水，设计规模16000m^3/h，浓缩倍数N为4～9，给水温度≤30℃，给水压力≥0.45MPa。系统内所使用的水冷器材质主要为碳钢、不锈钢，还有少量的铜。主要投加的药剂由上海洗霸公司研制的阻垢分散剂（ECH-334A），缓蚀阻垢剂（ECH-334D），氧化型杀菌剂（ECH-99）和非氧化型杀菌剂（ECH-964/965）.

该系统共有各类水冷器157台，其中循环水走壳程共有11台、板换14台，框架以上高点水冷器39台，末端15台。2016年6月以来，多台循环水走壳程换热器发生腐蚀泄漏，本文就出现的腐蚀现象进行剖析，并对采取的措施进行详细介绍。

2　出现的问题

2016年6月21日，独山子石化炼油新区二联合车间人员在循环水场集水池边发现空气中有淡淡的“油气”味，遂对循环水回水取样，摇匀后四合一检测可燃性气体（7%），CO（220ppm），判断循环水系统存在泄漏，炼油厂启动应急查漏预案先后发现200万t/a加氢裂化装置新氢机K-102A二级出口冷却器E111A，K102B级间冷却器E110B，300万t/a柴油加氢装置压缩机K-101A新氢侧级间冷却器E108A内漏。

腐蚀监测中心对垢样灼烧分析，其中550℃灼烧减量为51%，550～950℃灼烧减量为3%，前者代表污垢和产物中有机物含量，后者代表污垢和产物中碳酸盐含量，分析结果表明循环水系统无明显结垢现象。

3　原因分析

3.1　水质运行

循环水场在发现泄漏的第一时间采取补加氧化型杀菌剂ECH-99500kg，强化杀菌，控制回水游离余氯在0.5mg/L左右运行24h，从而保证了循环水各项指标均正常，水质管理受控。

为排查水冷器泄漏原因，对新区循环水5-6月水质分析情况进行了统计，总计25项检测项目，合格率均为100%，说明循环水系统整体运行平稳，各参数均处于受控状态。

从在线腐蚀监测数据(表1)可以看出，2016年上半年循环水水质控制较好，各项指标均低于技术协议指标，腐蚀监测数据基本控制在国标下线。

在前一个检修周期内，循环水系统的统计综合平均腐蚀速率为0.01996mm/a，黏附速率为7.19mg/(cm^2·月)；2015年度大检修后，循环水系统在清洗预膜后不久即发现200万t/a加氢裂化装置E-202换热器泄漏且伴生严重的微生物爆发，之后按照应急处理方案进行了强化杀菌、黏泥剥离、换热器冲洗等措施，水质逐渐恢复正常，2016年度1月份至6月份循环水系统的挂片平均腐蚀速率为0.016mm/a、试管平均腐蚀速率为0.0215mm/a，其综合平均腐蚀速率为0.01875mm/a；黏附速率平均值为2.675mg/(cm^2·月)。

表1 新区循环水场2016年上半年在线腐蚀监测数据

循环水系统	新区		
	挂片腐蚀速率/(mm/a)	试管腐蚀速率/(mm/a)	黏附速率/mcm
技术协议指标	≤0.04	≤0.04	≤10
1月	0.02	0.028	3.3
2月	0.02	0.014	1.99
3月	0.022	0.026	2.61
4月	0.009	0.026	2.61
5月	0.004	0.022	2.76
6月	0.021	0.013	2.78

同时，对硫磺装置板换(图2)、空压站空压机级间冷却器(图1)进行反冲洗，若水质出现问题，这两处表现较为直接。从现场拆除反冲洗情况看，反冲洗水质清澈、过滤网干净无杂，说明循环水水质正常受控。

图1 空压站空压机级间冷却器发冲洗情况

图2 硫磺装置板换入口过滤网拆除检查情况

综上，新区循环水整体水质情况及处理效果均达到甚至优于大修前的水质监控效果。

3.2 垢下腐蚀

发生内漏的压缩机级间冷却器全部是循环水走壳程冷却器，循环水中沉积的生物黏泥、松散的垢质附着在管束表面，为垢下腐蚀提供了良好的温床，易形成浓差电池腐蚀，且换热管外表面未做防腐处理，长期使用后管束表面形成严重的坑蚀(图3、图4)。

垢下腐蚀机理：污垢在设备表面的沉积不可能是均匀的、连续的，而且与设备表面的接触也不会是致密的，必然会有一定缝隙。不均匀性和有缝隙是产生垢下腐蚀的重要因素。污垢的下部是滞流区，与外部的传质困难，当垢下的溶解氧被初始的腐蚀作用消耗以后，难以得到补充，成为贫氧区，而没有污垢或污垢较少的部位则溶解氧充足，为富氧区，从而形成了氧的浓差腐蚀电池。垢下的贫氧区为阳极，铁释放电子成为铁离子(1)，垢周围的富氧区为阴极(1)，吸收铁释放的电子，形成腐蚀电池。铁细菌从金属表面的阳极区除去亚铁离子(腐蚀产物)，使金属的腐蚀速度加快。同时铁细菌表面形成锈瘤构成了更多的氧浓差电池，更加快了金属的腐蚀速度。

阳极 $Fe \longrightarrow Fe^{2+}+2e$ (1)[1]

阴极 $1/2O_2+H_2O+2e \longrightarrow 2OH^-$ (2)

随着腐蚀过程的进行，垢下铁离子大量积聚，正电荷不断增加，使得垢下与垢外形成电荷梯度。为保持电荷平衡，水中的氯离子在静电引力的作用下向垢下迁移，在垢下生成高浓度的氯化铁。氯化铁进一步水解(3)，使垢下的 pH 值下降，成为酸化区，又产生了酸性腐蚀。

$$FeCl_2+2H_2O \longrightarrow Fe(OH)_2\downarrow+2H^++2Cl^- \quad (3)$$

垢下腐蚀过程是一个自催化过程，能够不断进行下去。如果污垢中有大量的微生物存在，又会加上微生物的腐蚀作用，则腐蚀会更加严重。另外，由于污垢的不均匀性，导致传热的不均匀，造成管壁温度不同，也会形成温度差腐蚀电池。

图3 300万 t/a 柴油加氢装置级间冷却器腐蚀图

图4 200万 t/a 加氢裂化装置水冷器腐蚀图

3.3 冷却器壳程内部循环水流速慢、循环水质量差

加氢联合车间循环氢压缩机房南侧循环水进口压力 0.34MPa，循环水出口压力 0.25MPa，压缩机级间冷却器循环水流速过慢(0.3m/s 左右)，导致油泥、微生物、循环水

中的盐类以及杂物易聚结在换热器管束表面，不易被冲刷带出换热器，最终导致垢下腐蚀。同时堵塞水冷器内循环水流道，影响换热效率、增大腐蚀速率。

3.4　冷却器结构设计易造成腐蚀

根据现场实际情况，循环水走壳程，冷却器管束有大量折流板，当循环水流经大量折流板时，流速下降，且循环水压力本身偏低，造成水冷器内局部循环水质量不好(油泥、生物黏泥、杂物等见图5)，部分流道被堵塞，即使冷却器进出口水线阀门全开，但壳程内部流速仍然非常缓慢。

图5　200万吨/年加氢裂化装置K102A一级出口

图6　200万吨/年加氢裂化装置K102A一级出口冷却器冲洗出的黏泥

4月底，针对循环水走壳程换热器，加氢联合车间组织了一次反冲洗，冲洗出的黑色黏泥较多(图6)，但由于折流挡板的存在，更多的黏泥被挡在水冷器底部，无法通过简单的反洗将其带出水冷器。同时在壳程换热器中，循环水存在严重的偏流现象，即循环水不易到达污垢和黏泥沉积处，而是沿着阻力最小的通道流动，最终不能有效带出壳程内的污物，致使污物稳定长时间存在，成为设备腐蚀的主要因素之一。

3.5　曾经泄漏遗留的隐患

针对泄漏的水冷器，对比2015年大修和此次拆检情况，图7、图8中可见目前换热器黏泥情况比大修时严重，大修拆检时虽然管束上有黏泥但冲洗后管束光滑干净，无明显蚀坑，而此次腐蚀块一经剥离，管束表面腐蚀坑点较多。

一直以来，加氢联合车间级间冷却器运行条件无变化，循环水进出阀门也均全开。据此可以推测两次检修腐蚀差距如此之大，应与2015年8月新区循环水场黏泥爆发以及2016年4月由于动力站原因新区循环水场短暂停工有关。

2015年大修后，新区循环水系统统一做了预膜处理，在水流速度慢或水流不到的地方，旧的膜层脱落后，新的膜层并不能及时有效的形成，尤其是软垢沉积较多的地方，循环水中的药剂不能有效到达，最终表现为腐蚀加重。

8月黏泥爆发后，未对循环水走壳程换热器抽芯清洗，致使系统中的黏泥进入水冷器后不断淤积到折流挡板底部，无法被带出水冷器，形成的淤泥引发垢下腐蚀。今年4月循环水系统短暂停工，循环水不流动，杀菌剂、缓蚀阻垢剂等药剂无法进入水冷器，一定程度上加剧了垢下腐蚀程度。

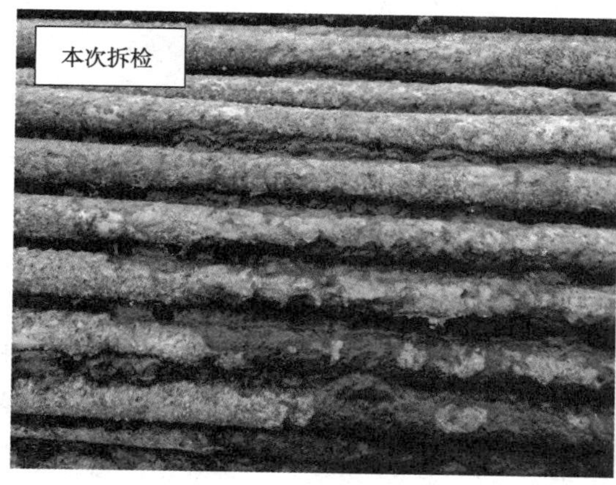

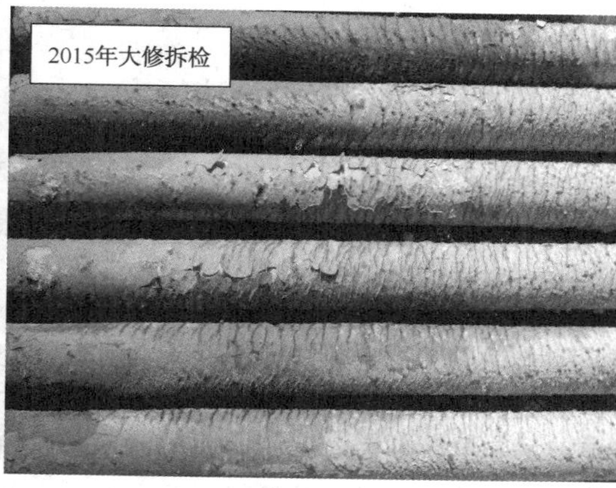

图 7　200 万 t/a 加氢裂化装置压缩机 K102A 二级出口冷却器拆检对比

图 8　80 万 t/a 汽柴油加氢装置压缩机级间水冷器 E105B 拆检对比

4　改进措施

4.1　优化换热器选型及材质升级

日后此类水冷器换热管外表面择机做防腐处理，材质逐步升级为不锈钢，并且考虑选用螺旋式折流挡板。

4.2　对水冷器实行分级管理

要求各车间对区域内所有水冷器重新进行评估，原则上将末端、高点、循环水流速低、循环水走壳程以及历年泄漏过的水冷器视为 A 级，其余为 B 级。

4.3　做好相应流量调节

各车间各装置循环水总线调节后打铅封处理，装置内各水冷器根据流速及换热需求调节好后同样打铅封。总线铅封由技术处统一协调安装，内部铅封由车间自行安装，铅封的完好纳入日后循环水检查。

4.4 优化水冷器测流速频次

A级水冷器4~10月期间一个月测一次流速，B级水冷器一年测一次流速。

4.5 定期查漏

各循环水场每班在回水线上用瓶子取样，摇匀后用四合一监测记录可燃气、一氧化碳。各循环水用户，对于总线在地面上，且有放空的情况，车间每周两次在回水总线上用瓶子取样，摇匀后用四合一监测可燃气、一氧化碳并做好记录，一个月取样化验分析一次，分析项目根据车间的查漏方案确定；对回水总线取样不便的情况，车间将评估出的A类换热器同上管理，B类换热器不做强制要求。

4.6 增加反洗频次

反冲洗用的是循环回水，因压力较低，往往效果不理想。在反冲洗时加上压缩空气扰动，可大大提高冲洗效果。在循环水走壳程水冷器入口加大放空后，备用压缩机组循环水走壳程的水冷器每月反冲洗一次，运行机组在压缩机切换后择机组织反洗，每年抽芯一次检查黏泥情况。

5 结论

独山子石化公司炼油厂新区3台水冷器相继泄漏的原因循环水走壳程，流速低，在换热器下部由于折流挡板的阻挡作用，黏泥堆积，形成垢下垢下腐蚀穿孔；加之2015年8月新区循环水场黏泥爆发后未对此类换热器抽出清洗，2016年4月20日动力站致全厂停工后，新区循环水场停工6h，黏泥的不断叠加累积效应致使本次多台次同类型水冷器泄漏。

此后，炼油厂对原有的定期查漏、测流速、反洗频次等管理措施进行优化；同时综合考虑此类水冷器换热管外表面择机做防腐处理，材质逐步升级为不锈钢，选用螺旋式折流挡板等，以期达到更好的防腐效果。

参 考 文 献

[1] 周本省. 工业水处理技术[M]. 北京：化学工业出版社，2001：76-79.

动态模拟研究装置安全泄放

蹇江海

（中国石化工程建设有限公司，北京 100101）

摘 要 通过传统稳态方法和动态方法对比全厂停电工况下常压蒸馏装置和渣油加氢装置的安全泄放量，对比结果可知：稳态方法计算安全阀泄放量较动态方法保守。动态方法可以预测泄放起跳时间，在泄放叠加计算上能够大幅度降低全厂火炬的泄放量，特别是增加 HIPS 联锁后，能进一步降低全厂火炬的泄放量。通过高低压换热器爆管工况的动态分析，可以预测低压侧能达到的最高压力峰值，适当降低低压侧的设计压力，降低设备投资和制造难度。通过对工艺事故的动态模拟，预测关键设备达到的最高温度和最高压力，对安全设计或选材提供依据。

关键词 稳态 动态 停电 泄放叠加 HIPS 爆管

长期以来，国内一直采用稳态的计算方法来计算装置设备的安全阀泄放。全厂火炬系统的设计是按照每个单体设备的安全泄放量加和来设计的。但随着炼厂加工规模不断扩大，原油加工能力提升，产品质量升级扩能改造，PX 项目的增加及规模加大，单装置特别是全厂火炬通过稳态计算设计的火炬直径不断加粗。虽然目前有一些行业规范规定了安全泄放最大量的叠加的原则，但计算的火炬直径应然很大（>2.4m），投资很高，并且规定的叠加原则的合理性依然遭到专业人士的质疑。

传统稳态方法是基于稳态的热量平衡和物料平衡数据，根据标准公式计算得到安全泄放量。稳态计算不考虑工艺参数随时间的变化，不能计算出每个单体设备在泄放时间上的是否存在错峰，因此不能计算多个设备甚至多个装置在同一事故（如全厂停电）工况的叠加泄放量。并且稳态计算不考虑设备内部持液量的变化、事故状态下换热设备冷热端温差的变化等因素，计算结果比较保守。

随着计算机的发展，动态模拟现在可以在普通台式电脑上运行。动态模拟是基于动态模型和动态热量平衡和动态物料平衡公式计算的，同时考虑控制回路，因此可以更真实地模拟各种事故工况。图 1 显示了传统稳态方法计算火炬累计泄放量与动态方法计算火炬累计泄放量的区别。然而做动态模拟非常耗时，需要定义每个设备模块的变量，输入大量的数据，如：定义物流和设备，输入每个设备操作条件信息，根据供货商资料输入每个设备的设计数据和水力学数据，输入仪表和控制信息及联锁资料等等。通过不断的摸索，我们已经掌握了一些接近现场真实操作状况的模拟方法。新版 API 521—2014 已提出[1]：动态模拟可以用来设计单体设备的安全阀泄放。因此采用动态方法是安全泄放设计的发展趋势。

模拟软件采用 SIMSCI 公司的 DYNSIM 动态模拟软件。通过这个软件可以建立严格的

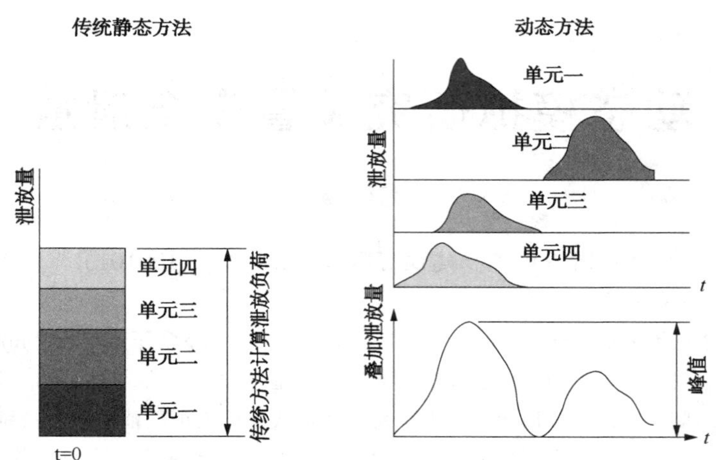

图1 稳态、动态两种计算方法的比较

动态模型，选择准确的热力学方法。在模拟事故发生过程中，使用者可以身临其境地看到每个设备的操作情况的变化，有时候能看到想象不到的事故现象发生，对设计人员及炼厂操作人员有很好的事故预测功能。通过这个软件可以记录整个事故过程操作参数的变化，如温度、压力、流量、分子量、物性组成等，还可以回放。通过回放，可以让观察者重复仔细观察和分析泄放是由于什么原因造成的，比如有的塔的泄放是由于停电后，塔顶回流罐液体满罐而造成气体瘪到安全阀起跳压力；而有的塔的泄放是由于塔底重沸给热量较大，塔顶空冷失效后气体不能及时冷却，造成塔顶瘪到安全阀起跳压力等等。本文下面以两套大规模的常压蒸馏装置和渣油加氢装置为例，分别采用稳态和动态的方法，对全厂停电工况的安全泄放量进行计算比较。另外采用动态方法对高低压换热器的爆管工况进行模拟研究。

1 装置简介

1.1 常压蒸馏装置

该常压蒸馏装置规模为1500万t/a，原则流程见图2。主要有常压塔和石脑油稳定塔两个塔系。常压塔侧线出煤油和柴油组分，塔底常压渣油去渣油加氢装置进一步加工。

1.2 渣油加氢装置

该渣油加氢装置规模为400万t/a，反应部分分成两个系列，分馏部分合并成一个系列，原则流程见图3。反应高压部分只在冷高压分离器(简称冷高分)上有安全阀，保护整个反应系统。分馏部分只有一个常压塔分割产品。

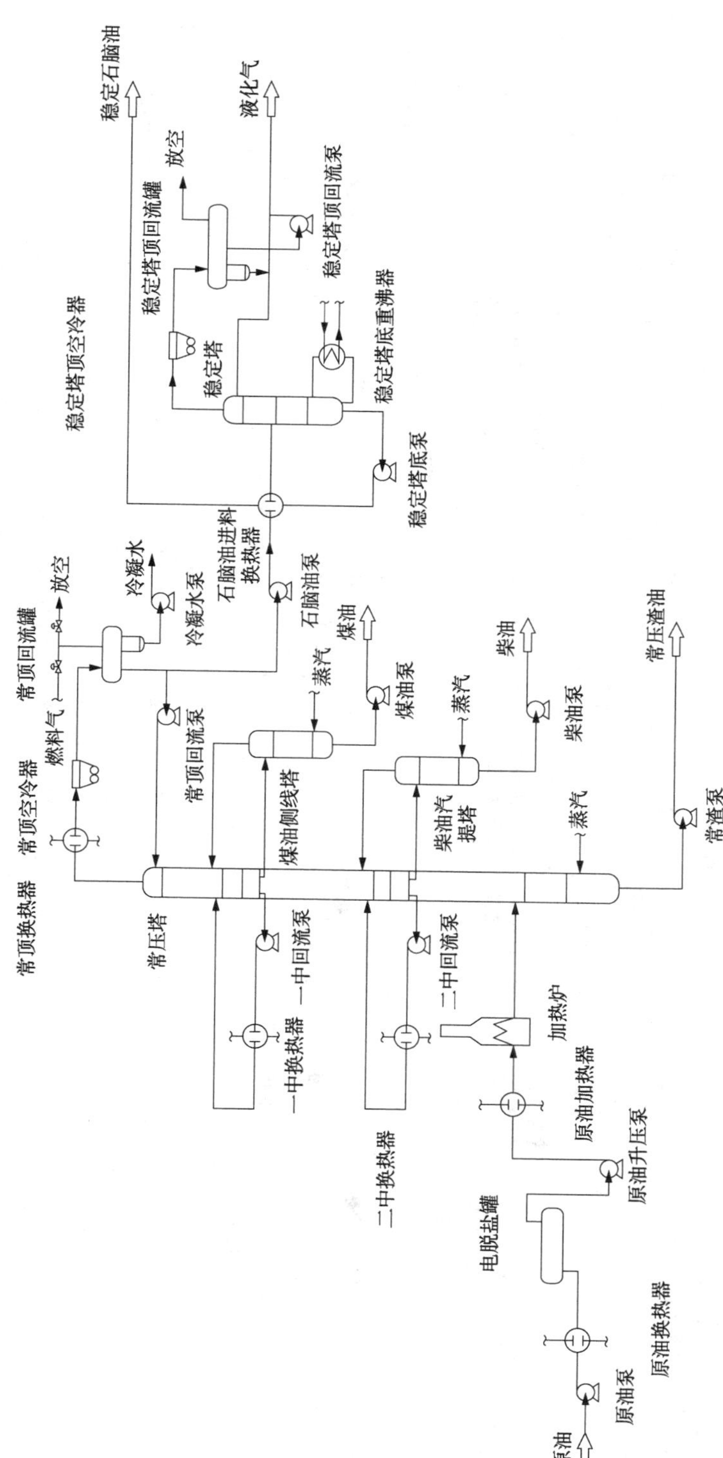

图2 常压蒸馏装置工艺流程简图

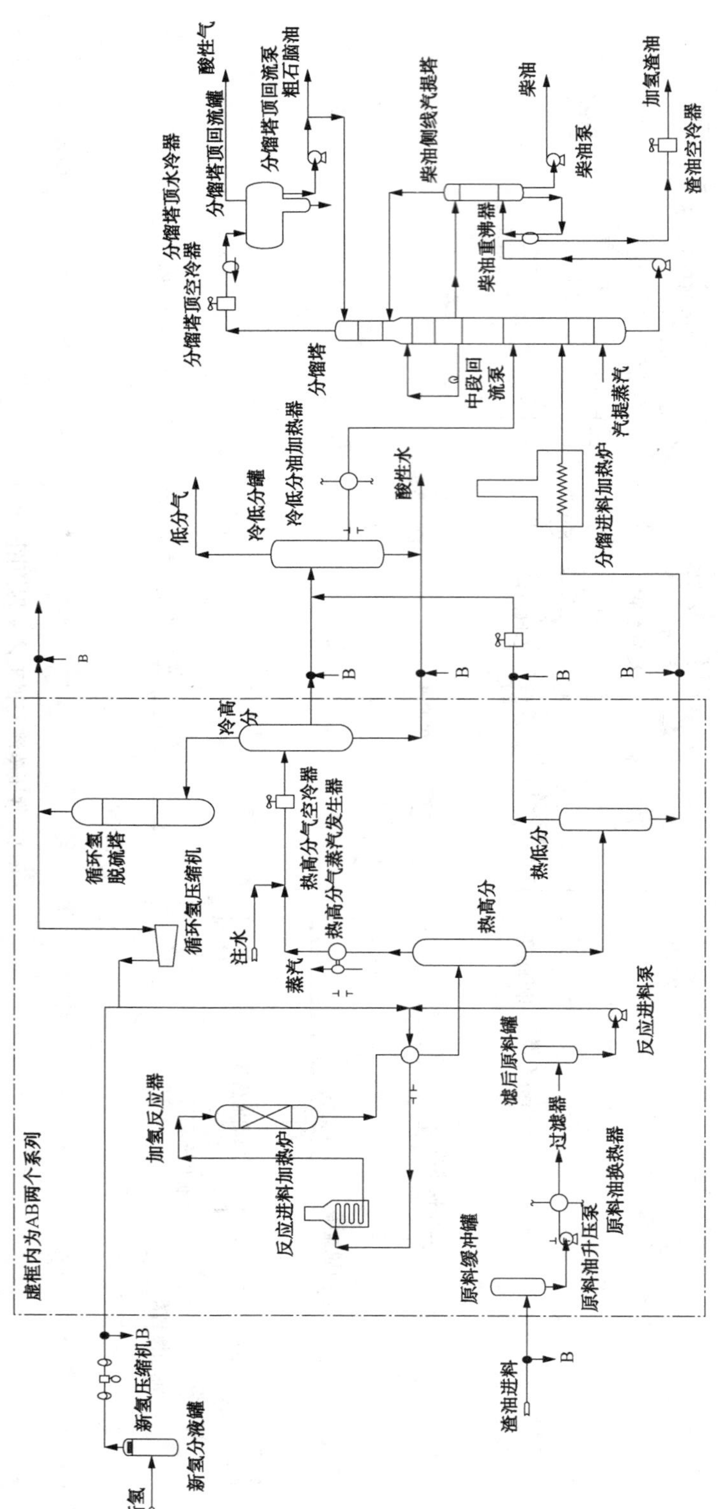

图3 渣油加氢装置工艺流程简图

2 全厂停电工况

2.1 全厂停电假设条件

由于全厂有应急电源，在全厂停电工况下，蒸汽源不停；所有用电驱动的设备均停止；空冷器停，根据项目要求有5%的自然通风冷却效果(API521的要求是20%~30%的冷却负荷)；进料加热炉燃料联锁关闭，根据项目规定，停炉后加热炉保持有30%的残热量加热进料。传统稳态方法与动态方法均遵循上面同一假设条件。

2.2 常压蒸馏装置

2.2.1 传统稳态方法

用传统稳态方法计算常压蒸馏装置全厂停电工况见表1。

表1 稳态方法计算常压蒸馏装置全厂停电工况

被保护系统	定压/barg	泄放温度/℃	气相泄放量/(t/h)	分子量	压缩系数(Z)	绝热指数 C_p/C_v
常压塔	4.3	237	405	118.2	0.86	1.06
石脑油稳定塔	13.3	96	365	56.9	0.74	1.25

2.2.2 动态方法

根据API521[1]要求，动态模拟事故状态时，所有仪表控制方案均要处于手动状态，只有使泄放量增加的控制才可以保持自动控制。

(1) 常压塔

动态分析结果见图4。从图4可知，进料和大部分冷源没有后，塔顶温度先升后降；塔顶压力上升缓慢，在17min左右压力达到安全阀起跳压力，最大泄放量为106t/h。

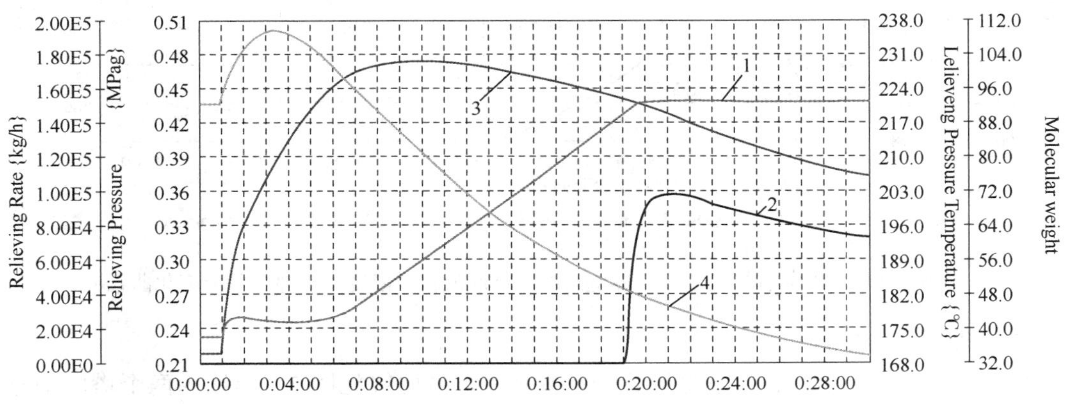

1—Relieving Pressure,MPag; 2—Relieving Rate,kg/h; 3—Relieving Temperatue,℃; 4—Relieving Fluid Molecular Weight

图4 常压蒸馏装置常压塔全厂停电工况泄放曲线

（2）石脑油稳定塔

动态分析结果见图5和图6。从图5可知，在进料中断和塔顶冷却负荷显著减少的情况下，大量烃类蒸发，塔压增加较快，3~4分左右安全阀开始泄放，最大泄放量约为158t/h。从图6可知，随着塔压升高，塔底温度不断升高，与重沸器的蒸汽热源温差越来越小，塔底提供的重沸热量越来越小。另外塔底液相随时间延长，不断蒸发成气相，直至塔底液相全部蒸发完，最终不再有气相蒸发出来，安全阀停止泄放，整个系统达到压力平衡。

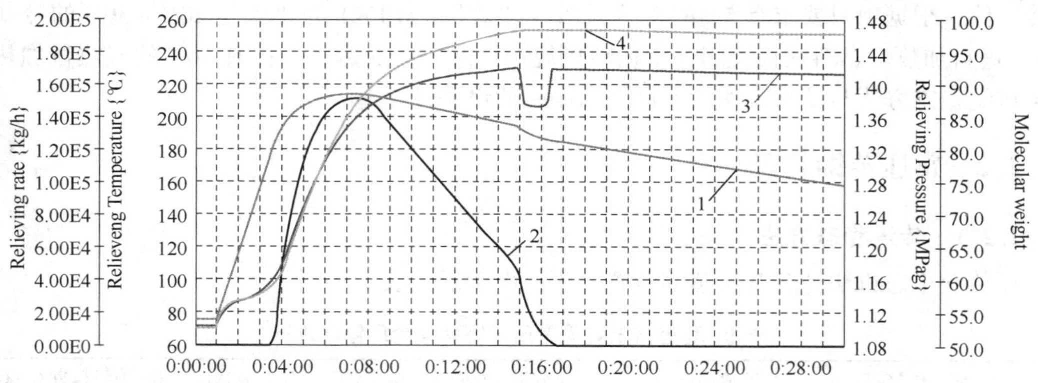

1—Relieving Pressure,MPag; 2—Relieving Rate,kg/h; 3—Relieving Temperatue,℃; 4—Relieving Fluid Molecular Weight

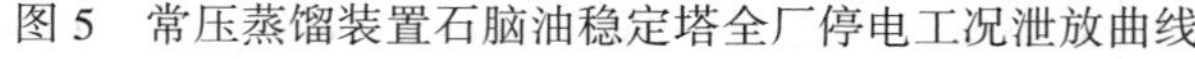
图5 常压蒸馏装置石脑油稳定塔全厂停电工况泄放曲线

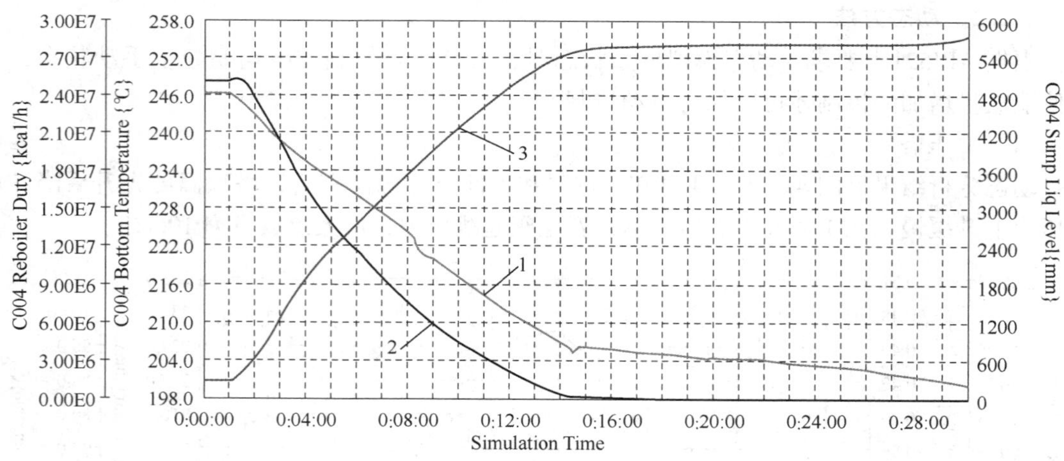

1—Reboiler Duty,kcal/h; 2—Sump Liquid Level,mm; 3—Bottom Temperature,℃

图6 常压蒸馏装置稳定塔全厂停电工况，塔底液位、温度、重沸器负荷变化曲线

（3）动态泄放叠加

在全厂停电工况下，常压蒸馏装置动态叠加泄放量曲线见图7。黑线为两个塔的动态泄放叠加曲线。从图7可知，在同一事故状态下，两个塔错峰泄放，稳定塔先泄放，将要泄放完常压塔才开始泄放，因此在全厂停电工况下，常压蒸馏装置的最大泄放量取稳定塔的最大泄放量158t/h。

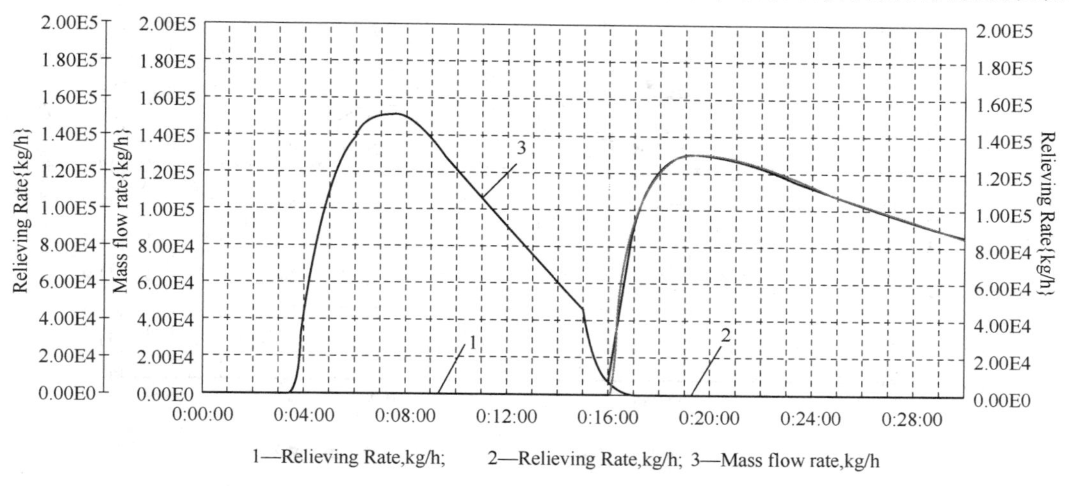

图 7 常压蒸馏装置全厂停电工况动态泄放叠加

2.2.3 HIPS 优化

HIPS 的英文全称是 high-integrity protection system，是通过仪表控制系统在预设的条件下启动，使装置达到降低泄放量的目的。

（1）常压塔

根据当前流程的动态模拟分析，我们在常压塔主塔和两个侧线塔的汽提蒸汽管线上增加联锁切断阀，在塔顶压力达到 3. 0barg（安全阀定压为 4. 3barg）时，联锁关闭汽提蒸汽，在全厂停电工况下的泄放曲线见图 8。

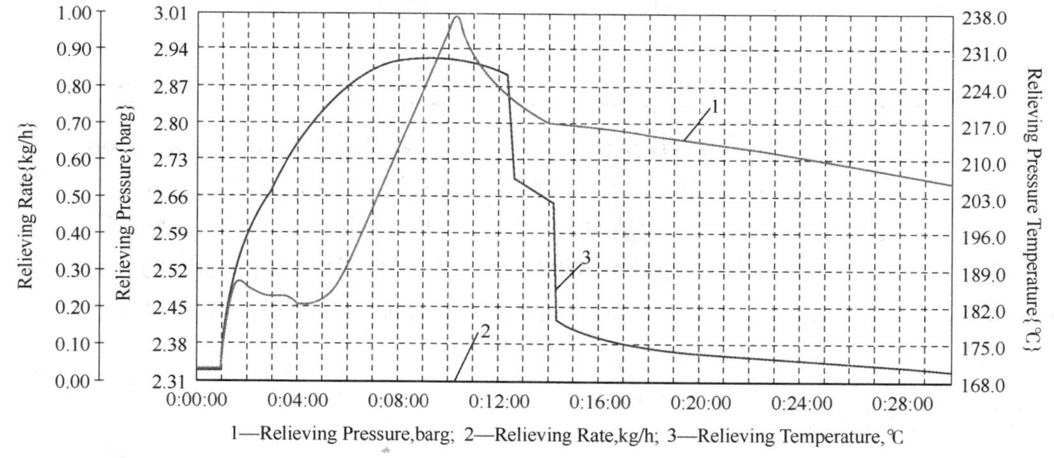

图 8 常压蒸馏装置常压塔增设 HIPS 全厂停电工况泄放曲线

从图 8 可知，全厂停电大约 10 分钟常压塔压力达到 HIPS 联锁值，关闭汽提蒸汽后，塔压迅速下降，该塔没有泄放。

（2）石脑油稳定塔

在石脑油稳定塔底重沸器蒸汽线上增加联锁切断阀，设定压力为 12. 5barg（安全阀定压为 13. 3barg）。增加 HIPS 后在全厂停电工况下的泄放曲线见图 9。从图 9 可知，在全厂停电工况下，安全阀同样不起跳。

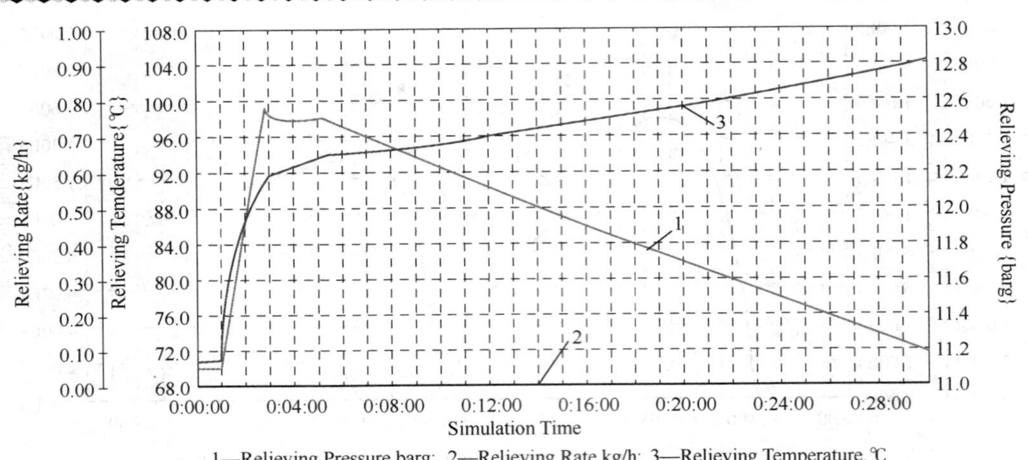

图9 常压蒸馏装置稳定塔增设HIPS全厂停电工况泄放曲线

2.2.4 小结

动态方法、传统稳态方法及增加HIPS后动态模拟常压蒸馏装置全厂停电工况的泄放量汇总在表2。从表2可以看出，动态计算方法可以大幅度降低全厂火炬的泄放量；增设HIPS后，还可以进一步大幅度降低全厂火炬的泄放量。

表2 稳态、动态和增加HIPS全厂停电工况汇总对比表

设备	稳态方法	动态方法	HIPS动态模拟
常压塔	405t/h	106t/h	0
稳定塔	365t/h	158t/h	0
叠加	770t/h	158t/h	0

在稳态方法计算中，根据项目规定，蒸发焓取塔顶第四层理论板的液相蒸发焓。由于原油馏分从塔顶部到底部蒸发焓差别较大，塔顶部的蒸发焓较小，因此常压塔采用稳态方法计算的泄放量比动态方法大很多。在泄放叠加计算中可以看到动态方法比稳态方法的明显优势，动态方法可以知道常压塔和石脑油分馏塔在全厂停电工况下是错开泄放的，因此最大泄放量取单塔的最大值158t/h即可。而稳态方法在泄放叠加计算中只能数字加和，因此最大泄放量约是动态的5倍。

2.3 渣油加氢装置

2.3.1 传统稳态方法

用传统稳态方法计算渣油加氢装置全厂停电工况结果见表3。

表3 稳态方法计算渣油加氢装置全厂停电工况

被保护系统	定压/barg	泄放温度/℃	气相泄放量/(t/h)	分子量	压缩系数(Z)	绝热指数 C_p/C_v
常压塔	3.5	235	117	72.7	0.85	1.05
冷高分(系列A)	173.5	232	23	5.8	1.09	1.31

2.3.2 动态方法

(1) 常压塔

常压塔在全厂停电工况的泄放曲线见图 10。从图 10 可以看出，停电后约 1.5 分钟就开始泄放，在 12 分左右泄放量达到最大值约 86t/h。

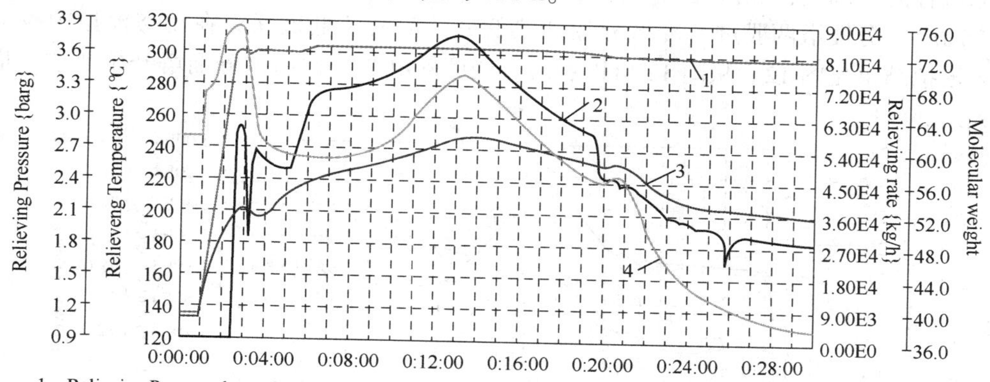

图 10 渣油加氢装置常压塔全厂停电工况泄放曲线

(2) 冷高分

冷高分在全厂停电工况下的模拟结果见图 11。事故发生初期由于进料和补充氢停导致压力下降。但同时反应循环中的部分冷源停导致更多的轻组分闪蒸，又使得系统压力缓慢升高。最终只剩下循环氢在系统中循环，压力保持稳定。最高压力未能超过安全阀定压，不发生泄放。

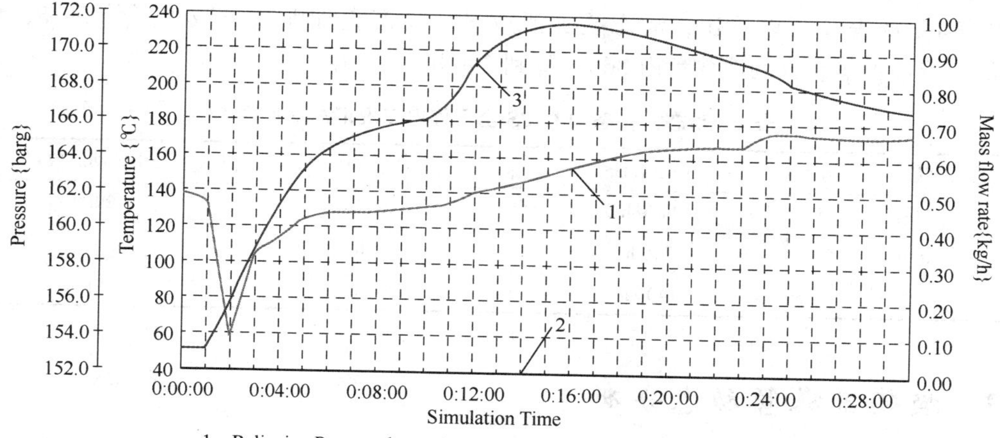

图 11 渣油加氢装置冷高分全厂停电工况泄放曲线图

另外根据图 11 我们还可以知道，在渣油加氢装置发生停电事故时，由于反应进料泵、新氢压缩机、热高分气空冷器等提供冷源的设备停止，导致冷高分温度上升，大约有 9 分钟温度在 220~236℃之间，压力在 162~164barg 左右，氢分压大约 14.9MPa。根据 SH/T 3075—2009《石油化工钢制压力容器材料选用规范》中临氢作业用钢选材图，在氢分压 14.9MPa 时，碳钢材质的操作极限温度大约 236℃。由此可见，在该事故下，冷高分有段时间在临近碳钢材质的使用极限条件下操作。为了本质安全设计考虑，冷高分选材质应考虑该苛刻工况，或从工艺角度增加安全措施，使该事故发生时冷高分温度不超过碳钢的使用极限。

2.3.3 分馏塔HIPS优化

在原流程的基础上，在汽提蒸汽管线上增加切断阀，设定联锁压力为3.0barg(安全阀定压为3.5barg)。分馏塔两股进料冷低分油和热低分油的液位低低联锁在动态模拟中投上自动。动态模拟结果见图12。从图12可以看出，全厂停电2分钟后，分馏塔开始泄放，最大泄放量大约29t/h。

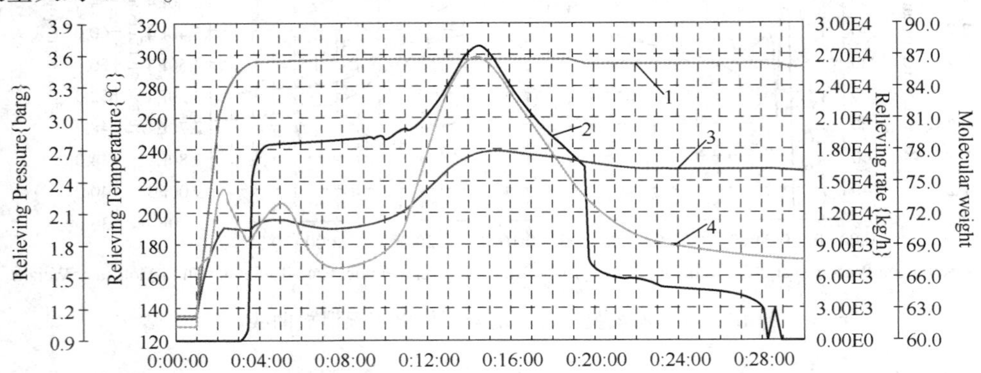

1—Relieving Pressure,barg; 2—Relieving Rate,kg/h; 3—Relieving Temperatue,℃;4—Relieving Fluid Molecular Weight

图12 渣油加氢装置分馏塔增设HIPS后全厂停电工况泄放曲线

2.3.4 小结

动态方法、传统稳态方法及增加HIPS后动态模拟渣油加氢装置全厂停电工况的泄放量汇总在表4。从表4可以看出，动态叠加泄放量比稳态叠加泄放量减少了约50%；增设HIPS后，渣油加氢装置的泄放量由86t/h降到29t/h。

表4 动态、稳态和HIPS全厂停电工况汇总对比表

设备	稳态方法	动态方法	HIPS动态模拟
分馏塔	117t/h	86t/h	29t/h
冷高分	23t/h	0t/h	—
叠加	140t/h	86t/h	29t/h

3 换热器爆管动态分析

由于渣油加氢装置高低压换热器较多，因此从中选择两台较典型的换热器做动态模拟分析。一台是热高分气蒸汽发生器，主要是高压气相爆管到低压的气体当中。另一台是压缩机级间冷却器主要是高压气体爆管到低压的液体当中。

3.1 热高分气蒸汽发生器

高压热高分气走管程，操作压力约165barg，低压水和水蒸气在壳程，操作压力约10barg。蒸汽侧安全阀定压为28barg。

壳程进出口均假设全关闭的条件下模拟爆管工况见图 13。从图 13 中可以看出，由于该蒸汽发生器为釜式蒸汽发生器，壳侧有一定的汽相空间，由于汽相的可压缩性，爆管发生后的 5 秒后压力达到安全阀定压，最大泄放压力为 30barg。高压气体通过爆管串过来的气体量约 13t/h，而由于壳侧气相空间的压缩及高压气体对低压气的冲击作用，导致安全阀瞬间最大泄放量约 30t/hr，稳定泄放量约 26t/h，比高压串气量高一倍。

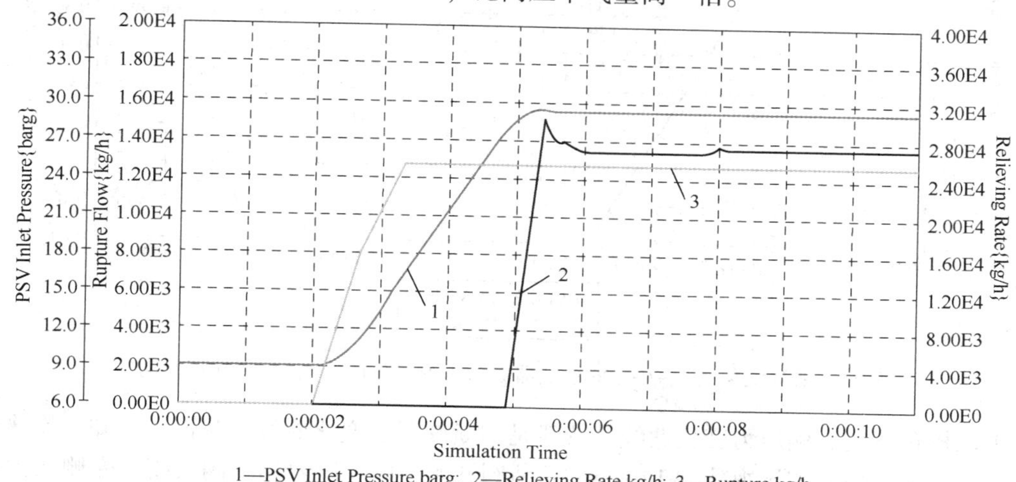

1—PSV Inlet Pressure,barg; 2—Relieving Rate,kg/h; 3—Rupture,kg/h

图 13 渣油加氢装置热高分气蒸气发生器爆管工况泄放曲线图(进出口关闭)

壳程进出口全开的情况下模拟爆管工况见图 14。从图 14 可知，在该情况下，不会发生泄放，因为串过来的高压气体通过低压侧的气相出口管线离开，因而压力不会累积很高。最高压力为 15barg，此后稳定在 14barg 左右，低于壳侧的设计压力 28barg，未达到安全阀起跳压力。

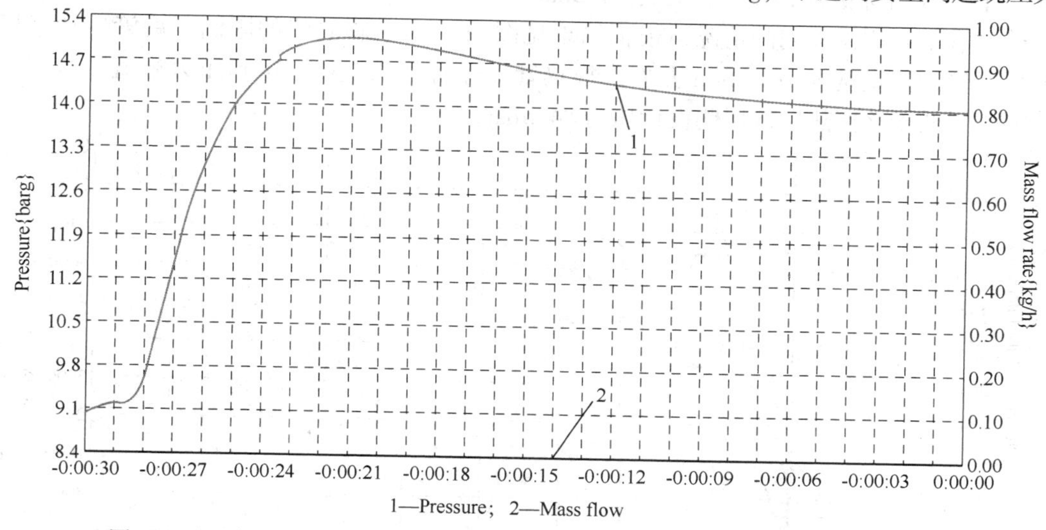

1—Pressure; 2—Mass flow

图 14 渣油加氢装置热高分气蒸气发生器爆管工况泄放曲线图(进出口不关闭)

当高压介质爆管后，由于不希望大量的烃类一直往蒸汽系统释放，需在蒸汽出口线上增加切断阀，根据上面的动态分析结果，在壳侧压力达到 14barg 时切断蒸汽，让爆管烃类从安全阀释放到火炬系统，安全阀定压为 28barg，切断阀暂定 10 秒全关。该工况通过动态模

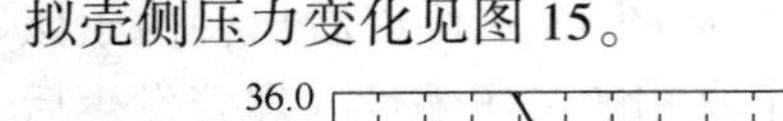

拟壳侧压力变化见图 15。

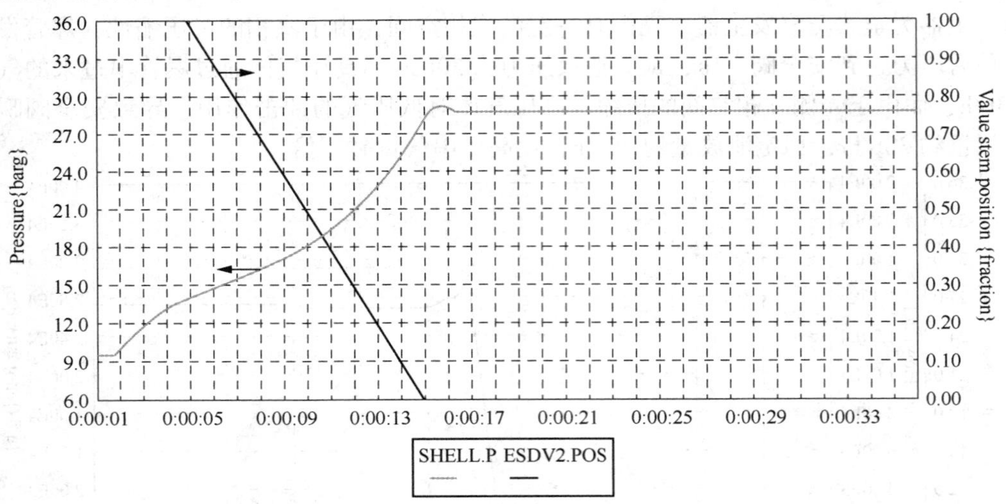

图 15 渣油加氢装置-E-106 换热器爆管工况泄放曲线图(出口加切断阀)

上图橙色线是壳侧压力变化曲线，蓝线是切断阀开度变化曲线。从该图可知，换热器爆管后，大约 4 秒后壳侧压力达到 14barg，切断阀开始关闭，随着切断阀关闭，壳侧压力继续上升，切断阀全关后，壳侧压力达到安全阀定压(28barg)，安全阀泄放。

3.2 压缩机级间冷却器

该换热器高压氢气走壳程，操作压力约 102barg，低压循环水走管程，操作压力约 5barg。管侧设有爆破片，设定压力为 11.5barg。

管程进出口假设关闭的情况下模拟结果见图 16。由于临界流的限制，爆管后从高压侧流向低压侧的流量基本为 7.2t/h 左右。换热管在爆管后 4.5 秒，达到压力峰值，最高压力为 43barg，低于该换热器低压侧设计压力 84.5barg。

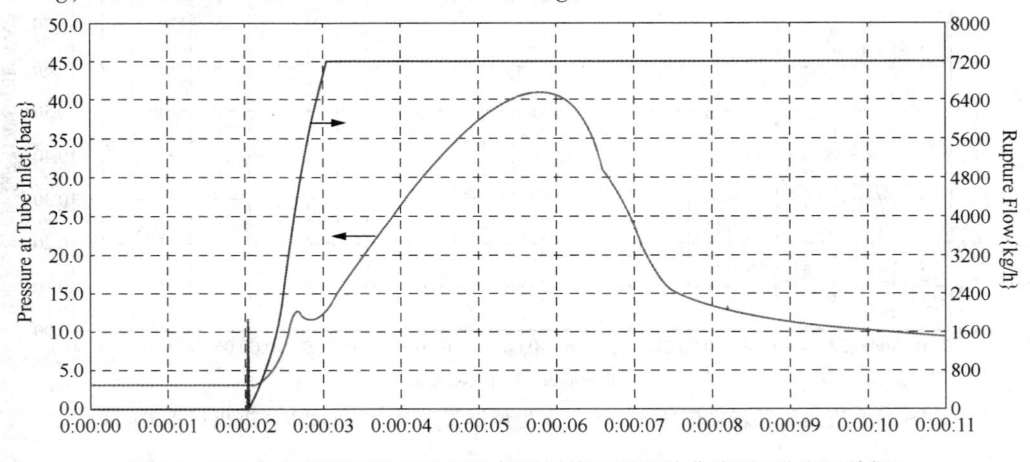

图 16 渣油加氢装置压缩机级间冷却器爆管工况泄放曲线图(进出口关闭)

管程进出口均不关闭的情况下模拟结果见图 17。换热管压力最高达到 20barg。

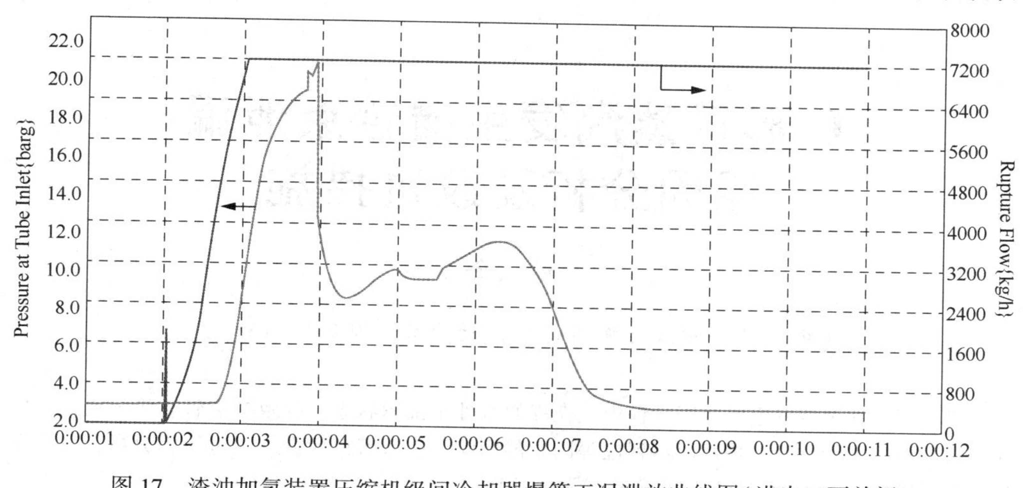

图 17 渣油加氢装置压缩机级间冷却器爆管工况泄放曲线图(进出口不关闭)

3.3 小结

通过动态模拟爆管工况，可以看到高压流体串到低压侧后引起低压流体急剧压缩和冲击，导致瞬间能量不能释放而引起低压侧压力急剧的上升，特别是低压侧是不可压缩的液体时，压力尖峰高于低压侧是可压缩的气体(气体空间的大小对压力尖峰也有影响)。压力尖峰发生时间较短，一般是在几秒以内，甚至有零点几秒的可能。根据 ASME Boiler and Pressure Vessel Code Section Ⅷ，Div. 1[2]，如果低压侧按高压侧 10/13 的压力设计，可以不分析爆管工况，但投资费用和制造难度都会增加。通过爆管动态分析，可以适当降低低压侧的设计压力，降低制造费用和制造难度。

4 结语

本文分别通过稳态方法和动态方法，对常压蒸馏装置和渣油加氢装置在全厂停电工况下的安全泄放量进行对比，通过计算结果可以知道，动态方法模拟的安全泄放量更接近实际情况，泄放量远远低于稳态计算结果。特别是在泄放叠加计算中，动态模拟能够清楚地预测不同单体设备在同一事故下的安全阀起跳时间，因此能够大幅度降低全厂火炬的泄放量。增加 HIPS 优化联锁后，在原动态模拟的泄放量基础上进一步降低全厂火炬的泄放量，对降低全厂火炬系统的直径和投资起到至关重要的作用。

通过对高低压换热器爆管工况的动态模拟，可以预测低压侧的压力峰值，为低压侧设计压力的选取提供重要依据，进而能够降低设备投资和制造难度。

通过对渣油加氢装置停电工况的动态模拟，可以预测冷高压分离器最苛刻的操作条件，对冷高分材质的选择提供依据。

可以预见，动态模拟不但是计算和研究装置和全厂安全泄放的新发展趋势，而且能模拟工艺事故过程，对本质安全设计提供科学的依据。

参 考 文 献

[1] API 521，“Pressure-relieving and Depressuring Systems”，SIXTH EDITION，2014.1.

[2] ASME Boiler and Pressure Vessel Code，Section Ⅷ，Div.1 (2008) UG-99(b).

U 形管蒸汽发生器管束泄漏原因分析及改进措施

顾　全

（中海石油宁波大榭石化机械动力部，宁波　315812）

摘　要　在蒸汽发生器使用过程中，壳程的水处于沸腾状态，导致换热管产生振动，又由于焊接质量、胀管质量、热处理不到位等因素的影响，引起管束泄漏。通过原因分析，找出在制造时可实施的改进措施，以降低管束泄漏的几率。

关键词　U 形管　蒸汽发生器　管束　沸腾　泄漏

蒸汽发生器在炼化行业使用非常广泛，是调节热介质温度的一种手段，并利用管程热介质与壳程热水进行热交换，从而达到壳程发蒸汽的目的。在使用中，当管束发生泄漏时，会导致蒸汽发生器无法正常使用。因此，仔细分析管束泄露的原因，并在制造中有针对性的改进，以延长蒸汽发生器使用寿命。

1　蒸汽发生器参数

轻柴油中段蒸汽发生器设计参数见表 1。

表 1　蒸汽发生器的设计参数

容器类别	第Ⅱ类	
换热器规格	BIU1100-1.1/1.38-388-7.0/25-4 Ⅰ	
设计参数	管程	壳程
工作压力/MPa	0.6	1.2
设计压力/MPa	1.1	1.38
进/出口工作温度/℃	224	192
设计温度/℃	244	212
操作介质	轻柴油中段油	除氧水
程数	2	1
管子与管板连接型式	强度焊加贴胀	
计算换热面积/m^2	388	
换热管规格	$\phi25\times2.5$	
换热管间距	32	
管板材质	16MnⅢ	
管束材质	$10^{\#}$	

2 蒸汽发生器泄漏情况

该蒸汽发生器在使用过程中，发现有管束内漏的现象，大量的除氧水进入了轻柴油中，极大地加重了后续单元的负荷。将该蒸汽发生器切除后，壳程进行打压，发现管板与管束结合部位，存在大量的贯穿性裂纹，通过对现场裂纹的观察，裂纹存在以下特征：

（1）泄漏部位主要集中在管束的上半部分，而且越靠上，裂纹数量越多(图1)；

（2）泄漏部位并非是管束焊缝出现泄漏；

（3）裂纹基本出现在相邻两根换热管之间的管桥上，呈贯穿性裂纹(图2、图3)；

（4）在有裂纹的部位，裂纹两端的换热管的管口同时发现贯穿性裂纹(图2、图3)。

图1 蒸汽发生器泄漏点分布

图2 贯穿性裂纹

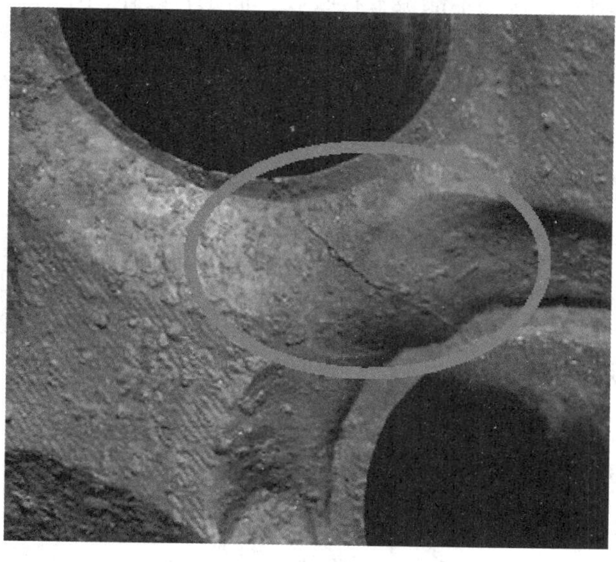

图3 贯穿性裂纹

3 管束泄漏的原因分析

3.1 焊接质量

从现场发现的裂纹情况来看，并没有发现单纯只在焊缝上的环形裂纹，但焊缝的焊脚高低不平，而且焊缝上存在凹坑，因此，该管束焊缝的焊接质量存在缺陷。

3.2 介质影响

该蒸汽发生器壳程是1.2MPa，192℃的除氧水，经过与管程轻柴油换热，最终由液相转化为气相。

在除氧水汽化过程中，必然产生汽的扰动，就是当除氧水汽化时，首先在管束表面形成气泡，由于管束壁温较高，且周围过热液体温度也略高于气泡内的温度，热量不断传入气泡，使周围液体继续汽化，气泡不断长大，直至在浮力的作用下离开管束壁面。而后周围液体便涌来填补空位，经过加热后又产生新的气泡，形成沸腾。沸腾给热时，由于气泡的生成和脱离，对近壁处的液层产生强烈的扰动，会引起换热管振动，当扰动的频率与管束固有的频率同步时，还会引起管束共振，管束在长期振动的状态下，易产生金属疲劳，就可能发生疲劳开裂。而又因为管程介质是上进下出，管束上部的温度高于下部温度，即上部是将除氧水转化为蒸汽的主要部位。这也就是管束出现泄漏部位多集中在管束上部的原因。

3.3 管板的加工质量

管板在钻孔加工过程中，如果采用普通摇臂钻床手动作业，就不可避免出现钻孔误差，以及孔表面粗糙度大，使得在贴胀过程中，导致管壁与孔壁之间不能完全贴合，存在间隙。这样，在管束发生振动时，振动不能被管板吸收，而是直接作用于管口与管板的焊接部位。

管板钻孔完毕后，未进行倒角或倒角不合格，存在应力集中部位，易形成裂纹。并且管口与管板焊接本应是角接焊缝，由于未倒角或倒角不合格，从而使角接焊缝变成了角焊缝，降低了焊接质量。

3.4 热处理工艺

管束焊接完毕后，未经过热处理或热处理方案不完善，导致管板上的残余应力无法充分消除，且焊缝和热影响区的硬度也偏高，这也是裂纹发生的一个重要因素。

4 改进措施

4.1 严格控制管板材料

严格控制管板材质的化学成分含量，必须满足GB 150—2011相关材料标准，必要时可进行成品分析，发现异常应立即退货。在供货时，制造厂必须提供锻件熔炼单位的质量证明书。

4.2 提高管板的加工精度

管板的钻孔工序，是管板加工的一道非常重要的工序，在该工序上，应当选用数控钻床进行加工，消除人为的因素。并且在数控钻床操作时，必须要调整好钻削和排屑的时间，以提高管孔的加工精度和降低孔壁的粗糙度，避免管板单个孔径出现锥形，以及孔与孔之间孔径偏差较大。在钻孔结束后，要逐个孔进行检查，不允许有纵向刻痕，并彻底清理孔内、外部毛刺、油污。

在设计上，将管板的焊接坡口加大，目前在设计上常用的坡口为2×45°，为在焊接时提高焊接质量，可以将坡口改为3×45°。

4.3 提高焊接质量

禁止采用人工手动焊接，必须使用管板自动氩弧焊机进行焊接，以保证焊缝成形均匀，消除手动焊可能造成的缺陷。每一个换热管焊接完成后，经过检查确认合格后，才能进行下一个换热管的焊接，否则就要及时调整机头及焊接程序。

4.4 提高胀接质量

管板与换热管之间通过胀接，可以达到消除换热管与管板之间的间隙，以防止壳程介质进入缝隙而造成间隙腐蚀，那么首先就要保证管板孔的加工精度，以使胀接时换热管与孔壁贴合紧密；其次要将换热管与管板之间的间隙清理干净；第三要在焊接完成并经过热处理合格之后，才能进行胀接，以避免焊接残余应力在贴胀的过程中产生隐性缺陷。

由于管板孔与孔的直径存在偏差，在胀接前，必须进行试胀，在试胀检测合格后，才能进行正式胀接。

4.5 焊后热处理

热处理工艺目前已经很成熟，热处理出现问题，往往都是未严格执行热处理技术要求造成，因此在热处理过程中，严格按照热处理工艺要求进行，确保升温匀速，受热均匀，保温时间足够，以消除焊接残余应力，并降低焊缝和热影响区的硬度。

5 几点建议

（1）蒸汽发生器的工况是不能改变的，因此对于管束泄漏的应对方法主要是从换热器的制造工艺上进行改进。

（2）同样的工况，有的蒸汽发生器发生泄漏，但也有未发生泄漏的，可见，并不是所有蒸汽发生器都会发生管束泄漏。因此在订货时，必须向制造厂家强调发生器的工况条件，引起制造厂家的足够重视，就会在制造过程中严格控制每道工序的质量，尽最大可能减少制造原因引起的泄漏。

（3）蒸汽发生器的工况条件决定了在壳程内存在水的沸腾，管束振动也就无法避免，可以通过减小折流板间距，增加折流板数量，从而加强换热管的稳定性，以降低振动对换热管的影响。

6 结束语

实际上，在换热管与管板的连接部位，不仅有焊接产生的残余应力，还有在使用过程中管板温差造成的外应力，如果在湿硫化氢等腐蚀介质环境下运行，还会产生腐蚀应力。而蒸汽发生器在壳程由于水的沸腾，以及液相到气相的转变还会导致管束振动，最终导致疲劳损坏。而普通换热器不易发生泄漏，且与蒸汽发生器最大的区别就是没有介质沸腾、没有介质相变，因此，蒸汽发生器发生泄漏，其介质沸腾，发生相变应该就是主要原因。

无论哪种情况导致泄漏，都应尽量从制造工艺中寻求解决办法，而改进制造工艺，严格控制制造质量，就是降低蒸汽发生器泄漏的主要手段。

HAZOP 与 LOPA 在 CO 装置的结合应用

刘成才

（中国石化扬子石化有限公司芳烃厂，南京 210048）

摘 要 介绍了危害与可操作分析（HAZOP）和保护层分析（LOPA）的相关理论及相互间的关联，通过在扬子石化芳烃厂合成气车间 CO 装置上的结合应用，识别出装置的主要风险危害，并提出相关建议措施，有效地提高了装置运行的安全性、可靠性。HAZOP 分析与 LOPA 分析的结合应用，能够有效辨识装置主要风险、评判风险等级与失效概率、提出最佳解决方案，具有较高的借鉴意义。

关键词 HAZOP 分析 LOPA 分析 风险识别

扬子石化芳烃厂合成气车间 CO 装置是以天然气为原料，采用蒸汽转化技术、aMDEA 脱碳净化技术和深冷分离技术生产一氧化碳、氢气及羰基合成气等产品。自 2010 年投产运行以来，芳烃厂合成气车间对装置运行中暴露出的部分设计缺陷及运行瓶颈进行了一定程度上的优化、改造。

为进一步检查和确认 CO 装置现行工况下存在的危险和可操作性问题、系统识别装置的风险隐患，芳烃厂合成气车间对 CO 装置进行了系统的 HAZOP 及 LOPA 分析，以期能够发现可能存在的操作性问题和危险危害、提出改进方案改正完善、形成详实的装置工艺过程危险性分析资料，为操作规程的修改完善、岗位员工的技能培训、装置隐患的排查治理等提供依据，使装置相关人员充分认识工艺过程的危险性及事故发生机理，提高认识和安全意识。

1 HAZOP&LOPA 介绍

1.1 HAZOP 分析

危险与可操作性分析（HAZOP）是通过分析工艺状态参数的变动、操作控制中可能出现的偏差等，及其对系统的影响和可能导致的后果，找出出现变动与偏差的原因，明确装置或系统内及生产过程中存在的主要危险、危害因素，并针对变动与偏差的后果提出应采取的措施。

HAZOP 分析必须由不同专业组成的分析组来完成，该方法的精髓就在于发挥集体的智慧，其主要过程包括分析界定、分析准备、分析会议、分析报告及 HAZOP 分析和结果关闭。如图 1 所示为 HAZOP 分析的工作流程示意图。

1.2 LOPA 分析

保护层分析（LOPA）是在定性危害分析的基础上，进一步评估保护层的有效性和完整性

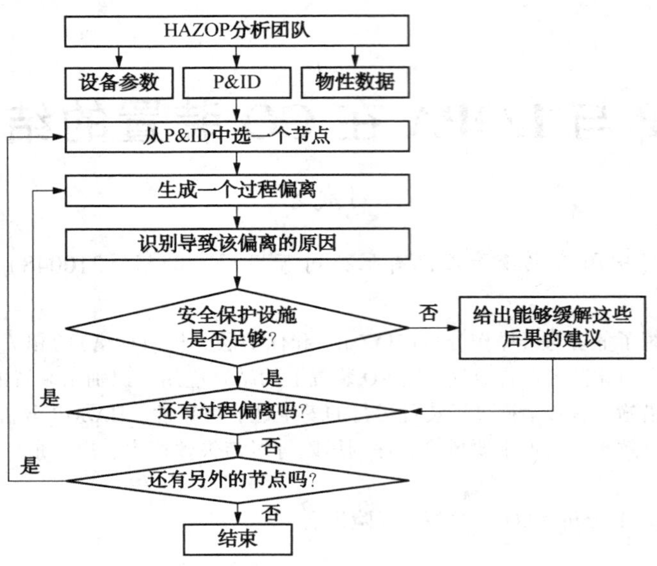

图1 HAZOP分析的工作流程示意图

的系统方法，是基于事故场景的半定量分析方法。LOPA分析目的是确定是否有足够的保护层使风险满足风险标准，以“风险”量化“安全”，以风险降低作为安全绩效水平的量度，也作为确定安全仪表功能完整性水平的方法之一。如图2所示为LOPA方法保护层示意图。

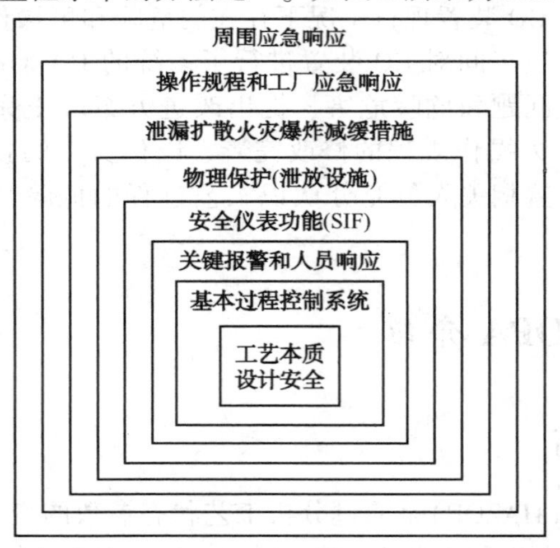

图2 LOPA方法保护层示意图

1.3 HAZOP与LOPA的关系

HAZOP分析与LOPA分析之间相辅相成，通过HAZOP分析明确了偏差可能导致的严重事故后果，作为LOPA分析的基础。偏差产生的原因及发生的可能性是LOPA分析的起始事件及发生概率的来源；偏差产生的后果是LOPA分析该严重事故隐患的风险等级评判依据。同时，HAZOP分析出的偏差已有的安全措施，是LOPA分析的独立保护层及失效概率的依据和判断。如表1所示为HAZOP与LOPA之间关系对比。

表 1 HAZOP 与 LOPA 之间关系对比

HAZOP 提供的信息	LOPA 需要的信息	HAZOP 提供的信息	LOPA 需要的信息
偏差	严重事故场景	后果的严重程度	后果的严重程度
偏差产生的原因	初始事件	现有安全措施	独立保护层
偏差原因发生的可能性	初始事件发生概率	建议安全措施	增加保护措施
偏差产生的后果	严重后果		

2 装置的 HAZOP&LOPA 分析

2.1 分析的程序步骤

HAZOP 分析主要过程包括成立小组、分析准备、分析会议、分析报告及 HAZOP 分析和结果关闭等。

（1）根据 HAZOP&LOPA 分析的需要，分析小组由芳烃厂合成气车间工艺组、设备组、安全组及化工班组长，电仪分公司芳烃电仪车间技术员等相关人员组成。

（2）分析准备包括制定计划、资料准备、分析培训等。分析所需资料工艺技术信息包，即含 CO 装置基础设计、P&ID/P&IF 流程图/化学品安全技术说明书 MSDS、技术规程及岗位操作法、化学品反应矩阵、危险清单等资料，同时结合装置历年来发生的事故及未遂事故报告、人机工程因素等。

（3）HAZOP 分析会议基本程序主要包括：分析项目概况介绍；划分节点；节点设计目的描述；确定偏差；分析偏差产生的原因；分析偏差导致的后果；分析现有的保护措施；评估风险等级；提出建议措施；重复以上步骤直到该节点所有偏差分析完毕；然后直到所有节点分析完毕。

（4）HAZOP 分析工作结束后，HAZOP 主席（组长）应在记录员协助下及时对分析记录结果进行整理、汇总，形成 HAZOP 分析报告初稿，再根据小组成员反馈意见进行修改，形成 HAZOP 分析报告。最后由项目负责人进行闭环。

2.2 HAZOP&LOPA 分析

本次 HAZOP 分析所用的图纸情况采用《中国石化扬子石油化工有限公司芳烃厂一氧化碳装置工艺管道及仪表流程图（P&ID）》，同时依据 HAZOP&LOPA 分析对象的实际情况，将 CO 装置细致划分为 34 个分析节点（如表 2 所示）。

表 2 芳烃厂 CO 装置 HAZOP&LOPA 分析节点

NO	节　点	NO	节　点
1	原料混合预加热单元	7	工艺气二氧化碳脱除单元
2	原料预处理单元	8	MDEA 循环单元
3	混合原料配氢配二氧化碳单元	9	燃烧空气单元
4	DC15201 预转化单元	10	燃料气混合单元
5	转化炉单元	11	锅炉水单元
6	余热回收单元	12	高压蒸汽单元

续表

NO	节　点	NO	节　点
13	脱盐水除氧单元	24	冷箱进料分离单元
14	凝液单元	25	DA15601及其相关单元
15	二氧化碳去压缩机单元	26	DA15602及其相关单元
16	MDEA过滤、储存单元	27	DA15604及其相关单元
17	循环氢压缩机单元	28	DA15603及其相关单元
18	二氧化碳压缩机单元	29	低压CO流程单元
19	冷干机单元	30	高中压CO流程单元
20	TSA单元	31	膨胀机单元
21	一氧化碳压缩机单元	32	DA15605及其相关单元
22	蒸发器单元	33	甲烷泵单元
23	液氮储存单元	34	冷箱释放气单元

风险矩阵是一种定性风险评估方法，一般将事故后果和发生频率划分为几个等级，后果和可能性构成矩阵的二维坐标，矩形框架结构表示频率和后果的综合结果。本次分析中采用中国石化炼化企业5×6风险矩阵，如图3所示。

风险矩阵					可能性—半定量(次/年)					
					10^{-5}~10^{-6}	10^{-4}~10^{-5}	10^{-3}~10^{-4}	10^{-2}~10^{-3}	10^{-1}~10^{-2}	≥10^{-1}
严重性	后果				可能性—定性					
					1	2	3	4	5	6
	人员伤害	财产损失	环境影响	声誉影响	世界范围内未发生过	世界范围内发生过/石油石化行业内未发生过	石油石化行业发生过/世界范围内发生过多次	系统内发生过/石油石化行业发生过多次	本企业发生过/系统内发生过多次	作业场所发生过/本企业发生过多次
A	急救处理;医疗处理,但不需住院;短时间身体不适	事故直接经济损失在10万元以下	装置内或防护堤内泄漏,造成本装置内污染	企业内部关注;形象没有受损	A1	A2	A3	A4	A5	A6
B	工作受限;1~2人轻伤	事故直接经济损失10万元以上,50万元以下;局部停车	排放很少量的有毒有害污染废弃物,造成企业界区内污染,没有对企业界区外周边环境造成污染	社区、邻居、合作伙伴影响	B1	B2	B3	B4	B5	B6
C	3人以上轻伤,1~2人重伤(包括急性工业中毒,下同);职业相关疾病;部分失能	事故直接经济损失50万元及以上,200万元以下;1-2套装置停车	见表A.1	本地区内影响;政府介入,公众关注负面后果	C1	C2	C3	C4	C5	C6
D	1~2人死亡或丧失劳动能力;3~9人重伤	事故直接经济损失200万元以上,1000万元以下;3套及以上装置停车	见表A.1	国内影响;政府介入,媒体和公众关注负面后果	D1	D2	D3	D4	D5	D6
E	3人以上死亡;10人以上重伤	事故直接经济损失1000万元以上;失控火灾或爆炸	见表A.1	国际影响	E1	E2	E3	E4	E5	E6

图3　中国石化炼化企业5×6风险矩阵

通过对每个节点进行不同偏离工况的分析和讨论，分析可能的严重隐患事件及采取相应保护措施后的风险等级。如表3所示为本次分析采用的偏差说明。

表3　偏离说明

序号	偏离	说　明
1	流量高/低、无	流量比设计/操作要求多、少或没有流量
2	逆向流	流量沿设计或操作目标相反、未按正确的方向
3	温度高/低	温度比设计/操作要求高或低
4	压力高/低	压力比设计/操作要求高或低

续表

序号	偏离	说明
5	液位高/无	液位比设计/操作要求高或低
6	界位高/无	界位比设计/操作要求高或低
7	反应过高/不足	反应偏离设计/操作要求
8	污染/组分	伴有其他组分或有害组分过量
9	破裂/泄漏	设备管道泄漏
10	检维修异常	设备、管道检维修异常
11	开/停工异常	装置、设备开/停工异常
12	人为因素	人为因素影响
13	仪表异常	仪表故障
14	泄压异常	无法泄压或泄压不畅
15	化学品特性	化学品特性引发安全问题
16	引燃	引发化学品燃烧
17	辅助系统故障异常	辅助系统发生异常
18	采样	采样违规、采样器不满足规范
19	腐蚀/侵蚀	设备、管道腐蚀
20	以前的事故	以前发生的事故描述
21	安全	其他安全问题

2.3 分析结论

通过本次分析，对芳烃厂合成气车间CO装置识别出主要危险5个方面，共计提出建议措施31条(如表4所示)：

在安全及环保方面：CO装置开车时现场噪音大(CO_2压缩机、CO压缩机、冷箱预冷循环等)，影响员工现场巡检质量(设备、工艺管道故障)。建议在装置产生噪音管道中增加降噪设施。

在工艺及设计方面：其一，预转化反应器入口工艺蒸汽切断阀XV15204前管道现场无手动闸阀，一旦该阀关控制失灵，在装置停车过程中会导致预转化催化剂通入过量水蒸气出现飞温而损坏。建议XV15204阀上游管道增加现场手动切断阀。

其二，部分设备、管道设计能力、体积不足。如冷箱系统的FA15604由于再沸罐体积只有3.1m^3，甲烷泵出口高压、高温回流液态甲烷进入再沸罐闪蒸后，罐体积过小，未充分闪蒸，液态甲烷沸腾，形成漩涡、气泡，进而导致甲烷泵气蚀而停车，影响装置的平稳操作。冷箱DA15605塔，在保证产品OXO质量条件下，OXO产品产量达不到设计要求。建议对这些设备重新进行设计核算，需要改造的设备进行技术改造。

其三，部分原料、产品界区阀盲板法兰前后无泄压排放火炬管道，装置停车消缺与管网隔离抽堵盲板时压力无法排放。建议界区阀盲板法兰前后管道增加排放火炬管道和导淋阀。

在设备及选型方面：BA15201转化炉管及上、下热壁集气管多次发生开裂事故，严重影响装置安全、稳定、长周期高负荷生产。对此提出建议，联系科研院所和设计单位对转化炉应力平衡进行核算和调整，炉管及管道使用寿命进行评估，炉管及管道材质进行升级。

表4 芳烃厂CO装置HAZOP建议清单

序号	建议措施	节点	建议类型	所在图纸号
1	统一建议：鉴于本装置安全仪表系统未明确等级，本次分析按照保守的SIL1进行，有条件时应进行SIL等级评估并定级。	ALL	图纸	ALL
2	天然气界区盲板抽堵作业，盲板上游界区阀至盲板法兰管道内4.2MPa压力天然气无法泄压排放，建议增设盲板法兰前后管道增设排放火炬阀门和现场导淋阀。	1	工艺	07008-015-B-10-130-001
3	原料天然气F15102测量孔板测量误差大，建议设计选型进行更换。	1	仪表	07008-015-B-10-130-001
4	建议EA15101换热器温度控制TV15121阀门选型进行更换。	1	仪表	07008-015-B-10-130-003
5	原料混合流量控制阀FC15203有流量低联锁，建议新增FC15203流量高联锁，短时间高流量的冲击对后续系统催化剂结构的损坏。	4	仪表	07008-015-B-20-130-001
6	预转化反应器入口工艺蒸汽切断阀XV15204前管道现场无手动闸阀，一旦该阀关控制失灵，在装置停车过程中会导致预转化催化剂通入过量水蒸气出现飞温而损坏，建议XV15204阀上游管道增加现场手动切断阀。	3	工艺	07008-015-B-20-130-001
7	转化炉管及炉管上下热壁集气管出现多次开裂，建议科研院所或设计单位对转化炉进行全面热应力核算和调整，炉管及热壁集气管材料升级。	5	设备	07008-015-B-20-130-003
8	建议每年检测催化剂性能，每两-三年进行一次催化剂的更换，以提高水蒸气转化反应的反应率，防止因联锁停车造成催化剂损坏后未能及时更换。	5	设备	07008-015-B-20-130-003
9	建议转化炉出口工艺气温度和炉膛烟气出口温度测量元器件进行升级，确保炉温度串级控制正常投用。	5	仪表	07008-015-B-20-130-003
10	锅炉水EA15301换热器经常出现大封头泄漏，建议封头螺栓改为细牙螺栓和碟簧垫片。	6	设备	07008-015-B-30-130-004
11	为防止EA15302换热器内漏，建议设备列管材质升级为不锈钢。	13	设备	07008-015-B-30-130-004
12	装置夏季生产运行，EC15301空冷器工艺气出口温度高，建议增设一台空冷器或增设水冷器，确保装置夏季高负荷生产稳定运行。	6	设备	07008-015-B-30-130-005
13	建议新增EA15405和EC15401出口的贫液总管进入DA154101入口管道上增加温度测量，且与EC15401空冷器变频器进行温度控制。	7	工艺	07008-015-B-40-130-002
14	EC15401贫液空冷器泄漏造成环境污染和装置非计划停车，建议在各组空冷器贫液进出口管道加装切断阀，一旦泄漏时隔离单组空冷器。	8	设备	07008-015-B-40-130-002

续表

序号	建议措施	节点	建议类型	所在图纸号
15	LC15401 位于 DA15402 塔顶，位置较高，建议将 LV15401 旁路阀改为气动阀门，缩短阀门故障时应急响应和处理时间。	7	工艺	07008-015-B-40-130-001
16	因换热器位置较高，循环水流速交缓，易发生结垢、腐蚀现象，建议升级 EA15404 列管材质为不锈钢，避免换热器泄漏事故发生。	7	设备	07008-015-B-40-130-002
17	DA15402 再沸器 EA15402 内漏；建议设备列管材质升级为不锈钢。	14	设备	07008-015-B-40-130-003
18	建议在 EA15402 再沸器的减温器 TC15423 至再沸器后的最高点自由排放处安装疏水器。	14	工艺	07008-015-B-40-130-003
19	DA15401 工艺气进料 FT15401 测量不准，建议选型更换。	7	仪表	07008-015-B-40-130-001
20	冬季生产 FA15403 液位控制波动大，排液不畅。建议取消该排液管道伴热。	7	工艺	07008-015-B-40-130-002
21	建议对地槽罐 FA15404 上部平台的操作阀门提供延长轴从地槽罐外部操作。	16	设备	07008-015-B-40-130-006
22	建议增加产品氢外送调节阀后管道至 GB15731 压缩机入口配氢管道，确保 CO 装置开车(加氢返回氢停供，冷箱未产出合格氢)投原料天然气引入芳烃制氢氢气管网氢进行配氢。	17	工艺	07008-015-B-70-130-001
23	建议 EA15210 进口增加喷水设施，确保 EA15210 出口温度控制。	6	工艺	07008-015-B-20-130-007
24	增加界外锅炉水采样分析头，按需分析，避免界外锅炉给水水质影响。	11	工艺	07008-015-B-30-130-003
25	EA15502 换热器大封头出现泄漏，建议设计改进型式。	11	图纸	07008-015-B-50-130-006
26	建议将 EA15502 换热器导淋下口接至地沟处，避免开停车期间高压蒸汽凝液喷溅，造成操作人员受伤。	14	工艺	07008-015-B-50-130-006
27	DA15605 塔 OXO 产品产出量不足，建议增加调配流程。	32	工艺	DOC0000282489SH46
28	建议甲烷泵增加自冷却系统	33	设备	DOC0000282489SH24/SH25
29	CO 产品排放气增加回收做转化炉燃料流程	21	工艺	07008-015-B-50-130-007
30	EA15504 蒸发罐法兰泄漏隐患，建议提升材料等级。	22	设备	07008-015-B-50-130-011
31	冷干机 GB5501A/B 控制系统升级	19	设备	07008-015-B-50-130-002

3 应用成效

（1）通过对 HAZOP 分析及 LOPA 分析的结合使用，HAZOP 小组成员在确保安全的前提下，基于装置生产运行的实际情况，有效地识别出装置潜在的危险并提出了相应的改进措施，提高装置的本质安全。

（2）通过表单化的形式进行有效的节点划分，将装置生产运行积累的经验和知识进行了有效的传承，对今后再次进行分析时提供了便利，节约了时间和成本，大大提高了对装置运行管理的稳定性和延续性。

（3）通过此次 HAZOP&LOPA 分析，将装置的图纸、技术改进、操作规程等进行了统一的整理归类，即提高了工艺人员对装置的深层次认知水平，又对提升了装置资料管理的全面性。

4 结语

HAZOP 分析作为一种定性的分析方法，主要目的是在于辨识风险，在引入了 LOPA 分析方法并通过保护层分析(LOPA)方法协助 HAZOP 分析中风险等级的判断后，能够有效判断现有的保护措施是否足够、新增的建议措施或保护层的有效性及新增什么样的保护措施更合适、新增的保护措施既能解决问题又不会造成过多的投资即过保护，从而辨识主要风险及提出最佳的消减风险的解决方案。

参考文献

[1] Q/SH 0560—2013. HSE 风险矩阵标准．中国石油化工集团公司企业标准．

[2] 罗莉．HAZOP 在石油化工设计中的应用[J]．石油化工设计，2006，23(4)，18.

[3] 付建民，王新生，徐长航，等．操作规程 HAZOP 分析技术原理与应用分析[J]．中国安全生产科学技术，2013，9(5)：111-116.

[4] 宋会会，张礼敬，王志远，等．HAZOP 技术及其在硝化反应中的应用[J]．工业安全与环保，2009，35(12)：56-57.

[5] 崔英，杨剑锋，刘文彬．基于 HAZOP 和 LOPA 半定量风险评估方法的研究与应用[J]．安全与环境工程，2014，21(3)：98-402.

[6] 侯凤，王廷春，宋书峰，等．HAZOP 分析应用探讨[J]．安全健康和环境，2009，9(8)：36-38.

[7] 吴重光，张贝克，马听．过程工业安全设计的防护层分析(LOPA)[J]石油化工自动化，2007(4)：1-3.

[8] 周荣义，李石林，刘何清．HAZOP 分析中 LOPA 的应用研究[J]．中国安全科学学报，201，20(7)：76-81.

[9] 白永忠，党文文，于安峰译．保护层分析：简化的过程风险评估[M]．北京：中国石化出版社，2010.

连续重整反再系统隔离阀气路改造

周永祥　卢永慧

（中海石油宁波大榭石化有限公司，宁波　315812）

摘　要　通过对连续重整装置反再系统联锁隔离阀的气路改造，成功解决一起生产过程中因阀门动作不到位，造成的反再系统频繁联锁停机故障。

关键词　隔离阀　联锁　气路

1　工艺联锁说明

中海石油宁波大榭石化有限公司150万吨/年连续重整联合装置采用国产超低压连续重整成套工艺技术和国产催化剂PS-Ⅵ，以直馏石脑油、汽柴油加氢石脑油、裂解抽余油和加氢重石脑油为原料，生产含芳烃的高辛烷值汽油组分，并副产重整氢气。

催化剂再生系统有两组隔离系统。重整反应器出口至再生器是待生催化剂隔离系统，它隔离了反应器（氢气环境）与再生器（有氧环境），阀门位号UZV-30401；再生器出口至再生器下部料斗出口是再生催化剂隔离系统，它隔离了再生器与反应器，阀门位号UZV-30801、UZV-30806。两组隔离系统相同，一旦装置出现故障，隔离系统关闭即隔离阀关闭，防止了隔离系统的上方气体向下泄漏，也防止了隔离系统下方的气体向上泄漏。

催化剂再生系统设置独立的SIS系统即重整闭锁料斗控制及再生器安全联锁系统（LHCS），控制逻辑如图1所示。

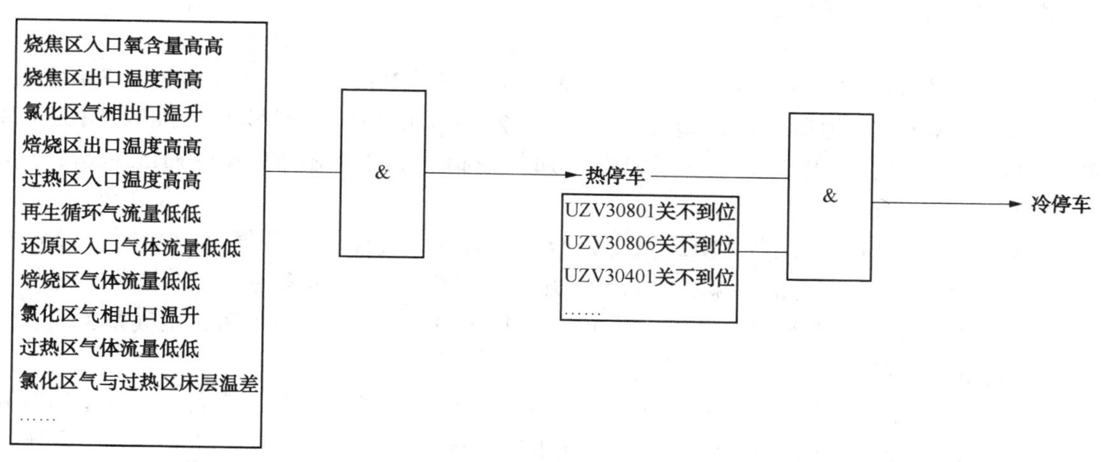

图1　联锁逻辑示意图

再生系统出现操作波动，热停车联锁，工艺调整操作联锁即可复位，催化剂再生循环不停运；如果隔离系统（隔离阀）出现关（开）不到位或关闭（打开）时间超时（≥10s）故障，则再生系统停止运行(冷停车)。

2 故障现象及原因分析

从2016年6月份开工以来3台再生系统隔离联锁阀，在反再系统热停车后，多次发生关断时间超时(阀门从关阀命令发出后，超过10s后收到阀门关闭反馈信号)联锁，造成反再系统热停车后触发冷停车联锁，催化剂再生系统停止运行，催化剂不能再生，装置将面临停工，给生产带来较大影响。

通过分析，气路设计没有问题，阀门失气、失电动作方向、动作时间(设计要求小于5s)均满足工艺要求。此阀门在相同或类似装置应用较为成熟，未曾出现类似问题。

故障阀门清单如下表。

序号	位号	描述	类型	故障	额定扭矩/Nm	设计扭矩/Nm
1	UZV-30401	四反下部隔离阀	球阀	FC	ETC：436	ETC：772
2	UZV-30801	再生气下部隔离阀	球阀	FC	ETC：1767	ETC：2962
3	UZV-30806	再生气下部隔离阀	球阀	FC	ETC：1767	ETC：2962

阀门出现关闭时间超时后，维护人员对气路、元件、电路及相关联锁逻辑进行检查都未发现异常；对气动执行机构气缸气密性进行检查测试，未发现气缸密封有漏气现象，因阀门为气开阀，气缸漏气对阀门关闭超时没有影响；设计弹簧扭矩都在额定扭矩1.5倍以上(详见上表)，现场不具备拆解、测试条件未对弹簧进行实际扭矩测试。在气缸弹簧侧排气孔处，用净化风往里通气即可关闭阀门，由此可以判断阀门本体亦可用。因为这3台阀门为采用进口品牌，阀门供货周期长，且价格昂贵；装置连续运行阀门无法下线，不具备更换阀门的条件。为此，经多方研究论证，决定对阀门控制气路进行改造。

3 阀门气路改造

原有气路图如图2所示，1为空气过滤减压阀，型号B38-442，气源压力0.7MPa，减压后压力0.5MPa；2为单向阀，型号2NRVSE122；3为电磁阀，型号WSNF8327B102，联锁ON/OFF信号来自LHCS系统；4为2位3通气控阀，型号56C-53-RA-EH55-NC；5为隔离阀单作用执行机构。

正常运行时，电磁阀接收LHCS系统闭合ON信号，气控阀控制气路(单斜线气路)打开，气控阀4切换，主气路(双斜线气路)打开，执行机构推动弹簧动作，弹簧侧通过排气孔通大气，阀门打开。当联锁动作时，电磁阀失电(OFF)，控制气路关闭，主气路关闭，气缸通过气控阀4排气，弹簧复位，阀门关闭。

此次改造，增加2位5通气控阀1台、快排阀2台，气源管路及接头若干。改造后气路如图3所示：1为空气过滤减压阀，型号B38-442，气源压力0.7MPa，减压后压力0.5MPa；2为单向阀，型号2NRVSE122；3为电磁阀，型号WSNF8327B102，联锁ON/OFF信号来自LHCS系统；4为2位5通气控阀，型号VSA4120；5为快排阀，型号VGA342R；6为快排阀，型号HXQ1500；7为隔离阀单作用执行机构。

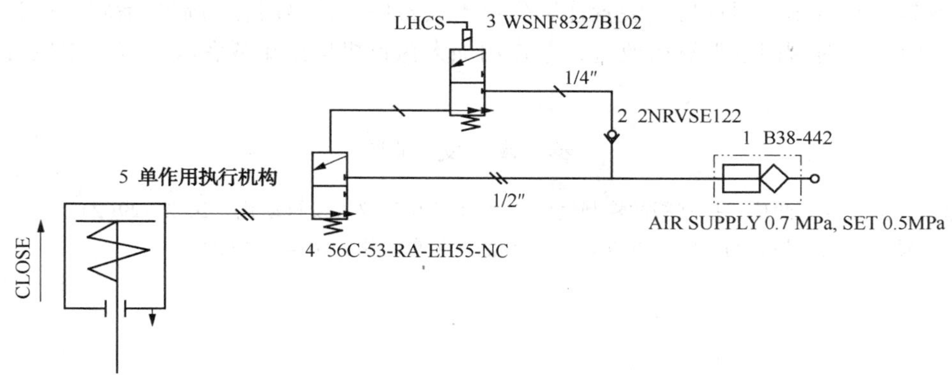

图 2 原有控制气路图

由于阀门在运行状态，工艺生产不允许长时间测试、调试；初次改造时，只考虑在气缸侧加装快排阀，使得阀门快速关闭。如图 3，没有 6 号快排阀元件，弹簧侧气通过 4 号元件 2 位 5 通气控阀排气，在预制场气路组装完成后，不带气缸阀门测试气路通过。

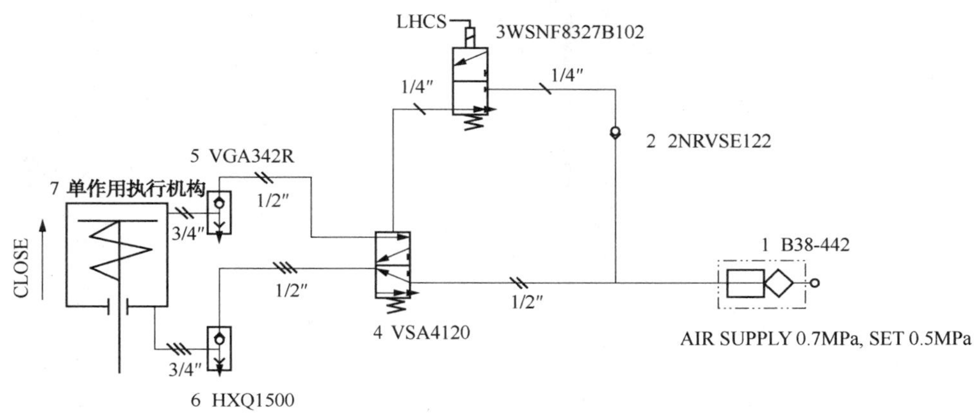

图 3 改造后控制气路图

改造后气路工作原理：正常运行时，电磁阀接收 LHCS 系统闭合 ON 信号，气控阀控制气路(单斜线气路)打开，气控阀 4 切换，主气路(双斜线气路)打开，执行机构推动弹簧动作，阀门打开。当联锁动作时，电磁阀失电(OFF)，控制气路关闭，主气路切换，气缸通过 5 快排阀排气，同时辅气路(三斜线)往弹簧侧进气，并且弹簧复位，阀门关闭。

利用装置电加热器更换管束的短暂间隙，对 3 台隔离阀进行了改造并调试。调试结果，阀门可快速关闭，关闭时间小于 3s，但开阀时间大于 10s，不能满足阀门开关时间都小于 10s 的联锁要求。经过多次测试发现，阀门在电磁阀失电的瞬间，阀门延时 2s 才开始动作，且动作缓慢，在提高风压无果后，对气路进行了进一步完善，在弹簧侧加装 6 号元件，快排阀。调试结果阀门开关时间均小于 5s。

4 结论

改造后经调试，阀门满足工艺要求，且运行平稳。类似改造可推广在单作用联锁阀门无法关闭或打开时应用。但仅使用装置连续生产不具备停工检修时作为临时措施。在装置具备停工检修时，应对阀门选型进行改进，单作用加大执行机构扭矩或者改用双作用执行机构等措施。

参 考 文 献

[1] 陈金星，刘家胜．两位式控制阀的控制气路改进[J]. 化工仪表及自动化，2002，29(2).
[2] 徐强．锁渣阀动作超时的气路改进方案[J]. 石油化工自动化，2014，50(2).

TSA 对 CO 装置运行稳定性的影响探究

黄　圣　李晋宏

（中国石化扬子石化有限公司芳烃厂，南京　210048）

摘　要　通过变温吸附（TSA）单元在CO装置中的实际应用，采用理论与实际相结合的分析方法，将TSA的步序切换中产生的影响进行了详细的讨论，并采取了多种改进措施，有效地减少了TSA对CO装置的波动影响，提高了装置运行的稳定性，同时也为装置的生产人员提供了完善的培训学习材料。

关键词　变温吸附　一氧化碳装置　步序　优化　节能降耗

扬子石化芳烃厂CO装置是以天然气为原料，采用蒸汽转化技术、aMDEA脱碳净化技术和深冷分离技术生产CO、H_2及OXO（羰基合成气）等产品。在经过转化反应和aMDEA洗涤后的工艺气进入深冷分离系统前，需将工艺气中微量饱和H_2O及微量CO_2分子脱除。

变温吸附（TSA）技术是利用气体组分在固体材料上吸附性能的差异以及吸附容量在不同温度下的变化实现组分分离[1,2]。通过TSA可以将工艺气中的饱和H_2O及CO_2分子降低到0.1mg/L以下，从而保证深冷分离系统的正常运行。

1　TSA 工艺简介

本装置TSA单元主要由两个吸附床组成，当其中一床吸附时另一床同步再生。其工艺流程简图如图1所示。

吸附床依次经过吸附、降压、热吹、冷区、升压、预浸、并联、许可（1min）八个步序，整个过程按照设定程序自动控制阀门开关的时间节点及长短，通过两个床层交替吸附、解析，实现对粗合成气的不间断吸附提纯。

如图2所示为TSA一个再生周期内床层进出口温度及床层压力的变化曲线。当床层完成吸附后就进入再生阶段。通过降压步序，床层压力从2.933MPa降至0.055MPa，床层中高压粗合成气作为释放气进入燃料系统。通过热吹步序，床层吸收热量升高温度，首先解析上部分子筛吸附剂中的CO_2分子，其次解析中下部Al_2O_3吸附剂中的H_2O分子，当热吹结束时CO_2分子被完全解析，H_2O分子被大部分解析。通过冷吹步序，冷箱来的吹扫气在对TSA床自上而下降温的同时，利用床层中贮存的热量继续再生床层中下部的Al_2O_3吸附剂，当床层下部出口温度高于150℃（H_2O的脱附温度）时，H_2O分子被完全解析。通过升压步序，利用少量进入冷箱的粗合成气将再生完成的床层升高至吸附压力，完成吸附准备。通过预浸步序，再生完成的床层小流量切入在线，少量吸附净化前的粗合成气中CO至饱和。通过并联步序，两个床层同时在线吸附粗合成气中的微量CO_2及H_2O。通过许可步序，进行两个床层的在线切换，原吸附床层进入再生准备阶段，再生完成的吸附床层单床在线吸附。

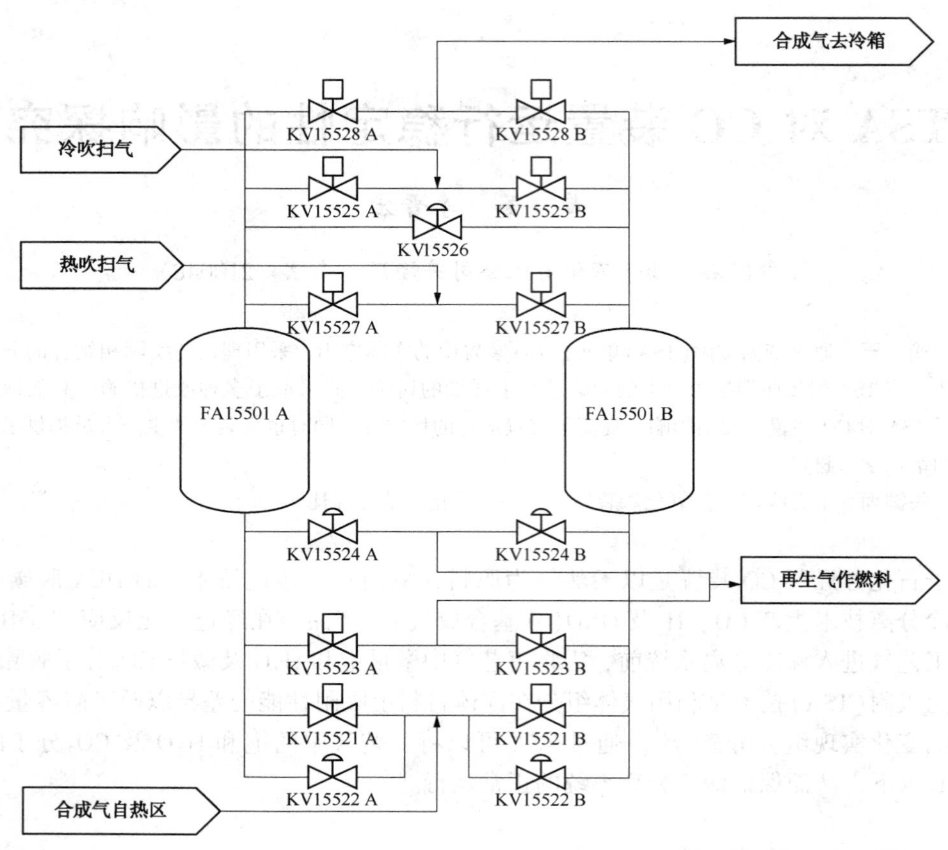

图1 TSA工艺流程简图

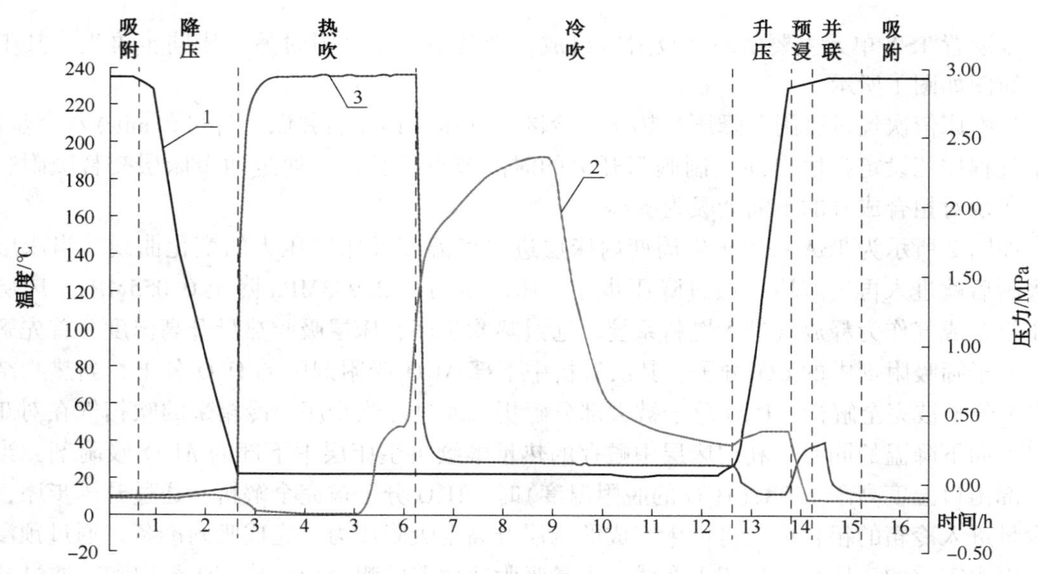

图2 TSA再生周期温度及压力趋势图

1—床层顶部压力；2—床层底部出口温度；3—床层顶部出口温度

2 影响分析

TSA 工艺在装置运行中起到了连接热区及冷区的作用，因此 TSA 步序的切换对冷箱冷热平衡及转化炉燃料气热值等方面都有影响。在生产中如未能及时手动介入调整会造成装置一定的生产波动，主要有以下几个方面。

2.1 降压步序

吸附床从吸附状态切换至再生状态，第一个步序就是降压。通过程控阀 KV15524A/B 根据斜率缓慢打开，将床层中的 2.936MPa 高压粗合成气全部送入低压燃料系统，调节阀 FC15272 处于手动 75%开度的稳定状态。

如图 3(a)所示，在降压步序刚开始时，2.936MPa 的高压气并入 0.027MPa 的低压燃料系统，释放气作燃料流量 FC15272 从 6800Nm^3/h 快速直线升至 8300Nm^3/h。但是由于主要是粗合成气做释放气，与正常冷箱吹扫气做释放气相比组分变化较大(如表 1 所示)，使得降压释放气的热值远远小于正常释放气，转化炉烟气温度 TC15222 从 977℃快速下降至 975℃，转化炉温波动，影响转化反应率，导致后单元冷箱进料组分波动较大，影响产品组成。

表 1 释放气组成及热值表

	正常释放气	降压释放气
组成/%(v)		
H_2	43.38	67.17
N_2	2.44	0.38
CH_4	47.46	4.68
CO	6.72	27.77
热值/(kcal/Nm^3)	5391	2970

2.2 热吹步序

降压步序完成，TSA 进入热吹步序。冷箱来的吹扫气不再直接进入燃料系统，而是先通过换热器 EA15502 加热、再由程控阀 KV15527A/B 从上至下吹扫 TSA 床层、最后通过程控阀 KV15523A/B 自 TSA 床层吹扫气管线送至燃料系统。在热吹步序及冷吹步序时，通过冷箱 DA15601 顶部产品氢作补充释放气阀门 FC15610，维持冷箱释放气作燃料总流量 FC15272 在 7100Nm^3/h 左右。

如图 3(b)所示，在降压步序切换为热吹步序时，TSA 床层解析气中断、冷箱吹扫气流程切换，导致 FC15272 流量从 8700Nm^3/h 快速下降至 5900Nm^3/h，同时燃料气热值再次变化(由 2950kcal/Nm^{3}回升至 5391kcal/Nm^3)，两方面的因素使得烟气温度 TC15222 自 977℃直线下降至 974℃，需要手动介入转化炉燃烧系统维持反应的平稳、生产的稳定。

在热吹步序进行至约 10000 秒、再生床层下层出口温度开始上升时，床层上部分子筛吸附剂中的 CO_2分子被完全解析，此时床层中下部 Al_2O_3吸附剂中的 H_2O 分子开始热脱附。如图 3(c)所示，释放气流量 FC15272 由 7300Nm^3/h 增加至 7500Nm^3/h，但由于组分的变化使得转化炉烟气温度 TI15222 反而有 1.5℃的降温，对转化反应有一定影响，可以进行适当的手动干预以维持平稳运行。

2.3 升压步序

TSA 床层经过热吹、冷吹等步序的再生后，在升压步序通过 KV15526 引少量净化后的粗合成气逐步升压至吸附压力，为再生床的吸附做准备。

如图 3(d)所示，在升压步序时，随着再生床层的压力逐步提升，进冷箱的粗合成气进料 FC15559 从 92500Nm³/h 左右逐步降低至 89000Nm³/h 左右；当再生床升压结束时，冷箱进料量 FC15559 则快速恢复至正常流量。冷箱进料的减少，一定程度上对冷箱的物料平衡及冷热平衡产生了扰动。

2.4 并联步序

TSA 床层在并联步序时，两个床层的进料阀 KV15521A/B 与出料阀 KV15528A/B 同时打开，粗合成气以 1∶1 的比例同时进入两个床层进行吸附提纯。

如图 3(e)所示，在预浸步序时，由于床层温度(约 30℃)高于正常吸附温度(约 9℃)，使得 TSA 出口的 CO_2在线分析含量缓慢上升；在预浸步序切换至并联步序时，粗合成气(约 8℃)进料瞬间快速增长，将床层温度快速回落至正常吸附温度，使得 TSA 出口的 CO_2在线分析含量从-0.019ppm 快速升高至 0.125ppm 后缓慢回落至-0.022ppm，同时 TSA 出口的合成气中 CH_4组分也有一个快速升高[约 1.5%(v)]并回落的现象。痕量的 CO_2分子经过长时间逐步积累，在冷箱主热换热器 EA15601A/B/C 中积聚，对换热器造成偏流影响，情况严重时造成冷箱冻堵；进冷箱中的 CH_4组分的波动，使得冷箱制冷平衡受到一定扰动，影响了 DA15603 塔 CO/CH_4的温度梯度、分离效果等。

如图 3(f)所示，在并联步序，由于 TSA 两个床层的同时吸附使得冷箱进料增加，增加了冷箱的热损耗，造成制冷罐液位 LC15648 下降，需要适当加载膨胀机提高制冷量。

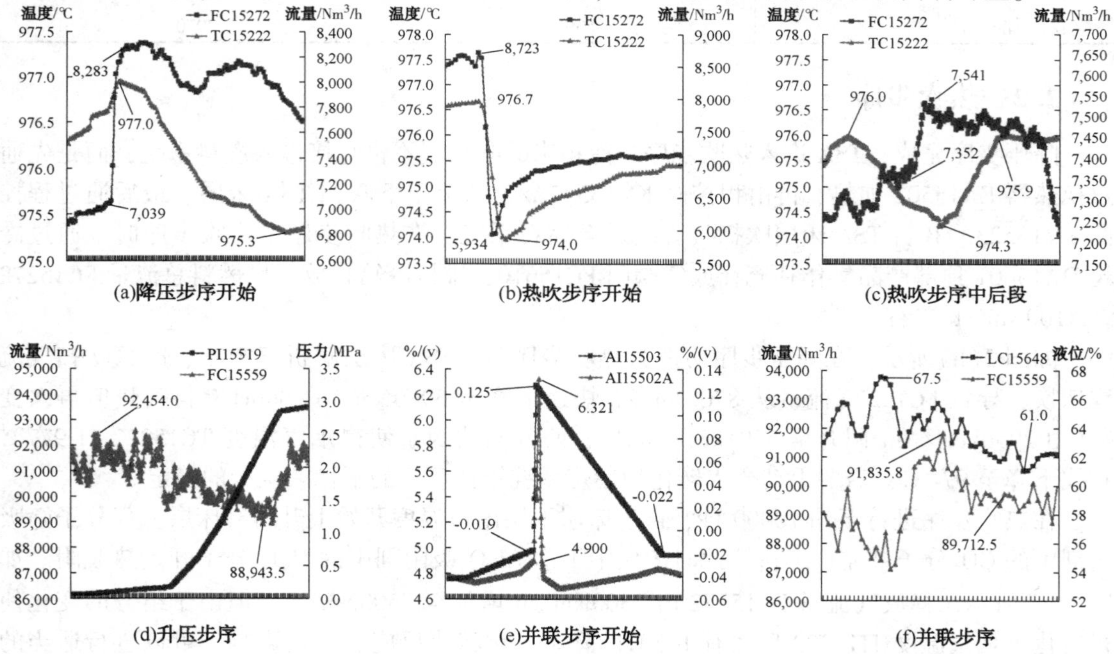

图 3 TSA 步序中部分参数曲线图

3 优化措施

从以上可以看出，TSA 的步序切换及床层再生是装置运行稳定性的一个重要影响因素。因此，我们采取多种措施，最大程度降低波动，减少影响程度，提高装置热区、冷区的衔接及平稳性。

3.1 优化步序时间

针对 TSA 步序切换时对装置的较大影响，根据实际运行情况对 TSA 各步序时间(如表 2 所示)进行了一定的优化。

(1) 延长降压步序自 20min 至 120min，并调整程控阀 KV15524A/B 开关速率，根据实际降压曲线减少床层降压时对燃烧系统造成的波动。

(2) 缩短热吹步序自 282min 至 252min，在确保床层热吹温度高于 150℃(H_2O 热分子再生完全温度)的前提下，避免因热吹时间过长造成冷吹步序时床层温降无法在规定步序完成而导致的 TSA 程序无法正常步进的影响。

(3) 延长冷吹步序自 337min 至 397min，根据 TSA 实际运行情况，通过冷吹时间的增加，再生床层温度进一步降低，避免出现冷吹步序不通过的现象。

(4) 延长升压步序自 20min 至 60min，通过程控阀 KV15526 根据实际升压曲线缓慢开启，降低因再生床的升压导致冷箱进料减少的影响，避免造成冷热不平衡。

(5) 延长并联步序自 15min 至 45min，确保新吸附床层在经过最开始的床层温升后快速恢复至正常温度，能够及时发现，避免出现床层异常穿透导致冷箱冻堵。

表 2 TSA 步序时间前后对比表

步位	步序及时间(优化前)				步序及时间(优化后)			
	A 床	时间/min	B 床	时间/min	A 床	时间/min	B 床	时间/min
1			降压	20			降压	120
2			热吹	282			热吹	252
3	吸附	739	冷吹	337	吸附	849	冷吹	397
4			升压	20			升压	60
5			预浸	20			预浸	20
6	并联	15	并联	15	并联	45	并联	45
7	许可	1	许可	1	许可	1	许可	1
8	降压	20			降压	120		
9	热吹	282			热吹	252		
10	冷吹	337	吸附	739	冷吹	397	吸附	849
11	升压	20			升压	60		
12	预浸	20			预浸	20		
13	并联	15	并联	15	并联	45	并联	45
14	许可	1	许可	1	许可	1	许可	1

3.2 增加热值切换开关

针对TSA释放气对转化炉燃料系统的影响，通过在DCS燃烧系统中增加释放气热值的前馈信号，使释放气FC15272与天然气做燃料FC15273形成前馈-串级控制(如图4所示)，从而在TSA运行至降压步序时，提前将释放气热值修正为2950kcal/Nm^{3}并维持一定时长[3]。当释放气组分正常后，程序自动恢复正常释放气热值，从而消除了释放气气组分变化对转化炉造成的炉温波动。

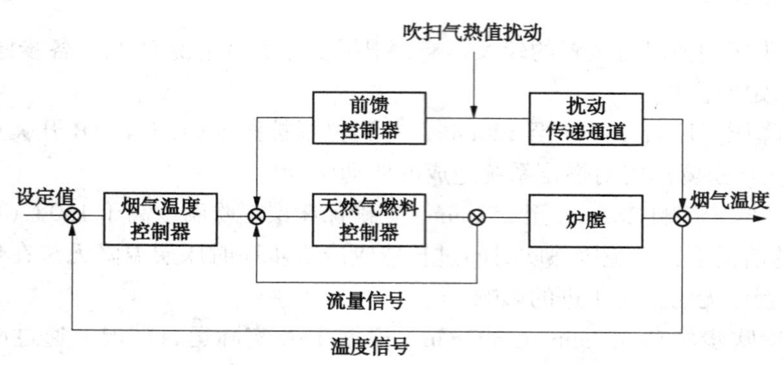

图4 前馈-串级控制模块方框图

3.3 调整运行参数

针对TSA出口合成气组分变化对冷箱稳定性的影响(在装置冷箱负荷较低时尤为明显)，通过新增的CO压缩机GB15751出口至冷干机入口回流管线调节阀PC15570C[如图3(b)所示]，设定限位区间，根据产品CO产量对入冷箱合成气的组分进行微调整。在高负荷时控制PC15570C阀位在30%~60%之间，在低负荷时控制PC15570C阀位在70%~100%间，确保TSA出口工艺气中CO组分在25%(v)以上，减少了产品CO的放空、提高了冷箱自身运行的平稳性。

在最新的工艺技改技措中，又新增加CO压缩机GB15751出口至转化单元燃烧系统管线调节阀PC15570E(如图5所示)，将因冷箱进料组分、进料量造成的产品CO间断放火炬送至转化单元燃料系统回收，降低了不必要的能耗损失。

3.4 规范DCS操作

通过一段时间对岗位中各班组操作方式的总结和提炼，对部分手动介入操作进行规范化、标准化，从而减少波动，进一步提高运行稳定性。

(1) 降压步序开始前100秒，燃烧系统TC15221切手动控制，加燃料约1%阀位，在降压开始60秒后重新投串级控制。

(2) 降压步序结束前300秒，燃烧系统TC15221切手动控制，加燃料约2%阀位，在降压步序切为热吹步序180秒后，根据转化炉烟气温度TI15222逐步将TC15221退燃料共约3%阀位，平稳后重新投串级控制。

(3) 热吹步序进行10000秒左右，燃烧系统TC15221切手动控制，加燃料约0.5%阀位

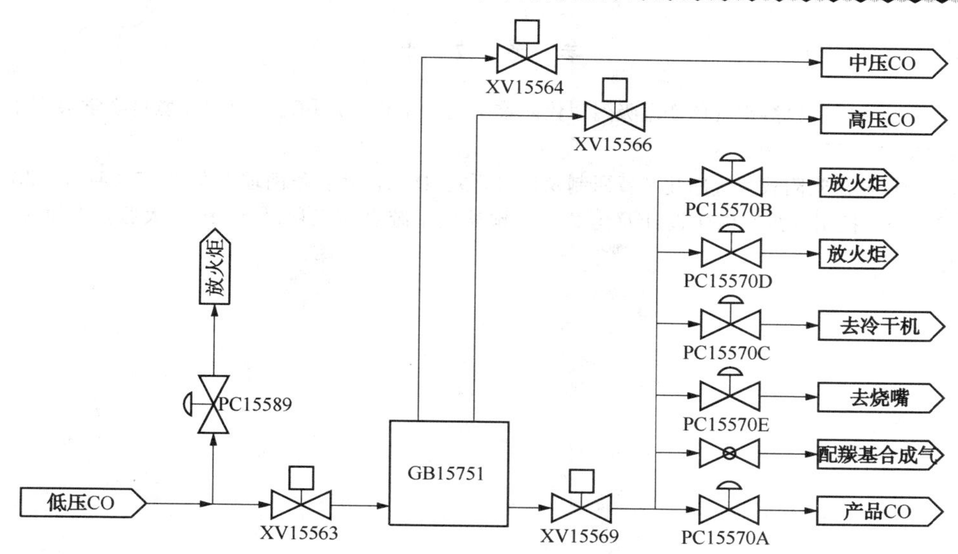

图 5　CO 压缩机 GB15751 回流、出口流程示意图

后重新投串级控制。

（4）升压步序时，根据制冷罐 FA15605 液位 LC15648 上升趋势，膨胀机转速 SC15634 适当减载。

（5）预浸及并联步序时，根据制冷罐 FA15605 液位 LC15648 下降趋势，膨胀机转速 SC15634 适当加载。

4　效果

经过多种措施的优化改进，在装置其他参数不变的情况下，装置的综合能耗、物耗参数（如表 3 所示）有了较为显著的下降。

表 3　优化前后综合能耗、物耗对比

项　　目	优化前	优化后	
	2013 年 10 月	2015 年 10 月	2016 年 9 月
综合能耗/（kg 标油/t）	4912. 35	4624. 37	4610. 09
物耗/（kg/t）	3928. 63	3826. 07	3694. 61

5　结语

TSA 单元作为 CO 装置热区与冷区的连接单元，不仅对转化炉炉温的稳定有重要影响，而且是冷箱平稳性的重要因素。通过对问题的细致分解，找出解决问题的多种办法，并应用到实践中去。通过优化步序、增加热值切换开关、合理调整运行参数、规范 DCS 操作等措施，使 CO 装置生产的平稳性得到了极大的保障，为其他同类装置的稳定运行提供了参考。

参 考 文 献

[1] 羌宁，王红玉．有机溶剂气体变温吸附净化回收工艺及工程应用[C]//中国环境科学学会学术年会论文集，2010：3988-3993.

[2] 何露．变压变温吸附式氢气净化装置研制及试验研究[D]．广州：华南理工大学，2004：17-20.

[3] 王宇新．TSA控制方案的优化设计及焦炉煤气预处理系统自控工程设计[D]．太原：太原理工大学，2010：20-35.

硫黄回收装置富溶剂泵故障原因浅析

贾　嘉

（中海石油宁波大榭石化有限公司机械动力部，宁波　315812）

摘　要　通过对硫黄回收装置富溶剂泵故障原因的综合分析，找出故障的根本原因，提高泵的运行周期，减少备件消耗，真正做到降本增效。

关键词　硫黄回收　富溶剂泵　结晶　故障

1　概述

某石化公司3万吨/年硫黄回收装置由镇海石化工程股份有限公司设计，采用镇海石化工程公司的“ZHSR”硫回收技术。作为硫黄回收的配套装置，酸性水汽提的主要作用是将各个工艺装置排出的含硫污水，在去除 H_2S、NH_3 等各污染物质的同时，脱除污水中的轻烃、污油等物质，最终达到国家规定的排放标准。

含硫污水分为加氢及非加氢原料水两种，工艺上针对这两种不同性质的原料水，分别设有原料水罐进行水中除油作业。脱水罐顶设有二级水封罐，罐顶排放的尾气压力达到设定值后通过一级水封罐，再经尾气吸收塔(0256-T-402)用胺液吸收、脱臭。塔顶气相送至硫黄烟囱，高空排放，塔底液相主要为MDEA溶液，由富溶剂泵(P-405)，送至溶剂再生单元，进行处理。

因介质含有 H_2S、胺等有毒有害物质，富溶剂泵(P-405)选用磁力泵，以达到零泄漏的目的。

富溶剂泵(P-405)性能参数详见下表。

泵型式	MDCE50-25-250	工作介质	MDEA 溶液
电机功率/kW	18.5	介质温度/℃	40
正常/额定流量/(Nm^3/h)	5/10	入口压力/MPa	常压
额定/实际/欠载保护电流/A	BCL406/A	出口压力/MPa	0.8

2　工艺流程图

3　故障经过

选择磁力泵输送 H_2S 介质，虽然可以实现零泄漏，但磁力泵的特性使其对介质的清洁

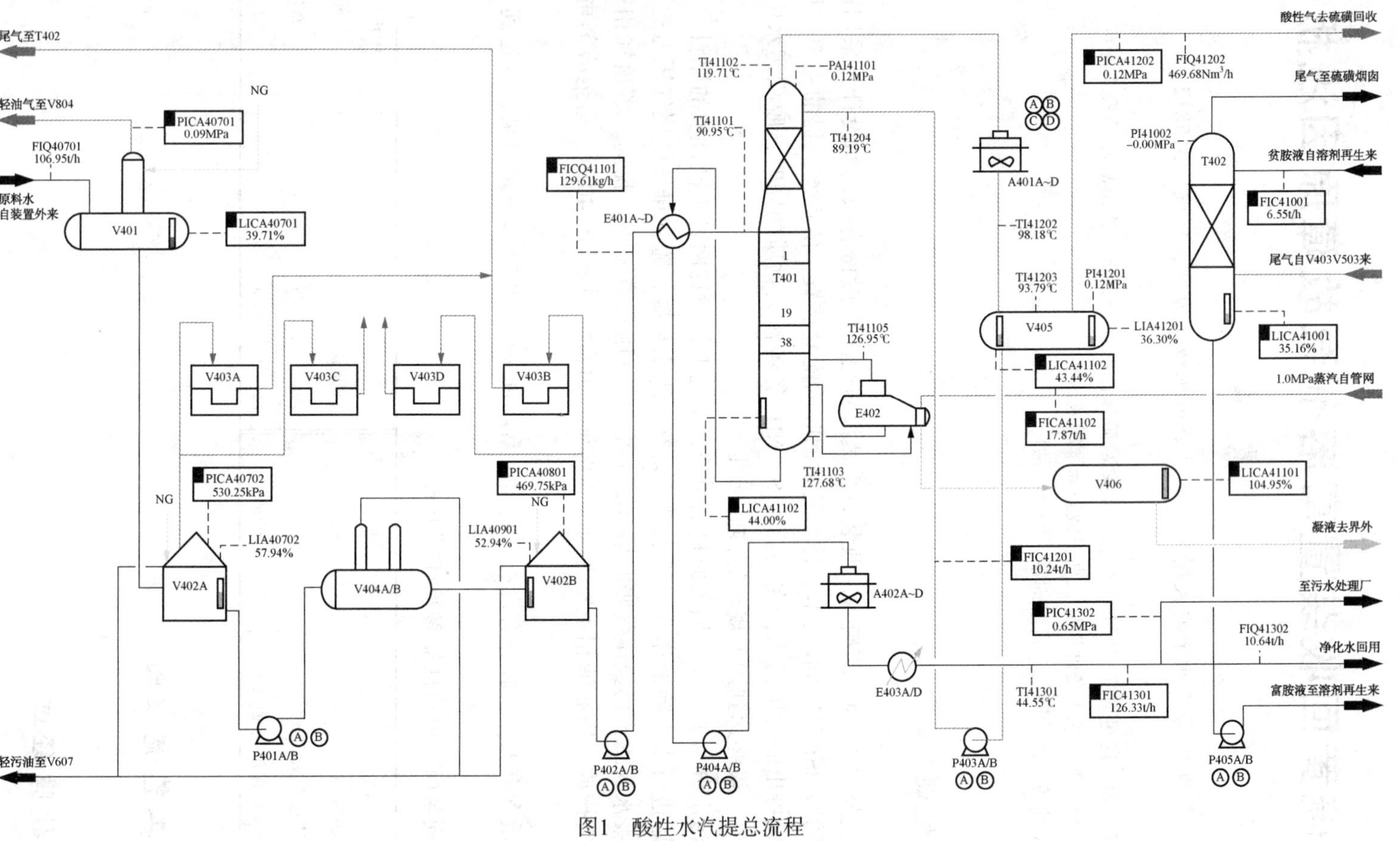
尾气至T402
轻油气至V804
NG
PICA40701
0.09MPa
FIQ40701
106.95t/h
原料水
自装置外来
V401
LICA40701
39.71%
V403A
V403C
V403D
V403B
PICA40702
530.25kPa
NG
LIA40702
57.94%
V402A
V404A/B
PICA40801
469.75kPa
NG
LIA40901
52.94%
V402B
P401A/B
轻污油至V607
P402A/B
P404A/B
FICQ41101
129.61kg/h
E401A~D
TI41102
119.71℃
PAI41101
0.12MPa
TI41101
90.95℃
TI41204
89.19℃
T401
1
19
38
TI41105
126.95℃
E402
TI41103
127.68℃
LICA41102
44.00%
A402A~D
E403A/D
A401A~D
TI41202
98.18℃
TI41203
93.79℃
PI41201
0.12MPa
V405
LIA41201
36.30%
LICA41102
43.44%
FICA41102
17.87t/h
V406
LICA41101
104.95%
FIC41201
10.24t/h
PIC41302
0.65MPa
TI41301
44.55℃
FIC41301
126.33t/h
P403A/B
PICA41202
0.12MPa
FIQ41202
469.68Nm³/h
PI41002
-0.00MPa
T402
FIC41001
6.55t/h
LICA41001
35.16%
FIQ41302
10.64t/h
P405A/B
酸性气去硫磺回收
尾气至硫磺烟囱
贫胺液自溶剂再生来
尾气自V403V503来
1.0MPa蒸汽自管网
凝液去界外
至污水处理厂
净化水回用
富胺液至溶剂再生来

图1 酸性水汽提总流程

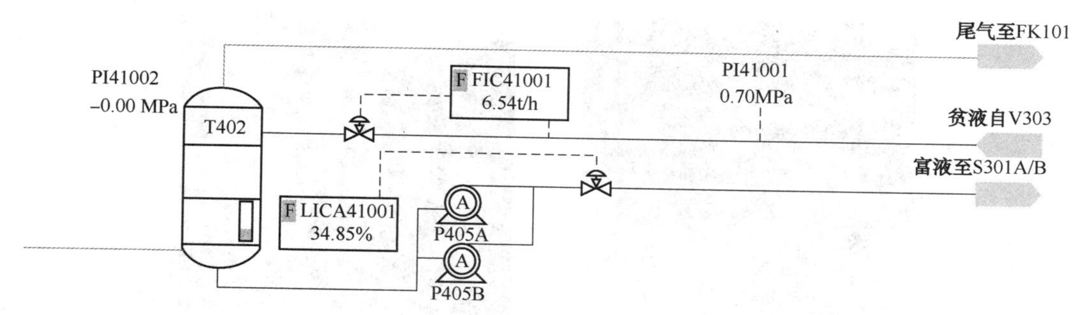

图 2　尾气吸收流程

程度、操作平稳性要求极高，尤其是不能出现气蚀现象。一旦因某种原因导致泵送流量降低至一定值时，为了保护轴承等易损件不被损坏，电机上设置的欠载保护器就会起作用，让电机跳停，使泵停止运转。

2016 年 10 月 22 日，泵 P-405B 在运行中出现异响，随后电机欠载跳车自停，现场盘车发现有轻微卡涩现象。再次启动，运行约一小时后，电机再次发生欠载跳停现象，现场盘车发现转子卡涩严重。拆检发现碳化硅轴承龟裂，推力盘表面龟裂且磨损严重，泵壳内及叶轮表面、口环处、内磁转子及内磁钢处都出现大量黑色结晶物，厚度约 0.5mm。清理入口管道及过滤网，更换损坏备件，开机正常。

2016 年 10 月 24 日，P-405A 泵在运行中也出现欠载跳车自停，配电间显示低电流过载，停车后盘车检查，有偏沉现象。拆检发现，轴承及轴套损坏，叶轮表面及叶道内、口环处、推力盘及轴承处、内磁钢内大量黑色结晶物，厚度及成分与 P-405B 泵内物质相同，用热水浸泡微溶于水。

2016 年 10 月 31 日，P-405A 泵在运行中再次出现欠载跳停，盘车发现卡涩。立即解体拆检，发现叶轮等处再次出现结晶现象，推力盘出现龟裂纹。因发现及时，轴承表面虽有结晶但无损坏。

2016 年 11 月 3 日晚，P-405B 在运行中也再次出现跳停现象，盘车发现转子无法盘动。拆检发现推力盘、轴套损坏，泵叶轮口环处、泵体内、轴承、内磁钢表面又有大量结晶物。

泵拆检后结晶情况详见图 3。

4　原因分析

因硫黄装置的酸性水来自不同的外部装置，介质含有的成分非常复杂，前几次出现故障后，只对本装置的工艺操作状况进行了检查和调整，更换了损坏的部件后继续运行。但连续出现相同的故障，说明没有找到结晶的真实原因。

泵从正常运行到故障停机，有两种表现形式。一种是电机过载，另一种是电机欠载。当片状结晶物出现后，减小了轴承与轴套之间、内磁转子与磁钢之间、叶轮与泵壳口环之间的间隙，使得彼此间的摩擦加大，造成电机负荷过大，电机过载跳停；当大量片状结晶出现的泵入口管道，使入口过滤器堵塞，造成泵流量不足，产生抽空现象。抽空后的泵剧烈振动，造成碳化硅材质的轴承、推力盘损坏。当泵流量低至一定值后，电机欠载停机。这就是为什么泵气蚀后，若发现及时，则轴承完好；若发现不及时，等电机欠载电流发挥作用后，轴承

(a) 附在泵体内表面结晶物

(b) 叶轮表面结晶物

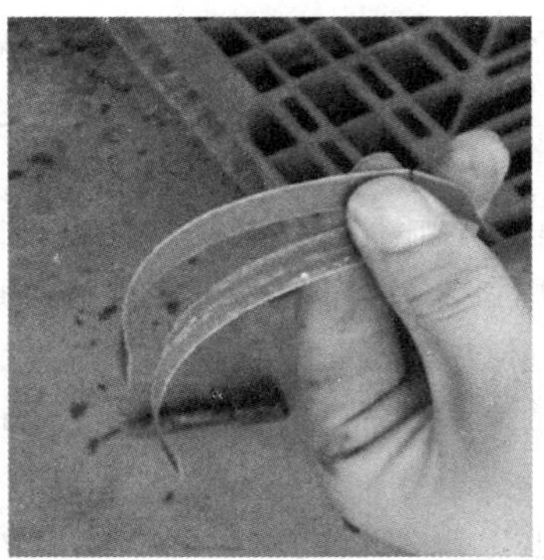

(c) 脱落下来的片状结晶物

(d) 泵叶轮表面结晶物

(e) 推力盘表面结晶物

图3　泵拆检后结晶情况

已发生损坏。

由此可见，介质结晶，是造成泵轴承频繁损坏的根本原因。那么正常的MDEA溶液，为何会产生结晶现象？

结晶物经化验室多次分析，结果均表明为碳酸钙。查看DCS操作曲线，发现泵P405出现结晶的时间多发生在夜班，期间溶剂罐的液位均有较大上涨，查询此时段硫黄装置操作，未进行调整、未发生异常。因此初步判定是上游装置来的富液中含有大量的钙离子，与酸性水罐尾气气相中二氧化碳反应，生成碳酸钙类的盐类结晶物。

5 防范措施

（1）组织上游装置对富液结晶问题进行联合分析，多角度查找原因，从源头上解决结晶问题。要求上游装置严格执行排放工艺操作，不合格排放液不得随意向下游排放。

（2）对硫黄装置尾气吸收塔的贫胺液进行置换；如果结垢现象仍不能改善，则采用废碱渣来代替贫胺液的工艺流程。

（3）根据结晶的周期性，每周对泵 P405A、B 进行切换操作，减小工艺介质在泵及管道内的停留时间。

（4）定期对运行泵停机拆检，清理管道、泵体内的结晶物，避免因结晶物聚积，造成碳化硅轴承损坏。

（5）精心操作，加强巡检，避免产生抽空现象。

（6）对塔 402 内部及附属管线进行清理，并定期清理泵过滤器，引入热水对泵内进行冲洗，降低结晶物聚积的可能性。

（7）从罐底配制一条入口冲洗线，通过加入冲洗液，提高介质抗结晶能力。

6 结束语

自采取上述措施后，泵 P405 运行正常，再未发生因介质结晶导致泵损坏的现象发生。

智能视频监控技术在炼化企业安全管理的应用

赖伟军

（中国石化北海炼化有限责任公司，北海　536000）

摘　要　介绍了基于智能视频技术的可视化安全综合管理系统的设计，对系统整体设计、技术路线、系统组成、功能实现、安全管理应用等方面进行阐述和分析。

关键词　安全管理　智能视频　监控技术　物联网　可视化

1　前言

随着炼油企业一体化、基地化发展趋势，生产厂区广阔而管理人员有限，给企业安全管理带来了极大不便，企业智能工厂的全面实施，智能程度低、系统联动少、缺少统一平台、运维难度大等问题逐渐暴露出来，传统的监控方式已不能满足现在企业的需要，如何对各系统资源进行有效整合，最大限度的挖掘现有辅助系统的潜力，提高运维效率，增强系统安全性，是目前急待解决的问题。

智能视频、物联网技术的出现，弥补了上述情况的不足。运用现代安全管理理论，将智能视频技术融入物联网，并与传统监控系统、安全辅助系统紧密结合搭建可视化安全综合管理系统，把安全视频监控、入侵报警、火灾报警、气体报警、红外热成像、智能监控、门禁、广播、巡更、出入口车辆控制、停车场管理等子系统在一个系统上进行集中控制和管理，利用各子系统产生的信息智能分析，实现物安全事故的提前预警，从而直观掌握炼化企业内生产安全、治安动态，做到对紧急事件的快速反应，有效提升安全综合管理水平。因此利用智能视频技术建立可视化安全综合管理系统，对提高企业安全生产、治安保卫、事故预防、应急决策、事故调查的管理水平，减少安全生产事故发生具有广泛的实际应用意义和较高的经济效益。

2　可视化安全综合管理系统设计

开启炼化企业智能工厂管理新思维，实现企业“智能、高效、安全、可靠”运行的目标，构建一套以智能视频、物联网技术为支撑的可视化安全综合管理系统，实现网络互联互通、信息资源共享，对炼化企业生产作业现场和生产经营活动的安全状况进行全方位安全管理。

以下将某炼化企业基于智能视频监控技术的可视化安全综合管理系统整体设计、智能化功能实现以及生产安全管理应用等方面进行综合介绍。

2.1 总体架构

可视化安全综合管理平台由视频应用、视频网管、地理信息、物联网、管理、企业应用六个模块组成(图1)。

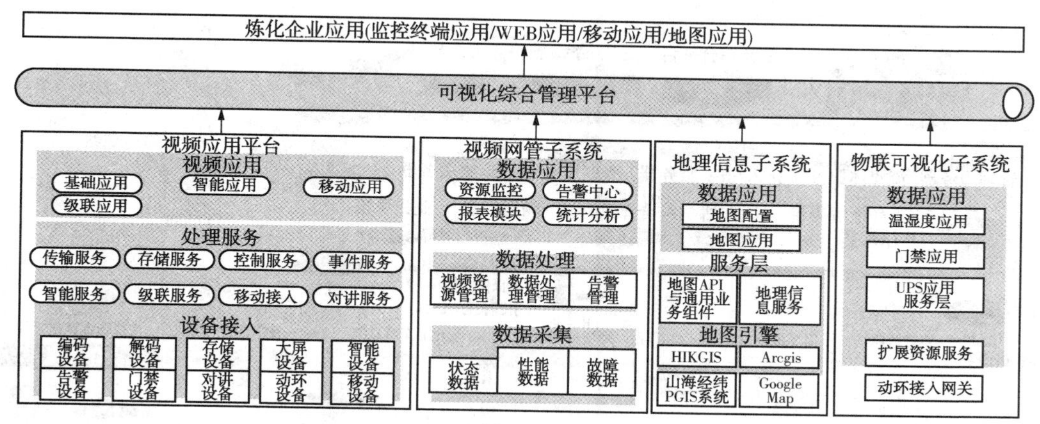

图1 可视化系统总体架构

安全综合管理平台基于“高内聚、松耦合”设计原则和顶层模块化设计的思想，以iVMS系统软件为核心，采用了SOA架构提供统一的服务管理。

平台具备以下智能、高效、安全、可靠四大技术特点。

2.1.1 技防系统深度融合

提供各类编解码设备管理、存储管理、网络管理、报警管理等基础设备管控功能。同时对各子系统进行统一的监测、控制和管理，可以兼容视频监控、入侵报警、出入口管理、环境监测、火灾报警、智能控制等多个辅助业务应用子系统。支持智能预案，使炼化企业在不依赖于人甚至独立于人的情况下实现不同系统间的智能联动。

2.1.2 有效的数据安全策略

通过身份认证和权限管理，确保用户认证后才可以进入系统，进入系统后还需严格执行访问权限和管理权限。权限设置采用多层次、高加密技术，以确保系统各单元运行的安全，同时系统用户登录、操作、配置等功能都采用严格的传输加密机制。对于数据存储，采用分布式存储和网络存储，并通过硬盘保护机制、RAID5技术，保证录像数据不会丢失。前端设备可采用AES加密，只有使用专用AES解密播放器才能解码播放录像。

2.1.3 完善的运维管理机制

平台能够提供完善的综合监控与运维管理功能，可实现对视频设备、报警设备、门禁设备、对讲设备、环境设备、网络设备、存储设备、服务器、中间件系统、数据库系统等各种资源的全面监控和管理，达到监控系统的可视化、可控化和自动化管理目的。平台帮助各级运维部门快速定位故障，迅速恢复监控系统运行环境，并通过规范的流程化运维管理，将管理数据电子化、管理过程规范化，从而为全网运行环境构建统一、完善、主动的流程化运维、规范化服务和集中化管理，全面提升运维管理能力。

2.2 系统组成

可视化安全综合管理系统由可综合管理平台、总控中心、分控中心、传输网络、监控前端、移动监控前端、物联网前端共六部分相互衔接组成，拓扑结构(见图2)。

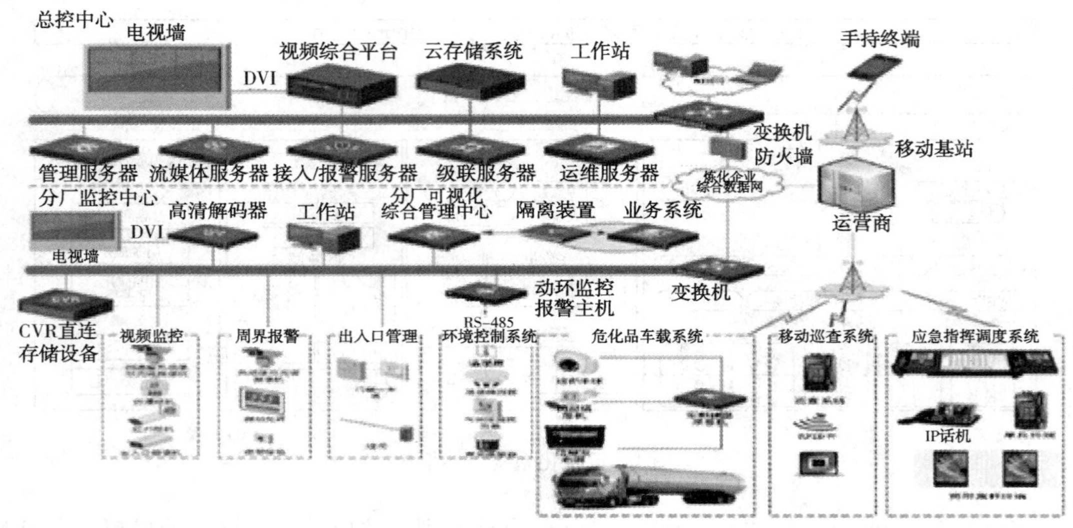

图2 拓扑结构图

2.2.1 综合管理平台

平台功能包括电子地图、全文检索、应用性能、电视墙控制、资源管理、移动客户端、视频网格追踪、环境量监控、报警联动、视频智能化应用、移动视频接入、三维平台、红外热成像、视频会议对接、人员和车辆轨迹监控、AD域整合等。

2.2.2 总控中心

由视频综合平台、LCD大屏、流媒体转发单元、级联模块、动环主机、事件服务器、运维管理模块、智能集中式存储、综合视频交换机、数据/报警服务器、指挥调度终端、音视频输入输出设备等组成，分别部署在总控中心和应急指挥中心，总控中心可管理炼化厂所有设备，并接收由各区域上报的信息。

2.2.3 分控中心

由监控计算机、LCD大屏、音视频输入输出设备等组成，部署在操作室和保卫室。监控管理人员通过实时视频了解现场作业情况。各操作室还可以利用视频会议对接功能，实现视频交接班和调度指令下达。

2.2.3 传输网络

主要由网络交换机、机柜、光传输设备等组成视频监控专网，主要用于监控前端与分控中心、总控中心之间的通信。炼化厂视音频、环境报警等信息可上传至总控中心，并可通过总控中的网络安全隔离装置并经过身份认证后，在运营商的3G/4G网络，管理人员也可随时随地在手持终端查看现场情况。

2.2.4 监控前端

监控前端子系统由高清防爆一体化云台摄像仪、智能摄像机、红外热成像摄像机、音视频输入设备等组成，监控前端设备部署在各操作间、现场监控点，对视频监控、入侵报警、设备故障、门禁管理、火灾报警等信息采集并上传。

2.2.5 移动监控前端

由便携式移动监控设备、防爆移动单兵、防爆布控球组成，由相关安全监护人员随身携带或现场固定，采用3G、4G网络、WiFi传输，实现对现场环境的图像采集。

2.2.6 物联网前端

由GIS定位、动力环境监测传感等设备组成，通过网络或4G网进行采集数据的传输，实现基于物联网技术的安全监控。

2.3 智能化功能实现

2.3.1 现场应急指挥功能

在炼化装置重要区域部署固定式或移动式高清摄像仪，采用网络或4G无线网采集视频信息传输给总控中心，为应急指挥中心提供现场实时视频和决策的可靠依据；另一方面在不同地理位置的应急指挥相关人员可以通过该系统或移动客户端，共享实时视频进行商讨、指挥。

2.3.2 安全视频实时监控功能

炼化企业安全监控管理人员、操作人员、保卫人员在监控中心，通过可视化安全综合管理系统对直接作业环节安全实时监督管理，能全过程、全方位全天候监控生产作业现场和生产经营活动的安全状况，及时发现事故隐患和“三违”现象，遏制和杜绝事故发生。

2.3.3 现场安全报警联动功能

在炼化装置重要区域接入环境采集传感设备，如红外、温度、烟感、可燃气体探测器等，安全视频与气体、火灾、周界(入侵)等报警系统联动，即一旦发生异常状态，报警系统可自动调动摄像机摄录，并在监视器中自动弹出报警区域图像提醒监控人员及时处理；在炼化厂区出入口及重点装置区入口设置智能摄像机，对进出人员人脸进行比对，确认识别外来人员身份并与门禁联动，确认人员身份不被冒用，保障危险区域人员进出安全性。联动的不仅是该视频监控点位，同时还能够联动该点位附近的其他相关摄像机，并将所有相关的图像弹出提示监控人员。

2.3.4 智能监控分析功能

在炼化公司厂区出入口、围墙周界、装置特殊地点、敏感区域、重点仪表运用视频行为分析技术、自动跟踪技术、人脸抓拍识别技术、车牌抓拍识别技术、火焰检测技术、智能透雾技术、视频质量诊断技术、实时轨迹跟踪技术、智能检索等多种智能分析技术，实现周界安全防范、现场作业管控、出入口控制、车辆信息识别、人员身份识别、安全帽佩戴识别、工作人员串岗检查、火炬温度实时监控、装置火点检测、智能读表等智能化应用。通过对实时视频流和录像回放视频流进行逐帧分析，自动过滤无用的视频图像，让监控管理人员专注于有“价值”的视频。智能技术的应用，变被动监控为主动监控，达到炼化企业安全事件的“事前防范、事中处理、事后分析”的目的。

2.3.5 实时轨迹跟踪功能

炼化企业运输车辆安装或人员佩戴监测传感设备，利用物联网技术将位置信息实时发送到系统平台中心，在监控系统的GIS图中可实时显示显示出运输车辆和人员的实时位置和实时轨迹跟踪。

2.3.6 红外热成像监控功能

在炼化企业生产装置设备重点部位实施热成像监控，可以实现温度异常监控和泄漏监控，可以判断局部点的泄漏状况，实时监控局部出现的热点、管线保温效果、泄漏点、夜间监控等；在电力设施设置红外热成像摄像机进行温度实时监测；在易于产生火灾的关键位置设置红外热成像监控点，以达到24小时全方位监控记录主要场所的实时情况便于火情的及时发现和有效控制；在重要管线设置红外热成像监控点，对管线结焦，沉积，堵赛，氧化剥皮的检测与诊断。

2.3.7 三维图像与数据融合功能

可视化安全综合管理系统三维子系统将生产控制系统、视频监控系统、生产设备数据信息深度融合，生产数据及现场视频信息在视频监控终端三维仿真图像同时展现，操作人员能通过视频监控终端对现场实时监控，一目了然。

3 安全管理应用

3.1 风险管控及事故预防

炼化企业生产监控管理人员通过实时视频了解现场作业情况，发现问题及时提醒纠正处理；保卫人员和消防人员运用智能视频分析技术，变被动监控为主动监控；设备管理人员通过红外热成像仪对设备运行设备进行检测，能准确地判断出发热源，为设备故障的预警起到重要作用，有效地提高了炼油设备的安全可靠性，将事故发生的机率控制在最低程度，达到企业风险管控及事故预防的目的。

3.2 应急处置决策

炼化企业调度中心利用视频会议与第三方视频会议系统的融合对接功能，视频会议对监控视频的随意调用，使得身处各地的参会方，可以同时观看到事发现场监控设画面，直接在视频会议中对这一突发事件进行指导和指挥，并及时启动应急预案，协调和指挥各个相关部门进行应急救援，实现高效协同指挥。

3.3 事故调查

安全事故调查是安全生产管理的重要环节，视频监控录像在可以记录安全事故发生时的全过程，以动态影像的形式将当时安全事故发生的事实呈现在荧屏上，视频监控录像具有实时动态性、客观真实性、连续完整性、处理简便性、存储长期性五个特点，给企业安全管理人员事故调查提供更加全面、真实的证据。

4 结束语

炼化企业充分利用智能视频、物联网新技术，并应用在企业生产安全、安防等领域，能减轻安全监控人员的劳动强度，提高监控效率和准确度，使企业各级安全监控人员通过可视化安全综合管理系统实时了解生产作业现场和生产经营活动的安全状况，及时发现事故隐患和“三违”现象，提高事故处理的及时性和准确性。

参 考 文 献

[1] 杨竹青．智能视频监控技术研究与应用[J]．江苏教育学院学报，2013(02)．

[2] 朱河．大庆油田化工集团智能视频监控系统研究与应用[J]．硅谷，2011(17)．

[3] 王向明．智能网络视频监控技术详解与实践[M]．北京：清华大学出版社，2010(2)．

分析、信息化与综合

拉曼光谱分析技术在汽油调和系统中的应用

马万武　任丽萍

（中国石化青岛石油化工有限责任公司，青岛　266043）

摘　要　针对汽油调和系统的实际需要，研制开发了一套在线拉曼光谱分析系统。系统硬件由采样单元、分析主机以及连接光纤等构成；系统软件包括光谱获取、非线性模型计算和数据通信等部分。该系统应用于实际汽油调和装置，实现了对汽油研究法辛烷值、氧含量、芳烯烃含量等指标的在线分析。通过长时间的运行表明：系统符合设计要求，研究法辛烷值等分析数据能够快速反映调和装置操作条件的变化。研究法辛烷值重复性误差为0.05个辛烷值，平均绝对值误差为0.24个辛烷值。运行结果表明：拉曼分析系统可以为工艺装置的操作优化提供准确而重要的检测参数。

关键词　汽油　拉曼光谱　支持向量机　研究法辛烷值　在线分析

1　引言

原油经过加工可生产多种产品，其中汽柴油占石油产品构成的70%以上，是我国农业和工业生产、交通运输及国家建设过程中不可或缺的重要产品。日常使用的汽油是由多种不同的基础组分油混合而成。这种按照一定比例、一定质量要求混合汽油的过程称为“汽油调和”。传统的汽油调和采用罐调和法，依赖离线分析数据及生产人员的经验来确定调和方案，能耗大且库存占用高。为克服罐调和法的局限性，20世纪70年代后期国外石油公司推出了先进的“在线调和”技术，大大提高了经济效益。近几年，国内一些炼厂先后引进了整套汽油自动调和系统。汽油自动调和系统的核心在于在线油品分析仪，要求测量仪表能快速准确地分析出目前油品的研究法辛烷值等指标，以及时调整汽油调和比例，在保证产品质量合格情况下，最大限度降低成本，创造效益。

汽油辛烷值等指标的在线检测，现有的手段主要包括：近红外(NIR)光谱、拉曼光谱法等。NIR光谱法近20年来受到了广泛关注。它以NIR吸收光谱为基础，采用以偏最小二乘为代表的回归方法建立统计模型。王聪等[1]成功地将近红外光谱用于某炼厂的汽油调和装置，长时间运行结果表明：近红外在线调和技术有效提高了调和水平，降低了劳动强度。深惠明等[2]将DCS系统和在线近红外分析仪结合，采用非线性计算方法成功实施了汽油调和控制系统，实现了连续生产和全局最优效益。近红外光谱本身是综合反映C—H、O—H等化学键的总体变化信息，无特征性。为建立精度较高的分析模型，需要收集大量的已知其属性或组成的训练样本，建模工作量很大。

与NIR光谱相比，拉曼光谱从原理上能更好地反映混合物样品中的各种基团的变化情况。对汽油而言，拉曼光谱可以直接反映其中的C═C、C—C、C—O—C、苯环等分子基团的振动信息。国内外已经对拉曼光谱和汽油组成与属性的关系做了较为深入的研究。Khay

等[3]成功地将拉曼光谱技术应用于汽油调和领域，结合多种算法区分了不同种类的成品汽油。戴连奎等[4]设计开发了在线汽油拉曼分析仪，结合质量指标等优化方法，在较少的训练样本基础上就可实现较高的模型精度，有效地降低光谱分析模型日常维护成本。

依据国内汽油调和过程的实际需求，设计开发了国产化成品汽油在线分析仪。该分析仪具有本质安全、现场免维护等优势。同时，结合有限的样本数据，利用非线性建模方法建立了研究法辛烷值(RON)的分析模型。通过与人工分析数据比对，在线分析仪可用于实现汽油品质的卡边控制和平稳操作，显著减少成品油的再调和次数，降低生产能耗。

2 在线拉曼分体式检测装置的设计与开发

某汽油调和系统工艺流程如图1所示，采用并联调和工艺结构，借助于两个调和头可同时生产92#、95#汽油成品。对于92#汽油，涉及的基础组包括精制催化汽油、重整C7汽油、非芳、石脑油与MTBE；而对于95#汽油，涉及的基础组包括精制催化汽油、重整C7汽油与MTBE。拉曼在线分析仪安装在混合器之后，直接测量混合后的汽油研究法辛烷值等指标。

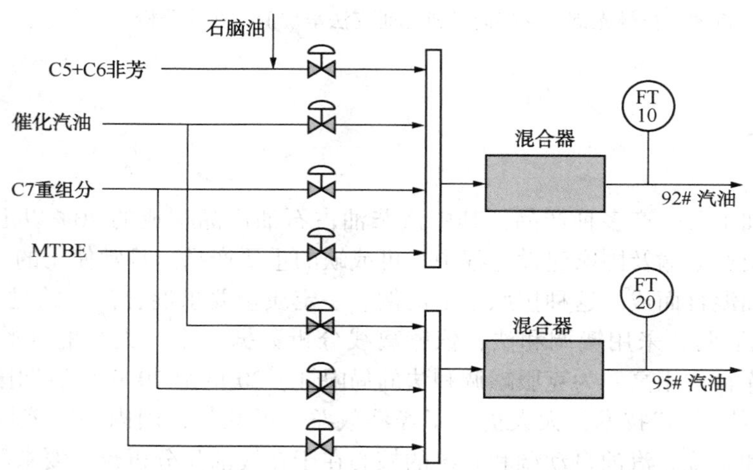

图1 汽油调和装置工艺流程图

本文设计开发的在线分析系统结构如图2所示。整个分析系统由现场采样装置、拉曼探头、分析仪主机及连接光纤组成。现场采样柜为无源本安结构，直接放置在工艺管线旁，采

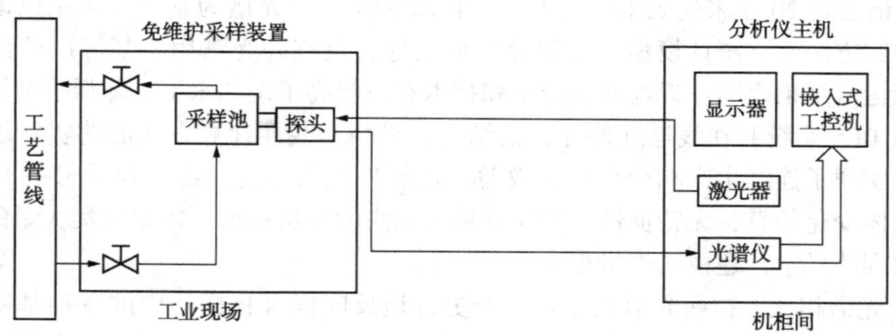

图2 在线拉曼分析系统框架结构

用旁路式采样方式，由工艺管线差压驱动。主机放置在 DCS 机柜间内，包括激光器、光谱仪以及一套嵌入式计算机系统，主要完成数据的获取与处理、模型分析和数据传输等工作。

3 研究法辛烷值非线性定量分析模型

从光谱系统获得的信号需要经过预处理，并结合人工分析数据，建立相应的分析模型。

3.1 拉曼光谱预处理

在线拉曼分析仪获得的原始光谱数据如图 3 所示。经过基线扣除，饱和烃峰(1450 cm^{-1}处附近)强度归一化后，最终得到处理后的拉曼光谱如图 4 所示。

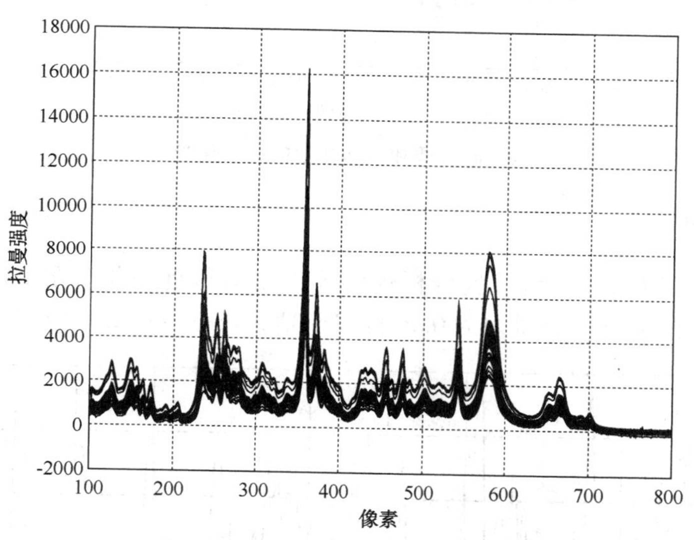

图 3 部分调和汽油样本的原始光谱

3.2 最小二乘支持向量机定量分析方法

研究法辛烷值(RON)是反映汽油抗爆性能好坏的重要指标，与汽油中烃类分子结构和含量有着密切的关系。不同的烃类物质对 RON 的影响不同，需要综合考虑每类物质对辛烷值的影响，单一的线性回归不能完全描述辛烷值变化和物质组成的关系。为此，本文引入了基于高斯核函数的最小二乘支持向量机(LS-SVM，least square support vector machine)非线性回归方法[6]。模型中高斯核函数参数 σ 和最小二乘支持向量机的阀乘系数 γ 通过网格优化的方法选择最优参数，输入光谱选择 700~1700cm^{-1}的特征谱段。

4 在线拉曼分析仪的工业应用与性能评价

汽油调和在线拉曼分析系统于 2016 年 3 月完成硬软件安装调试并投入现场试运行。检测对象为调和汽油(92#和 95#调和汽油)，期间进行了多次人工分析值和在线拉曼分析值的对比实验，取得了理想的实验结果。

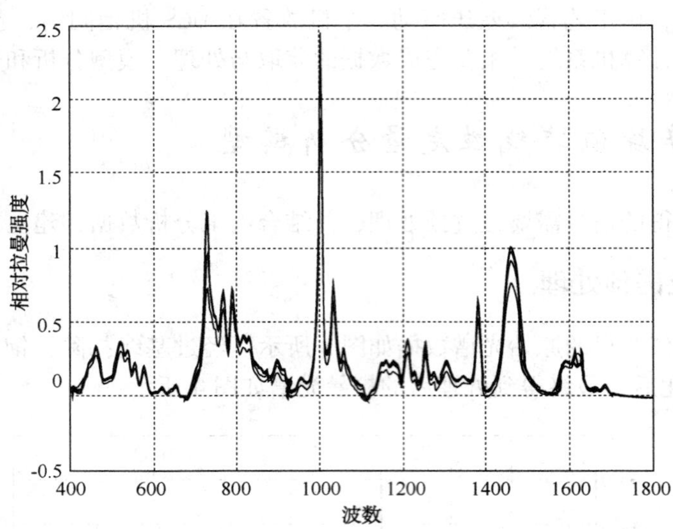

图4 部分调和汽油样本的归一化光谱

4.1 重复性

自2016年4月以来，在线拉曼分析仪已经连续运行近一年。在工况稳定的情况下，RON预测结果如图5所示，标准差为0.05个辛烷值，极差为0.23个辛烷值。

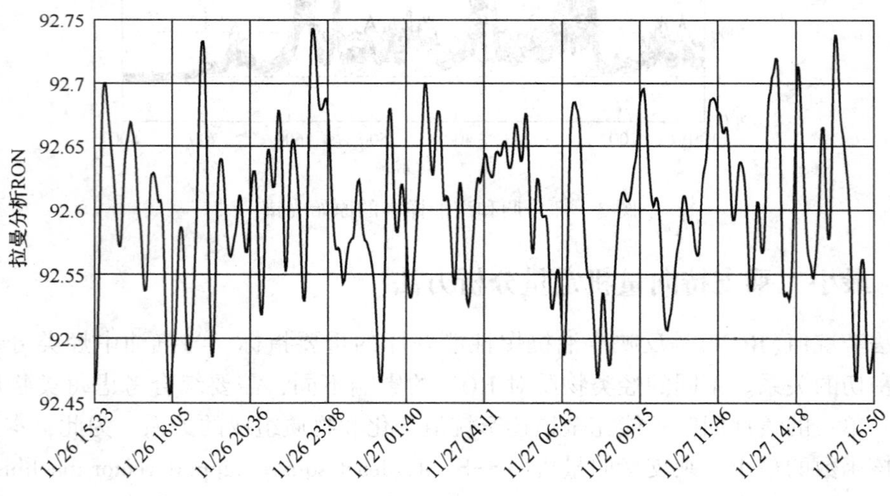

图5 拉曼分析RON重复性

4.2 动态响应性能

在线拉曼分析仪的动态趋势如图6所示。从图中可以看出，MTBE流量有阶跃变化时，辛烷值都会跟随变化；MTBE流量稳定时辛烷值也保持稳定。仪表对组分的变化响应十分灵敏。

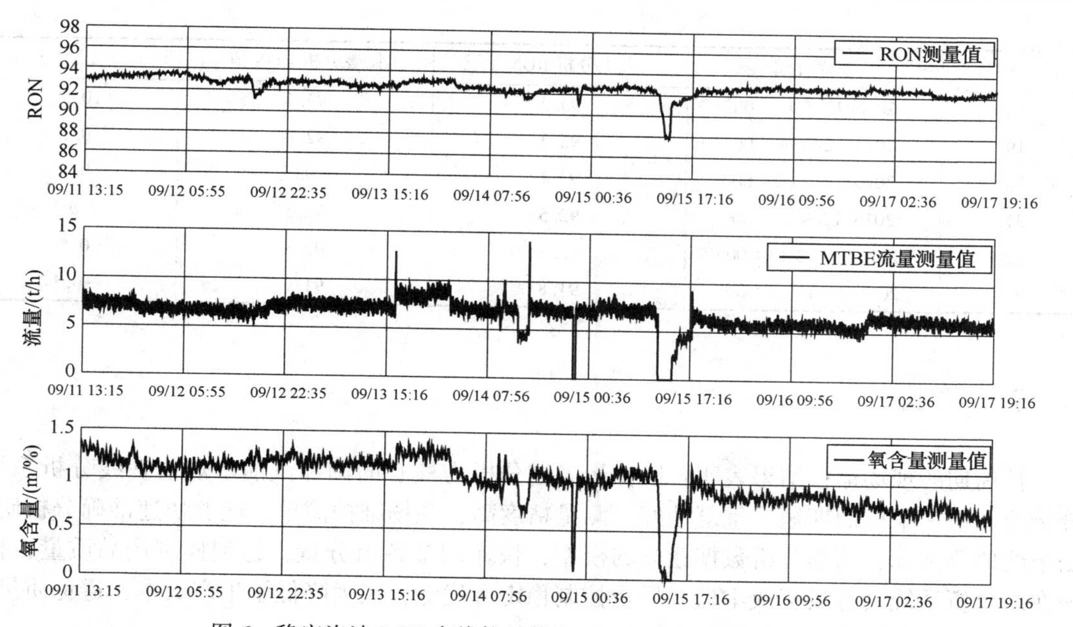

图 6 稳定汽油 RON 在线拉曼值与 MTBE 流量动态趋势比较

4.3 准确性

仪表自投入运行稳定后，结合日常取样分析数据与在线分析仪检测数据比对，结果如表 1 所示，平均绝对值误差为 0.24 个辛烷值。

表 1 RON 人工分析数据和拉曼预测数据对比

样本序号	采样日期	人工分析 RON 值	拉曼分析 RON 值	误差
1	2016/8/6 09：00	93.2	93.4	-0.2
2	2016/8/8 09：00	91.8	91.7	0.1
3	2016/8/11 09：00	91.7	91.5	0.2
4	2016/8/13 09：00	93	92.4	0.6
5	2016/8/15 09：00	92	92.1	-0.1
6	2016/8/16 09：00	92.1	92.2	-0.1
7	2016/9/27 13：00	92.1	91.9	0.2
8	2016/9/28 09：00	91.9	92.2	-0.3
9	2016/9/30 09：00	92.4	92	0.4
10	2016/10/5 09：00	92.7	92.4	0.3
11	2016/10/13 09：00	92.9	92.4	0.5
12	2016/10/28 09：00	92.3	92.7	-0.4
13	2016/10/31 09：00	92.4	92.9	-0.5
14	2016/11/18 09：00	92.4	92.5	-0.1
15	2016/11/24 13：00	91.8	92	-0.2
16	2016/11/29 11：00	92.4	92.4	0
17	2016/11/30 09：00	92.3	92.7	-0.4

续表

样本序号	采样日期	人工分析 RON 值	拉曼分析 RON 值	误差
18	2016/12/5 15：00	93. 3	93. 1	0. 2
19	2016/12/6 09：00	92. 3	92. 2	0. 1
20	2016/12/7 09：00	93. 1	93	0. 1
21	2016/12/9 09：00	92. 5	92. 5	0
22	2016/12/12 13：00	93. 3	92. 8	0. 5
23	2016/12/13 09：00	91. 8	91. 9	-0. 1

5 结论

长周期的现场运行结果表明：以拉曼光谱分析为核心的调和汽油辛烷值在线分析系统，分析速度快、采样周期短、重复性好、测量精度高，现场维护简单，能够快速准确分析研究法辛烷值等指标，依据分析数据建立的模型，快速调节各组分量，达到控制产品质量目标。该在线分析系统具有投资成本低、质量控制稳定等优势，极大降低了生产成本，避免质量过剩，并产生了良好的经济效益。

参 考 文 献

[1] 王聪，赵国玺. 在线调和优化技术的应用[J]. 石油化工自动化，2010(01)：13-16.

[2] 沈惠明，王俊涛. 汽油调和在线优化控制系统的开发及应用[J]. 石油化工自动化，2009(05)：7-11.

[3] Tan K M, Barman I, Dingari N C, et al. Toward the Development of Raman Spectroscopy as a Nonperturbative Online Monitoring Tool for Gasoline Adulteration[J], ANALYTICAL CHEMISTRY, 2013, 85(3): 1846-1851.

[4] 戴连奎，王拓. 在线拉曼分析仪的原理及其在汽油调和中的应用[J]，石油化工自动化，2016(01)：1-6.

[5] 王拓，戴连奎. 重整汽油在线拉曼分析系统开发与工业应用[J]，仪器仪表学报，2015(06)：1201-1206.

新疆油田吉区稠油评价

孙 甲 孟 伟 夏桂红

（中国石油乌鲁木齐石化分公司研究院，乌鲁木齐 830019）

摘 要 利用标准分析实验方法和原油评价方法，对新疆吉木萨尔县北庭镇东二畦的东疆油田准东采油厂吉祥作业区的稠油（以下简称吉区稠油）性质进行了评价和调研，发现了吉区稠油的高密度、高黏度属性是下游炼厂乳化、腐蚀等加工问题的根源，提出了加工方案建议。结果表明：吉区稠油系低硫-环烷-中间基原油；200~360℃，360~500℃，>500℃馏分可依次作为柴油加氢装置、催化裂化装置和焦化装置或重交道路沥青的原料。

关键词 原油性能评价 分析 加工方案

随着全球原油开采深度的增加，稠油使用比例日益提高。乌鲁木齐石化的主要原料是北疆原油、东疆原油和车卸油，其中，东疆原油是由石西采南原油、北十六混合原油、吉祥稠油、车卸北十六稠油、火烧山原油、车卸沙北原油等九种组分组成，稠油在上游油田外输和下游炼厂混炼中的比例逐年递增，在当前国际油价行情下，多加工稠油及提高炼量已成为降低生产成本和提高经济效益的重要手段之一。利用标准分析方法和原油评价方法对吉区稠油的性质及混储混炼相容性进行评价、掌握其基本特性、混炼方案及加工中潜在的问题，对公司合理安排油品生产、解决原油混炼不相容问题[6~9]、缓解乳化与腐蚀现象，具有一定的指导作用。

1 实验部分

1.1 原材料

吉区稠油：采自于新疆吉木萨尔县北庭镇东二畦的东疆油田准东采油厂吉祥作业区，性质见表1。

表1 吉区稠油性质

性质	检测结果	分析方法
密度(20℃)/(kg/m^3)	935.8	SH/T 0604
凝固点/℃	-6	GB/T 510
氯盐质量浓度/(mg/L)	40.2	SY/T 0536
酸值(KOH)/(mgKOH/g)	0.59	GB/T 264
含氮质量分数/%	0.223	ASTM D 5762
含硫质量分数/%	0.148	GB/T 17606[2]

续表

性质	检测结果	分析方法
铁含量/(μg/g)	14.020	Q/SY WH YJ 0742
镍含量/(μg/g)	78.610	Q/SY WH YJ 0742
钙含量/(μg/g)	49.370	Q/SY WH YJ 0742
钠含量/(μg/g)	75.200	Q/SY WH YJ 0742
钒含量/(μg/g)	18.220	Q/SY WH YJ 0742
原油特性因数	11.23	原油评价方法计算[1]
第一关键馏分轻油部分特性因数	11.28	原油评价方法计算
第二关键馏分重油部分特性因数	11.86	原油评价方法计算

由表1可知：吉区稠油酸值相对于东疆油田其他原油来说，较高，为0.59mgKOH/g，含氮质量分数为0.223%，符合常减压装置原料进料标准(≤0.230%)；钙、镍、钠含量较高，铁、钒含量较低，硫含量0.148%，原油特性因数11.23，第一关键馏分轻油部分特性因数为11.28，第二关键馏分重油部分特性因数为11.86，因此，吉区稠油属于低硫-环烷-中间基原油。

1.2 分析测试

在北京奥普伟业制造Oilpro-TDS-20L-08A实沸点蒸馏装置、Oilpro-VDS-10L-08A重油深拔装置、北京奥泰德制造的Oiltide-HYD2010L-DWB-06A烃分布实时采出常减压装置、英国PE(Perkin Elmer)公司制造的Spctrum 100 n C 77895型反透射光谱仪上，利用标准分析方法、原油评价方法和分析模型，按照ASTM D 2892、ASTM D 5236、GB/T 17280、GB/T 17475和ASTM E 1675[5]的要求，评价吉区稠油性质。

2 结果与讨论

2.1 吉区稠油相容性

由表2可知，与其他混合原油相比，吉区稠油混兑乌石化西北原油、东疆原油、美惠特原油的不相容指数、结垢因子和结垢率最低，相容调和指数最高，这表明吉区稠油在乌石化混储、混炼的相容性最佳且不易结垢。

表2 原油相容性对比

试样	不相容指数	相容调和指数	结垢因子	结垢率(280℃×82h)/%
吉区稠油/东疆石蜡基原油	0.323	2.012	-10.73	0.12
吉区稠油/西北稠油	0.957	1.897	-3.04	2.58
吉区稠油/纯美惠特	1.129	1.923	-3.08	2.31
西北稠油/东疆石蜡基原油	5.223	0.012	+9.23	7.01
西北稠油/管输北疆原油	1.202	0.885	+4.54	2.81

注：二者质量比为19/81。

2.2 混合原油加工性能

吉区稠油酸值高于一套常减压装置的设计值(不大于0.5mgKOH/g),低于三套常减压装置的设计值(不大于2.5mgKOH/g)。因此,在加工中,对一套常减压设备的腐蚀性强,另外,还应注意有机氯和环烷酸造成的常减压装置塔顶腐蚀穿漏现象。

加工此种吉区稠油,常减压装置塔温低于315℃,不会超过常减压蒸馏装置的设计值(≤315℃),预处理单元出口温度≥125℃,各原油组分间相容性好,缓解了脱水脱盐后的原油与常二线换热器、拔头油与减三线蜡油换热器、管束等结垢问题,防止了常压塔塔顶35~43层塔盘结垢进而堵塞部分浮阀、常三线抽出层塔盘结垢[9,11]等现象的发生,解决了气化段压力上升、换热器频繁清洗、电脱盐温度下降等问题。这样可大幅度降低阻垢剂用量,节约清垢、清焦、蒸汽等成本;同时,原油脱水脱盐装置前的换热器出口温度和预处理单元温度由102℃提高至135~145℃,进一步消除了加工稠油所带来的破乳困难和外排污水含油量偏高等问题。

2.3 各馏分性质

吉区稠油实沸点蒸馏结果见表3。

表3 吉区稠油实沸点蒸馏收率

沸程	收率/%(m)		沸程	收率/%(m)	
	单计	累计		单计	累计
IBP~200℃	3.32	3.32	280~395℃	1.60	16.74
200~250℃	6.81	10.13	395~425℃	4.63	21.37
250~260℃	0.86	10.99	425~450℃	19.08	40.35
260~275℃	1.74	12.73	450~500℃	8.22	48.67
275~280℃	2.41	15.14			

2.3.1 窄馏分

表4 吉区稠油窄馏分性质

沸程	密度/(g/cm³)	酸度/(mgKOH/100mL)	硫含量/(mg/kg)	氮含量/(mg/kg)	凝点/℃
200~240℃	0.8261	0.92	160	79	<-35
240~260℃	0.8372	1.93	270	123	<-35
260~280℃	0.8519	3.59	370	223	-29
280~300℃	0.8561	56.38	480	329	-13
300~320℃	0.8641	26.28	630	596	-15
320~340℃	0.8759	50.75	890	853	+2
340~360℃	0.8856	66.52	1070	1110	+10
360~500℃	0.9115	93.23	0.16%	12.10%	+33

如表4所示，各窄馏分密度、硫含量、氮含量、凝点随沸程的升高而增大，体现了环烷-中间基原油的一般规律。由于大于280℃各馏分的酸度/值较高，综合酸分布特性，应注意一套常减压装置环烷酸腐蚀，加强减压塔转油线和减四线以下各段、常压塔常二线以下各段及相应温位管线的酸腐蚀监测及防护。

2.3.2 柴油馏分

表5 吉区稠油的柴油馏分性质

项目	参考指标	检测结果		
沸点范围/℃	—	200~260	260~360	200~360
收率/%(m)	—	7.67	5.01	12.68
密度(20℃)/(kg/m^3)	790-850	819.5	844.2	866.1
黏度(20℃)/(mm^2/s)	3.0-8.0	2.756	8.923	5.999
酸度/(mgKOH/100mL)	≯7.0	6.94	42.62	36.1
硫含量/(mg/kg)	≯360	90	117	112
铜片腐蚀(50℃，3h)/级	≯1	1b	1b	1b
闪点/℃	45-55	99	113	111
凝点/℃	10、5、0、-10、-20、-35、-50	低于-35℃	-23	-33
冷滤点/℃	—	低于-35℃	-20	-27
苯胺点/℃	—	51	72	68
柴油指数		46	51	49
十六烷指数	≮51	39	47	41
十六烷值	45-49	51	55	47
馏程：初馏点/℃	—	212.7	269.4	206.1
50%回收温度/℃	≯300	240.3	311.8	268.6
95%回收温度/℃	≯355	257.3	356.9	351.2

如表5所示，200~260℃，260~360℃，200~360℃各柴油馏分的硫含量较低，但铜片腐蚀不合格，需进行精制处理，十六烷指数和苯胺点均较高，根据原油属性及苯胺点判断该柴油馏分的加剂感受性较好，因此，油田外输时和炼厂加工时即可以同时利用降凝剂对原油低温流动性的改进权重，也可以同时利用环烷中间基稠油对石蜡基稀油低温流动性的改进权重，二者权重相加总共能使原油凝点下降10~12℃，应用实例是：东疆油田北三台联合站的火烧山原油、沙北稠油、石西采南原油、石南原油、沙南原油等石蜡基原油混合后，凝点为+16℃，严重影响冬春季节的外输，但是加入30ppm降凝剂和混入12.45%的吉区稠油后，凝点下降为+4℃，确保了去年11月份至今年4月份的原油外输和炼油厂低凝柴油的生产。

吉区稠油即可按航煤方案混炼火烧山原油、沙北稠油、石西采南原油、石南原油、沙南原油等石蜡基原油后切割145~255℃±5℃来生产航煤，亦可按柴油方案进行加工，当切割温度为200~360℃，200~300℃，200~260℃时，可依次作为-10#，-20#，-35#柴油产品，精制后，各产品性质满足国四柴油标准和环保的要求。

2.3.3 蜡油馏分

表 6 吉区稠油的 360~500℃蜡油馏分性质

项目		乌石化参考指标		检测结果
		加氢裂化	催化裂化	
沸点范围/℃		—	—	360~500
收率/%(m)		—	—	32.12
密度(20℃)/(kg/m³)		—	—	915.4
黏度(50℃)/(mm²/s)		—	—	102.7
黏度(100℃)/(mm²/s)		—	—	12.42
酸值/(mgKOH/g)		—	—	0.52
凝点/℃		—	—	13
折光率(70℃)		—	—	1.4888
残炭/%(m)		≯0.2	0.1-1.2	0.1
沥青质/%(m)		≯0.01	≯0.01	<0.001
灰分/%(m)		—	—	0.001
元素分析/%(m)	碳	—	—	84.68
	氢	—	—	12.78
	氮	≯0.2	—	0.55
	硫	—	—	0.11
金属含量/(μg/g)	铁	≯1.5	—	0.698
	镍	≯2.0	—	0.131
	钙	≯2.0	—	1.396
	钠	≯2.0	—	0.398
	钒	≯2.0	—	0.019

360~500℃蜡油馏分密度较高，系典型环烷中间基蜡油密度范畴，酸值为 0.52mgKOH/g，残炭质量分数小于 0.1%，灰分质量分数为 0.001%，含硫质量分数较低(0.11%)，含氮质量分数较高(0.55%)高于蜡油催化裂化装置和蜡油加氢裂化装置的进料控制标准，需原油混输和混炼方能进行蜡油馏分的二次加工，由金属含量分析来看，铁含量 0.698μg/g，钙含量 1.396μg/g，钠含量 0.398μg/g，镍含量 0.131μg/g，钒含量 0.019μg/g，均较低，可以作为催化裂化装置的原料。

2.3.4 渣油馏分

表 7 吉区稠油的渣油性质

项目	检测结果	
沸点范围/℃	>360	>500
收率/%(m)	83.25	51.23
密度(20℃)/(kg/m³)	953.7	968.7
黏度(80℃)/(mm²/s)	789.0	5410

续表

项目		检测结果	
黏度(100℃)/(mm^2/s)		295.4	1356
酸值/(mgKOH/g)		0.03	0.08
凝点/℃		30	21
微量残炭/%(m)		8.94	12.50
灰分/%(m)		0.027	0.051
相对分子质量		812	1013
元素分析/%(m)	碳	84.57	84.26
	氢	12.50	11.83
	氮	0.66	0.61
	硫	0.150	0.164
金属含量/(μg/g)	铁	73.16	95.89
	镍	101.6	135.1
	钙	6.531	14.97
	钠	1.890	22.06
	钒	1.390	2.738
	铜	0.292	0.373
	铅	0.722	0.651
	镁	2.257	3.416
饱和烃/%(m)		35.3	27.2
芳烃/%(m)		34.6	33.3
胶质/%(m)		28.9	38.5
沥青质/%(m)		1.2	0.1
延度(10℃)/cm		≮100	>150
针入度(25℃)/(1/10mm)		100~120	120
软化点/℃		42~55	43.6

表7显示，大于500℃的减压渣油运动黏度(100℃)为1356mm^2/s，其四组分性质与克拉玛依重交道路沥青的相似。根据小试(见表8)和常减压装置放大试验(见表9)可知，吉区稠油的>500℃减压渣油可作为改性沥青原料或焦化原料[14]，在常减压装置上可通过控制减底渣油的软化点在45.0~48.5℃之间而得到符合AH-90的直馏重交通道路沥青产品。

表8　沥青性能实验

蒸馏装置	深拔温度/℃	软化点/℃	针入度/(1/10mm)	延度(10℃)/cm
6L釜实沸点蒸馏装置	>500	33.3	66	>100
6L釜实沸点蒸馏装置(复查)	>500	33.2	91	>100
烃分布装置	>520	68.7	22	5.7
6L釜实沸点蒸馏装置	>480	39.2	123	>100

续表

蒸馏装置	深拔温度/℃	软化点/℃	针入度/(1/10mm)	延度(10℃)/cm
烃分布装置	>480	52.3	50	>100
快速 3L 实沸点蒸馏装置	>480	43.8	119	>100
快速 2L 实沸点蒸馏装置	>500	44.1	118	>100

表 9 烃分布装置中沥青性能实验

薄膜烘箱前				薄膜烘箱实验				
深拔温度/℃	软化点/℃	针入度/(1/10mm)	延度(10℃)/cm	加热前质量/g	加热后质量/g	针入度/(1/10mm)	延度/cm	
							15℃	25℃
>500	59.3	35	29.2	—	—	—	—	—
>460	48.5	74	>100	167.8033	167.8350	60	>100	65
>440	44.9	99	>100	166.2924	166.2966	68	>100	>100
>450	45.7	86	>100	166.2950	166.2992	62	>100	>100

随着高等级公路里程数的增长，对道路沥青的需求也在持续增加。根据所处地理位置及气候的不同，对道路沥青质量的要求也不同，新疆及周边省分主要使用 AH-90，AH-70 重交通道路沥青，但未来对 AH-90，AH-110 及改性沥青的需求量更大。

3 结论

(1) 吉区稠油系低硫-环烷-中间基原油，含酸，重质，陆相生原油，与其他原油混输、混炼相容性好，缓解了结垢、腐蚀、经脱水脱盐装置后原油含盐不合格等问题。按航煤方案加工时，有利于降低冰点，提高闪点，经加氢精制后可作为合格的 3#航空喷气燃料产品。

(2) 蜡油除酸值、氮含量超标外，硫、烯烃、金属含量均分别符合催化裂化装置和加氢裂化装置的原料控制指标要求。若按柴油方案进行加工，当切割温度分别为 200~360℃，200~300℃，200~260℃时，可依次作为-10#，-20#，-35#柴油产品。

(3) 吉区稠油酸值高于一套常减压装置的设计值，腐蚀影响较大。

参考文献

[1] 原油评价方法[M]. 3 版. 京：石油化工科学研究院，2006.
[2] 田松柏. 原油评价标准试验方法[M]. 北京：中国石化出版社，2010：12-23：72-718.
[3] Chu Xiao-li.，Yuan Hong-fu.，Lu Wan-zhen. Progress in Chemistry，2004，16(4)：528-542.
[4] 胡玉峰，杨兰英，林雄森，等. 原油正构烷烃沥青质聚沉机理研究及沉淀量测定[J]. 石油勘探与开发，2000，27(5)：109-114.
[5] 林世雄，石油炼制工程[M]. 3 版. 北京：石油工业出版社，2000：200-223.
[6] 冯新泸，史永刚. 近红外光谱及其在石油产品分析中的应用[M]. 北京：中国石化出版社，2002.

含硫原油加工中硫分布及传递

章群丹　田松柏　王小伟

（中国石化石油化工科学研究院，北京　100083）

摘　要　为了考察炼厂主要炼油装置及侧线硫元素的走向，对国内某炼厂常减压、催化裂化、焦化等装置进行了采样分析，得到了装置各部位的硫分布情况，分析了重点装置原料和产品的硫类型变化。研究结果对含硫原油的采购、混炼及炼厂的防腐都具有重要的指导意义。

关键词　含硫原油　硫分布　硫传递

1　前言

我国原油资源有限，对外依存度高。中国石化加工进口原油占到加工总量的70%以上，由于近来原油价格的下降导致成品油价格的降低，加工利润进一步降低。而原油在炼油成本中所占的比例已占我国炼油成本的90%以上，中石化只能选择进口价格相对较低的重质劣质原油，以降低原油采购的成本，其中含硫含酸重质原油的加工比例已经超过80%[1]。如何更好地加工这些劣质原油，优化加工工艺来提高企业经济效益已成为炼油企业迫在眉睫的问题。

重质原油往往是高硫或者高酸的劣质原油，一般认为符合API度小于27、硫含量大于1.5%、酸值大于1.0mgKOH/g任何一项指标的原油可称为劣质原油。伴随着轻质低硫原油可供选择数量的逐步减少，重质高硫原油的比例逐渐增加，更为劣质的原油的加工已成为世界各大炼油企业所必须面临的紧迫问题，而炼厂中劣质重油加工路线的选择是影响全厂经济效益的关键。因此，炼油企业必须调整优化炼厂装置结构，选择更为合理的重油加工组合工艺，提高轻质油收率。重质油加工工艺分为脱碳和加氢两类。脱碳工艺包括减黏裂化、热裂化、焦化、溶剂脱沥青和FCC技术。重质油加氢工艺包括固定床、沸腾床、悬浮床等加氢裂化技术。其最终目的都是为了生产更多的汽油、柴油等轻质燃料以及其他石油化工原料，必须特别重视重质油的轻质化。而深入了解重油的组成及性质对选择合适的加工条件、充分开发和利用重油资源具有十分重要的意义。因此，认识重油中烃类和非烃类分子组成在炼制全流程中的分布不仅对选择合适的重油加工工艺十分必要，而且对炼厂适应国六汽柴油质量升级改造意义重大。在表征重油方面，国外已开展了大量研究工作。包括高分辨质谱对蜡油及渣油中的芳烃和极性化合物（如酸、硫、氮）的表征[2]，核磁共振技术得到重油的多种结构基团浓度和分子平均结构参数等。但是这些研究大部分停留在实验室阶段，与实际重油炼制全过程的关联较少。

本研究选择国内某加工含硫原油的炼厂作为案例，对全厂主要炼油装置进行了实地采样，对样品进行了详细的分析，对重点炼油装置的硫分布和传递进行了全面的分析和总结，研究得到的数据和总结的规律将对含硫原油加工中涉及的装置建设、防腐措施制订和产品质量保证等产生重要影响，可为企业挖掘生产装置潜力、提高经济效益、减少安全隐患提供参考依据。

2 装置采样及分析

采集装置平稳运行期间有代表性的样品至关重要，本次采样有常减压蒸馏、延迟焦化、高压加氢裂化、柴油加氢、催化裂化装置共5套。对各装置取回的油样分别进行详细的油品性质测定。利用色谱得到汽柴油的硫化物数据，采用FT-ICR-MS表征重油硫化合物的类型和碳数分布数据。采用的质谱仪为Bruker公司apex®-Qe、9.4T傅立叶变换离子回旋共振质谱仪。

3 结果与讨论

3.1 常减压装置物料硫分布

表1给出了常减压装置加工的原油性质，该装置常年加工海外高硫原油，脱后原油的硫含量较高，达到了1.70%，酸值和氯含量较低，残炭值较高，为5.40%，属含硫中间基原油。表2列出了常减压蒸馏侧线样品的硫含量及分布，从表中数据可以，侧线中随着馏分的变重，硫含量逐渐升高，常压装置中常四线(蜡油)硫含量最高，为1.80%。减一线为柴油，硫含量比常四线低，减压侧线中减六线硫含量最高，为3.50%。硫在各个侧线中的分布差别很大，常压侧线中常三线硫分布最高，达到10.55%。减压侧线中减三线硫分布最高，为11.53%。减压渣油中的硫约占了总硫的40%。

表1 常减压装置原油性质

分析项目	脱后原油	分析项目	脱后原油
API度	28.5	硫含量/%	1.70
密度(20℃)/(g/cm^3)	0.8809	氮含量/%	0.15
运动黏度(40℃)/(mm^2/s)	13.48	氯含量/(μg/g)	4.8
凝点/℃	-42	特性因数	11.9
残炭值/%	5.40	原油类别	含硫中间基
酸值/(mgKOH/g)	0.20		

表2 常减压蒸馏物料硫分布

样品	收率/%	硫含量/%	硫分布/%
脱后原油	—	1.70	—
初顶	10.17	0.023	0.14
常顶	5.54	0.033	0.11
常一线	11.88	0.16	1.12
常二线	11.56	0.67	4.56
常三线	13.80	1.30	10.55

续表

样　品	收率/%	硫含量/%	硫分布/%
常四线	1.62	1.80	1.72
减一线	1.16	1.50	1.02
减二线	5.26	1.90	5.88
减三线	10.32	1.90	11.53
减四线	5.74	2.30	7.77
减五线	1.81	1.60	1.70
减六线	2.49	3.50	5.13
减压渣油	18.01	3.64	38.56
总收率	99.36	—	89.78

图1给出了常减压装置石脑油硫类型的比较，从图中可以看出，常减压蒸馏初顶石脑油中含量最高的是硫醇，噻吩含量次之。而常顶石脑油中噻吩含量最高，硫醇含量次之。两种石脑油中二硫化物占总硫的比例都不到5%。

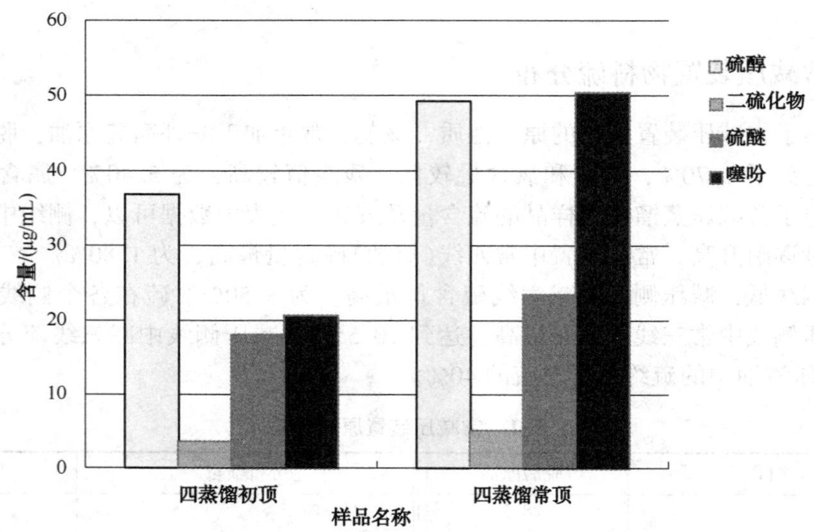

图1　常减压装置石脑油硫类型

图2给出了常减压蒸馏原油S1类硫化物的碳数分布，从图中可以看出，原油的硫分布呈现双峰分布现象，含量相对较高的硫化物分布在C_{30}~C_{37}之间。从图3两种原油的S1类硫化物的类型分布来看，原油噻吩类硫化物(Z=-4、-6、-8)相对含量较低，苯并噻吩类硫化物(Z=-10、-12、-14)和二苯并噻吩类硫化物(Z=-16、-18、-20)相对含量最高。

3.2　延迟焦化装置物料硫分布

延迟焦化装置的原料为常减压蒸馏减压渣油和催化油浆，原料的性质见表3，减渣密度较大，为1.0467g/cm^3，硫含量较高，为3.17%，酸值不高，氮含量为0.42%，残炭值较高，为24.3%。表4列出了延迟焦化装置中硫元素的分布情况。从表4中数据可以看出，硫含量随着物料沸点的升高而升高。焦化汽油硫含量较高，为0.75%，其中噻吩类硫化物占了一半以上。焦化汽油需要加氢后才能生产合格汽油。油样产品中，焦化柴油硫分布较高，

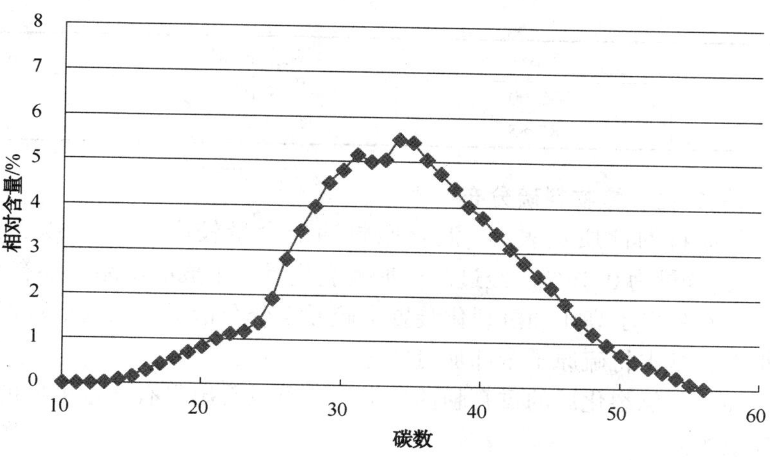

图 2 常减压装置原油 S1 类硫化物碳数分布

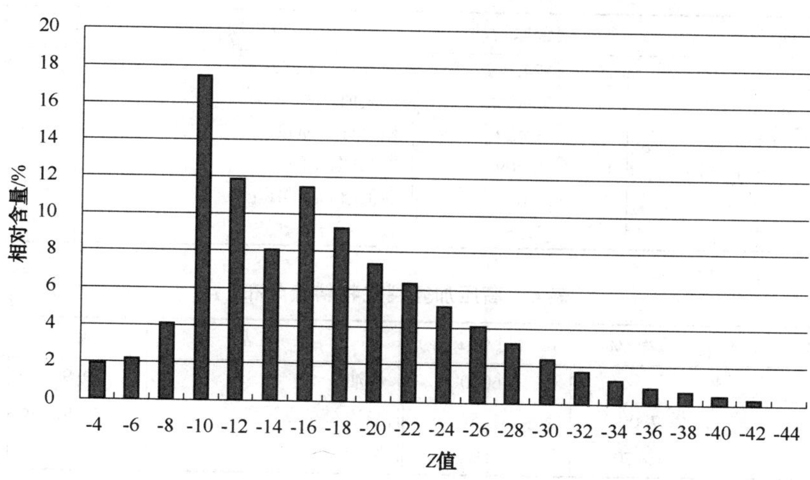

图 3 常减压装置原油 S1 类硫化物类型分布

占 15.24%。焦炭中的硫约占了总硫的 35%。

表 3 焦化装置原料性质

分析项目	焦化原料油	分析项目	焦化原料油
API 度	3.3	残炭值/%	24.3
密度(20℃)/(g/cm³)	1.0467	酸值/(mgKOH/g)	0.26
凝点/℃	36	硫含量/%	3.17
开口闪点/℃	298	氮含量/%	0.42

表 4 延迟焦化物料硫分布

样品	收率/%	硫含量/%	硫分布/%
焦化原料	—	3.17	—
焦化汽油	18.50	0.75	4.38
焦化柴油	23.00	2.10	15.24
蜡油	11.35	2.40	8.59

续表

样　　品	收率/%	硫含量/%	硫分布/%
焦　炭	35.00	3.16	34.89
总收率	87.85	—	63.10

3.3　高压加氢裂化装置物料硫分布

高压加氢裂化原料的性质见表5。混合原料油硫含量较高，为1.6%，酸值较低，为0.25 mgKOH/g，氮含量为0.16%。经过高压加氢裂化后，生成的产品主要有石脑油、煤油、柴油、尾油等。表6列出了高压加氢裂化装置中硫元素分布情况，从表中数据可以看出，产品的硫含量都很低，基本将硫原子全部加氢转化。

表7列出了高压加氢裂化后的重石脑油硫类型，可以看出只有含量极低的硫醇和噻吩类硫化物没有被加氢脱除。

表5　高压加氢裂化装置蜡油性质

分析项目	混合原料油	分析项目	混合原料油
API度	24.7	氮含量/(μg/g)	0.16%
密度(20℃)/(g/cm^3)	0.9024	残炭值/%	0.10
运动黏度(80℃)/(mm^2/s)	6.429	相对分子质量	304
运动黏度(100℃)/(mm^2/s)	4.209	折光率(n_D^{70})	1.4964
凝点/℃	16	酸值/(mgKOH/g)	0.25
硫含量/%	1.6		

表6　高压加氢裂化物料硫分布

样　　品	收率/%	硫含量/(μg/g)	样　　品	收率/%	硫含量/(μg/g)
混合原料油	—	16000	煤油	29.90	1.6
轻石脑油	7.00	1.5	柴油	7.40	1.7
重石脑油	16.70	1.9	尾油	33.02	<5

表7　高压加氢裂化重石脑油硫类型

组　　分	质量浓度/(mg/L)	组　　分	质量浓度/(mg/L)
异丙硫醇	0.03	叔戊硫醇	0.04
叔丁硫醇	0.03	异戊硫醇	0.05
正丙硫醇	0.05	2-甲基噻吩	0.03
噻吩	0.11	3-甲基噻吩	0.03
异丁硫醇	0.06	异丙基硫醚	0.05
正丁硫醇	0.05	乙基噻吩	0.04

图4给出了高压加氢原料和尾油的S1类硫化物碳数分布。从图4可以看出，混合原料油中含量较高的硫化物分布在C_{25}~C_{30}之间，而尾油中含量较高的硫化物分布在C_{17}~C_{20}之间，说明许多高碳数的硫化物发生了加氢裂化反应，由于尾油中的总硫含量已经很低，说明绝大多数硫化物已被加氢成烃类，有极少量的高碳数硫化物生成了低碳数硫化物。图5给出了高压加氢原料和尾油的S1类硫化物类型分布，可以看到混合原料油中的噻吩类硫化物(Z=-4、-6、-8)基本已被加氢完全，随着缺氢数的增加，尾油中高缺氢数的硫化物含量

相对较高，说明高缺氢数硫化物的加氢难度加大。

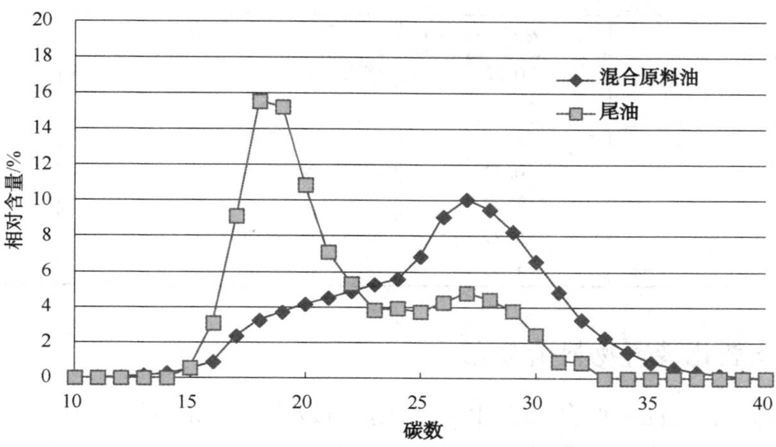

图 4　高压加氢裂化原料及尾油 S1 类硫化物碳数分布

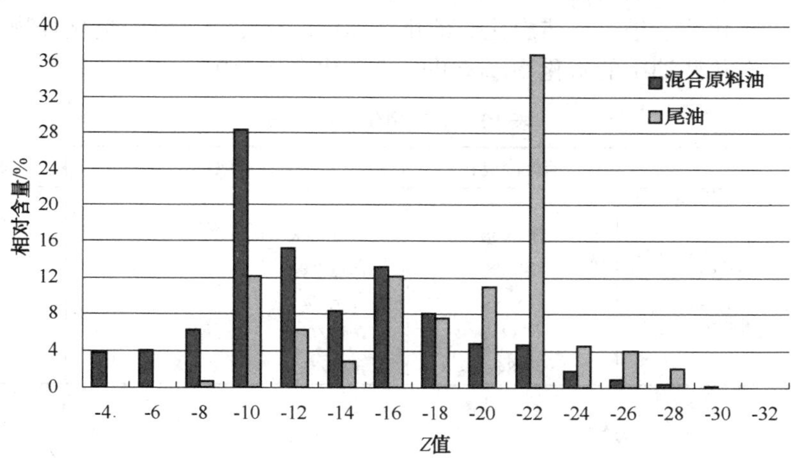

图 5　高压加氢裂化原料及尾油 S1 类硫化物类型分布

3.4　柴油加氢装置物料硫分布

柴油加氢原料及产品性质见表 8，原料硫含量较高，为 0.62%，氮含量为 550 μg/g，酸度为 5.4 mgKOH/100mL。经过加氢后精制柴油硫含量降到了 8.4 μg/g。

表 9 列出了加氢后精制柴油硫类型，可以看出以苯并噻吩为主，只有少量的碳四噻吩及硫醇或硫醚。

表 8　柴油加氢柴油性质

分析项目	原　料	精制柴油	分析项目	原　料	精制柴油
API 度	30.4	33.7	闪点(闭口)/℃	92	90
密度(20℃)/(g/cm^3)	0.8702	0.8528	硫含量/(μg/g)	6200	8.4
酸度/(mgKOH/100mL)	5.4	<0.20	氮含量/(μg/g)	550	6.8
凝点/℃	−14	−16			

表 9 柴油加氢精制柴油硫类型

组 分	质量浓度/(mg/L)	组 分	质量浓度/(mg/L)
碳四噻吩	0.32	碳三二苯并噻吩	1.08
硫醇或硫醚	0.32	碳三二苯并噻吩	0.56
4，6-二甲基二苯并噻吩	2.83	碳三二苯并噻吩	0.69
2-乙基二苯并噻吩	0.43	碳四二苯并噻吩	0.37
碳二二苯并噻吩	1.27	碳四二苯并噻吩	0.37
碳三二苯并噻吩	0.27	碳四二苯并噻吩	0.55
碳三二苯并噻吩	1.93		

3.5 催化裂化装置物料硫分布

催化裂化的原料的性质见表 10，由表中数据可以看出催化冷混料硫氮含量及酸值都不高，残炭稍高，金属镍钒含量不高。表 11 列出了催化裂化装置中各物料的硫分布情况，从表中数据可以看出，汽柴油的硫含量较高，需要精制脱硫后才能生产合格产品。油浆的硫含量较高，直接进焦化装置进一步热裂化。催化汽油中的硫化物以噻吩类化合物为主，有少量的硫醇和硫醚。催化柴油中的硫化物以苯并噻吩类化合物为主。

表 10 催化裂化原料性质

分析项目	催化冷混料	分析项目	催化冷混料
API 度	26.0	残炭值/%	3.62
密度(20℃)/(g/cm^3)	0.8948	酸值/(mgKOH/g)	0.13
运动黏度(80℃)/(mm^2/s)	24.28	碳含量/%	86.50
运动黏度(100℃)/(mm^2/s)	13.88	氢含量/%	12.80
凝点/℃	38	硫含量/%	0.25
开口闪点/℃	184	氮含量/%	0.12

表 11 催化裂化物料硫分布

样 品	收率/%	硫含量/%	样 品	收率/%	硫含量/%
催化冷混料		0.25	催化轻柴油	22.25	0.28
催化稳定汽油	47.50	0.017	催化油浆	3.70	0.62

4 结论

完成炼厂常减压蒸馏、延迟焦化、高压加氢裂化、柴油加氢、催化裂化装置的采样及分析工作，得到了各装置原料及产品的油品性质分析数据。色谱得到了各装置汽柴油的硫化物的类型及含量数据，FT-ICR-MS 得到了原油及重油中硫化物的碳数分布及类型分布数据。总结了各个装置的总硫及硫类型的分布情况。研究得到的数据和总结的规律可为炼油新常态下企业进行结构调整和转型升级、挖掘生产装置潜力、提高经济效益、减少安全隐患提供参考依据。

参 考 文 献

[1] 张德义．含硫含酸原油加工技术进展[J]．炼油技术与工程，2012，42(1)：1-13.

[2] Mapolelo M M，Rodgers R P，Blakney G T，et al. Characterization of naphthenic acids in crude oils and naphthenates by electrospray ionization FT-ICR mass spectrometry[J]. International Journal of Mass Spectrometry，2011，300(2-3)：149-157.

柴油模拟蒸馏和恩氏蒸馏方法对比及优化

杨 军

（中国石化荆门分公司，荆门 448039）

摘 要 采用色谱模拟蒸馏的原理测定柴油、白油等样品的馏程。并利用恩氏蒸馏实验分析数据通过在模拟馏程仪上建立校正模型，对模拟馏程得到的每一个样品的模拟馏程数据进修正。试验表明通过对中间控制的各种样品进行对比考察，模拟馏程的各馏出点的分析数据和恩氏蒸馏实验数据吻合较好。

关键词 柴油 模拟蒸馏 恩氏馏程 对比 优化

1 前言

为了快速测定炼油装置馏出口的柴油馏程，中国石化荆门分公司于 2014 年引进了 AC 公司的柴油模拟蒸馏仪。但国内柴油产品标准仍执行的是恩氏蒸馏 GB/T 6536 的方法，柴油模拟蒸馏执行的是 ASTM D2887 标准，两种方法的结果存在较大的差异。为此，需要通过大量的实验，找出消除或减少两种方法分析结果的差值途径，使两种方法结果保持一致性。

对荆门分公司的催化柴油、直馏柴油、加氢柴油、白油、航煤等组分分别进行气相色谱模拟蒸馏和恩氏蒸馏测定与对比测试结果，本文了找出消除或减少两种方法分析结果的差值的途径，使模拟蒸馏结果和恩氏蒸馏结果的差异符合恩氏蒸馏 GB/T 6536 的方法重复性的要求。色谱模拟蒸馏的投用，具有操作简便、灵敏度高、分析时间快的优势，由于减少了人为干扰造成的误差，数据的准确度得到提高。对提高荆门分公司装置馏出口柴油、白油馏分的收率，从而对提升经济效益指标，具有很大的使用价值。

2 方法原理

2.1 模拟蒸馏(色谱法)方法原理

标准样品在色谱柱中在色谱程序升温条件下分离，测得标样中正构烷烃各组分的保留时间，然后确定正构烷烃保留时间和其沸点的关系。在完全相同的色谱条件下对样品进行分析，通过色谱柱将样品进行分离，同时对色谱峰进行切片积分，获得对应的累加面积以及相对应的保留时间，经过温度与时间的校正，得到对应收率的回收温度，即馏程。通过色谱相应的关联软件计算即可获得与恩氏蒸馏 GB/T 6536 具有可比性的馏程测定结果。

2.2 恩氏蒸馏方法原理

恩氏蒸馏按照 GB/T 6536 标准，其测定过程是将 100mL 的样品加入烧瓶中，按照规定的速度蒸馏，分别观察温度计并记录初馏点、10%到 90%、95%及终馏点的温度。

2.3 仪器与标样

（1）模拟馏程仪器配置：安捷伦 7890B 气相色谱仪，配置安捷伦自动进样器、FID 检测器、色谱工作站及 AC 的馏程数据计算软件。

（2）模拟馏程专用色谱柱：10m×0.53mm×0.88μm 金属材质专用色谱柱。

（3）模拟馏程标样：AC 公司正构烷烃标样（C_5～C_{44}）及专用参考样等。

（4）载气的选择：氦气做载气，以提高分析数据的灵敏度和准确性，氦气为 99.999%的高纯氦气。

（5）仪器操作条件，如图 1。

进样口温度	100～350℃	FID	350℃
EPC 恒压	44kPa	氢气流量	35mL/min
分流比	不分流	空气流量	350mL/min
进样量	0.1μL		
炉温程序			
程序	初始温度/℃	初始时间/min	速度/(℃/min)
一阶	40	0	35
二阶	350		

图 1 模拟馏程色谱仪操作条件

（6）恩氏馏程仪：JH01005 馏程测定仪，西安精华仪器有限公司。

2.4 模拟馏程对比及优化方案

由于恩氏蒸馏与模拟馏程是两种完全不同的分析方法，通过关联的方法建立两个方法数据关系，存在不同方法的分析差异是不可避免的。对比选取直馏组分、催化、加氢及焦化柴油、航煤与白油等柴油组分，分别多次测定其恩氏蒸馏的馏程温度，取其对应体积的馏程温度平均值；然后多次测定对应样品的色谱模拟馏程，取其平均值。将恩氏蒸馏温度与模拟馏程温度进行比较，并在模拟馏程软件中建立不同样品的校正模型。通过模拟馏程的校正模型对不同样品分别进行两种方法测定并进行优化，以便使模拟馏程的分析结果准确性更好。

3 试验步骤

3.1 样品分析前的准备工作

3.1.1 基线补偿分析

在与测定样品色谱条件完全相同的条件下，进行空白测定分析。

3.1.2 正构烷烃校正样分析

正构烷烃校正样用于测定沸点对保留时间的关系，校正混合物由 C_5～C_{44}的已知化合物配成，覆盖了要分析的柴油样品的整个馏程范围，该仪器利用模拟馏程数据转换软件自动校正并建立保留时间与沸点的关联，如图2。

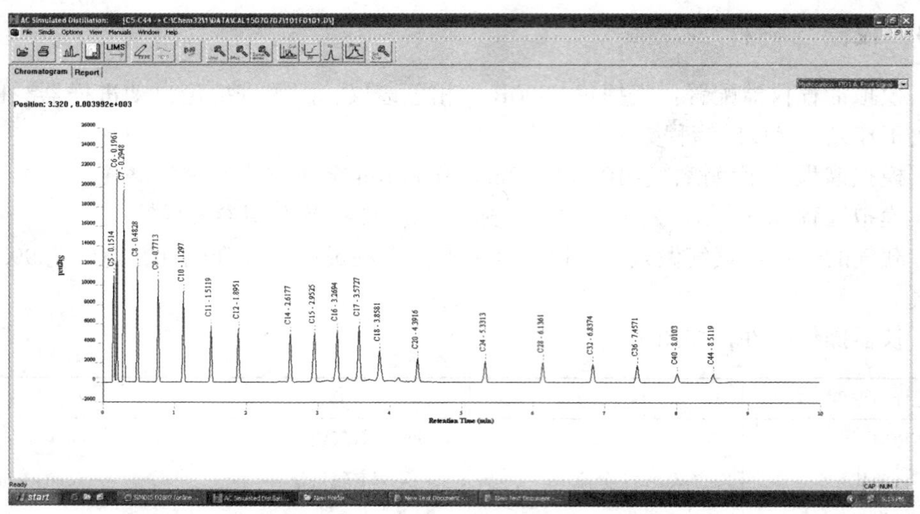

图2　正构烷烃 $C_5 \sim C_{44}$ 相对保留时间和沸点温度曲线图

3.1.3　参考油分析

参考油分析是为了检验整个模拟馏程的性能是否正常以及检验色谱图和有关的计算过程是否可靠，如果实测结果与标准值比较超过色谱模拟馏程方法允许范围，在其软件的报告中会出现超出重复性提示。只有当实测结果与标准值之差(见表1)在模拟馏程方法重复性范围内，才能进行接下来的样品分析。参考油分析谱图如图3。

表1　参考油实测值与标准值对比表

馏出体积/%	目标值/℃	实测值/℃	允许差值/℃	实际差值/℃
初馏点	113.9	113.6	4.0	-0.3
5.0	157.6	157.4	2.0	-0.2
10.0	172.8	173.2	2.0	0.4
20.0	196.3	196.1	2.0	-0.2
30.0	216.3	216.5	2.0	0.2
40.0	235.6	236.2	2.0	0.6
50.0	254.7	254.9	2.0	0.2
60.0	272.4	272.6	2.0	0.2
70.0	292.4	293.1	2.0	0.7
80.0	312.3	312.8	2.0	0.5
90.0	336.3	336.9	2.0	0.6
95.0	352.0	353.0	2.5	1.0
终馏点	374.6	375.0	6.0	0.4

3.2　样品分析

(1) 自动基线补偿。随着仪器长期使用，色谱基线会发生漂移，为消除这种因空白基线

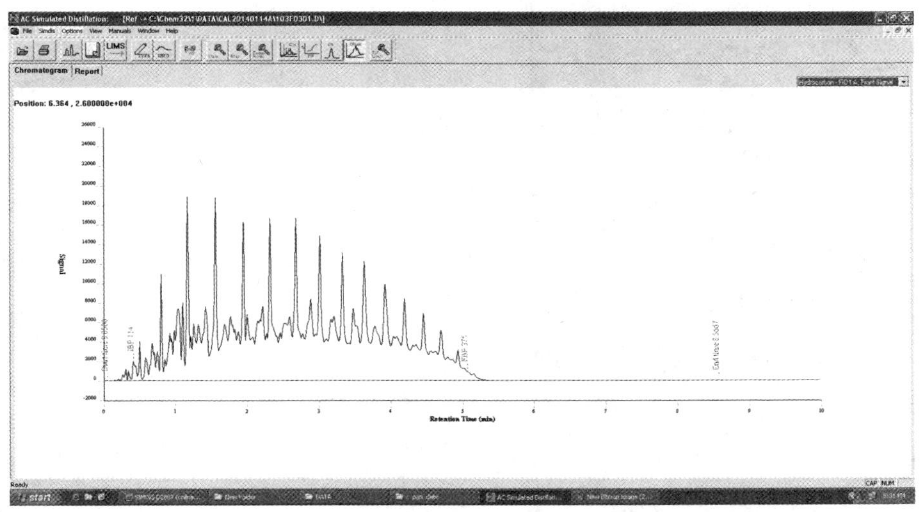

图 3　参考标准油相对保留时间和沸点温度曲线图

变化对后面的样品分析色谱图切片积分面积造成的影响，从而导致馏程分析报告结果受到影响，在每批样品分析前，要进行仪器空白分析。运行完成后，模拟馏程软件会自动进行空白基线补偿。空白相对保留时间和沸点温度曲线图如图 4。

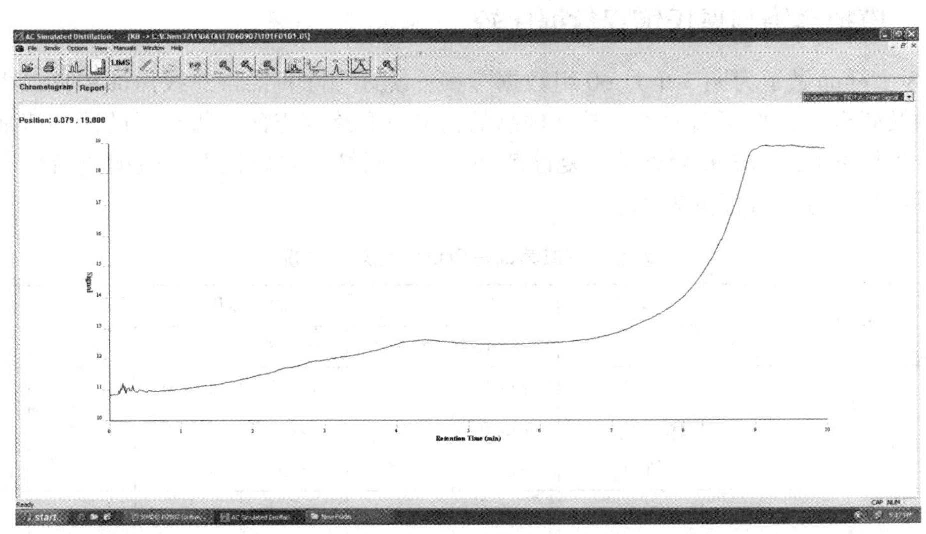

图 4　空白相对保留时间和沸点温度曲线图

（2）样品处理及分析注意事项。如果所分析的柴油、白油、航煤或其他柴油组分样品含有微量水分或者其他杂质，在样品分析前应该将样品进行脱水或用滤纸将杂质过滤掉，然后再取样进行样品分析。样品相对保留时间和沸点温度曲线图如图 5。为防止样品残留或交叉污染引起分析数据不准确，要经常检查并清洗 2 个溶剂瓶、微量注射器、废液瓶，并及时更换进样垫，防止因进样口漏气造成样品的峰位置发生变化，导致影响结果的准确性。

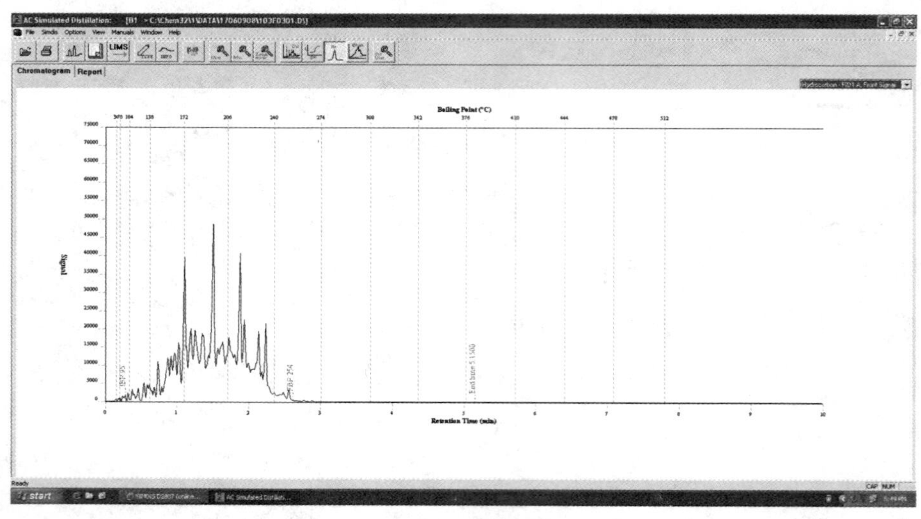

图5　常一线航煤相对保留时间和沸点温度曲线图

4　结果与讨论

4.1　模拟蒸馏与恩氏馏程数据比较

将18个样品做了为期3个月60组数据考察，统计中除直馏常二线白油和常二线柴油及联合三预加氢白油外，其余样品的初馏点和终馏点的分析结果的误差值都不在恩氏馏程分析标准GB/T6536允许的重复性范围内，比对结果差异较大。模拟蒸馏与恩氏馏程部分比对样品的分析数据见表2。

表2　模拟蒸馏与恩氏馏程对比情况

序号	样品名称	分析方法	馏出体积/%					
			HK/℃	10%/℃	50%/℃	90%/℃	95%/℃	KK/℃
1	北蒸馏常一线航煤	模拟馏程	150.0	176.0	195.0	214.0	—	232.5
		恩氏馏程	153.0	172.5	192.0	212.0	—	225.0
		差值	-3.0	3.5	3.0	2.0	—	7.5
2	联合三预加氢白油	模拟馏程	213.6	—	264.4	—	—	306.0
		恩氏馏程	216.0	—	264.0	—	—	307.0
		差值	-2.4	—	0.4	—	—	-1.0
3	北蒸馏常二线白油	模拟馏程	228.0	—	295.0	—	—	306.0
		恩氏馏程	228.0	—	292.0	—	—	304.0
		差值	0.0	—	3.0	—	—	2.0
4	南蒸馏常二线柴油	模拟馏程	191.2	—	273.6	309.6	320.6	330.6
		恩氏馏程	190.0	—	274.0	308.0	317.0	329.0
		差值	1.2	—	-0.4	1.6	3.6	1.6

续表

序号	样品名称	分析方法	馏出体积/%					
			HK/℃	10%/℃	50%/℃	90%/℃	95%/℃	KK/℃
5	二催化柴油	模拟馏程	205.2	—	289.4	351.2	362.0	370.0
		恩氏馏程	193.0	—	290.0	354.0	363.0	372.0
		差值	12.2	—	-0.6	-2.8	-1.0	-2.0
6	一催化柴油	模拟馏程	203.2	—	269.0	333.8	346.6	356.0
		恩氏馏程	196.0	—	271.5	346.0	357.0	367.0
		差值	7.2	—	-2.5	-12.2	-10.4	-11.0
7	焦化柴油	模拟馏程	184.1	—	279.8	337.0	347.9	366.6
		恩氏馏程	176.6	—	280.6	341.8	351.5	364.0
		差值	7.5	—	-0.8	-4.8	-3.6	2.6
8	100 万加氢柴油	模拟馏程	177.6	216.7	267.2	321.6	336.2	349.4
		恩氏馏程	172.0	212.0	266.0	323.0	336.0	349.0
		差值	5.6	4.7	1.2	-1.4	0.2	0.4
9	180 万加氢柴油	模拟馏程	184.8	211.6	266.9	323.2	338.0	352.0
		恩氏馏程	180.0	215.0	269.0	326.0	338.0	352.0
		差值	4.8	-3.4	-2.1	-2.8	0.0	0.0
10	恩氏馏程重复性		3.5	3.6	3.2	2.6	4.0	3.5

从表 2 的比对数据可以看出，催化柴油与焦化柴油样品的初馏点与终馏点数据色谱模拟馏程的分析结果与恩氏馏程分析的结果相差较大，加氢柴油比对数据差异比上述两种柴油比对情况有所减小，但仍超过了恩氏馏程分析标准重复性的允许误差值。分析催化、焦化柴油等样品两种方法数据差异较大的原因如下：

（1）含硫含氮等杂质的影响。快速模拟蒸馏的标样是由正构烷烃组成的，如样品中含有氮和硫等组成的化合物时，对保留时间和检测器的响应都有影响，会造成样品馏程的数据偏移。因此，在分析此种样品时，模拟馏程与恩氏馏程分析数据差异会较大。

（2）含高芳烃和高烯烃样品对分析结果的影响。本方法定量所使用的标样是正构烷烃，因此，催化裂化等柴油样品中有高含量的芳烃和烯烃，如不经过校正，会影响分析结果的准确性。这主要是由于检测器对芳烃和烯烃的响应与正构烷烃的响应差异所引起的。

4.2 模拟馏程校正模型建立

针对加工原油品种多、原油结构较复杂、生产方案变动大的状况，不同油品性质的样品从理论上讲，对于烃类样品，检测器对其响应都是一致的，但在实际应用的过程中，往往会有偏差。为此，将不同的样品进行模拟蒸馏和恩氏蒸馏分析数据的比对，再在色谱软件中对不同的样品进行不同系数的关联，从而计算出不同样品符合恩氏蒸馏要求的馏程。因此造成色谱馏程的分析数据经常与恩氏蒸馏实验的分析结果差异较大(如表 2)。同时为了提高色谱模拟蒸馏仪器在中间控制样品中的适应性，对与恩氏蒸馏实验分析相差较大的馏出温度进行了修正。该方法是建立在大量的比对数据基础之上，取其中有代表性的 30 组比对数据的平均值，按式(1)计算出相对应的回收率的馏出温度的校正系数，部分样品的具体校正系数如表3：

$$f_n = T_{n恩氏}/T_{n模拟} \quad (1)$$

式中：f_n——样品模拟馏程馏出温度的校正系数；

$T_{n恩氏}$——需要校正的相应体积的恩氏馏程分析结果的平均值；

$T_{n模拟}$——需要校正的对应体积的模拟馏程分析结果的平均值。

计算出校正系数f_n后，对指定样品模拟馏程的分析结果进行修正，如式(2)：

$$T_{n恩氏} = f_n \times T_{n模拟} \quad (2)$$

式中：$T_{n恩氏}$——校正后对应馏出体积的恩氏馏程分析结果；

$T_{n模拟}$——指定样品对应馏出体积的模拟馏程分析数据。

表3 样品模拟馏程校正系数表

一催柴油			二催柴油			焦化柴油		
馏分体积	校正系数		馏分体积	校正系数		馏分体积	校正系数	
	1#机	2#机		1#机	2#机		1#机	2#机
HK	0.9856	0.9856	HK	0.9642	0.9642	HK	0.9591	0.9591
30.0%	1.0108	1.0108	30.0%	1.0272	1.0272	30.0%	—	—
50.0%	1.0194	1.0194	50.0%	1.0387	1.0387	50.0%	1.0029	1.0029
90.0%	1.0368	1.0368	90.0%	1.0284	1.0284	90.0%	1.0142	1.0142
95.0%	1.0354	1.0354	95.0%	1.0228	1.0228	95.0%	1.0103	1.0103
KK	1.0313	1.0313	KK	1.0148	1.0148	KK	0.9929	0.9929

4.3 样品模拟馏程馏出温度修正

校正系数可以直接输入模拟馏程软件AC simulate distillation软件里，从而针对每一种样品建立一个相应的样品类型，每次分析只要调出相应的样品对应的样品类型，分析结束后模拟馏程软件会按此校正系数自动计算出修正后的结果。通过该校正方法修正后，这些样品的模拟馏程分析数据与恩氏馏程分析的数据如表4。

表4 模拟馏程修正后与恩氏馏程分析数据对比表

序号	样品名称	分析方法	馏出温度/℃					
			初馏点	10%	50%	90%	95%	终馏点
1	北蒸馏常一线航煤	模拟馏程	151.5	175.0	194.5	213.0	—	228.5
		恩氏馏程	153.0	174.0	195.5	215.0	—	230.0
		差值	-1.5	1.0	-1.0	-2.0	—	-1.5
2	联合三预加氢白油	模拟馏程	228.0	—	266.0	—	—	312.0
		恩氏馏程	226.0	—	265.0	—	—	313.0
		差值	2.0	—	1.0	—	—	-1.0
3	北蒸馏常二线白油	模拟馏程	231.5	—	301.0	—	—	314.0
		恩氏馏程	229.5	—	300.5	—	—	315.0
		差值	2.0	—	0.5	—	—	-1.0

续表

序号	样品名称	分析方法	馏出温度/℃					
			初馏点	10%	50%	90%	95%	终馏点
4	南蒸馏常二线柴油	模拟馏程	195.0	243.5	270.0	298.5	308.0	318.0
		恩氏馏程	197.0	—	272.0	299.5	309.5	320.0
		差值	−2.0	—	−2.0	−1.0	−1.5	−2.0
5	二催化柴油	模拟馏程	195.0	—	277.5	341.0	353.0	361.0
		恩氏馏程	192.5	—	278.0	343.0	355.0	363.0
		差值	2.5	—	−0.5	−2.0	−2.0	−2.0
6	一催化柴油	模拟馏程	196.7	—	275.5	344.0	356.0	363.9
		恩氏馏程	194.5	—	276.5	346.0	358.0	366.5
		差值	2.2	—	−1.0	−2.0	−2.0	−2.6
7	焦化柴油	模拟馏程	172.5	—	278.0	340.0	350.0	364.5
		恩氏馏程	172.0	—	279.5	341.5	351.0	366.0
		差值	0.5	—	−1.5	−1.5	−1.0	−1.5
8	100万加氢柴油	模拟馏程	205.3	227.5	257.5	322.0	344.5	360.8
		恩氏馏程	203.0	226.0	258.0	324.0	345.5	363.0
		差值	2.3	1.5	−0.5	−2.0	−1.0	−2.2
9	180万加氢柴油	模拟馏程	174.0	225.0	280.0	333.5	348.5	360.5
		恩氏馏程	172.0	224.0	278.5	331.5	349.0	362.0
		差值	2.0	1.0	1.5	2.0	−0.5	−1.5
10	恩氏馏程重复性		3.5	4.2	3.1	2.5	4.6	3.5

从表4可以看到，通过对各种样品进行校正后，上述各样品的模拟馏程分析数据与恩氏馏程分析的数据差值均在恩氏馏程方法的重复性范围内，完全满足恩氏馏程方法的重复性要求。

4.4 模拟馏程重复性实验

用北蒸馏常一线航煤(简称北一线航煤)连续做10次分析进行仪器分析重复性考察，具体分析数据见表5。

表5 北一线航煤模拟馏程数据重复性考察

次数	1	2	3	4	5	6	7	8	9	10	平均值	标准偏差
初馏点/℃	152.0	152.5	152.0	153.0	152.9	152.6	151.9	152.0	152.6	153.0	152.5	0.42
10%/℃	171.0	171.0	172.0	173.0	172.5	171.6	171.9	170.6	171.0	171.9	171.7	0.72
90%/℃	210.5	211.0	210.0	211.0	210.6	210.1	210.8	210.8	210.2	211.0	210.6	0.37
终馏点/℃	227.0	228.0	226.5	228.0	227.6	227.3	228.1	226.9	227.0	228.1	227.5	0.56

从表5数据可以看到，采用模拟馏程分析，其样品的标准偏差小于1%，重复性非常好，可以满足方法的要求。

5 结语

采用模拟蒸馏 ASTM D2887 方法分析中间控制柴油、航煤、白油、溶剂油等柴油组分的馏程，并通过大量的分析数据，计算出各种样品的各馏出体积的校正系数，对模拟馏程的分析结果进行修正，修正后的数据与恩氏馏程 GB/T 6536 方法数据吻合较好。实验表明，该方法分析简便、快速、准确，有效地缓解了分析任务重、化验人手紧张的局面，能快速为装置生产提供准确的数据。

参考文献

[1] GB/T 6536—2010 石油产品常压蒸馏特性测定法[S]. 北京：中国标准出版社，2011.
[2] 刘珍 . 化验员读本：下册[M]. 4 版 . 北京：化学工业出版社，2004.
[3] ASTM D2887 用气相色谱分析法测定石油馏分沸程分布的试验方法 .

用毛细管柱气相色谱法快速测定 1,3-丁二烯中的对-叔丁基邻苯二酚

李文亮　张志翔　林斌　李孔现　李　革　张帆

（中国石化广州分公司，广州　510725）

摘　要　用 30m×0.32mm×0.25μm 弱极性毛细管柱（HP-5）气相色谱法快速测定 1,3-丁二烯中的 21.6~200.8mg/kg 对-叔丁基邻苯二酚（TBC）组分，直接进样 14min 内完成分析，与传统分光光度法（GB/T 6020—2008）测定 TBC 结果无显著差异。

关键词　快速测定　毛细管柱　气相色谱法　对-叔丁基邻苯二酚　丁二烯

1　引言

我厂生产的 1,3-丁二烯是用二甲基甲酰胺作溶剂，从原料混合 C_4 中抽提而成的，它是生产橡胶的重要原料。我厂实验室现用国家标准 GB/T 6020-2008[1]（紫外-可见光分光光度法）分析测定对-叔丁基邻苯二酚（TBC），该分析方法的样品前处理步骤繁琐，所用的溶剂较多、毒性较大，时间也较长，容易造成样品损失。经过反复实验探讨，笔者建立了用弱极性毛细管柱 HP-5 定性和定量分析对-叔丁基邻苯二酚的气相色谱法，方法不需要进行样品前处理，采用液体进样阀或耐压瓶-气密注射器的进样方式直接进样，缩短了分析时间，提高了分析效率，简化了样品前处理步骤，降低了样品前处理所用的溶剂对分析者的危害，较目前国内使用的方法有优越之处。

2　实验部分

2.1　仪器和试剂

2.1.1　仪器

Agilent7820 A 气相色谱仪：配有分流/不分流进样口和氢火焰离子化检测器（FID）

色谱柱：HP-5 毛细管柱（30m×0.32mm×0.25μm）

数据处理系统：Agilent 公司 7890（或 7820）色谱工作站

进样方式：配有液体进样阀或耐压瓶—气密注射器或气体进样阀进样系统

2.1.2　试剂

甲苯：分析纯

对-叔丁基邻苯二酚（固体）

丁二烯产品：99.6%（m）以上

无水乙醇：分析纯

2.2 气相色谱实验条件

汽化室温度：200℃　　燃气流量：H_2　30mL/min

FID 温度：250℃　　辅助气流量：N_2　30mL/min

助燃气流量：Air　300mL/min

色谱柱柱温条件：55℃保持 5min，升温速率 15℃/min，最终温度 190℃，保持 15min

载气流量：N_2　1.8mL/min　　分流比：60∶1

3 结果与讨论

3.1 对-叔丁基邻苯二酚组分的定性和分析柱的选择

对-叔丁基邻苯二酚含有 2 个羟基(—OH)，是一种极性很强的有机固体酚类，是用来防止 1,3-丁二烯自聚的阻聚剂。笔者经过反复实验，发现若用强极性的毛细管柱(如 HP-FFAP)或非极性的毛细管柱(如 HP-PONA)作分析柱，对-叔丁基邻苯二酚不出峰或出很小峰，不能给予准确的定性和定量。用弱极性毛细管柱(如 HP-5)作分析柱，对-叔丁基邻苯二酚出峰很尖锐，对 FID 检测器的响应很灵敏，能够准确定性和定量。因此，本文选用 HP-5 毛细管柱为分析柱。笔者经过实验摸索确认，按 2.2 气相色谱实验条件分析对-叔丁基邻苯二酚，用纯物质对照法定性如下(见图 1、图 2)。

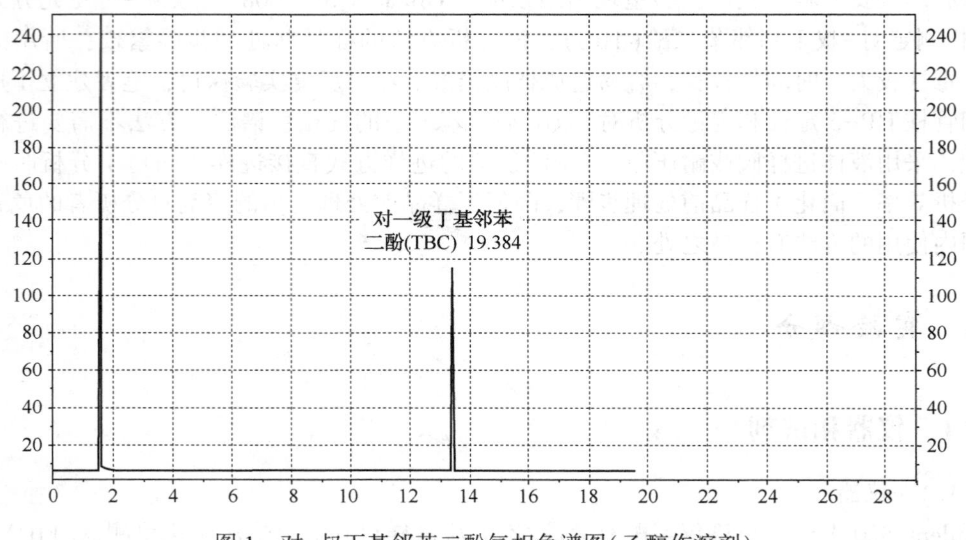

图 1　对-叔丁基邻苯二酚气相色谱图(乙醇作溶剂)

1-TBC

3.2 对-叔丁基邻苯二酚的气相色谱外标定量法

3.2.1 定量标准曲线建立

用无水乙醇(或甲苯)作溶剂，配制一个浓度为 200mg/kg 的对-叔丁基邻苯二酚标样，然后再用逐步稀释法配制所需浓度标样。采用 2.2 确定的色谱条件，进样量 1μL，测定得到

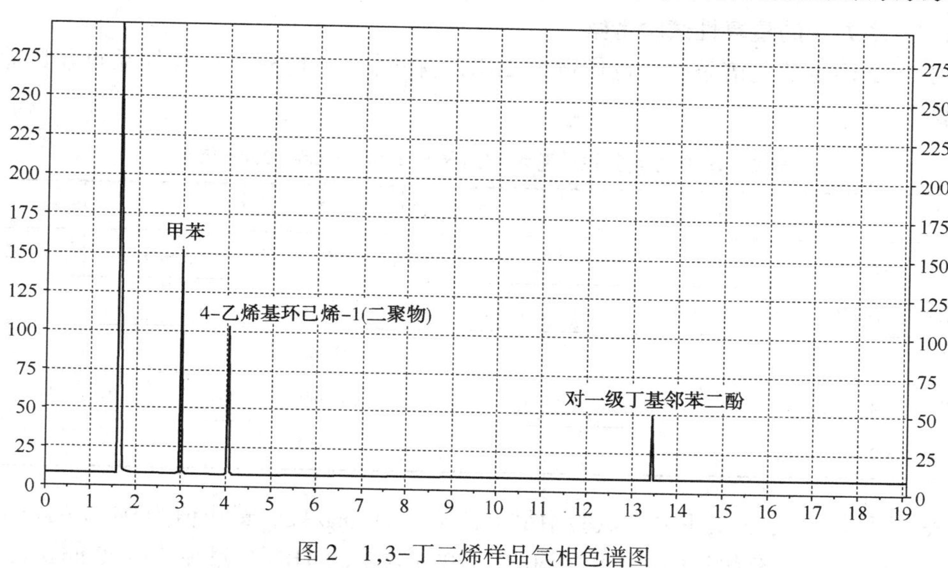

图 2　1,3-丁二烯样品气相色谱图

1-TBC

的不同浓度的标样对应的色谱峰面积列于表 1。

表 1　标样的浓度值与相对应的峰面积

浓度/(mg/kg)	21. 60	54. 00	103. 68	151. 20	200. 88
峰面积	3. 838	10. 509	19. 671	28. 537	35. 074

根据表 1 的数据，得到如下所示的五点外标法曲线图(见图 3)。

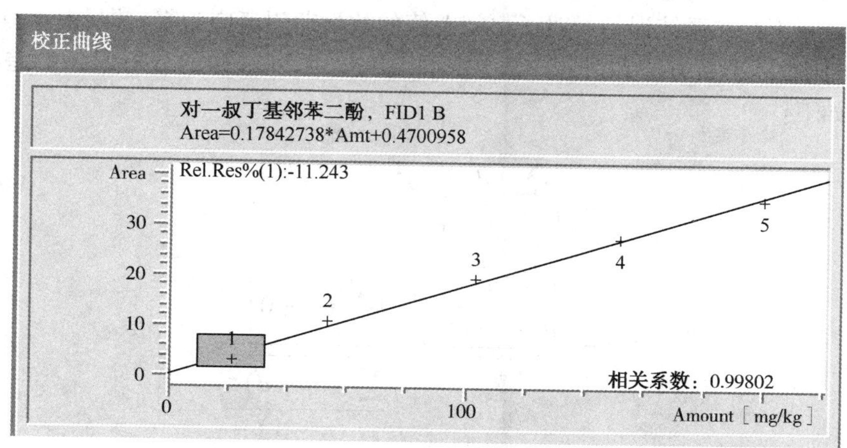

图 3　五点外标法曲线图

五点外标法标准曲线方程为：

$$Area = 0.1784 \times C_{TBC} + 0.4701$$

式中　$Area$——对-叔丁基邻苯二酚峰面积；

C_{TBC} ——对-叔丁基邻苯二酚含量，mg/kg。

3.2.2 本方法的重复性试验考察

采用2，2确定的色谱条件，进样量为2μL，，将同一个1,3-丁二烯样品重复试验5次，结果见表2。

表2 本方法重复性试验考察结果与GB/T6020—2008结果

次数	1	2	3	4	5
本方法结果/(mg/kg)	95.2	94.7	96.0	94.3	95.1
本方法结果平均值/(mg/kg)	95.1				
标准偏差	0.636				
相对标准偏差/%	0.669				
GB/T 6020-2008结果/(mg/kg)	93.9				

从表2可以看出，5次重复性试验中最大值为96.0 mg/kg，最小值为94.3 mg/kg，两者之差为1.7mg/kg，没有超过国标GB/T 6020—2008要求的TBC含量在50~300mg/kg的重现性为12mg/kg，满足生产分析要求。与国标GB/T 6020—2008结果的最大差值为2.1mg/kg，说明两种测定结果无差别。

3.2.3 本方法与国标GB/T 6020—2008[1](紫外-可见光分光光度法)测定结果的"对子检验"(见表3)

"对子检验"是指每个试样都由两个个体(两个实验室、两个分析人员、两种分析方法等)分析给出两个数据，构成"对子"。如果对子之间差值很小(等于零或接近零)，就认为两组测定数据无显著差异。因此"对子检验"是平均值比较的一个特例。进行"对子检验"时，若两组数据之间不存在系统误差，对子之间差值的数学期望值应为零，即〈d〉= 0。"对子检验"常常用于比较一个新方法和另一个方法所测定的一系列试样的分析结果的差异程度[3]。其计算公式如下：

$$S_{\mathrm{d}} = \sqrt{\frac{\sum (d_i - \bar{d})^2}{n-1}}$$

$$t = \frac{|\bar{d} - \langle d \rangle|}{\frac{S_{\mathrm{d}}}{\sqrt{n}}} = \frac{\left|\frac{\sum d_i}{n} - 0\right|}{\sqrt{\frac{\sum (d_i - \bar{d})^2}{n(n-1)}}}$$

式中 d_i——同一试样两种测定结果之差；

$\bar{d}$——配对数据差值的平均值；

$\langle d \rangle$——配对数据的期望值，等于0；

n——测定次数；

S_{d}——配对数据差值的标准偏差。

表 3 本方法与国标 GB/T 6020—2008 测定结果的“对子检验”表

编号	本方法结果/(mg/kg)	GB/T 6020—2008 结果/(mg/kg)	d_i
1#	195.5	192.0	3.5
2#	23.2	21.6	1.6
3#	95.1	93.9	1.2
4#	119.0	116.7	2.3
5#	82.5	85.5	-3.0
6#	124.2	119.4	4.8
合计	—	—	10.4
$\bar{d}$	—	—	1.73
S_d	—	—	2.67
t	—	—	1.59
$t_{表}(a=0.05)$	—	—	2.57
结论	无显著差异		

从表 3 的检验结果，即 t 与 $t_{表}$的比较：$t=1.59<t_{表}=2.57$ 说明，两种方法的测定结果有 95%的把握认为没有显著差异，即本方法是可行的，达到生产分析要求，可以代替 GB/T 6020—2008 方法，得予推广与应用。这正是表 3 所得出的结论。

3.3 讨论

本方法的进样方式最好采用液体进样阀进样，但采用耐压瓶—气密注射器进样也能满足分析要求。五点外标法曲线应定期进行校正，保证曲线的稳定性和合适性。

4 结论

用弱极性毛细管柱(HP-5)气相色谱法快速测定 1,3-丁二烯中对-叔丁基邻苯二酚(TBC)组分是可行的，适用于 21.6~200.8 mg/kg 对-叔丁基邻苯二酚(TBC)，直接进样 14min 内完成分析，与传统分光光度法(GB/T 6020—200 8)测定结果无显著差异。

参 考 文 献

[1] GB/T 6020—2008 工业用丁二烯中特丁基邻苯二酚(TBC)的测定 .
[2] 许禄 . 化学计量学方法[M]. 北京：科学出版社，1995：5.
[3] 郑用熙 . 分析化学中的数理统计方法[M]. 北京：科学出版社，1986：97-122.

橡胶油热光安定性串联分析方法研究及应用

冉竹叶　陈晓芬　秦红艳

（中石油克拉玛依石化有限责任公司炼油化工研究院，克拉玛依　834000）

摘　要　通过加氢工艺生产的橡胶油，热光安定性不够好，在热光作用下，油品容易变色，即发生黄变现象，影响橡胶制品的品质。一般情况下，热、光安定性都是分开测定的，但橡胶油在橡胶生产过程中是先加热加工成制品再接受光照，接受热、光作用是串联在一起的。因此研究橡胶油热、光安定性串联分析方法很有必要。

关键词　橡胶油　热光安定性　串联

1　引言

加氢是生产橡胶油等润滑油的重要工艺，但是加氢生成油光、热安定性不好，在光热作用下，易发生黄变现象，影响橡胶制品的品质。对于浅色橡胶油等石油产品热安定性及光安定性的测定，有相应的分析标准。如《橡胶油热安定性测定法》和《橡胶油紫外光安定性测定法》，目前在浅色石油产品热安定性及光安定性考察方面都得到了广泛的应用。

但是，根据市场信息，橡胶油在橡胶生产使用过程中，是先加热加工成制品再接受光照，即在实际使用过程中接受热和光的作用是串联在一起的，而不是分开的，且不同的油品其加工温度不同，低时可在100~120℃之间，而高时可达200~210℃之间。因此分析橡胶油等浅色油品热光安定性，不仅应该将两者串联在一起进行，而且热安定性的测定温度也应该根据油品的不同而不同。这样才能更合理地考察橡胶油等浅色油品安定性的好坏。同时对于市场上不同厂家生产的热光安定性接近的橡胶油，原有的热光测定方法不能有效的区分其本质的区别，实验表明，通过热光串联能更好的区分不同橡胶油的性能差别。而目前国家及行业标准中，还没有热光安定性串联测定法，分开测定的方法导致测定结果与客户使用性能存在差异，不能更好地指导客户的应用。因此很有必要研究橡胶油热光安定性串联分析方法。

2　串联方法的特殊机理

热光串联的分析方法，使油品在一定的温度下先接受热的作用，油品中少量的不安定组分如芳烃等，发生化学变化生成胶质等非理想组分，使油品颜色变深；热作用后的油品再进行紫外光照射，其中原有的非安定组分及热作用后生成的非安定组分在紫外光作用下会进一步发生反应生成更多的胶质等非理想组分，使油品的颜色继续加深。相比单纯的热测定及紫外光测定油品的颜色会更深，也就更容易区分不同油品安定性的好坏。

3 实验部分

3.1 仪器及试剂

（1）润滑油热安定性测定器(或具有同等功能的热安定性测定器)：为带旋转盘电加热空气自然对流式烘箱，其工作温度最高可达180℃，控温精度可达±2℃。

（2）紫外光照射仪：为带旋转盘电加热空气自然对流式烘箱。工作温度可达100℃，控温精度可达±1℃。紫外高压汞灯应置于转盘上方。

3.2 方法研究

3.2.1 样品的选择

%13 选择橡胶油、白油、BS光亮油等7种内部样品以及韩国、日本等公司生产的类似产品10种，并对其进行相关性质分析。结果见表1及表2。

表1 本公司油品基本性质分析结果

样品名称	KN低黏度橡胶油	KNH橡胶油	KN高黏度橡胶油	BS光亮油	PS白油	食品级白油	高档白油
赛博特颜色/号	+30	+30	+30	+22	+30	+30	+30
开口闪点/℃	197	200	227	307	264	154	236
热安定性/号	+17	+30	+7	+5	+29	+30	+30
光安定性/号	+6	+25	−7	<−16	+29	+30	+26

表2 外油基本性质分析结果

样品名称	韩国油				日本油		中海油		台湾油1
	1	2	3	4	1	2	1	2	
赛博特颜色/号	+30	+30	+30	+30	+30	+30	+30	+30	+30
开口闪点/℃	163	200	241	224	171	219	196	231	230
热安定性/号	+30	+30	+30	+21	+25	+30	+30	+30	+30
光安定性/号	+30	+30	+29	+15	+26	+24	+30	+30	+30

从上表中数据可以看出：外油闪点高、热安定性及光安定性好，而本单位橡胶油，具有闪点低、热安定性及光安定性较低等特点，在较高温度下易冒烟，这正是这类产品需要升级换代及改进的方面。

3.2.2 实验条件考察

中石油企业标准：光安定性和热安定性测定法，客户已有一定的认知度，考虑到新建方法不能在产品的使用中给客户带来较大的困扰，因此，在热光安定性串联试验中，不改变原有方法中的试样用量(120mL)及紫外光安定性试验条件(50℃、6h、375W)，只针对不同样品客户在使用中所用温度的不同，对热安定性的试验温度进行考察，同时对热光串联时机及热安定性后的冷却温度进行考察。

（1）对热安定性试验温度进行考察

为了试验过程的安全，对所选样品进行了不同热安定性试验温度考察，结果见表3。

表3 低闪点油品不同热光安定性温度试验情况

样品名称	闪点/℃	试验现象		
		140℃	160℃	180℃
食品级白油	154	油烟轻微	油烟稍大	油烟较大
韩国油1	163	油烟轻微	油烟稍大	油烟较大
日本油1	171	油烟轻微	油烟稍大	油烟较大

表中结果表明，低闪点油品，在较高温度下进行试验，油品冒烟情况都比较严重，存在较大的安全风险，同时高闪点样品也具有相同的规律。因此规定一般情况下试验温度应低于油品闪点20℃以上，尤其是在一次试验中样品数量较多的情况下，一定要控制试验温度。

（2）对热光串联时机进行考察

热光串联时机主要指热安定性完成后到光安定性开始进行时间隔的时间。由于该试验客观上试验时间较长，一般为2天。热安定性完成后只能在第二天进行光安定性，所以间隔的时间一般都在15h以上。对其中的3个样品进行了不同时间间隔的试验，考察了不同时间间隔对结果的影响，见表4。

表4 热光安定性串联时机考察

样品名称		食品级白油		韩国油2		中海油1	
试验次数		1	2	1	2	1	2
不同间隔时间热光安定性试验结果，号	18h	+30	+30	+27	+27	+28	+28
	42h	+30	+30	+26	+26	+27	+27

表5中数据表明：热安定性试验后冷却时间的长短对试验结果影响不大，冷却时间从18h延长到42h，结果仅差1个色号，在试验方法的重复性范围之内，因此，关于串联的时机，不做具体规定，但一般为热安定性后室温下冷却到第二天，即可进行光安定性试验。

（3）对热安定性后的冷却温度进行考察

对3种样品进行热安定性试验后相同冷却时间下不同冷却温度的考察，结果见表5。

表5 不同冷却温度对串联试验结果的影响(热试验温度160℃)

冷却温度	28℃		26℃		18℃		13℃	
	1	2	1	2	1	2	1	2
食品级白油	+30	+30	+30	+30	+30	+30	+30	+30
韩国油1	+30	+30	+30	+30	+30	+30	+30	+30
日本油1	+19	+19	+18	+18	+19	+19	+18	+18

冷却温度即环境温度，由于本地区冬季和夏季温差较大，导致试验时环境温度相差较大，因此需对环境温度对试验结果的影响进行考察，表中28℃、26℃为夏季，18℃、13℃为冬季。从表中数据看见，环境温度对试验结果的影响不明显，因此规定室温即可。

通过试验，确定了方法的试验条件。即热安定性试验温度可根据不同油品的使用要求而定，但为了确保安全，应在低于其闪点温度20℃以下进行；热光安定性串联时机确定为：

热安定性试验后冷却温度为室温，冷却时间，为热安定性后室温下冷却到第二天即可。

(4) 方法精密度考察

试验条件确定后，对方法的精密度进行了考察，结果见表6。

表6 低闪点油品热安定性140℃串联后精密度考察

测定结果		食品级白油	韩国油2	韩国油1	日本油1	中海油1
测定次数	1	+30	+27	+30	+21	+28
	2	+30	+27	+30	+21	+28
	3	+30	+26	+30	+21	+27
	4	+30	+26	+30	+21	+27
	5	+30	+27	+30	+21	+27
	6	+30	+27	+30	+21	+27
平均值		+30	+26.7	+30	+21	+27.3
极差		0	1	0	0	1
2S(95%置信水平)		0	2.32	0	0	2.32

表6中数据表明，同一个样品，相同试验条件下，进行的6次测定中，结果的差别只有1个色号，同时极差小于两倍的标准差，即可满足95%置信水平。

3 结果与讨论

方法建立后，选择几种典型的橡胶油进行热光安定性及热光串联后安定性结果分析对比，具体数据见表7。

表7 橡胶油在不同试验条件下热、光及热光串联试验结果比较

分析项目	KN橡胶油	KNH橡胶油	白油	韩国油4	日本油2	中海油2	台塑2
赛色/号	+30	+30	+30	+30	+30	+30	+30
紫外光安定性/号	+6	+26	+30	+29	+24	+30	+30
热：160℃×4h，紫外光：6h							
热安定性/号	+17	+30	+30	+30	+28	+30	+30
热光串联结果/号	-2	+25	+26	+30	+21	+25	+30
热：180℃×4h，紫外光：6h							
热安定性/号	+2	+26	+23	+29	+21	+29	+26
热光串联结果/号	-15	+22	+22	+25	+13	+22	+24

表7中数据表明，橡胶市场常用的橡胶油，在受热光作用之前，赛博特颜色均为+30号，经过紫外光照射及热作用后，可以看出：KN橡胶油及日本橡胶油热光安定性较差。KNH橡胶油的光安定性为+26，其他几种橡胶油的光及热安定性结果几乎均为+30。可见通过单独测定光及热安定性，无法区别其安定性的好坏，但对其进行热光串联测定后，在热温度为160℃的情况下，高档白油、韩国油、中海油及台湾油橡胶油的热光串联结果分别为：

+26、+30、+25、+30，有了明显的差别。当将热温度升高到180℃时，其串联安定性结果分别为：+22、+25、+22、+24，可见通过串联方法进行测定，不仅更能接近橡胶加工过程，还能更好地区别不同油品的安定性差别。

4 结论及应用情况

通过大量试验，建立了橡胶油热光安定性串联分析方法。该方法测定过程与橡胶油加工过程更为接近，同时测定结果更容易区分不同橡胶油热光安定性之间的差异，目前已应用在克拉玛依石化橡胶油的研发过程中，为提高橡胶油产品品质及质量升级提供了技术支持。

“一带一路”地区炼油产业发展状况及合作机会分析

邹劲松　刘晓宇

（中国石油化工集团公司经济技术研究院，北京　100029）

摘　要　从炼油能力发展、炼厂平均规模、油品质量要求和装置结构调整4方面分析了“一带一路”地区炼油产业的发展状况；深度分析该地区的油品市场前景和供需缺口，寻找我国企业与“一带一路”地区炼油产业合作发展机会，并提出4点合作建议，即优化炼油产业布局、一体化合作提升综合效益、强化投资合作的风险控制能力、“抱团出海”合作建设炼化产业园区。

关键词　“一带一路”　炼油产业　市场前景　合作　建议

自2013年中国国家主席习近平提出共建“丝绸之路经济带”和“21世纪海上丝绸之路”的重大倡议以来，“一带一路”已上升为国家顶层战略。目前，“一带一路”地区64个国家（不包括中国，下同）现有人口35.7亿，约占世界人口比例的49%；按照国际货币基金组织（IMF）的统计，2016年GDP总量为11.9万亿美元（现价），约占世界经济总量的16%，未来市场发展潜力巨大，因此深入分析“一带一路”地区炼油产业发展状况及其市场环境，探讨我国企业与“一带一路”地区炼油产业的合作机会，具有重要的现实意义。

1　“一带一路”地区炼油产业发展状况分析

1.1　“一带一路”地区占世界炼油能力的比例大幅提升

“一带一路”地区炼油能力的增速远高于世界平均水平，2000~2016年年均增长1.5%，同期世界年均增长0.9%。2000年，“一带一路”地区的炼油能力为11.98亿t/a，约占世界炼油能力的28.5%，2016年，该地区的炼油能力已增长到15.25亿t/a，占世界炼油能力的比例已提高到31.2%。2000年及2016年“一带一路”地区炼油能力发展变化如表1所示。

表1　“一带一路”地区炼油能力增长情况

地区	2000年/(亿t/a)	2016年/(亿t/a)	2000~2016年年均增长率
东南亚	2.02	2.19	0.5%
南亚	1.33	2.72	4.6%
前苏联/蒙古	3.88	4.30	0.6%
西亚/北非	3.56	4.93	2.1%
中东欧	1.20	1.11	-0.4%
一带一路	11.98	15.25	1.5%
世界	42.04	48.87	0.9%

从表1可以看出，2000~2016年，"一带一路"地区新增炼油能力3.26亿t/a。新增炼油能力主要来自于印度(12585万t/a)、俄罗斯(7182万t/a)、沙特阿拉伯(5203万t/a)、伊朗(2597万t/a)、伊拉克(2157万t/a)等国。

"一带一路"地区的炼油能力主要集中在少数炼油大国，2016年，该地区前10大炼油国合计炼油能力为11.07亿t/a，占"一带一路"地区总炼油能力的73%，如图1所示。

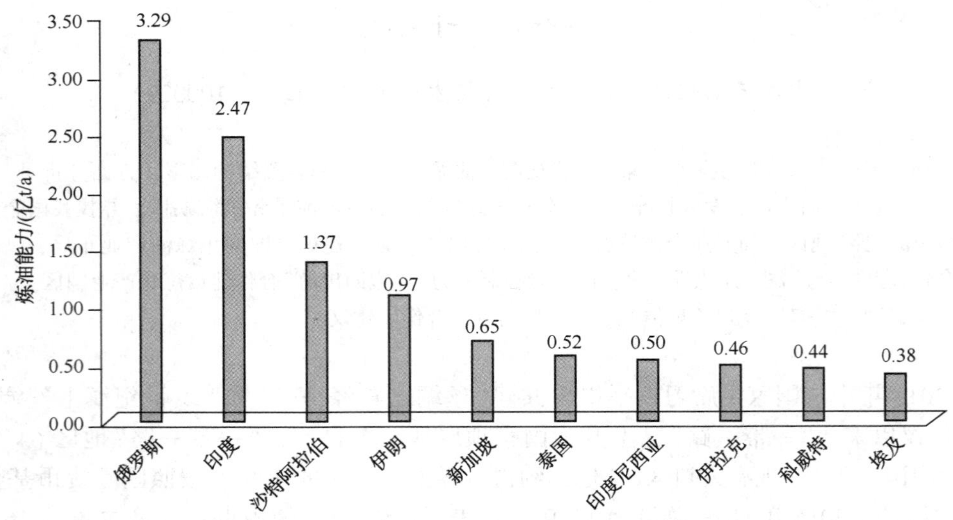

图1 2016年"一带一路"地区前10大炼油国

预计到2020年，"一带一路"地区将新增炼油能力1.41亿t/a，总炼油能力将进一步增长到16.66亿t/a，占世界炼油能力的比例将进一步提高到32.3%。新增炼油能力将主要来自于科威特、沙特阿拉伯、印度、马来西亚、越南、伊拉克等国，2016~2020年"一带一路"地区新建炼厂项目如表2所示。

表2 "一带一路"地区新建炼厂项目

国家	地区	炼油厂名称	炼油能力/(万t/a)
马来西亚	Johor	Petronas	1440
越南	Nghi Son	Petro-Vietnam	930
越南	Vung Ro	Technostar	400
沙特阿拉伯	Jizan	Saudi Aramco	1875
阿曼	Sohar	Mashael Group	150
土耳其	Aliaga	SOCAR	1000
埃及	Cairo	EGPC	420
埃及		Tahrir Petrochemicals Co	300
科威特	Shuaiba	Kuwait National Petroleum Corp.	2121(扩建)
伊拉克	Kerbala	Iraq National Oil Co	700

1.2 "一带一路"地区炼厂平均规模略高于世界平均水平

2000~2016年，"一带一路"地区的炼厂数量从208座增加到255座，炼厂平均规模从576万t/a提高到598万t/a，均略高于世界炼厂的平均规模。2000年及2016年"一带一路"地区炼厂与世界平均水平的比较如表3所示。

表3 炼厂规模对比(万t/a、座)

地区	2000年				2016年			
	炼油能力	炼厂数量	平均规模	千万吨级炼厂数量	炼油能力	炼厂数量	平均规模	千万吨级炼厂数量
东南亚	20236	34	595	6	21850	31	705	7
南亚	13252	24	552	3	27242	34	801	10
前苏联/蒙古	38833	57	681	16	42963	85	505	16
西亚/北非	35566	56	635	14	49298	75	657	21
中东欧	11953	37	323	2	11131	30	371	4
一带一路	119841	208	576	41	152484	255	598	58
世界	420363	791	531	138	488720	840	582	177

从上表数据对比可以看出：2000~2016年，"一带一路"地区炼厂平均规模提高了3.8%，低于世界炼厂平均规模的提升幅度(9.5%)；"一带一路"地区千万吨级炼厂的数量从41座增加到58座，增长了41%，高于世界千万吨级炼厂的提升幅度(28%)，该地区千万吨级炼厂数量的增加主要源自于印度(新增7座千万吨级炼厂)、沙特阿拉伯(新增2座千万吨级炼厂)等国大型炼厂的建成投产。

随着新建炼厂的建成投产以及炼厂改扩建项目的完成，预计"一带一路"地区的炼厂平均规模还将进一步提高，千万吨级炼厂数量也将相应增加。

1.3 油品质量升级速度较快

在绿色低碳形势的推动下，环保法规和汽车行业对交通运输燃料的质量要求日趋严格，"一带一路"地区的油品质量升级步伐明显加快。笔者选择该地区35个主要汽柴油消费国进行分析，选择的样本汽油需求量占"一带一路"地区总需求量的95%，选择的样本柴油需求量占地区总需求量的93%。以汽柴油硫含量变化为例，对"一带一路"地区油品质量升级状况进行分析。

(1) 汽油硫含量

按照汽油硫含量划分，2006年"一带一路"地区的汽油硫含量以500mg/kg及1000mg/kg为主，分别占该地区汽油需求量的41.1%和35.5%。经过10年的发展，2016年，该地区已不再使用硫含量1000mg/kg以上的汽油，硫含量等于或小于150mg/kg的汽油已占地区汽油需求量的69.5%。2006年和2016年"一带一路"地区汽油硫含量变化情况如图2所示。

"一带一路"地区的汽油硫含量仍将持续快速下降，预计到2020年汽油硫含量将全部等于或小于150mg/kg，其中10mg/kg的汽油比例将达到56.1%，预计2025年10mg/kg汽油的比例进一步提高到62.9%，如图3所示。

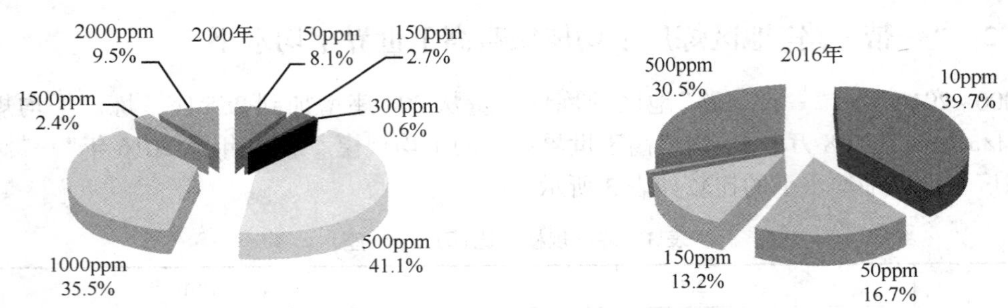

图2 2006~2016年汽油硫含量变化情况

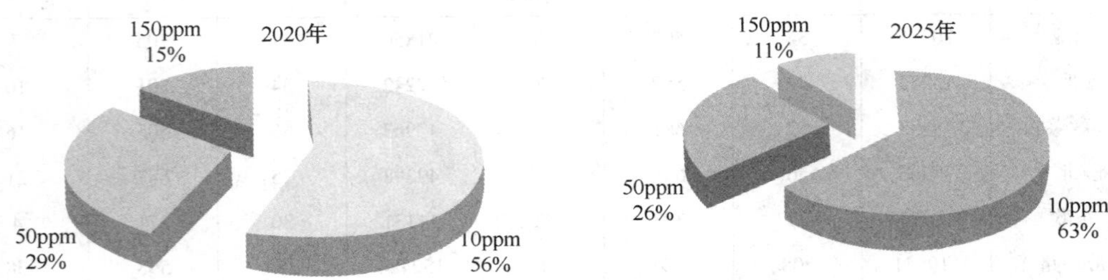

图3 2020年和2025年汽油硫含量变化情况

(2)柴油硫含量

按照柴油硫含量来划分，2006年"一带一路"地区硫含量1000mg/kg及以上的柴油居主流地位，约占该地区柴油需求量的57.1%。发展到2016年，硫含量1000mg/kg的柴油需求量已大幅度下降，约占地区需求的3.8%，而50mg/kg以下柴油所占比例已上升到53.1%。2006年和2016年"一带一路"地区柴油硫含量变化情况如图4所示。

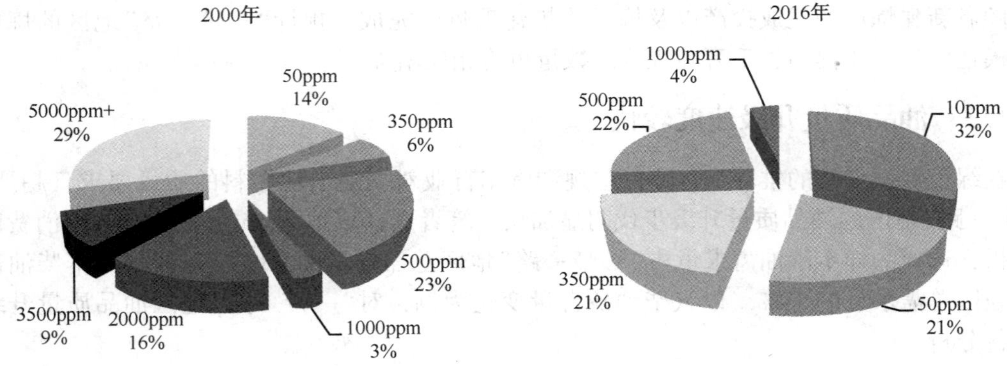

图4 2006~2016年柴油硫含量变化情况

"一带一路"地区的柴油硫含量将持续降低，预计到2020年硫含量为10mg/kg的柴油将成为该地区柴油需求量的主流品种，占地区柴油需求总量的比例将上升到58%，预计2025年10mg/kg柴油的比例将进一步提高到60%，如图5所示。

1.4 炼油装置结构持续调整

为适应原油品质劣质化、交通运输燃料需求增加、成品油质量升级加快的趋势，"一带

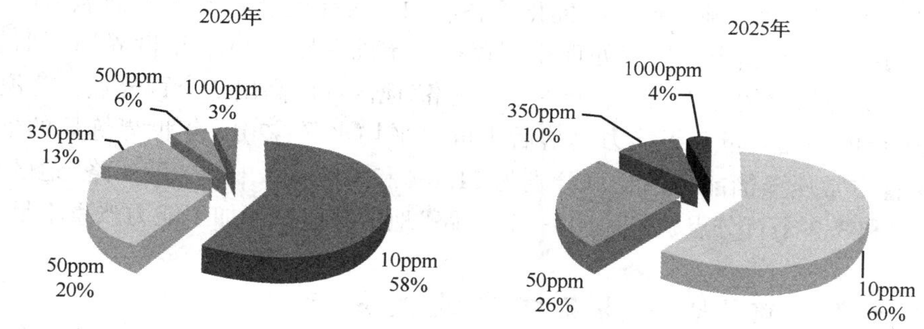

图 5　2020 年和 2025 年柴油硫含量变化情况

一路"地区炼油产业在提高炼油能力的同时，将炼厂建设重点转移到提高原油深度加工和清洁燃料生产方面。

2000~2016 年，"一带一路"地区炼油能力年均增长率为 1.52%，而以延迟焦化、催化裂化、催化重整、加氢裂化、加氢处理为主的二次加工装置能力年均增长率合计达到了 4.15%；预计 2016~2020 年，该地区炼油能力的年均增速约为 2.23%，而主要二次加工装置能力的年均增长率将高达 4.94%，如表 4 所示。

表 4　主要二次加工装置能力增长率状况

%

装置	2000~2016 年年均增长率	2016~2020 年年均增长率
催化裂化	4.13	3.29
延迟焦化	6.36	6.83
催化重整	2.72	4.42
加氢裂化	5.63	8.19
加氢处理	4.06	4.58
五者平均	4.15	4.94
炼油能力	1.52	2.23

从上表数据可以看出，在"一带一路"地区主要二次加工装置能力的增长中，延迟焦化和加氢裂化装置能力增长最快，其次是催化裂化和加氢处理。由于二次加工装置能力的增长速度高于炼油能力的增速，因此二次加工能力占常压蒸馏能力比例逐步提升，如表 5 所示。

表 5　二次加工能力占常压蒸馏能力的比例变化情况

%

年份	催化裂化	延迟焦化	催化重整	加氢裂化	加氢处理
2000 年	8.7	3.4	11.0	5.9	45.5
2016 年	13.1	7.1	13.3	11.1	67.5
2020 年	13.6	8.5	14.5	13.9	73.9

从上表可以看出，2000~2016 年，"一带一路"地区主要二次加工装置占常压蒸馏能力的比例均有不同程度的提升，其中延迟焦化能力提升的幅度最大，加氢裂化次之，催化重整上升的幅度最小。预计到 2020 年，主要二次加工装置占常压蒸馏能力的比例仍将上升，其中加氢裂化装置能力的提升幅度最大。

2016年，“一带一路”地区炼厂的催化重整、加氢裂化装置占常压蒸馏能力的比例基本与世界炼厂的平均水平相当；加氢处理比例存在一定的差距，2016年世界炼厂加氢处理装置占常压蒸馏能力的比例为74.5%，比“一带一路”地区炼厂高出7个百分点，这说明“一带一路”地区炼厂的油品质量升级能力仍落后于世界平均水平；2016年世界炼厂的催化裂化、延迟焦化装置占常压蒸馏能力的比例分别为21.8%和10.4%，比“一带一路”地区炼厂高出8.7个百分点和3.3个百分点，这说明“一带一路”地区炼厂的深加工能力严重不足。

2 “一带一路”地区油品市场状况分析

2.1 “一带一路”地区成品油供需增速较快，占全球比例上升

2000~2016年，“一带一路”地区成品油(汽煤柴油，下同)产量从4.91亿t增加到2016年的8.04亿t，年均增速达到3.1%，高于世界产量平均增长水平(1.5%)。成品油需求量从2000年的4.44亿t增加到2016年的7.12亿t，年均增速达到3.0%，高于同期世界成品油需求的年均增速(1.6%)。预计到2020年，“一带一路”地区成品油产量将进一步增加到9.05亿t；成品油需求量将增长到8.26亿t，2030年进一步增至9.68亿t。近年来，“一带一路”地区成品油供需状况如表6所示。

表6 “一带一路”地区成品油供需状况 万t

地区	2000年		2016年		2020年		2030年
	产量	需求	产量	需求	产量	需求	需求
东南亚	10221	10238	13268	15550	15859	19062	21740
南亚	6483	7564	16893	13801	19400	16603	22912
前苏联/蒙古	10871	7986	17971	10929	19256	12132	13041
西亚北非	17436	14700	26868	25375	30145	28977	33206
中东欧	4105	3872	5368	5528	5812	5840	5947
一带一路合计	49115	44359	80368	71183	90473	82613	96847
世界	214836	213330	274752	276332	290567	298527	314330
占世界的比例	22.9%	20.8%	29.3%	25.8%	31.1%	27.7%	30.8%

从上表数据可以看出：随着“一带一路”地区炼油能力的增长，其成品油产量占世界总产量的比例已相应提高，从2000年的22.9%提高到2016年的29.3%，2020年将进一步提高到31.1%；该地区成品油需求量的年均增速高于世界平均增速，占世界总需求的比例也持续上升，已从2000年的20.8%提高到2016年的25.8%，预计2020年将提高到27.7%，2030年将达到30.8%。

“一带一路”地区的成品油呈现过剩状况，2000年该地区的成品油过剩量为0.48亿t，2016年成品油过剩量已增加到0.92亿t。随着该地区成品油需求的较快增长，预计2020年成品油过剩量将降低到0.79亿t。

2.2 44个国家存在成品油供需缺口

虽然"一带一路"地区成品油供应整体处于过剩状态，但主要是由俄罗斯、印度、沙特阿拉伯、新加坡、科威特等少数炼油大国所致，该地区成品油主要过剩国家如表7所示。

表7 "一带一路"地区主要成品油过剩国家

万t

国　家	2000年	2016年	2020年
俄罗斯	2795	7034	6910
印度	-75	4661	4903
沙特阿拉伯	1584	2342	2715
新加坡	1645	1921	896
科威特	1584	1366	1125
白俄罗斯	263	866	849
阿联酋	96	626	-69
泰国	293	562	239

2016年，"一带一路"地区44个国家的成品油需求量超过产量，或多或少需要依靠进口来弥补供需缺口。成品油供需缺口较大的国家主要集中在东南亚和西亚/北非地区，其中印度尼西亚缺口最大，2016年该国成品油消费量的40%依靠进口，净进口量高达2108万t。其次依次是埃及、伊拉克、土耳其和菲律宾等国，供需缺口分别为969万t、836万t、809万t和807万t。

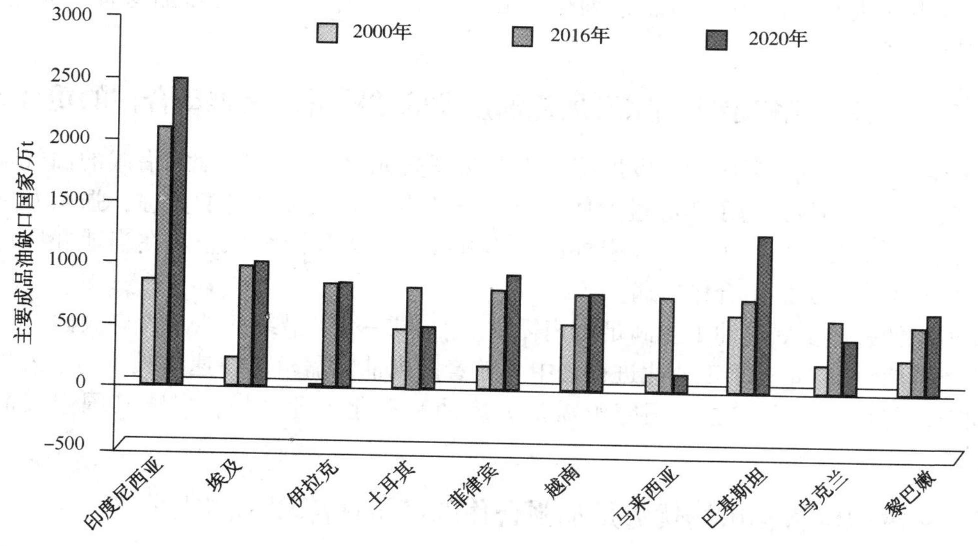

图6 "一带一路"地区成品油供应缺口较大的国家

从图6可以看出，到2020年，印度尼西亚、巴基斯坦、菲律宾、埃及等国成品油供应缺口将进一步扩大，而马来西亚、越南、伊拉克、土耳其等国供需缺口将有所下降。

3 我国企业与“一带一路”地区炼油产业合作机会分析

3.1 我国炼油工业取得巨大成就奠定合作基础

我国炼油工业的生产规模跃居世界前列。2016年，我国炼油能力达到7.83亿t/a，约占全球总能力的16.0%，位居全球第2位；成品油产量3.5亿t，完全满足国内需求，且略有出口。

我国炼油产业集中度明显提升。经过改扩建，我国千万吨级炼厂持续增加，2016年底我国千万吨级炼厂总数已达29座，总炼油能力3.74亿t/a，约占全国炼油能力48%；炼厂平均规模由2000年的195万t/a增长到2016年的348万t/a；形成了长三角、珠三角、环渤海等三大炼油产业集群，2016年，三大炼油产业集群企业炼油能力约占全国总炼油能力的70%。

我国油品质量持续升级。2014年我国车用汽油实施国Ⅳ标准，硫含量不高于50mg/kg；2015年1月1日起全国开始实施国Ⅳ车用柴油标准；2016年1月起，东部地区11个省市供应国Ⅴ标准车用汽柴油；2017年1月起，全国供应国Ⅴ标准车用汽柴油；2017年7月和2018年1月，全国范围内供应国Ⅳ、国Ⅴ标准的普通柴油。

我国炼油技术水平快速提升。我国已拥有现代化炼油厂全流程技术，已具备依靠自有技术建设单系列千万吨级炼厂的能力。已开发形成了较高水平的渣油加氢、催化裂化、催化重整、加氢精制等系列炼油技术，其中催化裂化技术整体达到世界领先水平，形成了世界先进水平的国Ⅴ油品系列生产技术，催化裂化催化剂和加氢催化剂已成功进入国际市场。

3.2 “一带一路”沿线国家发展炼油产业的战略诉求是推动合作的重要动力

“一带一路”油气资源国积极发展炼油工业实现多元化。“一带一路”沿线的油气资源国(如沙特、伊朗等国)，为了摆脱过度依赖单一石油出口对国民经济的支撑，强调发展多元化经济，特别是发展炼油工业，吸引外国资本和技术，为我国炼化企业在当地开展炼化工程、炼化技术出口提供了合作机遇。

发展中经济体发展炼油工业满足国内需求。“一带一路”沿线的地区人口大国(如印度、印尼、巴基斯坦等)正处于工业化进程之中。随着国内油品需求的快速增长，为了发展本国拥有比较优势的制造业，这些国家亟需扩大炼油和石化工业规模，保障其国内成品油的供应。

3.3 资源优势和市场优势是加强合作的经济保障和利润纽带

“一带一路”地区油气资源丰富，资源优势明显。“一带一路”地区原油供需分别约占世界总量的1/2和1/3。原油净出口量超过1亿t的国家高达5个，依次是沙特阿拉伯、俄罗斯、伊拉克、阿联酋和科威特。“一带一路”地区天然气产量约占世界的50%，天然气需求约占世界的42%。该地区天然气净出口量约3000亿立方米，主要净出口国分别是俄罗斯、卡塔尔、马来西亚、土库曼斯坦、印度尼西亚等国。在油气资源丰富的地区合资合作建设炼厂，确保原油资源的长期稳定供应，不但可以保证炼厂最适宜的开工负荷，同时也可在炼厂初始设计、建设和操作过程中，选择最优操作条件，获取最佳合作效益。

部分"一带一路"国家市场潜力较大，炼油产业合作前景广阔。2016年，"一带一路"地区44个国家存在成品油供需缺口，其中10个国家的成品油供需缺口超过500万t。成品油供需缺口的存在不但有利于提升我国企业的油品贸易规模，而且将推动当地炼油产业的发展，带来更多的投资合作机会，同时为炼化工程服务创造发展空间。2016~2020年，"一带一路"地区将新增炼油能力1.4亿t/a，约需投资额700亿美元；预计2020~2030年，为满足该地区炼化产品需求增长及出口要求(假设净出口量维持2020年的水平)，该地区将新增炼油能力2.4亿t/a，约需投资额1200亿美元。

4 合作建议

4.1 优化炼油产业布局

发挥国内炼油企业的比较优势及"一带一路"沿线国家的资源或市场优势，在"一带一路"沿线国家建设打造以下合作基地，优化产业布局：即按照"资源、工程、融资"或"资源、加工、销售"等模式重点推进油气资源合作区的建设；统筹"一带一路"油气资源的供应渠道，在资源供应优势明显或市场潜力较好的国家建设炼化工业园区；在油品贸易量大或贸易枢纽地区建设贸易仓储基地；在未来新增炼油能力较大、扩能改造需求较多的国家建设工程技术服务基地。根据"一带一路"油气资源的来源渠道，改扩建国内炼油产业基地，优化国内产业布局。

4.2 一体化合作提升综合效益

体现国内企业的上中下游一体化优势，统筹投资项目的资源、市场等因素，全面评估投资项目的总体综合效益；投资合作项目需与炼油技术、工程建设、运行管理一体化"走出去"，发挥自身比较优势，形成最佳战略方案；统筹考虑投资合作项目与石油产品的贸易、营销关系，进一步提升国内企业的国际市场运作能力，提高整体盈利能力。

4.3 强化投资合作的风险控制能力

"一带一路"地区的投资合作面临着地缘政治、资源、市场、安全、法律等多种风险，因此应把风险控制放在第一位。建立重大项目的前期评估评价机制，加强对国际石油石化行业宏观走势的分析研判，加强对项目所在国的投资环境、政治风险的跟踪监测和形势预判，提高预测精准度，做好重大境外投资项目的可行性研究工作。建立投资项目建设和运营后的风险评价机制，开展重大投资项目的中期评估和后评价工作。建立高效常态化的境外投资预警机制，防范投资风险等。

4.4 "抱团出海"合作建设炼化产业园区

"一带一路"沿线国家将发展成为我国企业"建立产业联盟，建设产业园区"的重点地区。国内炼油企业需发挥炼油投资项目产业关联度高、带动力强的优势，在具有资源优势、市场发展潜力，且投资环境较好的沿线国家建设炼化产业园区，推动上下游相关企业“抱团出海”，积极带动成套装备、材料、技术、标准和服务等“走出去”，推动国际化经营向中高端发展。加强上下游产业间的联盟合作，相互促进境外业务的发展，相关产业的发展也将推动国内炼油企业在“一带一路”地区加快“走出去”的步伐。

智能化技术推进炼油行业转型升级

乔 明 李雪静 周笑洋

（中国石油石油化工研究院，北京 102206）

摘　要 加快推进先进智能制造方式变革是我国炼油行业转型升级和可持续发展的重要途径。智能炼厂的核心是建设与互联网技术、信息技术融合的智能化先进生产方式。通过对炼油企业生产运行信息和数据的获取、分析，将分散的设备和复杂的工艺流程进行一体化管理，提高生产效率，降低成本，加快响应速度，推动传统炼油行业的转型升级。除了对常规生产运行过程进行管理和维护以外，智能化技术还可以帮助炼厂实现个性化的定制服务，提升精细化管理水平。

关键词 智能化 炼厂 数字化 自动化

全球炼油企业正面临炼油能力继续加速上升、油品需求增长疲软、产品质量标准提升、原料来源多元化、安全环保压力增大等诸多挑战，提高企业竞争力和经济效益的需求更加迫切。从我国的情况来看，我国炼油行业虽然综合实力和科技创新能力显著提升，结构调整稳步推进，但仍然面临结构性过剩矛盾突出、产品质量升级加快、创新能力不足、安全环保压力大、产业布局不尽合理、国内市场竞争加剧等挑战。利用智能化技术对炼油企业进行高效运行管控有助于企业提高生产效率和运行可靠性，正逐渐在国内外先进炼油企业开始推广应用。我国炼油企业在自主创新能力、资源利用效率、信息化程度、安全环保等方面与国际领先水平有一定差距，加快推进先进智能制造方式变革是炼油行业转型升级和可持续发展的重要途径。

1 智能炼厂发展的背景和定义

炼油工业作为技术密集型工业，技术创新在提高企业经济效益、降低生产成本、提升产品质量方面发挥了重要作用。经过近一百年的发展，炼油生产的单元技术从最初的简单蒸馏技术，逐步发展到溶剂精制、焦化到催化裂化、加氢等更为先进成熟的单项技术，满足了炼油业务生产清洁油品和化工原料的需求。炼油企业要保持可持续发展，一方面必须加快炼油技术的升级换代，利用新技术推动生产力，降低技术成本；另一方面利用先进智能制造技术改变传统炼化企业的生产运行模式，提高生产效率，降低生产成本。

智能制造、“互联网+”等信息科技的跨越式发展为传统炼油企业提供了新的发展机遇，推动了跨行业、跨领域的多元化技术集成与融合，使炼油企业向着技术高端化、管理精细化、生产灵活性更高的方向发展，在这个背景下出现了智能炼厂的发展趋势。美国燃料与石化生产商协会（AFPM）年会是世界炼油技术领域最重要的国际会议之一，历来被业界视为炼油技术风向标，基本反映了全球炼油技术的发展趋势。在2003年的AFPM年会上，首次出现了与智能化炼厂相关的技术论文，随后的十几年中，相关论文逐渐增多，内容涉及炼厂运行维护和安全管理，信息安全，特定装置的运行优化，仿真培训等内容，以提升炼厂的运行效率和盈利水平。智能化炼厂议题的出现体现了智能化技术对推动炼油行业持续快速发展发挥着越来越重要的作用，同时向我们预示了炼油行业智能化发展的具体方向。根据埃森哲和GE公司2014年的研究报告，87%的石油和天然气公司将大数据分析列为公司前三位的优先战略。大数据分析是实现智能炼厂的关键，这表明智能化已经进入油气公司的核心战略层面。尽管数字化不是炼厂最大的投资领域，近三分之二的炼厂计划在未来3~5年内增加对数字技术的投资。

从广义上说，智能炼厂是指在传统的炼厂自动控制流程操作的基础上提出的一种新型生产模式，通过生产流程、生产设备、管理软件、产品开发工艺及流程工艺四个层面，利用网络通信、网络控制等系统功能构建一个生产管理人员、装置设备、装置产品互相连通的智能网络，使炼厂生产运行具有计算、通信、精确控制、远程协作和自我调适等智能化功能(见图1)。核心是基于对大数据中关键信息的分析和应用，提高生产精细化管理水平和可控性，提升决策的科学性和可靠性。

执行
专家咨询
系统优化
实时模拟
决策
数据
采集
现场智能仪器设备
装置数据库
数字工厂网络
预测
分析
预测分析
建模优化性能
云计算
大数据挖掘和分析

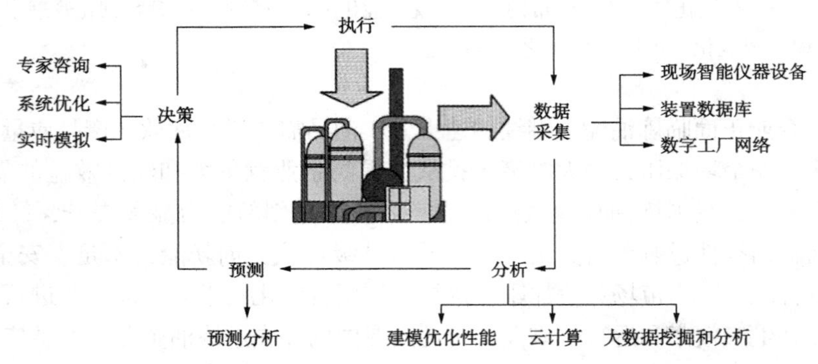

图1 智能炼厂运行网络系统

过程自动化、数字化、监控技术等智能化技术在炼油企业已经应用多年，近年来，新一代信息技术的进步在智能化技术的概念和应用中增加了物联网、大数据、云计算等内容。结合装置运行的上下游情况及对历史数据的持续分析，智能化系统能够进行自主学习，不断改进提升系统的预测和决策能力，并确保实施方案可以重现结果，在新的运行环境和过程变化中可以扩展应用，使企业的生产运行向预测性更强、管理更加精细、生产成本更低的方向发展(见图2)。

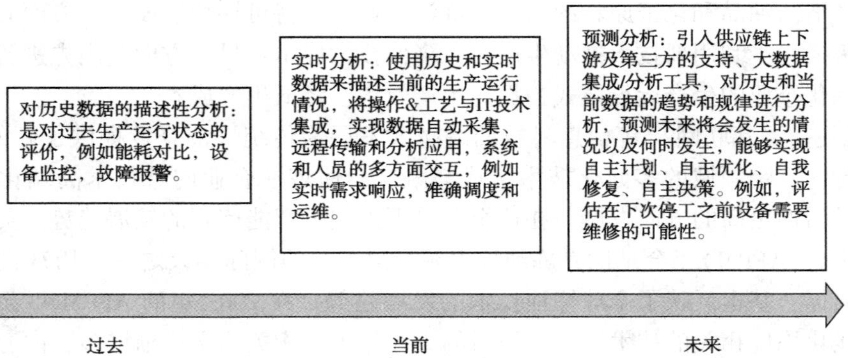

对历史数据的描述性分析：是对过去生产运行状态的评价，例如能耗对比，设备监控，故障报警。
实时分析：使用历史和实时数据来描述当前的生产运行情况，将操作&工艺与IT技术集成，实现数据自动采集、远程传输和分析应用，系统和人员的多方面交互，例如实时需求响应，准确调度和运维。
预测分析：引入供应链上下游及第三方的支持、大数据集成/分析工具，对历史和当前数据的趋势和规律进行分析，预测未来将会发生的情况以及何时发生，能够实现自主计划、自主优化、自我修复、自主决策。例如，评估在下次停工之前设备需要维修的可能性。
过去
当前
未来

图2 智能化技术的演变历程

此外，这种互相连通的智能网络还将扩展到炼厂“围墙”以外，覆盖上下游价值链上的相关合作企业(见图3)。通过将生产、工艺、装置设备与供应商相互连通，使供应链中的各方可以更好地了解物料流动和生产周期等流程的内部关联性，及时准确地响应需求。

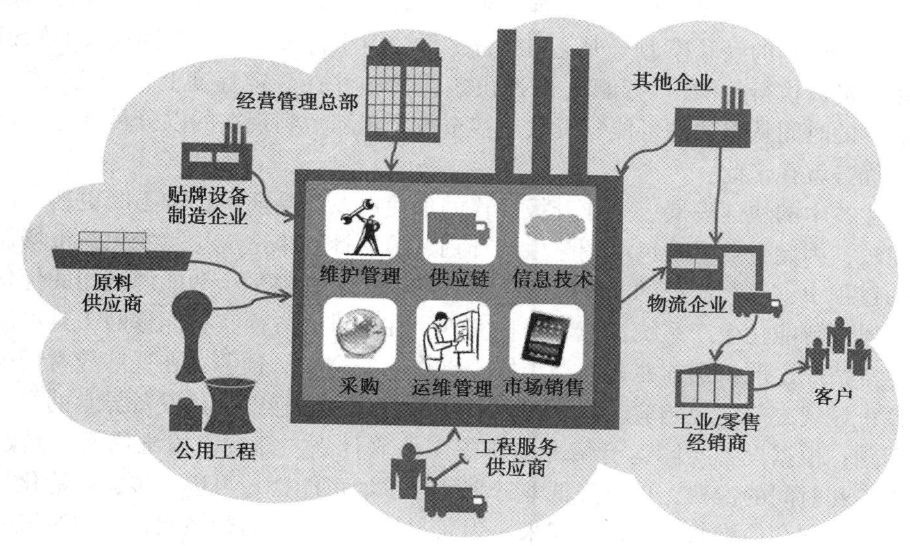

图3　智能化技术连接的企业实现新的价值链模式

2　智能炼厂技术的特点和作用

炼油这种流程工业，工艺流程长，过程不稳定性高，控制精度要求高，尽可能减少非计划外操作、确保安稳长满优运行极为重要。智能化技术的发展使操作人员利用智能传感器、无线和自动控制技术等对地理位置分散的各种设备进行一体化管理和监控，通过监控、分析、预测、决策等系统流程实现炼厂生产运行从被动反应转为主动预测管控，减少操作失误，预警装置运行的潜在风险，进一步提升装置和工艺的可靠性，缩短炼厂停工时间，确定可能的优化方案，提升整体盈利空间。智能炼厂主要包括自动化、数字化、可视化、模型化、集成化五大关键技术，技术应用范围涉及生产管控、供应链管理、设备管理、能源管理、HSE管理、辅助决策等领域。具体包括：①原油采购和加工方案确定，计划排产；②资源配置和物流管理的智能化优化；③生产过程自动化和优化控制；④油品结构调整和优化；⑤安全预警的智能化监控和报警；⑥设备运行监控和全生命周期管理；⑦智能化仓储管理。

可以看到，炼厂重视智能化技术的原因无非是三方面：提高运营效率、提高可靠性、提高检维修的效率和可预测性。目前在炼化企业应用最多的方面是监控设备的可用性/可靠性，对即将发生的故障或者设备性能下降进行预警。

利用DCS和数据分析工具辅助炼厂的操作和控制并不是新过程，以往是通过人工把大量数据导入系统，用本地分析软件和手动操作完成的。这个过程效率不高，有时在数据生成、问题识别和纠正措施之间有明显的滞后时间。智能化技术通过更快地识别信息和响应异常状况来进行更高水平和高效的一体化控制，增强与其他企业的相互连通，实现自动和协同的工作流程。面对大量复杂、多样化、快速汇集的数据，降低了支持这些应用程序所需的技术水平和人力资源要求。分析重点转向预测和提出有针对性的解决方案，操作人员的关注点转向在线质量控制、在线成本控制等与炼厂生产管理绩效和核心竞争力最为相关的指标上。基于大数据分析得到的经验模型与理论相结合，形成对事件及其背后原因认知的知识，同时将知识转化为可以执行的操作“智能”(即提出响应措施并在一定程度上自动化操作)，并将这一过程需要的时间从以往的可能延续数年甚至数十年缩短到现在的以分秒计算，智能化技术最关键的优势就在于此。

随着炼化技术的快速发展、产业升级换代的加速以及产品质量标准不断更新，产品生命周期大大缩短，因此企业需要灵活调整生产计划、检修计划来适应快速变化的市场需求。在调整生产的过程中，工艺流程的改变、工艺参数的调整、物料平衡和能源利用的优化、成本控制都可以通过智能化生产系统快速、平稳实现。在检维修方面，智能诊断工具可以在设备运行出现异常情况之前识别前兆并向检维修、操作、安全人员预警，在这些异常情况可能导致的影响真正显现之前缩短响应时间；智能诊断系统还可以辅助确认设备异常的根源，及时有效解决问题；根据设备实际运行情况安排停工检修计划，即按需检维修而不是定期检维修，减少人工和时间的浪费，也可降低非计划性停工的可能性。再进一步，智能化技术可以将炼厂的生产计划和检维修策略结合起来，为获得最佳的整体运行绩效，根据装置未来预期计划的运行状态(而不仅是根据固定的生产周期、检维修周期或者当前的运行状况)来进行优化和决策。

以印度信实公司Jamnagar炼厂为例，Jamnagar炼厂的炼油能力为6200万t/a，是全球最大的炼油企业，该炼厂的运行成本、装置能耗等各项生产技术经济指标达到世界领先水平，2016年炼油毛利达到10.8美元/桶，比新加坡基准炼油毛利高3.3美元/桶。Jamnagar炼厂一直是满负荷运转，开工率维持在100%以上，高于亚太、欧洲以及北美地区炼厂的平均水平。该炼厂的原油评价、采购和物流系统自动化程度高，可将原油成本降至最低。炼厂累计加工了100多种原油，每月加工原油达到20~30种，利用先进原油调合系统保证进入炼厂常减压装置的原油性质长期稳定，使装置的操作不出现大的波动。Jamnagar炼厂能对产品各组分进行细分，最大化生产价值最高的产品，从而最大化提高生产效益。炼厂能够保持长周期运行，达到5年一修的水平，大修时间只有20天左右。Jamnagar炼厂卓越的生产经营业绩离不开世界领先水平的管理和运营手段，其中很重要的原因之一是以先进的传感器、自动控制系统、云技术等为代表的智能炼厂技术的应用。

炼油生产依照工艺流程的设计参数运行不会自动实现可靠性和优化效益的目标，而是需要通过控制才能实现。目前，无论是先进过程控制、过程安全预警、关键绩效指标等辅助炼厂提高生产效率的手段，都离不开具备专业知识和经验的现场操作人员和/或专家准确捕获有价值的信息，并应用这些信息有效地监控各种操作流程，指导决策过程。未来，智能化技术的应用不仅仅是支持炼厂常规生产经营目标的实现，为提高决策过程的效率提供高质量的信息，更重要的是利用其智能化的特点根据预测提出科学规范的优化操作方案，最终实现自主决策和运行管理(见图4)，将人的干预降到最低。举例来说，国外有公司报道，利用智能化技术已经可以做到电脑本身能够判断和决定哪些设备或零部件需要更换，并且根据一定的价格区间去优选目标供应商，完成采购，全程不需要人工参与。此外，通过工业物联网技术能够实现原油采购、计划调度和加工的智能化管理，即原油采购人员快速确定一种适合目标炼厂加工的、有价格优势的原油，系统及时向原油调度人员反馈信息，提高调度效率。同时系统还能够根据该种原油的特征，结合炼厂产品结构和装置特点提出加工方案以及装置操作调整的建议。

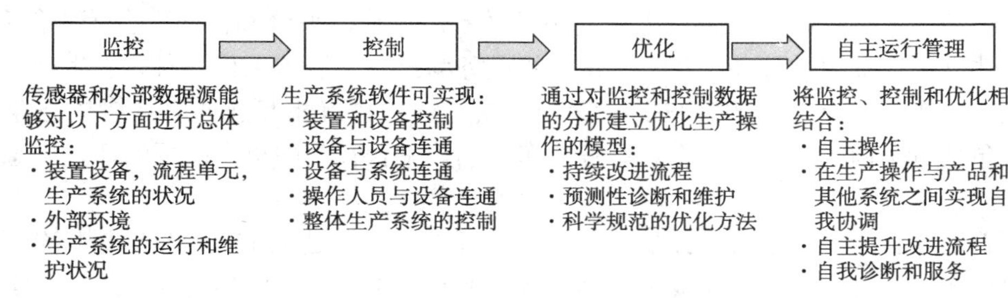

图 4　实现智能化炼厂的要素

除了对常规生产运行过程进行管理和维护以外，智能化技术还可以帮助炼厂实现个性化的定制服务。BASF 公司是德国工业 4.0 革命进程中率先探索和实践在智能化的生产车间生产高度定制化的日用化学产品的石化企业。对于炼油这样的大宗产品生产行业，产品的通用性和标准性较强，目前针对单独客户的小批量差别化产品生产需求不太可能实现。但为我们提供了一个很好的思路，即提高炼厂自主调整生产的灵活性，尽可能利用低成本、可获得的内外部资源实现标准化产品的生产目标。例如汽油调和组分的优化选择。

智能炼厂技术的进步提升了炼厂生产的精细化管理水平，借助智能炼厂技术的支持，以实现资源优化利用、多产高附加值产品为目标的分子炼油技术得到了快速发展。分子炼油是对原油从分子水平上进行深入认识，根据原油不同组分的特点精细加工，优化工艺，最大化利用每种原油分子的价值，实现对产品的精准预测，尽可能提高转化效率，减少副产物的产出。随着新一代信息技术、精细分析检测技术的快速发展，一些石油公司已经开始将分子炼油技术从理论认知层面提升到炼厂生产运行层面进行实践。ExxonMobil 公司最先应用分子炼油的模式来运营管理其炼厂，对炼油过程进行整体优化。中国石化镇海炼化也在智能化炼厂建设中引入分子管理理念，通过原油资源和能量配置优化实现炼化一体化企业效益最大化。文献显示，分子管理技术在两家公司的应用均取得了很好的经济效益。

3　智能化技术在我国炼油企业的应用效果

炼油工业是资金技术密集的过程流程工业，具有建设智能工厂的良好基础和巨大潜力，特别是在当前全行业加快结构调整和转型升级的新形势下，加快智能工厂建设对推动我国炼油行业由大变强具有重要意义。当前新一代信息技术与制造业深度融合，正在形成新的生产方式、产业形态、商业模式和经济增长点。

据统计，我国目前超过 90% 的规模以上炼化企业应用了过程控制系统（PCS），生产过程基本实现了自动化控制，企业资源管理系统（ERP）、制造执行层（MES）、先进控制（APC）等技术的应用使生产效率、安全环保、节能减排水平得到进一步提高①。从 2015 年起，为

① 《石化和化学工业发展规划（2016—2020 年）》

加快推进信息化与工业化两化融合，国家开始实施智能制造试点示范项目。

中国石化在智能炼厂的建设方面走在国内石油公司的前列，其中九江石化和镇海炼化分别为2015年和2016年的智能制造试点示范项目。试点企业的先进控制投用率、生产数据自动数采率均达到了90%以上，生产优化从局部优化、离线优化逐步提升为一体化优化、在线优化，劳动生产率提高了10%以上。利用云平台、大数据平台和移动平台等智能化技术，中国石化建立了以油田、炼油、化工、销售等业务为核心，涵盖工程、科研、生产、服务的业务价值链，实现了上下游的客户关系管理、供应链与物流相互连通。围绕核心业务价值链，形成包括电子商务、支付与金融服务、车联网等平台在内的更大范围的商业生态圈，进行业务协同、精准营销。

中国石油在智能炼厂建设方面也进行了工作部署，累计建成应用80大集中统一信息系统，搭建形成5大集成平台，完成了信息化从分散到集中、从集中到集成的跨越，实现了在经营管理、生产运行管理、办公管理等方面的流程贯通和数据共享。通过建设覆盖油田、炼化、销售等业务的物联网系统平台、具有云计算功能的数据中心和移动应用平台，实现信息化与自动化集成，大幅提升了劳动生产率和资源利用效率，向共享服务和数据分析应用的智能化新阶段发展。在生产运行方面，中石油已经形成了油气田实时生产指挥、炼厂生产运行监控等生产运行共享中心。

4 结语

转型升级、提质增效是我国炼油行业在经济发展新常态下提升竞争力、实现可持续发展需要解决的关键问题。炼油企业在全球环境下面临的挑战和机遇并存。从国内发展环境来看，我国经济正在稳中回升，经济发展、社会需求的变化和制造业新模式的出现为炼油石化行业的发展提供了新的增长潜力和有利条件。

智能制造是未来几年我国炼油行业转型升级的重点任务之一。自2015年以来，我国陆续发布《中国制造2025》、《国家创新驱动发展战略纲要》等推动新旧动能转换和结构优化升级的纲领性文件，提出加快工业化和信息化深度融合，推进生产过程智能化，培育新型生产方式，全面提升企业研发、生产、管理和服务的智能化水平，提升产业竞争力，推进产业质量升级。

炼油石化行业是国家实施创新驱动发展战略的重点行业，在《关于石化产业调结构促转型增效益的指导意见》和《石化和化学工业发展规划》等重要政策文件和战略规划中，国家积极鼓励炼化企业深入开展智能工厂建设实践，加快转型升级，用大数据、云计算、物联网等新技术带动传统企业生产、管理和营销模式变革。“十三五”期间，我国炼化行业将按照“中国制造2025”和“互联网+”行动计划，加快推进两化深度融合，力争完成8~10家智能工厂示范建设，进一步提升企业数字化、自动化、智能化水平，促进企业生产方式、管理方式和商业模式的创新，促进传统制造业转型升级，实现提高劳动生产率、降低运营成本的目标，为炼化企业持续健康发展注入新动力。

最后需要强调两点：一是智能化技术目前在油气行业中实现常规性工业化应用的成功案例相对较少，其应用效果还有待进一步评估。未来的工业企业将是利用智能化手段和工具进行监控、控制、优化，最终实现通过智能化系统自主管理的工厂，这在当前来看仍然是一种

“愿景”，需要数年时间才有可能实现。面临的挑战主要是：智能化不是简单的数据和设备的连接，是对大量数据进行排序、分类、筛选、分析的能力，这对设备的“智能”要求很高；智能化系统使炼油企业在一定范围内将生产经营的数据进行共享，要处理好信息安全、技术秘密和知识产权保护的问题。二是智能炼厂技术只是炼厂提升操作水平和整体业务链价值的手段，炼油生产工艺的进步才是推动炼油行业生产力革命的本源。

参 考 文 献

[1] 杨金华，邱茂鑫，郝宏娜，等．智能化——油气工业发展大趋势[J]. 石油科技论坛，2016(6).

[2] 中石化将打造 10 家“智能工厂．人民网，2016-9-9，http：//energy. people. com. cn/n1/2016/0909/c71661-28704991. html

[3] The Smart Connected Factory of the Future，ARC Advisory Group，2015-06.

[4] 王海龙．九江石化：流程型智能制造样本[J]. 中国工业评论，2016(6)：72-77.

[5] 杨春立．我国智能工厂发展趋势分析[J]. 中国工业评论，2016(1)：56-63.

[6] 石化和化学工业发展规划(2016-2020 年)

[7] Douglas C. White，The “Smart” Refinery：Economics and Technology，NPRA 2003 Annual Meeting，2003-03.

新常态下炼油业生产技术的“二次创新”到“原始创新”

王　刚

（中国石化抚顺石油化工研究院，抚顺　113001）

摘　要　我国炼油业面临原油重质劣质化、炼制全过程环保和清洁燃料质量升级的“压力三大”的挑战，只有依靠技术开发的持续不断创新。本文以近些年来 FRIPP 几项典型性创新技术的开发和应用为案例，即对大分子硫化物脱除关键技术、高芳烃柴油加氢转化生产高辛烷值汽油/轻芳烃 FD2G 技术、渣油加氢技术的开发历程中的创新思维、创新过程和结果进行阐述，对创新之路进行梳理、归纳和总结，并对今后的技术创新工作进行了展望。

关键词　新常态　炼油业　技术　创新

炼油业随着新中国翻天覆地的发展而取得举世瞩目的成就，这一切取决于炼油业科技工作者的持续技术攻关和不断创新。但很多尚属于跟踪研究，特别是引进后的消化吸收。近年来，我国炼油业面临原油重质劣质化、全过程环保和清洁燃料质量升级的“压力三大”的挑战，只有依靠技术开发的持续不断创新。面对危机挑战，技术创新仍是炼油业发展的推动力，我们更加注重发挥科技创新的“推进器”作用，取得明显成效。经过多年的科技创新，中国石化抚顺石油化工研究院（以下简称 FRIPP）在适应劣质化原油加工的多项技术、油品质量升级持续推进等方面实现了两类转变：一是实现了单项技术研发向突出重大战略性成套技术研发的集成创新转变，二是实现了以跟踪研发为主的二次创新向原始创新的转变。本文以近年来 FRIPP 几项典型性创新技术开发和应用历程中的创新全过程进行阐述，并进行梳理、归纳和总结，并对今后的技术创新工作进行了展望。

1　含空间位阻的大分子硫化物脱除关键技术及相关催化材料创制

近几年，随着国内炼油能力的快速增加，同时石油对外依存度的不断增加，高硫原油的大量进口，需要尽可能地深度加工更多的重质馏分油，也意味着需要加氢精制的二次加工柴油如催化及焦化柴油的比例在不断增加。同时，进口原油的重质化及劣质化，使得柴油原料中的硫、氮及胶质等杂质含量增加，而同时我国柴油产品质量标准也在不断提高，尤其是对柴油中的硫含量、十六烷值及多环芳烃含量指标要求更为严格。二次加工柴油必须经过深度加氢精制才能满足柴油质量标准要求，同时还有更多原来可直接用来调和的轻直馏柴油也需要进行加氢脱硫处理才能满足柴油质量升级的要求。因此柴油加氢技术在炼厂油品生产中的地位突显重要。尽管可以通过提高反应温度、降低反应空速、改建或新建装置增加反应器体积、增加循环氢脱 H_2S 装置、降低馏分切割点及采用更高活性催化剂等方式来提高脱硫深度，但提高反应温度会增加能耗和缩短催化剂使用寿命，降低反应空速会降低处理量，改建或新建装置会增加装置投资及催化剂用量，相比之下，最经济和简便的方法是根据装置工况条件选择最合适的柴油深度加氢脱硫工艺和催化剂技术。

对不同柴油进行了硫结构及质谱等详细分析，见表1、表2及图1。在常二、常三、焦柴及催柴四种柴油中，常二线轻柴油中硫、多环芳烃含量相对低，含取代基的二苯并噻吩类难脱除的硫化物含量仅为13.4μg/g，只占总硫含量的0.3%；常三线柴油中硫含量是常二线的2倍，而催柴及焦柴中硫含量接近常二线柴油的4倍，需要脱除的硫化物大幅度增加；此外，从图1硫结构分析结果看，尽管常三线柴油中硫含量没有焦柴高，但结构复杂的硫化物含量高于焦柴中含量，表明常三线柴油生产超低硫柴油时的脱硫难度甚至会高于焦化柴油。

表1 不同柴油芳烃含量对比数据

油品名称	常二线柴油	常三线柴油	焦化柴油	茂名催化柴油
总芳烃/%	22.0	28.2	39.2	63.6
单环芳烃/%	12.7	13.5	19.7	12.9
二环芳烃/%	8.9	12.5	16.2	42.6
三环以上芳烃/%	0.4	2.2	3.3	8.1
多环芳烃比例/%	42.3	52.1	49.7	79.7

表2 不同柴油硫含量及硫化物分析数据

油品名称	常二线柴油	常三线柴油	焦化柴油	茂名催化柴油
硫含量/%	0.45	0.96	1.61	1.71
4，6-DMDBT/(μg/g)	4.2	192	154	210
C_3DBT/(μg/g)	0	506	790	920
DMDBT 总量/(μg/g)	13.4	4817	13900	15000
DMDBT 比例/%	0.30	50.17	86.37	87.85

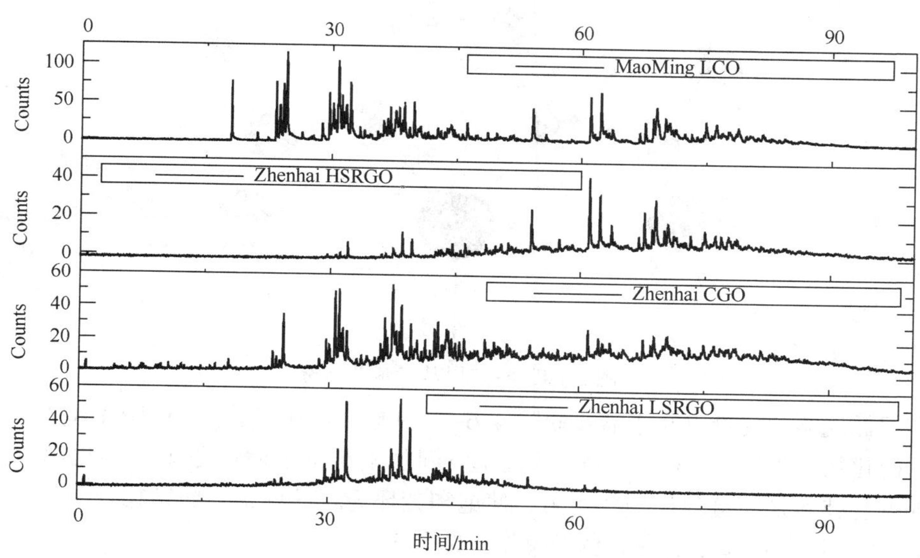

图1 不同原料油所含硫化物的硫结构图

此外，从表1还可看出，直馏柴油中芳烃含量低于30%，常二线轻柴油中以单环芳烃为主，但常三线直柴中多环芳烃含量超过总含量的50%，焦化柴油芳烃含量明显高于直馏柴油，多环芳烃约占总含量的50%，而催化柴油中芳烃含量高达63.6%(MIP催柴芳烃含量甚至超过75%)，多环芳烃占79.7%。可见，与直柴相比，焦化柴油及催化柴油芳烃含量大幅度增加，尤其是多环芳烃含量增加更为明显，深度脱硫时位阻效应影响更显著，增加了超深度脱硫的难度。

因此，对于直馏柴油为主的原料油的深度脱硫，应设计直接脱硫活性好的氢耗低的催化剂，而焦柴、催柴等劣质柴油超深度加氢脱硫催化剂则需要重点提高催化剂的加氢活性和脱氮活性，同时催化剂的孔结构应更适合结构复杂大分子硫化物的脱硫反应。

柴油深度和超深度加氢脱硫在反应机理上与常规的加氢脱硫有着很大的差异[1~6]。当进行深度脱硫时，面临的是柴油馏分中结构相对复杂且有位阻效应的硫化物(如4,6-二甲基二苯并噻吩及2,4,6-三甲基二苯并噻吩类)。常规的加氢脱硫分加氢途径和直接脱硫途径两种，而在脱除有空间位阻效应的硫化物时则同时存在上述两种过程，并根据原料油的组成、装置的操作条件不同而存在不同的主次之分。例如，以直馏柴油为主的深度脱硫，主要遵循直接脱硫途径；而催柴、焦柴等劣质原料油由于多环芳烃及氮含量高，除了深度脱硫外还有芳烃饱和及十六烷值提高等要求，此类原料油的深度脱硫主要遵循加氢后再脱硫的反应途径。因此，不同原料油的深度脱硫应设计有不同活性组分的加氢脱硫催化剂，才能满足在最为经济合理的条件下加工不同原料油生产低硫柴油的企业需要，真正做到“量体裁衣”地为企业提供合适的催化剂体系[7]。

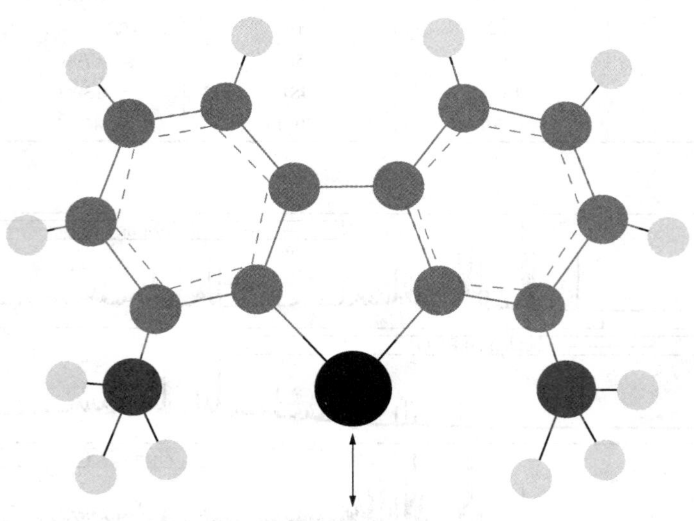

图2 4，6-二甲基二苯并噻吩

生产超低硫柴油的难点在于需要脱除4,6-二甲基二苯并噻吩(4,6-DMDBT)类含空间位阻结构的硫化物，见图2；4,6位甲基取代基空间位阻结构阻碍硫原子与催化剂活性中心接触。国外现有技术是通过强化加氢作用，使饱和芳环为环己烷，平面结构变为“船式”或“椅式”空间结构，进而将硫原子突出易于脱除，见图3。

在成功开发FH-UDS系列催化剂的基础上，通过优化活性金属、制备有利于大分子吸附的有效孔道比例较高的新型载体、改进活性金属负载方式等多种措施，增加了催化剂活性

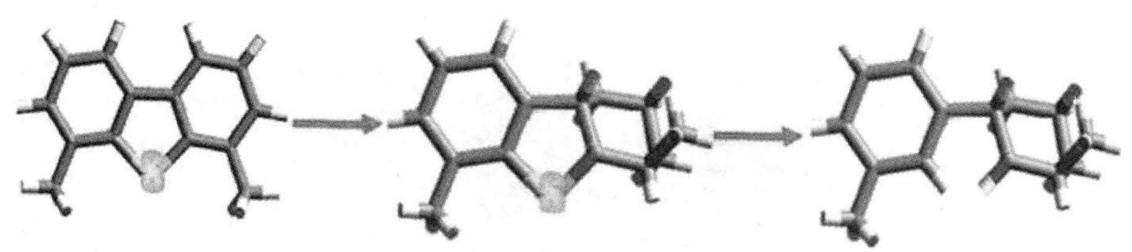

图 3　国外现有技术 4,6-二甲基二苯并噻吩加氢脱硫反应的直观图

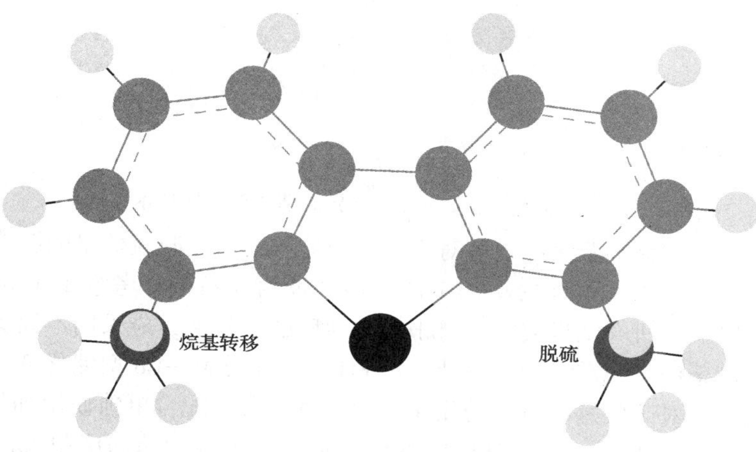

图 4　较现有技术更为理想的脱硫途径是烷基转移脱硫

中心数及其本征活性，提高了催化剂脱除大分子硫化物的活性，开发出 Mo-Ni 型 FHUDS-6 柴油超深度加氢脱硫催化剂。通过新型助剂调变金属浸渍液及改进活化方式，提高了活性中心数及其本征活性，降低了催化剂装填密度，开发出活性略优于 FHUDS-6、装填密度降低 20%的 Mo-Ni 型 FHUDS-8 柴油超深度加氢脱硫催化剂。

针对反应器不同床层的工况条件和反应特点，结合不同类型催化剂在不同条件下超深度脱硫时的优缺点，开发了 S-RASSG 柴油超深度脱硫级配技术。研究表明：在较高的氢分压、较低的空速条件下，W-Mo-Ni(或 Mo-Ni)催化剂的加氢活性优势明显，加氢产品中总芳烃、单环芳烃以及多环芳烃量随着反应温度升高而降低，且都低于 Mo-Co 催化剂的加氢产品。但是反应温度过高(>370℃)，W-Mo-Ni(或 Mo-Ni)催化剂芳烃加氢饱和热力学平衡效应显现，芳烃含量增加，因而也会导致深度脱硫效率下降。而 Mo-Co 催化剂受热力学影响较小。反应器上床层温度相对较低、氢分压较高、硫化氢和氨浓度低，其反应条件更适合芳烃饱和，有利于发挥 Mo-Ni 型催化剂的加氢活性。反应器下床层氢分压相对较低、硫化氢浓度高、特别是运转中后期反应温度高容易受热力学平衡限制，不利于催化剂加氢活性的发挥，反而是 Mo-Co 型催化剂在此条件下更易实现超深度脱硫。将活性高的 W-Mo-Ni(或 Mo-Ni)催化剂装在反应器上床层，有效降低有机氮化物对烷基转移的抑制作用，建立了适于烷基转移的反应环境；下部高温区装填高温稳定性好的、具有烷基转移功能的 Mo-Co 型 FHUDS-5 催化剂，以便更好地发挥不同类型催化剂的优势，并有效降低高温下热力学限制带来的超深度脱硫难度，实现了 4，6-DMDBT 的高效脱除，较使用单一催化剂反应效率提高 30%，见图 5。

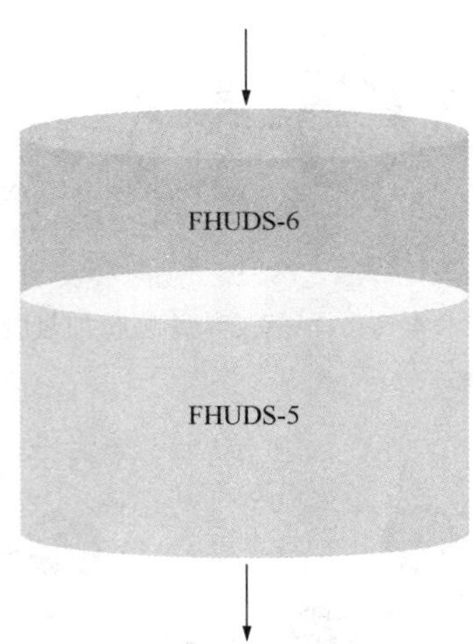

图5 合理利用反应环境差异的催化剂级配技术

考察了不同类型催化剂及级配装填对不同性质原料油深度脱硫效果的影响，分别以直馏柴油、焦化柴油及直柴掺兑40%二次加工油品混合油为原料油，考察了不同级配方式对超深度脱硫效果的影响，研究结果表明：对于不同性质的原料油，应采用不同类型催化剂或级配体系；对于直馏柴油，无需级配，单独使用FHUDS-5类Mo-Co型催化剂更适合在低氢耗下实现超深度脱硫；对于硫氮含量高的焦化柴油，也无需级配，单独使用加氢性能好的W-Mo-Ni(或Mo-Ni)型FHUDS-2及FHUDS-6催化剂具有更好的超深度脱硫活性和十六烷值增幅；而对于直柴掺兑部分二次加工油品混合油的超深度脱硫，级配方式1比单独使用一种类型催化剂具有更好的超深度脱硫效果。采用加氢活性高的W-Mo-Ni(或Mo-Ni)型催化剂与直接脱硫活性高的Mo-Co型催化剂级配装填有利于发挥不同类型催化剂的优势，S-RASSG级配技术比采用单一催化剂具有更好的深度脱硫活性并对原料油具有更好的适应性。

Mo-Co型FHUDS-5催化剂：烷基转移直接脱硫活性好、氢耗低、高温下稳定性好；被英国BP评为世界一流，被挪威STATOIL公司及匈牙利MOL公司评为顶级(Top Tier)；Mo-Ni型FHUDS-6催化剂：芳烃饱和及加氢脱氮性能强，十六烷值增加及密度降低幅度大，与国外公司最新催化剂对比评价达到世界一流水平；Mo-Ni型FHUDS-8低成本催化剂：超深度脱硫活性略优于FHUDS-6催化剂，装填密度降低20%左右，减少催化剂费用，已在镇海、天津及金陵应用。超深度脱硫催化剂性能达到国际领先水平，工业结果得到用户认可，国外生产欧V柴油性能优于国外催化剂。

2 高芳烃柴油加氢转化生产高辛烷值汽油/轻芳烃FD2G技术

催化裂化是炼油业中最重要的二次加工工艺之一。在国内炼油企业中，催化裂化装置作为标配装置更是占据了重要的地位。近年来，随着国内加工原油质量的日益重质化，催化裂化所原料也日趋重质化和劣质化，加之许多企业为了达到改善汽油质量或增产丙烯的目的，对催化裂化装置进行了改造或提高了催化裂化装置的操作苛刻度，导致催化裂化柴油的质量更加恶化，受催化裂化反应机理的限制，催化柴油中富集了较多的芳烃，主要表现在催化柴油的密度大(0.94~0.96g/cm^3)，芳烃含量高(约80%)，燃烧性能差(十六烷值低于20)，给企业柴油质量升级造成了较大的困难，已成为柴油产品质量升级的制约因素。

针对富含芳烃的催化柴油，基于炼化结合和芳烃综合利用的理念，依托现有非贵金属加氢催化剂体系，FRIPP 开发了高芳烃柴油加氢转化生产高辛烷值汽油/轻芳烃 FD2G 技术，高芳烃柴油加氢转化 FD2G 技术的成功开发，为劣质催化柴油的改质提供了一条经济、有效的加工途径。统计资料显示，2013 年中国石化与中国石油催化裂化加工能力达 1.11 亿吨，加上其他企业能力估计会超过 1.2 亿吨，按催化柴油收率平均在 23%计算，催化柴油年产量达 2760 万吨以上，加工需求十分迫切[8]。

2.1 催化柴油加工难点

图 6 是一种典型的以中东原油减压蜡油和渣油为原料生产的催化裂化柴油中芳烃的分布。可以看出，催化裂化柴油中富含了大量的芳烃，其芳烃的分布具有以下特点：催化裂化柴油中以二环芳烃居多，二环芳烃含量可达到 50%以上。随着催化裂化柴油馏分逐渐变重，组分中单环芳烃逐渐减少，多环芳烃所占比例逐渐增加，三环芳烃则主要集中在大于 290～300℃以上的馏分中。而如图 7 和图 8 所示，催化裂化柴油的密度和氮含量也随馏程的变重而逐步增加，在>330℃后有陡增的趋势，这也给催化裂化柴油的加工带来了较大的难度。

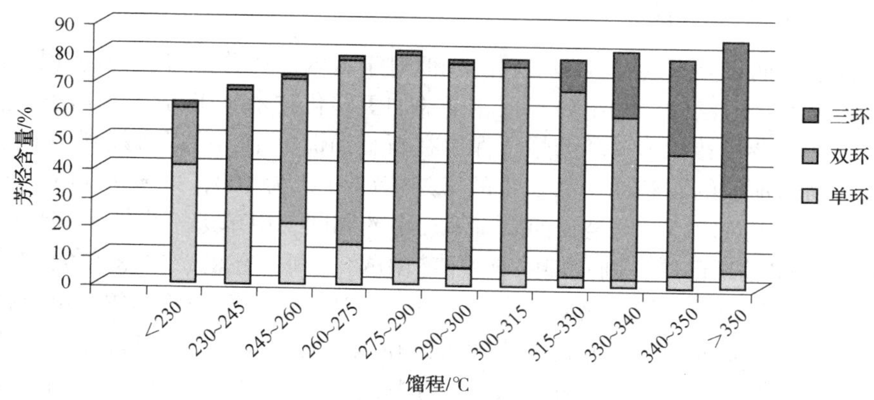

图 6　催化裂化柴油中芳烃分布

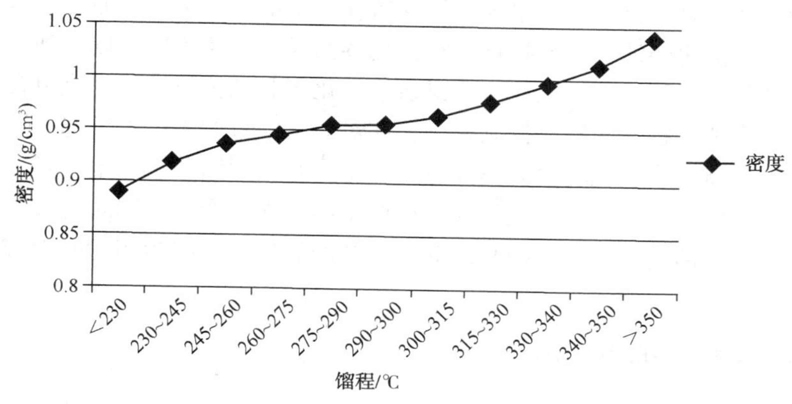

图 7　催化裂化柴油密度随馏程变化趋势

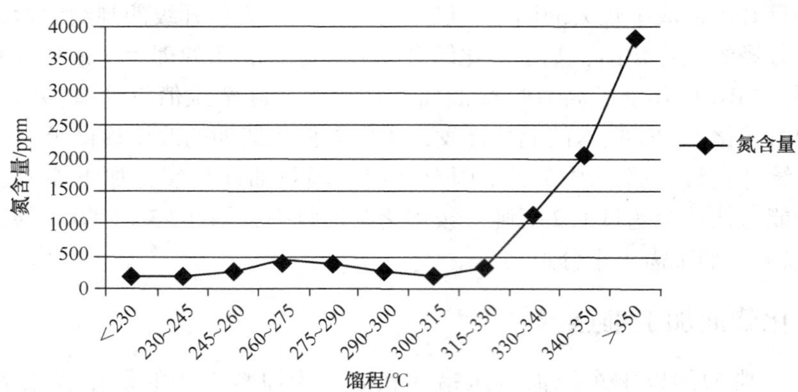

图8 催化裂化柴油氮含量随馏程变化趋势

催化柴油中富集了如此多的芳烃，导致其密度大、十六烷值很低。如欲大幅改善催化柴油的质量，势必要通过加氢改质地手段较大地改变催化柴油的烃类组成，这就意味着加氢改质过程需要大量耗氢，从经济和节能上不是最佳选择，如何经济、有效地提高催化柴油的质量是其加工难点所在。

2.2 FD2G反应路径

对于柴油馏分而言，富含芳烃是不利的，但对于石脑油馏分而言，芳烃含量高的石脑油馏分可以作为高辛烷值汽油调和组分，催化柴油加氢转化技术基于芳烃利用的理念开发，将催化柴油中的多环芳烃转化为单环芳烃，保留在石脑油馏分中，可以有效利用催化柴油中富含的芳烃生产高附加值的石脑油产品。苯的辛烷值(RON)为100，甲苯为115，而间二甲苯的辛烷值(RON)高达117.5。但是，如果将苯、甲苯和间二甲苯进一步加氢成环己烷、甲基环己烷和1,3-二甲基环己烷，则它们的辛烷值(RON)分别只有83、74.8和71.7。研究确定适宜的催化剂和工艺条件，使催化柴油中的二环、三环芳烃按图中所期望的反应路径转化为单环芳烃并富集在石脑油中，而非进一步加氢饱和成环烷烃或二环、三环芳烃直接加氢饱和成二环、三环环烷烃。使以高芳烃催化柴油为原料进行的加氢裂化反应向我们期望的方向进行，即促进芳烃进行适度的加氢、开环、异构化等反应，而抑制芳烃深度加氢转化为环烷烃，并尽可能地将加氢转化生成的单环芳烃保留在石脑油馏分中，从而可以生产高辛烷值汽油调和组分。基于催化柴油的组成特点，将催化柴油通过加氢改质手段达到车用柴油质量标准势必需要较高的压力等级和的氢耗。考虑通过催化剂和工艺技术的优化组合，实现对加氢转化过程中反应物和产物定向转移控制控制，亦对原料中重质芳烃进行选择性加氢，将催化柴油中的多环、重质芳烃加氢转化为单环芳烃保留在石脑油馏分中，生产高辛烷值汽油调和组分。这样不但可以避免过度的氢气消耗、增产了高附加值产品，同时还减少了催化柴油的总量，大幅降低了柴油调和难度。图9以双环芳烃加氢裂化反应为例简明地表示了FD2G技术的理想反应途径[9]。

2.3 FD2G技术的影响因素

任何以化学反应为基础的工艺过程，反应条件(操作参数)都是影响反应速率、反应历程及反应方向的主要因素。FD2G技术本质上是一种在氢气和催化剂存在条件下的气、液共

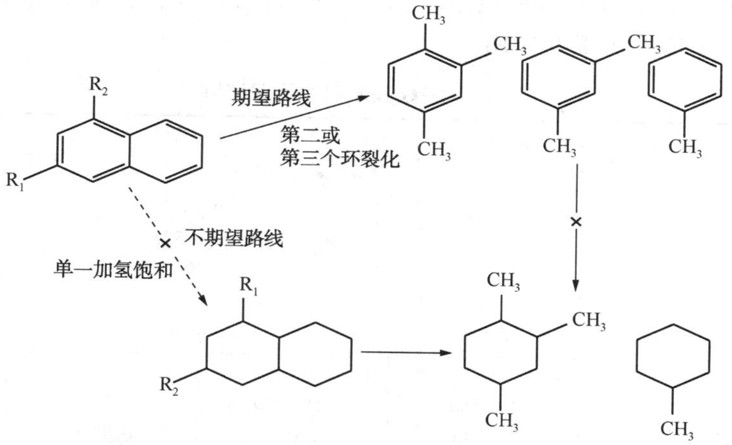

图 9　FD2G 加氢转化技术理想反应途径

存的加氢裂化反应过程，遵循了加氢裂化过程的基本反应原理，其所有操作参数对反应过程的影响也同样适用于 FD2G 技术的反应过程，诸如反应温、体积空速对转化深度和产品分布的影响、氢油体积比对氢分压的影响等[10]。但同时，FD2G 加氢转化技术的关键是通过催化剂和工艺条件组合控制原料中芳烃的加氢饱和深度，在目的产品石脑油中尽可能多地保留轻芳烃，故 FD2G 技术在一些工艺参数的选择上与常规加氢裂化过程还是有些不同的。

催化剂类型的选择是根据不同原料和目的产品要求来匹配催化剂的加氢功能和裂化功能的。比如，轻油型加氢裂化催化剂具有强酸性和相对弱的加氢活性，有利于反应物分子进行加氢、脱氢、氢转移和 C-C 键的断裂以及异构化反应；而中油型裂化催化剂则是具有中等酸性和强加氢活性的双功能催化剂，有利于裂化产物加氢饱和，避免二次裂化，中油选择性好[11]。FD2G 技术要在目的产品石脑油中尽可能多地保留轻芳烃，显而易见，具有弱加氢活性和强酸性的轻油型加氢裂化催化剂比较适合用于 FD2G 反应过程。

研究表明，反应压力对于加氢转化过程影响较大，加氢转化产品中的芳烃含量与反应压力有直接的关系，压力越高越有利于芳烃的加氢饱和[5]。FD2G 反应过程是以高芳烃含量的催化柴油为研究对象，其原料中含有 60%~80%的芳烃，反应压力的影响尤为重要。由于目的产品质量追求的不同，FD2G 技术与常规加氢裂化反应过程在压力等级的选择上有较大的不同。研究表明，压力由 13.7MPa 降至 6.0MPa，目的产品中芳烃含量明显增加，但压力不宜过低，压力过低不但会使催化剂积炭趋势加快，影响到催化剂的使用寿命，而且会影响柴油产品质量的改善，对清洁柴油的生产不利。

催化柴油加氢转化 FD2G 技术于 2013 年 9 月利用金陵分公司加氢裂化装置开展了工业应用试验。表 3 工业 2014 年 1 月工业装置标定应用结果可以看出，通过对催化裂化柴油加氢转化过程的有效控制，实现了将催化裂化柴油中的重芳烃部分转化为轻芳烃的目的。当按生产汽油方案运行时，汽油馏分研究法辛烷值(RON)大于 90 且硫含量小于 10μg/g，是高辛烷值清洁汽油调和组分；当按生产催化重整进料方案运行时，重整料芳烃潜含量达到 84.7%，是优质的催化重整进料，而且其中 BTX 组分(苯、甲苯和二甲苯)含量达到了 32.0%，也可以考虑进行芳烃抽提来直接制取轻芳烃；同时改质柴油与原料相比改善幅度较大。该技术即可有效降低劣质柴油的量，支撑柴油质量升级，又可生产大量国Ⅴ汽油的理想组分，实现产品结构调整，提高经济效益，实现催化柴油全转化的全球首次工业应用。

表3 FD2G 技术典型标定结果

项目	标定结果			
原料油				
密度(20℃)/(g/cm³)	0.9213			
馏程范围/℃	209~357			
硫/(μg/g)	2991			
氮/(μg/g)	117			
十六烷值	25.3			
产品				
馏分范围/℃	65~150	150~210	<210	>210
密度(20℃)/(g/cm³)	0.7930	0.8571	0.8259	0.8706
硫/(μg/g)	8.6	4.3	8.0	15.6
RON	91.6	96.8	93.9	
十六烷值				35.0
BTX	42.57			

3 渣油加氢研究新进展

渣油加氢技术不但能够高效充分利用石油资源，增产高品质的轻质油品，同时还能脱除原油中的金属、硫、氮等杂质。因渣油的复杂性，特别是沥青质的特殊性，如稳定的层状聚合体结构，分子最大(10nm)，空间位阻高，扩散阻力大，最难反应的化合物，大量的Ni、V、S富集在胶质和沥青质中，如图10，主要的结焦前驱物富集在胶质和沥青质中，所以关键是提高胶质和沥青质破坏和转化能力。

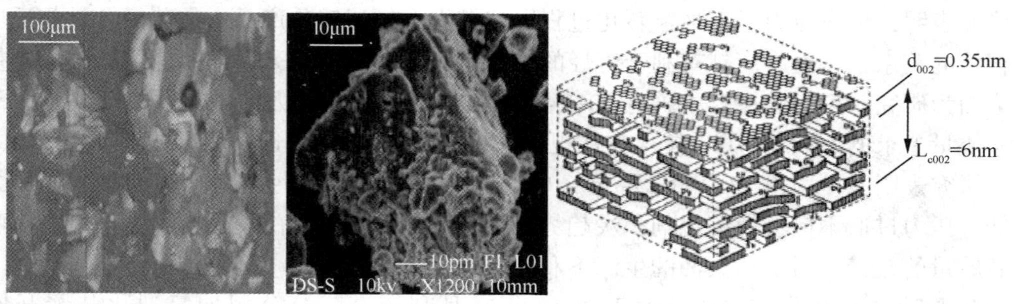

图10 (a)Polarized-light Micrograph；(b)SEM；(c)Molecular Stacking Morphology

3.1 催化剂研发思路

基于“进得去，脱得下、容得下”的研发思路，从改善渣油内扩散传质，提高活性金属利用率入手，开发了新一代固定床渣油加氢处理催化剂体系。

固定床渣油加氢处理催化剂体系通常分为保护剂、脱金属剂、脱硫剂以及脱残炭转化(脱氮)催化剂。其中保护剂和脱金属剂位于催化剂体系前部，在抑制床层压降快速上升的同时，脱除大部分金属以及易脱除硫、氮等杂质，并有针对性地提高渣油中沥青质等大分子转化能力，有利于保护下游催化剂能够充分发挥应有的作用。渣油加氢脱硫及脱残炭催化剂处于催化剂体系中部和后部，主要发生深度脱硫、脱氮及残炭加氢转化反应。此类催化剂更注重深度脱硫和残炭的转化能力。

基于渣油原料的反应特性，渣油加氢反应过程是受扩散控制的反应，较大的孔径有利于渣油分子在催化剂颗粒内的扩散传质，有利于渣油分子扩散到催化剂颗粒内部进行反应，使更多的活性位与渣油分子接触并发生加氢反应，脱除重金属、硫、氮等杂质。同时，催化剂具有较集中的孔分布有利于提高催化剂孔道利用率。

3.2 优化孔结构，改善催化剂扩散性能

原油中各种杂原子大多以油溶性化合物形式富集在渣油中，尤其是胶质和沥青质中。沥青质是重油中分子最大、结构最复杂、加氢反应性最低的组分，原油中的大部分有机金属化合物都存在于沥青质中。沥青质加氢过程中极易造成催化剂孔口阻塞和积碳失活。重油加氢反应受内扩散控制，对于沥青质等大分子的转化，催化剂的物理性质(尺寸、形状和孔隙率等)甚至比化学组成更重要[12~14]。

FRIPP 有针对性的设计开发了专门用于捕集铁、钙等物种的保护剂。由于含铁、钙物种反应活性较高，通常倾向于沉积在催化剂颗粒表面及近表面，甚至是颗粒间，装置运转至一定时间后，金属及焦炭沉积导致催化剂孔口堵塞，催化剂表观活性下降，并且引起催化剂床层堵塞，最终导致压力降上升。

图 11 为新开发保护剂压汞法孔分布。新催化剂具有明显的双峰孔结构特点，在 15nm 和 100nm 附近具有两个明显特征峰，并且小于 10nm 范围内的孔明显少于参比剂，大孔比例显著增加，孔结构优于参比剂的单峰孔结构。催化剂具有多峰结构，较大孔道能够为反应物提供畅通的扩散通道，较小孔道则提供更多的反应活性位，从而实现扩散与反应的统一。大颗粒催化剂利用率得到提升。

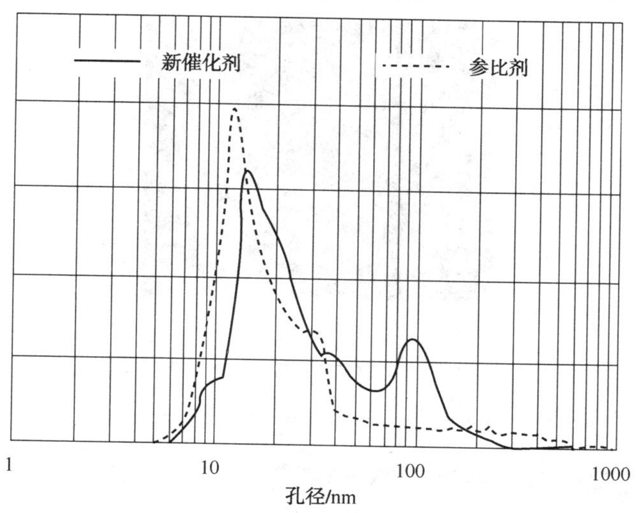

图 11 催化剂压汞法孔分布

新开发脱硫和脱残炭催化剂孔结构性质见表4。对于高活性的脱硫和脱残炭转化催化剂而言，催化剂孔径分布集中在6~15nm范围内，能够实现扩散与反应表面之间平衡，有利于提高胶质及芳香分的加氢反应效率。同时，小孔比例的大幅度减少，有利于减少过多的活性金属在微孔(孔径<4nm)中负载，从而提高活性金属利用率[15]。

表4 新开发催化剂孔结构

项 目	脱硫/脱金属过渡剂	脱硫剂	脱残炭转化剂
孔容/(cm^3/g)	0.567	0.489	0.484
比表面积/(m^2/g)	159	179	181
孔分布/%			
>15nm	13.87	13.42	13.53
<6nm	2.44	6.31	7.11
6~15nm	83.68	80.27	79.37

3.3 改进活性金属负载技术，提升催化剂反应性能

催化剂活性组分负载于载体表面时会与载体产生相互作用力，这种相互作用力与载体表面性质、助剂、浸渍溶液酸碱度(pH值高低)及负载方法和热处理方法等都有密切的关系。这种相互作用力的存在使得载体与活性组分之间形成相互作用复合物。当相互作用力较强时，复合物的反应活性降低，影响催化剂的活性。而相互作用力太弱时，则不利于活性中心的分散。活性金属聚集时，会降低活性金属的利用率。

传统浸渍法制备催化剂通常是采用酸性较强和/或碱性较强的溶液浸渍负载活性金属组分，容易带来活性金属组分在颗粒内部分布不均匀现象。渣油大分子在颗粒外表面及近表面发生加氢反应几率多，容易造成催化剂颗粒表面积炭结焦，堵塞孔口，降低活性金属整体利用率。新开发渣油加氢处理催化剂采用新技术负载活性金属组分。通过调整浸渍液化学性质，有效改善活性金属在载体表面的分散状态，如图12，使得渣油大分子能够容易进入催

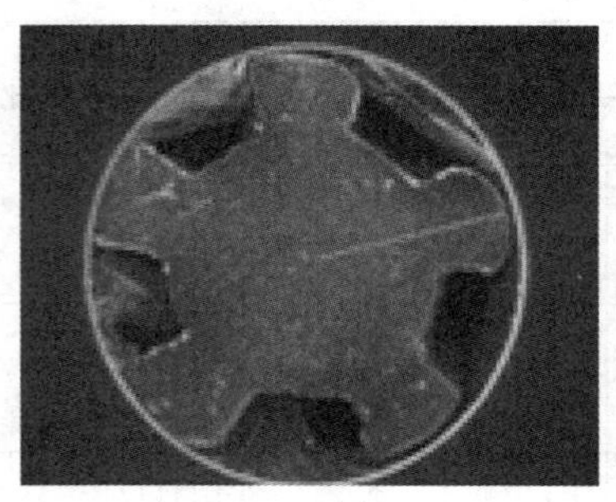

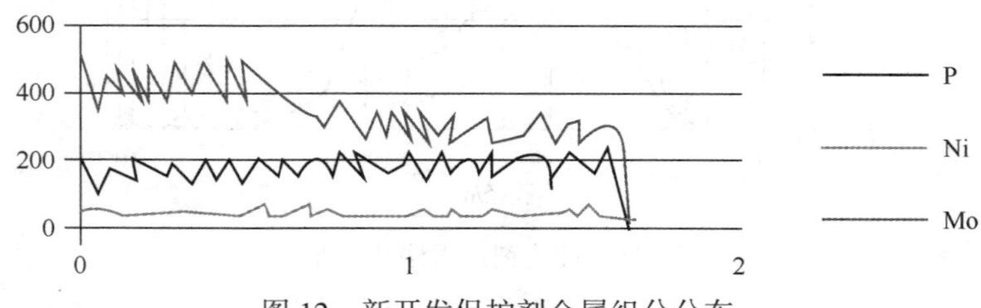

图12 新开发保护剂金属组分分布

化剂颗粒内部进行反应并沉积，提高了催化剂活性金属利用率及加氢性能。对于渣油加氢脱硫/脱残炭催化剂来说，由于催化剂颗粒较小，采用新技术负载活性金属组分，可明显改善活性金属的分散状态[16]。

FRIPP 先后开发研制出 FZC 系列渣油固定床加氢催化剂 60 多个牌号，并在中石化齐鲁分公司、大连 WEPEC、茂名、海南、金陵、扬子和石家庄 1.5Mt/a 渣油加氢等装置进行了 40 余个周期的工业应用，取得预期效果。

4 结束语

通过对大分子硫化物脱除关键技术、高芳烃柴油加氢转化生产高辛烷值汽油/轻芳烃 FD2G 技术、渣油加氢技术等典型性创新技术开发历程中的创新思维、创新过程和结果进行阐述、梳理、归纳和总结，所开发的一系列创新方法对同类技术的开发具有借鉴作用，对行业的技术进步具有显著推动和促进作用。技术创新是从发现现有问题、分析问题瓶颈所在、再到解决问题的过程；找准问题所在是技术创新的起点，是技术创新思路的源头；找准关键科学和技术问题，就为技术创新指明了方向；只有在解决关键技术问题之后才会产生技术创新。这也是炼油业的发展方向和趋势。从借鉴国外炼油技术开发、操作模式和应用背景的特点，转变到以石油资源重质劣质化和环保法规的日益严格化为内在和外在推动力，辅以原料多元化和产品低层次竞争两个问题为新推动力。从分子角度表征原料及产品、通过催化材料微观技术平台、反应机理和动力学研究、工艺与工程高效结合，将国内市场需求、环保要求和成本利润等因素综合权衡比较，大力开展自主创新、原始创新、集成创新，得到适宜的成套技术、应用路线和操作模式。

参考文献

[1] Stanislaus A, Marafi A, Rana M S. *Catal Today*, 2010, 153: 1.

[2] Perot G. *Catal Today*, 2003, 86: 111.

[3] Aguirre - Gutierrez A, de la Fuente J A M, de los Reyes J A, delAngelP, Vargas A J. *J Mol Catal A*, 2011, 346: 12.

[4] Badoga S, Mouli K C, Soni K K, Dalai A K, Adjaye J. *Appl Catal B*, 2012, 125: 67.

[5] Lam V, Li G, Song C, Chen J, Fairbridge C, Hui R, Zhang J. *Fuel Process Technol*, 2012, 98: 30.

[6] Oyama S T, Gott T, Zhao H, Lee Y. *Catal Today*, 2009, 143: 94.

[7] FANG Xiangchen, GUO Rong, YANG Chengmin The development and application of catalysts for ultra - deep hydrodesulfurization of diesel[J]. Chinese Journal of Catalysis, 2013(34): 130-139.

[8] 中国石化炼油事业部．炼油生产装置基础数据汇编[E]．北京：中国石油化工股份有限公司，2014.

[9] 黄新露．重芳烃高效转化生产轻芳烃技术[J]．化工进展，2013(32)：2263-2266.

[10] 韩崇仁，廖士刚，赵琰，等．加氢裂化工艺与工程[M]．北京：中国石化出版社，2001.

[11] 方向晨，关明华，廖士刚，等．加氢裂化[M]．北京：中国石化出版社，2008.

[12] Dai, P. S. E., Sherwood, D. E., and Matrin, B. R. Effect of diffusion on resid hydrodesulfurization activity. Chem. Eng. Sci. 1990; 45, 2625.

[13] Ruckenstein, E. and Tsai, M. C. Optimum pore size for the catalytic conversion of large molecules. AICHE J. 1981; 27, 697.

[14] Pfeiffer. J. P. Saal, R. N. Asphaltic bitumen as a colloid system. L Phys. Chem. 1990; 44, 139.

[15] 杨刚 . FRIPP 渣油加氢处理催化剂研究新进展及工业应用 . 第七届(2016)炼油与石化工业技术进展交流会, 2016.

[16] 袁胜华等 . FRIPP 新一代固定床渣油加氢技术研究进展及工业应用 . 2017 炼油加氢技术交流会, 2017.

企业炼化一体化优化方案研究

高礼杰

（中国石油化工集团公司经济技术研究院，北京 100029）

摘 要 本文以某大型炼化一体化企业为研究对象，研究如何通过低成本脱瓶颈发展炼油业务，并以“分子炼油理念”为核心思路获取化工原料，充分发挥轻端分子利用价值，优化炼油、乙烯和芳烃资源，降低原料成本，创新炼化一体化协调发展新模式，以提高企业炼化整体经济效益。研究结果表明：规划方案一，炼油充分脱瓶颈，利旧现有装置，以少量投资盘活存量资产，通过流程优化、适度提高原油加工量来提高重整料供应，与基础方案相比，利润增加22亿元，炼油板块投资低，技术路线可靠性高，项目实施容易。规划方案二，通过调整渣油加工路线，采用溶脱-浆态床组合工艺，在增产蜡油馏分油组分的同时，利用浆态床加氢提高渣油深加工水平，增产的脱沥青油进入渣油加氢，配套新建加氢裂化装置，增产重整料供应。与基础方案相比，利润增加53亿元。该方案炼油板块流程调整幅度大，利润增幅高。然而，该方案炼油板块项目投资高，且溶脱-浆态床加氢组合工艺技术路线实施存在不确定性。

“十二五”期间，某炼化一体化企业经过炼油改扩建后，原油平均硫含量由1.5%提高到2.2%左右；柴汽比由3.5~4.0降低到2.0左右，产品结构明显改善，化工乙烯和PX原料成本持续降低，经济效益得到显著提升。

然而，近年来，随着政府对环境排放和能源消耗监管力度不断加强，以及原油进口权和成品油市场逐步放开，带来的市场竞争压力加剧，如何更好的发挥中国石化炼化一体化企业的一体化优势，调整优化炼油加工流程，增产高附炼油产品，继续降低乙烯和PX原料成本，提高企业炼化综合加工效益，将是未来炼化一体化企业发展的重点方向。

1 研究范围和当前流程存在的问题

1.1 炼化一体化优化研究范围

为充分体现企业炼化一体化的流程特点，本研究将炼化总流程范围确定为炼油板块装置以及与炼油板块密切相关的乙烯裂解、丁二烯抽提、芳烃抽提、重整和PX等化工装置，以实现炼油、乙烯和PX效益最大化的优化研究目标。

1.2 当前炼化总流程存在的问题

1.2.1 饱和干气资源未充分利用

根据饱和干气的组分分析结果，干气中富含H_2、乙烷和C_3^+等宝贵资源，目前没有充分分离和回收利用，而是直接作为燃料烧掉，造成效益损失。主要问题包括：

（1）干气不干，夹带大量C_3^+。（2）干气回收设施欠缺。除饱和干气外，全厂不饱和干气为24万t，仅催化干气得到回收，其它饱和和不饱和干气均没有回收利用。

1.2.2 液化气资源尚未完全利用

该企业有液化气资源55万t，液化气利用存在以下问题：

(1) 饱和液化气回收能力不足。目前企业仅有一套饱和C_3C_4分离装置，能力为22万t/a，能力不足。饱和液化气作为乙烯裂解原料仅利用34万t。(2)不饱和液化气尚未全部有效利用。催化醚后碳四、裂解醚后碳四、焦化液化气没有进一步利用。

1.2.3 轻石脑油资源未精细化利用

目前，企业加裂轻石脑油资源约20万t，随着规划方案项目的实施，加裂轻石脑油资源大幅增加，如果全部调合汽油，对汽油挥发度、辛烷值造成一定影响。如果全部作为裂解原料，其中含量25%异戊烷裂解目标产品收率较低，甲烷收率偏高，能耗较高，不利于装置效益发挥。

加裂轻石脑油的合理利用是进行简单分离，以实现正异构组分差别化利用。其中富异戊烷组分调合汽油，正戊烷及C_6作为裂解料，对于汽油和裂解装置都能发挥最大效益。

1.2.4 重石脑油资源过剩

在现有原油加工量下，乙烯原料过剩近60万t，均作为商品外售。考虑到PX是该企业的优势产品，在化工地区又有较大市场需求，重石脑油原料应首先考虑通过流程调整，完善装置结构，做大芳烃装置。

1.2.5 蜡油加工能力偏紧

该企业有蜡油资源415万t/a，主要流向中压和高压加氢裂化装置320万t，95万t流向渣油加氢装置，从渣油加氢进料看，含有50万t以上减三线组分。按照现有原油加工量，企业蜡油加工能力稍显不足。

目前，蜡油加工手段是全厂二次加工的制约因素，既影响到渣油平衡，又影响石脑油平衡，同时渣油加氢掺渣比偏低，仅约57%。生产运行中，虽然能实现蜡油加工的平衡，但调节余地很小，对原油选择、加工量、重整原料供应的优化造成影响。若考虑做大PX，蜡油加工能力和加工路线必须有所调整。

1.2.6 渣油加工有进一步优化空间

该企业渣油资源498万t/a，从目前渣油平衡结果看，存在以下两个问题：

(1) 渣油加氢掺渣比低，从装置进料结构看，由于蜡油加工能力不足，有50万t减三线进入该装置，装置掺渣比相对较低，约为57%，渣油加氢掺渣比提高是从下一步炼油效益提升的重点之一。

(2) 低附产品生产装置多，有175万t渣油资源流向焦化、溶脱和沥青等低价值产品生产装置，根据2015年实际，2#焦化毛利水平-640元/t原料。因此，渣油轻质化转化能力的提高也是企业炼油综合效益提升的重要手段。

1.2.7 高品质成品油生产能力有限

汽油生产：企业汽油产量290万t，全部要满足国Ⅴ标准，目前仅有一套150万t/年S Zorb装置，没有备用和富余能力。

柴油生产：企业国Ⅴ车柴比例仅有约40%，车用柴油的主要影响指标为十六烷值。由于低十六烷值的73万t催化柴油和28万t RDS柴油组分的存在，全厂的车用柴油比例仍然不高。该企业所在地作为国内成品油质量领先的重点区域，车用柴油需求比例较高，因此，亟需提高催化柴油十六烷值的措施。

2 发展规划优化研究和建议

2.1 主要发展原则和思路

（1）发展 PX 是规划方案的主线：通过优化和调整炼油和化工总流程，重点筹集重整原料，并采用甲苯甲醇甲基化新技术，发展芳烃，增产对二甲苯。

（2）乙烯原料轻质化，降低原料成本：轻烃综合利用，通过气体回收等手段，多产氢气，多产气相乙烯原料，发展全气相乙烯裂解，打造具有世界级技术水平与成本竞争力的乙烯装置。

（3）通过加氢方式进一步提高渣油深加工能力：利用炼油新技术，采用溶脱-浆态床加氢组合工艺，继续丰富重油加工手段，优化减渣、催化油浆等物料的加工方式，争取焦化全部停役。

（4）利用分子炼油理念，充分发挥轻端分子的使用价值并探索炼油、乙烯、芳烃最佳结合模式。以现有生产装置和新建生产装置为手段，从分子角度打造三条路线：一是正构-乙烯、二是异构-油品、三是芳构-芳烃，真正做到“宜烯则烯、宜芳则芳、宜油则油”，不仅使炼油、乙烯、芳烃互不争料，而且达到不同板块优势共同发挥，规模配套，彻底改变竞争能力。

（5）炼油实施内涵发展，进行低成本脱瓶颈改造，充分利用停开装置，最大限度发挥现有资产的价值。

2.2 发展规划措施及建议

2.2.1 进一步提高全厂轻烃利用水平

采用合适的技术将轻烃资源中的 C_1 到 C_4 组分从目前的混合物尽可能分离为单体烃组分，充分发挥炼化一体化的优势，进一步提升轻烃综合利用水平，达到效益最大化。

（1）饱和干气资源及利用

建议对比干气回收技术，采用富 C_2^+ 产品中甲烷含量较低的技术，如干气浅冷油回收技术，以利乙烯裂解装置使用。

（2）饱和液化气资源及利用

建议采用液化气正异构分离技术，丙烷和正构碳四作为新建 3#气相乙烯裂解原料，异丁烷作为产品外售。

2.2.2 利用全厂乙烷和轻烃，建设气相乙烯裂解装置

随着干气回收，以及饱和液化气正异构分离等措施的实施，全厂乙烷、丙烷和正构丁烷资源充足，为新建 70 万 t/a 3#气相乙烯裂解装置提供足够的低成本原料。

2.2.3 新建重整和 1#PX 改造，扩大 PX 规模

新建重整和扩大 PX 生产规模是企业未来发展规划的主线之一。考虑到 1#PX 联合装置存在的问题，考虑将 1#PX 进行扩能改造，PX 规模根据规划方案加工路线不同而确定。从

重整原料的来源考虑，来源一是适当扩大原油加工量，增加直馏重石脑油生产量，提高重整原料供应；来源二是通过新建加氢裂化装置，增加二次重石脑油供应，提高重整原料供应。此外，考虑采用甲苯甲醇甲基化新技术，增加 PX 产量。

2.2.4 蜡油加工路线选择

蜡油加工路线选择包括催化路线和加氢裂化路线，针对企业实际，催化路线可以充分利旧 1#催化裂化装置，在原油加工量 1750 万 t 时实现蜡油加工平衡，但对新建重整原料的供应贡献不大。加氢裂化路线则可以为新建重整提供足够的原料供应。

2.2.5 渣油加工路线选择

目前，渣油加工路线的选择是与蜡油加工路线的选择密切相关，新建加氢裂化要达到一定的经济规模，在原油加工量不增加的条件下，必须通过炼油流程调整来提供足够的馏分油组分，而溶脱工艺通过从减压渣油中提取脱沥青组分，很好地解决渣油加氢与加氢裂化“争料”的尴尬局面。而溶脱装置产生的脱油沥青的处理也是该工艺优势能够充分发挥的关键，通过引入浆态床加氢工艺，脱油沥青可以生产重石脑油、柴油和蜡油等轻质组分，进一步提高了渣油的加工深度。因此，企业在渣油加工上选择溶脱-浆态床加氢组合工艺也很好的与扩大重整和 PX 发展思路保持一致。

2.2.6 高品质油品生产

柴油生产：鉴于企业 100 万 t 左右低十六烷值催化柴油和 RDS 柴油的存在，为提高车用柴油生产比例，同时为新建重整提供芳烃料，建议新建 110 万 t/a 催化柴油改质转化工艺，对催化柴油和 RDS 柴油进行改质转化，增产芳烃料和汽油调合组分，同时增加柴油组分十六烷值。

航煤生产：考虑到企业航煤加氢能力不足的现状，建议增加 100 万 t/a 航煤加氢能力，扩大航煤生产能力。航煤加氢建设可以通过利旧改造或新建完成。

3 方案设置与投资说明

3.1 方案设置说明

(1) 规划方案一：炼油充分利旧和低成本脱瓶颈，常减压适应性改造，催化装置利旧，并进行原料硫含量适应性改造和配套烟气脱硫脱硝设施；柴油加氢改造为催化柴油加氢改质，一是可以增产重整料和汽油调合组分，二是可以提高车柴比例。化工根据乙烯和芳烃原料要求进行装置配置，新建饱和气体回收和液化气分离装置；新建 150 万 t/a 重整和 120 万 t/a PX 联合装置；新建 60 万~70 万 t/a 气相乙烯裂解装置。本方案炼油板块投资较少，以脱瓶颈为主，闲置装置充分利旧，投资强度低，技术实施难度低。

(2) 规划方案二：常减压适应性改造，催化装置利旧，并进行原料硫含量适应性改造和配套烟气脱硫脱硝设施；柴油加氢改造为催化柴油加氢改质，新建 150 万 t/a 高压加氢裂化，增产重石脑油作为重整原料；新建溶剂脱沥青装置，硬沥青作为浆态床加氢的原料；新建浆态床加氢装置。化工方面新建饱和气体回收和液化气分离装置；新建 200 万 t/a 重整和 140 万 t/a PX 联合芳烃装置，新建 70 万~80 万 t/a 气相乙烯裂解。

3.2 规划方案投资

规划方案一炼油主要为脱瓶颈和利旧消缺，装置投资仅需约 18 亿元，计入配套及二、三类费用后炼油投资合计仅 23 亿元。规划方案二中，由于加工路线调整，增加浆态床渣油加氢、加氢裂化等装置，炼油投资有所增加，合计约 58 亿元。

化工装置的投资随重整和 PX 装置规模的不同，规划方案一和二化工投资分别在 130 和 145 亿元。

3.3 经济效益指标取费依据

在计算各规划方案静态效益过程中，企业折旧、财务和固定费用以 2013 年实际为基础，新投资进入各费用中的总额按照项目投资的 20%计，其中，固定费用中的折旧和摊销、大修分别按项目投资的 6.5%和 4.5%计，财务费用按投资贷款的利率计，其它固定费用为项目投资 20%扣除上述费用后的部分。

4 规划研究结果

随着各项发展规划措施的投用，企业炼化效益得到显著提升，其中：规划方案一和二原油加工量均为 1750 万 t，相比基础方案，按照预算价格体系，规划方案效益指标分别增加 24 亿元和 56 亿元。

4.1 原料油结构和性质对比

与基础方案相比，规划方案一和二原油加工量均为 1750 万 t/a，原油品种和数量也做固定约束，各方案 API、硫含量和酸值均与基础方案持平。

各规划方案，由于饱和干气被回收利用，同时炼油深加工能力提高，自用干气量增幅明显，需外购天然气补入干气系统，天然气外购量增加 20 万~50 万 t。

4.2 装置负荷

规划方案一，通过调整原油加工量和原油结构，新建 110 万 t 催化柴油改质等措施，新建 4#重整规模可以达到 135 万 t/a，芳烃料可以支撑 115 万 t PX 生产规模；新建 3#乙烯，原料可以支撑 60 万~70 万 t/a 乙烯产能；蜡油处理，原富裕蜡油和原油加工量增加带来的蜡油增量通过 1#催化消化，1#催化改造后原料硫含量适应性提高到 1.5%，进料包括直馏蜡油和加氢蜡油，1#催化、渣油加氢、中压和高压加裂裂化等装置均满负荷生产，渣油加氢掺渣比提高到 65%；渣油处理，原油加工量增加带来的渣油通过提高渣油加氢掺渣比。直馏煤油组分增加后，通过新建 100 万 t 航煤加氢加工。

规划方案二，通过新建 150 万 t 加氢裂化和催化柴油改质等装置增加重石脑油供应，新建重整规模可以达到 200 万 t/a，芳烃料可以支撑 140 万 t PX 生产规模；新建 3#乙烯，自产原料可以支撑 70 万~80 万 t/a 乙烯产能；蜡油处理，蜡油增量资源包括原富裕蜡油和溶脱装置增产的脱沥青油顶出进入渣油加氢装置的直馏蜡油组分，增量资源约 140 万 t/a，通过加氢裂化装置消化；渣油处理，通过溶脱-浆态床加氢工艺组合提高渣油深加工能力，增加轻质中间物料供应；直馏煤油组分增加后，通过新建100万t航煤加氢加工。

4.3 产品结构

随着各项规划措施的实施，企业产品结构得到明显改善。

油品生产方面：汽油产量稳定在300万t左右，其中规划方案由于1#催化恢复及新建烷基化装置，汽油产量达到315万t，航煤产量大幅增加80万t，达到230万~250万t左右，柴油产量有所降低，同时车用柴油比例大幅提高到70%以上，柴汽比1.5以下，更趋合理。

化工原料生产方面：由于新建重整和乙烯装置投产，饱和液化气和重石脑油富裕局面消失，同时生产20万~40万t异丁烷产品。

化工产品生产方面：乙烯和PX产能大幅增加，其中乙烯产量增加70万~80万t，PX产量增加110万~130万t，纯苯增加30万t。

低附产品生产方面：规划方案二，通过调整渣油加工路线，不产焦炭产品，炼油燃料油产品也有所降低。

4.4 乙烯生产

规划方案一，通过增加原油加工量，以及干气回收及饱和液化气分离等规划措施的实施，全厂自产乙烯原料为312万t/a，进口乙烷30万t，可以为141万t/a乙烯生产提供原料。规划方案二，通过炼油深加工能力提高，以及干气回收及饱和液化气分离等规划措施的实施，全厂自产乙烯原料为328万t/a，进口乙烷30万t，可以为151万t/a乙烯生产提供原料。

各方案乙烯生产和原料情况见表1所示。

表1 各方案乙烯原料结构表

项目	基础方案	规划方案一		规划方案二	
产品	2#乙烯	2#乙烯	3#乙烯	2#乙烯	3#乙烯
原料合计	214.0	212.0	130.0	205.0	153.0
富乙烯气	6.9	8.6		8.9	
芳烃干气	14.0				
进口乙烷			30.0		30.0
回收乙烷			25.9		30.4
丙烷			39.5		48.8
正丁烷			35.0		44.1
饱和液化气	33.9				
正构液		3.4		23.7	
轻石脑油	87.5	124.3		133.0	
尾油组分	75.6	75.0		39.8	
乙烯产量	80.0	74.0	67.0	73.3	77.8
乙烯收率	36.7	34.9	51.3	35.7	50.7

4.5 重整和 PX 生产

规划方案一，通过增加原油加工量，全厂重石脑油总资源量达到 394 万 t，新建 4#重整规模为 135 万 t/a，PX 联合生产装置规模为 115 万 t PX/a。本方案重整原料的增加主要依靠直馏重石脑油的供应增加，与基础方案相比，重整原料芳潜(以“N+A”近似代表，下同)降低 1.6 个单位。

规划方案二，通过新建 150 万 t 高压加氢裂化装置，全厂重石脑油总资源到 457 万 t，新建 4#重整规模为 187 万 t/a，PX 联合生产装置规模为 140 万 t PX/a。本方案重整原料的增加主要依靠加裂重石脑油的供应增加，因此，与基础方案相比，方案的重整原料芳潜增加 0.6 个单位。

各方案重整原料生产和消化情况见表 2 所示。

表 2　各方案重整原料结构表

产品	基础方案		规划方案一		规划方案二	
	数量	芳潜	数量	芳潜	数量	芳潜
重整原料供应	263		394		457	
预加氢石脑油	160	33.8	262.4	32.9	246	32.9
加裂重石脑油	103	50	131.6	50	211	50
平均芳潜(N+A)		40.2		38.6		40.8
重整原料消化	263.0		394.0		456.5	
1#重整	53.00		50.00		50.00	
2#重整	105.00		105.00		105.00	
3#重整	105.00		105.00		105.00	
新建 4#重整	—		133.98		196.51	

4.6 技术经济指标

随着各项措施的实施，企业技术经济指标有了明显提升。炼油板块主要技术经济指标如表 3 所示，规划方案二随着渣油加工深度的提高，轻质油收率提高了 5.2 个百分点。

表 3　炼油板块各方案技术经济指标对比

项目	基础方案	规划方案一	规划方案二
技术经济指标			
原油加工量	1600.00	1750.00	1750.00
原料油加工量	1768.13	1854.24	1883.68
商品量	1682.12	1778.31	1793.42
综合商品率	95.14%	95.91%	95.21%
自用率	3.73%	3.31%	3.70%
损失率	1.14%	0.78%	1.09%
汽煤柴产率	53.65%	52.29%	54.53%
柴汽比	1.67	1.41	1.47
轻质油产率	80.29%	80.93%	85.54%

4.7 效益对比

随着各项措施的实施，从企业的经济效益指标看，企业的竞争力水平得到明显提高，从表4炼油板块单位成本和收入对比表可以发现，规划方案一和规划方案二，单位原料成本变化不大，但单位产品收入有了提高223元/t。

表4　炼油板块方案单位成本和收入对比表　　元/t

项　目	基础方案	规划方案一	规划方案二
单位产品收入	5343	5389	5566
单位原料成本	4952	4956	4957
单位毛利	391	433	609
单位完全费用	176	183	241
单位营业利润	215	250	368

按照当前价格体系，与基础方案比，规划方案一炼化营业利润增加22亿元，其中炼油板块利润增加8亿元，化工板块效益增加14亿元；规划方案二炼化营业利润增加53亿元，其中炼油板块利润增加31亿元，化工板块效益增加22亿元。各方案炼化总利润情况和分板块利润情况见表5所示：

表5　各方案利润对比表　　亿元

方案说明	基础方案	规划方案一	规划方案二
炼化总利润	67.99	90.28	121.06
炼油板块利润	38.08	46.31	69.30
化工板块利润	30.03	44.13	51.98

4.8 小结

通过炼油板块两种加工路线的对比测算分析发现：

规划方案一，炼油充分脱瓶颈，利旧现有装置，以少量投资盘活存量资产，通过流程优化、适度提高原油加工量来提高重整料供应，新乙烯和PX产量分别达到67万t/a和115万t/a；与基础方案相比，炼化效益得到明显改善。按照2014年预算价格体系，利润增加22亿元，规划方案一炼油板块投资低，仅23亿元，技术路线可靠性高，项目实施容易。

规划方案二，通过调整渣油加工路线，采用溶脱-浆态床组合工艺，在增产蜡油馏分油组分的同时，利用浆态床加氢提高渣油深加工水平，增产的脱沥青油进入渣油加氢，顶出直馏蜡油组分，配套新建150万t加氢裂化装置，增产重整料供应。新乙烯和PX产量分别达到78万t/a和139万t/a；与基础方案相比，炼化效益也得到明显改善，按照2014年预算价格体系，利润增加53亿元，规划方案二炼油板块流程调整幅度大，利润增幅高，然而，该方案炼油板块项目投资高，且溶脱-浆态床加氢组合工艺技术路线实施存在不确定性。

国内地方炼厂现状及发展趋势

袁建团

（中国石油化工集团公司经济技术研究院，北京　10029）

摘　要　分析了国内地方炼厂的现状，总结了未来发展趋势。

关键词　地方炼厂　现状　趋势

进口原油使用权放开以来，我国地方炼厂的炼油能力急速释放，市场份额快速上升，对市场供需平衡产生较大影响。与此同时，较多民营化工企业还计划投资新建多个炼化一体化项目，这些新项目具有规模大、技术新、产品结构合理、地理位置佳等优势，竞争力较强，未来国内炼油行业竞争将进一步加剧。

1　国内地炼现状

1.1　炼油能力近两亿吨，山东地炼能力居首

近年来，我国地炼(国企炼厂以外民营炼油企业的统称，不含已被国企收购的炼厂)持续快速发展，已经成长为国内油品市场的重要组成。截至2016年底，全国炼油厂共有229个，原油一次加工能力总计达到7.79亿t/a。其中，地炼共有132个，炼油能力达到1.98亿t/a，占全国总能力的比重已经由2005年的11.9%快速上升至25%，见表1。

表1　全国炼油能力分集团结构　　万t/a

	2005年	份额	2010年	份额	2016年	份额
中国石化	17220	45.4%	24650	42.2%	29695	37.7%
中国石油	12545	33.1%	15655	26.8%	18320	23.2%
中国海油	1780	4.7%	3380	5.8%	3910	5.0%
中国化工	1060	2.8%	2050	3.5%	2840	3.6%
中国兵器		0.0%	640	1.1%	840	1.1%
中国中化		0.0%		0.0%	1770	2.2%
陕西延长	800	2.1%	1460	2.5%	1740	2.2%
国企合计	33405	88.1%	47835	81.9%	59115	75.0%
地炼	4531	11.9%	10575	18.1%	19755	25.0%
全国合计	37936	100.0%	58410	100.0%	78870	100.0%

数据来源：中国石化经研院。

我国地炼主要分布在山东、广东、辽宁、河北、江苏、宁夏等地，尤其山东省最为集

中。2016年底山东地炼炼油能力达到1.14亿t/a，占全国地炼能力近六成，见图1。

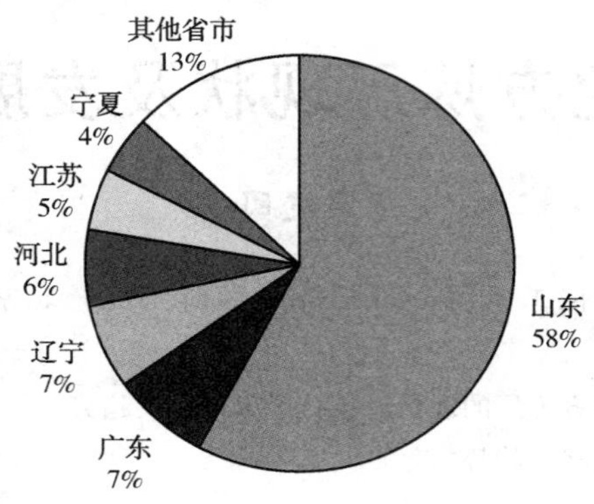

图1 2016年全国地炼分布情况

数据来源：中国石化经研院。

1.2 成品油产量较快增长，市场份额大幅提高

随着炼油规模的不断扩张，加之2015年以来国家逐步放开地炼原油进口权和进口原油使用权，地炼原油加工量及成品油产量快速提高。2016年全国原油加工量达到5.41亿t，成品油产量达到3.48亿t。其中，地炼的加工量和产量分别达到0.7亿t和0.56亿t，占全国的比重也分别从2005年的5.2%和3.8%大幅上升至2016年的12.9%和16.1%（产量份额增幅快于加工量份额增幅主要由于地炼原油加工比重提高，成品油收率上升）。国内成品油市场多元化格局进一步发展，见表2和表3。

表2 全国原油加工量分集团结构 万t/a

	2005年	份额	2010年	份额	2016年	份额
国企合计	27745	94.8%	38954	92.1%	47118	87.1%
地炼	1524	5.2%	3338	7.9%	6983	12.9%
全国合计	29269	100.0%	42292	100.0%	54101	100.0%

数据来源：国家统计局，中国石化经研院。

表3 全国成品油产量分集团结构 万t/a

	2005年	份额	2010年	份额	2016年	份额
国企合计	17274	99.0%	24092	95.3%	29219	83.9%
地炼	182	1.0%	1185	4.7%	5614	16.1%
全国合计	17457	100.0%	25277	100.0%	34834	100.0%

数据来源：国家统计局，中国石化经研院。

1.3 平均规模持续提高，装置结构不断完善

近年来，地炼不断向大型化发展，平均规模持续提高。2016年，全国地炼平均规模已由2010年的77万t/a提升到150万t/a。其中，地炼一次能力大于等于500万t/a小于1000万t/a炼厂能力的比重已经由2010年的5.1%大幅提高到30.6%；能力小于等于200万t/a

炼厂能力的比重则由2010年的71.9%大幅降至2016年的30.8%。见表4。

表4 全国地炼分规模变化(按单厂能力划分) 万t/a

	2005年		2010年		2016年	
	能力	比重	能力	比重	能力	比重
其中：能力≥1000	0	0.0%	0	0.0%	0	0.0%
500≤能力<1000	0	0.0%	500	5.1%	6050	30.6%
200<能力<500	330	7.3%	2240	23.0%	7620	38.6%
能力≤200	4201	92.7%	7010	71.9%	6085	30.8%
全国地炼合计	4531	100.0%	9750	100.0%	19755	100.0%
地炼平均规模	55		77		150	

近年来国内成品油质量升级步伐不断加快，地炼也在努力提高深加工和精加工能力，完善二次加工装置配套。2016年，地炼催化重整装置能力占一次加工能力的比重由2010年的1.9%大幅提升到10.3%，成品油加氢精制装置能力占一次能力的比重由2010年的26.4%大幅提升到48.4%，与国企炼厂差距缩小，见表5、表6。

表5 2010年炼油装置结构比较(占一次能力的比重)

	催化裂化	焦化	重整	加氢裂化	汽煤柴加氢精制(含改质)	S Zorb	烷基化
国企合计	27.7%	16.7%	8.7%	11.2%	31.2%	1.9%	0.2%
地炼	34.6%	28.1%	1.9%	0.0%	26.4%	0.0%	0.2%
全国	28.8%	18.6%	7.6%	9.4%	30.4%	1.6%	0.2%

数据来源：中国石化经研院。

表6 2016年炼油装置结构比较(占一次能力的比重)

	催化裂化	焦化	重整	加氢裂化	汽煤柴加氢精制(含改质)	S Zorb	烷基化
国企合计	28.5%	15.8%	10.9%	12.8%	49.9%	6.2%	0.2%
地炼	34.2%	27.7%	10.3%	2.4%	48.4%	0.0%	1.1%
全国	30.0%	18.8%	10.8%	10.2%	49.6%	4.7%	0.4%

数据来源：中国石化经研院。

1.4 原油加工比重快速提高，储运设施不断完善，炼油经济技术指标正在快速提高

随着进口原油使用权逐渐放开，获得进口原油使用资质的地炼已经转为加工原油为主，加之三大国有石油公司仍有部分原油资源供应地炼，地炼原油加工比重已明显提高。例如：2016年山东地炼加工原油比重已由2010年的41%大幅上升至92%，与国企炼厂在原料方面的差距明显缩小，见图2。

此外，为降本增效，补强短板，近年来地炼企业投资建设管道步伐明显加快。目前，山东地炼已有六条管道投入运营，原油运输能力合计8300万t/a，成品油运输能力合计900万t/a，见表7。同时，山东地炼在建及规划建设管线超过十条，规划原油运输能力合计超过7000万t/a，成品油运输能力合计超过6000万t/a。

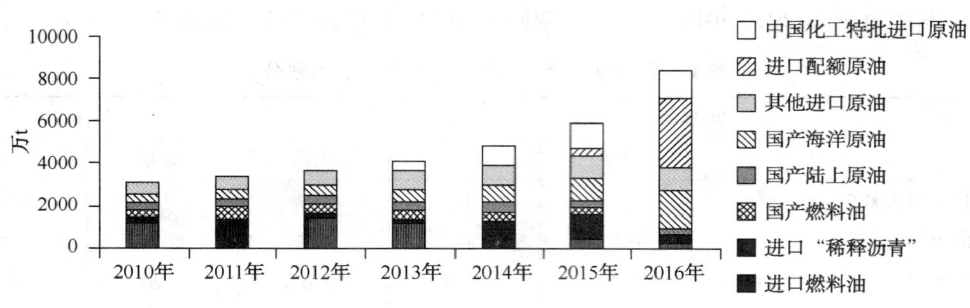

图2　山东地炼原料结构变化

数据来源：中国石化经研院。

表7　山东地炼已建成原油和成品油管道　　万 t/a

管道名称	年输送能力	起点	终点	主要使用炼厂
日东	1000 原油	日照岚山港	东明石化	东明石化
黄潍	1500 原油	青岛黄岛港	潍坊滨海开发区	弘润、昌邑、海化、寿光联盟等
莱昌	1300 原油，500 成品油	烟台市莱州港	昌邑石化	昌邑石化
联东	400 成品油	联合石化	东营港	联合石化
烟淄	1500 原油	烟台西港区	淄博市	京博、金诚、汇丰、华星、正和等
董潍	3000 原油	董家口港	东营港	潍坊、东营地炼

随着地炼原油加工比重大幅提高，装置结构的不断完善，加之投入运行的原油管道不断增多，地炼在综合商品率、原料油加工及储运损失率、炼油综合能耗等方面与国企炼厂的差距也在不断缩小。例如，根据抽样调研的部分企业数据，2010 年地炼的炼油加工及储运损失率大致在 0.8%~1.5%的水平，国企炼厂平均在 0.6%左右；2016 年地炼的炼油加工及储运损失率大致在 0.6%~1%的水平，国企炼厂平均在 0.5%左右的水平，差距缩小。

2　地炼发展趋势

2.1　炼化一体化程度将提升，地炼生产经营重点将由汽柴油扩展至成品油+化工

一方面，原油资源的丰富以及成品油市场需求放缓的趋势正在促使现有地炼加快延长产业链，由燃料型炼厂向燃料-化工型炼厂转型升级。例如，东营联合石化、山东东明石化等炼厂均已计划建设 PX 装置，部分炼厂已有建设乙烯装置的规划。同时，现有地炼也在积极发展 C_3、C_4 产业链相关石化产品和橡胶等化工产品。例如，京博石化应用了 Conser 工艺生产丁基橡胶；东明石化应用了美国 UOP 公司的 C_3、C_4 混合烷烃脱氢技术；玉皇化工建设了 C_4 裂解制烯烃和顺丁橡胶装置；利华益集团建设了丁辛醇、苯酚丙酮、双酚 A 等装置等。

另一方面，在原油进口放开、审批权限下放等一系列改革红利的影响下，2015 年以来国内民营资本投资新建大型炼化一体化项目的动作明显加大。目前，按照已公开的信息，民营企业新建大型炼化项目包括浙江石化、恒力石化、盛虹石化、新华联合石化等，合计规划

新增炼油能力超过1亿t/a，合计规划新增PX产能超过1100万t/a，合计规划新增乙烯产能达到400万t/a，合计规划新增航煤产能超过700万t/a，见表8。预计未来，地炼与国企炼厂的竞争将从目前的以汽柴油市场为主扩展到整个成品油和化工市场的全面竞争。

表8 民营资本已宣称投资新建炼油项目汇总

万t/a

规划投产时间	项目	规划炼油能力	规划乙烯产能	规划PX产能	规划航煤产能
2018年	浙江石化一期	2000	140	400	290
	恒力石化	2000	150	450	280
2019年	盛虹石化	1600	110	280	150
	新华联合石化	2000	0	425	300
2020年	旭阳东奥炼化一期	500	暂未公开	暂未公开	暂未公开
	河北一泓石化	1500	0	300	150
	中东海湾石化	1500	暂未公开	暂未公开	暂未公开
合计(按已公开数据)		11100	400	1130	720

2.2 物流设施进一步完善，运输成本降低，辐射范围扩大

一方面，现有地炼将继续加大管道、码头等物流设施建设，进一步降低成本。例如，山东地炼在建和规划建设的原油管道运输能力超过1亿t/a，在建和规划建设的成品油管道运输能力超过6000万t/a。预计未来，山东地炼原油到厂运输将由目前的公路、铁路为主逐步向管道为主过渡，原油进口码头也将由青岛港向董家口港、岚山港、龙口港、烟台港分散。同时，未来地炼成品油的管道运输比例也将有所提高，地炼综合运输成本将进一步下降，将带动地炼提高盈利水平。

另一方面，未来随着浙江石化、恒力石化、盛虹石化等民营大型炼化一体化项目的投产，地炼对国内市场的冲击也将从目前以华北地区为主扩大到东北、华北、华中和华南。

2.3 销售模式升级，零售比重将有所上升

预计未来，地炼依托当地政府的良好关系，将继续采取合资、租赁、新建等各种灵活方式，大力发展零售网络。例如，部分山东地炼计划联合打造"中安石油"品牌，整合全省数千家社会加油站，打造售油联盟；东明石化计划在炼厂周边300公里范围内建设1000座加油站，等等。

长远来看，地炼产品销售模式将出现升级，零售比重将逐渐上升，很可能形成几个大的区域性的销售网络和销售品牌。

2.4 生产集群化、运营联盟化

以山东地炼为例，根据《山东地方炼化产业转型升级实施方案》，"十三五"期间，山东省将努力打造以利华益、京博、垦利、亚通、天弘、恒源为重点的鲁北炼化产业集群，以金诚、汇丰、清源、鲁清为重点的鲁中炼化产业基地，以东明石化为核心的鲁西南炼化产业园区以及日照临港炼化产业园区"四大"地方炼化产业聚集区，推进聚集区内的炼化企业集约化发展。

此外，随着市场竞争日益加剧，山东地炼正在加大“抱团取暖”力度，在原料采购、物流等方面不断加强联盟运营，降低成本、提高效益。例如，目前已有20余家地炼加入中国独立炼厂石油采购联盟，降低原油采购成本。未来，随着储运设施的不断完善，地炼还将进一步加强港口仓储设施和原油管道的共享，降低运输成本。

2.5　国内市场竞争进一步升级，地炼之间将加速优胜劣汰

保守预计到2020年，前面介绍的大型民营炼化一体化项目中至少有两家能建成投产(恒力石化和浙江石化一期)，再加上中石油云南石化、中海油惠州二期、中石化中科炼化等国企炼厂新建和扩能项目，2020年全国炼油能力将突破9.2亿t/a。2017~2020年国内炼油能力增量中，来自地炼的增量将超过六成，继续保持快速增长态势。预计到2020年底，地炼产能占全国比重将上升至31%左右，比2016年提高6个百分点；加工量份额上升至24%左右，比2016年提高11个百分点。2020年地炼的加工量很可能将突破1.5亿t，超过中国石油集团，成为国内第二大炼油阵营，未来国内炼油行业竞争将更加激烈。

总体来看，预计“十三五”期间，国内成品油市场需求增速将逐步放缓，成品油价格趋于市场化，成品油质量升级步伐继续加快(很可能在2020年前全面实施国六标准)，市场监管也将更加严格(部分炼油企业避税、以次充好等擦边球行为将趋于减少)，地炼之间的竞争将更主要的取决于销售渠道、物流成本和加工成本，或向三个方向发展：一是销售渠道广阔、物流和加工成本较低的地炼将逐渐成为核心炼厂，开工率将继续提高，进一步发展壮大；二是部分地炼企业将加快转型为化工企业，实现生存和发展；三是部分缺乏销路、物流不便利、技术水平落后、产品质量和环保难以达标的地炼将被淘汰出局。

3　结语

地炼的快速发展，有助于加速国内成品油的市场化进程，使得市场竞争更加的充分。但另一方面，地炼的发展也将加剧国内炼油能力过剩，国内成品油出口压力将继续上升。预计在不久的将来，我国炼油能力很可能将超过美国，排名世界第一。在当前国家加大供给侧结构调整、实施一带一路发展倡议的历史机遇下，应努力将我国炼化技术及装备作为新的“国家名片”推向世界，提升我国炼化工业的国际竞争力。

我国炼油产业发展及展望

曹建军

（中国石油化工集团公司经济技术研究院，北京 10029）

1 我国炼油产业现状

1.1 我国已是炼油大国，向炼油强国迈进

经过多年发展，我国炼油一次规模已达到7.83亿t/a，成为仅次于美国的世界第二炼油大国。从成品油质量水平看，我国已全面实施相当于欧五的国五标准，将于2019年实施部分指标严于欧洲的国六标准，已经处于世界最高水平。

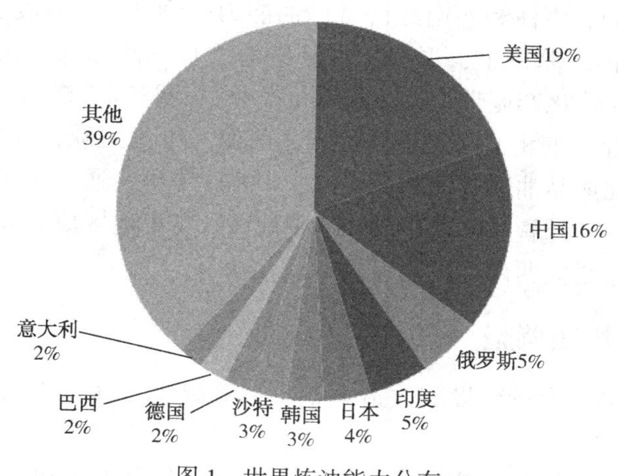

图1 世界炼油能力分布

在炼油技术方面，我国已具备完全自主知识产权的成套炼油水平，部分技术已经达到世界领先水平，但技术发展尚不均衡，部分技术仍需加快研发进度。同时，从产业竞争力、劳动效率等方面，我国虽不乏亮点，但与世界先进水平相比仍有差距，个别企业可达到世界先进、部分指标世界领先的水平，但仍未到顶尖，少量企业可达到世界较先进水平，多数企业位于中等或偏下，其中部分属于落后产能。

1.2 我国处于成品油国际贸易末端

从地理上看，我国处于世界成品油贸易的末端。受原油主要依靠进口、国内成品油生产以自平衡为主、少量依靠贸易平衡的产业导向影响，中国处于成品油国际贸易的末端。但近年来，受进口原油使用权放开、国内炼油产能过剩等一系列因素影响，国内成品油净出口增长迅速，成品油国际贸易的参与度大幅度提高。

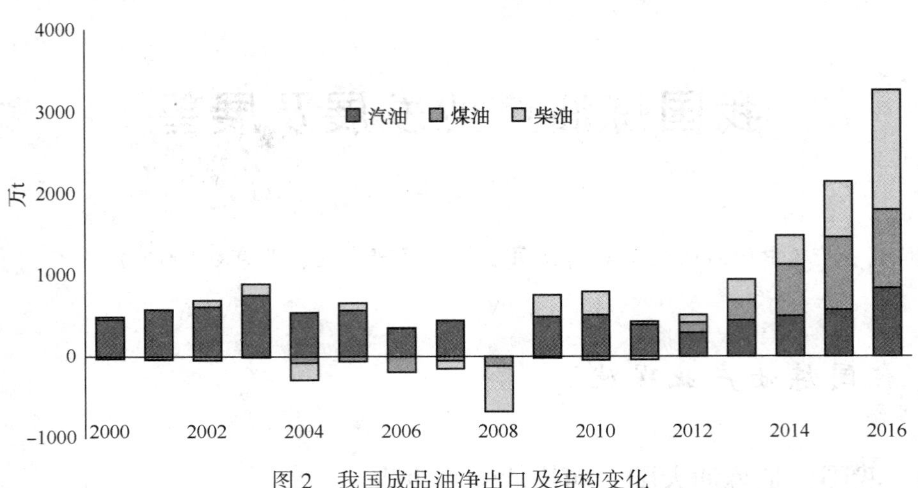

图2 我国成品油净出口及结构变化

1.3 炼油布局持续优化，但区域间仍不平衡

我国炼油布局集中在资源获取集中区域或消费中心，布局总体合理，产业集约化水平明显提高。“十二五”期间，沿江和西南经济带炼油能力得到加强，使全国炼油布局得到进一步优化，在原“三圈两带”基础上，形成了以环渤海、长三角和珠三角三大炼化企业集群，东北、西北、沿江三大炼化产业带为特征的炼化产业“三圈三带”格局。

从区域资源平衡看，东北、西北总体过剩，西南、中南短缺，存在长距离跨区调运现象。主要流向为：东北成品油通过锦郑管线输往华北、华中，通过大连港下海运往华东、华南；西北成品油通过兰郑长管线输往华北、华中地区；华东地区成品油沿江向上游递推；华南地区成品油沿西南管线向西南地区输送。

1.4 装置结构快速调整

（1）应对质量升级，大量建设或改造重整、加氢裂化、汽柴油加氢、烷基化和异构化（芳构化）等装置

在国五质量升级中，按照国家项目统计平台信息，7大国企和部分大型地炼共约进行150个项目建设，投资水平千亿元级。其中汽油升级主要依靠催化汽油后处理、催化重整、醚化、烷基化、异构化等，柴油主要依靠加氢精制、改质和加氢裂化。

国六质量升级中，由于指标变化方向发生变化，需要增加调合组分，仍需增加烷基化、异构化等产能。

（2）轻烃化工大量建设醚化、烷基化、芳构化等装置

随着PDH等项目在沿海地区大量兴建，C4脱氢产能大幅度增加，建设了一批醚化、烷基化、芳构化等产能。

（3）地炼大量建设重整和加氢裂化

由于地炼原来是以加工重质燃料油为主，因此其二次加工装置主要是催化裂化和延迟焦化装置，催化重整和加氢裂化装置能力严重不足。得益于进口原油使用权放开，山东地炼是最大的受益群体，配套建设了重整、加氢裂化等装置，近期密集投产，地炼的竞争力得到明

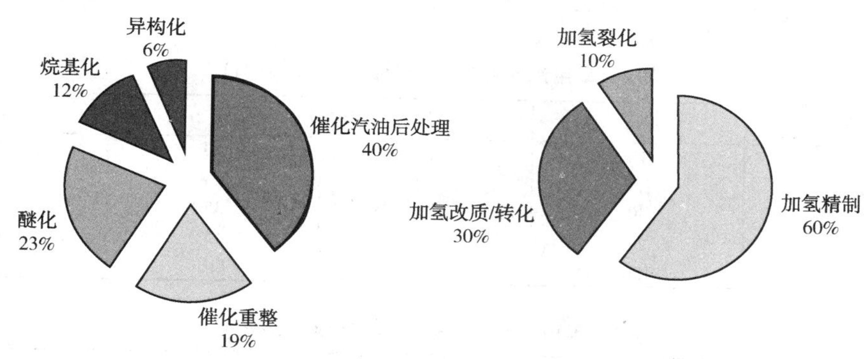

图 3　国五质量升级典型项目分布结构

显提升。

2015 年，地炼的催化重整装置能力占一次能力的比重分别只有 6.0%，2016 年迅速提升至 10.3%，与中国石化相当。加氢裂化虽然也由 1.4%提升至 2.4%，但仍远低于中国石化，催化裂化和焦化则远高于中国石化。

表 1　2016 年典型装置结构对比

项目名称	催化裂化	焦化	重整	加氢裂化
中石化	26.6%	17.5%	10.2%	12.2%
地炼	34.2%	27.7%	10.3%	2.4%
美国	29.8%	16.1%	16.0%	12.4%

2　炼油产业发展环境及面临的主要问题

2.1　发展环境

2.1.1　低碳驱动下，石油仍需发挥中坚作用

基于控制温室气体排放，需要对能源结构进行调整，主要措施是降煤、增气、增加非化石能源，结合多家咨询机构观点，在较长一段时间内，石油仍将发挥中坚作用，低碳发展不会对炼油业形成资源结构性制约。

2.1.2　成品油需求增速放缓

随着中国经济进入新常态和油品替代发展，虽然居民收入、汽车保有量等指标持续增加，但成品油需求已呈现明显放缓势头，年均消费增速由十一五的 8%降至十二五的 5%，十三五降至 4%以下。预计 2020 年成品油国内消费约 3.6 亿 t，2030 年前达到 3.9 亿 t 左右的峰值。

2.1.3　需求结构发生变化

(1) 质量升级

近年来，我国车用汽柴油进行了高频次、大强度的质量升级，目前处于向第六阶段升级的过渡阶段。本次升级与以前有所不同，由以降硫为特征转向对组成类指标加强控制，标准

指标已达到国际领先水平。

表2 车用汽油标准指标对比（以92#为例）

指　标	国Ⅴ	国Ⅵ-a*	国Ⅵ-b*	欧Ⅵ
硫含量/ppm	10	10	10	10
苯含量/%（v）	1.0	0.8	0.8	1.0
芳烃含量/%（v）	40	35	35	35
烯烃含量/%（v）	24	18	15	18
T_{50}/℃	120	110	110	—

表3 车用柴油标准指标对比（以0#为例）

指标	国Ⅴ	国Ⅵ	欧Ⅵ
硫含量/ppm	10	10	10
多环芳烃/%（m）	11	7	8
密度/（kg/m^3）	810~850	820~845	820~845
总污染物含量/ppm		24	24

此外，普通柴油、船用燃料油、石油等炼油产品也正在或酝酿进行质量升级，对炼油产业发展提出新的要求。

（2）柴汽比降低，柴油消费进行平台期

近年来，受国民经济结构调整影响，油品消费结构调整发生重大变化，与人民生活相关度较高的汽油保持较高的增速，而与工业生产关联紧密的柴油消费进入平台期，使得消费柴汽比不断降低，自2025年的2.27降至2016年的1.39，预计2020年进一步降至1.1左右。

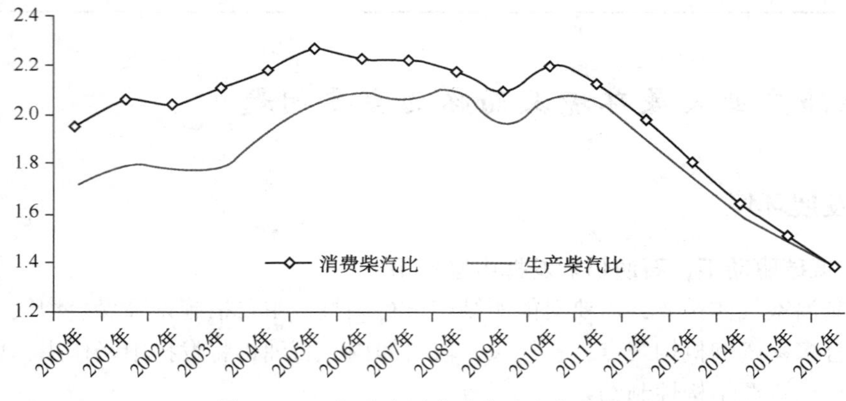

图4 2000年以来国内消费及生产柴汽比

2.1.4 市场化建设持续推进

（1）主体多元化

近年来，国内成品油市场供应主体不断增多，市场化程度不断提高，竞争日益激烈。10年来，不仅地炼得到高速发展，部分国企也介入炼油业务，主体数目不断增加。

同时，传统的“两桶油”份额大幅度下降，地方炼厂份额大幅度增加。2016年，中国石化炼油能力占全国的比重已由2005年的45%下降至38%；地方炼厂比重由12%增加到25%。2005年至2016年地方炼厂的炼油能力年均增长14.1%，高于全国平均的6.8%的增幅，更是远高于中石化5.1%的年均增幅。

表 4　国内炼油能力变化及其结构

亿 t/a

企业名称	2005 年	2010 年	2015 年	2016 年	2016 年占比
中国石化	1.72	2.47	2.97	2.98	38.1%
中国石油	1.25	1.57	1.83	1.82	23.2%
中国海油	0.18	0.34	0.36	0.39	5.0%
中国化工	0.11	0.21	0.28	0.28	3.6%
中国兵器		0.06	0.08	0.08	1.1%
中国中化			0.17	0.17	2.2%
陕西延长	0.08	0.15	0.17	0.17	2.2%
地方炼厂	0.45	1.06	1.61	1.93	24.6%
全国合计	3.79	5.84	7.48	7.83	100.0%

(2)价格市场化

我国成品油价格形成机制是由国家发改委牵头于 2008 年 11 月 25 日前后拟定并获审批的国内成品油价格形成机制改革方案，2013 年 3 月 26 日，《关于进一步完善成品油价格形成机制的通知》发布，成品油计价和调价周期由 22 个工作日缩短至 10 个工作日，并取消上下 4%的幅度限制。为节约社会成本，当汽、柴油调价幅度低于每吨 50 元时，不作调整，纳入下次调价时累加或冲抵，定价机制进一步向市场化方向迈进。

(3) 贸易平台化

通过推进贸易平台建设，进一步提升市场活力，提高运行效率。我国已连续推进原油期货市场、碳排放市场等贸易平台建设，在国际贸易方面强化自贸区建设，目前已开展了中-韩、海合会等自贸区建设。各种贸易平台为市场经营提供了多样化选择。

另外，信息平台建设也在加强，除传统的生产、消费等统计信息平台外，正在加强和完善项目、质量等多个信息平台建设。

2.1.5　一体化、规模化、基地化发展成为大势所趋

(1) 炼化一体化得到加强

近年来，新建项目多为炼化一体化，如中海油惠州、中石油彭州、中科湛江等，部分燃料型炼厂也配套乙烯/芳烃，如镇海、武汉配套乙烯，海南、金陵配套芳烃等，使炼化一体化程度得到加强。

在传统一体化企业内部，一体化水平也在提升。从外部规模看，企业炼油/化工规模配套更为合理；从内部配置看，分子炼油、分子化工的理念和技术得到充分发挥，炼化一体化由最初的保证原料供应逐步发展为以效益为引领、以技术为保证、以精细化为特征，涵盖炼油、化工、公用工程、管理资源等多范畴的新型产业形态。

(2) 规模化发展成为共同方向

近年来，我国炼油产业注重规模化建设，新建炼厂全部为千万吨级，同时大量进行了规模化、大型化改造，国企基本为 800 万~1000 万吨级水平，少量为 500 万吨级，民营企业的产能建设也向大型化发展。2013~2016 年，全国炼厂平均规模由 292 万 t/a 提高到 342 万 t/a，新增千万吨级炼厂 3 座。

目前，炼油能力在 1000 万 t/a 及以上的炼厂有 24 家，能力达到 3.26 亿 t/a，占全国的 41.3%；炼化一体化企业有 19 家，能力达到 2.56 亿 t/a，占全国的 32.5%；已投入运行的单套最大常减压装置能力达到 1200 万 t/a，单套最大催化裂化装置设计能力达到 350 万 t/a。

（3）基地化建设方兴未艾，产业集中度增加

2014年，发改产业[2014]2208号《石化产业规划布局方案》（简称《方案》）发布，对石化产业布局进行了总体部署，旨在通过科学合理规划，优化调整布局，促进产业集中，提高发展质量，推动石化产业绿色、安全、高效发展。《方案》提出重点建设七大石化产业基地，包括大连长兴岛、河北曹妃甸、江苏连云港、上海漕泾、浙江宁波、广东惠州、福建古雷。中国石化也积极提出在"十三五"打造四大炼化基地，部分与《方案》相一致，部分为根据自身特点和需求而提出。

随着国家七大基地相关项目和中国石化基地化建设的进展，中国的炼化产业将呈现新的特点，先进产能将集中爆发式建设，产业集中度增加，推动产业升级。

表5　七大基地规划炼油规模变化

	现规模	规划规模	备注
大连	3050	5050	在建恒力2000
曹妃甸		6800	规划浅海1500 规划旭阳1500 规划新华2000 地炼整合1800
连云港		1600	规划盛虹1600
上海	2900	待定	高桥炼油搬迁
宁波-舟山	2300	7800	在建舟山2000 规划舟山2000 规划镇海1500
古雷			暂不形成
惠州	1200	2200	在建海油1000

2.1.6　油品替代逐步发展，对炼油形成补充和竞争

我国油品替代发展迅速，产业和技术呈现高速发展和多元化发展态势，占成品油的比重已从2000年的不足1%上升至目前的6%，预计"十三五"期间还将上升至10%左右，逐渐形成了以天然气为主、电动车、甲醇、生物燃料以及煤制油等多种形式共同发展的格局。

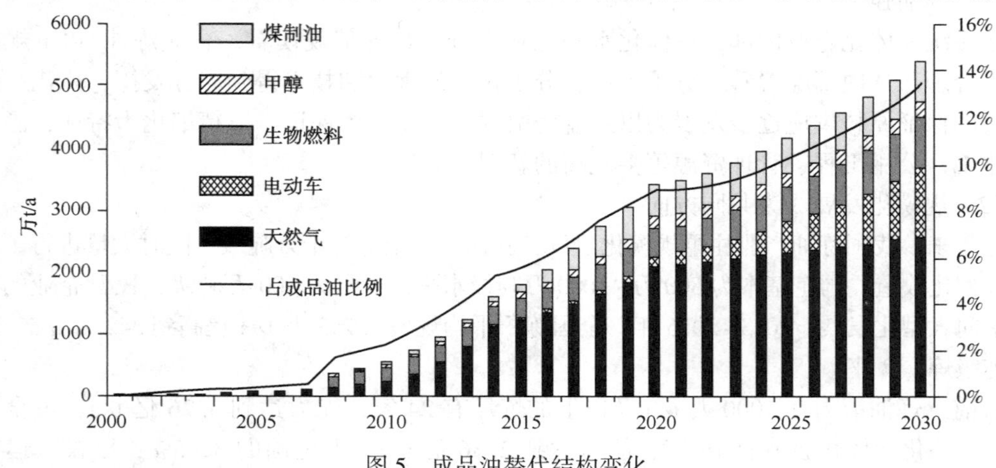

图5　成品油替代结构变化

2.2 目前存在的主要问题

2.2.1 炼油产能总体过剩

随着产能的快速建设，我国炼油也已由不足转向过剩，表现在开工负荷低，出口大量增加。

按照炼油一次能力计，我国炼油开工负荷已经连续5年低于70%，其中2014年最低为66.5%，堪比公认严重过剩的钢铁、水泥行业。对比世界平均开工率水平，2016年我国炼油能力过剩约1.1亿t/a。

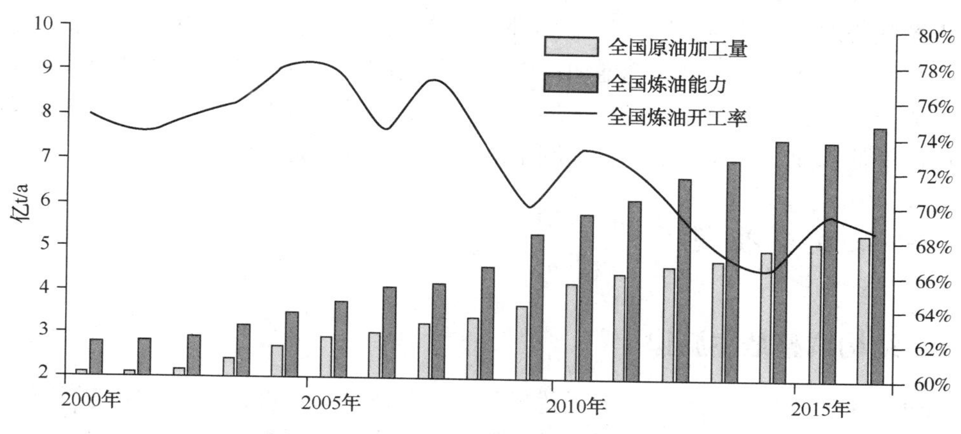

图6 全国原油一次加工能力及开工率走势

与此同时，国内仍有大量项目在建或规划建设，2017~2020年全国炼油规划能力超过2亿t/a，按此趋势，产能过剩情况难有缓解。

2.2.2 落后产能有所淘汰，但仍大量存在

2013年来，落后炼油产能不断淘汰，全国淘汰炼油能力超过7000万t/a，特别是2015年国家发改委将地炼进口原油使用资质与淘汰落后产能相挂钩政策实施以来，地炼企业落后产能淘汰较多。但另一方面，国内低于200万t/a的炼油产能仍然较多，2016年约0.9亿t/a，占总能力的11.5%，主要还是分布在民营企业中。

表6 2016年全国炼油能力统计(分规模)

万t/a

企业规模	企业数量	能力占全国比重	其中民营企业比重
能力≥1000	24	41.3%	0
500≤能力<1000	39	32.2%	24%
200<能力<500	37	15.0%	64%
能力≤200	129	11.5%	67%
全国合计	229	100.0%	25%

2.2.3 质量升级与结构调整并行，对炼油成本和技术选择挑战巨大

受质量升级、结构调整、环境约束加重三重挤压，炼油成本大幅度增加，对技术选择也提出新的要求。

本轮质量升级最大的特点就是与结构调整交织在一起，一方面需要对装置结构、组分结

构进行大的调整，如增加烷基化、异构化等组分比例；另一方面还要结合降低柴汽比、提高加工深度和转化率等产品和加工结构调整，此时，对柴油进行转化必然增加汽油升级中的芳烃含量负担，重油、柴油深加工也会增加氢气用量，提高制氢负荷。

环境约束不仅限于环保，还包括企业自身的安全、节能、低碳，以及地方政府对企业煤炭用量、排放指标、生产稳定性等的限制加强，环境类指标逐步成为企业的生存指数指标，环境约束加重也伴随着加工成本的增加。

2.2.4 国际贸易竞争加剧

由于全球炼油产能重心东移、美国页岩气革命和制造业回归等多重影响，我国成品油国际贸易市场竞争加剧。美国页岩气革命、制造业回归和能源政策、结构发生调整，给美国炼油业带来利好，汽柴油净出口有望增加；中东、印度增加炼油能力，发展外向型炼油产业，部分产品流向亚太，对我国成品油出口形成直接竞争；我国周边一些传统成品油进口国也在发展自己的炼油产业，提高自给率，加剧了成品油国际贸易竞争压力。

3 产业发展展望

3.1 结构调整是主旋律

我国炼油工业正从规模扩张转向做优做强，提升竞争力、进行产业升级是当前的主要任务。在产能过剩的大背景下，全面进行结构调整将是未来中国炼油工业发展的主基调。

在产业层面，应从三个不同方面分别调整：强化先进产能，打造业内标杆；巩固中坚产能，升级中间产能，提升竞争力；淘汰落后产能，特色转型发展。

在企业层面，应通过技术进步、优化原料和加工路线、调整装置结构、管理提升等措施，进行产品结构调整，降低柴汽比，增产航煤和化工轻油，增加炼油毛利，降低加工成本，提升盈利水平。

3.2 内涵发展是主线

目前，部分在建、规划项目在社会上取得了高度关注，在新增产能中占据了较大份额。从市场、外围角度看，新老交替、优胜劣汰是产业发展最直接的表现，但从产业自身看，内涵发展代价最低、效率更高，既能解决发展问题，又能避免创造新的产业和社会矛盾。

我国炼油产业已经形成了接近8亿t/a的庞大产能，其中绝大多数产能可以依靠技术改造，提升盈利能力和竞争力，而且产业布局比较合理，较好地支撑了国民经济发展和人民生产生活需求。对我国炼油产业来说，对存量资产效率进行提升是最稳妥、也是最经济的产业升级手段。

从近年来的企业实例看，金陵石化、茂名石化等走内涵发展、适度扩大规模、以增量带动存量的道路，取得了很好的经济效益和社会效益。业内，无论央企还是民企，依托老厂进行技术改造已成为一条普遍采用的发展道路。

总体看，以存量优化、内涵发展为主，以新建先进产能发挥带动作用，是未来炼油产业升级的大方向。

3.3 多元化油品供应是大势所趋

基于我国多煤少油的能源禀赋，在低碳发展的大背景下，国家更倾向于油、煤、可再生能源协同发展，保证交通运输燃料的供应，即加快炼油产业结构调整与升级，科学开展煤炭深加工升级示范，大力推进生物质能源战略替代，“以油为主，结构调整，多元替代，添加调和”，构建安全、经济、优质、低碳的多元化成品油供应体系。

3.4 借力一带一路倡议、智能制造国家重大战略，尽力实现炼油工业的升级和腾飞

在一带一路、创新驱动、两化融合等国家重大战略机会下，炼油工业迎来了更多的经济、产业、技术、资源新要素，产业选择更加广泛，为产业发展和升级提供了良好契机。部分企业已经先行先试，在“产业走出去”、智能工厂建设等方面进行了良好的尝试。

炼油技术历史回顾及发展趋势展望

刘晓宇　邹劲松　何　铮

（中国石油化工集团公司经济技术研究院，北京　10029）

摘　要　回顾了炼油技术将近200年的发展历程，炼油技术经历了萌芽时期、跳跃发展时期、改进时期的多次颠覆性创新，现已成为成熟的技术体系。通过分析代表性技术产生的驱动因素，总结了炼油技术的发展规律，明确了炼油技术进步的根本驱动力是在满足市场需求、适应油价变化、顺应环境约束的前提下，实现炼厂盈利最大化。进一步总结了炼油技术发展现状，重点在重质油加工、清洁燃料生产、炼油化工一体化等方面取得了持续发展。通过炼油技术历史发展经验和发展现状提出未来炼油技术发展驱动力，基于“过去—现在—未来”连续性原理，对未来进行展望，分析提出炼油技术的发展趋势是适应原料多元化、炼制过程绿色化、低碳化、灵活化、精准化、高效化。

关键词　炼油技术　发展规律　驱动力　现状分析　发展趋势

从石油炼制工业将近200年的发展历史看，炼油技术经历了多次变革和创新，日益复杂性，现今已成为较为成熟的技术体系。石油的发现远早于炼油技术的出现，人类社会文明进步引发的动力资源升级激发了市场对石油产品的需求，进而促使了炼油技术的出现。为满足市场对石油产品的需求变化，顺应原油价格变化和环境约束等方面的变化趋势，炼油技术不断发展进步，石油已成为当今工业化世界的主要动力资源。从未来原油日益重质化、劣质化，环保要求更加严格的趋势看，石油炼制工业同时还面临着未来产品结构变化和替代能源的双重挑战，炼油技术即将迎来新发展时期的挑战。“以史为鉴”，“温故而知新”。本文从对炼油技术的发展历程进行回顾、分析代表性技术产生的驱动因素、总结炼油技术的发展规律、并对炼油技术发展现状进行总结和分析，到对未来炼油技术发展趋势进行预判，为今后炼油技术发展提供借鉴的视角。

1　炼油技术发展历程

1.1　炼油技术萌芽时期(1820s~1900s)

1.1.1　石油产品的出现

炼油技术起源于欧美，在18世纪文艺复兴后，人类社会进入油灯时代，以鲸鱼油为燃料，但由于数量有限，供应出现短缺。人们尝试将其他动植物油脂作为鲸鱼油的替代品，但存在价格昂贵、数量有限、照明度不够或是使用中产生黑烟等问题，无法满足市场的需求。受巨大的市场利益驱动，人们开始寻找可以满足市场需要且更为低廉的灯油燃料。在发现石油之前，人们尝试了煤气、煤焦油等充当灯油，但由于使用性能差和安全问题，无法得到商业推广。在19世纪20年代，人们开始将目光锁定在石油，当时的石油与鲸鱼油相比较价格更为低廉，大约 20 美元/桶，并且可以大量供应，兼备较好的使用性能，在市场需求的驱动下，石油炼制产业应运而生。

1.1.2 炼油技术的出现

石油经过加热后，提取出来的部分产物可以作为灯油燃料，因此最早出现炼油技术是采用釜式蒸馏批量生产照明煤油。1861 年美国爆发南北战争，由于战争需要增加了对灯油和润滑油的需求量，推动了美国早期石油工业的发展，在 19 世纪 60 年代，相继出现了常压蒸馏和减压蒸馏技术，分别用来生产煤油和军需设备润滑油。

1.2 炼油技术跳跃发展时期(1900s~1960s)

1.2.1 现代石油产品结构的形成

在 20 世纪初期，电灯得到普遍应用，照明煤油退出了历史舞台，炼油工业面临着存亡危机，但事物总是曲折发展，炼油工业的黄金时代正在孕育而生。1820 年内燃机的诞生为汽车工业的发展奠定了基础，1867 年奥拓对内燃机进行改善，发明了以汽油为燃料的内燃机，标志着汽车工业的产生。20 世纪初，福特建立了世界上第一条汽车装配流水线，为汽车工业的规模化发展提供了条件，汽车逐渐成为大众化商品。内燃机的发展促进了汽车工业的发展，汽车工业的发展又推动了炼油工业的发展。石油以汽油产品的形式，重新进入市场。到 1930 年，汽油在全世界油品需要量中已上升到 42%。在狄赛尔发明以柴油为燃料的发动机的基础上，1936 年奔驰公司生产出第一台柴油车，柴油开始作为石油产品进入市场[1]。

与此同时莱特兄弟在 1903 年发明了以汽油为燃料的飞机，一直到第二次世界大战末期，所有飞机均为活塞式螺旋桨飞机，以航空汽油为燃料。当时航空汽油馏程为 87~220℃，比车用汽油的馏程窄，含有少量烯烃，不含有丁烷。为了追求更高的飞行高度和更快的飞行速度，促使涡轮喷气式内燃机的发明，对燃料提出了新的要求，由航空汽油转变为航空煤油[2]。

随着石油炼制工业的发展，产生了越来越多的炼厂气，人们开始尝试将炼厂气加以利用，1920 年美国标准公司建立了丙烯制取异丙醇工业化生产装置，标志着石油化工产业开始兴起。同期间蒸汽裂解制乙烯和裂解气分离技术的发明，使乙烯成为主要化工产品。20 世纪 40 年代催化裂化技术的普遍推广，为石油化工提供了更多低碳烯烃原料，促进了石油化工产业的发展。第二次世界大战前后，由于对橡胶和炸药原料的巨大需求，促使获取石油原料中芳烃的技术开发，这也是催化重整技术研发目的之一。进入 20 世纪 50 年代，全世界范围内的塑料需求大爆炸，世界化学工业的生产结构和原料体系发生了重大变化，很多化学品的生产从以煤为原料转移到以石油为主要原料[3]。

由此可见，由于汽车工业、航空工业和化工产品市场的发展需要，石油炼制产业形成了以生产汽煤柴运输燃料、润滑油以及石油化工原料为主的产品结构，并且一直延续至今。

1.2.2 代表性炼油技术的出现

(1) 热裂化

20 世纪初，由于汽车工业的发展需要，常减压蒸馏技术无法满足市场对运输燃料的需求，各大石油公司为提高炼厂的盈利开始寻求增产汽油的加工方式。美国标准石油公司工程师柏顿所发明的热裂化工艺是首个出现二次加工技术，炼油技术实现了第一次颠覆性突破。

该工艺将原油加热至454℃以上，原油中大分子发生碳链断裂生成小分子，这样可以将原油中的重组分加以利用，使原油利用率提高至65%~70%，汽油产率从15%增加到39%。反应设备由反应釜发展为管式裂解炉，提高了生产效率，基本满足了当时对油品的需求。

（2）催化裂化

由于热裂化汽油中含有大量烯烃和二烯烃，在贮存过程中容易生成胶质，汽车工业发展要求提高油品质量，便于长期储存。催化裂化技术是继热裂化之后，炼油技术出现第二次颠覆性突破的代表技术。首先由热加工转化为催化加工，利用催化反应的优越性，将原油的轻油收率进一步提高，达到70%以上，产物中富含异构化产物，有效提高了汽油的辛烷值和柴油的安定性。炼厂气中以C_3、C_4为主，同时产物中包含大量低碳烯烃，可以提供化工原料，实现了对原油更加有效的利用[4]。

（3）烷基化

二战期间需要大量高辛烷值航空汽油，促使各大石油公司致力于研发生产高辛烷值汽油的新工艺。1930年H Pines偶然发现油品与浓硫酸反应后油层增多，进而利用烯烃与烷烃的混合物来进行系统研究，发现了异丁烷/丁烯的烷基化反应。到1939年11月，美国已经建成6座工业化硫酸烷基化装置。环球油品公司和菲利普斯石油公司开发的氢氟酸烷基化工艺于1942年建成投产[5]。

（4）催化重整

汽车发动机压缩比的提高和石油化工工业的发展需要，需要大量芳烃产品。催化重整技术是以提高油品辛烷值和生产芳烃为目的而开发的炼油技术。1937年V Haensel尝试用铂作为催化重整催化剂，经过一系列的实验，如临氢加压运转、改变担体、降低铂含量，最后发现了一种含氟氧化铝担体的铂催化剂，可以大幅度提高汽油辛烷值，又能长期运转，这为铂重整工艺的开发奠定了基础。经过大量研究开发，1949年UOP公司宣布开发成功了铂重整技术，利用环烷烃脱氢异构生产优质汽油的方法，为提高汽油辛烷值开创了新的途径。在20世纪60年代UOP公司将铂重整工艺发展为连续再生式催化重整工艺[5]。

（5）加氢裂化

20世纪50年代，随着工业化国家汽车进入家庭使用，市场对汽油需求量继续的增长，而对柴油和燃料油需求量出现了下降趋势，产品结构需要根据市场进行调整。同时由于热裂化、催化裂化等脱碳工艺生产的汽油辛烷值较低，无法匹配高压缩比发动机，需要提高汽油中异构烷烃和芳烃的含量。因此各大石油公司开始研发新的生产优质汽油的炼油技术，根据催化裂化催化剂的开发经验和德国煤焦油高压催化加氢生产汽柴油的经验，通过实验研究，首先研发出固定床加氢裂化工艺及催化剂。初期加氢裂化技术主要用于加工催化裂化无法加工的重质油生产汽油，装置都采用两段式工艺。产物中的轻组分作为汽油调合组分，重组分作为重整原料，进而得到高辛烷值汽油组分和氢气。

（6）加氢精制

随着发动机的改进和尾气排放要求提升，需要提高油品质量，由于炼油技术发展的早期，原油经蒸馏、裂化后产品直接进行使用，但油品中会含有不饱和烯烃和杂质，影响油品品质和使用性能。因此技术研发人员开发了酸洗、碱洗、水洗、化学精制过程脱除油品中杂质，改善油品质量。但上述精制过程会不同程度上产生油品损失，脱除的杂质和废化学试剂也存在环境污染问题。催化重整技术出现后，提供了廉价的氢气来源，加氢精制技术得以发展，用于生产清洁油品。由于工艺的优越性，油品质量大为改善，精制过程脱除杂质，提高辛烷值，并且不会造成油品损失。

1.3 炼油技术改进时期(1960s 至今)

20 世纪 60 年代至 20 世纪末，炼油技术出现了第三次颠覆性的突破，陆续出现了连续重整工艺、FCC 分子筛催化剂、FCC 提升管和渣油加氢技术，炼油工业的发展进入新阶段。分子筛催化剂和提升管技术使催化裂化工艺极大的提高了产品收率和质量，并降低了催化剂的损耗，使催化裂化工艺在现代炼油中发挥了巨大作用。分子筛裂化催化剂的发明是催化裂化发展历史中的重大事件，由于其大幅度的提高了重油转化成汽油的产率，因而被誉为“60 年代炼油工业的技术革命”[5]，进而加氢、重整、烷基化、异构化工艺均转向分子筛催化剂的研发。

1973 年中东战争导致的油价上涨，原油市场告别了低油价时代，炼厂逐渐增加二次加工能力，装置结构发生变化，提高了原油利用率和加工深度[6]。因此，此期间世界原油加工总能力上升速度明显减慢，并从 1982 年起，出现了逐年下降的情况。进入 20 世纪 70 年代后，市场需求发生调整，对喷气燃料和柴油需求量逐年增加，加氢裂化技术出现了满足灵活生产的单段流程和单段串联流程。

从 20 世纪末发展至今，炼油技术主要是在原有技术的基础上进行工艺革新和催化剂改进，以工艺流程的节能清洁和高效灵活为主要发展方向[7,8]。

2 炼油技术发展规律

原油主要组成是碳数分布在$_4$~C_{53}的烃类混合物，炼油技术是将不同碳数的组分进行有效分离和合理转化，实现对原油的有效利用和生产高价值产品。在炼油技术发展初期，常减压蒸馏技术是采用加热的方式，利用不同碳数烃类沸点上的差异，分离原油中轻馏分。在炼油技术进入热加工时期，热裂化实现了对原油中重组分的利用。在炼油技术进入催化加工时期，催化剂的出现提高了生产效率和原油利用率；随着分子筛催化剂的研发成功，逐渐实现了对反应过程的可控性，增加了目标产物的选择性；加氢裂化技术则由于反应机理的优越性，有效提高了产品价值；如表 1 所示。

表 1　代表性炼油技术反应机理和产物对比

炼油技术	反应过程	反应机理及产物
常减压蒸馏	物理过程	C_4~C_{53}→C_4~ C_{16}、C_{16}~ C_{40}……
热裂化	热反应	自由基反应机理→裂解、缩合反应→液收约 40%，产物中多二烯烃、C_1、C_2，难生成异构化产物
催化裂化	催化反应	正碳离子反应机理→裂化、异构化反应→液收 75%以上，多生成 C_3，C_4，异构化产物
加氢裂化	双功能催化剂	正碳离子反应机理→加氢、裂化、异构化反应→液收 95%以上，产物饱和度高，石脑油馏分芳烃潜含量高，异构化产物多

根据上述炼油技术反应机理可以看出，炼油技术由物理过程发展为化学反应，由简单发展为复杂，由“暗箱操作”发展为反应过程可控，常减压蒸馏、热裂化、催化裂化、加氢裂化逐渐提高了原油利用率、产品收率、产品质量和产品价值，见图1。

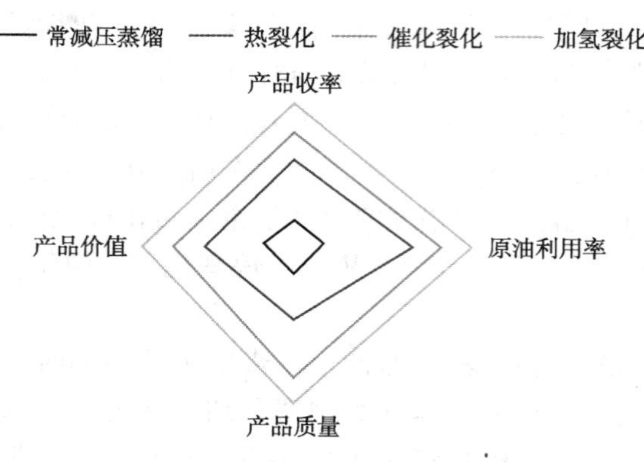

图1 炼油技术发展规律

纵观炼油技术发展历程，如图2所示，为实现炼厂盈利最大化的目标，炼油技术为满足市场需求，适应高油价，顺应环境约束，逐步进行改进，因此总结炼油技术发展进步的驱动力有市场、技术进步、油价和环境，见表2。

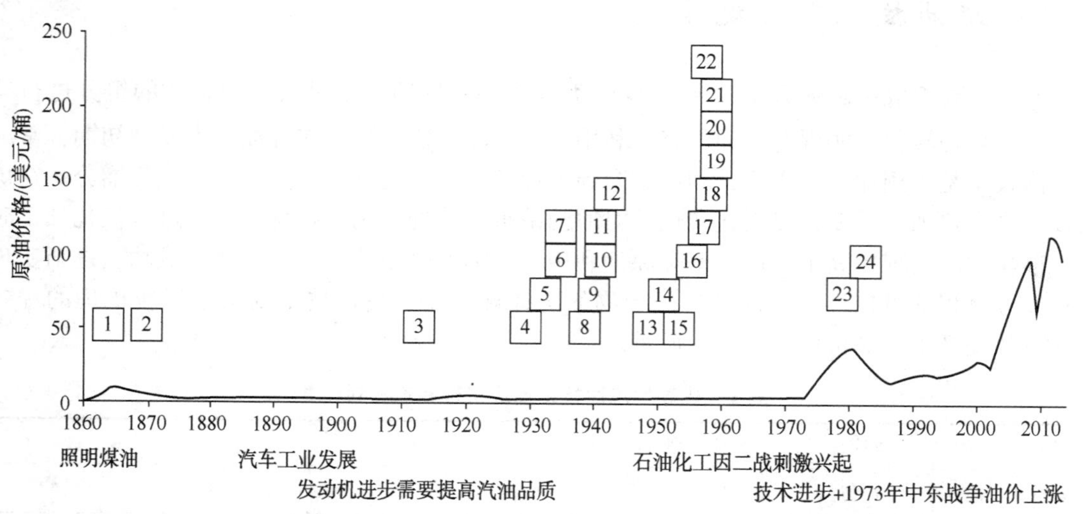

1	常压蒸馏	5	延迟焦化	9	减黏裂化	13	固定床铂重整工艺	17	催化异构化	21	分子筛催化剂
2	减压蒸馏	6	催化脱沥青	10	异构化	14	流化床催化重整	18	加氢裂化	22	渣油沸腾床加氢
3	热裂化	7	催化聚合	11	烷基化	15	加氢脱硫	19	提升管技术	23	渣油固定床加氢
4	热重整	8	移动催化裂化	12	流化催化裂化	16	移动床催化重整	20	连续重整	24	渣油浆态床加氢

图2 炼油技术发展历程

表 2 炼油技术发展驱动力

时间	时期划分	代表性技术	研发背景	驱动力
1860s～1870s	技术发现	常减压蒸馏	生产照明煤油和润滑油	市场
1913		热裂化	汽车工业飞速发展，以生产汽油为目的	
1937		TCC	提高汽油品质	
1940		烷基化	增产汽油、提高辛烷值和生产化工原料，以满足二战需要	市场
		异构化		
1942		FCC	增产汽油，提升辛烷值	市场
1949		固定床铂重整	增加芳烃产量	
1950s		加氢精制	提高油品质量，减少油品损失	市场+技术进步
1960s		加氢裂化	提升油品质量，提高重油利用率	
1960s～1970s	技术跳跃发展	FCC 分子筛催化剂	提高产品收率、油品质量，降低催化剂的损耗	技术进步
1970s～1990s		增加二次加工能力	油价上涨，充分利用原油，提高石油产品的收率	油价
		连续重整		
		渣油加氢		
1990s 至今	技术改进	节能清洁和高效灵活	原油劣质化、重质化，环保要求严格	环境

3 当前炼油技术重点研发领域

当前炼油技术围绕着原油有效利用、生产清洁化、降低成本等方面，在重质油加工、清洁燃料生产、炼油化工一体化等方面取得了持续发展。

3.1 重质油加工

重质油加工分为脱碳和加氢两条路线，脱碳路线以重油催化裂化和延迟焦化为代表性技术。催化裂化仍是主要的重油加工技术之一，其中以 Grace Davison（美国格雷斯-戴维森公司）和 Albemarle（雅宝）重油转化催化剂为主流应用技术。Grace Davison 公司拥有专利技术的 ADVANTA 催化剂和 GENESIS 催化剂，可以使芳烃生焦母体转化为高价值液体产品，汽油和轻循环油收率高，占据了将近一半的催化裂化催化剂的世界市场份额。为了满足炼化一体的需要，催化裂化技术开始转向多产低碳烯烃，包括 Shell 公司的 MILOS 工艺、Axens 公司的 PetroRiser，UOP 公司的 RxPro 技术，中国石化的 DCC 技术均以多产丙烯为目的[7~9]。

加氢路线包括渣油加氢和加氢裂化，渣油加氢目前可分为固定床加氢处理、沸腾床加氢裂化、浆态床加氢裂化技术。其中以固定床加氢技术应用最为普遍，Chevron 公司的 VRDS 和 UOP 公司的 RDS 技术市场占有份额最高，近年来在延长装置运转周期，催化剂改进，通过组合技术提高原料适应性等方面多有改进。而浆态床加氢裂化技术由于其工艺特点，对进料杂质无限制，可加工沥青和油砂处理劣质渣油，最具有应用发展前景。蜡油加氢裂化是生产清洁燃料和多产化工原料的关键技术，以 UOP 公司的 Unicracking 技术市场占有份额最高[7,9,10]。

脱碳+加氢路线组合工艺是在减少投入和操作成本的情况下，将脱碳技术和加氢技术进行合理组合，实现重质油轻质化，主要包括溶剂脱沥青-延迟焦化、减粘-焦化组合工艺、催化裂化-延迟焦化-焦炭气化、溶剂脱沥青-沥青气化-脱沥青油加氢处理-催化裂化、催化裂化-延迟焦化-焦炭气化、渣油加氢处理-渣油催化裂化等组合工艺[11~13]。

3.2 清洁油品生产

清洁汽油生产的技术方向是脱硫、降烯烃和芳烃、高辛烷值组分生产；清洁柴油生产以低硫、低芳、高十六烷值为发展方向。国Ⅴ汽柴油质量要求的实行，以及国Ⅵ油品质量升级趋势对炼油技术清洁油品生产提出的迫切要求，催化汽油选择性加氢脱硫是生产清洁汽油的首选技术，也是研发与应用的重点。柴油深度脱硫成为生产超低硫柴油的热门技术。

脱硫技术分为加氢脱硫和非加氢脱硫，加氢脱硫分为选择性加氢脱硫(HDS)和加氢脱硫-辛烷值恢复组合技术，非加氢脱硫主要是吸附脱硫，其中以选择性加氢脱硫最具应用发展前景。选择性加氢脱硫以Axens公司的Prime-G+技术、CDTech公司的CDHDS技术、ExxonMobil公司的SCANFining技术市场占有份额最高。由中石化引进并进行研发革新的S Zorb技术在国内炼厂应对产品质量升级中发挥了巨大作用。

高辛烷值组分生产以催化重整、烷基化、异构化技术为主。目前世界上整套连续重整技术有UOP公司CCR工艺、Axens公司Octanizing工艺和中国石化自主研发的逆流床连续重整技术。烷基化技术中液体酸烷基化技术目前以Lummus公司的CD Alky plus技术推广最为广泛，固体酸烷基化技术以Lummus公司的Alkyclean™技术为领先水平，目前已建成一套工业化装置。异构化技术以UOP公司和Shell公司的TIP技术为典型技术。

目前生产低硫和超低硫柴油主要是采用加氢处理，分为以脱硫为主的单段加氢和脱硫脱芳烃两段加氢，催化剂开发是清洁柴油生产技术发展的重点方向。柴油深度脱硫脱芳烃技术主要包括Axens公司的柴油脱芳烃Prime-D技术、Albemarle公司的柴油脱硫STARS技术、Criterion公司研发的柴油加氢改质催化剂。UOP公司研发的LCO-X技术和中国石化自主研发的LTAG技术，可以将劣质柴油改质转化为芳烃或高辛烷值汽油，调节炼厂柴汽比[7,9,14~17]。

3.3 炼化一体化技术

炼化一体化是充分合理配置和优化利用原有资源，降低能耗、成本，实现企业效益最大化的重要手段。为做到宜油则油、宜芳则芳、宜烯则烯，炼化一体化技术分为多产化工轻油技术，达到弥补石脑油原料供应的不足，为下游乙烯生产提供更多原料的目的；多产低碳烯烃技术多产丙烯、乙烯，利用现有催化裂化装置，应用新型催化剂或进行工艺改进，达到增产目的；多产芳烃技术，通过催化重整、重芳烃转化、烯烃转化等技术生产高附加值芳烃产品。

4 炼油技术发展趋势

通过对炼油技术发展历程进行回顾，总结发展规律，可以看出炼油技术进步的根本驱动力是在满足市场需求，适应油价变化，顺应环境约束的前提下，实现炼厂盈利最大化。在炼油行业惯性发展状态下，基于“过去—现在—未来”连续性原理，将当前发展趋势进行延续，因此未来炼油技术的发展趋势是适应原料多元化，炼制过程绿色化、低碳化、灵活化、精准化、高效化。面对原油日益重质化、劣质化，机会原油逐渐增加，原料多元化对未来炼厂提出了更高的技术要求[18~20]。并且环境保护和产品质量法规不断升级，清洁油品生产既要达到由劣质、重质原油生产优质、清洁、轻质石油产品的技术要求，同时还需保证石油产品满足使用性能和环保质量。并且随着《巴黎协定》的正式生效，炼厂即将面临着温室气体强制减排的严峻挑战，低碳化是未来炼厂发展的必然趋势。实现产品绿色化、生产低碳化的同时，面临未来产品结构变化，炼厂进一步挖掘盈利能力，提高原油利用率，更趋向于生产高价值产品，并且适应灵活多产清洁油品和石油化工原料的需要，达到生产过程的灵活化和精准化，还应尽可能避免非计划停工所导致的产量下降，保证设备的高效运转。

参 考 文 献

[1] 刘志刚．汽车发展史简述[J]．汽车运用，2000，(12)：15-16.

[2] 赵长辉，段洪伟．从莱特兄弟突破到跨国整合-飞机制造业百年简史[J]．中国工业评论，2015，(8)：94-103.

[3] Rafael C V. 化学工业的未来-2050世界化学工业发展趋势展望[M]. 2015

[4] 徐春明，杨朝合．石油炼制工程[M]．石油工业出版社，2009：1-210.

[5] 闵恩泽．石化催化技术创新的历史回顾与展望[J]．世界科技研究与发展，2002，6(24)：7-13.

[6] 刘海燕，于建宁，鲍晓军．世界石油炼制技术现状及未来发展趋势[J]．过程工程学报，2007，7(1)：176-185.

[7] Hydrocarbon Processing[J]. 2010~2015年各期.

[8] 陈惠敏．NPRA年会世纪回顾及世界炼油技术展望(2)[J]．炼油设计，2001，31(9)：1-5.

[9] 钱伯章．炼油催化剂的现状分析和技术进展[C]．第九届全国化学工艺学术年会论文集，2005：804-848.

[10] 钱伯章．清洁汽、柴油生产进程与技术进展(二)[J]．润滑油与燃料，2015，25(133)：1-10.

[11] Harold N W, David W S, Walter W B. Delayed coking with solvent separation of Recycle Oil. US4534854. 1985.

[12] CHEN NAI Y, RANKEL LILLIAN A. Conversion of residua to premium products via thermal treatment and coking: US4443325[P]. 1984.

[13] 国家科技成果推广计划项目：99050201. 重油深度加工组合工艺[J]．科技与管理，1999，(2)：35.

[14] 钱伯章．清洁汽、柴油生产进程与技术进展(一)[J]．润滑油与燃料，2015，25(132)：1-5.

[15] 钱伯章．清洁汽、柴油生产进程与技术进展(三)[J]．润滑油与燃料，2015，25(134)：1-5.

[16] 周雯菁．康菲公司S Zorb专利技术发展历程分析[J]．科技创新与应用，2016，(23)：35.

[17] 何奕工．酸催化材料、反应工程和催化化学[M]．科技创新与应用，2015：87-101.

[18] Stratas Advisors. Global Refining Outlook：2016-2035. 2016.

[19] BP. Energy Outlook. 2016.

[20] IHS CERA Inc. Outlook for Future Crude Quality：Regional Changes Have Global Impact，2012，02.

新形势下我国炼化一体化发展趋势

李雪静　任文坡　乔　明　宋倩倩

（中国石油石油化工研究院，北京　102206）

摘　要　我国炼化行业面临着炼油产能过剩加剧、成品油消费增速放缓、化工产能尤其是高端产能不足，以及新能源快速发展等严峻挑战，转型升级迫在眉睫，炼化一体化成为转型升级的关键。本文详细分析了我国炼化行业面临的形势，并重点介绍了炼化一体化发展呈现的一系列新趋势：炼化一体化发展呈现基地化、大型化布局；控炼增化成为炼化一体化发展新常态；炼化一体化模式从炼油、乙烯一体化向炼油、乙烯、芳烃一体化转变；炼化一体化技术步入新的发展期。

关键词　炼化一体化　转型升级　炼油　乙烯　芳烃

炼化一体化通过有效利用原油资源，实现企业整体经济效益的最大化，是国内外炼化行业长期以来坚持的发展策略。其显著优势是优化配置和综合利用各种资源，提升产品附加值。此外，炼化一体化还可共享公用工程及辅助设施，降低生产成本及建设投资。有关机构的分析数据表明，与同等规模的炼油企业相比，采取炼油、乙烯、芳烃一体化，原油加工产品附加值可提高 25%，节省建设投资 10%以上，降低能耗 15%左右。

高油价时代，上游勘探开发企业盈利非常可观，而一些中下游炼油企业则陷入“薄利”甚至亏损的境地。作为应对措施，炼化一体化成为炼厂改善经营、提升盈利的一项重要举措，有利于炼化行业降低经营风险。目前，全球油价低位运行，全球炼化行业面临着石油需求增速放缓、炼油能力增长停滞、化工业务持续增长等方面的挑战和机遇，炼化一体化的作用进一步增强，呈现了一些新的动向和趋势。尤其是在我国面临炼油产能严重过剩、产品需求结构调整、石化产品产能不足等严峻形势下，炼化行业转型升级迫在眉睫，炼化一体化正成为我国炼化行业“十三五”期间加快转型升级的战略选择。

1　炼化行业面临的严峻形势

1.1　石油对外依存度逐年攀升，炼油产能严重过剩

我国是世界原油第一进口大国。2016 年，我国原油产量 1. 997 亿 t，原油进口 3. 81 亿 t，对外依存度 65. 4%。由图 1 可见，我国原油对外依存度呈现逐年增长的态势，尤其是从 2015 年开始，国家主管部门逐步放开进口原油使用权和原油进口权，地炼进口原油大幅增加，2016 年原油进口创下近年来的最大增速。

近年来，我国炼油产能过剩已成为炼化行业的突出矛盾。随着炼油能力的快速增长，2016 年我国炼油能力达到 7. 5 亿 t/a，原油加工量 5. 41 亿 t，开工率仅为 72%，远低于 83%的全球炼厂平均开工率和高达 90%的美国炼厂开工率，过剩能力近 8000 万 t/a。预计到

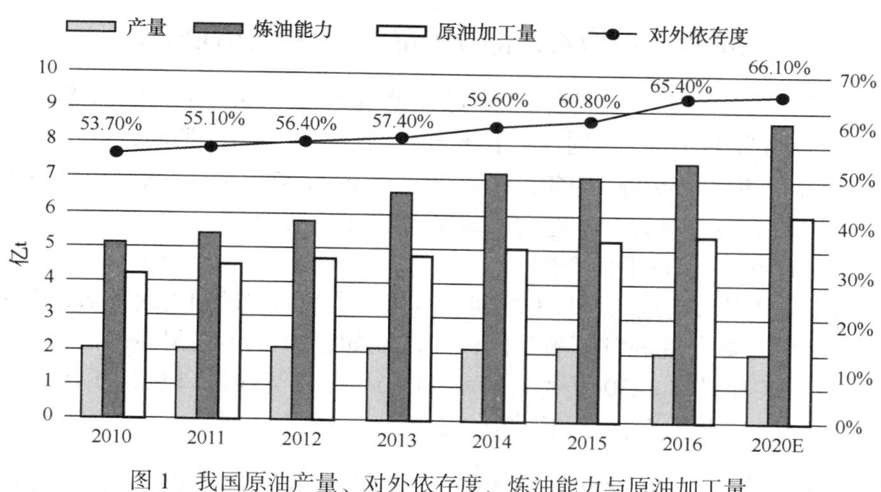

图1 我国原油产量、对外依存度、炼油能力与原油加工量

2020 年我国炼油能力将达到 8.7 亿 t/a，炼厂开工率仍将处于 70%以下明显偏低的水平，届时过剩高达 1.2 亿 t/a 左右，产能过剩问题将更为突出。

1.2 成品油消费增速放缓，柴汽比持续下降

2016 年我国成品油消费达到 3.15 亿 t，首次出现负增长，同比下降 1.1%，见图 2。其中，柴油消费下降 5.8%，汽油消费增长 3.5%。预计“十三五”期间，成品油消费年均增速将从“十二五”时期的 4.9%下降到 2.3%，汽油消费将在 2025 年左右达峰，约 1.7 亿 t，而柴油消费已从 2015 年开始下降，“十三五”期间将在 1.7 亿 t 上下波动，其峰值或已到来；航煤、化工轻油和液化气需求将持续增长到 2030 年。

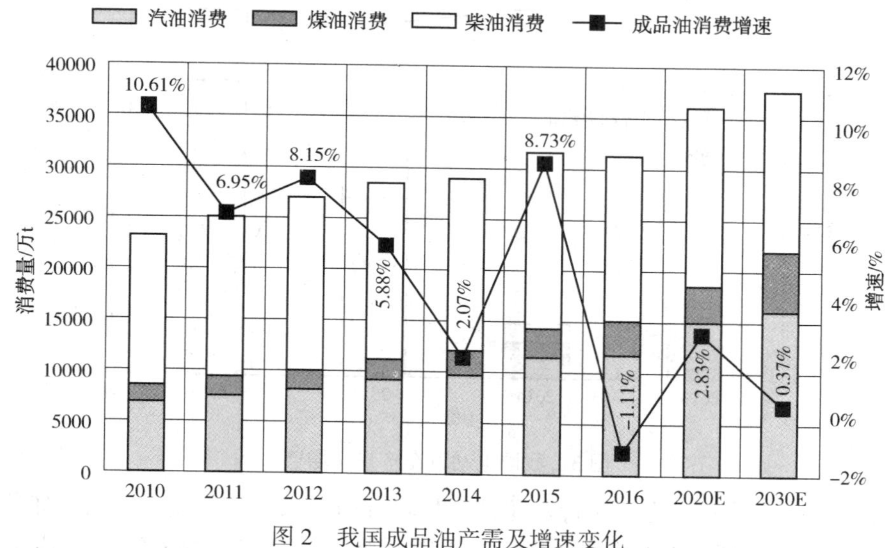

图2 我国成品油产需及增速变化

经济增速放缓、产业结构调整使得我国成品油消费结构发生了较大变化，突出表现在柴汽比持续降低，已由 2010 年的 2.2 降至 2016 年的 1.37，预计到 2020 年进一步降至 1.3 以下，2030 年将降至 1.1 左右。

1.3 石化产品消费平稳增长，部分产品还存在结构性短缺

我国石化产品需求增速平稳，远高于成品油消费增速。2016年我国乙烯产量达到1781万t，当量消费量约为3980万t，同比增长6.6%。预计“十三五”期间，我国乙烯当量消费年均增速将从“十二五”的5%降为4%，到2020年接近4500万t；三大合成材料需求年均增速将从“十二五”的7%左右降至5%左右，2020年将达到1.44亿t，2020年以后会进一步降低到4%以下，市场空间保持平稳增长。

尽管我国石化产品市场进入增长平缓期，但相比成品油的过剩局面，部分石化产品存在结构性短缺，每年需要大量进口以满足国内需求。如，2016年我国乙二醇净进口755万t(自给率41%)，PX净进口1230万t(自给率44%)，聚乙烯净进口960万t(自给率61%)。尤其是，我国高技术含量的新材料和高端石化产品产能严重不足，对外依存度较高。

1.4 新能源汽车快速发展，汽油消费受到冲击，化工材料发展迎来机遇

受到国家政策倾斜的提振，我国新能源汽车(主要是电动汽车)快速发展，推广力度不断加大。2016年我国电动汽车生产51.7万辆，比2015年同期增长51.7%，见图3。其中，纯电动汽车生产完成41.7万辆，比2015年同期增长63.9%；插电式混合动力汽车生产完成9.9万辆，比2015年同期增长15.7%。2016年我国新能源汽车保有量达到109万辆，与2015年相比增长86.90%，预计到2020年我国新能源汽车保有量将达到500万辆。虽然短时间内车用成品油(汽油为主)的消费主导地位难以动摇，但随着新能源汽车的逐步推广，势必会受到一定冲击。

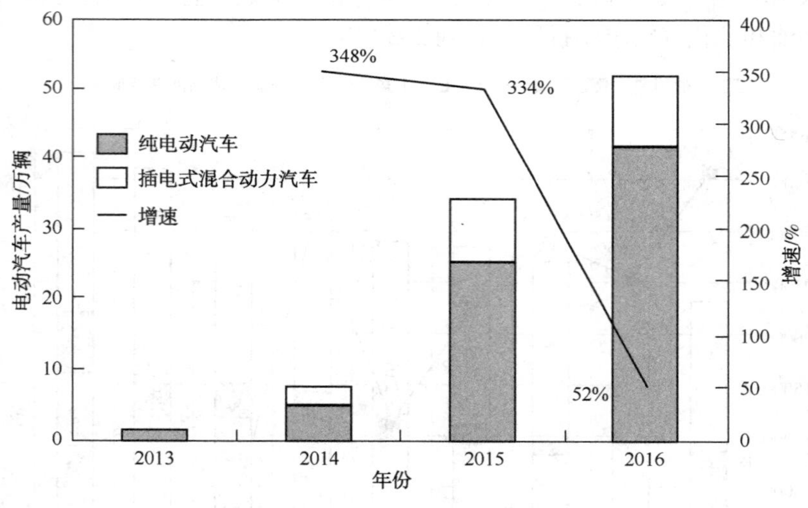

图3 我国电动汽车产量及增速

新能源汽车产业的发展为石化行业尤其在材料方面带来很大的发展空间，如池隔膜、充电桩用片状模塑料(SMC)复合材料、储氢瓶用碳纤维等，这些材料尚需进一步突破，进而促进新能源汽车产业的发展。新能源汽车的发展也会带动一大批车用化工新材料的需求，如摩擦增强材料、内饰材料等。

2 我国炼化一体化发展趋势

2.1 炼化一体化发展呈现基地化、大型化布局

经过多年的发展，我国炼化一体化取得了一定成效，已经建成运行的炼化一体化企业达到19家，主要集中在中石化、中石油，如中石化的镇海炼化、扬子石化、燕山石化、上海石化、齐鲁石化、天津石化等，中石油的大庆石化、吉林石化、抚顺石化、辽阳石化、四川石化、兰州石化、乌鲁木齐石化、独山子石化等。然而，从全国来看，我国炼厂总量高达200多家，炼化一体化企业占比尚不足10%，绝大部分企业尤其是地炼均是炼油型企业，制约了整体炼化产业的进一步发展。

根据国家发改委印发的《石化产业规划布局方案》的意见，新建炼油项目要按照炼化一体化、装置大型化的要求建设，且要求炼油、乙烯、芳烃新布点项目均建在产业基地内。这意味着在规划期内，我国很难再有单独的炼油项目获得审批，新增的均是炼化一体化的项目。“十三五”期间，国家发改委规划了大连长兴岛、上海漕泾、广东惠州、福建古雷、河北曹妃甸、江苏连云港、浙江宁波七大石化产业基地。中国石化也计划建成茂湛、镇海、上海和南京4个炼化一体化基地，以充分利用原油资源，实现效益最大化。我国地炼企业多是按照最大量生产汽柴油为目标设计的，很少建有下游化工配套装置，未来部分实力较强的地炼也将按照炼化一体化的发展思路，向下游乙烯和芳烃产品链延伸。在装置大型化方面，新建项目要求单系列常减压装置原油年加工能力达到1500万t及以上、乙烯装置年生产能力达到100万t及以上、对二甲苯装置年生产能力达到60万t及以上等。

2.2 控炼增化将成为炼化一体化发展新常态

我国炼油产能严重过剩，预计“十三五”及以后时期，我国炼油能力仍将过剩，炼油能力的过剩将延续成品油市场过剩。同时，我国石化行业面临着乙烯、丙烯、芳烃等基础有机化工原料的短缺，以及石化产品尤其是高端石化产品产能严重不足的局面。为应对上述挑战，炼化企业从大量生产成品油转向多产高附加值油品，尤其是增产低碳烯烃、芳烃和化工轻油，以进一步拓展炼化行业发展空间。预计2025年，我国乙烯、芳烃产能将分别达到5000万t/a和4000万t/a。

单纯依靠炼油装置生产化工轻油作为乙烯、芳烃等生产的原料，难以满足我国乙烯、芳烃下游产品的市场需求。炼化企业需充分考虑油田和炼厂轻烃资源的加工利用，以及适当布局甲醇制烯烃和甲醇制芳烃项目，作为乙烯、芳烃发展的有益补充，实现原料多元化和低成本化。

2.3 炼化一体化模式从炼油、乙烯一体化向炼油、乙烯、芳烃一体化转变

我国PX产能严重不足，大量依赖进口，新建或扩建炼化企业加大了大型芳烃建设的步伐，同时建设百万吨级大型乙烯装置，见表1。尤其是民营石化大举扩张PX产能，如4000万t/a浙江石化项目PX产能高达1040万t/a，恒力石化和盛虹石化PX产能也分别达到450万t/a和280万t/a。国有企业，如惠州炼化二期项目、镇海炼化扩建项目，同样配套布局

了大乙烯、大芳烃项目。炼化一体化实现从炼油、乙烯一体化向炼油、乙烯、芳烃一体化的转变。

表1 我国近期在建与规划的大型炼化一体化项目

项目名称	炼油能力/(万t/a)	乙烯产能/(万t/a)	PX产能/(万t/a)
浙江石化	一期：2000 二期：2000	一期：140 二期：140	一期：520 二期：520
盛虹石化	1600	110	280
恒力石化	2000	150	450
一泓石化	1500	—	300
惠州炼化二期	1000	100	100?
镇海炼化扩建	1500	120	100?

2.4 炼化一体化技术步入新的发展期

新形势下，炼化一体化相关的技术重新引起了业界关注，如利用催化裂化多产低碳烯烃、加氢裂化多产重整和化工原料等，还出现了原油直接裂解制乙烯技术、天然气直接制烯烃/芳烃技术等。

在炼化一体化传统技术中，催化裂化多产低碳烯烃是实现炼化一体化的关键技术之一。中国石油在两段提升管催化裂解多产丙烯技术(TMP)和催化裂化多产丙烯催化剂方面进行了持续的开发和改进。由于缺少丁烯原料，很多炼厂难以实现烷基化油的最大化生产。Rive技术公司和GRACE公司分别开展了催化剂方面的研究，用于提高催化裂化装置丁烯产率。加氢裂化在炼化一体化中的作用主要是生产优质催化重整原料和蒸汽裂解制乙烯原料，未来将向全化工型加氢裂化转变。UOP公司推出的新一代HC-185催化剂能够最大量生产石脑油，高芳潜重石脑油收率25%~40%；中石化开发的新一代FC-46催化剂以及配套FMN、FMC工艺技术，适用于多产高芳潜重石脑油和低BMCI值尾油等优质化工原料。中石油开发的专用MSY分子筛及助剂促金属分散技术，在高芳潜重石脑油收率达到35%~48%(m)的同时，液体收率95%(m)以上。

在多产化工原料新技术中，埃克森美孚公司和沙特阿美公司分别开发了原油直接裂解制乙烯工艺，工艺特点各不相同。埃克森美孚公司已在新加坡建成了全球首套原油直接裂解制乙烯装置，乙烯产能为100万t/a，成本低于50美元/桶下的裂解原料成本。沙特阿美公司开发的类似技术尚未工业化应用，据测算其成本与沙特石脑油裂解成本相当。中国石油、SABIC和中科院大连化物所正在合作开发天然气直接制烯烃/芳烃技术，与现有的天然气转化的传统路线相比，该技术彻底摒弃了高耗能的合成气制备过程，大大缩短了工艺路线，反应过程本身实现了CO_2的零排放，碳原子利用效率达到100%。

3 结语

新形势下，炼化行业业面临新的机遇和挑战，炼化一体化成为我国炼化行业承接挑战、抓住机遇的关键性举措，其作用不可替代。目前我国新建或扩建炼化企业均是炼化一体化企业，不仅炼厂规模是世界级，而且配套建设大乙烯和大芳烃，同时进行基地化、园区化布局。现有企业也在积极拓展寻求解决方案实现炼化结构转型升级，利用炼油装置增产低碳烯烃和优质化工原料以及加大油田和炼厂轻烃的加工利用等。技术的创新与突破也为炼化一体化在行业转型升级中的作用发挥增添了助力。

参 考 文 献

[1] 袁晴棠，戴宝华．我国石化工业转型升级创新发展战略研究[J]．当代石油石化，2016，24(5)：1-5.
[2] 李宇静，陈庆俊，赵云峰．我国石化工业优化发展趋势[J]．石油科技论坛，2017，2：1-7.
[3] 国家发改委．石化产业规划布局方案(发改产业[2014]2208号).
[4] 姚国欣．世界炼化一体化的新进展及其对我国的启示[J]．国际石油经济，2009，5：11-19.

GROMS 软件在炼厂发展规划方面应用

李子涛　梁　峰

（中国石化青岛炼油化工有限责任公司，青岛　266500）

摘　要　以国内某大型炼厂（以下简称 A 炼厂）为例，介绍 GROMS 软件在炼厂规划方面的应用情况，为相关应用提供参考。

关键词　PIMS　GROMS　发展规划　质量升级

1　炼厂现有加工流程及发展规划情况

A 炼厂原油综合配套加工能力 1200 万 t/a，蜡油采用蜡油加氢处理+催化裂化、渣油采用延迟焦化+循环流化床锅炉加工路线，配套建设了常减压、催化裂化、延迟焦化、蜡油加氢处理、柴油加氢等 21 套工艺装置及相应的油品储运设施，装置名称和加工规模见表 1。

表 1　A 炼厂现有加工装置

序号	装置名称	原有规模/(万 t/a)	现有规模/(万 t/a)
1	常减压	1000	1200
2	延迟焦化	250	290
3	连续重整	150	180
4	加氢裂化	200	
5	催化裂化	290	
6	加氢处理	320	
7	柴油加氢	410	
8	煤油加氢	60	100
9	气体分馏	60	
10	MTBE	12	
11	轻石脑油改质	35	
12	聚丙烯	20	
13	苯乙烯	8.5	
14	硫黄回收	22	32
15	1#制氢	2.25(3 万 Nm^3/h)	
16	2#制氢	3(4 万 Nm^3/h)	
17	脱硫脱硫醇	干气脱硫 32；液化气脱硫 88；液化气脱硫醇 86；汽油脱硫醇 133	
18	酸性水汽提	230t/h	

续表

序号	装置名称	原有规模/(万 t/a)	现有规模/(万 t/a)
19	溶剂再生	953t/h	
20	S Zorb	150	

根据油品质量升级和结构调整提质升级要求，需新建部分二次加工装置和对现有重油加工路线进行优化，借助流程规划软件对不同发展方案进行优化测算比选。

为了做好规划优化工作，采用 PIMS(Process Industry Modeling System，过程工业模型系统)和 GROMS(Global Resource Optimization Modeling System，全局资源优化模型系统)进行工艺流程优化设计，并对两者的优化结果进行对比分析。

2 全局资源优化模型系统 GROMS 简介

GROMS 是完全自有知识产权的中文系统，用户以菜单方式按照物流或业务关系建模，无需人工编写变量和方程，可建立超大规模“多周期、多企业、多业务、多目标”资源计划和物流调度模型。GROMS 根据业务模型自动生成标准的 MPS 文件，调用通用解题器求解，全部物流和物性的约束数据及优解结果均可直接浏览和导出到 EXCEL，用户能够自定义报表和生成工艺流程图。

GROMS 采用独特的三次元分布递归方法解决汇流所产生的非线性问题，递归收敛精度达到 1.0e-6 或更高，在计算较复杂模型时，通常能够避免二次元分布递归算法陷入局部优解的问题。

3 优化测算情况

3.1 模型准备

(1) 采用 A 炼厂 PIMS 年度计划模型，根据测算需要，将原油种类修改为五种原油(沙中、沙重、伊重、科威特、巴士拉轻油)，并设置原油加工总量 1150 万 t。

(2) PIMS 计划模型完善：将多方案装置细化为每个逻辑装置只有一个方案，以避免模型应用的三类问题：①Delta_Base 导致物流组分【收率】为负；②多方案同名组分【物性】传递限制和错误；③多方案组分直接合计，缺少应有的【汇流】过程。

(3) PIMS 规划模型建立：在 PIMS 计划模型增加规划装置(石脑油加氢、连续重整、PSA 氢气提纯、异构化)。

(4) PIMS 原油采购模型建立：在 PIMS 规划模型取消各油种采购量限制，总量 1150 万 t 不变。

(5) GROMS 模型生成：利用软件工具迁移 PIMS 模型，生成相应的 GROMS 计划、规划、采购模型。

(6) 方案设置：计划、规划、采购共三套模型，均有【可产 E92】和【不产 E92】两套方案。

3.2 模型列表

表2 A炼厂测算模型列表

模型分类	模型名称		备注
	不产E92方案（简称X92）	可产E92方案（简称E92）	
计划模型	M1_X92_计划_Q	T1_E92_计划_Q	Q——全部物性为【质量调合】 QV——硫、SPG为【质量调合】 其他物性为【体积调合】 QVD——QV基础上含【DELTA_BASE】 E92——92#出口汽油 注：以下描述中，数量单位为万吨，目标值单位为万元。
	M2_X92_计划_QV	T2_E92_计划_QV	
	M3_X92_计划_QVD	T3_E92_计划_QVD	
规划模型	M4_X92_规划_Q	T4_E92_规划_Q	
	M5_X92_规划_QV	T5_E92_规划_QV	
	M6_X92_规划_QVD	T6_E92_规划_QVD	
采购模型	M7_X92_采购_Q	T7_E92_采购_Q	
	M8_X92_采购_QV	T8_E92_采购_QV	
	M9_X92_采购_QVD	T9_E92_采购_QVD	

3.3 X92计划和规划模型测算(计算精度1.0E-3)

3.3.1 测算结果列表

表3 X92计划和规划测算结果表

模型分类	模型	PIMS	GROMS	ΔOBJ(G-P)
计划模型	M1_X92_计划_Q	479770.83	479772.28	1.45
	M2_X92_计划_QV	470804.51	486006.76	15202.25
	M3_X92_计划_QVD	469440.47	483544.12	14103.65
规划模型	M4_X92_规划_Q	503476.31	503476.90	0.59
	M5_X92_规划_QV	497728.31	511510.95	13782.63
	M6_X92_规划_QVD	496325.47	509380.08	13054.61

3.3.2 结果直观对比

（1）M3、M6的ΔOBJ(G-P)分别约1.4亿、1.3亿，说明GROMS获得了比PIMS更好的优解目标。

（2）M1、M4对比：ΔOBJ(G-P)非常小，说明PIMS和GROMS全部【质量调合】时高度一致。

3.3.3 M3工艺对比

M3模型，GROMS与PIMS相比，主要差别如下：

（1）沙特中质油，GROMS加工量多0.52；外购蜡油，加工量多2.45。

（2）加氢裂化，加工量多3.44；加氢处理，加工量少2.60。

（3）95#车用汽油(V)，多产11.05；石脑油，少产9.83。

3.3.4 M6 工艺对比

M6 模型，GROMS 与 PIMS 相比，主要差别如下：

（1）异构化（规划），GROMS = 9.52，PIMS = 4.75；加氢裂化，多 3.44；柴油加氢，少 2.60。

（2）95#车用汽油（V），多产 10.69；石脑油，少产 9.97；0#普通柴油，少产 2.12。

该测算中，GROMS 规划模型汽油量比 PIMS 规划模型汽油量多，主要原因为 GROMS 模型异构化和加氢裂化装置负荷高，增产部分汽油调和组分。

3.4 E92 计划和规划模型测算（计算精度 1.0E-3）

3.4.1 E92 方案结果

表 4 E92 计划和规划测算结果表

模型分类	模型	PIMS	GROMS	ΔOBJ（G-P）
计划模型	T1_E92_计划_Q	482713.78	482712.90	-0.88
	T2_E92_计划_QV	473214.63	488150.21	14935.58
	T3_E92_计划_QVD	471963.10	485982.17	14019.07
规划模型	T4_E92_规划_Q	503475.72	503476.90	1.18
	T5_E92_规划_QV	497728.31	511379.79	13651.48
	T6_E92_规划_QVD	496326.75	509251.46	12924.71

3.4.2 结果直观对比

（1）T3、T6 的 ΔOBJ（G-P）分别约 1.4 亿、1.3 亿，说明 GROMS 获得了比 PIMS 更好的优解目标。

（2）T1、T4 对比：ΔOBJ（G-P）非常小，说明 PIMS 和 GROMS 全部【质量调合】时高度一致。

3.4.3 T3 工艺对比

M3 模型，GROMS 与 PIMS 相比，主要差别如下：

（1）轻石脑油改质，GROMS=0.5，PIMS=0。

（2）95#车用汽油（V），多产 10.94；石脑油，少产 10.75。

3.4.4 T6 工艺对比

M6 模型，GROMS 与 PIMS 相比，两者都不生产 E92，主要差别如下：

（1）异构化（规划），GROMS = 9.48，PIMS = 4.75；加氢裂化，多 3.92；柴油加氢，少 3.57。

（2）95#车用汽油（V），多产 10.60；石脑油，少产 9.86；0#普通柴油，少产 2.13。

该测算中，GROMS 规划模型汽油量比 PIMS 规划模型汽油量多，主要原因为 GROMS 模型异构化和加氢裂化装置负荷高，增产部分汽油调和组分。

3.5 GROMS 采购模型 M9、T9 测算（计算精度 1.0E-3、1.0E-6）

由于采购优化模型（M9、T9）是在规划模型（M6、T6）基础上放开各油种采购量的限制，本质上仍然是规划模型，且 M6、T6 是基本一致的（均不生产 E92），因此，GROMS 的 M9 和

T9 的测算结果应该是一致的。

3.5.1 GROMS 测算结果

表 5 采购模型 GROMS 测算结果表

方案	模型名称	采购模型 A		原规划模型 B	ΔOBJ(A-B)
		E-3(精度)	E-6	E-6	E-6
X92	M7_X92_采购_Q	524571	524571	M4=503477	21094
	M8_X92_采购_QV	535307	535003	M5=510345	24658
	M9_X92_采购_QVD	539559	539478	M6=508867	30611
E92	T7_E92_采购_Q	524571	524571	T4=503477	21094
	T8_E92_采购_QV	535847	535003	T5=510345	24658
	T9_E92_采购_QVD	539587	539478	T6=508867	30611
对比	ΔOBJ(M9-T9)	-28	-0	+0	-0

3.5.2 结果直观对比

(1) 精度 E-6 时，GROMS 规划和采购模型都正常收敛且效果一致。说明：GROMS 适合高精度模型应用。

(2) 原规划模型 B(M6-T6)=+0，相对误差小于 E-6。说明：规划装置开工后，X92 和 E92 优化结果高度一致。GROMS 原规划模型 B 的测算，符合规划目标预期。

(3) 当精度为 E-6 时，采购优化模型 A(M9-T9)=-0，相对误差小于 E-6。说明：采购模型中，X92 和 E92 优化结果高度一致。GROMS 采购模型 A 的测算，符合采购优化预期。

(4) 当 E-6 时，采购模型 A 和规划模型 B 的 X92 和 E92 方案 DBs 目标值增量均高度一致，符合预期。

3.5.3 工艺对比

GROMS 的 M9 与 T9 模型的目标值相同，在原料采购、装置加工量及产品结构上也完全一致。

承前可知，X92 和 E92 在原规划模型 B 和采购模型 A 的测算结果本应该高度一致，上述高精度实际测算结果，严格验证了该预期结论及 GROMS 的正确性。

4 测算结果分析

4.1 计划、规划模型测算分析

4.1.1 质量调合模型的一致性

测算结果表明 PIMS 和 GROMS 的纯质量调合模型，具有高度的一致性。这证明了两套模型本身在数学上的等价性。

4.1.2 体积调合模型的不一致性

在加工阶段，PIMS 物流变量是重量变量，体积物性按重量传递；在产品调合阶段，物性按体积传递，并假定调合时体积守恒；这两个阶段中，体积物性与 SPG(密度)都没有直接关联性。

GROMS 模型物流变量是重量变量，汇流时重量守恒，物性始终按重量传递，汇流时按重量物性进行调和，并对物流、物性、SPG 进行统一的三次元分布递归优化。

4.1.3 GROMS 规划投资分析

不产 E92 方案(X92)：规划模型有约 25300 万元的效益增量，投资回收期 4.51～4.50 年。

可产 E92 方案(E92)：规划模型有约 22900 万元的效益增量，投资回收期 4.97～4.98 年。

GROMS 优化结论：A 炼厂实际采用【可产 E92 方案】，投资 114000 万元，回收期约 5 年。

4.2 原油采购模型测算

4.2.1 采购模型 X92 和 E92 方案的一致性

由于规划模型 X92 和 E92 方案已经没有区别，且采购模型只是规划模型加工总量 1150 不变的情况下不约束各油种的加工量，因此，采购模型 X92 和 E92 方案的测算结果应该是高度一致的。

4.2.2 GROMS 采购模型测算结果符合预期

(1) E-6 精度时正常收敛。

(2) X92 和 E92 的 Delta_Base 效果一致。

(3) X92 和 E92 的优解结果一致，原油加工量、装置加工量、产品结构等均完全一致。

4.3 测算结果综述

4.3.1 GROMS 与 PIMS 的部分一致性

(1) 纯质量调合模型的测算结果高度一致。

(2) Delta_Base 结构测算表现基本一致。

4.3.2 GROMS 优化技术的先进性

(1) 物性传递、调合模型、SPG 模型的改进，减少了 NLP 模型陷入局部优解的可能性。

(2) 三次元算法，提高了计算精度和收敛性，并带来更好的收敛目标值(效益)。

4.3.3 GROMS 优化效果明显

原油加工总量 1150 万 t，GROMS 计划模型增效约 1.4 亿、规划模型增效约 1.3 亿、采购模型增效约 1.5 亿。简言之，GROMS 三次元优化能够为每 1t 原油带来 10 元以上的效益增加。

5 GROMS 优化技术研讨

5.1 DELTA BASE 的讨论

模　型	约束各油种的量			只约束原油总量			▲DBs
	无 DBs	有 DBs	A(有-无)	无 DBs	有 DBs	B(有-无)	(B-A)
测试 01	43131	45310	2179	46580	48962	2382	203
测试 02	34691	36438	1747	39968	42451	2483	736
测试 03	50899	52323	1424	53592	55429	1837	413

（1）三个测试模型，DELTA 对目标值的影响均为增量。

（2）【只约束原油总量】与【约束各油种的量】相比，DELTA 对目标值的影响均为增量。

（3）从整体而言，【投资规划、工厂设计、资源采购、计划排产、生产调度、装置操控】等各环节的一致性，既决定了企业潜在经济效益的最优目标，也决定了企业能够获得的实际经济效益。

（4）就具体模型而言，在产品结构不变的前提下，资源结构和生产方案的匹配程度，决定 DBs 对目标值的影响趋势。鉴于 DBs 对目标值的影响可达 5%或更高而不可忽视，凸显优化过程中通过流程模拟及生产数据回归等手段获得精准 DBs 数据的重要性。

5.2 收敛精度与模型应用的讨论

（1）收敛精度 d=1.0E-3 时，物性约束数据冗余度设定为 2＊d，即可满足产品质量要求。

（2）三个测试模型以【密度+辛烷值】进行测试，调整物性约束冗余前后的测算结果如下：

物性(辛烷值)	W92	92.8	92.2	Δ目标值
	W95	95.9	95.2	
模型	测试04	25603.8	25619.1	15.3
	测试05	25554.3	25573.1	18.8
	测试06	25508.7	25530.5	21.8

按照加工量 40 万 t 计算，平均每 1t 原油，产生大约 0.4~0.5 元的效益增量。

5.3 全局最优解探讨(氢气优化系列模型)

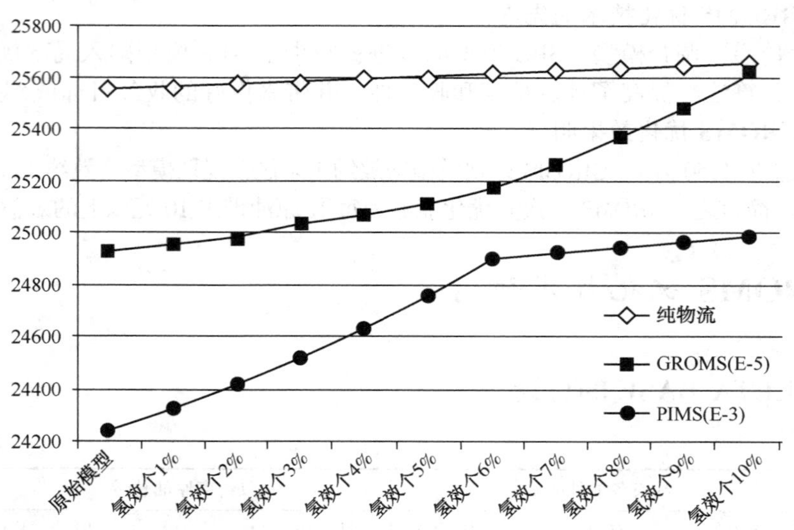

项目	原始模型	氢效↑1%	氢效↑2%	氢效↑3%	氢效↑4%	氢效↑5%	氢效↑6%	氢效↑7%	氢效↑8%	氢效↑9%	氢效↑10%
纯物流	25548	25558	25567	25577	25588	25598	25609	25620	25631	25642	25653
GROMS(E-5)	24925	24951	24978	25028	25059	25114	25171	25262	25359	25481	25615

续表

项目	原始模型	氢效↑1%	氢效↑2%	氢效↑3%	氢效↑4%	氢效↑5%	氢效↑6%	氢效↑7%	氢效↑8%	氢效↑9%	氢效↑10%
PIMS(E-3)	24246	24323	24410	24512	24628	24761	24905	24922	24940	24959	24977
G-P	679	629	567	516	431	354	266	340	419	522	638

（1）【纯物流】优化模型获得唯一最优解，10 个目标增量呈线性，是孪生【三次元模型】全局最优解的基准值。

（2）GROMS 目标增量梯度呈线性，收敛系列趋向全局最优解基准值，是孪生【三次元模型】全局最优解的概率非常高。

（3）PIMS 在 6%出现拐点后后收敛趋势与纯物流系列平行，陷入了明显的局部优解。

（4）PIMS 和 GROMS 目标均值比较：加工量 40 万 t，平均每 1t 原油约 12 元潜在效益增量，约占总效益 2%。

6 结束语

以 A 炼厂年度 PIMS 模型为基础，原油加工总量 1150 万 t，进行：计划、规划、采购共三套模型（各两套方案）的测算和对比分析，GROMS 优化结果（与 PIMS 比较）：（1）计划模型效益增量约 1.4 亿；（2）规划模型效益增量约 1.3 亿；（3）采购模型效益增量约 1.5 亿。经多方研讨确认：GROMS 在流程方面的优化效果符合工艺原理，优解解结果属于【全局最优解】的概率非常高。

该研究说明：GROMS 三次元分布递归算法，在 PIMS 优化基础上平均每 1t 原油增效约 10 元以上，能够显著提升企业经济效益。GROMS 已在本企业在新建装置规划业务中实际应用，对规划投资决策的指导性效果明显。

参 考 文 献

[1] 赵建炜 郭宏新 . PIMS 软件在炼油厂总加工流程优化中的应用[J]. 石油炼制与化工，2009，39(4)：50-53.

[2] 易军 . GROMS 显著提升计划优化应用水平和经济效益[C]//炼油与石化工业技术进展(2016). 北京：中国石化出版社，2016.

岗位技能在线模块培训系统开发与实施

苏栋根　沈全国　杨春晖　杨小伟

（中国石化长岭分公司信息技术中心，岳阳　414000）

摘　要　通过分析岗位技能知识结构，确定岗位技能知识模块组成，聘请权威老师完成模块课件，运用现代信息技术建设岗位技能在线模块培训系统，通过模块培训项目的推广实施，有效促进员工自主学习业务知识。在与装置的岗位练兵、事故演练、炼塔杯技术比武等多项培训业务的结合过程中，取得了好的效果。

关键词　岗位　技能模块　在线培训　信息化

如何提高岗位技能培训工作的针对性和实效性，解决中国石化长岭分公司员工居住社会化，装置生产任务繁重、集中培训难度大、工学矛盾突出等问题，从2010年开始，中国石化长岭分公司运用现代信息技术，搭建员工技能在线训练平台，组织开发了岗位技能模块培训系统。通过近七年的不断积累沉淀和推广应用，达到技能结构模块化、模块内容可视化、培训形式多样化、培训管理信息化的工作目标。

1　系统开发过程

（1）进行岗位分析，明确岗位需求。由人力资源处牵头，组织相关主管部门、技术开发部门及各生产单位人员，分专业成立了岗位技能模块培训系统开发项目组。项目组成员经过多次研讨，对炼油、化工、化验、油品等十个工种的岗位应知应会需求进行解析，绘制岗位技能模块结构图，明确岗位培训需求。

岗位通用知识模块结构见图1。

（2）岗位知识模块制作。项目组依据岗位技能模块结构图，分析制定具体模块知识内容，采取内选与外请相结合方式，聘请模块制作专业教师，以视频、PPT文档等形式完成基础理论模块及各专业知识模块的制作工作。各标准模块模板内容包含基础知识、专业知识、创新知识、基本技能、现场操作、题库和在线考试等七个部分，见图2。

（3）在线学习平台开发。信息技术开发人员根据总体方案设计制作了模块程序及网页，程序功能经过多年实践验证和不断完善，满足了模块培训的功能需要。进行了人性化的网络培训门户设计，员工按需取所，日积月累完成本岗位及其他岗位技能模块学习，个人培训记录网络化，知识学习积分化。通过平台，还可进行岗位技能在线考试、培训任务布置、技能学习竞赛和奖励，见图3。

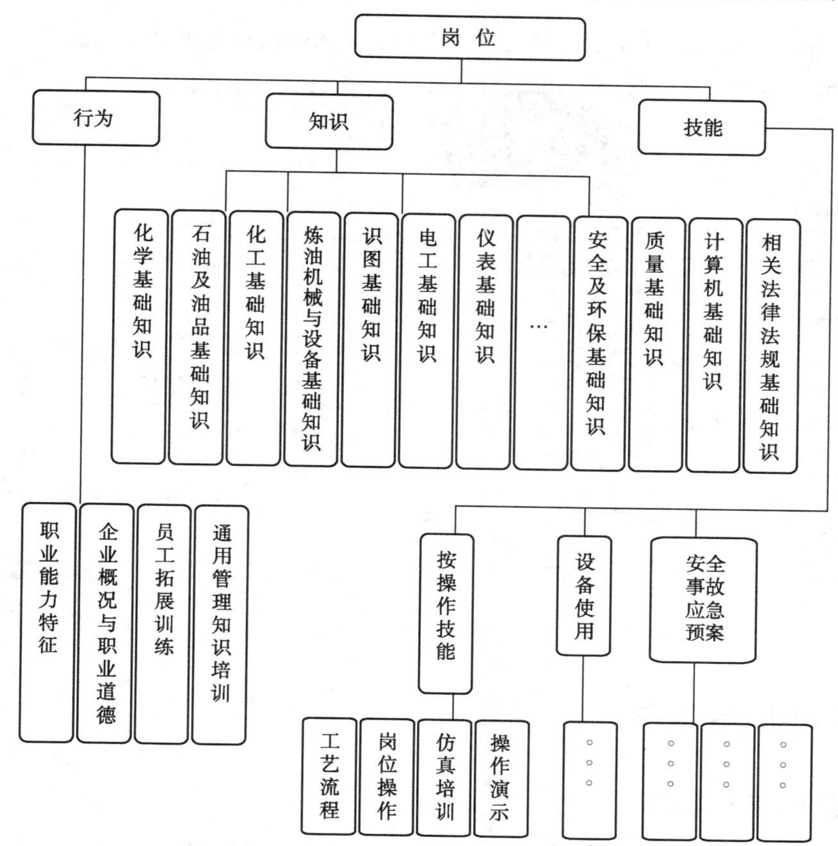

图 1　岗位通用短程模块结构

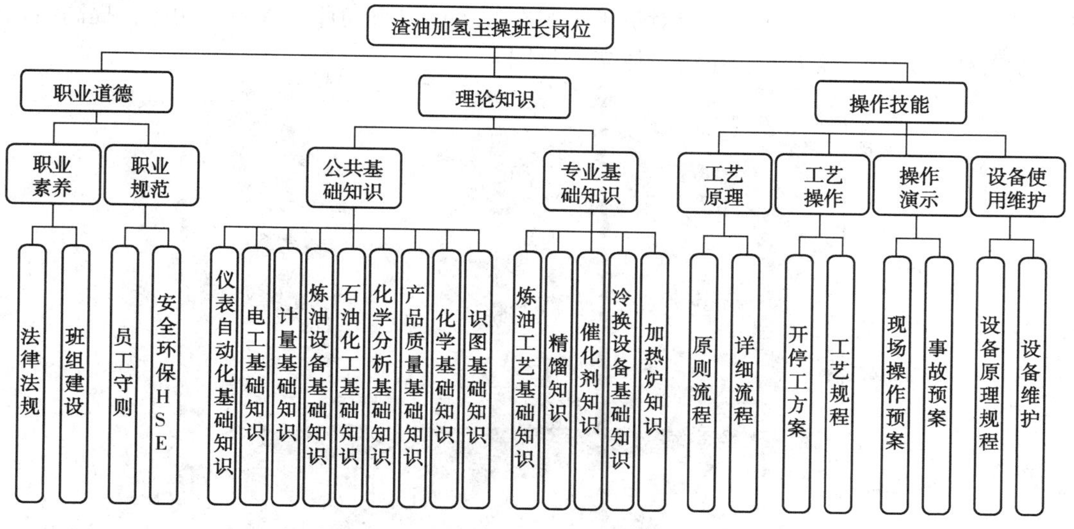

图 2　公司渣油加氢装置主操、班长岗位模块示意

图3 长岭分公司模块培训主页

2 系统技术架构

2.1 总体技术架构

岗位模块培训系统通过构建基于 Internet 的分布式网络信息共享平台，实现对培训视频，培训教材、培训讲义等资源的学习实现在线培训与学习，实现题库系统管理、考试出题、智能组卷，自动生成试卷，及对员工组织在线考试，自动评分等系列功能，提高培训效率，加强对学员的考核力度。系统总体架构见图4。

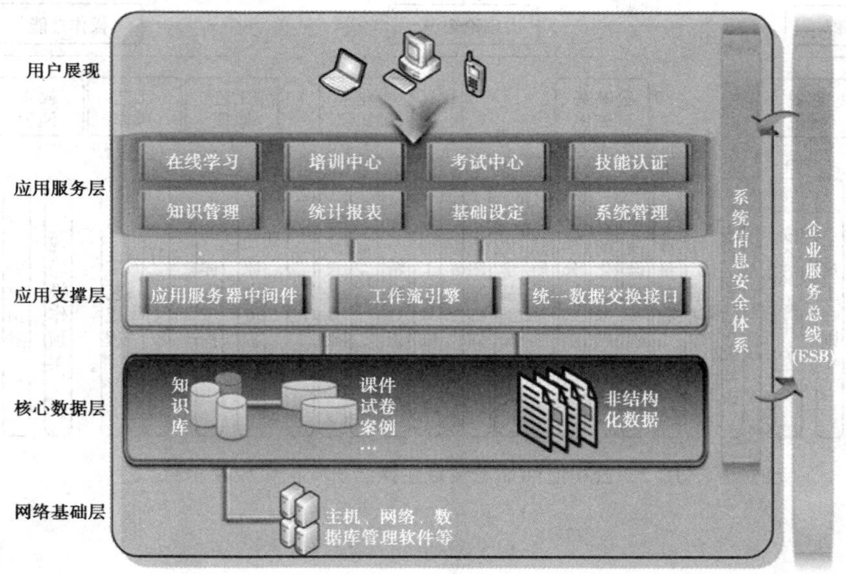

图4 系统架构

2.2 系统主要功能

系统主要功能见表1。

表1 系统主要功能

系统组成	功能说明
用户和权限管理子系统	该功能模块主要包含培训管理员、考试管理员、单位管理员、学员和系统管理员等类型的用户的基本信息的导入和管理。主要包含用户信息的添加、修改和删除。以及对管理员权限的管理，用户登录名为唯一，并与中石化AD域集成，实现统一身份认证。
在线学习子系统	①由培训模块管理、学习记录、在线学习、授课、在线练习等模块组成； ②系统提供了：课件学习、考前练习、模块结业考试、学习前后效果评估等功能。 ③学习追踪和控制包括：学习进度跟踪、学习时间记录、课件学习流程控制、各种学习记录的汇总查询等； ④每日一练，有班组的岗位练兵演变而来，可以不定期的定制学习的试题。 ⑤统计分析功能包括：所有模块学习的综合查询和统计分析，按单位对员工学习积分和学习情况进行统计分析等。 ⑥培训效果评估，根据模块考试测评结果对培训效果进行评估。
模块培训考试子系统	实现了从考试通知、考试报名、成绩录入、学习积分反馈的全流程的信息化管理。
培训资源库开发	①由公共基础知识、专业基础知识、操作技能等模块组成；公共模块、专业基础模块开放给所有员工学习，操作技能模块由各单位管理员按照岗位所需掌握模块知识的实际情况，配置到岗位学习； ②系统采用统一树状知识目录来划分各专业的知识分类； ③支持多种格式的培训资源：音频、视频、动画、图片、word、ppt等；
题库管理子系统	题库包括公共题库、专业基础知识题库、岗位练兵题库。支持多选题、单选题、判断题、填空题、问答题等题型。题库按照模块进行划分。
在线考试子系统	①随机组卷：系统从公共题库、专业基础知识题库、本单位的岗位练兵题库中按照配置的参数随机抽取．系统保存随机生成的试卷信息，包括出题人，试卷编号、出题时间等。 ②人工组卷：由题库管理员从题库中人工挑选题目做为试卷，并命名。系统保存人工组卷的记录，以便以后重复使用试卷进行人员考试。人工组卷可用于组织单位的专业考试，例如安全考试、设备考试等。 ③组织考试：一份试卷可组织多场考试，可选择不同的时间，不同的考生，只有指定的考生在规定的时间内能进入考试，还可设置是否公布考试结果，只有公布了考试结果，考生才能查看成绩和答卷。 ④组织练习：一份试卷只能组织一次练习，无时间限制，但可指定考生，指定的考生在任意时间都可进入练习。客观题系统自动判分，主观题手工判分。 ⑤在线考试：学生可在规定的时间内，选择进入某场考试，即可进行在线考试做题。 ⑥在线练习：学生可在任意时间内，选择进入某场练习，练习过程中可保存练习，下次继续练习。考试结束后，并且考试设置公布考试结果，则可以查看答卷，若是练习，则无限制，练习后就可查看。 ⑦系统阅卷：学员答题完毕后，系统根据题库中的正确答案，自动评分，同时提供正确答案。系统保存学员的参加的考试名称和考试得分。
学习记录管理	员工在线学习模块资源、在线练习、在线考试都能够获得学习积分。主管部门按照学习积分对优秀学员进行奖励。

3 系统关键技术

3.1 开发平台为 ASP. NET

ASP. NET 是微软提供的新一代的 Web 开发平台，它为开发人员提供了生成企业级 web 应用程序所需要的服务、编程模型和软件基础结构。同其他 web 开发平台相比，AsP. NET 具有下面三大优势。

(1) 支持编译型语言

目前流行的几种脚本语言比如 VBScriPt、JavascriPt 和 ASP 等都有两个主要的缺点。第一，不支持强数据类型。在 JavascriPt 中定义变量只有一个关键字 var，使用 var 关键字定义的变量，如果赋值是字符串，该变量就是字符串变量；如果赋值是整数，则该变量就是整型变量。在 VBScriPt 和 ASP 中，定义变量只通过一个关键字 DIM，该变量也没有具体的类型。第二，脚本语言是解释型的。通常情况下，解释型的脚本语言在性能上比不上编译型的语言。自推出 NET 开发平台以来，微软在 Web 服务器端开发语言方面，主推 VB. NET 和 C#这两种编译型语言。通过这两种开发语言，程序员可以像开发普通的 Windows 程序。

(2) 程序代码与页面内容的成功分离

通常的动态网页开发，往往是在一个网页上混合多种脚本语言。比如在 HTML 脚本语启一上可以嵌入 JavascriPt 或 VBscriPt 等客户端脚本语言，也可以同时嵌入 ASP 或 JSP 等服务器端脚本语言。这种多语言混合的 Web 开发模式通行已久，但是它的代码可读性很差，程序代码同页面内容混合在一起，程序员要在多种语言的思维上频繁切换，如果程序很复杂的话，这种开发模式非常不利于程序的开发，而且日后的维护也将成为大问题。ASP. NET Web 开发技术为程序员提供了一种非常好的开发模式，它通过 Web 控件将程序代码与页面内容成功分离，从而使 ASP. NET 的程序结构异常清晰，开发和维护的效率也得到了很大的提高。

3.2 开发语言为 C#

C#是一种现代的面向对象的程序开发语言。它能够在微软新的 . NET 平台上快速开发种类丰富的应用程序，C#在带来了对应用程序的快捷的开发能力，是专门为 . NET 应用而开发的语言。这从根本上保证了 C#与 . NET 框架的完美结合。C#突出的优点如下：

① 简洁的语法。

② 精心的面向对象设计。

③ 与 Web 的紧密结合。

④ 完整的安全性与错误处理。

⑤ 版本处理技术和兼容性。

基于上述优势，本系统开发选用的 ASP. NET 平台下的开发工具为 visualStudio. Net2003，选用的开发语言是 C#。

3.3 数据库

数据库采用 SQL Server2000，MicrosoftSQLserver 2000 是一个多用户的大型关系数据库管理系统，它能保证数据库的高容量和高度安全性，它为复杂环境下有效地实现重要的应用提供了一个强有力的客户机/服务器平台。它把 Windows NT 操作系统的可扩展性及易管理性与其高级的高端性能、客户机/服务器、浏览器/服务器数据库管理紧密结合在一起。

3.4 流媒体服务

学习服务器选择 Microsoft Internet Information Server。所有的业务逻辑层程序都将部署在学习服务器上，如数据访问组件、业务处理组件、和核心组件等，它向所有的用户提供页面请求服务。它是软件系统中的核心。

流媒体服务器可以选择 Microsoft Media Service，该服务包含在 Windows 2003 Server 中。

4 运行管理与考核

从 2012 年开始各基层单位以网上在线自学为主，单位组织学习为辅的方式，组织开展了各项模块培训学习。

（1）将模块培训学习与日常岗位练兵、装置事故预案演练、全员岗位考试、炼塔杯比武等多项培训业务相结合。要求操作人员日常岗位练兵必须进入模块培训系统进行学习，在每日交接班中进行抽查。事故预案演练竞赛、全员岗位考试、炼塔杯比武等活动的考题均取自模块培训系统中的相关内容，可自动根据相关题库生成考试试卷。

（2）将模块培训与新大学生入厂、技术培训、培养后备人才、员工技能鉴定等专项培训管理工作相结合，员工通过观看教学视频、学习培训教材、题库在线练习等多种形式开展学习。

（3）模块培训项目建设以来，推出了模块学习积分排名管理规定、模块考试工作管理办法等多项管理制度，有效保证了模块培训工作的顺利推进。

（4）组织开展各类模块竞赛，将模块学习效果与岗位晋级顶岗相结合，对积极参与模块学习的人员进行奖励评比。

（5）网上在线学习积分自动排名，每季度对积分排名前十的员工进行奖励。

5 项目成效

模块培训系统达到全岗位、全装置、全覆盖在线培训功能，使长岭分公司的培训工作向信息化方向深入发展。岗位模块培训系统的在线学习、在线考试、模块培训和考核等功能，在公司培训中发挥了重要作用。

5.1 培训资料网络化，员工可随时提取

项目建设过程中，组织各方力量开发制作了公共基础知识模块、专业技术模块、操作技能模块三大类共 696 个模块。已有 5799 人在网上注册学习，每天上线学习人数达 280 多人，

员工累计点击次数超过74万次，其中点击次数最多的模块近9万次。各单位组织线上、线下各类考试720场，考试人员覆盖长岭分公司全员。

各单位根据岗位的实际需求制定了员工必修模块和选修模块的学习计划，员工也根据自己的兴趣、能力与素质发展需要，自主选取学习模块。

5.2 模块培训教材给员工岗位学习提供了标准依据

通过模块内容的学习，员工对各种操作有据可依，对工作上所遇问题进行在线咨询，更加理顺了岗位操作程序，使岗位操作由表面引申到剖析问题的根本。员工在完成本岗位基本科目学习的基础上，可以自选跨岗位、跨专业学科的知识学习，使员工的业务素质和综合分析、解决问题的能力得到提高。

5.3 模块培训的管理功能给教育管理人员提供了考评依据

通过递进式的学习考评机制，建立员工学习、培训的网上档案，为长岭分公司的人才选拔提供参考。一系列的考评奖励和晋升通道措施，充分调动了员工的学习积极性，提高了员工钻研业务的热情。

5.4 突破了员工岗位练兵的时空局限

传统的培训方式需要员工集中学习，存在工学矛盾。利用岗位模块培训系统，员工可以在公司、在家或出差利用任何空余时间学习，学完模块还可以在线进行练习，系统自动记录学员学习情况。既保证了培训效果，又解决了工学矛盾。

目前平台题库中有公共基础知识、专业基础知识、操作技能知识等三大类，题库题目数量约23万道。利用这些试题，员工可以进行自学自测、参加技能竞赛等在线模拟考试。

5.5 实现岗位操作技能在线考试

通过以知识点来分类管理题库的方式，对考试试题进行统一管理，包括对所有考试的试卷管理。同时可以组织对员工的在线网络考试，全面实现了考试工作的网络化、自动化、系统化。

在线考试业务流程见图5。

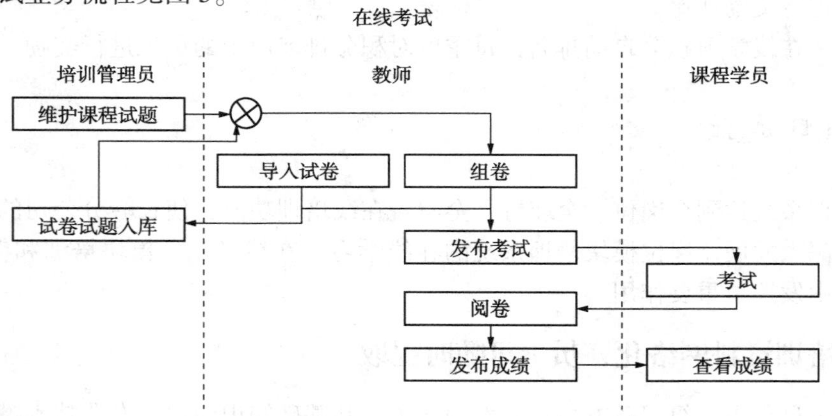

图5 在线考试业务流程

6 结束语

模块培训是一种新型培训模式，为员工业余自学提供了平台，通过课件录制，网上学习的形式，使授课专家的实践经验得到总结、推广和固化，同时培训资源在全公司实现了共享。但由于各基层单位重视程度、设备条件、人员配备、工作任务繁重程度不同等多种原因，使模块培训项目在各单位推广程度不均。目前模块培训内容仅限于操作技能岗位员工，应逐步加入专业技术人员和管理人员的培训内容。

长岭短信平台的开发与应用

刘 伟

（中国石化长岭分公司信息技术中心，岳阳 414000）

摘 要 长岭短信平台基于移动云 MAS、WebService、多线程等新技术，整合了长炼多套短信发送平台，替代了原来的 MAS 主机模式。新的短信平台无需接入发送设备，运行速度快，操作人性化。本文对背景、技术原理及功能实现等方面进行了介绍。

关键词 短信 状态 云 MAS 回执

1 项目背景

目前长岭地区的各个单位，采用了多种的短信发送方式，这些方式既有纯硬件的短信猫设备，又有软硬件结合的 MAS 机系统，还有纯软件的网页在线发送系统。其中采用自有的 MAS 机系统 1 套，短信猫设备 3 套，运营商的在线发送系统 4 套，每套系统都由专人进行维护。基于长岭短信业务平台比较分散及考虑到短信业务的扩展，由科技开发处提出，建立一个统一的短信收发平台，作为长炼各种应用与服务提供商之间一个中转、管理平台。平台为各电信运营商提供一个统一的标准及接口，解决目前长岭地区存在的多套短信平台，彼此不统一的状况。

2 技术方案

2.1 技术路线

新的长岭短信平台是基于移动云 MAS 技术实现的。

云 MAS 是部署在公共云或私有云环境的集中建设、集中运营、集中维护的消息类业务平台；云 MAS 业务为客户提供模版短信、普通短信、彩信、网信等信息化应用，用于客户发布验证码等模版短信、会议通知、投票调查、彩信内刊、产品咨询、电子对账单、网信问卷调查等信息。

云 MAS 提供了三种接口方式：. Net SDK、Java SDK、Http。长岭短信平台采用的是 . Net SDK 连接方式。发送速度 20~30 条/s，回执轮询间隔为 5s。

2.2 网络结构

由企业内网各种业务系统通过内网连接短信平台，再由平台通过互联网连接云 MAS 业务平台实现短信的发送，接收功能。网络结构如图 1 所示。

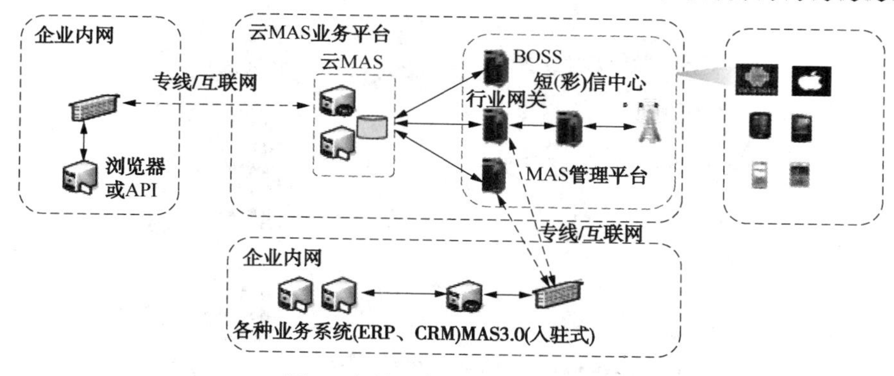

图 1 长岭短信平台网络结构图

2.3 数据交互流程

云 MAS 平台与 DSK 数据交互流程，如图 2 所示。

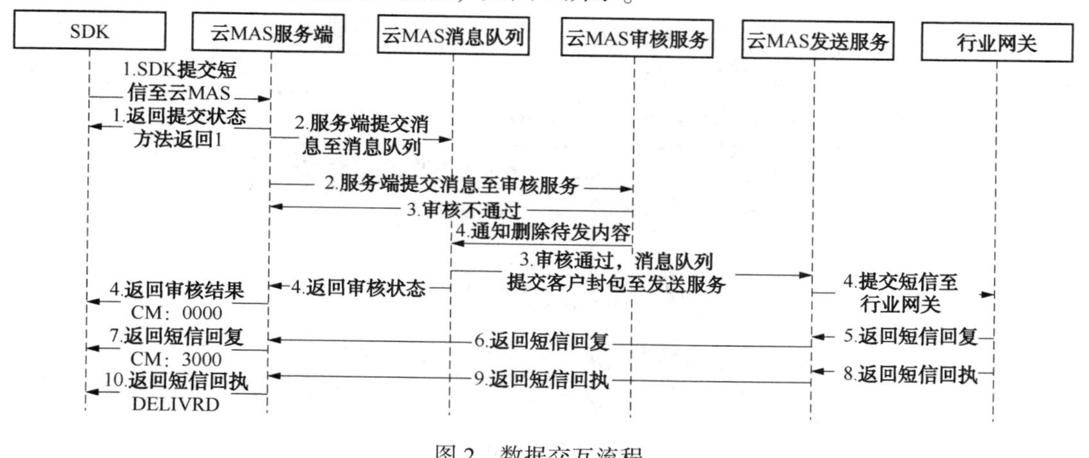

图 2 数据交互流程

3 功能介绍

3.1 短信发送

通过输入的电话号码及短信内容，通过 SDK 的 sendDSMS 函数进行短信发送。该功能支持多号码发送，一般用于会议通知等场景的使用。该功能支持通讯录选取、号码验证、姓名联想、定时发送、模版导入、短信预览等功能。页面功能如图 3 所示。

3.2 短信文件导入

通过导入 Excel 文件，可以一次性导入多条短信数据并发送。一般适用于通知性短信(如工资条短信通知)的应用场景。同样该功能支持短信签名、定时发送、重复发送等功能。页面功能如图 4 所示。

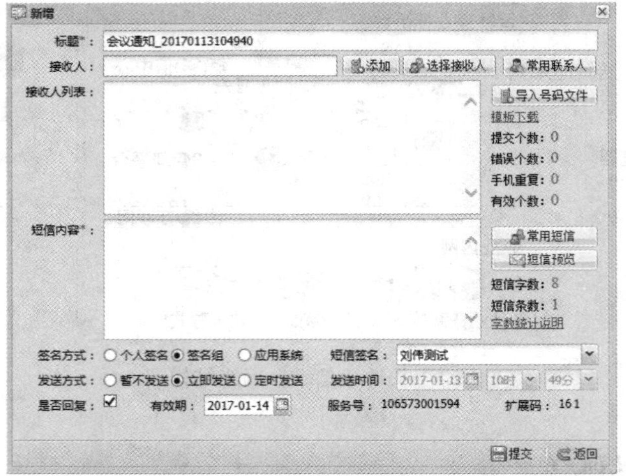

图3 短信发送

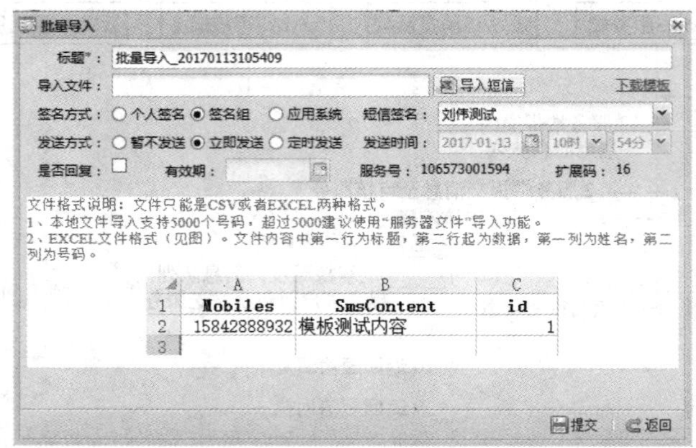

图4 文件导入

3.3 获取回执、回复

短信的发送与获取回执和获取回复是异步的，这表示短信发送完后，不能立即得到回执信息，需要由平台主动向云 MAS 进行轮询获取。为了实现这一功能，平台采用多线程在后台每5秒进行一次轮询的方式。既不影响到平台功能的正常运行，又能及时的获取到回执与回复信息。

3.4 接口实现

除了可以在平台上进行短信的发送外，还可以通过接口的方式，由业务系统通过接口发送短信。接口是用 WebService 技术实现，任何类型的程序语言均可调用，WebService 提供如下几个调用函数：

- 短信发送：Send_SMS
- 短信批量发送：Send_SMS
- 获取发送状态：GetSendedSmsStatus

- 获取回复短信：GetReplySms

3.5 其他功能

短信平台采用了3级权限配置，分别为平台管理、单位管理、使用者。其中平台管理员可以设置单位管理员，单位管理员分配使用者的权限。

短信平台目前有6中角色，分别为：平台管理、单位管理、会议通知、批量发送者、审阅、接口查询。

平台其他功能如下：

- 签名组配置
- 应用系统设置
- 常用联系人设置
- 联系方式同步
- 短信审阅
- 短信收件箱

4 创新点

长岭短信平台基于云MAS平台，贴近用户使用场景，采用了多种新技术进行开发，使得平台具有以下几个创新点：

（1）基于云MAS平台进行开发，发送短信通过互联网交给了云MAS平台，抛弃了原有的短信发送的硬件配置，简化了硬件建设及维护成本，增强了平台的稳定性。

（2）采用多线程轮询技术，实现页面与后台分开运行，平台页面功能与后台短信处理功能互不影响，大大提高了平台运行的效率。

（3）大量采用了AJAX技术，即时刷新页面，使得平台具有丰富的人性化操作。无论是从号码验证、姓名联想，还是短信文件的批量导入，回执状态即时更新，均操作简单方便，页面使用流畅。

（4）实现短信配对回复，之前的短信平台无法对每条短信进行回复查看。长岭短信平台利用云MAS平台提供的扩展码，为每条短信设置了单独的号码，使得平台可以辨别终端用户针对每条短信的回复情况。

（5）平台提供了WebService接口，使得平台应用可以进行系统间的对接。为短信发送自动化奠定了基础。

5 结束语

虽然目前移动通讯技术日新月异，QQ、微信、各种APP通知目不暇接，对传统的短信起着巨大的冲击，但短信由于和手机号绑定固定性，仍然起着不可替代的作用。短信仍然是向终端用户推送消息最重要的方式。

长岭短信平台的建立，解决了公司在信息通知上存在的多套，不统一的状况。简化了发送机制，节约了向运营商支付成本，脱离了对运营商依赖。据统计，短信平台上线半年来，配置发送单位21个，对接应用系统13个，使用用户197人，发送短信120万多条。新系统节约了2台硬件服务器，3台短信猫设备，短信的运营费用也由之前的平均6分/条降低为4分/条，节约了1/3。新平台还在新增了11个新的单位及6个应用系统后，维护人员反而从8人减少到2人，大大缩减了维护的工作量。平台在吸取了几大运营商平台上的优点的同时，对操作上做了许多人性化细节改进，使得短信平台达到并超过了几大运营商的同类产品。目前平台的全部功能已经投入使用，应用良好。相信短信平台的全面应用，将对公司信息化管理起到积极的作用。

先进过程控制在常减压装置中的应用

牟　宗

（中国石化青岛石油化工有限责任公司，青岛　266000）

摘　要　青岛石化350万t/a常减压装置主要加工进口高酸原油，包括达连、达混、杰诺、罕戈、瓦斯科尼亚、荣重、帕兹弗洛、马林、凯撒杰等10多种，由于原油性质复杂，原油换罐频繁的原因，对常减压装置平稳操作提出了更高要求。投用先进过程控制系统(APC)以后，装置关键被控变量的控制更为平稳，主要操作参数的标准偏差均降低30%以上，减轻了操作人员的劳动强度，取得了良好的经济效益。

关键词　先进过程控制　常压炉　常压塔　减压炉　减压塔

1　前言

先进过程控制(APC)是一套工业应用软件，它将整个生产装置或者某个工艺单元作为一个整体研究对象，首先通过现场测试，量化描述各变量之间的相互关系，建立过程多变量控制器模型。利用该模型可以预测装置的变化，提前调节多个相关的操作变量，因而可提高装置运行的平稳性。利用目标系数，计算优化控制方案，使装置处于最优操作点附近运行，从而最大限度地提高目的产品产率、降低消耗，增加经济效益。

青岛石化常减压装置使用的先进控制软件是美国Honeywell公司的Profit Controller。首先要通过工厂测试采集的数据，结合工程经验建立控制器模型。控制器投运后的工作步骤包括：①采集实时工艺数据，利用模型来预测工艺参数的变化趋势；②用模型计算动态控制方案；③结合经济优化，决定如何调节操作变量，并计算出操作变量的调节步幅。

Profit Controller控制器在每个控制周期都会比较预测值和当前实际值，并且进行校正，控制器的调节范围是由操作人员根据操作经验(或设计)而设定。

由于会有多种控制方案来实现控制目标，因此控制器需要利用操作变量优化系数的方法来比较确定控制方案，从而在实现控制目标的同时，不断地把装置推向最优操作点，以获得最大的经济效益。

青岛石化350万t/a常减压装置主要加工进口高酸原油，包括达连、达混、杰诺、罕戈、瓦斯科尼亚、荣重、帕兹弗洛、马林、凯撒杰等10多种，由于原油性质复杂，原油换罐频繁的原因，对常减压装置平稳操作提出了更高要求。为此，在现有基础上，青岛石化常减压装置采用美国Honeywell公司的Profit Controller先进控制软件，由石化盈科信息技术有限责任公司、青岛石化共同实施上线。

2　先进过程控制系统控制策略

自2016年12月13日起，常压炉控制器、常压塔控制器、减压炉控制器、减压塔控制器四个先进控制器进行试投用。常压炉控制器投用后，对装置运行情况的改善，主要体现在减小常压炉各进料支路出口温差、实现闪蒸塔底液位自动控制，实现烟气氧含量和炉膛负压的自动控制；常压塔控制器投用后，对装置运行情况的改善，主要体现在实时产品质量控制的一致性，在保证产品质量合格前提下，提高了石脑油收率；减压炉控制器投用后，对装置运行情况的改善，主要体现在降低减压炉各进料支路出口温差、实现常压塔底底液位自动控制，实现烟气氧含量和炉膛负压的自动控制，最终实现两炉效率的提高；减压塔控制器投用后，对装置运行情况的改善，主要体现在各侧线抽出温度的自动稳定控制。四个控制器都起到了减轻操作人员劳动强度的作用。

3 先进过程控制系统应用效果

APC投用前，常减压装置掺炼杰诺和荣重原油，原油性质较轻，酸值略低；APC投用后，原油换罐，掺炼帕兹弗洛和荣重原油，原油性质之前较重，酸值略高，硫含量基本持平。具体参数如下表：

投用时间	原油种类及比例	硫含量/%(m)	密度(20℃)/(kg/m^3)	酸值/(mgKOH/g)	盐含量/(mgNaCl/L)
投用前	杰诺：荣重=1：1	0.69	901.9	1.33	113.44
投用后	帕兹弗洛：荣重=3：1	0.67	908.1	1.47	89.16

3.1 常压炉控制器应用效果

常压炉控制器投用后，有效平稳了关键操作参数，平稳了加工量变化对闪蒸塔液位及常压炉系统的冲击和影响。主要被控变量运行曲线对比如图1所示。从图1可以看出，APC投用前，被控变量运行曲线波动幅度较大，投用后主要参数运行曲线较为平稳，先进控制系统的投用，对闪蒸塔液位及常压炉系统的运行状况有较为明显的改善，其中常压炉第一支路出口温差标准偏差降幅达31%以上；第五支路出口温差标准偏差降幅达33%以上；闪蒸塔底液位标准偏差降幅达33以上；常压炉氧含量标准偏差降幅达43%以上，见表2。

表1 常压炉控制器变量表

被控变量	描　述	操作变量	描述
CV1	电脱盐罐压力	MV1	原油进换热区调节
CV2	初馏塔塔底液位	MV2	常压炉支路一流量给定
CV3	常压炉进料总流量	MV3	常压炉支路二流量给定
CV4	常压炉一支路流量与支路平均流量偏差	MV4	常压炉支路三流量给定
CV5	常压炉二支路流量与支路平均流量偏差	MV5	常压炉支路四流量给定
CV6	常压炉三支路流量与支路平均流量偏差	MV6	常压炉支路五流量给定
CV7	常压炉四支路流量与支路平均流量偏差	MV7	常压炉支路六流量给定
CV8	常压炉五支路流量与支路平均流量偏差	MV8	加热炉引风机转速阀位
CV9	常压炉六支路流量与支路平均温度偏差	MV9	加热炉鼓风机转速阀位
CV10	常压炉一支路温度与支路平均温度偏差		
CV11	常压炉二支路温度与支路平均温度偏差		

续表

被控变量	描述	操作变量	描述
CV12	常压炉三支路温度与支路平均温度偏差		
CV13	常压炉四支路温度与支路平均温度偏差		
CV14	常压炉五支路温度与支路平均温度偏差		
CV15	常压炉六支路温度与支路平均温度偏差		
CV16	常压炉烟气氧含量		
CV17	常压炉炉膛负压		

表 2 常压炉 APC 投用前后主要参数平稳性对比

变量 \ 数据		APC 投用前		APC 投用后		投用前后对比	
		平均值	标准偏差	平均值	标准偏差	平均值之差	标准偏差降幅/%
A_ LT_ 1102	初馏塔塔底液位	63. 3999	5. 10964	58. 31	3. 3761	5. 09	33. 93%
A_ FT_ 1401A	常压炉一支路流量与支路平均流量偏差	-0. 91141	2. 43046	0. 251	1. 5762	-1. 16	35. 15%
A_ FT_ 1405A	常压炉五支路流量与支路平均流量偏差	-4. 6561	1. 92697	-3. 864	1. 2053	-0. 79	37. 45%
A_ TE_ 1409A	常压炉一支路温度与支路平均温度偏差	1. 23427	2. 66017	0. 9118	1. 8311	0. 32	31. 16%
A_ TE_ 1413A	常压炉五支路温度与支路平均温度偏差	3. 00664	2. 86012	1. 1315	1. 9136	1. 88	33. 09%
A_ AT_ 1601	常压炉烟气氧含量	4. 69170	1. 18659	3. 3602	0. 6651	1. 33	43. 95%

3. 2 常压塔控制器投用效果

常压塔控制器投用后，塔顶温度实现自动平稳控制，有利于石脑油干点合格。主要被控变量曲线对比如图 2 所示。从图 2 可以看出，APC 投用前，被控变量运行曲线波动幅度较大，投用后主要参数运行曲线较为平稳，先进控制系统的投用，对塔顶温度及常三线柴油抽出温度有较为明显的改善，塔顶温度标准偏差降幅达 41%以上；柴油抽出温度标准偏差降幅达 33%以上，见表 4。

表 3 常压塔控制器变量表

被控变量	描述	操作变量	描述
CV1	常压塔顶温度	MV1	常压塔顶冷回流流量
CV2	常顶冷回流流量	MV2	常二线抽出量
CV3	塔顶油干点	MV3	常三线抽出量
CV4	常一线抽出温度		
CV5	常压塔顶压力补偿温度		
CV6	常二线抽出温度		
CV7	常二线汽相温度		
CV8	常三线抽出温度		
CV9	常三线汽相温度		
CV10	常三线柴油 95%点		
CV11	常压塔下部温度		

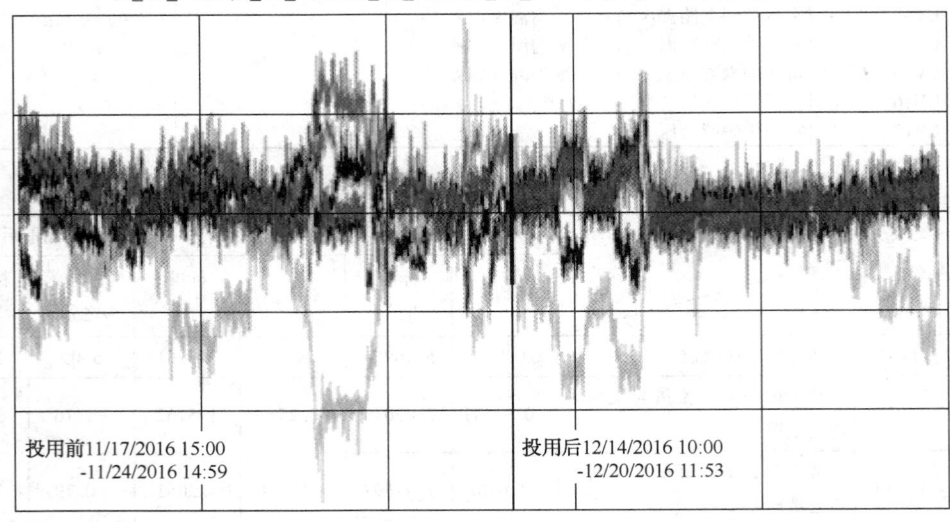

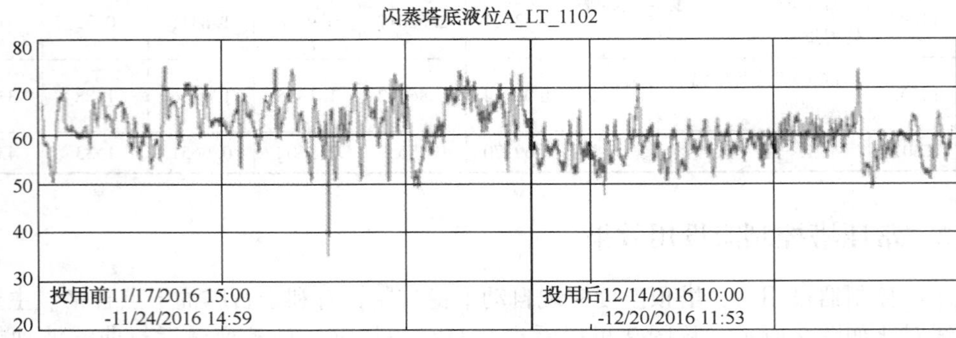

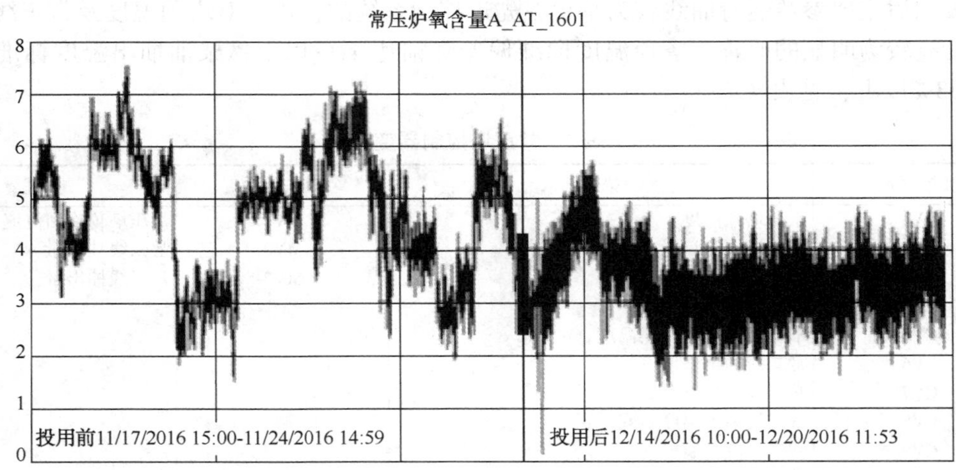

图1　常压炉控制器主要被控变量运行对比曲线

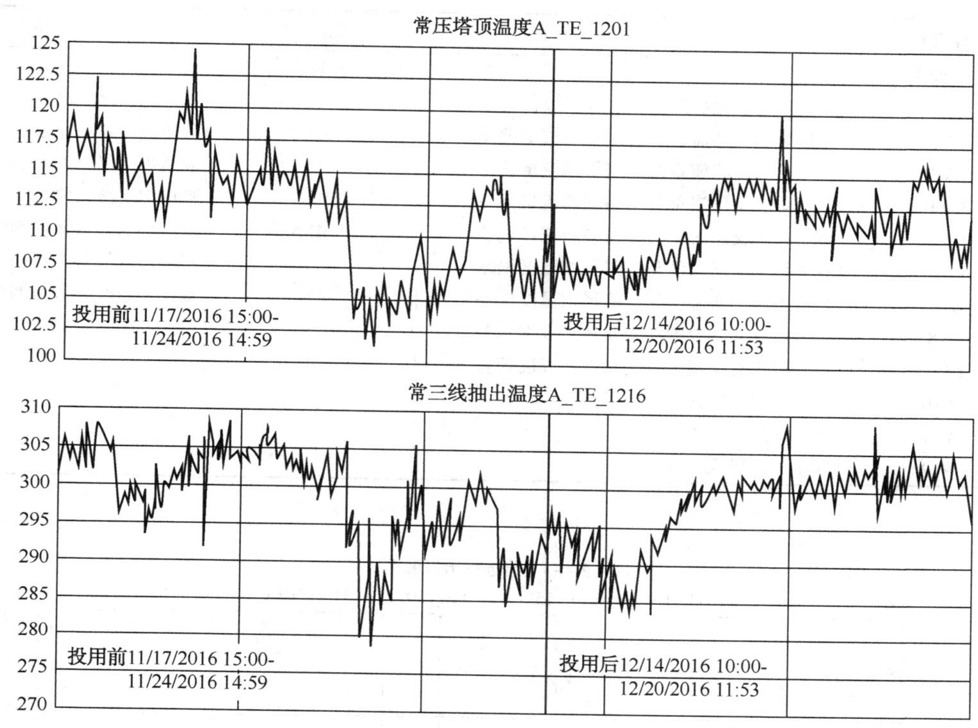

图 2　常压塔控制器主要被控变量运行对比曲线

表 4　常压塔控制器投用前后主要参数平稳性对比

数据 / 变量		APC 投用前		APC 投用后		投用前后对比	
		平均值	标准偏差	平均值	标准偏差	平均值之差	标准偏差降幅/%
A_ TE_ 1201	常压塔顶温度	112.06	4.7983	111.02	2.8243	1.04	41.14%
A_ TE_ 1216	常三线抽出温度	298.79	6.879	298.114	5.4115	0.67	21.33%

3.3　减压炉控制器应用效果

减压炉控制器投用后，有效平稳了关键操作参数，减小了减压炉各支路流量偏差及炉出口分之温差，平稳了油种变化对减压炉系统的波动。主要被控变量运行曲线对比如图 3 所示。从图 3 可以看出，APC 投用前，被控变量运行曲线波动幅度较大，投用后主要参数运行曲线较为平稳，先进控制系统的投用，对常压塔液位及减压炉压炉系统的运行状况有较为明显的改善，其中减压炉第一支路出口温差标准偏差降幅达 50%以上；第四支路出口温差标准偏差降幅达 51%以上；常压塔底液位标准偏差降幅达 51%以上；减压炉氧含量标准偏差降幅达 49%以上，见表 6。

表 5 减压炉控制器变量表

被控变量	描　述	操作变量	描　述
被控变量	描述	操作变量	描述
CV1	常压塔塔底液位	MV1	减压炉支路一流量
CV2	减压炉一支路流量与支路平均流量偏差	MV2	减压炉支路二流量
CV3	减压炉二支路流量与支路平均流量偏差	MV3	减压炉支路三流量
CV4	减压炉三支路流量与支路平均流量偏差	MV4	减压炉支路四流量
CV5	减压炉四支路流量与支路平均流量偏差	MV5	减热炉引风机转速阀位
CV6	减压炉一支路温度与支路平均温度偏差	MV6	减热炉鼓风机转速阀位
CV7	减压炉二支路温度与支路平均温度偏差	MV7	减压炉空气热旁路调节
CV8	减压炉三支路温度与支路平均温度偏差		
CV9	减压炉四支路温度与支路平均温度偏差		
CV10	减压炉烟气氧含量		
CV11	减压炉炉膛负压		
CV12	减压炉热风入口温度		

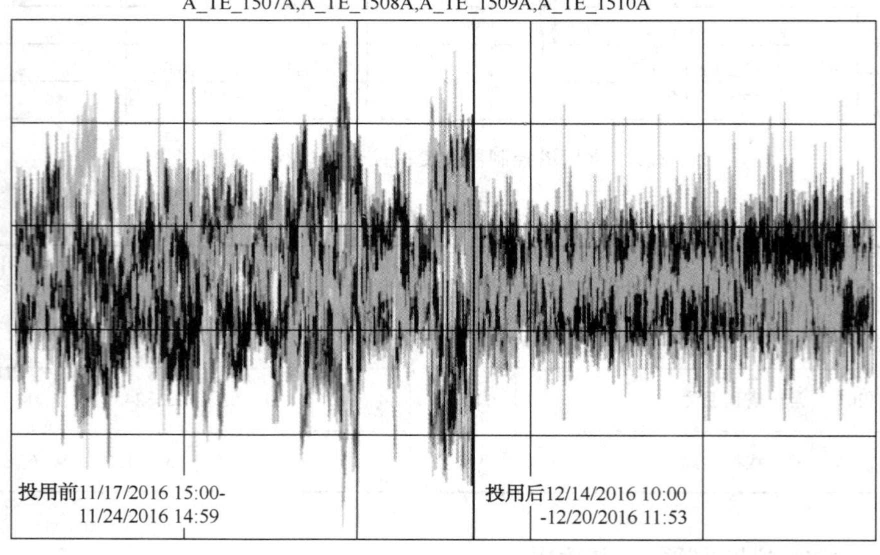

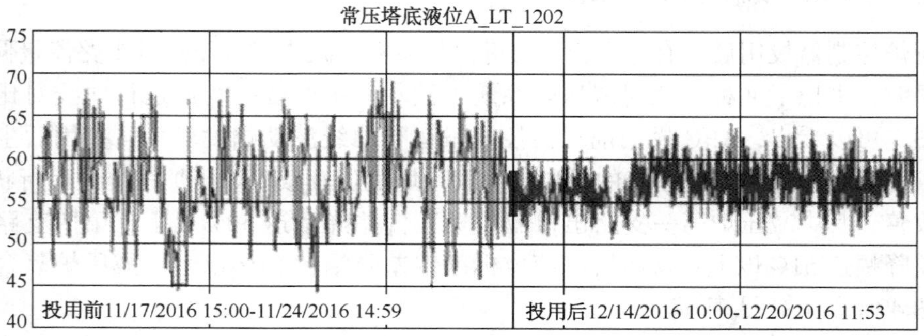

图 3 减压炉控制器主要被控变量运行对比曲线

表 6　减压炉控制器投用前后主要参数平稳性对比

变量 \ 数据		APC 投用前		APC 投用后		投用前后对比	
		平均值	标准偏差	平均值	标准偏差	平均值之差	标准偏差降幅/%
A_ LT_ 1202	常压塔塔底液位	57. 5225	4. 92618	57. 2185	2. 3935	3. 34	51. 41%
A_ TE_ 1507A	减压炉一支路温度与支路平均温度偏差	−2. 56993	3. 08640	−0. 4010	2. 3518	−2. 17	23. 80%
A_ TE_ 1510A	减压炉四支路温度与支路平均温度偏差	1. 84218	3. 0359	−0. 0905	1. 5130	1. 93	50. 16%

3.4　减压塔控制器应用效果

减压塔控制器投用后，各侧线抽出温度更为平稳，有利于真空度的稳定。主要被控变量曲线对比如图 4 所示。从图 4 可以看出，APC 投用前，被控变量运行曲线波动幅度较大，投用后主要参数运行曲线较为平稳，先进控制系统的投用，对减顶温度及减二三线抽出温度有较为明显的改善，减顶温度标准偏差降幅达 34%以上；减二线抽出温度标准偏差降幅达 26%以上；减三线抽出温度标准偏差降幅达 51%以上，见表 8。

表 7　减压塔控制变量表

被控变量	描　述	操作变量	描　述
CV1	减压塔顶温度	MV1	减顶热值调节(减顶回流流量)
CV2	减一顶及循油出减压塔温度	MV2	减一中热值调节(减一中回流流量)
CV3	减二线及减一中出减压塔温度	MV3	减二中热值调节(减二中回流流量)
CV4	减三线及减二中油出减压塔温度		

表 8　减压塔控制器投用前后主要参数平稳性对比

变量 \ 数据		APC 投用前		APC 投用后		投用前后对比	
		平均值	标准偏差	平均值	标准偏差	平均值之差	标准偏差降幅/%
A_ TE_ 1301	减压塔顶温度	98. 39361	8. 059748	102. 0374	5. 2505	−3. 64	34. 86%
A_ TE_ 1309	减二线及减一中出减压塔温度	231. 7233	5. 356731	235. 7218	3. 9242	−4. 00	26. 74%
A_ TE_ 1313	减三线及减二中油出减压塔温度	313. 806	3. 876419	315. 5818	1. 8866	−1. 78	51. 33%

3.5　装置能耗降低

APC 投用后，有效的平稳了装置操作，尤其是加热炉进料变化引起的波动明显变小，瓦斯消耗以及装置用电量减少，装置能耗降低，见表 9。

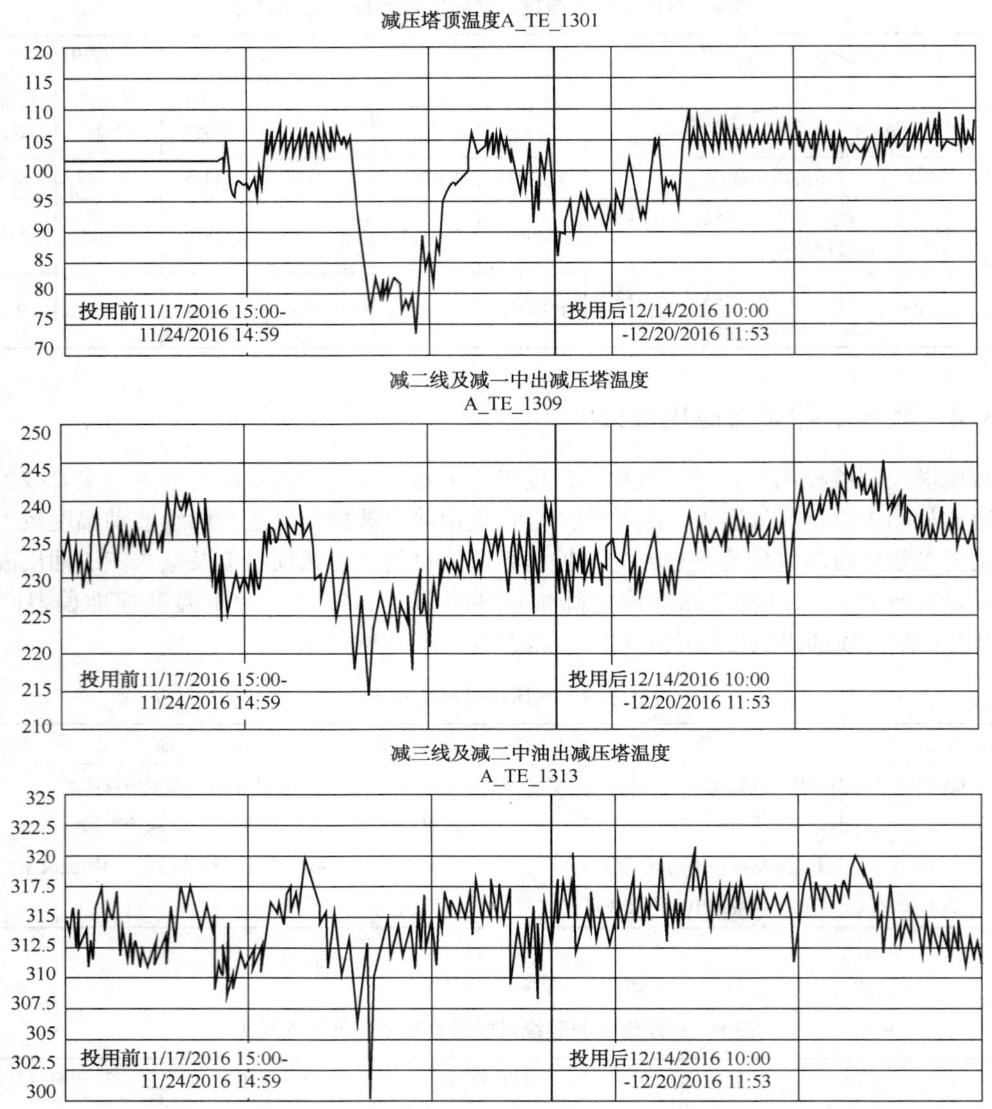

图4　减压塔控制器主要被控变量运行曲线对比

表9　APC投用前后装置能耗同期数据对比

时间	装置能耗/(kgEO/t)	燃料气单耗/(kg/t)	电单耗/(kW·h/t)
2016.1	12.11	8.29	9.53
2016.2	11.09	6.97	9.29
2016.3	10.59	7.83	8.91
2017.1	10.36	6.28	9.14
2017.2	10.13	6.39	8.67
2017.3	10.07	6	8.25

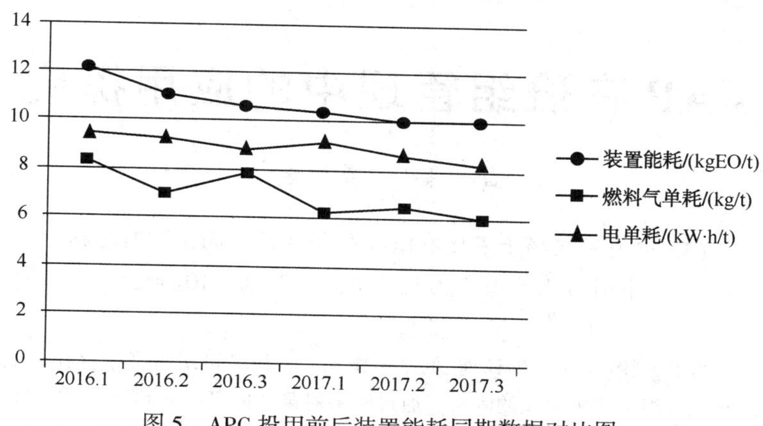

图 5　APC 投用前后装置能耗同期数据对比图

从图 5 可以看出，APC 投用后，装置总能耗比去年同期都有所下降，燃料气及用电量耗能下降明显。根据统计数据，加工 1t 原油，燃料气消耗平均减少 1. 4kg/t，用电量平均降低 0. 55kW · h/t，全年累计可节约 3640t 燃料气，节省用电 1430000kW · h，有效压减了装置运行成本。

4　总结

青岛石化常减压装置 APC 整体投用效果较好，目前控制器投用率 100%。通过多变量预测协调控制，降低了关键被控变量标准偏差，提高了装置生产平稳率，有效了降低了装置能耗。在一定程度上，减轻了操作人员的劳动强度。

参　考　文　献

[1] 王春林. 中外能源，2016，21(12)，83.
[2] 沈娟峰. 石油石化节能与减排，2015，5(1)38.

EAP 在班组管理中的应用探究

黄　圣[1]　多　宏[2]

（1. 中国石化扬子石化有限公司芳烃厂，南京　210048；
中国石化燕山石化教培中心，北京　102502）

摘　要　介绍了 EAP（员工帮助计划）的基本概念，分析了班组管理中存在的实际问题及其产生原因、EAP 在班组推广中存在的困难。通过例举对某车间某一轮班班组的 EAP 理论实践应用案例，探讨在“从严管理”形势下基层班组长利用 EAP 辅助班组日常管理、解决班组员工心理健康隐患的可行性，提出了一种中西结合的新形式管理思路，具有一定的借鉴意义。

关键词　员工帮助计划　班组管理　心理疏导

随着行业竞争机制的逐步完善、装置运行年限的逐渐增加，化工企业自身承担的责任及压力、对基层员工的规范及要求不断提升。特别是在公司“从严管理”“挖潜增效、节能降耗”的精神贯彻下，班组“三基”建设工作全面铺开，班组长的日常管理水平及其成效逐步成为车间对班组综合绩效的重要考虑因素之一。

EAP 作为基层管理者与基层员工的沟通桥梁，在班组的管理和建设中能够起到重要辅助性作用。因此，基层班组长能否有效学习、运用 EAP 理论知识并实践到班组管理中来，是班组内部科学化建设、健康化管理的重要方面。

1　EAP 介绍

员工帮助计划（Employee Assistance Programs，简称 EAP），是 19 世纪 70 年代以来在企业中推行的一种福利方案，帮助员工解决社会、心理、经济与健康问题[1]。随着理论和技术的不断更新，EAP 的定义也在不断改变。就目前而言，EAP 是指企业为员工设置的一套系统的、长期的福利与支持项目，通过专业人员为员工提供诊断、评估、培训、专业指导与咨询，帮助员工自身及其家庭成员解决各种心理和行为问题，目的在于提高员工在组织中的工作绩效和身心健康，并改善企业的组织气氛与管理效能[2]。

2　现状分析

2.1　员工所处环境的变化

（1）工作环境。随着社会对环保及职业卫生、健康的重视程度不断加深，化工企业对 HSE 的安全认知和风险识别能力不断提高，对员工的培训教育和防护措施不断加强。特别是对于化工装置高温、高压、易燃、易爆的行业特点，公司、厂及车间各级职能部门不断加强基层员工的安全、环保意识，“预防为主、安全第一”，加强对基层员工的监督考核力度，同时对工作中能主动发现安全隐患、对突发情况能够及时有效处理等的员工给予大力嘉奖。

（2）身体环境。如图1(a)中所示为某车间倒班岗位人员年龄情况分布图。从图中可以看到，现阶段在基层中有60%的员工处于40~50岁之间，50岁以上的临退休员工占15%，而属于青壮年中坚力量的40岁以下员工只占25%。年龄的增长伴随着身体机能下滑、精力衰退、反应能力迟缓等多方面的改变。特别是在装置现场各类阀门开关等高体力操作项目、转化炉加热炉点烧嘴等高温作业环境，以及在突发情况下需要快速、准确判断问题、处理问题时的应急处理，年龄偏大的员工完成任务时较为吃力。

（3）社会环境。如图1(b)中所示为某车间倒班人员子女受教育情况分布图。从图中可以看到，有84%的倒班人员子女仍在校就读，子女面临小升初择校、中考、高考等的教育负担，需要家长投入大量精力；只有9%的子女已经在社会中就业，其中也只有部分子女能够完全不依靠父母、自力更生。另一方面，基层员工在家庭中同时还肩负对老人的赡养义务，同样需要投入大量精力。员工在家庭方面承担的心理压力等，都会引起一些心理、生理、行为上的异常变化，都是工作能力的不稳定因素。

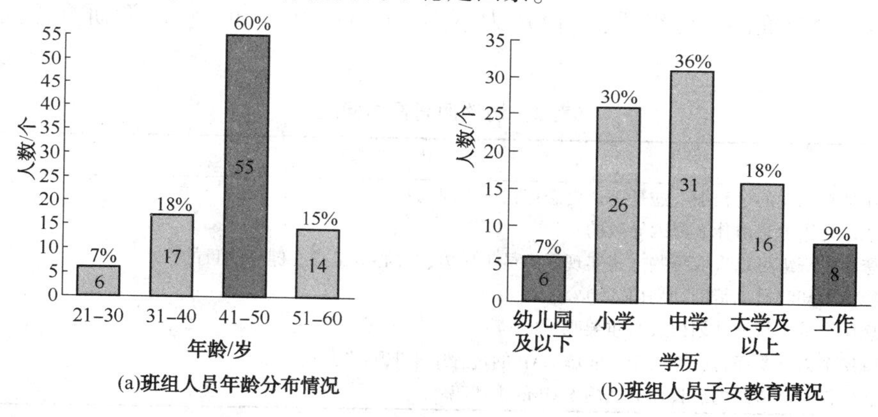

图1 某车间倒班岗位人员年龄情况及子女受教育情况分布图

2.2 班组EAP实施的困难

（1）心理健康意识薄弱。由于社会形式的原因，在潜意识中，我们认为身边的那些需要别人帮助其调解心理的人是异类，甚至是所谓的“精神病患者”。

（2）个人隐私意识薄弱。保护隐私在国外已经成为常态，但是在国内人们却普遍在不希望别人知道自己隐私的同时热衷于打探他人隐私。在这样的心态影响下，班组长提供EAP性质的帮助会受到部分员工的怀疑。对于那些潜在的想寻求帮助的员工来说，更难走出寻求帮助的第一步。

（3）EAP体系不健全。在国外，EAP项目会有专项从业人员，有偿受聘于各企业，并无偿服务于该企业的所有员工；在国内，EAP并没有形成体系，也没有得到有效推广。对于基层班组长来说，接受专业、系统、完善的EAP培训相对较难，很大程度上需要班组长通过各种其他途径自我提升，并自己结合所在单位情况进行EAP的针对性研讨、设计及实施。

3 应用案例

我们以某车间某一轮班班组作为样本(该班组主要人员构成如表1所示)，举例说明班组长如何使用EAP辅助班组员工的日常管理[3]。

表1 某车间某一轮班班组人员结构

调研人数	职位	有效人数	访谈时间	访谈地点
3	班组长	2	2016.9	班长室
5	主操	5	2016.9	会议室
10	副操	10	2016.9	会议室

3.1 访谈调研

为能够细致了解每一位班组员工的情况，通过访谈的形式对该班组人员进行调研。访谈调研主要由两个方面的问题组成：(1)压力感知；(2)EAP认知。访谈调研具体问题如表2所示。

表2 访谈调研具体问题

序号	内容
1	在日常工作的过程中，您是否认为您存在压力问题?
2	您认为压力是由什么原因导致的?
3	您认为班组可以采取哪些方式实现缓解员工压力、关心员工身心健康的目的?
4	您是否知晓员工帮助计划(EAP)?
5	您认为员工帮助计划(EAP)重要吗?
6	就您个人感受而言，您希望在实施EAP的过程中采取哪些方式?
7	您信任自己班组的班长作为实施EAP的主体吗?

经过统计和整理后，我们得出以下结果：

在员工的压力方面：如图2所示，在该班组有88%的班组人员有工作、家庭等方面的压力；其中93%的人员有来自家庭上的压力，主要包括夫妻关系、子女教育、父母赡养等方面；54%的人员有来自工作上的压力，这些人员有88%是在班组中担任主操及主操以上职位，当班期间对装置生产会付出较多的精力；而在班组人员中的年轻人普遍都有工作上的压力，主要是对自己职业未来的规划和方向，少部分人还有来自父母对婚姻的强烈催促。

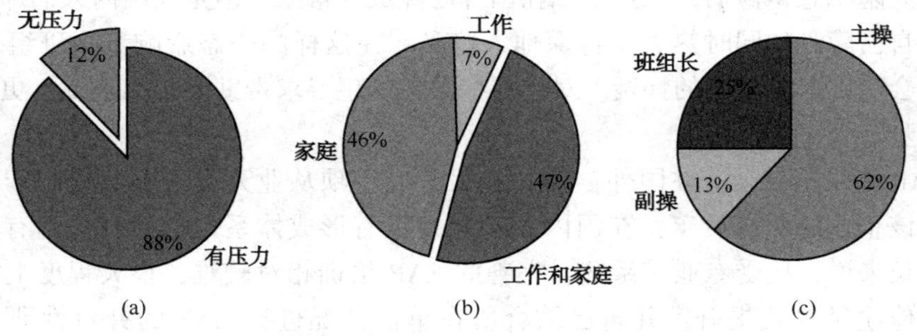

图2 员工压力调查相关占比

对 EAP 的认知方面：如图 3 所示，在该班组只有 6%的倒班人员了解、听说过 EAP 的相关信息，这其中很大一部分原因在于人员的年龄层次偏大，接受新事物的速度较慢，所以也就造成了愿意尝试进行 EAP 相关工作的人员只有 35%左右，而在愿意接受 EAP 的班组人员中女职工占到很大一部分。

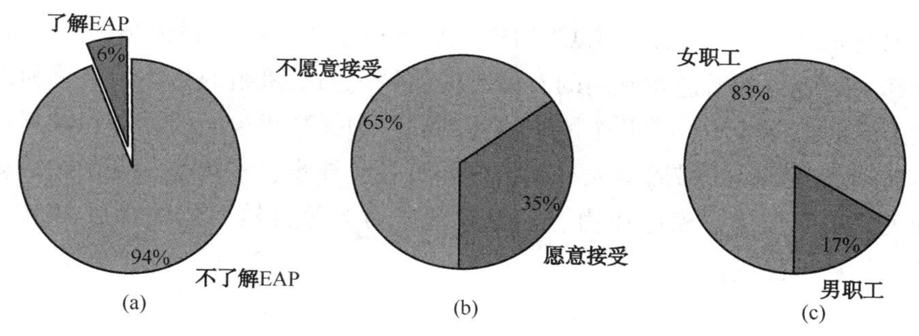

图 3　EAP 认知调查相关占比

3.2　项目设计实施

通过对班组人员进行沟通和接洽，再根据班组的实际情况针对性研讨、设计并实施相关的 EAP 项目[4]。

（1）宣传推广，扩大 EAP 在班组员工中的认知。

EAP 在中石化基层员工中毕竟是一个较为“新鲜”的事物，很多老员工对 EAP 的定义、内容、形式等没有一个全面的认知，班组长可以通过多种形式让班组人员逐步了解并接受。其一，通过工会支持，购入相关 EAP 书籍资料，在班组人员中进行传阅学习；其二，利用已有的班组微信群组等，转载一些相关的、积极的 EAP 知识讲解及案例，让班组人员随时随地通过手机方式进行学习；其三，利用每月副班时间，将班组人员集中在一起，增加观看相关讲座、视频资料等副班内容。

（2）组织培训，深入了解心理健康的重要作用。

通过前期的宣传推广，班组员工对 EAP 有了一定的了解，班组长可以利用业余时间组织班组人员参与心理层面的 EAP 培训，作为协助班组人员开发潜能、提升工作状态的有效工具。例如压力管理培训、心理健康培训、积极情绪培训、人际沟通培训、时间管理培训、团队精神培训等，借鉴已有的实践经验，学习先进的理念，让班组员工们有更深入、更生动的了解，切实感受到 EAP 对自身工作和生活带来的好处，甚至能够从中直接受益。

（3）逐一沟通，“早发现、早疏导、早上报”。

班组长在班组中不仅仅是日常生产工作的管理和指挥者，也是班组员工思想动态的了解、疏导、汇报者。通过应用合理情绪疗法（又称 ABC 理论疗法）、阳性强化法等多种心理治疗方法，掌握每一位员工的心理动态变化，及时沟通交流，及早发现班组人员的心理问题及困扰，采用正确措施进行疏导、治疗，并在问题扩大化之前提早上报。

（4）针对性服务，提高新、老员工精神面貌。

青年职业规划。对于年轻的班组员工、特别是近几年新入职的大学生，由于倒班工作岗位的特殊性，日夜的颠倒、生活的不规律与较为微薄的工资收入极易使年轻人丧失学习的动力、工作的激情，这时班组长需要及时与员工进行沟通交流，建立信任的关系，并通过对年轻员工职业方向的规划建议，改善员工的精神面貌，帮助员工达到重新认识自己的事业、规划职业通道、实现职业目标的目的，提高年轻员工工作动力、工作状态，从而在工作中做出更多成绩。

团队休闲娱乐。班组长可以在EAP的理论指导下组织一些有益的休闲娱乐活动，从而提高班组内部的凝聚力、增进相互间的友谊、提高员工们对班组的集体荣誉感和归属感。例如举行一次半天的拓展活动，在几个团队协作的项目中提高小组间的配合和默契；举办一次小型的兴趣活动，班组员工带着家人一起去户外野餐、徒步、赏花等。在这些活动中，将员工平日里积聚的工作压力、家庭压力、子女教育压力等等自然而然的释放出来，传播正能量，提高员工的精神面貌。

4 成效

以班组长为主体，EAP的相关理论、实践为方法，辅助班组长进行基层班组的日常管理工作是一条中西结合的新形式管理思路，能够较好的适用于“从严管理”的形势，解决班组人员潜在的心理健康隐患，达到进一步提高班组综合能力的效果。

(1) 班组长有“法”可依。通过EAP的学习与应用，班组长掌握了较为先进的管理方法，管理问题上更为灵活、有效。特别是在遇到个别员工的特殊问题时，通过方法的应用、反复的沟通、心理的治疗等，能够快速解决问题、改善问题，将员工的心理问题控制在班组可控范围内。

(2) 班组氛围更加融洽。好的工作心态是带来的是工作效率和工作状态提升的关键因素。特别是对于基层班组，能否在工作中及时发现安全隐患、能否正确快速处理应急情况等是装置生产的重要保障。通过EAP在班组中的应用，使班组员工更加团结一心，学习、工作氛围积极向上。

(3) 充分发挥现有资源。通过对现有资源的有效利用，在发挥资源利用率的同时更大程度的提高了班组的综合管理水平，为班组的建设提供了便利。特别是通过工会的大力支持，开辟心理咨询热线、法律咨询热线等免费咨询平台，为职工及家属提供解决问题的便捷途径。

(4) 有力提升企业绩效。通过对基层班组的有效管理，提升岗位技能水平，有效的提升了装置生产的稳定性，降低非计划停车风险，从而提高装置的综合效益。

5 结语

EAP的应用实践之路还需要不断的摸索和总结，还需要更多的班组去实践和总结经验，还需要更多EAP志愿者用专业知识支持EAP事业。EAP既是新鲜的，又是熟悉的，在企业里，EAP既是新方法，又是思想工作的升华和提升，是一条利用新思路、新方法来辅助解决现有问题的值得探索与追寻的创新之路。

参 考 文 献

[1] 张西超．员工帮助计划(EAP)：提高企业绩效的有途径[J]．经济界．2003，3：57-59.

[2] 王雁飞．国外员工援助计划相关研究述评[J]．心理科学进展．200513(2)：219-226.

[3] 单常艳，王俊光．EAP促进煤矿企业员工心理健康的研究[J]．Theory Research，2010：38-41.

[4] 张西超．员工帮助计划-中国EAP的理论与实践[M]．北京：中国社会科学出版社，2006：255-270.

炼化企业销售管理系统集成开发与应用

阴雄才　朱仲海　赖伟军

（中国石化北海炼化有限责任公司，北海　536000）

摘　要　介绍了销售管理系统的开发与应用，该系统通过IC卡提货系统与SAP系统、车辆管理系统、地磅称重系统、定量装车系统等与产品出厂相关的软件集成实现了产品销售一卡通；通过司机在门岗领卡取提货卡、各地磅间共享空车数据地磅结算数据的准确性和可靠性、用保存过磅时的监控图像来监督操作人员、改进定量装车系统功能保证危险品安全装车等手段，实现了整个销售流程的信息化管理。该系统还集成了北海炼化与化工统销、炼油销售、炼油配置的集中销售模式，省去了公司与驻厂办之间的线下换单流程，是集中服务器下首家实现所有产品销售一卡通的炼厂。

关键词　销售管理　集成　SAP　电子化　安全　监控　移动应用　微信

1　前言

炼化企业使用SAP开单销售产品，工作人员需要操作SAP和地磅两套系统，一是效率低下，二是新厂新机制人员配置少，三是手工录入结算量不能有效避免错误；加上公司产品出库的铁路、码头尚在建设中，公路发货场地较小，原始手工记录方式难以保证车辆高效通行，严重影响公司生产经营。

为了解决上述问题，公司决定开发“销售管理系统”。为了做好此项工作，公司成立了该系统的实施工作项目组，派人到兄弟单位调研、学习，结合实际情况制定出符合本厂的实施方案。方案利用IC卡提货系统将与销售相关的信息进行整合，需要兼容北海炼化与化工统销、炼油销售、炼油配置的集中销售模式，变线下换单销售为线上运行，整个销售流程和单据都实行电子化管理，保证产品的高效出厂。

2　系统设计

系统以公司SAP标准销售流程为基础，兼容北海炼化与化工统销、炼油销售、炼油配置的集中销售模式；所有产品实现了一卡通提货，销售业务流程实现信息化管理；保证在SAP停机维护和月结关账期间系统能正常发货，并在SAP正常后批量上传数据；保证车辆出入的安全性，实现产品销售的高效、可靠运作，避免工作人员的重复劳动，提升和发挥SAP系统管理效率和效能。业务流程如图1。

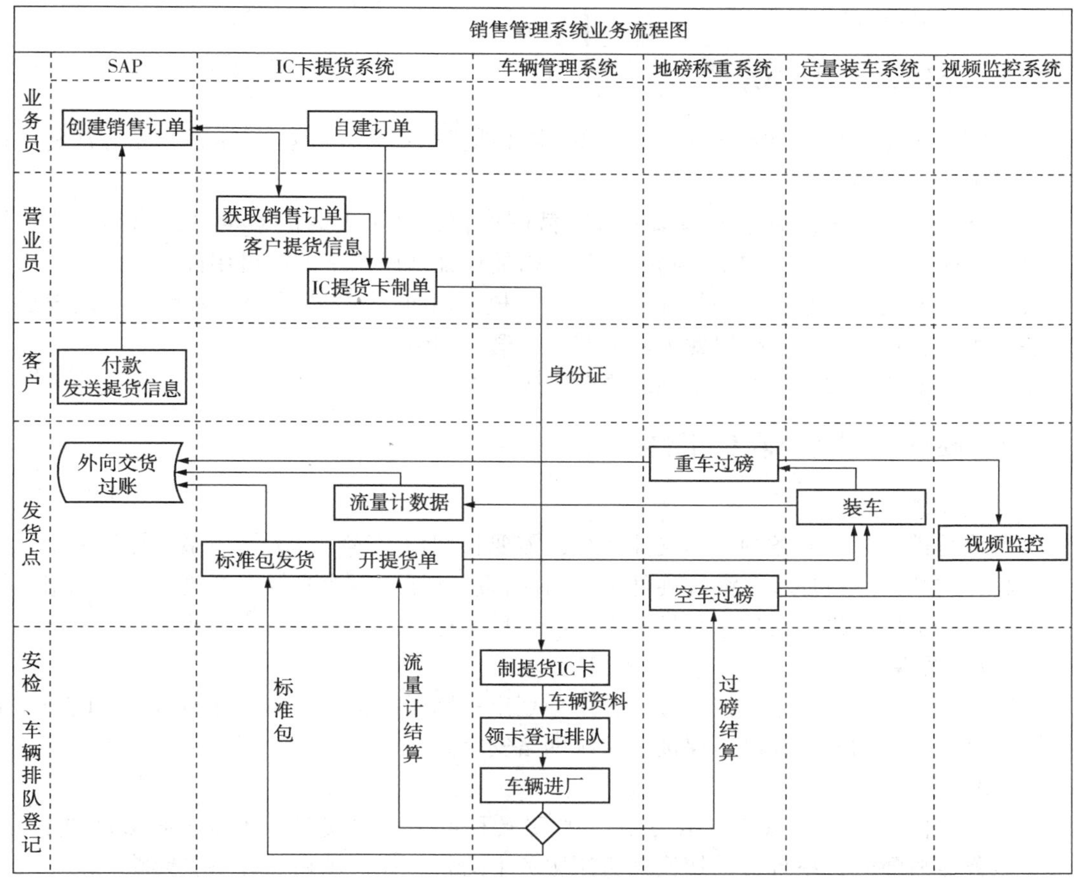

图 1 销售管理系统业务流程

3 功能实现

3.1 技术应用

3.1.1 提货实现一卡通功能

使用 IC 卡提货系统对与销售有关联的系统进行集成，实现一卡通功能。IC 卡提货系统使用 SAP. Net Connector 代理通过 SAP RFC 接口实现与 SAP 集成，使用 WebService 技术与车辆管理系统和地磅称重系统集成，使用数据库访问实现与定量装车系统集成；通过上述系统的集成，可以实现从创建订单到产品出厂的全流程信息化管理。

3.1.2 炼厂产品都使用 IC 卡监管发货

标准包发运由 IC 卡提货系统向 SAP 发货过账；采用流量计结算的液体产品，由 IC 卡提货系统从装车系统获取流量计数据后向 SAP 发货过账；散装固体、液化气等需要过磅结算的产品由地磅系统调用 IC 卡接口向 SAP 发货过账；通过管输、装船、铁路发运的产品使用发货单或者在 IC 卡中补录数据向 SAP 中发货过账，也可由计量员在计量系统中审核后调用

IC 接口向 SAP 发货过账。

3.2 系统安全性实现

(1) IC 卡安全，只有在系统中登记的 IC 卡才能排队提货，并且 IC 卡用加密算法将数据保存，避免 IC 卡被复制。

(2) 结算数据安全，通过过磅场景进行截图保存，避免人为因素全对公司利益造成损失。鉴于地磅还需要多进厂和出厂物资过磅，需要保证地磅系统的高可用性。

(3) 装车安全，装车系统的数据通过二次审核，由 IC 卡提货系统或者地磅系统发送到定量装车系统，定量装车系统以此为依据装车，避免超装。

(4) 账号安全，用户需要定期强制更改密码，否则不能使用系统。

3.3 硬件、网络及软件平台

3.3.1 硬件

该系统是销售管理业务的应用支撑系统，需要长期稳定运行。为给该系统提供一个稳定可靠、高可用性的运行环境，系统硬件部分由两台服务器、两台光纤交换机、两台网络交换机和磁盘阵列组成双机群集技术来保证系统高效稳定运行。

3.3.2 网络

网络采用万兆互联，千兆接入方式，单独划出一网段给系统专用，并通过生产网防火墙对该网段进行严格的安全控制，保证了系统网络安全。

3.3.3 软件

服务器软件采用 windows2008R2，配置故障转移群集，并安装 SQL server 2008R2 群集。当一台服务器故障时，系统自动切换到备用服务上运行，保证销售业务不受影响。

3.4 系统主要功能

(1) 订单管理：分为自制订单和从 SAP 获取的订单。自制订单适用于产品移库或转运，当遇到网络中断或者 SAP 服务器等故障无法访问时，可以先用自制订单发货，待 SAP 正常访问后，将自制订单与 SAP 订单对应，系统将该订单的明细数据发送 SAP，在 SAP 中完成外向交货单创建。

(2) 开单管理：完成 IC 卡的制作及维护。操作人员根据获取的信息在系统中创建 IC 卡制卡信息，并将领卡提示以短信方式发送给到客户。客户通过大屏提示或短信提示凭身份证在门岗处领取 IC 提货卡，并在门岗登记排队等待装运点发送进厂指令。

(3) 发货管理：完成 SAP 交货单的创建与过账和对 IC 卡的管理。

(4) 车辆管理：完成车辆有序出入厂区和监理和制作 IC 卡。提货车辆需要在门岗验 5 证并进行安全检查，符合安全要求的车辆信息才能在装运点的电脑上显示，确保装运点放入的车辆符合安全要求。车辆进厂由装运点控制，避免门岗随意放车造成车辆在厂拥堵。

(5) 系统管理：维护系统正常运行。对产品和用户等基础数据进行维护，保证系统运行所需要的基础数据。

(6) 过磅管理：对进出厂车辆进行计量，并实现对过磅监控以及销售数据上传、与流量计比对等操作。

（7）定量装车功能：实现刷卡装车和输入序列号装车。装车数量经过地磅操作人员复核，避免装车溢出，确保装车安全。

4 应用创新

经过项目组成员 6 个月的努力，北海炼化 IC 卡销售管理系统投入使用，并经过 3 个月的完善，该系统实现了从创建订单到仓库发货的整个业务流程的信息化管理，并在以下方面获得了创新：

（1）业务贯通，系统集成

系统贯通了 SAP 系统、车辆管理系统、IC 卡提货系统、地磅称重系统、美航定量装车系统、视频监控系统，实现了整个销售流程的信息化管理，确保了销售数据的准确性、产品出厂的高效性。

系统还集成了北海炼化与化工统销、炼油销售、炼油配置的集中销售模式，省去了公司与驻厂办之间的线下换单流程，是集中服务器下首家实现所有产品销售一卡通的炼厂。

（2）地磅数据准确性、安全性提升

一是通过升级地磅称重软件为网络版，设定车辆在同一地磅称重结算，消除地磅的系统误差，满足结算数据准确性要求；二是通过采用磅间数据共享技术，解决不能使用同一地磅结算的突发情况；三是通过与视频监控系统连接，对过磅监控画面与车辆过磅时间和提货产品实时保存、如实反应，有效预防违规操作；四是通过与定量装车系统集成，将危险品的种类与地磅人员复核后的限提数量发送到定量装车系统，装车人员通过刷卡装车，保证危险品的安全装车。

（3）流量计结算

IC 卡提货系统与定量装车系统集成，自动将地磅人员复核后的限提数量推送到定量装车系统，装车完成后，操作人员在 IC 卡提货系统获取相关进行结算。对有 2 或 3 个装油仓的车辆，为保证每个仓的装车安全，系统实现了分仓控制装车，各仓的装车量合为一张结算单结算、打印功能。

（4）定量装车系统功能完善

对定量装车系统功能进行了改进，并与地磅系统、IC 卡提货系统集成，装车信息通过 IC 卡提货系统经安检人员和地磅操作人员共同审核后，自动传递到定量装车系统，定量装车系统核对 IC 卡信息，两者相符时才能启动装车，杜绝人为操作，提高了系统的安全性和可用性，保证产品安全装车

（5）提货实现便捷、高效

通过对提货流程和提货 IC 卡制卡流程的优化，缩短了提货流程，提高了产品发货效率；客户在门岗领卡、排队的便捷性、提货的高效性提高了客户对公司的满意度。

（6）产品销售实现全程监控

从订单创建到仓库发货，整个销售业务流程和单据都实现了信息化管理，减少了手工操作及纸制单据，提升了公司驻厂办的工作效率。产品销售、车辆出入厂区、安全装车全流程信息化管理，为营销工作管理的精细化和科学化提供了发展空间。

5 应用效果

系统的应用圆满解决了产品出厂过程中所面临的问题，实现了数据共享，提高了各部门之间的协同工作能力和效率，缩短了企业的提货流程，提高了产品出厂效率和客户满意度。

（1）节省了人工成本

从创建销售订单到产品出厂，整个销售流程和单据都实现了管理信息化，缩减了公司与驻厂办之间的线下换单流程；全部业务均通过系统处理，减少了车辆登记、销售开单、车辆过磅、定量装车开卡等人员；从销售、安检与验证证件、过磅到发货，销售流程的电子化管理，减少了纸制单据的传递，提高了工作效率。

（2）提高了销售管理水平

系统以ERP标准销售流程为基础，优化了业务流程，缩短了产品销售出厂流程，产品销售、出厂全流程管理的无缝衔接，降低了油品销售环节存在的风险，保证了发货数据的准确性、可靠性，不仅加强了企业内部管理，更加强了公司各部门之间、公司与驻厂办的业务联系。

（3）保证了产品安全出厂

通过对提货车辆进行全方位管理，实现了车辆进出厂区的可控性和有序性；装车信息经过安检人员和地磅工作人员审核，保证了危险品的安全装车；计量人员通过地磅数据与流量计数据对比，确保计量仪器的准确性；地磅系统与视频监控系统连接，对过磅监控场景进行实时保存，有效预防了违规操作。通过这些措施，有力的保障了产品出厂的安全性。

（4）ERP系统应急处理能力得到有效提升

当ERP无法使用时，IC卡通过自制订单先发货，待ERP恢复正常后，将IC卡订单与ERP订单关联，完成ERP发货流程。2015年17级超强台风“威马逊”导致厂区与外界通讯完全中断，该系统在ERP完全无法使用的情况下保证了公司产品出厂畅通，应用效果符合设计要求。

6 结论

系统的实施保证了SAP服务器停机维护和月结关账期间能正常发货，并在SAP恢复正常时批量发货过账；在提高产品出厂效率的同时，也提高了客户的满意度，体现了公司“想客户所想，急客户所急”的服务宗旨；不仅加强了企业内部管理，更加强了公司各部门之间、公司与驻厂办的业务联系，为产品高效出厂管理提供了有力的支撑。

7 不足与改进

在使用过程中发现：司机遗失IC卡、IC卡被其他司机带走、结算时读取IC卡信息失败等问题的解决涉及人员多，耗时也多，影响产品出厂效率；系统目前采用语音+短信+LED显示方式将相关信息告知客户，整个提货过程客户参与度少，提货体验低。

对此，我们计划采用开发移动应用和客户自助取卡排队等方法来提升系统，进一步挖掘系统潜能。通过利用最新的信息化技术，对系统进行移动应用开发，为业务员和客户提供随时随地随身、便捷高效的移动应用信息化服务，充分发挥移动信息化对销售业务支撑和引领作用。

（1）移动应用。移动应用可满足销售人员随时随地进行业务操作，可同时处理多项业务，在带来便利性的同时大幅提升工作效率；能及时处理用户问题，进一步提高客户满意度。管理人员通过移动应用可轻松掌握产品出厂实时情况，及时解决提货过程中遇到的各种问题。

（2）拓展提货方式。目前系统只支持 IC 卡提货，通过引入二维码或身份证提货技术，方便客户通过扫描二维码来完成支付和提货。

（3）自助制卡机。用户通过身份证、扫描二维码等方式，在自助制卡机上获取提货 IC 卡或者提货二维码并对车辆进行排队提货。

（4）微信应用。客户通过微信、电话等方式预约排队；企业通过微信向客户发布产品信息、排队信息；方便客户安排提货时间。

（5）车牌识别仪应用。引入车辆识别仪并与系统集成，车辆进厂、过磅时，系统自动调用相应功能，完成门禁抬杆或地磅过磅等操作。

参 考 文 献

[1] 靖继鹏，孙立明．信息技术对企业竞争优势的影响[J]．情报科学，2002(04)．

[2] 刘园．以成本最优为目标，构建石油销售企业物流信息化决策系统[J]．科技创新导报，2011(28)．

[3] 冯义，宋红，周超．石油销售企业信息化项目风险识别研究[J]．科技经济市场，2007(10)．

从产品方案角度探讨提升煤液化产业的竞争力

李进锋　范传宏　祖　超

（中国石化工程建设有限公司，北京　100101）

摘　要　阐述煤液化产业发展环境及长期必要性，分析煤液化主要产品特性、部分高附加值产品市场情况，探讨提出提升当前煤液化产业竞争力的产品方案规划建议。

关键词　煤液化　产品方案　提升　竞争力

煤液化是煤炭通过化学加工过程，转化为液态油品、化工原料和产品的先进洁净煤技术。根据加工路线不同，煤液化可分为直接液化和间接液化两大类。

21世纪以来，受“富煤、贫油、少气”资源禀赋的限制以及国际油价不断攀升的影响，我国煤液化产业规模快速增长：2015年，煤液化产能达278万t，产量达132万t；截至“十二五”末，我国已完成4个煤液化示范及产业化推广项目[1]。然而，2014年下半年以来，国际油价持续走低尤其是当年四季度断崖式下跌，同时成品油（包括煤基油品）消费税多次提高，使得煤液化项目的盈利能力下降、企业投资积极性严重受挫，对煤液化产业的有序健康发展造成一定的影响。

提升煤液化产业竞争力有多种措施，本文拟从内在的产品方案规划角度进行探讨，提出可供参考的方案规划建议。

1　我国煤液化产业发展环境及必要性

1.1　我国煤液化产业发展环境分析

（1）成品油、化工产品市场发生变化

当前，我国经济发展进入速度变化、结构优化、动力转换的新常态，下行压力仍然较大。国内成品油需求增长减速趋势明显，成品油供应过剩局面日益恶化，炼厂开工率不足70%，且成品油需求结构发生变化：汽油煤油增长较快，柴油大幅下降。化工产能结构性矛盾突出，中低端产品供应过剩，高端产品供给不足。

（2）低油价及成品油消费税使盈利预期受到重创

据预测，煤液化项目盈亏平衡点在国际油价70美元/桶左右，当前油价企稳回升在40~50美元/桶之间震荡，煤液化盈利空间急剧缩小。加之2014年下半年以来，为了促进大气污染治理、减少污染物排放、合理引导消费需求、促进资源节约利用和新能源产业发展，财政部连续三次提高成品油消费税，使的我国煤液化项目的柴油综合税负已接近40%、石脑油综合税负超过60%，低油价及高税负的双重压力严重挫伤生产企业和投资机构的积极性，阻碍煤液化产业稳步健康发展的进程。

（3）环保标准日益严格、准入门槛逐步提高

从煤的组成特性及加工利用技术来看，煤液化生产过程中不可避免会产生一些对环境有影响的污染物。新版《环境保护法》、《水污染防治行动计划》、《现代煤化工建设项目环境准入条件（试行）》等陆续出台，有助于煤液化项目在布局、污染防治等方面获得法律依据，但也给煤液化项目的规划、选址、技术选择等设置了较高的门槛。

1.2 我国煤液化产业发展必要性分析

（1）煤液化是化解煤炭过剩产能的有效途径

煤炭行业是当前中国经济中过剩产能的典型代表，据统计，2015 年我国煤炭产能总规模接近 60 亿 t，产能过剩已达 18 亿 t，按照国务院煤炭产能过剩化解指导意见的要求，这些过剩产能将在“十三五”期间逐步去除，任务十分艰巨[2]。发展以煤液化为代表的新型煤化工技术，实现煤炭深加工项目与现有煤炭企业的深度融合，延伸煤炭行业下游产业链，对于有效化解过剩产能具有积极意义。

（2）煤液化是石油化工产品品质提升的有益补充

煤液化过程除可以生产成品油、石脑油、LPG 等石油产品外，还可以生产乙烯、丙烯等基础石化产品[3]，更重要的是，煤炭的原料组成使其能够深加工生产高端蜡、碳氢环保溶剂、高档润滑油、特种燃料油等高端化工品，对于丰富石油化工产品的原料来源多元化及提升企业的综合效益具有重要的支撑作用。

（3）煤液化是突破我国能源结构限制的选项之一

我国能源结构“富煤、贫油、少气”的特点，及石油对外依存度接近 60%的局面，使得在国际局势复杂多变的形势下，采用煤液化等新兴煤化工技术将我国丰富的煤炭资源转化为高品质油品和高附加值化工品，是实现化石资源替代和原料多元化调整，确保国家能源战略安全的有效选项。

2 煤液化产品特性分析

2.1 煤液化产品分布

从煤液化产品分布可以看出，直接液化主要产品除了汽油、航煤、柴油等主要油品外，还有部分芳烃、碳素等化工产品，及燃料气、液石油气、硫磺和氨等；煤间接液化主要产品除与直接液化类似的油品、化工品外，还可生产石蜡、醇、醛、酮等高含氧有机化合物及 α 烯烃等化工品[4,5,6]。

2.2 煤液化主要产品特性分析

（1）煤基石脑油特性分析

石油基石脑油是炼厂油品中的轻端组分，一般指蒸馏流程不大于 180℃ 的馏分，碳数分布范围主要是 $C_5 \sim C_{12}$，来源于一次加工的直馏石脑油及二次加工的加氢石脑油、催化裂化石脑油和焦化石脑油[7]。与石油基相比，煤基石脑油由于原料的特殊性和工艺的差异，使

得族组成和理化性质与石油基产品有显著的不同。对于煤直接液化石脑油，环烷烃和芳烃含量高，链烷烃含量低，不含烯烃，且含有较多的杂原子[8,9,10]；对于煤间接液化石脑油，受催化剂和工艺条件的影响，高温费托与低温费托所产石脑油组成相差较大：低温费托合成的石脑油主要成分是烷烃，其次是烯烃和醇、醛等含氧化合物；高温费托合成的石脑油主要成分是烯烃(α烯烃居多)，其次是烷烃和含氧有机化合物；但无论是高温还是低温，煤间接液化所产石脑油的环烷烃和芳烃含量均很低[11]。

(2) 煤基煤、柴油特性分析

石油基煤、柴油馏分又称中(间)馏分油，两者在馏程上有很大的重叠。与石油基煤、柴油相比，原料及工艺的特殊性，使得煤直接液化煤、柴油馏分芳烃含量较高，十六烷值低，需深度加氢或与间接液化柴油进行调合以满足市场要求，但高热安定性、高热容的特征，使其在航空领域的应用较民用领域有较大的优势和拓展空间[12]；而对于煤间接液化工艺，低温费托合成工艺柴油具有无硫、无氮、低芳烃、高十六烷值等优良品质，高温费托合成柴油含有芳烃，十六烷值基本满足市场柴油的标准。

(3) 煤基残渣特性分析

煤直接液化残渣是一种高炭、高灰和高硫的物质，主要由未转化的煤、无机矿物质及催化剂组成，约占原煤量30%。从组成特性来看，直接液化残渣主要由残油、沥青烯、前沥青烯和四氢呋喃不溶物组成；从溶解特性来看，强极性或含N、O杂原子的溶剂溶解能力最强[13]。煤间接液化残渣主要是指煤气化过程中煤中可燃部分转化为可燃气体后，煤中灰分以废渣形式排出的工业固体废弃物。从组成来看，主要分残碳和熔融体两大类；从化学成分来看，主要为SiO_2、Al_2O_3、CaO和Fe_2O_3[14]。

3 潜在高附加值产品市场需求情况分析

3.1 α-烯烃

α-烯烃是指双键在分子链端部的C_4及C_4以上单烯烃，是重要的有机化工原料和中间体，在乙烯共聚单体、增塑剂用醇、合成润滑油和油品添加剂等领域有着广泛的应用。研究表明[15]，C_4~C_8的α-烯烃主要用作聚烯烃的共聚单体，C_6~C_{10}用作增塑剂醇，C_8~C_{12}用作润滑油添加剂单体，C_{12}~C_{16}用于洗涤剂、香料或三次采油。

据Colin A·休斯顿联合资讯公司分析，全球α-烯烃产能2013年已超过520万t，我国2013年产量仅为32万t，仍需进口6.2万t/a。随着聚乙烯工业的迅速发展尤其是高端聚烯烃产品需求的增长，以1-己烯和1-辛烯为共聚单体的α-烯烃市场空间巨大。

3.2 聚α-烯烃

聚α-烯烃(Poly-Alpha-Olefine，简称PAO)由α-烯烃在催化剂作用下通过齐聚或共齐聚反应加氢饱和得到，具有黏度指数高、倾点低、氧化安定性好、闪点高及挥发度低等明显优势，可与矿物油以任意比例混合，是配置高档、专用润滑油较为理想的基础油。随着工业化程度的深入，其应用已从最初的航天、航空领域，逐步拓展到车用和工业用润滑产品的基础用油上。

据报道[16]，全球市场PAO的供应量约60万t/a，其中低黏度PAO占比约75%，高黏度PAO占比约25%；国内消费的PAO中，约94%依赖进口，剩余6%是采用石蜡裂解法生产的低端PAO。随着节能、环保要求的日益严格，高品质PAO产品将有更为广阔的应用前景。

3.3 特种蜡

石蜡是固态高级烷烃的混合物，主要组分为直链烷烃，是矿物油中的润滑油馏分经溶剂精制、脱蜡得到蜡膏，再经溶剂脱油、精制得到的片状或针状结晶体。石蜡除应用于蜡烛工业外，还广泛应用于包装、合成板、橡胶轮胎、食品、化工、医药、纺织、通讯材料等领域。随着技术发展、环保要求提高及生活品质提升，食品包装、橡胶添加剂、汽车、化妆品等领域的环保型特种蜡市场需求增长迅速，这些特种蜡对于颜色、含油、FDA等指标均有较高要求。

据报道[17,18]，全球2014年石蜡年产量约420万t，我国2014年产量约130万t，但产品结构中初级品比例大，像微晶蜡等高端产品远远不能满足市场需求。国际上微晶蜡与石蜡消费的合理比例在1∶10左右，我国石蜡年需求量在100万t左右，微晶蜡却只有约2万t，因此未来特种蜡的消费将会大幅增长，市场空间较大。

3.4 芳烃

芳烃是重要的有机化工基础原料，其代表苯、甲苯、对二甲苯被广泛应用于合成纤维、工程塑料、包装材料、高性能纤维等领域，随着纺织工业的发展及人民生活质量的提升，全球芳烃的需求呈现高速增长态势。

据统计[19]，2014年全球纯苯、甲苯、对二甲苯的需求量分别达4400万t、2344万t、3554万t，我国当量消费量分别达1792万t、330.4万t、1831万t，预计到2020年，我国纯苯、甲苯、对二甲苯的当量需求量分别达2180万t、427万t、2530万t，产量预计分别达1320万t、328万t、1520万t，供需仍有较大的缺口。

3.5 环保型溶剂油

溶剂油是经石油加工生产的用于涂料、油漆、印刷油墨、皮革、农药、橡胶、化妆品等生产的轻质油，是链烷烃、环烷烃和芳香烃等烃类的混合物，传统的溶剂油重点考虑溶解性、挥发性和安全性等性质。新兴环保溶剂对硫含量、气味、毒性、纯度均有较高的要求，应用于空调制冷剂、聚乙烯生产、汽车润滑油、医药萃取剂、化妆品等领域，常规的加工过程很难满足该类产品的高品质要求。

全球年消耗溶剂油约2000万t，我国溶剂油年产能约200万t，其中低芳、低硫、无毒、无味的高纯度环保型需求量保持在40万t/a左右，市场需求旺盛。

4 煤液化产品方案规划的原则及建议

4.1 煤液化产品方案规划的原则

（1）从国内外油品、化工品市场分析出发，结合煤液化产品特性，选择与石油化工有差别化竞争的产品方案，依靠品质取胜而非规模优势。

(2) 按照国家及产业“十三五”发展规划要求，选择符合产业发展目录、环保及能源综合利用等能占领高端市场的产品。

(3) 根据煤液化产品研发状况，选用成熟可靠、指标先进的技术，始终与研发机构及用户保持紧密联系，以便能够对产品进行灵活调整。

4.2 煤液化产品方案规划建议

基于保障能源战略安全的考量，我国煤液化示范项目的产品方案主要聚焦于替代石油基燃料的汽油、煤油、柴油等成品油，特别是高油价时期以油品为主的产品方案在经济方面具有较强的竞争力。

经过近几十年的技术调研、研究储备、可行性评估、工程建设及工业化应用，煤炭直接液化和间接液化示范项目在我国陆续建成投产，并经过长周期运转的实践检验，已经具备加快产业化应用的基础条件；但受2014年下半年油价断崖式下跌至目前40~50美金之间徘徊震荡的影响，煤液化产业推广及盈利能力提升面临巨大挑战。

从能源替代、战略安全、煤炭清洁化及化解煤炭行业过剩产能等综合因素来看，煤液化产业的发展从长期来讲仍然具有积极意义，要突破目前的发展困境，除积极争取降低甚至取消对煤液化征收成品油消费税等财政政策支持之外，优化产品方案、延伸产业链、降低投资成本等内在因素的优化调整仍是促进其健康发展的主要推动力，其中基于市场导向的产品方案调整是决定性因素。

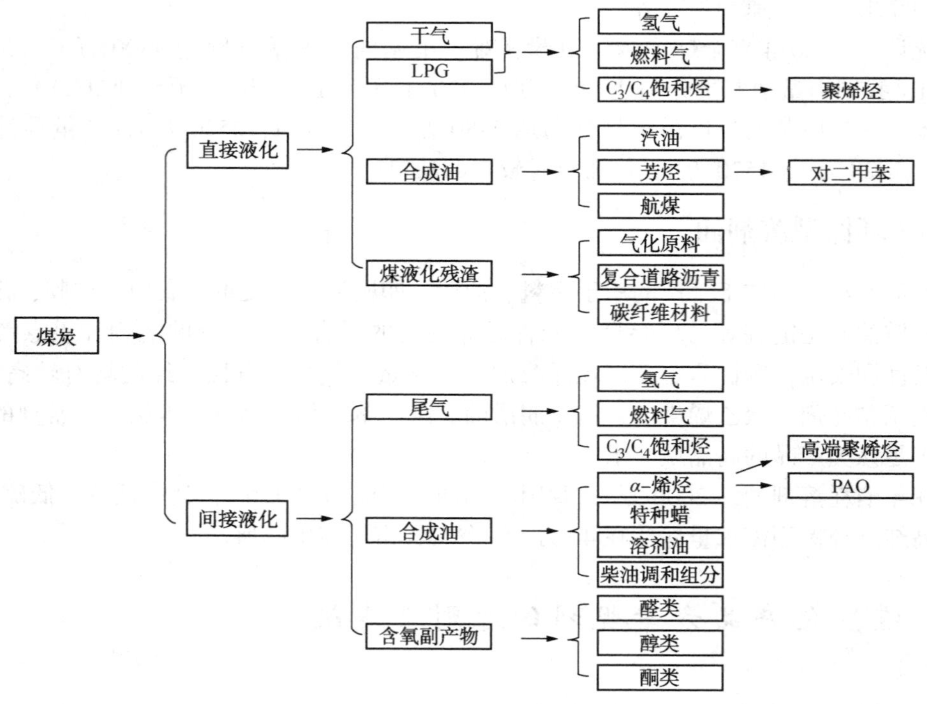

图1 新型煤液化项目主要产品方案

根据上述煤液化技术特点及产品特性分析，参考目前油品及化工品市场的需求状况，将煤液化产品方案规划的焦点从替代燃料转向化工品尤其是高附加值化工品，形成的新型煤液化项目主要产品方案如图1所示，它的特点主要有：

（1）主要产品从油品向化工品转变，可以合理规避成品油消费税，扩大项目的经济效益；降低成品油市场过剩造成的冲击，提高抗风险能力。

（2）根据煤液化技术路线及产品特性，生产差异化、高端化的航煤及化工品，提高产品的附加值及竞争力；

（3）对煤液化副产物和“三废”进行综合利用，减少污染物排放的同时提高能源利用效率。

5 结束语

（1）低油价、产品需求、成品油消费税持续升高及新常态使得煤液化产业的盈利空间萎缩，企业投资积极性受到重创。

（2）从煤液化产业带动技术研发、装备制造等产业链角度来看，发展煤液化产业对于有效化解煤炭过剩产能、破解资源禀赋局限及丰富石油基油品、改善化工品原料结构多元化及产品差异化具有积极的意义。

（3）受加工工艺及市场导向的影响，煤液化产品分布差异较大，与石油基产品也有很大不同：煤直接液化石脑油较石油基轻且富含芳烃组分，煤间接液化柴油较石油基产品十六烷值高。

（4）根据柴汽比的市场情况、高端化工品市场的需求及煤液化产品的性质特征，煤液化产业要突破目前发展困境，建议应从产品方案规划角度多做文章，从单纯的油品替代向航煤、芳烃方向调整，化工品应积极向高纯度溶剂油、石蜡、α-烯烃、PAO等高附加值产品方面调整，以提高煤液化项目的综合竞争力。

参考文献

[1] 现代煤化工“十三五”发展指南.

[2] 国务院关于煤炭行业化解过剩产能实现脱困发展的意见.

[3] 王基铭. 中国煤化工发展现状及对石油化工的影响[J]. 当代石油石化，2010，6：1-6.

[4] 李克建，吴秀章，舒歌平. 煤直接液化技术在中国的发展[J]. 洁净煤技术，2014，20(2)：39-43.

[5] 李大尚. 煤制油工艺技术分析与评价[J]. 煤化工，2003，1：17-23.

[6] 刘峰，胡明辅，安赢，等. 煤液化技术进展与探讨[J]. 化学工程与装备，2009，11：106-110.

[7] 刘家明. 炼油厂设计与工程[M]. 北京：中国石化出版社，2014.

[8] 李海军. 煤直接液化车用汽油制备研究[J]. 煤化工，2016，44(2)：10-14.

[9] 马治邦，薛宗佑，舒歌平. 由煤制石脑油生产芳烃[J]. 煤化工，1991，3：18-22.

[10] 吴春来. 煤炭直接液化[M]. 北京：化学工业出版社，2010.

[11] 曹家天，徐文浩，王积欣. 煤基、石油基石脑油裂解性能及经济性分析[J]. 煤化工，2014，6：14-17.

[12] 李海军. 煤直接液化柴油产品特性研究[J]. 神华科技，2016，14(2)：74-77.

[13] 谷小会. 煤直接液化残渣的性质及利用现状[J]. 洁净煤技术，2012，18(3)：63-66.

[14] 赵永彬，吴辉，蔡晓亮，等. 煤气化残渣的基本特性研究[J]. 洁净煤技术，2015，21(3)：110-113.
[15] 张铭澄. 国内外α-烯烃的发展[J]. 石油化工，1991，20(11)：779-785.
[16] 李龙娟，郑良全，曾海英，等. 聚α-烯烃(PAO)的生产工艺与市场现状[J]. 石油商技，2016：66-67.
[17] 李梅. 石蜡市场环境分析[J]. 现代商业，2015，2：23-24.
[18] 金艳春. 世界石蜡市场供需现状及预测[J]. 中国石油和化工经济分析，2015：58-60.
[19] 曲岩松. 2015石油石化市场年度分析报告[M]. 中国石油和化工经济分析，2015：166-211.